JN423031

해법 응용역학

| 이명우 지음 |

Foundations of applied mechanics

지우북스

PREFACE

응용역학(Applied Mechanics)은 두 가지 목표 즉, 첫째로 학생들에게 기본적인 공학적 개념을 습득시키고, 둘째로 그들의 해석능력 및 문제해결능력을 발전시킬 기회를 마련해 주는 것이다. 이 책을 준비하면서 저자는 이 두가지 목표에 유념했다. 이론 및 해석방법들은 충분한 설명과 많은 예제들을 써서 강의하기 쉽고 또 배우기 쉽도록 했기 때문에 학생들도 쉽게 그 개념들을 완전히 이해할 수 있을 것이다. 동시에 기본개념과 역학적인 사고를 요구하도록 되어 있다.

이 책은 대학 3, 4학년 교재 또는 전문대학 교재로 사용하기에 적합하며, 건설 기술계(기술사, 기사) 시험, 행정고등고시 기술직 2차 시험, 7급, 9급 등 토목직 공무원 시험 등을 준비하는 수험생들에게도 이해하기 쉬운 참고서가 되도록 기술하였다.

이 책에서 응용역학은 몇 가지 기본개념의 이해와 간단화된 모델의 사용을 토대로 하고 있다. 이 접근방법은 필요한 공식들을 합리적이고 논리적으로 개발할 수 있게 하며, 실제 구조물의 해석과 설계에 안전하게 적용하는 조건을 분명하게 제시할 수 있도록 하였다. 그리고 구조물의 해석에서 미지의 내력이나 외력을 결정하기 위하여 자유물체도를 광범위하게 사용하였다. 또한 『그림으로 된 방정식』을 사용함으로써 하중의 겹침(중첩)과 이로 인해 유발되는 응력과 변형을 이해하는 데 도움이 되도록 하였다.

이 책은 공부하는 학생들의 역학에 대한 지식수준에 관계없이 목표를 성취할 수 있도록 처음에 구조공학의 역사, 구조형태 등 구조물이 건조되기까지의 총체적 내용을 요약하여 설명하였다. 그리고 이 책의 전체내용은 공학과 역학 사이의 여러 가지 경계문제를 연구하기 위해 구조역학과 재료역학을 합쳐서 요약한 것으로 보면 된다.

이 책의 목차를 살펴보면 수록되어 있는 주제들과 이들이 어떻게 배열되어 있는가를 볼 수가 있다.

1장에서는 구조물이 건조되기까지의 총체적 내용을 구조공학의 역사, 역학의 정의와 구조해석의 기본원리, 구조형태와 구조물의 이상화, 구조해석 이론, 문제 검토, 구조물의 건설과정, 구조해석과 컴퓨터, IT 융복합 스마트 설계를 설명하여 목표를 성취하기 위한 전체 흐름을 이해시키려 노력하였다.

PREFACE

2장에서는 정역학에 대한 지식수준에 관계없이 힘과 힘의 단위, 역계, 자유물체도와 힘의 평형조건, 힘의 합성과 분해(평면역계), 모멘트와 우력 모멘트, 마찰, 공간력의 합성과 분해, 힘의 평형에 대해 예제를 들어 설명되어 있다.

3장에서는 응력과 변형률, Hooke의 법칙, 합성재, 열응력, 비틀림 응력, 원통응력, 구조물의 이음, 변형에너지, 조합응력, 설계시 고려사항에 대해 예제를 들어 상세하게 설명되어 있다.

4장에서는 평면도형의 기하학적 성질에 대하여 단면 1차 모멘트와 도심, 단면 2차 모멘트와 단면 2차 극모멘트, 단면계수와 단면 2차 반지름(회전반지름), 단면상승 모멘트(관성상승 모멘트), 주축과 주단면 2차 모멘트, 주단면 2차 반지름과 관성타원, 파푸스의 정리, 여러 가지 평면도형의 성질에 대해 예제를 들어 상세하게 설명되어 있다.

5장에서는 구조물의 개론으로 정정 구조물, 지점의 종류, 구조물의 절점, 구조물의 정정과 안전성, 구조물에 작용하는 하중, 구조물의 자유물체도 작성에 대해 예제를 들어 상세하게 설명되어 있다.

6장에서부터 9장까지는 축하중, 전단, 휨을 받는 구조부재들(정정 트러스, 보, 라멘, 아치와 케이블)의 단면력에 대해 예제를 들어 상세하게 설명되어 있다.

10장에서는 단순보, 캔틸레버, 내민보, 게르버보, 트러스의 영향선에 대해 예제를 들어 상세하게 설명되어 있다.

11장에서는 보의 휨응력, 수평전단응력, 두께가 얇은 부재에 작용하는 비대칭하중 : 전단중심, 주응력, 보의 최대, 최소 주응력과 주전단응력, 휨과 비틀림을 받는 보의 응력, 보의 설계에 대해 예제를 들어 상세하게 설명되어 있다.

12장에서는 기둥의 단주, 장주, 장주의 실험공식, 설계기준의 허용응력에 대해 예제를 들어 상세하게 설명되어 있다.

13장에서는 처짐 계산법으로 처짐곡선의 미분방정식해법(이중적분법), 모멘트 면적법, 탄성 하중법, 공액보법, 가상일의 원리(단위하중법)에 대해 예제를 들어 상세하게 설명되어 있다.

14장에서는 부정정 구조물의 해석법으로 변위일치법을 사용하여 부정정 보, 라멘, 트러스, 복합구조의 해석에 대해 예제를 들어 상세하게 설명되어 있다.

PREFACE

이 책은 2장부터 15장까지 각 절 마다 많은 예제에서 내용을 충분히 이해하고, 활용할 수 있도록 전개하였으며, 단순한 응용역학에서 다루는 내용보다 더 많은 내용을 포함하고 있기 때문에 강의자는 자기 판단에 따라 가장 기본적이고 적절하다고 생각되는 주제들을 선택하여 강의할 수 있으며, 또한 과제물로서 또는 수업 중 토론에 적합한 많은 새로운 연습문제가 주어져 있다.

예제 및 연습문제에서는 전면 국제단위계(International System of Units-SI)가 사용되었으며 단위환산에 대해서는 2.1.3절에 설명되어 있으며, 환산계수들이 부록에 주어져 있다.

끝으로 본서를 편집할 때 본문 내용과 예제 및 연습문제 작성에는『참고문헌』에 나타낸 많은 역학저서들을 참고하였다.

이 책은 개념들을 확장하고 이해하기 쉽게 기술했으며, 많은 예제와 연습문제 및 몇 가지 새로운 주제(IT 융복합 스마트 설계, 기둥의 안정 및 탄성과 비탄성 좌굴, 부정정 라멘, 트러스, 복합구조해석)들을 추가하면서 완전히 재집필한 것이다. 이 책에 오류가 없도록 최선의 노력을 다했으나 약간의 오류는 피할 수 없을 것으로 생각된다. 오류인 내용과 구성이 미비하고 오탈자 등, 이런 부분을 비롯하여 생략된 부분에 대한 보충설명과 더 많은 문제들은 다음 책 출판 시에 즉시 수정・보완해 나갈 것을 약속드린다. 저자는 독자들이 이 책을 통해 역학에 자신감을 갖게 되기를 기대한다.

본서 출간에 여러 면에서 도와주신 모든 분들께 일일이 감사드리기는 불가능하나, 본인이 많은 것을 배웠던 은사들(김원배, 박영석, 박홍용 교수)과 책에 대하여 충고해 주고 집필하는 동안 협력해준 동료 교수들의 도움을 받았다. 수고를 아끼지 않고 성실히 교정을 맡아 검토해 준 홍남골 조교 · 근로학생들에게 고마운 뜻을 전하고 싶다. 출판에 심혈을 기울여 주신 지우 출판 서철종 사장님 이하 직원들에게도 감사를 드린다. 이 작업을 하는 동안 나의 아내 정아와 아들 상원이로부터 끊임없는 격려와 편달을 받았다. 이 모든 분들에게 진심으로 감사를 드리는 바이다.

2017. 12.

홍남골 끝자락에서

長山　이 명 우

CHAPTER 01 시작하면서

CHAPTER 02 정역학의 기초

CHAPTER 03 재료의 역학적 특성

CONTENTS

CONTENTS

CHAPTER 04

평면도형의 기하학적 성질

CONTENTS

CHAPTER 05 구조물의 개론

CONTENTS

CHAPTER 06 정정 트러스

CHAPTER 07 정정 보의 전단력과 휨모멘트

CHAPTER 08 정정 라멘의 전단력과 휨모멘트

CONTENTS

CHAPTER 09 정정 아치와 케이블

CHAPTER 10 영향선과 이동하중

CHAPTER 11 보의 응력

CONTENTS

CHAPTER 12 기둥

CHAPTER 13

구조물의 처짐

CONTENTS

CHAPTER 14 부정정 구조물의 해석 – 변위일치법

CHAPTER

01

시작하면서

CONTENTS

1.1 구조공학의 역사

구조역학을 공부하기에 앞서 이 절에서는 구조물이 언제부터 어디서 누구에 의해 무엇을 위해 어떻게 발전하면서 만들어졌는가를 역사적으로 정리한다.

- B.C. 3000　Pyramid에 보와 기둥의 요소가 사용됨
- B.C. 582　Pythagoras의 기하학
- B.C. 287~212　Archimedes에 의해 정역학의 기초와 물체의 중력중심
- B.C. 100~A.D. 300　Romans에 의해 masonry arch의 도입
- circa A.D.600　Indian 수학자들에 의해 arabic numerals의 체계화
- 1452~1519　Leonardo da Vinci – 힘의 모멘트와 구조재료강도 실험적 연구
- 1518~1580　Andrea Palladio(1508~1580) 현대적인 장경간 트러스 처음 사용
- 1560　프로렌스의 Arno강에 타원형아치 Santa Trinita교 준공
- 1564~1642　Domino Galileo Galilei – 재료강도와 동역학의 과학화 도입
- 1620~1684　E. Mariotti에 의해 "laws of impact, law of conservation of momentum"
- 1635~1703　Robert Hooke는 힘과 변형에 관계된 "Hooke's law"
- 1640~1718　Lahire에 의해 아치의 해석
- 1642~1727　Isaac Newton에 의해 "laws of motion, law of universal gravitation, development of infinitesimal calculus"
- 1654~1705　James Bernoulli에 의해 bent bar의 탄성처짐
- 1667~1748　Johann Bernoulli에 의해 가상변위의 원리로 구조물의 처짐
- 1700~1782　Daniel Bernoulli에 의해 prismatic bars의 진동
- 1707~1783　Leonhard Euler – 첫 번째 수학적 역학교과서 및 기둥의 좌굴
- 1709~1783　Hans Ulrch Grubenmann(스위스, 기술자)이 설계한

	Schaffhausen의 Rhine 강의 경간장 70m 목교
• 1708~1794	Jean Perronet에 의해 Pont de Neuilly교가 설계되어 1773년에 건설, 19C 석조아치교
• 1736~1806	C. A. Coulomb에 의해 마찰이론, 옹벽과 아치의 안정, 휘어진 보의 중립축의 위치
• 1736~1813	J. A. Lagrange에 의해 복합적인 구조문제의 해석에 대한 일반화된 좌표와 일반화된 힘
• 1773~1929	Thomas Young에 의해 탄성계수
• 1779	Abraham Darby Ⅲ(1750~1791, 영국)에 의해 Coalbrookdale의 Severn 강을 횡단하는 세계 최초의 주철아치교 건설
• 1785~1836	L. M. Navier에 의해 휨 플레이트의 이론, 탄성이론의 기초방정식, 현수교와 얇은 셸의 해석
• 1788~1867	Poncelet에 의해 처짐에 있어 전단력의 효과 및 피로 현상
• 1781~1886	A. Cauchy, S. D. Poisson, G. Rame, B. de Saint Venant에 의해 보에서 비틀림, 휨, 전단 그리고, 충격과 진동, 소성이론에 공헌
• 1790~1888	A. F. Mobius와 S. Whipple에 의해 분절된 구조물(articulated structures) 해석
• 1816	John Roebling(1806~1869, 미국)에 의해 현수교설계와 건설을 시도, Niagara River교 – 주경간 250m 철도교
• 1816	David Brewster에 의해 광탄성학의 개발
• 1820~1912	W. J. Rankine – 보존된 토질계(retained soil systems)의 안정
• 1821~1881	Carl Culmann에 의해 구조물의 도해법에 의한 해석법
• 1823	케이블교의 효시인 경간장 40m인 2경간 Dufour교 건설
• 1824~1887	G. Kirchoff에 의해 평판의 처짐
• 1826	Thomas Telford(1757~1834, 영국)에 의해 설계되어 완성된 연강 체인을 부재로 사용한 경간 116m 현수교인 Wales의 Conway교

- 1834 Chaley에 의해 주경간장 273m인 스위스의 Fribourg에 Sarine 강을 횡단하는 Graud Pont Suspendu교 설계
- 1857 B. P. E. Clapeyron(1799~1864, 프랑스)에 의해 변형된 구조(strained structure)에서 외적 및 내적 일량의 이론 및 3연 모멘트 이론
- 1862 A. Clebsch에 의해 특이함수(singularity functions)의 도입
- 1863 A. Ritter에 의해 단면법(method of sections) 등장
- 1864 James Clerk Maxwell과(1831~1879)과 E. Betti에 의해 상반처짐의 이론
- 1864 H. Tresca에 의해 최대 전단응력 항복기준
- 1867 E. Winkler(1835~1888)에 의해 영향선 개념이 창안
- 1877 Williot에 의해 트러스 처짐의 준도해적 방법(후에 Otto Mohr에 의해 확장됨)
- 1848~1931 F. Engesser에 의해 적합성이론, 좌굴의 접선계수이론, 건설된 기둥의 좌굴
- 1850 Thaddeus Hyatt(1816~1901, 미국)이 철근콘크리트 보를 연구하여 구조세목을 개발
- 1855 A. Lambot(프랑스)가 철근콘크리트보로 특허
- 1860 Francois Coignet(1814~1888, 프랑스)는 와이어 메시로 보강강한 철근콘크리트 슬래브 특허
- 1851~1925 H. Müller－Breslau에 의해 영향선을 다방면으로 응용연구, 트러스 해석의 인장계수법
- 1873 Alberto Castigliano(1847~1884)에 의해 최소일의 정리
- 1873 Charles E. Greene(1842~1903)에 의해 모멘트 면적법
- 1873 Chazelet(프랑스)에 세계최초로 철근콘크리트교가 건설
- 1874 Otto Mohr(1835~1918)에 의해 부정정 구조물을 해석하기 위한

변위일치법

- 1872~1940 Robert Maillart는 강교 대신 콘크리트교량의 설계, 즉 구조적 효율성, 경제성 및 경관미를 갖춘 작품을 계획하고 1899~1940년 사이에 41개 교를 건설
- 1880 Koenen(1849~1924, 독일)에 의해 철근콘크리트 부재의 이론적 강도계산이 실시되고 1886년 베를린의 건설사무소에서 실험으로 검증
- 1883 John Roebling(미국)에 의해 뉴욕의 East River 횡단현수교 Brooklyn교 준공 – 경간 488m로 공학적으로 성취된 걸작으로 평가
- 1890 스위스에 경간장 37.2m인 철근콘크리트 아치교를 Wildegg 타운에 건설
- 1892 Francois Hennebique(1842~1931, 프랑스)에 의해 T빔에 슬래브의 휨저항과 압축저항을 고려
- 1893 Hennebique에 의해 스터럽과 밴트업을 사용한 종방향 철근과 콘크리트의 일체적 거동을 규명
- 1897 Ulrich Finsterwalder(독일)는 Dywidag 시스템을 발명하고 세계최초로 PC교량 Aue교에 적용
- 1899 J. A. Ewing에 의해 구조부재의 소성거동 개념
- 1901 Maillart(스위스)는 Zuoz에 위치한 Inn Rive를 횡단하는 30m 아치교 건설
- 1902 Mrsch는『철근콘크리트의 이론과 적용』이라는 교재를 발간하였고 철근콘크리트 트러스 모델을 개발
- 1903 스위스의「건축 및 기술자협회」에 의해 철근콘크리트 설계표준인『철근콘크리트 구조』가 발간
- 1904 Hennebique에 의해 베르린의 Liege에 있는 Outthe 강에 경간장 55m인 콘크리트교량을 건설

- 1907 Eugene Freyssinet(1879~1962, 프랑스)는 Le Veurdre에 경간 72.5m의 3경간 3힌지 콘크리트아치교 Allie River교를 설계
- 1909 Ritz는 연속체역학에서 필드문제의 근사해법을 발표
- 1909 경간 79m 아치교 Mrsh Gmndertobel교 건설
- 1909 스위스에서 철근콘크리트 구조의 정선된 규격을 발표
- 1909~1913 T. Von Karman, A. Haar, R. von Mises에 의해 소성이론장의 응용
- 1911 Hennebique(프랑스)는 로마에 경간장 100m인 Risorgimento교 건설
- 1914 G.V. Kazinczy에 의해 구조해석에서 소성힌지의 개발
- 1914 스위스 경간 100m 철도아치교인 Langwieser 육교건설
- 1914~1915 A. Bendixen과 G. A. Maney에 의해 처짐각법이 발표
- 1919 W. H. Macaulay는 보의 처짐에 특이함수의 사용
- 1924 Hardy Cross에 의해 모멘트분배법이 발표
- 1928 Albert Caquot(1881~1976, 프랑스)는 파리의 Gare du Nord에 경간장 72m 2경간 철도교 Rue Lafayettery 준공
- 1930 Maillart(스위스)는 3힌지 아치교에서 구조적으로 불필요한 부분을 삭제하고 교량의 조형미를 돋보이게 한 경간 90m인 Salginatobel교 건설
- 1930 Hardy Cross는 기둥유사법(column－analogy method) 발표
- 1930 Freyssinnet(프랑스)가 설계한 경간장 186m인 상부는 도로교, 하부는 철도교 Plougastel교 준공
- 1932 Othmar H. Ammann(1897~1965, 미국)는 20세기 강재 현수교의 대가로 주경간장 1,000m가 넘는 Hudson 강을 횡단하는 Washington교 건설
- 1934 Fraz Dischinger(1887~1953, 독일)는 3경간(100m＋105m＋119m)인 Mosel River를 횡단하는 교량 건설

• 1938	독일의 Autobahns 고속도로에 경간장 138m인 신축이음장치가 없는 아치교 Teufelstal교 건설
• 1940	R. V. Southwell에 의해 이완법(relaxation method) 발표
• 1943	R. Courant는 Ritz법을 확장하여 비틀림 문제 해석
• 1945~1960	J. F. Baker, L. S. Beedle 등은 구조물의 소성거동
• 1948	Stahlton, A. Brandestini, M. R. Ros가 BBRV PC 시스템을 개발
• 1949	Gustave Magrel(1889~1955, 벨기에)은 독자적으로 PC 시스템을 개발하여 68m 경간의 세계 최초로 PC로 2경간 연속교 Maas Kiver교 건설
• 1950	H. Falkenheiner는 탄성구조물의 해석에 매트릭스 응력법
• 1951	Finsterwalder(독일)는 좌우평형 캔틸레버공법으로 주경간 62m를 Balduistein에 Lahn교 건설
• 1953	S. Levy는 항공구조물의 해석에 semimatrix scheme 발표
• 1954	R. K. Livesley에 의해 강체연결 뼈대구조물(stiff–jointed frames) 해석에서 강성도(stiffness)의 개념 발표
• 1954	Leonhardt(독일)는 Danube 강을 횡단하는 334m의 5경간 연속 Untermarchtal교 설계
• 1955~1956	J. H. Argyris, S. Kesley, M. T. Turner, R. W. Clough, H. C. Martin, L. J. Topp 등에 의해 뼈대구조물 해석과 연속체 해석의 개념
• 1959	V. Z. Vlasov는 변수분리로 박판단면이론을 체계화
• 1960	R. W. Clough에 의해 유한요소법(FEM) 도입
• 1970	V. Kristek는 Vlasov의 이론을 응용발전, 단순화시켜 실용적 해석기법 개발
• 1960~1988	Wilson, Bathe, Zienkiewicz 등에 의해 중요한 유한요소해석법의 응용
• 1960~현재	현대적인 Super–Computer와 Personal–Computer의 발전으로

수많은 학자들에 의해 구조물에 관련된 유한요소법, 경계요소법, 유한차분법, 복합요소법 등이 급격히 발전함

구조공학의 발전에 특히 중요한 참고자료에는 Kinney, Timoshenko, Westergaard의 책들을 포함시킬 수 있으며, 이것들로 인해 관련된 기본적인 원칙들이 느리지만 지속적으로 발전할 수 있었다. 수많은 석학들이 개발하기 위해 수천 년을 보낸 구조해석의 이론과 원칙들을 오늘날 대학생들은 단 몇 개월에 배운다는 것은 어찌 보면 아이러니하다 말할 수 있다.

1.2 역학의 정의와 구조해석의 기본원리

이 절에서는 역학을 공부하기에 앞서 구조역학의 정의와 구조해석의 기본원리에 대해서 기술하여 공부하고자 하는 학생들에게 조금이나마 방향설정에 도움이 된다면 다행이라고 하겠다.

역학(mechanics)은 물리학의 한 부분으로 물체에 작용하는 힘과 물체의 운동과의 관계를 연구하는 학문이다. 즉, 각종 구조물이 외부로부터 작용하는 힘(외력)을 받을 때 "그 내부에는 어떠한 힘(내력)이 생기는가" 또는 "어떻게 변형하는가"라는 것을 역학이라고 하며 크게 정역학(statics), 동역학(dynamics) 그리고 운동학(kinematics)이 있다. 정역학은 힘의 평형을 다루는 역학으로 물체에 작용하는 힘들이 서로 평형을 이루고 물체가 운동을 일으키지 않는 상태에서 힘의 관계를 다루는 학문이다. 그리고 동역학은 힘과 운동의 관계를 다루는 역학으로 변형과 운동 및 진동에 관련된 분야를 다루는 학문이다. 한편 운동학은 물체의 운동만을 다루는 역학으로 물체운동의 기하학적 성질을 연구하는 학문이다.

특히 정역학에서는 주로 재료역학(material mechanics), 구조역학(structural mechanics), 응용역학(applied mechanics) 등으로 나누어진다.

재료역학은 공업재료 및 그것으로 만들어진 기계나 구조물의 응력, 변형, 강도 등을 연구하는 학문이다.

구조역학은 역학, 특히 정역학의 일반원리를 응용하여, 각종 구조물이 외력을 받았을 경우에 구조물에 발생하는 내력과 변형을 연구하는 응용역학의 한 분야이다. 하중을 받는 구조물에서 구조적 거동을 예측하는 분야이며 흔히 구조해석(structural analysis) 또는 구조이론(theory of structures)이라고도 한다. 이것은 사회에 있어서 아주 중요한 과제이다. 실제로 대부분의 기술의 영역은 구조시스템의 강도나 변형과 관계되는 의문들을 해결하는 것과 관련되어 있다. 구조설계는 구조물과 요소들을 적절히 배치하고 균형을 맞추어 작용하는 하중을 만족스럽게 지지하도록 하는 것이다. 응용역학은 공학과 역학 사이의 여러 가지 경계문제를 연구하는 물리학의 한 분야로 구조역학, 재료역학, 유체역학, 토질역학, 마찰학 등이 있다. 우리나라의 토목에서는 구조역학과 재료역학을 합쳐서 **응용역학**이라고 한다.

여기서 구조물이라고 하는 것은 하중을 지지하기 위하여 일연의 연결된 부재들로 구성된 집합체이며 교량이나 고층 건물 뿐만 아니라 스포츠와 오락용 스타디움, 라디오와 TV타워, 댐, 수조, 발전소, 체육관, 터널, 공장, 관로, 콘크리트 포장, 송신탑, 석유시추 및 생산 플랜트, 저장탱크, 자동차, 선박, 항공기와 우주구조물 등 각종 시설물 및 동체를 망라한 개념이다. 이들 구조물들은 기둥과 같은 단일부재에서부터 건물이나 교량과 같은 엄청난 크기의 구조물에 이르기까지 다양한 크기를 갖는다. 미국의 시카고의 Sears Tower의 높이는 435 m가 넘으며 대만의 타이페이101건물의 높이는 501 m이다. 영국의 Humber Estuary Bridge의 현수교의 경간의 길이는 1,388 m이고 일본의 Akashi－Kaikyo교의 현수교의 경간의 길이는 1,990 m이다. 현재 이탈리아의 본토와 시실리섬을 연결하는 약 3,250 m인 교량을 건설하는 사업이 진행 중에 있다. 이 외에도 많은 초장대교와 초고층 건물의 사업이 진행 중에 있다.

이런 광대한 영역의 크기와 형태를 갖는 구물들을 해석하기 위해서 구조기술자들은 모든 구조시스템에 적용되는 기본원리를 확실하게 이해해야만 한다. 형식이나 용도에 무관하게 모든 구조시스템에 적용되는 기본원리를 배우는 것이 중요하다. 기본원리를 잘 이해한 경우에는 확신을 가지고 새로운 구조물을 해석할 수 있게 될 것이다.

구조해석에 사용되는 기본원리는 Isaar Newton경의 관성의 법칙과 운동의 법칙이다.

(1) 물체에 가해지는 하중에 의해 물체가 변형하도록 강요되지 않는 한, 물체는 안정된 상태이거나 직선상을 균등하게 운동하고 있다.

(2) 물체의 변화율 혹은 운동량은 실제 작용하중과 동일하다.

(3) 모든 작용에는 크기가 같고 방향이 반대인 반작용이 있다.

이들 운동의 법칙은 다음 식으로 나타낼 수 있다.

$$\sum F = ma \qquad (1.2.1)$$

이 식에서 $\sum F$는 물체에 작용하는 모든 힘의 합, m은 물체의 질량, a는 물체의 가속도이다. 이 교재에서는 시스템이 가속되지 않는 정적평형(static equilibrium)이라고 하는 다음과 같은 특별한 형태의 평형조건식을 다루게 된다.

$$\sum F = 0 \quad \cdots\cdots (1.2.2)$$

이들 대부분의 구조물은 움직이지 않거나 또는 일정한 속도로 움직이는 것으로 정적평형의 원칙을 사용하여 구조물에 작용하는 힘과 이들 힘에 의한 구조물의 변형과 변형에 의한 단면력을 결정하는 방법을 공부하게 된다. 이렇게 강조하는 것은 학생들에게 상위과정을 공부하기 위해 필요한 확실한 기초를 제공하여 구조이론이 그렇게 어렵지 않으며 특별한 경우를 애써 암기할 필요가 없다는 것을 학생들이 확신하기를 기대하고 있기 때문이다.

1.3 구조형태와 구조물의 이상화

1.3.1 개요

역학을 공부하려는 학생들에게는 실제 구조물이 어떻게 구성되어 있으며 구성된 각 부분들이 받는 힘의 작용점, 크기, 방향을 이해하는 것은 대단히 중요하다. 그리고 실제 구조물을 해석하기 위해서는 구조물을 어떻게 모형화하고 풀어내는가를 이해하고 평가하는 점도 매우 중요하다.

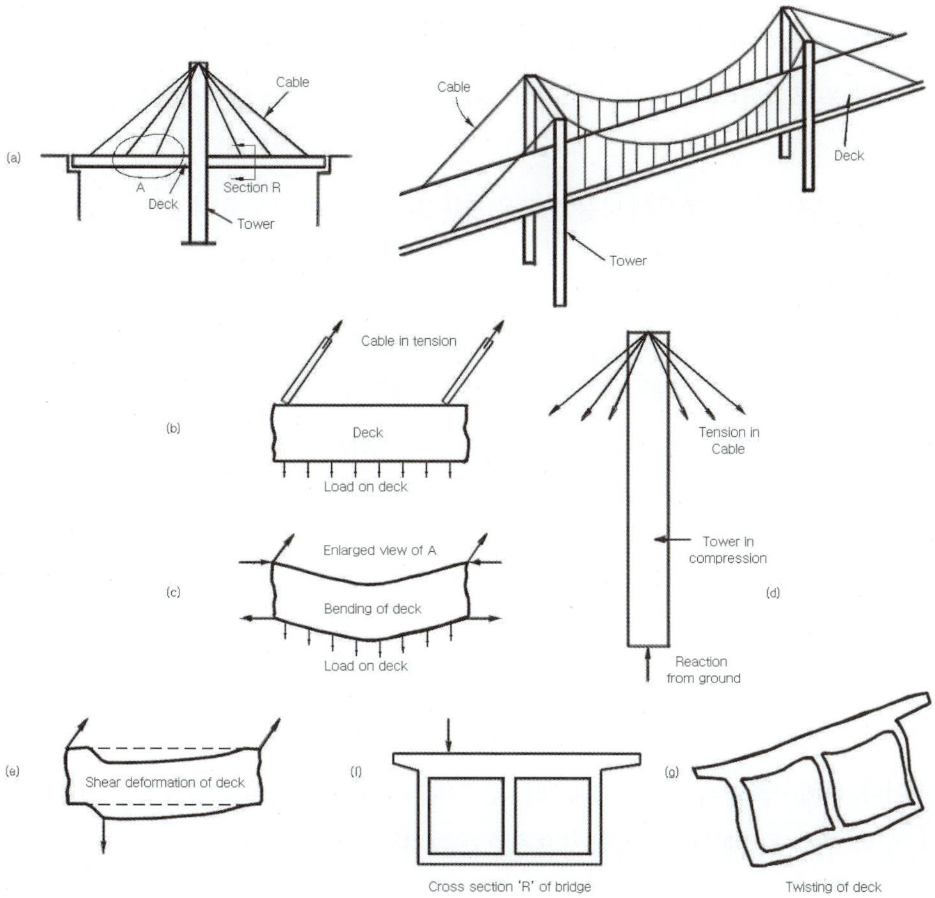

[그림 1.3.1] 구조물에 작용하는 힘의 크기와 방향 그리고 작용점

구조기술자는 구조물에 힘, 하중, 변위 등이 작용할 때 전체적인 구조물의 응답을 정확하게 예측할 수 있어야만 한다. 이러한 예측은 실제의 구조물에 적절한 가정을 도입하여 해석 가능한 이상화한 구조물로 모형화하고 이를 풀어내는 구조해석에 기초를 두고 있다. 구조물에 작용하는 힘(force)은 크기와 방향으로 정의되며 [그림 1.3.1]에 나타낸 바와 같이 5가지 형태의 단면력(인장, 압축, 휨, 전단, 비틀림)을 발생시킨다. 이들 **힘의 효과**는 회전과 이동변위를 발생시킨다. 이 구조물이 평형상태라면 구조물을 구성하는 모든 부재도 평형상태이어야 한다. 그리고 전체 구조물에 정적 평형방정식을 적용할 수 있는 것처럼 각 부재에 대해서도 적용이 가능하다. 따라서 각 부재에 작용하는 모든 힘을 포함한 부분도를 그릴 수 있고, 거기에 정적평형방정식을 각각 적용할 수 있다. 이러한 그림을 자유물체도(FBD, free body diagram)라 한다. 자유물체에 작용하는 힘은 그 부재에만 작용하는 외력과 반력 그리고 인접 부재에서 전달되어 온 내력을 포함한다. 이 자유물체도에 대한 자세한 설명은 2.3절에 설명되어 있다.

구조기술자는 실제구조물이 다음과 같은 기준을 만족할 수 있도록 책임을 다해야만 한다.

[1] 강도(Strength)

구조물과 구조물의 각 부분은 여러 가지 하중에 저항할 수 있도록 충분히 강해야 한다. 즉 구조부재의 계산된 응력들(축력, 전단력, 휨)은 안전성확보를 위해 구조부재로 선정된 재료의 규정된 허용범위를 초과하지 않아야 한다.

[2] 강성(Stiffness)

구조물과 구조물의 각 부분은 과대하게 하중이 작용하더라도 쏠리거나 변형되지 않도록 충분한 강성을 가져야 한다. 부재의 강성은 부재의 물리적 차원과 부재재료의 역학적 성질의 함수이다. 전체 구조물의 강성은 각 부재들 강성의 함수이다. 구조물의 처짐 또는 변형의 허용치는 일반적으로 실제 설계규정에 사용성으로 규정되어 있다.

[3] 안정(Stability)

구조물과 구조물의 각 부분은 압축하중이 작용할 때 좌굴이 없이 충분한 균형을 이루어야만 한다. 구조부재는 안정하여야 하고 부재재료의 역학적 성질뿐만 아니라 부재의 세장(slenderness)에서도 안정하여야 한다.

1.3.2 뼈대 또는 일차원 구조물

[1] 보(beam 또는 girder)

보는 부재의 축에 직각인 방향으로 작용하는 하중을 지지하는 가장 단순한 휨부재로 단면에는 전단력과 휨모멘트가 발생한다. 휨부재의 오목한 부분에는 압축응력이, 볼록한 부분에는 인장응력이 발생한다. 지점에서 연직방향의 지지만 하면 되므로, 지점의 설계가 용이하며 연직공간을 적게 차지한다. 공간이 제한된 고층건물의 바닥이나 천정을 지지하는 구조로 적합하나 재료를 비경제적으로 사용하는 단점이 있다.

[2] 케이블(cable)

케이블은 휨 강성이 없이 단지 인장력만으로 하중을 지지하고 압축에는 저항할 수 없는 구조를 말한다. 따라서 케이블은 인장강도가 큰 재료로 만들어지며, 케이블구조는 이러한 케이블 인장력의 연직성분이 하중과 평형을 이루도록 설계된 구조이다. 케이블에 작용하는 하중의 위치가 변하거나 몇 개의 하중이 동시에 작용하면 케이블의 기하학적 형상이 많이 변화한다. 수직방향으로 등분포하중이 작용할 때의 케이블 형상은 포물선이 되고, 케이블의 길이에 따라서 일정한 분포하중이 작용하면 현수선(catenary)이 된다.

대표적인 케이블 구조로는 현수교, 사장교와 같은 교량과 지붕구조, 케이블카 등을 들 수 있다.

[3] 아치(arch)

아치는 하중에 의하여 부재에 발생하는 압축력은 크고, 휨모멘트는 작은 특성을 갖는다. 즉, 케이블 구조의 특성과 거의 반대되는 성질을 갖는다고 말할 수 있다.

[4] 트러스(truss)

이상적인 트러스는 부재와 부재가 마찰이 없는 힌지로 연결된 구조로서 기본형태는 삼각형이다. 이러한 이상적인 트러스는 절점하중만을 고려하므로 부재에는 축방향력만 발생한다. 그러나 실제 트러스 부재간의 연결은 연결판을 사용한 볼트이음이거나 용접이음이다. 따라서 이러한 강절(rigid joint)에는 재하시에 휨 응력이 발생되나, 그 크기가 대단히 작으므로 힌지로 가정하여 해석하여도 만족스런 결과를 얻을 수 있다. 보와 마찬가지로 트러스의 상현재는 압축력, 하현재는 인장응력에 저항하고, 전단에 대한 저항은 수직재와 사재가 감당한다. 트러스 구조는 재료를 경제적으로 사용하기 위해 보에서 휨 응력이 작은 단면의 중앙부에서 휨 응력이 큰 단면의 상하부로 재료를 이동시킨 것과 같은 구조형태로서, 주로 장지간의 구조물에 적용된다. 장지간의 트러스에서는 압축재의 길이가 길어지고, 압축력이 커지므로 압축재에 좌굴이 발생할 가능성이 있다. 교량, 건물의 지붕이나 브레이싱 등을 트러스로 구성할 수 있다. 송신탑은 일종의 트러스이다.

[5] 격자구조(horizontal grid)

격자구조는 직교하는 두 방향에 나란하고 각각 등간격인 보로 이루어진 구조로서 면외 하중을 받을 경우, 이것을 연속체로 생각하면 보의 간격이 그 경간에 비하여 대단히 작다면 근사적으로 판구조로 볼 수 있다. 격자구조에는 보가 직교로 배열된 경우와 대각 배열된 경우가 있으며, 이 구조계에서 보는 휨과 비틀림에 대해 설계되어야 한다. 얇은 박막 지붕(lamella roof)은 3차원으로 변하는 대각 격자구조이다. 부재가 강체로 연결되어 있다면 이들 부재에는 축방향 압축력, 휨, 비틀림이 조합되어 작용하게 된다. 그러나 추가된 부재들이 유연한 절점을 갖는 삼각뼈대로 더해져 있다면 이들 부재에는 단순한 축방향 인장력이나 압축력이 작용하게 된다.

1.3.3 면 구조물(surface structures)

[1] 평판(plane plate)

인장응력과 압축응력 및 휨응력뿐만 아니라 비틂까지 받을 수 있는 구조로서 굴곡이 없는 판을 평판구조라 한다. 평판구조는 작용하는 외적하중을 구조표면으로 지지하는 구조물로서 구조단면의 중립면이 2차원 평면인 기하형상을 갖는다. 평판구조는 1차원적인 선형 휨 거동 구조인 보의 거동을 2차원적 평면, 휨 거동으로 확장한 휨 저항 평면구조물이다. 전형적인 평판구조로는 건물의 바닥판이나 교량의 상판(deck) 등이 있다.

[2] 쉘(shell)

쉘구조는 작용하는 외적하중을 구조표면에 의해 지지하는 구조물로서 곡면의 기하형상을 갖는다. 쉘구조는 1차원 곡선구조인 아치나 케이블의 축압축이나 인장거동을 2차원 곡면거동으로 확장한 곡면구조물로서 아치와 케이블의 축력은 쉘에서 막력(membrane force)으로 나타낸다. 가장 일반적인 쉘구조로는 돔, 스타디움, 곡면 지붕구조 등을 들 수 있다. 쉘구조는 곡면의 기하적 형상, 재료, 변위, 단면력 등이 3차원적으로 상호작용을 하기 때문에 그 해석이론이 매우 복잡하므로 보다 전문적인 역학교재에서 다루게 된다.

[3] 절곡판(folded plate)

절곡판은 뾰족한 끝단을 갖는 평판이 직으로 구성되어 있으며, 휨이 작용되기 때문에 평판이나 쉘로는 만들 수 없다. 절곡판구조의 판판한 면은 콘크리트 타설로 쉽게 시공할 수 있다.

1.3.4 구조물의 이상화(idealization)

[1] 구조물의 형태

합리적이고 간편하면서 정확하게 구조물의 여러 부분에서 응력을 계산하기 위해서는 구조해석에 적합하도록 단순하게 구조물을 나타낼 필요가 있다. 구조요소는 폭과 두께가 있으며,

집중하중은 단일점에 작용하는 경우가 거의 없고 오히려 집중하중은 작은 면적에 분포된다. 그러나 이런 특징들을 상세하게 고려한다면 구조물의 해석은 거의 불가능할 정도로 어려울 것이다. 실제 구조물을 해석에 적합하도록 단순한 시스템으로 대체하는 과정을 구조 이상화(structural idealization)라 한다.

일반적으로 대부분의 경우 입체뼈대구조물은 구조물의 부재중심축을 따라 선으로 이상화한 구조물(idealized structure)로 모형화(modeling)하여 구조요소를 나타낸다. 이러한 방법으로 이상화된 구조물의 스케치를 일반적으로 선-도형(line diagram)이라 한다.

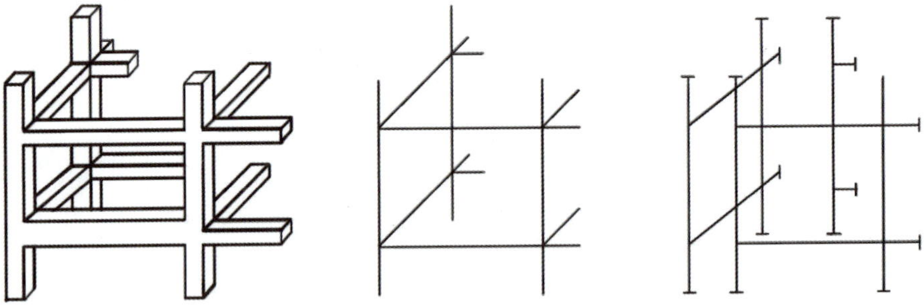

[그림 1.3.2] 구조물의 모형화

[그림 1.3.2(a)]는 실제 입체뼈대구조물이고, [그림 1.3.2(b)]는 실제구조물을 직선으로 이상화하여 모형화한 골조구조물이다. 입체구조물의 해석기법은 매우 복잡하므로 [그림 1.3.2(b)의 골조구조물을 [그림 1.3.2(c)]에 나타낸 바와 같이 각각 평면구조물로 분해시킨다. 각 뼈대는 실제 다른 평면뼈대에 결합되고 상호작용함에도 불구하고 구조물 전체하중의 몫이 각 뼈대에 분담되어 독립적으로 작용하는 것으로 가정되었다.

[그림 1.3.3]에 나타낸 바와 같이 트러스 구조물에서 리벳이나 볼트이음으로 된 실제 이음(actual joint)을 한 점으로 축소하여 **핀**(pin) 또는 **활절**(hinge)로 **이상화**시키는 것이 중요하다. 더구나 빌딩에서 바닥슬래브인 플레이트 구조는 일반적으로 플레이트 또는 쉘의 두께를 다른 부재와 비교할 때 얇으므로 평면 세그먼트로 모형화한다.

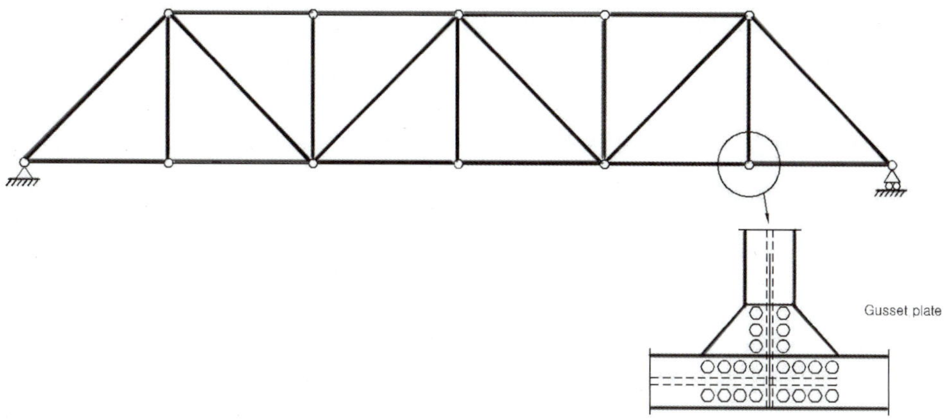

[그림 1.3.3] 트러스에서 이음의 이상화

[그림 1.3.4]에 나타낸 바닥판, 기둥, 아치를 일체로 현장 타설하는 철근콘크리트 아치교를 고려해 보자. 예비설계에서 수직 기둥으로 지지되어 있는 연속 판요소인 바닥판은 직선요소로 보고 해석하고, 기둥하중을 지지하는 콘크리트 아치는 곡선요소로 해석한다.

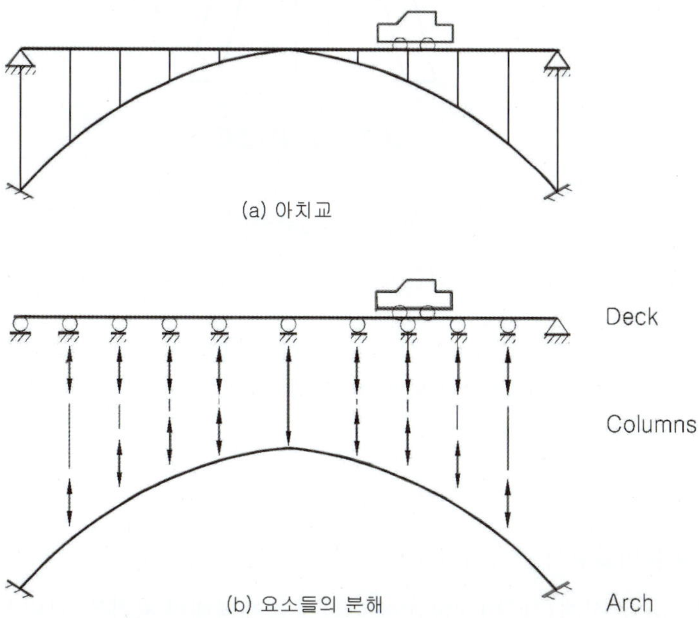

[그림 1.3.4] 철근콘크리트 아치교

[2] 연결(connections)과 지점조건(support conditions)

일반적으로 연결 또는 이음은 핀(pin or hinge, [그림 1.3.3]) 또는 강체(rigid, [그림 1.3.5])로 가정되었다. 실제는 그렇지 않지만, 용접이음은 완전한 강체로 가정되었으며, 이렇게 가정된 강체이음은 설계모멘트를 받게 되고 이음에서 하중작용 전후 조립된 부재의 중심선 사이의 각도를 유지하게 된다.

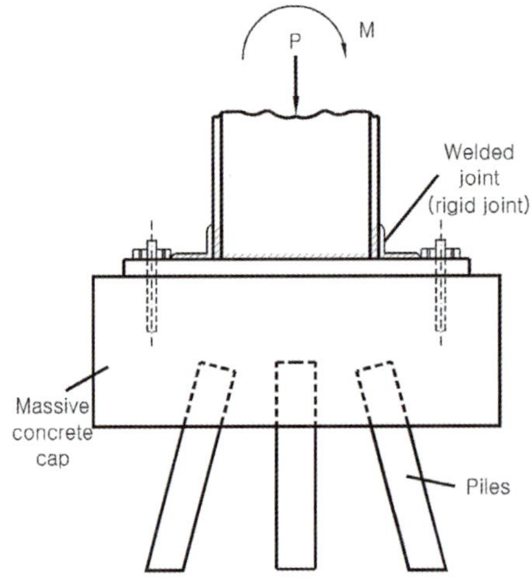

[그림 1.3.5] 강체연결

한편, 실제는 그렇지 않지만, 역학에서 볼트이음은 완전한 회전을 허용하는 마찰이 없는 핀으로 가정되며, 이렇게 가정된 핀 연결은 전단력과 비틀림 모멘트는 받을 수 있으나 휨모멘트는 받을 수 없다.

역학에서는 지점(support or bearings)에 대해서도 이러한 이상화가 적용되며, 지점은 고정지점(fixed supports), 회전지점(또는 힌지, hinged supports) 또는 이동지점(roller supports)으로 가정된다. 고정지점은 회전과 이동을 할 수가 없으며, 회전지점은 이동할 수 없고 휨에 대해 회전이 가능하며 비틀림이 구속되어 있다. 이동지점은 지지면에 평행한 방향으로만 이동하고 회전이 가능하다. 실제 [그림 1.3.6(a)]에 나타낸 철재뼈대의 지점은 [그림 1.3.6(b)]와 같이 이상화된다. 지점 A는 고정지점, 지점 D는 회전지점(힌지)로 이상화되었다. 지점의 여러 가지

형식에 대해서는 제 5장의 구조물의 개론에 나타내었다.

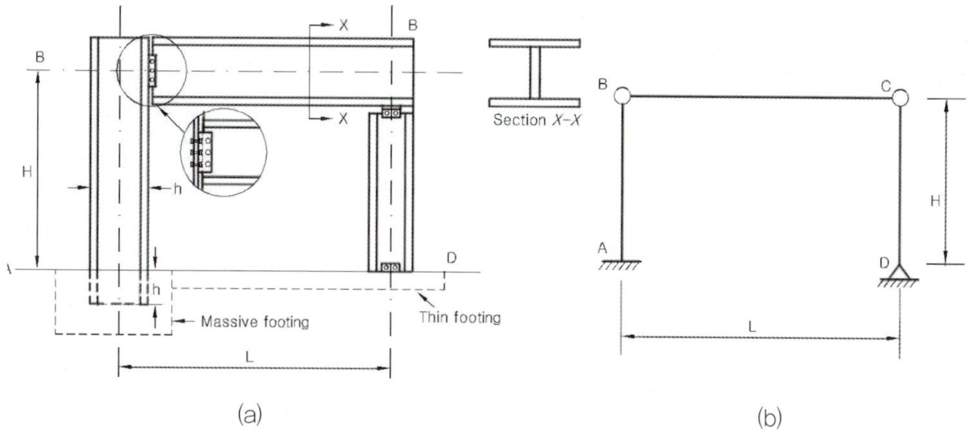

[그림 1.3.6] 철재뼈대에서 연결의 이상화

[3] 하중

구조물에 작용하는 힘을 하중이라고 하고, 구조물을 설계할 때 고려해야 할 하중은 중력, 풍력, 수압, 가속도, 온도변화, 건조수축, 마찰, 지진, 충격 등에 의한 것들이다. 여러 가지 하중에 대해서는 제 5장의 구조물의 개론에 설명되어 있다.

[4] 재료의 거동

모든 구조재료의 거동은 미시적 수준(microscopic level)에서 비등방성(nonisotropic)인 것으로 알고 있다. 강재는 미시적 수준에서 등방성이고 비례한도 내에서 선형탄성거동을 한다. 반면에 철근콘크리트는 비선형거동을 한다.

앞에서 언급한 바와 같이 실제구조물의 이상화는 구조물의 계획 진행에 매우 중요하다. 실제 구조물을 설계하고 시공하는데 있어서는 이상적인 구조물을 선택하고 결정하는 데 있어서는 기술자의 경험과 판단이 대단히 중요하다.

1.3.5 힘의 전달

학생들에게는 실제 구조물에서 하중이 작용하여 어떻게 구조물을 통하여 지지하는 기초까지 전달되는지 이해하고 평가하는 것이 대단히 중요하다.

[그림 1.3.7(a)]에 나타낸 하로 트러스 철도교를 고려해 보자. 철도트랙(railroad)은 가로보(floor beam)에 지지된 종방향 세로보(longitudinal stringer)에 의해 지지된다([그림 1.3.7(b)]). 이들 가로보의 양단은 수직 종방향 트러스의 하단패널이음에 붙어있다. 교대에는 수직트러스의 반력이 작용한다. 더구나 열차가 교량 위를 통과하는 것과 풍하중을 결부시켜 상단과 하단 패널이음위의 수직트러스에 수평력(횡방향력)이 작용한다. 이들 힘을 상단과 하단의 수평트러스가 받는다. 상단 수평트러스에 작용하는 하중은 양측끝단의 교문구(portal)가 받는다. 하중은 교대의 받침에 전달되고 최종적으로 지지하는 지반이 받게 된다. 철도 트러스교에서 하중이 하부기초로 전달되는 경로를 [그림 1.3.7(c)]에 나타내었다. 가로보와 하단 현브래이싱(chord bracing)에 대해서는 [그림 1.3.7(b)]에 나타내었다.

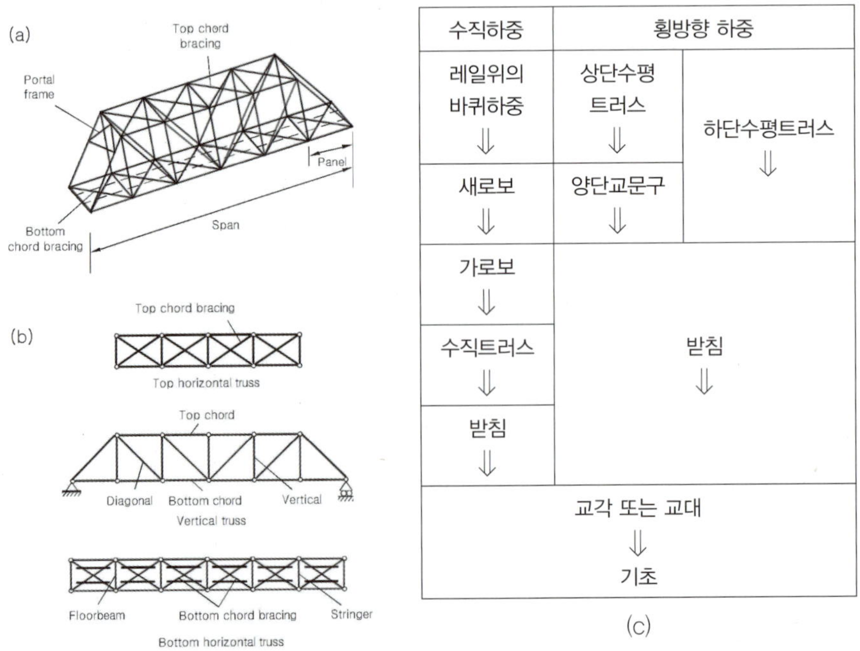

[그림 1.3.7] 하로 트러스 철도교의 하중전달

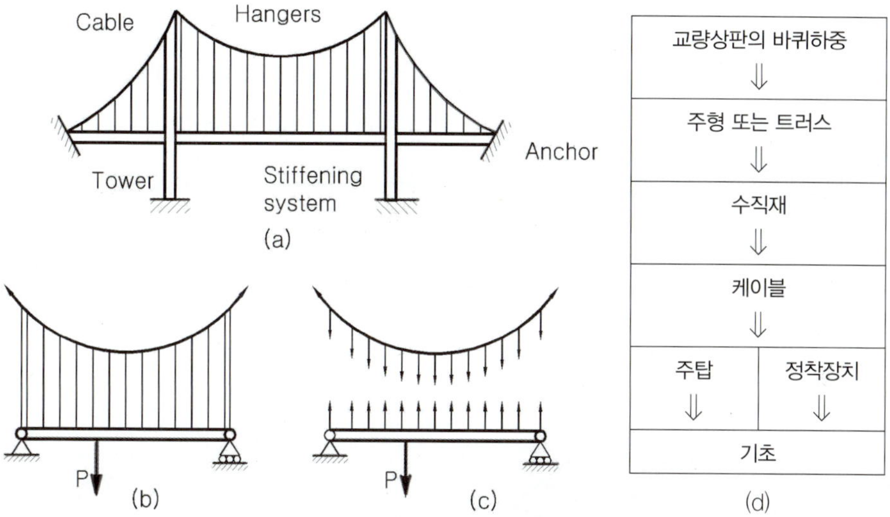

[그림 1.3.8] 현수교의 하중전달

그리고 [그림 1.3.8(a)]에 나타낸 현수교를 고려해 보자. 현수교는 주형 또는 트러스인 강체, 수직재(hanger), 케이블, 주탑(tower), 정착장치(anchor)로 이루어져 있다. 현수교의 하중전달 과정은 [그림 1.3.8(d)]에 나타낸 바와 같다.

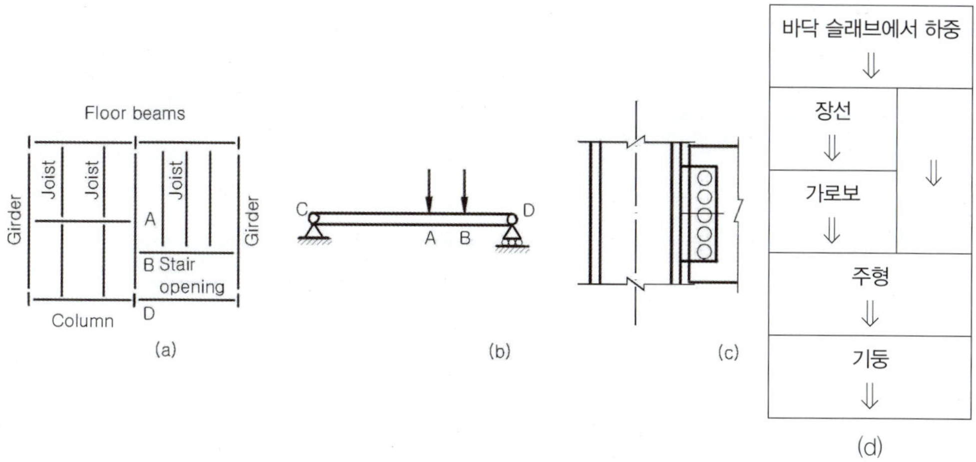

[그림 1.3.9] 철재 뼈대 건물의 하중전달

[그림 1.3.9(a)]는 철재 뼈대 건물의 표준 골조 평면을 나타낸 것이다. 주형 CD는 [그림 1.3.9(b)]와 같이 이상화되고, [그림 1.3.9(c)]에 나타낸 바와 같이 복부(web)만으로 기둥에 양단이 연결되어 있다. 이러한 건물의 하중이 전달되는 경로는 [그림 1.3.9(d)]에 나타낸 바와 같다.

마지막으로 [그림 1.3.10(a)]에 나타낸 공장건물의 수직하중, 횡방향하중, 종방향 풍하중의 전달과정을 [그림1.3.10(b)]에 나타내었다. 이러한 건물에 대한 박공뼈대(gable frame)의 개념적 모형은 뼈대의 큰 처짐을 피하기 위하여 강체이음으로 된 [그림 1.3.10(b)]와 같다. 필요한 강체를 갖기 위한 용접이음은 [그림 1.3.10(c)]에 나타낸 바와 같다.

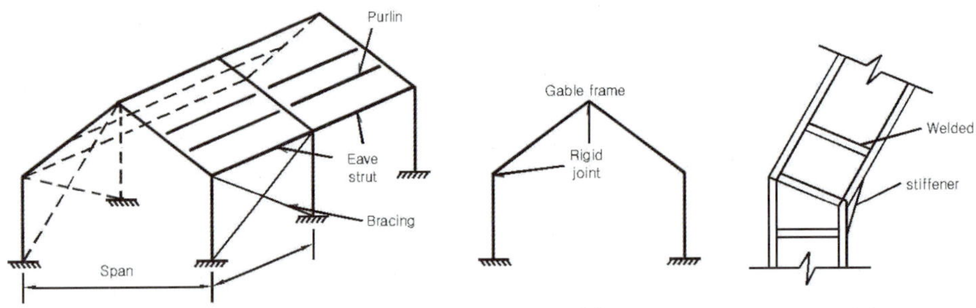

(a) (b) (c)

수직하중 ⇓	횡방향 풍하중 ⇓	종방향 풍하중 ⇓
마루대 및 처마 스트럿 ⇓	박공뼈대 ⇓	기둥간 브레이싱 ⇓
박공뼈대 ⇓		
기초		

(d)

[그림 1.3.10] 공장건물의 하중전달

1.3.6 겹침의 원리

[1] 개요

겹침은 "전체는 각각의 합과 같다"는 논리와 과학에 기초한 원리를 기본으로 한 순수 이론적인 개념이다. 구조해석의 많은 부분이 겹침의 원리에 기초를 두고 있다. 겹침의 원리는 정정 및 부정정 구조물의 해석에 광범위하고 빈번히 사용된다. 여러 가지 원인(작용하중, 온도변화, 지점침하, 정해진 변형, 제작오차 등)이 구조시스템에 동시에 작용하거나 각각의 응답효과(반력과 내력, 변위, 변형도, 응력 등)가 각 원인에 직접적으로 비례한다면, 총 작용력 효과는 각각 응답효과를 모두 합하여 구할 수 있다.

정적 정정 안정구조물(statically determinate stable structures)에 대해 힘의 겹침 효과는 성립한다. 전체 구조물의 초기형상에서 변형은 미소하다. 변형이 없는 형상에서 평형방정식이 성립한다. 더구나 정적 정정 구조물에서 힘과 반력은 구조물의 형상에 의존한다. 독립적인 변형과 재료의 성질은 고려하지 않는다.

정적 부정정 구조물에서 분리된 원인에 의한 힘의 겹침 효과는 구조물의 재료가 선형(Hooke의 법칙)이고 심한 일그러짐(distortion)이 없을 때에만 전체 힘의 효과가 성립한다.

변형효과의 겹침을 고려할 때, 변형을 일으키는 원인을 동일하게 다루는 것이 중요하다. 구조물에 심한 일그러짐이 없을 경우에는 정적 정정 구조물이나 정적 부정정 구조물에서 여러 가지 변형도에 의한 변형의 중첩은 충분히 성립한다. 그러나 하중이 원인이라면 힘과 응력은 변형도나 일그러짐에 관계되고, 이 경우에 구조물이 선형재료라는 조건에 대해서만 적용할 수 있다.

[표 1.3.1]에 정정 및 부정정 구조물에서 겹침의 원리의 적용조건(필요조건과 충분조건)을 요약해 놓았다.

[표 1.3.1] 겹침의 원리의 적용조건

변형의 겹침				힘의 겹침	
정정 안정 구조물		부정정 안정 구조물			
변형도에 의한 변형	하중(힘 또는 응력)에 의한 변형	변형도에 의한 변형	하중(힘 또는 응력)에 의한 변형	정정 안정 구조물	부정정 안정 구조물
1. 구조물 변형 전혀 없음 (미소변형) 2. 변형도 - 변위관계 : 선형	1. 구조물 변형 전혀 없음(미소변형) 2. 변형도 - 변위관계 : 선형 3. 선형재료	1. 구조물 변형 전혀 없음 (미소변형) 2. 변형도 - 변위관계 : 선형	1. 구조물 변형 전혀 없음 (미소변형) 2. 변형도 - 변위관계 : 선형 3. 선형재료	1. 구조물 변형 전혀 없음 (미소변형) 2. 선형재료 또는 비선형 재료	1. 구조물 변형 전혀 없음 (미소변형) 2. 선형재료

[2] 탄성, 비탄성, 선형, 비선형 거동

구조물에 하중이 작용할 때, 응력을 받은 부재의 길이는 변한다. 이때 하중을 제거하면 부재는 원상태의 길이로 복귀하는 구조거동을 탄성(elastic)이라고 한다. 반대로 하중을 제거하더라도 부재가 원상태의 길이로 복귀하지 않는 구조거동을 비탄성(inelastic)이라고 한다. 더구나 구조물의 각 부재의 응력 - 변형도 관계가 선형일 때, 구조물의 거동은 선형(linear)이라 정의하고, 그렇지 않다면 비선형(nonlinear)이라고 말한다.

구조물의 탄성거동은 선형(선형탄성구조, linear elastic structure, [그림 1.3.11(a)])이거나 비선형(비선형 탄성구조, nonlinear elastic structure, [그림 1.3.11(b)])이라고 할 수 있다. 더구나 비탄성거동은 비선형(비선형 비탄성거동, nonlinear inelastic behavior, [그림 1.3.11(c)])이라고 할 수 있다.

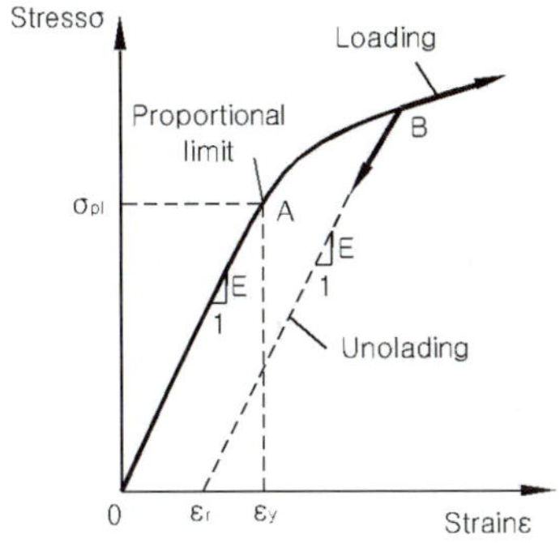

(a) 선형탄성거동(O → A)과
비선형 비탄성거동(O → A → B → C)

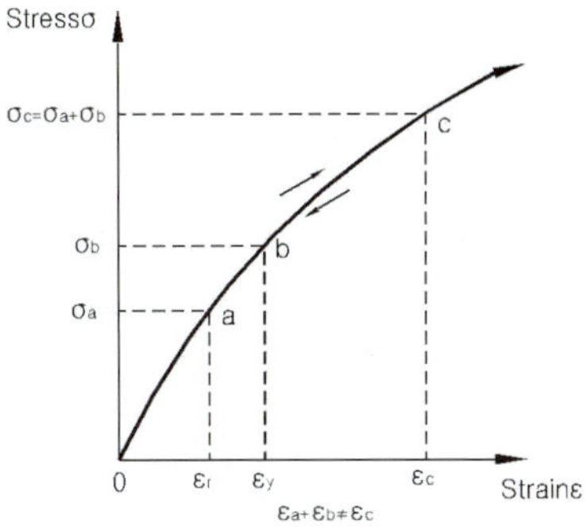

(b) 비선형 비탄성거동
(O ↔ a ↔ b ↔ c)

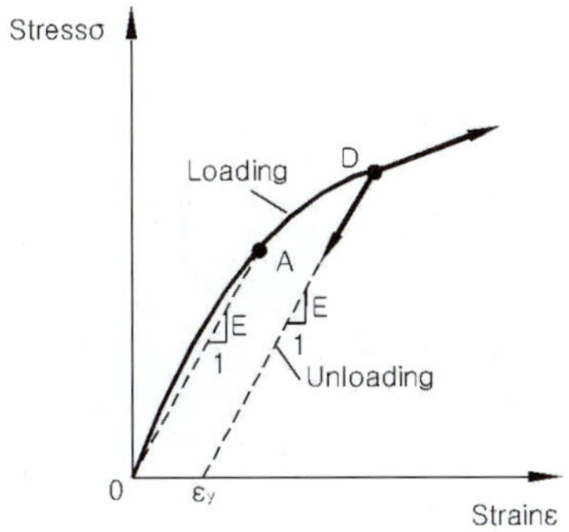

(c) 비선형 비탄성거동(O → A → D → ε_r)

[그림 1.3.11] 재료의 거동

[3] 대칭과 겹침

많은 구조문제의 해석적 접근은 대칭(또는 하중이나 변형이 대칭이거나 역대칭)인 선형탄성구조물이라면 간단히 할 수 있다. 대칭과 겹침의 원리로 구조물을 분해하여 간단히 해석하는 예를 [그림 1.3.12]에 나타내었다. 실제 대칭과 겹침의 원리에 대한 적용에 대해서는 여러 장에서 다루게 될 것이다.

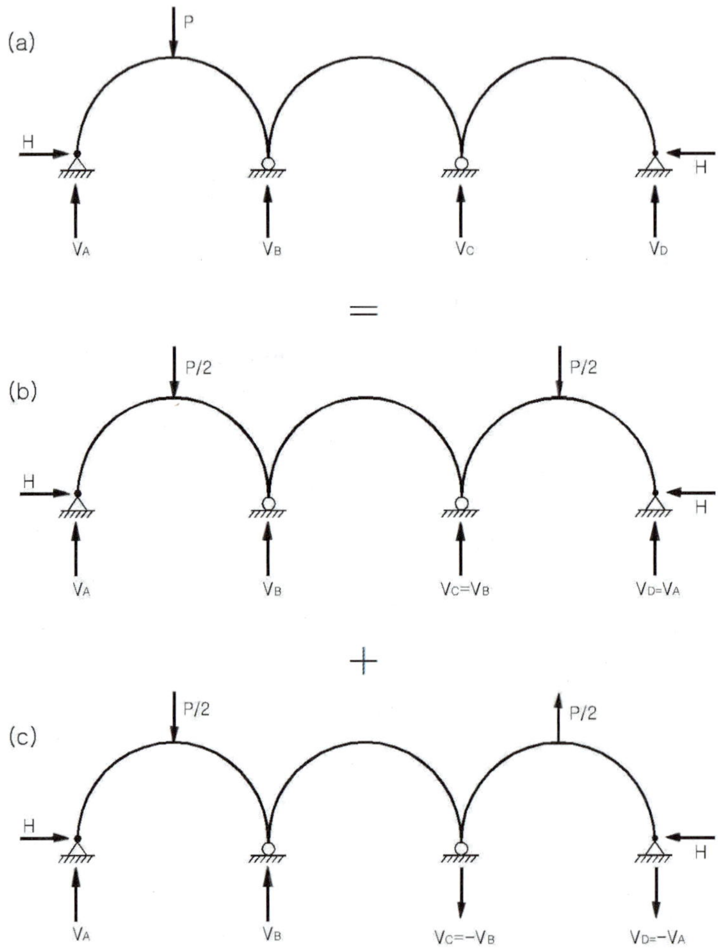

(a) 비대칭 하중작용 = (b) 대칭 하중작용 + (c) 역대칭 하중작용

[그림 1.3.12] 대칭과 겹침의 원리로 구조물을 분해

1.4 구조해석 이론

1.4.1 개요

이 절에서는 응용역학을 공부하기에 앞서 구조해석 이론에 대해 기술하였다. 구조해석의 목적은 하중, 온도변화, 지점침하 등의 외적인 작용을 받는 구조물의 단면력(축력, 전단력, 휨 모멘트 등)과 변위와 변형 및 응력분포를 구하여 안전한 구조물을 설계하는 데 있다. 구조해석의 수준과 해석방법 또는 구조형식, 사용하중, 구조거동 등에 따라 구조해석법과 구조해석이론은 매우 다양하다. 물론 다양하고 전문적인 구조이론을 어느 한 기술자가 모두 알 수는 없다. 그러나 해석상 외력과 내력의 평형조건, 변위와 변형의 적합조건, 재료의 구성조건, 그리고 역학적 및 기하학적 경계조건을 만족시켜야 하는 데에 대해서는 충분히 알고 있어야 한다. 오늘날 고도로 전문화된 사회에서는 구조문제에 따라 그 분야의 권위적인 전문가에 의해 특정한 문제에 대한 고급구조해석이나 설계가 이루어져야 하지만, 일반 구조설계자나 전문가는 일반구조물에 대한 고전적인 구조해석 이론과 Computer에 의한 구조해석 이론 정도는 잘 알고 있어야 한다. 급변하는 다양한 고급 구조해석 이론에 대한 기초개념을 알고 있어야 복잡한 구조시스템의 해석과 설계를 성공적으로 수행할 수 있을 것이다.

1.4.2 정정 구조해석과 부정정 구조해석

구조물의 '정정성(determinancy)'에서는 정정 구조해석으로, '부정정성(indeterminancy)'에서는 부정정 구조해석으로 구분 된다.

1.4.3 응력법과 변위법

구조해석 방법에 따라 구분하면 크게 응력법(force method)과 변위법(displacement method)으로 구분할 수 있다. 응력법은 미지의 부재력(부정정력, 과잉력 또는 잉여력)을 적합방정식

(compatibility equation)으로부터 구하는 해석이론이고, 변위법은 미지의 절점변위를 절점의 평형방정식으로부터 구하는 해석이론이다. 응력법과 변위법에 의한 뼈대구조물의 고전적 해석이 이 교재의 주요 내용이므로 뒤에 가서 상세하게 배우게 될 것이다.

1.4.4 정적 및 동적해석

작용하중의 특성에 따라 구분하면 정하중(static load)의 작용으로 인한 정적 단면력, 처짐의 해석을 위한 정적 구조해석 이론과 구조물의 고유진동수, 진동모드의 동특성해석과 시간에 따라 변하는 동하중(dynamic load)의 작용으로 인한 동적 응답해석을 위한 동적 구조해석 이론으로 나눌 수 있다. 실제 대부분의 구조물은 설계단계에서는 동하중을 등가정하중으로 취급하여 정적 해석결과에 의해 구조설계를 한 후에 구조물의 동하중상태에서 정확한 동적거동을 평가하기 위해 엄밀한 동적해석을 수행하는데 장대구조물의 내진 및 내풍설계에서 흔히 사용되는 해석방법이다. 일반 토목구조물에서는 차량, 충돌하중, 폭발, 바람, 지진과 같은 동하중의 작용으로 인한 동적재하효과로부터 충격하중, 충돌에너지, 돌풍효과, 응답스펙트럼 등을 이용한 등가정하중효과를 구하여 등가정적해석만으로 설계하거나 구조안전도를 검토한다.

1.4.5 구조물의 형식에 따른 해석

[1] **뼈대 구조해석** – 보, 트러스, 라멘

[2] **면 구조이론** – 평판, 쉘

[3] **구체 구조해석** – 중력식 옹벽, 댐

고전적인 구조해석 이론에서는 이러한 여러 가지 형식의 구조물들에 대한 해석 이론이 서로 상이하였지만, 오늘날 유한요소구조해석(FEM, finite element method)에서는 해석 이론은 동일하고 다만 이들 구조물의 해석을 위한 요소강성방정식(element stiffness equation)의 차이와 그 해석을 위한 유한요소와 구조모델링 상의 차이만 있을 뿐이다. 뼈대구조물의 해석법도 대개의 뼈대구조물이 원래는 입체적으로 3차원 구조시스템을 이루도록 골조를 형성하고 있지만, 하중의 작용이 면내(in－plane)하중으로 작용하거나 하중에 따라 평면변형이 지배적인 경우에는 종방향 및 횡방향의 평면구조물로 해석한다. 그러나 뼈대가 불규칙하고 하중이 구조물의 입체적인 3차원 변형을 유발하도록 작용하는 경우에는 입체구조물로 해석해야 한다.

1.4.6 구조물의 설계를 위한 해석

구조설계를 위한 정적 및 동적 구조해석에서는 특별한 경우를 제외하고는 일반적으로 선형해석이론이 사용된다. 실제 토목이나 건축구조물과 같은 거대한 구조물은 외력의 작용 하에 구조물에는 구조물의 전체 치수에 비해 변형의 크기가 대단히 작으므로 구조물이 진동하는 경우를 제외하고는 변형을 감지하기가 어렵다. 이와 같이 일반적인 구조물의 미소변형(small deformation)으로 인하여 작용외력과 탄성변형 사이에는 선형적인 관계가 성립하며 구조물 해석을 대단히 쉽게 하는 기본원리의 하나로 겹침의 원리(principle of superposition)가 적용된다. 물론 장주의 좌굴해석은 외력과 휨변형이 비선형이므로 예외이지만 그 외의 선형탄성 구조물의 미소변형 구조해석에서는 모두 선형해석이 적용된다. 본 교과서에서 보, 트러스, 라멘, 아치 및 케이블과 같은 뼈대구조물의 해석은 겹침의 원리를 이용하는 선형 구조해석이다.

1.4.7 탄소성－비선형 해석 및 유한변형－비선형 해석

특히 지진이나 태풍과 같은 자연재해 하중을 받게 되면, 이로 인하여 구조물의 손상이나 안전도를 해석할 때에는 구조물에 Hooke의 법칙이 성립하는 탄성한계를 넘어 과도한 응력이 발생하는 구조물에 대해서는 비탄성, 탄소성 해석을 해야 한다. 이러한 경우는 응력－변형률 관계가 비선형관계와 과도한 탄소성 변형을 수반하는 매우 복잡한 탄소성－비선형 해석을 하여야 한다. 유연한 장대교(현수교나 사장교 등)에서 작용외력으로 유한변형이 생기게 되면 변형된 구조물에 대해 평형조건으로 해석해야하므로 유한변형－비선형 해석을 하여야 한다.

1.4.8 실무에 필요한 고급 구조해석

[1] 구조안정 이론(structural stability theory)

좌굴파괴(구조불안정), 한계상태설계(LSD, Limit State Design), 하중저항계수설계(LRFD, Load & Resistance Factor Design)

[2] 내진해석 및 내풍해석

장대구조물(장대교나 초고층빌딩)

[3] 피로파괴해석(fatigue fracture analysis)

강구조물의 금속재료 접합부 등 안전도분석 및 피로수명해석

[4] 확률론적 구조해석 또는 구조신뢰성해석(structural reliability analysis)

자동차, 선박, 해양, 우주, 항공구조물과 특수한 건설구조물 등 중요구조물의 정밀안전도에 대한 엄밀한 해석

[5] 복합재료 구조해석

신소재 복합재료(G－FRP, C－FRP, A－FRP 등)

1.5 | 문제 검토

구조해석의 분명한 장점은 처음 사용된 방법이 아닌 다른 방법으로 해석하거나 구조물의 다른 위치에 동일한 방법을 적용하여 수학적으로 검토하는 것이 가능하다는 것이다. 따라서 거의 모든 상황에서 해석이 정확히 된 것인지 결정할 수 있어야 한다.

불행히도 누구나 어이없는 실수를 할 수 있으므로 이런 실수를 절대적으로 최소화시키는 일이 우리들이 해야 할 최선의 일이다. 본 교재에서 제시된 간단한 산술적 검토로도 이러한 경비가 많이 드는 큰 실수들을 많이 제거할 수 있을 것이다. 결국 **최고의 구조설계자는 초기에 가장 적은 실수를 하는 사람이 아니라 그의 가장 큰 실수를 찾아 수정할 줄 아는 사람일 것이다.**

1.6 | 구조물의 건설과정

구조물을 건설하는 과정은 계획, 해석, 설계, 시공의 4단계로 이루어진다. 이 과정을 단계별로 다음에 나타내었다.

1.6.1 계획(planning)

구조물의 기능을 다할 수 있으면서도 경제적이고 외관이 아름다운 구조형식과 적절한 배치를 결정하는 초기단계이다. 구조물의 기능은 충분한 강도(strength)와 적당한 강성(rigidity)을 보유함을 의미한다. 따라서 구조기술자는 창의적인 상상력, 폭 넓은 경험, 건전한 판단력을 항상 갖추고 있어야 한다.

1.6.2 해석(analysis)

실제의 구조물에 적절한 가정을 도입하여 해석이 가능케 이상화한 구조물(idealized structure)로 모형화(modeling)하고 이를 풀어내는 과정이 구조해석이다. 따라서 해석자는 역학의 기본원리를 충분히 이해하고 있어야 할 뿐만 아니라 응용수학에 관한 광범위한 지식, 컴퓨터의 조작과 응용에 관한 능력을 갖추고 있어야만 한다.

이상화된 구조물인 모형은 실제구조물의 모양과 연결부분 등에 가정을 도입하여 해석이 가능할 정도로 단순화시킨 것이지만 실제 구조물의 거동이 될 수 있도록 정확하게 반영할 수 있어야 한다.

그러나 이것은 실험으로 검증하여야 하는 성질의 것이기 때문에 일일이 실험을 수행할 수 없는 상황에서는 경험에 의한 판단이 큰 몫을 하게 된다. 필요하다고 판단되는 경우에는 복잡한 수치해석의 결과를 검증하기 위하여 축소모형이나 원형크기의 구조물에 대하여 실험을 시행하여야 할 경우도 있다. 예를 들어 사장교나 현수교와 같은 장대교는 풍하중에 특히 취약하기 때문에 풍동시험(wind tunnel test) 등을 시행하게 된다.

해석단계에서는 먼저 하중을 정확하게 추정하고 이상화 과정에서 구조물 전체계가 구조적인 안전을 상실하지 않도록 하여야 한다. 하중의 추정에서는 하중의 특성, 크기, 작용위치 및 분포, 작용빈도 등이 포함되며 온도변화의 영향, 지점의 부등침하의 영향도 고려되어야 한다.

구조물의 자중 즉, 사하중은 차량이나 물건과 같은 활하중보다 훨씬 더 정확하게 추정할 수 있다. 활하중의 동적인 영향은 그 특성에 따라 등가의 정하중으로 대치하여 정역학으로 해석할 수도 있고, 구조물이 복잡하면 동역학적인 해석을 하여야 하는 경우도 있다.

구조물의 설계하중은 일반적으로 해당 구조물에 관한 설계기준(specifications)이나 설계규준(design codes)에 규정되어 있다. 이를 규정된 내용은 최소한도의 지침일 뿐이며, 구조기술자는 더 정확한 실험자료를 입수할 수 있다면 이를 설계에 이용할 수도 있다.

구조역학은 주로 이 해석단계를 다루는 분야이다.

1.6.3 설계(design)

해석단계에서 각 부재의 내력과 변형을 계산한 다음에 이 내력과 변형의 최댓값을 적절하게 지지할 수 있는 최소 크기의 부재를 선정하고 부재와 부재의 연결을 설계하는 단계이다. 설계단계에서는 해당 구조물의 설계에 관한 설계기준이나 설계규준에 명시된 규정을 준수하는 것이 무엇보다도 중요하다. 구조물의 재료는 선택된 구조형식에 맞는 것이라야 하며 구입과 운반이 쉽게 이루어져야 하므로 계획단계의 초기에 결정되어야 한다.

모든 구조물은 사용성(serviceability)과 안전(safety)에 관한 요건을 만족하도록 설계되어야 한다. 사용성은 과도한 변형이나 진동, 또는 부식이나 화재 등을 방지할 수 있는 특성을 말하며, 안전은 구조물이 파괴되지 않도록 충분한 극한내하능력을 보유하는 것을 의미한다.

탄성설계에서는 안전에 만족하도록 설계된 구조물은 동시에 적절한 사용성을 갖는 것이 대부분이다. 일반적으로 부재나 연결부의 충분한 강도(strength)는 안전성을 보장하며 적절한 강성(rigidity)은 사용성을 확보하는 것이다.

사용성은 탄성한도 내에서 결정되는 탄성계수나 Poisson비와 같은 재료의 물성에 의존한다. 반면에 구조물의 극한내하능력은 강재와 같은 연성재료에서의 소성변형(plastic deformation), 콘크리트와 같은 취성재료에서의 급작스러운 취성파괴(brittle fracture), 압축력을 받는 장주에서의 좌굴(buckling), 반복되는 동하중에 의한 피로파괴(fatigue fracture) 등에 따라 결정된다. 여기서 좌굴이나 피로파괴는 그 재료의 탄성한도보다 훨씬 낮은 응력에서 발생한다.

또한 설계과정에서는 구조계 전체로서의 안정이 면밀하게 검토되어야 하며 어떤 부분의 국부적인 파손은 경우에 따라서는 구조물 전체의 파괴로 이어질 수도 있다. 따라서 설계의 최종단계로서 전단응력, 처짐 등을 점검하고, 국부좌굴, 브레이싱, 기둥의 좌굴, 연결부분, 취성파괴 등에 관한 설계 세목을 자세하게 검토하여야 할 것이다.

1.6.4 시공(construction)

이 최종단계는 현장에서 구조물을 조립하고 건립하는 단계이며, 자재, 장비, 기술인력의 획득 및 수송이 포함된다. 이 단계에 이르면 구조기술자는 이미 직접적인 관여를 할 수 있는 위치에서는 벗어나 있다고 볼 수 있지만 시공전반에 관한 감리 및 감독에 관여하게 되는 경우가 흔히 있게 되며, 또한 설계변경이 불가피하여 재설계를 하게 되는 경우도 있다.

설계자는 항상 계획단계에서의 여러 가지 고려사항을 유념하면서 동시에 시공단계에 있을 수 있는 문제점들을 설계에 반영하도록 하여야 한다. 다시 말해서 시공성을 고려한 설계가 이루어져야 한다. 따라서 시공자는 물론이고 설계자도 여러 가지 시공기법과 그 적용범위를 숙지하고 있어야만 할 것이다.

시공단계에서는 특히 품질관리에 대해서 시공자, 감리자, 감독관 모두 최선을 다하여야 하며, 설계도면, 일반 및 특별시방서, 공정표 등을 엄격하게 준수하여 시공하고 있는지를 항상 점검하는 것이 바람직하다.

1.7 구조해석과 컴퓨터

개인 컴퓨터를 사용할 수 있게 된 것은 구조물을 해석하고 설계하는 방법을 급격하게 바꾸었다. 거의 대부분의 공대와 사무실에서 컴퓨터가 구조문제를 풀기 위해 사용되고 있다. 그러나 아직까지도 대부분의 공대에서 구조해석을 가르치는 최선의 방법은 분필과 칠판을 사용하는 것이며(물론 Beam Projects를 사용할 수 도 있지만), 컴퓨터 예제가 보조용으로 사용되고 있다는 것은 재미있는 일이다.

오히려 많은 구조공학 교수들은 컴퓨터 적용법을 소개하기에 앞서 학생들이 구조해석과 관련된 이론과 포켓계산기로 문제를 푸는 법을 먼저 배워야 한다고 느끼고 있다. 교과서에서 배우는 다양한 해법의 원리를 이해하고, 절차를 숙달하는 것은 대단히 중요한 일이다. 그리고 이러한 기본지식을 바탕으로 실제 구조물에 대하여 힘의 흐름을 분석하고 응력의 발생을 예측하는 능력을 갖기 위해서는 다양한 조건의 예제에 대한 폭넓은 역학적 경험과 지식이 필요하다. 그러나 이론적 해석법에 의한 수계산으로 구조물의 거동을 분석하는 것은 계산 자체에 많은 시간과 노력이 요구되므로 다양한 구조물의 역학적 조건을 경험해보기는 어렵다. 또 계산과정 자체에 몰두하여 자칫하면 나무만 보고 숲은 보지 못할 수도 있다. 따라서 모든 장들에 주어진 예제나 문제들을 교육용 컴퓨터 프로그램 SAP2000이나 MIDAS 등으로 적용해 볼 필요가 있다(교육용은 인터넷으로 다운받을 수 있음). 이들 프로그램은 구조물의 입력데이터의 선처리 기능, 변형뿐만 아니라 부재(트러스, 케이블, 보, 판, 쉘 등)의 단면력 등의 계산은 물론 변위, 단면력 등 후처리 기능도 포함하고 있으므로 이들 프로그램의 사용은 상당한 양의 공부가 필요하다. 교수법에 따라 함께 사용될 수도, 뺄 수도, 또는 교수가 선호하는 시기까지 일시적으로 남겨둘 수도 있다.

이들 상용프로그램(SAP2000 또는 MIDAS 등)의 완결본은 많은 나라들에서 공학실무에 광범위하게 사용되고 있다. 따라서 비록 이들 프로그램을 배우기 위해서는 상당한 시간과 노력을 필요로 하지만 그러한 노력은 충분히 보상받을 수 있을 것이다. 학생이 졸업 후에 엔지니어로 일하게 된다면 곧바로 사용하게 되는 그러한 종류의 프로그램이며, 이런 지식은 직장에서의 업무를 빠르게 시작할 수 있게 해 줄 것이다.

그러나 사실 지금까지 개발된 프로그램을 효과적으로 응용하려면 풍부한 경험을 필요로 한다. 해석에서 가장 어려운 것은 구조물의 거동에서 중요한 특성에 근사하도록 모델을 작성하는 것이다. 컴퓨터 프로그램은 풍부한 경험을 가진 기술자의 공학적 판단과 대치할 수는 없다. 중요한 사실은 좋은 구조모델의 준비로부터 정확한 출력결과가 나온다는 것이다. 프로그램의 기본가정과 역학을 확실히 이해하고 있어야 잘못된 결과를 판단할 수 있다. 일반적인 컴퓨터 출력의 검토뿐만 아니라 기본적인 구조거동에 대해 이해하는 것도 필요하다. 기술자는 정확하게 구조물을 이상화시킬 책임이 있고, 본인이 그 출력결과에 대해 책임을 져야 한다는 사실을 명심해야 한다. 개발된 컴퓨터 프로그램이 출력된 결과를 책임질 수는 없다.

1.8 IT 융복합 스마트 설계

최근의 토목 산업 분야는 급변하는 사회적 정세와 기술적 발전을 충분히 반영하지 못하고 있기 때문에 그 생산성이 현저히 감소하고 있는 추세이다. 따라서 토목 산업 분야에 새로운 기술의 적용과 정보화, 장비의 고도화, 조달의 합리화 등을 통하여 생산성 향상을 이루어야 할 필요가 있으며 이러한 목적을 실현하기 위한 전문 토목 엔지니어의 양성이 시급한 실정이다. 공학전반의 기술발전이 빠르게 이루어지면서 건설분야에서는 시공기술과 설계기술이 눈부시게 발전하고 있다.

특히, 설계기술은 공학이론의 발전과 함께 컴퓨터를 활용한 IT기술이 급속하게 발전하면서 설계방법의 다변화와 함께 편리성이 개선되었다(IT **융복합 스마트 설계**). 1970~1980년대에 수작업으로 해왔던 구조물의 설계도면 작성을 1990년대 이후로는 CAD 프로그램의 도움을 받아 컴퓨터 작업을 해오고 있다. 그러나 최근에는 기존의 수작업을 단순히 컴퓨터로 대신하는 개념에서 탈피하여 설계의 전 과정을 컴퓨터를 활용하여 수행하려는 시도들이 계속되고 있다. 이런 분야를 최근에 '**토목** BIM'이라 명명하고 있다. 실제로 BIM은 건축분야의 Building Information Modeling에서 출발하였으나 최근에는 토목분야에까지 확장되어 적용되면서 건축의 BIM과는 다른 양상으로 활발하게 개발, 적용되고 있다. 예를 들어 도면을 처음부터 평면 도면이 아닌 3차원 도면으로 작성한다던지, 컴퓨터로 설계도면 작성 시 공정관리 개념을 도입하여 설계도면과 함께 시공관리를 할 수 있는 형태로 운영하는 경우(3차원과 함께 시간까지 고려하여 4D CAD라고 부르는 경우도 있음)가 많이 있다([그림 1.8.1], [그림 1.8.2]).

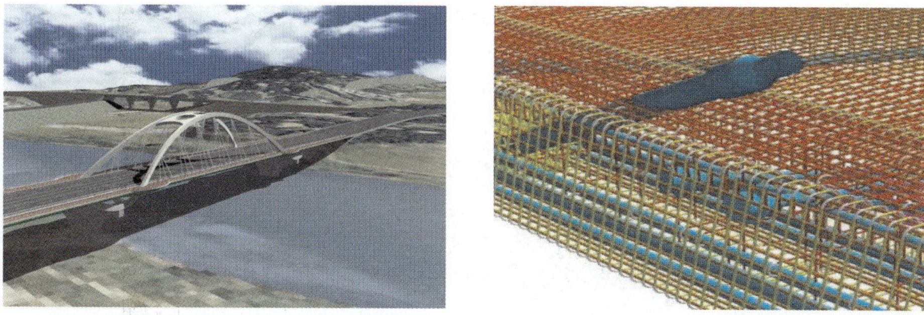

[그림 1.8.1] 교량에 대한 3차원 CAD 설계도면의 예(왼쪽)와 시공상세도면의 예(오른쪽)

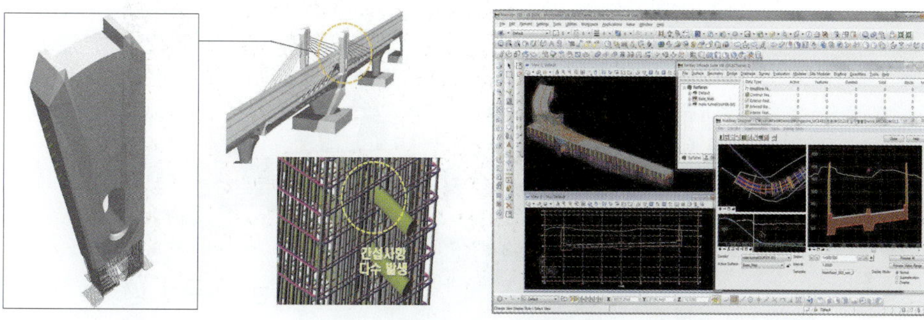

[그림 1.8.2] 토목 BIM의 다양한 활용 예

기존의 토목 분야 공정 시스템은 설계로부터 시공, 유지관리의 단계까지 각각의 격리된 정보를 이용하여 수행되어 왔기 때문에 다수의 건설 정보 손실이 발생되어 왔는데 최근 토목 BIM이 개발되어 단일의 총체적 건설 정보 모델을 수립하여 운영하고 모든 건설 단계에서의 정보 공유화가 가능하게 함으로써 시간적, 경제적 자원의 손실을 최소화하고 토목 산업의 생산성을 향상시키고 있다. 최근 이러한 토목 BIM 활용이 증가되고 있다.

구조물의 계획단계에서부터 토목 BIM을 적용하여 경관설계와 함께 구조물을 계획을 검토하는 경우도 많다. 컴퓨터 시뮬레이션을 통해 가상현장을 구축하고 가상건설을 미리 수행함으로써 공사시 발생할 수 있는 시공상의 어려움이나 공정관리, 장비운용에 많은 insight를 얻을 수 있다. 또한, 선형검토, 토공량 산정도 가능하게 되며 공사에 대한 이해를 획기적으로 증진시킬 수 있다. 이를 잘 활용하면 구조물이 완공된 이후에 유지관리에도 활용이 가능하다.

1.8.1 BIM의 정의

IT를 이용한 건설사업의 건설기술이 설계, 시공, 유지관리 분야에 걸쳐 발전을 거듭하고, 컴퓨터 하드웨어 및 설계전용 소프트웨어의 발전에 따라 설계업무의 전산화 및 자동화가 급속히 진전되고 있다.

BIM은 Building Information Modeling의 약자로 일반적으로 3차원 정보모델을 기반으로 시설물의 생애주기(계획, 설계, 시공, 유지관리)에 걸쳐 효율적인 업무협업을 수행하는 시스템이다[그림 1.8.3].

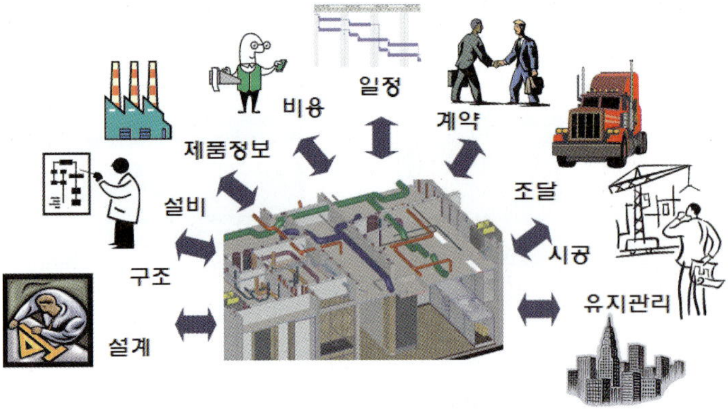

[그림 1.8.3] BIM의 활용

국제 빌딩스마트 협회의 Thomas Liebich 박사는 최근 빌딩스마트코리아 세미나에서 BIM의 개념을 세가지로 정리 하였다. 첫째는 건물을 표현하는 하나의 정보집합으로 보는 개념으로 BIM을 특정 소프트웨어에서 만든 하나 또는 여러 개의 모델파일(예: Revit 모델, Archicad 모델 등)로 보는 경우이다. 이 경우에 BIM은 'Building Information Model'로 해석된다. 둘째는 건물의 생애주기 동안의 정보처리 및 관리과정(process)로 보는 견해이다. 이 경우 BIM은 'Building Information Modeling' 또는 'Building Information Management'로 해석된다. 셋째는 BIM을 이러한 것을 구현하는 소프트웨어로 보는 견해로 이 경우 BIM은 'Building Information Modeler'로 해석된다.

[1] BIM의 용어

BIM이란 용어가 처음등장하기 시작한 데에는 다양한 의견이 있으나, 1970년대 후반, Georgia Institute of Technology의 Charles M. Eastman 교수가 Building Product Model이란 용어를 사용하기 시작한 것이 'Building Information Modeling(BIM)'이란 용어 탄생의 계기이다.

BIM 용어 사용 배경에 대해서 년도 별로 정리하면, 다음 [표 1.8.1]에 나타낸 바와 같다. [그림 1.8.4]에 BIM의 구성요소를 나타내었다.

[표 1.8.1] BIM 용어 사용 배경

년도	주요 내용
1970년대 후반	Georgia Institute of Technology의 Charles M. Eastman 교수가 Building Product Model이란 용어를 사용
1986년	최근 벤틀리에서 오토데스크로 옮긴 Robert Aish의 1986년 논문 'Building Modeling : The key to Integrated Construction'에서 유사 개념 제시
1987년	1987년 Graphisoft사의 Archicad가 '가상설계 및 건설(Virtual Design and Construction)'이라는 개념으로 최초 프로그램 개발
1992년	1992년 Automation in Construction에 G.A van Nederveen과 F. Tolman이 발표한 'Modelling multiple views on buildings'에서 'Building Information Modeling'이라는 용어사용
2003년	2003년 Autodesk사가 'Building Information Modeling'이라는 제목의 백서를 내면서, 경쟁업체인 Bentley(Bentley and Workman 2003)와 Graphisoft (Bernstein and Pittman 2004)가 유사한 백서를 냈음
-	건축캐드 웹진(The Laiserin Letter)의 편집장인 Jerry Laiserin이 '위대한 논쟁(the Great Debate)'이라는 제목으로 오토데스크와 벤틀리간의 BIM에 관한 논쟁을 중계하면서 BIM이라는 용어와 개념이 대중적으로 보급

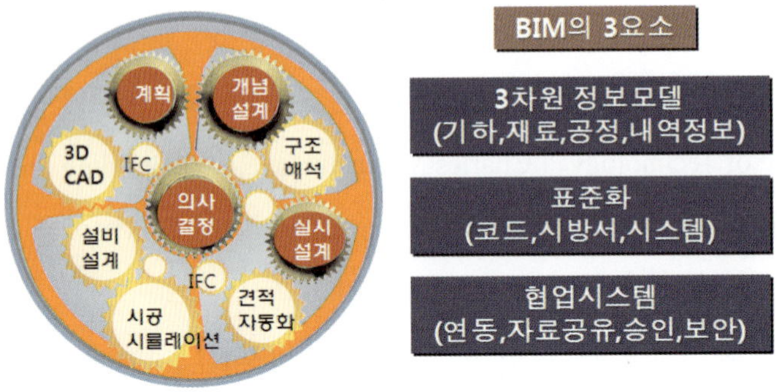

[그림 1.8.4] BIM의 구성요소

[2] BIM의 진화과정별 정의

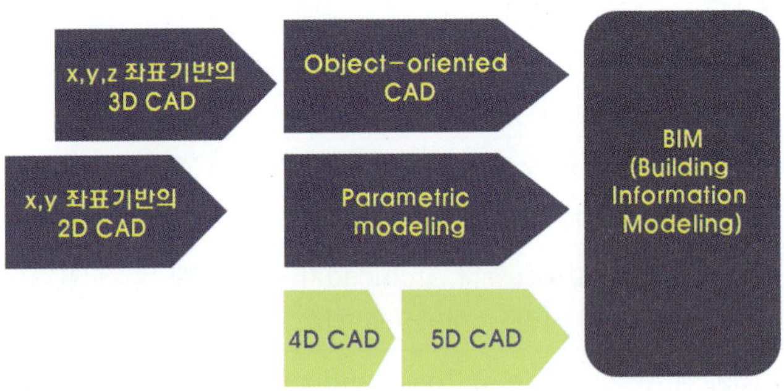

[그림 1.8.5] BIM의 진화과정

[표 1.8.2] BIM의 진화과정

대분류	개념도	주요 특징
x,y 좌표 기반의 2D CAD	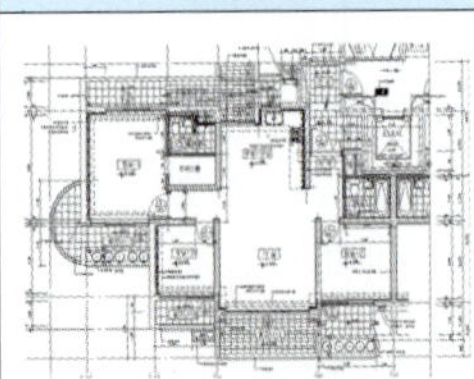	• Computer Aieded Design의 약칭으로 과거 수작업으로 작도했던 2차원 도면을 컴퓨터를 이용하여 설계하는 시스템 • 사용자가 도면정보 사용시 2D로 표현된 정보를3차원 공간으로 인식/해석하는 과정이 필요
x,y,z 좌표 기반의 3D CAD	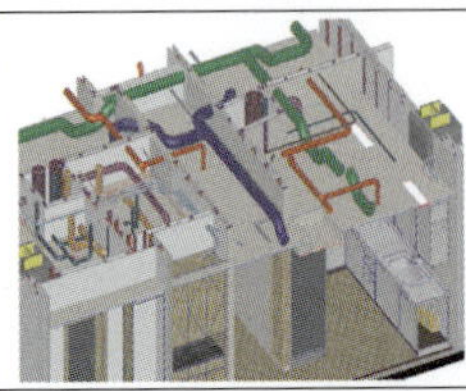	• 3차원 형상을 솔리드 모델링 시스템을 이용하여 컴퓨터에서 구현하는 CAD 설계 시스템 • 객체의 재질, 규격, 물량 등 속성정보는 포함하지 않고 객체의 형상정보만을 표현

대분류	개념도	주요 특징
Object-oriented & Parametric modeling	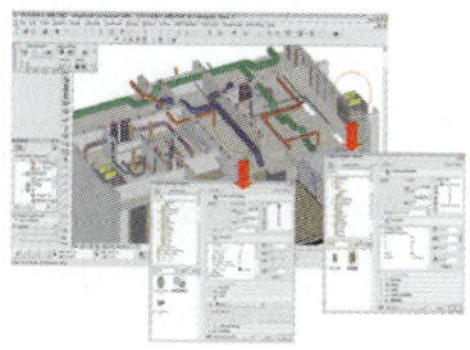	• 파라미터와 그 파라미터간의 규칙을 이용하여 객체를 형상화하는 시스템 • 현재 상용중인 BIM Modeler의 기반 시스템으로 BIM 설계 소프트웨어와 다른 CAD 시스템을 구분 짓는 주요 기술 • 객체의 형상정보와 속성정보(재료, 물량 등)를 포함
4D Cad	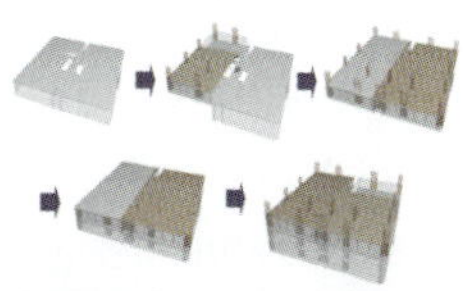	• 3D CAD + Time • 객체의 3D 형상에 시간의 개념을 적용시킨 것으로 프로젝트의 각 시공단계 모습을 시뮬레이션을 통해 시각화 분석이 가능하도록 함
5D Cad	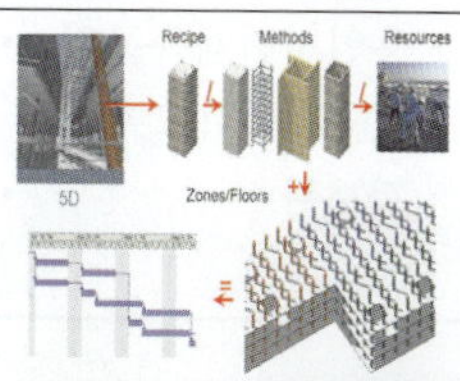	• 3D CAD + Time + Cost • 객체의 3D 형상에 시간, 비용의 개념을 적용시킨 것으로 시공단계 시뮬레이션과 각 단계별 물량정보를 이용하여 자동견적이 가능하게 함
nD Cad	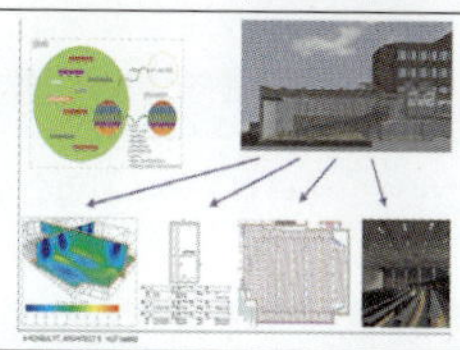	• BIM을 활용하여 얻을 수 있는 추가적인 엔지니어링 분석들에 대한 발전 가능성을 표현 • BIM을 이용한 시설물 완공후의 Energy Analysis를 설계 초기단계에 수행

[3] BIM 프로그램 분석

기존엔 개발된 다양한 3차원 모델링 툴이 있으나, BIM구축을 위해 이용되는 범용 프로그램은 다음 [표 1.8.3]과 같은 4종류가 있다.

[표 1.8.3] 범용 BIM 프로그램

프로그램	Microstation V8i	Revit 2010	Archicad 12	CATIA V5
개발사	Bentley (미국)	Autodesk (미국)	Nemetchek (독일)	Dassault (프랑스)
특징	• 토목 엔지니어링, 시공까지 다양한 분야를 포괄 • 파일기반 시스템으로, 적은 메모리 부하	• 건축 BIM 시장 주도 • 국내 가장 많은 사용자 확보	• BIM 시장에서 가장 오래 전부터 만들어 판매 • BIM 건축설계 프로그램	• 항공, 자동차산업에서 가장 광범위하게 쓰임

프로그램	Microstation V8i	Revit 2010	Archicad 12	CATIA V5
장점	• 복잡한 곡면 모델링 기능을 지원 • 파일 기반 시스템으로 적은 메모리 부하	• 프로그램의 사용성 우수 • 다양한 객체 라이브러리	• 배우기 쉬운 인터페이스 • 건축분야 시공, 시설관리 분야를 지원하는 많은 프로그램을 포함	• 강력한 파라메트릭 모델링 • 대부분의 3차원 디테일 모델을 생성 가능
단점	• 시스템 종류가 많고, 시스템을 배우고 다루기 어려움	• 메모리 기반 시스템 • 복잡한 곡면을 지원 안 됨	• 파라메트릭 모델링 기능에 있어서 몇 가지 제약 • 메모리기반 시스템	• 초기 투자비가 큼 • 복잡한 인터페이스
국내적용 주요 프로젝트	• 행복도시 금강2교 • 제2돌산대교 등	• 대구 두산 위브 더 제니스 등	• 용인시민체육공원 • 성균관대학교 학술정보관	• 행정중심복합도시 1지구 • 동대문 운동장 복합단지

[그림 1.8.6] BIM의 건설 및 유지관리 전 분야에 적용

(1) BIM용 프로그램에 의해 작성된 모델은 콘크리트 등의 주요 수량을 산출할 수 있으며, 투영법에 의한 일반도 작성을 통해 성과품의 적정성을 검토할 수 있다.

(2) 공정데이터와의 연계를 통해 예상 시공일에 따른 구조물의 시공상태를 3차원적으로 확인 가능하다.

(3) 철근 배근을 3D로 시각 및 데이터화하여 철근 배근검토 및 간섭체크를 하여 수정, 보완을 할 수 있고, 철근모델을 도면화 할 수 있다.

(4) 토목분야에서 가장 활발하게 적용되고 있는 마이크로스테이션(Bentley, 미국)은 작성된 모델을 시공 중 공정관리는 물론, 유지관리용 모델로도 활용될 수 있다[그림 1.8.6].

[4] 건축과 토목 BIM의 차이

(1) BIM이 먼저 활발하게 도입된 건축분야에 비해 토목분야는 그 규모 및 관련분야가 건축에 비해 매우 광범위하여 적용에 어려움이 있다[표 1.8.4].

(2) 대규모 작업을 위한 프로그램 선정과 관련 토목 기술자의 양성 및 확보가 중요하다.

[표 1.8.4] 건축과 토목 BIM의 비교

구분	건축분야 BIM	토목분야 BIM
내용	• 비정형 구조물 설계를 위해서는 반드시 필요 • HVAC(공조 시스템), 에너지 효율성 극대화를 위한 해석에 필요 • Building Smart 협회 등 연구개발자 및 기술자 활발한 활동 • 고품격 디자인을 위한 설계사, 유지관리 및 공사비 절감 등을 위해 건축주 주도로 도입	• 대형 국책사업의 효율적인 관리 및 공사비 절감을 위해 필요 • 측량, 구조, 지반, 수리 등 다양한 분야의 공동작업이 가능해야 함 • 국내외 적으로 관련 기술자 및 개발자수 부족 • 원가절감을 위한 시공사, 대형 기반시설의 유지관리를 위한 발주처 주도로 도입

1.8.2 BIM의 필요성

[1] 건설 산업의 생산성

(1) 세계적으로 건설산업의 생산성은 감소되고 있고, 미국의 경우 제조업은 기술 및 관리 향상을 통해 40년간 2배 이상의 노동생산성이 향상되었으나 건설업은 꾸준히 생산성이 감소되어 왔으며, 한국의 건설산업은 더욱 심각한 실정이다.

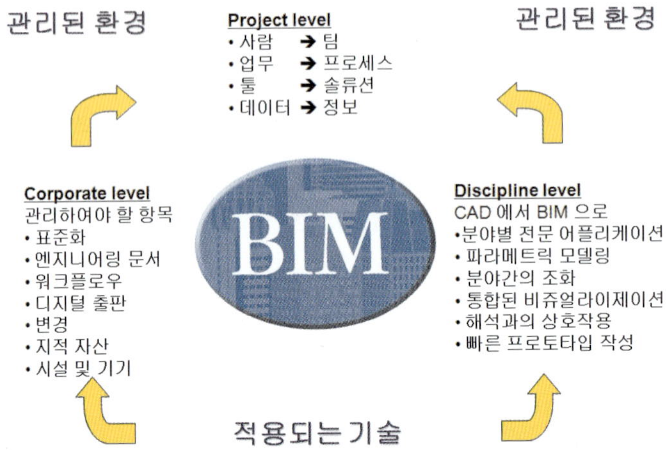

[그림 1.8.7] 건설 패러다임의 변화

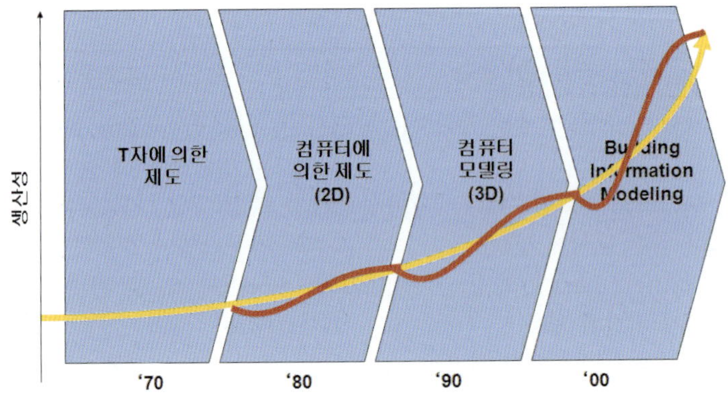

[그림 1.8.8] 건설 패러다임의 변화

(2) 한국건설산업연구원 분석에 따르면(건설경제 2009.6), 우리나라의 건설업의 노동생산성은 유럽 선진국의 50~60% 수준에 불과하며, 자재 가격 상승률은 5년 평균 4.5%로 가장 높아 자재 수급의 원활화 및 구매 합리화가 생산성 향상을 위한 중요한 과제이다.

(3) 정보기술(IT) 관련 비용의 투입비중은 2.9%로 외국에 비해 현저히 낮다(미국 26.4%, 영국 12.2%, 일본 6.2%).

(4) 지금까지의 건설업은 경쟁력보다는 정책적 배려에 의존했고, 지식과 영감보다는 근력과 땀으로 버텨온 결과, 새로운 기술의 적용과 정보화, 장비의 고도화, 조달의 합리화 등을 통해 생산성 향상에 노력해야 할 것으로 분석된다.

[2] 건설 정보의 손실

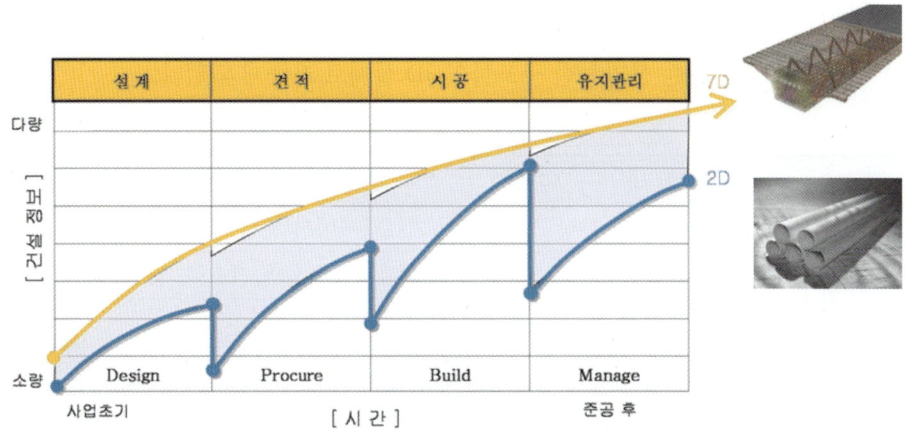

[그림 1.8.9] 건설 정보의 손실

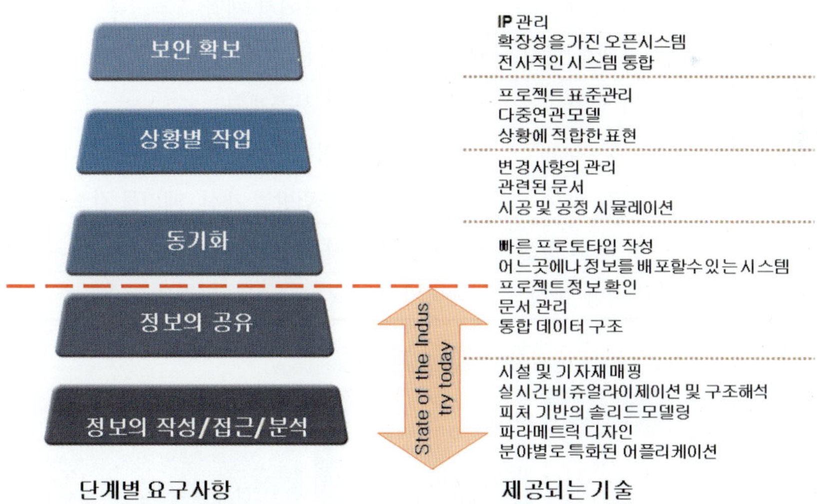

[그림 1.8.10] 건설정보 활용 극대화를 위한 BIM 기술 요건

(1) 건설분야의 근본적인 문제점은 설계, 건설, 운용의 각 단계가 단절되어 있어, 시간 및 예산, 품질의 저하가 발생할 수 있다.

(2) 기존 시스템은 설계부터 시공, 유지관리 단계까지 건설 정보가 다수 손실될 가능성이 있다.

(3) 하나의 건설정보 모델을 이용하여 시간적, 경제적 손실 최소화할 필요가 있다.

[3] 미관 및 경관 디자인 중요성 증가

(1) 발주처 및 건축주의 디자인에 대한 요구 수준이 상승하고 있다.

(2) 기존의 2D 설계로는 불가능한 구조물이 3D 설계로 가능케 되었다.

[표 1.8.5] 미관 및 경관 디자인 중요성 증가

대분류	항 목	주요 내용
리스크 감소	커뮤니케이션 향상	• 명확한 커뮤니케이션 채널 필요
	협업	• 팀 간의 커뮤니케이션과 건전한 계약관계
	문제점 예측	• 위험요인 예측
	안전성 향상	• 보험율 감소
비용 감소	관련 연구 증가	• 3D 모델을 이용한 full-scale simulation 활용
	가치 향상	• 폐기물 최소화 및 가치 향상
	사전 제작	• 현장보다는 공장에서 제작
시간 절감	사전시공계획 향상	• 협업을 통한 빠른 사전 계획
	공기 절약	• 시각화를 통한 시공계획
품질 향상	설계수준 향상	• 설계향상, 미적 설계 등
	시공품질 향상	• 시공 절차 및 조립방법 개선, 폐기물 감소, 안전 시공 등
생애주기별 기능 향상	유지관리 요소 향상	• 생애주기별 비용 절감
	에너지 사용 향상	• 에너지 소비 감소

Lou Ruvo Brain Institute (USA, Digital Project, Gehry Technology)

금강2교 (한국 행정중심복합도시, Microstation, 아이디엠이엔씨)

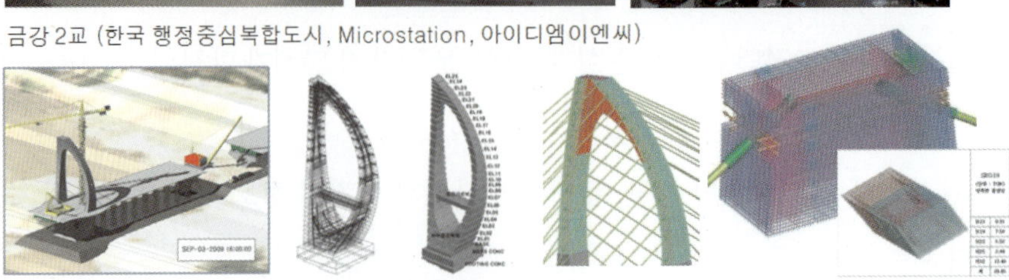

[그림 1.8.11] 미관 및 경관 디자인 중요성 증가

1.8.3 BIM의 설계 도입현황

[1] 해외 BIM 발주 현황

[표 1.8.6] 주요 국가에서 BIM의 적용

국가	주요 내용
일본	• JACIC 등에서 정부차원의 BIM연구프로젝트 진행
싱가폴	• 정부 CORNET을 통하여 인허가에 BIM 법규 자동체크 활용
호주	• BIM을 활용한 시드니 오페라하우스 유지관리 시스템 개발사례
중국	• BIM을 디자인 협업을 위한 표준으로 목표 설정 • 향후 5년 이내에 IFC 포맷을 건설 표준으로 채택 (2006년 시작)
미국	• 국가 BIM 표준지침 개발 보급 • GSA (연방조달청) 설계계약 시 BIM 데이터 제출 의무화
핀란드	• 정부산하 시설물 프로젝트의 개방형 BIM 표준 납품 의무화
노르웨이	• 인허가시 BIM에 의한 에너지 분석자료 제출 의무화 • 계획단계부터 사용승인까지 BIM 활용 계획
덴마크	• 2007년 1월 530만 유로이상의 관공서에 개방형 BIM 데이터 제출 의무화
독일	• 기존 조달표준인 GAEB를 기초로 IFC 기반의 새로운 독일조달표준 제정 중
프랑스	• IFC를 국가 BIM 표준으로 제안, 정부에서 BIM 연구지원

(1) 최근, 비정형 건축물의 지속적인 증가에 의하여 Qatar National Museum, Abu dhabi Louvre Museum과 같이 중동국가를 중심으로 해외에서 발주되는 신규 공공 프로젝트들의 BIM 기반 발주가 꾸준히 증가하고 있다.

(2) 미국, 싱가폴 및 유럽을 포함한 주요 선진국에서 BIM의 적용을 의무화하고 있다.

(3) Sydney Opera House 등 최근 BIM을 기반으로 한 건설 프로젝트의 진행이 일반적이며, 유지관리비용이 최대 20% 절감하는 것으로 보고되었다.

(4) 침체기에 있는 국내 건설 경기상황에서 수익구조의 다변화를 위해서는 해외수주는 필수적이며, 이에 따라 BIM 도입을 서두를 필요가 있다.

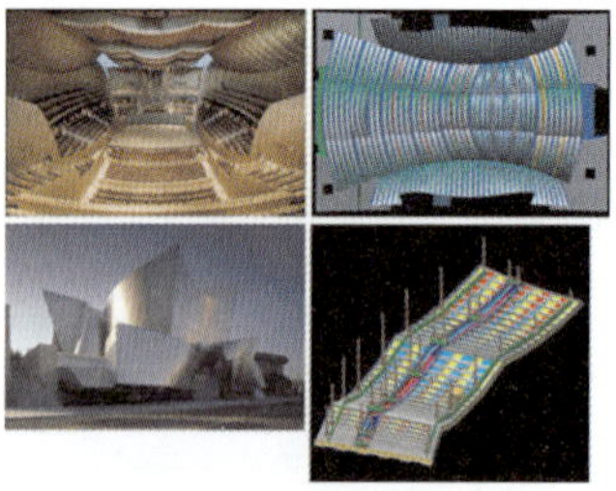

월트디즈니 콘서트 홀 (CATIA)

베이징 올림픽수영장 (Microstation)

베이징 올림픽수영장 (Microstation)

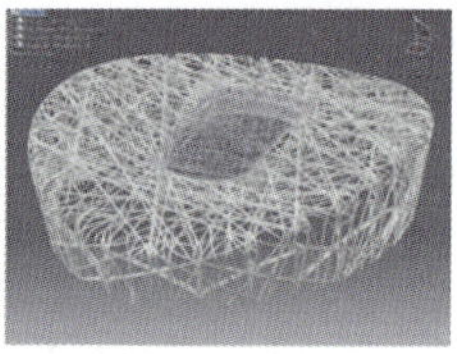

베이징 올림픽 주경기장 (Digital Project)

[그림 1.8.12] 해외 BIM 발주 현황

[2] 국내 BIM 발주 현황

(1) 2012년 조달청에서 공공 발주되는 시설물 중 500억 이상 T/K에 BIM 적용이 의무화 되었다.

(2) 용인사만체육공원에서는 국내 최초로 BIM기반 T/K 발주에서 BIM 발주서 작성 및 프로젝트 운영을 지원하였다.

(3) 4대강 살리기 사업에서 3차원 설계 및 시뮬레이션이 도입되었다.

[표 1.8.7] 국내 BIM 발주 현황

년도	주요 내용
2006년	• 가상건설시스템 개발 연구단 국내 최초 BIM 도입(국토해양부)
2008년	• LH 공사 양주희천지구 BIM 최초 설계 • 한국빌딩 스마트협회 출범(4.25)
2009년	• 동대문 디자인 플라자 BIM 적용 등
2010년	• 국토해양부 BIM 적용 가이드라인 발표(건축) • 조달청 "시설사업 BIM 적용 기본지침서 V 1.0" 제정
2011년	• 한국 BIM학회 설립(5.11)
2012년	• BIM적용 의무화 추진(조달청 보도 '10.12.27) • Total Service로 발주하는 500억 이상 턴키, 설계공모 공사

[3] 각 국가에서 BIM 가이드라인 현황

(1) 미국을 비롯한 해외 선진국에서는 이미 BIM 적용에 대한 체계적인 지침이 마련되어 운영 중이며, 2010년 우리나라에서도 건축분야 BIM 가이드라인이 제정되었다.

(2) 토목분야에서는 가상건설연구단을 중심으로 BIM 가이드라인(안)이 2009년에 제시되었으며, 현재 지속 수정 보완 중에 있다.

[표 1.8.8] 각 국가에서 BIM 가이드라인 현황

국가	가이드라인 명칭	개발기관
한국	BIM 적용설계 가이드라인	국토해양부
	건축분야 BIM 적용 가이드라인	국토해양부
미국	BIM Guide Series	GSA
	National Information Building Standards	NBIMS
	General Building Information Handover Guide	NIST
	BIM GUIDELINES & STANDARDS for AEC	Indiana University
	BIM STANDARD for Architects, Engineers & Contractors	BuildLACCD
	BIM standards for Architects, Engineers & Contractors	SDCCD
	BIM Standards for A/E/C	Wisconsin
호주	Draft Guideline	CRC-CI
핀란드	BIM Requirement 2007	Senate Properties
노르웨이	BIM Manuals	STATSBYGG
덴마크	3D Working Method	BIPS
독일	BIM/IFC User Guide	IAI
영국	AEC (UK) BIM Standard	AEC (UK)

1.8.4 BIM의 구조물설계 적용사례

[1] 행정중심복합도시 내 미호천 1교

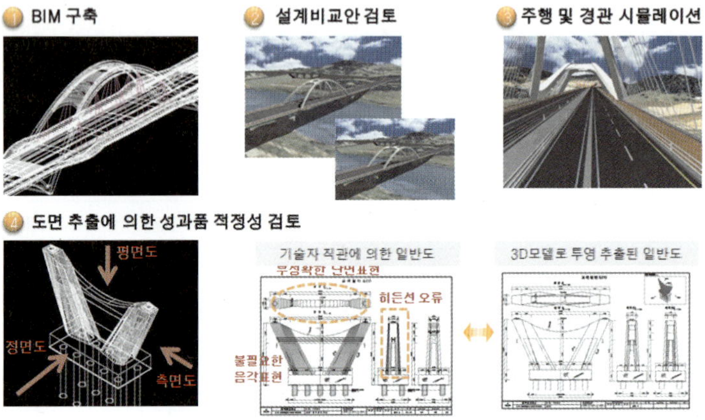

- 3차원 지형과 구조물 모델을 이용한 설계 비교안 검토, 주행 및 경관 시뮬레이션
- 도면추출에 의한 성과품 적정성 검토
- 별도의 동영상 및 CG 비용 절감, 도면 오류에 의한 설계수정 및 보완 기간 감소

[그림 1.8.13] 행정중심복합도시내 미호천 1교(2008, 유신코퍼레이션)

[2] 자기부상열차 시험선

- 3차원 주변 현황과 노선 및 열차 모델을 이용한 비교안 검토, 주행 시뮬레이션
- 시공성 사전 검토, 유지관리 시설 절감 방안 검토
- 사전 시공성 검토에 의한 시험제작비 절감, 별도의 동영상 및 CG 비용 절감, 유지관리 시설비 절감

[그림 1.8.14] 자기부상열차 시험선(2008, 철도기술연구원)

[3] 두바이 R881-2A 교량 및 도로 시공엔지니어링

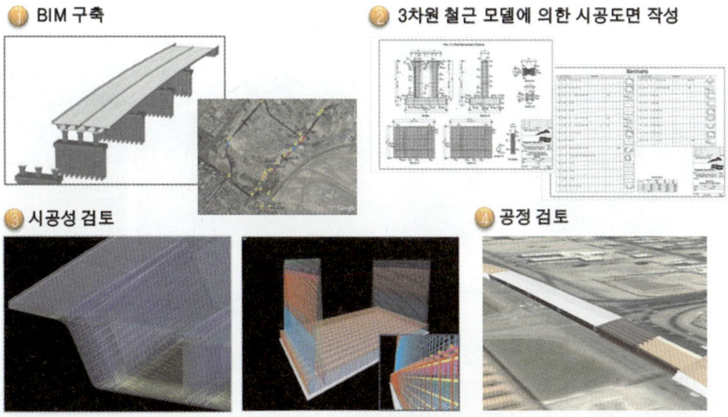

- 3차원 주변 현황과 주요 구조물 모델을 이용한 계획 검토
- 3차원 모델을 이용한 도면 및 수량 산출, 시공성 사전 검토, 공정검토
- 설계 성과품의 품질 확보, 사전 시공성 검토에 의한 시험제작비 절감, 별도의 동영상 및 CG 비용 절감

[그림 1.8.15] 두바이 R881-2A 교량 (30개소) 및 도로 시공엔지니어링 (2008, 성원건설)

[4] 소사-원시 역사 BTL

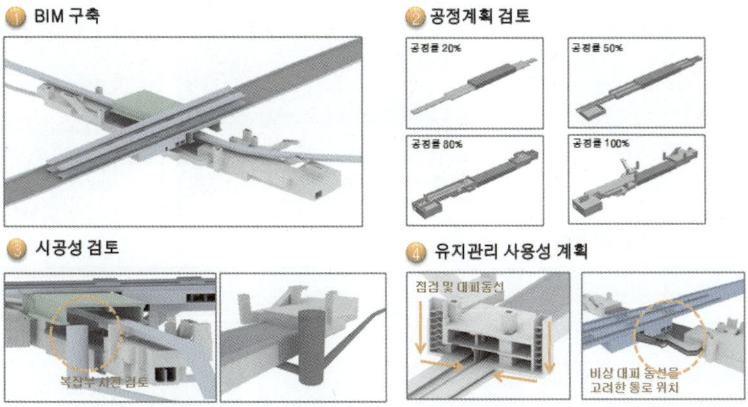

- 3차원 역사 상세 모델을 이용하여 시공성 및 유지관리 사용성 검토
- 공정별 예상 시공모델에 의한 복합공정 최적화 계획
- 시공성 및 유지관리 사용성 검토자료, 연계공정 검토에 의한 공기단축으로 공사비 절감

[그림 1.8.16] 소사-원시 역사 BTL(2008, 포스코 건설)

[5] 적금-영남 앵커리지부 검토

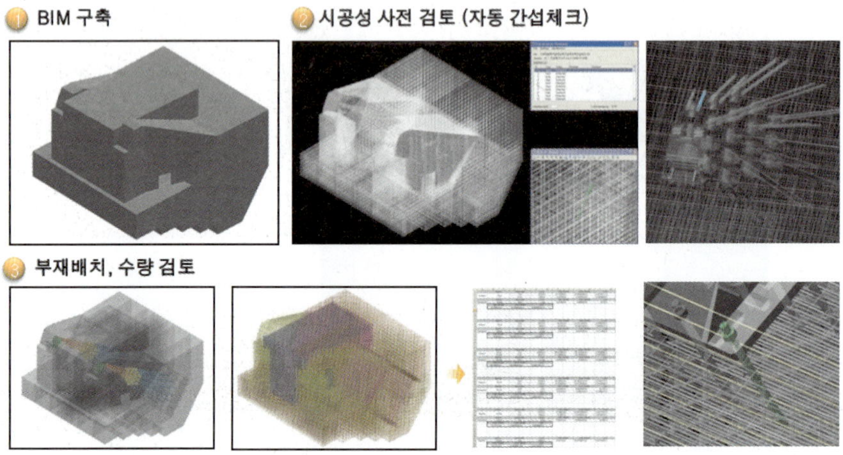

- 현수교 앵커리지부 상세 모델에 의한 설계 및 수량 성과품 적정성 검토
- 3차원 상세 철근 모델 및 장치 모델간 (자동)간섭체크에 의한 시공성 사전 검토
- 복잡한 철근배치와 장치구조의 앵커리지부 사전 시공검토로 도면오류에 의한 추가재료, 가공비 절감

[그림 1.8.17] 적금-영남 앵커리지부 검토(2008, 대림산업)

[6] 제2돌산대교 성과품 및 공정 검토

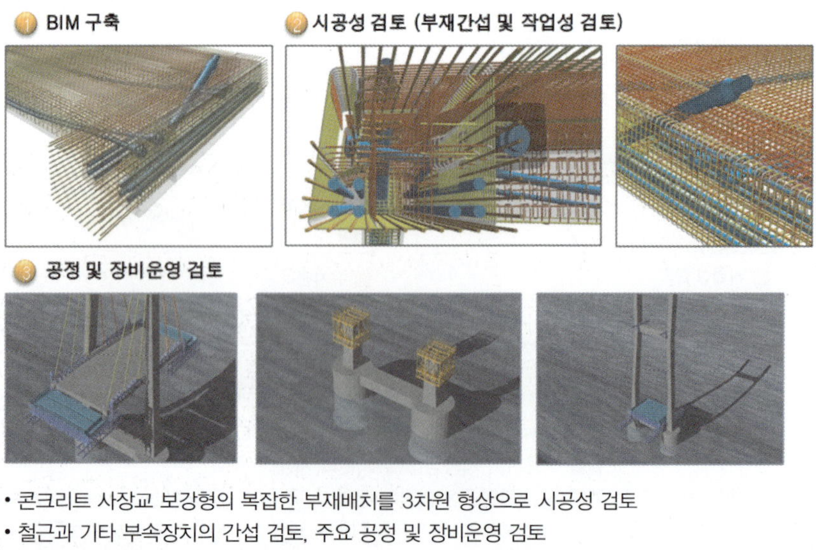

- 콘크리트 사장교 보강형의 복잡한 부재배치를 3차원 형상으로 시공성 검토
- 철근과 기타 부속장치의 간섭 검토, 주요 공정 및 장비운영 검토
- 사전 시공성 검토로 시험제작비 및 추가적인 재료, 가공비 절감, 사전 장비운영 검토로 공기단축 효과

[그림 1.8.18] 제2돌산대교 성과품 및 공정 검토(2008, 대림산업)

[7] 이순신대교 3차원 설계 검토

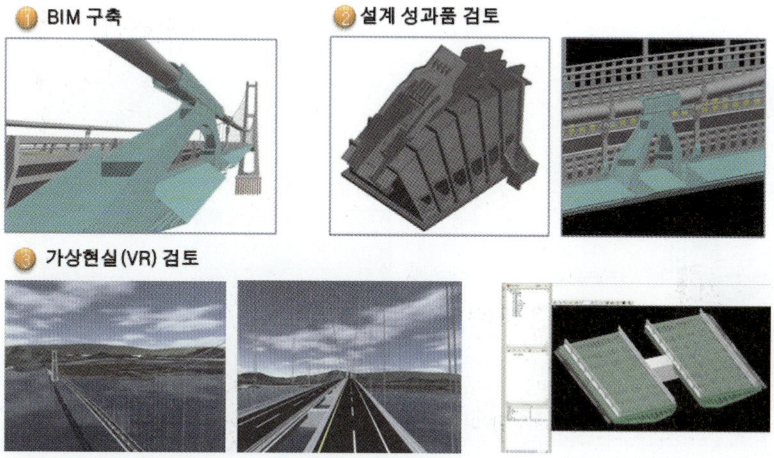

- 초장대 교량의 설계 성과품 검토를 위해 3차원 상세 모델 구축
- 주요 상세 부재 사전 시공성 검토, 홍보용 가상현실 동영상 제작
- 3차원 정밀 모델에 의한 성과품 사전 검토로 추가재료, 가공비 절감, 홍보자료 별도 제작비 절감

[그림 1.8.19] 이순신대교 3차원 설계 검토 (2008, 대림산업)

[8] Hyun-HT 교량 3차원 설계

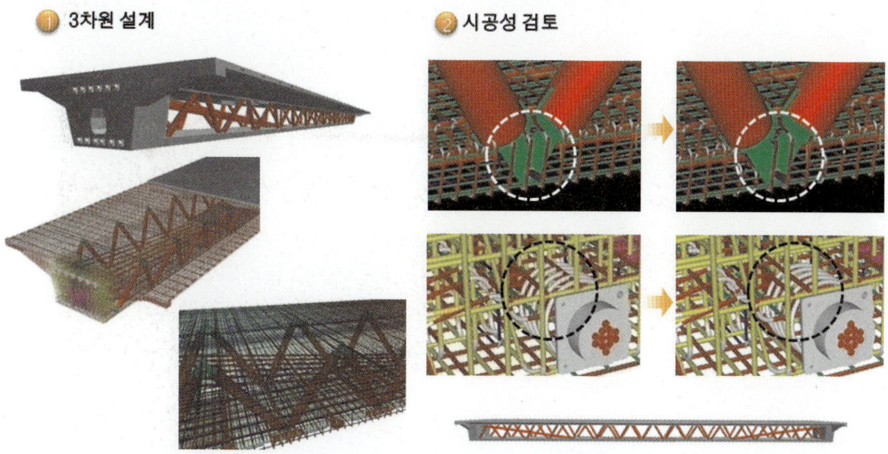

- 다양한 구조부재 및 입체적 형상(트러스)이 적용된 복합교량을 3차원적으로 설계
- 교량 상세부 시공성 사전 검토
- 3차원 설계로 복합교량에 대한 설계기간 단축 및 정밀성 증대, 사전 시공성 검토로 시험제작비 절감

[그림 1.8.20] Hyun-HT 교량 3차원 설계(2009, 현대건설)

[9] 금강 2교 검토

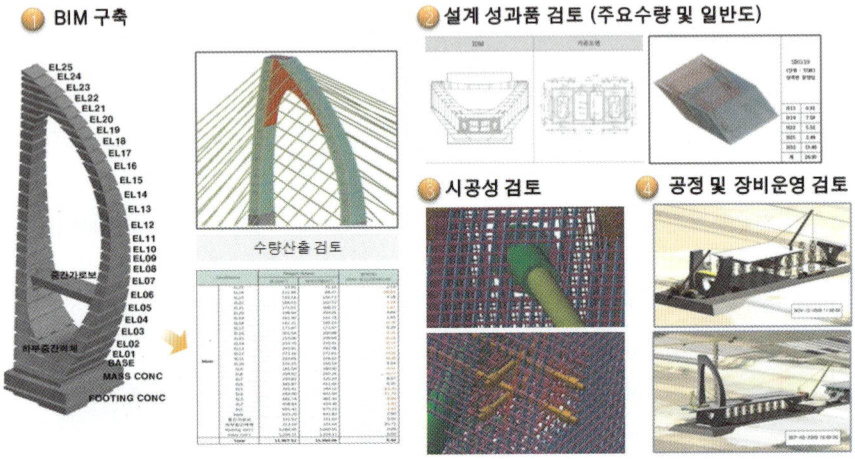

• 3차원적으로 변화하는 단면을 가진 주탑부의 일반도 및 수량 검토에 활용
• 3차원 철근 상세 모델을 이용하여 시공성 사전 검토 및 세그별 수량 산출
• 3차원 설계로 미관을 고려한 곡선형 구조물의 정확한 일반도 및 수량산출과 시공성 검토 이용

[그림 1.8.21] 금강 2교 검토(2009, 대림산업)

1.8.5 BIM의 설계 적용성 검토결과

[1] BIM 적용내용 및 효과

토목시설물의 전 생애주기에 걸친 BIM 적용 내용 및 효과를 정리하면 다음 [표 1.8.9]와 같다.

[표 1.8.9] 토목 단계별 BIM 적용 내용 및 효과

구분	주요 적용 효과
프로젝트 초기단계	• 개략적인 시설물 모델과 비용 데이터베이스에 연결하여, 초기에 개략 견적을 가능하게 함으로써 발주자의 의사결정 지원 • 초기단계에 분석/시뮬레이션 도구들을 사용하여 설계 대안들을 평가함으로써 전체 프로젝트의 품질향상 기회 제고
설계단계	• 3D 시각화를 통한 설계의도 검토 용이성 향상 • 설계변경 발생시 객체들에 사용된 파라메트릭 규칙에 의해 변경사항이 자동으로 반영, 갱신되어 정확하고 일정한 2D 설계도면을 즉시 생성 가능 • 다양한 설계분야의 조기 협업 • 설계단계 중 견적을 통한 공사비 예측 • 에너지 효율성과 지속 가능성 향상
시공단계	• 설계와 시공계획의 검토 • 설계오류 및 누락의 발견 • 설계 변경 내용에 대한 빠른 대응 • 자재 제작을 위한 기초모델로서 설계 모델 사용 • 향상된 시공기술과 린 건설 기술 적용
유지관리 단계	• 시설물 유지관리 업무 효율성 증대 • 시설물 운영관리 시스템과의 통합

[2] 토목 분야별 BIM 적용 내용 및 효과

(1) 초창기 토목분야의 BIM은 주로 구조분야, 그 중에서도 교량분야에 집중되었으며, 주로 교량의 3차원 상세 모델링을 통해 케이블 정착구와 간섭문제 해결과 같은 시공성 검토나 시공단계별 시뮬레이션을 통한 사업의 이해를 돕는 목적이었다.

(2) 2009년 말, 4대강 살리기 등 대형 국가사업이 동시 다발적으로 진행되면서 발주처와 시공사는 효과적인 공사관리 및 시공계획의 방안으로 BIM을 도입하기 시작하였다.

(3) 3차원 토목모델을 이용하여, 준설량을 검토하고, 3차원 철근모델을 이용하여 복잡부 및 비정형 구조물의 배근상세를 검토하였으며, 3차원 공정관리(4D) 시스템이 공정 관리 및 공기 단축계획 검토에 이용되었다.

[표 1.8.10] 토목 분야별 BIM 적용 내용 및 효과

토목분야	BIM 적용 내용	주요 적용 효과
구조/교량	• 복잡부 간섭 및 시공성 검토 • 장비운영 계획 검토 • 주요 가시설 계획 • 거푸집 및 철근조립 검토	• Mock-up 비용 절감 • 철근량 최적화
도로/철도	• 토공량 정밀 검토 및 유동계획 • 교통처리 검토 • 부대공 계획 • 장비운영 및 조합 최적화	• 토공 유동 최적화 • 장비 최적 운영
지하철	• 지하 가시설 검토 • 출입구 및 환기구 등 돌출물 검토 • 기존 구조물 연결 및 지장물 간섭 검토	• 가시설 계획 최적화 • 지장물 이설 계획
터널	• 갱구부 상세 검토 • 터널 내 장비운영(공간) 검토 • 발파암 및 버럭처리 계획 • 터널 내 계측관리	• 주요 접합부시공 계획 • 장비 최적 운영
수자원	• 하천 준설량 검토 • 기계 설비 간섭 검토 • 수자원 구조물 배치 및 시공성 검토	• 준설량 최적화 • 설비간섭 사전 해결
항만	• 대형 콘크리트 구조물의 철근조립 검토 및 철근 VE • 유틸리티 관망 시설 검토 • 준설량 검토	• 철근량 최적화 • 토공 유동 최적화
단지	• 토공량 정밀 검토 및 유동계획 • 추가 도면 추출 • 지하 유틸리티 관망 검토	• 토공 유동 최적화 • 관망간섭 사전 해결

[3] 현장내 각 팀별 BIM 활용분야

(1) 현장 내 BIM 프로젝트 진행시 가장 중요한 절차가 현장 기술진과의 아이디어 회의이다.

(2) 구축된 BIM이 현장에서 적극 활용되기 위해서는 현장을 구성하는 팀별 업무의 특성을 파악하고, 해당 분야별로 BIM을 적극 활용하기 위한 아이템의 발굴 및 관련 솔루션의 개발이 중요하다.

(3) 기존에는 착공 시 설계도서검토나 샵드로잉 준비를 위해 설계팀에서 BIM을 이용하는 사례가 많았으나, 최근에는 공정 및 기성관리를 위한 공무팀의 활용이나 3차원 시공계획을 위한 공사팀의 활용이 상당히 늘었으며, 이를 위해 현장 내 BIM 교육과 관련 기술진의 현장상주 요구가 증가하고 있다.

(4) 안전관리팀도 공사 중 위험요소를 3차원 가상현장 내 아바타를 이용하여 사전 검토하거나, 이를 직원들의 안전교육에 활용하고 있으며, 품질관리팀도 공정계획과 연계하여 최적의 자재조달 계획을 수립하는데 이용한다.

[표 1.8.11] 현장 내 각 팀별 BIM 활용분야

토목분야	주요 적용 효과
공무팀	• 공정관리 및 기성관리 • 대발주처 및 대민 설명자료 작성 • BIM과 연계한 각종 공사문서 관리 • 자재 조달 계획
공사팀	• 공사 전 3차원 모델로부터 좌표 및 제원 확인 • 부족한 공사용 도면 추출 • 지장물 사전 검토
설계팀	• 3차원 모델을 이용한 설계도면 사전검토 • 가시설 계획 및 설계 • 3차원 철근 모델을 이용한 샵드로잉 작성 및 검토
안전관리팀	• 안전교육(안전교육장), 사전 안전사항 검토 • 장비운영시 안전사항 검토 • BIM과 연계한 각종 계측자료 관리
품질관리팀	• 자재 조달 계획 • BP장 관리방안

1.8.6 BIM의 구조물설계 적용기법

[1] 3차원 일반도 검토

(1) 3차원 구조물 계획이 완료되면, 이를 이용하여 3차원 구조물과 연동되는 일반도를 작성할 수 있다.

(2) 정면, 평면, 측면이 3차원 모델과 정확하게 일치하므로 기존 기술자의 직관에 의하던 방법에 비해 품질확보가 확실하며, 계획의 잦은 변경 시에도 작업상의 누락이나 오류를 사전에 방지할 수 있다.

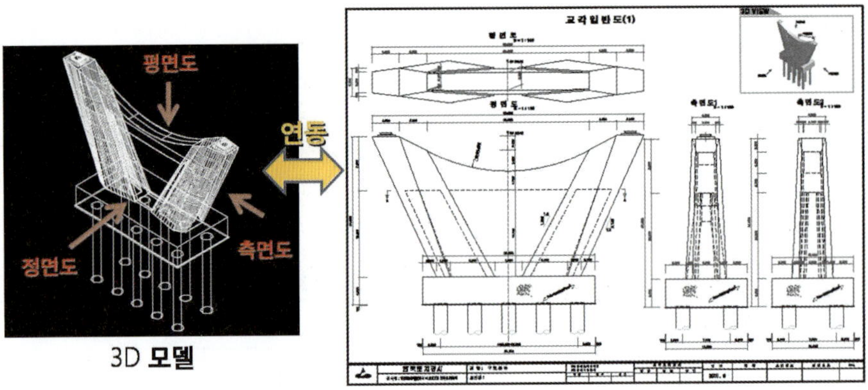

[그림 1.8.22] 3차원 모델로부터 추출한 일반도

구분	엔지니어 직관에 의한 작성 도면	BIM으로부터 추출된 도면
작성도면	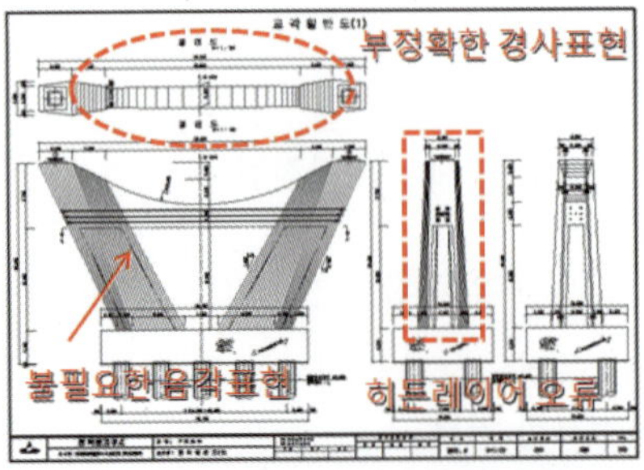	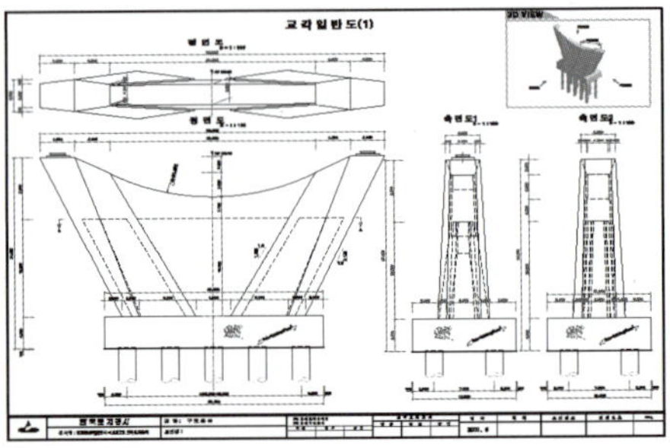

[그림 1.8.23] BIM으로부터 추출된 도면

[2] 3차원 배근도 검토

(1) 각 면에서 표현되는 철근이 서로 연동되어 3차원 데이터베이스를 이루는 스마트 배근도는 3차원 모델을 생성시켜 작업자나 감독자의 이해를 도울 뿐 아니라, 부재간섭이나 시공성 검토가 가능하다.

(2) 사용되는 모든 철근 형상에 대해 데이터베이스가 구축되기 때문에 철근수량을 자동 산출 할 수 있을 뿐만 아니라 시공상세도면(샵드로잉)의 자동생성과 철근손율 최소화가 가능한 반입철근량 계획이 추가적으로 가능하다.

(3) 내부 철근까지 고려된 3차원 구조물 모델의 구축은 선, 면, 체적 정보를 이용하여 수량을 자동으로 산출할 수 있도록 해주고, 이는 기존의 도면을 보고 수작업에 의해 구하던 수량 산출 방식에 비해 오류발생 소지를 없애고 3차원 모델정보만 수정되면 자동으로 수량산출량이 바뀌게 되어 작업시간도 상당히 줄어들게 하는 장점이 있다.

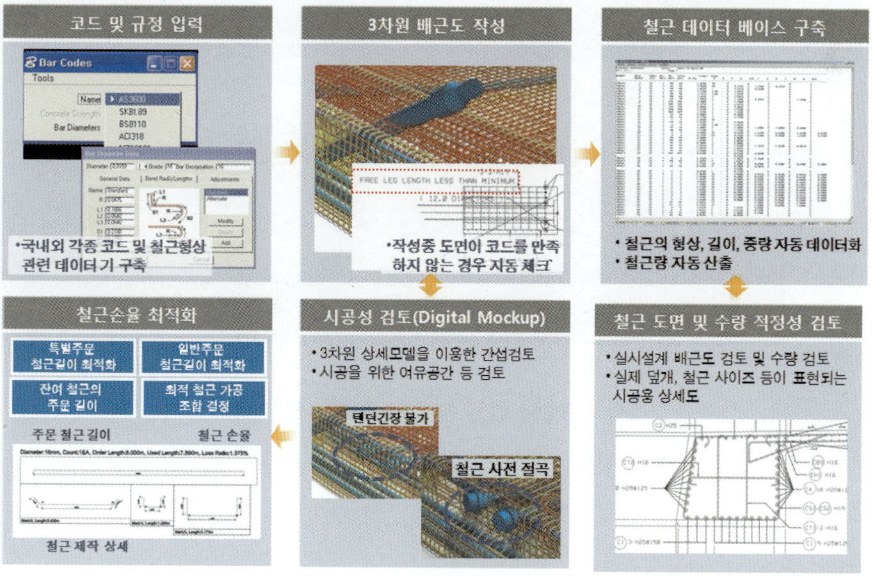

[그림 1.8.24] 3차원 철근상세 모델 구축 방법

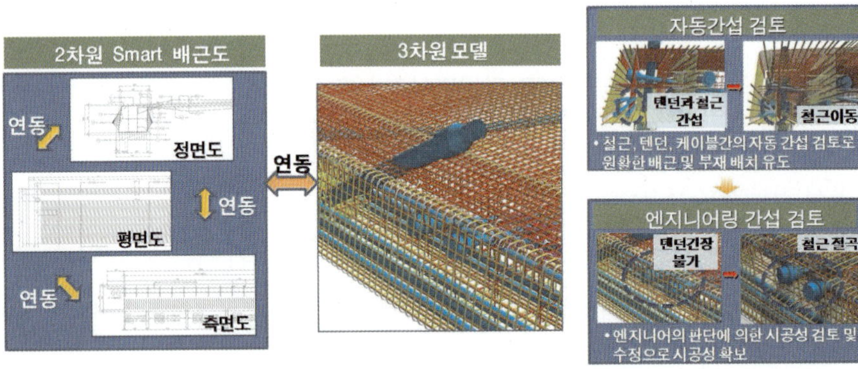

[그림 1.8.25] 3차원 철근상세 모델 구축 개념

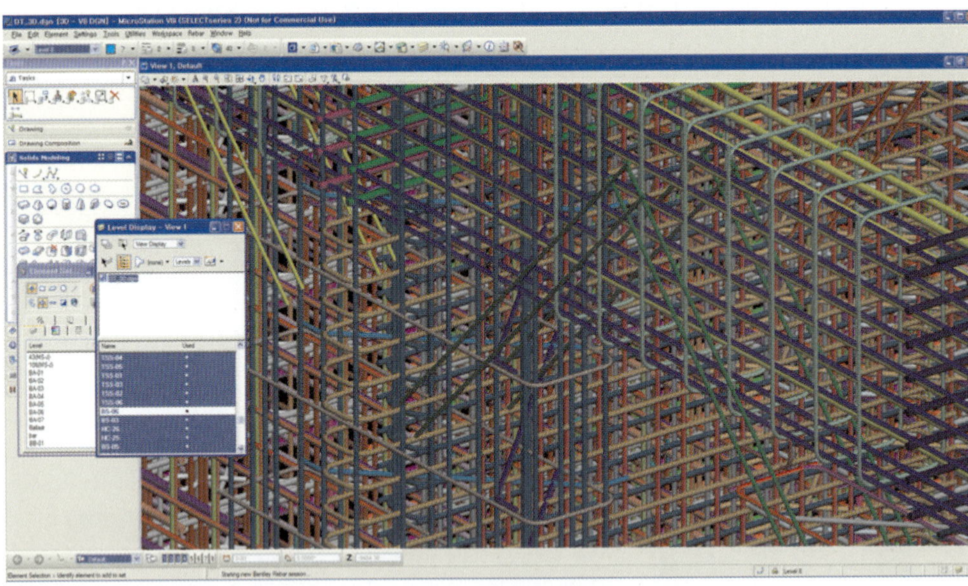

[그림 1.8.26] 철근 마킹별 위치와 형상 확인

철 근 재 료 표

번 호	직경	형상 (mm)	길 이 (mm)	갯 수	총길이 (mm)	단위중량	총중량 (TON)	비 고
US-21-06	H16	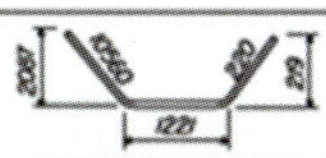	12000	1	11970	0.019	0.019	
US-21-07	H16	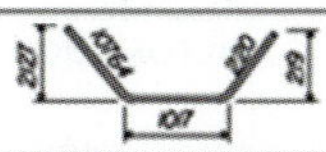	12000	1	11970	0.019	0.019	
US-21-08	H16	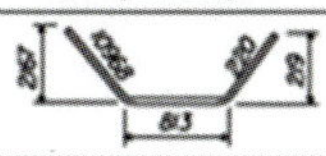	12000	1	11970	0.019	0.019	

[그림 1.8.27] 철근 수량 산출

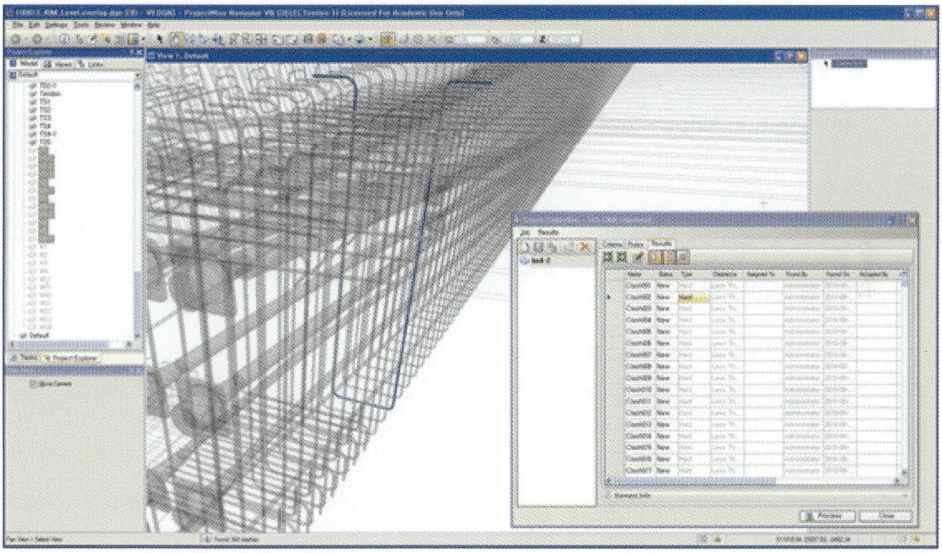

[그림 1.8.28] 철근 자동 간섭 체크

[3] 3차원 공정관리 검토

(1) 3차원 모델을 공정단계별로 구분하여 예정 공정에 따른 시공 시뮬레이션이 가능하며, 이를 통해 공기의 적정성을 검토할 수 있을 뿐만 아니라, 작업자 및 감독자의 이해를 도울 수 있다.

(2) 계획 공사일정의 경과에 따라 일(Day)별 시설물 완성도가 3차원 정보모델에 의해 표현되어, 시각적인 공정관리가 가능한 시스템이다.

(3) 계획 공정대비 실적공정을 색깔로 표현하여 시각적으로 확인 가능하다.

[4] 적용 프로그램

국내에서 많이 사용되고 있는 미국 Bentley사의 프로그램 Microstation V8i와 Rebar V8i의 주요 특징은 다음과 같다.

(1) Microstation V8i

① MicroStation V8i는 엔지니어, 건축가, GIS 전문가, 건설 전문가와 오너 오퍼레이터에 의해 사회 기반시설을 위한 설계, 모델화, 시각화, 문서화, 지도 제작 등의 프로젝트에 사용된다.

② MicroStation V8i 는 사용자의 데스크탑 환경에 완벽하게 통합되고, 직관적이면서 입증된 다양한 도구들, 대화식 도구 사용 및 타CAD 시스템과의 뛰어난 상호 호환성 기능들을 갖추고 있기 때문에, 다양한 산업 부문의 설계 엔지니어들이 선호한다.

③ 단일 환경에서 DWG와 DGN를 통합하고, DWG 데이터의 가치를 확장하고 다양한 DWG 재사용에 대한 문제를 해결한다.

④ 사용자는 다양한 소프트웨어 제품에서 작성된 3차원 모델을 재사용하고 통합할 수 있으며 대용량 래스터 이미지를 신속하게 처리함으로써 프로젝트 완료 시간을 효율적으로 관리된다.

⑤ MicroStation V8i의 지리 좌표 도구를 사용하여 프로젝트 팀은, 같은 파일 내에서 벡터와 래스터 참조 데이터를 손쉽고 정확하게 부착할 수 있다.

⑥ 프로젝트 수행 시 요구되는 3차원 모델에 대해 완벽하게 좌표를 유지한 상태에서 원하는 뷰의 모양을 잘라내거나 필터링 할 수 있으며, 2D 도면을 추출 해 낼 수 있다.

⑦ 직관적이고 쌍방향 형식의 도구를 통해 보다 신속하게 모델을 작성하고 편집 가능하다.

⑧ 실사에 가까운 이미지를 표현하는 Photo-realistic 룩솔로지 (Luxology) 렌더링 엔진을 탑재하여 프로젝트에 대한 타당성 및 마무리에 대한 적합성을 확인한다.

(2) Bentley Rebar V8i

① Bentley Rebar는 MicroStation 플랫폼을 최대한 사용하여 강력한 콘크리트 상세화 및 스케줄링 시스템을 구현한다.

② 표준 강화 상세 요소를 동적으로 검색하고 평면, 단면 및 고도 뷰에서 3D 강화 모델을 만들고 지능형 파라메트릭 상세화로 막판 설계 변경 사항에도 신속하고 효율적으로 대응한다.

③ 철근 상세화 툴은 직철근 및 폐합철근, 나선철근 등에 대한 다양한 라이브러리를 제공한다.

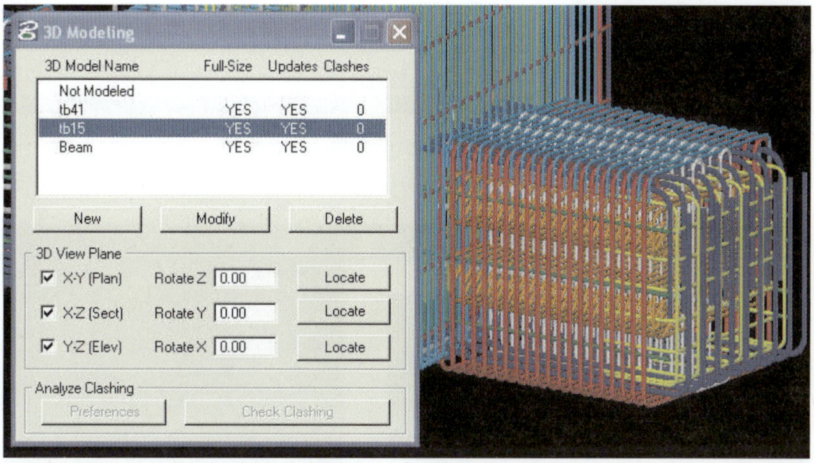

[그림 1.8.29] 3차원 철근 모델 생성

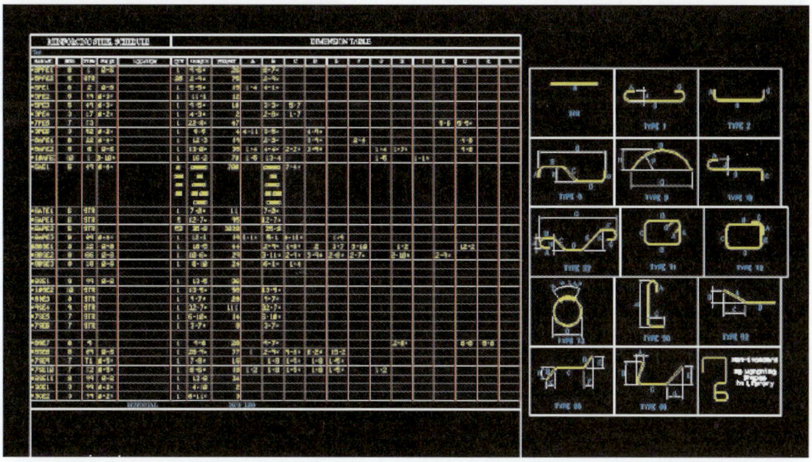

[그림 1.8.30] 철근 재료표 작성

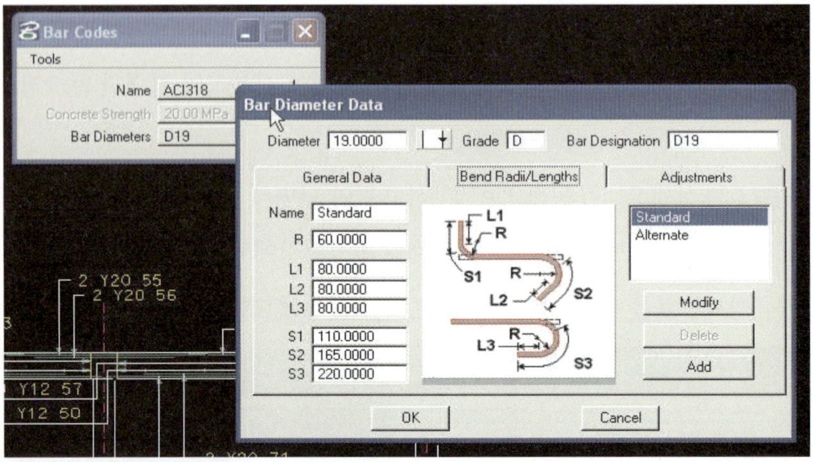

[그림 1.8.31] 다양한 철근 코드 지정

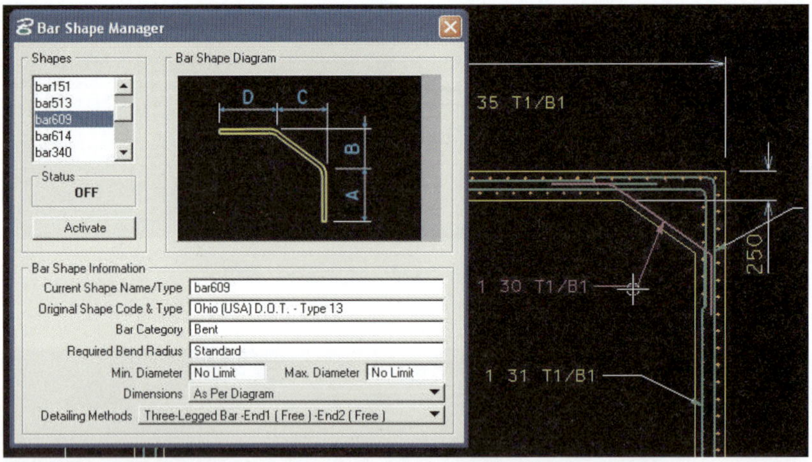

[그림 1.8.32] 다양한 형상의 철근 라이브러리 제공

CHAPTER

02

정역학의 기초

CONTENTS

2.1 | 힘과 힘의 단위

2.1.1 힘의 정리

어떤 물체에 외력이 작용하여 밀거나 당기면 정지한 물체는 움직이게 되고 움직이고 있는 물체는 속도가 느려지거나 빨라진다. 이런 상태를 물체에 힘이 작용했다고 본다. 따라서 힘(force)이란 정지하고 있거나 움직이고 있는 물체의 운동방향, 속도를 바꾸는 원인 행위를 말한다.

2.1.2 힘의 3요소와 표시법

물체에 힘이 작용하는 점을 작용점이라 하고, 작용점을 지나 힘과 같은 방향으로 지나는 점선을 작용선(line of application)이라 한다.

따라서 힘이 물체를 움직이게 하는 요소는 힘의 크기(magnitude), 방향(direction), 작용점(point of application)에 의하여 정해진다. 이 3개의 성분을 힘의 3요소(three elements of a force)라고 하며 표시법은 [그림 2.1.1]과 같다.

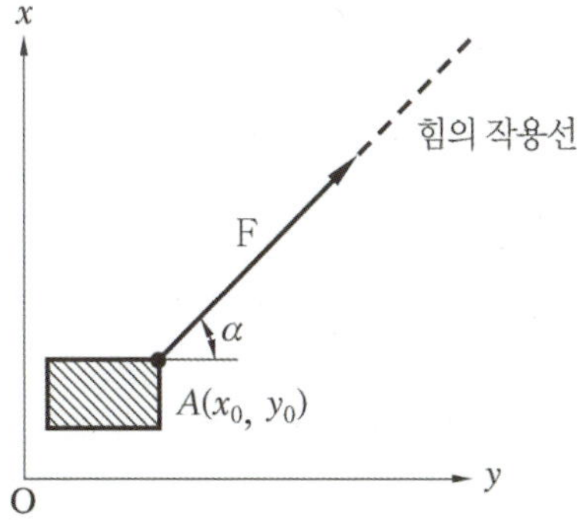

[그림 2.1.1]

힘의 3요소

① 크기(F) : 선분의 길이로 표시

② 방향(a) : 각도로 표시

③ 작용점(A) : 좌표로 표시

2.1.3 힘의 단위

단위는 물리량의 크기를 어떤 기준값에 대하여 상대적으로 표시하는 수단이다. 과거 우리나라에서 공학단위로 사용한 단위 표시는 kg, t이다. 그러나 한국산업규격(KS)에서는 힘을 질량과 구별하기 위해 힘의 단위를 kgf(키로그램 · 힘) 또는 tonf(톤 · 힘, 이하 편의상 tf로 표기)으로 표시하였다. 콘크리트 구조설계기준에서는 1999년부터 힘의 단위를 kgf 또는 tonf로 사용하였다. 근래에 와서 한국산업규격이 국제단위(SI단위계)를 채택하게 되어 힘의 단위를 N(뉴턴)으로, 응력 단위를 MPa(N/mm^2)로 표시하고 있다.

[1] 미터계 단위

MKS계	CGS계
m(길이)	cm(길이)
kgm(질량)	gm(질량)
sec(시간)	sec(시간)

$$1\,\text{dyne}(\text{다인}) = (1\ \text{gm}) \times (1\ \text{cm}/\text{sec}^2) = 1\left[\frac{\text{gm}\cdot\text{cm}}{\text{sec}^2}\right]$$

$$1\,\text{N}(\text{뉴턴}) = (1\ \text{kgm}) \times (1\ \text{m}/\text{sec}^2) = 1\left[\frac{\text{kgm}\cdot\text{m}}{\text{sec}^2}\right]$$

$$1\,\text{kgf} = (1\ \text{kgm}) \times (9.8\ \text{m}/\text{sec}^2) = 9.8\left[\frac{\text{kgm}\cdot\text{m}}{\text{sec}^2}\right]$$

$$\therefore 1\,\text{kgf} = 9.8\,\text{N} \fallingdotseq 10\,\text{N}$$

$$\therefore 1\,\text{N} = \frac{1}{10}\,\text{kgf} \quad \cdots\cdots (2.1.1)$$

[2] 영국계 단위

$$1\ \text{lbf} = (1\ \text{slug}) \times (1\ \text{ft/sec}^2) = 1\ \left[\frac{\text{slug}\cdot\text{ft}}{\text{sec}^2}\right]$$

$$1\ \text{lbf} = (1\ \text{lbm}) \times (32.2\ \text{ft/sec}^2) = 32.2\ \left[\frac{\text{lbm}\cdot\text{ft}}{\text{sec}^2}\right]$$

$$\therefore 1\text{slug} = 32.21\ \text{bm}$$

$$1\ \text{lbf} = \left(32.2\ \frac{\text{lbm}\cdot\text{ft}}{\text{sec}^2}\right) \times \left(\frac{0.454\ \text{kgm}}{1\ \text{lbm}}\right) \times \left(\frac{0.3048\ \text{m}}{1\ \text{ft}}\right) = 4.46\ \left[\frac{\text{kgm}\cdot\text{m}}{\text{sec}^2}\right]$$

$$\therefore 1\ \text{lbf} = 4.46\ \text{N}$$

$$\therefore 1\ \text{N} = \frac{1}{4.46}\ \text{lbf} \qquad \cdots\cdots (2.1.2)$$

[3] 길이 환산

$1\ \text{in} = 2.54\ \text{cm}$

$1\ \text{ft} = 12\ \text{in} = 30.48\ \text{cm} = 0.3048\ \text{m}$

$1\ \text{yd} = 3\ \text{ft} = 36\ \text{in} = 91.44\ \text{cm}$

$1\ \text{mi} = 5{,}280\ \text{ft} = 1{,}609\ \text{m} = 1.6\ \text{km}$

[4] 하중 환산

$1\ \text{lbf} = 0.454\ \text{kgf}$

$1\ \text{kgf} = 2.2\ \text{lbf}$

$1\ \text{kip} = 1{,}000\ \text{lbf} = 454\ \text{kgf}$

$1\ \text{kN} = 1{,}000\ \text{N} = 100\ \text{kgf}$

[표 2.1.1] 힘과 모멘트, 응력단위

구분	힘	모멘트	응력
과거 사용 단위	kg, t	kg · m, t · m	kg/cm^2
설계기준단위	kgf, tonf	kfg · m, t · m	kgf/cm^2
SI단위	N, kN	N · m, kN · m	N/mm^2(MPa)
영국제 단위	lb	lb · ft	psi(lb/in^2)

우리나라의 도로교 및 철도교설계기준에 규정된 사하중을 산출할 때의 재료 단위중량은 다음 표와 같다.

[표 2.1.2] 재료의 단위 중량(kgf/m^3)

재료	단위 중량	재료	단위 중량
강재, 주강, 단강	7,850	콘크리트	2,350
주철	7,250	시멘트 모르터	2,150
알미늄	2,800	목재	800
철근 콘크리트	2,500	역청재(방수용)	1,100
프리스트레스트 콘크리트	2,500	아스팔트 포장	2,300
모래자갈(성토)	2,000	모래자갈(자연)	1,800
사질토	1,900	점성토	1,800

예제 2.1.1

K.E. = $(Wv^2)/(2g)$는 물체의 운동에너지를 구하는 공식이다. 이 공식에서 속도 v는 몇 cm/sec인가? 단, 물체의 무게(W) = 200 lbf, 운동하는 물체의 운동에너지(K.E.) = 400 lbf·ft, 중력가속도(g) = 32.2 ft/sec^2 이다.

풀이

$$v = \sqrt{\frac{2g(K.E.)}{W}} = \sqrt{\frac{2 \times (32.2\ \text{ft/sec}^2) \times (400\ \text{lbf}\cdot\ \text{ft})}{(200\ \text{lbf})}} = 11.35\ \text{ft/sec}$$

$$= \frac{11.35(\text{ft}) \times 12(\text{inch}) \times 2.54(\text{cm})}{1(\text{ft}) \times 1(\text{inch})} = 346\ \text{cm/sec} \qquad \therefore v = 346\ \text{cm/sec}$$

2.2 역계

구조물에 외력이 작용할 경우 힘들의 위치와 방향에 따라 구조물의 형태가 변화하는 과정을 판정하기 위해서 작용점에 작용하는 힘들의 상태를 분류하면 다음과 같다. 한 역계(force system)를 이루고 있는 모든 힘들이 동일 평면상에 있을 때 이 역계를 평면역계(coplanar force system)라 하고 임의 공간 위치에 있을 경우를 공간역계(non－coplanar force system)라 한다. 역계를 분류하면 다음과 같다.

- 역계
  - 평면역계
    - 동일점에 작용하는 역계
      - 직선역계
      - 비직선역계
    - 동일점에 작용하지 않는 역계
      - 평행역계
      - 비평행역계
  - 공간역계
    - 동일점에 작용하는 역계
      - 직선역계
      - 비직선역계
    - 동일점에 작용하지 않는 역계
      - 평행역계
      - 비평행역계

[표 2.2.1] 역계의 종류

구분	보기
직선역계	
비직선역계	
평행역계	
비평행역계	

2.3 | 자유물체도와 힘의 평형조건

2.3.1 작용외력과 반력

모든 구조물은 자중 외에 그 구조물이 지지하는 다른 요소에 의해 전달되는 사하중 및 각종 활하중과 지진, 풍하중과 같은 자연재해하중이나 온도변화, 지점침하 등과 같이 변형에 의해 유발되는 외력 등 구조수명 간에 다양한 외력의 작용을 받게 되는데 이러한 하중들의 크기, 작용위치, 재하조건이나 재하방법을 정확하게 알거나 결정하기란 매우 어렵고 때로는 예측이 거의 불가능한 경우도 있다. 그러나 대개의 경우 각종 구조물의 관련 시방서나 지난 수십 년간의 연구, 시험결과의 도움을 받아 구조물의 설계 시에 고려해야 할 각종 하중의 재하조건 및 하중의 크기를 비교적 정확하게 가정하거나 산정할 수 있다. 그 외에도 이러한 재하조건에 따른 각종 하중들이 구조물에 어떻게 작용하는가에 대한 합리적인 가정도 필요하다. 하중의 종류나 재하조건이 어떻든 간에 결과적으로는 구조해석을 위해서 이들 하중은 구조물상에 특정한 위치에서 지정된 방향으로 일정한 크기를 갖는 집중 또는 분포 외력이나 우력으로 표현된다. 이와 같은 작용 외력은 [그림 2.3.1]에서 보는 바와 같이 작용력과 외적 평형(external equilibrium)을 이루는 지지점에서의 반력을 수반하게 된다. 그러므로 구조물은 구조수명 간에 가장 최악의 조건에 대응하는 전체 작용외력 및 반력을 안전하게 지지할 수 있도록 충분한 강도를 가져야 한다.

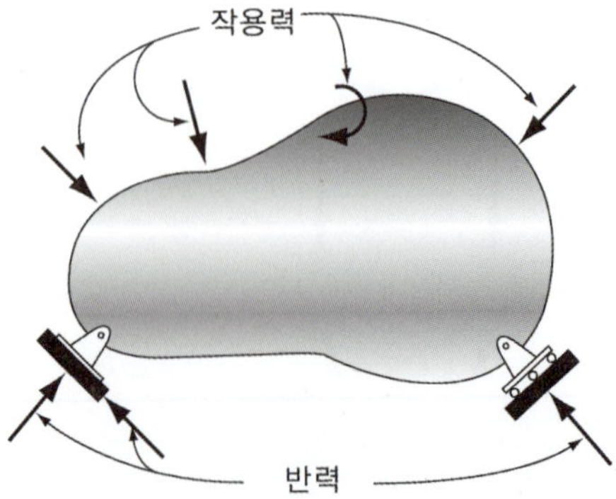

[그림 2.3.1] 작용력과 반력

구조물에 작용하는 외력들은 시간에 무관한 정하중이거나 시간에 따라 변하는 동하중임을 유의하여야 한다. 동하중에 대한 구조해석은 구조동역학(structural dynamics) 또는 구조진동 해석 등으로 일컫는 보다 높은 수준의 구조역학이므로 여기서는 다루지 않으며 정하중이나 등가정하중에 대한 정적 구조해석만을 다룬다.

2.3.2 자유물체도

구조해석에서 가장 유용한 도구 중의 하나가 자유물체도(Free－Body diagram)이다. 자유물체도란 구조물의 전체 또는 특정 부분이나 요소에 작용하는 모든 외력과 분리된 타부분에 의해 전달되는 모든 전달력까지를 함께 나타낸 도해적인 스케치이다.

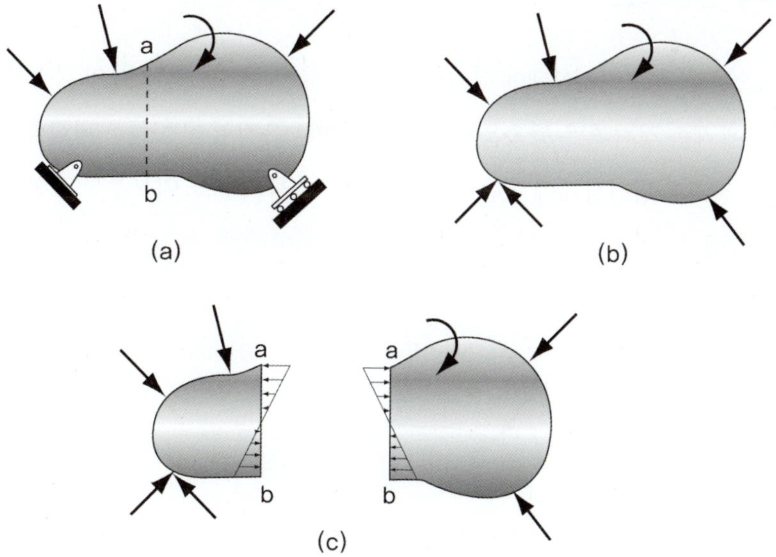

[그림 2.3.2] 자유물체도

이를테면 [그림 2.3.2(a)]에 보인 임의의 구조체를 고려해보면 전체 구조물의 자유물체도는 작용력과 반력을 포함한 [그림 2.3.2(b)]와 같다. 반면에 [그림 2.3.2(a)]에서 점선 $a-b$를 따라 절단한 경우, 어느 한쪽 부분의 자유물체도에는 절단면에 작용하는 응력(stress) 또는 내력의 분포로 평형상태를 유지하게 된다. 이러한 내적 응력이나 내력은 [그림 2.3.2(c)]의 자유물체도에 보인 바와 같이 그 단면에서 양쪽 부분의 작용 – 반작용이므로 크기가 같고 방향이 반대인 분포를 갖는다.

전체 구조물의 자유물체도는 구조물에 작용하는 모든 외력 즉, 작용력과 반력 사이의 관계를 보여주지만, 반면에 구조물의 일부분의 자유물체도는 내력과 외력 사이의 관계를 도해적으로 나타낸다. 어느 경우에도 각 자유물체도는 구조해석에서 고려하는 모든 것을 내포하고 있는 하나의 독립된 구조단위(structural unit)를 나타낸다. 전체 또는 구조 일부분에 대한 각 자유물체도의 적절한 선정과 이에 따른 각 구조요소의 해석은 구조해석 과정에서 가장 기초적이며 중요한 사항이다.

2.3.3 힘의 평형조건

정역학적으로 최초에 정지상태에 있거나 등속운동을 하고 있는 구조물이 각종 내력과 외력들의 작용 하에 계속 정지 혹은 등속운동상태, 즉 평형을 유지할 때 이들은 평형상태에 있다고 한다. 구조물 전체가 평형상태에 있음이 확인되면 구조물의 어느 일부분도 평형상태에 있음을 쉽게 알 수 있다.

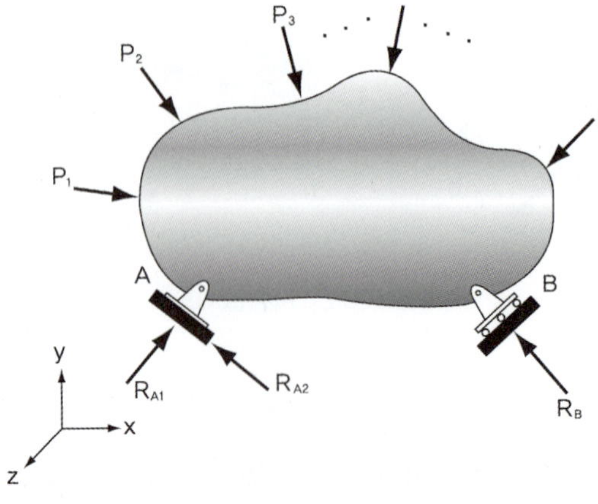

[그림 2.3.3] 평면구조의 평형

이와 같이 '정지' 조건이 만족되려면 구조물에 작용하는 모든 힘들이 균형상태에 있어야 하므로 [그림 2.3.3]과 같이 평면력계를 받는 평면체에 대한 평형조건은 다음과 같이 직교좌표계에 대한 3개의 스칼라방정식으로 표현된다.

$$\Sigma F_x = 0 \qquad \Sigma F_y = 0 \qquad \Sigma M_z = 0 \quad \cdots\cdots (2.3.1)$$

여기서, ΣF_x, ΣF_y는 각각 구조물에 작용하는 모든 힘들의 x 및 y방향 성분의 대수합이다. 그리고 ΣM_z는 평면상의 임의의 점에 대해 xy평면에 수직한 z축에 관한 힘성분들의 모멘트의 대수합을 나타낸다. 이 방정식들을 정역학적 평형방정식이라고 한다. 구조물에 작용하는 힘들이 이 방정식들을 만족하면 구조물은 '정지'상태에 있거나 '등속운동'을 하며 평형상태에 있다고 한다.

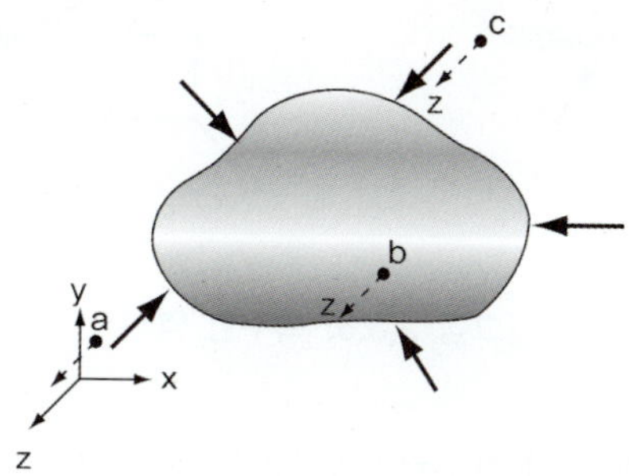

[그림 2.3.4] 평면구조의 등가평형

식 (2.3.1)은 평형방정식의 가장 일반적인 형태를 나타내지만 때로는 다른 형식이 더 편리한 경우도 있다. 예를 들면 [그림 2.3.4]에 나타낸 xy평면상의 두 점 a, b에 관한 모멘트의 합을 이용하는 다음과 같은 형태의 등가적인 평형방정식을 사용할 수 있다.

$$\Sigma F_x = 0 \qquad \Sigma M_a = 0 \qquad \Sigma M_b = 0 \quad \cdots\cdots (2.3.2)$$

여기서, ΣM_a, ΣM_b는 각각 구조물의 a, b점을 지나는 z축에 관한 모멘트의 합을 나타낸다.

이러한 방정식은 a와 b를 잇는 직선이 x축에 수직이 아닌 한 성립한다. 또 하나의 상이한 등가적인 평형방정식의 형태로는 다음과 같이 3점에 관한 모멘트합의 평형을 이용하는 경우도 있다.

$$\sum M_a = 0 \quad \sum M_b = 0 \quad \sum M_c = 0 \quad \cdots\cdots (2.3.3)$$

여기서 점 c는 [그림 2.3.4]에 나타낸 바와 같이 a, b와 같은 직선상에 있지 않는 xy평면상에 놓인 점이고, $\sum M_c$는 점 c에서 z축에 관한 모멘트의 합을 나타낸다.

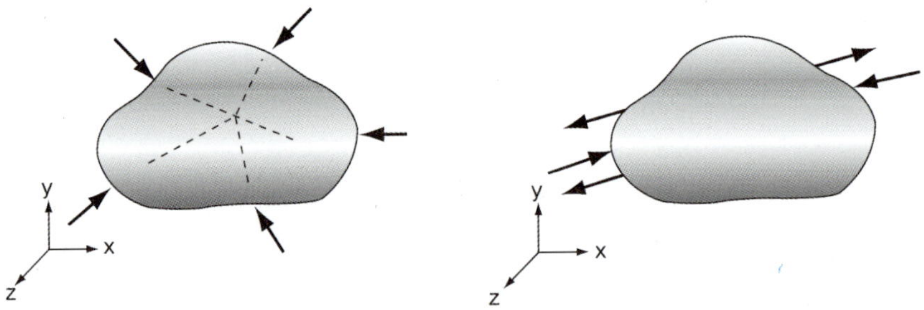

(a) 동점력 (b) 평행력

[그림 2.3.5] 특수한 역계

평면력계의 평면에 관한 특수한 경우로 [그림 2.3.5(a)]에서와 같이 모든 힘들이 한 점을 통과하여 작용하는 동점력계(concurrent force system)를 받을 경우에는 $\sum M_z$는 자동적으로 만족되기 때문에 평형방정식은 식 (2.3.1)로부터 다음과 같이 줄어든다.

$$\sum F_x = 0 \quad \sum F_y = 0 \quad \cdots\cdots (2.3.4)$$

두 번째 특수한 경우로는 [그림 2.3.5(b)]와 같이 평형력을 받는 평형력계(parallel force system)의 경우에는 평행력에 직각인 방향의 힘은 자동적으로 '0'이므로 식 (2.3.1)은 다음과 같이 줄어든다.

$$\sum F_P = 0 \quad \sum M_z = 0 \quad \cdots\cdots (2.3.5)$$

여기서 ΣF_P는 평행력의 합을 나타낸다.

이상의 두 가지 특별한 경우에는 식 (2.3.2)나 (2.3.3)과 같은 또 다른 등가평형방정식의 형태를 적용할 수 없다. 위에서 기술한 모든 경우는 구조물의 전체 또는 어느 일부분의 평형조건에 모두 적용된다. 각 경우에 대해 고려되는 구조물이나 구조요소의 부분을 자유물체도로 분리한 다음에 모든 작용력과 반력들이 평형조건을 만족하도록 적절한 평형방정식을 세우면 된다.

2.4 힘의 합성과 분해(평면역계)

동일 평면 내에 작용하는 여러 개의 힘들이 물체에 동시 작용하여 운동상태에 미치는 영향과 똑같은 효과를 얻을 수 있는 한 개의 힘을 여러 개 힘들의 합력(resultant)이라고 하며, 합력을 구하는 것을 힘의 합성(composition of force)이라고 한다. 반대로 한 개의 힘이 물체에 작용하여 운동상태에 미치는 영향과 똑같은 효과를 낼 수 있는 힘이 두 개 이상으로 나누어졌을 때 이 힘들을 분력(component)이라고 하고, 분력을 구하는 것을 힘의 분해(decomposition of force)라고 한다.

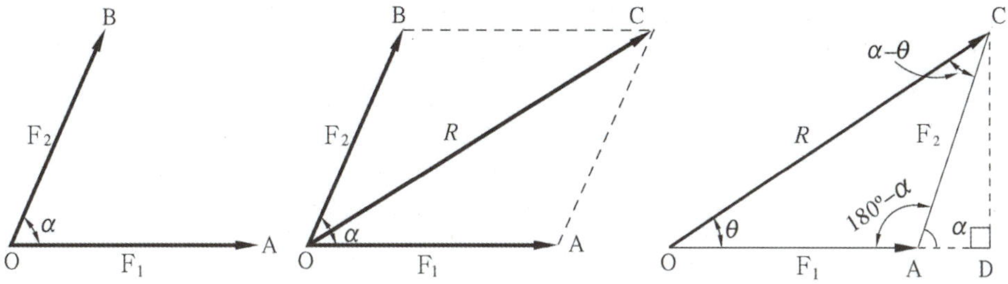

(a) (b) 평행사변형법 (c) 삼각형법

[그림 2.4.1]

2.4.1 동일점에 작용하는 두 개의 힘의 합성(비직선계)

[1] 도해적 방법

(1) 힘의 평행사변형에 의한 방법

[그림 2.4.1(a)]와 같이 O지점에 작용하는 두 개의 힘 F_1과 F_2를 변으로 하는 평행사변형을 그렸을 때 [그림 2.4.1(b)]에서와 같이 그 대각선 OC가 두 힘의 합성된 합력의 크기와 방향을 표시하며, O지점이 합력의 작용점이 된다. 이것을 힘의 평형사변형법(parallelogram of force)이라고 한다.

(2) 힘의 삼각형에 의한 방법

[그림 2.4.1(c)]와 같이 한 개의 힘 F_1 끝에서 다른 힘 F_2의 길이와 방향이 같게 선분 AC를 그리면 OC가 두 힘에 대한 합력 R이 된다. 이때, ΔOAC를 힘의 삼각형법(triangle of force)이라고 한다.

[2] 해석적 방법

[그림 2.4.1(a)]에서 두 개의 힘 F_1과 F_2사이의 각을 α라고 하면 합력 R과 합력의 방향 θ는 [그림 2.4.1(c)]에 나타낸 힘의 삼각형법에서 cosine 법칙(또는 피타고라스 정리)으로 구할 수 있다.

$$
\begin{aligned}
(R)^2 &= (\mathrm{OD})^2 + (\mathrm{DC})^2 \\
&= (\mathrm{OA} + \mathrm{AD})^2 + (\mathrm{DC})^2 \\
&= (F_1 + F_2\cos\alpha)^2 + (F_2\sin\alpha)^2 \\
&= F_1^2 + F_2^2 + 2F_1F_2\cos\alpha
\end{aligned}
$$

$$\therefore R = \sqrt{F_1^2 + F_2^2 + 2F_1F_2\cos\alpha} \quad \cdots\cdots (2.4.1)$$

$$\tan\theta = \frac{\mathrm{DC}}{\mathrm{OA} + \mathrm{AD}} = \frac{F_2 \sin\alpha}{F_1 + F_2 \cos\alpha}$$

$$\therefore \theta = \tan^{-1}\left(\frac{F_2 \sin\alpha}{F_1 + F_2 \cos\alpha}\right) \quad \cdots\cdots (2.4.2)$$

또한 [그림 2.4.1(a)]에서 $\alpha = 90°$[그림 2.4.2]일 경우에 합력 R과 합력의 방향 θ는 다음의 식으로 구한다.

$$(R^2) = (F_1)^2 + (F_2)^2$$

$$\therefore R = \sqrt{F_1^2 + F_2^2} \quad \cdots\cdots (2.4.3)$$

$$\tan\theta = \frac{F_2}{F_1}$$

$$\therefore \theta = \tan^{-1}\left(\frac{F_2}{F_1}\right) \quad \cdots\cdots (2.4.4)$$

그리고 [그림 2.4.3]와 같은 경우에는 다음과 같은 방법으로 합력 R과 방향 θ를 구하기도 한다.

$$\Sigma F_x(\text{수평분력의 총합})$$

$$= F_1 \cos\theta_1 + F_2 \cos\theta_2$$

$$\Sigma F_y(\text{수직분력의 총합})$$

$$= F_1 \sin\theta_1 + F_2 \sin\theta_2$$

$$\therefore R = \sqrt{(\Sigma F_x)^2 + (\Sigma F_y)^2} \quad \cdots\cdots (2.4.5)$$

$$\therefore \tan\theta = \frac{\Sigma F_y}{\Sigma F_x} \quad \cdots\cdots (2.4.6)$$

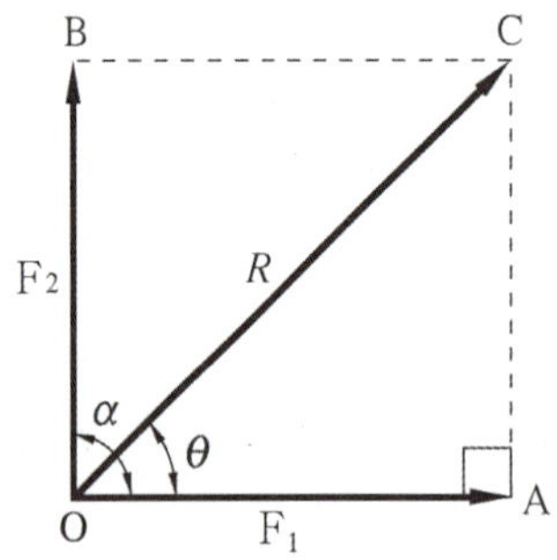

[그림 2.4.2]

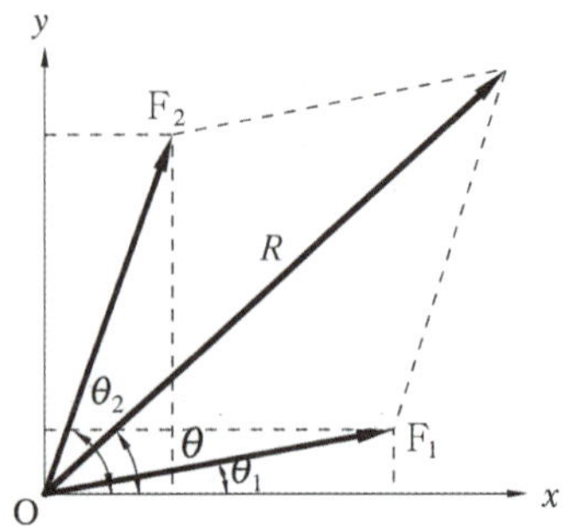

[그림 2.4.3]

예제 2.4.1

[그림 2.4.4]와 같이 두 힘에 대한 합력의 크기와 방향을 구하여라.

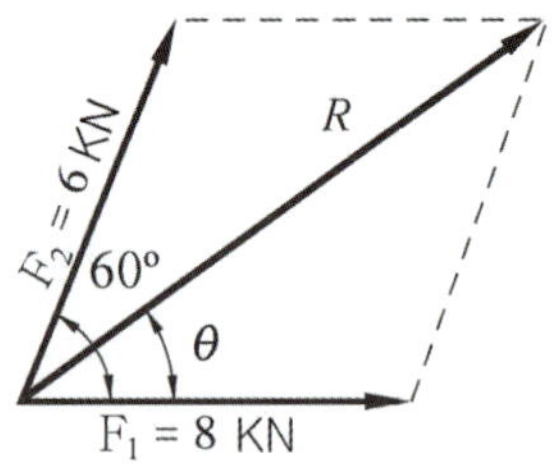

[그림 2.4.4]

풀이

(1) 합력의 크기

$$R = \sqrt{F_1^{\ 2} + F_2^{\ 2} + 2F_1 F_2 \cos\alpha}$$

$$= \sqrt{(8)^2 + (6)^2 + 2 \times (8) \times (6) \times (\cos 60°)}$$

$$= \sqrt{148} = 12.7 \text{ kN}$$

(2) 합력의 방향

$$\tan\theta = \frac{F_2 \sin\alpha}{F_1 + F_2 \cos\alpha} = \frac{(6) \times (\sin 60°)}{(8) + (6) \times (\cos 60°)} = 0.4724$$

$$\therefore\ \theta = 25°\ 17'\ 9.78''$$

예제 2.4.2

[그림 2.4.5]와 같이 두 힘이 서로 $150°$의 방향으로 작용할 때 합력의 크기를 구하여라.

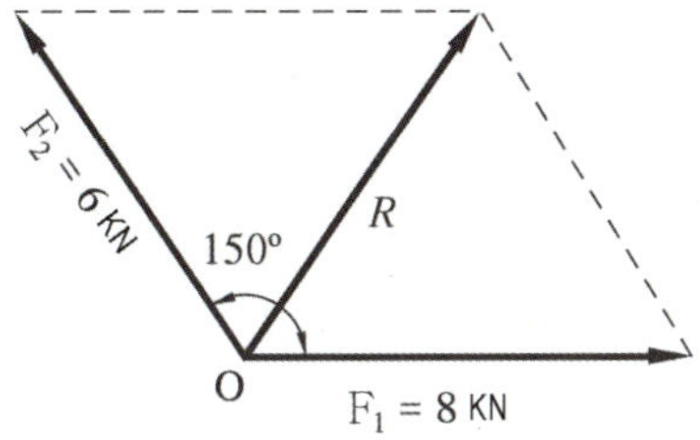

[그림 2.4.5]

풀이

$$R = \sqrt{F_1^2 + F_2^2 + 2F_1F_2\cos\alpha}$$
$$= \sqrt{(8)^2 + (6)^2 + 2 \times (8) \times (6) \times (\cos 150°)}$$
$$= \sqrt{64 + 36 - 96\left(\frac{\sqrt{3}}{2}\right)} = \sqrt{16.86} \qquad \therefore\ R = 4.1\ \text{kN}$$

참고

$F_{1x} = 8\,\text{kN}$

$F_{2x} = -F_2\cos 30°$

$= -(6) \times \left(\frac{\sqrt{3}}{2}\right) = -5.2\ \text{kN}$

$\therefore\ \Sigma F_x = F_{1x} + F_{2x} = 8 - 5.2 = 2.8\ \text{kN}$

$F_{1y} = 0$

$F_{2y} = F_2 \sin 30°$

$= (6) \times \left(\frac{1}{2}\right) = 3\ \text{kN}$

$\therefore\ \Sigma F_y = F_{1y} + F_{2y} = 0 + 3 = 3\ \text{kN}$

$R = \sqrt{(\Sigma F_x)^2 + (\Sigma F_y)^2} = \sqrt{(2.8)^2 + (3)^2}$

$\therefore\ R = 4.1\ \text{kN}$

2.4.2 한 개의 힘을 두 개의 힘으로 분해

[1] 도해적 방법

두 개의 힘의 합력을 구하는 방법을 역으로 이용하면 주어진 한 개의 힘을 방향에 따라 두 개의 힘으로 분해할 수 있다. [그림 2.4.1]의 (b)나 (c)와 같이 주어진 두 개의 방향으로 평행선을 그어 힘의 사변형 또는 힘의 삼각형을 그렸을 때 변에 표시되는 F_1과 F_2가 힘 R의 분력이 된다.

[2] 해석적 방법

[그림 2.4.6]에서 sine법칙을 적용하면 분력 F_1과 F_2는 다음 식으로 구한다.

$$\frac{F_1}{\sin(\alpha-\theta)} = \frac{F_2}{\sin\theta} = \frac{R}{\sin(180-\alpha)} = \frac{R}{\sin\alpha}$$

$$\therefore F_1 = R\frac{\sin(\alpha-\theta)}{\sin\alpha} \qquad \therefore F_2 = R\frac{\sin\theta}{\sin\alpha} \quad \cdots\cdots (2.4.7)$$

또한, [그림 2.4.7]과 같이 $\alpha = 90°$일 경우 분력 F_1과 F_2는 다음 식으로 구한다.

$$\left.\begin{aligned} \cos\theta &= \frac{F_1}{R} \qquad \therefore F_1 = R\cos\theta \\ \sin\theta &= \frac{F_2}{R} \qquad \therefore F_2 = R\sin\theta \end{aligned}\right\} \quad \cdots\cdots (2.4.8)$$

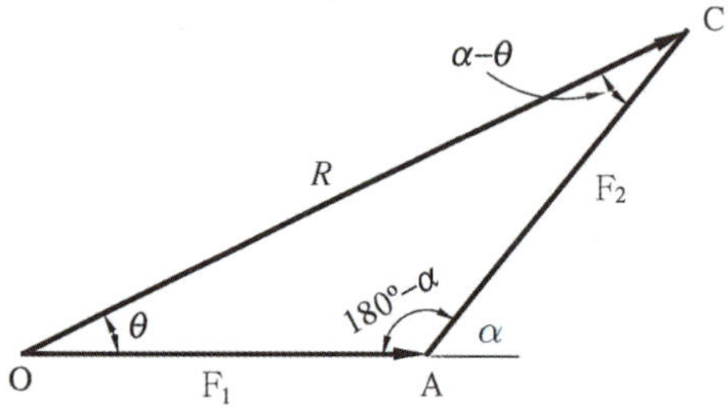

[그림 2.4.6]

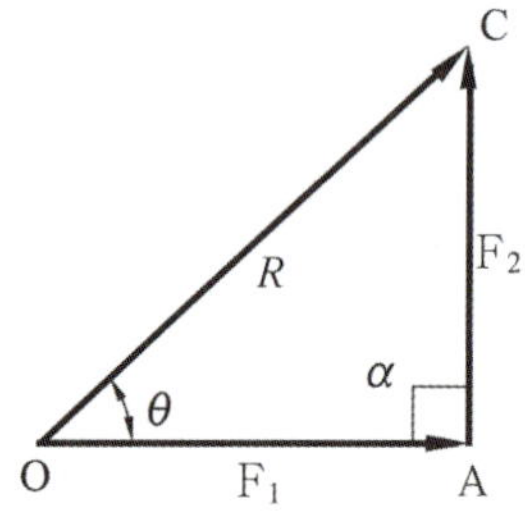

[그림 2.4.7]

[3] 라미의 정리

[그림 2.4.8(a)]와 같이 한 지점에 작용하는 세 개의 힘이 평형을 이루고 있을 때, 이 세 개의 힘이 같은 평면에 있으면 각각의 힘은 다른 두 힘 사잇각의 sine에 정비례한다. 이것을 라미의 정리(Lami's theorem)라고 한다.

[그림 2.4.8(b)]의 시력도에 의하여 sine법칙을 적용하면 다음 식 (2.4.9)로 분력을 구할 수 있다.

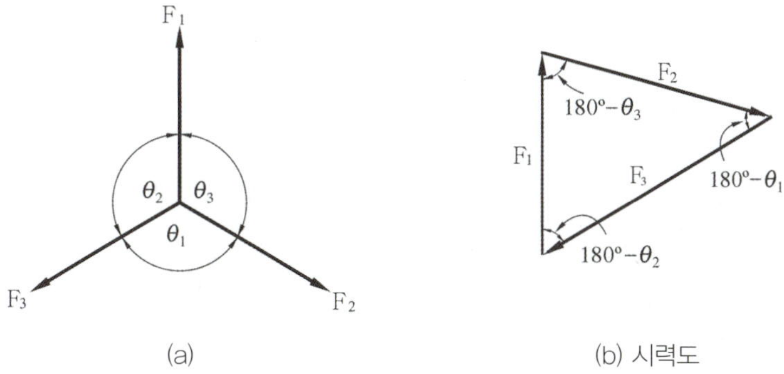

[그림 2.4.8]

$$\frac{F_1}{\sin(180-\theta_1)} = \frac{F_2}{\sin(180-\theta_2)} = \frac{F_3}{\sin(180-\theta_3)}$$

$$\therefore \frac{F_1}{\sin\theta_1} = \frac{F_2}{\sin\theta_2} = \frac{F_3}{\sin\theta_3} \quad \cdots\cdots (2.4.9)$$

예제 2.4.3

[그림 2.4.9(a)]에서 $R = 8\,\text{kN}$ 일 때, 분력 F_1과 F_2값을 구하여라.

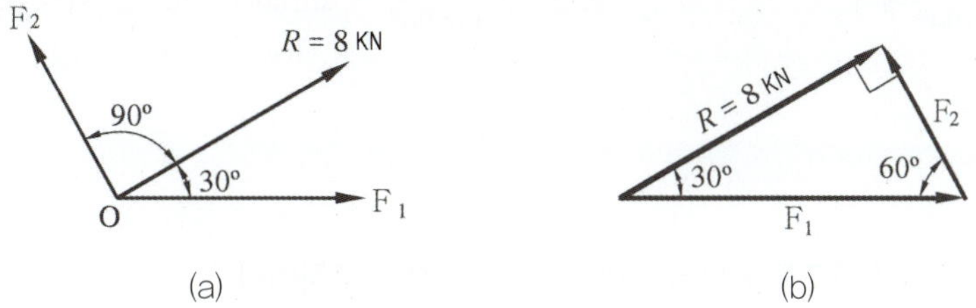

[그림 2.4.9]

풀이

시력도에 의하여 sine 법칙을 적용하면

$$\frac{F_1}{\sin 90°} = \frac{8}{\sin 60°} \qquad \therefore F_1 = \frac{8}{\sin 60°} \times \sin 90° = \frac{8}{\left(\frac{\sqrt{3}}{2}\right)} \times (1) = 9.23\,\text{kN}$$

$$\frac{F_2}{\sin 30°} = \frac{8}{\sin 60°} \qquad \therefore F_2 = \frac{8}{\sin 60°} \times \sin 30° = \frac{8}{\left(\frac{\sqrt{3}}{2}\right)} \times \left(\frac{1}{2}\right) = 4.62\,\text{kN}$$

예제 2.4.4

[그림 2.4.10]과 같이 $F = 20\ \text{kN}$ 의 무게를 매달은 구조물에서 T_1과 T_2가 받는 힘을 구하여라.

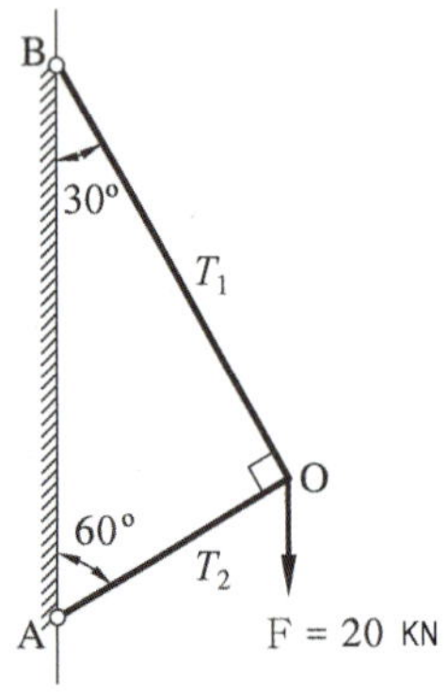

(a)

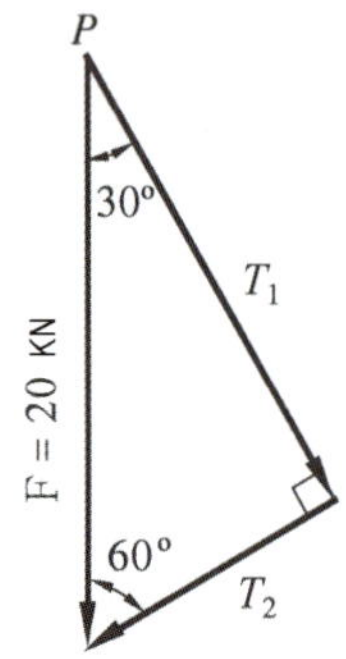

(b) 시력도

[그림 2.4.10]

풀이

시력도에 의하여 sine 법칙을 적용하면

$\dfrac{T_1}{\sin 60°} = \dfrac{20}{\sin 90°}$ 에서 $\quad \therefore T_1 = \dfrac{20}{\sin 90°} \times \sin 60° = 20 \times \left(\dfrac{\sqrt{3}}{2}\right) = 17.32\ \text{kN}$

$\dfrac{T_2}{\sin 30°} = \dfrac{20}{\sin 90°}$ 에서 $\quad \therefore T_2 = \dfrac{20}{\sin 90°} \times \sin 30° = 20 \times \left(\dfrac{1}{2}\right) = 10\ \text{kN}$

예제 2.4.5

[그림 2.4.11]과 같은 구조물에서 부재력 T_1과 T_2 값을 구하여라.

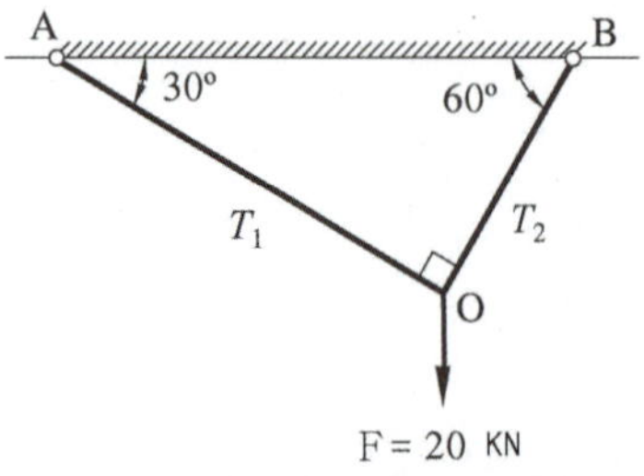

(a)

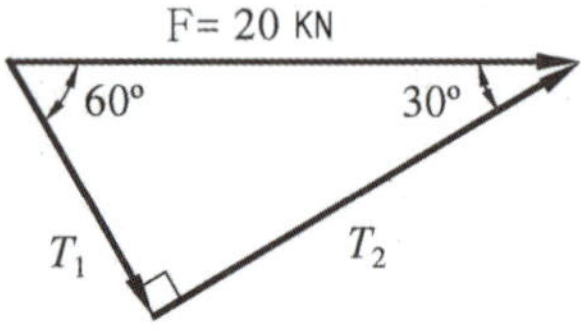

(b) 시력도

[그림 2.4.11]

풀이

시력도에 의하여 sine법칙을 적용하면

$\dfrac{T_1}{\sin 30°} = \dfrac{20}{\sin 90°}$에서 $\quad \therefore T_1 = \dfrac{20}{\sin 90°} \times \sin 30° = 20 \times \left(\dfrac{1}{2}\right) = 10\text{ kN}$

$\dfrac{T_2}{\sin 60°} = \dfrac{20}{\sin 90°}$에서 $\quad \therefore T_2 = \dfrac{20}{\sin 90°} \times \sin 60° = 20 \times \left(\dfrac{\sqrt{3}}{2}\right) = 17.32\text{ kN}$

예제 2.4.6

무게 $W = 100$ kN인 원형물체가 [그림 2.4.12(a)]와 같이 벽면 사이에 놓여 있다. 원형물체와 벽면 사이의 마찰이 없다고 가정하고 E지점의 반력을 구하여라.

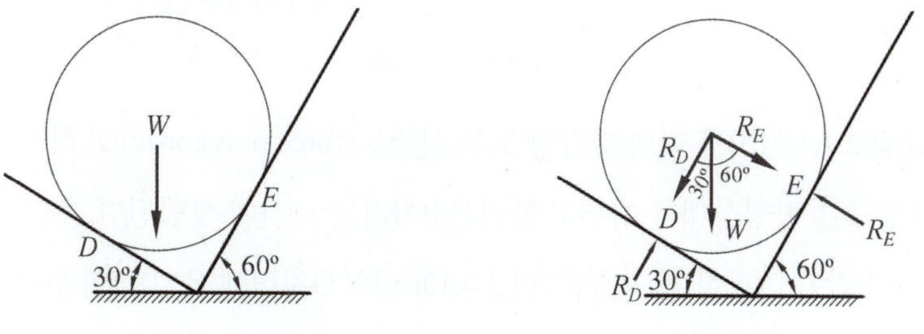

[그림 2.4.12]

풀이 $R_E = W' \cos 60° = (100) \times \left(\dfrac{1}{2}\right) \quad \therefore R_E = 50\text{ kN}$

2.4.3 동일점에 작용하는 여러 개의 힘의 합성

[1] 도해적 방법

[그림 2.4.13(a)]와 같이 한 지점에 네 개의 힘이 작용할 때, 이들 힘에 대한 합력을 구하기 위해 네 개의 힘을 순서대로 평행이동시켜 힘의 삼각형법에 의하여 시력도를 작성한다.

[그림 2.4.13(b)]와 같이 AB를 F_1과 같고 또한 나란하게 그리고 BC를 F_2와 나란하게 크기를 같게 그리면 AC는 F_1과 F_2의 합력 $R_{1\sim 2}$로 나타난다. 다음에 위와 같은 방법으로 $R_{1\sim 2}$와 F_3를 연결한 AD는 F_1, F_2, F_3의 합력 $R_{1\sim 3}$이 된다. 이와 같은 과정에 의하여 마지막에 E지점이 결정되는데 이 E지점과 처음 시작한 A지점을 연결하면 선분 AE도 힘 $F_1 \sim F_4$의 합력

R의 크기와 방향이 결정된다.

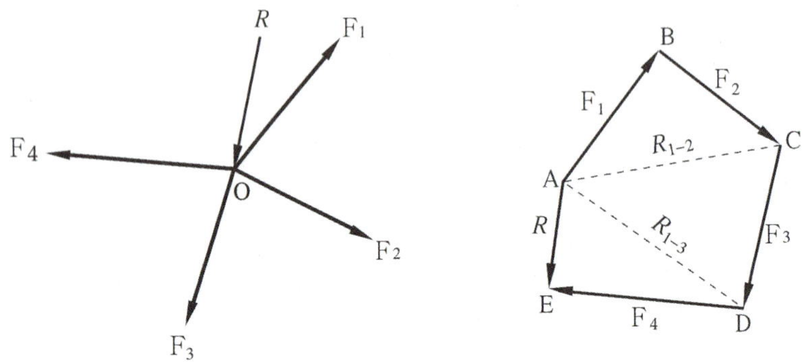

(a) (b) 시력도(힘의 다각형)

[그림 2.4.13]

여기서 [그림 2.4.13(b)]를 힘의 다각형 또는 시력도(force polygon)라고 하며, 시력도가 폐합하면 여러 힘들은 평형상태를 이루고 합력은 0이라는 조건이 성립된다. [그림 2.4.13(b)]에서 AE와 크기가 같고 나란한 힘 R을 [그림 2.4.13(a)]의 O지점에 옮기면 이 힘이 네 개의 힘에 대한 합력이 된다.

[2] 해석적 방법

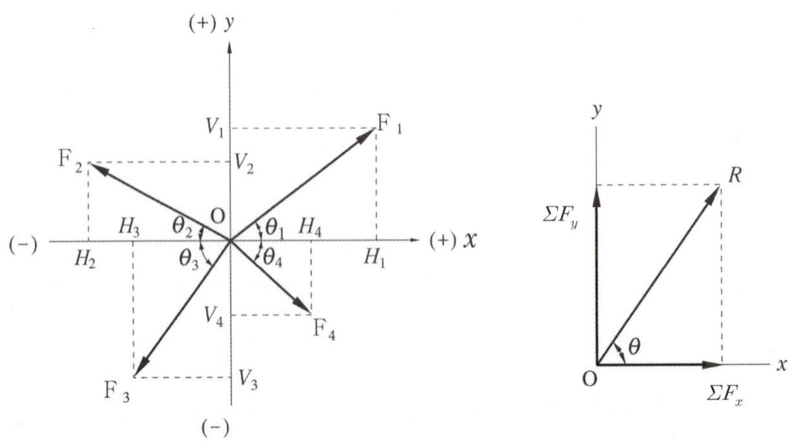

(a) (b)

[그림 2.4.14]

[그림 2.4.14(a)]와 같이 O지점에 네 개의 힘 F_1, F_2, F_3, F_4가 작용할 때 이 힘들에 대한 합력을 구하기 위해 x축에 분해된 힘을 수평분력(H), y축에 분해된 힘을 수직분력(V)이라고 할 때 각 힘에 대해서 분력들을 합하면 다음 식과 같다.

(1) 수평분력의 총합(ΣF_x)

$$\sum F_x = \sum_{n=1}^{4} H_n = H_1 + H_2 + H_3 + H_4$$

$$= F_1 \cos\theta_1 - F_2 \cos\theta_2 - F_3 \cos\theta_3 + F_4 \cos\theta_4 \quad \cdots\cdots (2.4.10)$$

(2) 수직분력의 총합(ΣF_y)

$$\sum F_y = \sum_{n=1}^{4} V_n = V_1 + V_2 + V_3 + V_4$$

$$= F_1 \sin\theta_1 + F_2 \sin\theta_2 - F_3 \sin\theta_3 - F_4 \sin\theta_4 \quad \cdots\cdots (2.4.11)$$

[그림 2.4.14(b)]에서와 같이 ΣF_x와 ΣF_y의 두 힘을 합성하면 합력 R과 합력의 방향 θ를 구할 수 있다.

$$\therefore R^2 = (\sum F_x)^2 + (\sum F_y)^2$$

$$\therefore R = \sqrt{(\sum F_x)^2 + (\sum F_y)^2} \quad \cdots\cdots (2.4.12)$$

$$\tan\theta = \frac{\sum F_y}{\sum F_x}$$

$$\therefore \theta = \tan^{-1}\left(\frac{\sum F_y}{\sum F_x}\right) \quad \cdots\cdots (2.4.13)$$

예제 2.4.7

[그림 2.4.15]와 같은 동일점에 작용하는 여러 힘의 합력과 합력 R의 방향을 구하여라.

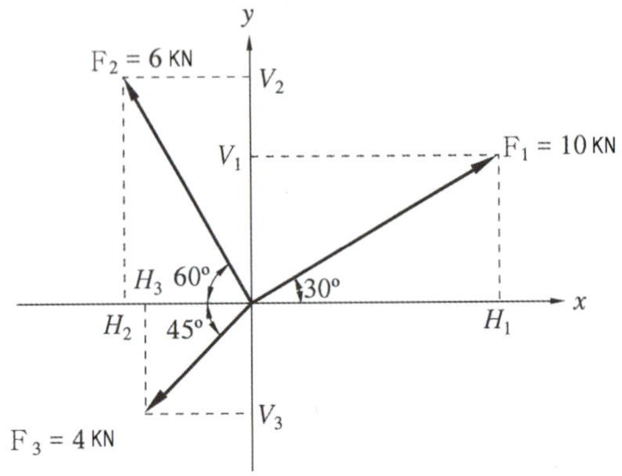

[그림 2.4.15]

풀이

(1) 수평분력

$H_1 = 10 \times \cos 30° = 10 \times \left(\frac{\sqrt{3}}{2}\right) = 8.66\ \text{kN}$ $\quad H_2 = -6 \times \cos 60° = -6 \times \left(\frac{1}{2}\right) = -3\ \text{kN}$

$H_3 = -4 \times \cos 45° = -4 \times \left(\frac{1}{\sqrt{2}}\right) = -2.83\ \text{kN}$

$\therefore\ \sum F_x = \sum_{n=1}^{3} H_n = H_1 + H_2 + H_3 = 8.66 - 3 - 2.83 = 2.83\ \text{kN}$

(2) 수직분력

$V_1 = 10 \times \sin 30° = 10 \times \left(\frac{1}{2}\right) = 5\ \text{kN}$ $\quad V_2 = 6 \times \sin 60° = 6 \times \left(\frac{\sqrt{3}}{2}\right) = 5.2\ \text{kN}$

$V_3 = -4 \times \sin 45° = -4 \times \left(\frac{1}{\sqrt{2}}\right) = -2.83\ \text{kN}$

$\therefore\ \sum F_y = \sum_{n=1}^{3} V_n = V_1 + V_2 + V_3 = 5 + 5.2 - 2.83 = 7.37\ \text{kN}$

$R = \sqrt{\left(\sum F_x\right)^2 + \left(\sum F_y\right)^2} = \sqrt{(2.83)^2 + (7.37)^2} = \sqrt{62.32} = 7.89\ \text{kN}$

$\tan\theta = \frac{\sum F_y}{\sum F_x} = \frac{(7.37)}{(2.83)} \fallingdotseq 2.604$

$\therefore\ \theta = 68° 59' 38''$ (I 상한)

예제 2.4.8

[그림 2.4.16(a)]에서 양압력 100 kN 인 기구가 수평선과 60° 의 각을 이루고 정지상태에 있을 때 풍압 W 및 로프에 작용하는 힘 T 값을 구하여라.

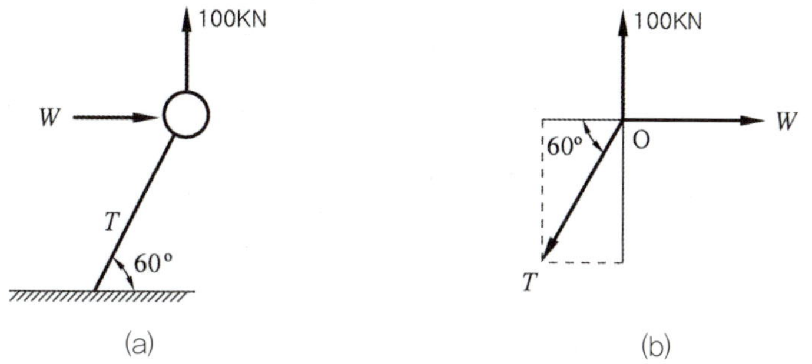

[그림 2.4.16]

풀이

O지점에서 힘을 분해시키면 ([그림 2.4.16(b)])

$\Sigma F_y = 0$에 의하여 $100 - T\sin 60° = 0$　　$\therefore T = \dfrac{100}{\sin 60°} = 115.5 \text{ kN}$

$\Sigma F_x = 0$에 의하여 $W - T\cos 60° = 0$　　$\therefore W = T\cos 60° = (115.5) \times \left(\dfrac{1}{2}\right) = 57.7 \text{ kN}$

예제 2.4.9

[그림 2.4.17(a)]와 같이 10 kN 의 물체를 매달은 구조물에서 부재 T_1, T_2가 받는 힘을 구하여라.

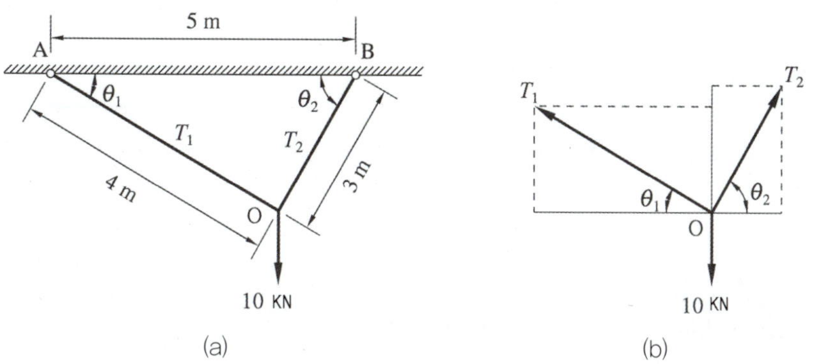

[그림 2.4.17]

풀이

10 kN의 힘을 T_1과 T_2로 분해하면,

$$\sin\theta_1 = \frac{3}{5} = 0.6,\ \sin\theta_2 = \frac{4}{5} = 0.8 \qquad \cos\theta_1 = \frac{4}{5} = 0.8,\ \cos\theta_2 = \frac{3}{5} = 0.6$$

0지점에서 **힘의 평형조건**을 적용하여([그림 2.4.17(b)])

$\Sigma F_y = 0$에 의하여

$$T_1\sin\theta_1 + T_2\sin\theta_2 - 10 = 0 \text{ ——— ①}$$

$\Sigma F_x = 0$에 의하여

$$-T_1\cos\theta_1 + T_2\cos\theta_2 = 0 \text{ ——— ②}$$

식 ②에서

$$T_1 \times \frac{4}{5} = T_2 \times \frac{3}{5} \qquad \therefore T_1 = \frac{3}{4}T_2$$

식 ①에서

$$T_2 \times \frac{3}{4} \times \frac{3}{5} + T_2 \times \frac{4}{5} = 10$$

$$\therefore T_2 = \frac{10}{1.25} = 8\ \text{kN} \qquad \therefore T_1 = \frac{3}{4} \times 8 = 6\ \text{kN}$$

2.4.4 동일점에 작용하지 않는 여러 개의 힘의 합성

[1] 도해적 방법

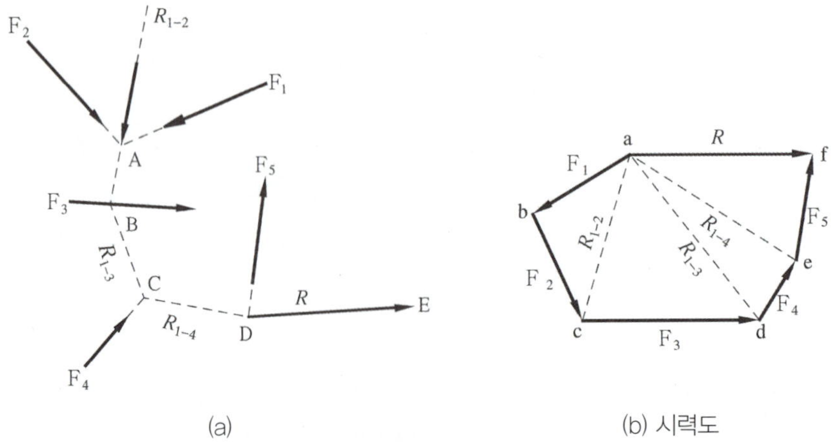

[그림 2.4.18]

[그림 2.4.18(a)]와 같이 동일점에 작용하지 않는 다섯 개의 힘들에 대한 합력과 방향 및 합력의 작용점을 구하기 위해 앞에서 설명한 동일점에 작용하는 여러 힘들의 합력을 구하는 방법을 이용하여 [그림 2.4.18(b)]와 같이 시력도를 작성했다. 시력도에서 af가 합력 R의 크기와 방향이 된다. [그림 2.4.18(a)]에서 F_1과 F_2의 합력 $R_{1\sim 2}$의 작용점은 F_1과 F_2의 작용선의 교차점 A가 된다. 이와 같은 방법으로 AB//ac, BC//ad, CD//ae가 되게 그리면 D지점이 합력 R의 작용점이 된다. 따라서 시력도에서 구한 합력 af를 D지점에 옮기면 DE가 구하는 합력 R이 된다.

[2] 해석적 방법

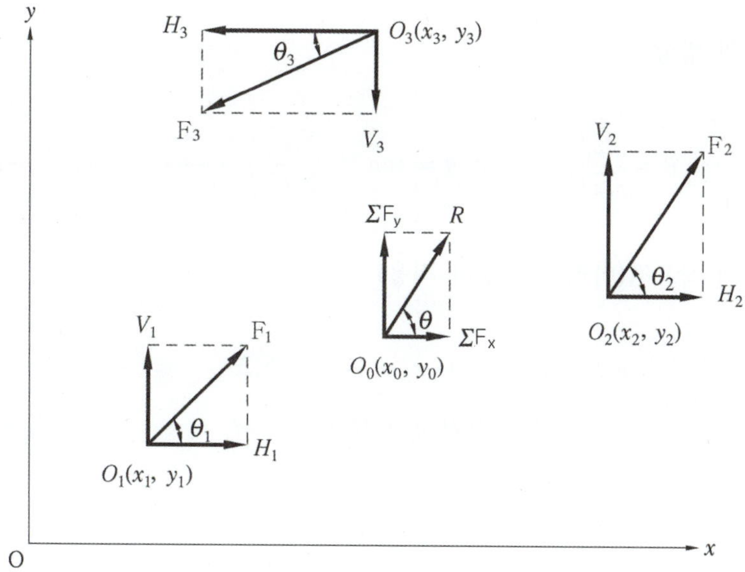

[그림 2.4.19]

[그림 2.4.19]와 같이 동일평면에 세 개의 힘이 동일점에 작용하지 않을 때 합력을 구하는 방법은 동일점에 여러 힘이 작용할 때 합력을 구하는 방법과 동일하다. 각 힘들의 수평분력과 수직분력의 합은 다음과 같다.

수평분력의 총합(ΣF_x)	수직분력의 총합(ΣF_y)
$H_1 = P_1 \cos\theta_1$	$V_1 = P_1 \sin\theta_1$
$H_2 = P_2 \cos\theta_2$	$V_2 = P_2 \sin\theta_2$
$H_3 = -P_3 \cos\theta_3$	$V_3 = -P_3 \sin\theta_3$
$\Sigma F_x = H_1 + H_2 + H_3$	$\Sigma F_y = V_1 + V_2 + V_3$

(1) 합력(R)

$$\therefore R = \sqrt{(\Sigma F_x)^2 + (\Sigma F_y)^2} \quad \cdots\cdots (2.4.14)$$

(2) 합력의 방향

$$\tan\theta = \frac{\Sigma F_y}{\Sigma F_x} \qquad \therefore \theta = \tan^{-1}\left(\frac{\Sigma F_y}{\Sigma F_x}\right) \quad \cdots\cdots (2.4.15)$$

(3) 합력의 작용점(바리논의 정리 적용)

$$(\Sigma F_y)(x_o) = V_1 x_1 + V_2 x_2 + V_3 x_3 = \Sigma M_y$$

$$(\Sigma F_x)(y_o) = H_1 y_1 + H_2 y_2 + H_3 y_3 = \Sigma M_x$$

$$\therefore x_o = \frac{\Sigma M_y}{\Sigma F_y} \qquad \therefore y_o = \frac{\Sigma M_x}{\Sigma F_x} \quad \cdots\cdots (2.4.16)$$

[바리논의 정리]

"분력의 임의 지점에 대한 모멘트의 대수합은 그 지점에 대한 합력의 모멘트와 같다"라는 정리를 **바리논의 정리**(Varignon's theorem, 1654 ~ 1722)라고 한다.

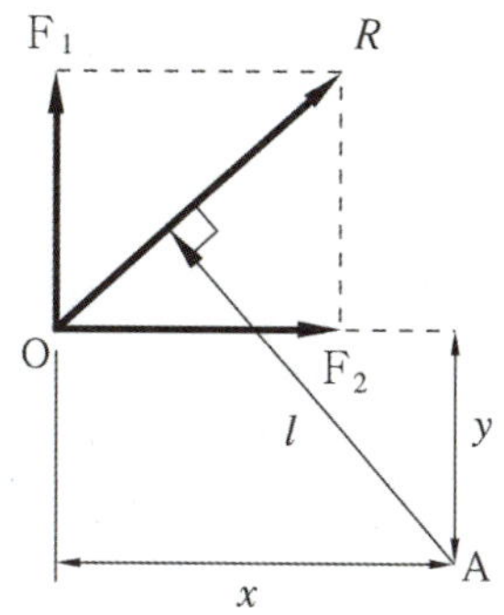

[그림 2.4.20]

[그림 2.4.20]에서와 같이 다음에 나타낸 식 (2.4.17)에 의하여 A지점에서 분력에 대한 모멘트와 합력에 대한 모멘트는 같다.

$$\therefore \ \Sigma M_A = 0 \quad \cdots\cdots (2.4.17)$$

[그림 2.4.20]에서 A점의 모멘트는 식 (2.4.17)에 의해서 다음과 같다.

$$(F_1)(x) + (F_2)(y) = (R)(l)$$

예제 2.4.10

[그림 2.4.21]과 같은 평면력의 O지점에 대한 모멘트를 구하여라.

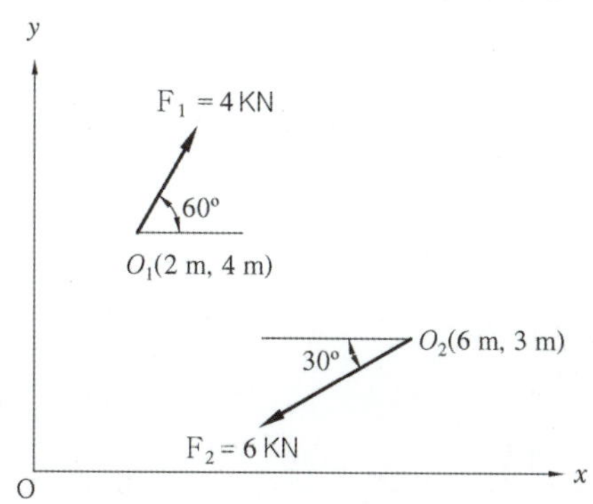

[그림 2.4.21]

풀이

F_1 : $H_1 = (4) \times \cos 60° = 2\text{ kN}$ $\quad V_1 = (4) \times \sin 60° = 3.5\text{ kN}$

F_2 : $H_2 = (6) \times \cos 30° = 5.2\text{ kN}$ $\quad V_2 = (6) \times \sin 30° = 3\text{ kN}$

$M_O = (H_1) \times (4\text{m}) - (H_2) \times (3\text{m}) - (V_1) \times (2\text{m}) + (V_2) \times (6\text{m})$

$= (2\text{kN}) \times (4\text{m}) - (5.2\text{kN}) \times (3\text{m}) - (3.5\text{kN}) \times (2\text{m}) + (3\text{kN}) \times (6\text{m})$

$\therefore M_O = 3.4\text{ kN} \cdot \text{m}$

예제 2.4.11

[그림 2.4.22]와 같이 동일점에 작용하지 않는 여러 힘에 대한 합력과 합력의 방향 및 작용점을 구하고 원점 O에 대한 모멘트를 구하여라.

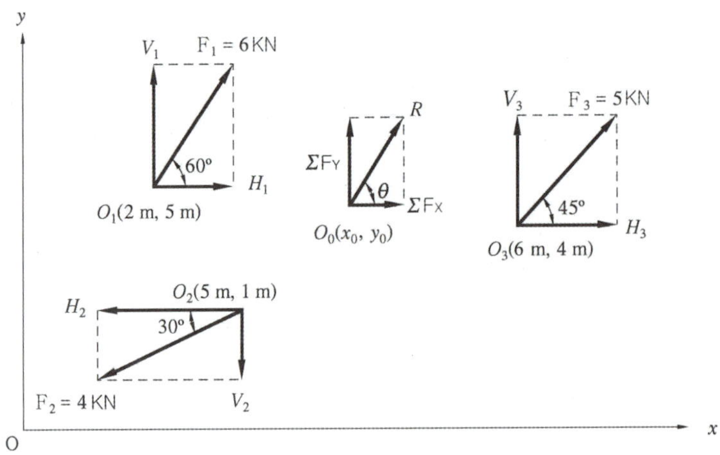

[그림 2.4.22]

풀이

(1) 수평분력

$$H_1 = 6 \times \cos 60° = 6 \times \left(\frac{1}{2}\right) = 3\text{ kN}, \quad H_2 = -4 \times \cos 30° = -4 \times \left(\frac{\sqrt{3}}{2}\right) = -3.46\text{ kN}$$

$$H_3 = 5 \times \cos 45° = 5 \times \left(\frac{1}{\sqrt{2}}\right) = 3.54\text{ kN}$$

$$\therefore \Sigma F_x = H_1 + H_2 + H_3 = 3.08\text{ kN}$$

(2) 수직분력

$$V_1 = 6 \times \sin 60° = 6 \times \left(\frac{\sqrt{3}}{2}\right) = 5.2\text{ kN}, \quad V_2 = -4 \times \sin 30° = -4 \times \left(\frac{1}{2}\right) = -2\text{ kN}$$

$V_3 = 5 \times \sin 45° = 5 \times \left(\dfrac{1}{\sqrt{2}}\right) = 3.54\,\text{kN}$ $\quad \therefore\ \Sigma F_y = V_1 + V_2 + V_3 = 6.74\,\text{kN}$

① 합력 R

$R = \sqrt{(\Sigma F_x)^2 + (\Sigma F_y)^2} = \sqrt{(3.08)^2 + (6.74)^2} = \sqrt{54.91}$ $\quad \therefore\ R = 7.41\,\text{kN}$

② 합력의 방향

$\tan\theta = \dfrac{\Sigma F_y}{\Sigma F_x} = \dfrac{(6.74)}{(3.08)} = 2.18$ $\quad \therefore\ \theta = 65°\ 26'\ 27''$(I 상한)

③ 합력의 작용점

$$x_o = \frac{(V_1)(x_1) + (V_2)(x_2) + (V_3)(x_3)}{\Sigma F_y}$$

$$= \frac{(5.2)\times(2) - (2)\times(5) + (3.54)\times(6)}{6.74} = \frac{21.64}{6.74} \qquad \therefore\ x_o = 3.21\,\text{m}$$

$$y_o = \frac{(H_1)(y_1) + (H_2)(y_2) + (H_3)(y_3)}{\Sigma F_x}$$

$$= \frac{(3)\times(5) - (3.46)\times(1) + (3.54)\times(4)}{3.08} = \frac{25.7}{3.08} \qquad \therefore\ y_o = 8.34\text{m}$$

④ 원점에 대한 모멘트

$M_O = (\Sigma F_x)\times(y_0) + (\Sigma F_y)\times(x_0) = (3.08)\times(8.34) - (6.74)\times(3.21)$

$\therefore\ M_O = 4.05\,\text{kN}\cdot\text{m}$

예제 2.4.12

[그림 2.4.23]과 같은 구조물에서 부재 T가 받는 힘을 구하여라.

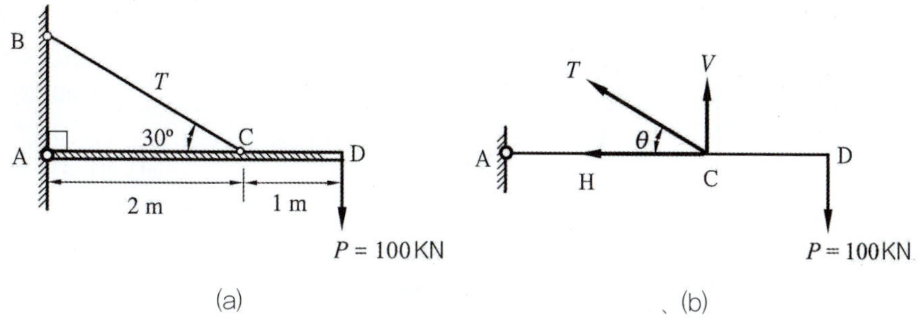

[그림 2.4.23]

풀이

[그림 2.4.23(b)]에서 C지점에서 T부재의 수직분력을 V라고 하면 $\therefore\ V = T\sin 30°$

$\Sigma M_A = 0$에 의하여

$$(100\text{kN}) \times (3\text{m}) - (\text{T} \times \sin 30°) \times (2\text{m}) = 0$$

$$T \times \left(\frac{1}{2}\right) \times (2) = 300 \qquad \therefore\ T = 300\ \text{kN}$$

2.4.5 평행한 힘의 합력 및 합력의 위치

[1] 도해적 방법

동일점에 작용하지 않는 두 개 힘들이 나란하거나 거의 나란한 경우에는 시력도에 의하여 합력 R의 크기와 방향을 결정하고, 연력도의 원리에 의하여 합력 R의 작용점을 다음과 같은 과정에 의하여 구한다.

(1) [그림 2.4.24(b)]와 같이 시력도를 작성하여 합력 R의 크기와 방향을 얻는다.

(2) 합력 R의 작용선을 구하기 위해 [그림 2.4.24(a)]에서 F_1과 F_2의 작용선상의 임의점 A, B를 잡아 AB와 크기가 같고 방향이 다른 두 개의 힘 $+N$과 $-N$을 고려한다.

(3) [그림 2.4.24(b)]에서 b지점으로부터 bO//AB 및 bO = AB 되게 O지점을 잡고, aO = r_1, cO = r_2라고 한다.

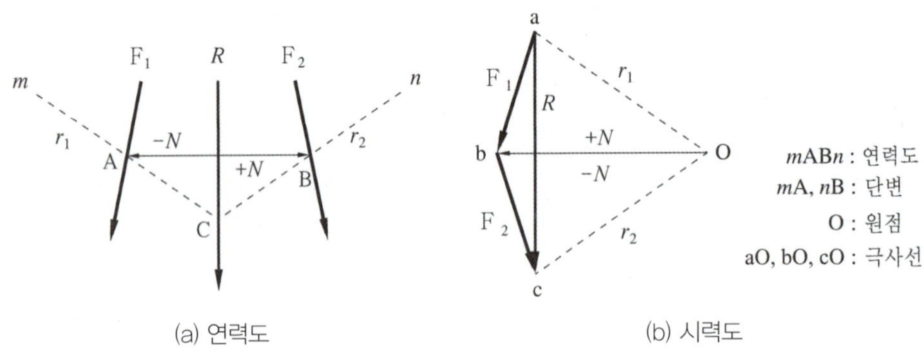

[그림 2.4.24]

(4) r_1은 F_1과 $+N$과의 합력이고, r_2는 F_2와 $-N$과의 합력이다. 따라서, 두 힘에 대한 합력 R의 값은 식 (2.3.18)과 같다.

$$R = r_1 + r_2 = F_1 + N + F_2 - N = F_1 + F_2 \quad \cdots\cdots (2.4.18)$$

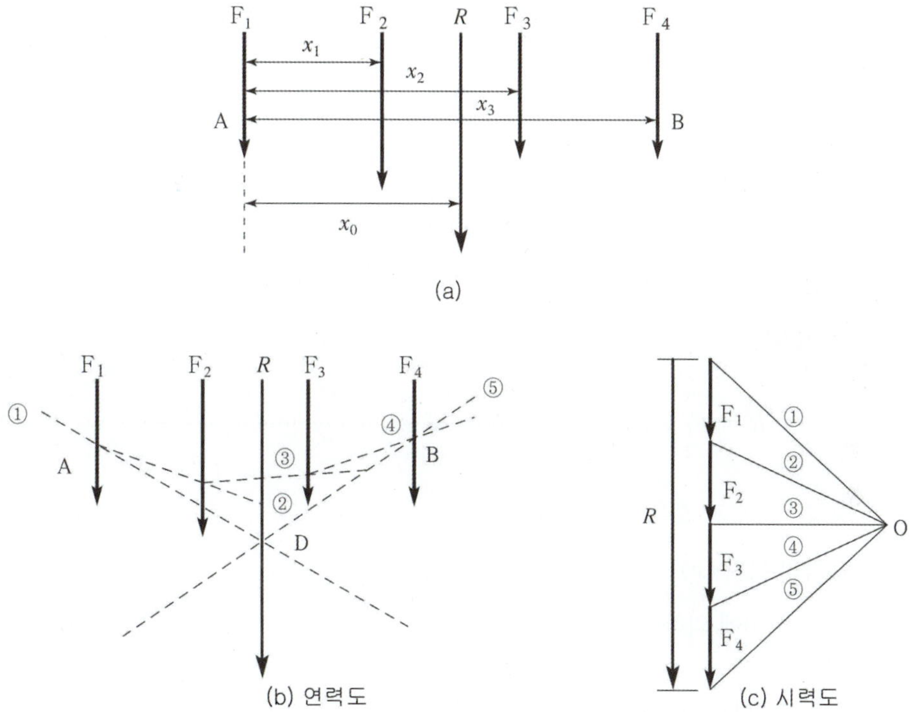

[그림 2.4.25]

(5) [그림 2.4.24(a)]의 A 및 B지점에서 AC//aO, BC//cO 되게 선을 그어 교점 C를 구한다. 교점 C는 r_1, r_2의 합력의 작용점인 동시에 합력 R의 작용점이다.

(6) [그림 2.4.25(a)]와 같이 나란한 네 개 힘에 대한 합력 R과 방향을 시력도에 의하여 구하고, 연력도의 원리에 의하여 작용선의 교점 D를 구한다. 시력도에서 구한 합력 R을 방향이 같고 크기가 같게 연력도의 D지점에 수평이동시키면 네 개 힘에 대한 합력 R이 결정된다.

[2] 해석적 방법

(1) 평행한 두 개 힘의 합력 및 합력의 위치

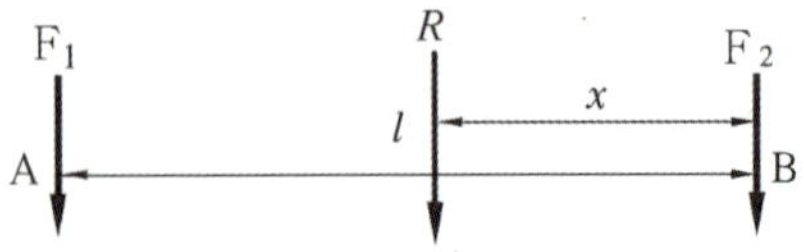

[그림 2.4.26]

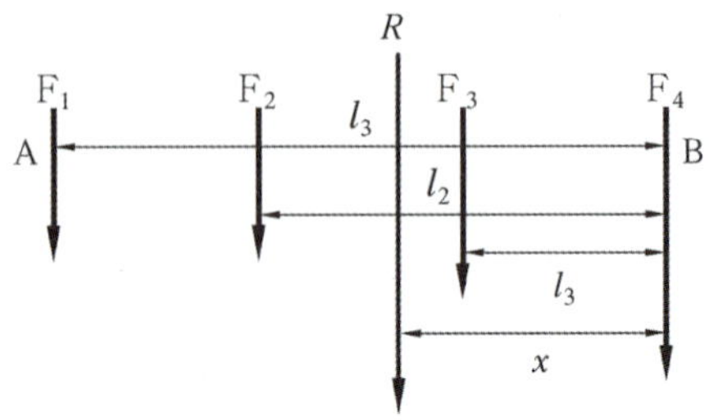

[그림 2.4.27]

[그림 2.4.26]과 같이 나란한 두 개 힘이 작용할 때 합력 R은 다음 식으로 구한다.

① 합력(R)

$$\therefore R = F_1 + F_2 \;(\downarrow) \quad \cdots\cdots (2.4.19)$$

② 방향 : 합력과 같은 방향 (↓)

③ 합력의 위치 (x) : 바리논의 정리에 의하여 구한다.

$\sum M_B = 0$에 의하여

$$(F_1)(l) = (R)(x)$$

$$\therefore x = \frac{(F_1)(l)}{(R)} \quad \cdots\cdots (2.4.20)$$

(2) 평행한 여러 힘의 합력 및 합력의 위치

[그림 2.4.27]과 같이 평행한 여러 힘이 작용할 때, 다음과 같은 식으로 합력과 합력의 위치를 구한다.

① 합력(R)

$$\therefore R = F_1 + F_2 + F_3 + F_4 \;(\downarrow) \quad \cdots\cdots (2.4.21)$$

② 합력의 위치(x)

$\Sigma M_B = 0$에 의하여

$$(F_1)(l_1) + (F_2)(l_2) + (F_3)(l_3) = (R)(x)$$

$$\therefore x = \frac{(F_1)(l_1) + (F_2)(l_2) + (F_3)(l_3)}{(R)} \quad \cdots\cdots (2.4.22)$$

2.5 모멘트와 우력 모멘트

2.5.1 모멘트

모멘트(moment)는 힘에 수직거리(최단거리)를 곱한 값으로 구한다. [그림 2.5.1]에서 힘을 F라 하고 O지점에서 힘까지의 수직거리를 l 이라고 하면 모멘트 값은 식 (2.5.1)와 같다.

$$M = (F)(l) = 2 \times (\text{삼각형의 면적}) \quad \cdots\cdots (2.5.1)$$

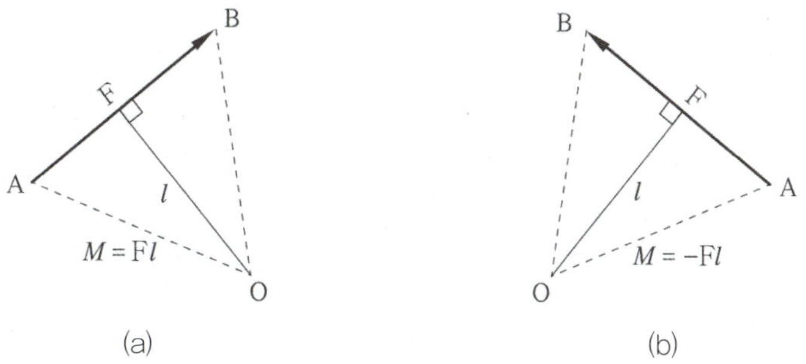

[그림 2.5.1]

[그림 2.5.1]에서와 같이 모멘트는 삼각형(△AOB) 면적의 두 배가 된다. 모멘트 단위로는 kgf·m, tf·m, lbf·ft, kN·m를 사용하고, 모멘트의 부호는 시계 방향인 것은 정(+), 시계반대 방향인 것은 부(−)로 정한다.

2.5.2 우력 모멘트

[그림 2.5.2(a), (b)]와 같이 크기가 같고 방향이 반대인 한 쌍의 힘을 우력(couple)이라고 하며, 우력 F 사이의 거리를 l 이라고 하면 우력모멘트(couple moment)는 다음 식과 같다.

$$M = (F)(l) \quad \cdots\cdots (2.5.2)$$

[그림 2.5.2]

우력모멘트 단위와 부호는 모멘트의 정의와 같다.

예제 2.5.1

[그림 2.5.3]과 같이 각각의 힘에 대해서 O지점에 대한 모멘트를 구하여라.

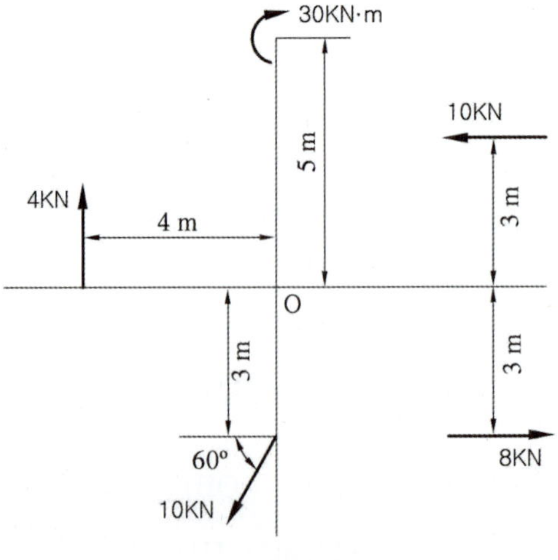

[그림 2.5.3]

풀이

$$M_O = -(10\text{kN}) \times (3\text{m}) + (30\text{kN} \cdot \text{m}) + (4\text{kN}) \times (4\text{m}) + (10\text{kN}) \times (\cos 60°) \times (3\text{m}) - (8\text{kN}) \times (3\text{m})$$

$$= -30 + 30 + 16 + 15 - 24$$

$$= 7\,\text{kN} \cdot \text{m}$$

예제 2.5.2

[그림 2.5.4]와 같이 평행한 힘의 합력의 크기와 합력의 작용선의 위치를 구하여라.

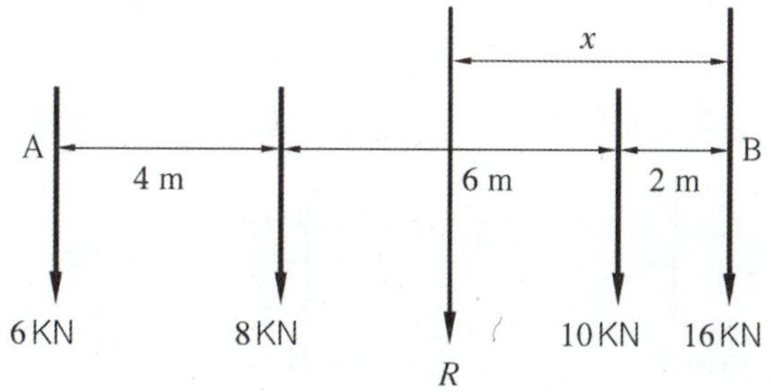

[그림 2.5.4]

풀이

$\therefore R = 6 + 8 + 10 + 16 = 40\,\text{kN}$

$\Sigma M_B = 0$에 의하여(바리논의 정리)

$$(6\,\text{kN}) \times (12\text{m}) + (8\text{kN}) \times (8\text{m}) + (10\text{kN}) \times (2\text{m}) = (\text{R}) \cdot (\text{x})$$

$\therefore x = 3.9\text{m}$

예제 2.5.3

[그림 2.5.5]와 같이 한 개의 힘 $P = 10\,\text{kN}$을 두 개의 힘으로 분해한 V_A, V_B 값을 구하여라.

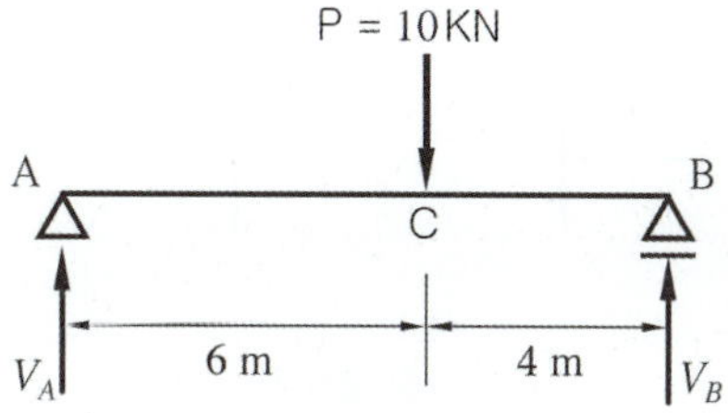

[그림 2.5.5]

풀이

$V_A + V_B = 10\ \text{kN}$

$\Sigma M_B = 0$에 의하여

$$(V_A) \times (10\text{m}) - (10) \times (4\text{m}) = 0 \qquad \therefore V_A = \frac{(40\text{kN} \cdot \text{m})}{(10\text{m})} = 4\ \text{kN}$$

$\Sigma M_A = 0$에 의하여

$$-(V_B) \times (10\text{m}) - (10) \times (6\text{m}) = 0 \qquad \therefore V_B = \frac{(60\text{kN} \cdot \text{m})}{(10\text{m})} = 6\ \text{kN}$$

예제 2.5.4

[그림 2.5.6]과 같이 방향이 반대인 평행한 두 힘의 합력과 합력의 작용위치를 구하여라.

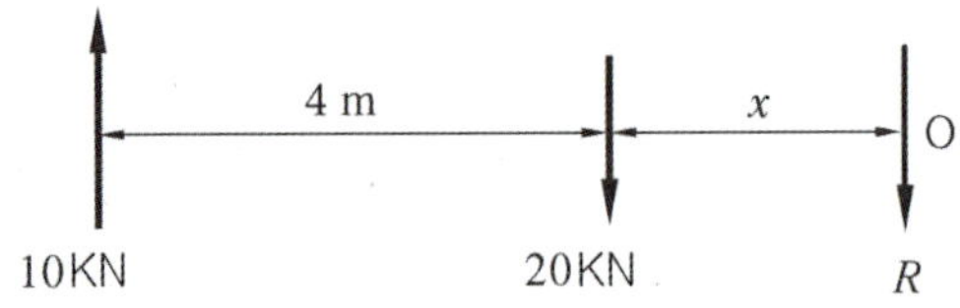

[그림 2.5.6]

풀이

방향이 반대인 평행한 두 힘의 합력의 위치는 두 힘을 외분한 위치에 있다.

$\therefore R = (20) - (10) = 10\ \text{kN}\,(\downarrow)$

$\Sigma M_O = 0$에 의하여

$$(10)(4 + x) - (20)(x) = 0 \qquad \therefore x = 4\,\text{m}$$

예제 2.5.5

[그림 2.5.7]에 나타낸 임의의 점에 대한 우력 모멘트는 항상 $F \cdot l$이 되는 것을 보여라.

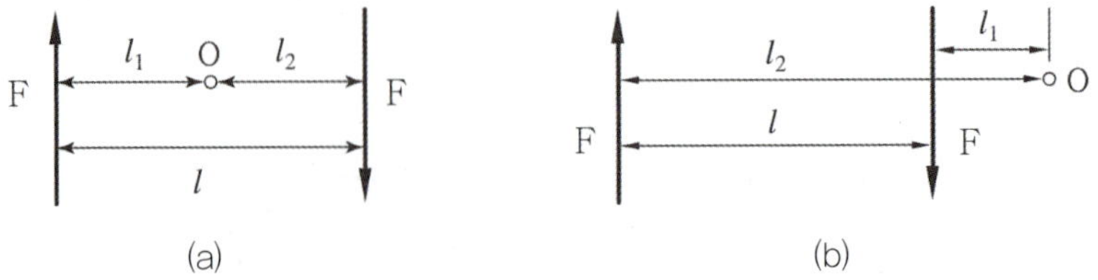

[그림 2.5.7]

풀이

[그림 2.5.7(a), (b)]에서 O지점에 대한 모멘트 값은 다음과 같다.

[그림 2.5.7(a)]에서 $\therefore M_O = (F)(l_1) + (F)(l_2) = (F)(l_1 + l_2) = (F)(l)$

[그림 2.5.7(b)]에서 $\therefore M_O = (F)(l_2) - (F)(l_1) = (F)(l_2 - l_1) = (F)(l)$

예제 2.5.6

[그림 2.5.8]과 같이 평행한 여러 힘의 합력과 합력의 위치를 구하여라.

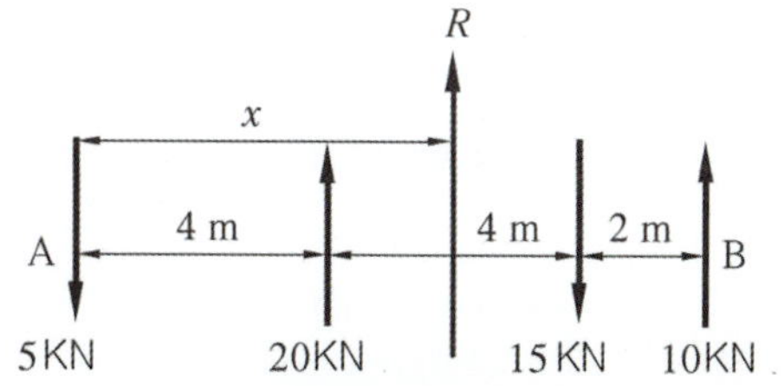

[그림 2.5.8]

풀이

(1) 합력

$\therefore R = (20) + (10) - (15) - (5) = 10\text{ kN}\ (\uparrow)$

(2) 합력의 위치

$\Sigma M_A = 0$에 의하여

$-(R)(x) = -(20\text{kN}) \times (4\text{m}) + (15\text{kN}) \times (8\text{m}) - (10\text{kN}) \times (10\text{m})$

$\therefore x = 6\text{m}$

예제 2.5.7

[그림 2.5.9(a)]와 같은 구조물에 외력 $F = 6\text{ kN}$와 $W = 15\text{ kN}$이 작용할 때, 합력의 작용선이 X축을 지나는 지점의 위치 x값을 구하여라.

풀이

[그림 2.5.9(a), (b)]에서 **바리논의 정리**를 적용하면,

$\Sigma M_O = 0$에 의하여

$(W) \times (1\text{m}) - (F) \times (1.5\text{m}) = (W) \times (x) - (F) \times (0)$

$(15\text{kN}) \times (1\text{m}) - (6\text{kN}) \times (1.5\text{m}) = (15\text{kN})(x)$ $\therefore x = 0.4\text{m}$

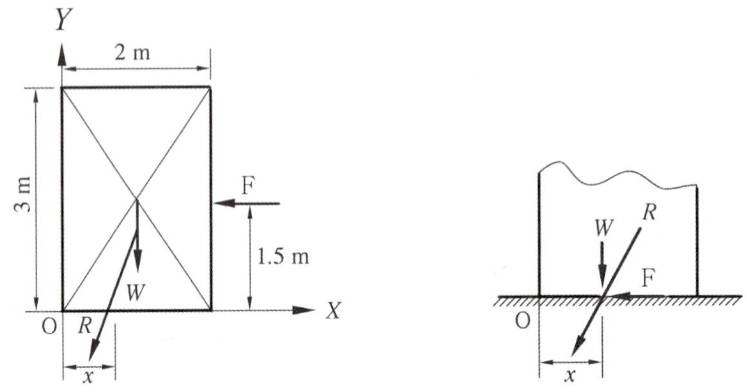

(a) (b)

[그림 2.5.9]

예제 2.5.8

[그림 2.5.10(a)]와 같이 C지점을 지나는 힘 F가 A지점에 대해서 시계 방향으로 $120\ \mathrm{kN \cdot m}$의 모멘트를 일으키고 B지점에 대해서 시계 방향 $70\ \mathrm{kN \cdot m}$의 모멘트를 발생시킨다면, 힘 F값과 x 축상에 있는 F지점의 위치 a값을 구하여라. 단, OA=OB이다.

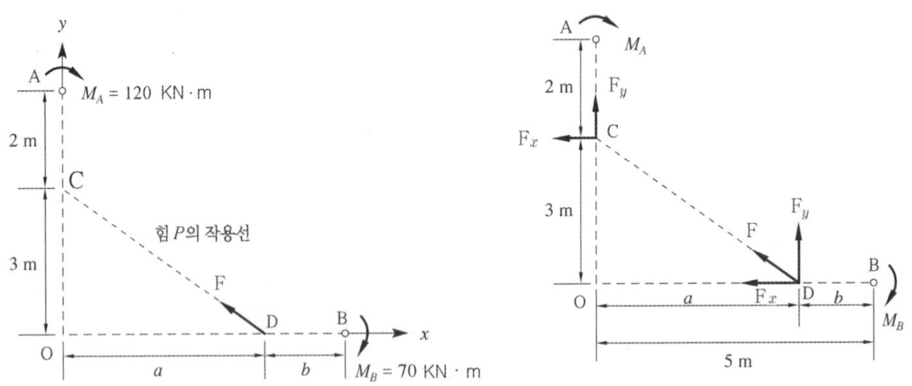

(a) (b)

[그림 2.5.10]

풀이

[그림 2.5.10(b)]에서 힘 F를 C와 D지점에서 분력 F_x, F_y로 나누면

(1) 힘 F 계산

$\Sigma M_A = 0$에 의하여

$M_A = (F_x) \times (2) \qquad (120) = (F_x) \times (2) \qquad \therefore F_x = 60\text{ kN}$

$\Sigma M_B = 0$에 의하여

$M_B = (F_y) \times (5) - (F_x) \times (3)$

$(70) = (F_y) \times (5) - (60) \times (3) \qquad \therefore F_y = 50\text{ kN}$

$\therefore F = \sqrt{(F_x)^2 + (F_y)^2} = \sqrt{(60)^2 + (50)^2} = 78.1\text{ kN}$

(2) 위치 a 계산

D지점에서 F_x는 B에 대하여 모멘트를 발생시키지 않기 때문에 F_y에 대하여 70 kN · m의 모멘트가 발생되어야 한다.

$M_B = (b) \times (F_y)$

$(70) = (b) \times (50) \qquad \therefore b = 1.4\text{m}$

$\therefore a = 5 - b = 5 - (1.4) = 3.6\text{m}$

2.6 | 마찰

2.6.1 마찰력

물체가 물체 위에서 움직이거나 이동하려고 할 때, 이 물체들 간의 접촉으로 인하여 상대적으로 운동을 막으려고 하는 저항력을 마찰력(friction force)이라고 한다.

2.6.2 운동상태에 따른 마찰력의 종류

[1] 평면 미끄럼 마찰

[그림 2.6.1]에서 물체가 움직이려는 순간에 최대마찰력이 작용하고, 이 순간까지는 마찰저항력 F는 작용한 하중 P와 수치적으로 그 크기가 같다. 따라서 최대마찰력 F값은 다음과 같다.

$$F = (f_r)(N), \quad N = W$$

$$\tan\phi = \frac{F}{N} = f_r$$

$$\therefore R = \sqrt{(F)^2 + (N)^2} \quad \cdots\cdots (2.6.1)$$

여기서, f_r : 마찰계수

마찰력의 변화과정을 정마찰력과 동마찰력으로 분류한다.

- 정마찰력(static friction) : 물체가 움직이기 직전 마찰($F = P$)
- 동마찰력(kinetic friction) : 물체가 움직이는 과정의 마찰($F < P$)

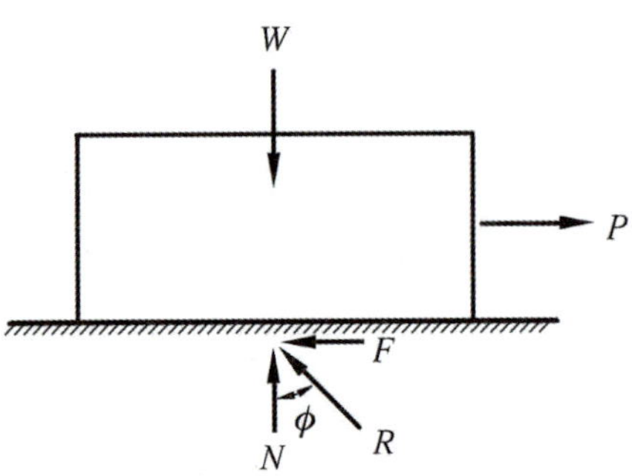

W : 무게
P : 하중(수평력)
F : 마찰저항력
N : 반력
R : 합력
ϕ : 마찰각

[그림 2.6.1]

[2] 경사면 미끄럼 마찰

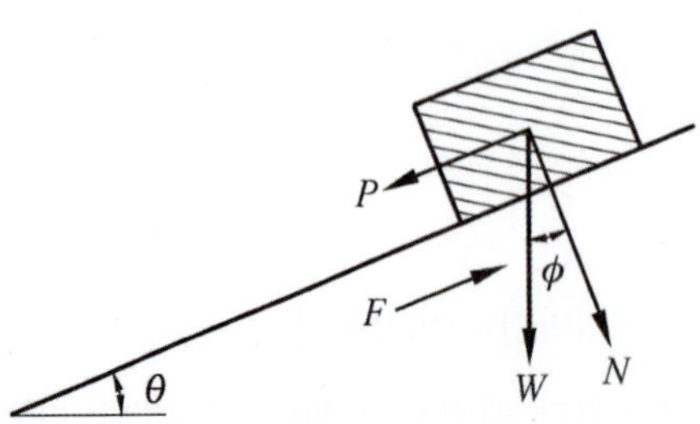

[그림 2.6.2]

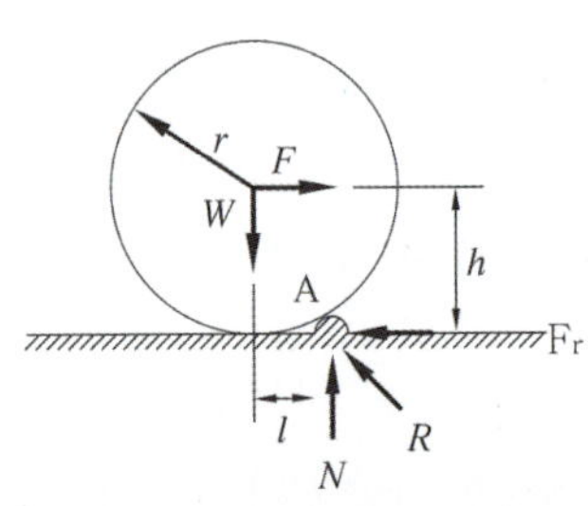

[그림 2.6.3]

[그림 2.6.2]에서

$$F = P = W\sin\phi$$

$$N = W\cos\phi$$

$$\theta = \phi$$

$$\therefore \tan\phi = f_r = \frac{F}{N} \quad \cdots\cdots (2.6.2)$$

[3] 굴림마찰

[그림 2.6.3]에서 F는 힘의 평형에서 $F = F_r$, $W = N$이다.

$\Sigma M_A = 0$에 의하여

$$(W)(l) - (F)(h) = 0 \qquad \frac{F}{W} = \frac{l}{h} \fallingdotseq \frac{l}{r}$$

$$\therefore \frac{F}{N} = \frac{l}{r} \qquad \therefore F = \left(\frac{N}{r}\right)l \quad \cdots\cdots (2.6.3)$$

2.6.3 마찰력의 원리

(1) 마찰력이 없으면 접촉면에서 접촉반력은 접촉면에 수직이다.

(2) 마찰력의 크기는 수직반력에 비례하고, 접촉면적의 대소에 관계없다.

(3) 정마찰계수(f_s)는 동마찰계수(f_k)보다 크다($f_s > f_k$).

(4) 정마찰력의 최댓값은 $f_s \times N$이고, 동마찰력의 최댓값은 $f_k \times N$이다.

예제 2.6.1

[그림 2.6.4(a)]와 같이 $30°$ 경사면에 $10\ \mathrm{kN}$의 물체가 있을 때, 경사면에 평행한 힘으로 분해되는 힘을 구하라.

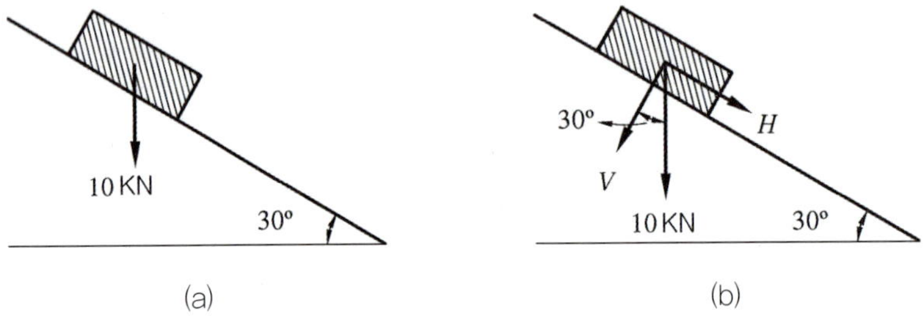

[그림 2.6.4]

풀이

[그림 2.6.4(b)]에서

$$H = 10\sin 30° = 10 \times \left(\frac{1}{2}\right) = 5\ \mathrm{kN}$$

$$V = 10 \times \cos 30° = 10 \times \left(\frac{\sqrt{3}}{2}\right) = 8.7\ \mathrm{kN}$$

예제 2.6.2

[그림 2.6.5]와 같은 구조물에서 블록 B를 뽑아내는 데 필요한 힘 P_f를 구하여라.

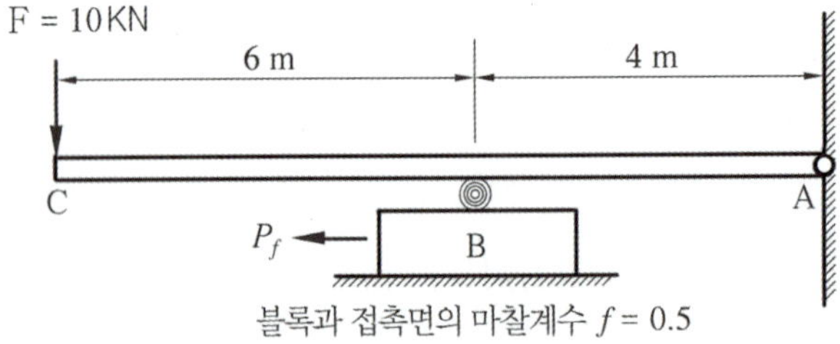

[그림 2.6.5]

풀이

마찰력은 수직력에 비례한다.

[그림 2.6.5]에서 수직반력 R_B를 구하기 위해 A점에서 모멘트를 취하면

$\Sigma M_A = 0, \quad (R_B) \times (4\mathrm{m}) - (10\mathrm{kN}) \times (10\mathrm{m}) = 0 \quad \therefore\ R_B = 25\ \mathrm{kN}$ 이상

P_f가 수직력 R_B와 마찰계수의 곱보다 커야 하므로

$\therefore\ (P_f) > (f_r)\times(R_B) = (0.5)\times(25\text{kN}) = 12.5\ \text{kN}$ $\qquad\therefore\ P_f = 12.5\ \text{kN}$ 이상

예제 2.6.3

[그림 2.6.6(a)]와 같이 $30°$ 경사진 언덕에서 무게 $10\ \text{kN}$ 인 물체를 밀어 올리는 데 필요한 최소의 힘 P 값을 구하여라. 단, 마찰계수 $f_r = 0.5$ 이다.

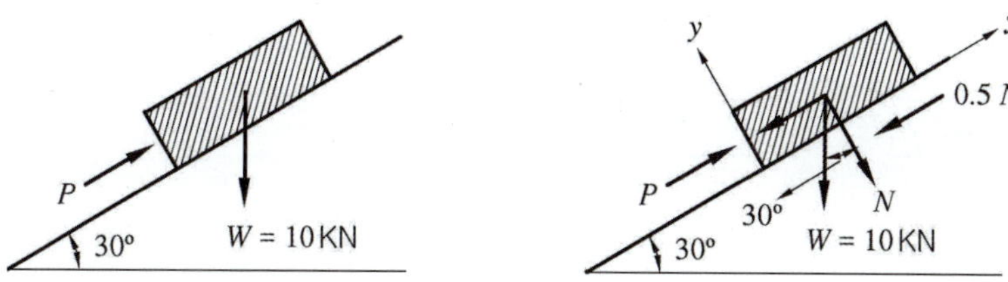

(a) (b)

[그림 2.6.6]

풀이

[그림 2.6.6(b)]와 같은 자유 물체도에서 물체를 밀어 올리는 데 필요한 힘 P는 $P > F + 0.5N$이 되어야 한다.

$\Sigma F_x = 0 \qquad P = 0.5N + 10\times\sin 30°$ ——— ①

$\Sigma F_y = 0 \qquad N = 10\times\cos 30°$ ——— ②

식 ①과 식 ②에 의하여

$\therefore\ N = 10\times\left(\dfrac{\sqrt{3}}{2}\right) = 8.66\ \text{kN}$ $\qquad\therefore\ P = 0.5\times(8.66) + 10\times\left(\dfrac{1}{2}\right) = 9.33\ \text{kN}$

$9.33\ \text{kN}$ 이상이면 물체는 위로 움직인다.

예제 2.6.3

[그림 2.6.6(a)]에서 물체를 정지시키는 데 필요한 최소의 힘 P_f 값을 구하여라.

풀이

물체가 움직이려고 하는 힘 $P_f = P - F_r$

$P = F = W\sin 30° = 10\times\left(\dfrac{1}{2}\right) = 5\ \text{kN}$

$$N = W\cos 30° = (10) \times \left(\frac{\sqrt{3}}{2}\right) = 8.66\ \text{kN}$$

$$F_r = (f)(N) = (0.5) \times (8.66) = 4.33\ \text{kN}$$

$$\therefore\ P_f = P - F_r = (5) - (4.33) = 0.67\ \text{kN}$$

0.67 kN 이하이면 물체는 아래로 움직인다.

2.7 공간력의 합성과 분해

2.7.1 공간 임의의 O지점에 작용하는 한 개 힘의 분해

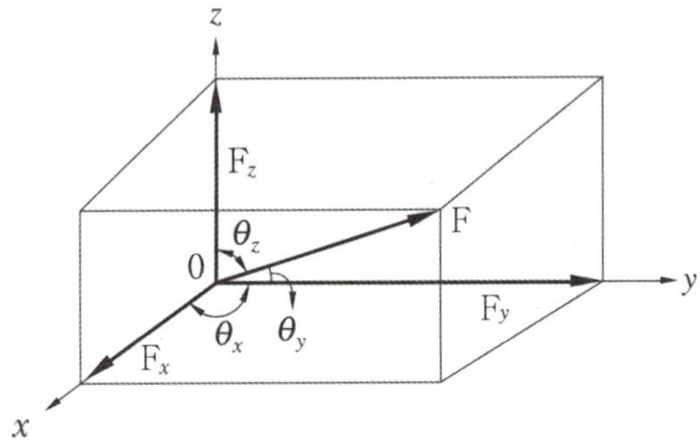

[그림 2.7.1]

[그림 2.7.1]과 같이 공간에 작용하고 있는 한 개의 힘 F가 작용점을 원점으로 하는 직각좌표계 x, y, z축을 잡으면 힘 F의 작용선이 세 개 축에 이루는 방향각 θ_x, θ_y, θ_z에 의하여 분해된 힘 F_x, F_y, F_z를 구할 수가 있다

[1] 분력

$$F_x = F\cos\theta_x$$

$$F_y = F\cos\theta_y$$

$$F_z = F\cos\theta_z$$

[2] 방향

$$\left.\begin{aligned} \cos\theta_x &= \frac{F_x}{F} \\ \cos\theta_y &= \frac{F_y}{F} \\ \cos\theta_z &= \frac{F_z}{F} \end{aligned}\right\} \quad \cdots\cdots (2.7.1)$$

위 식에서 $\cos\theta_x$, $\cos\theta_y$, $\cos\theta_z$를 방향여현(direction cosine)이라고 하고 다음과 같은 식이 성립된다.

$$\therefore\ \cos^2\theta_x + \cos^2\theta_y + \cos^2\theta_z = 1$$

2.7.2 공간 두 점 A, B를 지나는 한 개 힘의 분력과 방향

[그림 2.7.2]와 같이 한 개의 힘 F가 $A(x_1, y_1, z_1)$지점과 $B(x_2, y_2, z_2)$지점에 있을 때 두 점 사이의 직선거리는 다음 식으로 구한다.

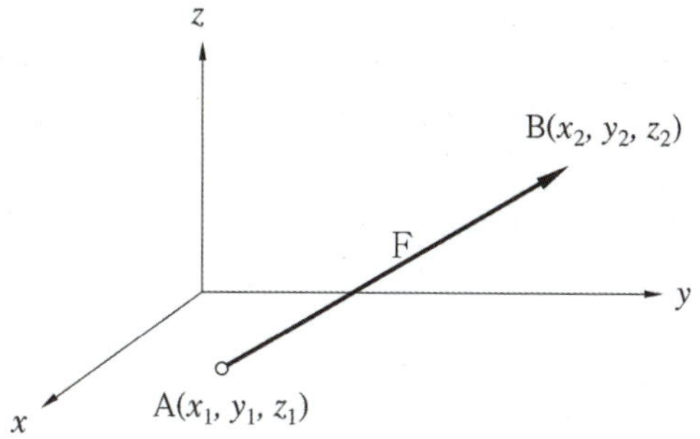

[그림 2.7.2]

$$X = x_2 - x_1,\ Y = y_2 - y_1,\ Z = z_2 - z_1 \quad \cdots\cdots (2.7.2)$$

[그림 2.7.2]에서 AB 사이의 거리를 d라고 하면 피타고라스 정리에 의하여 식 (2.7.3)로 거리 d값을 구할 수 있다.

$$\therefore d = \sqrt{X^2 + Y^2 + Z^2} \quad \cdots\cdots (2.7.3)$$

[1] 분력

$$\frac{F_x}{X} = \frac{F_y}{Y} = \frac{F_z}{Z} = \frac{F}{d}$$

$$F_x = \frac{F}{d}X, \quad F_y = \frac{F}{d}Y, \quad F_z = \frac{F}{d}Z$$

[2] 방향

$$\cos\theta_x = \frac{F_x}{F} \qquad \cos\theta_y = \frac{F_y}{F} \qquad \cos\theta_z = \frac{F_z}{F}$$

$$\therefore \cos^2\theta_x + \cos^2\theta_y + \cos^2\theta_z = 1$$

공간역계에서 동일점에 여러 힘이 작용할 경우 역계가 평형을 이루기 위해서는 그 합력이 0이라는 조건이 성립해야 한다. 따라서 합력 R은 다음과 같이 된다.

$$\therefore R = \sqrt{(\Sigma F_x)^2 + (\Sigma F_y)^2 + (\Sigma F_z)^2} \quad \cdots\cdots (2.7.4)$$

그리고 평형방정식의 3조건식은 다음과 같다.

$$\left.\begin{array}{l} \Sigma F_x = 0 \\ \Sigma F_y = 0 \\ \Sigma F_z = 0 \end{array}\right\} \quad \cdots\cdots (2.7.5)$$

예제 2.7.1

[그림 2.7.3]에서 $F = 20\text{ kN}$ 이고 방향각이 다음과 같을 때, x, y, z축 방향의 분력을 구하여라.

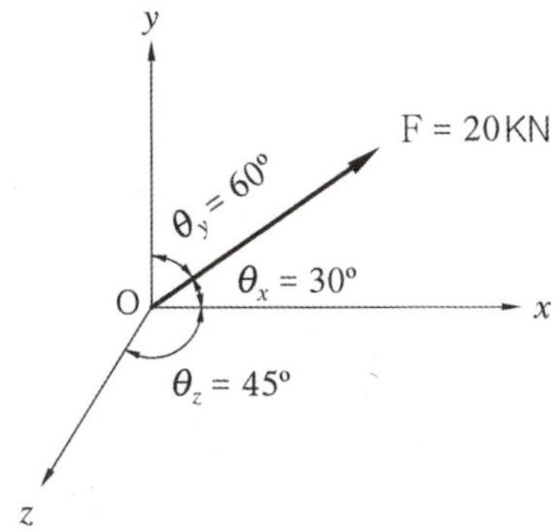

[그림 2.7.3]

풀이

$$F_x = 20 \times \cos 30° = 20 \times \left(\frac{3}{2}\right) = 17.32\text{ kN}$$

$$F_y = 20 \times \cos 60° = 20 \times \left(\frac{1}{2}\right) = 10\text{ kN}$$

$$F_z = 20 \times \cos 45° = 20 \times \left(\frac{1}{2}\right) = 14.4\text{ kN}$$

예제 2.7.2

[그림 2.7.4]에서와 같이 힘 $F = 300\text{ kN}$ 이 A, B지점을 통과할 때, 이 힘의 x, y, z축 방향의 분력과 방향각을 구하여라.

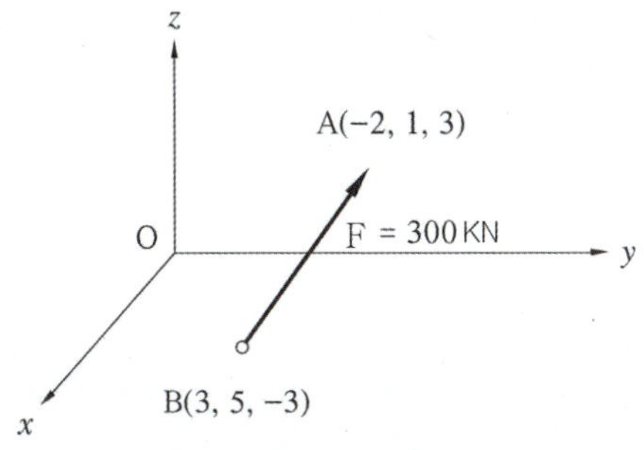

[그림 2.7.4]

풀이

AB 사이의 거리를 d라고 하면,

$d = \sqrt{X^2 + Y^2 + Z^2} = \sqrt{5^2 + 4^2 + (-6)^2} = 8.78$

$X = 3 - (-2) = 5, \quad Y = 5 - 1 = 4, \quad Z = -3 - 3 = -6$

① 분력계산

$$\frac{F_x}{X} = \frac{F_y}{Y} = \frac{F_z}{Z} = \frac{F}{d} \qquad \therefore F_x = \frac{F}{d}X = \frac{300}{8.78} \times 5 = 171\ \text{kN}$$

$$\therefore F_y = \frac{F}{d}Y = \frac{300}{8.78} \times 4 = 137\ \text{kN}$$

$$\therefore F_z = \frac{F}{d}Z = \frac{300}{8.78} \times (-6) = -205\ \text{kN}$$

② 방향각 계산

$$\cos\theta_x = \frac{F_x}{F} = \frac{171}{300} = 0.57 \qquad \therefore \theta_x = 55°\,14'\,59''$$

$$\cos\theta_y = \frac{F_y}{F} = \frac{137}{300} = 0.457 \qquad \therefore \theta_y = 62°\,48'\,23''$$

$$\cos\theta_z = \frac{F_z}{F} = -\frac{205}{300} = -0.683 \qquad \therefore \theta_z = 133°\,6'\,17''$$

참고 $\cos^2\theta_x + \cos^2\theta_y + \cos^2\theta_z = 1$

예제 2.7.3

[그림 2.7.5]와 같이 두 개의 강봉 AO와 BO, 그리고 밧줄 CO로 구성된 구조물에서 O지점에 하중 $P = 2\ \text{kN}$ 가 작용할 경우 AO, BO, CO 부재가 받는 부재력 값을 구하여라. 단, 각 부재의 자중은 무시하고, A, B, C의 지점은 활절 구조이다.

풀이

[그림 2.7.5(b)]에서 한 지점에 여러 힘이 작용할 때 공간역계의 평형방정식을 적용하면

$\Sigma F_x = 0$

$$F_{AO} \times \left(\frac{-6-0}{\sqrt{6^2+18^2}}\right) + F_{BO} \times \left(\frac{6-0}{\sqrt{6^2+18^2}}\right) + F_{CO} \times \left(\frac{0-0}{\sqrt{8^2+18^2}}\right) = 0$$

$$0.316F_{AO} - 0.316F_{BO} = 0 \text{ ——— ①}$$

$\Sigma F_y = 0$

$$F_{AO} \times \left(\frac{0-18}{\sqrt{6^2+18^2}}\right) + F_{BO} \times \left(\frac{0-18}{\sqrt{6^2+18^2}}\right) + F_{CO} \times \left(\frac{0-18}{\sqrt{8^2+18^2}}\right) = 0$$

$$-0.949\,F_{AO} - 0.949\,F_{BO} - 0.914\,F_{CD} = 0 \text{ ——— ②}$$

$\Sigma F_z = 0$

$$F_{AO} \times \left(\frac{0-0}{\sqrt{6^2+(18)^2}}\right) + F_{BO} \times \left(\frac{0-0}{\sqrt{6^2+18^2}}\right) + F_{CO} \times \left(\frac{8-0}{\sqrt{8^2+18^2}}\right) - 2 = 0$$

$$0.406\,F_{CD} - 2 = 0 \text{ ——— ③}$$

식 ①, ②, ③을 풀면

$\therefore F_{AO} = F_{BO} = -2.37\,KN$ (압축재)

$\therefore F_{CO} = 4.93KN$ (인장재)

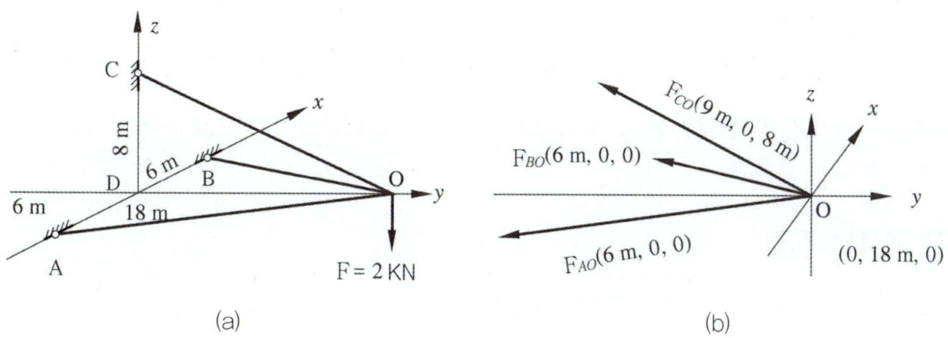

[그림 2.7.5]

2.8 힘의 평형

여러 개의 힘이 구속을 받지 않는 어떤 물체에 작용하여 그 물체가 움직이거나 회전하지 않는 정지상태로 되었을 때, 그 여러 개의 힘은 평형(equilibrium)을 이루고 있다고 한다.

2.8.1 동일점에 작용하는 여러 개의 힘의 평형조건(비김조건)

[1] 도해적 조건

[그림 2.4.13]에서 설명한 바와 같이 동일점에 작용하는 여러 힘의 비김조건은 도해적 방법으로는 시력도가 폐합해야 한다. 시력도가 폐합하면 합력은 0이라는 조건이 성립된다.

[2] 해석적 조건

합력 R이 0일 때 평형조건식은 다음 식과 같다.

$$R = \sqrt{(\Sigma F_x)^2 + (\Sigma F_y)^2} = 0 \quad \cdots\cdots (2.8.1)$$

따라서,

$$\left.\begin{array}{l} \text{(1) 수평분력의 총합 } \Sigma F_x = 0 \\ \text{(2) 수직분력의 총합 } \Sigma F_y = 0 \end{array}\right\} \quad \cdots\cdots (2.8.2)$$

2.8.2 동일점에 작용하지 않는 여러 개의 힘의 평형조건

[1] 도해적 방법

(1) 시력도가 폐합해야 한다(합력은 0이다 [그림 2.4.18(b)] 참조). 그림에서 설명한 바와 같이 시력도가 폐합하면 합력은 0이라는 조건이 성립된다.

(2) 연력도가 폐합해야 한다(우력은 0이다).

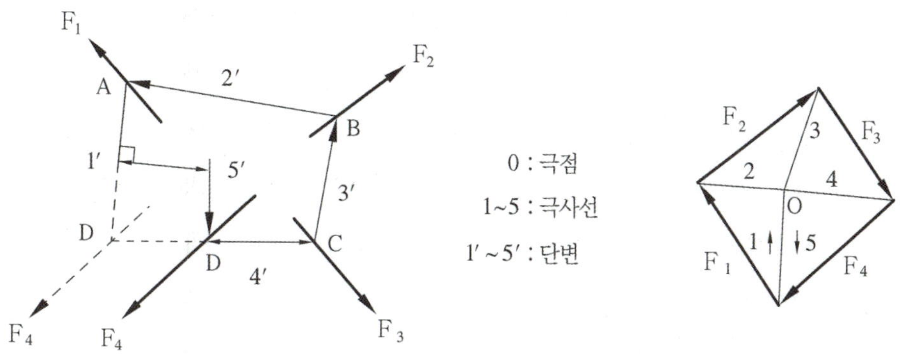

(a) 연력도　　(b) 시력도

[그림 2.8.1]

[그림 2.8.1(a)]와 같이 동일점에 작용하지 않는 4개의 힘($F_1 \sim F_4$)에 의하여 작성된 시력도 [그림 2.8.1(b)]가 폐합되었다고 하면, 합력은 0이므로 이러한 힘을 받는 물체는 이동하려고 하지 않을 것이다.

그러나 [그림 2.8.1(a)]와 같이 연력도를 작성해 보면 끝변 1′와 5′는 나란하고 일치하지 않는다. 시력도에서 1과 5는 크기가 같고 방향이 반대이지만 작용선의 위치는 같다. 따라서, 연력도에서 1′와 5′는 크기가 같고 방향이 반대인 한 쌍의 우력이 되므로 이와 같은 힘을 받는 물체는 회전하려고 한다. 그러므로 회전력을 없애려면 힘 F_4를 [그림 2.8.1(a)]의 D′지점까지 이동시켜 1′와 5′가 일치되게 한다. 그러면 연력도는 폐합되고 이 힘들은 평형을 이루게 된다.

[2] 해석적 조건

(1) 수평분력의 총합 $\Sigma F_x = 0$

(2) 수직분력의 총합 $\Sigma F_y = 0$ ························ (2.8.3)

(3) 임의점에 대한 모멘트 총합 $\Sigma M = 0$

이와 같이 해석적 3조건식을 힘의 평형방정식(equation of equilibrium) 또는 힘의 비김 3조건식이라고 한다. 따라서 평형방정식 3조건식에 의하여 구조해석을 할 수 있는 구조물을 정정 구조물이라고 한다.

예제 2.8.1

[그림 2.8.2]과 같은 구조물에서 하중이 작용할 때 A, B지점에 생기는 수직힘(지점반력) V_A와 V_B를 구하라.

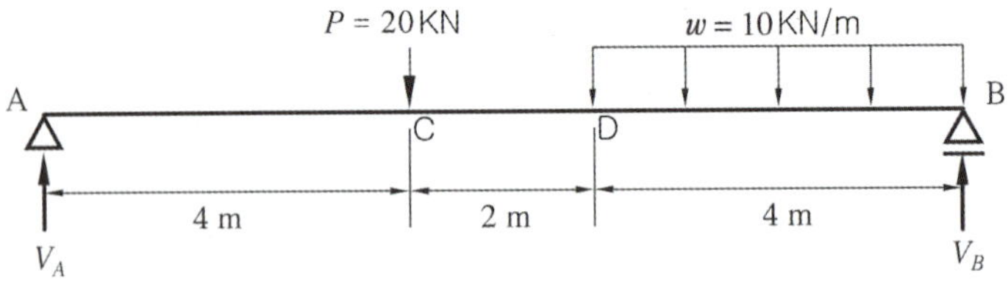

[그림 2.8.2]

풀이

평형방정식 3조건식을 적용하면

$\Sigma F_y = 0$에 의하여

$$V_A + V_B = (20\text{kN}) + (10\text{kN/m}) \times (4\text{m}) = 60\text{ kN}$$

$\Sigma M_B = 0$(바리논의 정리)에 의하여

$$(V_A) \times (10\text{m}) - (20\text{kN}) \times (6\text{m}) - (10\text{kN/m} \times 4\text{m}) \times (2\text{m}) = 0$$

$$\therefore\ V_A = \frac{120 + 80}{10} = 20\text{ kN}$$

$\Sigma M_A = 0$에 의하여

$$-(V_B) \times (10\text{m}) + (20\text{kN}) \times (4\text{m}) + (10\text{kN} \times 4\text{m}) \times (8\text{m}) = 0$$

$$\therefore\ V_B = \frac{80 + 320}{10} = 40\text{ kN}$$

예제 2.8.2

[그림 2.8.3]과 같은 기둥을 넘어뜨리는 데 필요한 최소한의 수평력 P_H 값을 구하여라.

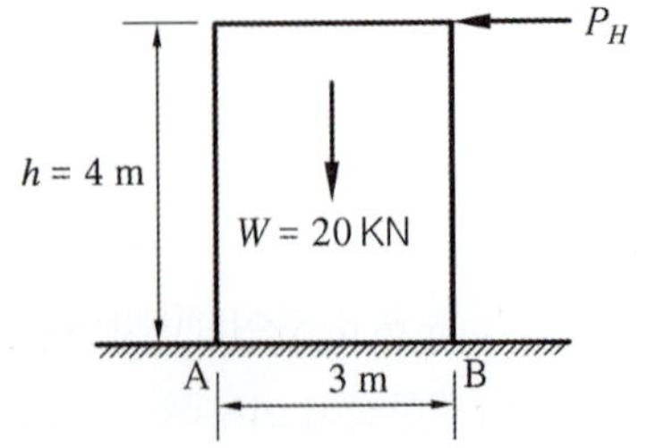

[그림 2.8.3]

풀이

$\Sigma M_A = 0$에 의하여

$$(W) \times (1.5\text{m}) - (P_H) \times (4\text{m}) = 0$$

$$\therefore P_H = \frac{(20\text{kN}) \times (1.5\text{m})}{(4\text{m})} = 7.5\text{ kN}$$

기둥은 P_H가 7.5 kN이상이 작용할 때 넘어간다.

예제 2.8.3

[그림 2.8.4]와 같이 정수압을 받고 있는 벽체에서 T가 받는 힘을 구하여라. 단, 물의 단위중량 $W_o = 10\text{ kN/m}^3$, 벽체에 작용하는 수압은 단위폭 $b = 1\text{ m}$로 계산한다.

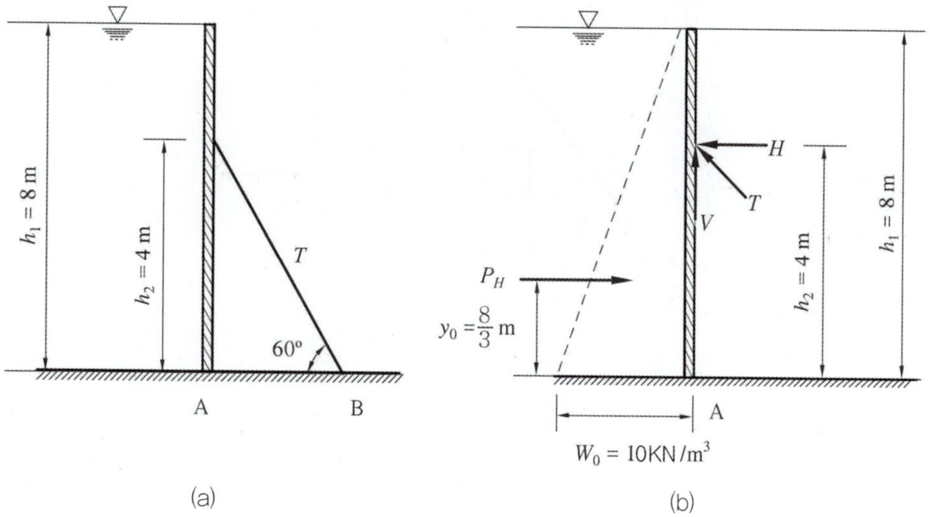

[그림 2.8.4]

풀이

[그림 2.8.4(b)]에서와 같이

총수압력 P_H는

$$P_H = \frac{1}{2} \times W_0 \times h_1 \times (\text{폭 1 m에 대한 단면적}) = \frac{1}{2} \times W_0 \times h_1 \times (1 \times h_1)$$

$$= \frac{1}{2} W_0 h_1^2 = \frac{1}{2} \times (10\text{kN/m}^3) \times (8\text{m})^2 = 320\text{ kN}$$

T의 수평분력 H는 $\quad \therefore H = T\cos 60 = \dfrac{T}{2}$

$\Sigma M_A = 0$에 의하여

$$(P_H) \times (y_o) - (H) \times (h_2) = 0, \qquad (320\text{kN}) \times (8/3\text{m}) = \left(\frac{T}{2}\right) \times (4\text{m})$$

$\therefore\ T = 426.67\ \text{kN}$

예제 2.8.4

[그림 2.8.5]와 같은 옹벽에서 합력과 합력의 위치 x값을 구하여라. 단, 콘크리트 단위중량 $= 23\ \text{kN/m}^3$, 물의 단위중량$= 10\ \text{kN/m}^3$, 단위폭은 $1\ \text{m}$로 계산한다.

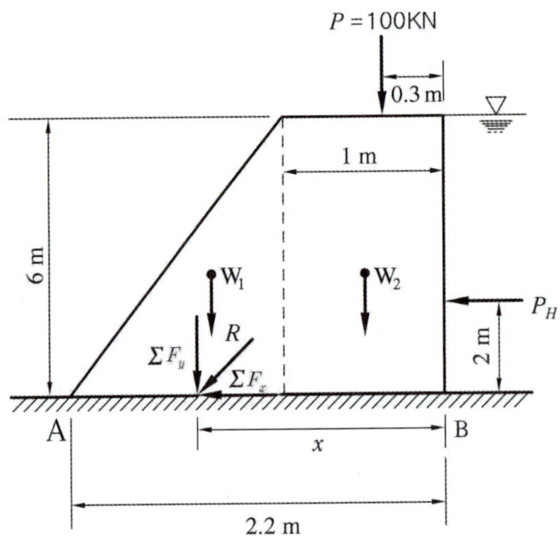

[그림 2.8.5]

풀이

(1) 합력(R)

$$W_1 = (1.2\text{m}) \times (6\text{m}) \times \frac{1}{2} \times (1\text{m}) \times (23\text{kN/m}^3) = 82.8\ \text{kN}$$

$$W_2 = (1\text{m}) \times (6\text{m}) \times (1\text{m}) \times (23\text{kN/m}^3) = 138\ \text{kN}$$

$$P = 100\ \text{kN}$$

$$P_H = [(10\text{kN/m}^3) \times (6\text{m})] \times (1\text{m}) \times (6\text{m}) \times \left(\frac{1}{2}\right) = 180\ \text{kN}$$

$$\Sigma F_x = P_H = 180\ \text{kN}$$

$$\Sigma F_y = W_1 + W_2 + P = 82.8 + 138 + 100 = 320.8\ \text{kN}$$

$$\therefore\ R = \sqrt{(\Sigma F_x)^2 + (\Sigma F_y)^2} = \sqrt{(180)^2 + (320.8)^2} = 367.8\ \text{kN}$$

(2) 합력의 위치(x)

$\Sigma M_B = 0$에 의하여

$$(W_1) \times (1.4\,\mathrm{m}) + (W_2) \times (0.5\,\mathrm{m}) + (P) \times (0.3\,\mathrm{m}) + (P_H) \times (2\,\mathrm{m}) = (\Sigma F_y) \cdot (x)$$

$$\therefore\ x = \frac{(82.8\mathrm{kN}) \times (1.4\mathrm{m}) + (138\mathrm{kN}) \times (0.5\mathrm{m}) + (100\mathrm{kN}) \times (0.3\mathrm{m}) + (180\mathrm{kN} \times (2\mathrm{m})}{320.8\mathrm{kN}}$$

$$= 1.8\,\mathrm{m}$$

예제 2.8.5

길이 $10\ \mathrm{m}$인 사다리의 무게가 $300\ \mathrm{kN}$이다. [그림 2.8.6(a)]와 같이 지상에서 높이 $7\ \mathrm{m}$의 벽면에 사다리를 설치했을 때, 체중 $700\ \mathrm{kN}$인 사람이 올라갈 수 있는 높이 x는 얼마인지 구하여라. 단, A와 B지점에서 마찰계수 $f = 0.5$이다.

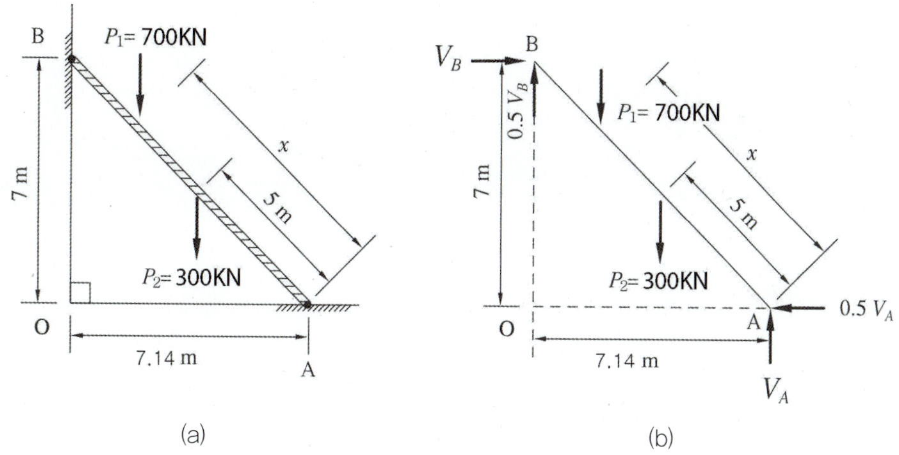

[그림 2.8.6]

풀이

[그림 2.8.6(b)]의 자유물체도에서

$\Sigma F_x = 0 \qquad V_B - 0.5\,V_A = 0$ ——— ①

$\Sigma F_y = 0 \qquad V_A + 0.5\,V_B - 300 - 700 = 0$ ——— ②

식 ①에서 $V_B = 0.5\,V_A$를 식 ②에 대입하면

$V_A + 0.5(0.5\,V_A) = 1{,}000$

$\therefore\ V_A = 800\ \mathrm{kN}$

$\therefore\ V_B = 400\ \mathrm{kN}$

$\Sigma M_A = 0$에 의하여

$$(V_B) \times (7\text{m}) + (0.5\,V_B) \times (7.14\text{m}) - (300\text{kN}) \times \left(\frac{7.14}{2}\text{m}\right) - (700\text{kN}) \times \left(\frac{7.14x}{10}\right) = 0$$

$$499.8x = (400\text{kN}) \times (7\text{m}) + (0.5 \times 400\text{kN}) \times (7.14\text{m}) - (300\text{kN}) \times (3.57\text{m})$$

$$499.8x = 3{,}157$$

$$\therefore\ x = 6.32\,\text{m}$$

연·습·문·제

01 [P 그림 2.1]과 같이 강성 A와 B가 평형상태를 이루고 있다면 B지점의 각 θ를 구하여라.

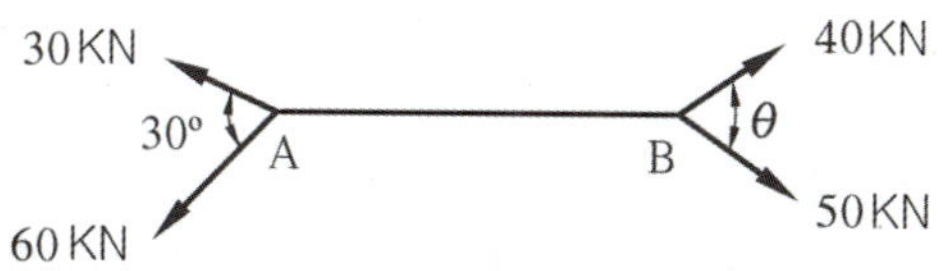

[P 그림 2.1]

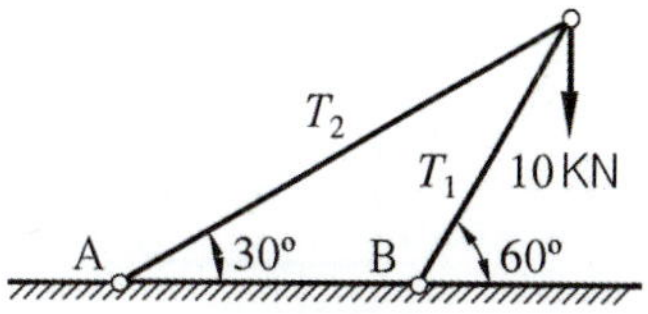

[P 그림 2.2]

정답 $\theta = 28.396°$

02 [P 그림 2.2]와 같은 구조물에서 10 kN 의 물체를 들고 있을 때 T_1과 T_2가 받는 힘을 구하여라.

정답 $T_1 = -17.32$ kN(압축재), $T_2 = 10$ kN(인장재)

03 [P 그림 2.3]에서 ABCD의 사변형에 우력이 작용할 때, 균형을 이루기 위한 F_2의 크기를 구하여라.

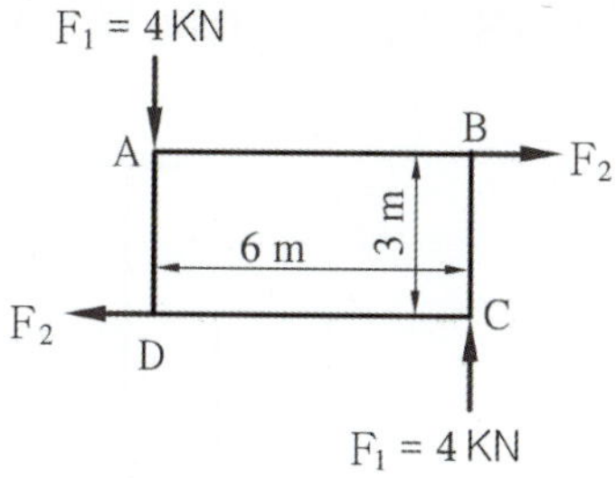

[P 그림 2.3]

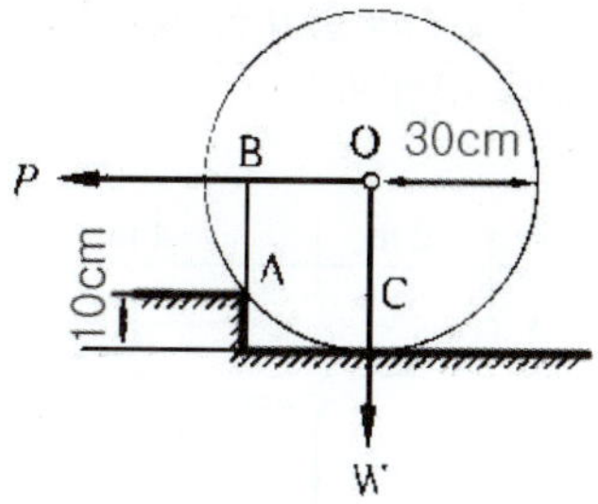

[P 그림 2.4]

정답 $F_2 = 8$ kN

04 [P 그림 2.4]와 같이 무게(W)가 $20\ \mathrm{kN}$ 인 차바퀴가 높이 $10\ \mathrm{cm}$ 의 장애물을 넘기 위한 수평력 P값을 구하여라.

정답 $P = 22.4\ \mathrm{kN}$

05 [P 그림 2.5]와 같은 구조물의 E지점에 $F = 600\ \mathrm{kN}$ 의 물체를 매달 때, AC 및 BD 부재가 받는 힘의 크기를 구하여라.

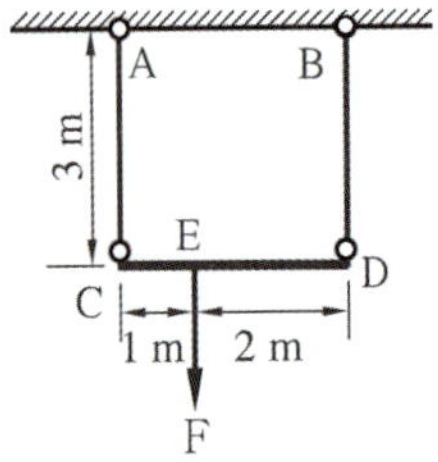

[P 그림 2.5]

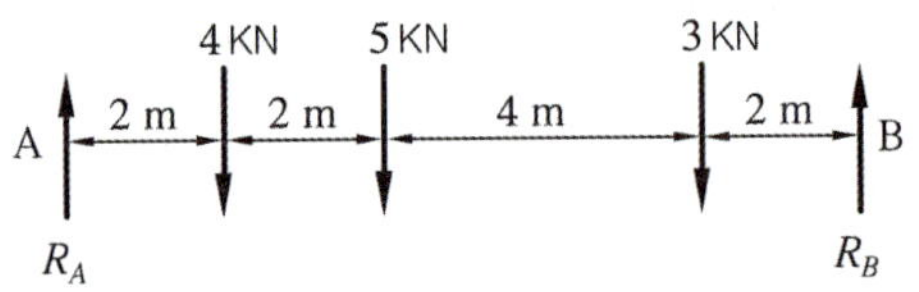

[P 그림 2.6]

정답 $\mathrm{AC} = 400\ \mathrm{kN},\ \mathrm{BD} = 200\ \mathrm{kN}$

06 [P 그림 2.6]과 같이 평행한 3개의 힘에 대한 분력 R_A와 R_B의 값을 구하여라.

정답 $R_A = 6.8\ \mathrm{kN},\ R_B = 5.2\ \mathrm{kN}$

07 [P 그림 2.7]과 같이 줄 ACDB의 C지점과 D지점에 각각 하중 P가 작용할 때 줄 AC에 발생하는 힘을 구하여라.

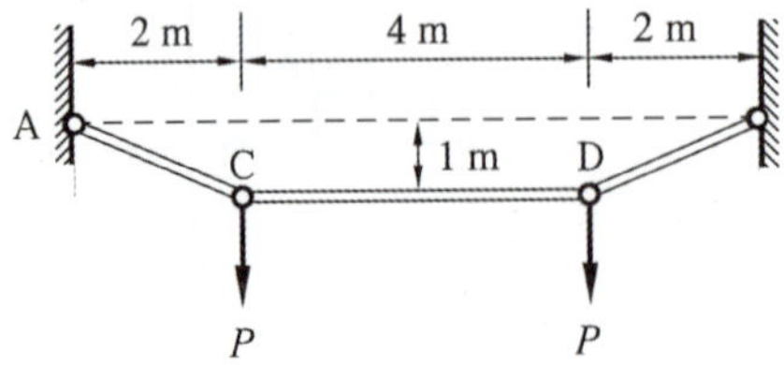

[P 그림 2.7]

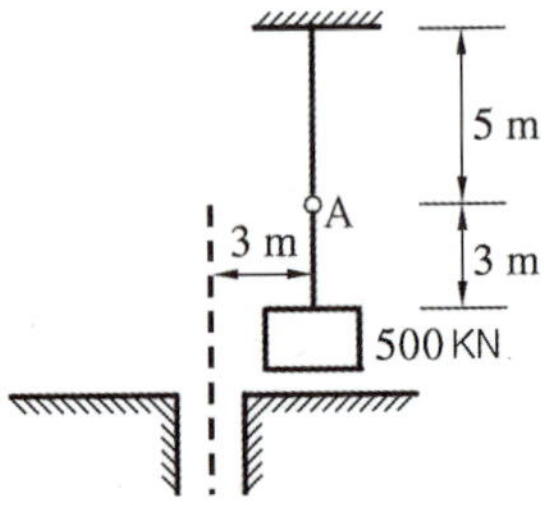

[P 그림 2.8]

정답 $\mathrm{AC} = \sqrt{5}\,P$

08 [P 그림 2.8]과 같은 케이블(cable)에 $500\ \mathrm{kN}$ 의 추가 매달려 있다. 이 추의 중심선이 구멍의 중심축상에 있게 하려면 A지점에 작용할 수평력 P의 크기는 얼마가 되어야 하는가?

정답 $P = 375\ \mathrm{kN}$

09 [P 그림 2.9]에서 AC, BC면에 직각으로 작용하는 여러 힘들의 B지점에 대한 모멘트를 구하여라. 단, 시계 방향을 (+), 시계반대 방향을 (−)로 한다.

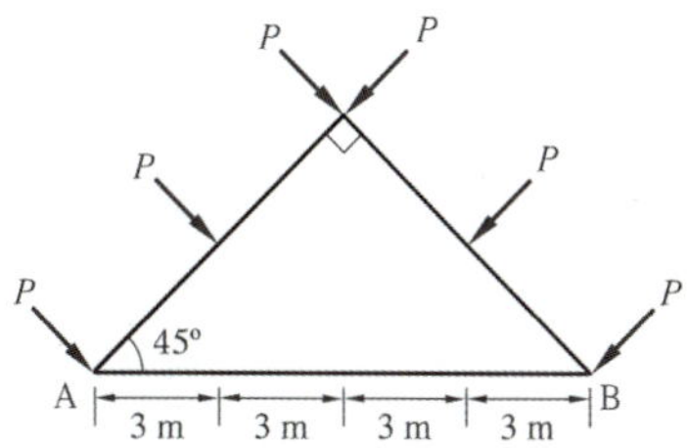

[P 그림 2.9]

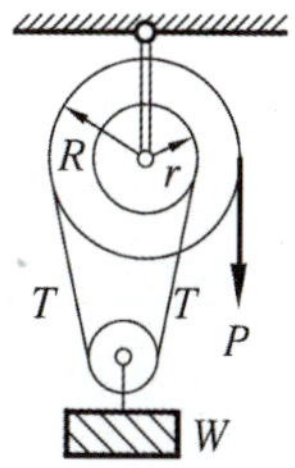

[P 그림 2.10]

정답 MB =− $\sqrt{2}\,P$

10 다음 [P 그림 2.10]에서 큰원의 반지름 R, 작은 원의 반지름 r인 자동 도르래에서 균형을 이루기 위한 P의 크기를 구하여라.

정답 $P = \dfrac{(R-r)}{(2R)} \cdot \mathrm{W}$

11 [P 그림 2.11]과 같은 결합도르래로 무게 $W = 600\ \mathrm{kN}$ 를 끌어올리려고 할 때, 최소 필요한 힘 P의 값을 구하여라.

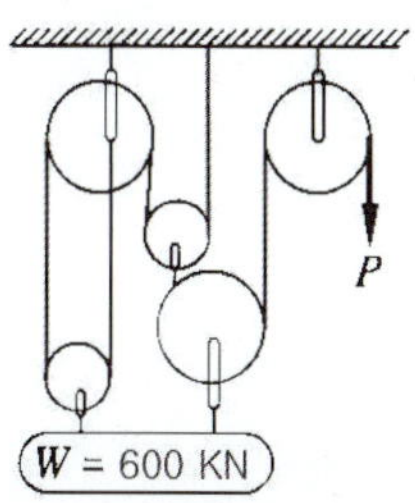

[P 그림 2.11]

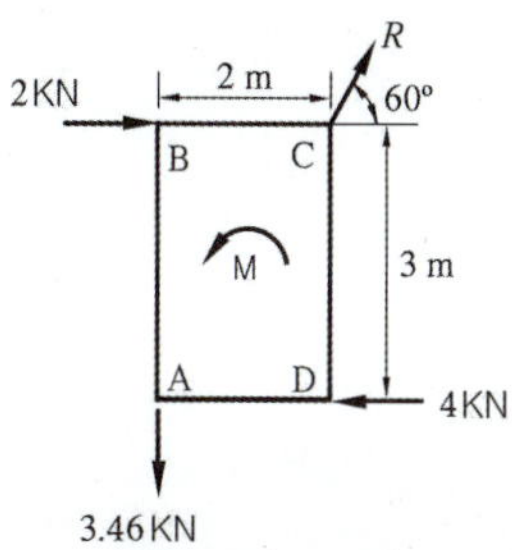

[P 그림 2.12]

정답 $P = 200\ \mathrm{kN}$

12 [P 그림 2.12]와 같은 구조물에 네 개의 힘과 한 개의 우력 모멘트가 작용하여 평형을 유지하고 있다면 힘 R의 크기와 우력 모멘트 M의 값을 구하여라.

정답 $R=4$ kN, M = −5.08 kN · m

13 [P 그림 2.13]과 같은 구조물의 D지점에 10 kN 의 힘이 작용할 때 AC가 받는 힘을 구하여라.

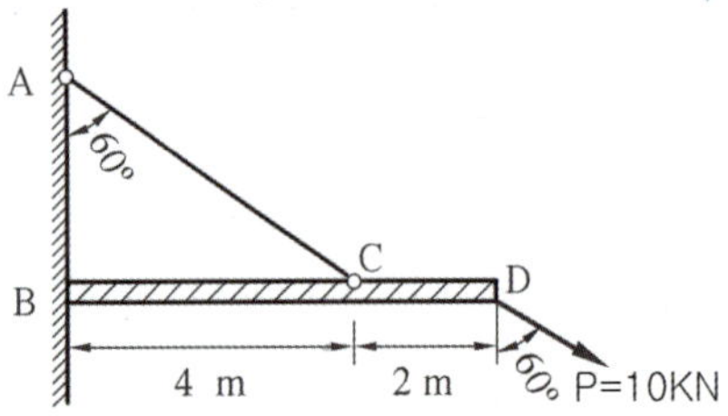

[P 그림 2.13]

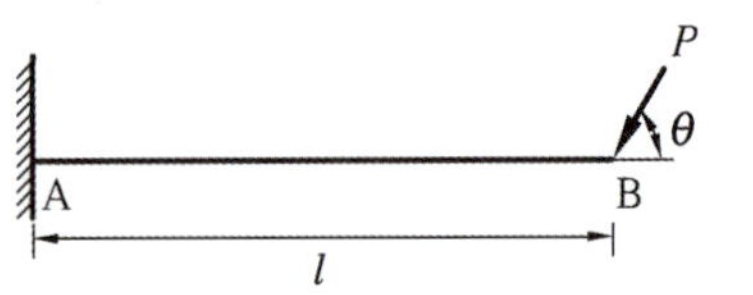

[P 그림 2.14]

정답 AC = 15 kN(인장)

14 [P 그림 2.14]와 같은 구조물에서 힘 P가 B지점에 작용할 때 A지점에 나타나는 자유도수를 표시하여라.

정답 자유도 수는 3개

15 [P 그림 2.15]와 같이 동일점에 작용하지 않는 여러 힘에 대한 합력과 합력의 방향 및 작용점을 구하고 원점 O에 대한 모멘트를 구하여라.

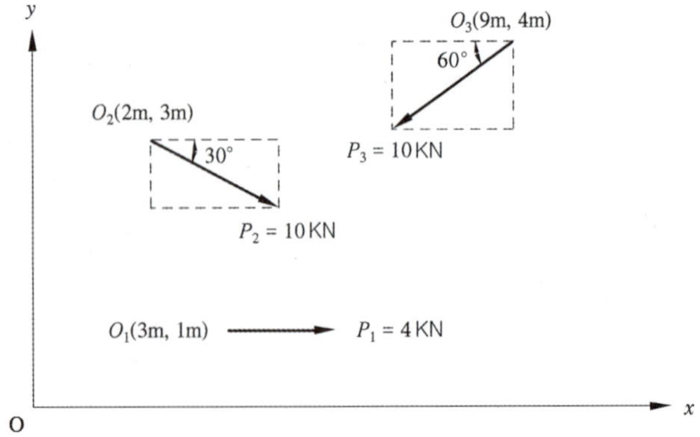

[P 그림 2.15]

정답 $R=15.66$ kN, MO = 97.92 kN · m

16 [P 그림 2.16]과 같이 연결부에 두 힘 $10\ \mathrm{kN}$ 와 $4\ \mathrm{kN}$ 가 작용할 때, 평형을 이루기 위한 두 힘 P_1와 P_2의 크기를 구하여라.

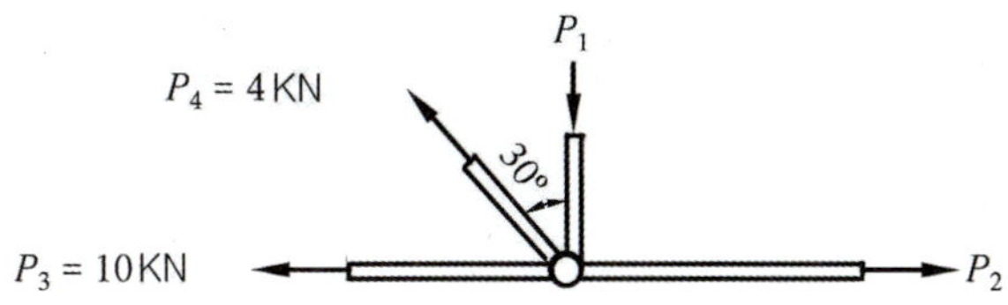

[P 그림 2.16]

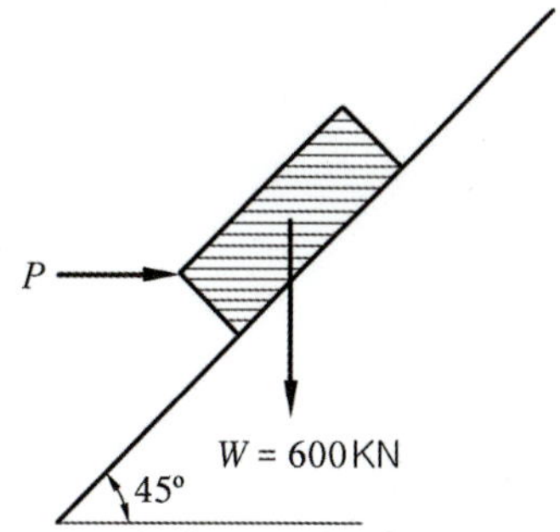

[P 그림 2.17]

정답 $P_1 = 3.46\ \mathrm{kN},\ P_2 = 12\ \mathrm{kN}$

17 [P 그림 2.17]과 같이 무게 $W = 600\ \mathrm{kN}$ 인 물체가 경사면에 있다. 이 물체가 경사면을 따라 내려오지 못하도록 하는 데 필요한 수평력 P값을 구하여라. 단, 마찰계수 $f_r = 0.25$ 이다.

정답 $P = 360\ \mathrm{kN}$

18 [P 그림 2.18]과 같은 보에 하중이 작용할 때 A, B지점에 분해된 힘 R_A와 R_B를 구하여라.

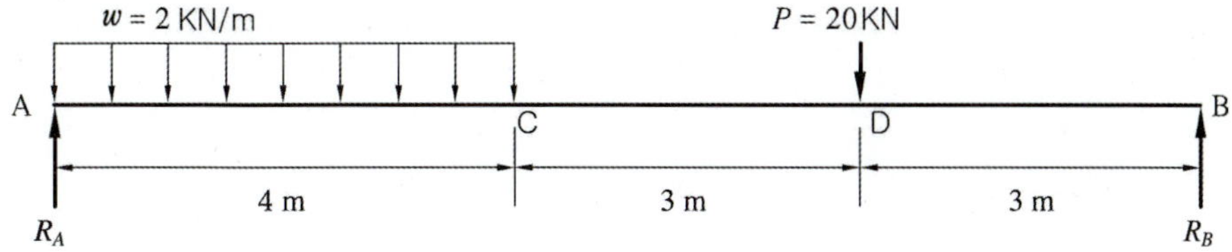

[P 그림 2.18]

정답 $R_A = 12.4\ \mathrm{kN},\ R_B = 15.6\ \mathrm{kN}$

19 [P 그림 2.19]와 같은 옹벽에서 정수압을 받을 때 합력과 합력의 위치를 B지점으로부터 거리 x를 구하여라. 단, 콘크리트 단위중량 $23\ \mathrm{kN/m^3}$, 물의 단위중량 $10\ \mathrm{kN/m^3}$, 단위폭은 $1\ \mathrm{m}$로 계산한다.

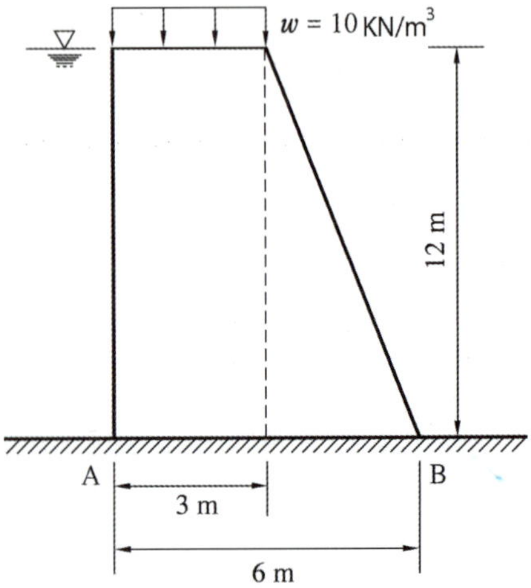

[P 그림 2.19]

정답 $R = 1{,}700\ \mathrm{kN},\ x = 1.96\ \mathrm{m}$

CHAPTER

03

재료의 역학적 특성

CONTENTS

3.1 응력과 변형률

3.1.1 응력

구조물에 외력이 작용할 경우, 부재 단면을 결정하기 위해서는 부재축의 직각인 횡단면에 작용하는 응력 상태를 정확하게 알아야 한다.

[그림 3.1.1(a)]와 같이 균일한 단면인 직선 부재의 단면 도심축에 힘 P가 작용하면 부재는 평형상태를 유지하기 위하여 부재 내부에서 외력의 크기와 같고 방향이 반대인 저항력이 생긴다.

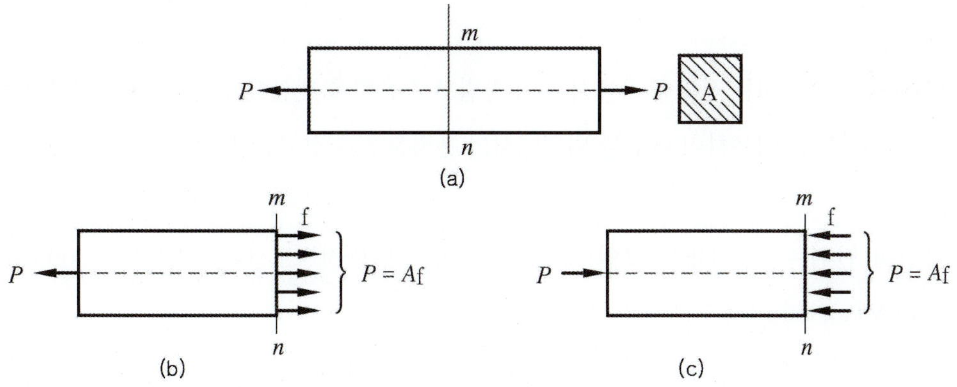

[그림 3.1.1]

이 저항력을 내력(internal stress) 또는 응력(stress)이라고 한다. 단면 전체에 작용하는 힘을 전응력(total stress), 단위면적에 작용하는 힘을 단위응력(unit stress) 또는 응력(stress)이라고 한다. 응력이 단면에 균일하게 분포한다면 그 합력은 재료의 단면적 A에 힘의 강도 f를 곱한 것과 같다는 것을 알 수 있다. 따라서 재료의 균일 단면에 작용하는 응력은 다음 식 (3.1.1)과 같다.

$$f = \frac{P}{A} \quad \cdots\cdots (3.1.1)$$

부재의 폭과 같거나 더 큰 거리에 있는 단면에서의 응력분포는 부재가 하중이 가해지더라도 응력의 분포는 동일하다. 다시 말하면, 하중의 작용점 가까운 근처를 제외하고 응력의 분포는 하중작용의 실제 형태와는 무관하다고 생각된다. 이 주장은 축하중뿐만 아니라 어떤 형태의 하중에도 적용되고 Saint－Venant의 원리로 알려져 있다. 이것은 프랑스의 수학자이며 공학자인 Adhemer Barre de Saint－Venant (1797~1886)의 이름을 따른 것이다.

Saint－Venant의 원리를 이용하면 구조물의 부재의 응력을 계산하기 위하여 주어진 하중을 더욱더 간단한 하중으로 대체시킬 수 있다. 이 법칙을 적용하는 데 있어서는 다음 두 가지 중요한 사항을 따라야 한다.

(1) 실제하중과 응력계산에 사용된 하중은 정역학적으로 등가(statically equivalent)이어야 한다.
(2) 하중이 작용되는 점의 부근에서는 이 방법으로 응력을 계산할 수 없다. 고급이론 또는 실험방법을 이용하여 이러한 범위에서의 응력분포를 결정한다.

응력의 단위는 위 식에서 보인 바와 같이 힘을 단면적으로 나눈 것이므로 kgf/cm^2, N/mm^2(MPa), lbf/in^2 등으로 표시한다.

[그림 3.1.1(a)]와 같이 단면 도심 축에 힘 P가 작용하여 생기는 응력을 수직응력(normal stress)이라고 하며, 수직응력에는 힘 P의 작용상태에 따라서 [그림 3.1.1(b)]와 같이 재료가 늘어나는 경우에는 인장응력(tensile stress)이 생기며, 인장응력은 다음 식과 같이 표시한다.

$$f_t = \frac{P}{A} \leq f_{ta}(\text{허용인장응력}) \quad \cdots\cdots (3.1.2)$$

이와 반대로 [그림 3.1.1(c)]와 같이 재료가 줄어드는 경우에는 압축응력(compressive stress)이 생긴다.

$$f_c = -\frac{P}{A} \leq f_{ca}(\text{허용압축응력}) \quad \cdots\cdots (3.1.3)$$

예제 3.1.1

[그림 3.1.2]에서 $80\ \mathrm{kN}$ 의 하중이 정사각형 단면의 목재기둥에 작용할 경우 단면의 최소폭을 구하여라. 단, 허용압축응력 $f_{ca} = 8\ \mathrm{MPa}(\mathrm{N/mm^2})$이다.

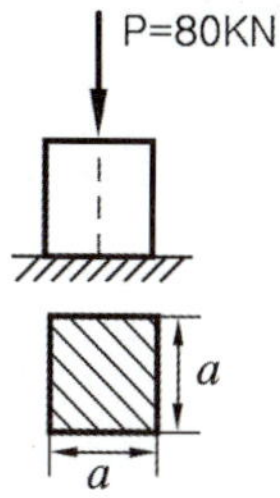

[그림 3.1.2]

풀이

$$f_{ca} = \frac{P}{A} \quad \Rightarrow \quad A = \frac{P}{f_{ca}} = \frac{(80 \times 1{,}000\mathrm{N})}{(8\mathrm{N/mm^2})} = 10{,}000\mathrm{mm^2}$$

$$A = a \times a = 10{,}000\ \mathrm{mm^2}$$

$$\therefore\ a = \sqrt{10{,}000} = 100\ \mathrm{mm}$$

예제 3.1.2

[그림 3.1.3]과 같은 대칭 구조물에 작용하는 하중 P값을 구하여라. 단, 단면적 $A_s = 0.5\ \mathrm{cm^2}$, 부재응력 $f_s = 100\ \mathrm{MPa}(\mathrm{N/mm^2})$, $\beta = 60°$, $\alpha = 30°$이다.

[그림 3.1.3]

풀이

[그림 3.1.3(b)]에서 $\Sigma F_y = 0$에 의하면

$$P = f_s A_s (1 + 2 \times \cos 30° + 2 \times \cos 60°)$$
$$= (100\text{N/mm}^2) \times (50\text{mm}^2)\left(1 + 2 \times \frac{\sqrt{3}}{2} + 2 \times \frac{1}{2}\right) = 18{,}660\text{ N}$$

예제 3.1.3

[그림 3.1.4(a)]와 같은 구조물에 하중 12 kN가 작용할 때, AO, BO 부재 단면적을 구하여라. 단, 부재의 허용인장응력과 허용압축응력 $f_a = 120\text{ MPa}(\text{N/mm}^2)$이다.

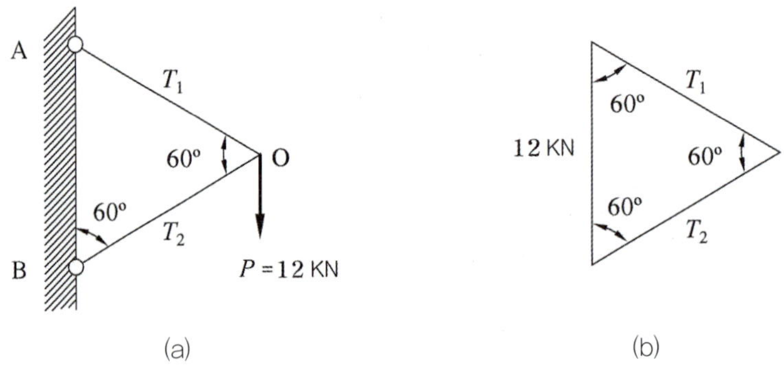

[그림 3.1.4]

풀이

[그림 3.1.4(b)]의 시력도에 의하여

$$\frac{T_1}{\sin 60} = \frac{T_2}{\sin 60} = \frac{12}{\sin 60} \quad \Rightarrow \quad \therefore T_1 = T_2 = 12\ KN = P$$

$$f_a = \frac{P}{A} \quad \Rightarrow \quad \therefore A = \frac{P}{f_a} = \frac{(12 \times 1{,}000\text{N})}{(120\text{N/mm}^2)} = 100\text{ mm}^2$$

예제 3.1.4

바깥지름이 40 cm인 강관 주가 축하중 480 kN을 지지하려면 강관의 두께(t)는 얼마 이상으로 해야 하는가? 단, 강관의 허용압축응력 $f_a = 120\text{ MPa}$이다.

풀이

필요한 단면적을 A라고 하면,

$$f_a = \frac{P}{A} \quad \Rightarrow \quad A = \frac{P}{f_a} = \frac{480{,}000\text{N}}{120\text{N/mm}^2} = 4{,}000\text{ mm}^2$$

$$A = \frac{\pi}{4}(D^2 - d^2) = 4{,}000\,\text{mm}^2 \qquad \frac{3.14}{4}(400^2 - d^2) = 4{,}000\,\text{mm}^2$$

$$\therefore d = \sqrt{160{,}000 - 4{,}000\frac{4}{3.14}} = \sqrt{154{,}904} \fallingdotseq 394\,\text{mm}$$

$$\therefore t = \frac{400 - 394}{2} = 3\,\text{mm}\text{이상}$$

3.1.2 변형률

물체에 외력이 작용하면 물체가 줄어들거나 늘어나는 상태를 변형이라 하고, 변형된 길이를 전제 길이로 나눈 것을 변형도 또는 변형률(strain)이라고 한다.

[1] 선변형률

[그림 3.1.5(a)]와 같이 강봉에 축하중 힘 P가 작용하는 상태에 따라 인장[그림 3.1.5(b)], 또는 압축 [그림 3.1.5(c)]를 받는 경우에 부재의 길이와 폭은 변형하여 세로변형률(longitudinal strain)과 가로변형률(lateral strain)이 생긴다.

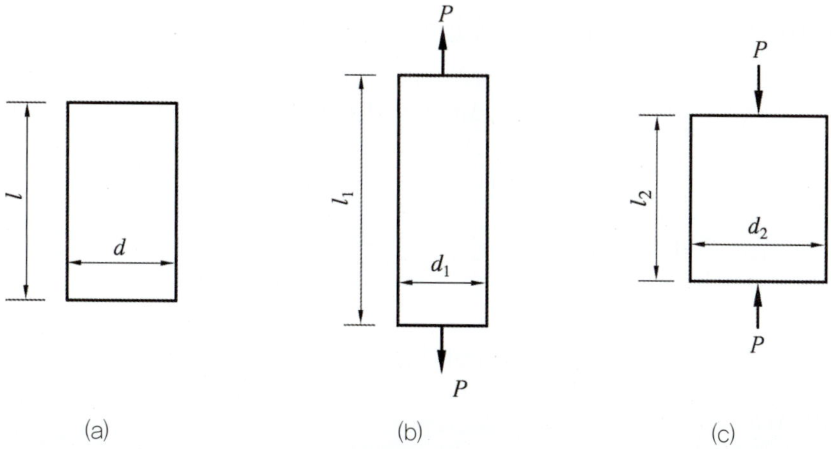

[그림 3.1.5]

(1) 세로변형률(ε)

$$\therefore \varepsilon = \frac{\Delta l}{l} \quad \cdots\cdots (3.1.4)$$

$\Delta l = l_1 - l > 0$ (인장으로 늘어난 양)

$\Delta l = l_2 - l < 0$ (압축으로 줄어든 양)

(2) 가로변형률(β)

$$\therefore \beta = \frac{\Delta d}{d} \quad \cdots\cdots (3.1.5)$$

$\Delta d = d_1 - d < 0$ (인장으로 줄어든 양)

$\Delta d = d_2 - d > 0$ (압축으로 늘어난 양)

위 식에서 변형률의 단위는 길이를 길이로 나누게 되므로 무차원이다.

(3) 푸아송 비($\frac{1}{m}$)

[그림 3.1.5]와 같이 부재의 축방향으로 인장 또는 압축에 의하여 생기는 세로변형률(ε)과 가로변형률(β)의 비를 푸아송 비(Poisson's ratio)라고 한다.

$$\therefore \nu = -\frac{1}{m} = \frac{\beta}{\varepsilon} = \frac{\Delta d/d}{\Delta l/l} = \frac{l \cdot \Delta d}{d \cdot \Delta l} \quad \cdots\cdots (3.1.6)$$

여기서, m : 푸아송 수　　$\frac{1}{m} = \nu$: 푸아송 비

푸아송 비에 (−)부호는 부재의 변형성질이 반대이기 때문이다(일반적으로 부호는 생략함).

[표 3.1.1] 각 재료의 푸아송의 수(Poisson's number)

재료		m	재료	m
금속	주철	3.7	콘크리트	6~12
	연철	3.6	유리	4.1
	연강	3.3	셀룰로이드	2.5
	황동	3.0	납	2.32
	동	3.0	고무	2.0
	금속	3.0~4.0	코르크	0

[2] 전단변형률

[그림 3.1.6]과 같이 전단력 V에 의하여 생긴 전단변형량 λ와 변형전 최초의 길이 l에 대한 비를 전단변형률(shearing strain)이라고 하며, 식 (3.1.7)과 같이 표시한다.

$$r_s = \frac{\lambda}{l} = \tan\phi \fallingdotseq \phi\ (\mathrm{rad}) \quad \cdots\cdots (3.1.7)$$

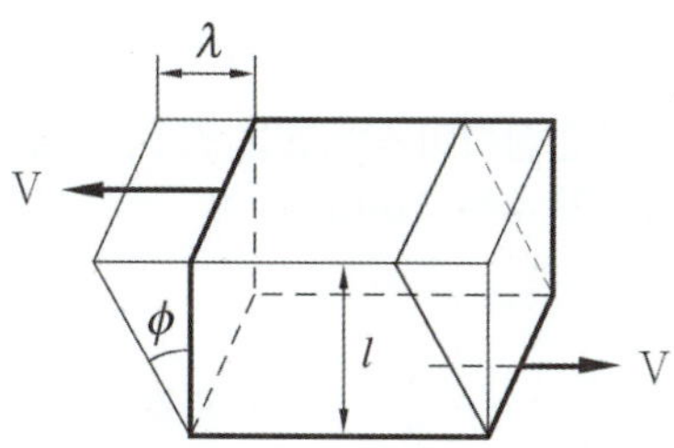

[그림 3.1.6]

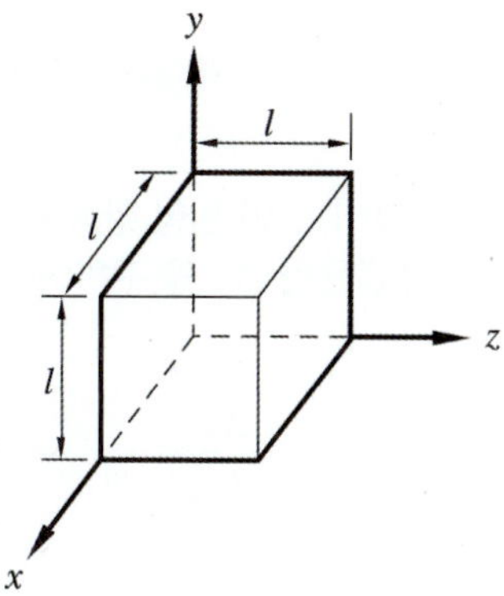

[그림 3.1.7]

[3] 체적변형률

[그림 3.1.7]과 같은 직육면체가 수압 또는 공기압력을 받을 경우에 물체의 단면에 균일한 인장 또는 압축이 생겨 물체의 체적이 팽창 또는 수축한다. 여기서 체적변형량을 ΔV라고 하

면 변형되기 전 원래의 체적 V에 대한 비를 체적변형률(volumetric strain)이라고 한다. 체적변형률은 식 (3.1.8)과 같다.

$$\varepsilon_v = \frac{\Delta V}{V} = \frac{(l \pm \Delta l)^3}{l^3} = \pm 3\frac{\Delta l}{l} = 3\varepsilon \quad \cdots\cdots (3.1.8)$$

따라서 체적변형률은 선변형률의 3배가 된다.

예제 3.1.5

지름 $4\ \mathrm{cm}$, 길이 $40\ \mathrm{cm}$의 둥근 막대가 인장력을 받아서 길이가 $0.36\ \mathrm{cm}$ 늘어나고, 지름이 $0.004\ \mathrm{cm}$만큼 줄어들었을 때 이 재료의 푸아송의 수(m)를 구하여라.

풀이

$$\varepsilon = \frac{\Delta l}{l} = \frac{0.36}{40} = 0.009 \qquad \beta = \frac{\Delta d}{l} = \frac{0.004}{4} = 0.001$$

$$\frac{1}{m} = \frac{\beta}{\varepsilon} \quad \Rightarrow \quad \therefore m = \frac{\varepsilon}{\beta} = \frac{0.009}{0.001} = 9$$

예제 3.1.6

지름 $25\ \mathrm{mm}$, 길이 $1\ \mathrm{m}$인 원형 황동 부재에 $3\ \mathrm{kN}$의 인장력이 작용했을 경우, 축방향 변형률이 0.3일 때 지름의 줄음량 Δd을 구하여라. 단, 푸아송의 수는 3이다.

풀이

$$\frac{1}{m} = \frac{\beta}{\varepsilon} \qquad \beta = \frac{\varepsilon}{m} \qquad \frac{\Delta d}{d} = \frac{\varepsilon}{m} \quad \Rightarrow \quad \therefore \Delta d = \frac{\varepsilon\, d}{m} = \frac{0.3 \times 2.5}{3} = 0.25\ \mathrm{cm}$$

3.2 Hooke의 법칙

1678년 영국의 과학자인 Robert Hooke(1635~1703)는 균일 단면봉의 인장 시험에 의하여 재료의 탄성한도 내에서 응력은 그 변형률에 정비례한다는 것을 증명하였다. 이것을 Hooke의 법칙(Hooke's law)이라고 한다. Hooke의 법칙은 다음과 같은 식으로 표시한다.

$$\left.\begin{array}{l} f = E\varepsilon \text{ 또는 } E = \dfrac{f}{\varepsilon} \\ \therefore\ E = \dfrac{f}{\varepsilon} = \dfrac{P/A}{\Delta l/l} = \dfrac{P\,l}{A\Delta l} \\ \therefore\ \Delta l = \dfrac{l}{AE}P \qquad \therefore\ P = \dfrac{AE}{l}\Delta l \end{array}\right\} \quad \cdots\cdots (3.2.1)$$

식에서, AE =축강성(axial rigidity)이고, $l/(EA)$ =유연도(flexibility)는 단위하중으로 인한 변형으로 정의, $(EA)/l$ =강성도(stiffness)는 단위변형을 일으키는 데 필요한 힘으로 정의된다.

3.2.1 응력과 변형률의 선도

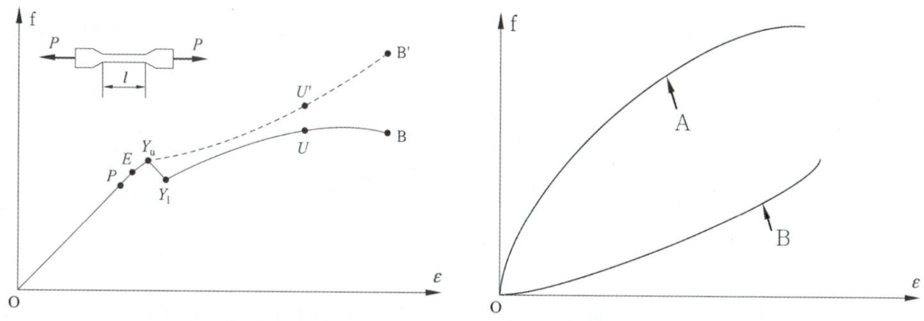

(a) 강봉 응력 · 변형률 선도

(b) 일반재료 응력 · 변형률 선도

[그림 3.2.1]

구조물 재료의 강도를 알기 위해서는 재료에서 KS규격대로 인장 시험편(test piece)을 만들어 시험기에 설치하여 인장 시험을 한다.

인장 시험기에서 하중을 증가시켜가면서 재료 시험편에 가해지는 힘과 신장량을 측정한다. [그림 3.2.1(a)]와 같은 강봉의 재료 시험편 속의 응력은 강봉에 가해진 힘을 단면적으로 나누면 구할 수 있고, 변형률은 늘어난 양을 재료의 최초의 길이로 나누어 구할 수 있다. 이와 같은 방법으로 재료의 응력 – 변형률 선도(stress – strain diagram)를 작성할 수 있다. [그림 3.2.1(b)]에서와 같이 응력 – 변형률 선도에서 O지점에서 P지점까지 직선으로 응력과 변형률은 정비례하므로 후크의 법칙이 성립된다.

이 P지점을 비례한도(proportional limit)라고 하고 이 지점에서 다시 응력이 증가되면 하중을 제거하여도 변형은 완전히 원 위치로 돌아가지 않고 변형이 남는다. 이것을 영구변형(permanent strain)이라고 한다.

이 영구변형을 남기지 않는 상한응력을 탄성한도(elastic limit)라고 한다. 이 탄성한도는 [그림 3.2.1(b)]에서 지점으로 표시했다. E지점의 허용한도는 0.003%의 영구변형을 일으키는 응력으로서, 비례한도보다 약간 위에 있든가 거의 일치한다고 보고 있다. 응력이 탄성한도를 넘으면 훨씬 빨리 증가하여 Y_U 지점에 도달하면 인장력을 더 이상 증가시키지 않아도 상당한 신장이 생기기 시작한다. 이 현상을 재료의 항복(yielding)이라고 하며, Y_U 지점을 상항복점(upper yield point), Y_L 지점을 하항복점(lower yield point)이라고 한다. 여기서 Y_U, Y_L 영역을 소성영역이라고 하며, 이것은 극한설계의 기초가 되는 응력이다. 신장과 더불어 응력이 증가되어 응력 – 변형률 선도의 최고점 U지점을 극한강도(ultimate strength)라고 하고, 인장일 때를 인장강도(tensile strength)라고 한다. U지점에서부터 선도의 곡선이 내려가는 것은 일부분에 네킹(necking)이 일어나 단면적이 줄어든 상태이기 때문이다. 따라서 극한강도를 넘어서면 하중이 감소하는데도 재료의 신장은 계속되다가 선도의 B지점에서 시험편이 파괴된다. 여기서 최초의 단면적으로 하중을 나눈 값을 공칭응력이라고 하고(OB선도), 축소된 실제의 단면으로 하중을 나눈 값을 실제응력(또는 **진응력**)이라고 하며, 이 구간은 응력 – 변형률 선도에서 $Y_U B'$구간이다.

강재의 인장시험에서는 비례한도, 항복점이 명확하게 나타나지만 일반재료에서는 이들 점이 명확하지 않는 것이 많다. 예를 들면 [그림 3.2.1(c)]의 일반재료 응력－변형률 선도와 같이 A곡선은 콘크리트의 압축시험의 거동을 표시한 것이며 이와 같은 거동으로는 목재, 석재, 주철, 동 등이 있다. 또한 B곡선과 같은 거동으로는 가죽, 고무 등이다. 이와 같이 응력과 변형률 간에 Hooke의 법칙이 성립하지 않는 재료에 대해서 Bach 등의 실험결과, 응력과 변형률 간에는 다음과 같은 지수함수의 식이 성립되는 것으로 알려져 있다.

$$f^n = \alpha \cdot \varepsilon \quad \text{또는} \quad f = \beta \cdot \varepsilon^m \tag{3.2.2}$$

여기서 α, n 또는 β, m은 실험에 의한 정수이다.

Bach에 의한 α, n 값은 [표 3.2.1]과 같다.

[표 3.2.1] α, n의 값

재료	n	α
주철(인장)	1.083~1.100	1.338×10^6
주철(압축)	1.035~0.0685	1.320×10^6
콘크리트(1:2.5:5)	1.145	2.980×10^6
주철(인장)	1.375	2.350×10^6
주철(압축)	1.109	3.400×10^5

대체로 $n>1$일 때는 A곡선, $n<1$일 때는 B곡선을 이룬다.

또 응력－변형률 선도는 재료에 따라서 또는 그 표면가공효과, 모양, 시험시의 온도, 하중속도 등에 따라서 변화한다.

큰 소성변형 후에 나타나는 항복점의 존재는 실제 설계에 있어 연강의 중요한 성질이다. 파단이 일어나기까지 큰 변형률에 견디는 재료를 연성재료(ductile)라 한다. 연성재료의 장점은 하중이 아주 클 때 눈에 현저하게 보이는 찌그러짐이 일어나며 실제의 파단이 일어나기 전에 예방조치를 할 수 있는 기회를 부여한다는 것이다. 한편 인장할 때 비교적 작은 변형률 값에서 파단을 일으키는 재료를 취성재료(brittle)라 한다. 취성재료에는 콘크리트, 돌, 주철, 유리, 세라믹재료 및 많은 금속합금 등이 있다. 이런 재료들은 비례한도를 지나서 조금 더 늘어난 후

바로 파단되며, 파단응력은 극한응력과 같다. 고탄소강은 취성적으로 거동하며 매우 높은 항복응력을 가지나 파단은 아주 작은 신장률에서 일어난다.

앞에서 말한 파괴형식은 정하중에 대한 것이나, 반복하중에 대해서는 극한강도 이하에서도 어느 한도이상의 응력이면 파괴된다. 이때 반복해도 파괴되지 않는 응력을 피로한도라고 말한다. 또 정하중에서도 어느 한도이상의 응력이면 장시간에 걸쳐서 변형이 점점 증가해서 파괴한다. 이 한도를 크리프한도(creep limit)라고 한다.

즉, 재료에 어느 일정한 크기의 응력 f를 작용시키면, 그 재료는 재하순간에서 f에 대응하는 변형률 ε이 생긴다. 이 응력 f를 지속해서 재료에 작용시키면, ε은 시간의 경과와 함께 크게 된다. 이와 같은 현상을 재료의 크리프(creep)라 말하고, 시간에 의한 소성변형을 크리프변형이라 말하며, 거의 모든 물질은 어느 정도 이상의 크기의 응력을 지속해서 받으면 크리프가 일어난다. 크리프 현상은 시간이 많이 경과하면 정지하는 것이 일반적이나 지속응력이 어느 특정한계 값을 넘으면 크리프변형이 증가하여 재료는 크리프파괴를 일으킨다.

크리프파괴가 생기지 않고 장기간에 걸쳐서 지속 작용할 수 있는 응력을 크리프한도라고 한다.

인장 또는 압축하중을 받는 재료의 길이를 일정하게 유지해두면 재료가 크리프되어 재료의 내부에 생기는 응력은 시간의 경과와 함께 감소한다. 이 현상을 재료의 이완(relaxation)이라 한다.

크리프는 상온보다는 고온에서 더욱 고려되어야 하므로, 엔진, 노 및 오랜 시간 동안 높은 온도에서 작동하는 기타 구조물의 설계 시에 반드시 고려되어야 한다. 그러나 강, 콘크리트와 같은 재료에서는 상온에서도 약간의 크리프현상이 일어나기 때문에 보통 구조물에서도 크리프의 영향을 고려하는 것이 필요하다. 예를 들면, 콘크리트구조의 크리프에 대해서는 상향솟음(camber)을 준다.

3.2.2 탄성계수

"탄성한도 내에서 응력과 변형률은 정비례한다."라는 후크의 법칙에서 "f/ε =일정"이라는 관계가 성립되며, 이때 비례상수를 탄성계수(modulus of elasticity)라고 한다. 단위는 응력 단위와 같이 kgf/cm², N/mm²(MPa)으로 사용한다.

[1] 영계수

일반적으로 사용하는 탄성계수로서 수직응력 f 와 그에 따른 변형 ε이 후크의 법칙에 따라 정비례 관계를 성립시키는 비례상수를 영국의 과학자인 Thomas Young(1773~1829)이 처음 수치적으로 측정하였다.

이것을 영계수(Young's modulus) 또는 종탄성계수(modulus of longi－tudinal elasticity)라고 하고, 부호는 E로 나타낸다.

$$E = \frac{f}{\varepsilon} = \frac{P/A}{\Delta l/l} = \frac{Pl}{A\Delta l} \ (\mathrm{kgf/cm^2}) \quad \cdots\cdots (3.2.3)$$

[2] 전단탄성계수

탄성한도 내에서 전단응력 v 와 전단변형률 γ_s와의 정비례 관계를 성립시키는 비례상수를 전단탄성계수(shear modulus of elasticity) 또는 횡탄성계수(modulus of laternal elasticity)라고 하고, 부호는 G로 나타낸다. G값은 대략 E의 2/5정도이다.

$$G = \frac{v}{\gamma_s} = \frac{V/A}{\lambda/l} = \frac{Vl}{A\lambda} \ (\mathrm{kgf/cm^2}) \quad \cdots\cdots (3.2.4)$$

[3] 체적탄성계수

수직응력 f 와 체적변형률 ε_v가 동일 재료에 대하여 일정한 비례관계를 성립시키는 비례상수를 체적탄성계수(volumetric modulus)라고 하고, 부호는 K로 나타낸다.

$$K = \frac{f}{\varepsilon_v} \ (\mathrm{kgf/cm^2}) \quad \cdots\cdots (3.2.5)$$

[4] G, E, ν의 관계(2축응력 변형관계)

$$E = 2G(1+\nu) = 2G(1+\frac{1}{m}) = \frac{2G}{m}(m+1)$$

$$G = \frac{E}{2(1+\nu)} = \frac{E}{2(1+\frac{1}{m})} = \frac{mE}{2(m+1)}$$

$$\nu = \frac{1}{m} = \frac{E-2G}{2G}$$

[5] K, E, ν의 관계(3축응력 변형관계)

$$E = 3K(1-2\nu)$$

$$K = \frac{E}{3(1-2\nu)}$$

$$\nu = \frac{1}{m} = \frac{3K-E}{6K}$$

예제 3.2.1

길이 2.1 m, 지름 2 cm의 강봉에 하중 31.4 kN로 당길 때, 이 강봉의 늘어난 길이 Δl 값을 구하여라. 단, $E = 2.1 \times 10^5$ MPa(N/mm²)이다.

풀이

$$E = \frac{f}{\varepsilon} = \frac{Pl}{A\Delta l}$$

$$\therefore \Delta l = \frac{Pl}{AE} = \frac{31{,}400 \times 2.1 \times 1{,}000}{\frac{3.14 \times 20^2}{4} \times 2.1 \times 10^5} = 1\ \mathrm{mm}$$

예제 3.2.2

단면적 A, 길이 $3l$인 균일 단면봉에 [그림 3.2.2]와 같이 하중 P와 S가 작용할 때 생기는 이 봉의 총 늘음량을 구하여라.

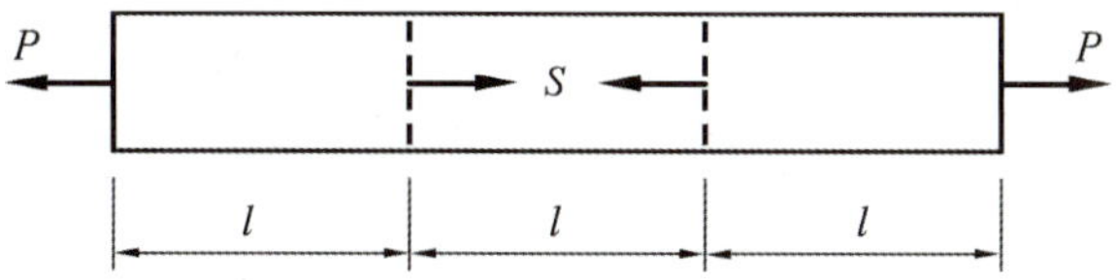

[그림 3.2.2]

풀이

P만 작용할 경우에 총 신장량은 $\Delta l_t = \dfrac{3Pl}{AE}$이고, 압축부분은 S에 의한 수축량이 $\Delta l_c = \dfrac{Sl}{EA}$이다.

따라서, 총 늘음량은 $\therefore \Delta l = \Delta l_t - \Delta l_c = \dfrac{3Pl}{EA} - \dfrac{Sl}{EA}$

예제 3.2.3

단면적이 $2\ \mathrm{cm}^2$인 강봉이 [그림 3.2.3(a)]와 같은 하중을 받는다면 이 강봉은 얼마나 늘어나는지 구하여라. 단, 강봉의 탄성계수는 $E = 2.1 \times 10^5\ \mathrm{MPa(N/mm^2)}$이다.

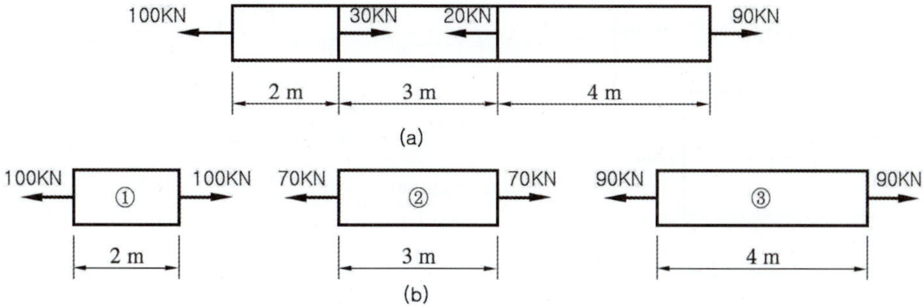

[그림 3.2.3]

풀이

$$\Delta l = \frac{Pl}{EA}$$

$$\Delta l_1 = \frac{100{,}000 \times 2{,}000}{2.1 \times 10^5 \times 200} = 4.8\ \mathrm{mm} \qquad \Delta l_2 = \frac{70{,}000 \times 3{,}000}{2.1 \times 10^5 \times 200} = 5\ \mathrm{mm}$$

$$\Delta l_3 = \frac{90{,}000 \times 4{,}000}{2.1 \times 10^5 \times 200} = 8.6\ \mathrm{mm} \qquad \therefore \Delta l = \Delta l_1 + \Delta l_2 + \Delta l_3 = 18.4\ \mathrm{mm}$$

예제 3.2.4

지름 $2.5\ \mathrm{cm}$의 강봉을 $100\ \mathrm{kN}$으로 당길 때, 강봉의 지름은 얼마나 줄어들겠는가? 단, 푸아송비는 1/5, 탄성계수는 $2.1 \times 10^5\ \mathrm{MPa(N/mm^2)}$이다.

풀이

$$E = \frac{f}{\varepsilon} \qquad \varepsilon = \frac{f}{E} \qquad f = \frac{P}{A} = \frac{4P}{\pi d^2} = \frac{4 \times 100{,}000}{3.14 \times 25^2} = 203.8\ \mathrm{N/mm^2}$$

$$\varepsilon = \frac{f}{E} = \frac{203.8}{2.1 \times 10^5} = 0.00097 \qquad \frac{1}{m} = \frac{\beta}{\varepsilon} \quad \Rightarrow \quad \beta = \frac{\varepsilon}{m} = \frac{0.00097}{5} = 0.00019$$

$$\beta = \frac{\Delta d}{d} \quad \Rightarrow \quad \therefore \Delta d = \beta \cdot d = 0.00019 \times 25 = 0.0048\ \mathrm{mm}$$

예제 3.2.5

다음 [그림 3.2.4]와 같은 구조물에서 축하중이 작용할 경우 전 수축량을 구하여라. 단, 단면적 $A_1 = 10\ \mathrm{cm^2}$, $A_2 = 20\ \mathrm{cm^2}$, 길이 $l = 30\ \mathrm{cm}$, 그리고 재료의 탄성계수 $2 \times 10^5\ \mathrm{MPa}$이다.

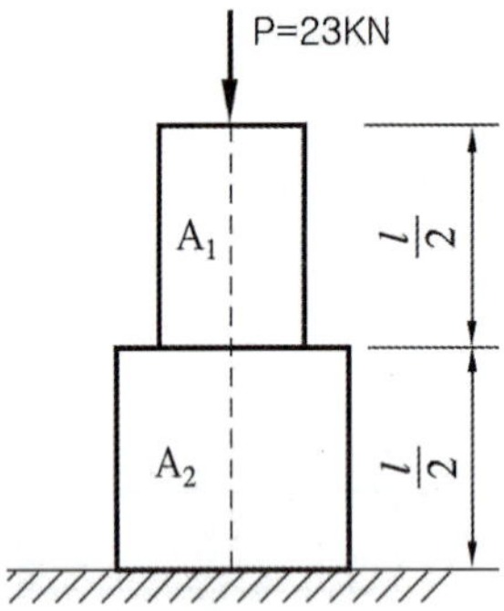

[그림 3.2.4]

풀이

$$\lambda_1 = \frac{P\left(\frac{l}{2}\right)}{A_1 E} \qquad \lambda_2 = \frac{P\left(\frac{l}{2}\right)}{A_2 E}$$

$$\lambda = \lambda_1 + \lambda_2 = \frac{Pl}{2E}\left(\frac{1}{A_1} + \frac{1}{A_2}\right)$$

$$= \frac{250{,}000 \times 300}{2 \times (2 \times 10^5)}\left(\frac{1}{1{,}000} + \frac{1}{2{,}000}\right) = 0.28\ \mathrm{mm}$$

예제 3.2.6

[그림 3.2.5(a)]와 같이 단면적이 A인 기둥에서 축하중 P가 작용할 경우 기둥의 줄음량 Δl를 구하여라.

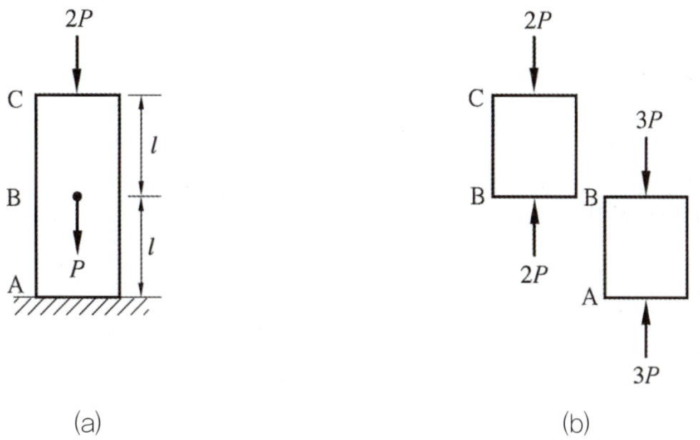

[그림 3.2.5]

풀이

[그림 3.2.5(b)]에서 BC 구간은 2P, AB 구간은 3P가 작용한다.

줄음량$\Delta l = \dfrac{Pl}{\mathrm{AE}}$에서 $\therefore \Delta l = \dfrac{2Pl}{\mathrm{AE}} + \dfrac{3Pl}{\mathrm{AE}} = \dfrac{5Pl}{\mathrm{AE}}$

예제 3.2.7

[그림 3.2.6]에서 높이가 $10\ \mathrm{m}$인 원형 콘크리트 기둥 교각에서 축하중 $P = 8{,}000\ \mathrm{kN}$가 작용할 때 압축력에 의한 줄음량 δ_c를 구하여라. 단, 콘크리트의 탄성계수 $E_c = 2.4 \times 10^4\ \mathrm{MPa}$ $(\mathrm{N/mm^2})$이다.

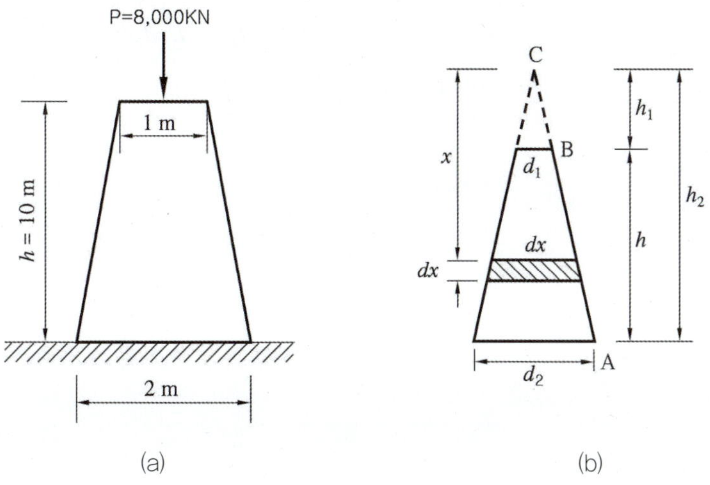

[그림 3.2.6]

풀이

[그림 3.2.6(b)]에서와 같이 B지점에서 C지점까지 연장하여 BC 구간을 h1, AC구간을 h2라고 하면

$$d_2 : h_2 = d_1 : h_1 \qquad \therefore \frac{h_1}{h_2} = \frac{d_1}{d_2} \qquad \text{①}$$

임의 거리 x지점에서 직경 dx는

$$dx : x = d_1 : h_1 \qquad \therefore dx = \frac{d_1 x}{h_1} \qquad \text{②}$$

임의 거리 x에서 단면적 A_x는

$$A_x = \frac{\pi dx^2}{4} = \frac{\pi}{4}\left(\frac{d_1 x}{h_1}\right)^2 = \frac{\pi d_1^2 x^2}{4h_1^2} \qquad \text{③}$$

한 요소의 줄음량을 계산할 수 있는 식은

$$\delta_c = \frac{P_x}{EA_x} dx \qquad \text{④}$$

식 ④에 식 ③을 대입하면

$$\delta_c = \int_{h_1}^{h_2} \frac{4Ph_1^2}{E\pi d_1^2 x^2} dx = \frac{4Ph_1^2}{E\pi d_1^2} \int_{h_1}^{h_2} \frac{1}{x^2} dx$$

$$= \frac{4Ph_1^2}{E\pi d_1^2}\left[-\frac{1}{x}\right]_{h_1}^{h_2} = \frac{4Ph_1^2}{E\pi d_1^2}\left(\frac{1}{h_1} - \frac{1}{h_2}\right) \qquad \text{⑤}$$

위 식에서 $\frac{1}{h_1} - \frac{1}{h_2} = \frac{h_2 - h_1}{h_1 h_2} = \frac{h}{h_1 h_2}$ ⑥

$$\delta_c = \frac{4Ph^2}{E\pi d_1^2} \times \frac{h}{h_1 h_2} = \frac{4Ph}{E\pi d_1^2} \times \frac{h_1}{h_2} = \frac{4Ph}{E\pi d_1^2} \times \frac{d_1}{d_2} = \frac{4Ph}{E\pi d_1 d_2} \qquad \text{⑦}$$

$$\therefore \delta_c = \frac{4Ph}{E\pi d_1 d_2} = \frac{4 \times (8{,}000 \times 1{,}000) \times (10{,}000)}{(2.4 \times 10^4) \times (3.14) \times (1{,}000) \times (2{,}000)}$$

$$= \frac{4 \times 8 \times 10^{10}}{24 \times 3.14 \times 2 \times 10^9} = 2.1\,\text{mm}$$

3.3 합성재

철근콘크리트와 같이 탄성계수가 다른 2개 이상의 합성된 재료가 하중을 받을 경우 똑같은 변형이 일어나도록 일체가 된 부재를 합성재(composite member)라고 한다.

3.3.1 합성응력(f_{s}, f_{c})

[그림 3.3.1]과 같이 합성 압축재의 탄성계수를 각각 E_c, E_s라고 하고, 두 단면적을 A_c, A_s라고 한다. 이 합성부재에 압축력 P가 작용하면 2개의 재료는 공동체로 작용하므로 이들의 변형은 같다.

$$\varepsilon = \varepsilon_c = \varepsilon_s \quad \cdots\cdots ①$$

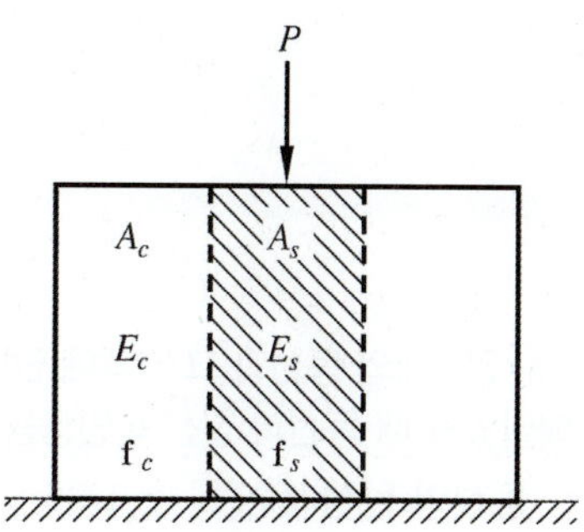

[그림 3.3.1]

부재 각각의 압축응력을 f_c, f_s라고 하면 식 ①은 후크의 법칙에 의하여

$$\varepsilon = \frac{f_c}{E_c} = \frac{f_s}{E_s} \quad \Rightarrow \quad f_s = \frac{E_s}{E_c} f_c = n f_c \quad \cdots\cdots ②$$

여기서 $n = E_s / E_c$는 탄성계수비이다. 응력의 총합과 외력 P는 같으므로 식 (3.1.1)에 의

하여

$$P = P_s + P_c = f_s A_s + f_c A_c \quad \cdots\cdots ③$$

식 ③에 식 ②를 대입하면

$$\left.\begin{aligned} P &= \frac{E_s}{E_c} f_c A_s + f_c A_c \\ P &= f_c\left(\frac{E_s}{E_c} A_s + A_c\right) = f_c(nA_s + A_c) \end{aligned}\right\} \quad \cdots\cdots ④$$

따라서 합성응력 f_c 와 f_s 는 식 (3.3.1)과 같다.

$$\left.\begin{aligned} \therefore f_c &= \frac{P}{nA_s + A_c} \\ \therefore f_s &= \frac{nP}{nA_s + A_c} \end{aligned}\right\} \quad \cdots\cdots (3.3.1)$$

예제 3.3.1

[그림 3.3.2]와 같이 단면적이 $1\ \mathrm{cm}^2$ **인 1개의 동선과 그 양쪽에 단면적이** $0.5\ \mathrm{cm}^2$ **인 2개의 철선으로 무게** $30\ \mathrm{kN}$ **인 2개의 물체를 매달았을 때 동선과 철선의 인장응력은 각각 얼마인가? 단, 철선의 탄성계수** $E_s = 2.1 \times 10^5\ \mathrm{MPa}$**, 동선의 탄성계수** $E_c = 1.06 \times 10^5\ \mathrm{MPa}$ **이다.**

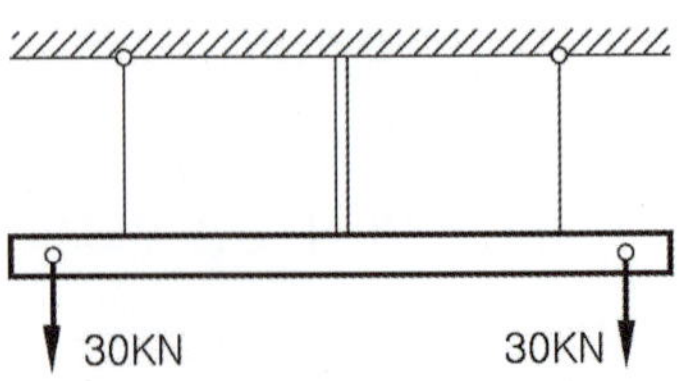

[그림 3.3.2]

풀이

철선의 인장응력을 f_s, 동선의 인장응력을 f_c라고 하면

$$f_s = \frac{PE_s}{E_s A_s + E_c A_c} = \frac{60,000 \times 2.1 \times 10^5}{2.1 \times 10^5 \times 50 \times 2 + 1.06 \times 10^5 \times 100} = 398.7\ \text{MPa}$$

$$f_c = \frac{PE_c}{E_s A_s + E_c A_C} = \frac{60,000 \times 1.06 \times 10^5}{2.1 \times 10^5 \times 50 \times 2 + 1.06 \times 10^6 \times 100} = 201.2\ \text{MPa}$$

예제 3.3.2

[그림 3.3.3]과 같이 정사각형 단면의 철근 콘크리트 단주 기둥에 축하중 $P = 1,000\ \text{kN}$ 가 작용할 때 콘크리트 단면치수 a 값을 구하여라. 단, 콘크리트 압축응력 $f_{ca} = 7\ \text{MPa}$, 철근 단면적 $A_s = 30\ \text{cm}^2$, 탄성계수비 $n = 15$ 이다.

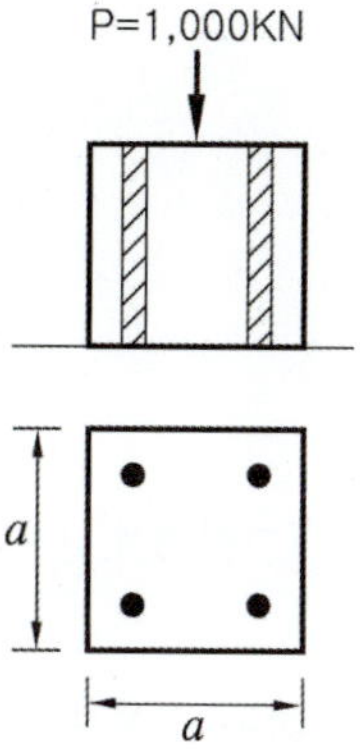

[그림 3.3.3]

풀이

식 (3.3.1)에 의하여

$f_{ca} = \dfrac{P}{nA_s + A_c}$ $\qquad$ $7 = \dfrac{1,000,000}{15 \times 3,000 + A_c}$

$A_c = 97,857\ \text{mm}^2$ $\qquad$ $A_s = 3,000\ \text{mm}^2$

$a^2 = A_c + A_s = 97,857 + 3,000 = 100,857\ \text{mm}^2$

$\therefore a = \sqrt{100,857} \fallingdotseq 318\ \text{mm}$

3.4 열응력

정정 구조물에서 그 구조물 전체에 걸쳐 균일한 온도변화는 응력을 발생시키지 않는다(구조물 전체가 수축 또는 팽창하기 때문). 그러나 부정정 구조물에서는 온도변화에 따라 열응력이 발생한다.

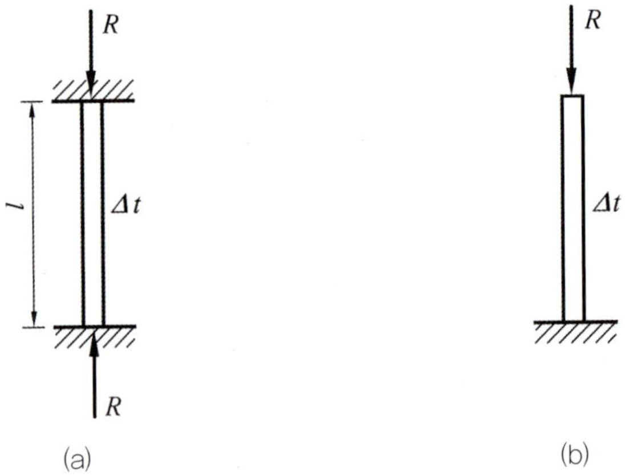

[그림 3.4.1]

[그림 3.4.1(a)]와 같이 부재양단이 고정된 경우 부재단면에서 온도가 상승하면 압축응력, 온도가 하강하면 인장응력이 발생한다.

$t_1 > t_0$: 압축응력 $\qquad t_1 < t_0$: 인장응력

$\Delta l = \alpha l (t_1 - t_0) = \alpha l \Delta t$ (온도변화로 늘어난 양)

$$\varepsilon = \frac{\Delta l}{l} = \frac{\alpha(t_1 - t_0) l}{l} = \alpha(t_1 - t_0) = \alpha \, \Delta t$$

$f = E\varepsilon$ (**후크의 법칙**)

$$\therefore f = E\alpha(t_1 - t_0) = \frac{R}{A} \quad \cdots\cdots (3.4.1)$$

$$\Delta l = \alpha l \Delta t = \frac{Rl}{AE}$$

$$\therefore\ R = AE\alpha\ \Delta t\ (\text{압축력}) \quad \cdots\cdots (3.4.2)$$

예제 3.4.1

양단이 고정되어 있는 지름 $4\ \mathrm{cm}$의 강봉을 처음 $10℃$에서 $20℃$까지 가열했을 때 온도응력을 구하여라. 단, 탄성계수 $E = 2.1 \times 10^5\ \mathrm{MPa}$, 선팽창계수 $\alpha = 12 \times 10^{-6}$이다.

풀이

$$f = E \cdot \alpha \cdot \Delta t = E \cdot \alpha \cdot (t_2 - t_1)$$
$$= (2.1 \times 10^5) \times (12 \times 10^{-6}) \times (20 - 10) = 25.2\ \mathrm{MPa}$$

예제 3.4.2

지름이 $2\ \mathrm{cm}$인 환강봉을 상온보다 $10℃$ 상승시켜 양단을 벽에 고정시켰을 때 봉의 단면에서 벽에 영향을 주는 힘을 구하여라. 단, $E = 2.1 \times 10^5\ \mathrm{MPa}$, $\alpha = 0.00001$이다.

풀이

열응력 : $f = E\epsilon = E(t_2 - t_1)\alpha = \dfrac{P}{A}$

열변형률 : $\varepsilon = \dfrac{\Delta l}{l} = \dfrac{l\alpha(t_2 - t_1)}{l} = \alpha(t_2 - t_1)$

$$\therefore\ P = AE(t_2 - t_1)\alpha = \frac{\pi \times 20^2}{4} \times 2.1 \times 10^5 \times 10 \times 0.00001 = 6{,}594\ \mathrm{N}$$

예제 3.4.3

[그림 3.4.2]과 같은 기둥에서 R_A, R_B를 구하여라.

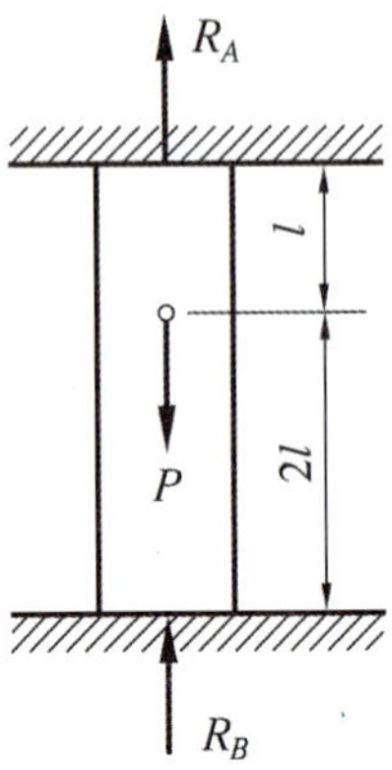

[그림 3.4.2]

풀이

양단고정이므로 신축의 합은 0이어야 한다.

l부분의 신장량을 δ_1, $2l$ 부분의 수축량을 δ_2라고 하면

$$\delta_1 = \frac{R_A l}{EA}, \quad \delta_2 = \frac{R_B 2l}{EA}$$

$\delta_1 - \delta_2 = 0 \quad R_A + R_B = P$에서

$$\frac{R_A l}{EA} - \frac{R_B 2l}{EA} = 0$$

$$\therefore R_A = \frac{2}{3}P \qquad \therefore R_B = \frac{1}{3}P$$

3.5 | 비틀림 응력

3.5.1 원형단면봉의 비틀림

비틀림응력(torsional stress)은 [그림 3.5.1(a)]와 같이 부재양단에 우력 모멘트 T가 작용하여 생기는 응력이며 그 성질이 전단응력과 같다.

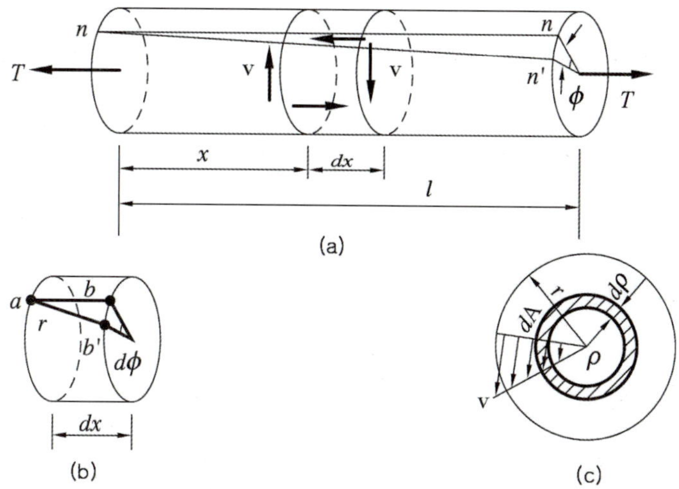

[그림 3.5.1]

[그림 3.5.1(b)]에서 한 단면의 다른 단면에 대한 회전각이 $d\phi$이고 단면의 반지름이 r이므로 $bb' = rd\phi$이고, $ab = dx$ 이므로 전단변형률 γ은 다음과 같다.

$$\tan\gamma \fallingdotseq \gamma = \frac{bb'}{ab} = \frac{rd\phi}{dx}$$

여기서, 단위길이당의 비틀림 각을 θ 라고 할 때 $\theta = \dfrac{d\phi}{dx} = \dfrac{\phi}{l}$로 되어 전단응력 v는 식 ①과 같다.

$$\gamma = r \cdot \theta = r \cdot \frac{\phi}{l} = \frac{v}{G}(\text{후크의 법칙})$$

$$v_{x\theta} = G \cdot \gamma = G \cdot (r \cdot \theta) \quad \cdots\cdots ①$$

위 식에서 전단응력은 반경에 직각방향으로 작용하고, 그 크기는 반경에 비례하며 원주에서 최대로 됨을 알 수 있다.

다음 x축에 관한 전단응력의 모멘트의 합계는 작용한 비틀림 모멘트와 같으므로, 즉, 전비틀림 우력모멘트 T는

$$T = \int G\theta\rho^2 dA = GI_P\theta \quad \cdots\cdots ②$$

$$여기서,\ I_P = \int \rho^2 dA = \frac{\pi r^4}{2} = \frac{\pi d^4}{32}$$

식 ①, ②에 의하여 전비틀림 각 ϕ는 다음 식과 같다.

$$\therefore \phi = \theta l = \frac{Tl}{GI_P} \qquad \therefore \theta = \frac{T}{GI_P} \quad \cdots\cdots (3.5.1)$$

여기서, GI_P는 비틀림 강성, I_P는 비틀림 저항계수 또는 단면 2차 극모멘트, G는 전단탄성계수이다.

따라서 반지름 r인 원형단면 봉이 비틀림 모멘트 T를 받을 때 최대 전단응력값 v_{max}은 다음 식과 같다.

$$\therefore v_{max} = \frac{T \cdot r}{I_P} = \frac{16T}{\pi d^3}(\text{원형단면}) \quad \cdots\cdots (3.5.2)$$

3.5.2 두께가 얇은 직선관의 비틀림

비원형 단면이면서 두께가 얇은 직선관이 순수 비틀림 상태에 있는 경우에 대하여 비틀림 전단응력과 비틀림 각을 구해보기로 한다.

(1) **비틀림 전단응력** : [그림 3.5.2(a)]와 같이 임의의 단면 모양을 가진 두께가 얇은 원형 단면의 직선관이 순수 비틀림 상태에 있다. [그림 3.5.2(c)]는 [그림 3.5.2(b)]의 임의의 한 요소이며 x방향의 평형 $\sum F_x = 0$을 위해서 다음과 같아야 한다.

$$v_1(t_1 dx) = v_2(t_2 dx)$$

즉,

$$v_1 t_1 = v_2 t_2 \quad \cdots\cdots ①$$

여기서 단면 mm'와 nn'는 임의로 택한 것이기 때문에 식 ①에서 어떤 부분의 전단응력과 그 부분의 두께의 곱은 단면의 모든 부분에서 같다는 것을 알 수 있다. 이 곱을 전단흐름(shear flow)이라고 하며 다음과 같이 쓸 수 있다.

$$q = vt = \text{일정} \quad \cdots\cdots (3.5.3)$$

식 (3.5.3)에 의하면 두께가 가장 얇은 부분에서 가장 큰 비틀림응력이 발생한다.

[그림 3.5.2(d)]는 미소 요소 ds 내에 전단흐름 q가 발생한 단면을 나타낸 것이다. 외력인 비틀림모멘트 T와 내력인 전단흐름 q와의 관계는 다음과 같다.

$$T = \int r(qds) \quad \cdots\cdots ②$$

여기서 r는 점 O로부터 전단흐름 q까지의 최단거리이다. 식 ②는 관벽의 중심선 주위에 대한 적분을 나타내고, q가 일정하므로 다음과 같이 나타낼 수 있다.

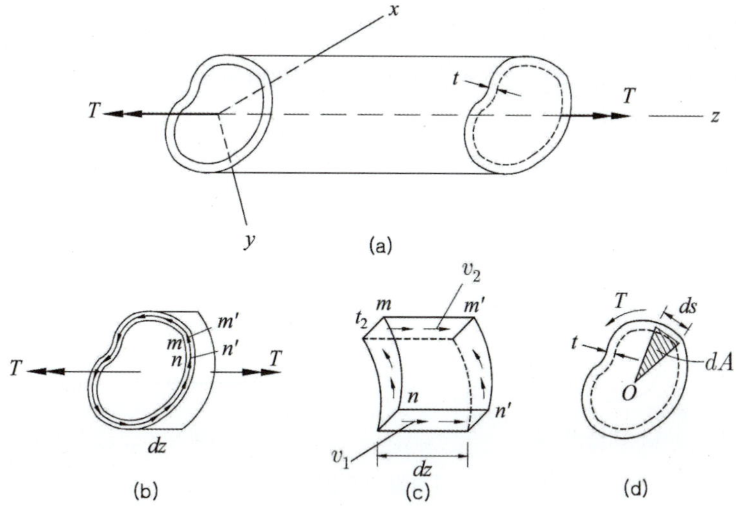

[그림 3.5.2]

$$T = q\int r ds \quad \cdots\cdots ③$$

[그림 3.5.2(d)]에서 빗금 부분의 면적이 $dA = \frac{1}{2} r ds$ 이므로

$$ds = \frac{2dA}{r} \quad \cdots\cdots ④$$

식④를 식③에 대입하면 다음과 같이 된다.

$$T = 2q\int dA \text{ 또는 } T = 2qA \quad \cdots\cdots ⑤$$

따라서 중앙 점선을 따라 작용하는 비틀림 전단응력은 다음과 같이 된다.

$$v = \frac{q}{t} = \frac{T}{2At} \quad \cdots\cdots (3.5.4)$$

실제 이 v는 두께 t에서의 평균 비틀림 전단응력이며 v의 참값에 대한 근사식이라고 할 수 있다.

(2) **비틀림 각** : [그림 3.5.2(a)]와 같은 길이 L이고 두께 t가 얇은 관이 순수 비틀림을 받는 경우에 비틀림 각 ϕ는 [그림 3.5.3]을 참조하여 에너지 보존 법칙을 적용하여 구할 수 있다.

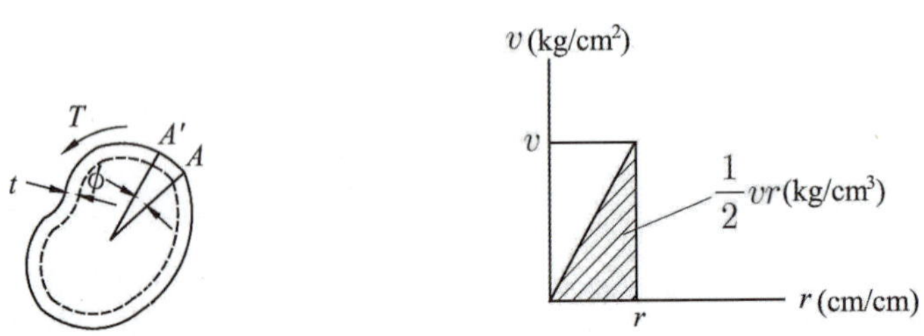

(a) 비틀림 각　　(b) 단위체적당 변형에너지

[그림 3.5.3]

[그림 3.5.3(a)]에서 T가 작용할 때 하여진 외적일 W_E는 다음과 같다.

$$W_E = \frac{1}{2} T \cdot \phi \quad \cdots\cdots ①$$

그리고 [그림 3.5.3(b)]에서 T가 작용할 때 하여진 미소 요소의 내적일 dW_I는 다음과 같다.

$$dW_I = \left(\frac{v}{2}\gamma\right) dV = \frac{v^2}{2G}(tds L) \quad \cdots\cdots ②$$

따라서 전체 관에서 한 내적일 W_I는 다음과 같다.

$$W_I = \int \frac{v^2}{2G}(tds L) = \frac{L}{2G}\int_0^s \left(\frac{T}{2At}\right)^2 tds = \frac{T^2 L}{8GA^2}\int_0^s \frac{ds}{t} \quad \cdots\cdots ③$$

여기서 s는 단면의 중앙 점선의 길이이고 A는 중앙 점선 내의 면적이다.
외적일 W_E과 내적일 W_I은 같아야 하므로(①=③) 다음과 같이 된다.

$$\frac{1}{2} T \cdot \phi = \frac{T^2 L}{8GA^2}\int_0^s \frac{ds}{t}$$

따라서 비틀림 각은 다음과 같이 쓸 수 있다.

$$\phi = \frac{TL}{4GA^2}\int_0^s \frac{ds}{t} \quad \cdots\cdots (3.5.5\ a)$$

만일 t가 균일하다면 다음과 같이 된다.

$$\phi = \frac{TL}{4GA^2}\left(\frac{s}{t}\right) \quad \cdots\cdots (3.5.5\ b)$$

그리고 단면이 i개의 구간으로 되어 있고 각 구간의 중앙점선의 길이가 s_i이고 그 구간 내에서 두께 t_i가 일정하다면 다음과 같이 된다.

$$\phi = \frac{TL}{4GA^2}\sum\left(\frac{s_i}{t_i}\right) \quad \cdots\cdots (3.5.5\ c)$$

3.5.3 임의단면 직선부재의 비틀림

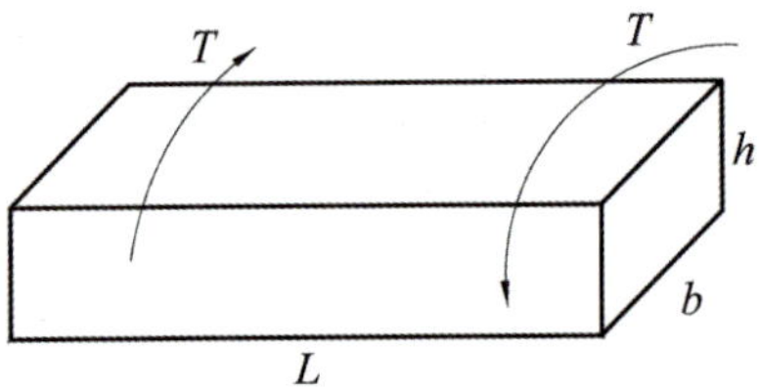

(a) 순수비틀림을 받는 직사각형단면의 부재

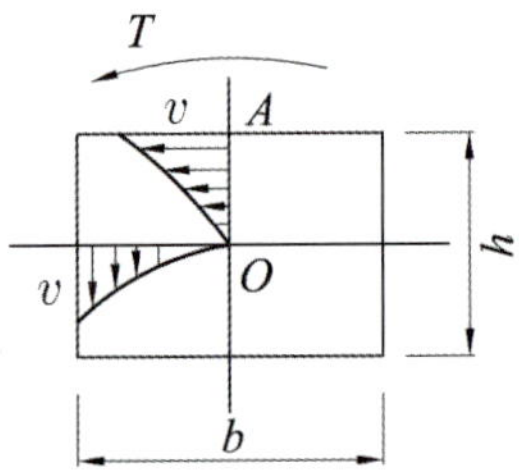

(b) 비틀림 전단응력 v의 분포

[그림 3.5.4]

앞 [3.5.1]절에서 설명한 이외의 비원형단면을 갖는 부재가 비틀림 모멘트를 받으면 [그림 3.5.4]에 나타낸 것처럼 비틀림 변형뿐만 아니라 부재축방향의 변형도 일어난다. 이 현상을 뒴(warping)이라 한다.

임의의 단면형부재의 비틀림에 대하여 Saint Venant이 "부재의 단면은 원형단면부재의 경우와 같이 회전할 때 단면의 뒴은 모든 단면에 대하여 같다"는 가정에 의해 이론 해를 구하였다. 이 이론을 "상 베낭(Saint Venant)의 비틀림 이론"이라고 한다. 이것에 의하면 단위길이당의 비틀림 각 θ와 비틀림 모멘트 T의 관계는 다음과 같다.

$$T = C \cdot \omega = C \cdot \frac{d\phi}{dx} \quad \cdots\cdots (3.5.6)$$

여기서 C는 비틀림 강성이라 하며 다음과 같이 구해진다.

원형단면에 대하여 $C = G \cdot I_P$ ······ (3.5.7 a)

사각형단면에 대하여 $C = G\beta b(h)^3$ ············ (3.5.7 b)

여기서 b는 장변의 길이, h는 단변의 길이이다.

탄성론에서 유사박막 이론(membrane analogy)을 이용하여 최대 비틀림 전단응력 v_{max}을 구하고 있다.

$$v_{max} = \frac{T}{\alpha b(h)^2} \qquad (b \geq h) \qquad (3.5.8)$$

그리고 비틀림 각 φ은 다음과 같다.

$$\varphi = \frac{T \cdot l}{\beta b(h)^3 G} \qquad (b \geq h) \qquad (3.5.9)$$

여기서 상수 α, β의 값은 b/h값에 따라 다르며 [표 3.5.1]에 나타내었다.

$\alpha = \beta = 1/3(1 - 0.630h/b)$ ($b/h \geq 5$ 에 대해서 만)

G는 전단탄성계수, l은 부재의 길이이다. 여기서 식 (3.5.8)과 (3.5.9)는 탄성영역 내에서만 유효하다는 사실에 주의하여야 한다.

식 (3.5.8)으로 구하는 최대 전단응력은 [그림 3.5.4(b)]에 나타낸 바와 같이 장변(b)의 중앙점에서의 비틀림 전단응력이며, 다른 기타 점에서의 비틀림 전단응력은 이런 간단한 공식으로 구할 수 없다.

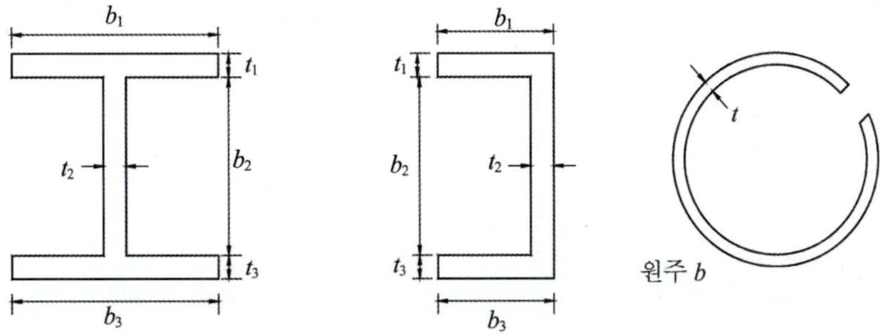

[그림 3.5.5]

[표 3.5.1]

b/h	1.0	1.2	1.5	2.0	2.5	3.0	4.0	5.0	10.0	∞
α	0.208	0.219	0.231	0.246	0.258	0.267	0.281	0.291	0.312	0.333
β	0.141	0.166	0.196	0.229	0.249	0.263	0.281	0.291	0.312	0.333

[표 3.5.1]에서 알 수 있는 바와 같이 b/h가 큰 [그림 3.5.5]에 나타낸 바와 같은 개 단면(open section)에서는 비틀림 상수(또는 단면 2차 극모멘트) I_P의 값은 식 (3.5.9)을 식 (3.5.1)과 비교하면 다음과 같이 나타낼 수 있다.

$$I_P = \sum \beta b_i t_i^3 \quad \cdots\cdots (3.5.10)$$

식 (3.5.10)의 값은 $b/t \geq 10$인 경우에 실용상 적절하다고 볼 수 있다. 여기서 t_i는 단면 각 부분의 두께이다.

Saint Venant의 비틀림 이론에서는 단면의 뒴은 축방향의 모든 단면에서 같은 것으로 가정하였으나, 경우에 따라서는 비틀림 모멘트에 의하여 뒴이 축방향으로 변화하여 이것에 의한 휨이 생기는 경우도 있다(**2차 비틀림 모멘트** 또는 Wagner's 비틀림 모멘트). 이 현상을 뒴 – 비틀림 거동이라하며 기본방정식은 다음과 같다.

$$T = C \cdot \frac{d\varphi}{dx} - (E \cdot C_\omega) \cdot \frac{d^3\phi}{dx^3} \quad \cdots\cdots (3.5.11)$$

여기서 EC_ω를 뒴 – 비틀림강성이라고 한다.

예제 3.5.1

지름이 4 cm, 길이가 1 m 인 강의 한 끝을 고정하고 자유단에서 60 kN·cm 의 토크를 작용시켰다. 이 봉의 최대 전단응력을 구하여라.

풀이

$$v_{\max} = \frac{T \cdot r}{I_p} = \frac{T \cdot \frac{D}{2}}{\frac{\pi D^4}{32}} = \frac{16 \cdot T}{\pi D^3} = \frac{16 \times 60{,}000 \times 10}{\pi \cdot 40^3} = 47.7\,\mathrm{MPa}$$

예제 3.5.2

[그림 3.5.6]과 같이 길이 $L = 10$ m 이고 두께 0.4 cm 인 직사각형 관이 $T = 4.2$ kN · m를 받을 때 평균 비틀림 전단응력 v와 비틀림각 ϕ를 구하여라. 전단탄성계수 $G = 8.4 \times 10^4$ MPa 이다.

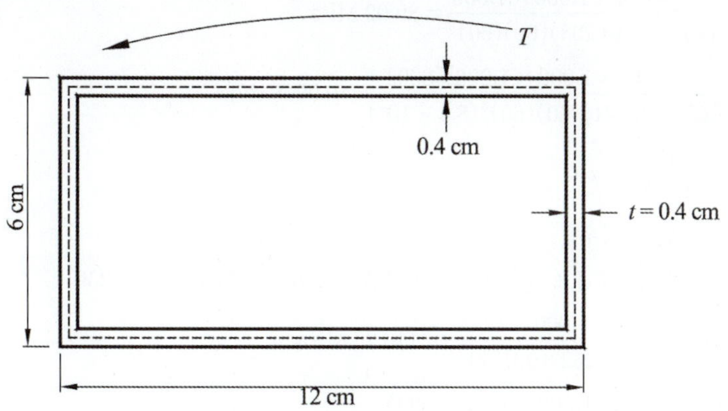

[그림 3.5.6]

풀이

비틀림전단응력 : 점선 내의 면적

$$A = (60-4)(120-4) = 6{,}496\ \mathrm{mm}^2$$

$$v = \frac{T}{2At} = \frac{4.2 \times 1{,}000 \times 1{,}000}{2(6{,}496)(4)} = 80.82\ \mathrm{MPa}$$

비틀림각 : $\phi = \frac{TL}{4GA^2} = \frac{4.2 \times 1{,}000 \times 1{,}000 \times 10{,}000}{4(8.4 \times 10^4)(6{,}496)^2}$

$$= 0.00296\mathrm{rad} = 0.00296\left(\frac{360°}{2\pi}\right) \fallingdotseq 0.17°$$

예제 3.5.3

[그림 3.5.7(a)]와 같은 직사각형 단면의 봉에 순수 비틀림모멘트 $T = 4\ \text{kN}\cdot\text{m}$ 가 작용할 때 [그림 3.5.7(b), (c)]와 같은 단면에 발생하는 최대 비틀림전단응력 v_{max} 과 B단의 비틀림각 ϕ를 구하여라. 전단탄성계수 $G = 8.4\times10^4\ \text{MPa}$ 이다.

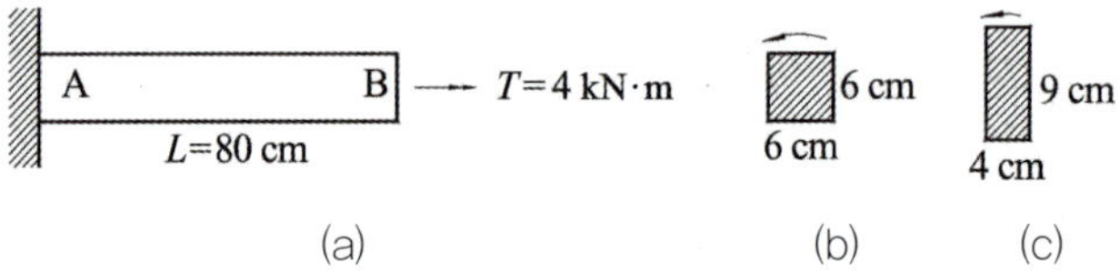

[그림 3.5.7]

풀이

(a) 6cm × 6cm 단면의 경우

$b/h = 1.0$이므로 [표 3.5.1]에서 $\alpha = 0.208,\quad \beta = 0.141$

$$v_{\max} = \frac{T}{\alpha b(h)^2} = \frac{4\times1,000\times1,000}{(0.208)(60)(60)^2} = 89.02\ \text{MPa}$$

$$\phi = \frac{T\cdot l}{\beta b(h)^3 G} = \frac{(4\times1,000\times1,000)(800)}{(0.141)(60)(60)^3(8.4\times10^4)} = 0.0208\ \text{rad}$$

$$= 0.0208\left(\frac{360°}{2\pi}\right) = 1.19°$$

(b) 9cm × 4cm 단면의 경우

$b/h = 9/4 = 2.25$이므로 [표 3.5.1]에서 보간법으로 $\alpha = 0.252,\quad \beta = 0.239$

$$v_{\max} = \frac{T}{\alpha b(h)^2} = \frac{4\times1,000\times1,000}{(0.252)(90)(40)^2} = 110.23\ \text{MPa}$$

$$\phi = \frac{T\cdot l}{\beta b(h)^3 G} = \frac{(4\times1,000\times1,000)(800)}{(0.252)(90)(40)^3(8.4\times10^4)} = 0.0262\ \text{rad}$$

$$= 0.0277\left(\frac{360°}{2\pi}\right) = 1.5°$$

본 예제에서 같은 단면적인 경우 직사각형보다는 정방형이 더 효과적이라는 것을 알 수 있다.

3.6 원통응력

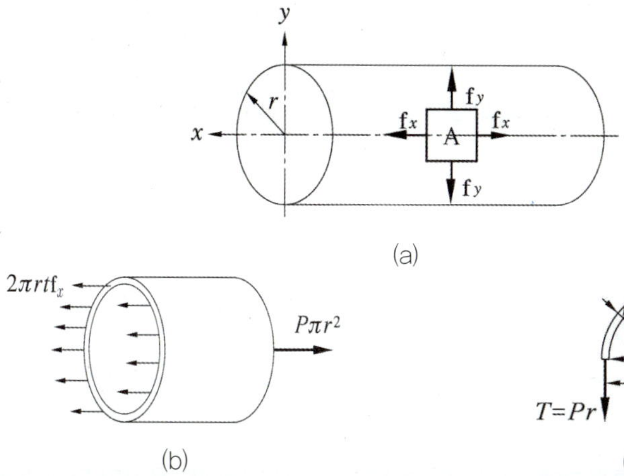

[그림 3.6.1]

[그림 3.6.1(a)]와 같이 내압 P(kgf/cm)를 받는 보일러의 원통형 벽속에 작용하는 두 방향의 응력 f_x와 f_y를 구해본다. [그림 3.6.1(c)]와 같이 원통을 중심축에 수직한 한 단면으로 절단하여 한 부분의 평형조건을 보면 보일러의 내부 총압력은 $P\pi r^2$이다. 이 힘은 원통의 둘레 위에 균일 분포하는 길이 방향의 응력f_x의 합력과 평형이 되어야 한다.

그러므로 평형조건식에 의하여

$$2\pi rtf_x = P\pi r^2$$

$$\therefore f_x = \frac{\mathrm{Pr}}{2t} = \frac{Pd}{4t} \qquad (r = \frac{d}{2} \text{일 때})$$

$$\therefore f_y = \frac{T}{A} = \frac{\mathrm{Pr}}{t} = \frac{Pd}{2t} \quad \cdots\cdots (3.6.1)$$

$$\therefore f_x = \frac{1}{2} f_y$$

식 (3.6.1)에서 f_y를 원환응력(hoop stress)이라고 한다.

균일 압력을 받을 때 길이 방향의 응력 f_x는 원환응력의 $\frac{1}{2}$배이다.

예제 3.6.1

지름이 $100\ \text{cm}$, 두께가 $1\ \text{cm}$인 원형파이프에 단위면적당 내압력 $P = 2\ \text{MPa}$일 때 원환응력은 얼마인가?

풀이

$$f_y = \frac{Pd}{2t} = \frac{(2\text{N/mm}^2) \times (1{,}000\text{mm})}{2 \times (10\text{mm})} = 100\ \text{MPa}$$

예제 3.6.2

안지름이 $50\ \text{cm}$인 얇은 원통용기에 20기압의 가스가 채워져 있을 때, 용기의 두께를 얼마로 해야 하는가? 단, 용기의 허용응력 $f_a = 100\ \text{MPa}$이다.

풀이

$$t = \frac{Pd}{2f_a} = \frac{(2\text{N/mm}^2) \times (500\text{mm})}{2 \times (100\text{N/mm}^2)} = 5\ \text{mm}$$

3.7 구조물 이음

3.7.1 리벳 이음

강판이나 형강 등을 결합하여 구조물을 만들 때 부재와 부재의 연결은 용접 또는 리벳, 볼트 등으로 이음(joint)한다. 리벳이음(riveted joint)에는 [그림 3.7.1]과 같이 겹이음(lap joint)과 맞대기이음(butt joint)의 두 종류가 있다.

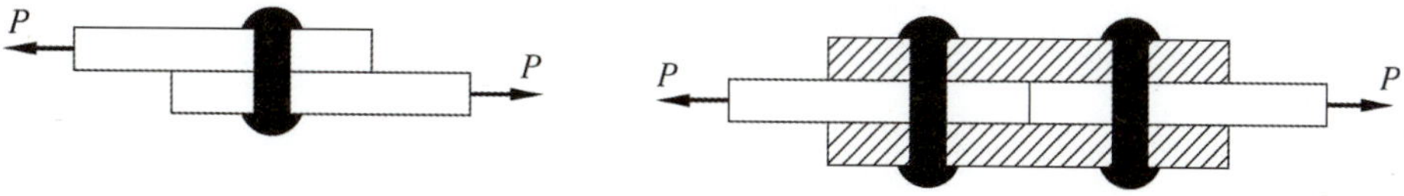

(a) 1면전단　　　(b) 2면전단

[그림 3.7.1]

[그림 3.7.1(a)]와 같이 리벳에 전단력 P가 작용할 때 전단 단면이 한 면이므로 단전단 또는 1면전단(single shear)이라 하고 겹침이음(lap joint)이라 한다. [그림 3.7.1(b)]와 같이 두 면에 의하여 전단되려고 할 때 복전단 또는 2면전단(double shear)이라 하고, 이와 같이 전단면이 2개인 것을 맞대기이음(butt joint)이라 한다.

3.7.2 리벳의 허용전단강도

[그림 3.7.1]에서 강판에 인장력 또는 압축력이 작용하면 1개의 리벳이 받을 수 있는 전단력의 크기 P_{sa}는 리벳의 직경을 d, 허용전단응력(allowable shearing stress)을 v_a이라고 하면

$$\left.\begin{aligned} &\text{1면전단일 때 } P_{sa} = A_s \times v_a = \frac{\pi d^2}{4} \times \imath \\ &\text{2면전단일 때 } P_{sa} = 2A_s \times v_a = \frac{\pi d^2}{2} \times \imath \end{aligned}\right\} \cdots\cdots\cdots\cdots (3.7.1)$$

식에서 P_{sa}를 리벳의 허용전단강도(또는 허용전단세기, allowable shearing strength)라고 한다.

3.7.3 리벳의 허용지압강도

리벳의 압력을 받는 지압면(bearing surface)이 압축력에 의하여 찌그러지지 않게 하려면 이 부분의 압축전응력이 리벳의 허용지압응력보다 작아야 한다.

여기서 리벳의 직경을 d, 강판의 두께를 t, 리벳의 허용지압응력(allowable bearing stress)

을 v_{ba}이라고 할 때 1개의 리벳이 견딜 수 있는 지압력 P_{ba}는 다음 식과 같다.

$$P_{ba} = d\,t\,v_{ba} \qquad (3.7.2)$$

식에서 P_{ba}를 리벳의 허용지압강도(또는 허용지압세기, allowable bearing strength)라고 한다.

3.7.4 리벳의 값

1개의 리벳 강도는 허용전단강도와 허용지압강도에 따라 좌우된다. 그래서 이들 중 작은 값이 리벳의 값(rivet value)이 된다. 리벳에 작용하는 힘을 P라 하면 필요한 리벳개수 n은

$$n = \frac{P}{\text{리벳의 값}} \qquad (3.7.3)$$

이며 구조물의 이음을 설계할 때는 이 리벳값에 대하여 안전하도록 리벳의 직경이나 개수를 결정해야 한다.

[표 3.7.1] 리벳의 허용응력(MPa)

리벳 \ 응력	허용전단응력 v_a	허용지압응력 v_{ba}
공장 리벳	85~90	170~180
현장 리벳	75	150

예제 3.7.1

[그림 3.7.2]와 같이 리벳 이음에서 강판에 20 kN 가 작용할 때 리벳에 생기는 전단응력을 구하여라.

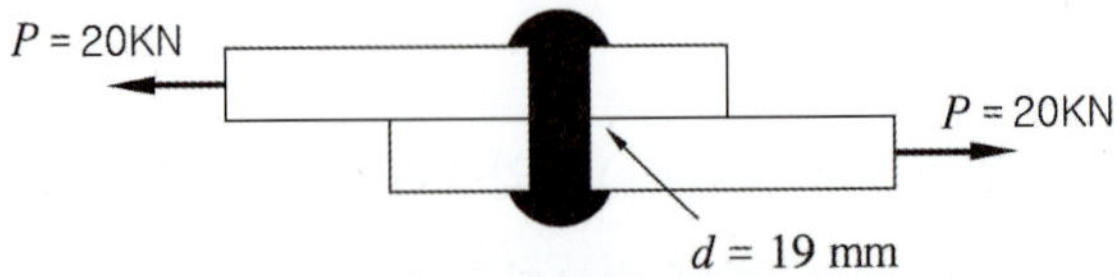

[그림 3.7.2]

풀이

$$v = \frac{P}{A} = \frac{20 \times 1{,}000\text{N}}{\frac{3.14 \times (19\text{mm})^2}{4}} = 70.6\ \text{MPa}$$

예제 3.7.2

[그림 3.7.3]과 같이 2장의 강판이 포개어져 리벳 접합으로 $60\ \text{kN}$ 의 인장력이 작용할 때 리벳의 전단응력을 구하여라. 단, 리벳의 지름은 $19\ \text{mm}$ 이다.

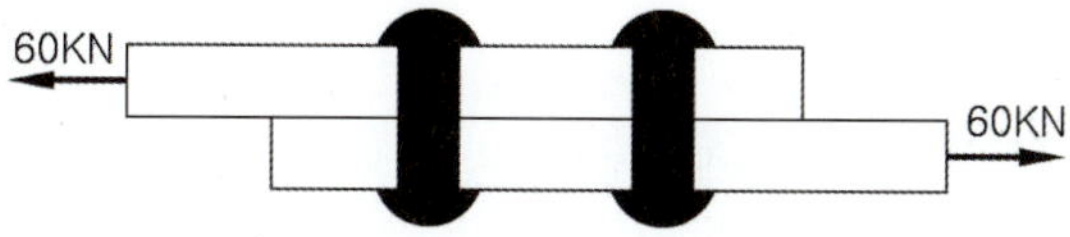

[그림 3.7.3]

풀이

리벳의 단면적은

$$A = \frac{\pi d^2}{4} = \frac{3.14 \times (19\text{mm})^2}{4} = 283\ \text{mm}^2 \qquad \therefore\ v = \frac{V}{2A} = \frac{(60{,}000\text{N})}{2 \times (283\text{mm}^2)} = 106\ \text{MPa}$$

예제 3.7.3

$180\ \text{kN}$ 의 인장력을 받는 철판을 지름이 $19\ \text{mm}$ 인 리벳으로 단전단 이음을 하려고 한다. 필요한 리벳의 수를 구하여라. 단, 리벳의 허용전단응력 $v_a = 318\ \text{MPa}$이다.

풀이

리벳의 소요 단면적 $A = \frac{P}{v_a} = \frac{180{,}000\text{N}}{318\text{N/mm}^2} = 566\ \text{mm}^2$

리벳의 1개 단면적 $a = \frac{\pi d^2}{4} = 3.14 \times \frac{(19\text{mm})^2}{4} = 283\ \text{mm}^2$

$n = \frac{A}{a} = \frac{566\text{cm}^2}{283\text{cm}^2} = 2$개

예제 3.7.4

인장력 400 kN 이 작용하는 1면 전단의 리벳 이음에서 지름이 19 mm 인 리벳이 몇 개나 필요한지 구하여라. 단, 철판의 두께 $t = 10$ mm, 허용전단응력 $v_a = 75$ MPa, 허용지압응력 $v_{ba} = 150$ MPa 이다.

풀이 리벳의 값 계산

전단에 대해서 : $P_{sa} = v_a \times \dfrac{\pi d^2}{4} = (75\text{N/mm}^2) \times \dfrac{3.14 \times (19\text{mm})^2}{4} = 21{,}254\ \text{N}$

지압에 대해서 : $P_{ba} = d\,t\,v_{ba} = (19\text{mm}) \times (10\text{mm}) \times (150\text{N/mm}^2) = 28{,}500\ \text{N}$

리벳 값은 2,126kgf이므로

$\therefore n(\text{개수}) = \dfrac{P}{\text{리벳 값}} = \dfrac{400{,}000\text{N}}{21{,}254\text{N}} \fallingdotseq 19\text{개}$

예제 3.7.5

[그림 3.7.4]와 같이 인장판이 전단을 받을 때 리벳이 몇 개 필요한지 구하여라. 단, 판의 허용인장응력 $f_{ta} = 120$ MPa, 리벳의 허용전단응력 $v_a = 80$ MPa, 리벳의 허용지압응력 $v_{ba} = 160$ MPa 이다.

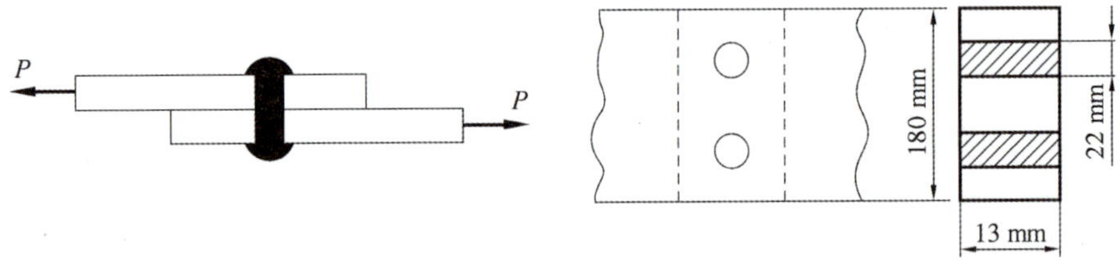

[그림 3.7.4]

풀이

$A = (180\text{mm}) \times (13\text{mm}) - (22\text{mm}) \times (13\text{mm}) \times (2\,\text{ea}) = 1{,}768\ \text{mm}^2$

$f_{ta} = \dfrac{P}{A}$ $\qquad \therefore P = A \times f_{ta} = (1{,}768\ \text{cm}^2) \times (120\text{N/mm}^2) = 212{,}160\ \text{N}$

리벳의 값 계산

허용전단강도 : $P_{sa} = v_a \times \dfrac{\pi d^2}{4} = (80\text{N/mm}^2) \times \dfrac{3.14 \times (22\text{mm})^2}{4} = 30{,}395\ \text{N}$

허용지압강도 : $P_{ba} = d\,t\,v_{ba} = (22\text{mm}) \times (13\text{mm}) \times (160\ \text{N/mm}^2) = 45{,}760\ \text{N}$

$$\therefore n = \frac{P}{P_{sa}} = \frac{212{,}160\text{N}}{30{,}395\text{N}} \fallingdotseq 7\text{개}$$

2열 배열이므로 시공상 8개를 사용한다.

예제 3.7.6

[그림 3.7.5]에서 지름이 $16\ \text{mm}$ 인 리벳으로 $300\ \text{kN}$ 의 인장력을 받는 복전단 이음을 설계하고자 한다. 철판의 두께(t)와 폭(b), 리벳의 수를 구하여라. 단, 철판의 허용인장응력 $f_{ta} = 160\ \text{MPa}$, 리벳의 허용지압응력 $v_{ba} = 408\ \text{MPa}$, 리벳의 허용전단응력 $v_a = 272\ \text{MPa}$이다.

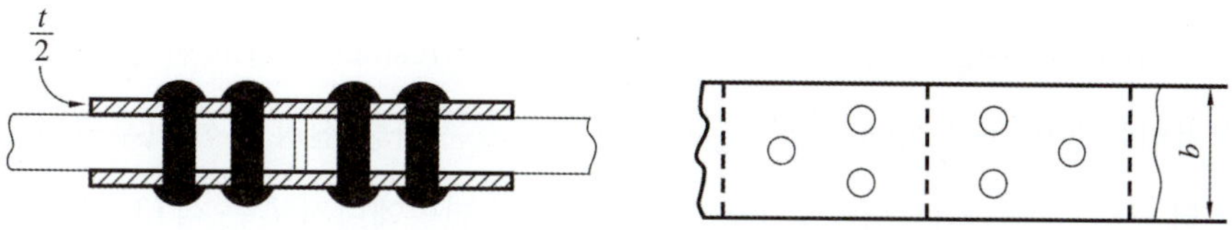

[그림 3.7.5]

풀이

(1) 리벳 개수(n)

필요한 전단면적 $A = \dfrac{P}{v_a} = \dfrac{300{,}000\ \text{N}}{272\text{N/mm}^2} \fallingdotseq 1{,}103\ \text{mm}^2$

$$n = \frac{\text{전단면적}}{\text{리벳의 면적}} = \frac{1{,}103\text{mm}^2}{\dfrac{3.14 \times (16\text{mm})^2}{4} \times 2} \fallingdotseq 2.7\text{개}$$

∴ 한쪽에 3개씩 모두 6개가 필요하다.

(2) 철판의 두께(t)

$P = t\ d\ v_{ba} \times 3$

$300{,}000N = t \times (16\text{mm}) \times (408\text{N/mm}^2) \times 3$ $\qquad \therefore t = 15.3\ \text{mm}$

1개의 두께는 $\dfrac{t}{2} = \dfrac{15.3\text{mm}}{2} = 7.7\ \text{mm}$

$\therefore 8\ \text{mm}$ 두께의 철판을 사용한다.

(3) 철판의 폭(b)

그림과 같이 리벳을 배열하면 폭 b는 철판의 약한 부분을 고려하여 계산한다.

$f_{ta} = \dfrac{P}{A} \qquad P = A\ f_{ta}$

$300{,}000N = [(b - 2 \times (16\text{mm})] \times (16\text{mcm}) \times (160\ \text{N/mm}^2)$

$\therefore b = 149\ \text{mm}$ 이므로 폭은 계산된 값보다 크게 $150\ \text{mm}$ 로 한다.

3.8 변형에너지

물체에 정적인 힘(하중)이 작용할 경우, 힘은 물체에 대하여 일을 하고 이 일은 위치에너지로 변환해서 물체 속에 저장된다. 다음에 물체에서 힘을 제거하면 물체는 원형으로 복귀되고 물체 속에 저장되었던 에너지는 일의 형태로 변화된다. 그러므로 물체는 하중을 가하거나 제거할 때 에너지를 저장 또는 방출할 수 있는 탄성 스프링의 역할을 하며, 이 때 저장된 에너지를 변형에너지(strain energy) 또는 탄성에너지, 레질리언스(resilience)라고 한다.

힘을 가하는 동안 물체 속에 저장되는 변형에너지 U는 하중-신장량 선도(후크의 법칙 적용)로부터 구할 수 있다. [그림 3.8.1]와 같은 강봉에서 변형에너지 U는 식 (3.8.1)에 의하여 구한다.

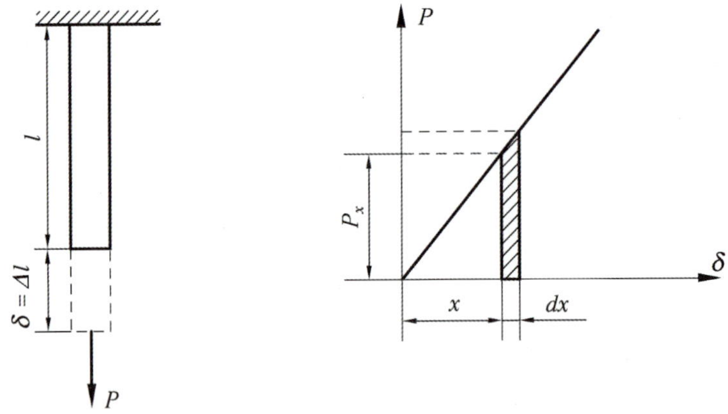

(a) 강봉 (b) 하중－신장량 선도

[그림 3.8.1]

$$U = \int_0^\delta P_x dx = \int_0^\delta P\frac{x}{\delta} dx = \frac{P}{\delta}\left[\frac{x^2}{2}\right]_0^\delta = \frac{P\delta}{2}(P_x = P\frac{x}{\delta})$$

$$f = \frac{P}{A} = E\varepsilon = E\frac{\delta}{l} \qquad \therefore \delta = \frac{fl}{E} = \frac{Pl}{AE}$$

$$\therefore\ U = \frac{P\delta}{2} = \frac{Pfl}{2E} = \frac{f^2 Al}{2E} = \frac{P^2 l}{2AE} \qquad \cdots\cdots (3.8.1)$$

레질리언스계수(μ)는 봉(물체) 속에 비례한도를 넘지 않고 저장할 수 있는 단위 체적당 변형에너지의 최대량을 말하며 그 값은 다음 식으로 구할 수 있다.

$$\therefore\ \mu = \frac{U}{Al} = \frac{U}{V} = \frac{f^2}{2E} \qquad [\,V = Al(\text{체적})\,] \qquad \cdots\cdots (3.8.2)$$

예제 3.8.1

[그림 3.8.2 (a),(b)]와 같은 강봉의 변형에너지(U) 값을 구하여라.

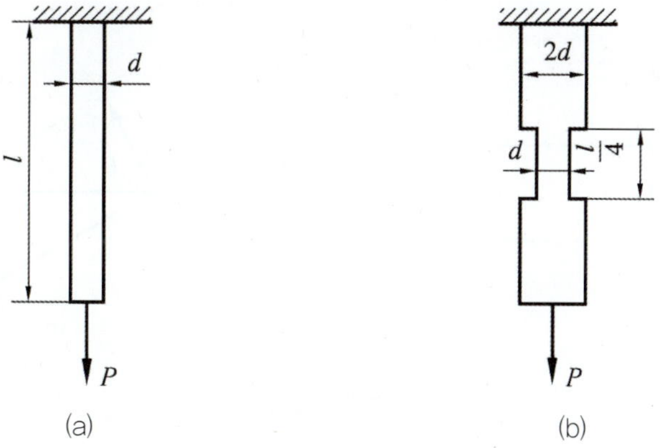

[그림 3.8.2]

풀이

(1) $U_a = \frac{1}{2}P\delta = \frac{1}{2}P\frac{Pl}{EA} = \frac{P^2 l}{2EA}$

(2) $U_b = \frac{P^2\left(\frac{l}{4}\right)}{2EA} + \frac{P^2\left(\frac{3l}{4}\right)}{2EA} = \frac{7P^2 l}{16(2EA)} = \frac{7}{16}U_a$

3.9 조합응력

3.9.1 경사면의 응력

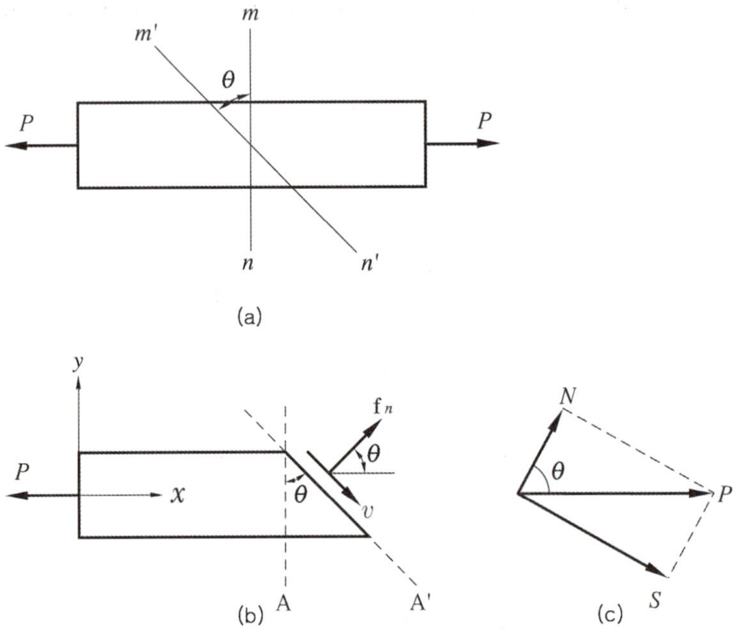

[그림 3.9.1]

균일한 단면인 재료에 [그림 3.9.1(a)]와 같이 축방향 인장을 받을 때 수직단면 mn 위에 발생하는 직응력 f_x는 균일하며 그 크기는 P/A이다. [그림 3.9.1(a)]에서 mn 수직단면과 각 θ가 이루는 m'n' 경사단면에서 생기는 응력 상태를 알아보면 법선응력(normal stress)과 전단응력(shearing stress)을 구할 수 있다.

[그림 3.9.1(b)]에서 m′n′ 경사단면의 위쪽을 분리하여 자유물체로 보면, 외력 P는 경사평면의 법선방향과 접선방향의 성분 N과 S로 분해되어 다음과 같이 된다.

$$N = P\cos\theta \qquad S = P\sin\theta$$

N과 S를 m′n′ 경사단면의 단면적 $A' = A/\cos\theta$로 나누면, 법선응력(f_n)과 전단응력(v)은 식 (3.9.1)과 같다.

$$f_n = N/A' = \frac{P\cos\theta}{A/\cos\theta} = \frac{P}{A}\cos^2\theta = f_x\cos^2\theta \quad \cdots\cdots (3.9.1)$$

$$v = S/A' = \frac{P\sin\theta}{A/\cos\theta} = \frac{P}{A}\sin\theta\cos\theta = f_x\sin\theta\cos\theta$$

위 식에서 $\theta = 0$일 때, $f_n = f_{\max} = f_x = \dfrac{P}{A}$이고, $v = 0$

$\theta = 45°$일 때, $f_n = \dfrac{1}{2}f_x = \dfrac{P}{2A}$이고, $v = v_{\max} = \dfrac{1}{2}f_x = \dfrac{P}{2A}$

$\theta = 90°$일 때, $f_n = v = 0$이다.

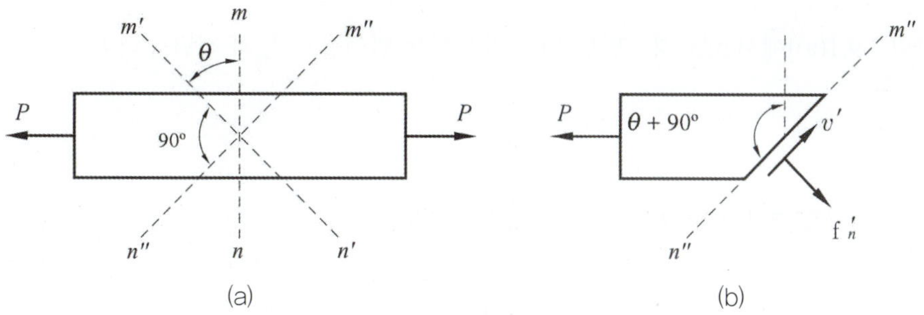

[그림 3.9.2]

다음에는 [그림 3.9.2(a)]에서와 같이 m′n′ 경사단면 위에 생기는 법선응력 f_n와 전단응력 v'를 구하기 위해 식 (3.9.1)에서 θ 대신 $(90° + \theta)$를 대입하면,

$$\left.\begin{aligned} f_n' &= f_x\cos^2(90+\theta) = f_x\sin^2\theta \\ v' &= \frac{1}{2}f_x\sin(180+2\theta) = -\frac{1}{2}f_x\sin 2\theta \end{aligned}\right\} \quad \cdots\cdots (3.9.2)$$

m′−n′ 단면과 m″−n″ 단면에서 생긴 두 쌍의 응력은 서로 직교하는 두 평면상에 있다. 이것을 공액응력(complementary stress)이라고 한다. 공액응력의 관계를 보면 다음 식과 같다.

$$\left.\begin{aligned} \therefore f_n + f_n{}' &= f_x \cos^2\theta + f_x \sin^2\theta = f_x = \frac{P}{A} \\ v + v' &= \frac{1}{2} f_x \sin 2\theta - \frac{1}{2} f_x \sin 2\theta \end{aligned}\right\} \qquad (3.9.3)$$

$$\therefore v = -v' \qquad (3.9.4)$$

축 방향으로 인장힘을 받는 직선부재의 두 직교단면 위에 작용하는 법선응력 f_n과 $f_n{}'$의 합은 일정하며, mn 수직단면 위에 작용하는 수직응력 P/A 와 같다. 그리고 공액전단응력들은 크기가 같고 부호는 반대임을 알 수 있다.

3.9.2 1축응력의 Mohr의 원

[그림 3.9.1(a)]에서 m'n' 경사단면 위에 작용하는 법선응력 f_n과 전단응력 v 는 다음 식과 같다.

$$\begin{aligned} f_n &= f_x \cos^2\theta = \frac{1}{2} f_x + \frac{1}{2} f_x \cos 2\theta \\ v &= f_x \sin\theta \cos\theta = \frac{1}{2} f_x \sin 2\theta \end{aligned} \qquad (3.9.5)$$

식 (3.9.5)에서

$\theta = 0$일 때, $f_n = f_x$, $v = 0$이므로 그림에서 A지점 결정

$\theta = \frac{\pi}{2}$일 때 $f_n = 0$, $v = 0$이므로 그림에서 O지점 결정

OA를 지름으로 하는 원을 그리면 된다.

1축의 법선응력 f_n과 전단응력 v 를 그림으로 나타내어 임의의 경사각에 대한 응력값을 알기 쉽게 구할 수 있는 응력원을 Mohr원(Mohr's circle)이라고 한다.

모어의 원 방정식은 다음과 같다.

$$\left(f_n - \frac{1}{2}f_x\right)^2 + v^2 = \left(\frac{1}{2}f_x\right)^2 \quad \text{(3.9.6)}$$

식 (3.9.6)에서 원의 중심은 $\left(\frac{1}{2}f_x,\ 0\right)$이고, 반지름은 $\frac{1}{2}f_x$이다.

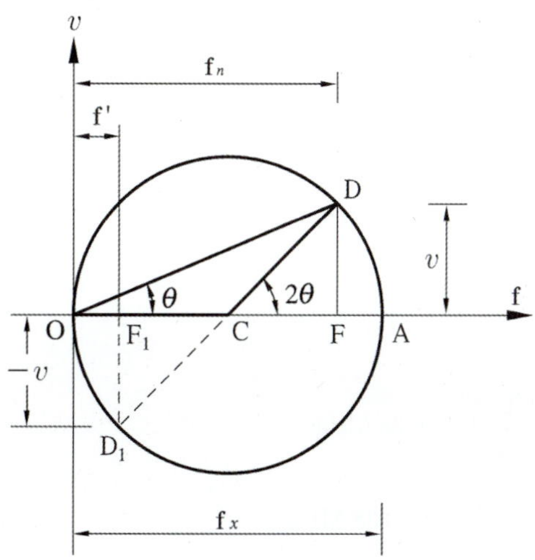

[그림 3.9.3]

[그림 3.9.3]에서

$$\left.\begin{aligned} f_n &= \mathrm{OF} = \mathrm{OC} + \mathrm{CF} = \frac{1}{2}f_x + \frac{1}{2}f_x\cos 2\theta = f_x\cos^2\theta \\ v &= \mathrm{DF} = \mathrm{CD}\sin 2\theta = \frac{1}{2}f_x\sin 2\theta \end{aligned}\right\} \quad \text{(3.9.7)}$$

$$\left.\begin{aligned} f_n{}' &= \mathrm{OF_1} = \mathrm{OC} - \mathrm{F_1C} = \frac{1}{2}f_x - \frac{1}{2}f_x\cos 2\theta = f_x\sin^2\theta \\ v' &= \mathrm{F_1D_1} = -\mathrm{CD}\sin 2\theta = -\frac{1}{2}f_x\sin 2\theta \end{aligned}\right\} \quad \text{(3.9.8)}$$

예제 3.9.1

[그림 3.9.4]에서 지름 $5\ \mathrm{cm}$ 의 직선봉을 $80\ \mathrm{KN}$ 의 힘으로 잡아당길 때 축에 수직한 단면의 수직응력(f_t)을 구하여라. 또, 봉의 축에 $\theta = 45°$인 면에 생기는 법선응력(f_n)과 전단응력(v)을 구하여라.

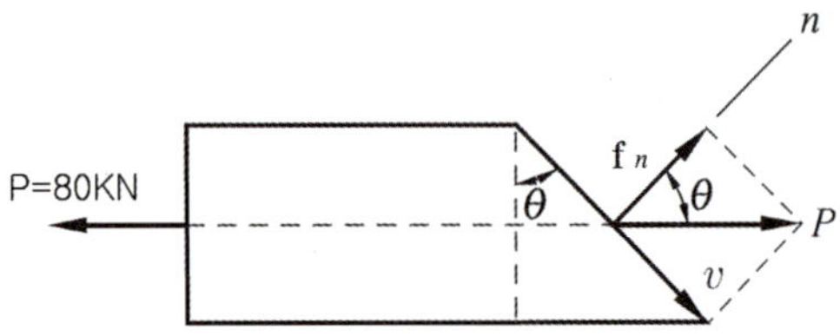

[그림 3.9.4]

풀이

$$f_t = \frac{P}{A} = \frac{80{,}000}{\dfrac{3.14 \times 50^2}{4}} = 40.76\ \mathrm{MPa}$$

$$f_n = f_t \cos^2\theta = 40.76 \times \left(\frac{1}{\sqrt{2}}\right)^2 = 20.38\ \mathrm{MPa}$$

$$v = f_t \sin\theta \cos\theta = 40.76 \times \left(\frac{1}{\sqrt{2}}\right)^2 = 20.38\ \mathrm{MPa}$$

3.9.3 2축응력

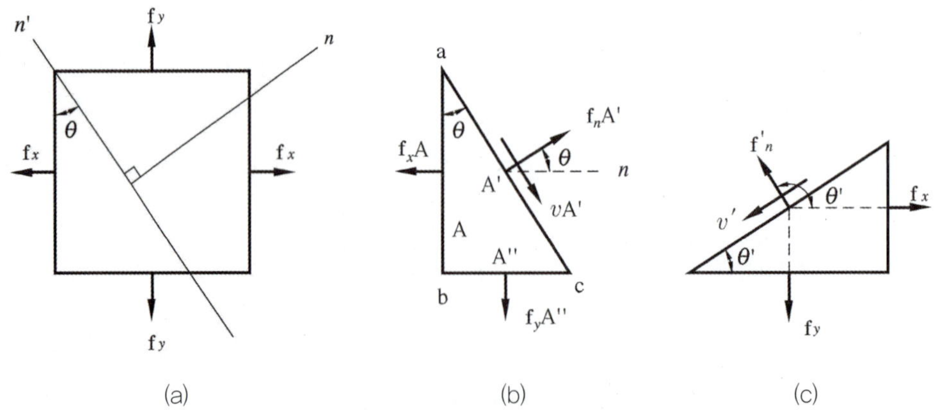

[그림 3.9.5]

[그림 3.9.5(a)]와 같은 평면요소에 수직응력들이 x 방향으로 f_x, y 방향으로 f_y가 동시에 작용할 때 이것을 2축응력(biaxial stress)이라고 한다. 여기서 응력은 인장응력으로 가정한다.

[그림 3.9.5(b)]에서 삼각형 abc 를 한 자유물체로서 분리하여 관찰하면, 표면 ab, ac 및 bc의 면적을 A, A' 및 A''로 표시하고 표면 ab 와 bc 위에 작용하는 응력의 합력은 $f_x A$와 $f_y A''$로 표시하면 ac 위에 수직응력의 합력과 전단응력의 합력은 $f_n A'$와 $v A'$가 되어야 한다. $A = A'\cos\theta$, $A'' = A'\sin\theta$ 임을 고려하여 이 요소에 작용하는 모든 힘의 n축 방향에서 평형조건을 이용하면

$$f_n A' = (f_x A)\cos\theta + (f_y A'')\sin\theta$$
$$= (f_x A'\cos\theta)\cos\theta + (f_y A'\sin\theta)\sin\theta$$

$$f_n = f_x \cos^2\theta + f_y \sin^2\theta$$

$$※\ \cos^2\theta = \frac{1+\cos 2\theta}{2} \quad \sin^2\theta = \frac{1-\cos 2\theta}{2}$$

$$\therefore f_n = \frac{1}{2}(f_x + f_y) + \frac{1}{2}(f_x - f_y)\cos 2\theta \quad \cdots\cdots (3.9.9)$$

또한, 3각형 abc 요소의 작용하는 모든 힘을 ac 방향에서 평형조건을 이용하면

$$vA' = (f_x A)\sin\theta - (f_y A'')\cos\theta$$
$$= (f_x A'\cos\theta)\sin\theta - (f_y A'\sin\theta)\cos\theta$$

$$\therefore v = (f_x - f_y)\sin\theta\cos\theta = \frac{1}{2}(f_x - f_y)\sin 2\theta \quad \cdots\cdots (3.9.10)$$

식 (3.9.9)과 (3.9.10)는 각 θ 에 의하여 임의 단면에 작용하는 법선응력f_n 과 전단응력 v 의 크기를 결정하는 식들이다.

2축응력에서 공액응력(complementary stress)을 보면 평면 ac 와 직교하는 평면 ab 는 각 θ 대신에 $\theta' = 90° + \theta$ 이므로 이것을 식 (3.9.9)과 (3.9.10)에 대입하여 [그림 3.9.5(c)]에서 공

액응력 f_n'와 v'를 구할 수 있다.

$$\begin{aligned} f_n' &= f_x \cos^2(90° + \theta) + f_y \sin^2(90° + \theta) \\ &= f_x \sin^2\theta + f_y \cos^2\theta \\ &= \frac{1}{2}(f_x + f_y) - \frac{1}{2}(f_x - f_y)\cos 2\theta \end{aligned} \quad \cdots\cdots (3.9.11)$$

$$\begin{aligned} v' &= (f_x - f_y)\sin(90° + \theta)\cos(90° + \theta) \\ &= -(f_x - f_y)\cos\theta\sin\theta \\ &= -\frac{1}{2}(f_x - f_y)\sin 2\theta \end{aligned} \quad \cdots\cdots (3.9.12)$$

이와 같은 2축응력의 경우 공액응력의 관계를 보면 식 (3.9.13)와 같다.

$$\begin{aligned} &\therefore f_n + f_n' = f_x + f_y \\ &\therefore v = -v' \end{aligned} \quad \cdots\cdots (3.9.13)$$

이와 같은 2축응력의 경우에도 공액응력 f_n과 f_n'의 합은 일정하며 주어진 두 응력의 합 $f_x + f_y$와 같다. 또한 공액전단응력 v와 v'는 크기가 같고, 부호가 반대임을 알 수 있다.

식 (3.9.9)에서 $\theta = 0$일 때, $f_n = f_{max} = f_x$이고 $v = 0$

$\theta = 90°$일 때, $f_n = f_{min} = f_y$

식 (3.9.10)에서 $\theta = 45°$일 때, $v = v_{max} = \frac{1}{2}(f_x - f_y)$

위 식으로부터 f_x와 f_y가 수직응력의 최대 또한 최소치임을 알 수 있다.

이와 같은 응력들을 주응력(principal stress)이라고 하고, 이 응력들이 작용하는 직교평면을 주단면(principal plane)이라고 한다. 법선응력이 최대일 때 전단응력은 0이 된다.

3.9.4 2축응력에서 Mohr의 응력원

법선응력 식 (3.9.9)에서 원의 방정식을 적용하면, 다음과 같은 식을 세울 수 있다.

$$\left(f_n - \frac{f_x + f_y}{2}\right)^2 + v^2 = \left(\frac{f_x - f_y}{2}\right)^2 \quad \cdots\cdots (3.9.14)$$

위의 식에서 원의 중심은 $\left(\frac{f_x + f_y}{2},\ 0\right)$이고, 반지름은 $\left(\frac{f_x - f_y}{2}\right)$이다.

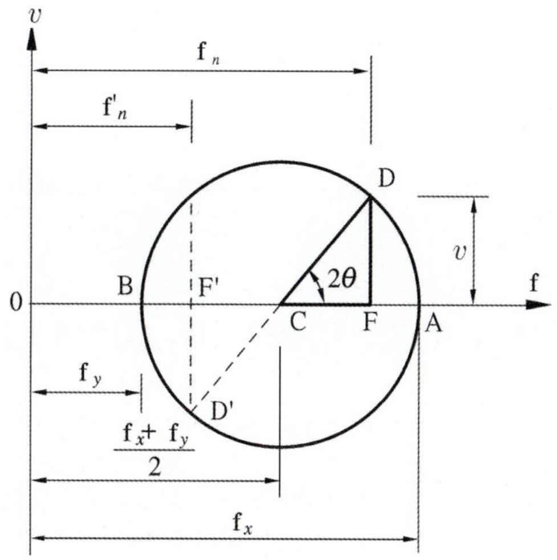

[그림 3.9.6]

[그림 3.9.6]에서 법선응력(f_n)과 전단응력(v)는 식 (3.9.15), (3.9.16)에 의하여 구한다.

$$f_n = \mathrm{OF} = \mathrm{OC} + \mathrm{CD}\cos 2\theta$$

$$\therefore f_n = \frac{1}{2}(f_x + f_y) + \frac{1}{2}(f_x - f_y)\cos 2\theta \quad \cdots\cdots (3.9.15)$$

$$v = \mathrm{DF} = \mathrm{CD}\sin 2\theta$$

$$\therefore v = \frac{1}{2}(f_x - f_y)\sin 2\theta \quad \cdots\cdots (3.9.16)$$

3.9.5 평면응력

2축 방향에서 생긴 응력 f_x, f_y 와 동시에 v_{xy} 가 작용할 때, 임의 방향에서 구한 법선응력 f_n 과 전단응력 v 를 평면응력(plane stress)이라고 한다. 단, $v_{xy} = 0$이면 2축응력이 된다. 경사 단면 위에 작용하는 응력을 구하는 방법은 앞에서 2축응력에 대한 식 (3.9.9)과 (3.9.10)를 유도하는 고정과 같다.

[그림 3.9.7(b)]에서 n 축에 대한 평형조건식에 의하면, 법선응력과 전단응력은 다음 식과 같다.

$$f_n A' = (f_x A)\cos\theta + (f_y A'')\sin\theta + (v_{xy} A)\sin\theta + (v_{xy} A'')\cos\theta$$

$$\therefore f_n = \frac{1}{2}(f_x + f_y) + \frac{1}{2}(f_x - f_y)\cos 2\theta + v_{xy}\sin 2\theta \quad \cdots\cdots\cdots\cdots (3.9.17)$$

$$v A' = (f_x A)\sin\theta - (f_y A'')\cos\theta - (v_{xy} A)\cos\theta + (v_{xy} A'')\sin\theta$$

$$\therefore v = \frac{1}{2}(f_x + f_y)\sin 2\theta - v_{xy}\cos 2\theta \quad \cdots\cdots\cdots\cdots (3.9.18)$$

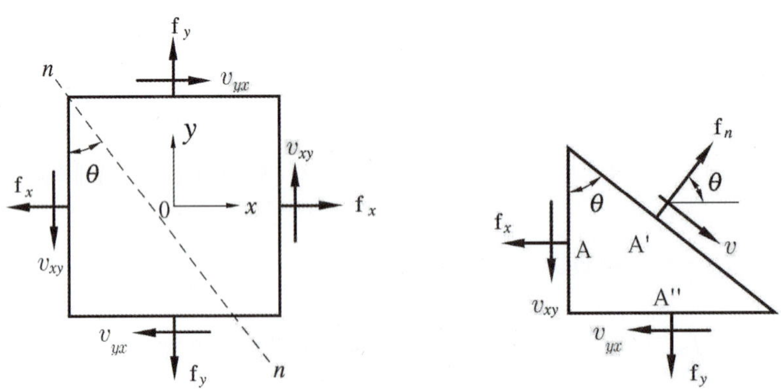

(a) (b)

[그림 3.9.7]

평면응력의 식 (3.9.17), (3.9.18)에서

$\theta = 0°$일 때, $f_n = f$, $v = -v_{xy}$

$\theta = 90°$일 때, $f_n = f_y$, $v = -v_{xy}$ 가 된다.

평면응력에서 v_{xy}가 0이면 2축응력에서 법선응력과 전단응력의 식과 같다.

f_n 및 v에 대한 앞에서의 식들을 사용할 때 응력에 부호규약을 신중히 고려하여야 한다. 즉,

(1) 모든 수직응력은 인장일 경우에 정(+)이다.

(2) 전단응력 v_{xy}는 y축의 방향으로 작용할 때([그림 3.9.7(a)]) 정이다.

(3) 전단응력 v는 그 재료에 대하여 시계방향으로 작용할 때([그림 3.9.7(b)]) 정이다.

v에 대하여 이 부호규약을 택하는 이유는 Mohr의 원에서 각 2θ를 정인 경우에 반시계방향으로 측정하기 위한 것이다. 이는 θ를 측정할 때 사용한 정의 방위와 같은 것이다. x축으로부터 각 $\theta+\pi/2$만큼 회전한 평면 위에 작용하는 응력 $f_n{}'$ 및 v'는 식 (3.9.17), (3.9.18)에 θ대신 $\theta+\pi/2$를 대입함으로써 구할 수 있다. 이들 값으로부터 2축 응력에 대하여 앞에서 본 바와 같은 다음의 대입을 대입하면 된다.

$$f_n + f_n{}' = f_x + f_y \quad v = -v' \quad \cdots\cdots (3.9.19)$$

그러므로 2축 응력에서와 같이 직교하는 평면위에 작용하는 응력들의 합은 일정하며 또 직교하는 평면위에 작용하는 전단응력들은 크기가 같고 방향이 서로 반대임을 알 수 있다.

[그림 3.9.7(b)]에 표시한 각 θ가 0에서 2π까지 변함에 따라 응력f_n 및 v도 변한다. f_n의 최대 및 최소치를 주응력이라 하고 이 주응력이 발생하는 주면의 위치는 도함수 $df_n/d\theta$를 취하여 이것을 0으로 놓고 θ에 관하여 정리함으로써 알아낼 수 있다. 따라서 식 (3.9.17)로부터 다음 식이 구해진다.

$$\frac{df_n}{d\theta} = -(f_x - f_y)\sin 2\theta + 2v_{xy}\cos 2\theta = 0$$

즉,

$$\tan 2\theta = \frac{2v_{xy}}{f_x - f_y} \quad \cdots\cdots (3.9.20)$$

여기서 θ는 주면을 정해주는 각을 표시한다.

식 (3.9.20)로부터 얻어지는 2θ는 서로의 차이가 180°인 두 개의 값을 갖는다. 그 하나는 0°에서 180° 사이의 값이고, 다른 하나는 180°에서 360° 사이의 값이다. 따라서 θ에 대한 두 개의 값을 얻을 수 있으며, 그 하나는 0°에서 90° 사이의 값이고, 다른 하나는 90°에서 180° 사이의 값이다. 이 θ의 값들 중의 하나에 대하여 수직응력 f_n은 최대가 되고, 다른 하나의 θ에 대해서는 최소가 되며, 이들 주응력은 직교평면위에 생긴다.

식 (3.9.20)로부터 θ의 두 값을 얻은 다음 이들 값을 식 (3.9.17)에 대입함으로써 그 경우에 대한 주응력들을 얻을 수 있다. 또한 이와 같은 계산을 대수적으로 수행함으로써 주응력들을 계산할 수 있다. 그렇게 하기 위하여 식 (3.9.20)로부터 다음과 같이 나타낸다.

$$\left.\begin{aligned} \cos 2\theta &= \pm \frac{f_x - f_y}{\sqrt{(f_x - f_y)^2 + 4v_{xy}}} \\ \sin 2\theta &= \pm \frac{2v_{xy}}{\sqrt{(f_x - f_y)^2 + 4v_{xy}}} \end{aligned}\right\} \quad \cdots\cdots (3.9.21)$$

이들 관계를 식 (3.9.17)에 대입하면 다음과 같은 식을 얻는다.

$$f_{1,2} = \frac{f_x + f_y}{2} \pm \sqrt{\left(\frac{f_x - f_y}{2}\right)^2 + v_{xy}^2} \quad \cdots\cdots (3.9.22)$$

여기에서 f_1 및 f_2는 각각 대수적으로 최대 및 최소의 주응력을 나타낸다. 식 (3.9.22)로부터 다음과 같이 된다.

$$f_1 + f_2 = f_x + f_y$$

식 (3.9.18)로부터 주면에 관한 중요한 관찰을 할 수 있다. 즉, 이 식에서 $v=0$로 놓고 2θ에 관하여 풀면 또 다시 식 (3.9.20)을 얻게 된다. 이 결과는 주면 위에는 전단응력이 존재하지 않는다는 것을 보여준다.

이번에는 최대 전단응력 및 이 응력이 사용하는 평면들을 결정하기로 한다. 도함수 $df_n/d\theta=0$으로 놓으면 다음 식을 얻는다.

$$\cot 2\theta = -\frac{2v_{xy}}{f_x - f_y} \quad \cdots\cdots (3.9.23)$$

여기서 θ는 최대 전단응력이 발생하는 평면에 대한 각을 나타낸다. 이 식과 식 (3.9.20)를 비교해 보면 $\cot 2\theta = -\tan 2\theta$가 된다. 따라서 두 각은 서로 90°의 차이가 있어야 한다는 것을 알 수 있다. 그런데 최대 전단응력은 이미 2축응력에 대하여 설명한 바와 같이 주면과 45°의 각도를 이루는 평면에서 발생한다. 식 (3.9.23)로 정해지는 2θ의 값을 식 (3.9.18)에 대입함으로써 최대 전단응력은 다음과 같이 구해진다.

$$v_{\max} = \sqrt{\left(\frac{f_x - f_y}{2}\right)^2 + v_{xy}^2} \quad \cdots\cdots (3.9.24)$$

또는

$$v_{\max} = \frac{f_1 - f_2}{2} \quad \cdots\cdots (3.9.25)$$

최대 전단응력이 발생하는 평면에서의 수직응력은 다음과 같다.

$$f_n = f_n{}' = \frac{f_x + f_y}{2} \quad \cdots\cdots (3.9.26)$$

주응력면의 판정조건식을 유도하면 다음과 같다.

$$f = f_x \cos^2\theta + f_y \sin^2\theta + v_{xy} \sin 2\theta$$

$$\frac{df}{d\theta} = -2f_x \sin\theta\cos\theta + 2f_y \sin\theta\cos\theta + 2v_{xy}\cos 2\theta$$

$$= (f_y - f_x)\sin 2\theta + 2v_{xy}\cos 2\theta \quad \cdots\cdots (3.9.27)$$

$$\frac{d^2 f}{d\theta^2} = 2(f_x - f_y)\cos 2\theta - 4v_{xy}\sin 2\theta$$

$$= 2\left[(f_y - f_x) - 2v_{xy}\tan 2\theta\right]\cos 2\theta$$

$$= 2\left[(f_y - f_x) - 2v_{xy}\frac{2v_{xy}}{(f_x - f_y)}\right]\cos 2\theta$$

$$= 2\left[(f_y - f_x) - \frac{4v_{xy}^2}{(f_x - f_y)}\right]\cos 2\theta$$

$$= 2\left[(f_y - f_x)^2 + 4v_{xy}^2\right]\frac{\cos 2\theta}{(f_y - f_x)} \quad \cdots\cdots (3.9.28)$$

따라서 $d^2f/d\theta^2$ 의 부호는 $\cos 2\theta/(f_y - f_x)$ 에 의하여 결정된다.

θ 의 값은 $0 \leqq \theta \leqq 180^o$ 의 범위 내에서 2개가 존재하며, 하나는 최대 주응력 f_1, 하나는 최소 주응력 f_2 의 방향을 나타내며, θ_1과 θ_2의 차이는 90° 이다.

θ_1과 θ_2의 최대, 최소의 경사각 판정기준은 다음과 같다.

(1) $f_x > f_y,\ v_{xy} > 0,\ \tan 2\theta = \dfrac{2v_{xy}}{f_x - f_y} \geqq 0 \ \therefore 0° \leqq \theta \leqq 45°$

$\cos 2\theta > 0,\ f_y - f_x < 0$ 이면, $\therefore \dfrac{d^2 f}{d\theta^2} < 0 \ \therefore \theta = \theta_1$ 에서 최대 주응력

(2) $f_x \geqq f_y,\ v_{xy} < 0,\ \tan 2\theta < 0 \ \therefore 45° \leqq \theta \leqq 90°$ ($f_x = f_y$ 이면 $\theta = 45°$)

$\cos 2\theta < 0,\ f_y - f_x < 0$ 이면, $\therefore \dfrac{d^2 f}{d\theta^2} > 0 \ \therefore \theta = \theta_2$ 에서 최대 주응력

(3) $f_x \leqq f_y,\ v_{xy} < 0,\ \tan 2\theta < 0 \ \therefore 45° \leqq \theta \leqq 90°$

$\cos 2\theta < 0$, $f_y - f_x > 0$ 이면, $\therefore \dfrac{d^2 f}{d\theta^2} < 0$ $\therefore \theta = \theta_1$ 에서 최대 주응력

(4) $f_x < f_y$, $v_{xy} < 0$, $\tan 2\theta \geqq 0$ $\therefore 0° \leqq \theta \leqq 45°$

$\cos 2\theta > 0$, $f_y - f_x > 0$ 이면, $\therefore \dfrac{d^2 f}{d\theta^2} > 0$ $\therefore \theta = \theta_2$ 에서 최대 주응력

3.9.6 평면응력에서 Mohr의 응력원

평면응력에서 일반적인 경우의 f_n 및 v에 대한 식 (3.9.17)과 (3.9.18)도 모어의 원에 의하여 도식적으로 표시할 수 있다. 2축 응력과 같이 방정식으로 나타내면 다음과 같다.

$$(f_n - f_{av})^2 + v^2 = \left(\frac{f_x - f_y}{2}\right)^2 + v_{xy}^2 \quad \cdots\cdots (3.9.29)$$

여기서, $f_{av} = \dfrac{1}{2}(f_x + f_y)$ 이며, 식 (3.9.29)은 중심의 좌표가 $f_n = f_{av}$ 및 $v = 0$인 원의 방정식이다.

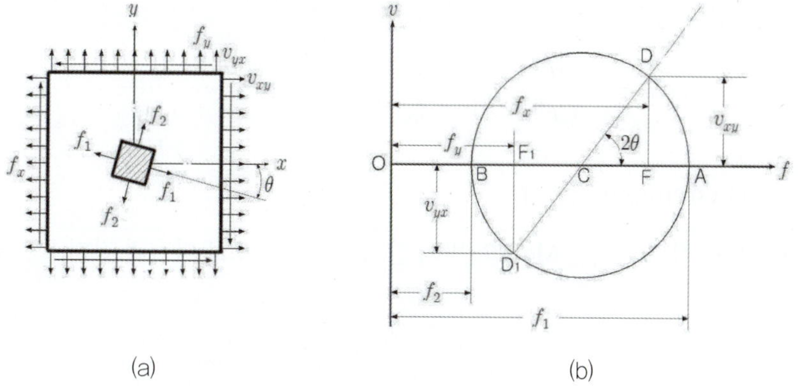

[그림 3.9.8]

[그림 3.9.8]과 같은 요소에 두 직각방향으로 수직응력 f_x, f_y가 작용하는 동시에 전단응력 v_{xy}, v_{yx}가 작용할 때 임의의 경사면에 발생하는 응력상태를 [그림 3.9.8(b)]와 같은 Mohr의 원으로 나타낼 수 있다.

먼저 원의 중심을 $f_n = f_{av}$, $v = 0$ 인 점에 잡고, f_x 는 x축상에 $\overline{OF}$로, v_{xy}는 $\overline{FD}$로 잡으면 D점은 x축에 수직한 면의 응력상태를 나타낸다. 그다음 같은 방법으로 f_y 에 해당하는 $\overline{OF_1}$ 과 $-v_{yx}$ 에 해당하는 $\overline{F_1D_1}$ 을 잡으면 D_1은 y축에 수직한 면의 응력상태를 나타낸다. 여기서 D점과 D_1 점을 연결하고 원을 그리면 경사각 θ에 법선응력 f_n과 v의 변화를 나타내는 모어의 원이 된다.

[그림 3.9.8(b)]에서 주응력 f_1, f_2 를 나타내면 다음과 같이 된다.

$$f_1 = \overline{OA} = \overline{OC} + \overline{CD} = \frac{f_x + f_y}{2} + \sqrt{(\frac{f_x - f_y}{2})^2 + v_{xy}^2} \quad \cdots\cdots (3.9.30)$$

$$f_2 = \overline{OB} = \overline{OC} - \overline{CD} = \frac{f_x + f_y}{2} - \sqrt{(\frac{f_x - f_y}{2})^2 + v_{xy}^2} \quad \cdots\cdots (3.9.31)$$

위의 식들은 식 (3.9.22)와 일치함을 알 수 있다.

각 θ를 구하려면 그림에서 각 θ는 x축으로부터 시계방향으로 회전하였으므로 다음과 같다.

$$\tan 2\theta = + \frac{\overline{DF}}{\overline{CF}} = + \frac{2v_{xy}}{f_x - f_y} \quad \cdots\cdots (3.9.32)$$

이 식은 식 (3.9.20)와 일치한다.

최대 전단응력의 크기는 Mohr의 원의 반지름과 같으므로 다음과 같다.

$$v_{\max} = \frac{f_1 - f_2}{2} = \sqrt{(\frac{f_x - f_y}{2})^2 + v_{xy}^2} \quad \cdots\cdots (3.9.33)$$

이 식은 식 (3.9.33)과 일치함을 알 수 있다.

위의 식들을 사용하면 임의의 두 직교평면에 작용하는 법선응력과 전단응력이 주어질 때 최대 주응력과 최대 전단응력을 구할 수 있다.

예제 3.9.2

[그림 3.9.9(a)]와 같이 얇은 판이 $f_y = 0$이고, 단순인장응력 f_x 가 작용할 경우 모어의 응력원을 그려라.

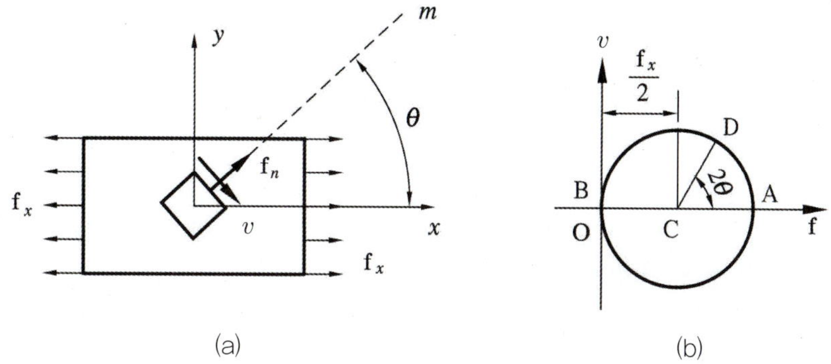

[그림 3.9.9]

풀이

이 경우에는, $f_n = \frac{1}{2}(f_x + f_y) = \frac{1}{2}f_x$

$$v_{\max} = \frac{1}{2}(f_x + f_y) = \frac{1}{2}f_x$$

이므로 모어의 응력원은 v축에 접하게 되며, [그림 3.9.9(b)]와 같다.

예제 3.9.3

[그림 3.9.10(a)]과 같이 얇은 판의 요소가 $f_y = -f_x$인 2축응력을 받고 있다. 이 응력 상태에 대한 모어의 응력원을 그려라.

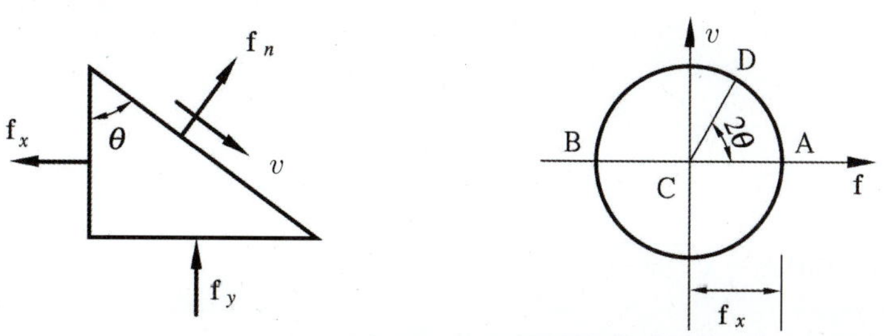

[그림 3.9.10]

풀이

$f_n = \frac{1}{2}(f_x + f_y) = \frac{1}{2}(f_x - f_y) = 0$이므로 모어의 원의 중심 C는 원점에 오고 그 반지름은

$v_{\max} = \frac{1}{2}(f_x - f_y) = \frac{1}{2}(2f_x) = f_x$이다.

따라서 모어의 응력원은 [그림 3.9.10(b)]와 같다.

예제 3.9.4

[그림 3.9.11]과 같이 응력을 받고 있는 플레이트에서 변과 $45°$를 이루고 있는 면에서 순수전단은 어느 경우에 일어나는지 구하여라.

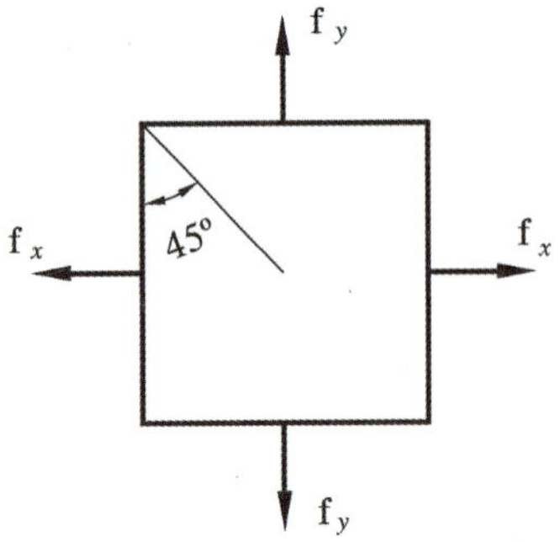

[그림 3.9.11]

풀이

순수전단이 생기려면 법선응력 f_n이 0이 되어야 한다.

$$f_n = \frac{f_x + f_y}{2} + \frac{f_x - f_y}{2}\cos 2\theta = 0$$

$\theta = 45°$이면 $\cos 2\theta = \cos 90° = 0$

$$f_n = \frac{f_x + f_y}{2} = 0$$

$\therefore f_x = -f_y$가 되어야 한다.

예제 3.9.5

평면응력에서 $f_x = 150\ \mathrm{MPa}$, $f_y = 250\ \mathrm{MPa}$, $v_{xy} = -50\ \mathrm{MPa}$일 때 최대 주응력의 크기와 방향 θ 값을 구하여라.

풀이

$$f_{1,2} = \frac{f_x + f_y}{2} \pm \sqrt{\left(\frac{f_x - f_y}{2}\right)^2 + v_{xy}^2} = \frac{1}{2}(f_x + f_y) \pm \frac{1}{2}\sqrt{(f_x - f_y)^2 + 4v_{xy}^2}$$

$$= \frac{1}{2}(150 + 250) \pm \frac{1}{2}\sqrt{(150 - 250)^2 + 4(-50)^2}$$

$$= \frac{1}{2}(400) \pm \frac{1}{2}\sqrt{(-100)^2 + 4(-50)^2} = \frac{1}{2}(400 \pm 141)$$

$$= 271\ \mathrm{MPa},\quad 130\ \mathrm{MPa}$$

$$\tan 2\theta = \frac{2v_{xy}}{f_x - f_y} = \frac{-2 \times 50}{150 - 250} = 1$$

$2\theta = 45°$ $225°$ $\theta_1 = 22°\ 30'$ $\theta_2 = 112°\ 30'$

$f_x < f_y,\ v_{xy} < 0,\ \dfrac{d^2 f}{d\theta^2} > 0$에서 최대 주응력, 즉, 최대 주응력의 경사각

$\therefore\ \theta = \theta_2 = 112°\ 30'$

예제 3.9.6

정사각형단면에 서로 직교하는 인장응력 $f_x = 40\,\text{MPa}$, 압축응력 $f_y = 20\,\text{MPa}$가 작용할 때 최대 전단응력값을 구하여라.

풀이

$v_{max} = \dfrac{1}{2}(f_x - f_y)\sin 2\theta$에서 v_{max}`가 최대일 때, $\theta = 45°$, $\sin 2\theta = \sin 90° = 1$이므로

$$\therefore\ v_{max} = \frac{1}{2}(40 + 20) = 30\,\text{MPa}$$

예제 3.9.7

지름이 $4\,\text{cm}$인 원형단면의 짧은 기둥이 $31.4\,\text{kN}$의 압축하중을 받을 때 기둥 내부에 생기는 최대 전단응력값을 구하여라.

풀이

압축응력은 $f_c = \dfrac{P}{A} = \dfrac{4P}{\pi D^2} = \dfrac{4 \times 31{,}400}{3.14 \times 40^2} = 25\,\text{MPa}$

$v = \dfrac{1}{2}(f_x - f_y)\sin 2\theta$에서 $\theta = 45°$일 때 최대 전단응력이 생기므로 $\sin 2\theta = 1$

$$\therefore\ v_{max} = \frac{1}{2} \times 25 = 12.5\,\text{MPa}$$

예제 3.9.8

[그림 3.9.12]과 같은 단면에 $f_x = 20\,\mathrm{MPa}$, $v_{xy} = 5\,\mathrm{MPa}$, $\theta = 45°$일 때 경사면에 생기는 수직응력을 구하여라.

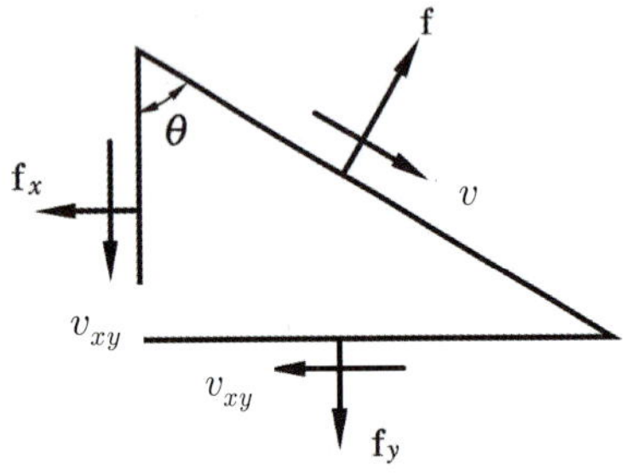

[그림 3.9.12]

풀이

$$f = \frac{1}{2}(f_x + f_y) + \frac{1}{2}(f_x - f_y)\cos 2\theta + v_{xy}\sin 2\theta$$

$$= \frac{1}{2}(20) + 5 \times 1 = 15\,\mathrm{MPa}$$

예제 3.9.9

[그림 3.9.13]과 같은 원형단면 재료에 $120\,\mathrm{MPa}$의 인장응력과 $80\,\mathrm{MPa}$의 압축응력이 서로 직각으로 작용할 때, 인장응력이 작용하는 면과 $30°$의 각도를 이루는 경사단면 위에 생기는 법선응력 f_n 값을 구하여라.

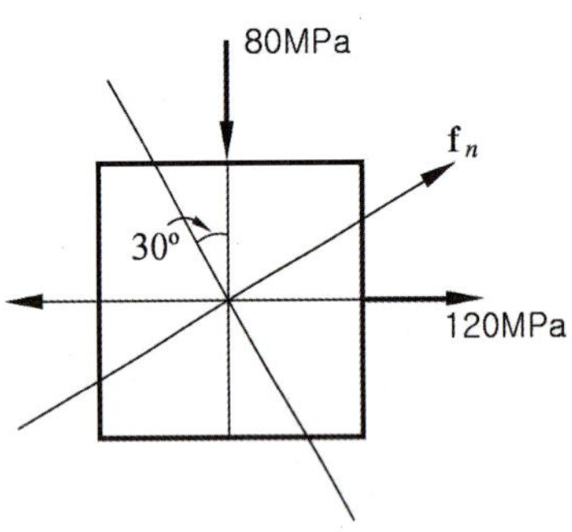

[그림 3.9.13]

풀이

경사단면의 법선응력 f_n은

$$f_n = \frac{1}{2}(f_x + f_y) + \frac{1}{2}(f_x - f_y)\cos 2\theta$$

$$= \frac{1}{2}(120 - 80) + \frac{1}{2}(120 + 80)\cos 60°$$

$$= 20 + 50 = 70\,\mathrm{MPa}$$

예제 3.9.10

[그림 3.9.14(a)]와 같은 요소에서, $f_x = 80\,\text{MPa}$, $f_y = -40\,\text{MPa}$, $\theta = 30°$일 때 법선응력 f_n, f_n'와 전단응력 v, v'를 구하고 모어의 응력원을 그려라.

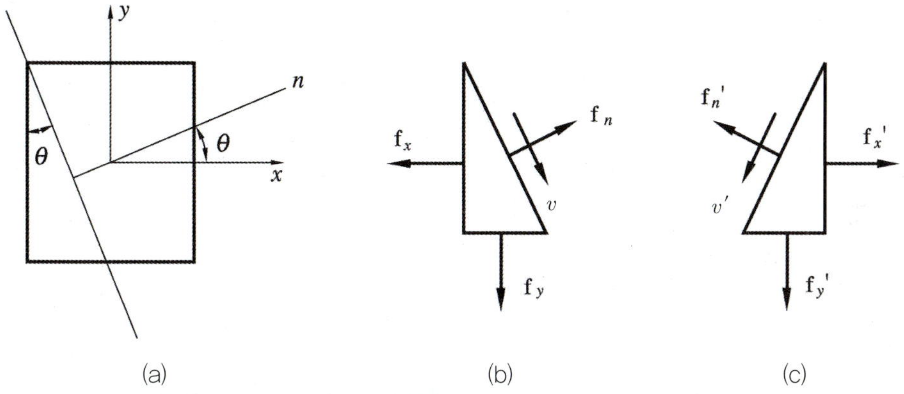

[그림 3.9.14]

풀이

$$f_n = \frac{1}{2}(f_x + f_y) + \frac{1}{2}(f_x - f_y)\cos 2\theta$$
$$= \frac{1}{2}(80 - 40) + \frac{1}{2}(80 + 40)\cos 2(30°)$$
$$= 20 + 30 = 50\,\text{MPa}$$ ([그림 3.9.14(b)])

$$f_n' = \frac{1}{2}(f_x + f_y) - \frac{1}{2}(f_x - f_y)\cos 2\theta$$
$$= \frac{1}{2}(80 - 40) - \frac{1}{2}(80 + 40)\cos 2(90° + 30°)$$
$$= 20 - 30 = -10\,\text{MPa}$$ ([그림 3.9.14(c)])

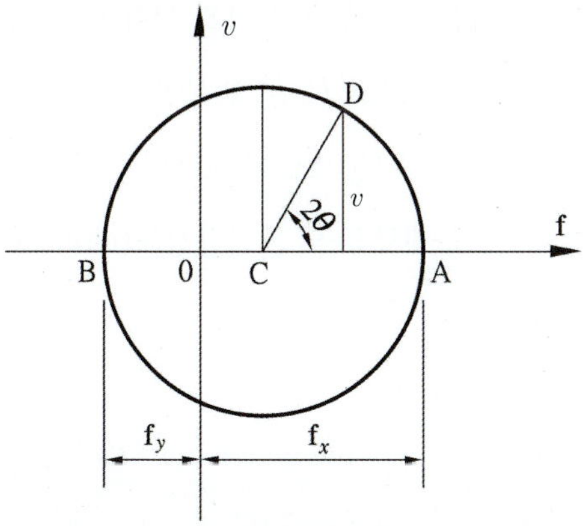

(d)

[그림 3.9.14]

$$v = \frac{1}{2}(f_x - f_y)\sin 2\theta$$
$$= \frac{1}{2}[80 - (-40)]\sin 2(30°)$$
$$= 51.96\,\text{MPa}$$ ([그림 3.9.14(d)])

$$v' = -\frac{1}{2}(f_x - f_y)\sin 2\theta$$
$$= -\frac{1}{2}(80 + 40)\sin 2(90° + 30°)$$
$$= -51.96\,MPa$$ ([그림 3.9.14(d)])

참고

공액응력 $f_n + f_n' = f_x + f_y$ $\quad v = -v'$

3.10 설계 시 고려사항

3.10.1 재료의 극한강도

앞 절에서 단순한 하중상태에 있어서의 응력을 계산하는 과정을 배웠으며 앞으로 더 복잡한 상태에서의 응력을 결정하는 방법을 배울 것이다. 그러나 공학적인 응용에 있어서, 응력의 결정 그 자체가 결론인 것은 아니다. 응력에 대한 지식은 공학자들이 다음의 주요한 과제들을 수행하는 데 도움을 준다.

(1) 주어진 하중 하에서 현재 사용 중이거나 설계중인 구조물의 응력해석
(2) 주어진 역할을 안전하고 경제적으로 수행할 새로운 구조물의 설계

위의 두 가지 과제 중의 어느 것을 수행하기 위하여서도, 우선 주어진 하중 하에서 그 재료가 어떠한 거동을 할 것인지를 알아야만 한다. 주어진 재료로 시험편을 만들어 재료시험을 함으로써 이러한 재료의 거동을 알 수 있다. 예를 들면, 철강의 시험편을 준비하여 실험실의 재료시험기에 장치한 후, 앞 절에서 기술한 바와 같이 중심축 인장력을 가하여 준다. 인장력이 증가함에 따라 시험편의 길이나 직경 등의 변화를 측정한다. 결과적으로, 시험편이 지탱해낼 수 있는 가장 큰 하중에 도달되면 시험편은 파단되든지, 또는 더 작은 하중을 지탱하기 시작한다. 이 때 가장 큰 하중은 그 시험편의 극한하중(ultimate load)이라 부르고 P_U로 표시한다. 작용된 하중이 중심축상에 있으므로 극한하중을 봉의 원래 단면적으로 나눔으로써 재료의 극한수직응력(ultimate normal stress)을 구할 수 있다. 이 응력은 그 재료의 극한인장강도(ultimate strength in tension)라고도 하며 다음과 같이 정의된다.

$$f_u = \frac{P_U}{A} \qquad (3.10.1)$$

재료의 극한전단응력(ultimate shearing stress)이나, 극한전단강도(ultimate strength in shear)의 결정에는 여러 가지의 시험방법이 있으며, 가장 많이 사용되는 방법은 원통의 비틀림에 의한 것이다. 정확성은 적지만, 더 직접적인 방법은 직사각형 단면봉이나 원형 단면봉을 전단장치에 고정시키고 일면전단상태로 하중 P을 증가시켜 극한하중 P_U을 구하는 것이다. 시험편의 자유단을 받침부분에 지지시키면, 이중전단에 대한 극한하중이 구해진다. 두 가지 방법 모두 극한전단응력은 극한하중을 전단이 일어나는 전체면적으로 나눔으로써 구할 수 있다. 일면전단인 경우의 면적은 시험편의 단면적은 A이고, 이면전단에서의 면적은 시험편의 단면적의 2배($2A$)가 된다.

3.10.2 허용하중과 허용응력, 안전계수

구조물의 설계에서 각 부재의 응력이 그 부재의 재료시험에 의하여 얻은 최대 응력이 되도록 설계하는 것이 타당하지만, 구조물에 예기치 않은 과다한 하중이 작용하거나 구조물의 부정확성과 미지의 변수를 고려하여 최대 응력은 언제나 비례한도 이하가 되도록 안전계수(factor of safety) 또는 안전율을 고려해야 한다.

구조물에 생기는 최대 응력은 그 재료의 파괴강도보다 다소 낮출 필요성이 있다. 구조물을 구성하고 있는 재료에 대해서 실제 작용하도록 하는 최대 응력을 허용응력(allowable stress)이라 하고, 가끔 사용응력(working stress) 또는 설계응력(design stress)이라고 한다. 이와 같은 응력에 대한 하중을 허용하중 P_a(allowable load)이라 하고, 가끔 사용하중(working load) 또는 설계하중(design load)라고도 한다. 그러므로 허용하중이 적용될 때는 부재가 실제 파괴되는 시점인 극한하중 능력보다 낮은 수준을 파괴하중으로 간주한다. 나머지의 여유하중은 안전성능을 보장하기 위하여 예비로 비축하여 두는 것이다. 극한하중과 허용하중의 비를 안전계수 또는 안전율이라 정의한다.

$$\textbf{안전계수} = F.S. = \frac{\text{극한하중}(P_U)}{\text{허용하중}(P_a)} \qquad (3.10.2)$$

재료의 응력개념을 사용한 또 다른 안전계수는 극한강도(f_u)와 허용응력(f_a)과의 비로 다음과 같이 정의한다.

$$\text{안전계수} = F.S. = \frac{\text{극한강도}(f_u)}{\text{허용응력}(f_a)} \qquad (3.10.3)$$

하중과 응력 사이에 선형적인 관계일 때 식 (3.10.2)과 식 (3.10.3)에 사용된 두 식들은 동일하게 사용될 수 있다. 그러나 대부분의 실무적용에서는 하중이 극한하중에 가까워질수록 이와 같은 선형관계는 성립되지 않기 때문에 주어진 설계의 실제 안전평가에는 식 (3.10.3)이 될 수 없다. 그럼에도 불구하고 식 (3.10.3)에 근거를 둔 허용응력설계법(allowable stress method)은 많이 사용되고 있다.

3.10.3 적절한 안전계수의 선정

다양한 실무에 적용될 수 있는 안전계수의 선정은 가장 중요한 공학적 과제중 하나이다. 한편으로는, 안전계수가 너무 작게 선정되면 구조물의 파괴확률은 훨씬 높아지게 된다. 다른 한편으로는, 안전계수가 불필요하게 크게 선정되면 비경제적이고 비합리적인 결과를 초래한다. 주어진 설계조건에서 적절한 안전계수의 선정은 다음과 같은 여러 가지 고려사항에 기초를 둔 공학적 판단이 필요하다.

[1] 재료특성의 변화

재료의 성분, 강도, 치수 등은 모두 제조과정에서 약간의 변화를 받을 수 있다. 또한 제조, 보관, 운송 및 시공 중에 재료의 성질이 균일하지 않아 재료의 강도가 다를 수 있고 열이나 변형에 의해 잔류응력이 도입될 수 있다.

[2] 반복하중의 영향

구조부재나 기계부품들은 사용수명중 많은 횟수의 반복하중(cyclic load)을 받을 수 있다. 이와 같이 하중을 반복해서 받게 될 경우 대부분의 재료에서는 극한응력이 감소하게 된다. 이와 같은 현상을 피로(fatigue)라고 하며 만약 무시하고 설계할 경우 갑작스런 파괴가 발생할 수 있다.

[3] 하중조건의 불확실성

완전한 정확도를 갖는 하중은 몇 가지 없다. 예를 들면, 가스폭발 하중을 정확히 모델링하기는 쉽지 않다. 따라서 대부분의 설계하중은 공학적 추정이라 할 수 있다. 여기에 더하여, 미래 시점에서 사용조건의 변동이나 변화는 실제하중의 변화를 유발한다. 이러한 이유로 정확한 하중예측이 어려운 동적하중, 반복하중 또는 충격하중 등에는 높은 안전계수가 요구된다.

[4] 파괴의 형태

취성재료(brittle materials)는 흔히 사전에 어떠한 조짐도 없이 급작스런 파괴를 유발한다. 반면에 구조용 강재와 같은 연성재료(ductile materials)는 파괴에 이르기 전에 항복(yielding)이라 불리는 상당한 양의 변형을 유발시키는 단계를 거치게 되며, 이는 과부하 하중이 걸리고 있다는 경고로 볼 수 있다. 그러나 좌굴이나 안정성에 의한 파괴는 재료가 취성이든 연성이든 상관없이 갑작스런 파괴를 유발한다. 그러므로 갑작스런 파괴의 가능성이 존재할 경우 더 높은 안전계수를 사용해야 한다.

[5] 해석방법의 불확실성

모든 해석 및 설계방법은 어떤 단순화된 가정에 기초를 두기 때문에 때로는 상당한 오차를 내포하기도 한다. 따라서 계산된 응력은 실제응력의 근삿값이 될 수 있다.

[6] 부실한 유지관리나 외부환경에 의한 열화현상

오랫동안 사용하는 중에 재료는 상당한 수준의 성능저하를 갖고 오는 열화(deterioration)현상을 보이게 된다. 즉, 녹, 부식 또는 화학물질에 의해 손상될 수 있기 때문에 녹이나 부식을 제어하기 어렵고 발견하기 어려운 위치의 부재에 대해서는 더 높은 안전계수가 요구된다.

[7] 전체 구조물에 대한 중요도

버팀대나 2차 부재는 많은 경우에 1차 부재에 비해 낮은 안전계수를 사용한다.

위의 고려사항들 외에도 파괴가 발생되어 인명과 재산에 미칠 위험성에 대한 몇 가지 추가 사항들이 있다. 즉, 파괴로 인해 인명에 위험성을 주지 않고 재산피해도 미미할 경우, 더욱 낮은 안전계수가 고려되어야 한다. 마지막으로, 실제적으로 고려할 점은 너무 과다하지 않은 안전계수를 갖는 세심한 설계가 되지 않을 경우 구조물이나 기계가 설계기능을 제대로 수행할 수 없다는 것이다. 예를 들면, 항공기의 경우 무게에 대해 과다한 안전계수를 적용하면 지나치게 높은 수준의 양력을 고려해야 하므로 실제 항공기의 비행기준에 허용할 수 없는 효과를 나타내게 된다.

대부분의 구조물이나 기계의 실무적용을 위해 안전계수는 해당 분야의 학술단체, 산업계, 국가 또는 시당국에서 종사하는 전문가들로 구성된 위원회에서 제정한 설계규정(design specification)이나 건축시방서(building code)에 명시되어 있다(참조 – 5장 [표 5.6.3] 설계기준, 표준시방서 및 규준).

3.10.4 하중저항계수 설계법(LRFD)

위에서 살펴본 바와 같이 허용응력설계법은 구조물과 기계요소의 설계와 관련한 모든 불확실성을 하나의 안전계수로 대표하는 방식이다. 이에 비해 구조기술자 사이에 주로 인정을 받는 다른 설계방법은 구조물의 저항능력과 관련된 불확실성과 지지해야할 하중과 관련된 불확실성을 구별할 수 있는 3가지 계수를 통해 가능하게 하는 방식이다. 이 방법을 일컬어 하중저항계수설계법(LRFD, Load and Resistance Factor design)이라 하며, 설계자로 하여금 구조물에 의해 지지되는 활하중 P_L과 관련된 불확실성과 구조물의 자중에 의한 사하중 P_D와 관련된 불확실성을 보다 분명히 할 수 있게 한다.

이 설계법이 사용될 때, 구조물의 극한하중 P_U 즉, 구조물의 사용이 더 이상 어려워질 때의 하중이 먼저 결정되어야 한다. 다음과 같이 제안되는 설계식은 부등호를 만족할 때 허용된다.

$$\gamma_D P_D + \gamma_L P_L \le \phi P_U \quad \cdots\cdots (3.10.4)$$

여기서 계수 ϕ는 저항계수(resistance factor)라 하고 구조물 자체의 저항능력과 관련된 불확실성을 설명하며 일반적으로 1보다 작은 값이 된다. 그리고 γ_D, γ_L은 하중계수(load factor)라 하며 각각 사하중과 활하중과 관련된 불확실성을 나타내는데 사용되며 일반적으로 1보다 큰 값을 갖는다. 여기서 γ_L은 일반적으로 γ_D보다 크다. 이 교재에서는 허용응력설계법만 사용하였다.

예제 3.10.1

[그림 3.10.1]과 같은 구조물에서 S_1 부재의 안전율 S 값을 구하여라. 단, S_1의 단면적 $A_S = 2\ \mathrm{cm}^2$이며, 극한강도 $f_u = 100\mathrm{MPa}$이다.

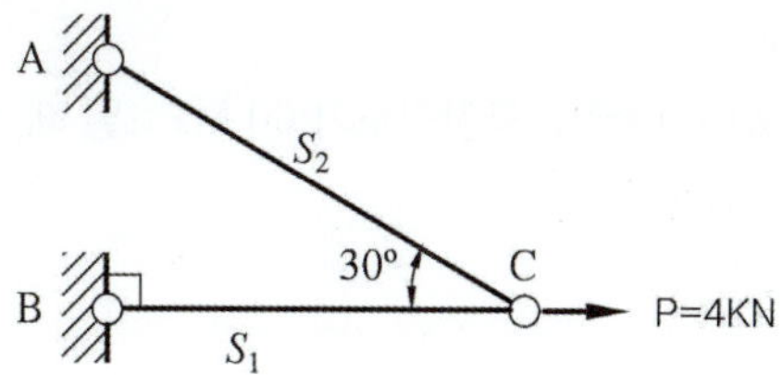

[그림 3.10.1]

풀이

S_1 계산 : $\Sigma F_x = 0$에 의하여 $-S_1 + 4 = 0$ $\quad\quad \therefore S_1 = 4\ \mathrm{kN}$

부재응력 : $f_s = \dfrac{S_1}{A_s} = \dfrac{4{,}000}{200} = 20\ \mathrm{MPa}$

안전율 : $S = \dfrac{f_u}{f_s} = \dfrac{100}{20} = 5$ $\quad\quad \therefore S = 5$

연·습·문·제

01 지름이 22 mm, 길이가 10 m 인 철근이 있다. 이 철근이 최대 6 mm 늘어날 때의 허용하중을 구하여라. 단, $E = 2.1 \times 10^5$ MPa 이다.

정답 $P = 47.87$ kN

02 연강을 시험한 결과 $E = 2.1 \times 10^5$ MPa 이다. 푸아송 비 0.303 일 때 전단탄성계수를 구하여라.

정답 $G = 8.05 \times 10^7$ MPa

03 30 cm^2 의 나무기둥이 있다. 나무의 극한강도가 60 MPa 일 때, 안전율을 3 으로 본다면 몇 kN 의 하중을 작용시킬 수 있는가?

정답 $P = 60$ kN

04 인장력을 받는 보에서 경사면에 생기는 최대 전단응력을 구하여라.

정답 $v_{max} = \dfrac{f}{2}$

05 단면적이 600 mm^2, 길이가 500 mm 인 연강봉이 탄성한도 내에서 인장하중을 받아 200 MPa 의 응력이 생겼다면, 이 봉에 저장된 탄성 에너지를 구하여라. 단, 탄성계수 $E = 2 \times 10^5$ MPa 이다.

정답 $U = 3$ kN · cm

06 단면 $20\,\text{cm} \times 20\,\text{cm}$의 부재에 $1{,}000\ \text{kN}$의 전단을 가하여 거리 $20\ \text{cm}$마다의 전단변형량을 구하여라. 단, 전단탄성계수 $G = 8{,}000\ \text{MPa}$이다.

정답 $\lambda = 0.0625\ \text{cm}$

07 지름이 $10\ \text{cm}$인 봉에 축방향 힘 P를 작용시켜 지름이 $0.0025\ \text{cm}$만큼 줄었다. $\frac{1}{m} = 0.3$, $E = 2 \times 10^5\ \text{MPa}$일 때 하중 P를 구하여라.

정답 $P = 1{,}308\ \text{kN}$

08 각각 $10\ \text{cm}$의 폭을 가진 3개의 나무토막이 [P 그림 3.1]과 같이 아교풀로 접착되어 있다. $45\,\text{kN}$의 하중이 작용할 때 접착부에 생기는 평균 전단응력을 구하여라.

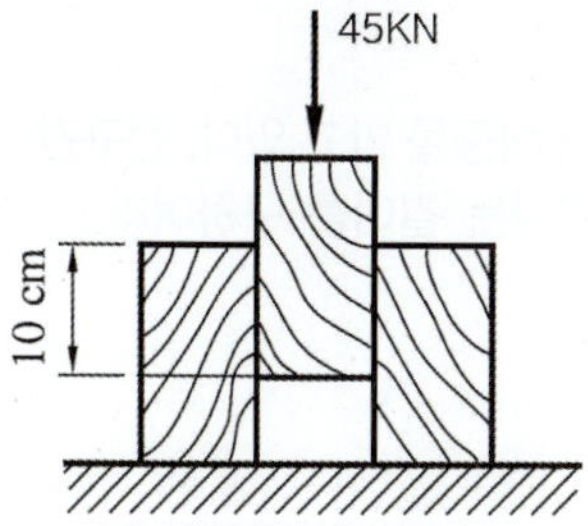

[P 그림 3.1]

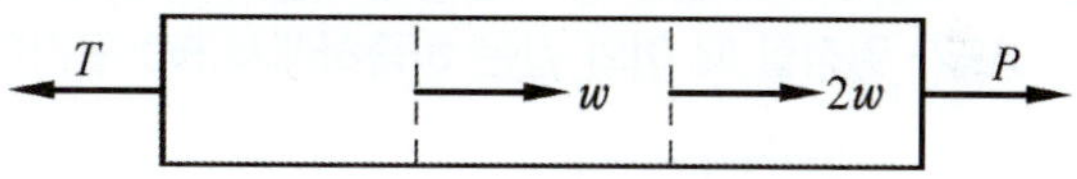

[P 그림 3.2]

정답 $v = 2.25\ \text{MPa}$

09 [P 그림 3.2]와 같이 균일 단면봉이 축하중을 받고 평형을 이루고 있다. $T = 2P$가 되려면 w는 얼마가 되어야 하는가?

정답 $w = \frac{P}{3}$

10 [P 그림 3.3]과 같은 구조물에서 수평봉은 강체이고, 2개의 수직강선은 동일한 탄소성 재료로 만들어졌다. 이 구조물의 A지점에 연직으로 작용할 수 있는 극한하중 P_U을 구하여라. 단, 수직강선의 $f_y = 200\text{MPa}$이고, 단면적은 모두 $0.1\ \text{cm}^2$이다.

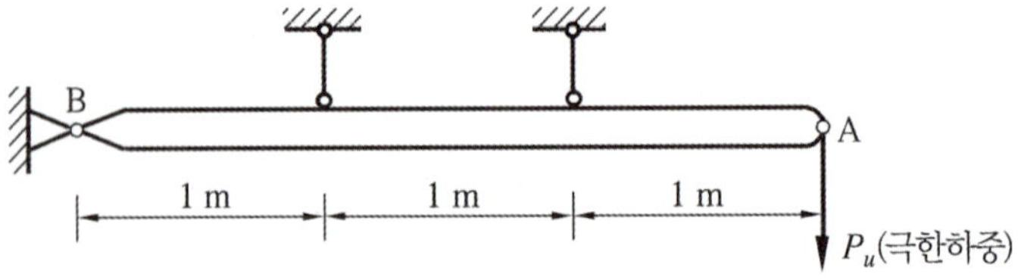

[P 그림 3.3]

정답 $P_U = 2\text{ kN}$

11 [P 그림 3.4]와 같은 부재가 축하중 P가 작용할 때 부재에 발생하는 탄성에너지 U를 구하여라.

정답 $U = \dfrac{3P^2 l}{5AE}$

12 [P 그림 3.5]와 같은 봉이 천장에 매달려 B, C, D지점에서 하중을 받고 있다. 전구간의 축강도 AE가 일정할 때 이와 같은 하중하에서 BC 구간이 늘어나는 길이를 구하여라.

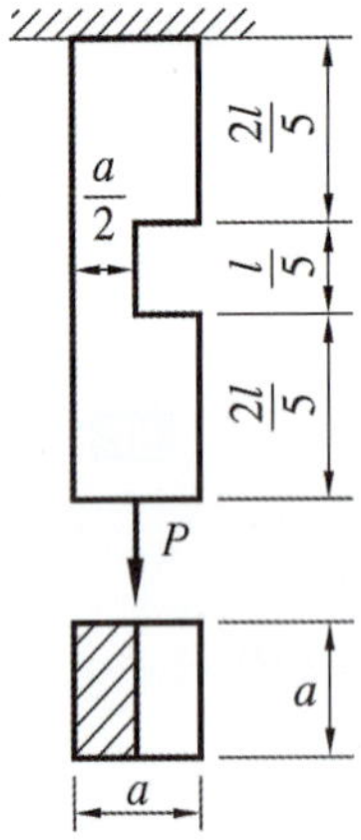

[P 그림 3.4]

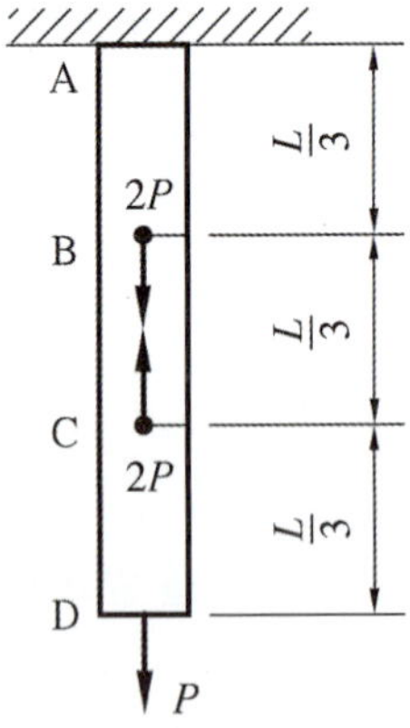

[P 그림 3.5]

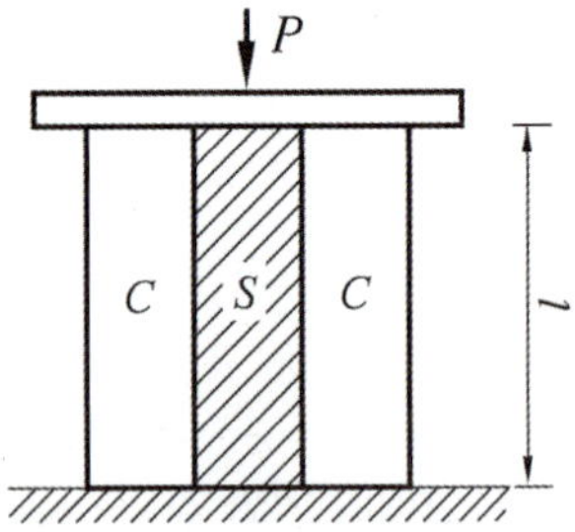

[P 그림 3.6]

정답 $\Delta l = -\dfrac{Pl}{3AE}$

13 [P 그림 3.6]과 같이 강(steel)과 콘크리트로 조합된 부재에서 $E_c A_c = E_s A_s = EA$이면 줄음량 Δl 값을 구하여라.

정답 $\Delta l = \dfrac{Pl}{2AE}$

14 [P 그림 3.7]과 같이 양단 고정봉에 비틀림 모멘트 $T = 100\ \mathrm{kN \cdot mm}$를 작용시킬 때, 하중점에서의 비틀림 각은 몇 rad인가? 단, $G = 8 \times 10\ \mathrm{kN/mm^2}$, $I_P = 600\ \mathrm{cm^4}$이다.

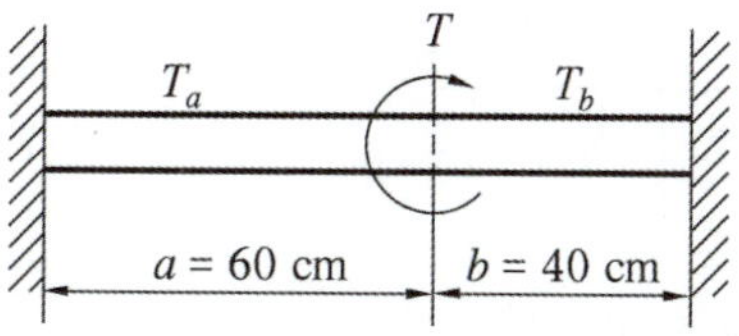

[P 그림 3.7]

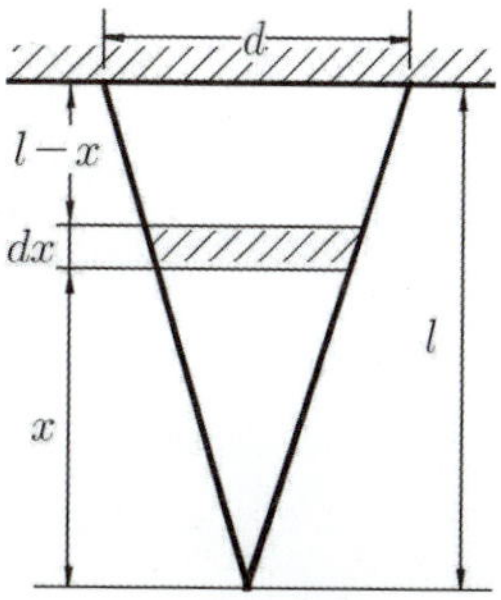

[P 그림 3.8]

정답 $\theta = 5 \times 10^{-5}\ \mathrm{rad}$

15 [P 그림 3.8]과 같이 원추체를 매달았을 때 자중에 의한 변형을 구하여라. 단, 단위중량을 w, 길이를 l, 밑면의 지름을 d로 한다.

정답 $l = \dfrac{wl^2}{6E}$

16 [P 그림 3.9]와 같이 리벳 이음의 강판이 80 kN의 인장력을 받을 때 인장응력을 구하여라.

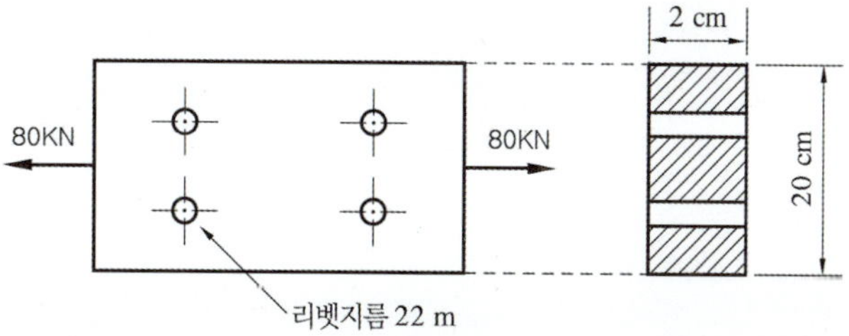

[P 그림 3.9]

정답 $f_t = 25.6\ \mathrm{MPa}$

17 폭이 200 mm, 두께가 10 mm인 강판에 [P 그림 3.10]과 같이 리벳공이 배열되었을 때 이 강판의 허용인장력 P를 구하여라. 단, 강판의 허용인장응력 $f_{ta} = 140 \text{ MPa}$, 리벳공의 지름 $d = 22 + 3 = 25 \text{ mm}$이다.

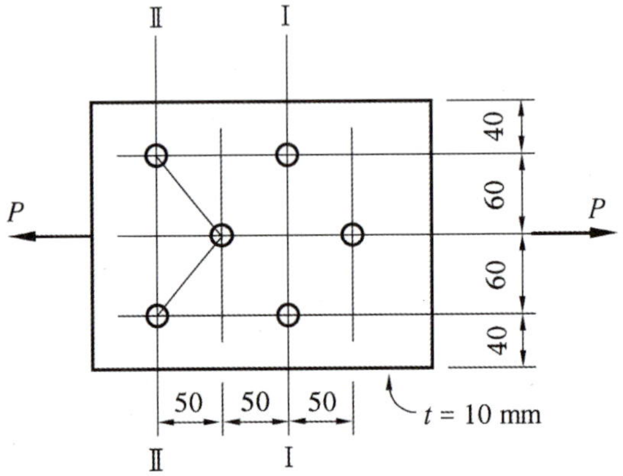

[P 그림 3.10]

정답 $P = 204 \text{ kN}$

18 각 변의 길이가 10 cm인 정육면체의 콘크리트가 두 직교방향으로 압축하중 72 kN을 받고 있다. 콘크리트의 푸아송 비가 0.1, 탄성계수가 $2.79 \times 10^4 \text{ MPa}$일 때 이 정육면체의 체적변화량을 구하여라.

정답 $\Delta V = 0.413 \text{ cm}^3$(감소)

CHAPTER

04

평면도형의 기하학적 성질

CONTENTS

4.1 단면 1차 모멘트와 도심

4.1.1 단면 1차 모멘트

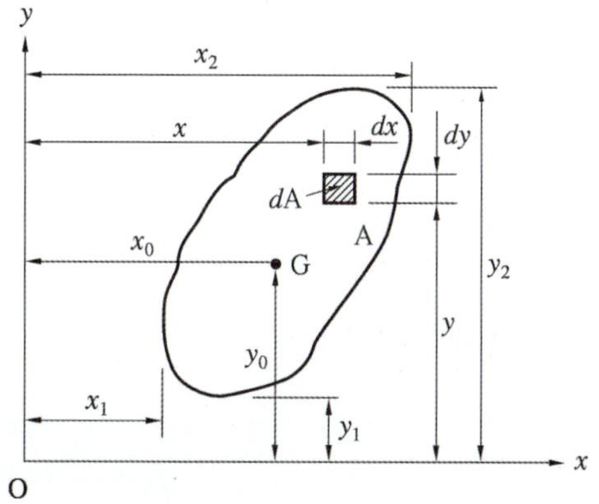

[그림 4.1.1]

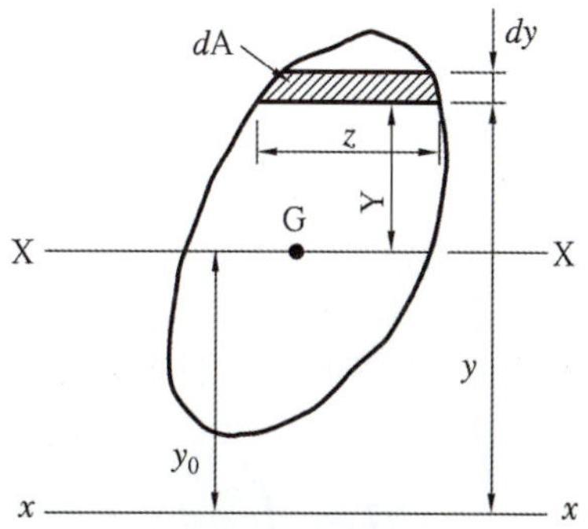

[그림 4.1.2]

면적이 A 인 단면의 미소면적 dA 에서 임의로 설정한 직교좌표축까지의 거리 x 또는 y를 곱한 것을 전단면에 걸쳐서 적분한 것을 단면 1차 모멘트(geometrical moment of area)라고 한다. [그림 4.1.1]에서 x, y축에 대한 단면 1차모멘트 G_x, G_y는 식 (4.1.1)과 같다.

$$\left.\begin{aligned} G_x &= \int_A y\, dA = \int_{y_1}^{y^2} y\, dy\, dx = A y_o \\ G_y &= \int_A x\, dA = \int_{x_1}^{x^2} x\, dx\, dy = A x_o \end{aligned}\right\} \quad \cdots\cdots (4.1.1)$$

단면 1차 모멘트의 단위는 도형의 단면적(cm^2, m^2, ft^2)×좌표축에서 단면의 도심까지 거리(cm, m, ft)이므로 cm^3, m^3, ft^3 등으로 표시한다.

4.1.2 도심

도형의 한 점을 지나는 직교좌표축에 대한 단면 1차 모멘트가 0일 때, 그 점을 도형의 도심(center of figure)이라고 한다.

도심 = 단면 1차 모멘트 / 면적

$$\left.\begin{aligned} x_o &= \frac{G_y}{\mathrm{A}} \\ y_o &= \frac{G_x}{\mathrm{A}} \end{aligned}\right\} \cdots\cdots (4.1.2)$$

정리 1 [그림 4.1.2] 단면의 도심을 통과하는 축에 대한 단면 1차모멘트는 0이다.

$$\begin{aligned} G_x &= \int_{\mathrm{A}} y\, d\mathrm{A} \\ &= \int_{\mathrm{A}} (Y + y_o) d\mathrm{A} \\ &= \int_{(\mathrm{A})} (Y d\mathrm{A}) + \int_{(\mathrm{A})} y_o\, d\mathrm{A} \\ &= G_X + \mathrm{A} y_o \end{aligned}$$

$G_X = 0$ (도심축을 지나는 단면 1차 모멘트)

$$\therefore\ G_x = \mathrm{A} y_o \cdots\cdots (4.1.3)$$

정리 2 [그림 4.1.3]과 같은 동일 단면에 여러 도형이 있을 경우 도형 전체의 도심 x_o, y_o 값은 다음 식으로 구할 수 있다.

$$\left.\begin{aligned} x_o &= \frac{G_y}{\mathrm{A}} = \frac{\mathrm{A}_1 x_1 + \mathrm{A}_2 x_2 + \mathrm{A}_3 x_3}{\mathrm{A}_1 + \mathrm{A}_2 + \mathrm{A}_3} \\ y_o &= \frac{G_x}{\mathrm{A}} = \frac{\mathrm{A}_1 y_1 + \mathrm{A}_2 y_2 + \mathrm{A}_3 y_3}{\mathrm{A}_1 + \mathrm{A}_2 + \mathrm{A}_3} \end{aligned}\right\} \cdots\cdots (4.1.4)$$

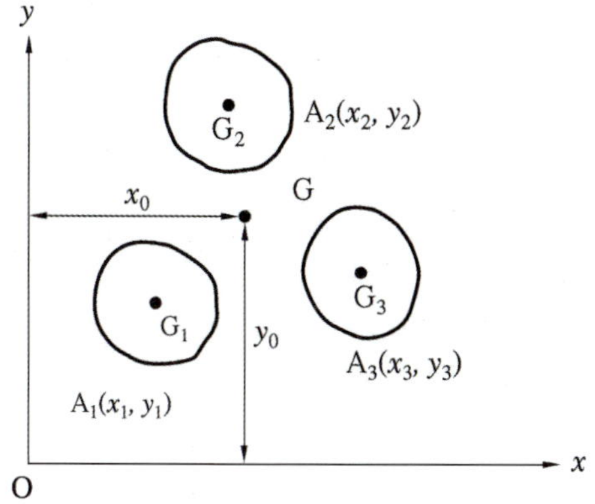

[그림 4.1.3]

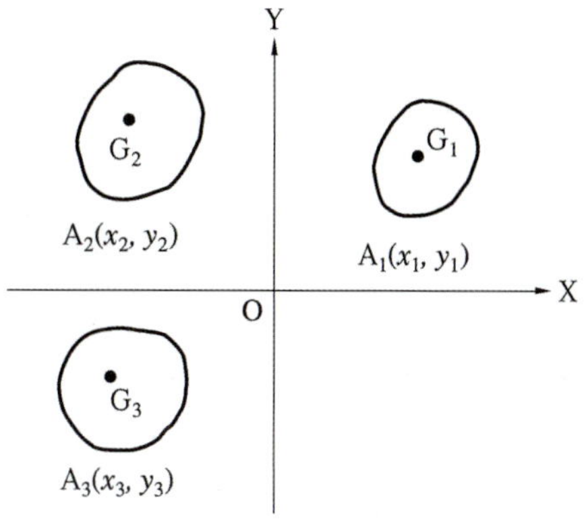

[그림 4.1.4]

정리 3 [그림 4.1.4]와 같이 동일평면에 있지 않은 여러 도형에 대한 단면 1차 모멘트 G_X, G_Y는 다음 식으로 구한다.

$$\left.\begin{aligned} G_X &= A_1 y_1 + A_2 y_2 - A_3 y_3 \\ G_Y &= A_1 x_1 - A_2 x_2 - A_3 x_3 \end{aligned}\right\} \tag{4.1.5}$$

예제 4.1.1

[그림 4.1.5]와 같은 삼각형의 도심의 위치 y_o 값을 구하여라.

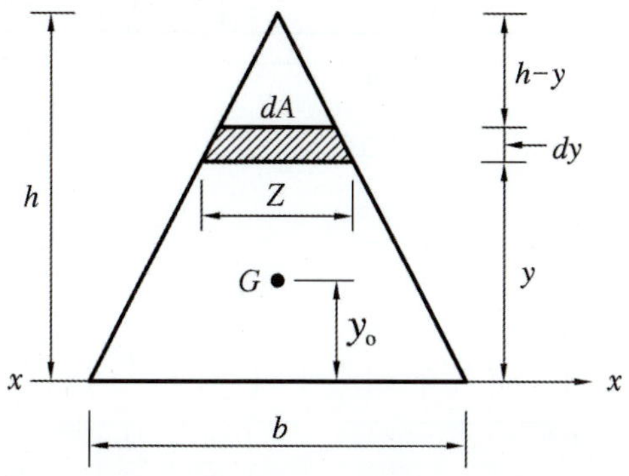

[그림 4.1.5]

풀이

$$h : b = (h-y) : z \qquad z = \frac{b}{h}(h-y)$$

$$dA = zdy = \frac{b}{h}(h-y)\,dy$$

$$G_x = \int_A y\,dA = \int_o^h y\,\frac{b}{h}(h-y)dy$$

$$= \frac{b}{h}\int_o^h (yh - y^2)\,dy$$

$$= \frac{b}{h}\left[\frac{hy^2}{2} - \frac{y^3}{3}\right]_o^h = \frac{b}{h}\left(\frac{h^3}{2} - \frac{h^3}{3}\right) = \frac{bh^2}{6}$$

$$A = \frac{bh}{2}$$

$$\therefore y_o = \frac{G_x}{A} = \frac{bh^2}{6} / \frac{bh}{2} = \frac{h}{3}$$

예제 4.1.2

[그림 4.1.6]과 같은 단면의 도심 y_1, y_2 값을 구하여라.

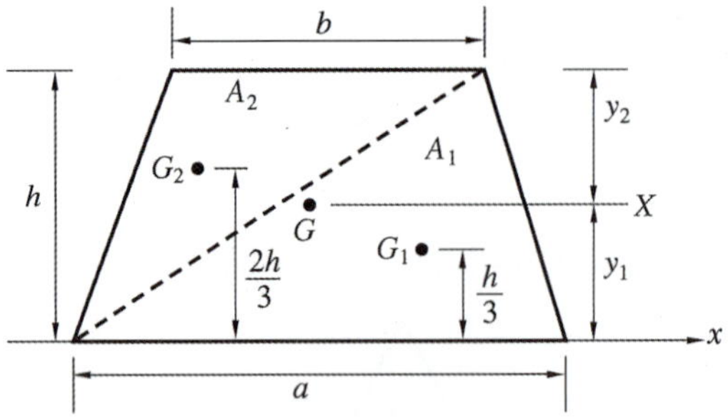

[그림 4.1.6]

풀이

$$A_1 = \frac{ah}{2},\ A_2 = \frac{bh}{2}$$

$$y_1 = \frac{G_x}{A} = \frac{(A_1)\times\left(\frac{h}{3}\right) + (A_2)\times\left(\frac{2h}{3}\right)}{(A_1 + A_2)} = \frac{\left(\frac{ah}{2}\right)\times\left(\frac{h}{3}\right) + \left(\frac{bh}{2}\right)\times\left(\frac{2h}{3}\right)}{\left(\frac{ah}{2} + \frac{bh}{2}\right)}$$

$$\therefore y_1 = \frac{h}{3}\times\frac{a+2b}{a+b} \qquad \therefore y_2 = \frac{h}{3}\times\frac{2a+b}{a+b}$$

예제 4.1.3

[그림 4.1.7]과 같이 반지름이 r 인 반원의 도심 y_o를 구하여라.

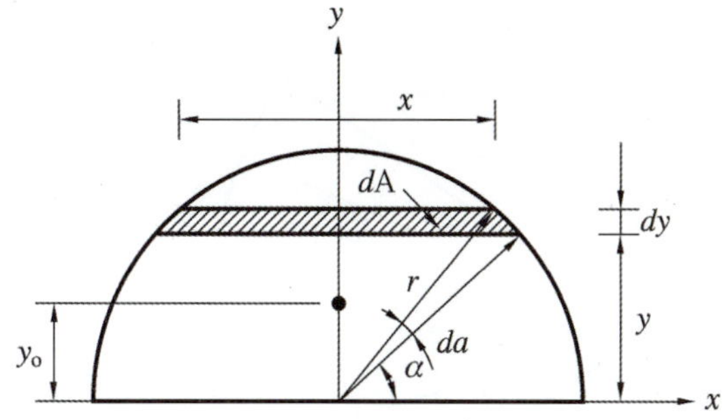

[그림 4.1.7]

풀이

$x = 2r\cos\alpha, \qquad y = r\sin\alpha$

$dy = r\cos\alpha\ d\alpha$

$dA = xdy = (2r\cos\alpha)(r\cos\alpha\ d\alpha) = 2r^2\cos^2\alpha\ d\alpha$

$A = \dfrac{\pi r^2}{2}, \qquad u = \cos\alpha, \qquad du = -\sin\alpha\ d\alpha, \qquad \sin\alpha = -\dfrac{du}{d\alpha}$

$$G_x = \int_0^{\frac{\pi}{2}} y\,dA = \int_0^{\frac{\pi}{2}} 2r^3 \sin\alpha\ \cos^2\alpha\ d\alpha a$$

$$= 2r^3 \int_0^{\frac{\pi}{2}} \sin\alpha\cos^2\alpha\ d\alpha = 2r^3 \int_0^{\frac{\pi}{2}} \times u^2 \times \left(-\frac{du}{d\alpha}\right) \times d\alpha$$

$$= 2r^3 \int_0^{\frac{\pi}{2}} (-u^2)\,du = 2r^3\left[-\frac{u^3}{3}\right]_0^{\frac{\pi}{2}}$$

$$= 2r^3\left[-\frac{\cos^3\alpha}{3}\right]_0^{\frac{\pi}{2}} = 2r^3\left\{0 - \left(-\frac{1}{3}\right)\right\} = \frac{2r^3}{3}$$

$$\therefore y_o = \frac{G_x}{A} = \frac{2r^3}{3} \Big/ \frac{\pi r^2}{2} = \frac{4r}{3\pi}$$

예제 4.1.4

[그림 4.1.8]과 같이 반지름 r, 중심각 a인 부채꼴의 y축에 대한 도심의 위치 x_0 값을 구하여라.

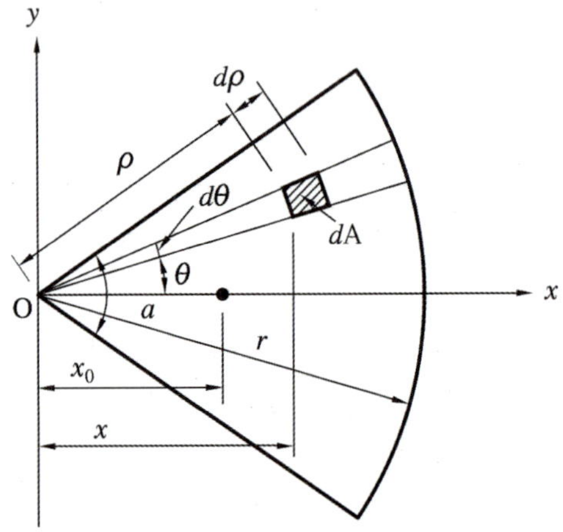

[그림 4.1.8]

풀이

$x = \rho\cos\theta \qquad dA = d\rho\ \rho d\theta$

$$G_y = \int_A x\,dA = \int_A (\rho\cos\theta)(d\rho\,\rho d\theta) = \int_A \rho^2\cos\theta\ d\theta\ d\rho$$

$$= 2\int_0^{\frac{\alpha}{2}}\cos\theta\,d\theta\int_0^r \rho^2\,d\rho = 2\int_0^{\frac{\alpha}{2}}\left[\frac{\rho^3}{3}\right]_0^r\cos\theta\,d\theta$$

$$= \frac{2}{3}r^3\left[\sin\theta\right]_0^{\frac{\alpha}{2}} = \frac{2}{3}r^3\sin\frac{\alpha}{2}$$

$$A = \int dA = \int d\rho\,\rho d\theta = 2\int_0^{\frac{\alpha}{2}}\left[\int_0^r \rho\,d\rho\right]d\theta = 2\int_0^{\frac{\alpha}{2}}\left[\frac{\rho^2}{2}\right]_0^r d\theta$$

$$= 2\times\frac{r^2}{2}\left[\theta\right]_0^{\frac{\alpha}{2}} = \frac{r^2\alpha}{2}$$

$$\therefore\ x_o = \frac{G_y}{A} = \frac{2}{3}r^3\sin\frac{\alpha}{2}\Big/\frac{r^2\alpha}{2} = \frac{4}{3}\frac{r}{\alpha}\sin\frac{\alpha}{2}$$

$\alpha = \pi$일 때 (반원) $\qquad x_0 = \dfrac{4r}{3\pi}$

예제 4.1.5

[그림 4.1.9(a)]와 같이 포물선으로 둘러싸인 도형의 면적과 도심을 구하여라.

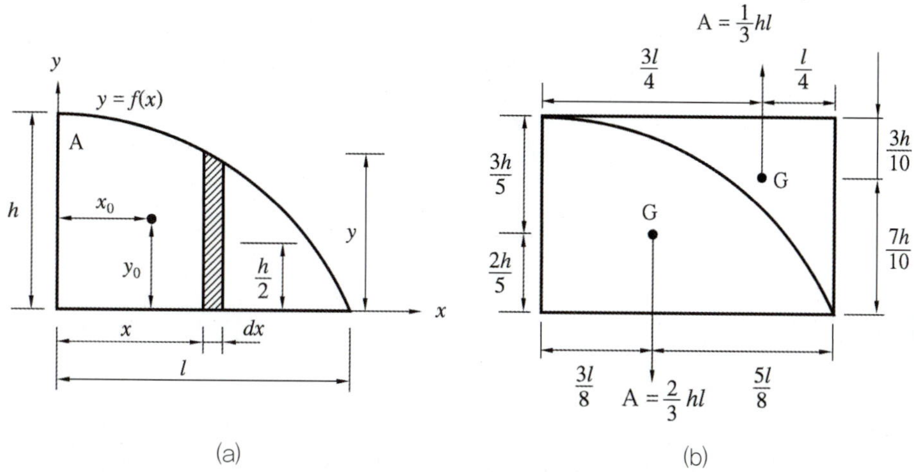

[그림 4.1.9]

풀이 포물선의 방정식은

$$y = f(x) = h\left(1 - \frac{x^2}{l^2}\right) \qquad dA = y\,dx = h\left(1 - \frac{x^2}{l^2}\right)dx$$

미소면적 dA의 도심좌표 $\left(x, \frac{y}{2}\right)$

$$A = \int_A dA = \int_A y\,dx = \int_0^1 h\left(1 - \frac{x^2}{l^2}\right)dx = \frac{2}{3}hl$$

$$G_X = \int_A \frac{y}{2}dA = \int_0^l \frac{h^2}{2}\left(1 - \frac{x^2}{l^2}\right)^2 dx = \frac{h^2}{2}\int_0^l \left(1 - \frac{2x^2}{l^2} + \frac{x^4}{l^4}\right)dx$$

$$= \frac{h^2}{2}\left[x - \frac{2x^3}{3l^2} + \frac{x^5}{5l^4}\right]_0^l = \frac{4}{15}h^2 l$$

$$G_Y = \int_A dA = \int_0^h xh\left(1 - \frac{x^2}{l^2}\right)dx = \frac{1}{4}hl^2$$

$$\therefore x_o = \frac{G_Y}{A} = \frac{hl^2}{4} \times \frac{3}{2hl} = \frac{3}{8}l \qquad \left(l - x_0 = \frac{5}{8}l\right)$$

$$\therefore y_o = \frac{G_X}{A} = \frac{4}{15}h^2 l \times \frac{3}{2hl} = \frac{2}{5}h \qquad \left(h - y_0 = \frac{3}{5}h\right)$$

$$\therefore A = \frac{2}{3}hl$$

예제 4.1.6

[그림 4.1.10]과 같은 단면에서 x축에 대한 단면 1차 모멘트를 구하여라.

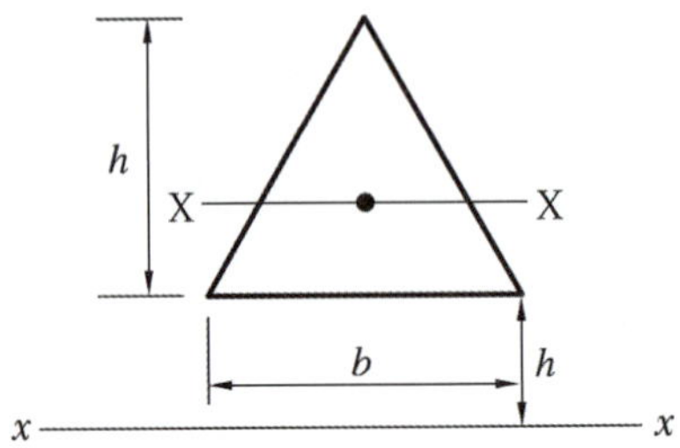

[그림 4.1.10]

풀이

$$G_x = (A)(y) = \left(\frac{bh}{2}\right)\left(\frac{h}{3} + h\right)$$

$$\therefore\ G_x = \frac{2}{3}bh^2$$

예제 4.1.7

[그림 4.1.11]에서 빗금 친부분의 도심 y_o값을 구하라.

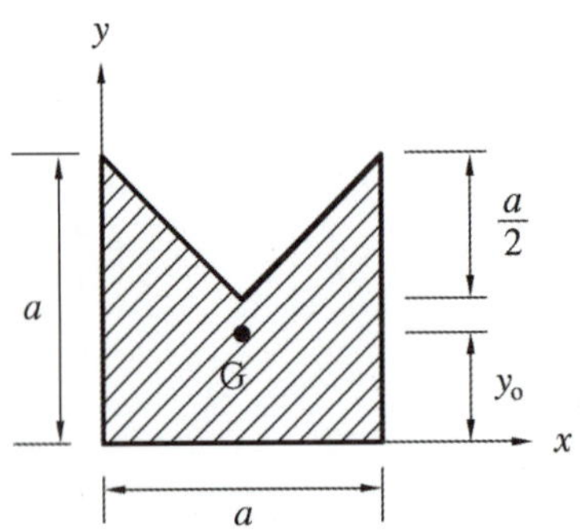

[그림 4.1.11]

풀이

$$y_o = \frac{G_x}{A_0} = \frac{(A_1)(y_1) - (A_2)(y_2)}{(A_1) - (A_2)} = \frac{(a^2)\times\left(\frac{a}{2}\right) - \left(\frac{a^2}{4}\right)\times\left(\frac{5}{6}a\right)}{(a^2) - \left(\frac{a^2}{4}\right)} = \frac{7}{18}a$$

예제 4.1.8

[그림 4.1.12]와 같이 빗금 친부분의 도심 y_o 값을 구하여라.

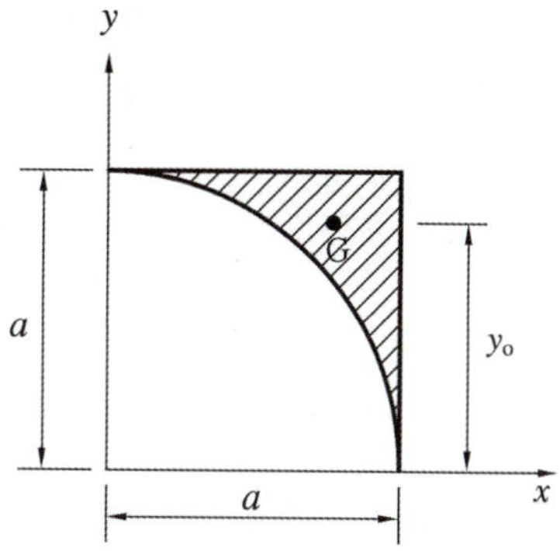

[4.1.12]

풀이

$$y_o = \frac{G_x}{A_0} = \frac{(a^2) \times \left(\frac{a}{2}\right) - \left(\frac{\pi a^2}{4}\right) \times \left(\frac{4a}{3\pi}\right)}{(a^2) - \left(\frac{\pi a^2}{4}\right)} = \frac{a^3/6}{a^2\left(1 - \frac{\pi}{4}\right)} = 0.775a$$

예제 4.1.9

[그림 4.1.13]에서 x축으로부터 빗금 친부분의 도형에 대한 도심의 위치 y_o 값을 구하여라.

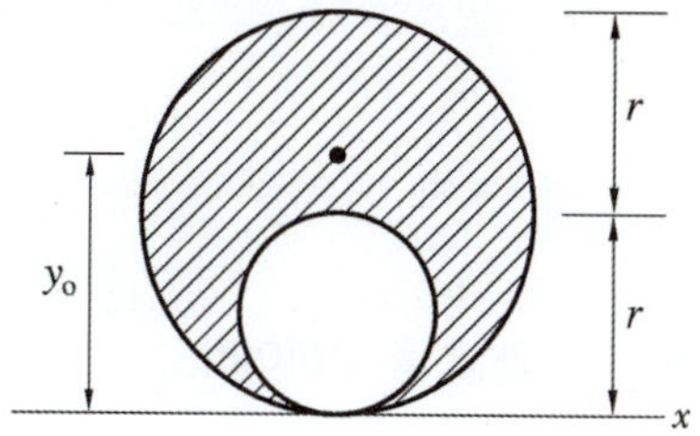

[그림 4.1.13]

풀이

$$y_o = \frac{G_x}{A_0} = \frac{(A_1)(y_1) - (A_2)(y_2)}{(A_1) - (A_2)} = \frac{(\pi r^2) \times (r) - \left(\frac{\pi r^2}{4}\right) \times \left(\frac{r}{2}\right)}{(\pi r^2) - \left(\frac{\pi r^2}{4}\right)} = \frac{7r}{6}$$

예제 4.1.10

[그림 4.1.14]와 같은 L형 단면의 도심의 위치 x, y를 구하여라.

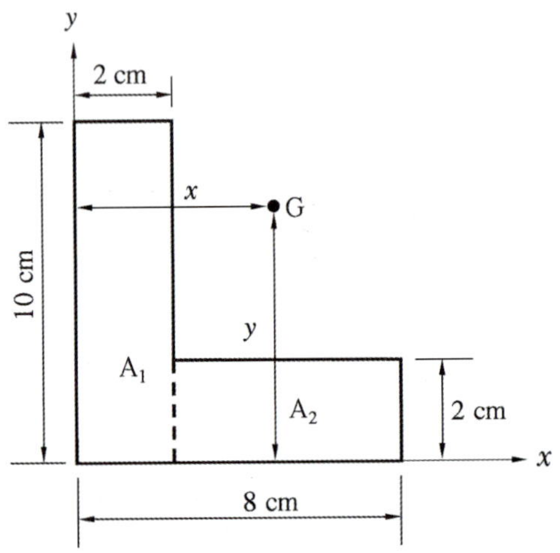

[그림 4.1.14]

풀이

L형 단면을 면적 A_1, A_2로 분리한다.

$G_x = (A_1)(y_1) + (A_2)(y_2) = (2 \times 10) \times 5 + (6 \times 2) \times 1 = 112\,\text{cm}^3$

$G_y = (A_1)(x_1) + (A_2)(x_2) = (2 \times 10) \times 1 + (6 \times 2) \times (2 + 3) = 80\,\text{cm}^3$

$A = A_1 + A_2 = 20 + 12 = 32\text{cm}^2$

$\therefore\ x = \dfrac{G_y}{A} = \dfrac{80}{32} = 3.2\text{ cm}$ $\qquad\qquad$ $\therefore\ y = \dfrac{G_x}{A} = \dfrac{112}{32} = 3.5\text{ cm}$

예제 4.1.11

[그림 4.1.15]와 같은 도형의 도심 x_o와 y_o를 구하여라.

풀이

도형을 A_1, A_2, A_3으로 나누어서 생각하면

$A_1 = 40 \times 100 = 4{,}000\text{ cm}^2$ $\qquad x_1 = 20\text{ cm}$ $\qquad y_1 = 70\text{ cm}$

$A_2 = 100 \times 20 \times \dfrac{1}{2} = 1{,}000\text{ cm}^2$ $\qquad x_2 = 40 + 20 \times \dfrac{1}{3} = 46.667\text{ cm}$ $\qquad y_2 = 20 + 100 \times \dfrac{1}{3} = 53.33\text{ cm}$

$A_3 = 80 \times 20 = 1{,}600\text{ cm}^2$ $\qquad x_3 = 40\text{ cm}$

$$\sum A = A_1 + A_2 + A_3 = 4{,}000 + 1{,}000 + 1{,}600 = 6{,}600\ \text{cm}^2$$

$$x_0 = \frac{(A_1)(x_1) + (A_2)(x_2) + (A_3)(x_3)}{(A_1) + (A_2) + (A_3)}$$

$$= \frac{(40 \times 100) \times (20) + (100 \times 20 \times 1/2) \times (40 + 20/3) + (20 \times 80) \times (40)}{(40 \times 100) + (100 \times 20 \times 1/2) + (20 \times 80)}$$

$$\therefore\ x_0 = \frac{190{,}660}{6{,}600} = 28.9\ \text{cm}$$

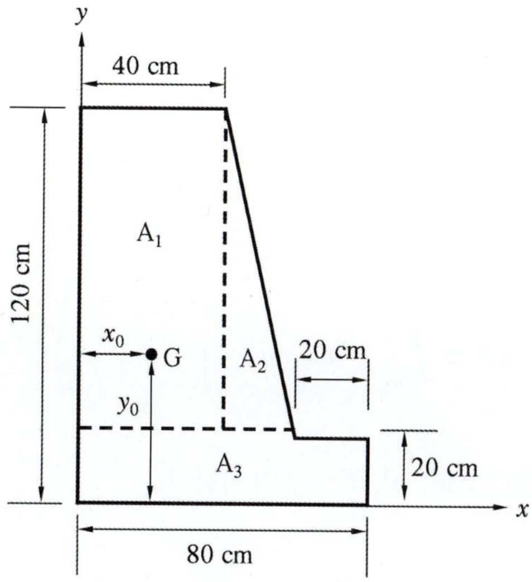

[그림 4.1.15]

$$y_0 = \frac{(A_1)(y_1) + (A_2)(y_2) + (A_3)(y_3)}{(A_1) + (A_2) + (A_3)}$$

$$= \frac{(4{,}000) \times (70) + (1{,}000) \times (20 + 100/3) + (1{,}600) \times (10)}{6{,}600}$$

$$\therefore\ y_0 = \frac{34{,}933}{6{,}600} = 52.9\ \text{cm}$$

4.2 단면 2차 모멘트와 단면 2차 극모멘트

4.2.1 단면 2차 모멘트

[그림 4.2.1]에서 면적이 A인 단면의 미소면적(dA)에 직교좌표축에서 미소면적까지의 거리제곱을 곱한 것을 전단면에 대하여 적분한 것을 단면 2차 모멘트(geometrical moment of inertia) 또는 관성 모멘트(moment of inertia)라고 한다.

$$\left.\begin{aligned} I_x &= \int_A y^2\, dA = \int_{y_1}^{y_2} y^2\, dx\, dy \\ I_y &= \int_A x^2\, dA = \int_{x_1}^{x_2} x^2\, dx\, dy \end{aligned}\right\} \quad \cdots\cdots (4.2.1)$$

단위는 면적 × (길이)^{2}이므로 cm^4, m^4, ft^{4}으로 표시한다.

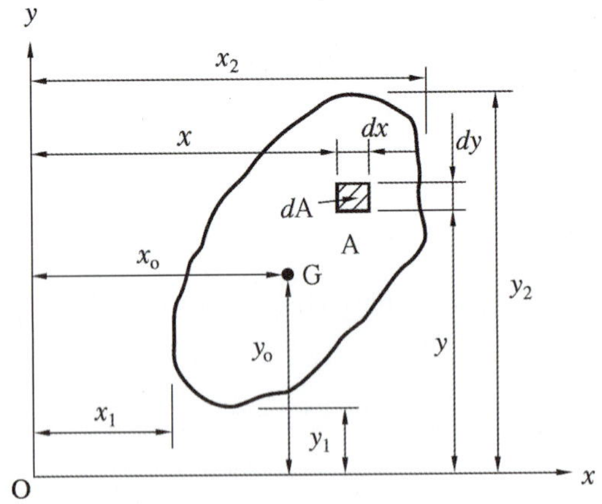

[그림 4.2.1]

x, y축에 대한 단면 2차 모멘트 I_x, I_y값을 식으로 표시하면 식 (4.2.1)과 같다.

정리 1 X 축에 대한 도형 전체의 단면 2차 모멘트는 식 (4.2.2)와 같다.

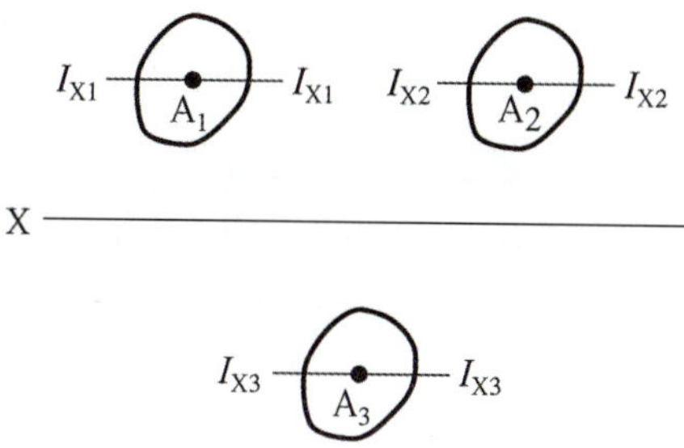

[그림 4.2.2]

$$I_X = I_{X_1} + I_{X_2} + I_{X_3} \quad \cdots\cdots (4.2.2)$$

정리 2 중공단면에 대한 X축에 대한 단면 2차 모멘트는 식 (4.2.3)과 같다.

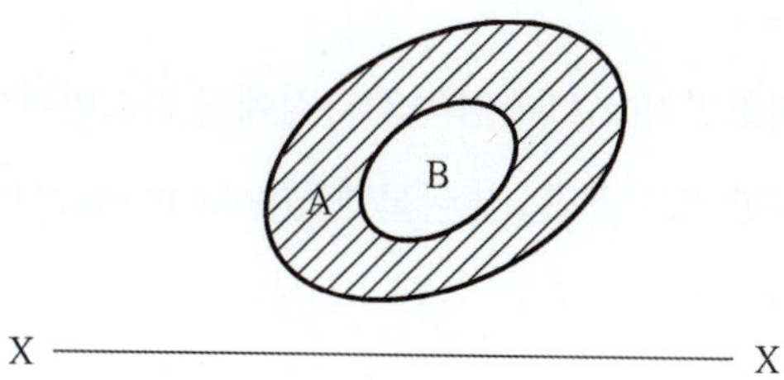

[그림 4.2.3]

$$I_X = I_{XA} - I_{XB} \quad \cdots\cdots (4.2.3)$$

정리 3 축의 이동에 대한 단면 2차 모멘트는 식 (4.2.4)와 같다.

$$I_x = \int_A y^2\, dA = \int_A (Y + y_o)^2\, dA$$

$$= \int_A Y^2\, dA + 2y_o \int_A Y\, dA + \int_A y_o^2\, dA$$

$$\therefore\ I_x = I_X + A y_o^2 \quad \cdots\cdots (4.2.4)$$

여기서, I_X : 도심축에 대한 단면 2차 모멘트

$\int_A Y\,dA$: 도심축에 대한 단면 1차 모멘트로서 0이다.

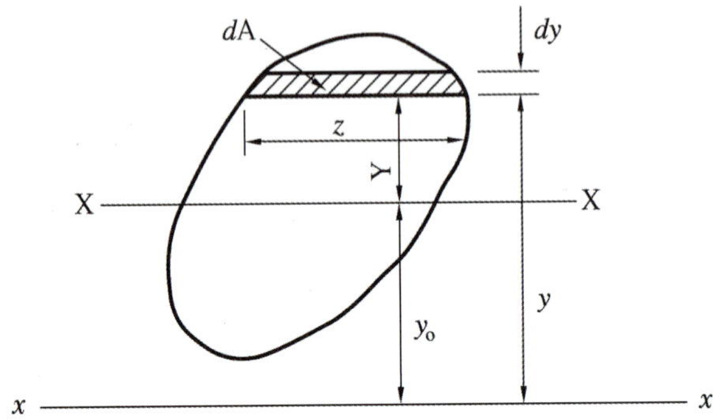

[그림 4.2.4]

4.2.2 단면 2차 극모멘트

면적이 A인 단면의 미소면적(dA)에 임의의 극점에서 미소면적까지의 거리제곱을 곱한 것을 전단면에 걸쳐 적분한 것을 단면 2차 극모멘트(polar moment of inertia area)라고 한다. x, y 축에 대한 단면 2차 극모멘트 I_P는 식 (4.2.5)와 같다.

$$I_P = \int_A \rho^2\,dA = \int_A (y^2 + x^2)\,dA = \int_A y^2\,dA + \int_A x^2\,dA$$

$$\therefore\ I_P = I_x + I_y \quad \cdots\cdots (4.2.5)$$

여기서, 단위는 cm^4, m^4, ft^4으로 표시한다.

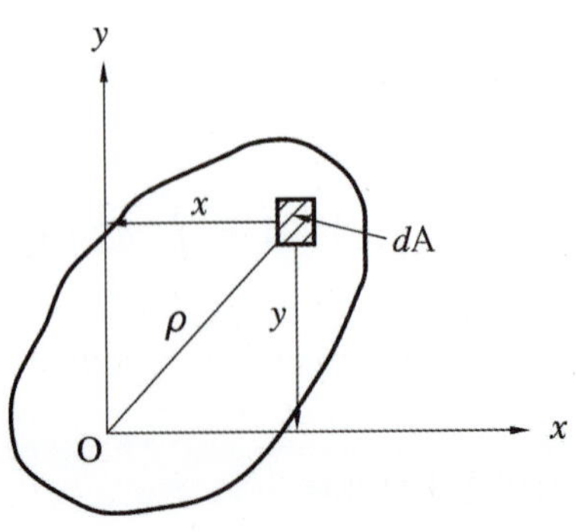

[그림 4.2.5]

예제 4.2.1

[그림 4.2.6]과 같은 직사각형 단면(b × h)의 단면 2차 모멘트를 구하여라.

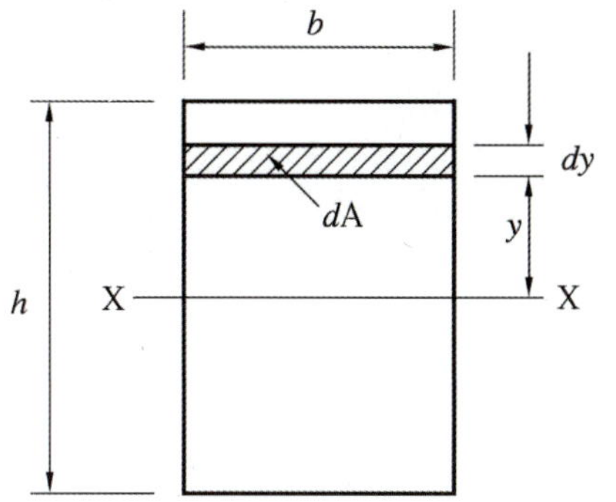

[그림 4.2.6]

풀이

$$I_X = \int_{(A)} y^2\, dA = \int_{-\frac{h}{2}}^{+\frac{h}{2}} y^2\, bdy = b\int_{-\frac{h}{2}}^{+\frac{h}{2}} y^2\, dy$$

$$= b\left[\frac{y^3}{3}\right]_{-\frac{h}{2}}^{+\frac{h}{2}} = 2b\left[\frac{y^3}{3}\right]_{o}^{\frac{h}{2}} = 2b \times \frac{1}{3} \times \left(\frac{h}{2}\right)^3 \qquad \therefore\ I_X = \frac{bh^3}{12}$$

예제 4.2.2

[그림 4.2.7]과 같은 삼각형의 도심축에 대한 단면 2차 모멘트를 구하여라.

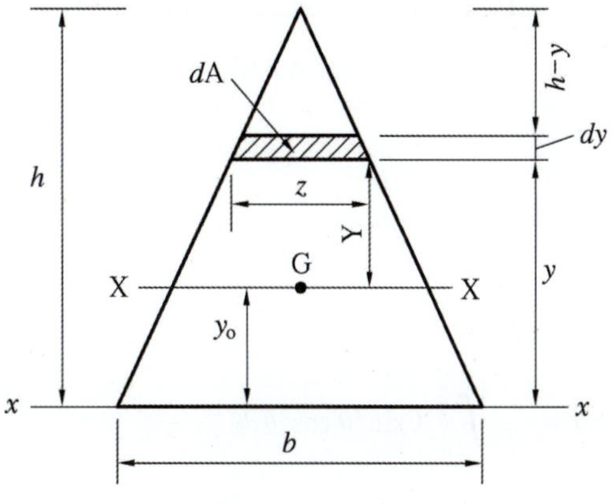

[그림 4.2.7]

풀이

$h : b = (h-y) : z$ $z = \frac{b}{h}(h-y)$ $dA = z\,dy = \frac{b}{h}(h-y)\,dy$

(1) x축에 대한 단면 2차 모멘트(I_x)

$$\therefore I_x = \int_A y^2 dA = \int_0^h y^2\left\{\frac{b}{h}(h-y)dy\right\}$$

$$= \frac{b}{h}\int_0^h (hy^2 - y^3)\,dy = \frac{b}{h}\left[\frac{hy^3}{3} - \frac{y^4}{4}\right]_0^h$$

$$= \frac{b}{h}\left(\frac{h^4}{3} - \frac{h^4}{4}\right) = \frac{bh^3}{12}$$

(2) X축에 대한 단면 2차 모멘트(I_X)

$$\therefore I_x = I_X + Ay_o^2$$

$$\therefore I_X = I_x - Ay_o^2 = \frac{bh^3}{12} - \frac{bh}{2} \times \left(\frac{h}{3}\right)^2 = \frac{bh^3}{12} - \frac{bh^3}{18} = \frac{bh^3}{36}$$

예제 4.2.3

[그림 4.2.8]과 같이 반지름이 r인 반원의 단면 2차 모멘트를 구하여라.

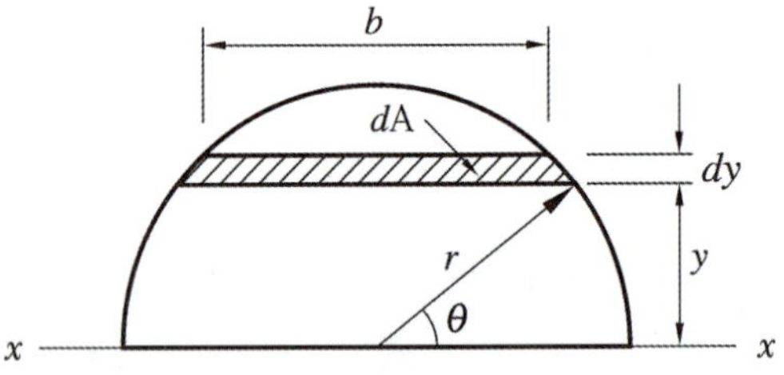

[그림 4.2.8]

풀이

$b = 2r\cos\theta$ $y = r\sin\theta$ $dy = r\cos\theta\ d\theta$

$dA = b\,dy = (2r\cos\theta)(r\cos\theta\ d\theta) = 2r^2\cos^2\theta\ d\theta$

$$I_x = \int_A y^2\,dA = \int_0^{\frac{\pi}{2}} y^2\,dA = \int_0^{\frac{\pi}{2}} (r\sin\theta)^2(2r^2\cos^2\theta\,d\theta)$$

$$= r^4\int_0^{\frac{\pi}{2}} 2\sin^2\theta\cos^2\theta\,d\theta = \frac{r^4}{2}\int_0^{\frac{\pi}{2}} 4\sin^2\theta\cos^2\theta\,d\theta$$

$$= \frac{r^4}{2}\int_0^{\frac{\pi}{2}}(2\sin\theta\cos\theta)^2\,d\theta = \frac{r^4}{2}\int_0^{\frac{\pi}{2}}(\sin 2\theta)^2\,d\theta$$

$$= \frac{r^4}{2}\int_0^{\frac{\pi}{2}}\frac{1}{2}(1-\cos 4\theta)\,d\theta = \frac{r}{4}\left[\theta - \frac{\sin 4\theta}{4}\right]_0^{\frac{\pi}{2}} = \frac{r^4}{4}\times\frac{\pi}{2} = \frac{\pi r^4}{8}$$

$\frac{1}{4}$원의 경우 $\therefore I_x = \frac{\pi r^4}{16}$

예제 4.2.4

[그림 4.2.9]와 같이 반지름이 r인 원의 단면 2차 모멘트를 구하여라.

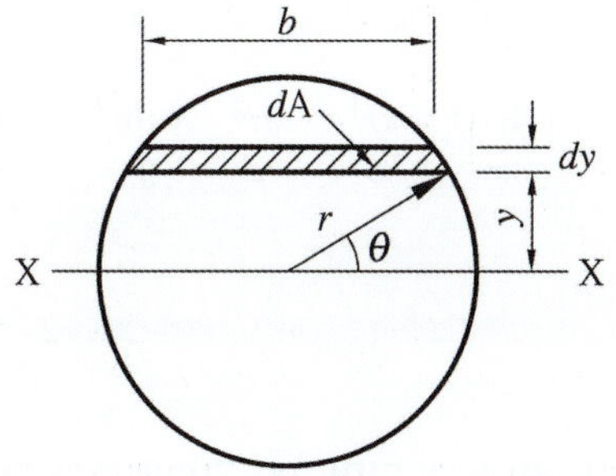

[그림 4.2.9]

풀이

$b = 2r\cos\theta \qquad y = r\sin\theta \qquad dy = r\cos\theta\ d\theta$

$dA = b\,dy = (2r\cos\theta)(r\cos\theta\ d\theta) = 2r^2\cos^2\theta\ d\theta$

$$I_X = \int_A y^2\,dA = 2\int_0^{\frac{\pi}{2}} y^2\,dA = 2\int_0^{\frac{\pi}{2}}(r\sin\theta)^2(2r^2\cos^2\theta\,d\theta)$$

$$= r^4\int_0^{\frac{\pi}{2}} 4\sin^2\cos^2\theta\,d\theta = r^4\int_0^{\frac{\pi}{2}}(2\sin\theta\cos\theta)^2\,d\theta$$

$$= r^4\int_0^{\frac{\pi}{2}}(\sin 2\theta)^2\,d\theta = r^4\int_0^{\frac{\pi}{2}}\frac{1}{2}(1-\cos 4\theta)\,d\theta$$

$$= \frac{r^4}{2}\left[\theta - \frac{\sin 4\theta}{4}\right]_0^{\frac{\pi}{2}} = \frac{r^4}{2}\times\frac{\pi}{2} = \frac{\pi r^4}{4}$$

지름이 d라고 하면, $I_X = \frac{\pi r^4}{4} = \frac{\pi\left(\frac{d}{2}\right)^2}{4} = \frac{\pi d^4}{64}$

예제 4.2.5

[그림 4.2.10]과 같이 반지름이 r인 반원의 도심축에 대한 단면 2차 모멘트를 구하여라.

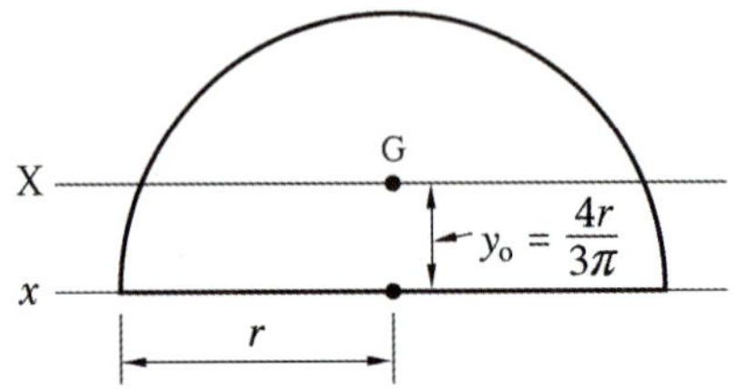

[그림 4.2.10]

풀이

$$I_x = I_X + A\ y_o^2$$

$$I_X = I_x - A\ y_o^2 = \left(\frac{\pi r^4}{8}\right) - \left(\frac{\pi r^2}{2}\right) \times \left(\frac{4r}{3\pi}\right)^2 = \frac{\pi r^4}{8} - \frac{\pi r^2}{2} \times \frac{16 r^2}{9\pi^2} = \frac{\pi r^4}{8} - \frac{8 r^4}{9\pi}$$

예제 4.2.6

[그림 4.2.11]과 같이 반지름이 r인 원의 단면 2차 극모멘트를 구하여라.

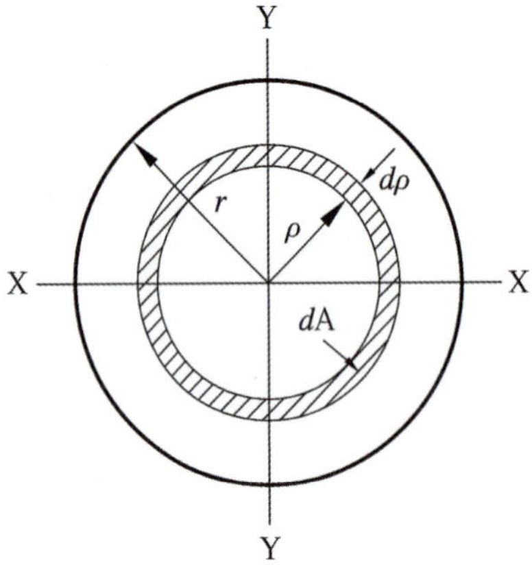

[그림 4.2.11]

풀이

$$dA = 2\pi\rho\ d\rho$$

$$I_p = \int_A \rho^2 dA = \int_0^r \rho^2 2\pi\rho\, d\rho$$

$$= 2\pi \int_0^r \rho^3 d\rho = 2\pi \left[\frac{\rho^4}{4}\right]_0^r = \frac{\pi r^4}{2}$$

지름을 d라고 하면

$$I_p = \frac{\pi}{2}\left(\frac{d}{2}\right)^4 = \frac{\pi d^4}{32}$$

원의 경우 $I_X = I_Y$이므로

$$I_p = I_X + I_Y = 2I_X = 2I_Y$$

$$\therefore\ I_X = I_Y = \frac{I_P}{2} = \frac{\pi r^4}{4} = \frac{\pi d^4}{64}$$

4.3 단면계수와 단면 2차 반지름(회전 반지름)

4.3.1 단면계수

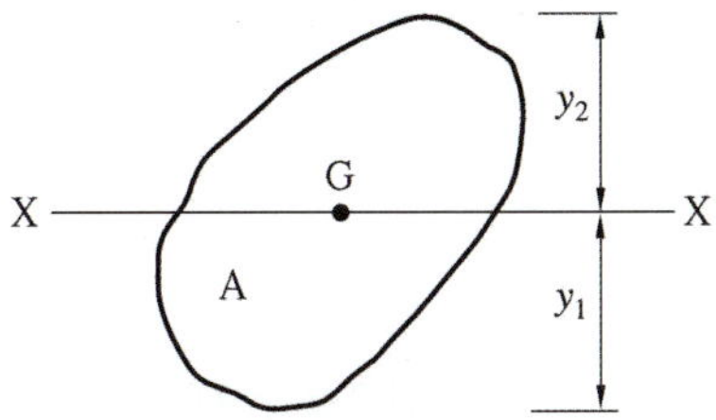

[그림 4.3.1]

[그림 4.3.1]과 같은 도형에서 도심을 지나는 축에 대한 단면 2차 모멘트를 도심에서 상・하단까지의 거리로 나눈 것을 단면계수(section modulus)라고 한다.

X축에 대한 단면계수 Z_t, Z_c는 다음 식과 같다.

$$\left.\begin{aligned} Z_t &= \frac{I_X}{y_1} \\ Z_c &= \frac{I_X}{y_2} \end{aligned}\right\} \qquad (4.3.1)$$

4.3.2 단면 2차 반지름

단면의 도심축을 지나는 단면 2차 모멘트를 단면적으로 나눈 값의 제곱근을 단면 2차 반지름(radius of gyration of area)이라고 한다. 실제로 구조물(기둥)을 설계할 때 사용되는 것은 주축의 최소 2차 반지름이다.

X, Y축에 대한 단면 2차 반지름 r_X, r_Y값은 식 (4.3.2)와 같다.

$$r_X = \sqrt{\frac{I_X}{A}}, \ r_Y = \sqrt{\frac{I_Y}{A}} \qquad (4.3.2)$$

여기서, 단위는 cm, m, ft로 표시한다.

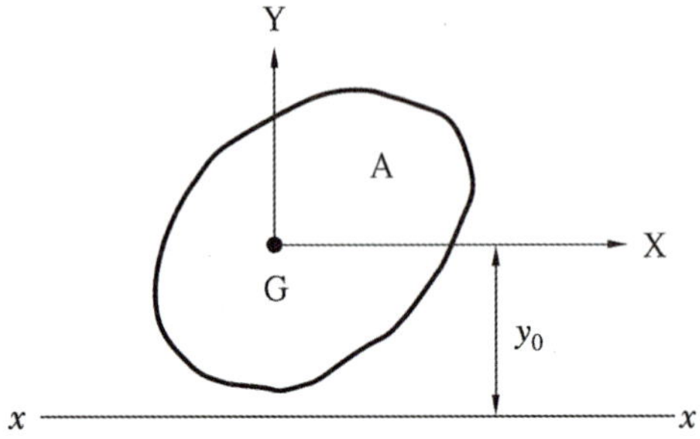

[그림 4.3.2]

[그림 4.3.2]에서 평행축 정리에 의한 단면 2차 반지름 r_x값은 식 (4.3.3)과 같다.

$$I_x = I_X + Ay_o^2 \qquad \frac{I_x}{A} = \frac{I_X}{A} + y_o^2$$

$$r_x^2 = r_X^2 + y_o^2$$

$$\therefore r_x = \sqrt{r_X^2 + y_o^2} \qquad (4.3.3)$$

예제 4.3.1

[그림 4.3.3]과 같은 I형 단면에서 도심 X축에 대한 단면계수와 회전 반지름을 구하여라.

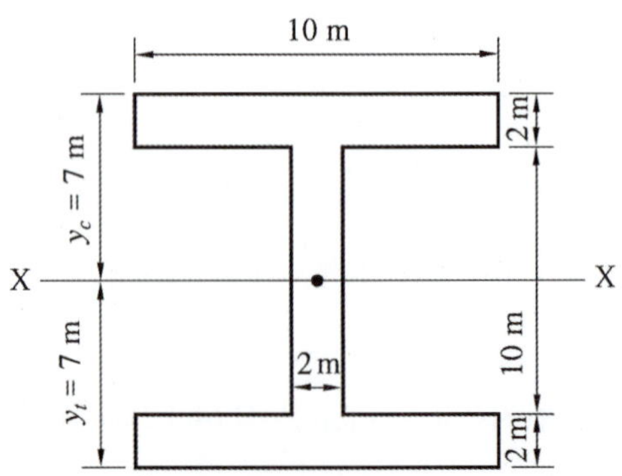

[그림 4.3.3]

풀이

도심축에 대한 단면 2차 모멘트

$$I_X = I_{X1} - 2I_{X2} = \frac{BH^3}{12} - 2 \times \frac{bh^3}{12}$$

$$= \frac{10 \times 14^3}{12} - 2 \times \frac{4 \times 10^3}{12}$$

$$= 2286.67 - 666.67 = 1{,}620\ \text{cm}^4$$

(1) 단면계수

$$Z_t = \frac{I_X}{y_t} = \frac{1{,}620}{7} = 231.43\ \text{cm}^3$$

(2) 회전 반지름

$$r_X = \sqrt{\frac{I_X}{A}} = \sqrt{\frac{1{,}620}{60}} = 5.2\ \text{cm}$$

예제 4.3.2

[그림 4.3.4]와 같은 T형 단면에서 도심 X 축에 대한 단면계수 및 회전 반지름을 구하여라.

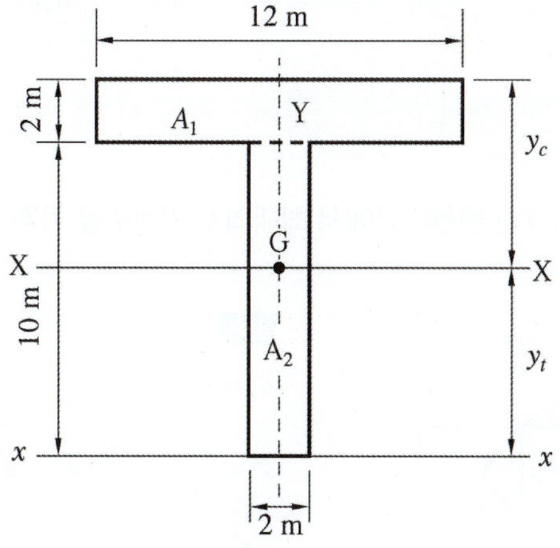

[그림 4.3.4]

풀이

(1) 도심거리

$$y_t = \frac{G_x}{\Sigma A} = \frac{A_1 y_1 + A_2 y_2}{A_1 + A_2} = \frac{(12 \times 2) \times (11) + (10 \times 2) \times (5)}{(12 \times 2) + (10 \times 2)} = 8.3\ \text{cm}$$

$$y_c = 12 - y_t = 3.7\ \text{cm}$$

(2) 단면 2차 모멘트

$$I_X = I_{X1} + I_{X2} = \left[\frac{(12)\times(3)^3}{12} + (12\times 2)\times(2.7)^2\right] + \left[\frac{(2)\times(10)^3}{12} + (2\times 10)\times(3.3)^2\right]$$

$$= 567.43\ \text{cm}^4$$

$$I_Y = \frac{(2)\times(12)^3}{12} + \frac{(10)\times(2)^3}{12} = 294.67\ \text{cm}^4$$

(3) 단면계수

$$Z_t = \frac{I_X}{y_t} = \frac{567.43}{8.3} = 68.36\ \text{cm}^3$$

$$Z_c = \frac{I_X}{y_c} = \frac{567.43}{3.7} = 153.36\ \text{cm}^3$$

(4) 회전 반지름

$$r_X = \sqrt{\frac{I_X}{A}} = \sqrt{\frac{567.43}{44}} = 3.6\ \text{cm}$$

(5) x 축의 단면 2차 모멘트

$$I_x = \frac{BH^3}{3} - 2\times\frac{bh^3}{3} = \frac{(12)\times(12)^3}{3} - 2\times\frac{(5)\times(10)^3}{3} = 3578.7\ \text{cm}^4$$

예제 4.3.3

[그림 4.3.5]와 같이 지름이 d인 원형단면에서 최대의 단면계수를 가지는 직사각형의 폭과 높이를 구하여라.

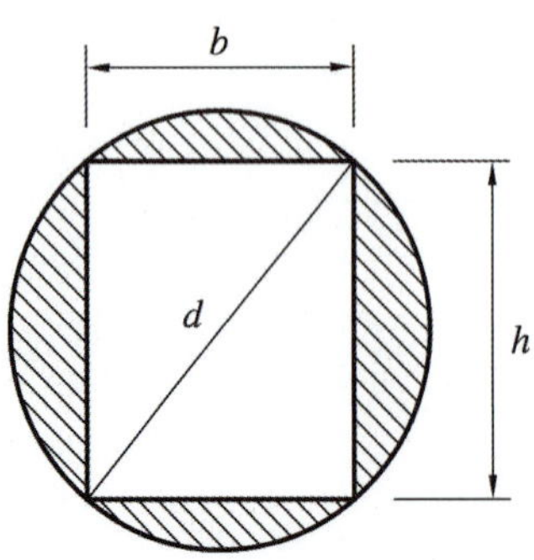

[그림 4.3.5]

풀이

$d_2 = b_2 + h_2$　　　$h_2 = d_2 - b_2$

$$Z = \frac{bh^2}{6} = \frac{b}{6}(d^2 - b^2) = \frac{d^2b - b^3}{6}$$

$$\frac{dZ}{db} = \frac{1}{6}(d^2 - 3b^2)$$

$\dfrac{dZ}{db} = 0$이므로　　$d^2 - 3b^2 = 0$

$$\therefore b = \frac{d}{\sqrt{3}} \qquad \therefore h = \frac{\sqrt{2}\,d}{\sqrt{3}}$$

4.4 | 단면상승 모멘트(관성상승 모멘트)

4.4.1 단면상승 모멘트

[그림 4.4.1]와 같이 면적이 A인 도형에서 직교좌표 X, Y 축으로부터 미소단면적까지의 거리 x, y를 미소단면적에 곱한 다음, 전단면적에 대하여 적분한 것을 단면상승 모멘트(product of inertia of area)라고 한다. 이것을 식으로 표시하면 단면상승 모멘트 I_{xy}는 식 (4.4.1)와 같다.

$$\begin{aligned} I_{xy} &= \int_A xy\, dA \\ &= \int_A xy\, dx\, dy \\ &= \int_{x_1}^{x_2} x\, dx \int_{y_1}^{y_2} y\, dy \end{aligned} \quad \cdots\cdots (4.4.1)$$

여기서, 단위는 cm^4, m^4, ft^4으로 표시한다.

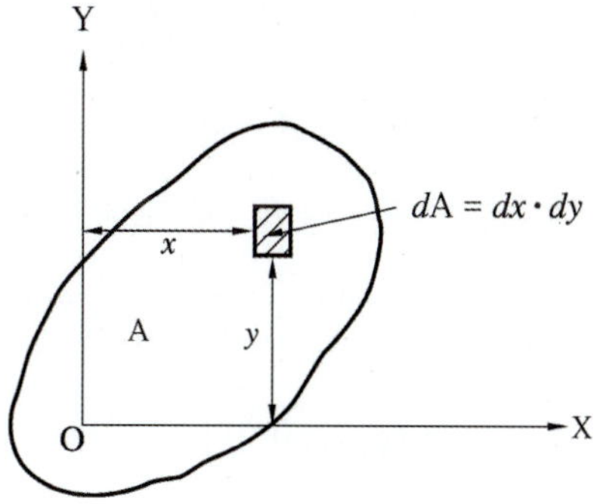

[그림 4.4.1]

[그림 4.4.2]에서

$$y = Y + y_o, \quad x = X + x_o \text{이면}$$

$$I_{xy} = \int_A xy\, dA$$
$$= \int_A (X + x_o)(Y + y_o)\, dA$$

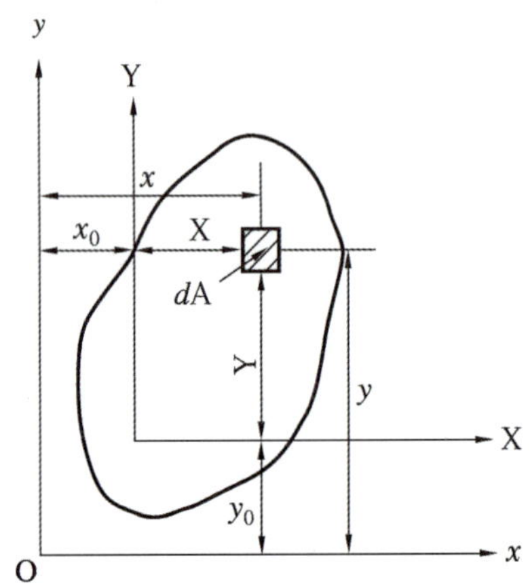

[그림 4.4.2]

4.4.2 평행축 정리(평행 이동축)에 의한 단면상승 모멘트

$$I_{xy} = \int_A XY\, dA + y_o \int_A X\, dA + x_o \int_A Y\, dA + x_o y_o \int_A dA$$
$$= I_{XY} + y_o G_Y + x_o G_X + A x_o y_o$$

$G_Y = G_X = 0$ (도심을 지나는 단면 1차 모멘트는 0이다.)

$\therefore\ I_{xy} = I_{XY} + A x_o y_o$ ······························ (4.4.2)

X나 Y축이 단면의 도심을 통과할 때 I_{XY} 는 0이다. 도형의 도심을 지나고 I_{XY}가 0이 되는 직교축을 그 단면의 주축이라고 한다.

예제 4.4.1

[그림 4.4.3]과 같은 직사각형 단면에 대해서 x, y축에 대한 단면상승 모멘트를 구하여라.

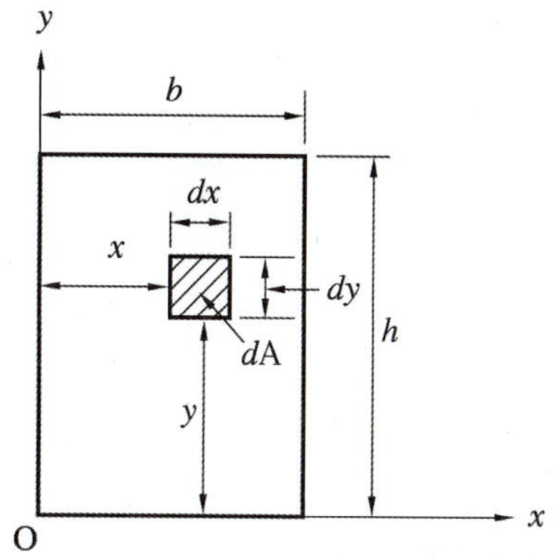

[그림 4.4.3]

풀이

$$I_{xy} = \int_A xy\,dA = \int_0^b \int_0^h xy\,dx\,dy = \int_0^b x\,dx \cdot \int_0^h y\,dy = \left[\frac{x^2}{2}\right]_0^b \times \left[\frac{y^2}{2}\right]_0^h = \frac{b^2h^2}{4}$$

예제 4.4.2

[그림 4.4.4]와 같은 L형 단면의 x, y축에 대한 단면상승 모멘트를 구하여라.

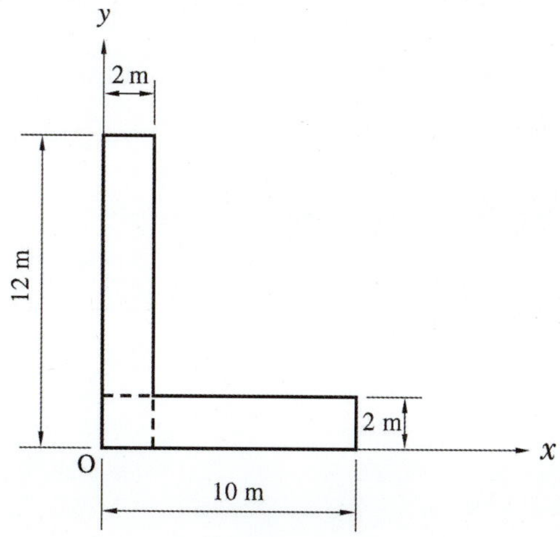

[그림 4.4.4]

풀이

$$I_{xy} = \frac{(12)^2 \times (2)^2}{4} + \frac{(10)^2 \times (2)^2}{4} - \frac{(2)^2 \times (2)^2}{4} = \frac{144 \times 4}{4} + \frac{100 \times 4}{4} - \frac{4 \times 4}{4}$$

$$= 144 + 100 - 4 = 240\ \text{cm}^4$$

예제 4.4.3

[그림 4.4.5]와 같은 삼각형의 x, y축에 대한 상승 모멘트 I_{XY}를 구하여라.

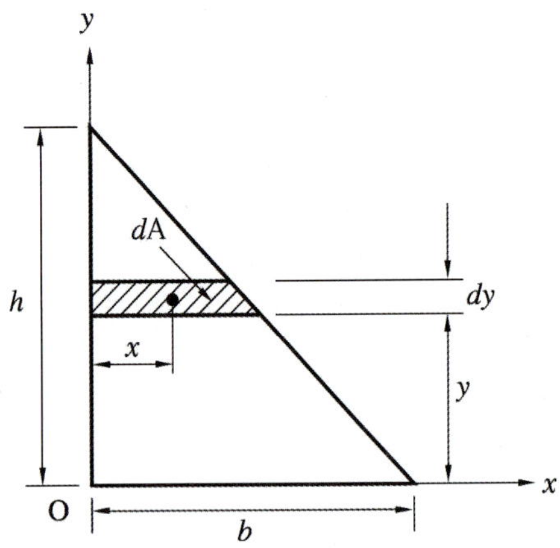

[그림 4.4.5]

풀이

$$x = \frac{b(h-y)}{2h}$$

$$dA = 2x\,dy = \frac{b(h-y)}{h}dy$$

$$I_{XY} = \int_A xy\,dA = \int_0^h \frac{b(h-y)}{2h} y \frac{b(h-y)}{h} dy$$

$$= \frac{b^2}{2h^2}\int_0^h (h-y)^2\ ydy = \frac{b^2h^2}{24}$$

4.5 주축과 주단면 2차 모멘트

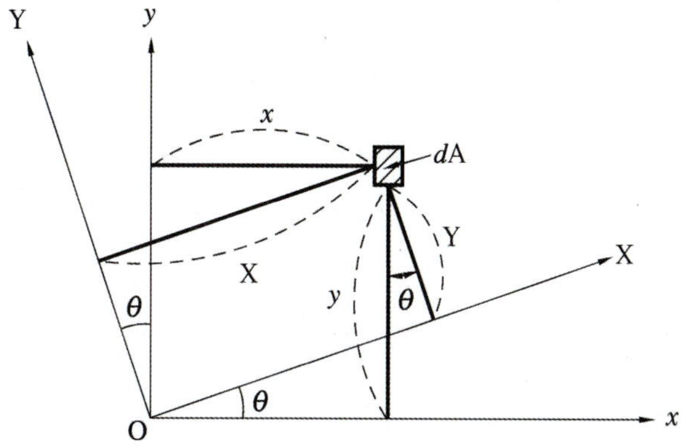

[그림 4.5.1]

[그림 4.5.1]에서

$$X = x\cos\theta + y\sin\theta \qquad Y = y\cos\theta - x\sin\theta$$

4.5.1 단면 좌표축의 회전

[1] X, Y 축의 단면 1차 모멘트(G_X, G_Y)

$$\left.\begin{aligned} G_X &= \int_A Y\,dA = \int_A (y\cos\theta - x\sin\theta)\,dA \\ &= G_x\cos\theta - G_y\sin\theta \\ G_Y &= \int_A X\,dA = \int_A (x\cos\theta + y\sin\theta)\,dA \\ &= G_y\cos\theta + G_x\sin\theta \end{aligned}\right\} \quad \cdots\cdots (4.5.1)$$

[2] X, Y 축의 단면 2차 모멘트(I_X, I_Y)

$$\left.\begin{aligned} I_X &= \int_A Y^2\, dA = \int_A (y\cos\theta - x\sin\theta)^2 dA \\ &= I_x\cos^2\theta + I_y\sin^2\theta - I_{xy}\sin 2\theta \\ &= \frac{1}{2}(I_x + I_y) + \frac{1}{2}(I_x - I_y)\cos 2\theta - I_{xy}\sin 2\theta \\ I_Y &= \int_A X^2\, dA = \int_A (x\cos\theta + y\sin\theta)^2 dA \\ &= I_x\sin^2\theta + I_y\cos^2\theta + I_{xy}\sin 2\theta \\ &= \frac{1}{2}(I_x + I_y) - \frac{1}{2}(I_x - I_y)\cos 2\theta + I_{xy}\sin 2\theta \end{aligned}\right\} \quad \cdots\cdots (4.5.2)$$

[3] X, Y 축의 단면상승 모멘트(I_{XY})

$$\begin{aligned} I_{XY} &= \int_A XY\, dA = \int_A (x\cos\theta + y\sin\theta)(y\cos\theta - x\sin\theta)\, dA \\ &= \int_A \{(y^2 - x^2)\sin\theta\cos\theta + xy(\cos^2\theta - \sin^2\theta)\}\, dA \\ &= \frac{I_x - I_y}{2}\sin 2\theta + I_{xy}\cos 2\theta \quad \cdots\cdots (4.5.3) \end{aligned}$$

$\sin 2\theta = 2\sin\theta\cos\theta$, $\quad \cos^2\theta - \sin^2\theta = \cos 2\theta$

$\therefore\ I_X + I_Y = I_x + I_y = I_P$

$\therefore\ I_X I_Y - I_{XY}^2 = I_x I_y - I_{xy}^2$

4.5.2 주축

[그림 4.5.1]에서 x, y좌표축에 대한 임의의 좌표축을 X, Y라고 하면, 이 임의의 좌표축에 관한 단면 2차 모멘트가 극대 또는 극소로 될 때(직교좌표축의 회전에 따라 각각의 축에서 생긴 단면 2차 모멘트 $I_x + I_y$의 값은 일정), 이 두 축은 직교하게 되는데, 이러한 두 축을 **주축**(principal axis)이라고 한다. 이 두 주축에 관한 단면 상승 모멘트 값은 0이다. 즉, $I_{XY} = 0$이 되는 XY 축을 공액축(conjugate axis)이라고도 한다.

4.5.3 주단면 2차 모멘트

주축에 관한 단면 2차 모멘트를 주단면 2차 모멘트(principal moment of inertia)라고 한다. 주축에서 단면 2차 모멘트 관계식은 다음과 같다.

$$\therefore\ I_X + I_Y = I_x + I_y = I_P \quad \cdots\cdots ①$$

$$\therefore\ I_X I_Y - I_{XY}^2 = I_x I_y - I_{xy}^2 \quad \cdots\cdots ②$$

주축일 때 단면상승 모멘트 $I_{XY} = 0$이므로 식 ②는

$$\therefore\ I_X I_Y = I_x I_y - I_{xy}^2 \quad \cdots\cdots ③$$

식 ③에 $I_Y = (I_x + I_y) - I_X$을 대입하면

$$I_X[(I_x + I_y) - I_X] = I_x I_y - I_{xy}^2$$

$$I_X^2 - (I_x + I_y) I_X + (I_x I_y - I_{xy}^2) = 0$$

$$\therefore I_X = \frac{1}{2}(I_x + I_y) \pm \frac{1}{2}\sqrt{(I_x - I_y)^2 + 4I_{xy}^2} \quad \cdots\cdots (4.5.4\ a)$$

같은 방법에 의해 I_Y를 구하면,

$$\therefore\ I_Y = \frac{1}{2}(I_x + I_y) \pm \frac{1}{2}\sqrt{(I_x - I_y)^2 + 4I_{xy}^2} \quad \cdots\cdots\cdots (4.5.4\ b)$$

[1] 최대, 최소 주단면 2차 모멘트(I_{max}, I_{min})

$$\left.\begin{aligned} I_{max} &= I_X = \frac{1}{2}(I_x + I_y) + \frac{1}{2}\sqrt{(I_x - I_y)^2 + 4I_{xy}} \\ I_{min} &= I_Y = \frac{1}{2}(I_x + I_y) - \frac{1}{2}\sqrt{(I_x - I_y)^2 + 4I_{xy}} \end{aligned}\right\} \quad \cdots\cdots\cdots (4.5.5)$$

[2] 주축의 방향

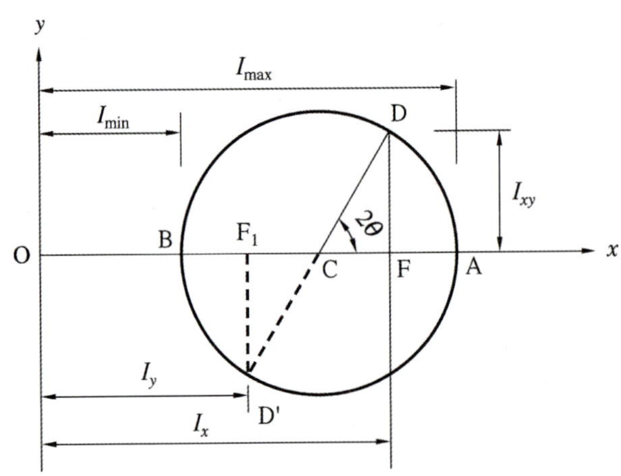

[그림 4.5.2]

$$I_X = I_x\cos^2\theta + I_y\sin^2\theta - I_{xy}\sin 2\theta$$

$$\begin{aligned} \frac{dI_X}{d\theta} &= -2I_x\cos\theta\sin\theta + 2I_y\sin\theta\cos\theta - 2I_{xy}\cos 2\theta \\ &= (I_y - I_x)\sin 2\theta - 2I_{xy}\cos 2\theta = 0 \end{aligned}$$

$$\therefore\ \tan 2\theta = -\frac{2I_{xy}}{I_x - I_y} = \frac{2I_{xy}}{I_y - I_x} \quad \cdots\cdots\cdots (4.5.6)$$

$$I_{max} = \mathrm{OC} + \mathrm{CD} = \mathrm{OF} - \mathrm{CF} + \mathrm{CD}$$

$$= I_x - \frac{I_x - I_y}{2} + \sqrt{\frac{1}{4}(I_x - I_y)^2 + I_{xy}^2}$$

$$= \frac{1}{2}(I_x + I_y) + \frac{1}{2}\sqrt{(I_x - I_y)^2 + 4I_{xy}^2} \quad \cdots\cdots (4.5.7)$$

[3] 모어의 원(Mohr's circle)에 의한 주단면 2차 모멘트(I_{max}, I_{min})

$$I_{min} = \mathrm{OC} - \mathrm{CD} = \mathrm{OF} - \mathrm{CF} - \mathrm{CD}$$

$$= I_x - \frac{I_x - I_y}{2} - \sqrt{\frac{1}{4}(I_x - I_y)^2 + I_{xy}^2}$$

$$= \frac{1}{2}(I_x + I_y) - \frac{1}{2}\sqrt{(I_x - I_y)^2 + 4I_{xy}^2}$$

$$\tan 2\theta = \frac{\mathrm{DF}}{\mathrm{CF}} = -\frac{2I_{xy}}{I_x - I_y} \quad \cdots\cdots (4.5.8)$$

4.6 주단면 2차 반지름과 관성타원

4.6.1 주단면 2차 반지름

주축에 대한 주단면 2차 모멘트를 단면적으로 나눈 제곱근을 주단면 2차 반지름(principal radius of gyration of area)이라고 한다.

[1] 최대, 최소 주단면 2차 반지름 K_1, K_2

$$\left.\begin{aligned} K_1 &= \sqrt{\frac{I_{max}}{A}} \\ K_2 &= \sqrt{\frac{I_{min}}{A}} \end{aligned}\right\} \quad \cdots\cdots (4.6.1)$$

4.6.2 관성타원

[그림 4.6.1]에서 주단면 2차 반지름 최대, 최소를 반지름으로 하는 타원을 관성타원(ellipse of inertia area)이라고 한다.

[1] 타원방정식

$$\frac{X^2}{{K_2}^2} + \frac{Y^2}{{K_1}^2} = 1 \quad (XY\text{축이 주축일 때}) \quad \cdots\cdots (4.6.2)$$

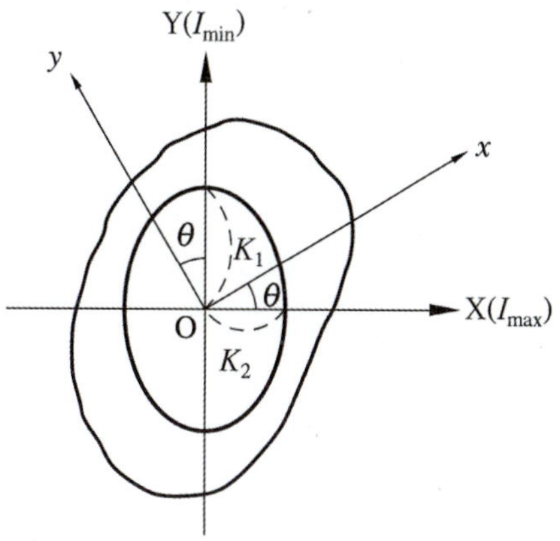

[그림 4.6.1]

예제 4.6.1

[그림 4.6.2]와 같은 L형 단면에서 O지점을 원점으로 하는 주축과 주단면 2차 모멘트를 구하고, 도심을 지나는 주축에 대한 주단면 2차 모멘트와 최소 회전 반지름을 구하여라.

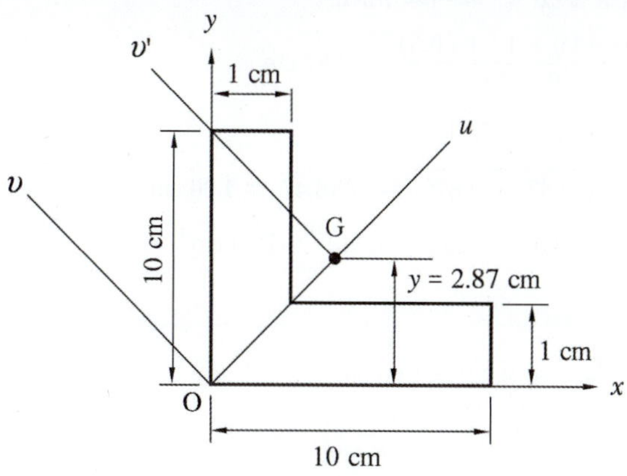

[그림 4.6.2]

풀이

(1) x, y축에 대한 단면 2차 모멘트와 단면상승 모멘트

$$I_x = I_y = \frac{1\times 10^3}{3} + \frac{9\times 1^3}{3} = 336.3\ \text{cm}^4$$

$$I_{xy} = \frac{1^2\times 10^2}{4} + \frac{1^2\times 10^2}{4} - \frac{1^2\times 1^2}{4} = 49.75\ \text{cm}^4$$

(2) 주축의 방향

$$\tan 2\alpha = \frac{2I_{xy}}{I_y - I_x} = \frac{2 \times 49.75}{336.3 - 336.3} = \infty$$

$\therefore 2\alpha = 90°$ $\qquad \therefore \alpha = 45°$

(3) 주단면 2차 모멘트

$$I_u = \frac{1}{2}\left\{(I_x + I_y) - \sqrt{(I_x - I_y)^2 + 4I_{xy}{}^2}\right\}$$

$$= \frac{1}{2}\left\{(336.3 + 336.3) - \sqrt{(336.3 - 336.3)^2 + 4(49.75)^2}\right\}$$

$$= 286.6 \text{ cm}^4$$

$$I_v = \frac{1}{2}\left\{(I_x + I_y) + \sqrt{(I_x - I_y)^2 + 4I_{xy}{}^2}\right\}$$

$$= \frac{1}{2}\left\{(336.3 + 336.3) + \sqrt{(336.3 - 336.3)^2 + 4(49.75)^2}\right\}$$

$$= 386.2 \text{ cm}^4$$

(4) 도심을 지나는 주축에 대한 주단면 2차 모멘트

도심의 위치는 u 축상에 있고 그 좌표 y값은

$$y = \frac{(10 \times 1) \times (5) + (9 \times 1) \times (0.5)}{(10 \times 1) + (9 \times 1)} = 2.87 \text{ cm} = x$$

따라서, 원점 O에서 도심 G까지의 거리는

$$\mathrm{OG} = \sqrt{x^2 + y^2} = \sqrt{2.87^2 + 2.87^2} = \sqrt{16.47} = 4.06 \text{ cm}$$

$$\therefore I_v' = I_v - A(\mathrm{OG})^2 = 386.1 - 19 \times (4.06)^2 = 72.9 \text{ cm}^4$$

(5) 최소 2차 반지름

$$r = \sqrt{\frac{I_v'}{A}} = \frac{\sqrt{72.9}}{19} = \sqrt{3.84} = 1.96 \text{ cm}$$

4.7 파푸스의 정리

4.7.1 제 1정리(표면적에 대한 정리)

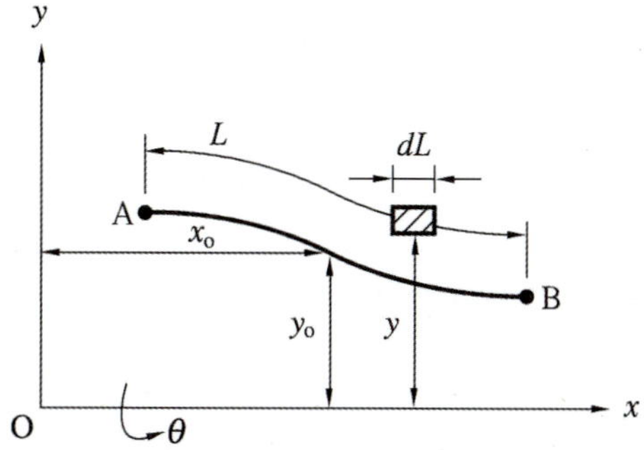

[그림 4.7.1]

$$\text{표면적} = \frac{\text{축을중심으로한}}{\text{회전각}} \times \frac{\text{좌표축에서곡선}}{\text{중심까지의거리}} \times \text{곡선길이}$$

[그림 4.7.1]과 같이 평면에 놓인 곡선을 어떤 축을 중심으로 회전시켰을 때 표면적은 그 곡선의 길이에 곡선 도심의 이동거리를 곱한 값과 같다.

$$A = \int_L 2\pi y \, dL \ (X\text{축을 중심으로 회전})$$

$$\therefore \ A = 2\pi y_0 L = \theta y_0 L \qquad (4.7.1)$$

4.7.2 제 2정리(체적에 대한 정리)

[그림 4.7.2]와 같은 도형의 면적이 어떤 축을 중심으로 회전했을 때 생기는 회전체의 부피는 그 도형의 넓이에 면적의 도심이 이동한 거리를 곱한 값과 같다.

$$\text{체적} = \frac{\text{축을중심으로한}}{\text{회전각}} \times \frac{\text{좌표축에서면적의}}{\text{도심까지의거리}} \times \text{면적}$$

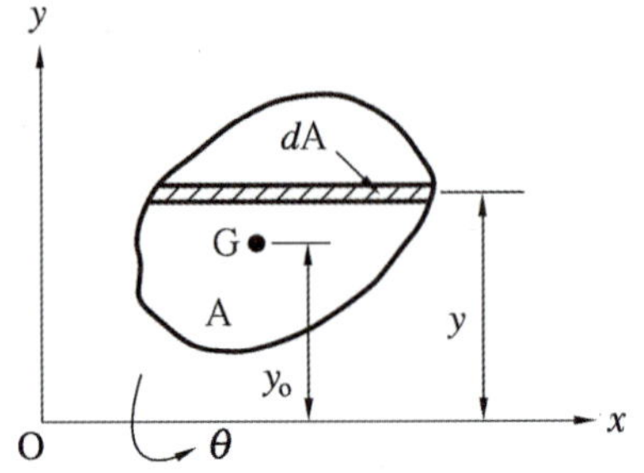

[그림 4.7.2]

$$V = \int_A 2\pi y\, dA \ (X축을\ 중심으로\ 회전)$$

$$\therefore \ V = 2\pi y_o A = \theta y_o A \quad \cdots\cdots (4.7.2)$$

예제 4.7.1

[그림 4.7.3]과 같은 물체를 X축으로 회전시켰을 경우 체적을 구하여라.

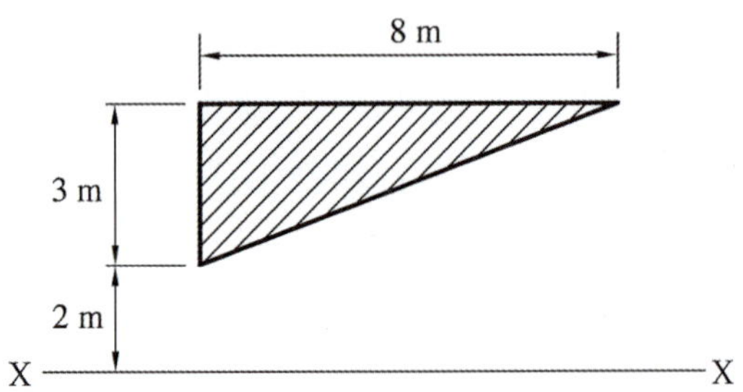

[그림 4.7.3]

풀이

$$S = 8 \times 3 \times \frac{1}{2} = 12\ \text{cm}^2$$

$$y_0 = 2 + 3 \times \frac{2}{3} = 4\ \text{cm}$$

$$V = 2\pi y_o S = 2\pi \times 4 \times 12 = 216.8\ \text{cm}^3$$

(파푸스의 제 2정리)

4.8 | 여러 가지 평면도형의 성질

[표 4.8.1] 여러 가지 평면도형의 성질

단면	단면적 (A)	도심의 거리(y)	단면 2차 모멘트(I)	단면계수 (Z)	단면 2차 반지름(r)
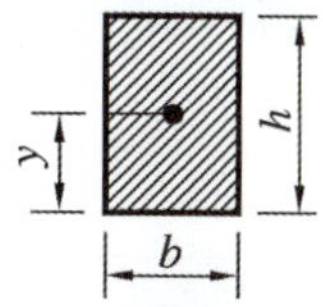	bh	$\frac{h}{2}$	$\frac{bh^3}{12}$	$\frac{bh^2}{6}$	$\frac{h}{\sqrt{12}}=0.2887h$
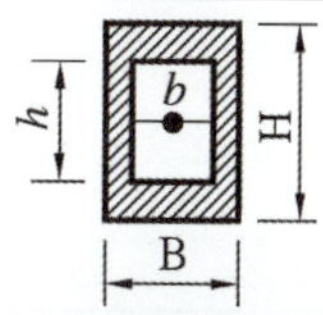	$BH-bh$	$\frac{H}{2}$	$\frac{BH^3-bh^3}{12}$	$\frac{BH^3-bh^3}{6H}$	$\sqrt{\frac{BH^3-bh^3}{12(BH-bh)}}$
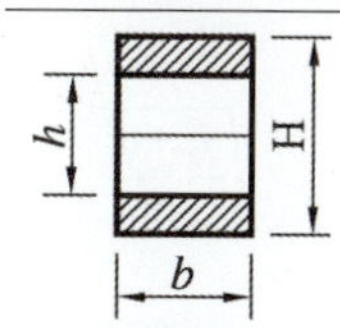	$b(H-h)$	$\frac{H}{2}$	$\frac{b}{12}(H^3-h^3)$	$\frac{b}{6H}(H^3-h^3)$	$\sqrt{\frac{H^2-Hh+h^2}{12}}$
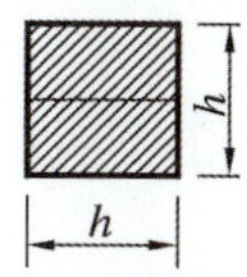	h^2	$\frac{h}{2}$	$\frac{h^4}{12}$	$\frac{h^3}{6}$	$\frac{h}{\sqrt{12}}=0.2887h$
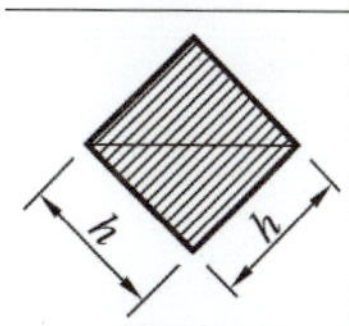	h^2	$\frac{h}{\sqrt{2}}=0.7071h$	$\frac{h^4}{12}$	$\frac{h^3}{6\sqrt{2}}=0.1179h^3$	$\frac{h}{\sqrt{12}}=0.2887h$
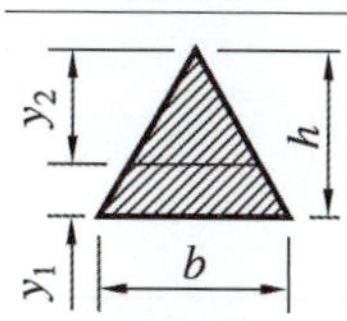	$\frac{bh}{2}$	$y_1=\frac{h}{3}$ $y_2=\frac{2h}{3}$	$\frac{bh^3}{36}$	$z_1=\frac{bh^2}{12}$ $z_2=\frac{bh^2}{24}$	$\frac{h}{3\sqrt{12}}=0.2357h$
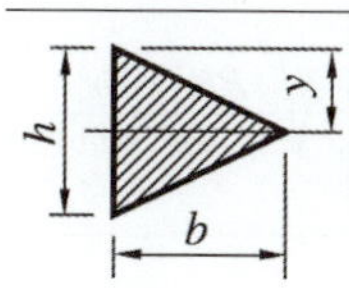	$\frac{bh}{2}$	$\frac{h}{2}$	$\frac{bh^3}{48}$	$\frac{bh^2}{24}$	$\frac{h}{24}=0.20417h$

단면	단면적 (A)	도심의 거리(y)	단면 2차 모멘트(I)	단면계수 (Z)	단면 2차 반지름(r)
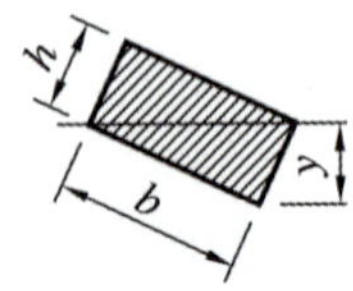	bh	$\frac{bh}{\sqrt{b^2+h^2}}$	$\frac{b^3h^3}{6(b^2+h^2)}$	$\frac{b^2h^2}{6\sqrt{b^2+h^2}}$	$\frac{bh}{6(b^2+h^2)}$
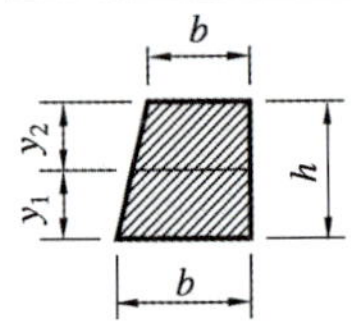	$(b+b_1)\frac{h}{2}$	$y_1=\frac{b+2b_1}{b+b_1}\times\frac{h}{3}$ $y_2=\frac{2b+2b_1}{b+b_1}\times\frac{h}{3}$	$\frac{b^2+4bb_1+b_1^2}{36(b+b_1)}h^2$	$z_2=\frac{b^2+4bb_1+b_1^2}{12(2b+b_1)}h^2$	$\frac{\sqrt{b^2+4bb_1+b_12}}{6(b+b_1)}\times\sqrt{2}h$
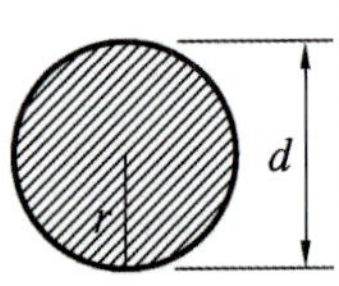	$\pi r^2=\frac{\pi d^2}{4}$	$r=\frac{d}{2}$	$\frac{\pi r^4}{4}$ $=0.7854r^4$ $=\frac{\pi d^4}{64}$ $=0.0491d^4$	$\frac{\pi r^3}{4}$ $=0.7854r^3$ $=\frac{\pi d^3}{32}$ $=0.0982d^3$	$\frac{r}{2}=\frac{d}{4}$
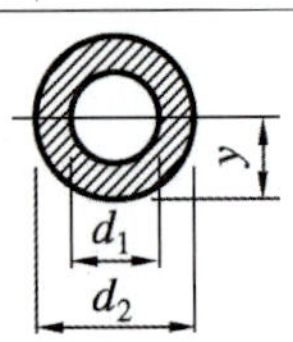	$\frac{\pi}{4}(d_2^2-d_1^2)$	$\frac{d_2}{2}$	$\frac{\pi}{64}(d_2^4-d_1^4)$	$\frac{\pi}{32}\frac{d_1^4-d_1^2}{d_2}$	$\sqrt{\frac{d_2^2+d_1^2}{16}}$
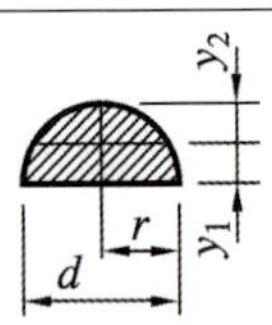	$\frac{\pi r^2}{2}=\frac{\pi d^2}{8}$	$y_1=\frac{4r}{3\pi}=0.4244r$ $y_2=\frac{(3\pi-4)r}{3\pi}$ $=0.5756r$	$\left(\frac{\pi}{8}-\frac{8}{9\pi}\right)r^4$ $=0.1098r^4$ $=0.00686d^4$	$z_1=0.2587r^3$ $z_2=0.1908r^3$	$0.2643r=0.1322d$
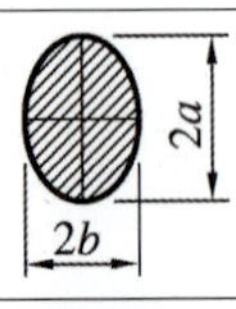	πab	a	$\frac{\pi ab^3}{4}$ $=0.7854ba^3$	$\frac{\pi ab^2}{4}=0.7854ba^2$	$\frac{a}{2}$
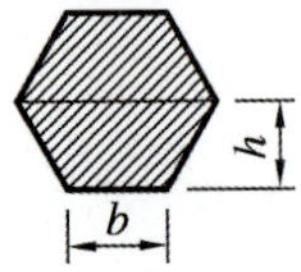	$\frac{3\sqrt{3}}{2}b^2$ $=2.598b^2$	$\frac{\sqrt{3}}{2}b=0.866b$	$\frac{5\sqrt{3}}{16}b^4$ $=0.541b^4$	$\frac{5}{8}b^3=0.625b^3$	$\sqrt{\frac{5}{24}}b=0.4564b$
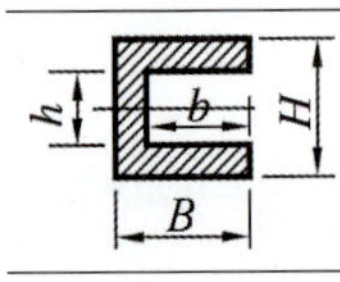	$BH-bh$	$\frac{H}{2}$	$\frac{1}{12}(BH^3-bh^3)$	$\frac{1}{bh}(BH^3-bh^3)$	$\sqrt{\frac{BH^3-bh^3}{12(HB-hb)}}$

단면	단면적 (A)	도심의 거리(y)	단면 2차 모멘트(I)	단면계수 (Z)	단면 2차 반지름(r)
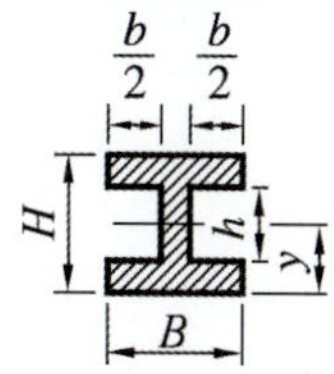	$BH-bh$	$\frac{H}{2}$	$\frac{1}{12}(BH^3-bh^3)$	$\frac{1}{bh}(BH^3-bh^3)$	$\sqrt{\frac{BH^3-bh^3}{12(HB-hb)}}$
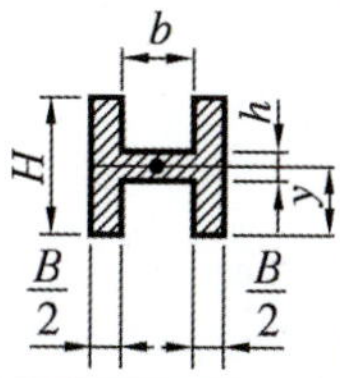	$BH+bh$	$\frac{H}{2}$	$\frac{1}{12}(BH^3+bh^3)$	$\frac{1}{6H}(BH^3+bh^3)$	$\sqrt{\frac{BH^3+bh^3}{12(HB+hb)}}$

연·습·문·제

01 [P 그림 4.1]과 같은 단면에서 도심 x_0, y_0를 구하여라.

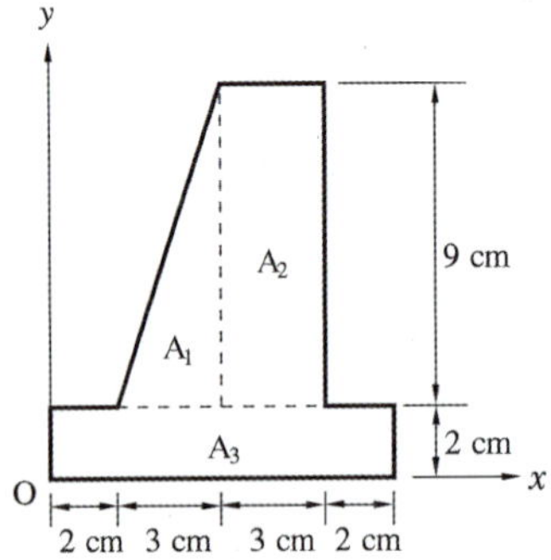

[P 그림 4.1]

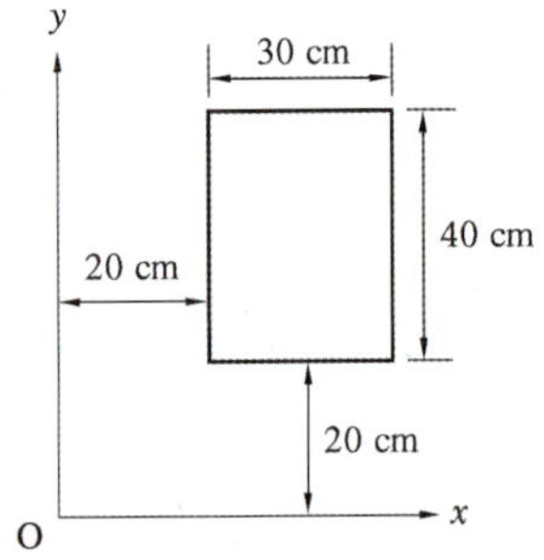

[P 그림 4.2]

정답 $x_0 = 5.45$ cm, $y_0 = 4.35$ cm

02 [P 그림 4.2]와 같은 단면에서 x, y 축에 대한 단면 2차 극모멘트 I_P를 구하여라.

정답 $I_P = 364 \times 10^4$ cm^4

03 [P 그림 4.3]에서 단면상승 모멘트에 대한 평행이동축 정리에 대하여 설명하여라.

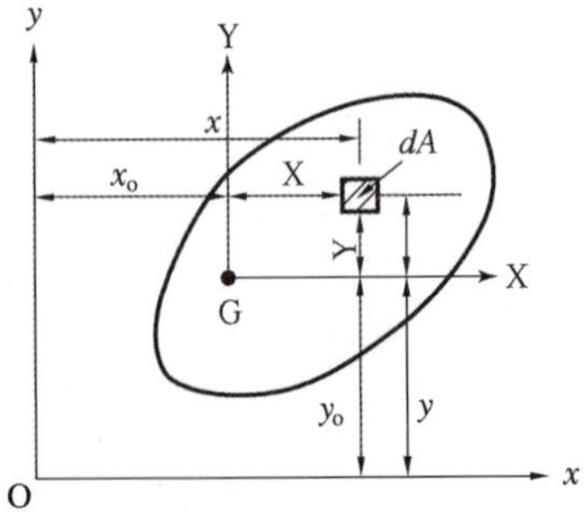

[P 그림 4.3]

정답 $I_{xy} = I_{XY} + A_{xoyo}$

04 [P 그림 4.4]와 같은 T형 단면에서 도심축에 대한 단면 2차 모멘트, 단면계수, 회전 반지름을 구하여라.

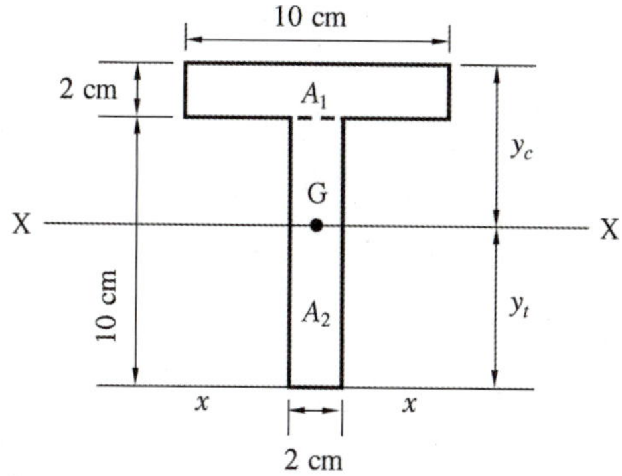

[P 그림 4.4]

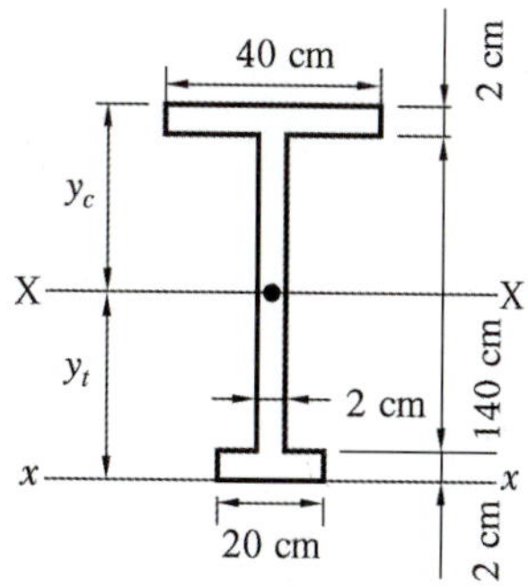

[P 그림 4.5]

정답 $y_t = 8\text{ cm}$, $I_X = 533.3\text{ cm}^4$, $Z_t = 66.68\text{ cm}^3$

$r_x = 3.65\text{ cm}$

05 [P 그림 4.5]와 같은 I 형 강 단면에서 도심축에 대한 단면 2차 모멘트 I_X, I_Y와 회전 반지름 r_x, r_y를 구하여라.

정답 $y_t = 79.1\text{ cm}$, $I_X = 1{,}042{,}129\text{ cm}^4$, $I_Y = 12{,}093\text{ cm}^4$

$r_x = 51.0\text{ cm}$, $r_y = 5.5\text{ cm}$

CHAPTER

05

구조물의 개론

CONTENTS

5.1 개요

구조물은 인장, 압축 및 휨을 받는 직선부재와 곡선부재로 결합된 상부 구조물과 상부 구조물을 지지하고 있는 하부 구조물로 구성되어 있다. 상부구조에서 직선부재로 결합된 구조물로는 보, 라멘, 트러스 등이 있으며, 곡선부재로는 아치 구조물이 있다. 그리고 하부 구조물로는 교대, 교각 등이 있으며 이 하부 구조물은 상부 구조물에 작용하는 외력과 자중을 기초지반에 전달하는 역할을 한다. 특히 구조물에 외력이 작용하여 힘을 전달시키는 과정에서 구조물을 구성하고 있는 부재에 응력과 변형이 생긴다. 정확한 구조물 설계를 위해서 응력 해석차원에서 정역학적 힘의 평형방정식 3조건만으로 구조해석을 할 수 있는 정정 구조물과 평형방정식 3조건만으로는 구조해석을 할 수 없는 부정정 구조물로 나누어진다.

5.2 정정 구조물

단면에 비하여 길이가 긴 직선부재를 지점에 연결하여 그 축선에 수직방향으로 작용하는 외력을 지지할 수 있도록 수평으로 이루어져 휨을 받는 부재를 **보**(beam)라고 하고 휨과 전단을 제외한 축력만 받는 부재를 트러스, 축력에서 압축력은 전혀 받을 수 없고 인장만 받을 수 있는 부재를 케이블이라고 한다. 그리고 축력, 전단력 및 휨을 받을 수 있는 임의의 형태의 구조물을 라멘이라고 하며 부재가 곡선으로 이루어진 부재를 아치 또는 곡선보라 한다.

5.2.1 정정보의 종류

[1] 단순보

[그림 5.2.1(a)]와 같이 한단이 회전지점(hinge), 타단은 이동지점(roller)으로 지지하고 있는 보를 단순보(simple beam)라고 한다.

[2] 캔틸레버

[그림 5.2.1(b)]와 같이 한단이 고정지점이고, 타단이 자유단인 보를 내다지보 또는 캔틸레버(cantilever)라고 한다.

[3] 내민보

[그림 5.2.1(c), (d)]와 같이 2개 지점의 지지상태가 단순보와 같으나, 지점에서 한 방향이나 또는 양 방향으로 부재 길이가 내민 부분을 내민보(overhanging beam)라고 한다.

[4] 게르버보

[그림 5.2.1(e), (f), (g)]와 같이 지점반력수가 4개 이상인 부정정보를 힘의 평형방정식으로 지점반력을 구할 수 있도록 힌지를 넣어서 정정보로 만든 보를 게르버보(Gerber's beam)라고 한다. 게르버보는 연속보에 비해 응력해석이 용이할 뿐만 아니라 지점침하에 대한 영향이 적어 연약지반에서 가설할 수 있는 특성이 있다. 그리고 (+), (−) 모멘트를 같게 하여 등단면설계를 함으로써 경제적인 이점이 있다.

[5] 곡선보

[그림 5.2.1(h)]와 같이 곡선으로 이루어진 보를 **곡선보**(curved beam)라고 한다.

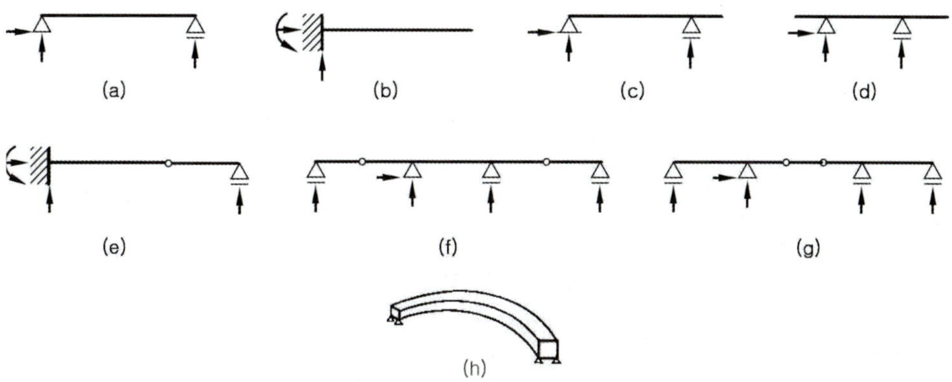

[그림 5.2.1] 정정보의 종류

5.2.2 트러스의 종류

[1] 상로 트러스 : 하중이 상현재에 작용하는 트러스 – [그림 5.2.2(a)~(c)]

[2] 하로 트러스 : 하중이 하현재에 작용하는 트러스 – [그림 5.2.2(d)~(h)]

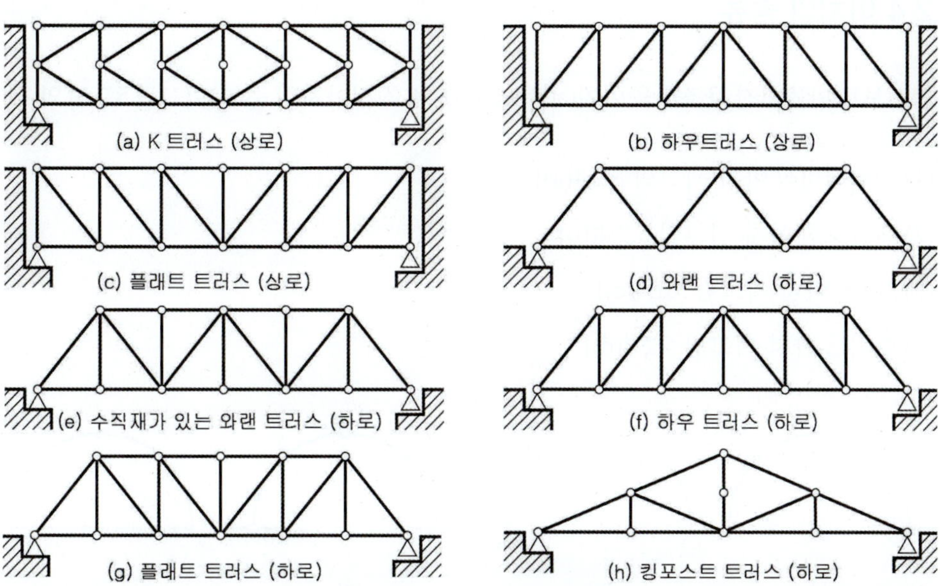

[그림 5.2.2] 트러스의 종류

5.2.3 라멘의 종류

(1) 캔틸레버계 라멘 – [그림 5.2.3(a)]

(2) 단순보계 라멘 – [그림 5.2.3(b)]

(3) 3이동지점 라멘 – [그림 5.2.3(c)]

(4) 3활절 라멘 – [그림 5.2.3(d)]

(5) 합성라멘 – [그림 5.2.3(e)]

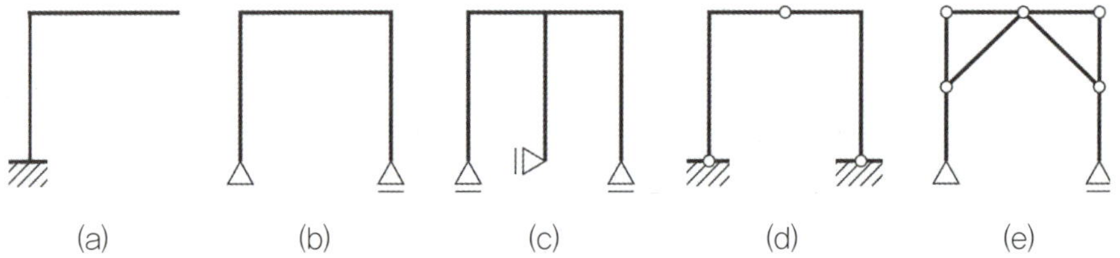

[그림 5.2.3] 라멘의 종류

5.2.4 아치의 종류

곡선보로 만들어진 구조물을 아치(arch)라고 하며, 정정아치의 종류는 [그림 5.2.4] 와 같다.

(1) 캔틸레버식 아치 – [그림 5.2.4(a)]

(2) 단순보식 아치 – [그림 5.2.4(b)]

(3) 3활절 아치 – [그림 5.2.4(c)]

(4) 타이드 아치 – [그림 5.2.4(d)]

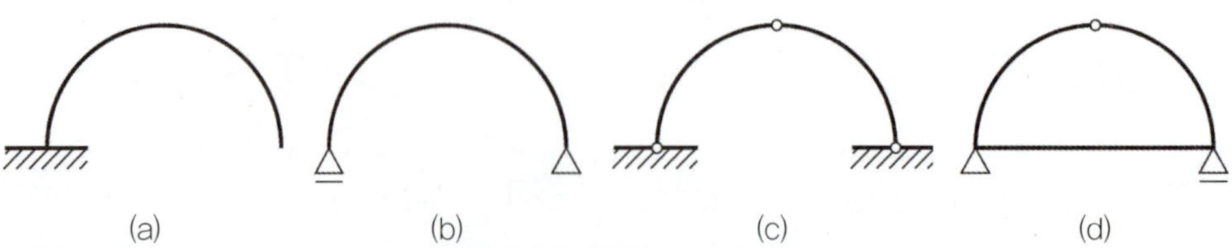

[그림 5.2.4] 정정아치의 종류

5.2.5 케이블의 종류

(1) 집중하중을 받는 케이블 – [그림 5.2.5 (a)]

(2) 등분포하중을 받는 케이블 – 포물선([그림 5.2.5 (b)])

(3) 등분포하중을 받는 케이블 – 현수선([그림 5.2.5 (c)])

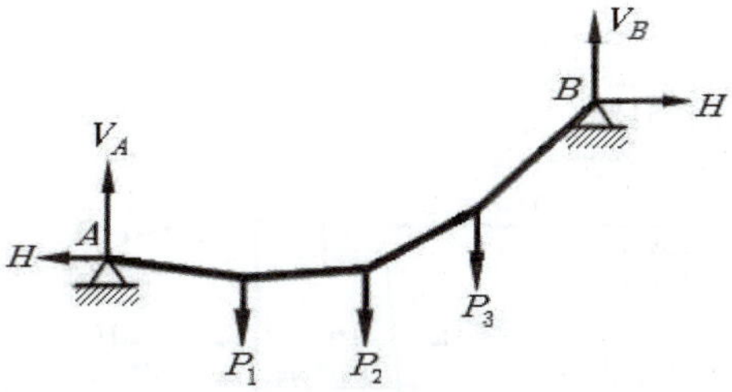

(a) 집중하중을 받는 케이블

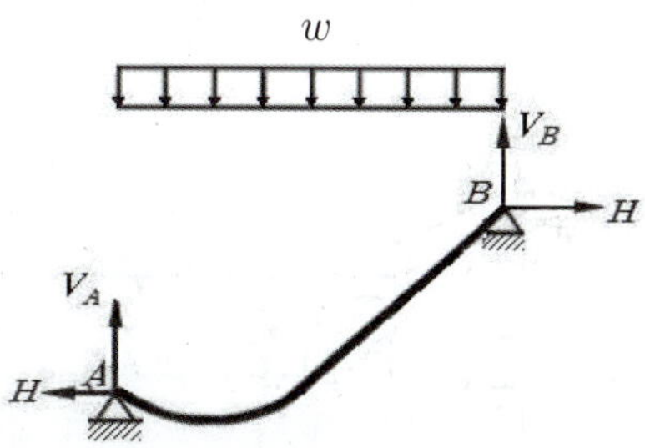

(b) 등분포하중을 받는 케이블 – 포물선

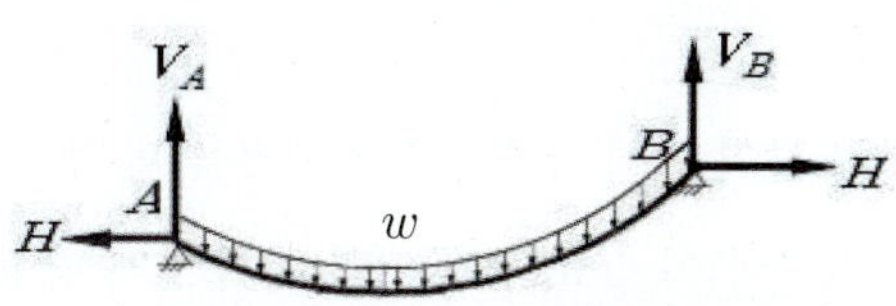

(c) 등분포하중을 받는 케이블 – 현수선

[그림 5.2.5] 케이블의 종류

5.3 지점의 종류

물체에 외력이 작용할 때 물체가 평형을 이루기 위해서 수동적으로 생기는 힘을 반력(reaction)이라고 하고, 구조물을 지지하고 있는 지점에 생기는 반력을 지점반력이라고 한다. 지점은 구조물을 지지구속하여 구조물의 위치를 안정시키고 하중(외력)을 지반에 전달해 주는 역할을 한다.

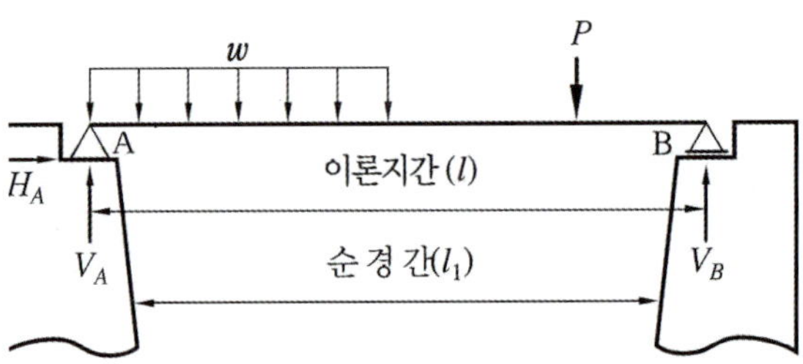

[그림 5.3.1]

[그림 5.3.1]에 보이는 바와 같이 보에 하중이 작용하였을 때 정지 상태로 있으려면 보를 지지하는 내력의 힘, 즉 반력(저항력)이 필요하다. 이와 같이 보가 평형상태로 유지하기 위해서는 지점반력이 내력의 총합이라고 할 때 보에서 작용하는 외력의 총합과 같아야 한다.

반력은 지점구조 상태에 따라 반력수가 달라진다. 지점에는 이동지점(roller support), 회전지점(hinged support), 고정지점(fixed support), 링크지점(link support) 등이 있다.

이 지점의 역학적 특성을 [표 5.3.1]과 같이 정리하였다.

이동지점은 구조물의 이동과 회전을 할 수 있기 때문에 이동 방향이나 회전 방향에 대한 저항이 없다. 따라서 반력은 이동 방향에 수직인 수직반력 1개만 생긴다. 특히 이동지점은 구조물의 신축작용을 하고 있다. 회전지점에서는 구조물에 핀(pin)으로 연결되어 이동할 수 없고 회전만 가능하다. 그러므로 수직반력과 수평반력 2개가 생긴다. 고정지점은 완전히 고정되어 있어 이동과 회전을 할 수가 없다. 고정지점에서 반력은 수직반력, 수평반력, 모멘트 반력 3개가 생긴다. 링크지점은 지지봉으로 지지하는 방향으로 작용하는 1개의 반력이 있다. 하중과 반력은 모두 구조물에 작용하는 외력으로서 하중은 일반적으로 기지의 값이나 반력은 구조해석을 통하여 구해지는 미지의 값이다. 즉, 구조물 전체의 평형조건을 사용하여 반력을 구할 수 있다.

[표 5.3.1] 지점의 종류와 반력수 및 링크수

종류	지점구조상태	기호	반력수	링크(link) 수
이동지점 (roller support)	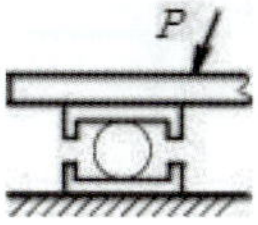	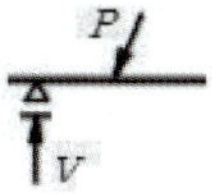	수력반력 1개	
회전지점 (hinged support)	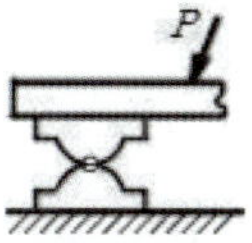	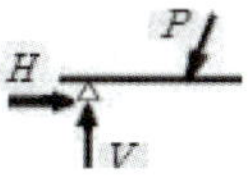	수직반력 1개 수평반력 1개	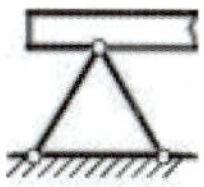
고정지점 (fixed support)	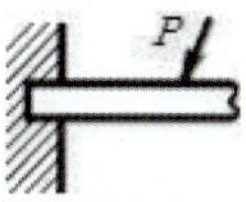	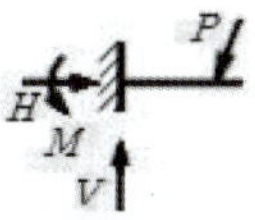	수직반력 1개 수평반력 1개 모멘트반력 1개	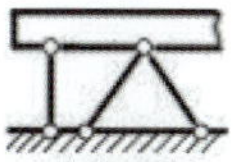
링크지점 (link support)		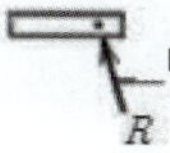	링크 축방향력 1개	

5.4 구조물의 절점

구조물을 결합하고 있는 부재(member)와 부재가 연결된 접합점을 절점(joint) 또는 격점(panel point)이라고 한다. [그림 5.4.1(a)]와 같은 트러스는 회전이 자유로운 활절(hinge joint) 또는 힌지(hinge)로 된 구조상태이고, [그림 5.4.1(b)]에 나타낸 라멘(또는 뼈대구조)은 부재가 절점에서 강절(rigid joint)되어 부재는 회전이 되지 않고 고정되어 있다. 트러스에서는 절점을 마찰이 전혀 없는 활절로 가정하여 부재에는 축방향 힘만 전달되고 모멘트는 작용하지 않는 것으로 본다. 그러나 라멘에서는 절점을 강절로 보아 축방향력과 전단력, 모멘트가 작용하는 것으로 본다.

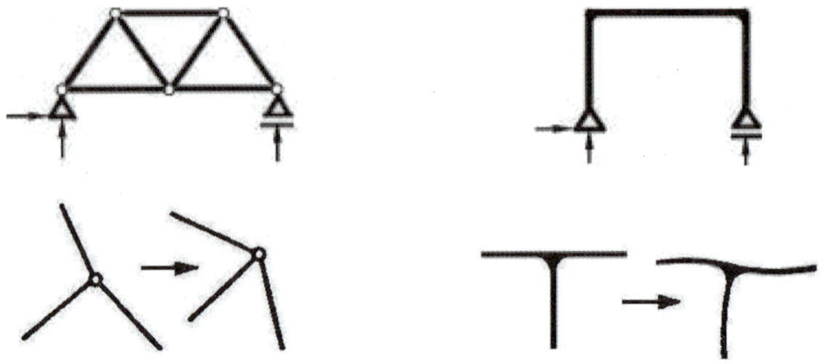

(a) 활절(pin joint or hinge joint) 트러스　　(b) 강절(rigid joint) 라멘

[그림 5.4.1] 구조물의 절점

5.5 구조물의 정정과 안정성

5.5.1 안정과 불안정

구조물에 어떠한 외력이 작용하더라도 항상 평형(비김) 상태를 유지하면 구조물은 안정(stable)이라 하고 그렇지 못할 경우에는 불안정(unstable)이라고 한다. 이 안정과 불안정은 외적, 내적으로 구분하여 외력에 의하여 구조물 전체가 이동하지 않을 때를 외적 안정(externally stable)이라 하고, 위치가 이동되면 외적 불안정(externally unstable)이라 한다. 그러므로 외적으로 안정한 것은 구조물을 지지하고 있는 지점반력수에 의하여 결정된다. 그리고 구조물에 어떠한 외력이 작용하더라도 구조물의 모양이 변하지 않을 경우를 내적 안정(internally stable)이라 하고, 구조물이 모양이 변할 경우에는 내적 불안정(internally unstable)이라 한다.

5.5.2 정정과 부정정

외적으로 안정인 구조물에서 지점반력을 힘의 평형방정식 3조건($\Sigma F_x = 0$, $\Sigma F_y = 0$,

$\Sigma M = 0$)만으로 구할 수 있는 경우를 외적 정정(externally statically derminate)이라 하고, 그러지 못할 경우를 외적 부정정(externally statically indeterminate)이라 한다. 그리고 내적으로 안정인 구조물에서 구조물을 구성하고 있는 모든 부재의 부재력을 힘의 평형방정식에 의하여 구할 수 있는 경우를 내적 정정(internally statically determinate), 평형방정식만으로는 부재력을 구할 수 없는 경우를 내적 부정정(internally statically indeterminate)이라고 한다.

5.5.3 구조물의 판별식

구조물이 외적 및 내적으로 안정인 상태에서 정정, 부정정이 판별되었을 때 정확한 구조계산이 이루어진다.

외적 판별식에는 두 가지 방법이 있다.

- 반력수에 의하여 판별하는 식

$$n = r - 3 \quad \cdots\cdots ①$$

- 반력수, 부재수 및 지점의 링크수에 의해 판별하는 식([표 5.5.1]참조)

$$n = L + r - 3\mathrm{m} \quad \cdots\cdots ②$$

특히 식 ②는 모든 구조물을 판별할 수 있는 식이다.

내적판별식에서는 식 ③과 같이 반력수, 부재수, 격점수에 의하여 판별하며 해당되는 구조는 트러스구조물이다.

$$n = m + r - 2j \quad \cdots\cdots ③$$

[1] 외적 판별식

(1) $n = r - 3$

$r = 3$(정정)　$r > 3$ (부정정)　$r < 3$ (불안정)

n : 외적 부정정차수　　r : 지점반력수

(2) $n = L + r - 3\text{m}$

$L + r = 3\text{m}$(정정) $L + r > 3\text{m}$ (부정정) $L + r < 3\text{m}$ (불안정)

n : 외적 부정정차수 L : 링크수
r : 지점반력수 m : 부재수

[표 5.5.1] 링크수(또는 절점구속도의 수)

① 고정절점(또는 강절)	② 회전절점(또는 활절)
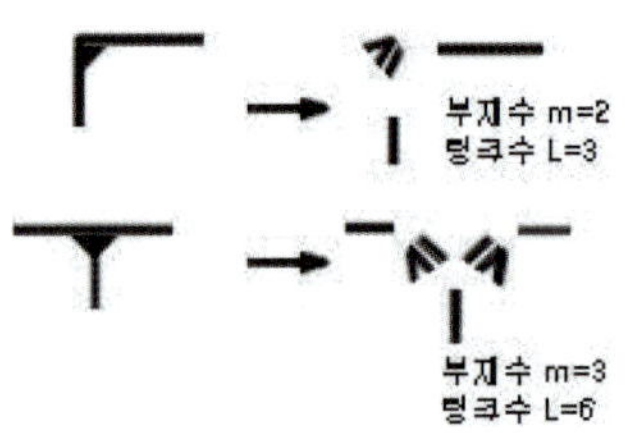	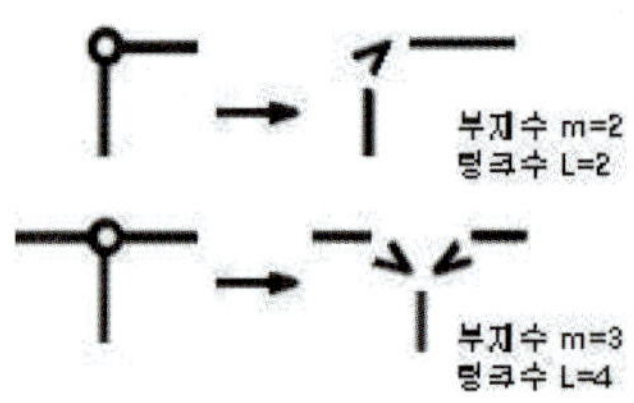

③ 부재의 연결

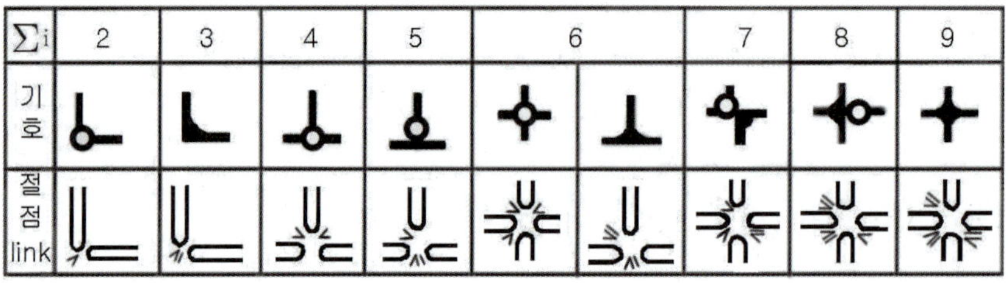

[2] 트러스 내적 판별식

$n = m + r - 2j$

$m + r = 2\text{j}$ (정정) $m + r > 2j$ (부정정) $m + r < 2j$ (불안정)

n : 내적 부정정차수 m : 부재수
j : 격점수 (절점수) r : 반력수

[3] 조건방정식

(1) 뼈대구조물의 조건방정식

지금까지 다룬 구조물에서는 정역학적으로 정정이고 안정한 평면구조물에 대해 최대로 3개의 미지반력을 결정할 수 있었다. 이러한 반력성분은 3개의 정역학적 평형방정식을 적용하여 체계적으로 결정하였다. 때로는 구조물에 특별한 내적 이완 또는 해제조건(release condition)이 존재하는 경우에는 3개의 정정 반력성분보다 많은 반력을 가질 수 있다. 이와 같은 조건은 구조물이 두 개 또는 그 이상의 부분(부)구조요소로 구성되어 있고 정정평형조건이 성립되기 위한 총 방정식에 대응하는 정정 반력 외에 연결부분에서 필요한 평형조건의 수만큼 반력을 더 가질 수 있도록 허용하는 방식으로 해제되어 연결된 경우에 가능하다. 이러한 방정식을 조건방정식이라 말하고 각 조건식은 정정 반력성분의 수를 하나씩 증가시킨다.

위에서 설명한 바와 같이 조건방정식이 없는 구조물에서 외적 안정에 요구되는 최소 반력성분의 수는 평면구조물의 경우 3개이다. 이 수는 가용한 각 조건방정식에 대해 하나씩 증가된다. 그러므로 n_c개의 조건방정식(또는 해제조건)을 가진 구조물에서 외적 안정에 필요한 최소한의 반력성분의 수 r은 $[3+n_c]$이 된다(즉, $r=3+n_c$). 만약 r_a가 실제 반력성분수인 경우, 조건방정식을 갖는 구조물의 경우를 포함한 일반적인 정정성의 판별기준은 다음과 같이 된다.

$r_a < (3+n_c=r)$인 구조물 : 정역학적으로 외적 불안정

$r_a = (3+n_c=r)$인 구조물 : 외적 정정

$r_a > (3+n_c=r)$인 구조물 : 외적 부정정

앞에서와 같이 $r_a \geqq r$의 기준이 필요조건은 되지만 이것만으로는 정정성의 분류를 위한 충분조건은 될 수 없다. 즉 모든 반력성분은 안정성을 확보할 수 있도록 배열되어야 한다.

(2) 트러스의 조건방정식

임의의 구조물에 필요한 반력조건의 수는 구조물을 형성하는 트러스 성분의 수(e)에 관계된다. 여기에 n개의 부정정력수인 외적, 내적 또는 외적과 내적을 포함한 방법을 알기 위해서는 별도의 식을 작성하여야 한다. 이 식은 반력에 대해 작성된다. 단순보는

$r=3$이다.

e개로 이루어진 트러스에서 나눌 수 있는 1개의 구조물은 각각 한 점 또는 두 점에서 직접지지대에 지지되어 있다면 일반적으로 3개 이상의 반력조건을 갖는다. 임의의 정정구조물이 되기 위한 필요한 반력수는 다음과 같다.

$$r=3+e-1=e+2$$

여기서 e는 구조물을 구성하는 성분의 단순트러스의 수이다.

① 외적 부정정력의 수 n_e

$$n_e=r-(e+2)$$

② 내적 부정정력의 수 n_i

$$n_i=n-n_e$$

[4] 구조물 부정정차수 일반식

구조형식에 무관하게 부정정차수를 결정하는 일반식은 부정정성의 정의에 따라 모든 뼈대구조물의 부정정차수 n이 모든 미지의 부재력과 반력성분의 합과 적용 가능한 절점평형방정식의 합의 차이가 되므로 다음과 같이 나타낼 수 있다.

$$n=(m\cdot n_f+n_r)-n_{ec}\cdot j-n_c \quad \cdots\cdots ④$$

여기서 m은 부재수, n_f는 부재의 단면력 성분수, n_r은 미지반력 성분수, n_{ec}는 구조절점별 적용 가능한 평형조건수, j는 절점수, n_c는 구조물의 내부 해제(release)의 수이다.

한편 외적 부정정차수 n_e는 단순히 독립된 반력성분수 n_r과 그 구조형식에 적용되는 평형방정식의 수 n_{eq}의 차이이므로 다음과 같이 된다.

$$n_e = n_r - n_{eq} \quad \cdots\cdots ⑤$$

내적 부정정차수 n_i를 구하고 싶은 경우에는 $n_i = n - n_{eq}$로부터 구한다. [표 5.5.2]는 구조 형식별로 보다 구체적인 판별식을 보여주고 있다.

[표 5.5.2] 부정정차수 판별식(2D – 평면, 3D – 입체)

구분 / 구조형식		평형 조건수 n_{eq}	절점별 평형조건수 n_{ec}	부재별 단면력수 n_f	부정정차수 n	외적 부정정차수 n_e
부정정 연속보		2	2	2	$(2m+n_r)-2j-n_{re}$	n_r-2
연속보(축력포함)		3	3	3	$(3m+n_r)-3j-n_{re}$	n_r-3
트러스	2D	3	2	1	$(m+n_r)-2j-n_{re}$	n_r-3
	3D	6	3	1	$(m+n_r)-3j-n_{re}$	n_r-6
라멘	2D	3	3	3	$(3m+n_r)-3j-n_{re}$	n_r-3
	3D	6	6	6	$(6m+n_r)-6j-n_{re}$	n_r-6
격자구조		3	3	3	$(3m+n_r)-3j-n_{re}$	n_r-3

한편 평면라멘의 경우, 위의 공식보다 더 편리하게 부정정차수를 결정하는 방법으로 단면법에 의한 라멘의 부정정차수 계산법에 기초를 둔 소위, 절단나무기법(cut tree method)을 사용하면 편리하다.

라멘의 부정정차수 n은 모든 라멘의 환(loop)을 만드는 부재들을 독립된 가지를 나무(cantilever)가 되도록 절단한 다음 절단수 n_{cut}에 3을 곱한 후 반력의 해제수 n_{r-re}와 부재의 해제수 n_c를 포함한 만큼 감소시킨다.

$$n = 3 \cdot n_{cut} - (n_{r-re} + n_c) \quad \cdots\cdots ⑥$$

예제 5.5.1

[그림 5.5.1(a)]와 같은 구조물의 부정정차수를 구하여라.

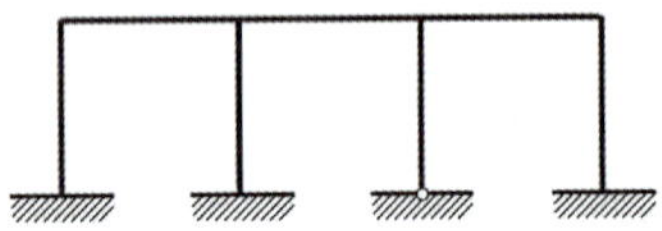

(a) 라멘

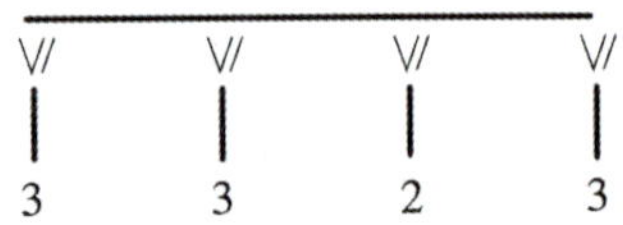

(b) 링크수

[그림 5.5.1] 라멘의 링크수

풀이

(1) 반력수 $r = 11$ $n = r - 3 = 11 - 3 = 8$차

(2) 링크수 $L = 3 \times 4 = 12$ 부재수 $m = 5$ 반력수 $r = 11$

$\therefore n = L + r - 3m = 12 + 11 - 3 \times 5 = 8$차

예제 5.5.2

[그림 5.5.2(a)]와 같은 연속보의 부정정차수를 구하여라.

(a) 보

(b) 링크수

[그림 5.5.2] 보의 링크수

풀이

(1) 반력수 $r = 5$ $\therefore n = r - 3 = 5 - 3 = 2$차

(2) 링크수 $L = 3 \times 2 = 6$ 부재수 $m = 3$ 반력수 $r = 5$

$\therefore n = L + r - 3m = 6 + 5 - 3 \times 3 = 2$차

예제 5.5.3

[그림 5.5.3(a)]와 같은 합성라멘의 부정정차수를 구하여라.

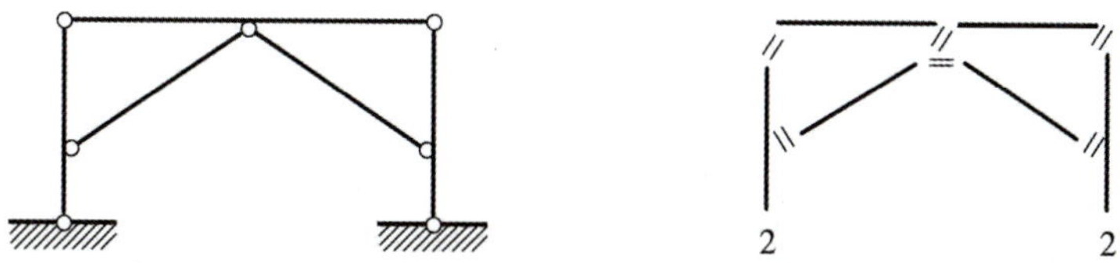

(a) 합성라멘 (b) 링크수

[그림 5.5.3] 합성라멘의 링크수

풀이

$L = 12, \ r = 4, \ m = 5$

$\therefore n = L + r - 3m = 12 + 4 - 3 \times 5 = 1$차

예제 5.5.4

[그림 5.5.4(a)]와 같은 합성라멘의 부정정차수를 구하여라.

(a) 합성라멘 (b) 링크수

[그림 5.5.4] 합성라멘의 링크수

풀이

$L = 14, \ r = 4, \ m = 6$

$\therefore n = L + r - 3m = 14 + 4 - 3 \times 6 = 0$ (정정)

예제 5.5.5

[그림 5.5.5(a)]와 같은 트러스의 부정정차수를 구하여라.

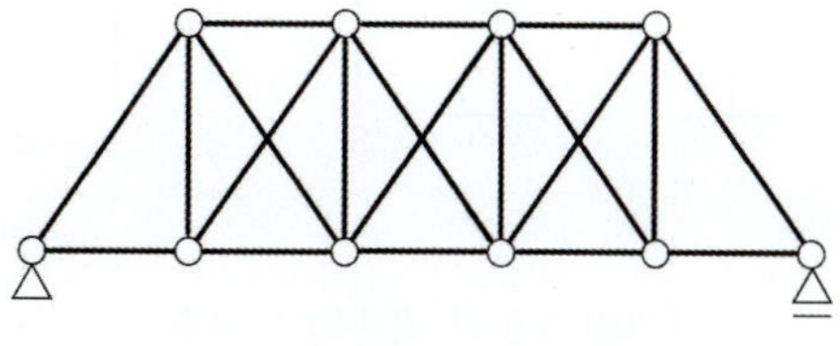

[그림 5.5.5]

풀이

$m = 20,\ r = 3,\ j = 10$

(1) 외적 판별

$\therefore n = r - 3 = 3 - 3 = 0$(외적 정정)

(2) 내적 판별

$\therefore n = m + r - 2j = 20 + 3 - 2 \times 10 = 3$차

예제 5.5.6

[그림 5.5.6(a)]와 같은 아치의 부정정차수를 구하여라.

(a) 아치 (b) 링크수

[그림 5.5.6] 아치의 링크수

풀이

$L = 2,\ r = 5,\ m = 2$

$\therefore n = L + r - 3m = 2 + 5 + - 3 \times 2 = 1$차

예제 5.5.7

[그림 5.5.7(a)]와 같은 라멘의 부정정차수를 구하여라.

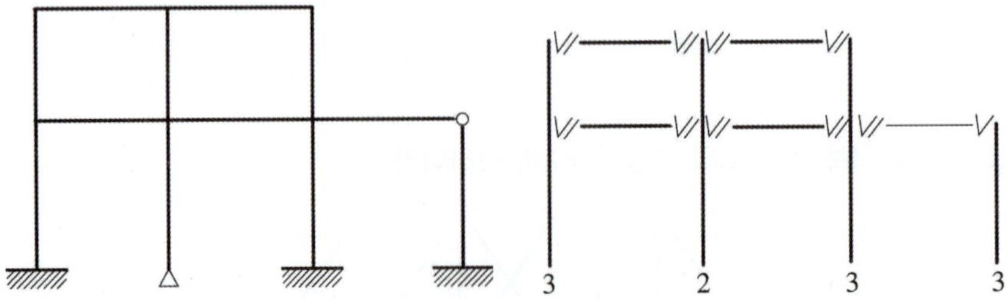

(a) 라멘 (b) 링크수

[그림 5.5.7] 라멘의 링크수

풀이

$L = 3 \times 9 + 2 = 29,\ \ r = 3 \times 3 + 2 = 11,\ \ m = 9$

$\therefore n = L + r - 3m = 29 + 11 - 3 \times 9 = 13$차

(box수 × 3 − 힌지수 = 5 × 3 − 2 = 13차)

예제 5.5.8

[그림 5.5.8(a)]와 같은 라멘의 부정정차수를 구하여라.

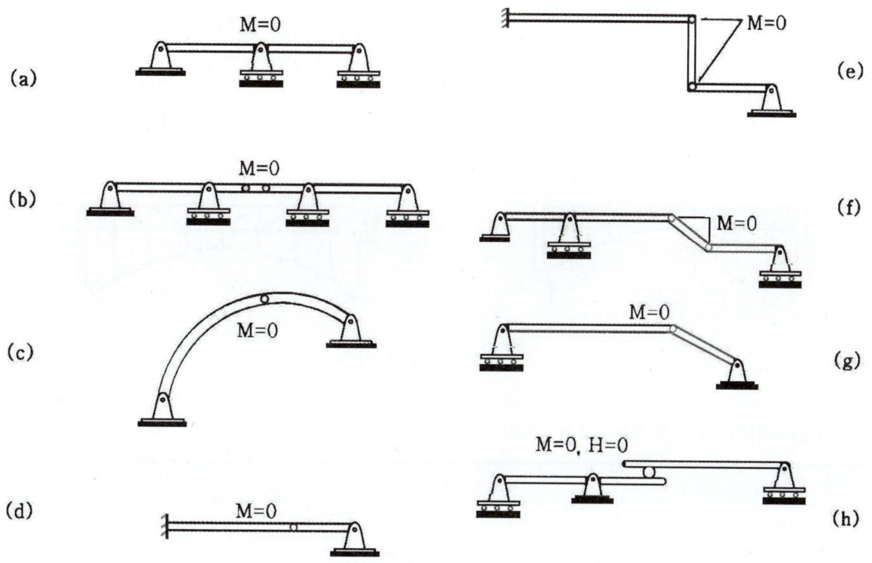

[그림 5.5.8]

풀이

[그림 5.5.8(a)~(h)]의 판별결과는 다음 표와 같다.

[그림 5.5.8]	r_a	n_c	$3+n_c=r$	r_a-r	분류	판정	
(a)	4	1	3+1=4	4−4=0	$r_a=r$	정정	안정
(b)	5	2	3+2=5	5−5=0	$r_a=r$	정정	안정
(c)	4	1	3+1=4	4−4=0	$r_a=r$	정정	안정
(d)	5	1	3+1=4	5−4=1	$r_a>r$	부정정	안정
(e)	5	2	3+2=5	5−5=0	$r_a=r$	정정	안정
(f)	4	2	3+2=5	4−5=−1	$r_a<r$	불안정	
(g)	3	1	3+1=4	3−4=−1	$r_a<r$	불안정	
(h)	4	2	3+2=5	4−5=−1	$r_a<r$	불안정	

예제 5.5.9

[그림 5.5.9]와 같은 여러 가지 트러스를 판별하여라.

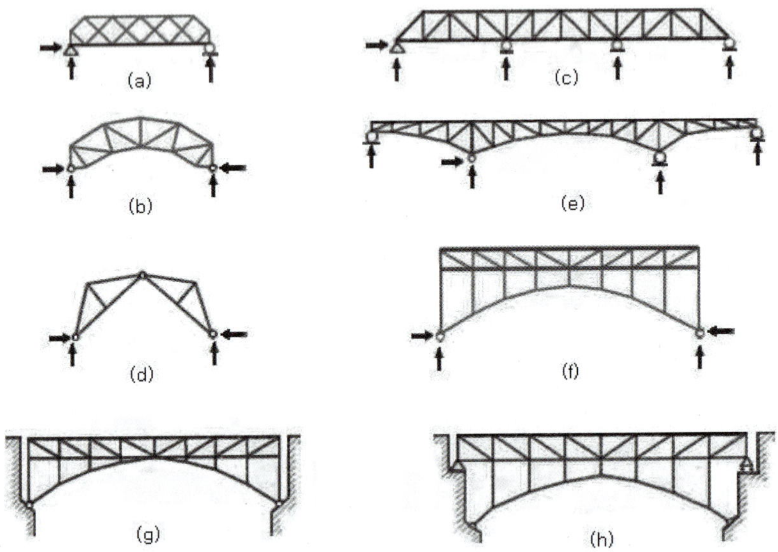

[그림 5.5.9] 트러스

풀이

[그림 5.5.9(a)~(f)]의 판별결과는 다음 표와 같다.

[그림 5.5.9]	r	m	j	e	$n=r+m-2j$	$n_e=r-(e+2)$	판정	
(a)	3	33	18	1	$3+33-36=0$	$3-(1+2)=0$	정정	안정
(b)	4	21	12	1	$4+21-24=1$	$4-(1+2)=1$	부정정	안정
(c)	5	45	24	1	$5+45-48=2$	$5-(1+2)=2$	부정정	안정
(d)	4	10	7	2	$4+10-14=0$	$4-(2+2)=0$	정정	안정
(e)	5	63	34	3	$5+63-68=0$	$5-(3+2)=0$	정정	안정
(f)	4	50	27	1	$4+50-54=0$	$4-(1+2)=1$	불안정	

그리고 [그림 5.5.9(f)]의 역 랭거 트러스는 반력수, 부재수 및 격점수에서 판정하면 정정이지만 반력조건이 1개 많으므로 구조물은 불안정하다. 안정구조물이 되려면 [그림 5.5.9(g)] 또는 [그림 5.5.9(h)]와 같은 구조물이 되어야 한다. 이 경우 외적 1차 부정정정이다.

예제 5.5.10

[그림 5.5.10]과 같은 연속보, 트러스, 평면라멘에 [표 5.6.2]에 주어진 공식을 적용하여 부정정차수를 구하여라.

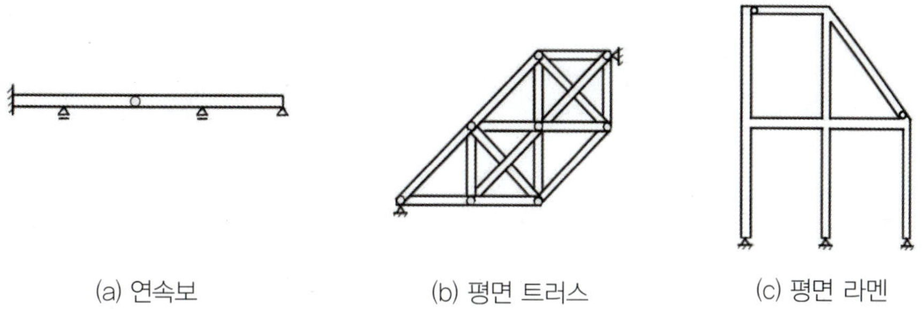

[그림 5.5.10]

풀이

(a) 연속보

부재수 $m=3$, 절점수 $j=4$, 미지반력 성분수 $n_r=5$, 부재단면력 성분수 $n_f=2$, 구조물 내부 해제수 $n_c=1$, 평형조건수 $n_{eq}=2$

$n=(m \cdot n_f+n_r)-n_{eq} \cdot j-n_c=(2\times 3+5)-2\times 4-1=2$

$n_e=n_r-n_{eq}=5-2=3$

(b) 평면 트러스

부재수 $m=16$, 절점수 $j=8$, 미지반력 성분수 $n_r=4$, 부재단면력 성분수 $n_f=1$, 구조물 내부 해제수 $n_c=0$, 평형조건수 $n_{eq}=3$

$n=(m \cdot n_f+n_r)-n_{eq} \cdot j-n_c=(16\times 1+4)-2\times 8-0=4$

$n_e=n_r-n_{eq}=4-3=1$

(c) 평면라멘

부재수 $m=9$, 절점수 $j=8$, 미지반력 성분수 $n_r=6$, 부재단면력 성분수 $n_f=3$, 구조물 내부 해제수 $n_c=2$, 평형조건수 $n_{eq}=3$

$n=(m \cdot n_f+n_r)-n_{eq} \cdot j-n_c=(9\times 3+6)-3\times 8-2=7$

$n_e=n_r-n_{eq}=6-3=3$

예제 5.5.11

[그림 5.5.11]과 같은 라멘에 대해 절단나무기법으로 부정정차수를 계산하여라.

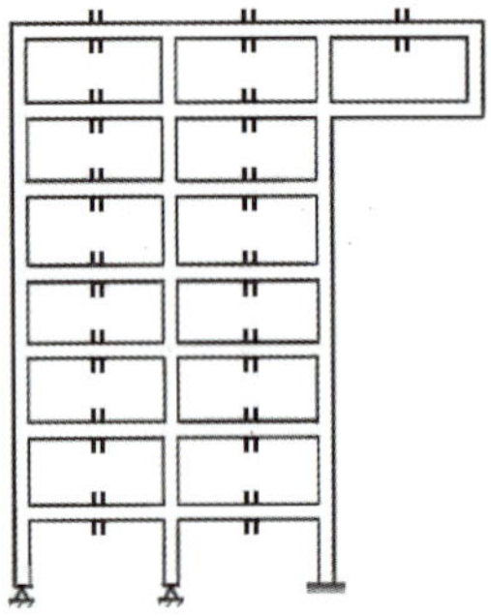

(a) 라멘 (I)

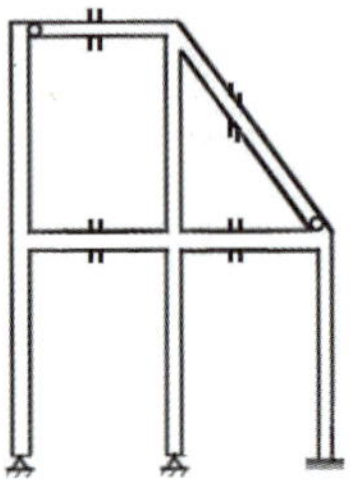

(b) 라멘 (II)

[그림 5.5.11] 라멘의 절단나무기법

풀이

(a) 라멘 (I)

$n_{cut}=15,\ \ n_{r-re}=2,\ \ n_c=0$

$n=3\cdot n_{cut}-(n_{r-re}+n_c)=3\times 15-(2+0)=43$

(b) 라멘 (II)

$n_{cut}=4,\ \ n_{r-re}=3,\ \ n_c=2$

$n=3\cdot n_{cut}-(n_{r-re}+n_c)=3\times 4-(3+2)=7$

예제 5.5.12

[그림 5.5.12]와 같은 아치와 라멘을 판별하라.

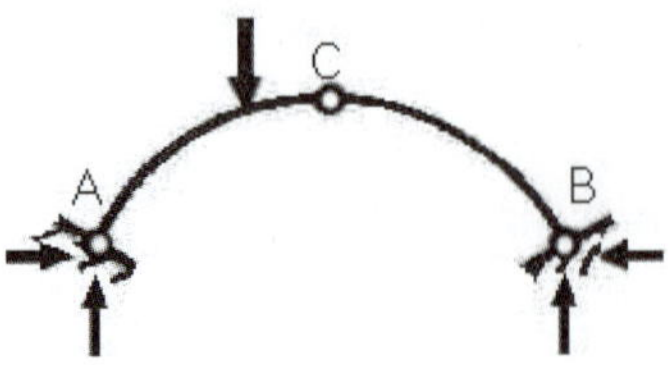

(a)

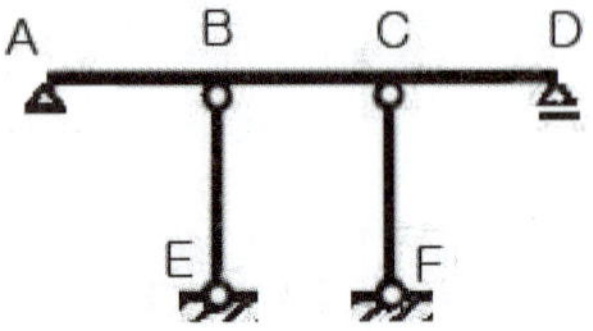

(b)

[그림 5.5.12]

풀이

(a) 구조물에서

$L=2,\quad r=4,\quad m=2$

$n=L+r-3m=2+4-3\times 2=0$

∴ 안정이며 정정이다.

(b) 구조물에서

$L=10,\quad r=7,\quad m=5$

$n=L+r-3m=10+7-3\times 5=2$

∴ 안정이고 2차 부정정이다.

예제 5.5.13

[그림 5.5.13]과 같은 구조물을 판별하라.

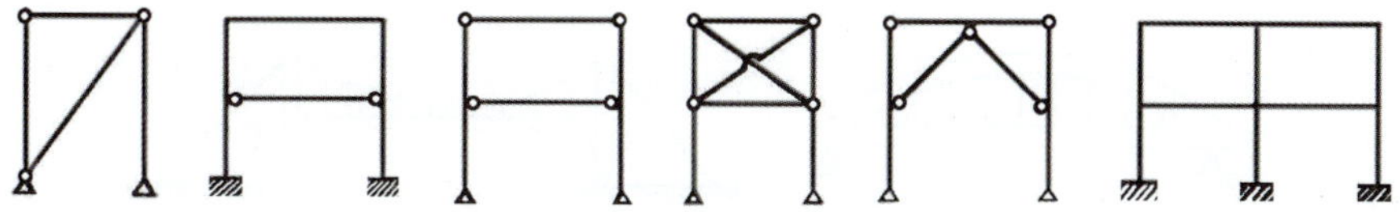

(a) (b) (c) (d) (e) (f)

[그림 5.5.13]

풀이

(a) 구조물에서 $L=8\quad r=4\quad m=4$

$n=L+r-3m=8+4-3\times 4=0$ ∴ 정정

(b) 구조물에서 $L=16\quad r=6\quad m=6$

$n=L+r-3m=16+6-3\times 6=4$ ∴ 4차 부정정

(c) 구조물에서 $L=14\quad r=4\quad m=6$

$n=L+r-3m=14+4-3\times 6=0$ ∴ 여기서는 불안정

(d) 구조물에서 $L=20\quad r=4\quad m=8$

$n=L+r-3m=20+4-3\times 8=0$ ∴ 여기서는 불안정

(e) 구조물에서 $L=21\quad r=4\quad m=8$

$n=L+r-3m=21+4-3\times 8=1$ ∴ 1차 부정정

(f) 구조물에서 $L=33\quad r=9\quad m=10$

$n=L+r-3m=33+9-3\times 10=12$ ∴ 12차 부정정

예제 5.5.14

[그림 5.5.14]와 같은 구조물을 판별하라.

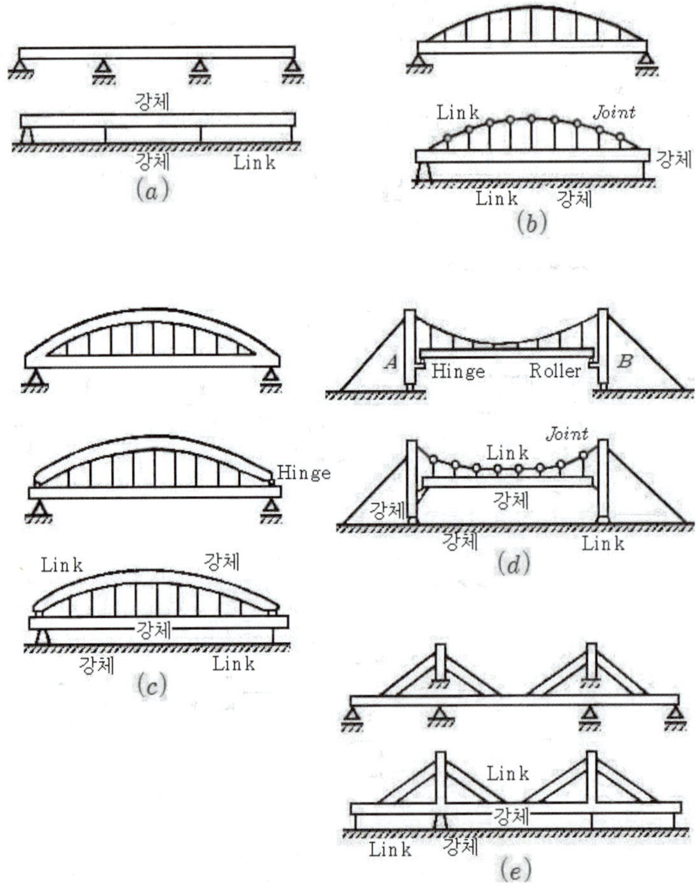

[그림 5.5.14]

풀이

(a) 3경간연속보에서

(1) 반력수 $r = 5$ $\quad\therefore n = r - 3 = 5 - 3 = 2$차부정정(외적)

(2) 두 번째 그림과 같이 보와 지반으로 구성된 2개의 강체($k=2$)로 구성되어 있다.

필요한 링크수 $L = 3(k-1) = 3(2-1) = 3$개

실제로는 $L=5$가 된다. 그러므로 $\therefore n = 5-3 = 2$차부정정(외적)

(b) Langer형에서

(1) 반력수 $r = 3$ $\quad\therefore n = r - 3 = 35 - 3 = 0$ 정정(외적)

(2) 두 번째 그림과 같이 보강형과 지반으로 구성된 2개의 강체($k=2$)와 9개의 절점(joint)으로 구성되어 있다.

필요한 링크수 $L=3(k-1)+2j=3(2-1)+2\times 9=21$개

실제로는 $L=22$(보강형을 제외한 링크수)가 된다.

그러므로 $\therefore n=22-21=1$차부정정(내적)

이 경우, Langer형의 뼈대부재는 1개의 축력만 받는 것으로 보고 설계한다. 그러므로 뼈대부재 1개는 링크 1개로 고려한다. 이것에 대한 Langer형의 보강형은 단면에 축력(수평력), 전단력(수직력), 휨모멘트인 3개의 단면력을 받는 것으로 보고 설계하므로, 3개의 링크, 즉 1개의 강체로 보면 된다.

(c) Lohse형에서

(1) 반력수 $r=3$ $\therefore n=r-3=35-3=0$ 정정(외적 정정)

(2) 일반적으로 Lohse형은 아치와 보강형이 핀(pin)으로 결합된 것으로 고려한다. 아치와 보강형의 단면은 단면에 축력(수평력), 전단력(수직력), 휨모멘트인 3개의 단면력을 받는 것으로 보고 강체로 보면 된다. 그리고 수직재는 비교적 세장함으로 축력만 받는 것으로 보기 때문에, 이 부재 1개는 링크 1개로 보면 된다. 결국, Lohse형은 두 번째 그림과 같이 아치, 보강형, 지반의 3개의 강체로 구성된다.

필요한 링크수 $L=3(k-1)=3(3-1)=6$개

실제로는 $L=16$(수직재와 링크수)가 된다. 그러므로 $\therefore n=16-6=10$차부정정(내적)

(d) 보강형을 갖는 현수교에서

주탑은 로킹타워(rocking tower)로서, 보강형의 지점 A는 힌지(hinge)받침, 지점 B는 롤러(roller)받침으로 되어 있다. 각 케이블의 단면은 축력만 받는다. 두 번째 그림과 같이 현수교는 지반을 포함한 4개의 강체($k=4$)와 8개의 절점(*Joint*)으로 구성되어 있다.

필요한 링크수 $L=3(k-1)+2j=3(4-1)+2\times 8=25$개

실제로는 $L=26$(주탑과 보강형을 제외한 링크수)가 된다.

그러므로 $\therefore n=26-25=1$차부정정 (내적)

(이 경우, 로킹타워(rocking tower)라고 하지만, 2개의 주탑이 지반에 매립되어 고정된 받침이므로 주탑당 1개의 링크가 추가로 필요하다. 결국 3차부정정으로 고려하여야 한다.)

(e) 사장교에서

주탑은 캔틸레버 타워, 보강형은 3경간연속보로 보면 된다. 두 번째 그림과 같이 지반과 구조체(보강형과 주탑)로 된 2개의 강체로 구성된 것으로 보면 된다.

필요한 링크수 $L=3(k-1)=3(2-1)=3$개

실제로는 $L=13$(강체를 제외한 링크수)이 된다. 그러므로 $\therefore n=13-3=10$차부정정(내적)

5.6 | 구조물에 작용하는 하중

구조물에 작용하는 힘을 하중(load)이라고 하고, 구조물의 전체적인 크기와 형상 및 사용재료 등이 결정되면 구조물이 지탱해야 할 하중을 결정해야 한다. 구조물의 설계 시에는 구조물의 시공 중 또는 준공 후에 구조물의 전체 수명기간 내에 작용하는 모든 하중을 고려한다. 이러한 하중들에 의한 가능한 하중조합들을 고려하여(하중조합은 설계기준에 규정되어 있음) 구조물에 가장 큰 응력을 발생시키는 하중조합을 선택한다.

하중의 종류는 여러 가지로 분류할 수 있으나, 사하중(dead load, 고정하중이라고 함)과 활하중(live load)으로 크게 분류할 수 있다.

사하중이란 하중의 크기와 작용점이 시간에 따라 변하지 않는 하중을 말한다. 사하중으로는 구조물의 자중과 구조물에 영구히 부착되는 물건의 중량 등을 말한다.

활하중은 크기와 작용점이 시간에 따라 변하는 하중을 말한다. 따라서 활하중을 고려할 때는 크기뿐만 아니라, 최대 응력을 발생시키는 하중의 재하 위치도 결정하여야 한다. 활하중으로는 차량하중(도로교 설계에는 표준트럭하중(DB하중)과 이에 대응하는 차선하중(lane loads, DL하중) 중에서 큰 내력을 일으키는 하중을 적용하게 된다. 그리고 우리나라 국유철도 건설규칙에서 정한 표준열차하중으로는 LS－22하중(1,2급선)과 LS－18하중(3,4급선)이 있다. 한편 우리나라 고속철도 열차하중은 HL－표준열차하중을 사용한다), 보도하중 및 지진하중 등을 들 수 있다.

구조물을 설계할 때 고려해야 할 일반적인 하중은 다음과 같다.

5.6.1 하중의 종류

[1] 고정하중(dead load) －『LSD 2015 － 3.5 고정하중』

『고정하중은 구조물의 자중・부속물과 그곳에 부착된 제반설비, 토피, 포장, 장래의 덧씌우기와 계획된 확폭 등에 의한 모든 예측 가능한 중량을 포함한다. 고정하중을 산출할 때는

LSD [표 3.5.1]에 나타낸 단위질량을 사용하여야 한다. 다만, 실질량이 명백한 것은 그 값을 사용한다.』

LSD [표 3.5.1] 재료의 단위질량

재료	단위질량(kg/m^3)	재료		단위질량(kg/m^3)
강재, 주강, 단강	7,850	역청재(방수용)		1,100
주철, 주물강재	7,250	아스팔트 포장재		2,300
알루미늄 합금	2,800			
철근콘크리트	2,500	목재	단단한 것	960
프리스트레스트콘크리트	2,500		무른 것	800
콘크리트	2,350	용수	담수	1,000
시멘트 모르타르	2,150		해수	1,025

[2] 활하중(live load)

◎ 도로교의 활하중 - 『LSD 2015 - 3.6 활하중』

(1) 차량활하중 : LL

(A) 재하차로의 수

1) 차량활하중의 재하를 위한 재하차로의 수 N은 식 (LSD 3.6.1)과 같다.

$$N = \frac{W_C}{W_P} \text{ 의 정수부} \quad \text{(LSD 3.6.1)}$$

여기서, W_C= 연석, 방호울타리(중앙분리대 포함)간의 교폭(m), W_P=발주자에 의해 정해진 계획차로의 폭(m).

다만, 식 (LSD 3.6.1)에 의한 N이 1이며 W_C가 6.0m 이상인 경우에는 재하차로의 수(N)를 2로 한다.

2) 재하차로의 폭 W는 식 (LSD 3.6.2)와 같다.

$$W = \frac{W_C}{N} \leq 3.6\ \mathrm{m} \quad \text{(LSD 3.6.2)}$$

3) 교량 바닥판상의 차도가 중앙분리대 등에 의해 물리적으로 두 부분으로 나누어져 있는 경우에는 다음을 따른다.

① 두 부분이 영구적인 시설로 분리되어 있는 경우에는 두 부분의 폭을 각각 고려하여 재하차로의 수와 폭을 정하여야 한다.

② 두 부분이 임시적인 시설로 분리되어 있는 경우에는 전체 차도의 폭을 고려하여 재하차로의 수와 폭을 정하여야 한다.

(B) 활하중의 동시재하

LSD [표 3.6.1] 다차로 재하계수

재하차로의 수	다차로 재하계수 $'m'$
1	1.0
2	0.9
3	0.8
4	0.7
5 이상	0.65

이 조항은 재하차로 수에 관계없이 한 대의 피로설계트럭하중이 재하되는 피로설계에는 적용되지 않는다. 특별한 언급이 없는 한, 활하중의 최대 영향은 LSD [표 3.6.1]의 다차로재하계수를 곱한 재하차로의 모든 가능한 조합에 의한 영향을 비교하여 결정되어야 한다. (4)에 규정된 보도하중과 1차로 이상의 차량하중을 포함하는 하중조건의 경우에 보도하중을 하나의 재하차로로 취할 수 있다.

(C) 설계 차량활하중

교량이나 이에 부수되는 일반구조물의 노면에 작용하는 차량활하중('KL－510'으로 명명함)은 1)에 규정된 표준트럭하중과 2)에 규정된 표준차로하중으로 이루어져 있다.

이 하중들은 재하차로 내에서 횡방향으로 3,000mm의 폭을 점유하는 것으로 가정한다.

1) 표준트럭하중

표준트럭의 중량과 축간 거리는 LSD [그림 3.6.1]과 같다. 충격하중은 [3]에 규정된 대로 적용되어야 한다.

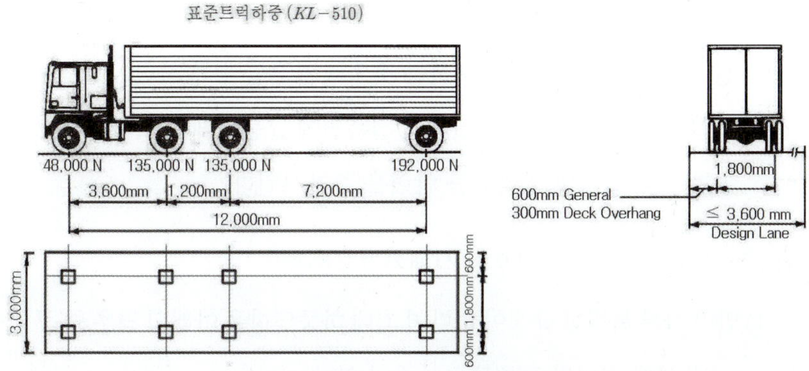

LSD [그림 3.6.1] 표준트럭하중

2) 표준차로하중

표준차로하중은 종방향으로 균등하게 분포된 하중으로 LSD [표 3.6.2]의 값을 적용한다. 횡방향으로는 3,000 mm의 폭으로 균등하게 분포되어 있다. 표준차로하중의 영향에는 충격하중을 적용하지 않는다.

LSD [표 3.6.2] 표준차로하중

$L \leq 60$ m	$w = 12.7$(kN/m)
$L > 60$ m	$w = 12.7 \times \left(\dfrac{60}{L}\right)^{0.10}$(kN/m)

L : 표준차로하중이 재하되는 부분의 지간

(D) 바닥판과 바닥틀을 설계하는 경우의 설계차량활하중

1) 바닥판과 바닥틀을 설계하는 경우에는 차도부분에 표준트럭하중을 재하한다. 표준트럭하중은 종방향으로는 차로당 1대를 원칙으로 하고, 횡방향으로는 재하 가

능한 대수를 재하하되 동시 재하계수를 고려하여 설계부재에 최대 응력이 일어나도록 재하한다. 교축직각방향으로 볼 때, 표준트럭하중의 최외측 차륜중심의 재하 위치는 차도부분의 단부로부터 300 mm로 한다.

2) 차륜의 접지면은 표준트럭하중의 각 차륜에 대해 면적이 $(12{,}500/9)P$ (mm²)인 하나의 직사각형으로 간주하며 이 직사각형의 폭과 길이의 비는 2.5 : 1 로 한다. 여기서, P는 차륜의 중량(kN)이다. 접지면이 연속적인 표면인 경우에 접지압은 규정된 접지면에 균일하게 분포하는 것으로 가정한다. 접지면이 단속적인 경우에는 접지압은 바퀴자국이 있는 실제의 접촉면에 균등하게 분포되어 있으며 규정된 접지면과 실제 접지면의 비만큼 압력을 증가시킨다.

(E) 주거더를 설계하는 경우의 설계차량활하중

1) 만약 다른 특별한 규정이 없다면 최대 하중영향은 아래의 경우 중 큰 값을 사용한다.

- (C) 1)에 정의된 표준트럭하중의 영향
- (C) 1)에 정의된 표준트럭하중 영향의 75%와 (C) 2)에 정의된 표준차로하중의 영향의 합

2) 최대 하중효과에 영향을 주지 않는 바퀴는 무시해도 된다.

3) 재하차로와 각 차로에 재하되는 3,000 mm 폭은 최대 하중영향을 갖도록 배치되어야 한다.

4) 표준트럭하중 최외측 차륜중심의 횡방향 재하위치는 차도부분의 단부로부터 600 mm로 한다.

(F) 흙채움에 의한 윤하중의 분배

채움의 깊이가 600 mm보다 작은 경우 활하중 분배에 대한 채움의 영향을 무시할 수 있다. 암거상부의 활하중분배는 [LDS 4.6.2.1과 4.6.3.2]의 차량방향과 평행한 바닥판의 규정을 근거로 한다.

채움의 깊이가 600 mm을 초과할 때는 정밀해석 대신에 윤하중이 (D) 2)에 규정된 타이어 접촉면적과 크기가 같은 직사각형에 균등하게 작용하는 분포하중으로 간주

하며 양질의 입상 채움에서는 깊이의 1.15배, 다른 채움에서는 그 깊이만큼 증가시킨다. (C)의 규정이 적용된다.

몇 개의 바퀴하중이 중복되어 받는 경우에 전체 하중은 전면적에 균일하게 분포시킬 수 있다.

단경간 암거에서 채움의 깊이가 2,400 mm 이상이며 경간 길이보다 큰 경우에는 활하중 효과를 무시할 수 있다. 다경간 암거의 경우에는 채움의 깊이가 벽 사이 거리보다 크면 활하중효과를 무시할 수 있다. 흙채움을 통한 하중분배에 기초한 콘크리트 바닥판의 활하중과 충격하중에 의한 모멘트가 [LSD 4.6.2.1과 4.6.3.2]에서 계산된 활하중이나 충격하중의 모멘트보다 크면 후자의 모멘트를 사용한다.

(G) 처짐 평가를 위한 하중재하

만약 발주자가 규정된 활하중에 대한 처짐의 허용기준을 요구할 때, 처짐은 아래의 값 중 큰 값을 사용해야 한다.

- 표준트럭하중만으로 얻은 처짐
- 표준차로하중과 조합된 표준트럭하중의 25%에 의해 얻은 처짐

(2) 피로하중

(A) 크기와 형태

피로의 영향을 검토하는 경우의 활하중은 (C) 1)에서 규정된 표준트럭하중의 80%를 적용한다. 이때 적용하는 충격계수는 [3]의 충격하중 조항을 적용한다.

(B) 빈도

피로하중의 빈도는 단일차로 일평균트럭교통량($ADTT_{SL}$)을 사용한다. 이 빈도는 교량의 모든 부재에 적용하며 통행차량수가 적은 차로에도 적용한다.

단일차로의 일평균트럭교통량에 대한 확실한 정보가 없을 때는 식 (LSD 3.6.3)의 차로당 통행비율을 적용하여 산정할 수 있다. 즉,

$$ADTT_{SL} = p \times ADTT \quad \cdots\cdots \text{(LDS 3.6.3)}$$

여기서, $ADTT$ = 한 방향 일일트럭교통량의 설계수명기간동안 평균값, $ADTT_{SL}$ = 한 방향 한 차로의 일일트럭교통량의 설계수명기간동안 평균값, p = LSD [표 3.6.3]의 값

LSD [표 3.6.3] 한 차로에서의 트럭교통량 비율, p

트럭이 통행가능한 차로수	p
1차로	1.00
2차로	0.85
3차로 이상	0.80

(C) 피로설계에서의 하중분배

1) 정밀한 방법

교량을 [LSD 4.6.11]에 규정된 정밀한 방법으로 해석하는 경우 고려하는 상세부위에 최대 응력이 발생하도록 바닥판의 통행위치나 재하차로의 위치에 관계없이 횡방향, 종방향으로 하나의 설계트럭을 배치한다.

2) 근사적 방법

교량을 [LSD 4.6.3]에 규정된 것처럼 근사적 하중분배로 해석하는 경우 한 차선의 분배계수를 사용해야 한다.

(3) 궤도차량하중

교량에 궤도차량하중이 있다면 발주자가 궤도차량하중의 특성과 궤도차량과 일반차량 간의 예상되는 상호관계를 규정해야 한다.

(4) 보도하중

① 바닥판과 바닥틀을 설계하는 경우에 보도 등에는 5×10^{-3}MPa의 보도하중이 설계차량활하중과 동시에 적용된다.

② 주거더를 설계하는 경우에 보도 등에는 LSD [표 3.6.4]의 등분포하중을 재하한다.

③ 보도나 보행자 또는 자전거용 교량에서 유지관리용 또는 이에 부수되는 차량통행이 예상되는 경우 이 하중은 설계에 고려되어야 한다. 이 차량에 대해 충격하중은 고려하지 않는다.

LSD [표 3.6.4] 보도 등에 재하하는 등분포하중

지간장 L(m)	$L \le 80$	$80 < L \le 130$	$L \ge 130$
등분포하중의 크기(MPa)	3.5×10^{-3}	$(4.3 - 0.01L) \times 10^{-3}$	3.0×10^{-3}

[참조 – 도로교설계기준, 2010년]

도로교설계에는 표준트럭하중(DB하중)과 이에 대응하는 차선하중(lane loads, DL하중) 중에서 큰 내력을 일으키는 하중을 적용하게 된다.

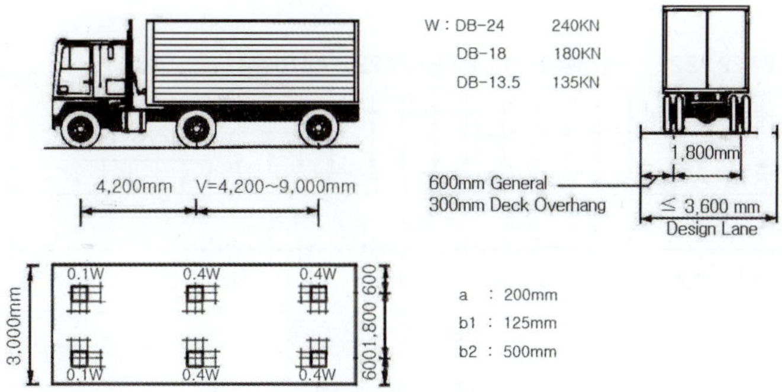

(a) 표준트럭하중

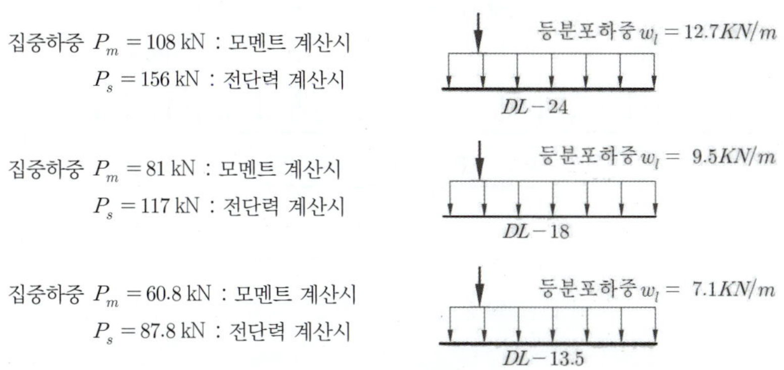

(b) 차선하중

2010 [그림 5.8] 표준트럭하중

◎ 철도교의 활하중 - 『철도설계기준 - 2.3 활하중』

우리나라 국유철도건설규칙에서 정한 표준열차하중으로는 LS－22 하중(1, 2급선)과 LS－18 하중(3, 4급선)이 있다(『**철도교 표준시방서**』 참고). 한편 우리나라 고속철도 열차하중은 HL－표준열차하중을 사용한다(『**고속철도설계 표준시방서**』 참고). 외국의 고속철도에서 프랑스는 TGV, 독일은 ICE에서 적용한 열차하중도 있다.

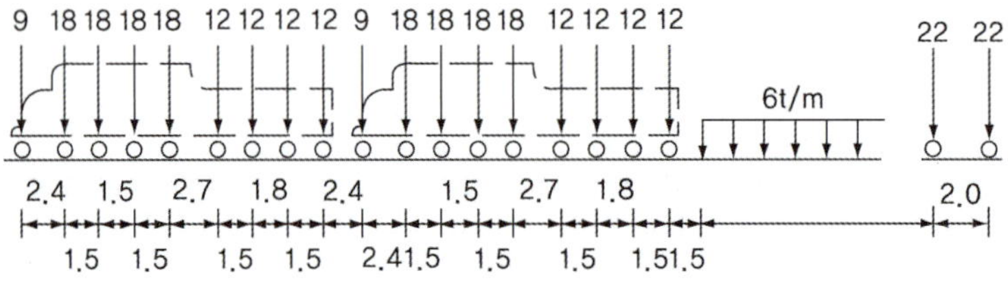

(a) LS－18 하중

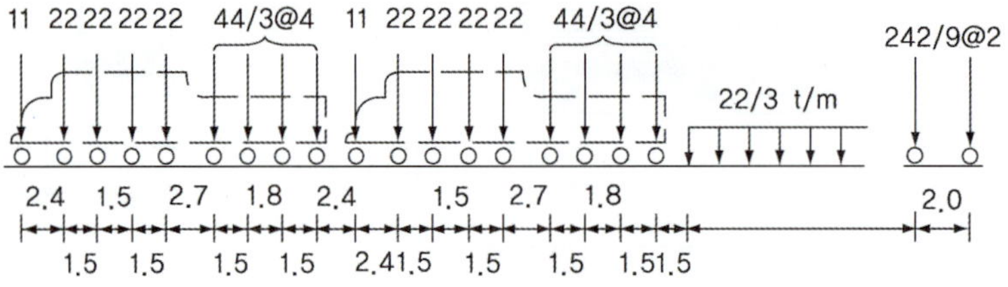

(b) LS－22 하중

LS [그림 2.3.1] 철도교 설계

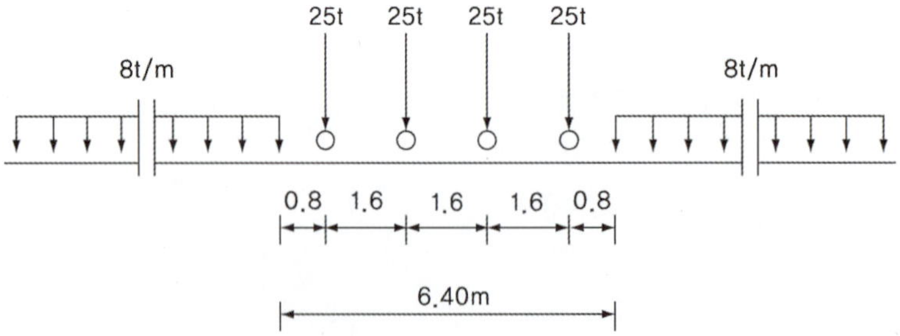

HL [그림 2.3.2] HL－표준열차하중

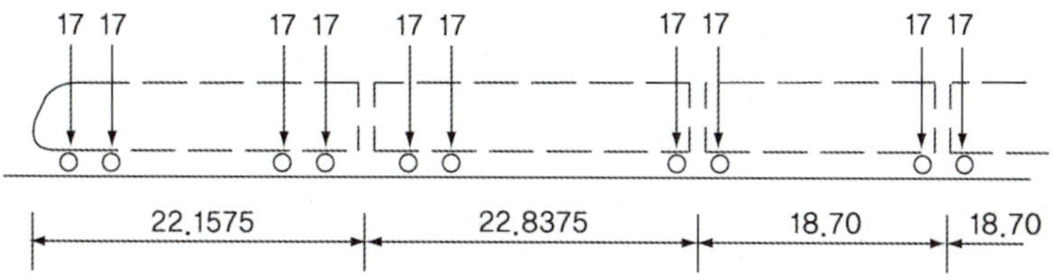

(a) TGV 하중(프랑스)

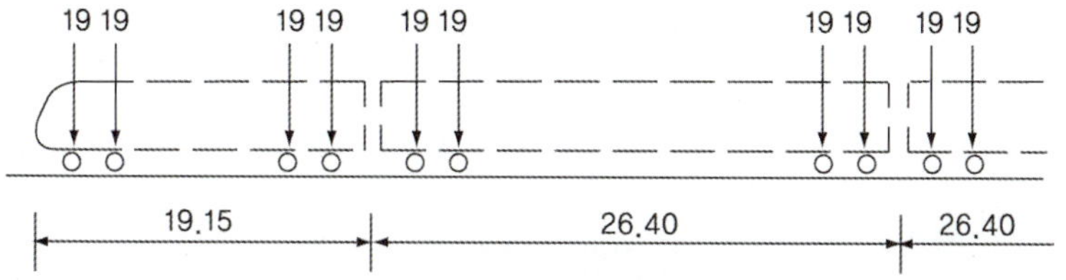

(b) ICE 하중(독일)

철도교 [그림 2.3.3] 외국의 고속철도 열차하중

◎ 건축물의 활하중

건축물에 작용하는 활하중은 사람, 가구, 사무용구, 가동칸막이, 저장물 등이다. 이러한 활하중을 추정할 때는 현재 사용하는 하중을 고려함은 물론 장차 건물 사용계획이 변경될 경우의 하중 증가분도 고려하여야 한다.

건축물의 바닥은 건축물이 설계되는 목적에 따라 크기가 달라지는 등분포설계하중을 받는다고 가정한다. 이러한 건물의 활하중은 관련건축설계규준 등에 규정되어 있는데, 우리나라 건축물 하중기준 및 해설(2000년, p.345, 대한건축학회)에서는 건축물의 등분포 활하중을 [표 5.6.1]과 같이 규정하고 있다.

[표 5.6.1] 건축물의 등분포 활하중

용도		건축물의 부분	활하중 (KN/m²)
(1)	주택의 거실 또는 병실	가. 주거용 건축물의 거실, 공용실, 복도 나. 공동주택의 발코니	2 3
(2)	병원	가. 객실과 해당 복도 나. 수술실, 공용실과 해당복도	2 3

용도			건축물의 부분	활하중 (KN/m^2)
(3)	숙박시설		가. 객실과 해당 복도	2
			나. 공용실과 해당복도	5
(4)	사무실		가. 일반 사무실과 해당복도	2
			나. 로비	4
			다. 특수용도사무실과 해당복도	5
			라. 문서보관실	5
(5)	학교		가. 교실과 해당복도	3
			나. 로비	4
			다. 일반 실험실	3
			라. 중량물 실험실	5
(6)	판매장		가. 상점, 백화점(1층 부분)	5
			나. 상점, 백화점(2층 이상 부분)	4
			다. 창고형 매장	6
(7)	집회 및 유흥장		가. 로비, 복도	5
			나. 무대	7
			다. 식당	5
			라. 주방(영업용)	7
			마. 극장 및 집회징(고정식)	4
			바. 집회장(이동식)	5
			사. 연회장, 무도장	5
(8)	체육시설		가. 체육관 바닥, 옥외경기장	5
			나. 스텐드(고정식)	4
			다. 스텐드(이동식)	5
(9)	도서관		가. 열람실과 해당복도	3
			나. 서고	7
(10)	주차장	옥내 주차구역	가. 승용차 전용	4
			나. 경량트럭 및 빈 버스용도	8
			다. 총중량 180kN 이하의 트럭, 중량차량 용도	12
		옥내 차로와 경사로	가. 승용차 전용	6
			나. 경량트럭 및 빈 버스용도	10
		옥외	가. 승용차, 경량트럭 및 빈 버스용도	12
			나. 총중량 180KN 이하의 트럭용도	16

용도		건축물의 부분	활하중 (KN/m²)
(11)	창고	가. 경량품 저장창고 나. 중량품 저장창고	6 12
(12)	공장	가. 경공업 공장 나. 중공업 공장	6 12
(13)	지붕	가. 접근이 곤란한 지붕 나. 적재물이 거의 없는 지붕 다. 정원 및 집회용도 라. 헬리콥터 정착장(대형인 경우 제외)	1 2 5 5
(14)	기계실	공조실, 전기실, 기계실 등	5
(15)	광장	옥외광장	12

[3] 충격(Impact) : IM

활하중은 교면의 요철, 차량의 가속과 감속, 전후 차량과의 협동작용 등의 여러 가지 이유로 사하중보다 큰 영향을 교량구조에 준다. 일반적으로 이것을 충격이라 하며, 충격계수로 충격의 정도를 나타낸다.

◎ 도로교 - 『LSD 2015 - 3.7 충격하중』

(1) 일반사항

LSD 3.7.2와 3.7.3에서 허용된 경우를 제외하고 원심력과 제동력 이외의 표준트럭하중에 의한 정적효과는 LSD [표 3.7.1]에 규정된 충격하중의 비율에 따라 증가시켜야 한다.

- 정적하중에 적용시켜야 할 충격하중계수는 다음과 같다:$(1+IM/100)$
- 충격하중은 보도하중이나 표준차로하중에는 적용되지 않는다.

다음과 같은 경우에는 충격하중을 적용할 필요가 없다.

- 상부구조물로부터 수직반력을 받지 않는 옹벽
- 전체가 지표면 이하인 기초부재

충격하중은 [LSD 4.7.2.1]의 규정에 따라 충분한 증거에 의해 검증될 수 있다면 연결부를 제외한 다른 부재에 대하여 감소시킬 수 있다.

LSD [표 3.7.1] 충격하중계수, IM

성분		IM
바닥판 신축이음장치를 제외한 모든 다른 부재	피로한계상태를 제외한 모든 한계상태	25%
	피로한계상태	15%

(2) 매설된 부재

암거나 매설된 구조물에 대한 충격하중은 백분율로 식 (LSD 3.7.2)와 같다.

$$IM = 40\left(1.0 - 4.1 \times 10^{-4} D_E\right) \geq 0\% \quad \text{(LSD 3.7.2)}$$

여기서, D_E=구조물을 덮고 있는 최소깊이(mm)

(3) 목재부재

목교나 교량의 목재부재에 대해서는 (1)에 규정된 충격하중을 LSD [표 3.7.1]에 제시된 값의 50%로 줄일 수 있다.

◎ 철도교 -『철도설계기준 - 2.4 충격하중』

(1) 강교 및 강합성교

(A) 플레이트거더, 상로 트러스의 중간지주 및 하로 트러스의 현수재(hanger)

$$L \leq 30\text{ m} \;;\; I = 70 - \frac{L^2}{45}$$

$$L > 30\text{ m} \;;\; I = \frac{540}{L-12} + 20$$

(B) 트러스

$$I = \frac{1,200}{L+7.5} + 25$$

(C) 디젤기관차 및 전기기관차

$$L \le 24\text{ m} \;;\; I = 50 - \frac{L^2}{48}$$

$$L > 24\text{ m} \;;\; I = \frac{180}{L-9} + 26$$

(2) RC 및 PSC교

$$L \le 18\text{ m} \;;\; I = 45 - \frac{L^2}{45}$$

$$L > 18\text{ m} \;;\; I = 24 + \frac{240}{L-0.6}$$

여기서, L은 교량의 지간이다.

◎ 고속철도용 전기기관차 – 『고속철도표준시방서 – 충격하중』

휨모멘트에 대한 충격계수 I_m과 전단력에 대한 충격계수 I_s로 구분

(1) 주요본선

$$I_m = \frac{1.44}{\sqrt{L_c - 0.2}} - 0.18$$

$$I_s = \frac{0.96}{\sqrt{L_c - 0.2}} - 0.12$$

(2) 그 외의 선

$$I_m = \frac{2.16}{\sqrt{L_c - 0.2}} - 0.27$$

$$I_s = \frac{1.44}{\sqrt{L_c - 0.2}} - 0.18$$

여기서 L_c는 교량의 형식 및 지간에 따른 특정 길이로서 고속철도표준시방서에 자세히 규정되어 있다.

[4] 프리스트레스 힘 -『LSD 2015 – 3.8 프리스트레스 힘』

[5] 콘크리트의 크리프 -『LSD 2015 – 3.9 콘크리트의 크리프』

[6] 콘크리트의 건조수축 -『LSD 2015 – 3.10 콘크리트의 건조수축』

[7] 토압 -『LSD 2015 – 3.11 토압』

[8] 정수압, 유수압, 부력, 파압 -『LSD 2015 – 3.12 정수압, 유수압, 부력, 파압』

[9] 풍하중 -『LSD 2015 – 3.13 풍하중』

[10] 온도변화 -『LSD 2015 – 3.14 온도변화』

[11] 지진의 영향 -『LSD 2015 – 3.15 지진의 영향』

[참고사항]

지진하중은 지진이 일어났을 때 땅에 접해 있는 구조물의 기초를 흔드는 하중이다. 지진하중을 받는 구조물의 주요 거동은 일시적인 진동이며, 그 정도는 지반가속도의 크기와 유형, 구조물의 질량과 강성도에 따라 다르다. 지진은 지반을 수직 및 수평으로 진동시킨다. 그러나 수직진동은 비교적 작기 때문에 내진설계에서는 이를 무시하며 수평진동이 위협적인 요인이 된다.

이 경우 수평방향 가속도의 크기는 지역에 따라 다르며 우리나라에서는 재현기간 1,000년에 대하여 건물의 경우 지진구역 1에서 0.147g, 지진구역 2에서는 0.093g로 규정하고 있으며,

교량의 경우 지진구역 1에서 0.154g, 지진구역 2에서는 0.098g로 규정하고 있다. 여기서 g는 중력가속도 $9.81\mathrm{m/s^2}$이다.

따라서 기초와 상부구조가 거의 강체처럼 작용한다고 가정하면 지진의 수평가속도가 0.1g 일 때 구조물이 받는 횡방향의 관성력은 [질량]×[가속도]=$\frac{[중량]}{g}\times 0.1g = (0.1)\times(중량)$이 될 것이다.

지진을 해석하는 방법에는 정적 해석인 등가정하중법, 동적해석인 응답스펙트럼법과 시간이력해석법 등이 있다.

- 등가정하중법(equivalent static force method)은 지진의 영향을 등가의 정하중으로 환산하여 정적해석을 수행하는 방법이다. 정형구조물, 즉 질량과 강성의 중심이 일치하고 대칭구조인 경우에 구조물의 지리적 위치, 형상, 진동주기, 구조물의 중요도, 지반의 특성 등을 반영하는 계수에 그 구조물의 무게를 곱한 값을 수평지진력으로 간주한다. 이 수평지진력을 건물뼈대의 각 절점에 작용하는 횡하중으로 배분하고 이를 정적으로 해석하면 지진해석이 완료된다.
- 응답스펙트럼법(response spectrum method)은 건물 등이 고층이거나 그 모양이 비정형구조일 때 사용되는 동적해석의 하나이다. 응답스펙트럼법은 주어진 지진기록에 대하여 구조물의 진동주기와 모드(mode)형태를 구하고 이 진동주기에 대응하는 모드응답의 최댓값(변위, 속도, 가속도)을 여러 지진기록을 이용하여 작성된 설계용 응답스펙트럼으로부터 산정하고, 이들 자료를 이용하여 지진력을 계산하게 된다.
- 시간이력해석법(time history analysis)은 지진에 의한 지반운동의 시간에 따른 변화를 구할 때 쓰이지만 시간과 노력이 많이 들기 때문에 극히 중요한 구조물의 내진설계, 구조물의 비선형적 지진해석에 이용된다.

[12] 설하중 및 빙하중 -『LSD 2015 – 3.16 설하중 및 빙하중』

[13] 지반변동 및 지점이동의 영향 -『LSD 2015 – 3.17 지반변동 및 지점이동의 영향』

[14] **원심하중 및 제동하중** -『LSD 2015 – 3.18 원심하중 및 제동하중』

[15] **가설시 하중** -『LSD 2015 – 3.19 가설시 하중』

[16] **차량충돌하중** -『LSD 2015 – 3.20 차량충돌하중』

[17] **선박충돌하중** -『LSD 2015 – 3.21 선박충돌하중』

[18] **마찰력** -『LSD 2015 – 3.22 마찰력』

5.6.2 하중의 작용상태에 따른 종류

[표 5.6.2] 하중의 종류와 표기법

분류	작용상태	단위
집중하중	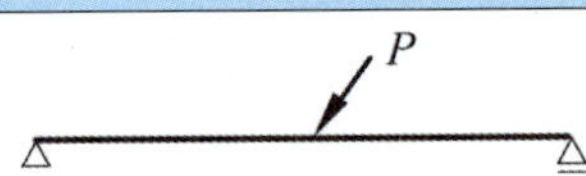	kgf, tf, N, kN
등분포하중	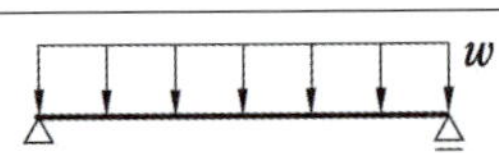	kgf/m, tf/m, N/m, kN/m
등변분포하중	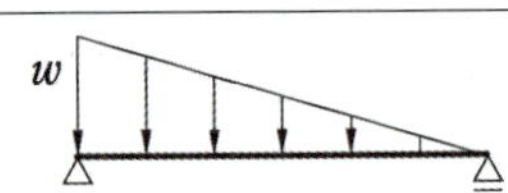	kgf/m, tf/m, N/m, kN/m
사다리꼴 등변분포하중	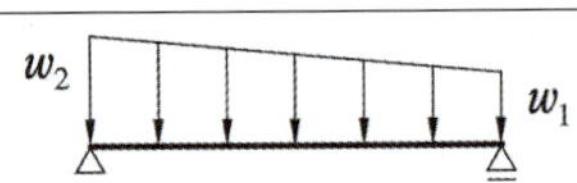	kgf/m, tf/m, N/m, kN/m
부등분포하중	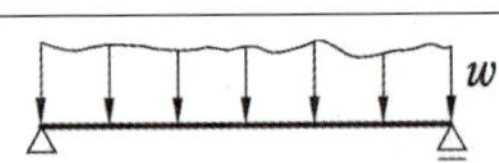	kgf/m, tf/m N/m, kN/m
모멘트 하중	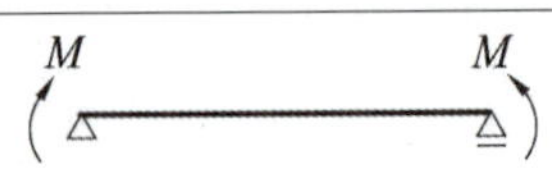	kgf·m, tf·m N·m, kN·m,
간접하중	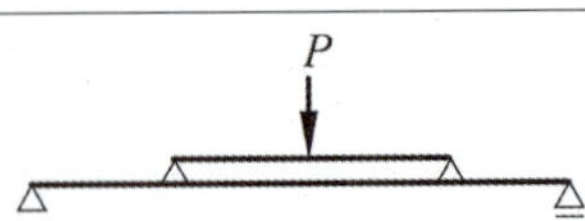	kgf, tf, N, kN
이동하중	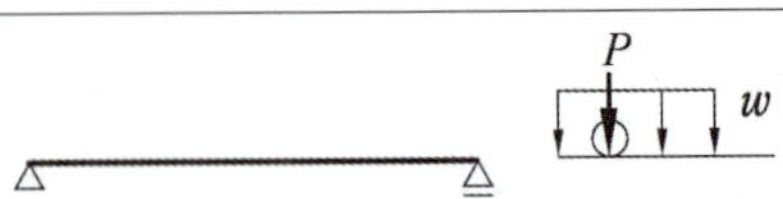	kgf, tf, kgf/m, N, kN, kN/m
연행하중	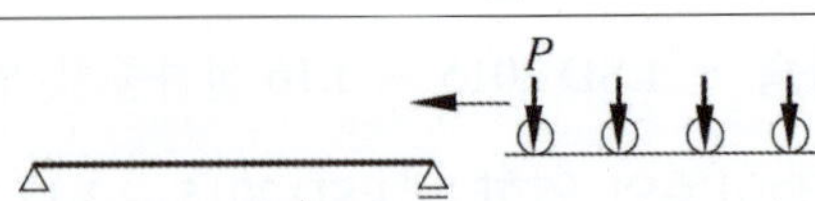	kgf, tf, N, kN

실제 구조물설계에서는 관련 기준이나 시방서를 따른다. 우리나라와 외국에서 사용되고 있는 설계시방서 및 관련 기준을 들면 다음 [표 5.6.3]에 나타낸 바와 같다.

[표 5.6.3] 설계기준, 표준시방서 및 규준

우리나라	외국
도로교설계기준	General Building Codes
콘크리트 구조설계기준	America National Building Codes
철도설계기준	Uniform Building Codes
고속철도설계 표준시방서	American Standard Specifications for Highway Bridges, AASHTO
도로의 구조 · 시설기준에 관한 규칙	Specification for Structural Steel Buildings and Manual of Steel Construction, AISC
콘크리트 교량가설 특수공법 설계 · 시공 · 유지관리지침	Building Code Requirements for Reinforced Concrete, ACI
건축규준	PCI Design Handbook, PCI
철골구조계산규준	DIN(독)
막구조설계기준	BS(영)
제진구조설계지침	JIS(일)
면진구조설계지침	
KS	

5.7 구조물의 자유물체도 작성

5.7.1 단순보

[그림 5.7.1(a)]와 같은 단순보에 경사진 집중하중 P가 작용할 경우에 [그림 5.7.1(b), (c)]와 같이 자유물체도를 그려보고, 반력을 구해보자.

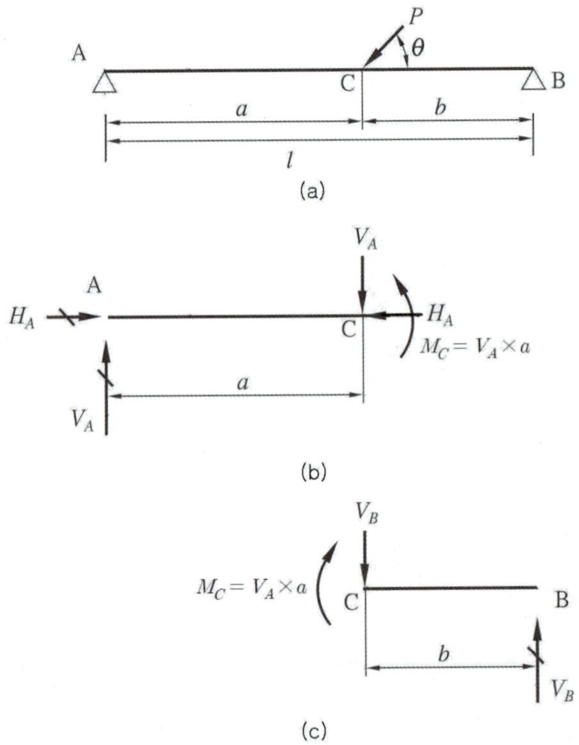

[그림 5.7.1]

단순보에서 C지점에 경사진 집중하중 P가 작용할 경우에는 먼저 P에 대한 수직분력 V와 수평분력 H 값을 구한다.

$$V = P\sin\theta \qquad H = P\cos\theta$$

평형방정식에 의하여

$\Sigma F_y = 0$에 의하여 $V_A + V_B = V = P\sin\theta$

$\Sigma M_B = 0$에 의하여 $(V_A) \times (l) - (V) \times (b) = 0 \quad \therefore V_A = \dfrac{Vb}{l} = \dfrac{Pb}{l}\sin\theta$

$\Sigma M_A = 0$에 의하여 $(-V_B) \times (l) + (V) \times (a) = 0 \quad \therefore V_B = \dfrac{Va}{l} = \dfrac{Pa}{l}\sin\theta$

$\Sigma F_x = 0$에 의하여 $H_A - H = 0 \quad \therefore H_A = H = P\cos\theta$

합성반력 R_A는 $\therefore R_A = \sqrt{V_A{}^2 + H_A{}^2} = \sqrt{\left(\dfrac{Pb}{l}\sin\theta\right)^2 + (P\cos\theta)^2}$

5.7.2 간접등분포하중을 받는 단순보

[그림 5.7.2(a)]와 같은 간접등분포하중 w를 받는 단순보의 자유물체도를 그려보고, 지점 반력을 구해보자.

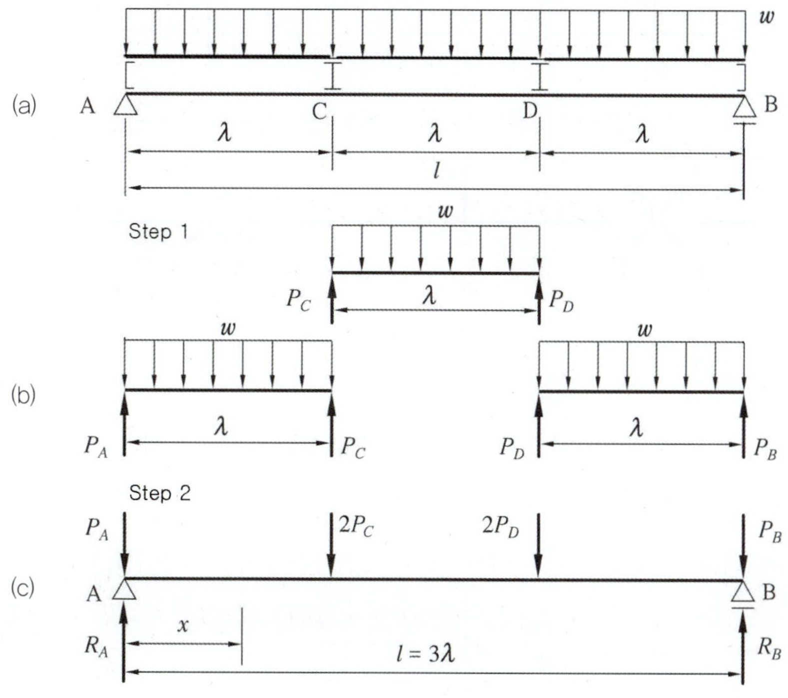

[그림 5.7.2]

A ~ C 구간에서

$\Sigma F_y = 0$에 의하여 $P_A + P_C = w\lambda$ $\therefore P_A = P_C = \dfrac{w\lambda}{2}$

같은 방법에 의하여 $\therefore P_D = P_B = \dfrac{w\lambda}{2}$

$\Sigma F_y = 0$에 의하여 $R_A + R_B = P_A + 2P_C + 2P_D + P_B = w3\lambda = wl$

$$\therefore R_A = \frac{wl}{2} = \frac{3w\lambda}{2} \quad \therefore R_B = \frac{wl}{2} = \frac{3w\lambda}{2}$$

5.7.3 내민보

[그림 5.7.3(a)]와 같은 내민보의 자유물체도를 그려보고, 반력을 구해보자.

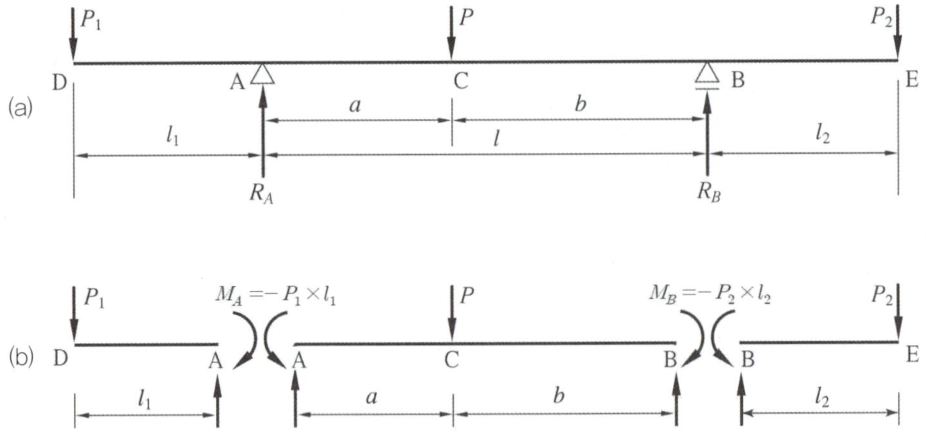

[그림 5.7.3]

[그림 5.7.3(b)]와 같이 캔틸레버 2개와 단순보 1개로 결합된 구조물이다.

$\Sigma F_y = 0$에 의하여 $R_A + R_B = P_1 + P + P_2$

$\Sigma M_B = 0$에 의하여 $(R_A)\times(l) - (P)\times(b) - (P_1)(l + l_1) + (P_2)(l_2) = 0$

$$\therefore R_A = \frac{Pb}{l} + P_1 + \frac{P_1 l_1 - P_2 l_2}{l}$$

$\Sigma M_A = 0$에 의하여 $(-R_B) \times (l) + (P)(a) - (P_1)(l_1) + (P_2)(l + l_2) = 0$

$$\therefore R_B = \frac{Pa}{l} + P_2 + \frac{P_2 l_2 - P_1 l_1}{l}$$

위 식들을 정리하면 지점반력 R_A와 R_B는 다음 식과 같다.

$$R_A{}' = \frac{Pb}{l},\ R_B{}' = \frac{Pa}{l},\ M_A = -P_1 l_1,\ M_B = -P_2 l_2$$

$$\therefore R_A = R_A{}' + P_1 + \frac{M_B - M_A}{l} \quad \therefore R_B = R_B{}' + P_2 + \frac{M_A - M_B}{l}$$

5.7.4 게르버보

부정정 연속보에서 지점반력수 3 또는 지점수 2개의 힌지(활절)를 넣어 힘의 평형방정식 3조건으로 구조해석을 할 수 있는 외적 정정보를 게르버보라고 한다. 게르버보는 연속보에 비해 응력해석이 용이할 뿐만 아니라 지점침하에 대한 영향이 적어 연약지반에서 가설할 수 있는 특성이 있다. 그리고 (+), (−) 모멘트를 같게 하여 등단면설계를 함으로써 경제적인 이점이 있다.

[1] 힌지 1개가 있는 게르버보

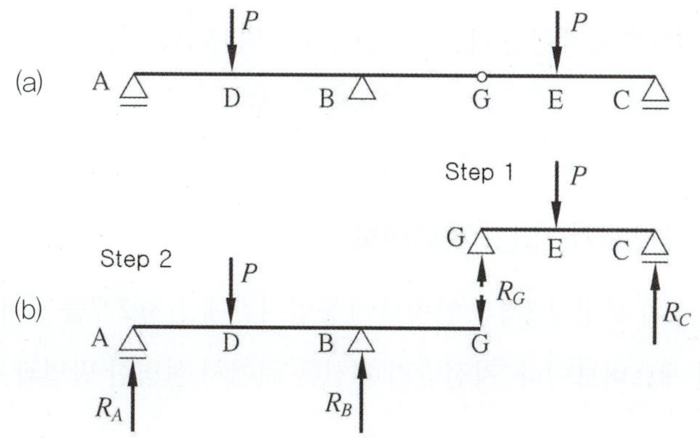

[그림 5.7.4]

[그림 5.7.4(a)]에서 1차 부정정 2경간 연속보에 힌지(활절) 1개를 넣어 단순보 1개와 내민보 1개로 결합된 게르버보이다. [그림 5.7.4(b)]에 나타낸 바와 같이 먼저 GC 구간의 단순보에서 지점반력을 구하여 그 반력이 AG 구간의 내민보의 자유단 지점에서 외력으로 작용하는 것으로 보고, 내민보의 A, B지점에서의 지점반력을 계산한다. 단면력 계산과정은 내민보에서 설명한 방식으로 하면 된다.

[2] 외측지간에 힌지 2개가 있는 게르버보

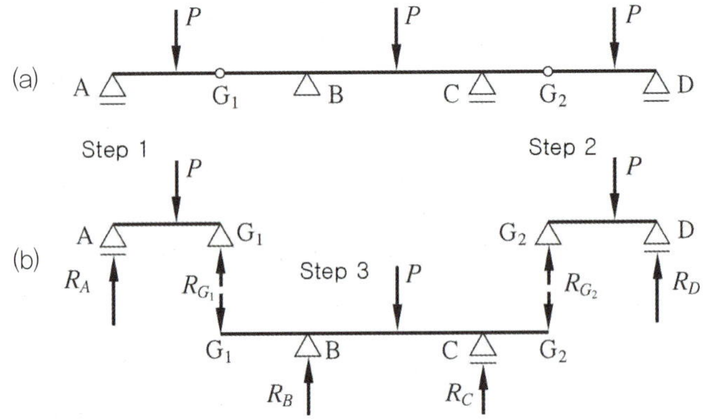

[그림 5.7.5]

[그림 5.7.5(a)] 보는 2차 부정정 3경간 연속보에 힌지 2개를 넣어 단순보 2개와 내민보 1개로 결합된 게르버보이다. [그림 5.7.5(b)]에 나타낸 바와 같이 구조계산은 먼저 AG_1의 단순보와 G_2D의 단순보 지점반력을 계산한 다음에 G_1G_2 구간의 내민보의 지점반력 R_A 와 R_B 를 구한다.

[3] 중앙지간에 힌지 2개가 있는 게르버보

[그림 5.7.6(a)] 보는 2차 부정정 3경간 연속보에 중앙지간에 힌지 2개를 넣어 단순보 1개와 내민보 2개로 결합된 게르버보이다. 지점반력 계산은 위에서 설명한 방법과 같다.

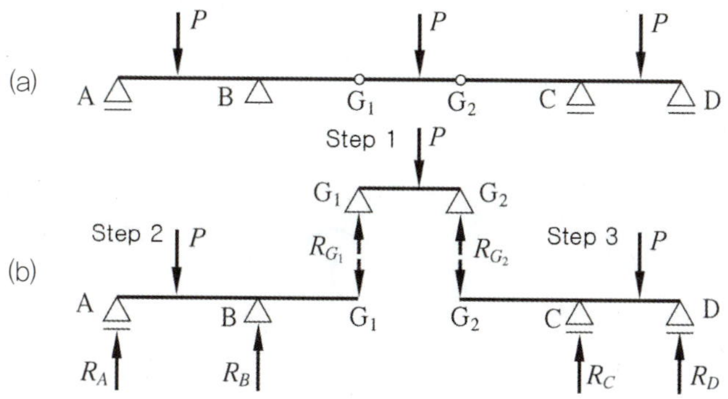

[그림 5.7.6]

[4] 특수 게르버보

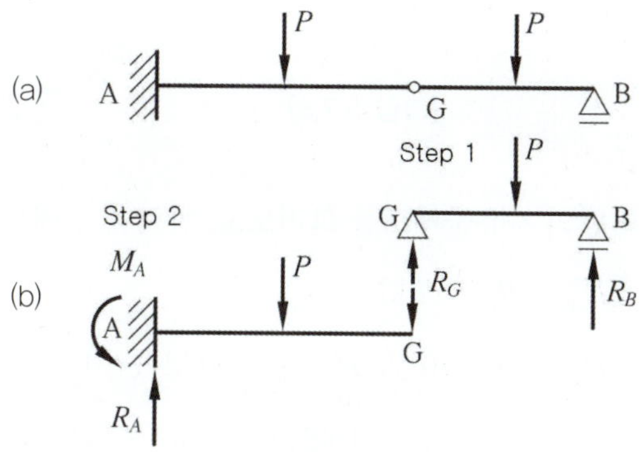

[그림 5.7.7]

[그림 5.7.7(a)]의 보는 1차 부정정보에 힌지를 1개 넣어 반력수 3개인 정정보로 만든 게르버보다. 이 게르버보는 구조상태가 단순보 1개와 캔틸레버 1개로 결합되어 있다. [그림 5.7.7(b)]에 나타낸 봐와 같이 지점반력 계산은 먼저 GB 구간을 단순보로 보고 지점반력을 구하여 그 반력이 캔틸레버에 외력으로 작용하는 것으로 보고, 캔틸레버의 지점반력을 구한다.

5.7.5 라멘

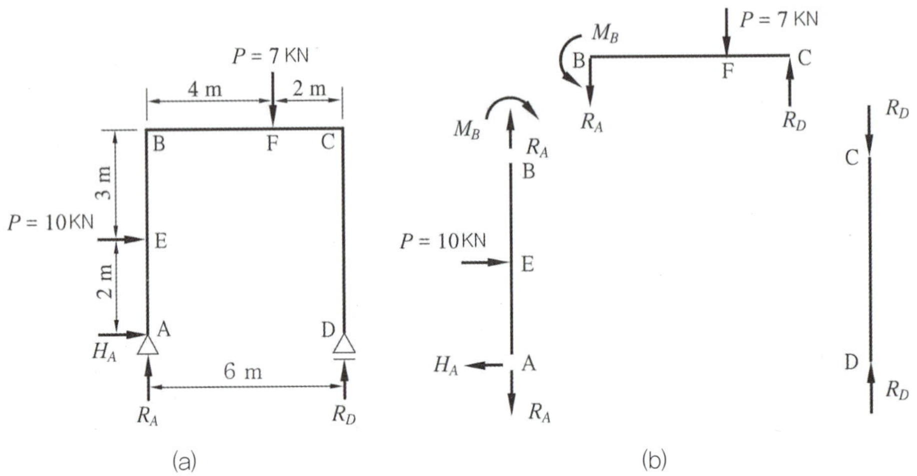

[그림 5.7.8]

[그림 5.7.8(a)]와 같은 라멘의 자유물체도를 그려보고, 반력을 구해보자.

$\Sigma F_y = 0$에 의하여 $R_A + R_D = 7\ \text{kN}$

$\Sigma F_x = 0$에 의하여 $H_A + 10 = 0 \ \therefore\ H_A = -10\ \text{kN}(\leftarrow)$

$\Sigma M_D = 0$에 의하여 $(R_A) \times (6\text{m}) + (10\text{kN}) \times (2\text{m}) - (7\text{kN}) \times (2\text{m}) = 0$

$\therefore\ R_A = -1\ \text{kN}(\downarrow)$

$\Sigma M_A = 0$에 의하여 $(-R_D) \times (6\text{m}) + (10\text{kN}) \times (2\text{m}) + (7\text{kN}) \times (4\text{m}) = 0$

$\therefore\ R_D = 8\ \text{kN}(\uparrow)$

5.7.6 3이동지점 라멘

구조물을 지지하고 있는 지점 3개가 이동(롤러)으로 된 라멘으로서 지점반력은 평형방정식($\Sigma F_x = 0,\ \Sigma F_y = 0,\ \Sigma M = 0$)으로 구하고, 단면력 계산은 단순보계 라멘과 같은 방법으로 구한다.

[그림 5.7.9(a)]와 같은 라멘에 등분포하중이 작용할 경우 반력을 구해보자.

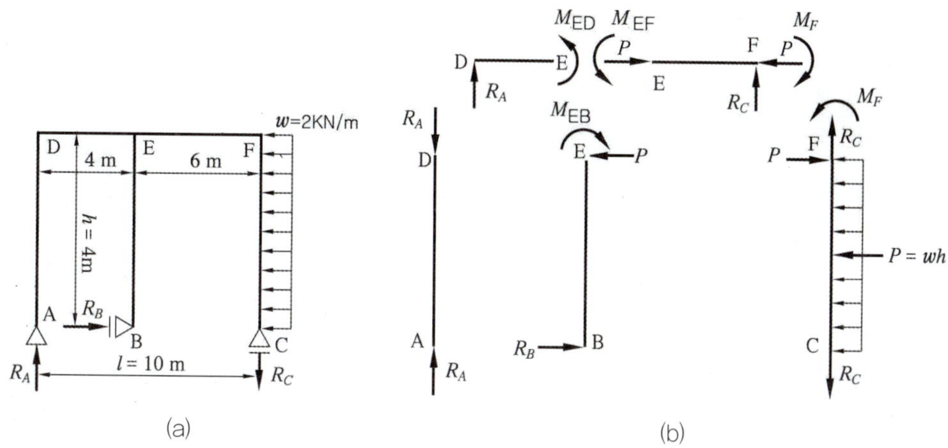

[그림 5.7.9]

$$\sum M_C = 0\text{에 의하여}\quad (R_A)\times(l) - (w)(h)\times(\frac{h}{2}) = 0$$

$$\therefore\ R_A = \frac{wh^2}{2l} = 1.6KN(\uparrow)$$

$$\sum F_x = 0\text{에 의하여}\quad R_B - wh = 0 \quad \therefore\ R_B = wh = 8KN(\rightarrow)$$

$$\sum F_y = 0\text{에 의하여}\quad R_A + R_C = 0 \quad \therefore\ R_C = -R_A = -1.6KN(\downarrow)$$

5.7.7 3활절 라멘

n차 부정정 라멘을 식($n = r - 3 -$힌지수)에 의하여 활절 1개를 수평보에 설치하여 정정 라멘으로 만들고 평형방정식($\sum F_x = 0$, $\sum F_y = 0$, $\sum M = 0$)으로 수직반력을 구한다. 수평반력은 활절에서 모멘트 대수합 식 $\sum M_G = 0$에 의하여 계산한다.

[그림 5.7.10(a)]와 같은 라멘에 집중하중이 작용할 경우 자유물체도를 그려보고, 반력을 구해보자.

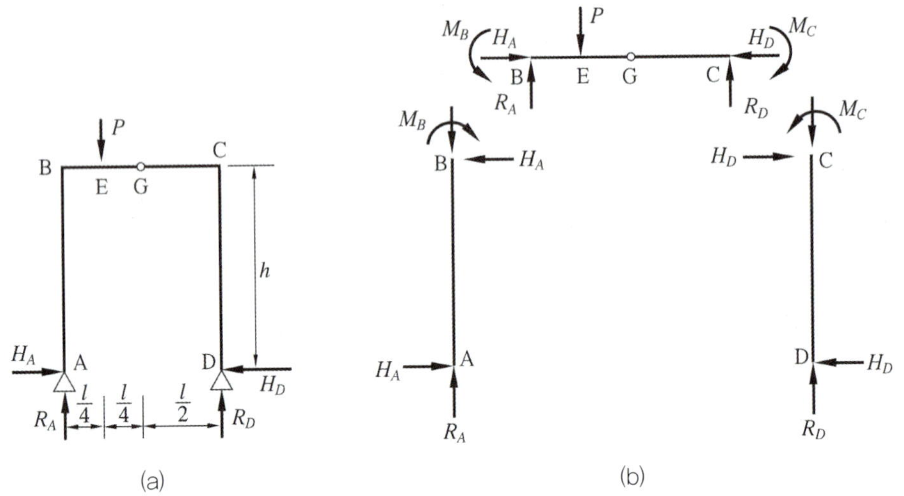

[그림 5.7.10]

$\Sigma F_y = 0$에 의하여 $\quad R_A - R_D = P$

$\Sigma M_D = 0$에 의하여 $\quad (R_A) \times (l) - (P) \times \left(\frac{3}{4} l\right) = 0 \qquad \therefore R_A = \frac{3P}{4}$

$\Sigma M_A = 0$에 의하여 $\quad (-R_D) \times (l) + (P) \times \left(\frac{l}{4}\right) = 0 \qquad \therefore R_D = \frac{P}{4}$

$\Sigma F_x = 0$에 의하여 $\quad H_A - H_D = 0 \qquad \therefore H_A = H_D$

$\Sigma M_G = 0$에 의하여 $\quad (R_A) \times \left(\frac{l}{2}\right) - (H_A) \times (h) - (P) \times \left(\frac{l}{4}\right) = 0$

$$\therefore H_A = \frac{Pl}{8h}$$

5.7.8 합성라멘

부재와 부재가 강결과 활절로 연결된 구조물을 합성라멘이라고 한다. 지점반력 계산은 평형방정식($\Sigma F_x = 0,\ \Sigma F_y = 0,\ \Sigma M = 0$)으로 구하고, 단면력은 각 절점에서 수평과 수직으로 분해하여 단순보와 동일한 방법으로 구한다.

[그림 5.7.11(a)]와 같은 합성라멘의 지점반력을 구해보자. 절점 C가 부재 BD에 의하여 강

결되었다고 보면, 1단 고정지점 라멘이라 볼 수 있으므로 평형방정식에 의하여 각 부재의 단면력을 계산할 수 있다.

$\Sigma F_y = 0$에 의하여 $\quad \therefore\ V_A = P$

$\Sigma M_A = 0$에 의하여 $\quad \therefore\ M_A = Pl$

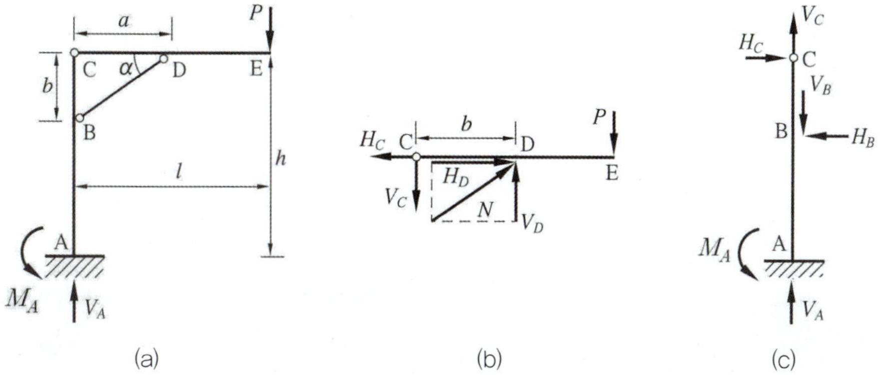

[그림 5.7.11]

연·습·문·제

01 [P 그림 5.1]과 같은 구조물에서 부정정차수를 구하여라.

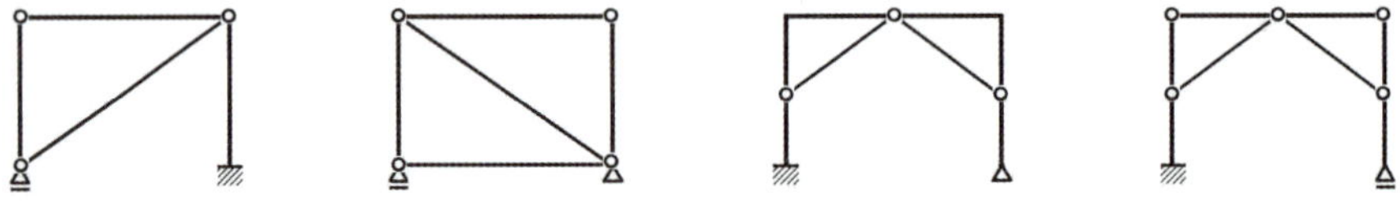

(a) (b) (c) (d)

[P 그림 5.1]

정답 (a) 정정 (b) 정정 (c) 1차 (d) 불안정

02 [P 그림 5.2]와 같은 구조물에서 부정정차수를 구하여라.

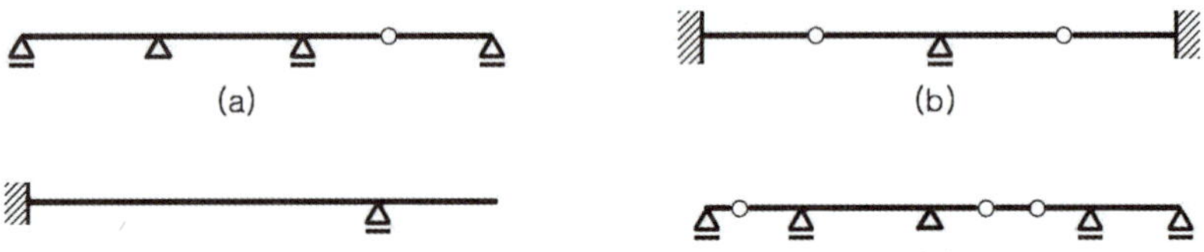

(a) (b) (c) (d)

[P 그림 5.2]

정답 (a) 1차, (b) 2차 (c) 1차, (d) 정정

03 [P 그림 5.3]과 같은 구조물에서 부정정차수를 구하여라.

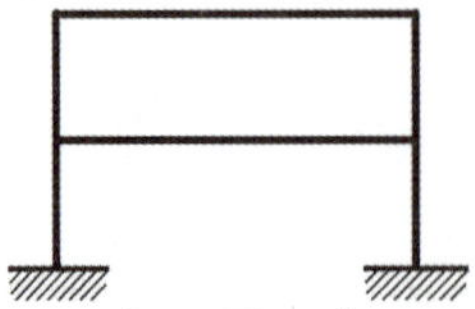

[P 그림 5.3]

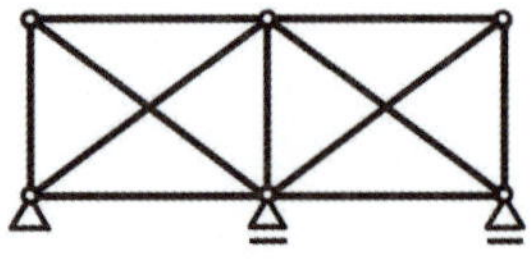

[P 그림 5.4]

정답 6차

04 [P 그림 5.4]와 같은 트러스 구조물의 부정정차수를 구하여라.

정답 내적 2차, 외적 1차

05 [P 그림 5.5]와 같은 구조물의 부정정차수를 구하여라.

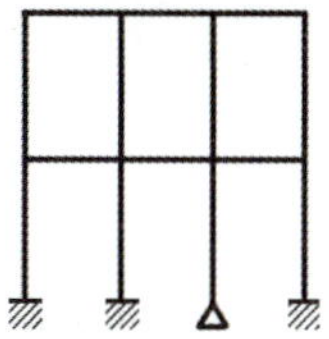
[P 그림 5.5]

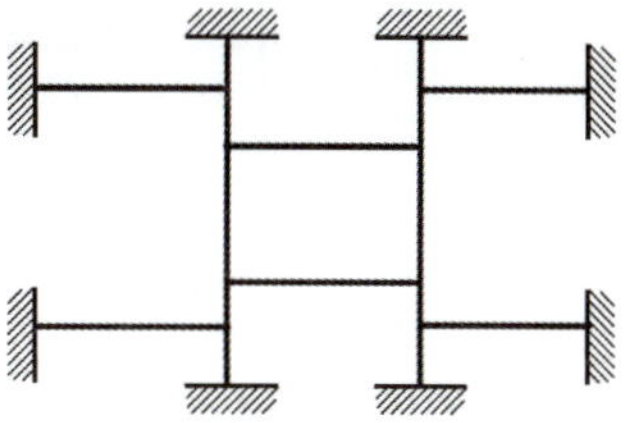
[P 그림 5.6]

정답 17차

06 [P 그림 5.6]과 같은 구조물의 부정정차수를 구하여라.

정답 24차

07 [P 그림 5.7]과 같은 구조물의 부정정차수를 구하여라.

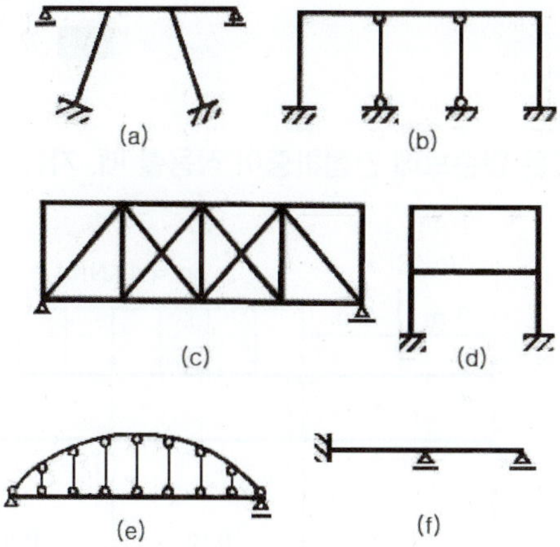

[P 그림 5.7]

정답 (a) 5차 부정정, (b) 5차 부정정, (c) 2차 부정정,
(d) 6차 부정정, (e) 14차 부정정, (f) 2차 부정정

08 [P 그림 5.9]와 같은 단순보에 모멘트 하중이 작용할 때, 자유물체도를 그려보고 지점반력을 구하여라.

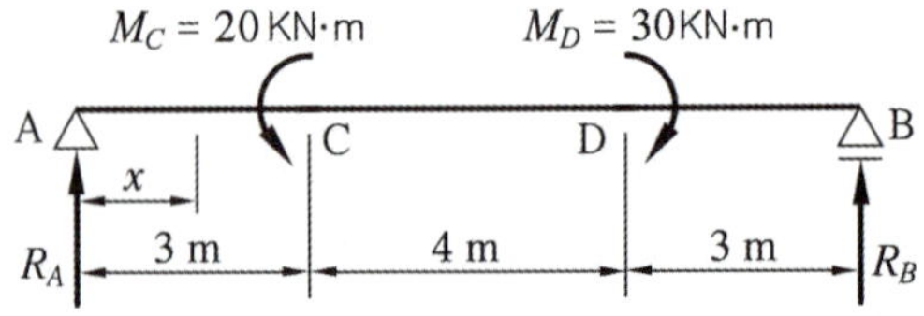

[P 그림 5.8]

정답 $R_A = -1\ \text{kN}(\downarrow), R_B = 1\ \text{kN}(\uparrow)$

09 [P 그림 5.9]과 같은 단순보에 등분포하중이 작용할 때, 자유물체도를 그려보고 지점반력을 구하여라.

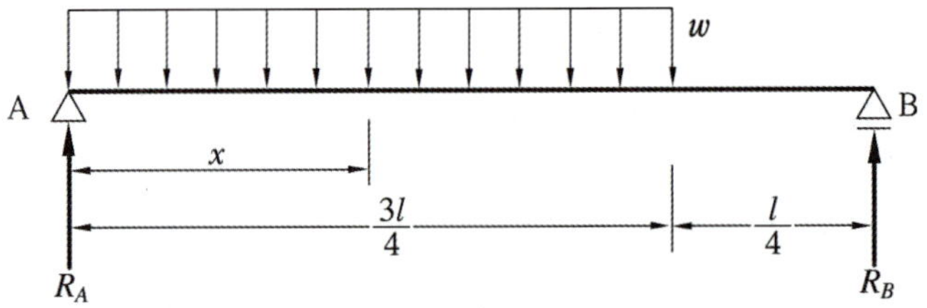

[P 그림 5.9]

정답 $R_A = \frac{15wl}{32}(\uparrow),\ R_B = \frac{9wl}{32}(\uparrow)$

10 [P 그림 5.10]과 같은 단순보에 간접하중이 작용할 때, 자유물체도를 그려보고 지점반력을 구하여라.

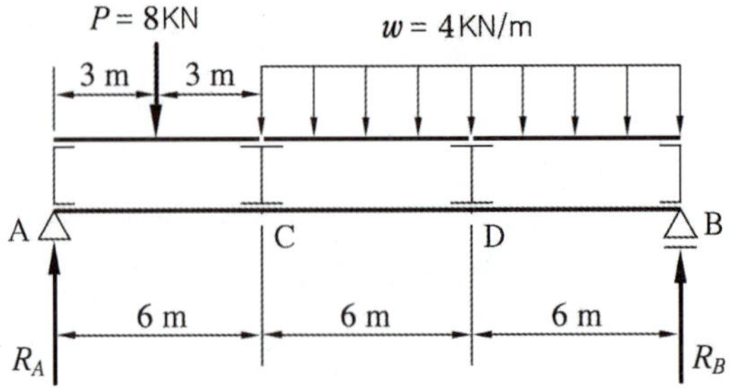

[P 그림 5.10]

정답 $R_A = 22.67\ \text{kN},\ R_B = 33.33\ \text{kN}$

11 [P 그림 5.11]과 같은 내민보의 자유물체도를 그려보고 지점반력을 구하여라.

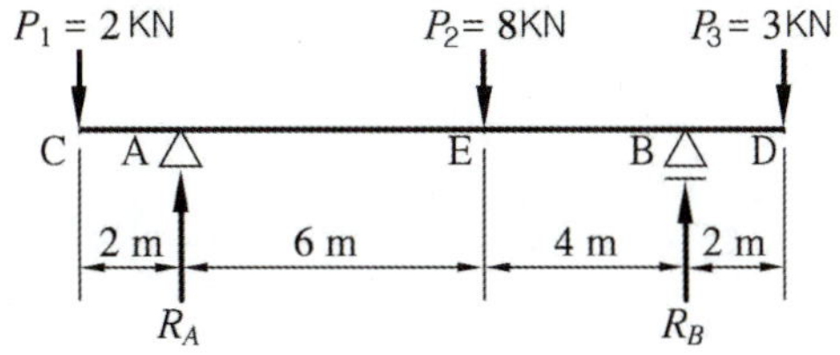

[P 그림 5.11]

정답 $R_A = 5\text{ kN},\ R_B = 8\text{ kN}$

12 [P 그림 5.12]과 같은 내민보의 자유물체도를 그려보고 지점반력을 구하여라.

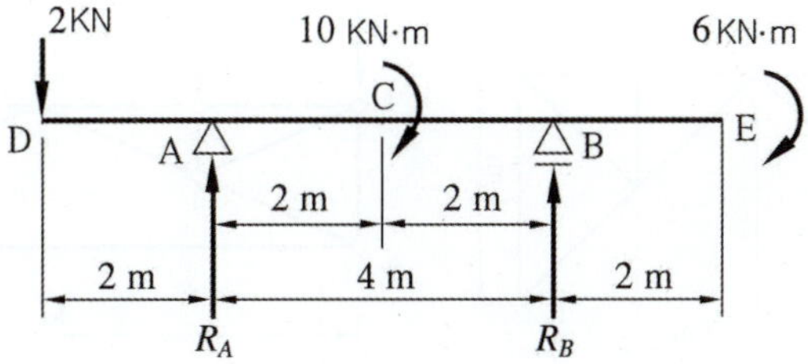

[P 그림 5.12]

정답 $R_A = -1\text{ kN}(\downarrow),\ R_B = 3\text{ kN}(\uparrow)$

13 [P 그림 5.13]와 같은 내민보에서 B지점의 지점반력이 $5P$일 때 하중 $5P$의 작용위치 x 값을 구하여라.

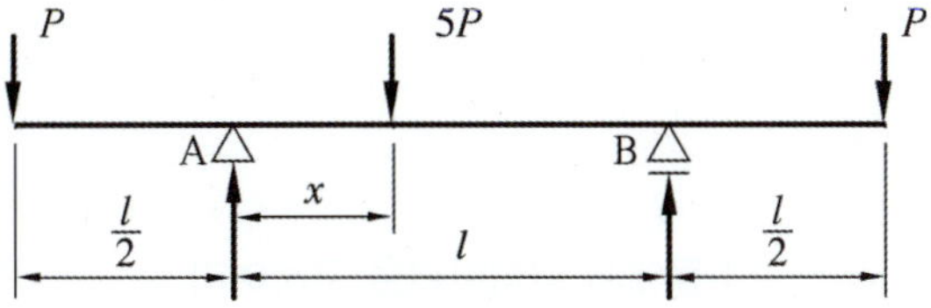

[P 그림 5.13]

정답 $x = 0.8l$

14 [P 그림 5.14]과 같은 내민보의 지점반력을 구하여라.

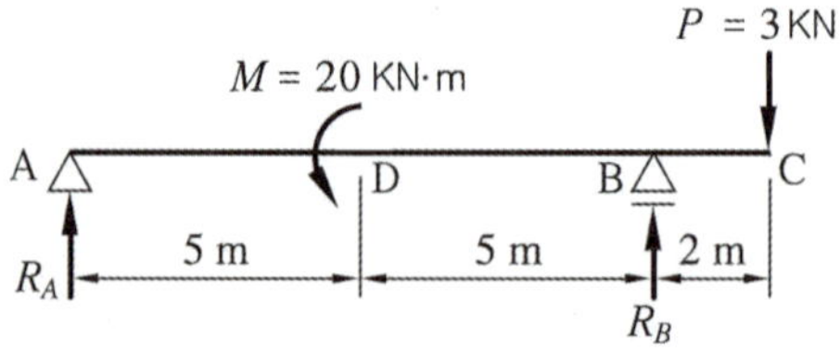

[P 그림 5.14]

정답 $R_A = 1.4$ kN, $R_B = 1.6$ kN

15 [P 그림 5.15]와 같은 트러스에서 지점반력을 구하여라.

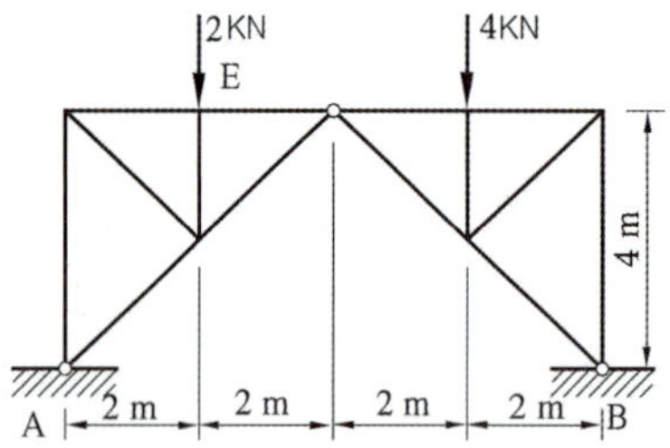

[P 그림 5.15]

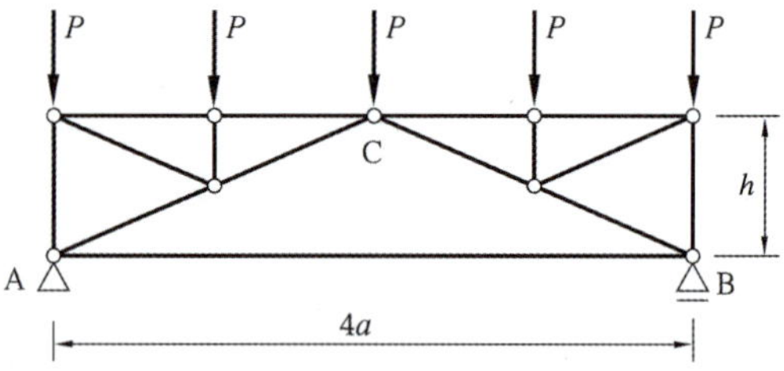

[P 그림 5.16]

정답 $R_A = 2.5$ kN, $R_B = 3.5$ kN, $H_A = 1.5$ kN (→), $H_B = -1.5$ kN (←)

16 [P 그림 5.16]과 같은 트러스에서 지점반력을 구하여라.

정답 $R_A = R_B = \frac{5}{2}P$

17 [P 그림 5.17]과 같은 구조물에서 지점반력을 구하여라.

정답 $R_A = -43.3$ kN (↓), $R_B = 93.3$ kN (↑)

18 [P 그림 5.18]와 같은 트러스에 집중하중이 작용할 때 지점반력을 구하여라.

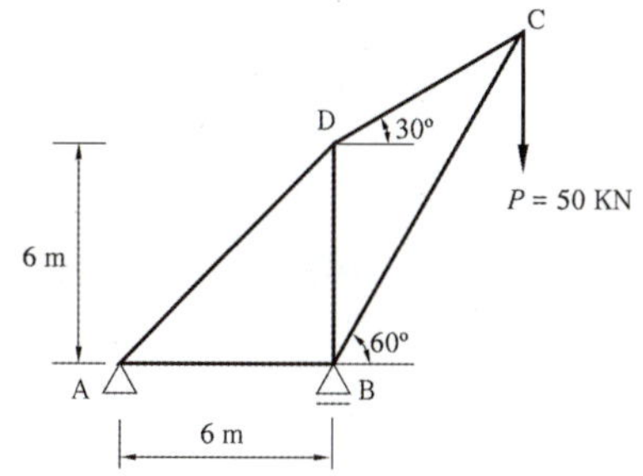

[P 그림 5.17]

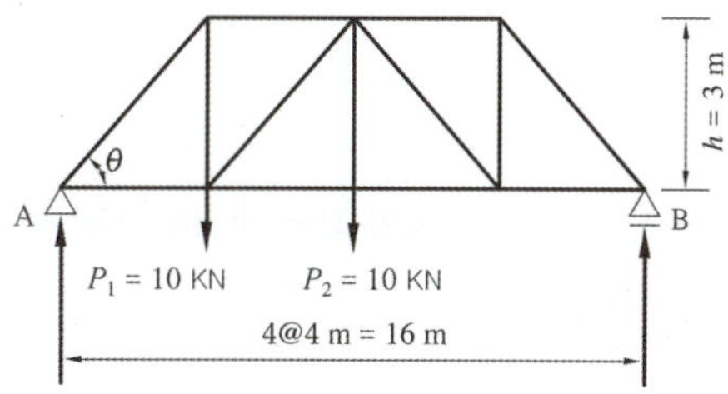

[P 그림 5.18]

정답 $R_A = 12.5\ \mathrm{kN},\ \ R_B = 7.5\ \mathrm{kN}$

19 [P 그림 5.19(a), (b), (c)]와 같은 단순보계 라멘에서 자유물체도를 그려보고 지점반력을 계산하라.

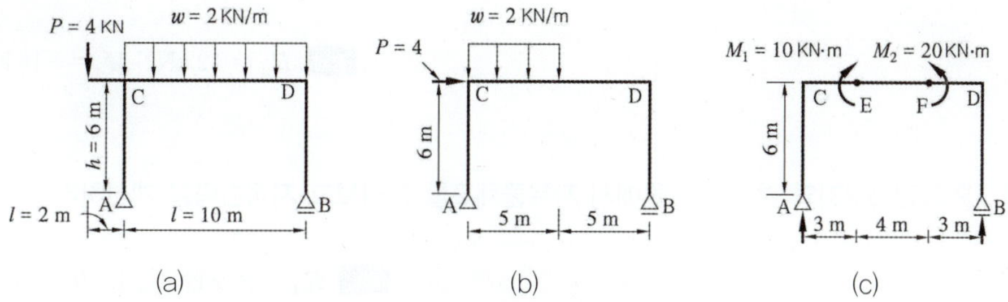

[P 그림 5.19]

정답

20 [P 그림 5.20]와 같은 3활절 아치에서 자유물체도를 그려보고 수평반력 $H_A,\ H_B$를 구하여라.

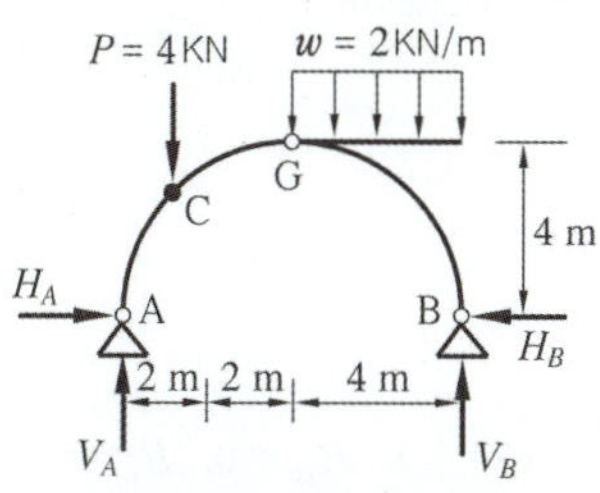

[P 그림 5.20]

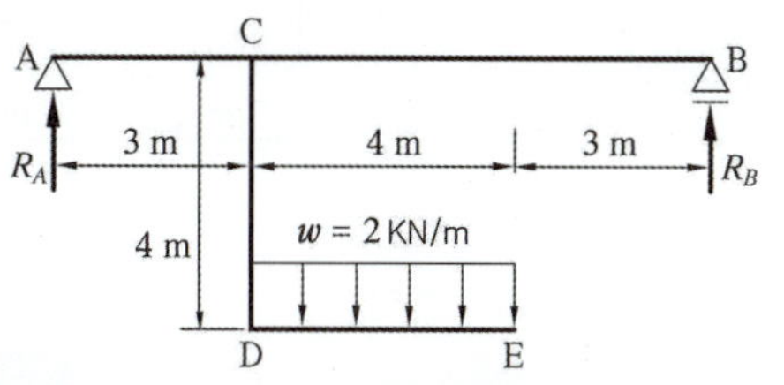

[P 그림 5.21]

정답 $H_A = H_B = 3\ \mathrm{kN}$

21 [P 그림 5.21]와 같은 단순보계 라멘에서 자유물체도를 그려보고 지점반력을 계산하라.

정답 $R_A = 5.6\text{ kN}$, $R_B = 2.4\text{ kN}$

22 [P 그림 5.22(a)]와 같은 캔틸레버계 라멘에서 자유물체도를 그려보고 지점반력을 계산하라.

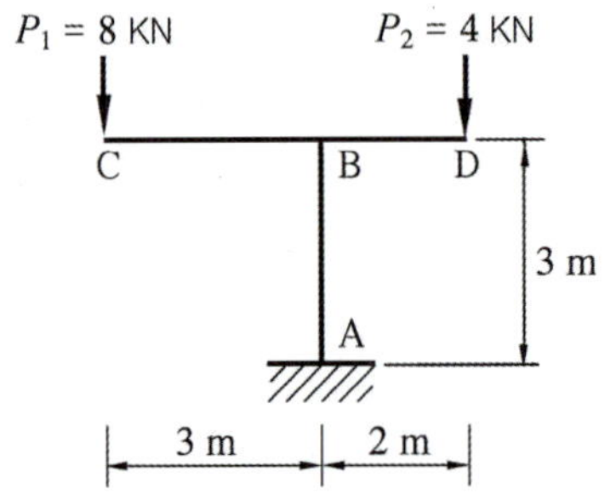

[P 그림 5.22]

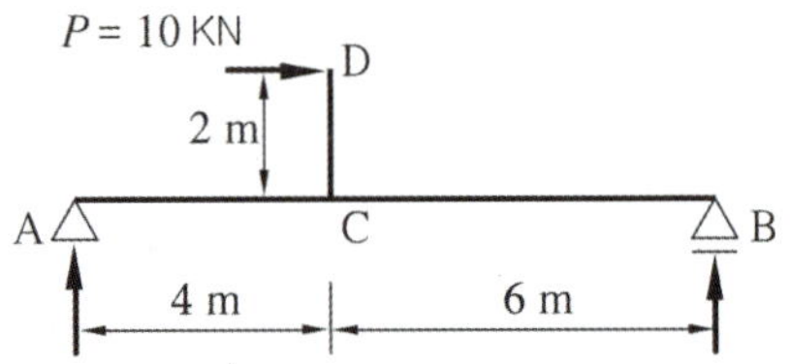

[P 그림 5.23]

정답 $R_A = 12\text{ kN}$, $M_A = -16\text{ kN} \cdot \text{m}$

23 [P 그림 5.23]와 같은 구조물에서 자유물체도를 그려보고 지점반력을 계산하라.

정답 $R_A = -2\text{ kN}(\downarrow)$, $R_B = 2\text{ kN}(\uparrow)$

24 [P 그림 5.24]와 같은 3이동지점 라멘의 자유물체도를 그려보고 지점반력을 계산하라.

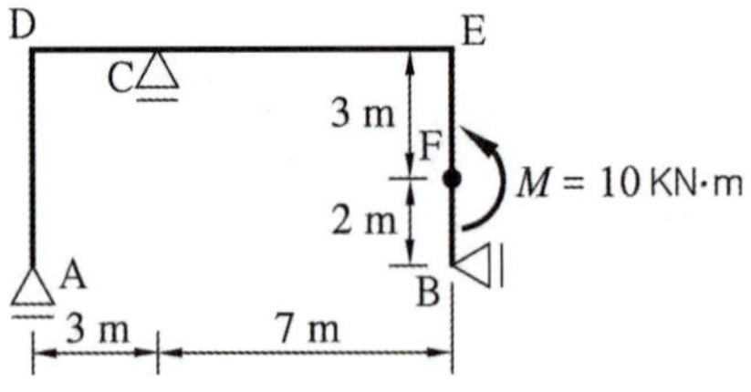

[P 그림 5.24]

정답 $R_A = \frac{10}{3}\text{ kN}(\uparrow)$, $R_B = 0$, $R_C = -\frac{10}{3}\text{ kN}(\downarrow)$

CHAPTER

06

정정 트러스

CONTENTS

6.1 | 개요

트러스(truss)란 2개 이상의 직선부재 양단을 마찰이 없는 활절(hinge)로 연결하여, 이것을 하부구조물이나 기타 지지물과 결합하여 외력에 저항할 수 있도록 조립한 강골조 구조물이다. 트러스의 구조형상은 삼각형을 이루고, 트러스의 각 직선부재는 외력에 대해서 인장 또는 압축, 즉 축방향력에만 저항한다. 이것이 전단력, 휨모멘트 및 축방향력에 저항하는 보 또는 라멘 구조와 다른 점이다.

트러스를 외력에 대하여 안전한 구조체로 만들기 위해 대부분 입체 트러스로 조립한다. 그러나 특수한 경우를 제외하고는 일반적으로 트러스를 평면으로 분해하여 평면응력해석을 한다. 따라서 트러스에 작용하는 외력은 모두 트러스 평면 내에 작용하는 것으로 본다.

실제 트러스의 격점은 완전한 활절이 아니고 리벳, 볼트 또는 용접으로 결합하여 각 부재의 격점은 회전이 구속되어 부재단에서 격점의 중심을 맺는 직선이 부재단면의 축과 일치하지 않을 경우 편심모멘트가 발생한다. 이와 같이 약간의 변형으로 생기는 응력을 2차 응력(secondary stress)이라고 하며, 활절의 마찰 또는 격점의 강성을 고려해야 할 필요성이 있는 트러스에서는 별도로 취급한다. 그러나 일반적으로 트러스의 각 부재에 발생하는 1차 응력(primary stress)인 축방향력만 고려한다.

6.1.1 트러스의 부재 명칭과 종류

[1] 트러스의 부재 명칭

트러스를 구성하고 있는 직선재를 부재(member)라고 한다. 트러스 부재는 I 형 단면에서 플랜지(flange) 역할을 하고 있는 현재(chord member)와 웨브(web)역할을 하고 있는 복재(web member)로 이루어져 있다.

현재는 상현재(upper chord member)와 하현재(lower chord member), 복재는 수직재(vertical member)와 사재(diagonal member)로 되어 있다. 그리고 각 부재의 연결점을 절점(joint) 또는

격점(panel point)이라고 하며, 격점과 격점 사이의 길이 λ를 격간장(panel length)이라고 한다. [그림 6.1.1]에 표시한 부재 명칭을 요약하면 다음과 같다.

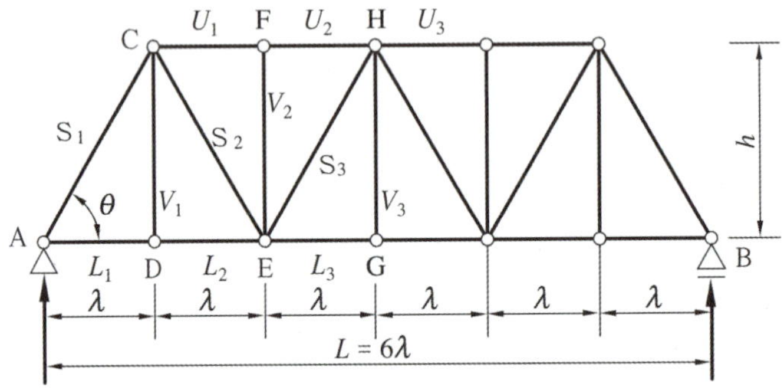

[그림 6.1.1]

트러스 부재
- 현재
  - 상현재 : U_1, U_2 ⋯
  - 하현재 : L_1, L_2 ⋯
- 복재
  - 수직재 : V_1, V_2 ⋯
  - 사 재 : S_1, S_2 ⋯

격점 : A, B, C ⋯ 격간 : AD 사이 격간장 : λ

[2] 트러스 종류

트러스의 종류로는 외력인 하중의 작용위치에 따라서 다음과 같은 2종류가 있다.

(1) 상로 트러스 : 하중이 상현재에 작용하는 트러스

(2) 하로 트러스 : 하중이 하현재에 작용하는 트러스

상로, 하로 트러스는 사재의 배치에 따라 여러 가지 종류로 분류하는데, 제 5장의 5.2.2절에 주어져 있다.

6.1.2 트러스의 가정과 안정 및 정정

[1] 트러스의 해법상 가정

트러스의 부재응력을 구하기 위해서는 다음과 같은 가정 하에 계산이 이루어진다.

(1) 부재 양단을 연결하는 격점은 전혀 마찰이 없는 활절로 되어 있다.

(2) 각 부재는 직선재이다.

(3) 격점의 중심을 맺는 직선은 부재의 축과 일치한다.

(4) 외력은 모두 격점에 작용한다.

(5) 모든 외력의 작용선은 트러스와 동일평면 내에 있다.

(6) 부재응력은 그 구조재료의 탄성한도 이내에 있다.

(7) 트러스의 변형은 미소하여 이것을 무시하고 하중이 작용한 후에도 격점의 위치에는 변화가 없다.

이상의 가정에 의해서 트러스 부재에는 전단력과 휨모멘트는 작용하지 않고, 축방향력만 작용하는 것으로 본다. 따라서 부재에는 인장 또는 압축력이 일정하게 작용하게 되며 이것을 부재력이라고 한다.

[2] 트러스의 안정과 불안정

트러스가 외력을 받더라도 항상 정역학적 평형상태를 이루면 트러스는 안정이라고 하고 그렇지 않을 때는 불안정이라고 하며, 구조상태에 따라서 외적, 내적으로 구분할 수 있다.

(1) 외적 안정 및 불안정

트러스에 어떤 임의의 외력이 작용하더라도 이동 또는 회전도 하지 않고 구조물의 위치를 유지할 때 외적 안정, 그렇지 않을 때는 외적 불안정이라고 한다. 이것은 구조물의 지지조건에 따라 결정되는 것으로 하중과 지점반력(r)이 평형을 이루어야 한다. 그 판별은 외적 판별식인 $n = r - 3$식에 의해서 결정된다.

$r < 3$이면 외적 불안정
$r = 3$이면 외적 안정이며, 정정 트러스 ······ (6.1.1)
$r > 3$이면 외적 안정이며, 부정정 트러스

(2) 내적 안정 및 불안정

트러스에 임의의 외력이 작용하여도 트러스의 형상이 변하지 않을 때를 내적 안정, 변할 때는 내적 불안정이라고 한다.

트러스의 각 부재에는 1개의 축방향력이 작용한다. 축방향력이 작용하는 부재수를 m이라고 하면 m개의 부재력이 있게 된다. 따라서 외적으로 안정이고 정정인 트러스는 $r = 3$이므로 미지력이 되는 트러스의 부재력과 지점반력의 총수는 $(m + 3)$개가 된다. 여기서 트러스의 미지력을 구하기 위한 조건식으로서 트러스의 격점의 총수를 j 개라고 하면 $2j$ 개의 평형조건식 $\sum F_x = 0$, $\sum F_y = 0$의 두 식이 성립되어 내적 판별식에 의해서 다음과 같은 결과를 얻게 된다.

$m+3 < 2j$이면 내적 불안정
$m+3 = 2j$이면 내적 안정이며, 정정 트러스 ······ (6.1.2)
$m+3 > 2j$이면 내적 안정이며, 부정정 트러스

위 식에서 내적 안정인 트러스는 식 $m + 3 = 2j$ 또는 $m = 3 > 2j$ 을 만족시키면서 트러스 내에 4변형을 포함하지 않아야 된다. 이것은 트러스와 같이 격점이 활절로 된 구조의 안정은 삼각형이고, 사각형은 외력에 대하여 변형하므로 불안정한 구조가 된다.

또한 내적으로 안정이면서 부정정인 트러스에서 다음과 같이 했을 경우에 n 을 내적 부정정 차수 또는 내적 n차 부정정 트러스라고 한다.

$$n = m + 3 - 2j \quad \cdots\cdots (6.1.3)$$

[3] 트러스의 정정과 부정정

안정된 트러스에서 정역학적 평형방정식($\Sigma F_x = 0$, $\Sigma F_y = 0$, $\Sigma M = 0$)만으로 지점반력과 부재력을 모두 구할 수 있는 것을 정정 트러스, 구할 수 없는 것을 부정정 트러스라고 한다.

(1) 외적 정정 및 부정정

외적으로 안정인 트러스에서 평형방정식만으로 지점반력을 구할 수 있는 것은 외적 정정 트러스, 구할 수 없는 것은 외적 부정정 트러스이다.

(2) 내적 정정 및 부정정

내적으로 안정인 트러스에서 모든 부재력을 평형방정식만으로 구할 수 있는 것은 내적 정정 트러스, 구할 수 없는 것은 내적 부정정 트러스이다.

6.2 평면 트러스의 해법

트러스의 부재력 해법은 가정에 의하여 구조해석을 하는 경우 먼저 지점반력을 구하고, 따라서 각 부재의 축방향력(압축력, 인장력)만 구하면 된다. 이것을 부재력이라고 한다. 부재력을 구하는 데는 다음과 같은 여러 가지 방법이 있으므로 트러스의 구조상태나 목적에 따라 편리한 방법을 이용해야 하며, 정정 트러스에서 지점반력은 단순보의 경우와 동일한 방법으로 구한다.

6.2.1 격점법

트러스의 지점과 격점에 작용하는 외력을 중심으로 절단했을 경우, $\Sigma F_x = 0$, $\Sigma F_y = 0$의 평형방정식을 이용하여 미지의 부재력을 구하는 해법을 격점법이라고 한다.

격점법에서는 절단된 미지의 부재수가 2개 이하에서 해결되며, 계산의 오차가 다른 부재에 영향을 주는 단점이 있다.

트러스의 부재력을 격점법으로 해석할 때, 그 계산 순서는 다음과 같다.

(1) 지점 반력을 구한다. 트러스의 지점 반력을 구하는 방법은 단순보의 지점 반력을 구하는 방법과 같다.

(2) 미지의 부재력은 모두 인장을 받는다고 가정한다. 즉, 격점 또는 절단면에서 부재력의 방향이 밖으로 향하도록(인장으로) 가정한다.

(3) 미지의 부재력이 두 개 이하인 격점에서부터 자유 물체도를 그린다.

(4) 이 자유 물체도에 평형 조건식 $\Sigma F_x = 0$, $\Sigma F_y = 0$을 적용하여 미지의 부재력을 계산한다.

(5) 미지의 부재력을 계산한 결과, 부재력의 주호가 (+)이면 인장을 받고 있으며, (−)이면 압축을 받고 있다는 것을 나타낸다.

[그림 6.2.1]과 같은 트러스의 부재력을 격점법을 이용하여 구해보자.

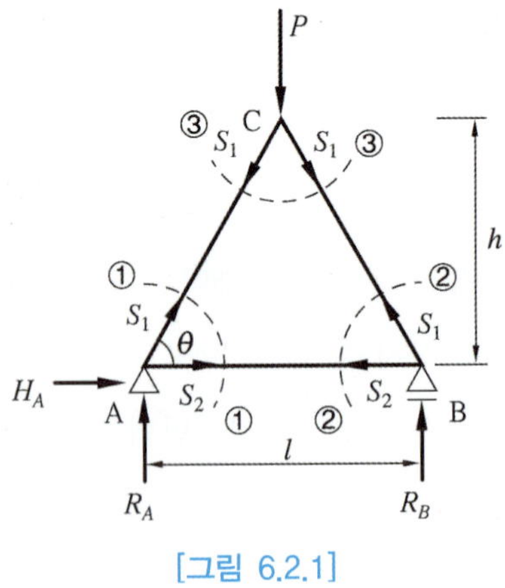

[그림 6.2.1]

[그림 6.2.1]과 같은 트러스의 격점 A에서 절단했을 때, 부재력 계산 방법은 다음과 같다.

$\Sigma F_x = 0$에 의하여

$$S_1 \cos\theta + S_2 = 0 \quad \cdots\cdots\cdots ①$$

$\Sigma F_y = 0$에 의하여

$$R_A + S_1 \sin\theta = 0 \quad \cdots\cdots ②$$

식 ①과 ②에 의해서 S_1, S_2 부재력을 구할 수 있다.

$$\left.\begin{aligned} \therefore\ S_1 &= -R_A \times \frac{1}{\sin\theta}\ (\text{압축재}) \\ \therefore\ S_2 &= R_A \times \frac{\cos\theta}{\sin\theta}\ (\text{인장재}) \end{aligned}\right\} \quad \cdots\cdots (6.2.1)$$

예제 6.2.1

[그림 6.2.2(a)]와 같은 트러스에 집중하중 $P = 10\ \mathrm{tf}$가 작용할 때 격점법으로 부재력을 구하여라.

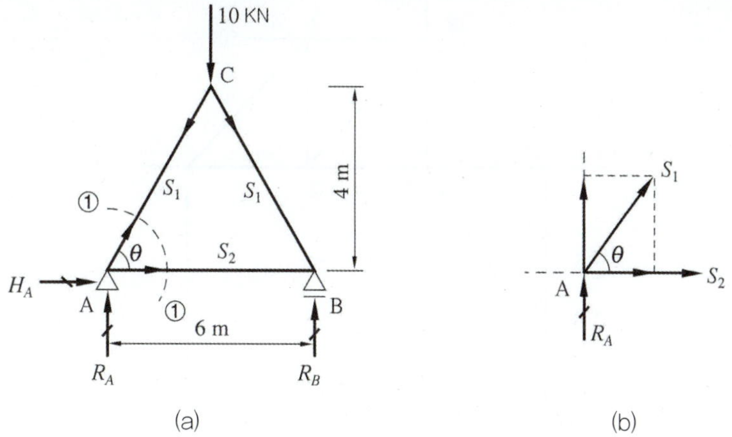

[그림 6.2.2]

풀이

(1) 지점반력

$\Sigma F_y = 0$에 의하여 $R_A + R_B = 10\ \mathrm{kN}$

$\Sigma F_x = 0$에 의하여 $\therefore\ H_A = 0$

$\therefore\ R_A = 5\ \mathrm{kN}$, $\therefore\ R_B = 5\ \mathrm{kN}$

(2) 부재력 계산

$\sum M_B = 0$에 의하여 $(R_A) \times (6\text{m}) - (10\text{kN}) \times (3\text{m}) = 0$

$\sin\theta = 4/5 \qquad \cos\theta = 3/5$

격점 A

$\sum F_y = 0$에 의하여 $R_A + S_1 \sin\theta = 0$

$$\therefore\ S_1 = -\frac{R_A}{\sin\theta} = -6.25\ \text{kN}\ (\text{압축재})$$

$\sum F_x = 0$에 의하여 $S_1 \cos\theta + S_3 = 0$

$$\therefore S_2 = -S_1 \cos\theta = -(-6.25) \times \frac{3}{5} = 3.75\ \text{kN}\ (\text{인장재})$$

예제 6.2.2

[그림 6.2.3(a)]와 같은 트러스에서 격점법으로 부재력을 구하여라.

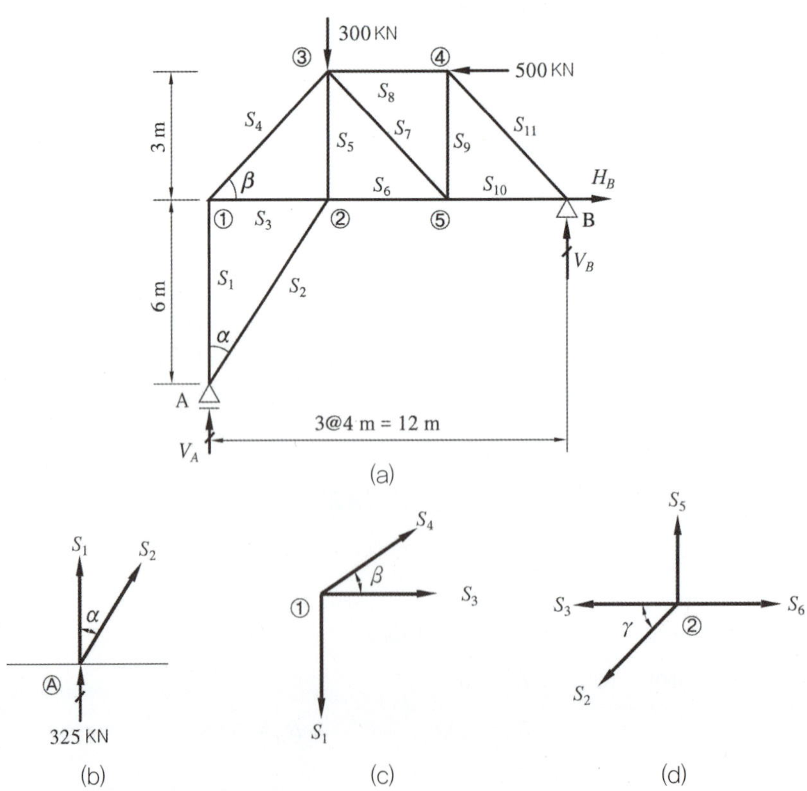

(a) (b) (c) (d)

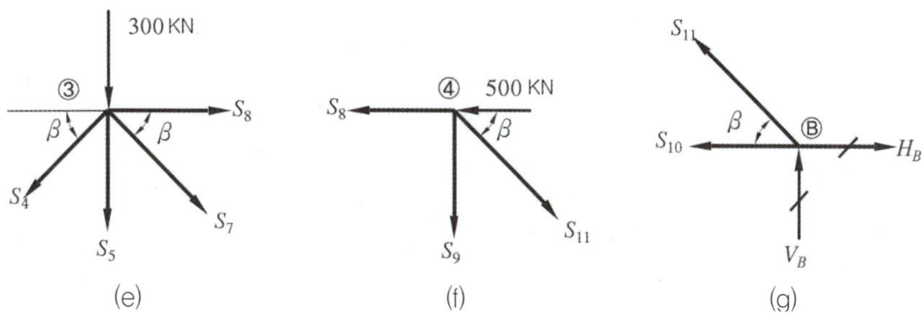

[그림 6.2.3]

풀이

(1) 지점반력

$\Sigma F_x = 0$에 의하여 $H_B - 500 = 0$ $\therefore H_B = 500\text{ kN}$

$\Sigma F_y = 0$에 의하여 $V_A + V_B = 300\text{ kN}$

$\Sigma M_B = 0$에 의하여 $(V_A) \times (12\text{m}) - (300\text{kN}) \times (8\text{m}) - (500\text{kN}) \times (3\text{m}) = 0$

$\therefore V_A = 325\text{ kN},$ $\therefore V_B = 300 - V_A = -25\text{ kN}(\downarrow)$

(2) 부재력 계산

격점 A ([그림 6.2.3(b)])

$\Sigma F_x = 0$에 의하여 $S_2 \cos\alpha' = 0$ $\therefore S_2 = 0$

$\Sigma F_y = 0$에 의하여 $S_1 + 325 + S_2 \sin\alpha' = 0$ $\therefore S_1 = -325\text{ kN}$ (압축재)

격점 ① ([그림 6.2.3(c)])

$\Sigma F_y = 0$에 의하여 $-S_1 + S_4 \sin\beta = 0$

$$\therefore S_4 = \frac{S_1}{\sin\beta} = -\frac{325}{3/5} = -542\text{ kN (압축재)}$$

$\Sigma F_x = 0$에 의하여 $S_3 + S_4 \cos\beta = 0$

$$\therefore S_3 = -S_4 \cos\beta = 542 \times \frac{4}{5} = 433\text{ kN(인장재)}$$

격점 ② ([그림 6.2.3(d)])

$\Sigma F_y = 0$에 의하여 $S_5 - S_2 \sin\gamma = 0$ $\therefore S_5 = 0$

$\Sigma F_x = 0$에 의하여 $-S_3 - S_2 \cos\gamma + S_6 = 0$ $\therefore S_6 = S_3 = 433\text{ kN}$ (인장재)

격점 ③ ([그림 6.2.3(e)] :

$\Sigma F_y = 0$에 의하여 $-300 - S_5 - S_4 \sin\beta - S_7 \sin\beta = 0$

$$\therefore S_7 = -\frac{300 + S_5 + S_4 \times 3/5}{3/5} = 42\text{ kN (인장재)}$$

$\Sigma F_x = 0$에 의하여 $S_8 + S_7 \cos\beta - S_4 \cos\beta = 0$

$$\therefore\ S_8 = (S_4 - S_7)\cos\beta = (-542 - 42) \times 4/5$$
$$= -467\ \mathrm{kgf}(\text{압축재})$$

격점 ④ ([그림 6.2.3(f)])

$\Sigma F_x = 0$에 의하여 $\quad -S_8 - 500 + S_{11}\cos\beta = 0$

$$\therefore\ S_{11} = \frac{500 + S_8}{\cos\beta} = \frac{33}{4/5} = 41\ \mathrm{kN}\ (\text{인장재})$$

$\Sigma F_y = 0$에 의하여 $\quad -S_9 - S_{11}\sin\beta = 0$

$$\therefore\ S_9 = -S_{11}\sin\beta = -41 \times 3/5 = -25\ \mathrm{kN}\ (\text{압축재})$$

격점 B ([그림 6.2.3(g)])

$\Sigma F_x = 0$에 의하여 $\quad -S_{10} - S_{11}\cos\beta + H_B = 0$

$$\therefore\ S_{10} = H_B - S_{11}\cos\beta = 500 - 41 \times \frac{4}{5} = 467\ \mathrm{kN}(\text{인장재})$$

예제 6.2.3

[그림 6.2.4(a)]와 같은 트러스를 격점법으로 부재력을 구하여라.

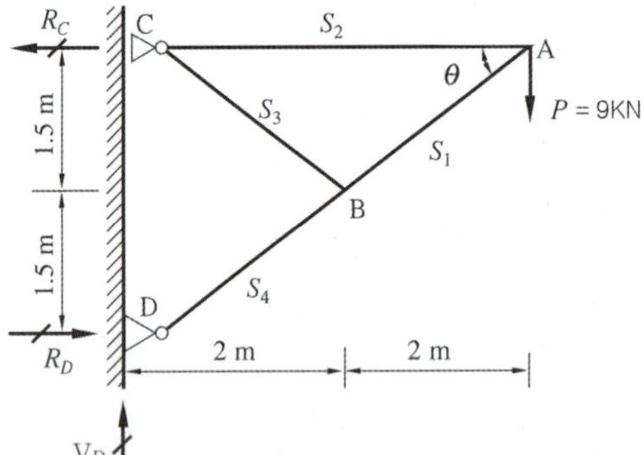

(a)

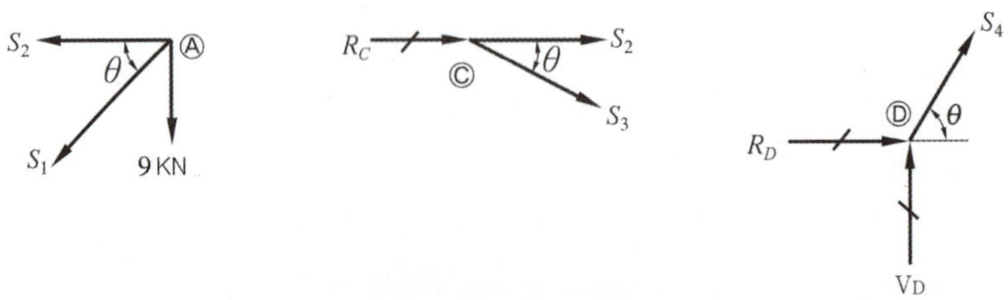

(b) (c) (d)

[그림 6.2.4]

풀이

(1) 지점반력

$\Sigma F_y = 0$에 의하여　　$R_C + R_D = 0$

$\Sigma M_D = 0$에 의하여　　$(R_C) \times (3\text{m}) + (9\text{kN}) \times (4\text{m}) = 0$

$\therefore R_C = -12\,\text{kN}(\leftarrow), \quad \therefore R_D = 12\,\text{kN}(\rightarrow)$

(2) 부재력 계산

① 격점 A ([그림 6.2.4(b)])

$\Sigma F_y = 0$에 의하여　$-9 - S_1 \sin\theta = 0 \quad \therefore S_1 = -9 \times 5/3 = -15\,\text{kN}$

$\Sigma F_x = 0$에 의하여　$-S_2 - S_1 \cos\theta = 0 \quad \therefore S_2 = -(-15) \times 4/5 = 12\,\text{kN}$

② 격점 C ([그림 6.2.4(c)])

$\Sigma F_x = 0$에 의하여　$R_c + S_2 + S_3 \cos\theta = 0 \quad \therefore S_3 = 0$

③ 격점 D ([그림 6.2.4(d)])

$\Sigma F_x = 0$에 의하여　$R_D + S_4 \cos\theta = 0$

$$\therefore S_4 = -R_D \times \frac{1}{\cos\theta} = -12 \times \frac{5}{4} = -15\,\text{kN}$$

6.2.2 단면법

트러스 임의의 단면에서 부재수 3개 이하에서 절단하여 절단면의 좌측 또는 우측에 외력(지점반력 포함)과 절단한 부재력과의 평형조건에 의해서 미지의 부재력을 구하는 해법을 단면법이라고 한다. 단면법에는 전단력법과 모멘트법이 있다.

[1] 전단력법(Culmann의 방법)

부재력을 구하려고 하는 부재를 절단하여 한쪽 방향의 외력과 절단면의 부재력이 평형을 이룬다는 조건에서, $\Sigma F_x = 0$, $\Sigma F_y = 0$, $\Sigma M = 0$의 평형방정식을 이용하여 미지 부재의 부재력을 구한다. 특히 복재인 사재와 수직재의 부재력을 구하는 데 편리하다.

계산 순서는 다음과 같다.

(1) 지점 반력을 구한다. 트러스의 지점 반력을 구하는 방법은 단순보의 지점 반력을 구하는

방법과 같다.

(2) 미지의 부재력은 모두 인장을 받는다고 가정한다. 즉, 격점 또는 절단면에서 부재력의 방향이 밖으로 향하도록(인장으로) 가정한다.

(3) 구하려는 부재를 포함시켜 절단하고, 자유 물체도를 그린다.

(4) 이 자유 물체도에 평형 조건식 $\Sigma F_y = 0$을 적용하여 미지의 부재력을 계산한다.

(5) 미지의 부재력을 계산한 결과, 부재력의 주호가 (+)이면 인장을 받고 있으며, (−)이면 압축을 받고 있다는 것을 나타낸다.

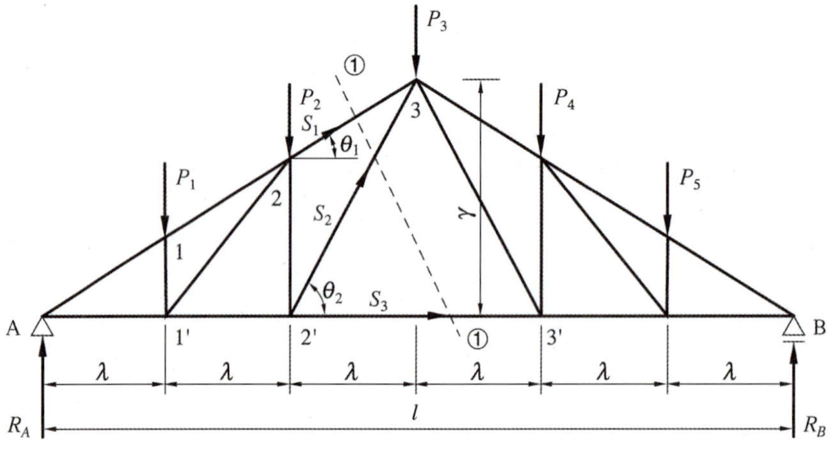

[그림 6.2.5]

[그림 6.2.5]와 같은 트러스에 전단력법을 적용하여 보자.

[그림 6.2.5]와 같은 트러스에서 ①−① 단면으로 절단했을 경우

$\Sigma F_x = 0$에 의하여

$$S_1 \cos\theta_1 + S_2 \cos\theta_2 + S_3 = 0 \quad \cdots\cdots (6.2.2\ a)$$

$\Sigma F_y = 0$에 의하여

$$R_A - P_1 - P_2 + S_1 \sin\theta_1 + S_2 \sin\theta_2 = 0 \quad \cdots\cdots (6.2.2\ b)$$

$\Sigma M_{at\,3}=0$에 의하여

$$(R_A)\times(3\lambda)-(P_1)\times(2\lambda)-(P_2)\times(\lambda)-(S_3)\times(\gamma)=0 \quad \cdots\cdots\cdots\cdots (6.2.2\ c)$$

식 (6.2.2)에 의해서 부재력 S_1, S_2, S_3를 구할 수 있다.

[2] 모멘트법(Ritter의 방법)

트러스를 임의의 단면에서 절단하면 그 어느 한쪽에 작용하는 외력과 절단된 부재력이 평형을 이룬다는 조건으로 $\Sigma M=0$에 의해서 미지의 부재력을 구하는 방법으로 상현재와 하현재를 구하는 데 편리하다.

계산 순서는 다음과 같다.

(1) 지점 반력을 구한다. 트러스의 지점 반력을 구하는 방법은 단순보의 지점 반력을 구하는 방법과 같다.

(2) 미지의 부재력은 모두 인장을 받는다고 가정한다. 즉, 격점 또는 절단면에서 부재력의 방향이 밖으로 향하도록(인장으로) 가정한다.

(3) 구하려는 부재를 포함시켜 절단하고, 자유 물체도를 그린다.

(4) 이 자유 물체도에서 구하려는 이외의 다른 부재가 만나는 점에 대하여 평형 조건식 $\Sigma M=0$을 적용하여 미지의 부재력을 계산한다.

(5) 미지의 부재력을 계산한 결과, 부재력의 주호가 (+)이면 인장을 받고 있으며, (−)이면 압축을 받고 있다는 것을 나타낸다.

[그림 6.2.6]과 같은 트러스에 모멘트법을 적용하여 보자. [그림 6.2.6]과 같은 트러스에서 ①−① 단면으로 절단했을 경우

$\Sigma M_{at\,2'}=0$에 의하여

$$(R_A-P_1)(\lambda)+(U_2)\times(h)=0$$

$$\therefore\ U_2 = -\frac{(R_A - P_1)\lambda}{h} \quad \cdots\cdots (6.2.3)$$

$\Sigma M_{at\,3'} = 0$에 의해서

$$(R_A - P_1) \times (2\lambda) - (P_2) \times (\lambda) - (L_2) \times (h) = 0$$

$$\therefore\ L_2 = \frac{(R_A - P_1) \times 2\lambda - P_2 \times \lambda}{h} \quad \cdots\cdots (6.2.4)$$

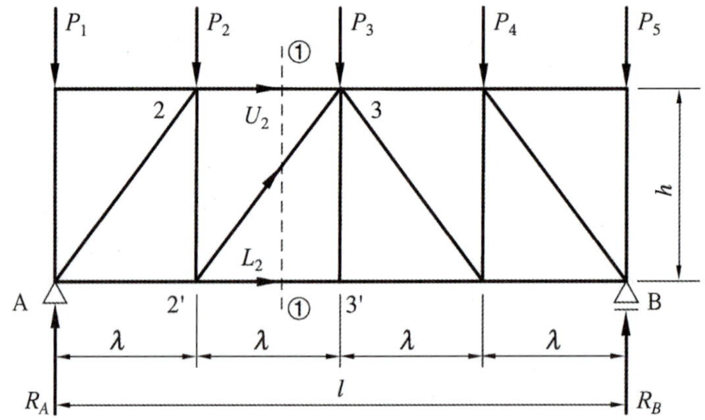

[그림 6.2.6]

예제 6.2.4

[그림 6.2.7]와 같은 트러스에서 단면법으로 부재력 U, S, L값을 구하여라.

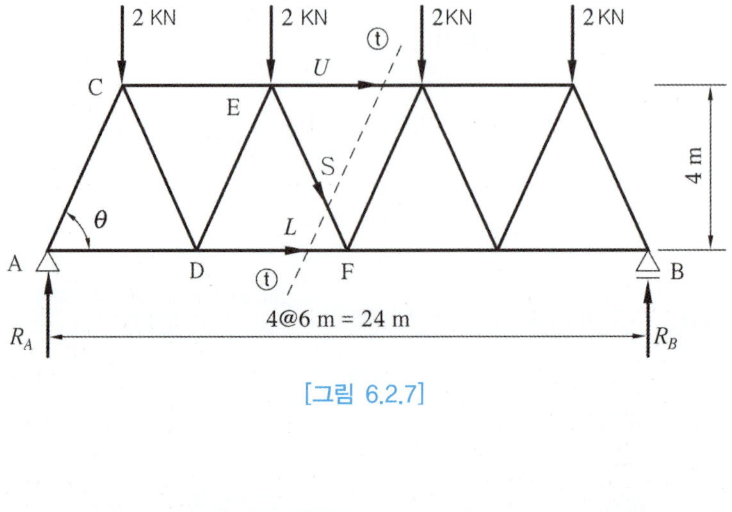

[그림 6.2.7]

풀이

(1) 지점반력

$R_A = R_B = 4\,\text{kN}$

(2) 부재력 계산 (ⓣ－ⓣ 단면은 경계로 왼쪽 하중만 고려해서 계산)

U 계산 :

$\Sigma M_F = 0$에 의하여 $(R_A) \times (12\,\text{m}) - (2\,\text{kN}) \times (9\,\text{m}) - (2\,\text{kN}) \times (3\,\text{m}) + (U) \times (h) = 0$

$$\therefore\ U = \frac{24-48}{4} = -6\,\text{kN}$$

L 계산 :

$\Sigma M_E = 0$에 의하여 $(R_A) \times (9\,\text{m}) - (2\,\text{kN}) \times (6\,\text{m}) - (L) \times (h) = 0$

$$\therefore\ L = \frac{36-12}{4} = 6\,\text{kN}$$

S 계산 :

$\Sigma F_y = 0$ $\quad R_A - 2 - 2 - S\sin\theta = 0$

$4 - 4 - S\sin\theta = 0$

$\therefore\ S = 0$

예제 6.2.5

[그림 6.2.8]과 같은 트러스의 부재력 U_1, S_1을 모멘트법으로 풀어라.

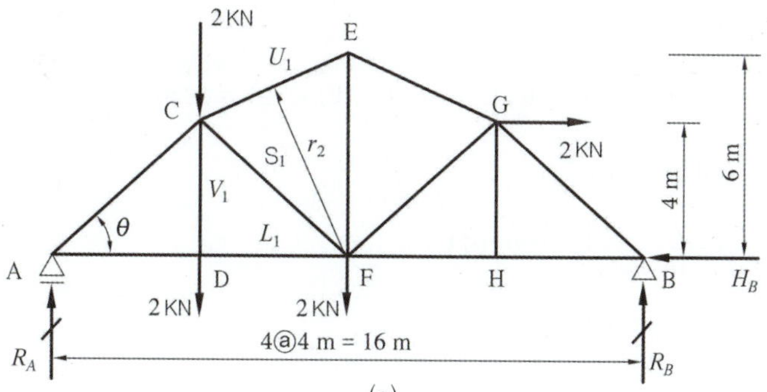

(a)

[그림 6.2.8]

풀이

(1) 지점반력

$\Sigma F_x = 0$ $\quad 2 - H_B = 0$ $\quad \therefore\ H_B = 2KN$

$\Sigma M_B = 0$에 의하여

$$(R_A)\times(16\text{m}) - (2\text{kN}+2\text{kN})\times(12\text{m}) - (2\text{kN})\times(8\text{m}) + (2\text{kN})\times(4\text{m}) = 0$$

$$\therefore R_A = 3.5\text{ kN}$$

$\Sigma F_y = 0 \qquad R_A + R_B - 6\text{ kN} = 0 \qquad \therefore R_B = 2.5\text{ kN}$

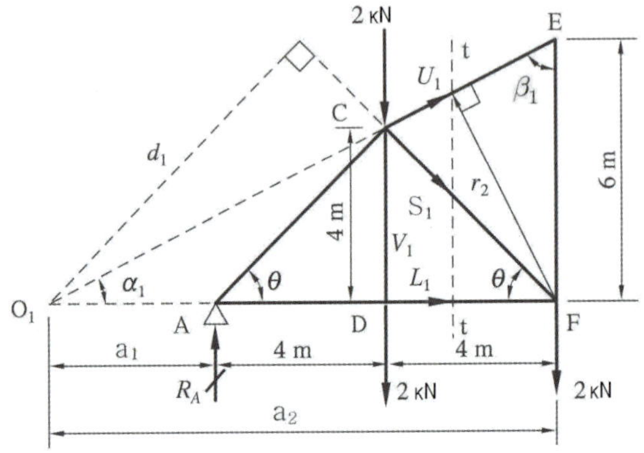

(b)

[그림 6.2.8]

(2) 부재력 계산

[그림 6.2.8(b)]에서

$$\sin\beta_1 = \frac{4}{\sqrt{4^2+(6-4)^2}} = \frac{4}{\sqrt{20}} = 0.8944$$

$$r_2 = 6\sin\beta_1 = 6\times 0.8944 = 5.4\text{ m}$$

$$\cot a_1 = \frac{4}{6-4} = 2$$

$$\tan\alpha_1 = \frac{6}{a_2} \quad a_2 = \frac{6}{\tan\alpha_1} = (6)\times(\cot\alpha_1) = (6)\times(2) = 12\text{ m}$$

$$a_1 = a_2 - 8 = 4\text{ m}$$

$$\sin\theta = \frac{4}{\sqrt{4^2+4^2}} = \frac{1}{\sqrt{2}} = 0.7071$$

$$d_1 = a_2\sin\theta = (12)\times(0.7071) = 8.5\text{ m}$$

U1 계산 :

$M_F = 0$에 의하여 $\quad (R_A)\times(8\text{m}) - (2\text{kN}+2\text{kN})\times(4\text{m}) + (U_1)\times(r_2) = 0$

$$(3.5\text{kN})\times(8\text{m}) - (16\text{kN}\cdot\text{m}) + (U_1)\times(5.4\text{m}) = 0$$

$$\therefore U_1 = -2.2\text{ kN}$$

S_1계산 :

$M_{o_1} = 0$에 의하여 $(S_1) \times (d_1) - (2\,\text{kN} + 2\,\text{kN}) \times (4\,\text{m} + a_1) - (R_A) \times (a_1) = 0$

$(S_1) \times (8.5\,\text{m}) - (4\,\text{kN}) \times (8\,\text{m}) - (3.5\,\text{kN}) \times (4\,\text{m}) = 0$

$\therefore S_1 = -2.1\,\text{kN}$

예제 6.2.6

[그림 6.2.9]와 같은 트러스에서 L_2부재력 값을 구하여라.

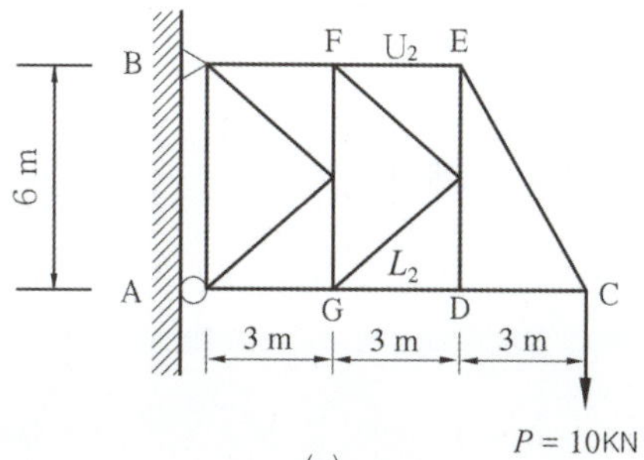

(a)

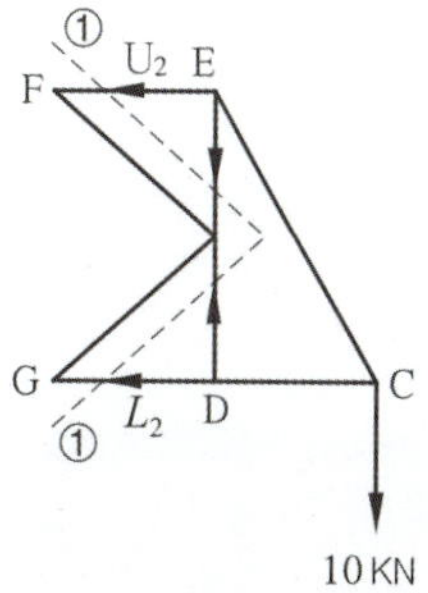

(b)

[그림 6.2.9]

풀이

[그림 6.2.9(b)]에서 ①−①로 절단했을 경우

$\Sigma M_E = 0$에 의하여 $(L_2) \times (4\text{m}) + (10\text{kN}) \times (3\text{m}) = 0 \quad \therefore L_2 = -\dfrac{30}{4} = -7.5\,\text{kN}$ (압축재)

예제 6.2.7

[그림 6.2.10]과 같은 트러스에서 AC 부재력을 구하여라.

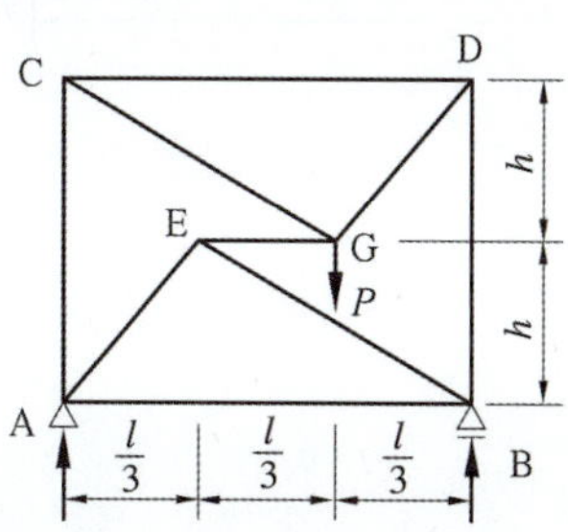

(a)

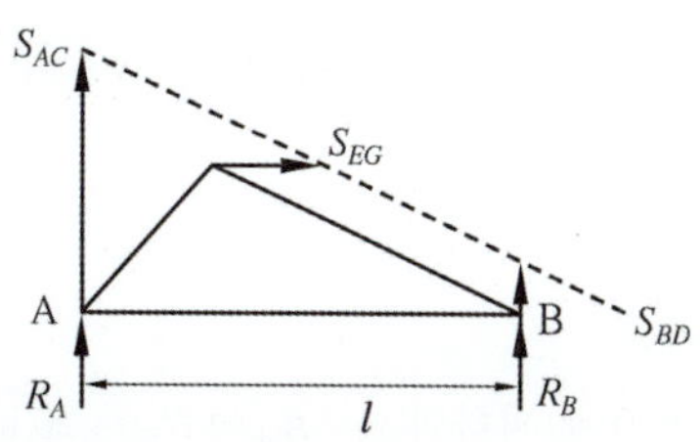

(b)

[그림 6.2.10]

풀이

(1) 지점반력

$\Sigma F_y = 0 \qquad R_A + R_B = P$

$\Sigma M_B = 0 \qquad (R_A) \times (l) - (P) \times \left(\frac{l}{3}\right) = 0$

$\therefore R_A = \frac{P}{3} \qquad \therefore R_B = \frac{2P}{3}$

(2) AC, EG, DB 단면에서 절단했을 경우

$\Sigma F_x = 0$에 의하여 $\quad \therefore S_{EG} = 0$

$\Sigma M_B = 0$에 의하여 $\quad (R_A) \times (l) + (S_{AC}) \times (l) = 0$

$\therefore S_{AC} = -R_A = -\frac{P}{3}$ (압축재)

예제 6.2.8

[그림 6.2.11]과 같은 플래트 트러스의 각 부재력을 구하여라.

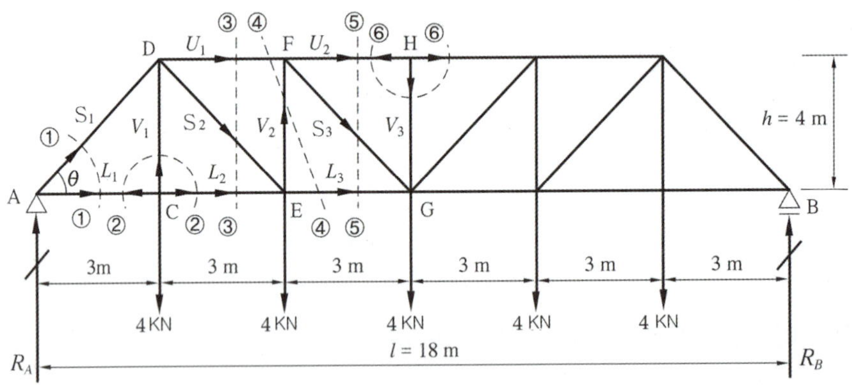

[그림 6.2.11]

풀이

(1) 지점반력

$\Sigma F_y = 0$에 의하여 $\quad R_A + R_B = 20\text{ kN}$

$\Sigma M_B = 0$에 의하여 $\quad \therefore R_A = R_B = \frac{20}{2} = 10\text{ kN}$

(2) 부재력 계산

$\sin\theta = \frac{4}{5}, \quad \cos\theta = \frac{3}{5}$

① S_1 부재

①-① 절단면에서 $\Sigma F_y = 0$에 의하여

$R_A + S_1 \sin\theta = 0 \qquad 10 + S_1 \times \frac{4}{5} = 0 \quad \therefore S_1 = -10 \times \frac{5}{4} = -12.5\,\text{kN}$ (압축재)

② S_2 부재

③-③ 절단면에서 $\Sigma F_y = 0$에 의하여

$R_A - 4 - S_2 \sin\theta = 0 \qquad 10 - 4 - S_2 \times \frac{4}{5} = 0 \therefore S_2 = 6 \times \frac{5}{4} = 7.5\,\text{kN}$ (인장재)

③ S_3 부재

⑤-⑤ 절단면에서 $\Sigma F_y = 0$에 의하여

$R_A - 4 - 4 - S_3 \sin\theta = 0,\ 10 - 4 - 4 - S_3 \times \frac{4}{5} = 0 \therefore S_3 = 2 \times \frac{5}{4} = 2.5\,\text{kN}$ (인장재)

④ V_1 부재

②-② 절단면에서 $\Sigma F_y = 0$에 의하여

$V_1 - 4 = 0 \qquad \therefore V_1 = 4\,\text{kN}$ (인장재)

⑤ V_2 부재

④-④ 절단면에서 $\Sigma F_y = 0$에 의하여

$R_A - 4 - 4 + V_2 = 0 \qquad \therefore V_2 = -2\,\text{kN}$ (압축재)

⑥ V_3 부재

⑥-⑥ 절단면에서 $\Sigma F_y = 0$에 의하여 $\qquad \therefore V_3 = 0$

⑦ U_1 부재

③-③ 절단면에서 $\Sigma M_E = 0$에 의하여

$(R_A) \times (6\text{m}) - (4\text{kN}) \times (3\text{m}) + (U_1) \times (h) = 0$

$(10\text{kN}) \times (6\text{m}) - (4\text{kN}) \times (3\text{m}) + (\text{U}_1) \times (4\text{m}) = 0$

$$\therefore U_1 = -\frac{48}{4} = -12\,\text{kN} \text{ (압축재)}$$

⑧ U_2 부재

⑤-⑤ 절단면에서 $\Sigma M_g = 0$에 의하여

$R_A \times 9 - 4 \times 6 - 4 \times 3 + u_2 \times h = 0,\ 10 \times 9 - 24 - 12 + u_2 \times 4 = 0$

$$\therefore U_2 = -\frac{54}{4} = -13.5 \text{ kN (압축재)}$$

⑨ L_1, L_2 부재

②－② 절단면에서 $\Sigma M_D = 0$에 의하여

$(R_A)\times(3)-(L_1)\times(h)=0 \qquad L_1 = L_2 = \frac{30}{4} = 7.5 \text{ kN (인장재)}$

⑩ L_3 부재

⑤－⑤ 절단면에서 $\Sigma M_F = 0$에 의하여

$(R_A)\times(6\text{m})-(4\text{kN})\times(3\text{m})-(L_1)\times(h)=0$

$(10\text{kN})\times(6\text{m})-(12\text{kN}\cdot\text{m})-(L_1)\times(4\text{m})=0$

$$\therefore L_1 = \frac{48}{4} = 12 \text{ kN (인장재)}$$

예제 6.2.9

[그림 6.2.12]와 같은 하우 트러스에서 U, S, L 부재력을 구하여라.

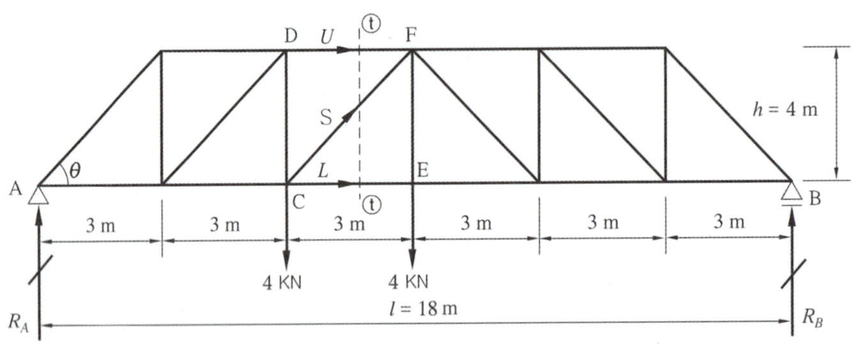

[그림 6.2.12]

풀이

(1) 지점반력

$\Sigma M_B = 0$에 의하여 $\qquad (R_A)\times(18\text{m})-(4\text{kN})\times(12\text{m})-(4\text{kN})\times(9\text{m})=0$

$$\therefore R_A = \frac{48+36}{18} = 4.7 \text{ kN}$$

(2) 부재력 계산

① S 부재

$\Sigma F_y = 0$에 의하여 $R_A - 4 + S\sin\theta = 0$ $4.7 - 4 + S \times \dfrac{4}{5} = 0$

$\therefore S = -0.88\text{ kN}$ (압축재)

② U 부재

$\Sigma M_C = 0$에 의하여 $(R_A) \times (6\text{m}) + (U) \times (h) = 0$

$\therefore U = -\dfrac{4.7 \times 6}{4} = -7.1\text{ kN}$ (압축재)

③ L 부재

$\Sigma M_C = 0$에 의하여 $(R_A) \times (9\text{m}) - (4\text{kN}) \times (3\text{m}) - (L) \times (h) = 0$

$\therefore L = \dfrac{4.7 \times 9 - 12}{4} = 7.6\text{ kN}$ (인장재)

연·습·문·제

01 [P 그림 6.1]과 같은 트러스에서 U_1와 S_2의 부재력을 구하여라.

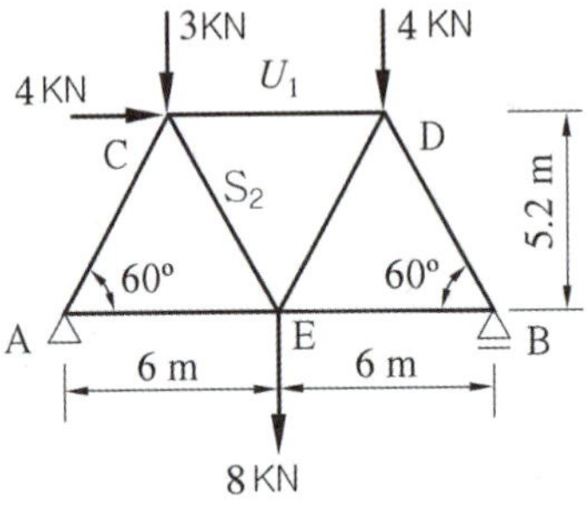

[P 그림 6.1]

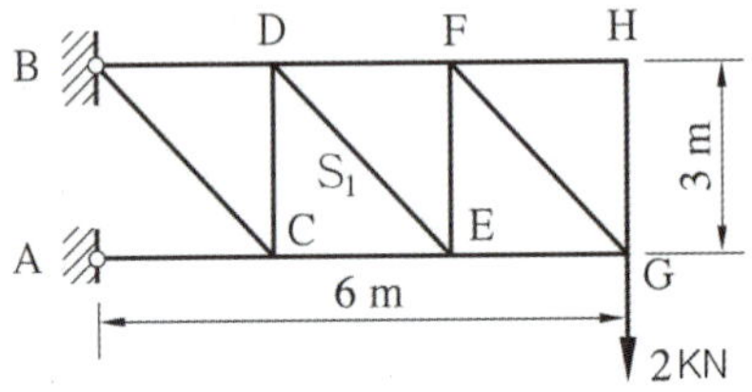

[P 그림 6.2]

정답 $S_2 = 2.91$ kN(인장재), $U_1 = -8.64$ kN(압축재)

02 [P 그림 6.2]와 같은 트러스에서 S_1의 부재력을 구하여라.

정답 $S_1 = 2.4$ kN(인장재)

03 [P 그림 6.3]과 같은 트러스에서 AB 부재의 부재력을 구하여라.

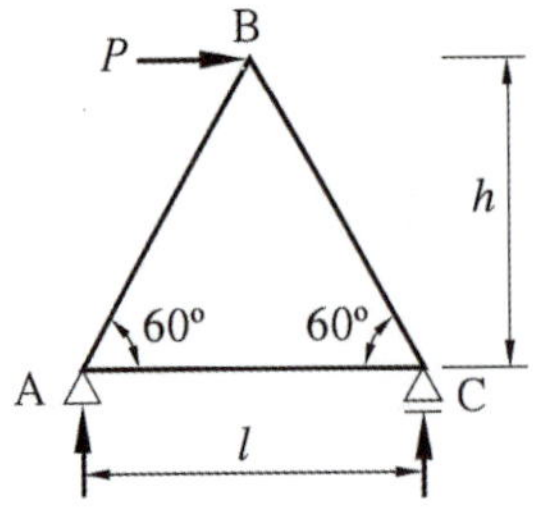

[P 그림 6.3]

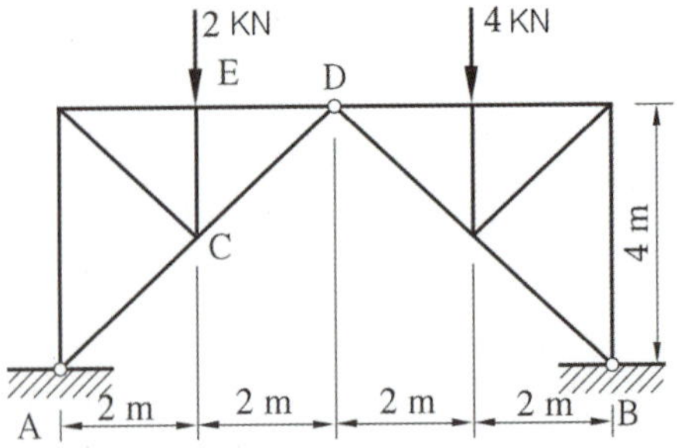

[P 그림 6.4]

정답 $AB = \dfrac{2}{\sqrt{3}} \dfrac{Ph}{l}$(인장재)

04 [P 그림 6.4]와 같은 트러스에서 CD 부재의 부재력을 구하여라.

정답 $CD = -0.71$ kN(압축재)

05 [P 그림 6.5]와 같은 트러스에서 AB부재의 부재력을 구하여라.

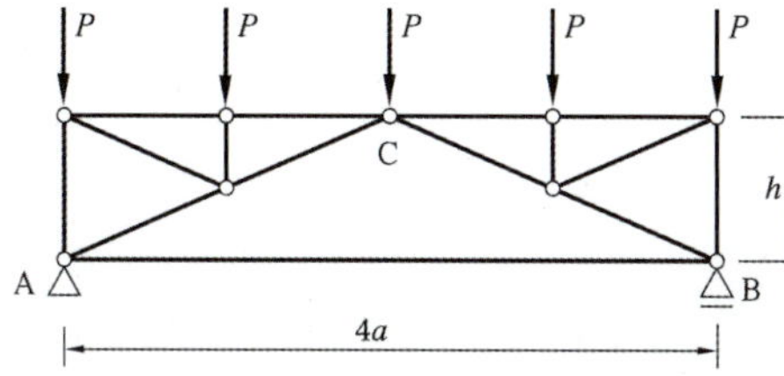

[P 그림 6.5]

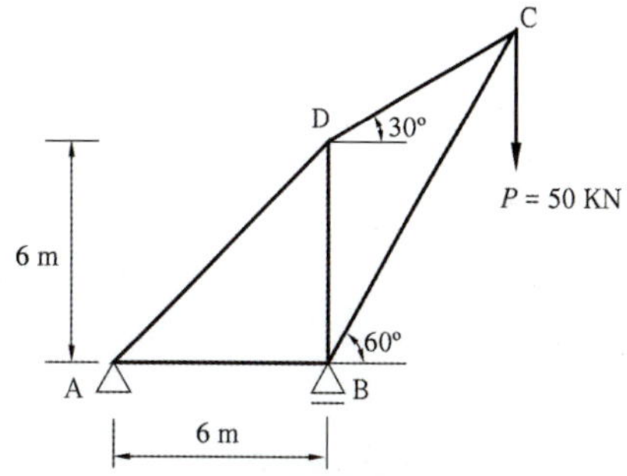

[P 그림 6.6]

정답 $AB = \dfrac{3Pa}{h}$(인장재)

06 [P 그림 6.6]과 같은 구조물에서 부재력을 구하여라.

정답 $AB = 25\sqrt{3}$ kN(압축재) $BC = 50\sqrt{3}$ kN(압축재) $CD = 50$ kN(인장재)
$AD = 25\sqrt{6}$ kN(인장재) $BD = 25(\sqrt{3}-1)$ kN(압축재)

07 [P 그림 6.7]와 같은 트러스에 집중하중이 작용할 때 부재력 값을 구하여라.

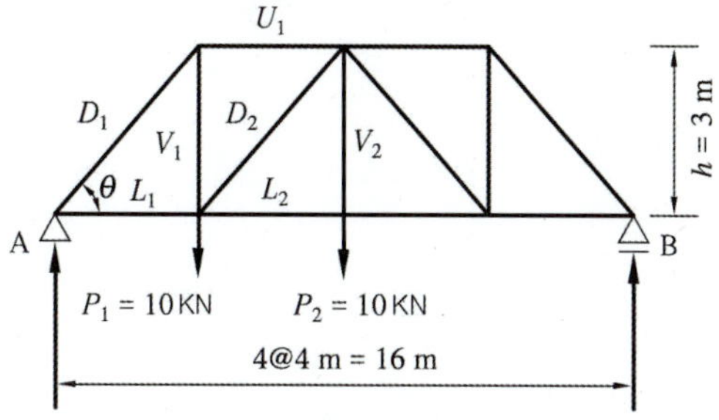

[P 그림 6.7]

정답 $L_1 = 16.67$ kN, $L_2 = 20$ kN, $S_1 = -20.83$ kN, $S_2 = -4.17$ kN,
$U_1 = -16.67$ kN, $V_1 = 12.5$ kN, $V_2 = 10$ kN

CHAPTER

07

정정 보의 전단력과 휨모멘트

CONTENTS

7.1 | 정정 보의 해석

단면에 비하여 길이가 긴 직선부재를 지점에 연결하여 그 축선에 수직방향으로 작용하는 외력을 지지할 수 있도록 수평으로 이루어진 부재를 보(beam)라고 한다.

7.1.1 지점반력

정정 보에서 외력의 대수합이 0이고 힘의 모멘트 합도 0이라는 힘의 평형방정식(비김조건식) $\Sigma F_x = 0,\ \Sigma F_y = 0,\ \Sigma M = 0$에 의하여 지점반력을 구하고, 지점반력으로 인하여 보 단면에 작용하는 단면력을 구한다.

7.1.2 단면력

[1] 전단력

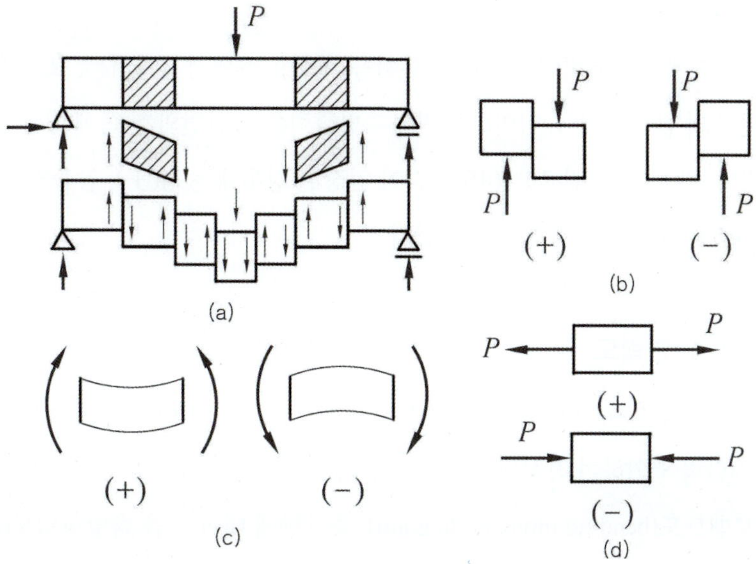

[그림 7.1.1]

보의 축에 수직방향으로 힘이 작용하여 부재단면을 절단하려는 힘이다. [그림 7.1.1(a)]와 같이 임의의 단면에 대한 전단력의 크기는 그 점의 좌측 또는 우측에 보의 축방향에 수직으로 작용하는 외력의 대수합이다. 전단력 부호는 [그림 7.1.1(b)]에서와 같이 좌측에서 전단력을 계산할 때는 상향(↑)일 때 정(+)이고 하향(↓)일 때 부(−)가 된다. 우측에서 계산을 할 때는 이와 반대가 된다. 단위는 kgf, tf, N, kN으로 표시한다.

[2] 휨모멘트

부재를 휘게 하는 힘으로 [그림 7.1.1(c)]와 같이 임의의 점 한 단면의 양측 면에서 크기가 같고 방향이 반대인 한 쌍의 모멘트를 말하며, 보의 임의의 단면에 대한 휨모멘트의 크기는 그 단면의 좌측 또는 우측에 작용하는 외력에 대한 모멘트의 대수합이다. 부호는 단순보에서는 [그림 7.1.1(c)]와 같이 부재가 하향(↓)으로 처짐이 생길 경우에는 정(+)이고, 부재가 상향(↑)으로 처짐이 생기면 부(−)를 사용한다. 그러나 캔틸레버에서는 이와 반대가 된다. 단위는 kgf · m, tf · m, N · m, kN · m로 표시한다.

[3] 축방향력

부재의 축방향에서 수평력이 작용하여 부재를 압축 또는 인장시키려는, 크기가 같고 방향이 반대인 한 쌍의 힘을 말한다. 임의의 단면의 축방향력은 그 단면의 한 쪽에 있는 모든 외력의 대수합과 같다. 부호는 [그림 7.1.1(d)]와 같이 인장일 경우에는 정(+), 압축일 경우에는 부(−)로 표시한다. 단위는 전단력 단위와 같다.

[4] 단순보의 단면력도

보에서 각 단면력을 계산한 결과를 그림으로 나타낸 것을 단면력도(section force diagram)라고 한다. 전단력에 의하여 작성된 선도를 **전단력도**(shearing force diagram), 휨모멘트에 대한 것을 **휨모멘트도**(bending moment diagram), 축방향에 대한 것을 **축방향력도**(axial force diagram)라 하며, 표기방법은 [그림 7.2.1]와 같이 약자 S.F.D, B.M.D, A.F.D로 한다.

7.2 단순보

7.2.1 경사진 하중 P 가 작용할 경우

[1] 지점반력

[그림 7.2.1(a)]와 같이 단순보에서 C지점에 경사진 집중하중 P가 작용할 경우에는 먼저 P에 대한 수직분력 V와 수평분력 H값을 구한다.

$$V = P\sin\theta$$

$$H = P\cos\theta$$

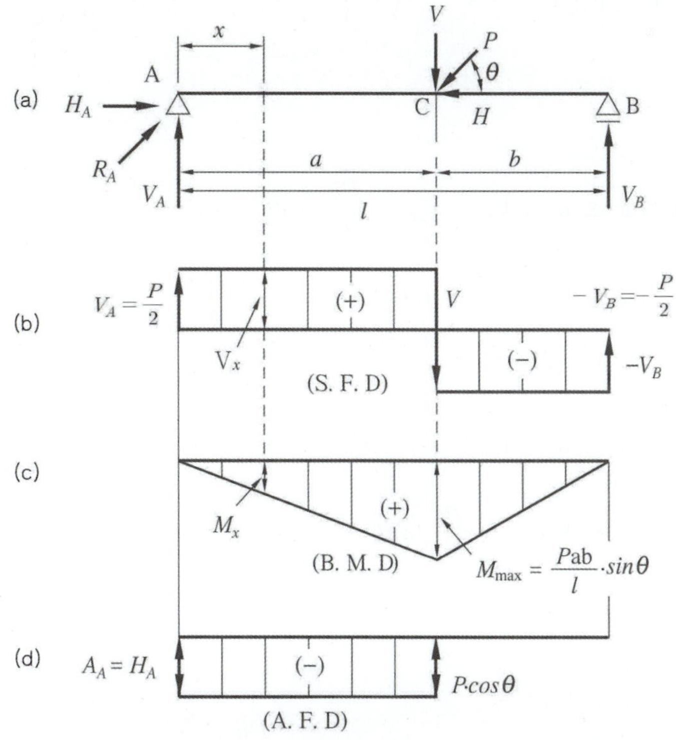

[그림 7.2.1]

평형방정식에 의하여

$\sum F_y = 0$에 의하여 $\quad V_A + V_B = V = P\sin\theta$

$\sum M_B = 0$에 의하여 $\quad (V_A)\times(l) - (V)\times(b) = 0$

$$\therefore\ V_A = \frac{Vb}{l} = \frac{Pb}{l}\sin\theta$$

$\sum M_A = 0$에 의하여 $\quad -(V_B)\times(l) + (V)\times(a) = 0$

$$\therefore\ V_B = \frac{Va}{l} = \frac{Pa}{l}\sin\theta$$

$\sum F_x = 0$에 의하여 $\quad H_A - H = 0, \quad H_A = H = P\cos\theta$

합성반력

$$R_A = \sqrt{{V_A}^2 + {H_A}^2} = \sqrt{\left(\frac{Pb}{l}\sin\theta\right)^2 + (P\cos\theta)^2}$$

[2] 전단력

$$0 \le x \le a \qquad V_x = V_A = \frac{Pb}{l}\sin\theta$$

$$\therefore\ V_A = V_C = \frac{Pb}{l}\sin\theta$$

$$a \le x \le l \qquad V_x = V_A - P = -V_B = -\frac{Pa}{l}\sin\theta$$

$$\therefore\ V_B = V_C = -\frac{Pa}{l}\sin\theta$$

[3] 휨모멘트

$$0 \le x \le a \qquad M_x = (V_A)(x) = \frac{Pb}{l}\sin\theta x$$

$$a \le x \le l \qquad M_x = (R_B)(l-x) = \frac{Pa}{l}\sin\theta(l-x)$$

$$\therefore M_A = M_B = M_{x=0} = 0$$

$$\therefore M_{\max} = M_C = M_{x=a} = \frac{Pab}{l}\sin\theta$$

[4] 축방향력

$$0 \le x \le a \qquad A_x = H = -H_A = -P\cos\theta$$

$$\therefore A_{A-C} = -H_A = -P\cos\theta$$

$$0 \le x \le l \qquad A_{C-B} = A_x = 0$$

단면력 계산 결과에 의하여 단면력도를 그리면 [그림 7.2.1(b), (c), (d)]와 같다.

7.2.2 집중하중 P가 단순보 중앙지점에 작용할 경우

[1] 지점반력

$\Sigma F_y = 0$에 의하여 $\quad R_A + R_B = P$

$\Sigma M_B = 0$에 의하여 $\quad (R_A)(l) - (P)\left(\frac{l}{2}\right) = 0 \quad \therefore R_A = \frac{P}{2}$

$\Sigma M_A = 0$에 의하여 $\quad -(R_B)(l) + (P)\left(\frac{l}{2}\right) = 0 \quad \therefore R_B = \frac{P}{2}$

$\Sigma F_x = 0$에 의하여 $\quad \therefore H_A = 0$, 즉, 부재의 축방향력은 없다.

[2] 전단력

$$0 \le x \le \frac{l}{2} \qquad V_x = R_A = \frac{P}{2} \qquad \therefore V_{A-C} = R_A = \frac{P}{2}$$

$$\frac{1}{2} \leq x \leq l \qquad V_x = R_A - P = -R_B \qquad \therefore V_{C-B} = -R_B = -\frac{P}{2}$$

전단력도는 [그림 7.2.2(b)]와 같다.

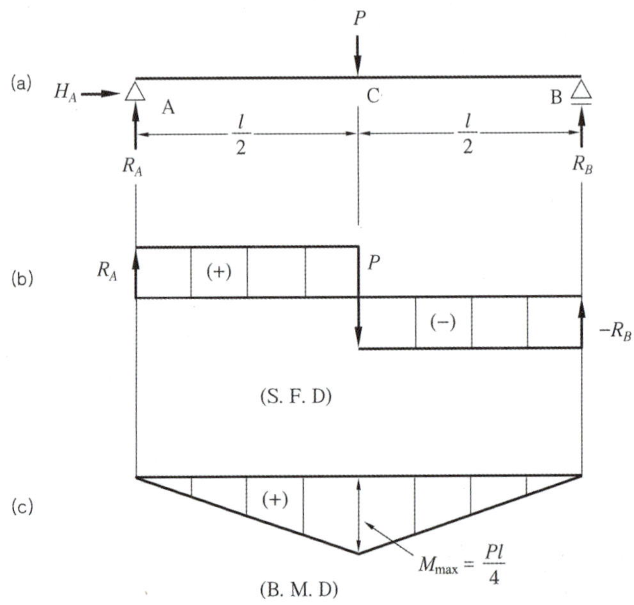

[그림 7.2.2]

[3] 휨모멘트

최대 휨모멘트는 중앙지점에서 생기며, 회전지점 A와 이동지점 B에서 휨모멘트 값은 0이다.

$$0 \leq x \leq \frac{l}{2} \qquad M_x = (R_A)(x) = \frac{P}{2}x$$

$$\frac{l}{2} \leq x \leq l \qquad M_x = (R_A)(x) - (P)\left(x - \frac{l}{2}\right) = (R_B)(l - x)$$

$$\therefore M_{x=0} = M_A = 0 \qquad \therefore M_{x=l} = M_B = 0$$

$$\therefore M_{\max} = M_C = (R_A)\left(\frac{l}{2}\right) = \left(\frac{P}{2}\right)\left(\frac{l}{2}\right) = \frac{Pl}{4}$$

[그림 7.2.2(c)]와 같이 최대 휨모멘트는 중앙지점에서 생긴다.

7.2.3 집중하중 여러 개가 단순보에 작용할 경우

[1] 지점반력

$\Sigma F_y = 0$에 의하여 $\quad R_A = R_B = P_1 + P_2 + P_3$

$\Sigma M_B = 0$에 의하여 $\quad R_A l - P_1 b_1 - P_2 b_2 - P_3 b_3 = 0$

$$\therefore\ R_A = \frac{P_1 b_1 + P_2 b_2 + P_3 b_3}{l} = \frac{\Sigma Pb}{l}$$

$\Sigma M_A = 0$에 의하여 $\quad -R_B \times l + P_1 a_1 + P_2 a_2 + P_3 a_3 = 0$

$$\therefore\ R_A = \frac{P_1 a_1 + P_2 a_2 + P_3 a_3}{l} = \frac{\Sigma Pa}{l}$$

$\Sigma F_x = 0$에 의하여 $\quad \therefore\ H_A = 0$, 즉, 부재의 축방향력은 없다.

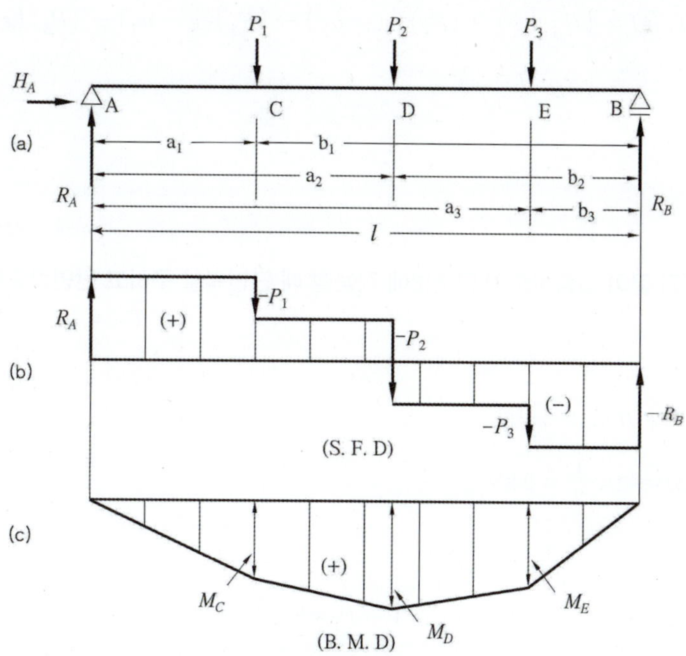

[그림 7.2.3]

[2] 전단력

$0 \le x \le a_1 \qquad V_x = R_A$

$a_1 \le x \le a_2 \qquad V_x = R_A - P_1$

$a_2 \le x \le a_3 \qquad V_x = P_A - P_1 - P_2$

$a_3 \le x \le l \qquad V_x = R_A - P_1 - P_2 - P_3 = -R_B$

[3] 휨모멘트

$0 \le x \le a_1 \quad M_x = (R_A)(x) = R_A x$

$a_1 \le x \le a_2 \quad M_x = (R_A)(x) - (P_1)(x - a_1)$

$a_2 \le x \le a_3 \quad M_x = (R_A)(x) - (P_1)(x - a_1) - (P_2)(x - a_2)$

$$a_3 \le x \le l \quad M_x = (R_A)(x) - (P_1)(x - a_1) - (P_2)(x - a_2) - (P_3)(x - a_3)$$
$$= (R_B)(l - x)$$

예제 7.2.1

[그림 7.2.4(a)]와 같이 집중하중이 단순보에 작용할 때 단면력을 구하고 단면력도를 작성하여라.

풀이

(1) 지점반력

먼저 P_1을 V와 H로 분해한다.

$$V = P_1 \sin 30 = 4 \times \frac{1}{2} = 2\,\mathrm{kN}$$

$$H = P_1 \cos 30° = 4 \times \frac{\sqrt{3}}{2} = 3.5\,\mathrm{kN}$$

$\Sigma F_y = 0$에 의하여 $\qquad V_A + V_B = V + P_2 = 8\,\mathrm{kN}$

$\Sigma M_B = 0$에 의하여 $\qquad (V_A) \times (10\,\mathrm{m}) - (V) \times (6\,\mathrm{m}) - (P_2) \times (2\,\mathrm{m}) = 0$

$$\therefore\ V_A = \frac{(V) \times (6) + (P_2) \times (2\ \mathrm{m})}{(10\ \mathrm{m})} = \frac{(2\mathrm{kN}) \times (6\mathrm{m}) + (6\mathrm{kN}) \times (2\mathrm{m})}{(10\mathrm{m})}$$
$$= 2.4\,\mathrm{kN}(\uparrow)$$

$\Sigma M_A = 0$에 의하여 $\quad -(V_B)\times(10\text{ m})+(V)\times(4\text{ m})+(P_2)\times(8\text{ m})=0$

$$\therefore\ V_B = \frac{(V)\times(4\text{m})+(P_2)\times(8\text{m})}{(10\text{m})} = \frac{(2\text{kN})\times(4\text{m})+(6\text{kN})\times(8\text{m})}{(10\text{m})}$$

$$= 5.6\text{ kN}(\uparrow)$$

$\Sigma F_x = 0$에 의하여 $\quad -H_A + H = 0 \qquad \therefore\ H_A = H = 3.5\text{ kN}(\leftarrow)$

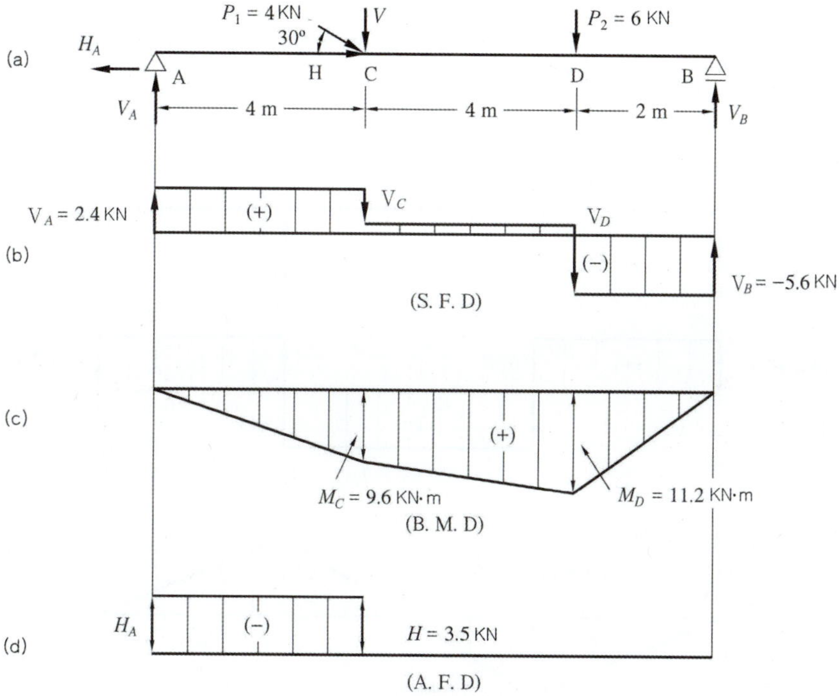

[그림 7.2.4]

(2) 전단력

$V_{A\sim C} = V_A = 2.4\text{ kN}$

$V_{C\sim D} = V_A - V = (2.4\text{kN}) - (2\text{kN}) = 0.4\text{kN}$

$V_{D\sim B} = V_A - V - P_2 = -V_B = -5.6\text{kN}$

(3) 휨모멘트

$M_A = M_B = 0$

$M_C = (V_A)\times(4\text{ m}) = (2.4\text{kN})\times(4\text{ m}) = 9.6\text{kN}\cdot\text{m}$

$M_D = (V_B)\times(2\text{ m}) = (5.6\text{kN})\times(2\text{ m}) = 11.2\text{kN}\cdot\text{m}$

(4) 축방향력

$A_{AC} = H_A = H = 3.5\ \text{kN}$ (인장)

$A_{CD} = A_{DC} = 0$

예제 7.2.2

[그림 7.2.5]와 같은 단순보에 방향이 반대인 집중하중 $P = 6\ \text{kN}$ 이 C, D지점에 작용할 때 전단력과 휨모멘트도를 그려라.

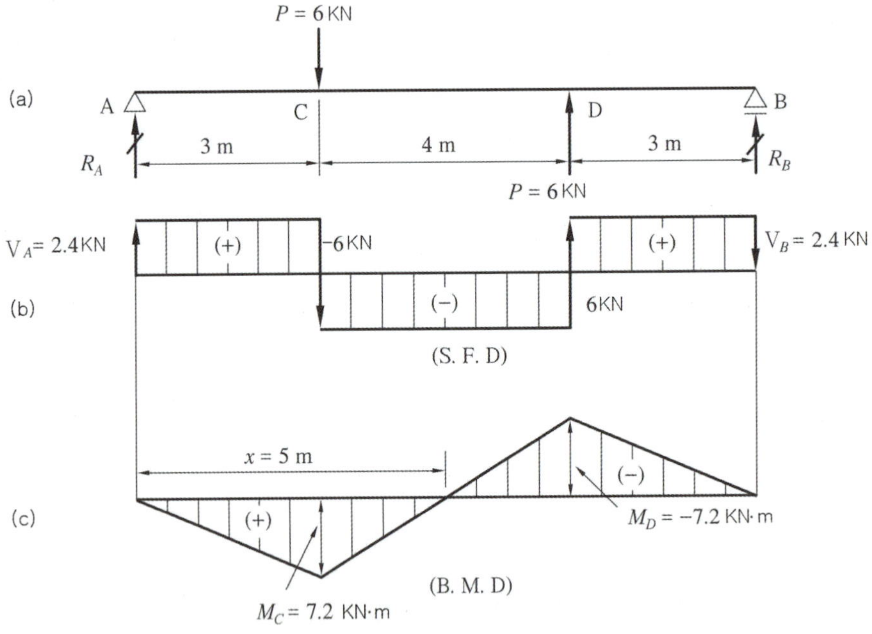

[그림 7.2.5]

풀이

(1) 지점반력

$\Sigma F_y = 0$에 의하여 $\qquad R_A = R_B = 0$

$\Sigma M_B = 0$에 의하여 $\qquad (R_A) \times (10\,\text{m}) - (6\,\text{kN}) \times (7\,\text{m}) + (6\,\text{kN}) \times (3\,\text{m}) = 0$

$$\therefore R_A = \frac{(6\,\text{kN}) \times (7\,\text{m}) - (6\,\text{kN}) \times (3\,\text{m})}{10\,\text{m}} = 2.4\,\text{kN}(\uparrow)$$

$\Sigma M_A = 0$에 의하여 $\qquad (R_B) \times (10\,\text{m}) + (6\,\text{kN}) \times (3\,\text{m}) - (6\,\text{kN}) \times (7\,\text{m}) = 0$

$$\therefore R_B = \frac{(6\,\text{kN}) \times (3\,\text{m}) - (6\,\text{kN}) \times (7\,\text{m})}{(10\,\text{m})} = -2.4\,\text{kN}(\downarrow)$$

(2) 전단력

$V_{A-C} = R_A = 2.4\text{ kN} \qquad \therefore V_A = 2.4\text{ kN}$

$V_{C-D} = R_A - (6\text{kN}) = (2.4\text{kN}) - (6\text{kN}) = -3.6\text{ kN}$

$V_{D-B} = R_A - (6\text{kN}) + (6\text{kN}) = -R_B = +2.4\text{ kN} \quad \therefore V_B = 2.4\text{ kN}$

(3) 휨모멘트

$M_C = (R_A) \times (3\text{m}) = (2.4\text{kN}) \times (3\text{m}) = 7.2\text{ kN}$

$M_D = (R_B) \times (3\text{m}) = -(2.4\text{kN}) \times (3\text{m}) = -7.2\text{ kN}$

$M_{x=5} = (R_A) \times (5\text{m}) - (6\text{kN}) \times (5\text{m} - 3\text{m}) = (2.4\text{kN}) \times (5\text{m}) - (6\text{kN}) \times (2\text{m}) = 0$

7.2.4 단순보에 등분포하중이 작용할 경우

[1] 지점반력

$\Sigma F_y = 0$에 의하여 $\quad R_A + R_B = wl$

$\Sigma F_x = 0$에 의하여 $\quad \therefore H_A = 0$

$\Sigma M_B = 0$에 의하여 $\quad (R_A)(l) - [(w)(l)]\left(\frac{l}{2}\right) = 0 \qquad \therefore R_A = \frac{wl}{2}\ (\uparrow)$

$\Sigma M_A = 0$에 의하여 $\quad -(R_B)(l) + [(w)(l)]\left(\frac{l}{2}\right) = 0 \qquad \therefore R_B = \frac{wl}{2}\ (\uparrow)$

[2] 전단력

$$V_x = R_A - wx = \frac{wl}{2} - wx = w\left(\frac{l}{2} - x\right)$$

$$\therefore V_A = V_{x=0} = R_A = \frac{wl}{2} \ \therefore V_B = V_{x=l} = -\frac{wl}{2} = -R_B$$

전단력이 0이 되는 위치를 구하려면 위 식에서

$$V_x = 0 \quad \frac{wl}{2} - wx = 0 \quad \therefore x = \frac{l}{2}$$

보의 중앙 $(l/2)$지점에서 전단력이 0이 되며, 따라서 휨모멘트는 최대가 된다.

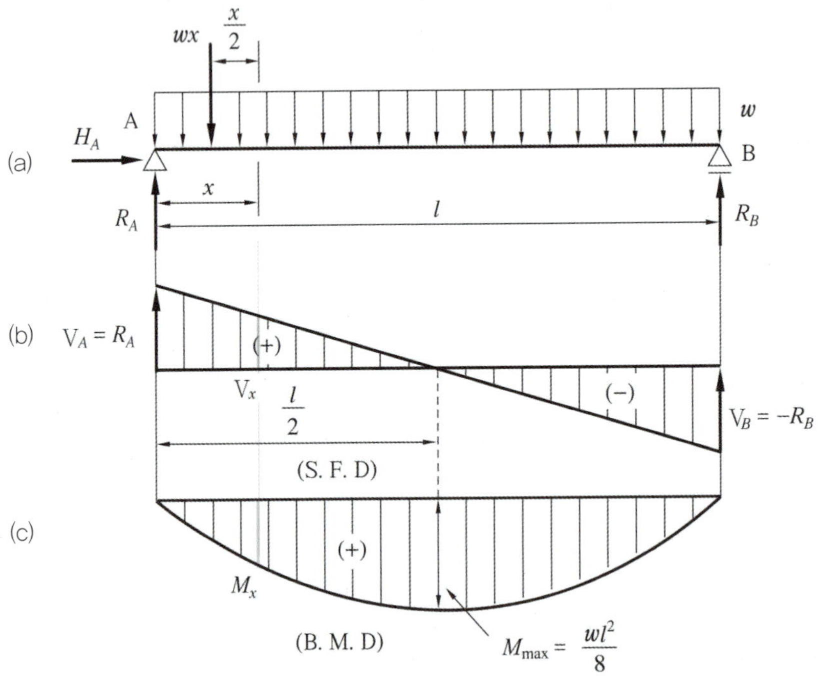

[그림 7.2.6]

[3] 휨모멘트

$$M_x = (R_A)(x) - (wx)\left(\frac{x}{2}\right) = \frac{wl}{2}x - \frac{wx^2}{2} = \frac{wx}{2}(l - x) \text{ (2차 포물선)}$$

$$M_A = M_{x=0} = 0, \quad M_B = M_{x=l} = 0 \text{ (양 지점에서 휨모멘트는 0)}$$

$$M_{max} = M_{x=\frac{l}{2}} = \frac{w}{2} \times \left(\frac{l}{2}\right)\left[l - \left(\frac{l}{2}\right)\right] = \frac{wl^2}{8}$$

[4] 축방향력

$$A_{A-B} = A_x = 0$$

[그림 7.2.6]에서와 같이 등분포하중이 작용하고 있는 단순보에서 전단력은 지점에서 최대이고, 휨모멘트는 중앙지점에서 최대가 된다.

7.2.5 전단력과 휨모멘트와의 관계

[그림 7.2.7(a)]와 같이 수직하중을 받는 보의 좌측지점에서부터 임의의 거리 x만큼 떨어진 aa' 단면의 전단력 및 휨모멘트를 V_x와 M_x라 한다면 aa' 단면에서 미소거리 dx만큼 떨어진 bb' 단면에서는 방향이 반대인 전단력 $V_x + dV_x$와 $M_x + dM_x$인 휨모멘트가 작용한다고 볼 수 있다.

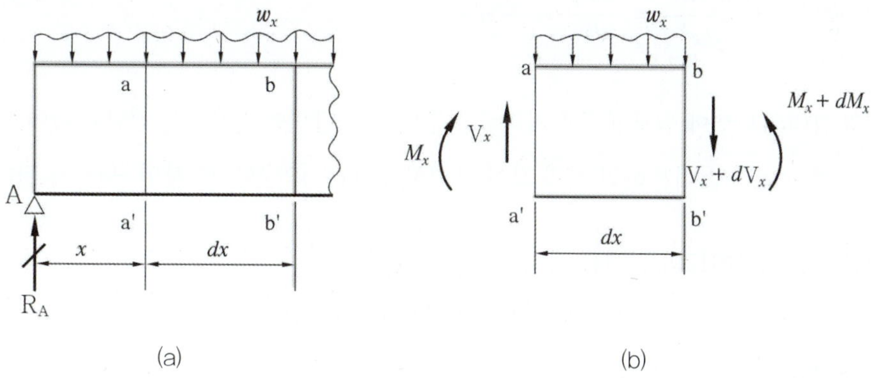

[그림 7.2.7]

[그림 7.2.7(b)]에서 미소구간의 분포하중의 크기를 w_x라고 하면 힘의 평형방정식에서 $\Sigma F_y = 0$에 의하여

$$V_x - w_x dx - (V_x + dV_x) = 0$$

$$\therefore \frac{dV_x}{dx} = -w_x \cdots\cdots ①$$

$\Sigma M_{b'} = 0$에 의하여

$$M_x + V_x dx - \frac{w_x (dx)^2}{2} - (M_x + dM_x) = 0$$

위 식에서 $(dx)^2$은 미소량이므로 이것을 무시하면

$$\therefore \frac{dM_x}{dx} = V_x \cdots\cdots ②$$

식 ①, ②에 의하여

$$\therefore \frac{d^2 M_x}{dx^2} = \frac{dV_x}{dx} = -w_x$$

보의 임의의 단면에 휨모멘트를 거리로 미분하면 그 단면에 작용하는 전단력 값이 되고, 다시 전단력을 거리로 미분하면 식과 같이 단위하중에 (−)의 부호를 붙인 $-w_x$가 된다.

전단력과 휨모멘트의 관계를 정리하면 다음과 같다.

(1) 보에서 휨모멘트의 최대 및 최소는 전단력이 0이 되는 단면에서 생긴다.

(2) 집중하중을 받는 보의 최대, 최소 휨모멘트는 그 좌우에서 전단력 부호가 바뀌는 단면에서 생긴다.

(3) 모멘트 하중이 작용하지 않을 때 전단력 면적은 그 지점의 휨모멘트 값이 된다.

(4) 하중이 없는 부분의 전단력도는 기선과 같고 휨모멘트는 직선변화한다.

예제 7.2.3

[그림 7.2.8(a)]와 같은 단순보의 전단력도와 휨모멘트도를 그려라.

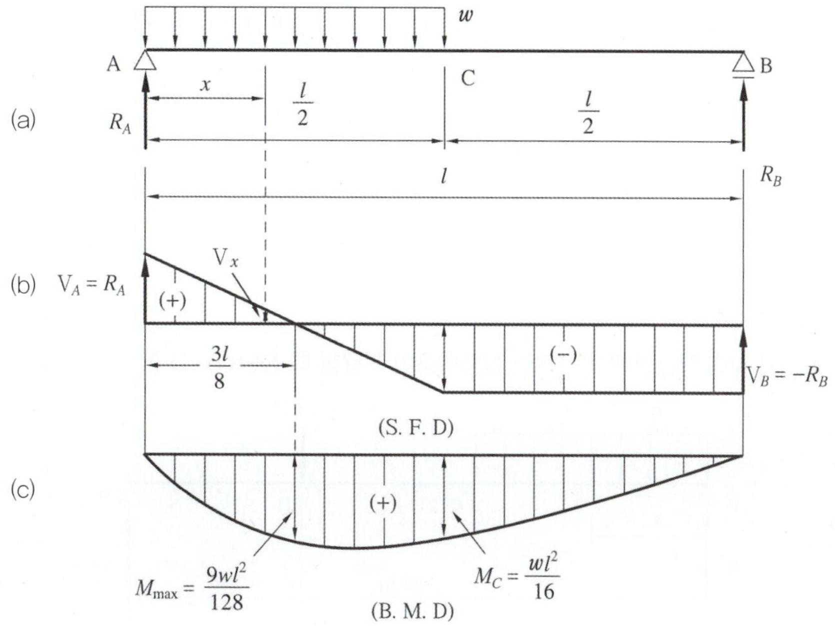

[그림 7.2.8]

풀이

(1) 지점반력

$\Sigma F_y = 0$에 의하여 $\qquad R_A + R_B = \frac{wl}{2}$

$\Sigma M_B = 0$에 의하여 $\qquad (R_A) \times (l) - \left(\frac{wl}{2}\right) \times \left(\frac{3l}{4}\right) = 0 \quad \therefore R_A = \frac{3wl}{8} \ (\uparrow)$

$\Sigma M_A = 0$에 의하여 $\qquad -(R_B) \times (l) + \left(\frac{wl}{2}\right) \times \left(\frac{1}{4}\right) = 0 \quad \therefore R_B = \frac{wl}{8} \ (\uparrow)$

(2) 전단력

$V_x = R_A - wx = \frac{3}{8}wl - wx \qquad \therefore V_A = V_{x=0} = R_A = \frac{3}{8}wl$

$\therefore V_B = V_{x=\frac{l}{2}} = -R_B = \frac{3}{8}wl - w \times \frac{l}{2} = -\frac{wl}{8}$

전단력이 0이 되는 지점 $\quad V_x = \frac{3}{8}wl - wx = 0 \qquad \therefore x = \frac{3l}{8}$(휨모멘트 최대 지점)

(3) 휨모멘트

$$M_x = (R_A)\times(x) - (wx)\times\left(\frac{x}{2}\right) = \frac{3}{8}wlx - \frac{w}{2}x^2$$

$$M_C = M_{x=\frac{l}{2}} = \left(\frac{3}{8}wl\right)\times\left(\frac{l}{2}\right) - \left[(w)\times\left(\frac{l}{2}\right)\right]\times\left(\frac{l}{4}\right) = \frac{wl^2}{16} = (R_B)\times\left(\frac{l}{2}\right)$$

AC 구간은 곡선변화, CB 구간은 직선변화

$$\therefore M_{\max} = M_{x=\frac{3l}{8}} = \left(\frac{3wl}{8}\right)\times\left(\frac{3l}{8}\right) - \left[(w)\times\left(\frac{3l}{8}\right)\right]\times\left(\frac{3l}{16}\right) = \frac{9wl^2}{128}$$

예제 7.2.4

[그림 7.2.9(a)]와 같이 단순보에 등분포와 집중하중이 작용할 때 전단력도와 휨모멘트도를 그려라.

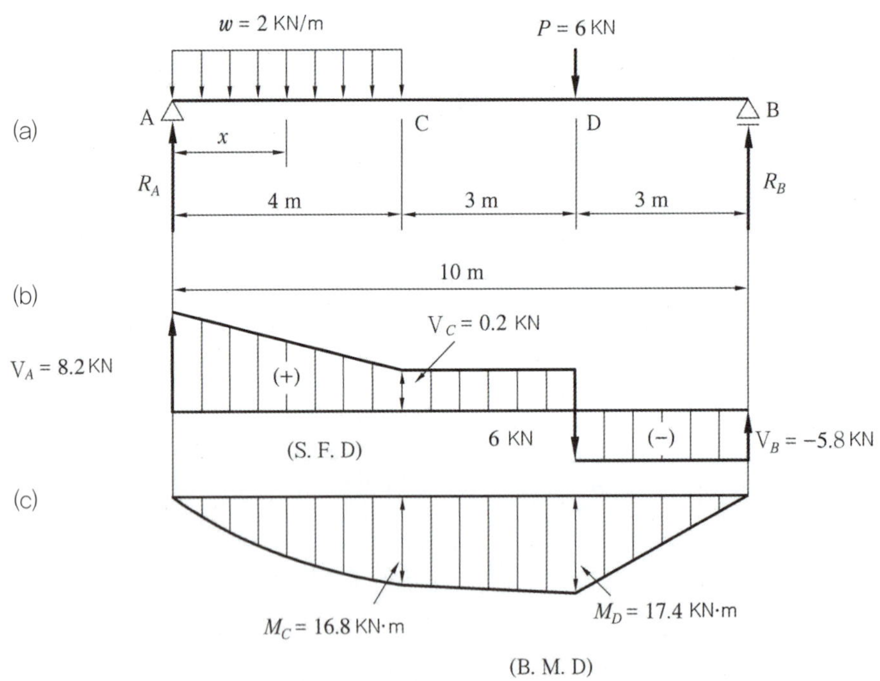

[그림 7.2.9]

풀이

(1) 지점반력

$\Sigma F_y = 0$에 의하여 $R_A + R_B = 8 + 6 = 14\text{ kN}$

$\Sigma M_B = 0$에 의하여 $(R_A) \times (10\,\mathrm{m}) - (2\,\mathrm{kN/m}) \times (4\mathrm{m}) \times \left(\frac{4}{2}\mathrm{m} + 6\,\mathrm{m}\right) - (6\,\mathrm{kN}) \times (3\,\mathrm{m}) = 0$

$$\therefore R_A = \frac{82\,\mathrm{kN \cdot m}}{10\,\mathrm{m}} = 8.2\,\mathrm{kN}(\uparrow)$$

$\Sigma M_A = 0$에 의하여 $-(R_B) \times (10\,\mathrm{m}) + (2\,\mathrm{kN/m}) \times (4\,\mathrm{m}) \times \left(\frac{4}{2}\mathrm{m}\right) + (6\,\mathrm{kN}) \times (7\,\mathrm{m}) = 0$

$$\therefore R_B = \frac{58\,\mathrm{kN \cdot m}}{10\,\mathrm{m}} = 5.8\,\mathrm{kN}(\uparrow)$$

(2) 전단력

$0 \le x \le 4$ $\quad V_x = R_A - wx = 8.2 - 2x$

$\therefore V_A = V_{x=0} = 8.2\,\mathrm{kN}$

$\therefore V_C = V_{x=4} = 8.2 - 2 \times 4 = 0.2\,\mathrm{kN}$

$4 \le x \le 7$ $\quad V_x = R_A - 8 = 8.2 - 8 = 0.2\,\mathrm{kN}$

$7 \le x \le 10$ $\quad V_x = R_A - 8 - 6 = -R_B = -5.8\,\mathrm{kN}$

$\therefore V_B = -R_B = -5.8\,\mathrm{kN}$

(3) 휨모멘트

$0 \le x \le 4$ $\quad M_x = (R_A) \times (x) - (wx) \times \left(\frac{x}{2}\right) = 8.2x - x^2$

$x = 4\,\mathrm{m}$ $\quad \therefore M_C = (8.2) \times (4) - 16 = 16.8\,\mathrm{kN \cdot m}$

$\therefore M_D = (R_B) \times (3\,\mathrm{m}) = (5.8\,\mathrm{kN}) \times (3\,\mathrm{m}) = 17.4\,\mathrm{kN \cdot m}$

7.2.6 단순보에 등변분포하중이 작용할 경우

[1] 지점반력

$\Sigma F_y = 0$에 의하여 $\quad R_A + R_B = \frac{wl}{2}$

$\Sigma F_x = 0$에 의하여 $\quad \therefore H_A = 0$

$\Sigma M_B = 0$에 의하여 $\quad (R_A)(l) - \left(\frac{wl}{2}\right)\left(\frac{l}{3}\right) = 0 \quad \therefore R_A = \frac{wl}{6}$

$\Sigma M_A = 0$에 의하여 $\quad -(R_B)(l) + \left(\frac{wl}{2}\right)\left(\frac{2l}{3}\right) = 0 \quad \therefore R_B = \frac{wl}{3}$

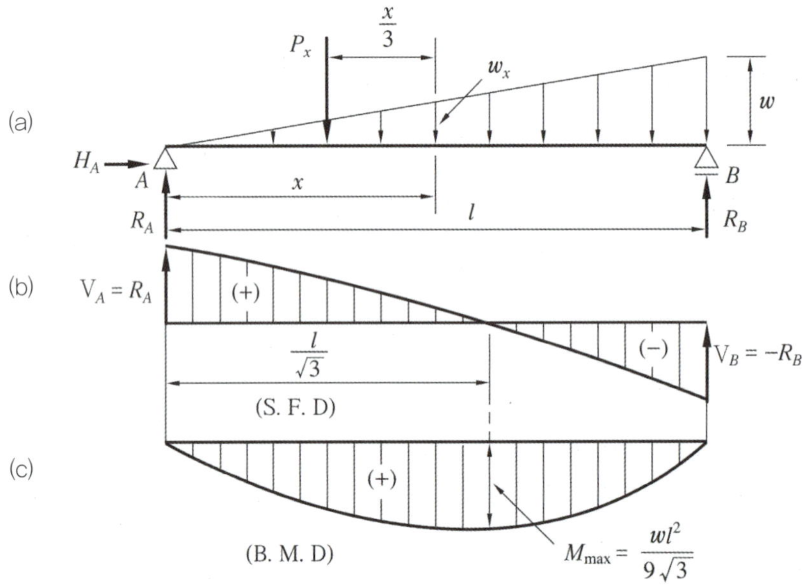

[그림 7.2.10]

[2] 전단력

$$l : w = x : w_x \qquad w_x = \frac{w}{l}x$$

$$P_x = (w_x)(x)\left(\frac{1}{2}\right) = \frac{w}{2l}x^2$$

$$V_x = R_A - P_x = \frac{wl}{6} - \frac{w}{2l}x^2 \text{(2차 포물선)}$$

$$\therefore\ V_A = V_{x=0} = R_A = \frac{wl}{6}$$

$$\therefore\ V_B = V_{x=l} = \frac{wl}{6} - \frac{w}{2l}(l)^2 = -\frac{wl}{3} = -R_B$$

전단력이 0이 되는 지점

$$V_x = \frac{wl}{6} - \frac{w}{2l}x^2 = 0 \qquad \therefore x = \frac{l}{\sqrt{3}}$$

[3] 휨모멘트

$$M_x = (R_A)(x) - (P_x)\left(\frac{x}{3}\right) = \left(\frac{wl}{6}\right)(x) - \left(\frac{w}{2l}x^2\right)\left(\frac{x}{3}\right) = \frac{wl}{6}x - \frac{w}{6l}x^3$$

$$\therefore M_A = M_{x=0} = M_B = M_{x=l} = 0$$

$$\therefore M_{\max} = M_{x=\frac{l}{\sqrt{3}}} = \frac{wl}{6}\left(\frac{l}{\sqrt{3}}\right) - \frac{w}{6l}\left(\frac{l}{\sqrt{3}}\right)^3 = \frac{wl^2}{9\sqrt{3}}$$

[그림 7.2.10(b), (c)]와 같이 전단력도는 2차 곡선이며, 휨모멘트도는 3차 곡선이다.

예제 7.2.5

[그림 7.2.11(a)]와 같은 등변분포하중을 받는 단순보의 전단력도와 휨모멘트도를 그려라.

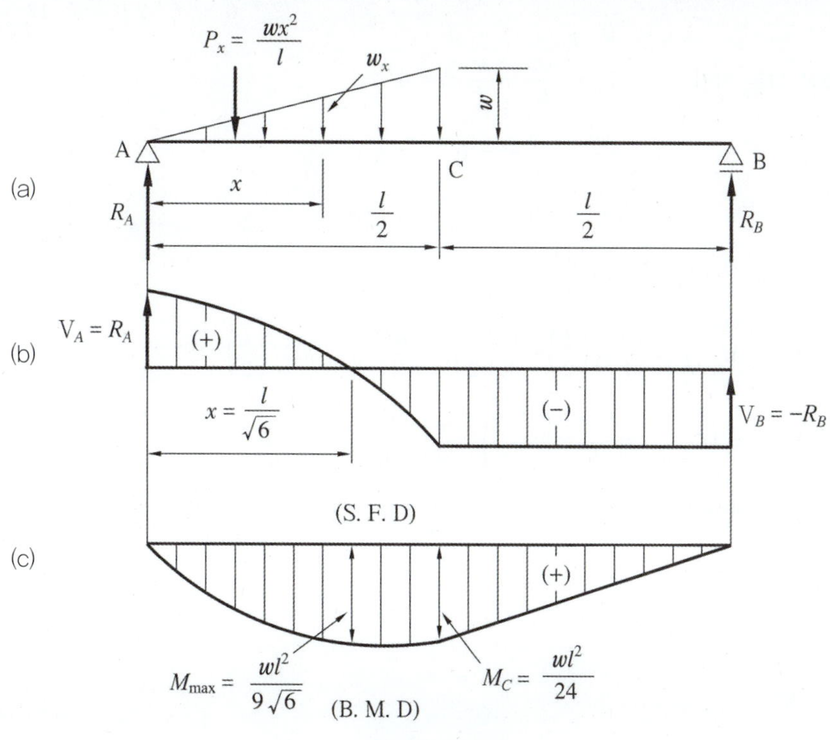

[그림 7.2.11]

풀이

(1) 지점반력

$\Sigma F_y = 0$에 의하여 $\qquad R_A + R_B = \dfrac{wl}{4}$

$\Sigma M_B = 0$에 의하여 $\qquad (R_A)(l) - \left(\dfrac{wl}{4}\right)\left(\dfrac{1}{3} \cdot \dfrac{l}{2} + \dfrac{l}{2}\right) = 0 \qquad \therefore R_A = \dfrac{wl}{6}$

$\Sigma M_A = 0$에 의하여 $\qquad -(R_B)(l) + \left(\dfrac{wl}{4}\right)\left(\dfrac{2}{3} \cdot \dfrac{l}{2}\right) = 0 \qquad \therefore R_B = \dfrac{wl}{12}$

(2) 전단력

$$\frac{l}{2} : w = x : w_x \qquad \therefore w_x = \frac{2w}{l}x$$

$$P_x = \frac{x}{2}w_x = \frac{x}{2} \times \frac{2w}{l}x = \frac{w}{l}x^2$$

$$V_x = R_A - P_x = \frac{wl}{6} - \frac{w}{l}x^2 \qquad \therefore V_A = V_{x=0} = R_A = \frac{wl}{6}$$

$$\therefore V_B = V_{x=\frac{l}{2}} = -R_B = \frac{wl}{6} - \frac{w}{l}\left(\frac{l}{2}\right)^2 = -\frac{wl}{12}$$

전단력이 0이 되는 지점 $\qquad V_x = \dfrac{wl}{6} - \dfrac{w}{l}x^2 = 0$

$$\frac{wl}{6} - \frac{w}{l}x^2 = 0 \qquad \therefore x = \frac{l}{\sqrt{6}}$$

(3) 휨모멘트

$$M_x = (R_A)(x) - (P_x)\left(\frac{x}{3}\right) = \frac{wl}{6}x - \frac{w}{3l}x^3$$

$$\therefore M_C = M_{x=\frac{l}{2}} = \frac{wl}{6} \times \left(\frac{l}{2}\right) - \frac{w}{3l}\left(\frac{l}{2}\right)^3 = \frac{wl^2}{24} = (R_B) \times \left(\frac{l}{2}\right)$$

$$\therefore M_{\max} = M_{x=\frac{l}{\sqrt{6}}} = \frac{wl}{6} \times \left(\frac{l}{\sqrt{6}}\right) - \frac{w}{3l}\left(\frac{l}{\sqrt{6}}\right)^3 = \frac{wl^2}{9\sqrt{6}}$$

BC 구간은 직선변화이다.

예제 7.2.6

[그림 7.2.12(a)]와 같은 단순보에 포물선 등변분포하중이 작용할 때의 단면력을 구하고 단면력도를 그려라. 단, $w_x = \dfrac{w}{2}z(l-z)$이다.

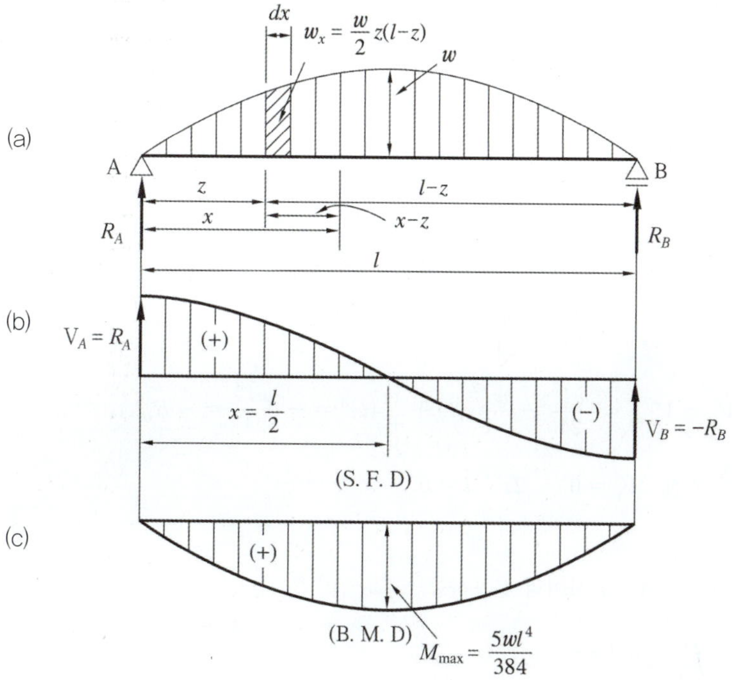

[그림 7.2.12]

풀이

(1) 지점반력

$w_x dz$를 미소집중하중이라고 하면, 미소지점반력 dR_A값은

$\Sigma M_B = 0$에 의하여 $\qquad dR_A l - w_x dz(l-z) = 0$

$$\therefore\ dR_A = \frac{w_x}{l}(l-z)dz$$

그러므로 R_A값은 dR_A값을 $0\sim l$까지 적분하면 된다.

$$R_A = \int_0^l dR_A = \int_0^l \frac{w_x}{l}(l-z)dz$$

$$= \int_0^l \frac{1}{l} \times \frac{w}{2}z(l-z)(l-z)dz$$

$$= \frac{w}{2l}\int_0^l (l^2 z - 2l z^2 + z^3) = \frac{w}{2l}\left[\frac{l^2 z^2}{2} - \frac{2l z^3}{3} + \frac{z^4}{4}\right]_0^l$$

$$= \frac{w}{2l}\left(\frac{l^4}{2} - \frac{2l^4}{3} + \frac{l^4}{4}\right) = \frac{wl^3}{24}$$

대칭구조이므로 $\therefore R_A = R_B = \frac{wl^3}{24}$

(2) 전단력

$V_x = R_A - (A \sim x$사이의 분포하중)

$$V_x = \frac{wl^3}{24} - \int_0^x w_x\,dz = \frac{wl^3}{24} - \int_0^x \frac{w}{2}z(l-z)\,dz = \frac{wl^3}{24} - \frac{w}{2}\left[\frac{lz^2}{2} - \frac{z^3}{3}\right]_0^x$$

$$= \frac{wl^3}{24} - \frac{w}{2}\left(\frac{l}{2}x^2 - \frac{1}{3}x^3\right) = \frac{wl^3}{24} - \frac{w}{4}x^2 + \frac{w}{6}x^3$$

$$\therefore V_A = V_{x=0} = R_A = \frac{wl^3}{24}$$

$$\therefore V_B = V_{x=l} = \frac{wl^3}{24} - \frac{wl^2}{4}(l) + \frac{w}{6}(l)^3 = -\frac{wl^3}{24} = -R_B$$

전단력이 0인 지점 $V_x = 0$ $\quad 2x - l = 0 \quad \therefore x = \frac{l}{2}$

(3) 휨모멘트

$M_x = (R_A)(x) - (A \sim x$ 사이의 분포하중$) \times (x - z)$

$$= R_A x - \int_0^x w_x dz(x-z)$$

$$= \frac{wl^3}{24}x - \int_0^x \frac{w}{2}z(l-z)(x-z)dz$$

$$= \frac{wl^3}{24}x - \frac{w}{2}\int_0^x (lxz - z^2 x + z^3 - lz^2)dz$$

$$= \frac{wl^3}{24}x - \frac{w}{2}x\left[\frac{lz^2}{2} - \frac{z^3}{3}\right]_0^x + \frac{w}{2}\left[\frac{lz^3}{3} - \frac{z^4}{4}\right]_0^x$$

$$= \frac{wl^3}{24}x - \frac{wl}{12}x^3 + \frac{w}{24}x^4 = \frac{wl^4}{24}\left[\frac{x}{l} - 2\left(\frac{x}{l}\right)^3 + \left(\frac{x}{l}\right)^4\right]$$

$M_A = M_B = M_{x=0=l} = 0$

최대 휨모멘트는 $x = \frac{l}{2}$ 지점 $\rightarrow \frac{x}{l} = \frac{1}{2}$

$$M_{\max} = \frac{wl^4}{24}\left[\frac{1}{2} - 2\left(\frac{1}{2}\right)^3 + \left(\frac{1}{2}\right)^4\right] = \frac{5wl^4}{384}$$

7.2.7 단순보에 모멘트 하중이 작용할 경우

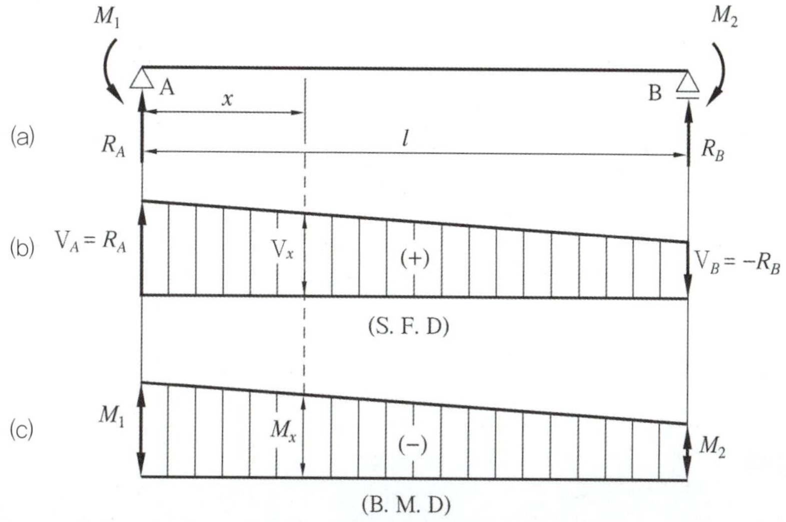

[그림 7.2.13]

단, $M_1 > M_2$이다.

[1] 지점반력

$\Sigma F_y = 0$에 의하여 $\quad R_A + R_B = 0$

$\Sigma M_B = 0$에 의하여 $\quad (R_A) \times (l) - (M_1) + (M_2) = 0$

$$\therefore\ R_A = \frac{M_1 - M_2}{l}\ (\uparrow)$$

$\Sigma M_A = 0$에 의하여 $\quad -(R_B)(l) - (M_1) + (M_2) = 0$

$$\therefore\ R_B = \frac{M_2 - M_1}{l}\ (\downarrow)$$

[2] 전단력

$$V_x = R_A = \frac{M_1 - M_2}{l}$$

$$\therefore\ V_A = R_A = \frac{M_1 - M_2}{l} \quad \therefore\ V_B = -R_B = -\frac{M_2 - M_1}{l}$$

[3] 휨모멘트

$$M_x = (R_A)(x) - (M_1) = \frac{M_1 - M_2}{l}x - M_1$$

$$\therefore\ M_A = M_{x=0} = -M_1$$

$$\therefore\ M_B = M_{x=l} = \frac{M_1 - M_2}{l} \times (l) - M_1 = -M_2$$

여기서, $M_1 = M_2 = M$이라고 할 때 지점반력과 전단력은 0이며, 휨모멘트도는 기선과 나란하다.

[4] 축방향력

$$A_{A-B} = A_x = 0$$

예제 7.2.7

[그림 7.2.14(a)]와 같은 모멘트 하중을 받는 단순보의 단면력도를 그려라.

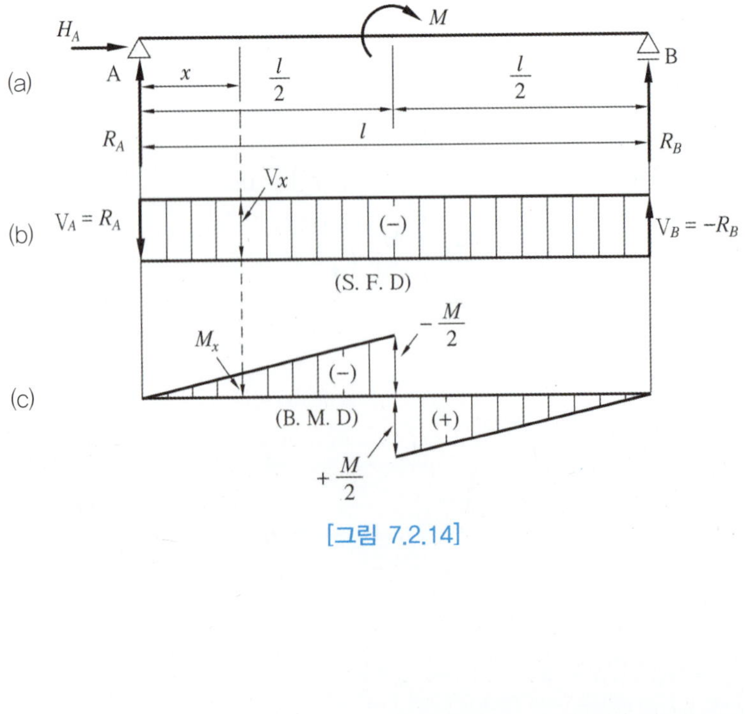

[그림 7.2.14]

풀이

(1) 지점반력

$\Sigma F_y = 0$에 의하여 $R_A + R_B = 0$

$\Sigma F_x = 0$에 의하여 $\therefore H_A = 0$

$\Sigma M_A = 0$에 의하여 $(R_A) \times (l) + M = 0 \quad \therefore R_A = -\dfrac{M}{l}\,(\downarrow)$

$\Sigma M_B = 0$에 의하여 $-(R_B)(l) + M = 0 \quad \therefore R_B = \dfrac{M}{l}\,(\uparrow)$

(2) 전단력

$0 < x < \dfrac{1}{2} \qquad V_x = R_A = -\dfrac{M}{l}$

$\dfrac{l}{2} < x < l \qquad V_x = R_A = -\dfrac{M}{l}$

$\therefore V_A = R_A = -\dfrac{M}{l} \qquad \therefore V_B = -R_B = -\dfrac{M}{l}$

(3) 휨모멘트

$0 \le x \le \dfrac{l}{2} \qquad M_x = (R_A)(x) = -\dfrac{M}{l}x$

$\therefore M_A = M_{x=0} = 0$

$\therefore M_C = M_{x=\frac{l}{2}} = -\dfrac{M}{l} \times \left(\dfrac{l}{2}\right) = -\dfrac{M}{2}$

$\dfrac{l}{2} \le x \le l \qquad M_x = (R_A)(x) + M = -\left(\dfrac{M}{l}\right)x + M$

$\therefore M_B = M_{x=l} = 0$

$\therefore M_C = M_{x=\frac{l}{2}} = -\dfrac{M}{l} \times \left(\dfrac{l}{2}\right) + M = \dfrac{M}{2} = (R_B) \times \left(\dfrac{l}{2}\right)$

(4) 축방향력

$A_{A-B} = A_x = 0$

예제 7.2.8

[그림 7.2.15(a)]와 같이 단순보에 하중이 작용할 때 전단력도와 휨모멘트도를 그려라.

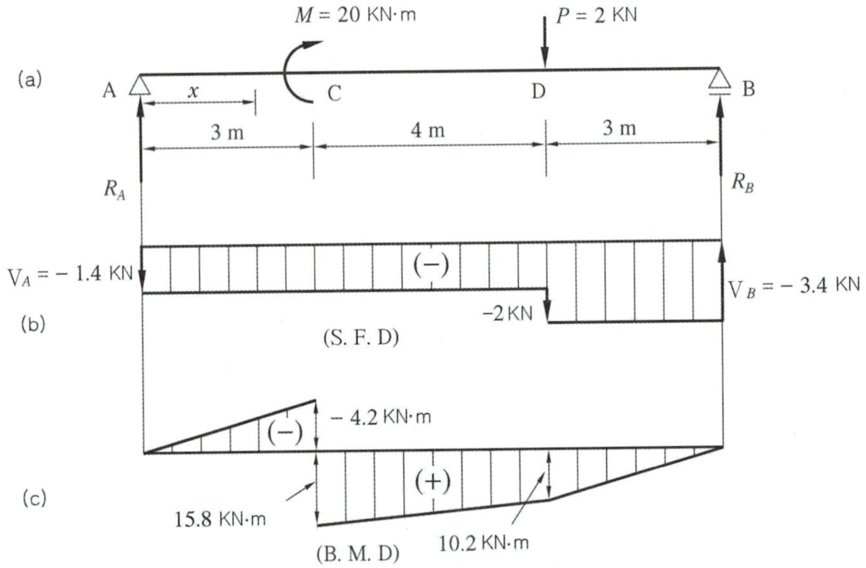

[그림 7.2.15]

풀이

(1) 지점반력

$\Sigma F_y = 0$에 의하여 $\quad R_A + R_B = 2\text{ kN}$

$\Sigma M_B = 0$에 의하여 $\quad (R_A)\times(10\text{m}) + (20\text{kN}\cdot\text{m}) - (2\text{kN})\times(3\text{m}) = 0$

$$\therefore R_A = \frac{6\text{kN}\cdot\text{m} - 20\text{kN}\cdot\text{m}}{10\text{m}} = -1.4\text{ kN}(\downarrow)$$

$\Sigma M_A = 0$에 의하여 $\quad -(R_B)\times(10\text{m}) + (20\text{kN}\cdot\text{m}) + (2\text{kN})\times(7\text{m}) = 0$

$$\therefore R_B = \frac{20\text{kN}\cdot\text{m} + 14\text{kN}\cdot\text{m}}{10\text{m}} = 3.4\text{ kN}(\uparrow)$$

(2) 전단력

$0 \le x \le 7 \qquad V_x = R_A \quad \therefore V_A = R_A = -1.4\text{ kN}$

$7 \le x \le 10 \qquad V_x = R_A - 2 = -3.4\text{ kN}$

(3) 휨모멘트

$0 \le x \le 3 \qquad M_x = (R_A)(x) = -1.4x$

$\qquad {}_{l}M_C = M_{x=3} = -1.4\times(3) = -4.2\text{ kN}\cdot\text{m}$

$3 \le x \le 7 \qquad M_x = (R_A)(x) + (20\,\text{tf}\cdot\text{m}) = -1.4x + 20$

$\qquad\qquad\qquad {}_rM_C = M_{x=3} = -1.4 \times (3) + 20 = 15.8\,\text{kN}\cdot\text{m}$

$7 \le x \le 10 \qquad M_x = (R_A)(x) + (20\,\text{kN}\cdot\text{m}) - (2\,\text{kN})(x-7) = (R_B)(l-x)$

$\qquad\qquad\qquad M_D = R_B \times (10-7) = 3.4 \times (3\,\text{m}) = 10.2\,\text{kN}\cdot\text{m}$

예제 7.2.9

[그림 7.2.16(a)]와 같이 단순보에 등분포하중과 모멘트 하중이 작용할 때 전단력도와 휨모멘트도를 그려라.

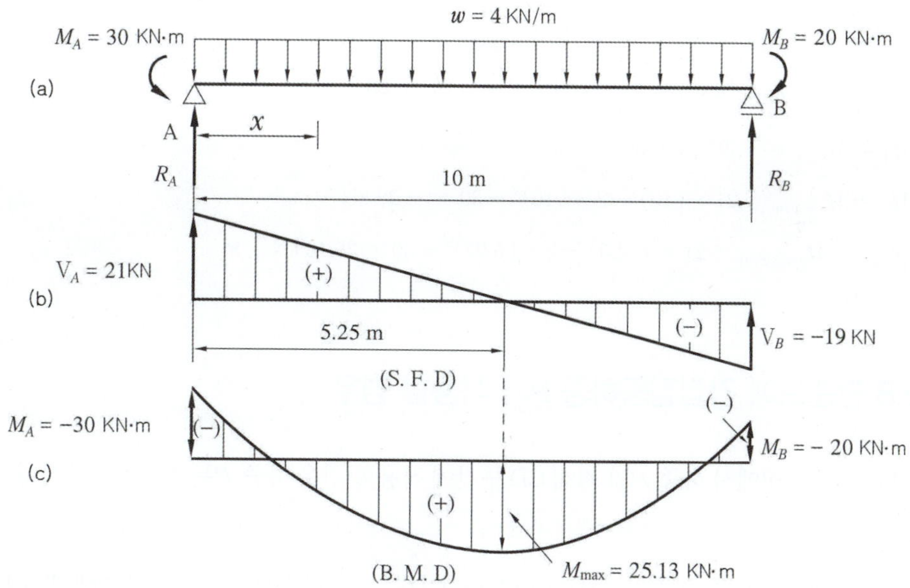

[그림 7.2.16]

풀이

(1) 지점반력

$\Sigma F_y = 0$에 의하여 $\qquad R_A + R_B = 40\,\text{kN}$

$\Sigma M_B = 0$에 의하여

$$(R_A) \times (10\,\text{m}) - (4\,\text{kN/m}) \times (10\,\text{m}) \times (5\,\text{m}) - (30\,\text{kN}\cdot\text{m}) + (20\,\text{kN}\cdot\text{m}) = 0$$

$$\therefore R_A = \frac{210\,\text{kN}\cdot\text{m}}{10\,\text{m}} = 21\,\text{kN}$$

$\sum M_A = 0$에 의하여

$$-(R_B)\times(10\,\mathrm{m})+(4\,\mathrm{kN/m})\times(10\,\mathrm{m})\times(5\,\mathrm{m})-(30\,\mathrm{kN\cdot m})+(20\,\mathrm{kN\cdot m})=0$$

$$\therefore R_B = \frac{190\,\mathrm{kN\cdot m}}{10\,\mathrm{m}} = 19\,\mathrm{kN}$$

(2) 전단력

$$V_x = R_A - wx = 21 - 4x$$

$$V_A = V_{x=0} = 21\,\mathrm{kN}$$

$$V_B = V_{x=10} = (21\,\mathrm{kN}) - (4\,\mathrm{kN/m})\times(10\,\mathrm{m}) = -19\,\mathrm{kN} = -R_B$$

$$V_x = 21 - 4x = 0 \qquad \therefore x = \frac{21}{4} = 5.25\,\mathrm{m}\ (\text{전단력 0지점})$$

(3) 휨모멘트

$$M_x = (R_A)(x) - (wx)\left(\frac{x}{2}\right) - (M_A) = 21x - 2x^2 - 30$$

$$M_A = M_{x=0} = -30\,\mathrm{kN\cdot m}$$

$$M_B = M_{x=10\mathrm{m}} = 21\times(10) - 2\times(10)^2 - 30 = -20\,\mathrm{kN\cdot m}$$

$$M_{\max} = M_{x=5.25\mathrm{m}} = 21\times(5.25) - 2\times(5.25)^2 - 30 = 25.13\,\mathrm{kN\cdot m}$$

7.2.8 단순보에 간접집중하중 P가 작용할 경우

[그림 7.2.17(a)]에서 하중 P가 격점 CD 구간에 작용할 경우 하중 P는 AB 보에 **간접하중**이 된다.

CD 구간에서는 하중 P가 직접하중이 되므로 CD 구간을 단순보로 생각하여 P에 대한 분력 P_c와 P_d를 구한다. 따라서 [그림 7.2.17(c)]와 같이 분력 P_c와 P_d가 단순보 AB에 직접하중으로 작용한다고 보고, 지점반력 R_A와 R_B를 구한다. [그림 7.2.17(a)]에서 C, D, E지점을 **격점**이라 하고, 격점과 격점 사이를 **격간장**(λ)이라 한다.

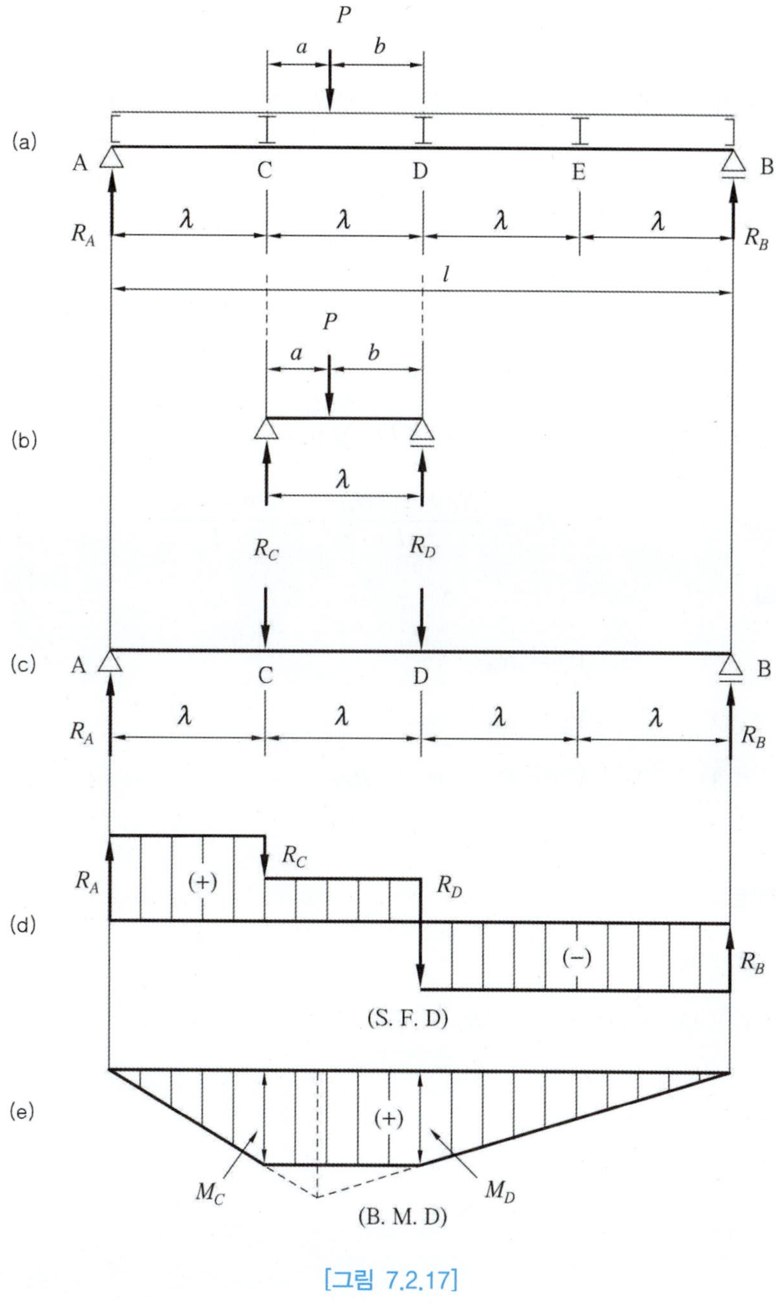
(a)
P
a
b
A
C
D
E
B
R_A
λ
λ
λ
λ
R_B
l
(b)
P
a
b
λ
R_C
R_D
(c)
A
C
D
B
R_A
λ
λ
λ
λ
R_B
(d)
R_A
(+)
R_C
R_D
(−)
R_B
(S. F. D)
(e)
(+)
M_C
M_D
(B. M. D)

[그림 7.2.17]

[1] 지점반력

CD 구간에서

$\Sigma F_y = 0$에 의하여 $R_C + R_D = P$ $\therefore R_C = \dfrac{Pb}{\lambda}$ $\therefore R_D = \dfrac{Pa}{\lambda}$

AB 구간에서

$\Sigma F_y = 0$에 의하여 $R_A + R_B = R_C + R_D = P$

$\Sigma M_B = 0$에 의하여 $(R_A) \times (l) - (R_C) \times (3\lambda) + (R_D) \times (2\lambda) = 0$

$$\therefore R_A = \frac{3R_C\lambda + 2R_D\lambda}{l} = \frac{P(2\lambda + b)}{l}$$

$\Sigma M_A = 0$에 의하여 $-(R_B) \times (l) + (R_C)(\lambda) + (R_D)(2\lambda) = 0$

$$\therefore R_B = \frac{R_C\lambda + 2R_D\lambda}{l} = \frac{P(\lambda + a)}{l}$$

[2] 전단력

$0 \le x \le \lambda$ $V_x = R_A$

$\lambda \le x \le 2\lambda$ $V_x = R_A - R_C$

$2\lambda \le x \le 3\lambda$ $V_x = R_A - R_C - R_D$

[3] 휨모멘트

$M_C = (R_A)(\lambda)$

$M_D = (R_B)(2\lambda) - (R_C)(\lambda) = (R_B)(2\lambda)$

예제 7.2.10

[그림 7.2.18(a)]와 같은 간접등분포하중을 받는 단순보의 단면력도를 그려라.

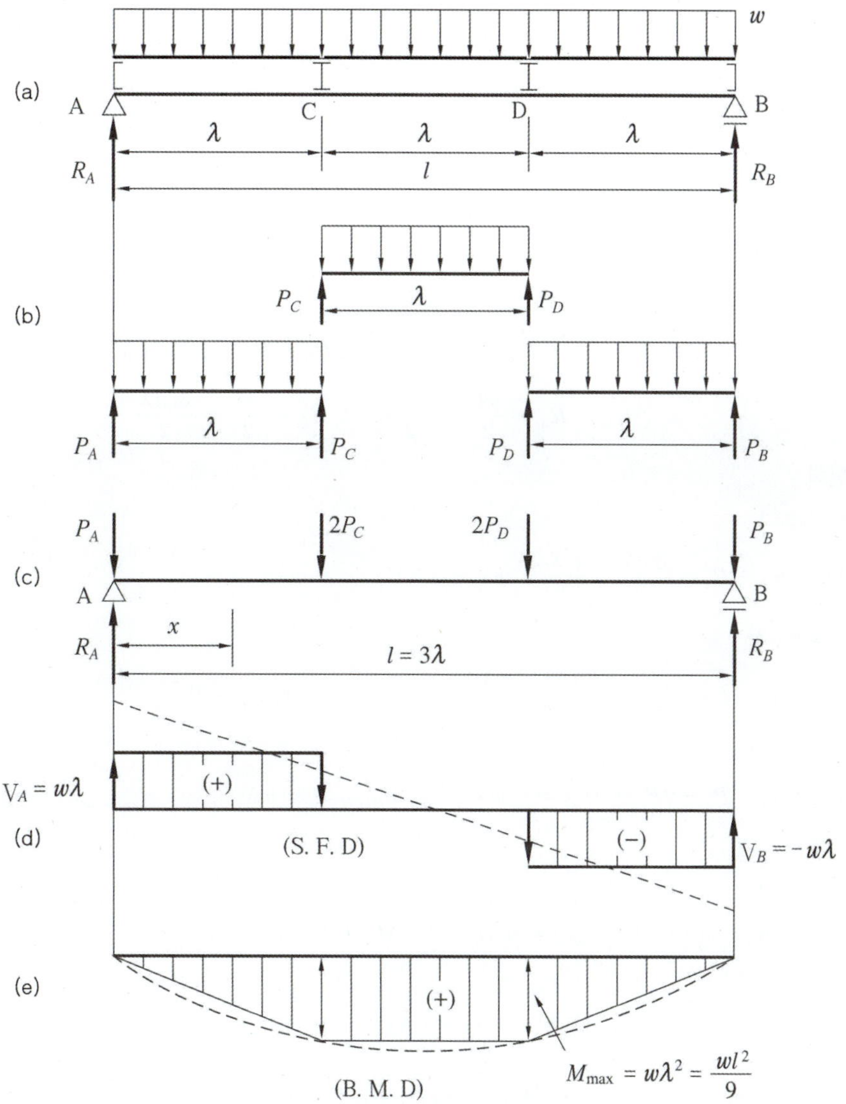

[그림 7.2.18]

풀이

세로보에 작용하는 등분포하중은 가로 보를 통하여 [그림 7.2.18(c)]와 같이 AB 주형에 집중하중으로 작용하게 된다. 이와 같이 AB 주형보는 간접하중이 작용하는 단순보가 된다. 그러므로 지점반력은 직접하중을 받는 경우와 같이 구할 수 있다.

(1) 지점반력

A~C 구간에서

$\Sigma F_y = 0$에 의하여 $\qquad P_A + P_C = w\lambda \qquad \therefore P_A = P_C = \dfrac{w\lambda}{2}$

같은 방법에 의하여 $\qquad \therefore P_D = P_B = \dfrac{w\lambda}{2}$

따라서

$\Sigma F_y = 0$에 의하여 $\qquad R_A + R_B = P_A + 2P_C + 2P_D + P_B = w3\lambda = wl$

$$\therefore R_A = \frac{wl}{2} = \frac{3w\lambda}{2} \qquad \therefore R_B = \frac{wl}{2} = \frac{3wl\lambda}{2}$$

(2) 전단력

$0 \le x \le \lambda$

$$V_x = R_A - P_A = \frac{3w\lambda}{2} - \frac{w\lambda}{2} = w\lambda \qquad \therefore V_{A\sim C} = w\lambda$$

$\lambda \le x \le 2\lambda$

$$V_x = R_A - P_A - 2P_C = \frac{3w\lambda}{2} - \frac{w\lambda}{2} - w\lambda = 0 \qquad \therefore V_{C\sim D} = 0$$

$2\lambda \le x \le l$

$$V_x = R_A - P_A - 2P_C - 2P_D = -w\lambda \qquad \therefore V_{D\sim B} = -w\lambda$$

(3) 휨모멘트

$0 \le x \le \lambda$

$$M_x = (R_A)\times(x) - (P_A)(x) = w\lambda x \qquad \therefore M_C = M_{x=\lambda} = w\lambda^2$$

$\lambda \le x \le 2\lambda$

$$M_x = (R_A - P_A)(x) - (2P_C)(x-\lambda) = (R_B - P_4)(x) = w\lambda x$$

$$\therefore M_D = M_{x=\lambda} = w\lambda^2 \qquad \therefore M_{\max} = M_C = M_D = w\lambda^2 = \frac{wl^2}{9}$$

등분포하중이 만재한 단순보에서 간접하중으로 작용할 경우 [그림 7.2.18(e)]와 같이 최대 휨모멘트는 10% 감소되었다

7.3 캔틸레버

일단이 고정지점이고 타단이 지점이 없는 자유단인 보를 캔틸레버라고 한다. 고정단에는 수직반력, 수평반력, 모멘트반력 등 세 개가 생긴다.

7.3.1 캔틸레버에 집중하중 P가 작용할 경우

[1] 지점반력

$V = P\sin\theta \qquad H = P\cos\theta$

$\Sigma F_y = 0$에 의하여

$$V_A - V = 0 \qquad \therefore V_A = V = P\sin\theta$$

$\Sigma F_x = 0$에 의하여

$$H_A - H = 0 \qquad \therefore H_A = H = P\cos\theta$$

$\Sigma M = 0$에 의하여 $\quad \therefore M_A = -(V) \times (a) = -Pa\sin\theta$

합성반력 $\quad \therefore R_A = \sqrt{V_A^2 + H_A^2}$

[2] 전단력(A지점 기준)

전단력은 고정단 위치와는 상관없이 좌측에서 우측으로 계산한다. 전단력도 부호는 고정단이 좌측에 있을 경우에는 정(+)이고, 우측에 있을 경우에는 부(−)가 된다.

$$0 \le x \le a \qquad V_x = V_A \qquad \therefore V_{AB} = V_A = P \cdot \sin\theta$$

$$a \le x \le l \qquad V_x = V_A - V \qquad \therefore V_{BC} = 0$$

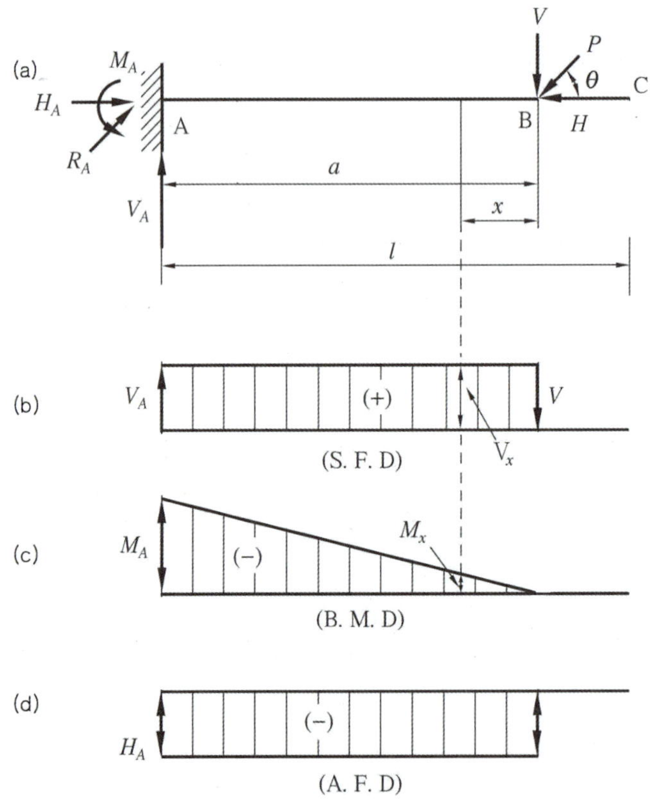

[그림 7.3.1]

[3] 휨모멘트(B지점 기준)

휨모멘트는 항상 자유단에서부터 계산한다. 모멘트 부호는 [그림 7.3.1(a)]에서와 같이 하중이 하향(↓)일 때에는 부(−)이고, 하중이 상향(↑)일 때에는 정(+)이다.

$$\therefore M_C = M_B = 0$$

$$M_x = -(V)(x) \qquad \therefore M_A = -(V)\times(a) = -Pa\sin\theta$$

[4] 축방향력

$$A_{AB} = -H_A = -H \quad A_{BC} = 0$$

예제 7.3.1

[그림 7.3.2(a)]와 같은 캔틸레버에 집중하중이 작용할 때 단면력도를 그려라.

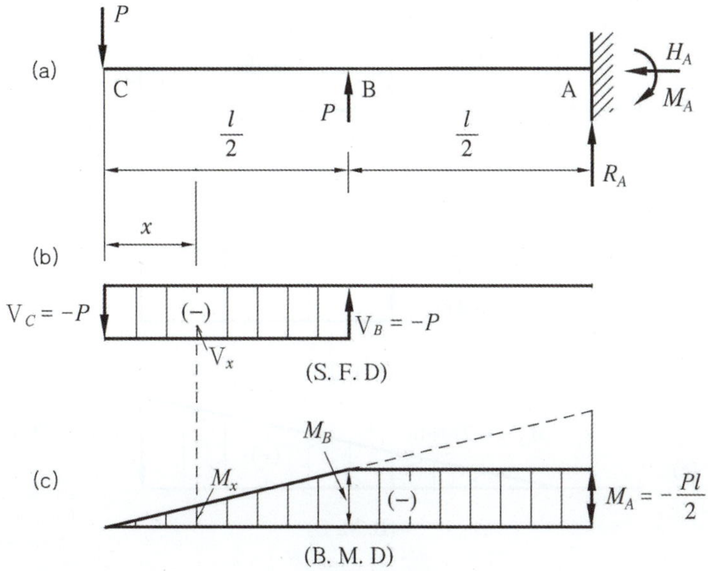

[그림 7.3.2]

풀이

(1) 지점반력

$\Sigma F_y = 0$에 의하여 $\quad R_A - P + P = 0 \quad \therefore R_A = 0$

$\Sigma F_x = 0$에 의하여 $\quad \therefore H_A = 0$

$\Sigma M = 0$에 의하여 $\quad \therefore M_A = -(P) \times (l) + (P) \times \left(\frac{l}{2}\right) = -\frac{Pl}{2}$

(2) 전단력

$0 \le x \le \frac{l}{2} \qquad V_x = -P \qquad V_{CB} = -P$

$\frac{l}{2} \le x \le l \qquad V_{BA} = -P + P = 0$

(3) 휨모멘트

$0 \le x \le \frac{l}{2} \qquad M_X = -(P)(x) \qquad M_C = 0 \qquad M_B = -\frac{Pl}{2}$

$\frac{l}{2} \le x \le l \qquad M_A = -(P) \times (l) + (P) \times \left(\frac{l}{2}\right) = -\frac{Pl}{2}$

예제 7.3.2

[그림 7.3.3(a)]와 같은 집중하중을 받는 캔틸레버의 전단력도와 휨모멘트도를 그려라.

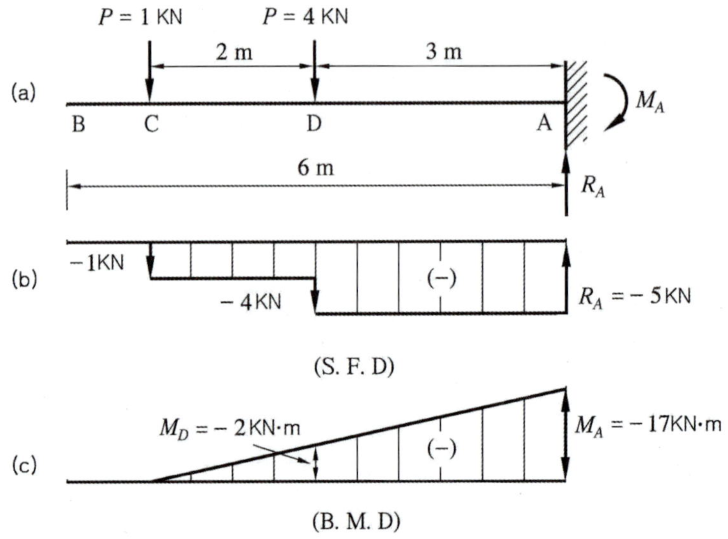

[그림 7.3.3]

풀이

(1) 지점반력

$\sum F_y = 0$에 의하여 $\quad R_A - 1\,\mathrm{kN} - 4\,\mathrm{kN} = 0 \quad \therefore R_A = 5\,\mathrm{kN}$

(2) 전단력

$V_{B-C} = 0$

$V_{C-D} = -1\,\mathrm{kN}$

$V_{D-A} = -1\,\mathrm{kN} - 4\,\mathrm{kN} = -5\,\mathrm{kN} \quad \therefore V_A = -5\,\mathrm{kN}$

(3) 휨모멘트

$M_B = 0 \qquad M_C = 0$

$M_D = -(1\,\mathrm{kN}) \times (2\,\mathrm{m}) = -2\,\mathrm{kN \cdot m}$

$M_A = -(1\,\mathrm{kN}) \times (5\,\mathrm{m}) - (4\,\mathrm{kN}) \times (3\,\mathrm{m}) = -17\,\mathrm{kN \cdot m}$

예제 7.3.3

[그림 7.3.4(a)]와 같은 구조물의 단면력을 구하고 단면력도를 그려라.

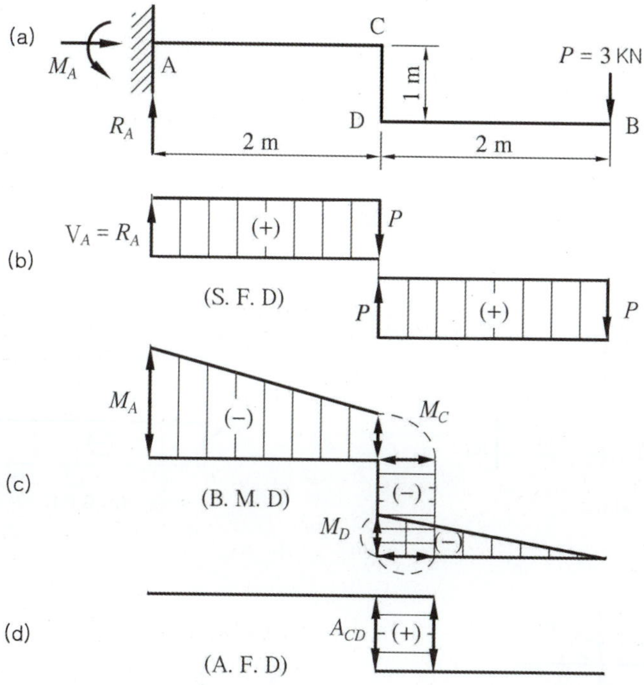

[그림 7.3.4]

풀이

(1) 지점반력

$\Sigma F_y = 0$에 의하여　　　$\therefore\ R_A = 3\text{ kN}$

$\Sigma M_A = 0$에 의하여　　　$\therefore\ M_A = -12\text{ kN}$

(2) 전단력

$V_{A-C} = R_A = 3\text{ kN}$

$V_{C-D} = 0$　　　$\therefore\ V_{D-B} = 3\text{ kN}$

(3) 휨모멘트

$M_B = 0$

$M_D = -(3\text{kN}) \times (2\text{m}) = -6\text{ kN} \cdot \text{m}$

$M_C = -(3\text{kN}) \times (2\text{m}) = -6\text{ kN} \cdot \text{m}$

$M_A = -(3\text{kN}) \times (4\text{m}) = -12\text{ kN} \cdot \text{m}$

(4) 축방향력

$A_{C-D} = 3\ \text{kN}$

$A_{A-C} = 0$

$A_{D-B} = 0$

예제 7.3.4

[그림 7.3.5(a)]와 같은 구조물의 단면력도를 그려라.

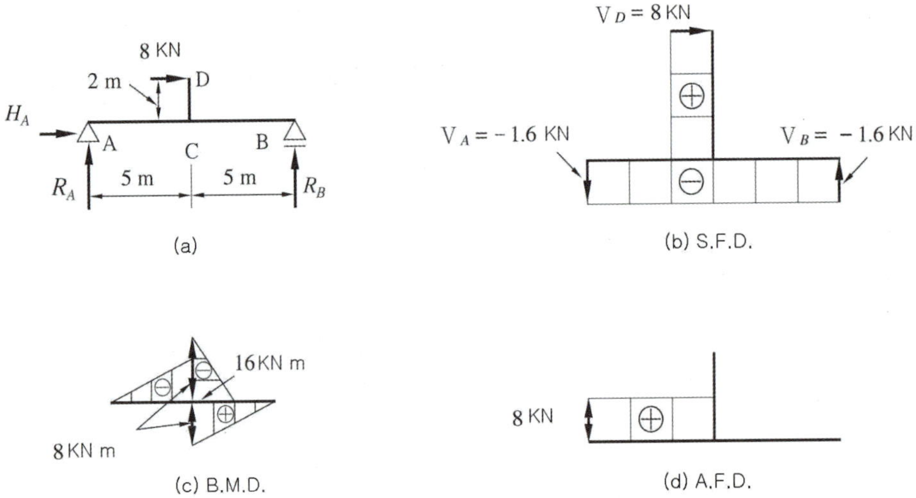

[그림 7.3.5]

풀이

(1) 지점반력

$\Sigma F_y = 0$에 의하여 $\quad R_A + R_B = 0$

$\Sigma F_x = 0$에 의하여 $\quad H_A + 8\text{kN} = 0 \quad \therefore H_A = -8\ \text{kN}\ (\leftarrow)$

$\Sigma M_B = 0$에 의하여 $\quad (R_A) \times (10\text{m}) + (8\text{kN}) \times (2\text{m}) = 0 \quad \therefore R_A = -1.6\ \text{kN}\ (\downarrow)$

$\Sigma M_A = 0$에 의하여 $\quad -(R_B) \times (10\text{m}) + (8\text{kN}) \times (2\text{m}) = 0\ \therefore R_B = 1.6\ \text{kN}\ (\uparrow)$

(2) 전단력

AB 부재 $\quad V_x = R_A = -1.6\ \text{kN}$

CD 부재 $\quad V_x = 8\ \text{kN}$

(3) 휨모멘트

AC 부재 $M_x = (R_A)(x) = -1.6x$ $\therefore M_C = -1.6 \times (5) = -8\,\text{kN}\cdot\text{m}$

BC 부재 $M_x = (R_B)(x) = 1.6x$ $\therefore M_C = 1.6 \times (5) = 8\,\text{kN}\cdot\text{m}$

CD 부재 $M_x = -(8)(x)$ $\therefore M_C = -8 \times (2) = -16\,\text{kN}\cdot\text{m}$

(4) 축방향력

AC 부재 $A_x = -H_A = 8\,\text{kN}$

BC 부재 $A_x = 0$

CD 부재 $A_x = 0$

위의 결과에 의한 단면력도는 [그림 7.3.5(b), (c), (d)]와 같다.

예제 7.3.5

[그림 7.3.6(a)]와 같은 구조물의 단면력도를 그려라.

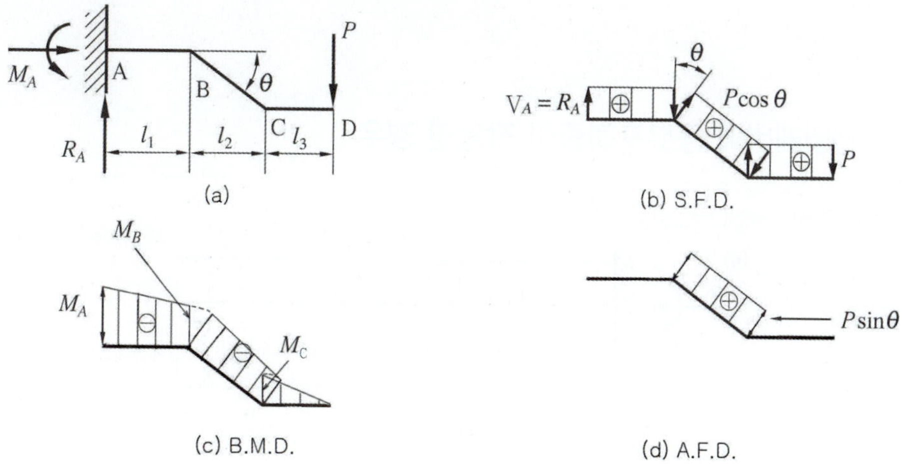

[그림 7.3.6]

풀이

(1) 지점반력

$\Sigma F_y = 0$에 의하여 $\therefore R_A = P$

$\Sigma F_x = 0$에 의하여 $\therefore H_A = 0$

$\Sigma M_A = 0$에 의하여 $\therefore M_A = (P) \times (l_1 + l_2 + l_3)$

(2) 전단력

DC 부재 $V_x = P$

CB 부재 $V_x = P\cos\theta$

BA 부재 $V_x = P$

(3) 휨모멘트

DC 부재 $M_x = -(P)(x) \quad \therefore M_D = 0 \quad \therefore M_C = -Pl_3$

CB 부재 $M_x = -(P)\times(x) \quad \therefore M_B = -(P)(l_2 + l_3)$

BA 부재 $M_x = -(P)(x) \quad \therefore M_A = -(P)(l_1 + l_2 + l_3)$

(4) 축방향력

DC 부재 $A_x = 0$

CB 부재 $A_x = P\sin\theta$

BA 부재 $A_x = 0$

위의 결과에 의한 단면력도는 [그림 7.3.6(b), (c), (d)]와 같다.

7.3.2 캔틸레버에 등분포하중이 작용할 경우

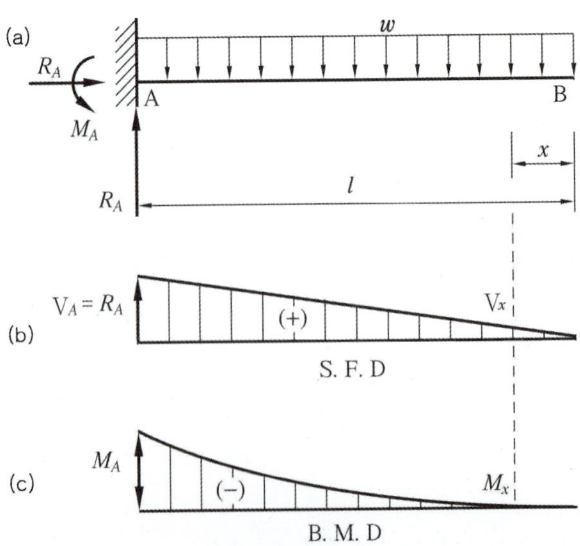

[그림 7.3.7]

[1] 지점반력

$\Sigma F_y = 0$에 의하여　　$R_A - wl = 0$　　$\therefore R_A = wl$

$\Sigma F_x = 0$에 의하여　　$\therefore H_A = 0$

$\Sigma M = 0$에 의하여　　$\therefore M_A = -(wl) \times \left(\frac{l}{2}\right) = -\frac{wl^2}{2}$

[2] 전단력

$$V_x = R_A - wx \quad \therefore V_A = R_A = wl \quad \therefore V_B = 0$$

[3] 휨모멘트

$$M_x = -(wx) \times \left(\frac{x}{2}\right) = -\frac{wx^2}{2}$$

$$\therefore M_B = 0 \quad \therefore M_A = -\frac{w(l)^2}{2} = -\frac{wl^2}{2}$$

[4] 축방향력

$$A_{A \sim B} = 0$$

7.3.3 캔틸레버에 등변분포하중이 작용할 경우

[1] 지점반력

$\Sigma F_y = 0$에 의하여　　$R_A - (w) \times (l) \times \left(\frac{1}{2}\right) = 0$　　$\therefore R_A = \frac{wl}{2}$

$\Sigma M_A = 0$에 의하여　　$M_A + \left(\frac{wl}{2}\right) \times \left(\frac{2l}{3}\right) = 0$　　$\therefore M_A = -\frac{wl^2}{3}$

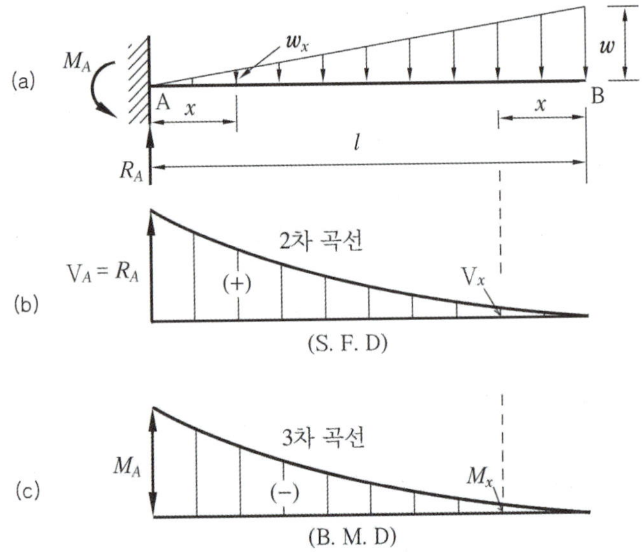

[그림 7.3.8]

[2] 전단력

$$l : w = x : w_x \quad w_x = \frac{wx}{l}$$

$$P_x = (w_x)(x)\frac{1}{2} = \left(\frac{wx}{l}\right)\left(\frac{x}{2}\right) = \frac{wx^2}{2l}$$

$$V_x = R_A - \frac{wx^2}{2l} = \frac{wl}{2} - \frac{wx^2}{2l}$$

$$\therefore V_A = V_{x=0} = \frac{wl}{2} = R_A \quad \therefore V_B = V_{x=l} = \frac{wl}{2} - \frac{w}{2l}(l)^2 = 0$$

[3] 휨모멘트

$$M_x = -(wx)\left(\frac{x}{2}\right) + \left(\frac{wx^2}{2l}\right)\times\left(\frac{x}{3}\right) = -\frac{wx^2}{2} + \frac{wx^3}{6l}$$

$$\therefore M_B = M_{x=0} = 0 \quad \therefore M_A = M_{x=l} = -\frac{w(l)^2}{2} + \frac{w(l)^3}{6l} = -\frac{wl^2}{3}$$

[그림 7.3.8(b)]에서 전단력도는 2차 곡선이고, [그림 7.3.8(c)]에서 휨모멘트도는 3차 곡선이다.

7.3.4 캔틸레버에 모멘트 하중이 작용할 경우

[1] 지점반력

$\Sigma F_y = 0$에 의하여 $\quad R_A = 0$

$\Sigma M_A = 0$에 의하여 $\quad \therefore M_A = -M$

[2] 전단력

$$V_x = 0$$

[3] 휨모멘트

$$M_{B\sim C} = M_x = 0 \qquad M_{C\sim A} = M_x = -M$$

$$\therefore M_A = -M$$

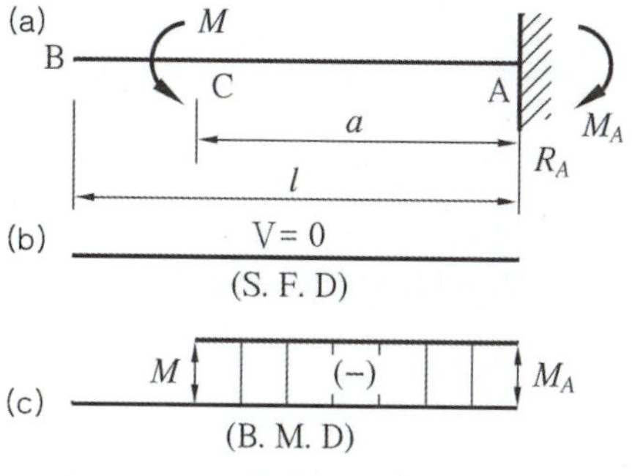

[그림 7.3.9]

[그림 7.3.9]와 같이 캔틸레버에 모멘트 하중만 작용할 경우에는 전단력은 0이다.

또한, 캔틸레버에 모멘트 하중만 작용할 경우 지점 모멘트의 부호는 [그림 7.3.10]과 같다.

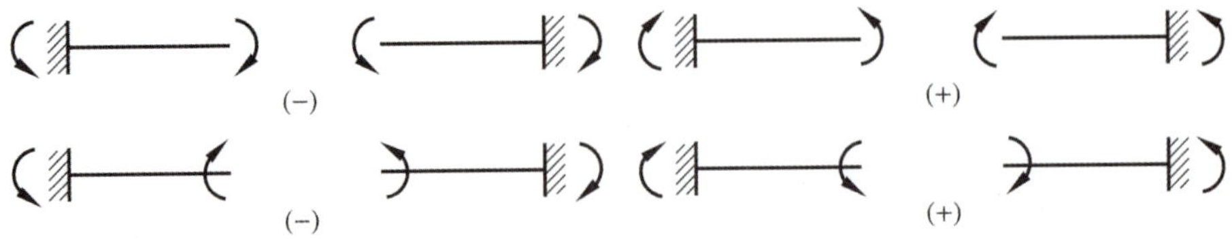

[그림 7.3.10]

예제 7.3.6

[그림 7.3.11(a)]와 같은 모멘트 하중을 받는 캔틸레버의 전단력도와 모멘트도를 그려라.

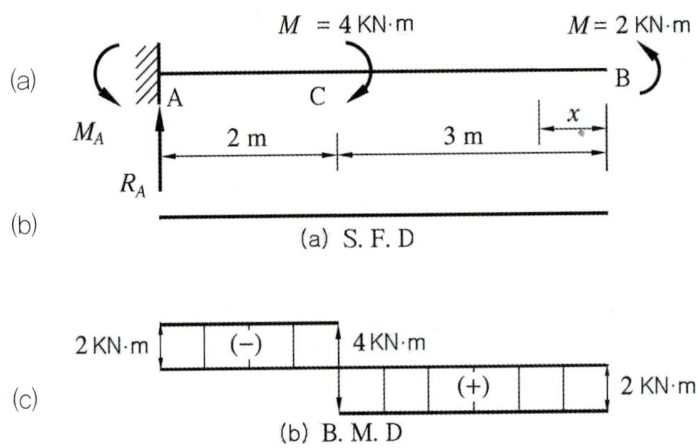

[그림 7.3.11]

풀이

(1) 지점반력

$\Sigma F_y = 0$에 의하여 $\therefore R_A = 0$

$\Sigma M = 0$에 의하여 $\therefore M_A = (2\,\text{kN} \cdot \text{m}) - (4\,\text{kN} \cdot \text{m}) = -2\,\text{kN} \cdot \text{m}$

(2) 전단력

$V_{A\sim B} = 0$

(3) 휨모멘트

$0 \le x \le 3$ $M_x = 2\,\text{kN} \cdot \text{m}$

$\therefore M_B = 2\,\text{kN} \cdot \text{m}$ $\therefore M_C = 2\,\text{kN} \cdot \text{m}$

$3 \le x \le 5$ $M_x = (2\,\text{kN} \cdot \text{m}) - (4\,\text{kN} \cdot \text{m}) = -2\,\text{kN} \cdot \text{m}$

예제 7.3.7

[그림 7.3.12(a)]와 같이 모멘트 하중과 집중하중을 받을 때 단면력도를 그려라.

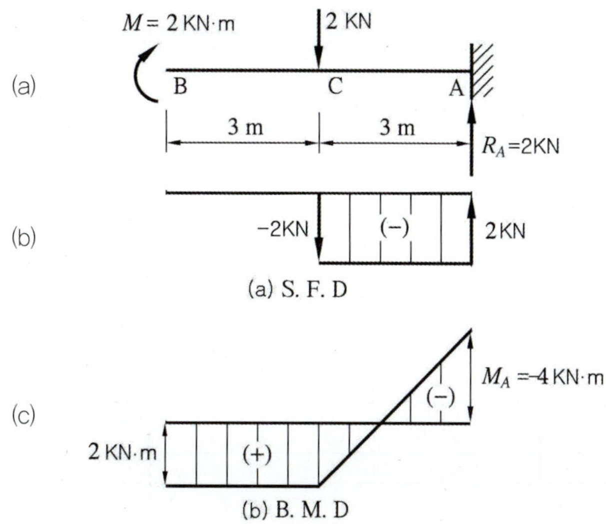

[그림 7.3.12]

풀이

(1) 지점반력

$\Sigma F_y = 0$에 의하여 $\therefore R_A = 2\,\text{kN}$

$\Sigma M_A = 0$에 의하여 $\therefore M_A = (2\,\text{kN}\cdot\text{m}) - (2\,\text{kN}) \times (3\,\text{m}) = -4\,\text{kN}\cdot\text{m}$

(2) 전단력

$V_{B\sim C} = 0$

$V_{C\sim A} = -2KN$ $\therefore V_A = -2\,\text{kN}$

(3) 휨모멘트

$M_B = 2\,\text{kN}\cdot\text{m}$

$M_C = 2\,\text{kN}\cdot\text{m}$

$M_A = (2\,\text{kN}\cdot\text{m}) - (2\,\text{kN}) \times (3\,\text{m}) = -4\,\text{kN}\cdot\text{m}$

7.4 내민보

단순보에서 지점으로부터 보의 한쪽 또는 양쪽 끝 길이를 연장하여 만든 보를 내민보라고 한다. 내민보는 단순보와 캔틸레버로 조합된 구조물이다.

7.4.1 내민보에 집중하중이 작용할 경우

[1] 지점반력

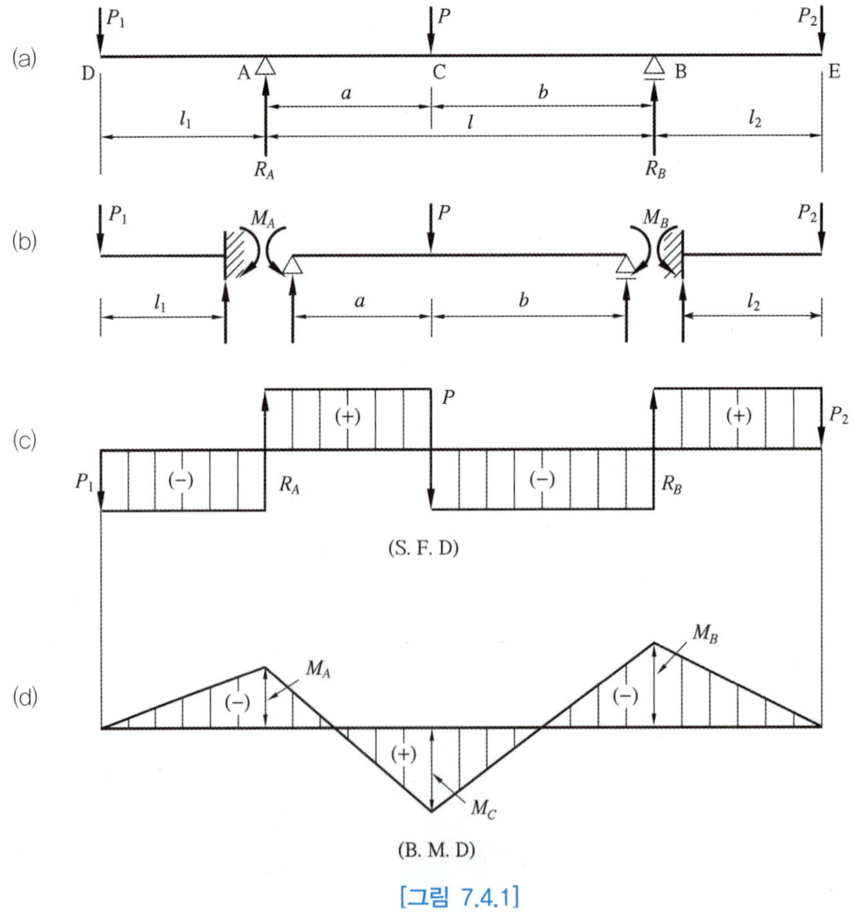

[그림 7.4.1]

[그림 7.4.1(b)]와 같이 캔틸레버 두 개와 단순보 한 개로 결합된 구조물이다.

$\sum F_y = 0$에 의하여 $\quad R_A + R_B = P_1 + P + P_2$

$\sum M_B = 0$에 의하여 $\quad (R_A)\times(l) - (P)\times(b) - (P_1)(l+l_1) + (P_2)(l_2) = 0$

$$\therefore R_A = \frac{Pb}{l} + P_1 + \frac{P_1 l_1 - P_2 l_2}{l}$$

$\sum M_A = 0$에 의하여 $\quad -(R_B)\times(l) + (P)(a) - (P_1)(l_1) + (P_2)(l+l_2) = 0$

$$\therefore R_B = \frac{Pa}{l} + P_2 + \frac{P_2 l_2 - P_1 l_1}{l}$$

위 식들을 정리하면 지점반력 R_A와 R_B는 다음 식과 같다.

$$R_A' = \frac{Pb}{l},\ R_B' = \frac{Pa}{l},\ M_A = -P_1 l_1,\ M_B = -P_2 l_2$$

$$\therefore R_A = R_A' + P_1 + \frac{M_B - M_A}{l}$$

$$\therefore R_B = R_B' + P_2 + \frac{M_A - M_B}{l}$$

[2] 전단력

$$\therefore V_{DA} = -P_1$$

$$\therefore V_{AC} = -P_1 + R_A$$

$$\therefore V_{CB} = -P_1 + R_A - P$$

$$\therefore V_{BE} = -P_1 + R_A - P + R_B = +P_2$$

[3] 휨모멘트

$$\therefore M_A = -(P_1)(l_1)$$

$$\therefore M_B = -(P_2)(l_2)$$

$$\therefore M_C = (R_A)\times(a) - (P_1)(a+l_1)$$

이상의 단면력을 정리하면

(1) 전단력은 좌측에서 우측으로 계산하며 상향일 경우에는 정(+), 하향일 경우에는 부(−)로 한다.

(2) 내민 부분의 모멘트는 캔틸레버의 경우와 같은 방법으로 계산한다.

(3) 전단력 면적은 그 지점의 모멘트값과 같다.

(4) [그림 7.4.1(b)]에서 A, B지점은 절점으로서 부재 수만큼 회전 방향이 반대인 절점 모멘트가 발생하며 그 값은 같다.

예제 7.4.1

[그림 7.4.2(a)]와 같은 내민보의 단면력을 구하고 단면력도를 그려라.

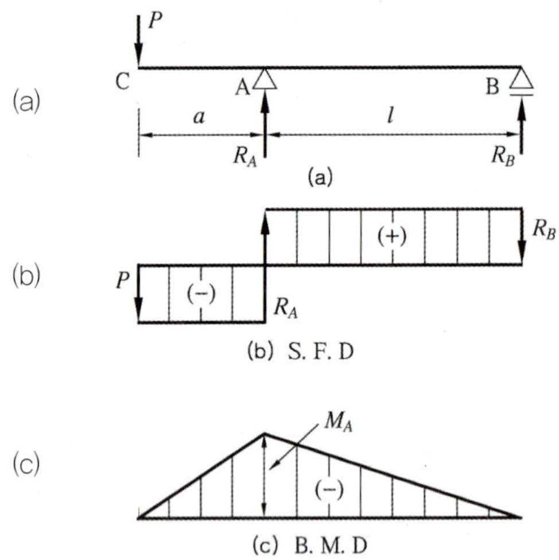

[그림 7.4.2]

풀이

(1) 지점반력

$\Sigma F_y = 0$에 의하여 $\quad R_A + R_B = P$

$\Sigma M_B = 0$에 의하여 $\quad (R_A) \times (l) - (P)(a + l) = 0 \quad \therefore R_A = P + \dfrac{Pa}{l}\ (\uparrow)$

$\Sigma M_A = 0$에 의하여 $\quad -(R_B)(l) - (P)(a) = 0 \quad \therefore R_B = -\dfrac{Pa}{l}\ (\downarrow)$

$\Sigma H = 0$에 의하여 $\quad \therefore H_A = 0$

(2) 전단력

$0 \le x \le a \qquad V_x = -P \qquad \therefore V_C = -P$

$a \le x \le l \qquad V_x = -P + R_A = \frac{Pa}{l} = -R_B \qquad \therefore V_{A\sim B} = \frac{Pa}{l} = -R_B$

(3) 휨모멘트

$0 \le x \le a \qquad M_x = -(P)(x) \qquad \therefore M_A = -Pa$

$a \le x \le l \qquad M_x = -(P)(x) + (R_A)(x-a) \qquad \therefore M_B = 0$

(4) 축방향력

$A_{C\sim A} = A_{A\sim B} = 0$

예제 7.4.2

[그림 7.4.3(a)]와 같은 내민보의 단면력도를 그려라.

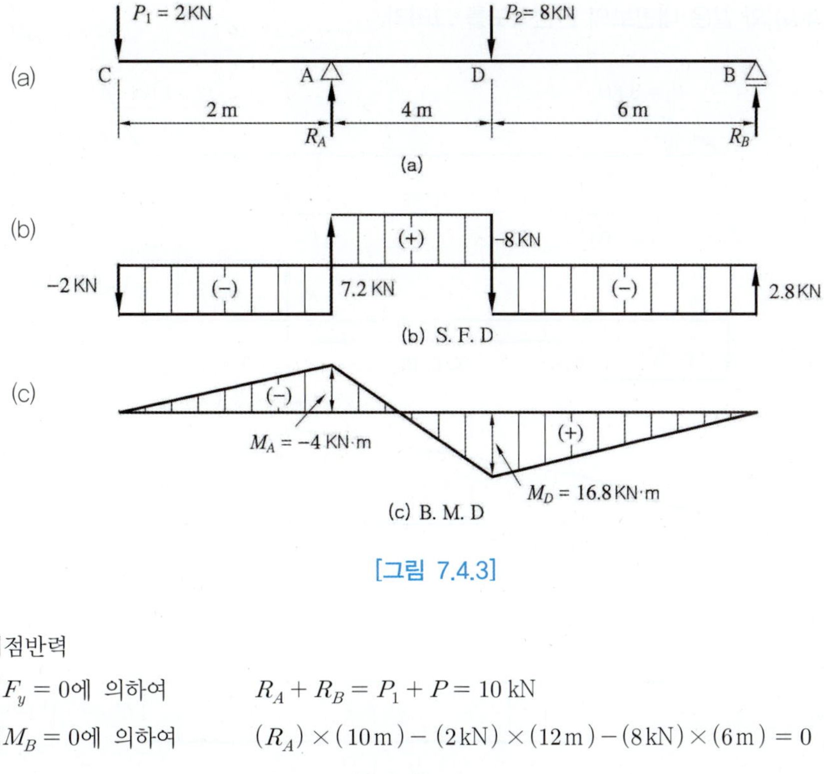

[그림 7.4.3]

풀이

(1) 지점반력

$\Sigma F_y = 0$에 의하여 $\qquad R_A + R_B = P_1 + P = 10\,\text{kN}$

$\Sigma M_B = 0$에 의하여 $\qquad (R_A)\times(10\,\text{m}) - (2\,\text{kN})\times(12\,\text{m}) - (8\,\text{kN})\times(6\,\text{m}) = 0$

$$\therefore R_A = \frac{24+48}{10} = 7.2\,\text{kN}$$

$\Sigma M_A = 0$에 의하여 $\quad -(R_B)\times(10\,\mathrm{m}) - (2\,\mathrm{kN})\times(2\,\mathrm{m}) + (8\,\mathrm{kN})\times(4\,\mathrm{m}) = 0$

$$\therefore R_B = \frac{32-4}{10} = 2.8\,\mathrm{kN}$$

(2) 전단력

$V_{C\sim A} = -2\,\mathrm{kN}$

$V_{A\sim D} = -P_1 + P_A = -2 + 7.2 = 5.2\,\mathrm{kN}$

$V_{D\sim B} = -P_1 + P_A - P = -R_B = -2.8\,\mathrm{kN}$

(3) 휨모멘트

$M_A = -(P_1)\times(2\,\mathrm{m}) = -(2\,\mathrm{kN})\times(2\,\mathrm{m}) = -4\,\mathrm{kN\cdot m}$

$M_D = (R_B)\times(6\,\mathrm{m}) = (2.8\,\mathrm{kN})\times(6\,\mathrm{m}) = 16.8\,\mathrm{kN\cdot m}$

예제 7.4.3

[그림 7.4.4(a)]와 같은 내민보의 단면력도를 그려라.

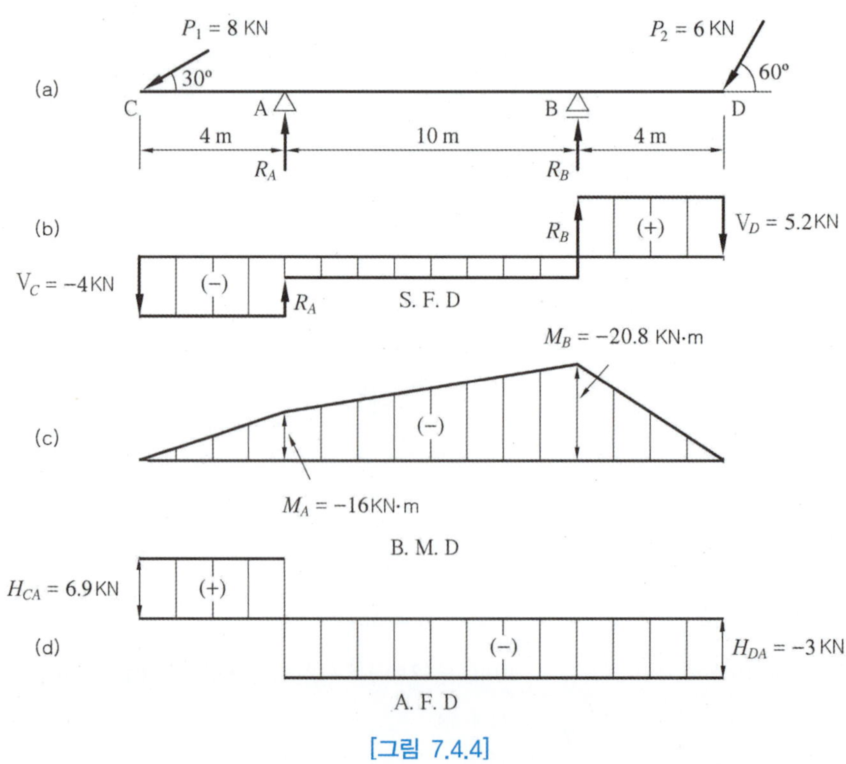

[그림 7.4.4]

풀이

C지점의 수평, 수직분력

$$V_1 = 8 \times \sin 30° = 8 \times \frac{1}{2} = 4\,\text{kN}$$

$$H_1 = 8 \times \cos 30° = 8 \times \frac{\sqrt{3}}{2} = 6.9\,\text{kN}$$

D지점의 수평, 수직분력

$$V_2 = 6 \times \sin 60° = 6 \times \frac{\sqrt{3}}{2} = 5.2\,\text{kN}$$

$$H_2 = 6 \times \cos 60° = 6 \times \frac{1}{2} = 3\,\text{kN}$$

(1) 지점반력

$\sum F_y = 0$에 의하여 $\quad R_A + R_B = V_1 + V_2 = 4 + 5.2 = 9.2\,\text{kN}$

$\sum M_B = 0$에 의하여 $\quad (R_A) \times (10\,\text{m}) - (\text{V}_1) \times (14\,\text{m}) + (\text{V}_2) \times (4\,\text{m}) = 0$

$$\therefore R_A = \frac{V_1 \times 14 - V_2 \times 4}{10} = \frac{4 \times 14 - 5.2 \times 4}{10} = 3.52\,\text{kN}$$

$\sum M_A = 0$에 의하여 $\quad -(R_B) \times (10\,\text{m}) + (\text{V}_2) \times (14\,\text{m}) - (\text{V}_1) \times (4\,\text{m}) = 0$

$$\therefore R_B = \frac{V_2 \times 14 - V_1 \times 4}{10} = \frac{5.2 \times 14 - 4 \times 4}{10} = 5.68\,\text{kN}$$

$\sum F_x = 0$에 의하여 $\quad H_A - H_1 - H_2 = 0$

$$\therefore H_A = H_1 + H_2 = 6.9 + 3 = 9.9\,\text{kN}$$

(2) 전단력

$$V_{C\sim A} = -V_1 = -4\,\text{kN}$$

$$V_{A\sim B} = -V_1 + R_A = -4 + 3.52 = -0.48\,\text{kN}$$

$$V_{B\sim D} = -V_1 + R_A + R_B = -4 + 3.52 + 5.68 = V_2 = 5.2\,\text{kN}$$

(3) 휨모멘트

$$M_A = -(V_1) \times (4\,\text{m}) = -(4\,\text{kN}) \times (4\,\text{m}) = -16\,\text{kN} \cdot \text{m}$$

$$M_B = -(V_2) \times (4\,\text{m}) = -(5.2\,\text{kN}) \times (4\,\text{m}) = -20.8\,\text{kN} \cdot \text{m}$$

(4) 축방향력

$$A_{C\sim A} = +H_1 = 6.9\,\text{kN}$$

$$A_{A\sim D} = -H_2 = -3\,\text{kN}$$

7.4.2 내민보에 등분포하중이 작용할 경우

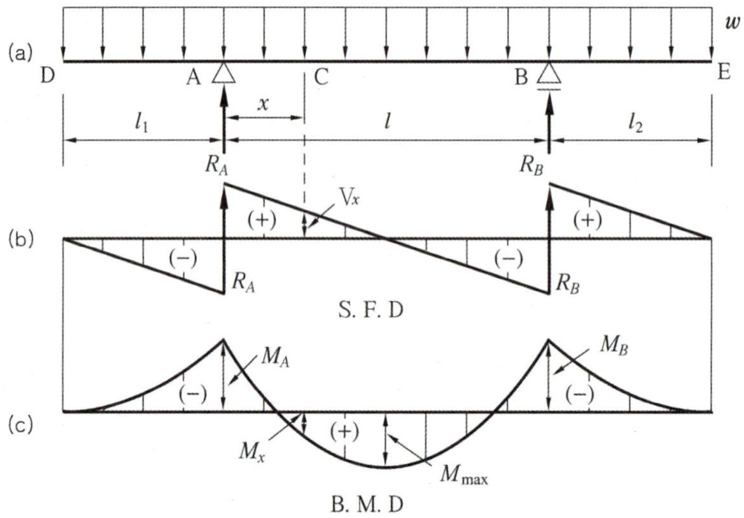

[그림 7.4.5]

[1] 지점반력

$\Sigma F_y = 0$에 의하여 $\quad R_A + R_B = wl_1 + wl + wl_2$

$\Sigma M_B = 0$에 의하여 $\quad (R_A) \times (l) - [w(l_1 + l)] \times \dfrac{(l_1 + l)}{2} + (wl_2) \times \left(\dfrac{l_2}{2}\right) = 0$

$$\therefore R_A = \frac{wl}{2} + wl_1 + \frac{wl_1^2 - wl_2^2}{2l}$$

$$\therefore R_B = \frac{wl}{2} + wl_2 + \frac{wl_2^2 - wl_1^2}{2l}$$

만일 $l_1 = l_2$라고 하면, $\quad R_A = R_B = w\left(\dfrac{l}{2} + l_1\right)$

[2] 전단력

내민보는 캔틸레버일 때와 같으므로 A지점 및 B지점의 전단력은 다음과 같으며, 전단력도는 [그림 7.4.5(b)]와 같다.

$$V_A = -wl_1, \quad V_B = +wl_2$$

중앙부의 임의의 단면 C지점에서의 전단력을 V_x라고 하면

$$V_x = w\left(\frac{l}{2} - x\right) + \frac{wl_1^2 - wl_2^2}{2l}$$

$l_1 = l_2$라고 하면, $V_x = w\left(\frac{l}{2} - x\right)$

[3] 휨모멘트

내민보는 캔틸레버일 때와 같으므로 A지점 및 B지점의 휨모멘트는 다음과 같으며, 휨모멘트도는 [그림 7.4.5(c)]와 같다.

$$\therefore M_A = -\frac{wl_1^2}{2} \qquad \therefore M_B = -\frac{wl_2^2}{2}$$

중앙부의 임의의 단면 C지점에서의 휨모멘트를 M_x라고 하면

$$M_x = (R_A)(x) - [w(l_1 + l)]\left(\frac{l_1 + l}{2}\right)$$

$$= \frac{wx}{2}(l - x) - \frac{wl_1^2}{2} + \frac{wl_1^2 - wl_2^2}{2l}x$$

$l_1 = l_2 = l'$라고 하면,

$$M_x = \frac{w}{2}\{(l - x)x - (l')^2\}$$

$$\therefore M_{\max} = M_{x=\frac{l}{2}} = \frac{w}{8}(l^2 - 4l'^2)$$

예제 7.4.4

[그림 7.4.6(a)]와 같은 내민보의 전단력도와 휨모멘트도를 그려라.

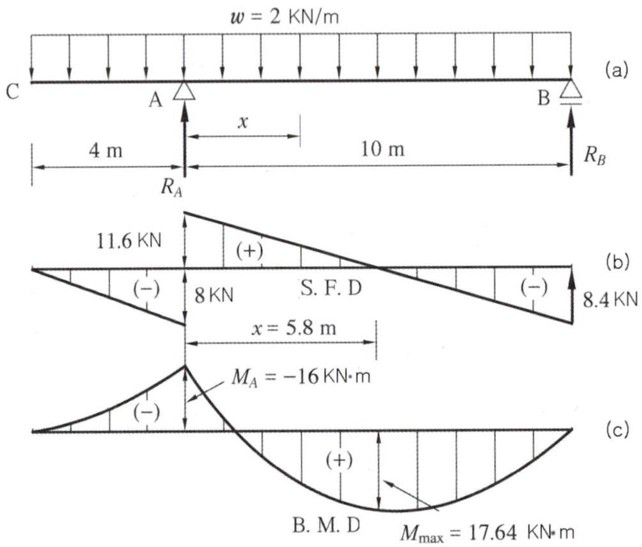

[그림 7.4.6]

풀이

(1) 지점반력

$\Sigma F_y = 0$에 의하여 $R_A + R_B = w \times l = 28\text{ kN}$

$\Sigma M_B = 0$에 의하여 $(R_A) \times (10\text{m}) - (2\text{kN/m}) \times (14\text{m}) \times (7\text{m}) = 0$

$$\therefore R_A = \frac{196\text{kN} \cdot \text{m}}{10\text{m}} = 19.6\text{ kN}$$

$\Sigma M_A = 0$에 의하여 $-(R_B) \times (10\text{m}) + (2\text{kN/m}) \times (14\text{m}) \times (3\text{m}) = 0$

$$\therefore R_B = \frac{84\text{kN} \cdot \text{m}}{10\text{m}} = 8.4\text{ kN}$$

(2) 전단력

CA 구간 $V_x = -wx$

$\therefore {}_lV_A = -2 \times 4 = -8\text{ kN}$

AB 구간 $V_x = -8 + R_A - 2x = -8 + 19.6 - 2x = 11.6 - 2x$

$\therefore {}_rV_A = V_{x=0} = 11.6\text{ kN}$

$\therefore V_B = V_{x=10} = 11.6 - 20 = -R_B = -8.4\text{ kN}$

전단력이 0인 지점 $V_x = 11.6 - 2x = 0$ $\therefore x = \dfrac{11.6}{2} = 5.8\,\mathrm{m}$

(3) 휨모멘트

CA 구간 $M_x = -(wx)\left(\dfrac{x}{2}\right) = -\dfrac{wx^2}{2}$

$$\therefore M_A = -\frac{2 \times (4)^2}{2} = -16\,\mathrm{kN \cdot m}$$

AB 구간 $M_x = (R_A)(x) - [w(4+x)]\left(\dfrac{4+x}{2}\right)$

$$= \frac{wl}{2}x - \frac{wx^2}{2} + \frac{wl_1^2}{2l}x - \frac{wl_1^2}{2}$$

$$= \frac{2 \times 10}{2}x - \frac{2x^2}{2} + \frac{2 \times 4^2}{2 \times 10}x - \frac{2 \times 4^2}{2}$$

$$= -x^2 + 11.6x - 16$$

$$\therefore M_{\max} = M_{x=5.8m} = -(5.8)^2 + 11.6 \times (5.8) - 16$$

$$= 17.64\,\mathrm{kN \cdot m}$$

예제 7.4.5

[그림 7.4.7(a)]와 같은 내민보의 단면력도를 그려라.

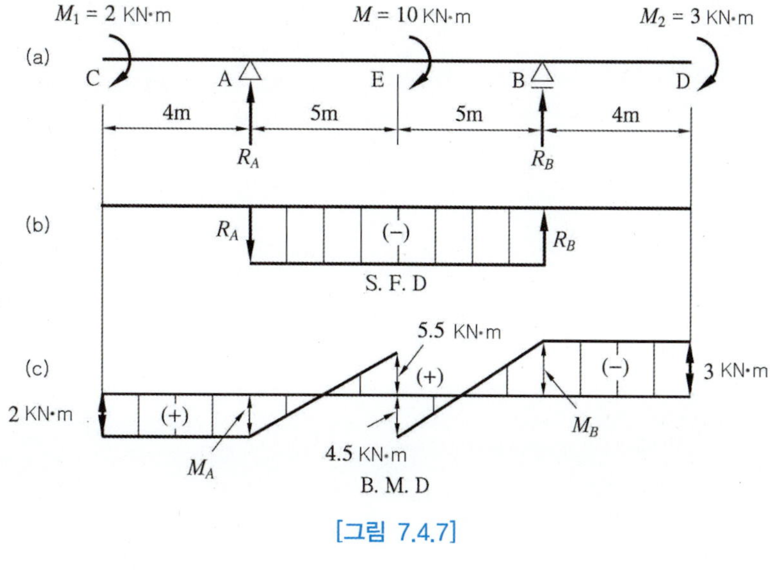

[그림 7.4.7]

풀이

(1) 지점반력

$\sum F_y = 0$에 의하여 $R_A + R_B = 0$

$\sum M_B = 0$에 의하여 $(R_A) \times (10\,\text{m}) + (M_1) + (M) + (M_2) = 0$

$$\therefore R_A = -\frac{15\,\text{kN}\cdot\text{m}}{10\,\text{m}} = -1.5\,\text{kN}\,(\downarrow)$$

$\sum M_A = 0$에 의하여 $-(R_B) \times (10\,\text{m}) + (M_1) + (M) + (M_2) = 0$

$$\therefore R_B = \frac{15\,\text{kN}\cdot\text{m}}{10\,\text{m}} = +1.5\,\text{kN}\,(\uparrow)$$

(2) 전단력

$\therefore V_{C\sim A} = 0$ $\therefore V_{A\sim B} = R_A = -1.5\,\text{kN}$

$\therefore V_A = V_B = -1.5\,\text{kN}$ $\therefore V_{B\sim D} = R_A + R_B = -1.5 + 1.5 = 0$

(3) 휨모멘트

$0 \le x \le 4$ $M_x = 2\,\text{kN}\cdot\text{m}$ $M_A = 2\,\text{kN}\cdot\text{m}$

$4 \le x \le 9$ $M_x = (2\,\text{kN}\cdot\text{m}) + (R_A)(x) = -1.5x + 2$

$\therefore M_E = M_{x=5} = 2 - 1.5 \times (5\,\text{m}) = -5.5\,\text{kN}\cdot\text{m}$

$9 \le x \le 14$ $M_x = (2\,\text{kN}\cdot\text{m}) + (R_A)(x) + (10\,\text{kN}\cdot\text{m}) = 1.5x + 12$

$\therefore M_E = M_{x=5} = -1.5 \times (5) + 12 = 4.5\,\text{kN}\cdot\text{m}$

$\therefore M_B = M_{x=10} = -1.5 \times (10) + 12 = -3\,\text{kN}\cdot\text{m}$

7.5 | 게르버보

부정정 연속보에서 지점반력수−3 또는 지점수−2의 **힌지**(hinge, **활절**)를 넣어 힘의 평형 방정식 3조건으로 구조해석을 할 수 있는 **외적 정정보**를 **게르버보**라고 한다. 게르버보는 연속보에 비해 응력해석이 용이할 뿐 아니라 지점침하에 대한 영향이 적어 연약지반에서 가설할 수 있는 특성이 있다. 그리고 (+), (−) 모멘트를 같게 하여 등단면설계를 함으로써 경제적인 이점을 볼 수 있다.

7.5.1 게르버보의 종류와 해법

[1] 힌지 한 개가 있는 게르버보

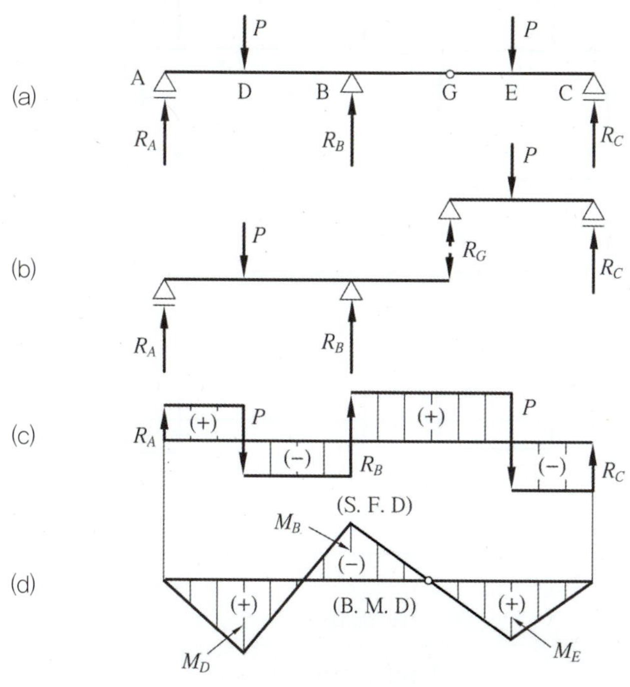

[그림 7.5.1]

[그림 7.5.1(a)]는 1차 부정정 2경간 연속보에 힌지(활절) 한 개를 넣어 단순보 한 개와 내민보 한 개로 결합된 게르버보이다. [그림 7.5.1(b)]에 나타낸 바와 같이 먼저 GC 구간의 단순보에서 지점반력을 구하여 그 반력이 AG 구간의 내민보의 자유단 지점에서 외력으로 작용하는 것으로 보고, 내민보의 A, B지점에서의 지점반력을 계산한다. 단면력 계산과정은 내민보에서 설명한 방식으로 하면 된다.

[2] 외측지간에 힌지 두 개가 있는 게르버보

[그림 7.5.2(a)]의 보는 2차 부정정 3경간 연속보에 힌지 두 개를 넣어 단순보 두 개와 내민보 한 개로 결합된 게르버보이다. [그림 7.5.2(b)]에 나타낸 바와 같이 구조 계산은 먼저 AG_1의 단순보와 G_2D의 단순보 지점반력을 계산한 다음에 G_1G_2 구간의 내민보의 지점반력 R_A와 R_B를 구한다. 단면력 계산은 위에서 설명한 방법과 같다.

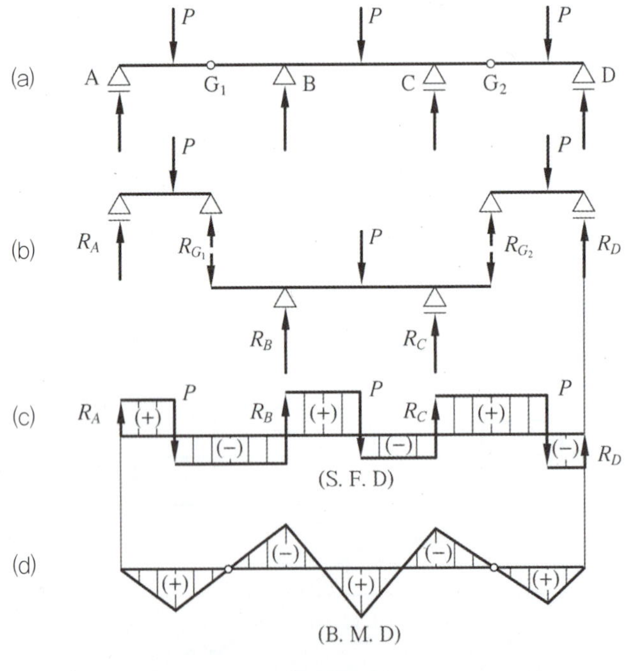

[그림 7.5.2]

[3] 중앙지간에 힌지 두 개가 있는 게르버보

[그림 7.5.3(a)]의 보는 2차 부정정 3경간 연속보 중앙지간에 힌지 두 개를 넣어 단순보 한 개와 내민보 두 개로 결합된 게르버보이다. 지점반력 계산은 위에서 설명한 방법과 같다.

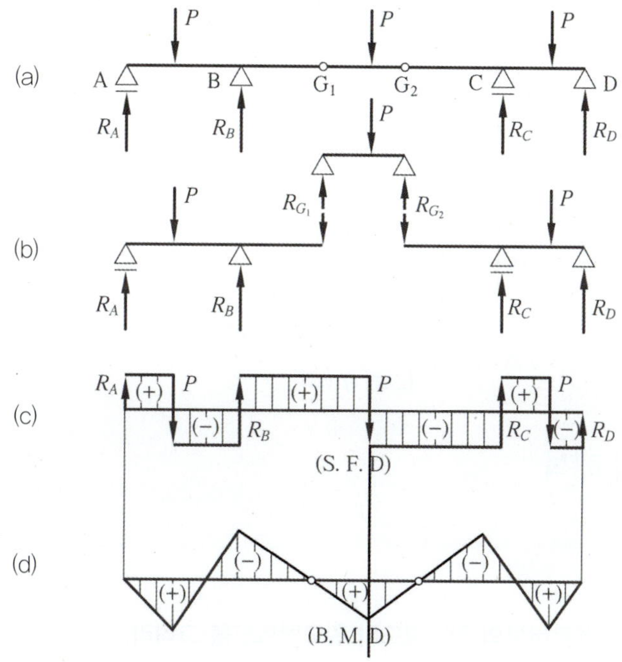

[그림 7.5.3]

[4] 특수 게르버보

[그림 7.5.4(a)]의 보는 1차 부정정보에 힌지를 한 개 넣어 정정보로 만든 게르버보다. 이 게르버보는 구조상태가 단순보 1개와 캔틸레버 1개로 결합되어 있다. [그림 7.5.4(b)]에 나타낸 바와 같이 지점반력 계산은 먼저 GB 구간을 단순보로 보고 지점반력을 구하여 그 반력이 캔틸레버에 외력으로 작용하는 것으로 보고, 캔틸레버의 지점반력을 구한다. 단면력 계산은 캔틸레버에서 설명한 방법과 같다.

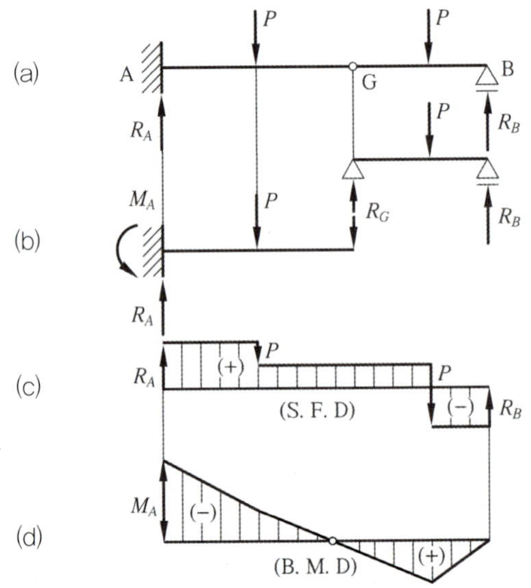

[그림 7.5.4]

7.5.2 게르버보의 해석

예제 7.5.1

[그림 7.5.5(a)]와 같은 게르버보의 전단력도와 휨모멘트도를 그려라.

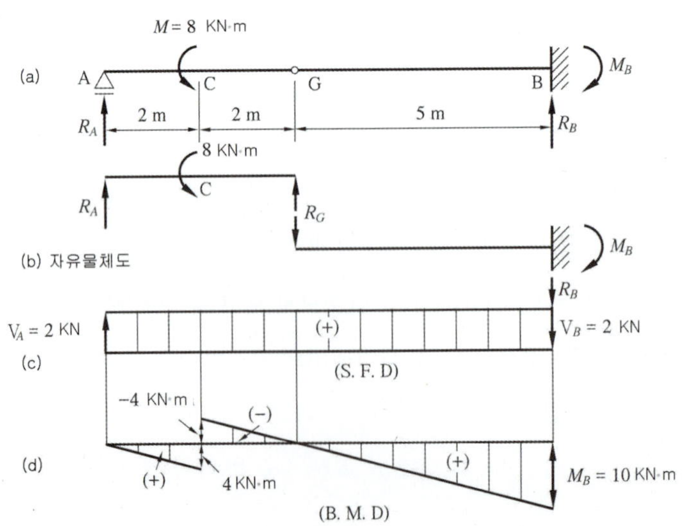

[그림 7.5.5]

풀이

(1) 지점반력

AG 구간

$\Sigma M_G = 0$에 의하여 $(R_A) \times (4\,\text{m}) - (8\,\text{kN} \cdot \text{m}) = 0$

$\therefore R_A = 2\,\text{kN}$

$\Sigma M_A = 0$에 의하여 $-(R_G) \times (4\,\text{m}) - (8\,\text{kN} \cdot \text{m}) = 0$

$\therefore R_G = -2\,\text{kN}$

GB 구간

$R_B = R_G = -2\,\text{kN}\,(\downarrow)$

$M_B = (R_G) \times (5\,\text{m}) = (2\,\text{kN}) \times (5\,\text{m}) = 10\,\text{kN} \cdot \text{m}$

(2) 전단력

$V_{A\sim G} = R_A = 2\,\text{kN}$

$V_{G\sim B} = R_A = -R_B = 2\,\text{kN}$

$\therefore V_A = V_B = 2\,\text{kN}$

(3) 휨모멘트

${}_lM_C = (R_A) \times (2\,\text{m}) = (2\,\text{kN}) \times (2\,\text{m}) = 4\,\text{kN} \cdot \text{m}$

${}_rM_C = (R_A) \times (2\,\text{m}) - (8\,\text{kN} \cdot \text{m}) = -4\,\text{kN} \cdot \text{m}$

$M_G = (R_A) \times (4\,\text{m}) - (8\,\text{kN} \cdot \text{m}) = 0$

$M_B = (2\,\text{kN}) \times (5\,\text{m}) = 10\,\text{kN} \cdot \text{m}$

예제 7.5.2

[그림 7.5.6(a)]와 같은 게르버보의 단면력도를 그려라.

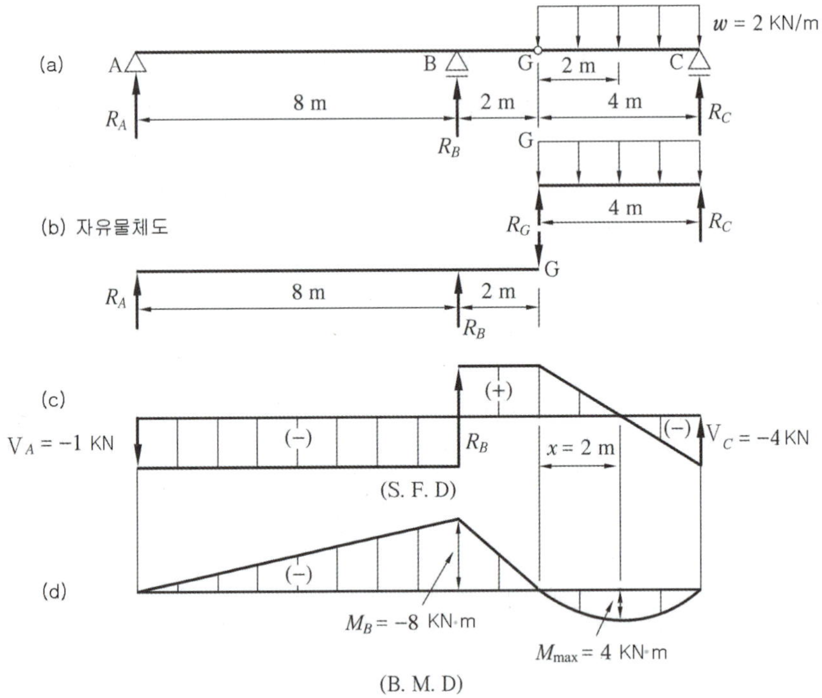

[그림 7.5.6]

풀이

(1) 지점반력

GC 구간

$\Sigma F_y = 0$에 의하여 $\quad \therefore R_G = R_C = \dfrac{(2\,\text{kN/m}) \times (4\,\text{m})}{2} = 4\,\text{kN}$

AG 구간

$\Sigma F_y = 0$에 의하여 $\quad R_A + R_B = R_G = 4\,\text{kN}$

$\Sigma M_B = 0$에 의하여 $\quad (R_A) \times (8\,\text{m}) + (4\,\text{kN}) \times (2\,\text{m}) = 0$

$\therefore R_A = -1\,\text{kN} \quad \therefore R_B = 4 - R_A = 5\,\text{kN}$

(2) 전단력

AG 구간

$\therefore V_{A\sim B} = R_A = -1\,\text{kN} \quad \therefore V_{B\sim G} = R_A + R_B = -1 + 5 = 4\,\text{kN} \quad \therefore V_G = 4\,\text{kN}$

GC 구간

$V_x = (R_G) - (w)(x) = 4 - 2x \qquad \therefore V_C = V_{x=4} = 4 - 2(4) = -4\,\text{kN}$

(3) 휨모멘트

$\therefore M_A = 0$

$\therefore M_B = (R_A) \times (8\,\text{m}) = -(1\,\text{kN}) \times (8\,\text{m}) = -8\,\text{kN} \cdot \text{m}$

$\therefore M_G = (R_A) \times (10\,\text{m}) + (R_B) \times (2\,\text{m}) = (-1\,\text{kN}) \times (10\,\text{m}) + (5\,\text{kN}) \times (2\,\text{m}) = 0$

$$\therefore M_{\max} = \frac{wl^2}{8} = \frac{(2\,\text{kN/m}) \times (4\,\text{m})^2}{8} = 4\,\text{kN} \cdot \text{m}$$

예제 7.5.3

[그림 7.5.7(a)]와 같은 게르버보의 단면력도를 그려라.

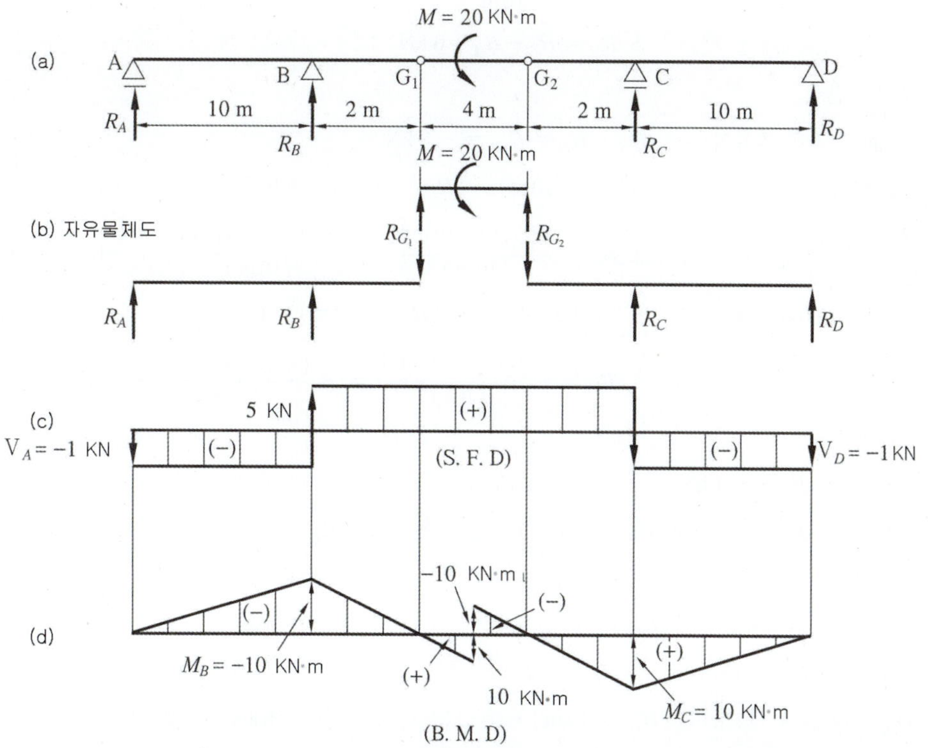

[그림 7.5.7]

풀이

(1) 지점반력

G_1G_2 구간

$\sum F_y = 0$에 의하여 $R_{G1} + R_{G2} = 0$

$\sum M_{G2} = 0$에 의하여 $(R_{G1}) \times (4\,\text{m}) - (20\,\text{kN} \cdot \text{m}) = 0$

$$\therefore R_{G1} = \frac{20\,\text{kN} \cdot \text{m}}{4\,\text{m}} = 5\,\text{kN}\,(\uparrow)$$

$$\therefore R_{G2} = -\frac{20\,\text{kN} \cdot \text{m}}{4\,\text{m}} = -5\,\text{kN}\,(\downarrow)$$

AG_1 구간

$\sum F_y = 0$에 의하여 $R_A + R_B = R_G = 5\,\text{kN}$

$\sum M_B = 0$에 의하여 $(R_A) \times (10\,\text{m}) + (5\,\text{kN}) \times (2\,\text{m}) = 0$

$$\therefore R_A = \frac{10\,\text{kN} \cdot \text{m}}{10\,\text{m}} = -1\,\text{kN}$$

$$\therefore R_B = R_G - R_A = 6\,\text{kN}$$

G_2D 구간

$\sum F_y = 0$에 의하여 $R_C + R_D = R_{G2} = -5\,\text{kN}$

$\sum M_D = 0$에 의하여 $(R_C) \times (10\,\text{m}) - (R_{G2}) \times (12\,\text{m}) = 0$

$$\therefore R_C = \frac{(R_{G2}) \times (12\,\text{m})}{(10\,\text{m})} = \frac{(-5\,\text{kN}) \times (12\,\text{m})}{(10\,\text{m})} = -6\,\text{kN}\,(\downarrow)$$

$\sum M_C = 0$에 의하여 $-(R_D) \times (10\,\text{m}) - (R_{G2}) \times (2\,\text{m}) = 0$

$$\therefore R_D = -\frac{(R_{G2}) \times (2\,\text{m})}{(10\,\text{m})} = -\frac{(-5\,\text{kN}) \times (2\,\text{m})}{(10\,\text{m})} = 1\,\text{kN}\,(\uparrow)$$

(2) 전단력

$\therefore V_{A-B} = R_A = -1\,\text{kN}$　　$\therefore V_{B-C} = R_A + R_B = -1 + 6 = 5\,\text{kN}$

$\therefore V_{C-D} = R_A + R_B + R_C = -1 + 6 - 6 = -1\,\text{kN} = -R_D$

(3) 휨모멘트

$M_B = (R_A) \times (10) = -(R_{G1}) \times (2\,\text{m}) = -(5\,\text{kN}) \times (2\,\text{m}) = -10\,\text{kN} \cdot \text{m}$

$M_C = (-R_D) \times (10\,\text{m}) = -(R_{G2}) \times (2\,\text{m}) = (5\,\text{kN}) \times (2\,\text{m}) = 10\,\text{kN} \cdot \text{m}$

$M_{G1} = (R_A) \times (12\,\text{m}) + (R_B) \times (2\,\text{m}) = (-1\,\text{kN}) \times (12\,\text{m}) + (6\,\text{kN}) \times (2\,\text{m}) = 0$

G_1G_2 구간

$0 \le x \le 2$　　$M_E = (R_{G1}) \times (2\,\text{m}) = (5\,\text{kN}) \times (2\,\text{m}) = 10\,\text{kN} \cdot \text{m}$

$2 \le x \le 4$ $\qquad M_E = (R_{G1}) \times (2\,\text{m}) - (20\,\text{kN} \cdot \text{m})$

$$= (5\,\text{kN}) \times (2\,\text{m}) - (20\,\text{kN} \cdot \text{m})$$

$$= -10\,\text{kN} \cdot \text{m}$$

예제 7.5.4

[그림 7.5.8(a)]와 같은 게르버보에서 하중이 작용할 경우 단면적을 구하고 단면력도를 그려라.

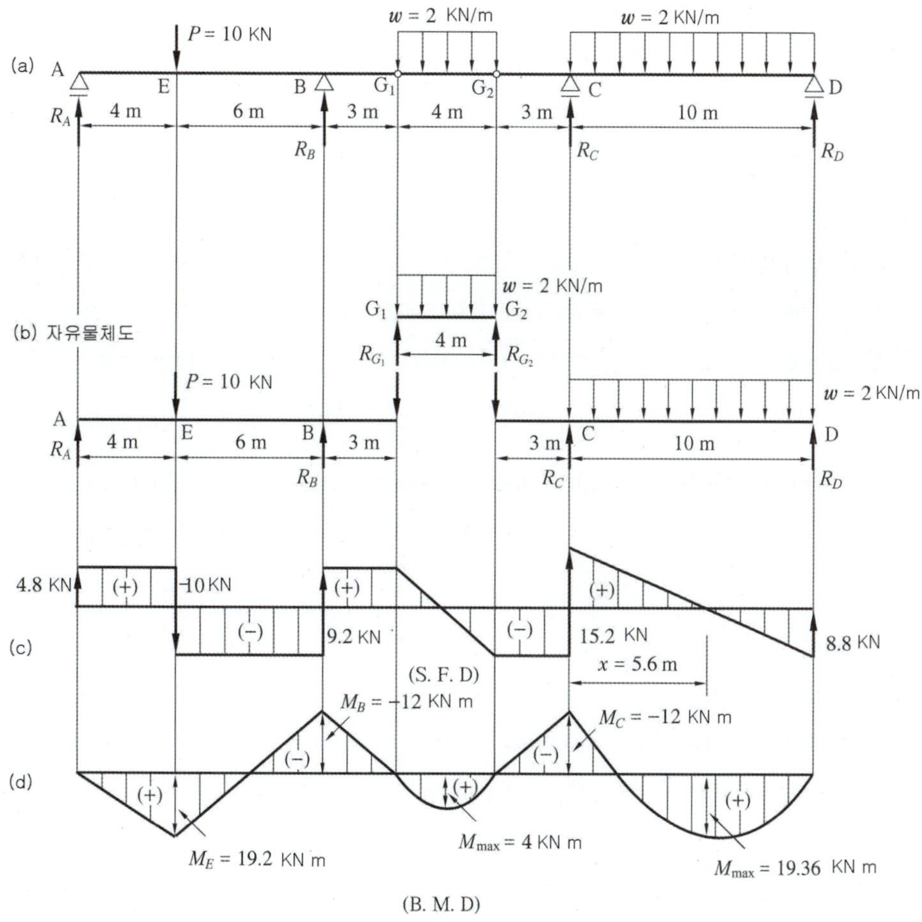

[그림 7.5.8]

풀이

(1) 지점반력

① G_1G_2 부재(단순보)

$\Sigma F_y = 0$에 의하여 $\quad R_{G1} + R_{G2} = (2\,\text{kN/m}) \times (4\,\text{m}) = 8\,\text{kN}$

$$R_{G1} = R_{G2} = \frac{8\,\text{kN}}{2} = 4\,\text{kN}$$

② AG_1 부재(내면보)

$\Sigma F_y = 0$에 의하여 $\quad R_A + R_B = P + R_{G1} = 14\,\text{kN}$

$\Sigma M_B = 0$에 의하여 $\quad (R_A) \times (10\,\text{m}) - (10\,\text{kN}) \times (6\,\text{m}) + (R_{G1}) \times (3\,\text{m}) = 0$

$$\therefore R_A = \frac{(10\,\text{kN}) \times (6\,\text{m}) - (4\,\text{kN}) \times (3\,\text{m})}{(10\,\text{m})} = 4.8\,\text{kN}$$

$\Sigma M_A = 0$에 의하여 $\quad -(R_B) \times (10\,\text{m}) + (10\,\text{kN}) \times (4\,\text{m}) + (R_{G1}) \times (13\,\text{m}) = 0$

$$\therefore R_B = \frac{(10\,\text{kN}) \times (4\,\text{m}) + (4\,\text{kN}) \times (13\,\text{m})}{10\,\text{m}} = 9.2\,\text{kN}$$

③ G_2D 부재(내민보)

$\Sigma F_y = 0$에 의하여 $\quad R_C + R_D = 20 + R_{G2} = 24\,\text{kN}$

$\Sigma M_D = 0$에 의하여 $\quad (R_C) \times (10\,\text{m}) - (20\,\text{kN}) \times (5\,\text{m}) - (R_{G2}) \times (13\,\text{m}) = 0$

$$\therefore R_C = \frac{(20\,\text{kN}) \times (5\,\text{m}) + (4\,\text{kN}) \times (13\,\text{m})}{(10\,\text{m})} = 15.2\,\text{kN}$$

$\Sigma M_C = 0$에 의하여 $\quad -(R_D) \times (10\,\text{m}) + (20\,\text{kN}) \times (5\,\text{m}) - (R_{G2}) \times (3\,\text{m}) = 0$

$$\therefore R_D = \frac{(20\,\text{kN}) \times (5\text{m}) - (4\,\text{kN}) \times (3\text{m})}{(10\,\text{m})} = 8.8\,\text{kN}$$

(2) 전단력

AG_1 부재에서

$V_{AE} = R_A = 4.8\,\text{kN}$

$V_{EB} = R_A - P = 4.8 - 10 = -5.2\,\text{kN}$

$V_{BG1} = R_A - P + R_B = 4.8 - 10 + 9.2 = 4\,\text{kN}$

$V_{G2C} = R_A - P + R_B - (2\,\text{kN/m}) \times (4\,\text{m}) = -4\,\text{kN}$

G_2D 부재에서

$V_x = -R_{G2} + R_C - (w)(x) = -2x + 11.2$

$V_{C(x=0)} = 11.2\,\text{kN} \qquad V_{D(x=10)} = -2 \times (10) + 11.2 = -8.8\,\text{kN}$

전단력이 0이 되는 위치 $V_x = 0$에서 $\quad -2x + 11.2 = 0 \quad \therefore x = 5.6\,\text{m}$

(3) 휨모멘트

$M_E = (R_A) \times (4\,\text{m}) = (4.8\,\text{kN}) \times (4\,\text{m}) = 19.2\,\text{kN} \cdot \text{m}$

$M_B = -(R_{G1}) \times (3\,\text{m}) = -(4\,\text{kN}) \times (3\,\text{m}) = -12\,\text{kN} \cdot \text{m}$

G_1G_2 부재에서 최대 휨모멘트는

$$M_{max} = \frac{wl^2}{8} = \frac{(2\,\text{kN/m}) \times (4\,\text{m})^2}{8} = 4\,\text{kN} \cdot \text{m}$$

$M_C = -(R_{G2}) \times (3\,\text{m}) = -(4\,\text{kN}) \times (3\,\text{m}) = -12\,\text{kN} \cdot \text{m}$

CD 부재에서 최대 휨모멘트는

$$M_{max(x=4.4\,\text{m})} = R_D \times (4.4) - 2 \times \frac{(4.4)^2}{2} = 8.8 \times (4.4) - (4.4)^2 = 19.36\,\text{kN} \cdot \text{m}$$

예제 7.5.5

[그림 7.5.9(a)]와 같은 게르버보의 단면력도를 그려라.

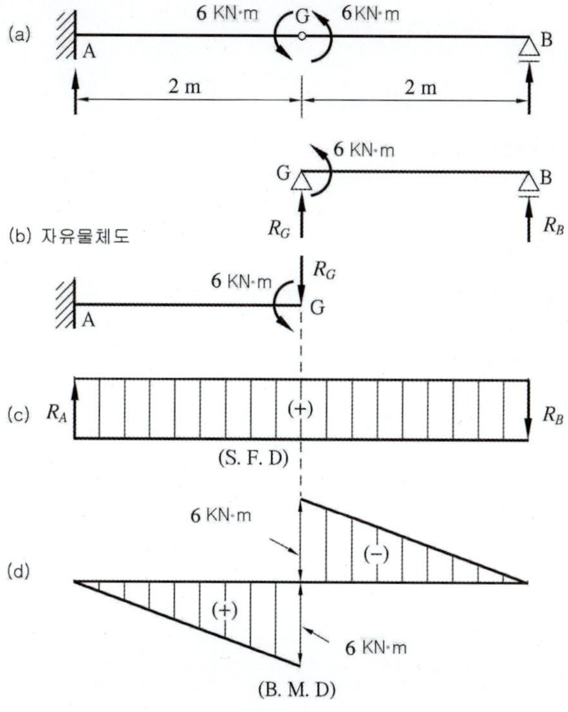

[그림 7.5.9]

풀이

(1) 지점반력

GB 구간의 단순보에서

$\Sigma F_y = 0$에 의하여 $R_G + R_C = 0$

$\Sigma M_B = 0$에 의하여 $(R_G) \times (2\,\text{m}) - (6\,\text{kN} \cdot \text{m}) = 0$

$$\therefore R_G = \frac{6\,\text{kN} \cdot \text{m}}{2\,\text{m}} = 3\,\text{kN}\,(\uparrow)$$

$\Sigma M_G = 0$에 의하여 $-(R_B) \times (2\,\text{m}) - (6\,\text{kN} \cdot \text{m}) = 0$

$$\therefore R_B = -\frac{6\,\text{kN} \cdot \text{m}}{2\,\text{m}} = -3\,\text{kN}\,(\downarrow)$$

AG 구간의 캔틸레버에서

$\Sigma F_y = 0$에 의하여 $R_A - R_G = 0$ $\therefore R_A = R_G = 3\,\text{kN}$

(2) 전단력

$V_{A \sim B} = R_A = 3\,\text{kN}$

(3) 휨모멘트

AG 구간에서

$M_x = -(R_G)(x) + 6$

$M_{B(x=0)} = -(R_G)(0) + 6 = 6\,\text{kN} \cdot \text{m}$

$M_{A(x=2)} = -(3) \times (2) + 6 = 0$

GB 구간에서

$M_x = (R_G)(x) - 6$

$M_{G(x=0)} = (R_G)(0) - 6 = -6\,\text{kN} \cdot \text{m}$

$M_{B(x=2)} = (3) \times (2) - 6 = 0$

연·습·문·제

01 [P그림 7.1]과 같은 경사집중하중이 단순보에 작용할 때 단면력도를 그려라.

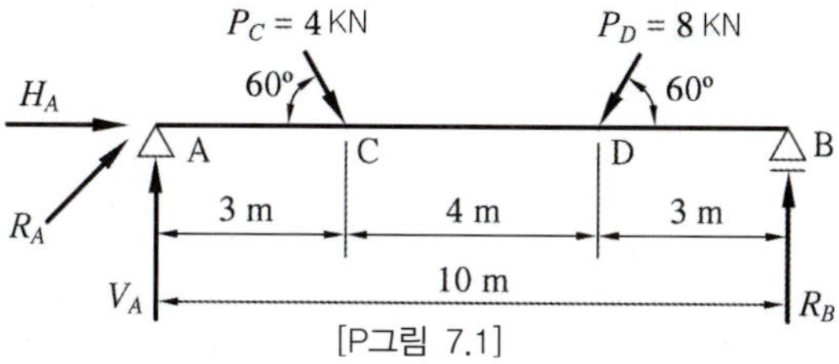

[P그림 7.1]

정답 $A_{AC} = -2\ \mathrm{kN}$

02 [P그림 7.2]와 같은 단순보에 모멘트 하중이 작용할 때 단면력도를 그려라.

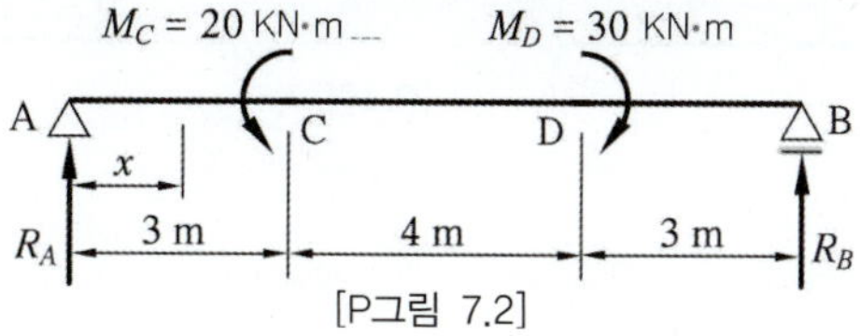

[P그림 7.2]

정답 $R_A = -1\ \mathrm{kN}(\downarrow), R_B = 1\ \mathrm{kN}(\uparrow)$

03 [P그림 7.3]과 같은 단순보에 등분포하중이 작용할 때 최대 휨모멘트 값을 구하여라.

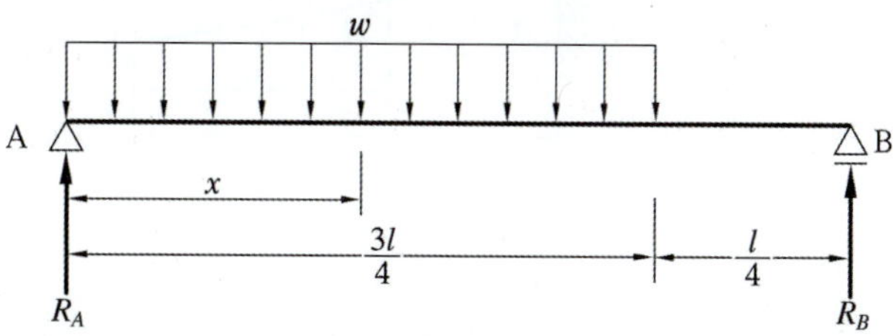

[P그림 7.3]

정답 $M_{\max} \fallingdotseq \frac{wl^2}{9.1}$

04 [P그림 7.4]와 같은 단순보에 간접하중이 작용할 때 단면력도를 그려라.

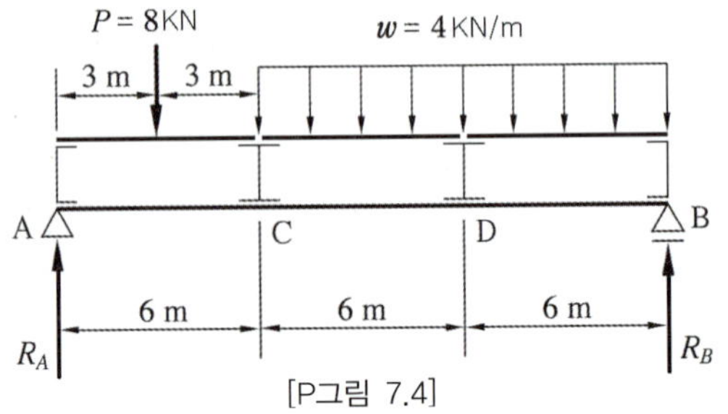

[P그림 7.4]

정답 $R_A = 22.67\ \text{kN},\ R_B = 33.33\ \text{kN}$

05 [P그림 7.5]와 같은 캔틸레버 (a), (b)에서 B점의 최대 휨모멘트비 $M_{(a)}/M_{(b)}$ 값을 구하여라.

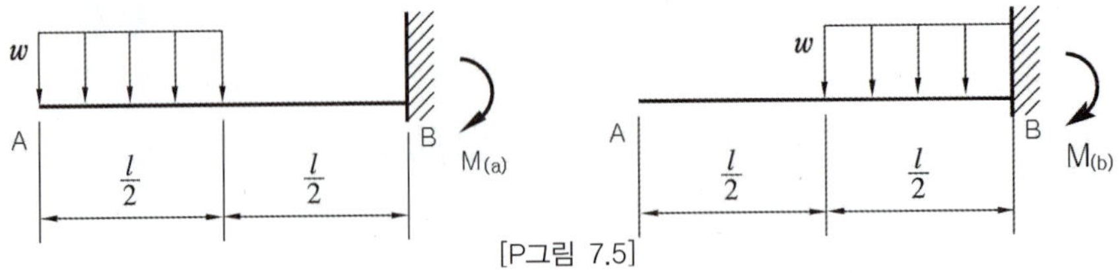

[P그림 7.5]

정답 $\frac{M_{(a)}}{M_{(b)}} = 3$

06 [P그림 7.6]과 같은 캔틸레버에서 지점의 휨모멘트 M_A 값을 구하여라.

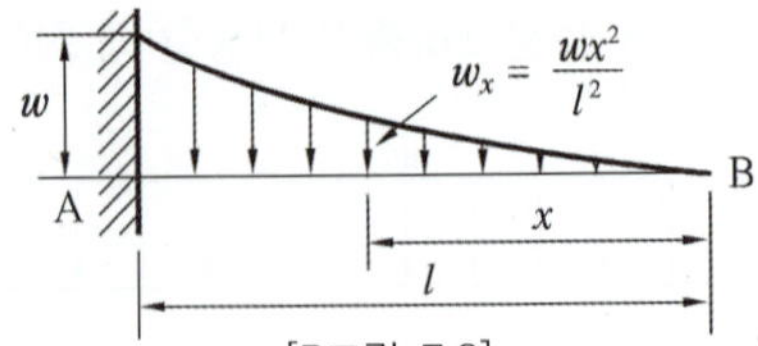

[P그림 7.6]

정답 $M_A = -\frac{wl^2}{12}$

07 [P그림 7.7]과 같은 내민보의 단면력도를 그려라.

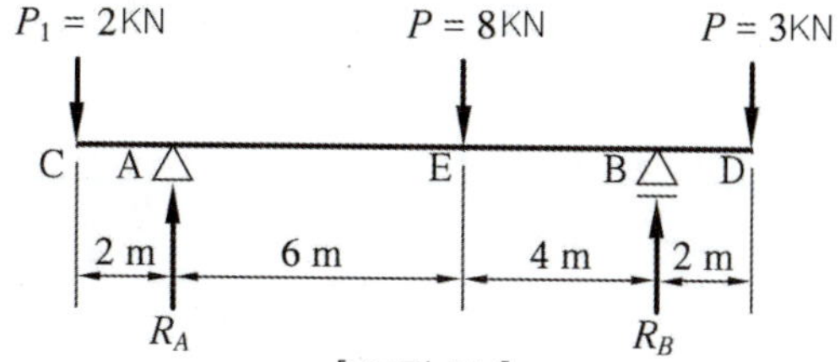

[P그림 7.7]

정답 $M_E = 14\,\text{kN}\cdot\text{m}$

08 [P그림 7.8]과 같은 내민보에서 지점반력과 단면력 V_C와 M_C를 구하여라.

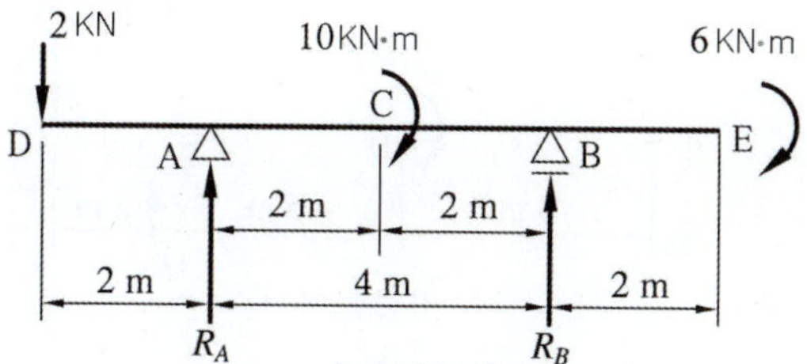

[P그림 7.8]

정답 $R_A = -1\,\text{kN}\,(\downarrow)$, $R_B = 3\,\text{kN}\,(\uparrow)$,
$V_{CB} = -3\,\text{kN}$, $M_C = -10\,\text{kN}\cdot\text{m}$

09 [P그림 7.9]와 같은 내민보에서 B지점의 지점반력이 $5P$ 일 때 하중 $5P$의 작용위치 x값을 구하여라.

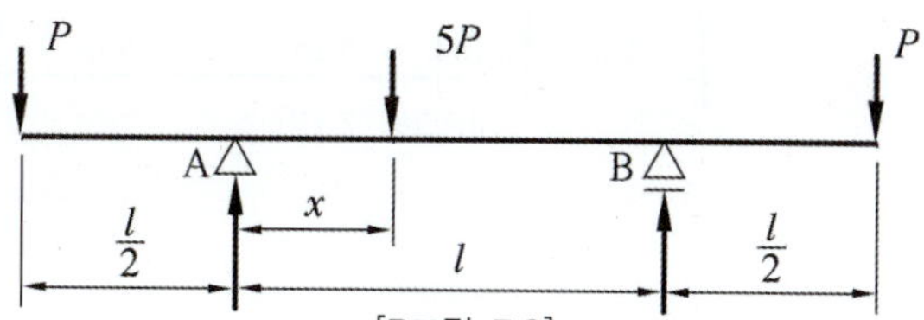

[P그림 7.9]

정답 $x = 0.8l$

10 [P그림 7.10]과 같은 등분포하중을 받는 내민보의 양 지점과 중앙점에서 절대 최대 휨모멘트를 같게 하기 위한 l_1의 길이를 구하여라.

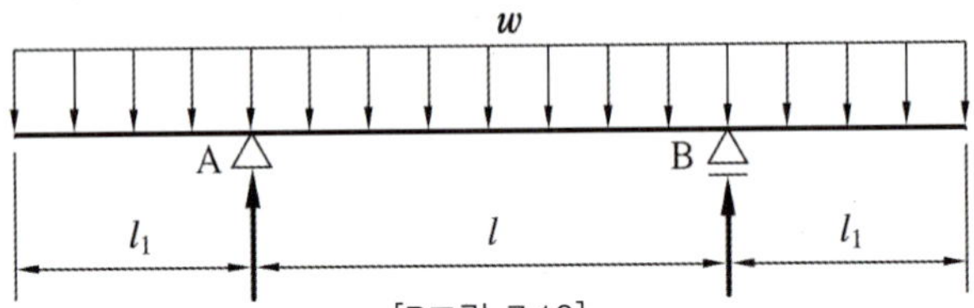

[P그림 7.10]

정답 $l_1 = 0.35l$

11 [P그림 7.11]과 같은 내민보의 전단력도와 휨모멘트도를 그려라.

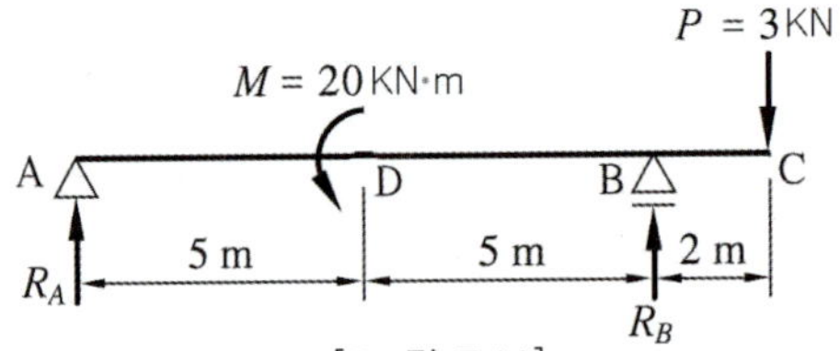

[P그림 7.11]

정답 $R_A = 1.4\ \mathrm{kN}$, $R_B = 1.6\ \mathrm{kN}$

12 [P그림 7.12]와 같은 게르버보의 G지점의 전단력값을 구하여라.

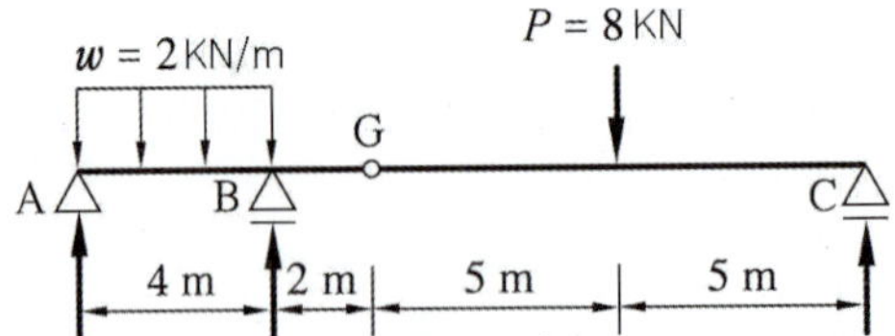

[P그림 7.12]

정답 $V_G = 4\ \mathrm{kN}$

13 [P그림 7.13]과 같은 게르버보에서 BC 구간의 중앙 단면의 휨모멘트를 구하여라.

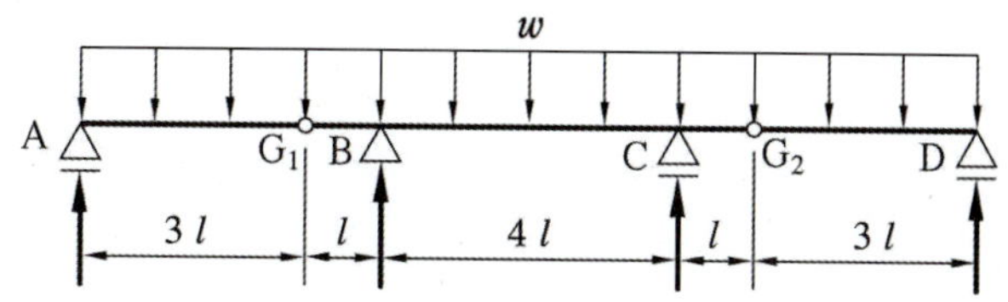

[P그림 7.13]

정답 $M = 0$

14 [P그림 7.14]와 같은 게르버보에 하중이 작용할 경우 단면력을 구하고 단면력도를 그려라.

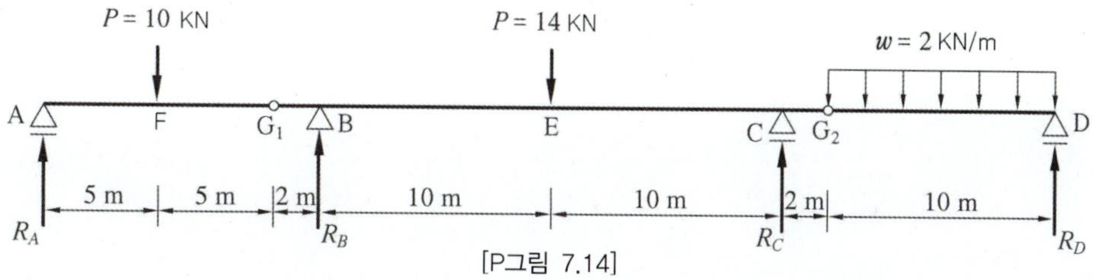

[P그림 7.14]

정답 $M_E = 55\ \text{kN} \cdot \text{m}$

CHAPTER

08

정정 라멘의 전단력과 휨모멘트

CONTENTS

8.1 | 개요

2개 이상의 수평부재와 수직부재가 고정절점으로 연결되어 있는 뼈대 구조물을 라멘(rahmen 또는 rigid frame)이라고 한다. 라멘은 외력으로 인하여 구조물의 모양이 변하더라도 부재의 절점각은 변하지 않는 것으로 보고 있다. 일반적으로 사용되고 있는 라멘은 부정정 라멘이다. 부정정 라멘의 해석을 쉽게 이해하기 위해서는 정정 라멘의 단면력에 대한 계산과정이 필요하다. 정정 라멘의 종류는 구조물을 지지하고 있는 지점상태에 따라 다음과 같이 분류한다.

(1) 캔틸레버계 라멘 ([그림 8.1.1(a)])

(2) 단순보계 라멘 ([그림 8.1.1(b)])

(3) 3 이동지점 라멘 ([그림 8.1.1(c)])

(4) 3활절 라멘 ([그림 8.1.1(d)])

(5) 합성라멘 ([그림 8.1.1(e)])

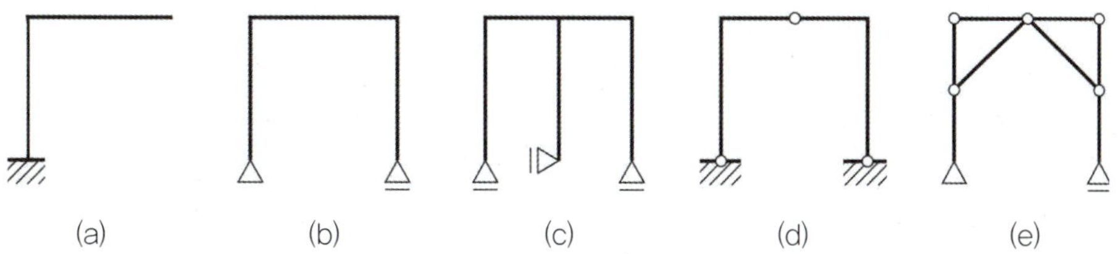

[그림 8.1.1]

정정 라멘의 해석은 단순보의 해석과 같은 방법으로 정역학의 평형방정식($\Sigma F_x = 0$, $\Sigma F_y = 0$, $\Sigma M = 0$)에 의하여 지점반력을 구하고, 전단력, 휨모멘트, 축방향력인 단면력을 구한다.

정정 라멘에서 단면력도의 부호는 [그림 8.1.2]와 같다.

단면력도에서,

(1) 전단력은 [그림 8.1.2(a)]와 같이 라멘의 외부에서는 부호를 (+), 내부에서는 (−) 부호로 표시한다.

(2) 휨모멘트의 부호는 [그림 8.1.2(b)]와 같이 라멘의 내부에서는 (+), 그리고 외부는 (−)로 표시한다.

(3) 축방향력에서 인장을 받는 부재는 (+), 압축을 받는 부재는 (−)로 하고, 부호표시는 [그림 8.1.2(c)]와 같이 라멘의 외부를 (+), 내부에서는 (−)로 표시한다.

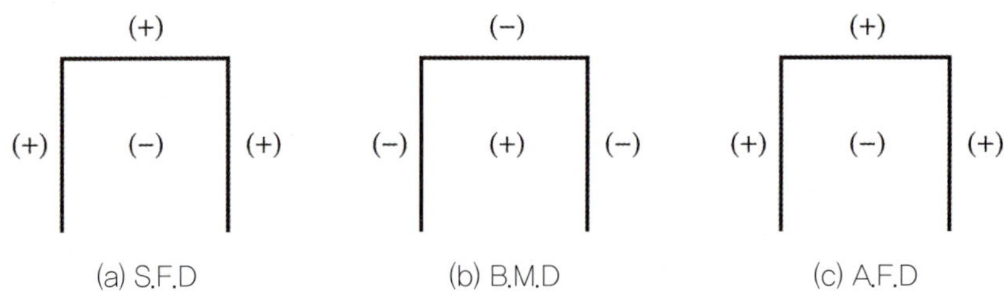

[그림 8.1.2]

8.2 캔틸레버계 라멘

8.2.1 집중하중이 작용할 경우

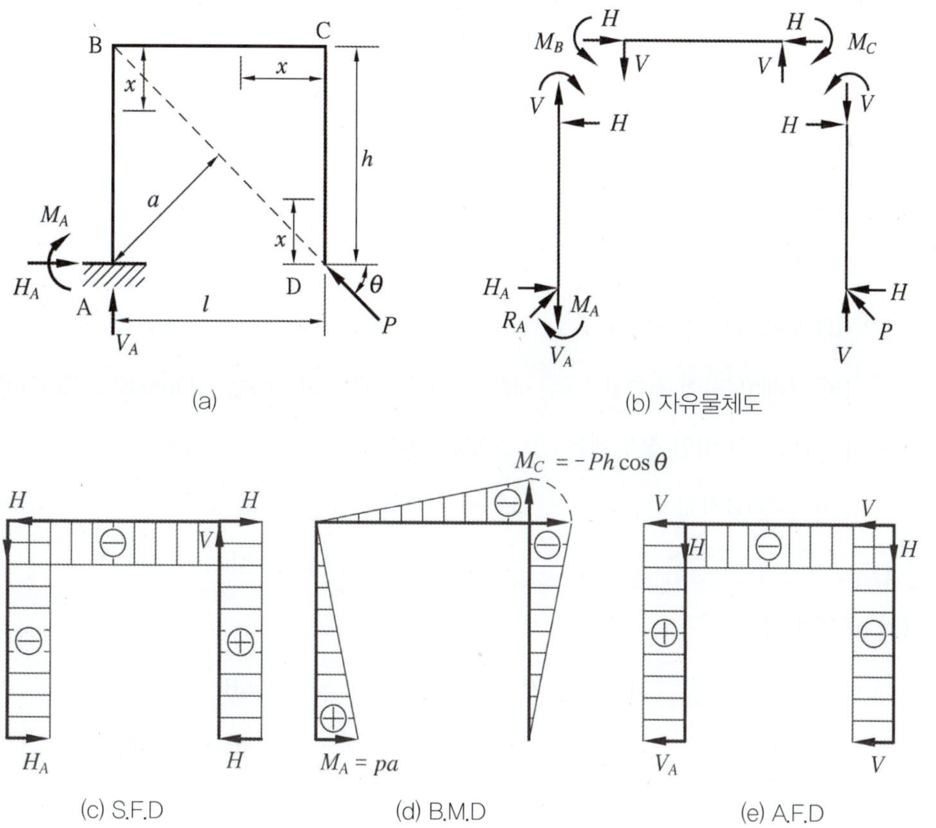

(a)　(b) 자유물체도

(c) S.F.D　(d) B.M.D　(e) A.F.D

[그림 8.2.1]

[1] 지점반력

$P_y = P\sin\theta,\quad P_x = P\cos\theta$

$\Sigma F_y = 0$에 의하여　　$\therefore\ V_A = -P\sin\theta\,(\downarrow)$

$\Sigma F_x = 0$에 의하여　　$\therefore\ H_A = P\cos\theta$

$\Sigma M = 0$에 의하여 $\therefore M_A = (P)(a)$

합성반력 $\therefore R_A = \sqrt{V_A^2 + H_A^2}$

[2] 단면력 계산

(1) 전단력

CD 부재 $V_x = P\cos\theta \qquad V_{CD} = H_A = P\cos\theta$

BC 부재 $V_x = -P\sin\theta \qquad V_{BC} = V_A = -P\sin\theta$

AB 부재 $V_x = -P\cos\theta \qquad V_{AB} = -H_A = -P\cos\theta$

(2) 휨모멘트

CD 부재 (D지점 기준) $M_x = -(P\cos\theta)(x) \qquad \therefore M_C = -Ph\cos\theta$

BC 부재 (C지점 기준) $M_x = M_C + (P\sin\theta)(x) = -Ph\cos\theta + Px\sin\theta$

[그림 8.2.1(a)]인 경우에는 $\therefore M_B = 0$

AB 부재 (B지점 기준) $M_x = (P\cos\theta)(x)$

$\therefore M_{A(x=h)} = (P\cos\theta)(\mathrm{h}) = (P)(a)$

(3) 축방향력

CD 부재 $A_x = -P\sin\theta \qquad A_{CD} = -P\sin\theta = -V_A$

BC 부재 $A_x = -P\cos\theta \qquad A_{BC} = -P\cos\theta = -H_A$

AB 부재 $A_x = P\sin\theta \qquad A_{AB} = P\sin\theta = V_A$

따라서 단면력도는 [그림 8.2.1(c),(d),(e)]와 같다.

예제 8.2.1

[그림 8.2.2(a)]와 같은 라멘의 단면력을 구하고 단면력도를 그려라.

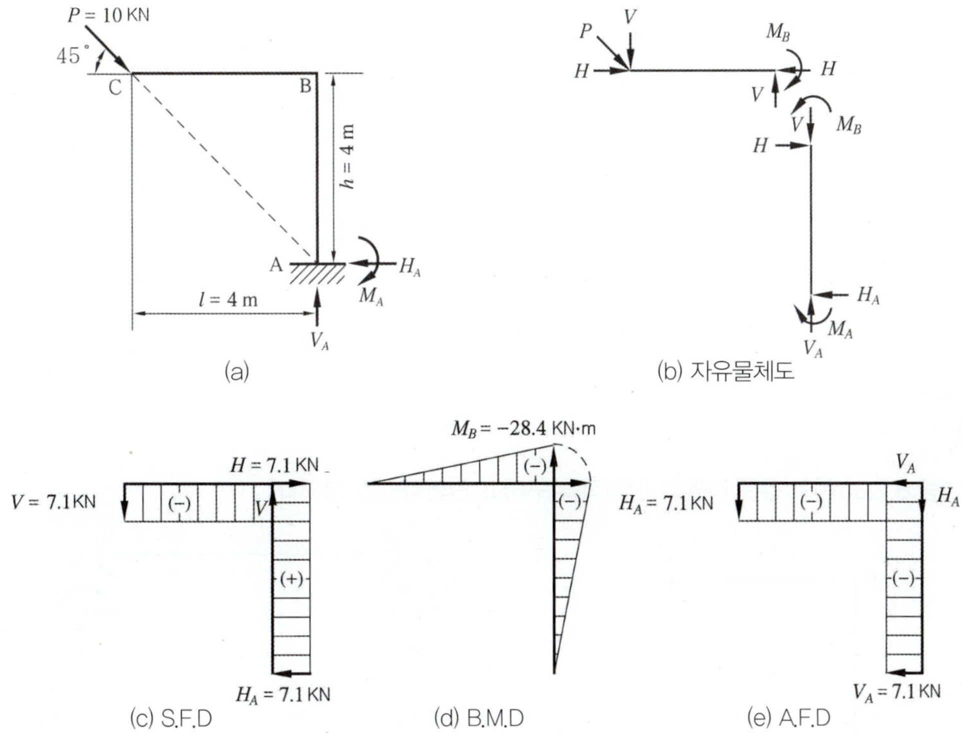

[그림 8.2.2]

풀이

(1) 지점반력

$P_y = P\sin\theta = 10 \times \sin 45° = 7.1\ \text{kN}$

$P_x = P\cos\theta = 10 \times \cos 45° = 7.1\ \text{kN}$

$\Sigma F_y = 0$에 의하여 $\quad \therefore\ V_A = P_y = 7.1\ \text{kN}$

$\Sigma F_x = 0$에 의하여 $\quad \therefore\ H_A = P_x = 7.1\ \text{kN}$

$\Sigma M = 0$에 의하여 $\quad \therefore\ M_A = (P_y) \times (4\text{m}) - (P_x H) \times (4\text{m})$

$= (7.1\text{kN}) \times (4\text{m}) - (7.1\text{kN}) \times (4\text{m}) = 0$

(2) 단면력 계산

① 전단력

CB 부재 $\quad V_x = -P_y = -7.1\ \text{kN} \qquad V_{CB} = -7.1\ \text{kN}$

BA 부재 $V_x = P_x = 7.1\,\mathrm{kN}$ $\qquad$ $V_{BA} = 7.1\,\mathrm{kN}$

② 휨모멘트

CB 부재 $M_x = -(P_y)(x) = -7.1x$ $\qquad$ $M_B = -(7.1\,\mathrm{kN}) \times (4\,\mathrm{m}) = -28.4\,\mathrm{kN \cdot m}$

BA 부재 $M_x = M_B + (P_x)(x) = -28.4 + 7.1x$

$$M_B = -28.4\,\mathrm{kN \cdot m}$$

$$\therefore M_A = -28.4\,\mathrm{kN \cdot m} + (7.1\,\mathrm{kN}) \times (4\,\mathrm{m}) = 0$$

[그림 8.2.2(a)]에서 하중 P가 A지점을 통과할 때 A지점의 휨모멘트는 0이다.

③ 축방향력

$A_{CB} = -P_x = -7.1\,\mathrm{kN}$ $\qquad$ $A_{BA} = -P_y = -7.1\,\mathrm{kN}$

따라서 단면력도는 [그림 8.2.2(c), (d), (e)]와 같다.

예제 8.2.2

[그림 8.2.3(a)]와 같은 라멘의 단면력을 구하고 단면력도를 그려라.

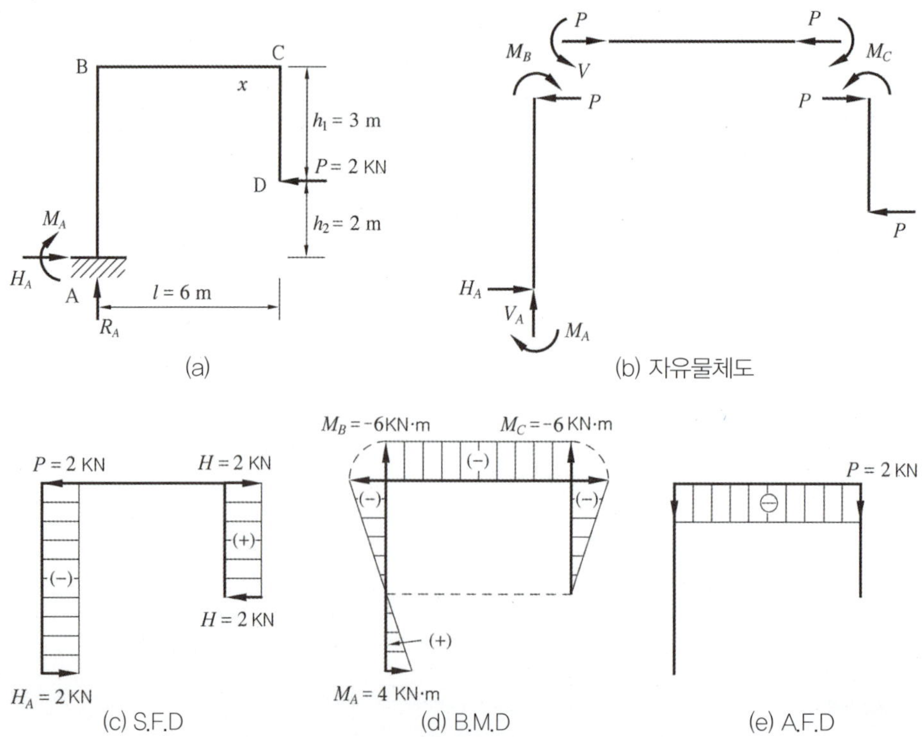

[그림 8.2.3]

풀이

(1) 지점반력

$\Sigma F_y = 0$에 의하여 $\therefore V_A = 0$

$\Sigma F_x = 0$에 의하여 $\therefore H_A = P = 2\,\text{kN}$

$\Sigma M = 0$에 의하여 $\therefore M_A = (P)(h_2) = (2\,\text{kN}) \times (2\,\text{m}) = 4\,\text{kN} \cdot \text{m}$

(2) 단면력 계산

① 전단력

CD 부재 $V_x = P = 2\,\text{kN}$ $V_{CD} = 2\,\text{kN}$

BC 부재 $V_x = 0$ $V_{BC} = 0$

AB 부재 $V_x = -H_A = -2\,\text{kN}$ $V_{AB} = -2\,\text{kN}$

② 휨모멘트

CD 부재 $M_x = -(P)(x) = -2x$ $\therefore M_C = -(2\,\text{kN}) \times (3\,\text{m}) = -6\,\text{kN} \cdot \text{m}$

BC 부재 $M_x = -(P)(h_1) = -6\,\text{kN} \cdot \text{m}$ $\therefore M_B = -(2\,\text{kN}) \times (3\,\text{m}) = -6\,\text{kN} \cdot \text{m}$

AB 부재 $M_x = M_B + (P)(h_1 + h_2)$

$\therefore M_A = -(6\,\text{kN} \cdot \text{m}) + (2\,\text{kN})(3\,\text{m} + 2\,\text{m}) = 4\,\text{kN} \cdot \text{m} = (P)(h_2)$

③ 축방향력

CD 부재 $A_x = 0$ $A_{CD} = 0$

BC 부재 $A_x = -H_A$ $A_{BC} = -H_A = -2\,\text{kN}$

AB 부재 $A_x = 0$ $A_{AB} = 0$

따라서 단면력도는 [그림 8.2.3(c), (d), (e)]와 같다.

8.2.2 등분포하중이 작용할 경우

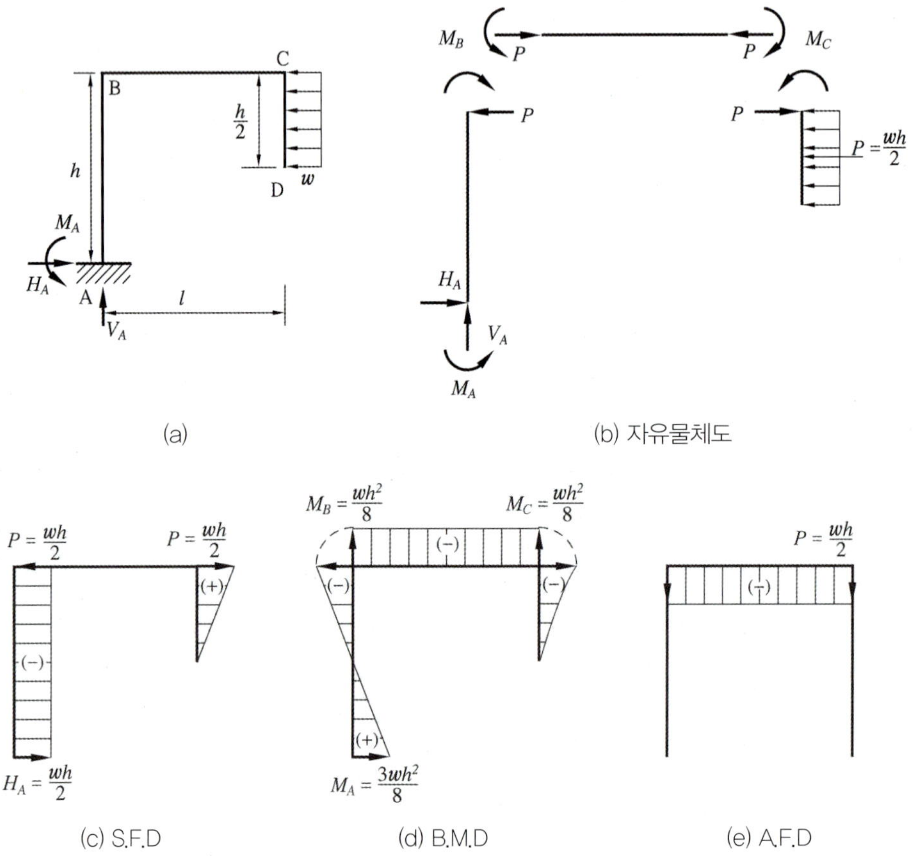

[그림 8.2.4]

[1] 지점반력

$\sum F_y = 0$에 의하여 $\quad V_A = 0$

$\sum F_x = 0$에 의하여 $\quad H_A - (w)\left(\frac{h}{2}\right) = 0 \quad \therefore\ H_A = \frac{wh}{2}$

$\sum M = 0$에 의하여 $\quad \therefore\ M_A = \left(\frac{wh}{2}\right) \times \left(\frac{3h}{4}\right) = \frac{3wh^2}{8}$

[2] 단면력 계산

(1) 전단력

CD 부재 $V_x = (w)(h)\left(\dfrac{1}{2}\right) - (w)(x) \qquad V_{C(x=0)} = \dfrac{wh}{2} \qquad V_{D(x=h/2)} = 0$

BC 부재 $V_{BC} = 0$

AB 부재 $V_{AB} = -H_A = -\dfrac{wh}{2}$

(2) 휨모멘트

CD 부재 $M_x = -(w)(x)\left(\dfrac{x}{2}\right) = -\dfrac{wx^2}{2} \qquad \therefore M_{C(x=h/2)} = -\dfrac{wh^2}{8}$

BC 부재 $M_{B\sim C} = M_C = -\dfrac{wh^2}{8}$

AB 부재 $M_x = (P)(h) + M_B = \left(\dfrac{wh}{2}\right) \times (x) + M_B = \dfrac{wh}{2}x - \dfrac{wh^2}{8}$

$$\therefore M_{B(x=0)} = \frac{wh}{2} \times (0) - \frac{wh^2}{8} = -\frac{wh^2}{8}$$

$$\therefore M_{A(x=h)} = \frac{wh}{2}(h) - \frac{wh^2}{8} = \frac{3wh^2}{8}$$

(3) 축방향력

CD 부재 $A_{CD} = 0$

BC 부재 $A_{BC} = -\dfrac{wh}{2}$

AB 부재 $A_{AB} = 0$

따라서 단면력은 [그림 8.2.4(c), (d), (e)]와 같다.

예제 8.2.3

[그림 8.2.5(a)]와 같은 라멘의 단면력을 구하고 단면력도를 그려라.

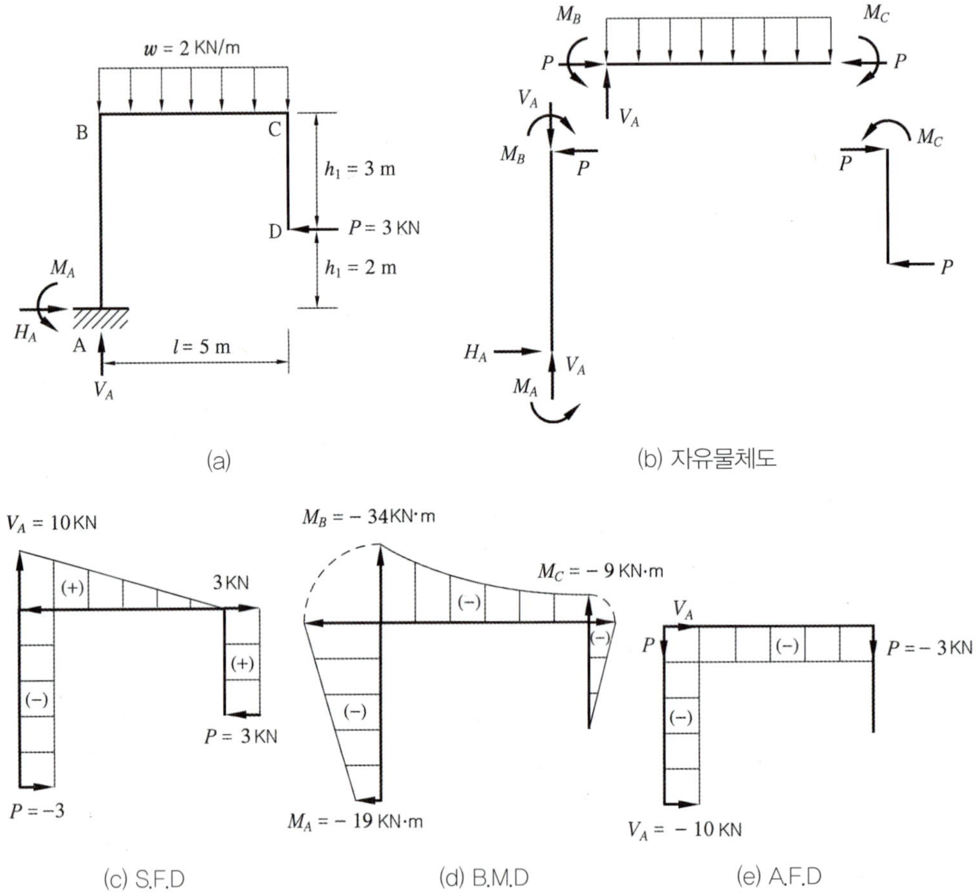

[그림 8.2.5]

풀이

(1) 지점반력

$\sum F_y = 0$에 의하여 $V_A - (2\,\mathrm{kN/m}) \times (5\,\mathrm{m}) = 0$ $\therefore\ V_A = 10\,\mathrm{kN}$

$\sum F_x = 0$에 의하여 $H_A - 3 = 0$ $\therefore\ H_A = 3\,\mathrm{kN}$

$\sum M_A = 0$에 의하여 $M_A + (2\,\mathrm{kN}) \times (5\,\mathrm{m}) \times \left(\frac{5}{2}\mathrm{m}\right) - (3\,\mathrm{kN}) \times (2\,\mathrm{m}) = 0$

$\therefore\ M_A = -19\,\mathrm{kN \cdot m}$

(2) 단면력 계산

① 전단력

CD 부재 $\therefore V_x = 3\text{ kN}$ $\therefore V_{CD} = 3\text{ kN}$

BC 부재 $V_x = V_A - wx = 10 - 2x$

$\therefore V_{C(x=5m)} = 10 - 2 \times 5 = 0$ $\therefore V_B = 10\text{ kN}$

AB 부재 $\therefore V_x = -3\text{ kN}$ $\therefore V_{AB} = -3\text{ kN}$

② 휨모멘트

CD 부재 $M_x = -Px = -3x$ $\therefore M_{D(x=0)} = -3 \times 0 = 0$

$\therefore M_{C(x=h1)} = -3 \times 3 = -9\text{ kN} \cdot \text{m}$

BC 부재 $M_x = M_C - (w)(x)\left(\dfrac{x}{2}\right) = M_C - \dfrac{wx^2}{2}$

$= (-9\text{tf} \cdot \text{m}) - \dfrac{(2\text{tf/m})(x^2)}{2} = -9 - x^2$

$\therefore M_{B(x=5\text{m})} = -9 - 5^2 = -34\text{ kN} \cdot \text{m}$

AB 부재 $M_x = M_B + (P)(x) = -34 + 3x$

$\therefore M_{A(x=h_1+h_2)} = -34 + 3(3+2) = -19\text{ kN} \cdot \text{m}$

③ 축방향력

CD 부재 $A_x = 0$ $A_{CD} = 0$

BC 부재 $A_x = -H_A$ $A_{BC} = -H_A = -3\text{ kN}$

AB 부재 $A_x = -V_A$ $A_{AB} = -V_a = -10\text{ kN}$

따라서 단면력도는 [그림 8.2.5(c), (d), (e)]와 같다.

8.2.3 모멘트 하중이 작용할 경우

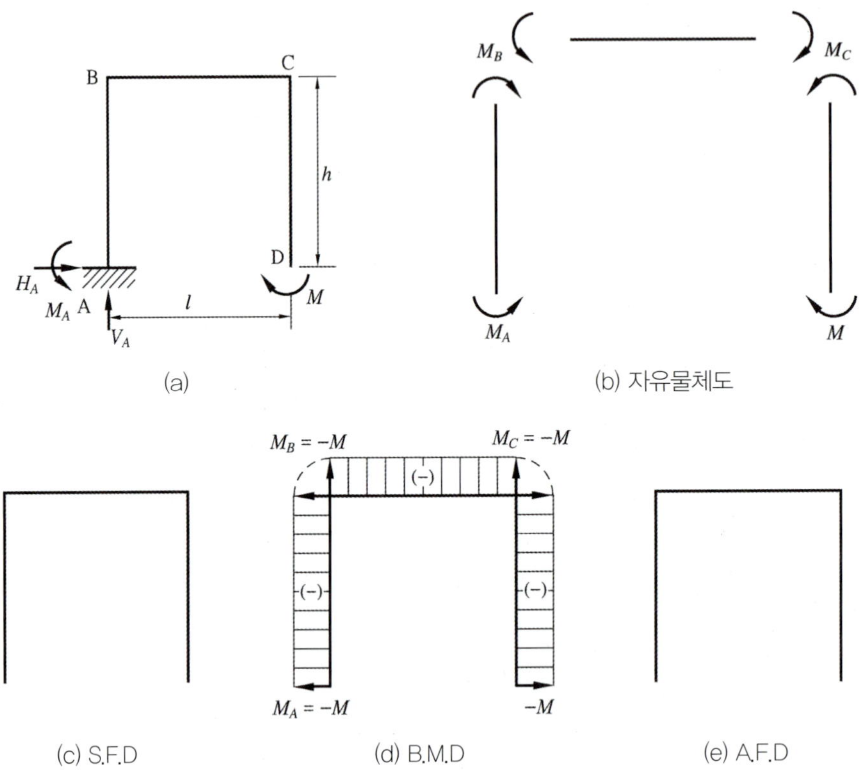

[그림 8.2.6]

[1] 지점반력

[그림 8.2.6(a)]에서

$\Sigma F_y = 0$에 의하여 $\quad \therefore\ V_A = 0$

$\Sigma F_x = 0$에 의하여 $\quad \therefore\ H_A = 0$

$\Sigma M = 0$에 의하여 $\quad \therefore\ M_A = -M$

[2] 단면력 계산

[그림 8.2.6(b)]에서

(1) 전단력

CD 부재 $V_{CD} = 0$

BC 부재 $V_{BC} = 0$

AB 부재 $V_{AB} = 0$

(2) 휨모멘트

CD 부재 $M_x = -M$ $M_{C\sim D} = -M$

BC 부재 $M_x = -M$ $M_{B\sim C} = -M$

AB 부재 $M_x = -M$ $M_{A\sim B} = -M$

(3) 축방향력

CD 부재 $A_{CD} = 0$

BC 부재 $A_{BC} = 0$

AB 부재 $A_{AB} = 0$

모멘트 하중만 작용할 경우에는 전단력과 축방향력은 작용하지 않는다. 따라서, 단면력도는 [그림 8.2.6(c), (d), (e)]와 같다.

예제 8.2.4

[그림 8.2.7(a)]와 같은 라멘의 단면력을 구하고 단면력도를 그려라.

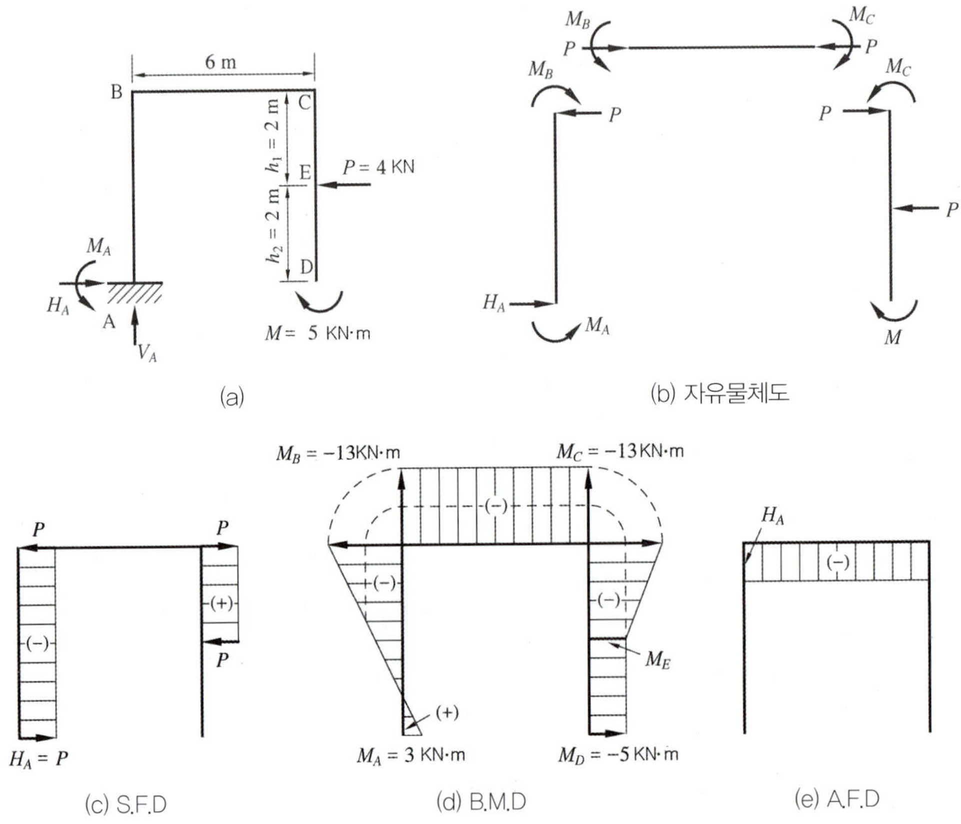

[그림 8.2.7]

풀이

(1) 지점반력

$\Sigma F_y = 0$에 의하여 $\quad \therefore V_A = 0$

$\Sigma F_x = 0$에 의하여 $\quad \therefore H_A = P = 4\,\text{kN}$

$\Sigma M = 0$에 의하여 $\quad M_A + M - (P)(h_2) = 0$

$$\therefore M_A = -M + Ph_2 = -5\,\text{kN} \cdot \text{m} + (4\,\text{kN}) \times (2\,\text{m}) = 3\,\text{kN} \cdot \text{m}$$

(2) 단면력 계산

① 전단력

CD 부재 $V_{CD} = P = 4\text{ kN}$ $V_D = 0$

BC 부재 $V_{BC} = V_A = 0$

BA 부재 $V_{AB} = -H_A = -4\text{ kN}$

② 휨모멘트

CD 부재 $M_x = -M$

$M_D = -5\text{ kN}\cdot\text{m}$ $M_E = -5\text{ kN}\cdot\text{m}$

$M_x = -M-(P)(x-h_2) = -5-(4)(x-2)$

$M_{C(x=h_1+h_2=4\text{m})} = -5-(4)\times(2) = -13\text{ kN}\cdot\text{m}$

BC 부재 $M_x = M_C = -13\text{ kN}\cdot\text{m}$

$M_{B(x=6\text{m})} = M_C = -13\text{ kN}\cdot\text{m}$

AB 부재 $M_x = M_B+(P)(x) = -13+(4)(x)$

$M_{A(x=4\text{m})} = -13+4(4) = 3\text{ kN}\cdot\text{m}$

③ 축방향력

CD 부재 $A_{CD} = 0$

BC 부재 $A_{BC} = -H_A = -4\text{ kN}$

AB 부재 $A_{AB} = 0$

따라서 단면력도는 [그림 8.2.7(c), (d), (e)]와 같다.

8.3 단순보계 라멘

8.3.1 집중하중이 작용할 경우

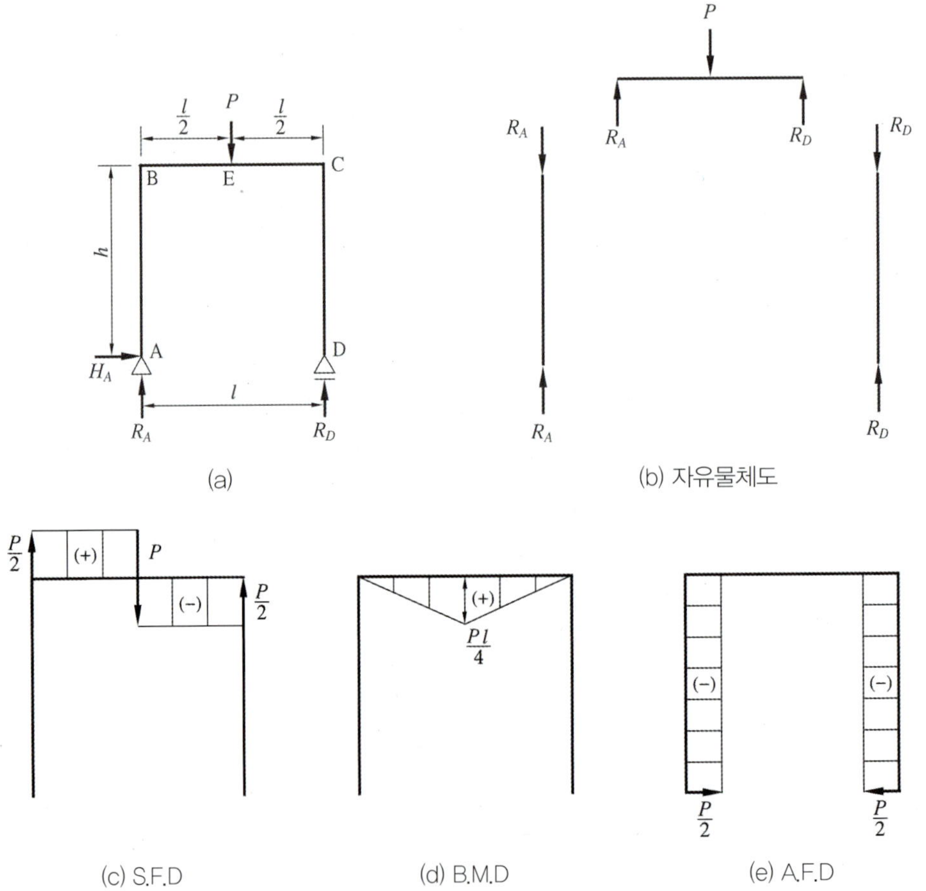

[그림 8.3.1]

[그림 8.3.1(a)]의 단순보계 라멘은 양단 내민보의 해석과 동일하다. 따라서, 기둥 AB와 DC를 캔틸레버로 보고 A지점과 D지점을 자유단으로 하여 단면력을 계산한다.

[1] 지점반력

$\Sigma F_y = 0$에 의하여 $R_A + R_D = P$

$\Sigma F_x = 0$에 의하여 $\therefore H_A = 0$

$\Sigma M_B = 0$에 의하여 $(R_A) \times (l) - (P) \times \left(\frac{l}{2}\right) = 0$

$$\therefore R_A = \frac{P}{2} \qquad \therefore R_D = P - R_A = \frac{P}{2}$$

[2] 단면력 계산

(1) 전단력

AB 부재	$V_x = 0$	$V_{AB} = 0$
BE 부재	$V_x = R_A$	$V_{BE} = \frac{P}{2}$
EC 부재	$V_x = R_A - P$	$V_{EC} = -\frac{P}{2}$
CD 부재	$V_x = 0$	$V_{CD} = 0$

(2) 휨모멘트

BE 부재 $M_x = (R_A)(x) = \left(\frac{P}{2}\right)(x)$

$$\therefore M_{B(x=0)} = \frac{P}{2} \times (0) = 0$$

$$\therefore M_{E(x=l/2)} = \left(\frac{P}{2}\right)\left(\frac{l}{2}\right) = M_{\max} = \frac{Pl}{4}$$

EC 부재 $M_x = (R_A)(x) - (P)\left(x - \frac{l}{2}\right) = \left(\frac{P}{2}\right)(x) - (P)\left(x - \frac{l}{2}\right)$

$$\therefore M_{C(x=l)} = \left(\frac{P}{2}\right)(l) - (P)\left(l - \frac{l}{2}\right) = 0$$

(3) 축방향력

AB 부재 $\qquad A_{AB} = -R_A = -\dfrac{P}{2}$

DC 부재 $\qquad A_{DC} = -R_D = -\dfrac{P}{2}$

BC 부재 $\qquad A_{BC} = 0$

따라서, 단면력도는 [그림 8.3.1(c), (d), (e)]와 같다.

예제 8.3.1

[그림 8.3.2(a)]와 같은 라멘의 단면력을 구하고 단면력도를 그려라.

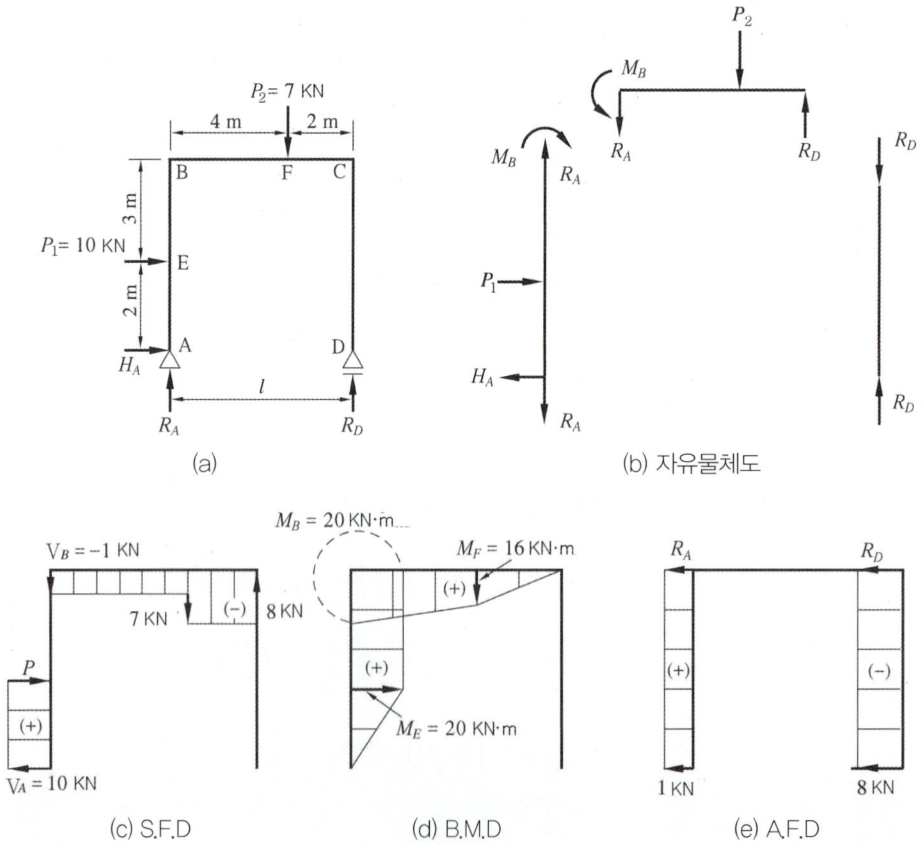

[그림 8.3.2]

풀이

(1) 지점반력

$\Sigma F_y = 0$에 의하여 $R_A + R_D = 7\text{ kN}$

$\Sigma F_x = 0$에 의하여 $H_A + 10 = 0$ $\therefore H_A = -10\text{ kN}\ (\leftarrow)$

$\Sigma M_D = 0$에 의하여 $(R_A)\times(6\text{m}) + (10\text{kN})\times(2\text{m}) - (7\text{kN})\times(2\text{m}) = 0$

$\therefore R_A = -1\text{ kN}\ (\downarrow)$

$\Sigma M_A = 0$에 의하여 $-(R_D)\times(6\text{m}) + (10\text{kN})\times(2\text{m}) + (7\text{kN})\times(4\text{m}) = 0$

$\therefore R_D = 8\text{ kN}\ (\uparrow)$

(2) 단면력 계산

① 전단력

AE 부재 $V_x = H_A$ $V_{AE} = 10\text{ kN}$

EB 부재 $V_x = H_A - P$ $V_{EB} = 0$

BF 부재 $V_x = R_A$ $V_{BF} = -1\text{ kN}$

FC 부재 $V_x = R_A - P$ $V_{FC} = -1 - 7 = -8\text{ kN}$

DC 부재 $V_x = 0$ $V_{DC} = 0$

② 휨모멘트

AE 부재 $M_x = (H_A)(x) = 10x$

$\therefore M_{A(x=0)} = 0$ $\therefore M_{E(x=2m)} = 10\times 2 = 20\text{ kN}\cdot\text{m}$

EB 부재 $M_x = (H_A)(x) - (P)(x-2) = 10x - 10(x-2)$

$\therefore M_{B(x=5\text{m})} = 10\times 5 - 10\times(5-2) = 20\text{ kN}\cdot\text{m}$

BF 부재 $M_x = M_B + (R_A)(x) = 20 + (-1)(x) = 20 - x$

$\therefore M_{F(x=4\text{m})} = 20 - 4 = 16\text{ kN}\cdot\text{m}$

FC 부재 $M_x = M_B + (R_A)(x) - (P)(x-4) = 20 + (-1)(x) - (7)(x-4)$

$= 20 - x - 7(x-4) = 48 - 8x$

$\therefore M_{C(x=6\text{m})} = 48 - 8\times 6 = 0$

$\therefore M_{F(x=4\text{m})} = 48 - 8\times 4 = 16\text{ kN}\cdot\text{m}$

③ 축방향력

AB 부재 $A_{AB} = 1\text{ kN}$

BC 부재 $A_{BC} = 0$

DC 부재 $A_{DC} = -8\text{ kN}$

따라서 단면력도는 [그림 8.3.2(c), (d), (e)]와 같다.

예제 8.3.2

[그림 8.3.3(a)]와 같은 라멘에서 단면력을 구하고 단면력도를 그려라.

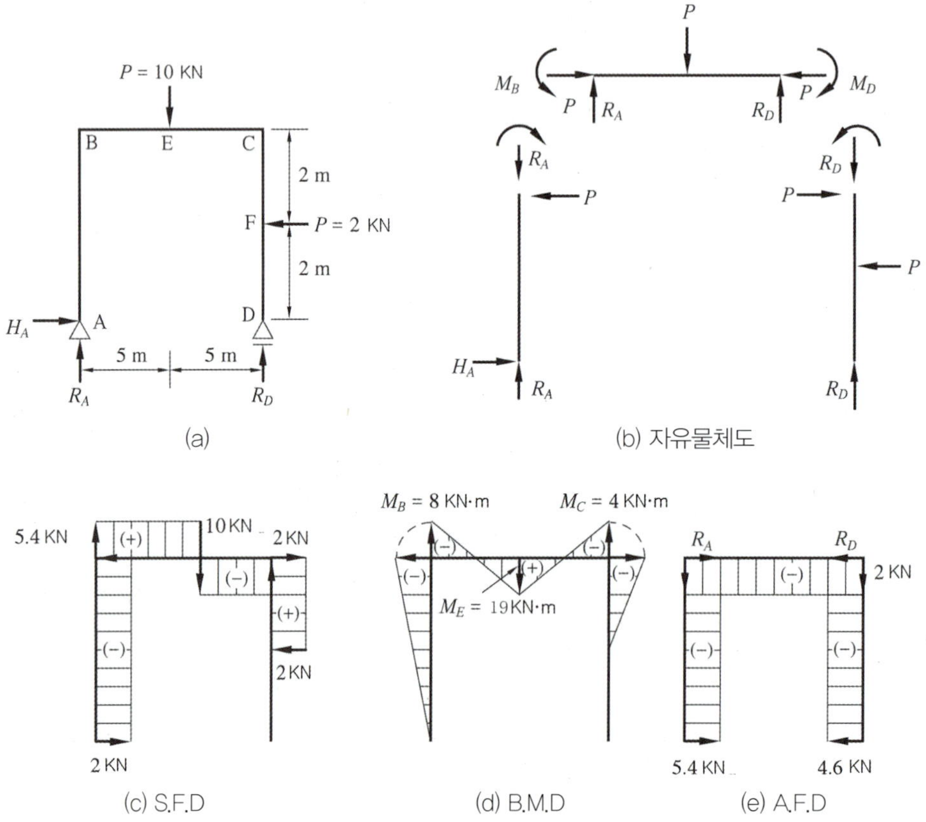

[그림 8.3.3]

풀이

(1) 지점반력

$\Sigma F_y = 0$에 의하여 $\quad R_A + R_D = 10\ \text{kN}$

$\Sigma F_x = 0$에 의하여 $\quad H_A - 2 = 0$

$\therefore\ H_A = 2\ \text{kN}\ (\rightarrow)$

$\Sigma M_D = 0$에 의하여 $\quad (R_A) \times (10\,\text{m}) - (10\,\text{kN}) \times (5\,\text{m}) - (2\,\text{kN}) \times (2\,\text{m}) = 0$

$\therefore\ R_A = 5.4\ \text{kN}\ (\uparrow)$

$\Sigma M_A = 0$에 의하여 $\quad -(R_D) \times (10\,\text{m}) + (10\,\text{kN} \times (5\,\text{m}) - (2\,\text{kN}) \times (2\,\text{m}) = 0$

$\therefore\ R_D = 4.6\ \text{kN}\ (\uparrow)$

(2) 단면력 계산

기둥 AB와 DC는 캔틸레버로 보고 B지점과 C지점을 고정단으로, 그리고 A지점과 D지점을 자유단으로 본다.

① 전단력

AB 부재 $V_x = -H_A$ $V_{AB} = -2\text{ kN}$

BE 부재 $V_x = R_A$ $V_{BE} = 5.4\text{ kN}$

EC 부재 $V_x = R_A - P$ $V_{EC} = 5.4 - 10 = -4.6\text{ kN}$

CF 부재 $V_x = P$ $V_{CF} = 2\text{ kN}$

FD 부재 $V_x = P - P$ $V_{FD} = 0$

② 휨모멘트

AB 부재 $M_x = -(H_A)(x) = -2x$

$\therefore M_{B(x=4\text{m})} = -2 \times 4 = -8\text{ kN} \cdot \text{m}$

BE 부재 $M_x = M_B + (R_A)(x) = (-8) + (5.4)(x) = -8 + 5.4x$

$\therefore M_{E(x=5\text{m})} = -8 + 5.4 \times 5 = 19\text{ kN} \cdot \text{m}$

EC 부재 $M_x = M_B + (R_A)(x) - (P)(x-5) = (-8) + (5.4)(x) - (10)(x-5) = 42 - 4.6x$

$M_{C(x=10\text{m})} = 42 - 4.6 \times 10 = -4\text{ kN} \cdot \text{m}$

CF 부재 $M_x = M_C + (P)(x) = (-4) + (2)(x) = -4 + 2x$

$\therefore M_{F(x=2\text{m})} = -4 + 2 \times 2 = 0$

FD 부재 $M_x = 0$ $\therefore M_{F\sim D} = 0$

③ 축방향력

AB 부재 $A_{AB} = -R_A = -5.4\text{ kN}$

BC 부재 $A_{BC} = -P = -2\text{ kN}$

CD 부재 $A_{CD} = -R_D = -4.6\text{ kN}$

따라서 단면력도는 [그림 8.3.3(c), (d), (e)]와 같다.

8.3.2 등분포하중이 작용할 경우

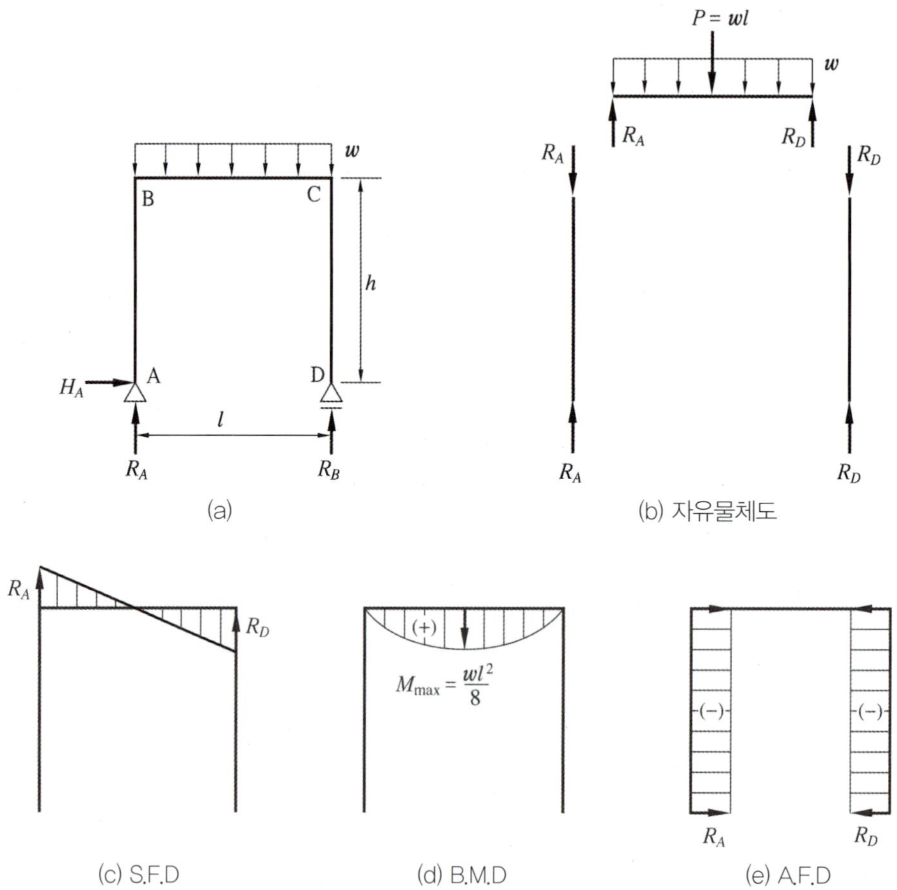

[그림 8.3.4]

[1] 지점반력

$\Sigma F_y = 0$에 의하여 $\quad R_A + R_B = P = wl$

$\Sigma F_x = 0$에 의하여 $\quad \therefore\ H_A = 0$

$\Sigma M_B = 0$에 의하여 $\quad (R_A) \times (l) - (w)(l) \times \left(\dfrac{l}{2}\right) = 0$

$$\therefore\ R_A = R_B = \frac{wl}{2}$$

[2] 단면력 계산

(1) 전단력

BC 부재 $V_x = (R_A) - (w)(x) = \frac{wl}{2} - wx$

$V_{A(x=0)} = R_{A(x=0)} = \frac{wl}{2}$

$V_{B(x=l)} = \frac{wl}{2} - wl = -\frac{wl}{2} = -R_{B(x=l)}$

AB 부재 $V_{AB} = 0$

CD 부재 $V_{CD} = 0$

전단력이 0이 되는 위치는

$$V_x = 0, \quad \frac{wl}{2} - wx = 0 \qquad \therefore x = \frac{l}{2}$$

전단력이 0이 되는 위치에서 최대 휨모멘트가 생긴다.

(2) 휨모멘트

BC 부재 $M_x = (R_A)(x) - (w)(x)\left(\frac{x}{2}\right) = \frac{wl}{2}x - \frac{w}{2}x^2$

$\therefore \; {}_{x=l/2}M_{\max} = \frac{wl}{2}\left(\frac{l}{2}\right) - \frac{w}{2}\left(\frac{l}{2}\right)^2 = \frac{wl^2}{8}$

AB 부재 $M_A = M_B = 0$

CD 부재 $M_C = M_D = 0$

(3) 축방향력

AB 부재 $A_{AB} = -R_A = -\frac{wl}{2}$

BC 부재 $A_{BC} = 0$

CD 부재 $A_{CD} = -R_B = -\frac{wl}{2}$

따라서 단면력도는 [그림 8.3.4(c), (d), (e)]와 같다.

예제 8.8.3

[그림 8.3.5(a)]와 같은 라멘의 단면력을 구하고 단면력도를 그려라.

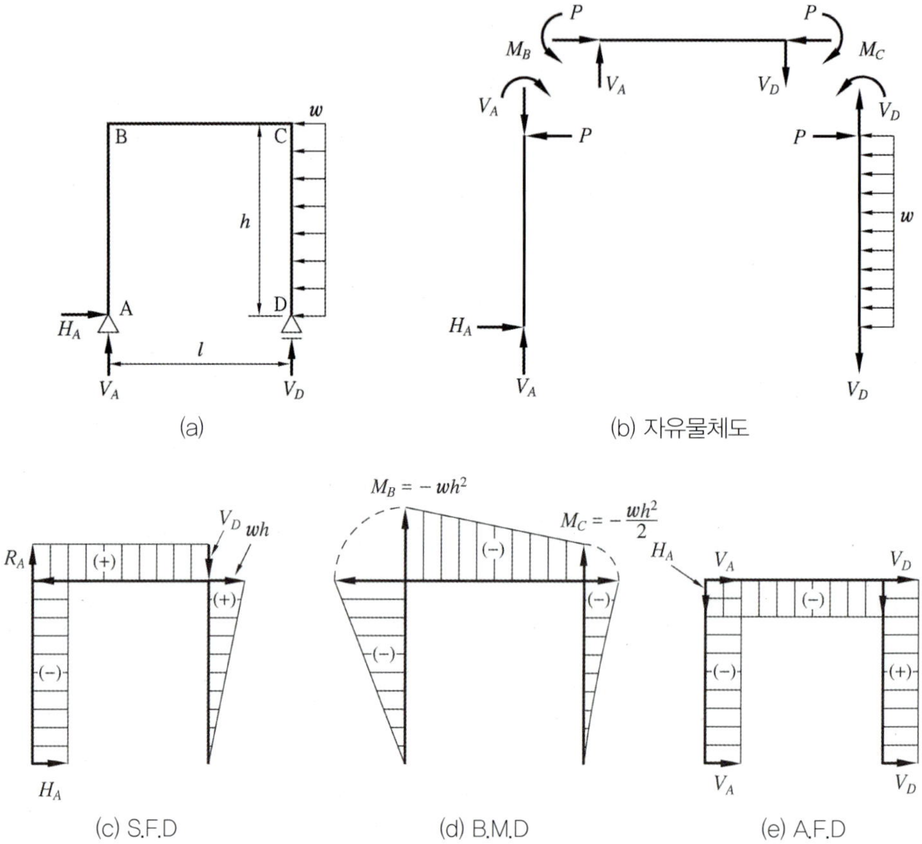

[그림 8.3.5]

풀이

(1) 지점반력

$\Sigma F_y = 0$에 의하여 $\quad V_A + V_D = 0$

$\Sigma F_x = 0$에 의하여 $\quad (H_A) - (w)(h) = 0 \quad \therefore H_A = wh(\rightarrow)$

$\Sigma M_D = 0$에 의하여 $\quad (V_A) \times (l) - (w) \times (h) \times \left(\frac{h}{2}\right) = 0 \quad \therefore V_A = \frac{wh^2}{2l}(\uparrow)$

$\Sigma M_A = 0$에 의하여 $\quad -(V_D) \times (l) - (w) \times (h) \times \left(\frac{h}{2}\right) = 0 \quad \therefore V_D = -\frac{wh^2}{2l}(\downarrow)$

(2) 단면력 계산

① 전단력

AB 부재 $V_x = -H_A = -(w)(h)$ $V_{AB} = -wh$

BC 부재 $V_x = V_A$ $V_{BC} = \dfrac{wh^2}{2l}$

DC 부재 $V_x = (w)(h) - (w)(x)$ $V_{C(x=0)} = wh - w(0) = wh$

$V_{D(x=h)} = wh - w(h) = 0$

② 휨모멘트

AB 부재 $M_x = -(H_A)(x) = -(wh)(x)$ $\therefore M_B = -wh^2$

BC 부재 $M_x = M_B + (V_A)(x) = -wh^2 + \left(\dfrac{wh^2}{2l}\right)(x) = -wh^2 + \dfrac{wh^2}{2l}x$

$\therefore M_{C(x=l)} = -wh^2 + \dfrac{wh^2}{2l}(l) = -\dfrac{wh^2}{2}$

CD 부재 $M_x = M_C + (P)(x) - (w)(x)\left(\dfrac{x}{2}\right) = -\dfrac{wh^2}{2} + (wh)(x) - \dfrac{wx^2}{2}$

$\therefore M_{C(x=h)} = -\dfrac{wh^2}{2} + wh^2 - \dfrac{wh^2}{2} = 0$

③ 축방향력

AB 부재 $A = -V_A = -\dfrac{wh^2}{2l}$

BC 부재 $A = -H_A = -wh$

CD 부재 $A = -V_D = \dfrac{wh^2}{2l}$

따라서 단면력도는 [그림 8.3.5(c), (d), (e)]와 같다.

예제 8.3.4

[그림 8.3.6(a)]와 같은 라멘의 단면력을 계산하고 단면력도를 그려라.

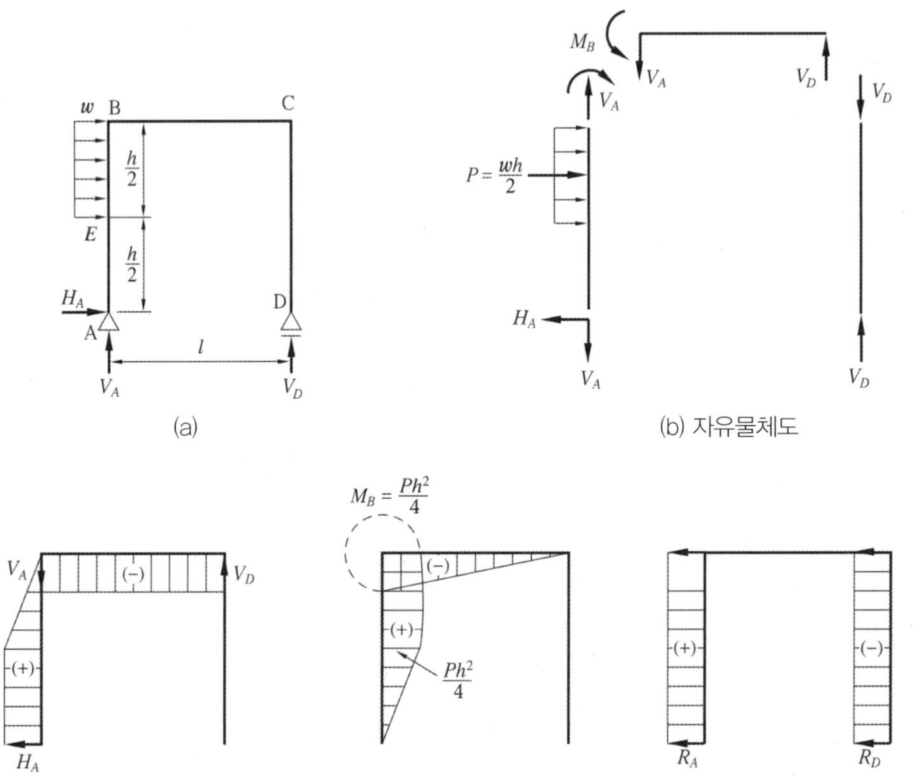

(a) (b) 자유물체도

(c) S.F.D (d) B.M.D (e) A.F.D

[그림 8.3.6]

풀이

(1) 지점반력

$\Sigma F_y = 0$에 의하여 $\quad V_A + V_D = 0 \quad \therefore V_A = -V_D$

$\Sigma F_x = 0$에 의하여 $\quad H_A - (w)\left(\dfrac{h}{2}\right) = 0 \quad \therefore H_A = -\dfrac{wh}{2}(\leftarrow)$

$\Sigma M_D = 0$에 의하여 $\quad (V_A) \times (l) + \left(\dfrac{wh}{2}\right) \times \left(\dfrac{3h}{4}\right) = 0 \quad \therefore V_A = -\dfrac{3wh^2}{8l}(\downarrow)$

$\Sigma M_A = 0$에 의하여 $\quad -(V_D) \times (l) + \left(\dfrac{wh}{2}\right) \times \left(\dfrac{3h}{4}\right) = 0 \quad \therefore V_D = \dfrac{3wh^2}{8l}(\uparrow)$

(2) 단면력 계산

① 전단력

AE 부재 $V_x = -H_A \qquad V_{AE} = \dfrac{wh}{2}$

EB 부재 $V_x = -(H_A) - (w)(x) = \dfrac{wh}{2} - wx$

$\therefore V_{E(x=0)} = \dfrac{wh}{2} - w(0) = \dfrac{wh}{2}$

$\therefore V_{B(x=h/2)} = \dfrac{wh}{2} - w\left(\dfrac{h}{2}\right) = 0$

BC 부재 $V_x = V_A = -\dfrac{3wh^2}{8l} \qquad \therefore V_B = -\dfrac{3wh^2}{8l} = V_C$

CD 부재 $V_x = 0 \quad S_{CD} = 0$

② 휨모멘트

AE 부재 $M_x = -(H_A)(x) = -\left(-\dfrac{wh}{2}\right)(x) = \dfrac{wh}{2}x$

$\therefore M_{E(x=h/2)} = \dfrac{wh^2}{4}$

EB 부재 $M_x = (H_A)(x) - (w)\left(x - \dfrac{h}{2}\right)\left(x - \dfrac{h}{2}\right)\left(\dfrac{1}{2}\right) = whx - \dfrac{wx^2}{2} - \dfrac{wh^2}{8}$

$\therefore M_{B(x=h)} = wh(h) - \dfrac{w(h)^2}{2} - \dfrac{wh^2}{8} = \dfrac{3wh^2}{8}$

BC 부재 $M_x = M_B + (V_A)(x) = \dfrac{3wh^2}{8} - \dfrac{3wh^2}{8l}(x)$

$\therefore M_{B(x=0)} = \dfrac{3wh^2}{8} - \dfrac{3wh^2}{8l}(0) = \dfrac{3wh^2}{8}$

$\therefore M_{C(x=l)} = \dfrac{3wh^2}{8} - \dfrac{3wh^2}{8l}(l) = 0$

<검토> (우측으로 계산)

$M_x = (V_D)(x) = \left(\dfrac{3wh^2}{8l}\right)(x) \quad \therefore M_{C(x=0)} = 0 \quad \therefore M_{B(x=l)} = \dfrac{3wh^2}{8}$

CD 부재 $M_x = 0$

③ 축방향력

AB 부재 $A_{AB} = -V_A = \dfrac{3wh^2}{8l}$

BC 부재 $A_{BC} = 0$

CD 부재 $A_{CD} = -V_D = -\dfrac{3wh^2}{8l}$

따라서 단면력도는 [그림 8.3.6(c), (d), (e)]와 같다.

예제 8.3.5

[그림 8.3.7(a)]와 같은 라멘의 단면력을 계산하고 단면력도를 그려라.

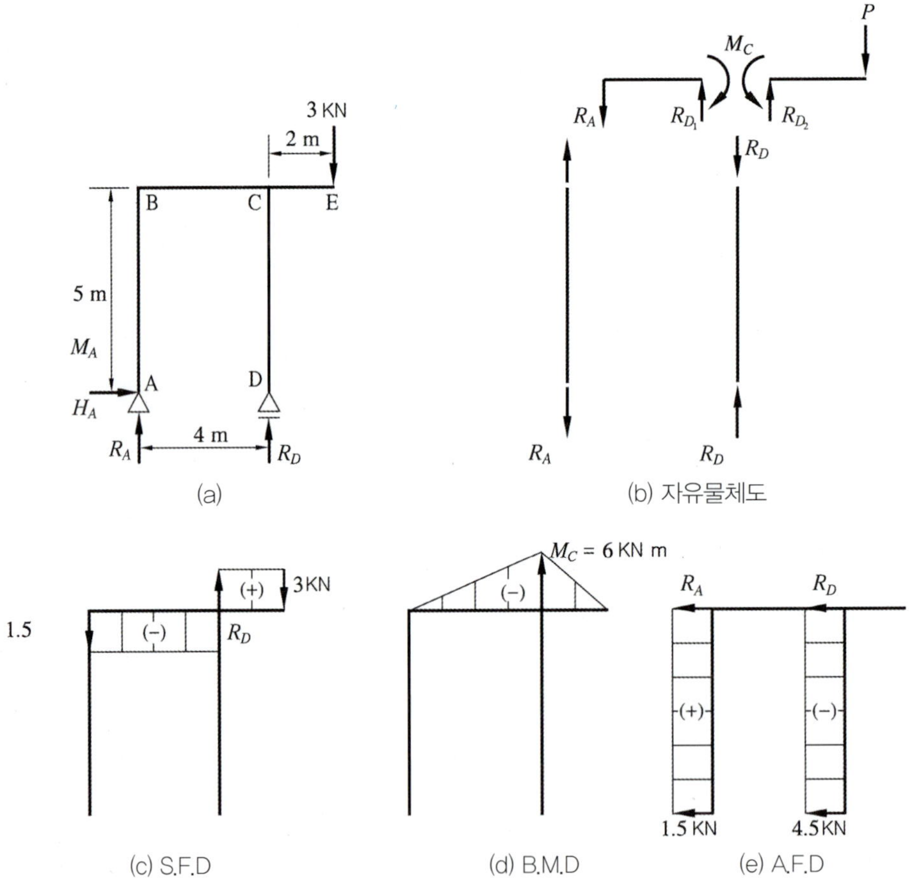

[그림 8.3.7]

풀이

(1) 지점반력

$\Sigma F_y = 0$에 의하여 $R_A + R_D = 3\,\text{kN}$

$\Sigma F_x = 0$에 의하여 $H_A = 0$

$\Sigma M_D = 0$에 의하여 $(R_A) \times (4\,\text{m}) + (3\,\text{kN}) \times (2\,\text{m}) = 0$ $\therefore R_A = -1.5\,\text{kN}(\downarrow)$

$\Sigma M_A = 0$에 의하여 $-(R_D) \times (4\,\text{m}) + (3\,\text{kN}) \times (6\,\text{m}) = 0$ $\therefore R_D = 4.5\,\text{kN}(\uparrow)$

(2) 단면력 계산

① 전단력

AB 부재 $V_x = 0$ $V_{AB} = 0$

CD 부재 $V_x = 0$ $V_{CD} = 0$

BC 부재 $V_x = R_A = -1.5\,\text{kN}$ $\therefore V_B = R_A = -1.5\,\text{kN}$

CE 부재 $V_x = R_A + R_D = -1.5 + 4.5 = 3\,\text{kN}$

② 휨모멘트

AB 부재 $M_x = 0$

CD 부재 $M_x = 0$

CE 부재 $M_x = -(3)(x) = -3x$

$\therefore M_{C(x=2)} = -3 \times 2 = -6\,\text{kN}\cdot\text{m}$

BC 부재 $M_x = (R_D)(x) - (3)(x+2) = 4.5x - 3(x+2) = 1.5x - 6$

$\therefore M_{B(x=4\text{m})} = 1.5 \times 4 - 6 = 0$

③ 축방향력

AB 부재 $A_{AB} = 1.5\,\text{kN}$

CD 부재 $A_{CD} = -4.5\,\text{kN}$

BE 부재 $A_{BE} = 0$

따라서 단면력도는 [그림 8.3.7(c), (d), (e)]와 같다.

8.4 3 이동지점 라멘

구조물을 지지하고 있는 지점 3개가 이동(roller)으로 된 라멘으로서 지점반력은 평형방정식($\Sigma F_x = 0,\ \Sigma F_y = 0,\ \Sigma M = 0$)으로 구하고, 단면력 계산은 단순보계 라멘과 같은 방법으로 구한다.

8.4.1 집중하중이 작용할 경우

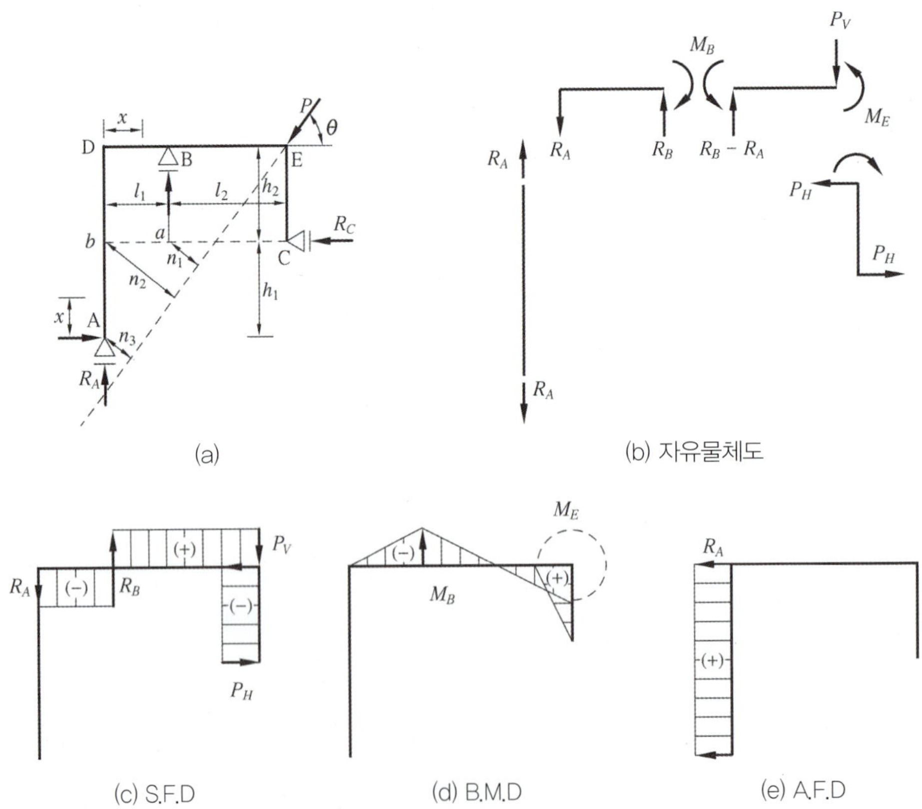

[그림 8.4.1]

[1] 지점반력

$P_V = P\sin\theta$ $\quad\quad \therefore P_H = P\cos\theta$

$\Sigma M_a = 0$에 의하여 $\quad (R_A)(l_1) + (P)(n_1) = 0 \quad \therefore R_A = -\dfrac{Pn_1}{l_1}(\downarrow)$

$\Sigma M_b = 0$에 의하여 $\quad -(R_B)(l_1) + (P)(n_2) = 0 \quad \therefore R_B = \dfrac{Pn_2}{l_1}(\uparrow)$

$\Sigma M_A = 0$에 의하여 $\quad (R_C)(h_1) - (R_B)(l_1) + (P)(n_3) = 0$

$$\therefore R_C = \frac{P}{h_1}(n_2 - n_3)\ (\rightarrow)$$

$\Sigma F_x = 0$에 의하여 $\quad R_C - P\cos\theta = 0 \therefore R_C = P\cos\theta\ (\rightarrow)$

[2] 단면력 계산

(1) 전단력

AD 부재 $\quad V_x = 0 \quad \therefore V_{AD} = 0$

DB 부재 $\quad V_x = R_A \quad \therefore V_{DB} = -\dfrac{Pn_1}{l_1}$

EC 부재 $\quad V_x = -R_C \quad \therefore V_{EC} = -P\cos\theta$

BE 부재 $\quad V_x = R_A + R_B \quad \therefore V_{BE} = \dfrac{P(n_2 - n_1)}{l_1} = P\sin\theta$

(2) 휨모멘트

AD 부재 $\quad M_x = 0 \quad \therefore M_{AD} = 0$

DB 부재 $\quad M_x = (R_A)(x) = -\dfrac{Pn_1}{l_1}x$

$$\therefore M_{B(x=l_1)} = -\frac{Pn_1}{l_1}(l_1) = -Pn_1$$

BE 부재 $\quad M_x = M_B + (R_B - R_A)(x)$

$$\therefore M_E = (R_A)(l_1) + (R_B - R_A)(l_2) = (R_C)(h_2) = Ph_2\cos\theta$$

EC 부재 $M_x = (R_C)(x) \quad \therefore M_{C(x=0)} = 0$

$$\therefore M_{E(x=h_2)} = (P\cos\theta)(h_2) = Ph_2\cos\theta$$

(3) 축방향력

AD 부재 $A_{AD} = -R_A = \dfrac{Pn_1}{l_1}$

DE 부재 $A_{DE} = 0$

EC 부재 $A_{EC} = 0$

따라서 단면력도는 [그림 8.4.1(c), (d), (e)]와 같다.

8.4.2 등분포하중이 작용할 경우

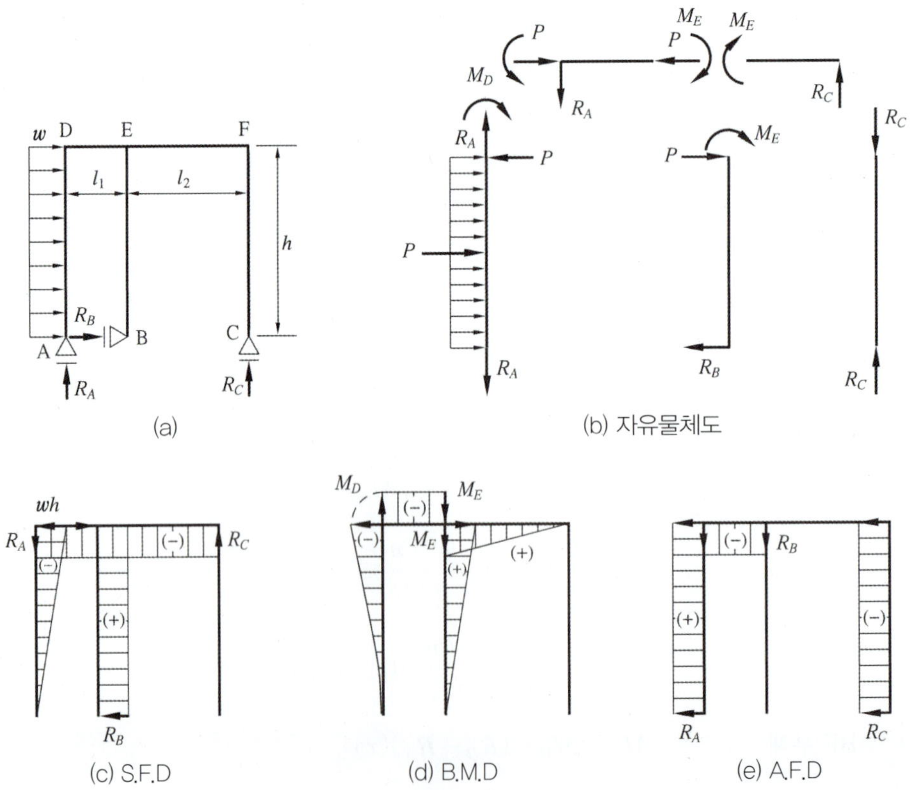

[그림 8.4.2]

[1] 지점반력

$\Sigma F_x = 0$에 의하여 $(w)(h) + (R_B) = 0$ $\therefore R_B = -\,wh(\leftarrow)$

$\Sigma M_C = 0$에 의하여 $(R_A) \times (l_1 + l_2) + (w)(h) \times (\frac{h}{2}) = 0$

$$\therefore R_A = -\frac{wh^2}{2(l_1 + l_2)}\ (\downarrow)$$

$\Sigma F_y = 0$에 의하여 $R_A + R_C = 0$

$$\therefore R_C = -\,R_A = \frac{wh^2}{2(l_1 + l_2)}\ (\uparrow)$$

[2] 단면력 계산

(1) 전단력

AD 부재 $V_x = -\,wx \quad V_A = 0$ $\therefore V_D = -\,wh$

DF 부재 $V_x = R_A$ $\therefore V_{DE} = R_A = -\,\frac{wh^2}{2(l_1 + l_2)}$

BE 부재 $V_x = -\,R_B$ $\therefore V_{BE} = wh$

CF 부재 $V_x = 0$ $\therefore V_{CF} = 0$

(2) 휨모멘트

AD 부재 $M_x = -\,(w)(x)\left(\frac{x}{2}\right) = -\frac{wx^2}{2}$

$\therefore M_A = 0$ $\therefore M_D = -\,\frac{wh^2}{2}$

DE 부재 $M_x = M_D + (R_A)(x) = -\,\frac{wh^2}{2} - \left[\frac{wh^2}{2(l_1 + l_2)}\right](x)$

$$\therefore M_{D(x=0)} = -\,\frac{wh^2}{2}$$

$$\therefore M_{E(x=l_1)} = -\,\frac{wh^2}{2} - \frac{wh^2}{2(l_1 + l_2)} \times l_1$$

EF 부재 $M_x = (R_C)(x)$ $\quad \therefore M_{F(x=0)} = 0$

$$\therefore M_{E(x=l_2)} = (R_C)(l_2) = \frac{wh^2}{2(l_1+l_2)} \times l_2$$

BE 부재 $M_x = -(R_B)(x) = -wh(x)$ $\quad \therefore M_{B(x=0)} = 0$

$$\therefore M_{E(x=-h)} = -wh(-h) = wh^2$$

CF 부재 $M_x = 0 \quad M_{CF} = 0$

(3) 축방향력

AD 부재 $A_{AD} = -R_A = \dfrac{wh^2}{2(l_1+l_2)}$

DE 부재 $A_{DE} = R_B = -wh$

CF 부재 $A_{CF} = -R_C = -\dfrac{wh^2}{2(l_1+l_2)}$

EF 부재 $A_{EF} = 0$

EB 부재 $A_{EB} = 0$

따라서 위 결과에 의하여 단면력도는 [그림 8.4.2(c), (d), (e)]와 같다.

8.4.3 모멘트하중이 작용할 경우

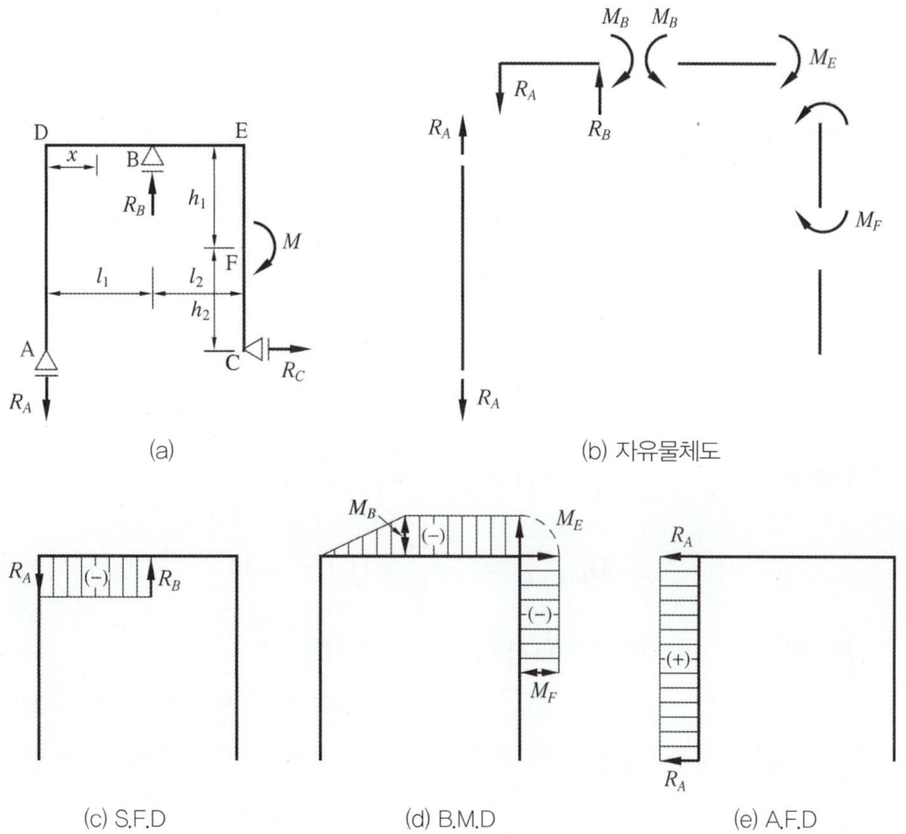

[그림 8.4.3]

[1] 지점반력

$\Sigma M_A = 0$에 의하여 $\quad -(R_B)(l_1) + M = 0 \quad \therefore R_B = \dfrac{M}{l_1}(\uparrow)$

$\Sigma F_y = 0$에 의하여 $\quad R_A + R_B = 0 \quad \therefore R_A = -R_B = -\dfrac{M}{l_1}(\downarrow)$

$\Sigma F_x = 0$에 의하여 $\quad \therefore R_C = 0$

[2] 단면력 계산

(1) 전단력

AD 부재 $V_x = 0$ $\therefore V_{AD} = 0$

DB 부재 $V_x = R_A$ $\therefore V_{DB} = -\dfrac{M}{l_1}$

BE 부재 $V_x = 0$ $\therefore V_{BE} = 0$

EC 부재 $V_x = 0$ $\therefore V_{EC} = 0$

(2) 휨모멘트

AD 부재 $M_x = 0$ $\therefore M_{AD} = 0$

DB 부재 $M_x = (R_A)(x) = -\left(\dfrac{M}{l_1}\right)(x)$

$$\therefore M_{B(x = l_1)} = -\frac{M}{l_1} \times (l_1) = -M$$

BE 부재 $M_x = (R_A)(x) + (R_B) \times (x - l_1)$

$$\therefore M_{E(x = l_1 + l_2)} = (R_A)(l_1 + l_2) + (R_B) \times (l_2) = -M$$

FC 부재 $M_x = 0$ $\therefore M_{FC} = 0$

EF 부재 $M_x = -M$ $\therefore M_{EF} = -M$

(3) 축방향력

AD 부재 $A_{AD} = R_A$

DE 부재 $A_{DE} = 0$

EC 부재 $A_{EC} = 0$

따라서 단면력도는 [그림 8.4.3(c), (d), (e)]와 같다.

예제 8.4.1

[그림 8.4.4(a)]와 같은 3이동지점 라멘에 집중하중과 모멘트하중이 작용할 경우 단면력을 구하고 단면력도를 그려라.

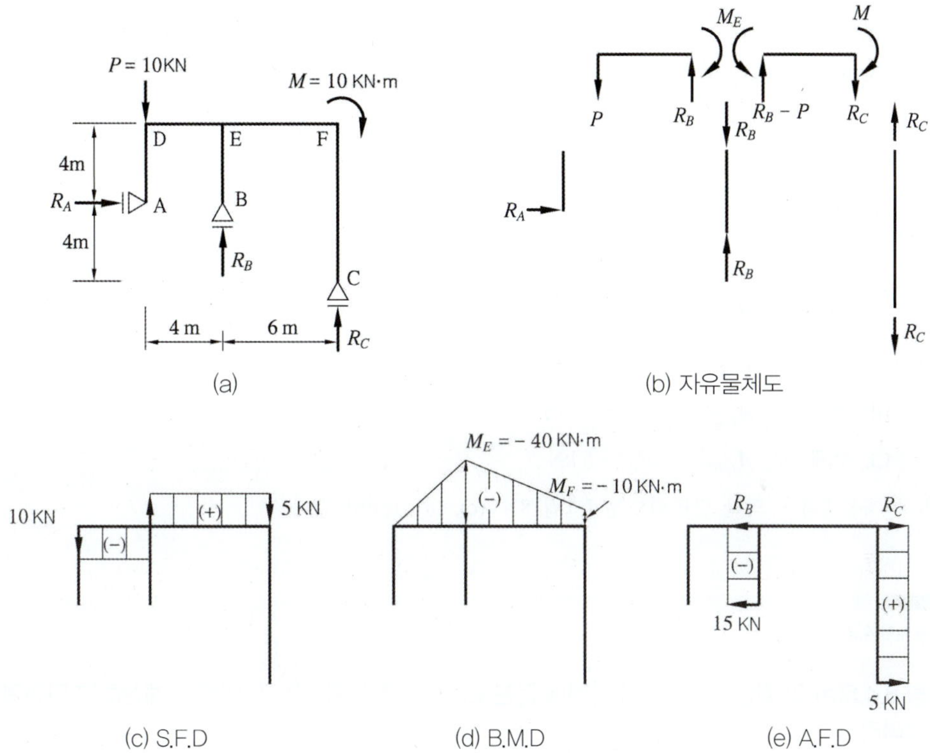

[그림 8.4.4]

풀이

(1) 지점반력

$\sum M_B = 0$에 의하여 $\quad -(R_C)\times(6\,\text{m}) + (10\,\text{kN}\cdot\text{m}) - (10\,\text{kN})\times(4\,\text{m}) = 0$

$\therefore R_C = -5\,\text{kN}\,(\downarrow)$

$\sum F_y = 0$에 의하여 $\quad R_B + R_C = 10\,\text{kN} \qquad \therefore R_B = 15\,\text{kN}$

$\sum F_x = 0$에 의하여 $\quad \therefore R_A = 0$

(2) 단면력 계산

① 전단력

AD 부재 $\quad V_x = 0 \qquad \therefore V_{AD} = 0$

BE 부재 $\quad V_x = 0 \qquad \therefore V_{BE} = 0$

CF 부재 $V_x = 0$ $\therefore V_{CF} = 0$

DE 부재 $V_x = -10\ \mathrm{kN}$ $\therefore V_{DE} = -10\ \mathrm{kN}$

EF 부재 $V_x = -10 + R_B$ $\therefore V_{DE} = 5\ \mathrm{kN}$

② 휨모멘트

AD 부재 $M_x = 0$ $\therefore M_A = M_D = 0$

DE 부재 $M_x = -10x$ $\therefore M_{E(x=4m)} = -10 \times 4 = -40\ \mathrm{kN \cdot m}$

EF 부재 $M_x = R_C \cdot x - M$ $\therefore M_{E(x=-6m)} = 5 \times (-6) - 10 = -40\ \mathrm{kN \cdot m}$

$\therefore M_{F(x=0)} = -10\ \mathrm{kN \cdot m}$

FC 부재 $M_x = 0$ $\therefore M_C = 0$ $\therefore M_F = 0$

③ 축방향력

AD 부재 $A_{AD} = 0$

DF 부재 $A_{DF} = 0$

BE 부재 $A_{BE} = -R_B = -15\ \mathrm{kN}$

CF 부재 $A_{CF} = -R_C = 5\ \mathrm{kN}$

따라서 계산결과에 의한 단면력도는 [그림 8.4.4(c), (d), (e)]와 같다.

예제 8.4.2

[그림 8.4.5(a)]와 같은 3이동지점 라멘에 등분포하중이 작용할 경우 단면력을 계산하고 단면력도를 그려라.

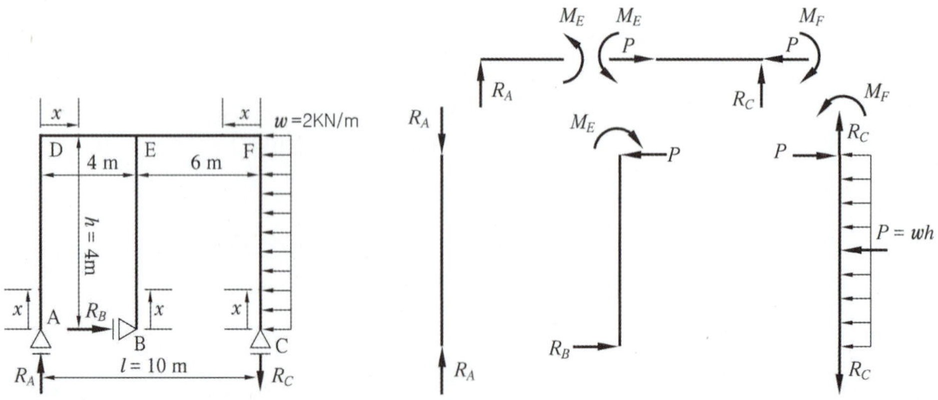

(a) (b) 자유물체도

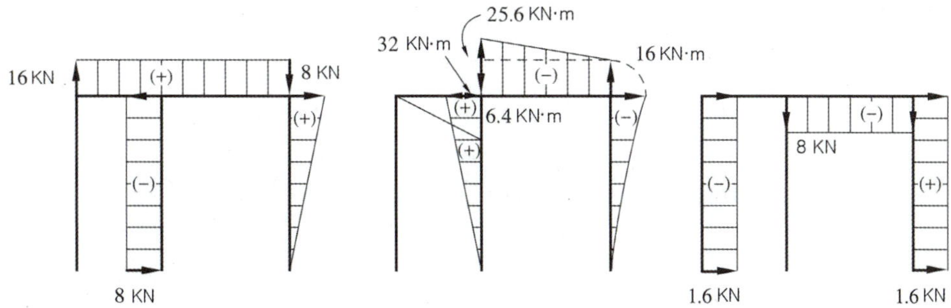

(c) S.F.D (d) B.M.D (e) A.F.D

[그림 8.4.5]

풀이

(1) 지점반력

$\Sigma M_C = 0$에 의하여 $(R_A)\times(l) - (w)(h)\times\left(\dfrac{h}{2}\right) = 0$

$\therefore R_A = \dfrac{wh^2}{2l} = 1.6\ \text{kN}(\uparrow)$

$\Sigma F_x = 0$에 의하여 $R_B - wh = 0$ $\therefore R_B = wh = 8\ \text{kN}(\rightarrow)$

$\Sigma F_y = 0$에 의하여 $R_A + R_C = 0$ $\therefore R_C = -R_A = -1.6\ \text{kN}(\downarrow)$

(2) 단면력 계산

① 전단력

AD 부재 $V_x = 0$

DF 부재 $V_x = R_A = -R_C$ $\therefore V_{DF} = 1.6\ \text{kN}$

EB 부재 $V_x = -R_B = -wh$ $\therefore V_{EB} = -8\ \text{kN}$

FC 부재 $V_x = (P) - (w)(x) = wh - wx$ $\therefore V_F = 8\ \text{kN}$ $\therefore V_C = 0$

② 휨모멘트

AD 부재 $M_x = 0$ $\therefore M_{AD} = 0$

DE 부재 $M_x = R_A \cdot x$ $\therefore M_{E(x=4\text{m})} = 1.6\times 4 = 6.4\ \text{kN}\cdot\text{m}$

EB 부재 $M_x = R_B \cdot x$ $\therefore M_{E(x=4\text{m})} = (8\text{kN})\times(4\text{m}) = 32\ \text{kN}\cdot\text{m}$

FC 부재 $M_x = -(w)(x)(\dfrac{x}{2}) = -\dfrac{wx^2}{2}$

$\therefore M_{F(x=4)} = -\dfrac{(2)\times(4)^2}{2} = -16\ \text{kN}\cdot\text{m}$

$\therefore M_{C(x=0)} = 0$

EF 부재 $M_x = M_F + (R_C)(x) = -\dfrac{wh^2}{2} + (-1.6)(x)$

$$\therefore M_{x(x=0)} = -\frac{(2)\times(4)^2}{2} + (-1.6)\times(0) = -16 \text{ kN}\cdot\text{m}$$

$$\therefore M_{x(x=6\text{m})} = -\frac{(2)\times(4)^2}{2} + (-1.6)\times(6) = -25 \text{ kN}\cdot\text{m}$$

③ 축방향력

AD 부재 $A_{AD} = -R_A = -1.6$ kN

BE 부재 $A_{BE} = 0$

DE 부재 $A_{DE} = 0$

EF 부재 $A_{EF} = -R_B = -8$ kN

CF 부재 $A_{CF} = -R_C = 1.6$ kN

따라서, 단면력도는 [그림 8.4.5(c), (d), (e)]와 같다.

8.5 3활절 라멘

1차 부정정 라멘을 식($n = r - 3 -$힌지수)에 의하여 활절 1개를 수평보에 설치하여 정정 라멘으로 만들고 평형방정식($\Sigma F_x = 0,\ \Sigma F_y = 0,\ \Sigma M = 0$)으로 수직반력을 구한다. 수평반력은 활절에서 모멘트 대수합 식 $\Sigma M_G = 0$에 의하여 계산한다.

8.5.1 집중하중이 작용할 경우

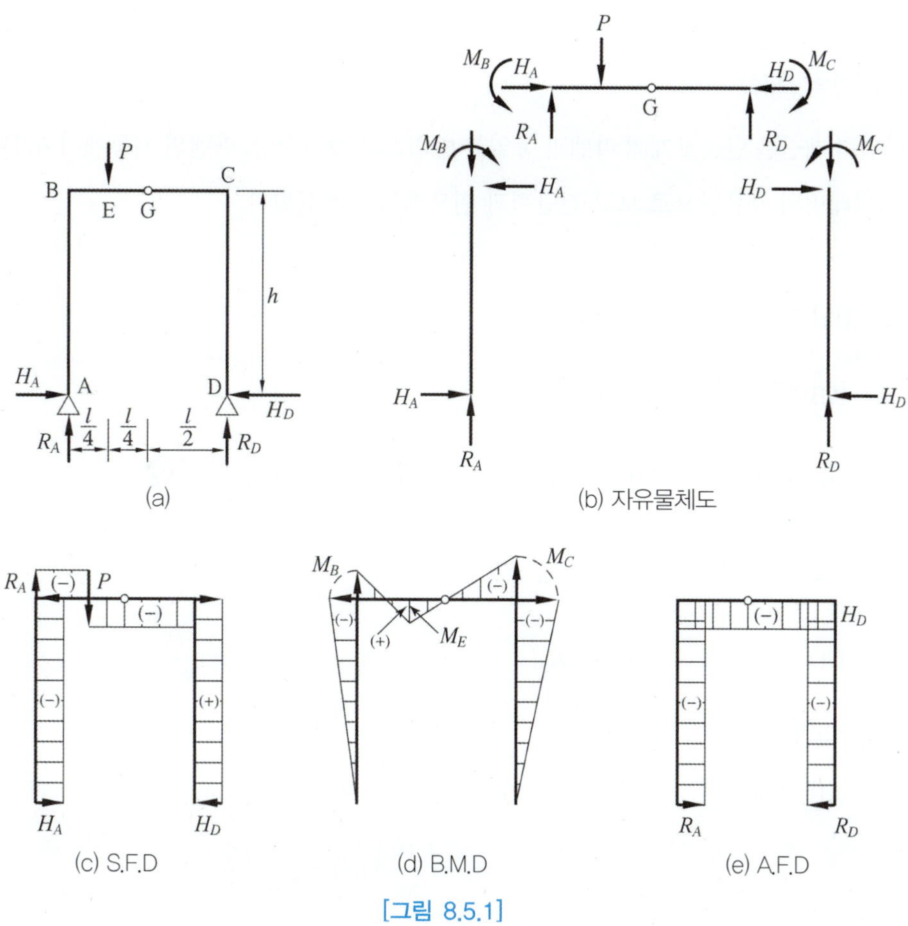

[그림 8.5.1]

[1] 지점반력

$\Sigma F_y = 0$에 의하여 $R_A - R_D = P$

$\Sigma M_D = 0$에 의하여 $(R_A) \times (l) - (P) \times \left(\frac{3}{4}l\right) = 0 \qquad \therefore R_A = \frac{3P}{4}(\uparrow)$

$\Sigma M_A = 0$에 의하여 $-(R_D) \times (l) + (P) \times \left(\frac{1}{4}l\right) = 0 \qquad \therefore R_D = \frac{P}{4}(\uparrow)$

$\Sigma F_x = 0$에 의하여 $H_A - H_D = 0 \qquad \therefore H_A = H_D$

$\Sigma M_G = 0$에 의하여 $(R_A) \times \left(\frac{l}{2}\right) - (H_A) \times (h) - (P) \times \left(\frac{l}{4}\right) = 0$

$$\therefore H_A = \frac{Pl}{8h}(\rightarrow)$$

[2] 단면력 계산

단면력 계산은 단순보계의 라멘과 동일한 방법으로 계산한다. 라멘의 기둥에서 A, D지점을 캔틸레버의 자유단으로 보고 전단력과 휨모멘트를 계산한다.

(1) 전단력

AB 부재 $V_x = -H_A \qquad \therefore V_{AB} = -\frac{Pl}{8h}$

BE 부재 $V_x = R_A \qquad \therefore V_{BE} = \frac{3P}{4}$

EC 부재 $V_x = R_A - P = -R_D \qquad \therefore V_{EC} = -\frac{P}{4}$

CD 부재 $V_x = H_D \qquad \therefore V_{CD} = \frac{Pl}{8h}$

(2) 휨모멘트

AB 부재 $M_x = -(H_A)(x) \qquad \therefore M_{A(x=0)} = 0$

$$\therefore M_{B(x=h)} = -\left(\frac{Pl}{8h}\right)(h) = -\frac{Pl}{8}$$

BE 부재 $$M_x = M_B + (R_A)(x) = -\frac{Pl}{8} + \left(\frac{3P}{4}\right)(x)$$

$$\therefore\ M_{E(x=l/4)} = -\frac{Pl}{8} + \left(\frac{3P}{4}\right) \times \left(\frac{l}{4}\right) = \frac{Pl}{16}$$

BC 부재 $$M_x = M_B + \left(\frac{3P}{4}\right)(x) - (P)\left(x - \frac{l}{4}\right)$$

$$= -\frac{Pl}{8} + \frac{3P}{4}x - P\left(x - \frac{l}{4}\right)$$

$$\therefore M_{G(x=l/2)} = -\frac{Pl}{8} + \frac{3P}{4}\left(\frac{l}{2}\right) - P\left(\left(\frac{l}{2}\right) - \frac{l}{4}\right) = 0$$

$$\therefore M_{G(x=l)} = -\frac{Pl}{8} + \frac{3P}{4}(l) - P\left((l) - \frac{l}{4}\right) = -\frac{Pl}{8}$$

CD 부재 $$M_x = -(H_D)(x) = -\frac{Pl}{8h}x$$

$$\therefore\ M_{C(x=h)} = -\frac{Pl}{8}$$

(3) 축방향력

AB 부재 $$A_{AB} = -R_A = -\frac{3}{4}P$$

BC 부재 $$A_{BC} = -H_A = -\frac{Pl}{8h}$$

DC 부재 $$A_{DC} = -R_D = -\frac{P}{4}$$

위의 결과에 의한 단면력도는 [그림 8.5.1(c), (d), (e)]와 같다.

예제 8.5.1

[그림 8.5.2(a)]와 같은 3활절 라멘의 단면력을 계산하고 단면력도를 그려라.

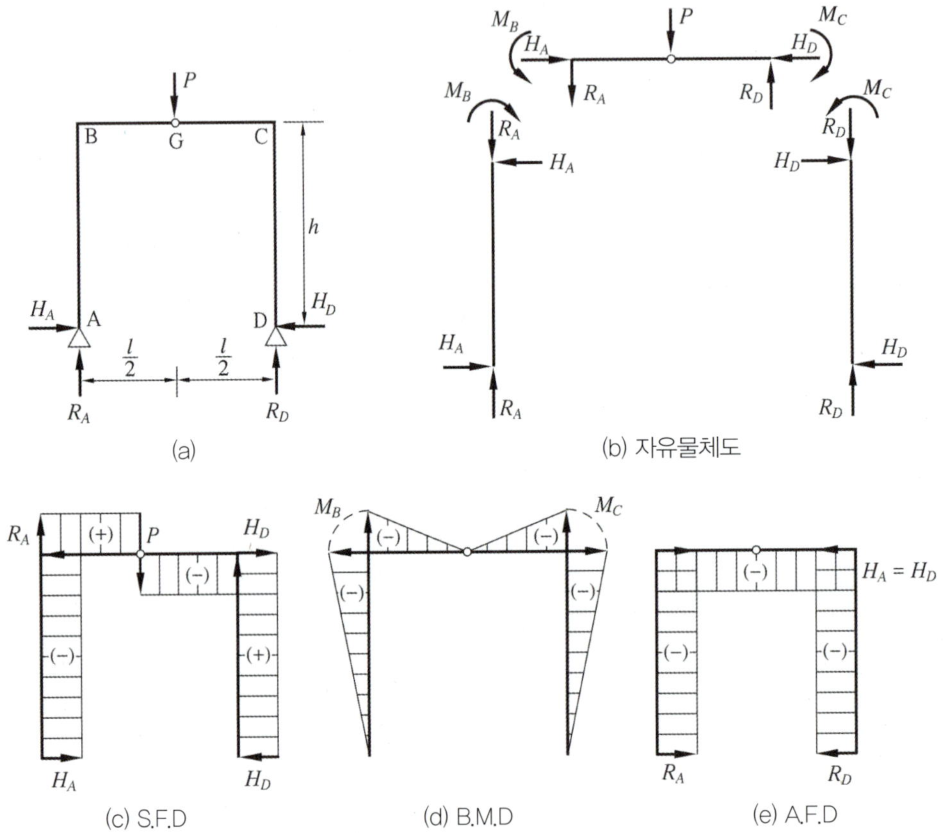

[그림 8.5.2]

풀이

(1) 지점반력

$\Sigma F_y = 0$에 의하여 $\quad R_A + R_D = P$

$\Sigma M_D = 0$에 의하여 $\quad (R_A) \times (l) - (P) \times \left(\frac{l}{2}\right) = 0$

$\therefore R_A = \frac{P}{2}(\uparrow) \qquad \therefore R_D = \frac{P}{2}(\uparrow)$

$\Sigma F_x = 0$에 의하여 $\quad H_A - H_D = 0 \qquad \therefore H_A = H_D$

$\Sigma M_G = 0$에 의하여 $\qquad (R_A)\times\left(\dfrac{l}{2}\right)-(H_A)\times(h)=0$

$$\therefore H_A = \frac{Pl}{4h}(\rightarrow)$$

(2) 단면력 계산

① 전단력

AB 부재 $\quad V_x = -H_A \qquad V_{AB} = -\dfrac{Pl}{4h}$

BG 부재 $\quad V_x = R_A \qquad V_{BG} = \dfrac{P}{2}$

GC 부재 $\quad V_x = R_A - P \qquad V_{GC} = -\dfrac{P}{2}$

CD 부재 $\quad V_x = H_D \qquad V_{CD} = \dfrac{Pl}{4h}$

② 휨모멘트

AB 부재 $\quad M_x = -(H_A)(x) \qquad \therefore M_{B(x=h)} = -\left(\dfrac{Pl}{4h}\right)\times(h) = -\dfrac{Pl}{4}$

DC 부재 $\quad M_x = -(H_D)(x) \qquad \therefore M_{C(x=h)} = -\left(\dfrac{Pl}{4h}\right)\times(h) = -\dfrac{Pl}{4}$

BG 부재 $\quad M_x = (R_A)(x)-(H_A)(h) \qquad \therefore M_{B(x=0)} = -\dfrac{Pl}{4}$

$$\therefore M_{G(x=l/2)} = (R_A)\times\left(\frac{l}{2}\right)-(H_A)(h)=0$$

GC 부재 $\quad M_x = (R_D)(x)-(H_D)(h) \qquad \therefore M_C = -\dfrac{Pl}{4}$

③ 축방향력

AB 부재 $\quad A = -R_A = -\dfrac{P}{2}$

BC 부재 $\quad A = -H_A = -H_D = -\dfrac{Pl}{4h}$

AC 부재 $\quad A = -R_B = -\dfrac{P}{2}$

따라서 단면력도는 [그림 8.5.2(c), (d), (e)]와 같다.

예제 8.5.2

[그림 8.5.3(a)]와 같은 라멘의 단면력을 계산하고 단면력도를 그려라.

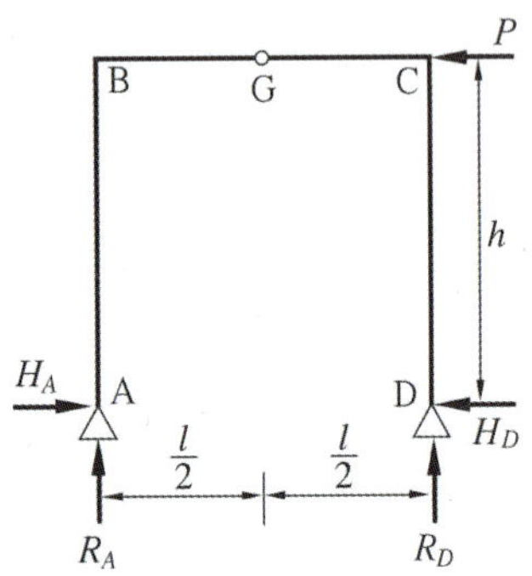

(a)

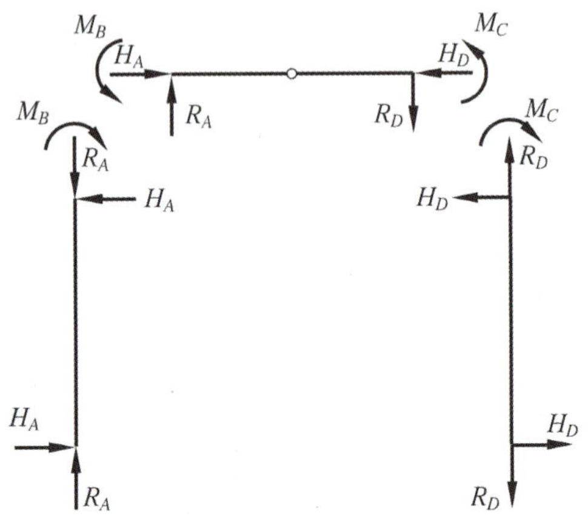

(b) 자유물체도

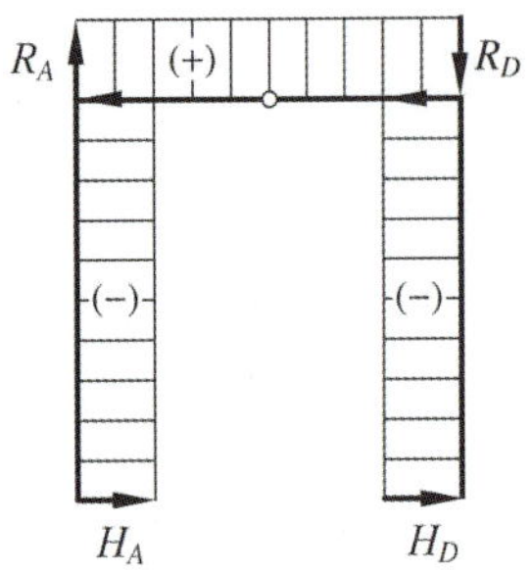

(c) S.F.D

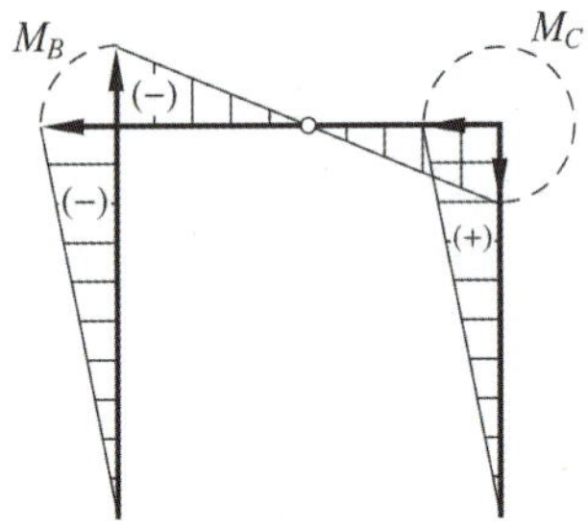

(d) B.M.D

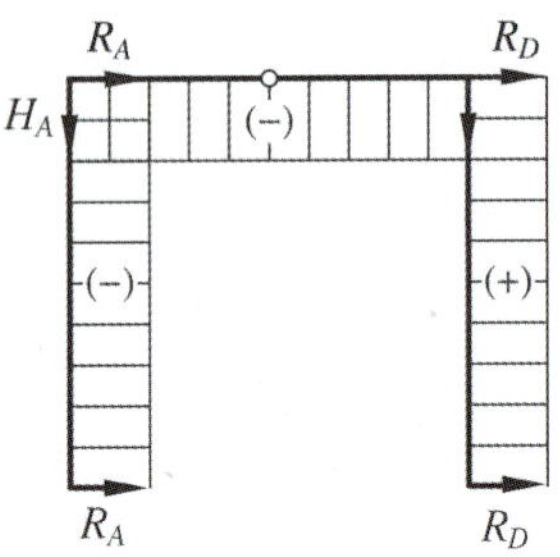

(e) A.F.D

[그림 8.5.3]

풀이

(1) 지점반력

$\Sigma F_y = 0$에 의하여 $\qquad R_A + R_D = 0$

$\Sigma M_D = 0$에 의하여 $\qquad (R_A) \times (l) - (P) \times (h) = 0 \qquad \therefore R_A = \frac{Ph}{l}(\uparrow)$

$\Sigma M_A = 0$에 의하여 $\qquad -(R_D) \times (l) - (P) \times (h) = 0 \qquad \therefore R_D = -\frac{Ph}{l}(\downarrow)$

$\Sigma F_x = 0$에 의하여 $\qquad H_A - H_D = P$

$\Sigma M_G = 0$에 의하여 $\qquad (R_A) \times \left(\frac{l}{2}\right) - (H_A) \times (h) = 0$

$$\therefore\ H_A = \frac{P}{2}(\rightarrow) \qquad \therefore\ H_D = -\frac{P}{2}(\rightarrow)$$

(2) 단면력 계산

① 전단력

AB 부재 $V_x = -H_A$ $\quad\therefore\ V_{AB} = -\dfrac{P}{2}$

BC 부재 $V_x = R_A$ $\quad\therefore\ V_{BC} = \dfrac{Ph}{l} = = -R_D$

DC 부재 $V_x = H_D$ $\quad\therefore\ V_{DC} = -\dfrac{P}{2}$

② 휨모멘트

AB 부재 $M_x = -(H_A)(x) \quad \therefore\ M_{A(x=0)} = 0 \qquad \therefore\ M_{B(x=h)} = -\dfrac{Ph}{2}$

BC 부재 $M_G = -(R_A)\times\left(\dfrac{l}{2}\right)-(H_A)\times(h) = \left(\dfrac{Ph}{l}\right)\times\left(\dfrac{l}{2}\right)-\left(\dfrac{P}{2}\right)\times(h) = 0$

DC 부재 $M_x = -(H_D)(x) \quad \therefore\ M_{D(x=0)} = 0 \qquad \therefore\ M_{C(x=h)} = \dfrac{Ph}{2}$

③ 축방향력

AB 부재 $A_{AB} = -R_A = -\dfrac{Ph}{l}$

BC 부재 $A_{BC} = -H_A = -\dfrac{P}{2}$

DC 부재 $A_{DC} = -R_D = \dfrac{Ph}{l}$

위의 결과에 의한 단면력도는 [그림 8.5.3(c), (d), (e)]와 같다.

8.5.2 등분포하중이 작용할 경우

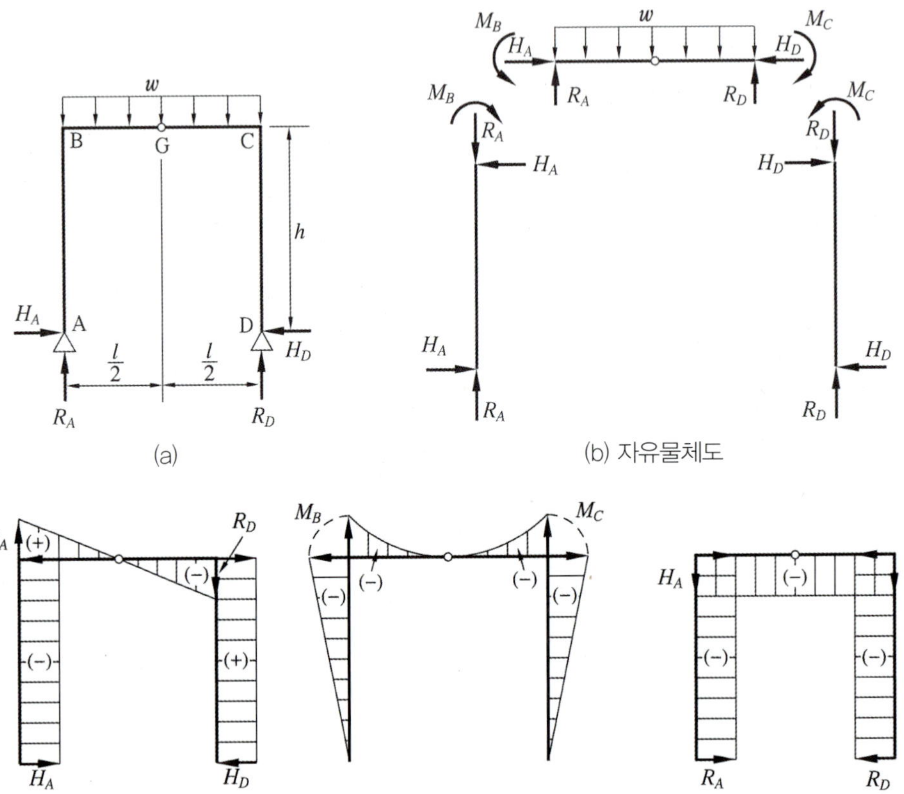

(a) (b) 자유물체도

(c) S.F.D (d) B.M.D (e) A.F.D

[그림 8.5.4]

[1] 지점반력

$\Sigma F_y = 0$ $\quad R_A + R_B - (w)(l) = 0$

$\Sigma M_D = 0$에 의하여 $\quad (R_A) \times (l) - (w)(l) \times \left(\frac{l}{2}\right) = 0$

$$\therefore R_A = R_D = \frac{wl}{2}(\uparrow)$$

$\Sigma F_y = 0$에 의하여 $\quad H_A - H_D = 0 \qquad \therefore H_A = H_D$

$\Sigma M_G = 0$에 의하여 $(R_A)\times\left(\frac{l}{2}\right)-(w)\left(\frac{l}{2}\right)\times\left(\frac{l}{4}\right)-(H_A)\times(h)=0$

$$\therefore H_A = \frac{wl^2}{8h}(\rightarrow) \qquad \therefore H_D = -\frac{wl^2}{8h}(\leftarrow)$$

[2] 단면력 계산

(1) 전단력

AB 부재 $V_x = -H_A$ $\quad \therefore V_{AB} = -\frac{wl^2}{8h}$

BC 부재 $V_x = (R_A)-(w)(x) = \frac{wl}{2} - wx$ $\quad \therefore V_{B(x=0)} = \frac{wl}{2}$

$\therefore V_{C(x=l)} = -\frac{wl}{2}$

DC 부재 $V_x = H_D$ $\quad \therefore V_{DC} = \frac{wl^2}{8h}$

(2) 휨모멘트

AB 부재 $M_x = -(H_A)(x) = -\left(\frac{wl^2}{8h}\right)(x)$ $\quad \therefore M_{B(x=h)} = -\frac{wl^2}{8}$

BC 부재 $M_x = -(H_A)(h)+(R_A)(x)-(w)(x)\left(\frac{x}{2}\right) = -\frac{wl^2}{8}+\frac{wl}{2}x-\frac{wx^2}{2}$

$$\therefore M_{G(x=l/2)} = -\frac{wl^2}{8}+\frac{wl}{2}\left(\frac{l}{2}\right)-\frac{w}{2}\left(\frac{l}{2}\right)^2 = 0$$

DC 부재 $M_x = -(H_D)(x) = -\left(\frac{wl^2}{8h}\right)(x)$

$$\therefore M_{C(x=h)} = -\frac{wl^2}{8}$$

(3) 축방향력

AB 부재 $A_{AB} = -R_A = -\frac{wl}{2}$

BC 부재 $A_{BC} = -H_A = -H_D = -\frac{wl^2}{8h}$

DC 부재 $\quad A_{DC} = -R_D = -\dfrac{wl}{2}$

위의 결과에 의한 단면력도는 [그림 8.5.4(c), (d), (e)]와 같다.

예제 8.5.3

[그림 8.5.5(a)]와 같은 3활절 라멘의 단면력을 계산하고 단면력도를 그려라.

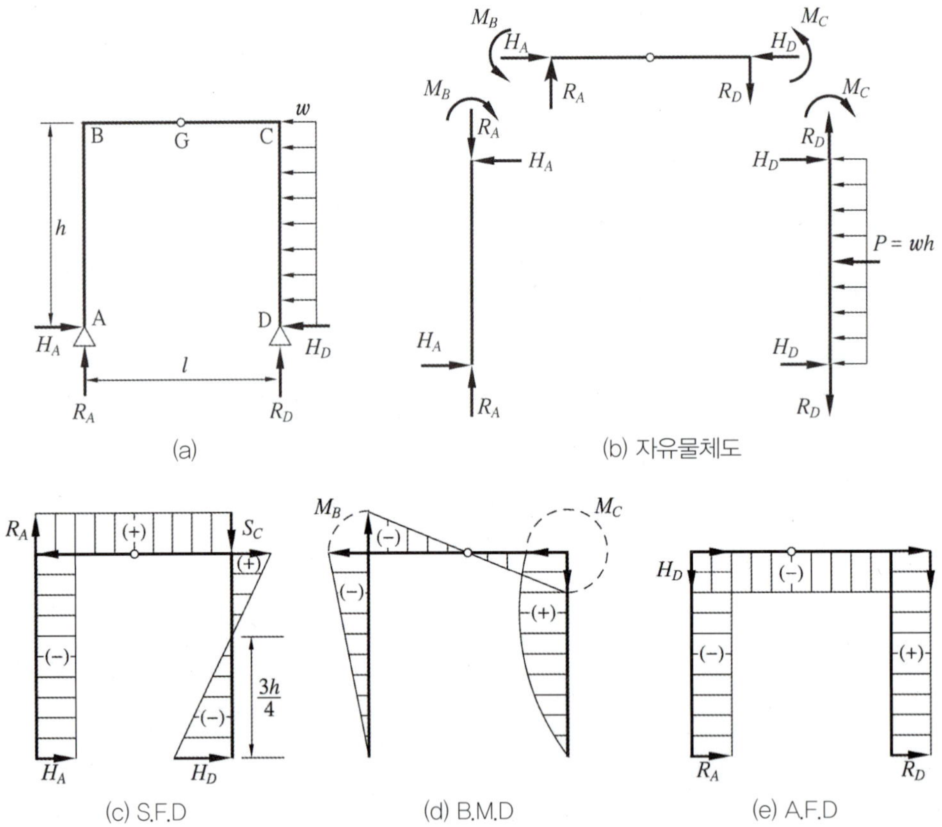

(a) (b) 자유물체도

(c) S.F.D (d) B.M.D (e) A.F.D

[그림 8.5.5]

풀이

(1) 지점반력

$\Sigma F_y = 0$에 의하여 $\quad R_A + R_D = 0$

$\Sigma M_D = 0$에 의하여 $\quad (R_A) \times (l) - (w \times h) \times \left(\dfrac{h}{2}\right) = 0$

$$\therefore R_A = \frac{wh^2}{2l}(\uparrow) \qquad \therefore R_D = -\frac{wh^2}{2l}(\downarrow)$$

$\Sigma F_x = 0$에 의하여 $H_A - H_D - wh = 0$

$\Sigma M_G = 0$에 의하여(좌측) $(R_A) \times \left(\frac{l}{2}\right) - (H_A)(h) = 0 \quad \therefore H_A = \frac{wh}{4}(\rightarrow)$

$\Sigma M_G = 0$에 의하여(우측) $-(R_D) \times \left(\frac{l}{2}\right) + (w \times h) \times \left(\frac{h}{2}\right) + (H_D) \times (h) = 0$

$$\therefore H_D = -\frac{3wh}{4}(\rightarrow)$$

(2) 단면력 계산

① 전단력

AB 부재 $V_x = -H_A \qquad \therefore V_{AB} = -\frac{wh}{4}$

BC 부재 $V_x = R_A \qquad \therefore V_{BC} = \frac{wh^2}{2l}$

DC 부재 $V_x = \frac{wh}{4} - wx \qquad \therefore V_{D(x=h)} = -\frac{3wh}{4} \qquad \therefore V_{C(x=0)} = \frac{wh}{4}$

② 휨모멘트

AB 부재 $M_x = -(H_A)(x) = -\left(\frac{wh}{4}\right)(x) \therefore M_{A(x=0)} = 0 \quad \therefore M_{B(x=h)} = -\frac{wh^2}{4}$

BC 부재 $M_x = M_B + (R_A)(x) = -\frac{wh^2}{4} + (R_A)(x)$

$\therefore M_{B(x=0)} = -\frac{wh^2}{4} \qquad \therefore M_{G(x=l/2)} = 0 \qquad \therefore M_{C(x=l)} = \frac{wh^2}{4}$

DC 부재 $M_x = -H_D(x) + (w)(x)\left(\frac{x}{2}\right) = -\left(\frac{3wh}{4}\right)(x) + \left(\frac{wx^2}{2}\right)$

$\therefore M_{D(x=0)} = 0 \qquad \therefore M_{C(x=h)} = \frac{wh^2}{4}$

③ 축방향력

AB 부재 $A_{AB} = -R_A = -\frac{wh^2}{2l}$

BC 부재 $A_{BC} = -H_A = -\frac{wh}{4}$

DC 부재 $A_{DC} = -R_D = \frac{wh^2}{2l}$

위의 결과에 의하여 단면력도는 [그림 8.5.5(c), (d), (e)]와 같다.

8.5.3 모멘트 하중이 작용할 경우

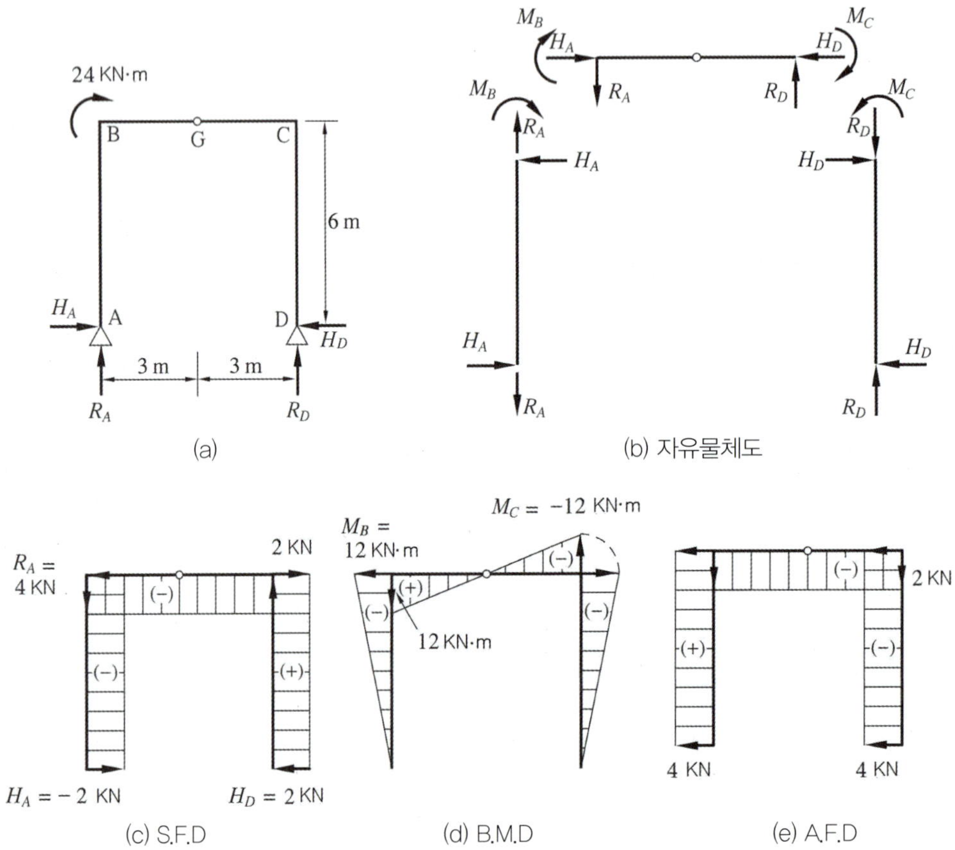

[그림 8.5.6]

[1] 지점반력

$\Sigma F_y = 0$에 의하여 $\quad R_A + R_D = 0$

$\Sigma M_D = 0$에 의하여 $\quad (R_A)\times(6\,\mathrm{m}) + (24\,\mathrm{kN}\cdot\mathrm{m}) = 0$

$\therefore\ R_A = -4\,\mathrm{tf}(\downarrow)$

$\Sigma M_A = 0$에 의하여 $\quad -(R_D)\times(6\,\mathrm{m}) + (24\,\mathrm{kN}\cdot\mathrm{m}) = 0$

$\therefore\ R_D = 4\,\mathrm{kN}(\uparrow)$

$\Sigma F_x = 0$에 의하여 $\quad H_A - H_D = 0 \qquad \therefore H_A = H_D$

$\Sigma M_G = 0$에 의하여 $(R_A) \times (3\,\mathrm{m}) - (H_A) \times (6\,\mathrm{m}) + (24\,\mathrm{kN} \cdot \mathrm{m}) = 0$

$\therefore\ H_A = 2\ \mathrm{kN}\ \ (\rightarrow)$

$-\ (R_D) \times (3\,\mathrm{m}) + (H_D) \times (6\,\mathrm{m}) = 0$

$\therefore\ H_D = 2\ \mathrm{kN}\ \ (\leftarrow)$

[2] 단면력 계산

(1) 전단력

AB 부재 $V_x = -\ H_A$ $\therefore\ V_{AB} = -\ 2\ \mathrm{kN}$

BC 부재 $V_x = R_A$ $\therefore\ V_{BC} = -\ 4\ \mathrm{kN}$

CD 부재 $V_x = H_D$ $\therefore\ V_{CD} = 2\ \mathrm{kN}$

(2) 휨모멘트

AB 부재 $M_x = -(H_A)(x) = -2x$

$\therefore M_{B(x=6\mathrm{m})} = -2 \times (6) = -12\ \mathrm{kN} \cdot \mathrm{m}$

BG 부재 $M_x = M_B + (24) + (R_A)(x)$

$\therefore M_{B(x=0)} = -12 + 24 = 12\ \mathrm{kN} \cdot \mathrm{m}$

$\therefore M_{G(x=3\mathrm{m})} = -12 + 24 + (-4\,\mathrm{tf})(3\,\mathrm{m}) = 0$

GC 부재 $M_x = M_B + (24) + (R_A)(x)$

$\therefore M_{C(x=6\mathrm{m})} = -12 + 24 - (4\,\mathrm{kN})(6\,\mathrm{m}) = -12\ \mathrm{kN} \cdot \mathrm{m}$

DC 부재 $M_x = -(H_D)(x) = -2x$

$\therefore M_{C(x=6\mathrm{m})} = -2 \times (6) = -12\ \mathrm{kN} \cdot \mathrm{m}$

(3) 축방향력

AB 부재 $A_{AB} = -\ R_A = 4\ \mathrm{kN}$

BC 부재 $A_{BC} = -\ H_A = -\ H_D = -\ 2\ \mathrm{kN}$

CD 부재 $A_{CD} = -\ R_D = -\ 4\ \mathrm{kN}$

따라서 단면력도는 [그림 8.5.6(c), (d), (e)]와 같다.

8.6 합성라멘

부재와 부재가 강결과 활절로 연결된 구조물을 합성라멘이라고 한다. 지점반력 계산은 평형방정식($\Sigma F_x = 0,\ \Sigma F_y = 0,\ \Sigma M = 0$)으로 구하고, 단면력은 각 절점에서 수평과 수직으로 분해하여 단순보와 동일한 방법으로 구한다.

8.6.1 집중하중이 작용할 경우

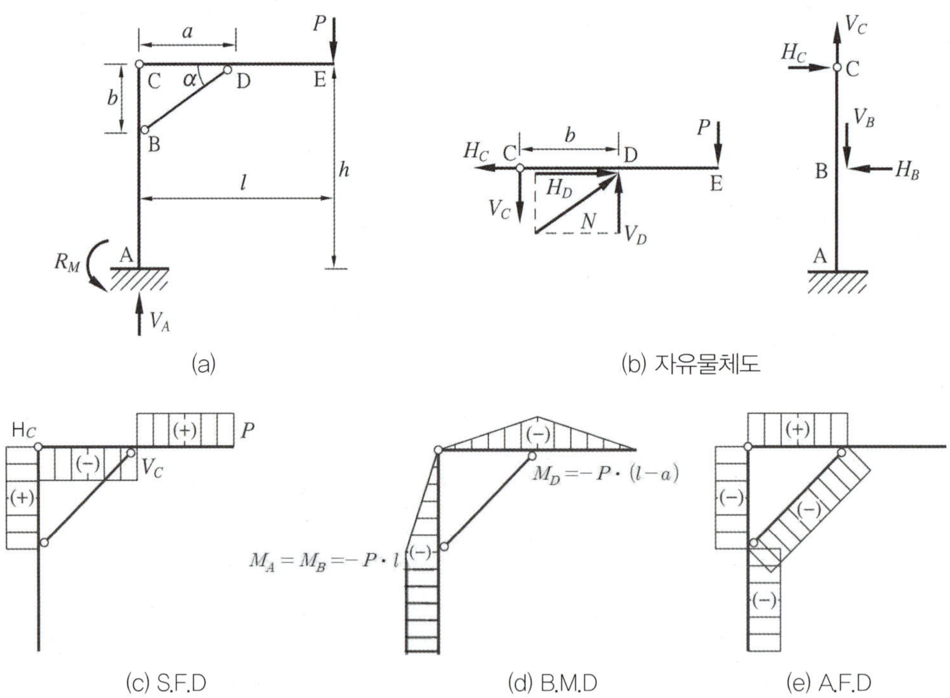

[그림 8.6.1]

[그림 8.6.1(a)]와 같은 합성라멘에서 절점 C가 부재 BD에 의하여 강결되었다고 보면, 1단 고정지점 라멘이라 볼 수 있으므로 평형방정식에 의하여 각 부재의 단면력을 계산할 수 있다.

[1] 지점반력

$\Sigma F_y = 0$에 의하여 $\quad \therefore V_A = P$

$\Sigma M_A = 0$에 의하여 $\quad \therefore M_A = -Pl$

[2] 단면력 계산

(1) CE 부재 ([그림 8.6.1(b)])

$\Sigma F_x = 0$에 의하여 $H_C - H_D = 0 \qquad \therefore H_C = H_D$

$\Sigma F_y = 0$에 의하여 $V_D - V_C - P = 0 \qquad \therefore V_D = V_C + P$

$\Sigma M_C = 0$에 의하여 $Pl - V_D a = 0 \qquad \therefore V_D = \dfrac{Pl}{a}$

$$\therefore V_C = V_D - P = \frac{Pl}{a} - \frac{Pa}{a} = \frac{P}{a}(l-a)$$

$$\therefore V_{DE} = P \quad \therefore V_{CD} = P - V_D = P - \frac{Pl}{a} = P\left(1 - \frac{l}{a}\right)$$

$$\therefore M_D = -P(l-a) \; \therefore M_C = M_E = 0$$

△BCD에서 $\quad \dfrac{V_D}{H_D} = \dfrac{b}{a} \qquad H_D = \dfrac{a}{b} V_D$

$$\therefore H_D = H_C = \frac{a}{b} \times \frac{Pl}{a} = \frac{Pl}{b}$$

$$\therefore A_{CD} = H_C \text{(인장)}$$

BD 부재의 축력을 N이라고 하면

$$\therefore N = \sqrt{{V_D}^2 + {H_D}^2} = \frac{Pl}{ab}\sqrt{a^2 + b^2}$$

(2) AC 부재 ([그림 8.6.1(b)])

$\Sigma F_x = 0$에 의하여 $\quad H_C - H_B = 0$

$$\therefore H_B = H_C = \frac{Pl}{b}$$

$\Sigma F_y = 0$에 의하여 $\quad V_C - V_B = 0$

$$\therefore V_C = V_B = \frac{P}{a}(l - a)$$

$\Sigma M_A = 0$에 의하여 $\quad H_C \cdot h - H_B \cdot (h - b) - M_A = 0$

$$\therefore M_A = -Pl$$

따라서 단면력도는 [그림 8.6.1(c), (d), (e)]와 같다.

연·습·문·제

01 [P 그림 8.1(a), (b), (c)]와 같은 캔틸레버계 라멘의 단면력을 계산하고 단면력도를 그려라.

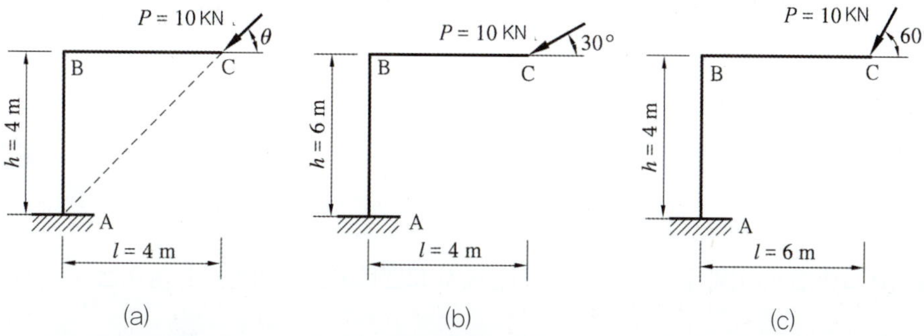

[P 그림 8.1]

정답 생략

02 [P 그림 8.2(a), (b), (c)]와 같은 단순보계 라멘에서 단면력을 계산하고 단면력도를 그려라.

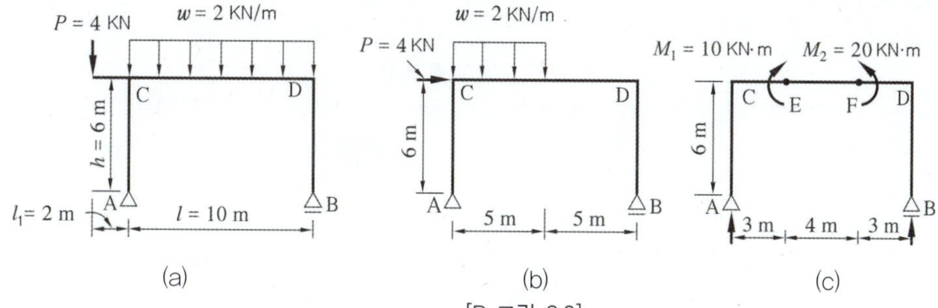

[P 그림 8.2]

정답 생략

03 [P 그림 8.3(a), (b), (c)]와 같은 3활절 라멘에서 단면력을 계산하고 단면력도를 그려라.

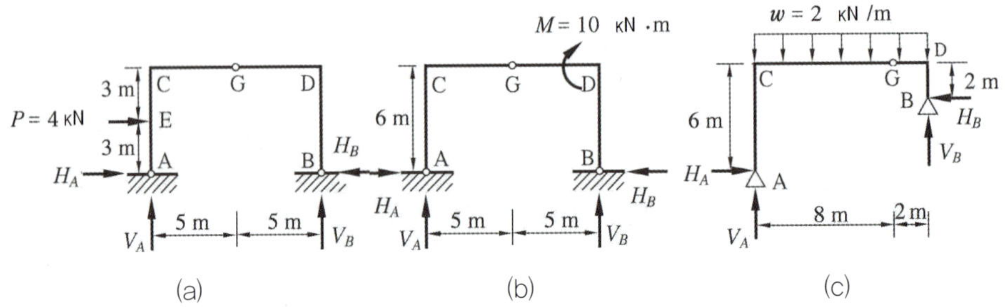

[P 그림 8.3]

정답 생략

04 [P 그림 8.4(a)]와 같은 단순보계 라멘에서 모멘트도를 그려라. 단, 높이는 $4\,\mathrm{m}$이다.

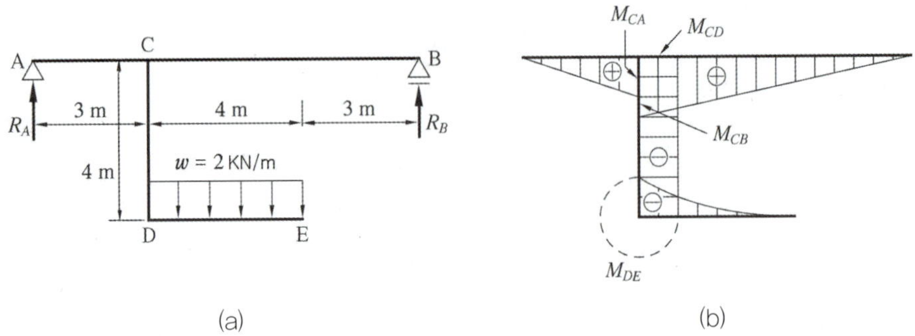

[P 그림 8.4]

정답 $M_{CA} = 12\text{ kN}\cdot\text{m}$, $M_{CB} = 28\text{kN}\cdot\text{m}$

$M_{CD} = M_D = -16\text{ kN}\cdot\text{m}$

05 [P 그림 8.5(a)]와 같은 캔틸레버계 라멘에서 휨모멘트를 그려라.

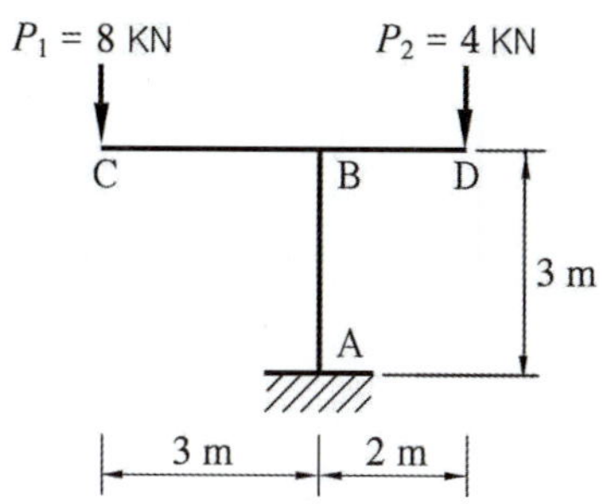

(a)

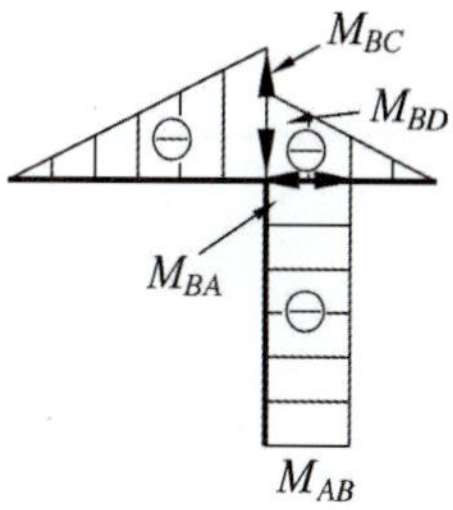

(b)

[P 그림 8.5]

정답 $M_{BC} = -24$ kN · m, $M_{BD} = -8$ kN · m,
$M_{BA} = M_{AB} = -16$ kN · m

06 [P 그림 8.6(a)]와 같은 구조물에서 휨모멘트도를 그려라.

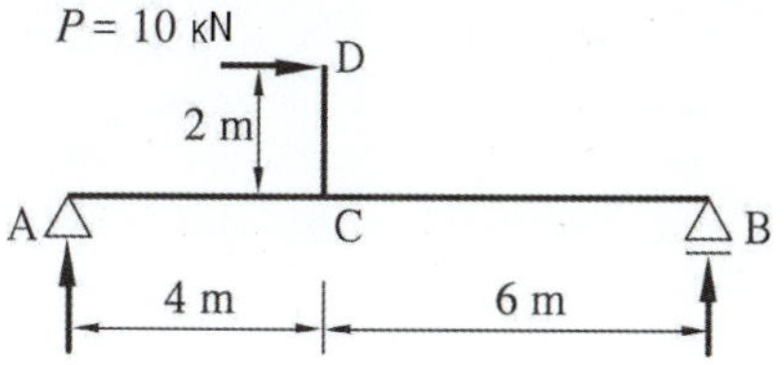

(a)

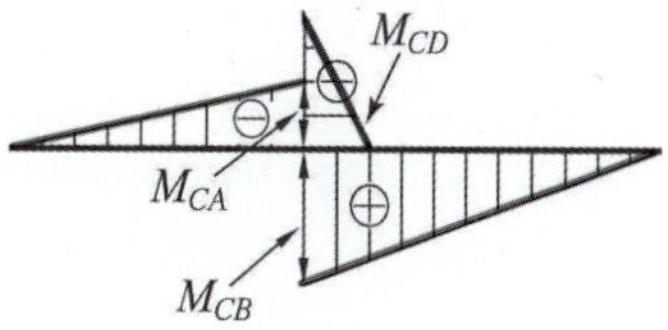

(b)

[P 그림 8.6]

정답 $M_{CA} = -8$ kN · m, $M_{CB} = +12$ kN · m,
$M_{CD} = M_C = 20$ kN · m

07 [P 그림 8.7(a)]와 같은 3이동지점 라멘의 휨모멘트도를 그려라.

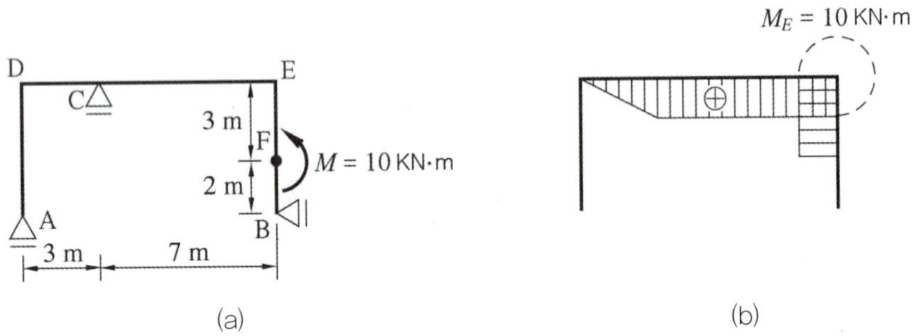

[P 그림 8.7]

정답 $M_E = 10\ \text{kN} \cdot \text{m}$

CHAPTER

09

정정 아치와 케이블

CONTENTS

9.1 | 정정 아치

단순지지된 구조물에서 지간의 길이가 클수록 그 구조물이 받아야 할 휨모멘트도 급격하게 증가한다. 사하중과 같은 등분포하중을 받는 경우에 휨모멘트는 지간길이의 제곱에 비례한다. 장지간의 구조물에서 경제적인 설계를 위하여 휨모멘트를 감소시킬 필요성은 대단히 중요하다. 휨모멘트를 감소시키는 방법으로는 게르버보와 같은 캔틸레버 구조로 만드는 것, 연속보의 사용 그리고 아치의 채택 등이 있을 수 있다.

아치는 수직으로 작용한 외력 때문에 양단의 지점에서 중앙으로 향하는 비교적 큰 수평반력을 발생시킨다. 따라서 부재의 단면력은 주로 축방향 압축력이라고 할 수 있다. 이는 아치 구조의 중요한 특성이다. 양단의 지점에서 수평반력을 유발한다는 말은 지점에서의 수평변위가 없다는 것을 뜻하기도 한다. 특히 2차 포물선 아치가 수평길이에 연한 수직 등분포하중을 전 길이에 걸쳐 받는 경우에는 각 단면력은 축방향 압축력뿐이다.

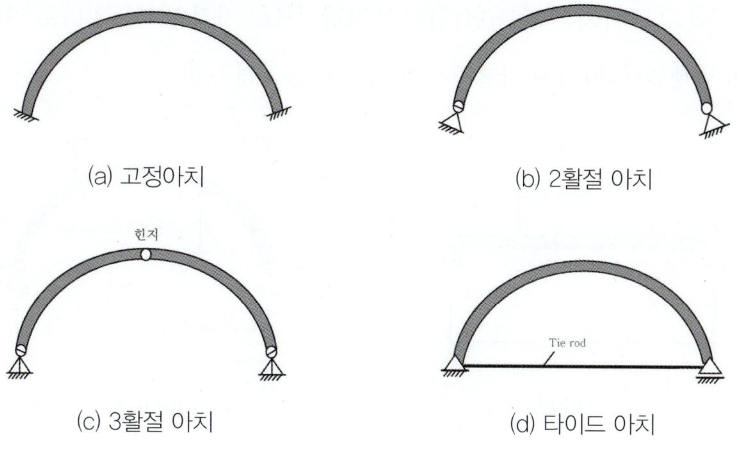

[그림 9.1.1] 아치의 유형

[그림 9.1.1]은 구조계에 의해 분류된 4가지 유형의 아치를 나타내고 있다. [그림 9.1.1(a)]의 고정아치는 3차 부정정, [그림 9.1.1(b)]의 2활절 아치는 1차 부정정, [그림 9.1.1(c)]의 3활절 아치는 정정, 그리고 [그림 9.1.1(d)]의 타이드 아치(tied arch)는 내적으로 1차 부정정이다. 3활

절 아치는 미지의 반력성분이 4개이다. 이 미지수를 계산하기 위하여 3개의 평형방정식 외에도 힌지인 C점에서 $M_C = 0$, 즉 힌지의 왼쪽 또는 오른쪽 어느 한쪽에 관하여 $\sum M_C = 0$이라는 한 개의 조건방정식이 추가된다. 따라서 미지수의 수와 방정식의 수가 같게 되어 3활절 아치는 정정이라고 할 수 있다. [그림 9.1.1(d)]는 곡선보의 두 지점을 타이드 재(tied rod)로 연결하여 수평력을 흡수한 타이드 아치이며, 내적으로 1차 부정정이지만 외적(반력)으로 정정이므로 지점의 부등침하에 영향을 받지 않는다.

강재로 된 3활절 아치는 짧거나 중간 정도의 지간을 가진 도로교에 가끔 볼 수 있으며 정정이므로 지점의 부등한 침하가 있을 수 있는 경우에 사용된다. 정정 구조물은 지점의 부등침하 시에 응력이 발생하지 않기 때문이다. 강재로 된 2활절 아치는 구체복부(solid rib)인 경우 도로교에서 많이 쓰이는 적용범위가 100m 내지 380m이며, 아치부분을 트러스로 꾸민 강트러스 아치에서는 그 지간길이의 범위가 240~520m이다. 철근 콘크리트로 된 고정 아치는 그 적용범위가 30m 내지 120m이지만 Sydney 항구의 Gladesville교는 304.8m이며 세계 최대의 콘크리트 아치교이다. 또한 강고정 아치는 290m까지 가설된 경우를 볼 수 있다.

2활절 아치와 고정 아치는 외적(반력)인 부정정이므로 지점의 부등침하로 인해서 추가적으로 응력이 발생한다. 따라서 가설지점의 지반이 견고해야 한다.

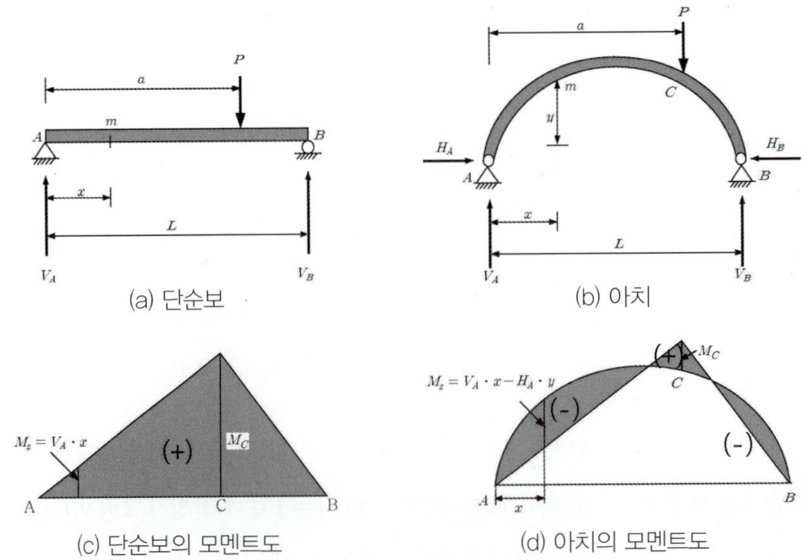

[그림 9.1.2] 보와 아치의 비교

아치의 장점을 설명하기 위하여 같은 수평길이에 같은 하중 P를 받는 [그림 9.1.2(a)]의 단순보와 [그림 9.1.2(b)]의 아치에 관하여 휨모멘트도를 비교하여 보았다. P를 받는 보의 휨모멘트도는 [그림 9.1.2(c)]에 표시된 바와 같고, 이와 대등한 2활절 아치의 휨모멘트는 [그림 9.1.2(d)]에 표시되어 있다.

여기서 보에서의 V_A, V_B는 각각 아치의 V_A, V_B와 같은 값이므로, AC의 구간에서 보의 휨모멘트는 $M_x = V_A \cdot x$인데 반하여, 같은 구간에서 아치의 휨모멘트는 $M_x = V_A \cdot x - H_A \cdot y$로 감소된다는 사실에 유의하여야 할 것이다. 따라서 아치는 그 형상과 양단의 힌지 지점 때문에 같은 수평 길이에 같은 수직하중을 받는 단순보보다는 훨씬 작은 휨모멘트를 발생시킨다는 사실을 알 수 있다.

9.1.1 캔틸레버계 아치

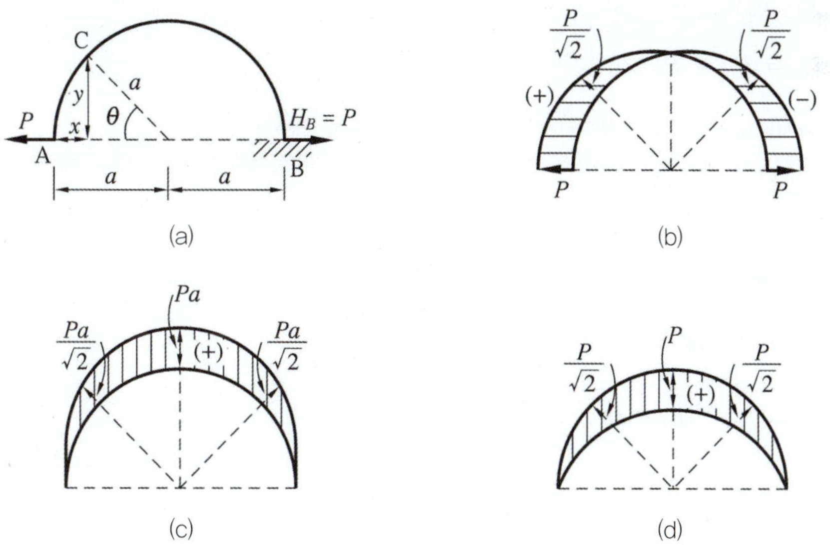

[그림 9.1.3]

[1] 집중하중이 작용할 경우

(1) 지점반력

$\sum F_x = 0$에 의하여 $\quad \therefore H_B = P \ (\rightarrow)$

$\sum F_y = 0$에 의하여 $\quad \therefore V_B = 0$

$\sum M = 0$에 의하여 $\quad \therefore M_B = 0$

(2) 단면력 계산

① 전단력

$$V_\theta = P\cos\theta$$

$$\therefore V_{\theta=0} = V_A = P \qquad \therefore V_{\theta=\frac{\pi}{4}} = \frac{P}{\sqrt{2}}$$

$$\therefore V_{\theta=\frac{\pi}{2}} = 0 \qquad \therefore V_{\theta=\pi} = -P$$

② 휨모멘트

$$M_\theta = Py = Pa\sin\theta$$

$$\therefore M_{\theta=0} = M_A = 0 \qquad \therefore M_{\theta=\pi} = M_B = 0$$

$$\therefore M_{\theta=\frac{\pi}{4}} = \frac{Pa}{\sqrt{2}} \qquad \therefore M_{\theta=\frac{\pi}{2}} = Pa$$

③ 축방향력

$$A_\theta = P\sin\theta$$

$$\therefore A_{\theta=0} = A_A = 0 \qquad \therefore A_{\theta=\pi} = A_B = 0 \qquad \therefore A_{\theta=\frac{\pi}{4}} = \frac{P}{\sqrt{2}}$$

따라서 단면력도는 [그림 9.1.3(b), (c), (d)]와 같다.

예제 9.1.1

[그림 9.1.4(a), (b)]와 같은 캔틸레버계의 아치에서 C지점의 전단력(V_C)과 축방향력(A_C)을 구하여라.

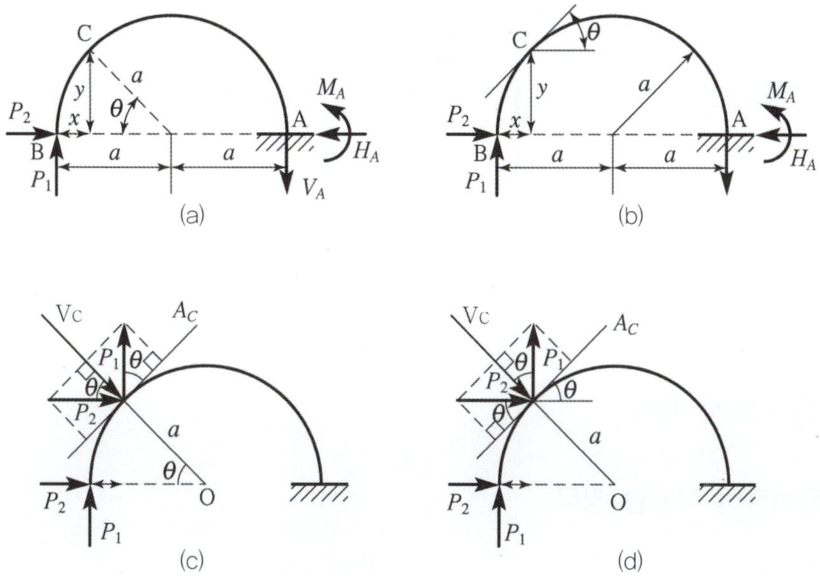

[그림 9.1.4]

풀이

[그림 9.1.4 (a), (c)]에서

$$V_c = P_1 \sin\theta - P_2 \cos\theta$$

$$A_c = -P_1 \cos\theta - P_2 \sin\theta$$

[그림 9.1.4 (b), (d)]에서

$$V_c = P_1 \cos\theta - P_2 \sin\theta$$

$$A_c = -P_1 \sin\theta - P_2 \cos\theta$$

예제 9.1.2

[그림 9.1.5]와 같은 캔틸레버계 아치에서 C 단면의 축방향력 A_C 와 전단력 V_C를 구하여라.

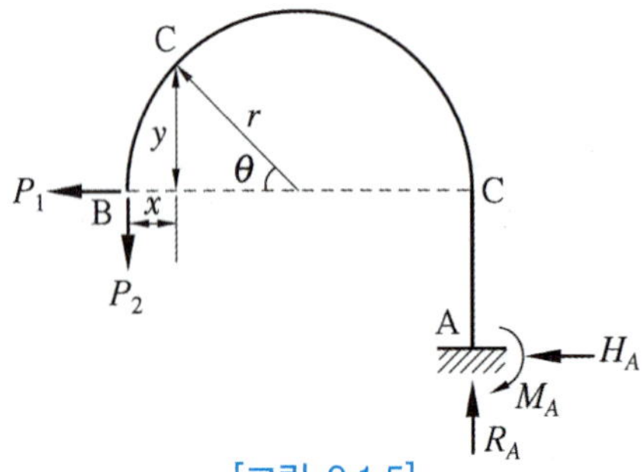

[그림 9.1.5]

풀이

$$\therefore\ V_C = P_1\cos\theta - P_2\sin\theta$$

$$\therefore\ A_C = P_1\sin\theta + P_2\cos\theta$$

9.1.2 단순보계 아치

[1] 집중하중이 작용할 경우

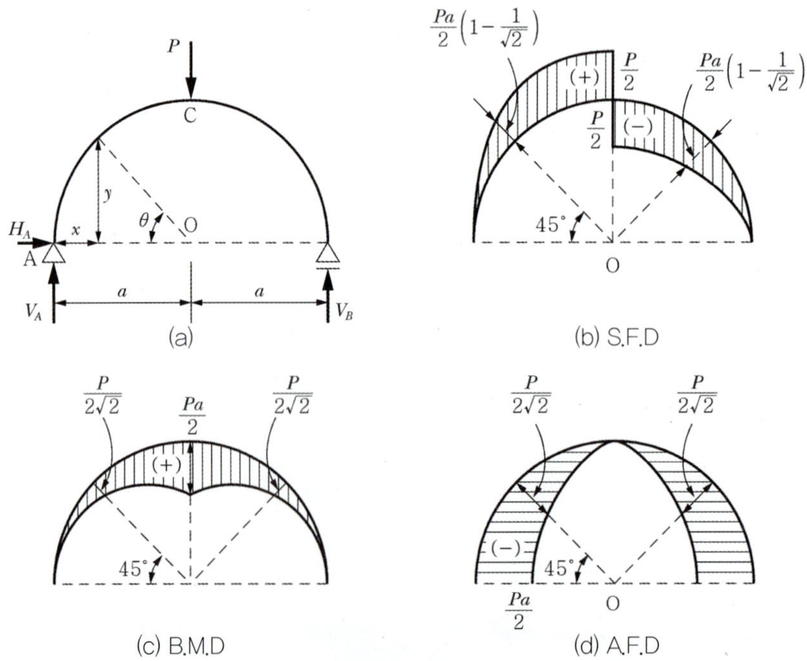

[그림 9.1.6]

(1) 지점반력

$\Sigma F_x = 0$에 의하여 $\qquad \therefore H_A = 0$

$\Sigma F_y = 0$에 의하여 $\qquad V_A + V_B = P$

$\Sigma M_B = 0$에 의하여 $\qquad (V_A) \times (2a) - (P)(a) = 0 \qquad \therefore V_A = \dfrac{P}{2}$

$\Sigma M_A = 0$에 의하여 $\qquad -(V_B) \times (2a) + (P)(a) = 0 \qquad \therefore V_B = \dfrac{P}{2}$

(2) 단면력 계산

① 전단력

$0 \le x \le a$ 일 때 $V_x = V_A \sin\theta = \dfrac{P}{2}\sin\theta$

$\therefore V_{\theta=0} = V_A = 0 \qquad \therefore V_{\theta=45°} = \dfrac{P}{2}\sin 45° = \dfrac{P}{2\sqrt{2}}$

$\therefore V_{\theta=90°} = \left(V_{C(좌)}\right) = \dfrac{P}{2} \qquad \therefore V_{\theta=90°} = V_C = \dfrac{P}{2}$

$a \le x \le 2a$ 구간에서 $\qquad V_x = (V_A - P)\sin\theta = -\dfrac{P}{2}\sin\theta$

$\therefore V_{\theta=90°} = \left(V_{C(우)}\right) = -\dfrac{P}{2} \qquad \therefore V_{\theta=135°} = -\dfrac{P}{2\sqrt{2}} \qquad \therefore V_{\theta=180°} = 0$

② 휨모멘트

$0 \le x \le a$구간에서 $\qquad M_x = V_A x = \dfrac{P}{2}x = \dfrac{P}{2}a(1-\cos\theta)$

$x = a - a\cos\theta = a(1-\cos\theta)$

$\therefore M_{\theta=0} = M_A = 0 \qquad \therefore M_{\theta=45°} = \dfrac{Pa}{2}(1-\cos 45°) = \dfrac{Pa}{2}\left(1-\dfrac{1}{\sqrt{2}}\right)$

$\therefore M_{\theta=90°} = \dfrac{Pa}{2}$

③ 축방향력

$0 \le x \le a$ 구간에서 $\qquad A_x = -V_A\cos\theta = -\dfrac{P}{2}\cos\theta$

$$\therefore A_{\theta=0} = A_A = -\frac{P}{2} \quad \therefore A_{\theta=45°} = -\frac{P}{2\sqrt{2}} \quad \therefore A_{\theta=90°} = 0$$

따라서 단면력도는 [그림 9.1.6(b), (c), (d)]와 같다.

9.1.3 3활절 아치

이미 지적한 바와 같이 3활절 아치는 반력성분이 4개임에도 불구하고 정정인 구조물이다. 왜냐하면 부재 중간에 있는 힌지의 어느 한쪽에 대하여 $\Sigma M = 0$이라는 조건방정식이 성립하기 때문이다. 3활절 아치의 해석을 다음의 예제로 예시하기도 한다.

[1] 집중하중이 작용할 경우

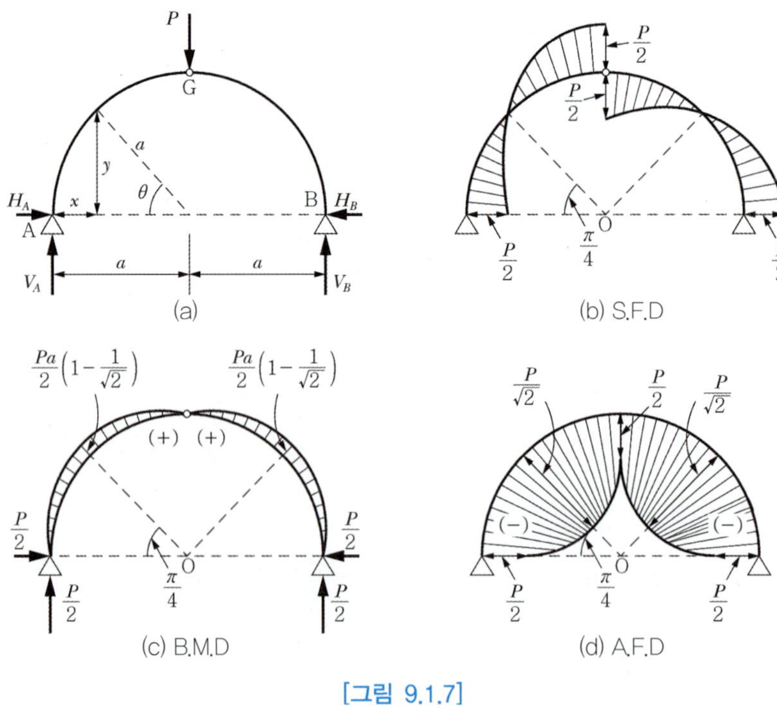

[그림 9.1.7]

(1) 지점반력

$\sum F_y = 0$에 의하여　　$V_A + V_B = P$(대칭)　　$\therefore V_A = V_B = \frac{P}{2}$

$\sum F_x = 0$에 의하여　　$H_A - H_B = 0$　　$\therefore H_A = H_B$

$\sum M_{G(좌)} = 0$에 의하여　　$(V_A) \times (a) - (H_A)(a) = 0$

$$\therefore H_A = H_B = \frac{P}{2}$$

(2) 단면력 계산

① 전단력

$$V_\theta = V_A \sin\theta - H_A \cos\theta = \frac{P}{2}(\sin\theta - \cos\theta)$$

$$\therefore V_A = V_{\theta=0} = \frac{P}{2} \quad \therefore V_B = V_{\theta=\pi} = \frac{P}{2} \quad \therefore V_C = V_{\theta=\frac{\pi}{2}} = 0$$

② 휨모멘트

$x = a(1 - \cos\theta),\ y = a\sin\theta$ 에서

$$M_\theta = (V_A)(x) - (H_A)(y) = \left(\frac{P}{2}\right)[a(1 - \cos\theta)] - \left[\left(\frac{P}{2}\right)(a\sin\theta)\right]$$

$$= \frac{Pa}{2}(1 - \sin\theta - \cos\theta)$$

$$\therefore M_{\theta=\frac{\pi}{4}} = \frac{Pa}{2}(1 - \sqrt{2})$$

③ 축방향력

$$A_\theta = -(V_A \cos\theta + H_A \sin\theta) = -\frac{P}{2}(\cos\theta + \sin\theta)$$

$$\therefore A_{\theta=0} = -\frac{P}{2} \quad \therefore A_{\theta=\frac{\pi}{2}} = -\frac{P}{\sqrt{2}} \quad \therefore A_{\theta=\pi} = -\frac{P}{2}$$

따라서 단면력도는 [그림 9.1.7(b), (c), (d)]와 같다.

[2] 등분포하중이 작용할 경우

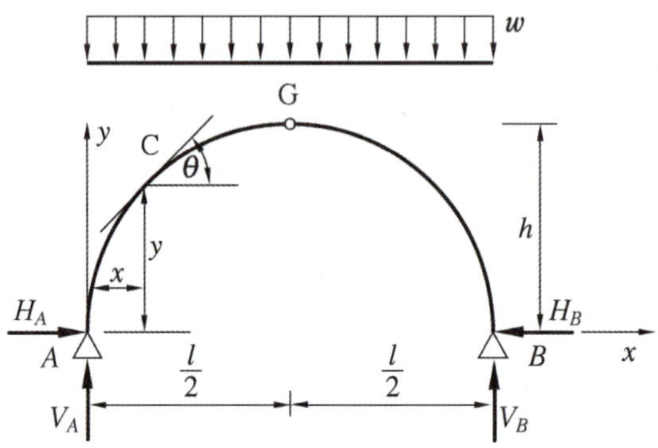

[그림 9.1.8]

$$\Sigma M_{G(좌)} = 0 에\ 의하여\quad (V_A)\times\left(\frac{l}{2}\right) - (H_A)(h) \quad - (w)\left(\frac{l}{2}\right)\left(\frac{l}{4}\right) = 0$$

$$\therefore\ H_A = H_B = \frac{wl^2}{8h}$$

(1) 지점반력

$\Sigma F_y = 0$에 의하여 $\qquad \therefore\ V_A = V_B = \frac{wl}{2}$

$\Sigma F_x = 0$에 의하여 $\quad H_A - H_B = 0 \qquad \therefore\ H_A = H_B$

(2) 단면력 계산

① 전단력

$$V_x = (V_A - wx)\cos\theta - (H_A)\sin\theta = w\left\{\left(\frac{l}{2} - x\right) - \frac{l^2}{8h}\tan\theta\right\}\cos\theta$$

② 휨모멘트

$$M_x = (V_A)(x) - (H_A)(y) - (w)(x)\left(\frac{x}{2}\right) = w\left(\frac{l-x}{2}x - \frac{l^2}{8h}y\right)$$

③ 축방향력

$$A_x = -(V_A - wx)\sin\theta - H_A\cos\theta = -w\left\{\left(\frac{1}{2} - x\right)\sin\theta + \frac{l^2}{8h}\cos\theta\right\}$$

아치를 포물선으로 만들었다고 하면 $y = \frac{4h}{l^2}(l-x)x$이다.

예제 9.1.3

[그림 9.1.9]와 같은 3활절 아치의 단면력을 구하여라.

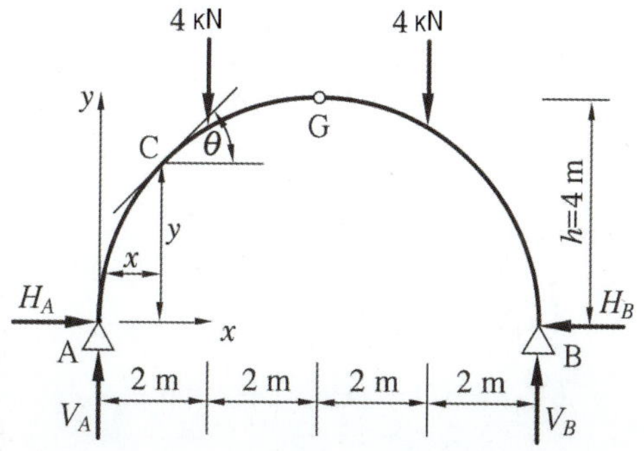

[그림 9.1.9]

풀이

(1) 지점반력

$\Sigma F_y = 0$에 의하여 $V_A + V_B = 8\text{kN}$ (대칭구조) $\therefore\ V_A = V_B = 4\text{kN}$

$\Sigma M_{G(좌)} = 0$에 의하여 $(V_A)\times(4\text{m}) - (4\text{kN})\times(2\text{m}) - (H_A)\times(4\text{m}) = 0$

$\therefore\ H_A = H_B = 2\text{kN}$

(2) 전단력, 휨모멘트, 축방향력

① $0 \le x \le 2$일 때

$V_x = (V_A)\cos\theta - (H_A)\sin\theta = 4\cos\theta - 2\sin\theta$

$M_x = (V_A)(x) - (H_A)(y) = 4x - 2y$

$A_x = -(V_A)\sin\theta - (H_A)\cos\theta = -(4\sin\theta + 2\cos\theta)$

② $2 \le x \le 4$일 때

$V_x = (V_A - P)\cos\theta - (H_A)\sin\theta = -2\sin\theta$

$M_x = (V_A)(x) - (P)(x-2) - (H_A)(y) = 8 - 2y$

$M_{G(x=4\text{m},\ y=4\text{m})} = 8 - 2\times(4\text{m}) = 0$

$A_x = -(V_A - P)\sin\theta - (H_A)\cos\theta = -2\cos\theta$

예제 9.1.4

그림 9.1.10]과 같은 타이드 아치에서 AB 부재력값을 구하여라.

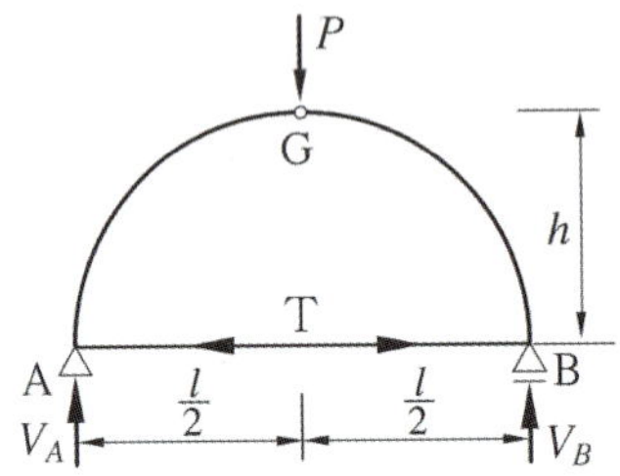

[그림 9.1.10]

풀이

$\Sigma F_x = 0$에 의하여 $\quad V_A + V_B = P$

$\Sigma M_B = 0$에 의하여 $\quad (V_A) \times (l) - (P) \times \left(\frac{l}{2}\right) = 0 \qquad \therefore V_A = \frac{P}{2}$

$\Sigma F_x = 0$에 의하여 $\qquad \therefore H_A = 0$

AB 부재력

$\Sigma M_{G(좌)} = 0$에 의하여 $\quad (V_A) \times \left(\frac{l}{2}\right) - (T) \times (h) = 0 \qquad \therefore T = \frac{Pl}{4h}$(인장재)

예제 9.1.5

[그림 9.1.11]과 같은 3활절 아치에서 수직반력 V_A와 수평반력 H_A 값을 구하여라.

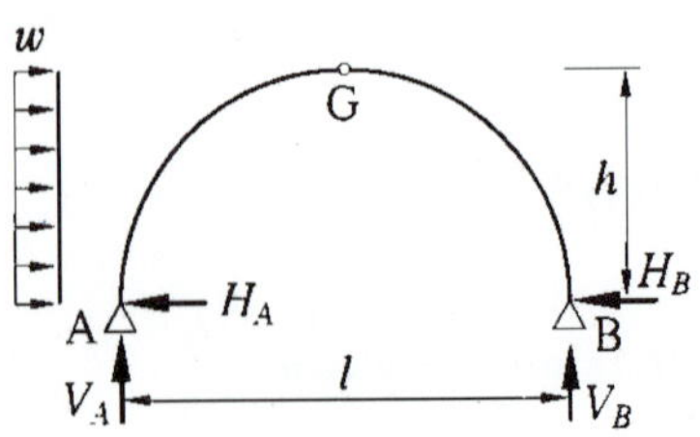

[그림 9.1.11]

풀이

$\Sigma F_y = 0$에 의하여 $\quad V_A + V_B = 0$

$\Sigma M_B = 0$에 의하여 $\quad (V_A) \times (l) + (w)(h) \times \left(\frac{h}{2}\right) = 0 \quad \therefore\ V_A = -\frac{wh^2}{2l}\ (\downarrow)$

$\Sigma M_A = 0$에 의하여 $\quad -(V_B) \times (l) + (w)(h) \times \left(\frac{h}{2}\right) = 0 \quad \therefore\ V_B = \frac{wh^2}{2l}\ (\uparrow)$

$\Sigma F_x = 0$에 의하여 $\quad H_A + H_B = wh$

$\Sigma M_{G(우)} = 0$에 의하여 $\quad -(V_B) \times \left(\frac{l}{2}\right) + (H_B) \times (h) = 0 \quad \therefore\ H_B = \frac{wh}{4}$

$\Sigma F_x = 0$에 의하여 $\quad \therefore\ H_A = wh - H_B = \frac{3wh}{4}$

예제 9.1.6

[그림 9.1.12]와 같은 3활절 아치에서 수평반력 H_A를 구하여라.

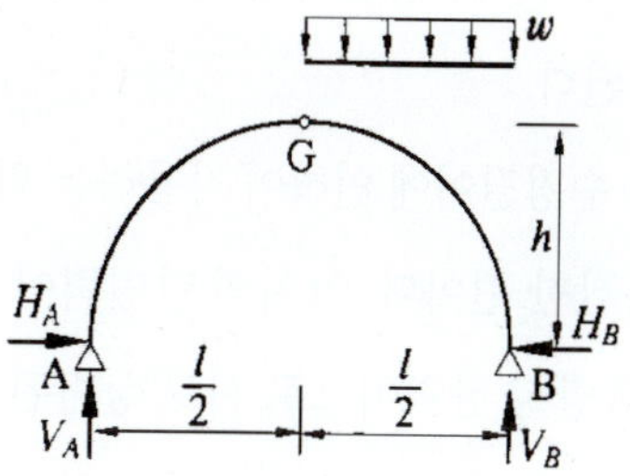

[그림 9.1.12]

풀이

$\Sigma M_B = 0$에 의하여 $\quad (V_A) \times (l) - (w)\left(\frac{l}{2}\right) \times \left(\frac{l}{4}\right) = 0 \quad \therefore\ V_A = \frac{wl}{8}$

$\Sigma M_A = 0$에 의하여 $\quad -(V_B) \times (l) + (w)\left(\frac{l}{2}\right) \times \left(\frac{3l}{4}\right) = 0 \quad \therefore\ V_B = \frac{3wl}{8}$

$\Sigma F_y = 0$에 의하여 $\quad V_A + V_B = \frac{wl}{2}$

$\Sigma F_x = 0$에 의하여 $\quad H_A - H_B = 0 \quad \therefore\ H_A = H_B$

$\Sigma M_{G(좌)} = 0$에 의하여 $\quad (V_A) \times \left(\frac{l}{2}\right) - (H_A)(h) = 0$

$\therefore\ H_A = H_B = \frac{wl^2}{16h}$

9.2 정정 케이블

9.2.1 집중하중을 받는 케이블

케이블은 현수교(suspension bridge), 사장교(cable – stayed bridge), 케이블카(cable car) 등에서 하중을 지지하는 주 부재로서 휨모멘트나 압축에는 저항이 불가능하며 오직 장력(tension)만을 견디는 능력이 있다. 또한 송신탑, 기중기(derricks) 등에서 받침줄(guy line)로 사용되기도 한다. 케이블에 작용하는 수직하중은 집중하중, 자중과 같은 등분포하중, 수평길이 즉, 수평투영선에 연하여 균일하게 분포된 외적인 등분포하중이며, 케이블의 모양인 현수선(catenary)이 된다. 자중을 무시하고 수평길이에 연하여 등분포된 하중을 지지하는 케이블은 포물선(parabola)의 형태가 된다.

일반적으로 케이블의 자중은 수평길이에 연하여 작용하는 외적 하중보다 훨씬 작고 현수선은 포물선보다 그 해석이 더 복잡한 편이다. 아치의 단면력이 주로 축방향 압축력인 반면에 케이블의 단면력은 전적으로 축방향 장력이므로 서로 상반된 구조적 특성을 가지고 있다고 할 수 있다.

[그림 9.2.1(a)]에 표시된 바와 같이 집중하중을 받는 케이블을 고려하여 보기로 하자.

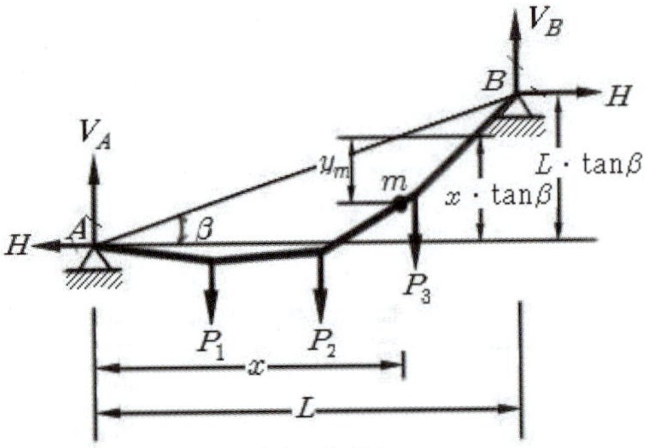

(a) 케이블

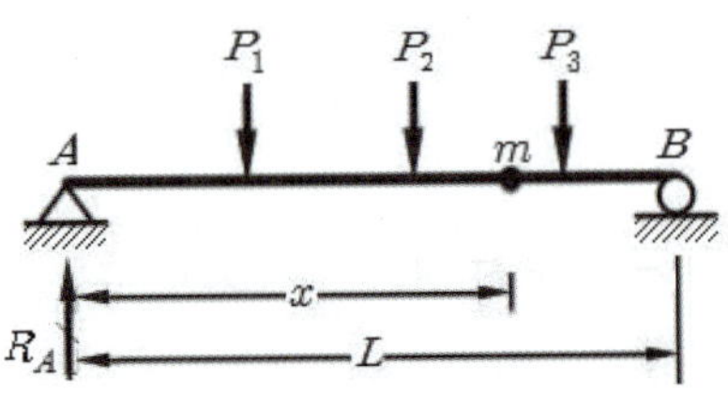

(b) 같은 길이의 단순보

[그림 9.2.1] 집중하중을 받는 케이블

[1] 케이블의 반력성분

이 케이블의 지점 A와 B의 수평반력은 크기가 같고 방향이 반대이며, [그림 9.2.1(a)]에 표시된 반력성분을 (+)방향이라고 가정한다. 수평반력 H는 또한 케이블의 임의의 단면력에서의 장력의 수평성분이기도 하며 어느 단면에서든지 일정한 값이다.

- $\sum M_B = 0$: [그림 9.2.1(a)]에서 $\sum M_B = 0$을 취하면 다음과 같이 된다.

$$H(L \cdot \tan\beta) + V_A \cdot L - \sum_{i=1}^{3} P_i(L - x_i) = 0$$

또는

$$V_A = \frac{1}{L}\sum_{i=1}^{3} P_i(L - x_i) - H \cdot \tan\beta \quad \cdots\cdots\cdots ①$$

여기서, Σ항은 모든 작용하중의 지점 B에 관한 모멘트의 합이며, x_i항은 지점 A로부터 각 i번째 하중까지의 수평거리이다.

- $M_m = 0$: 케이블은 휨모멘트에 대한 저항능력이 없으므로 임의의 점 m의 왼쪽에 관하여 $M_m = 0$을 취하면 다음과 같이 된다.

$$H(x \cdot \tan\beta - y_m) + V_A \cdot x - M_p = 0 \quad \cdots\cdots\cdots ②$$

여기서, M_p는 점 m의 왼쪽에 있는 하중들의 모멘트의 합이다. 그리고 x는 점 A에서 점 m까지의 수평거리이고, y_m은 점 m과 케이블의 현과의 수직거리이다.

[2] 케이블의 일반정리

식 ①의 V_A의 값을 식 ②에 대입하면 다음과 같이 쓸 수 있다.

$$H(x \cdot \tan\beta - y_m) + \frac{x}{L}\sum_{i=1}^{3} P_i(L - x_i) - H \cdot x \cdot \tan\beta - M_P = 0$$

또는

$$H \cdot y_m = \frac{x}{L}\sum_{i=1}^{3} P_i(L-x_i) - M_P \quad \cdots\cdots ③$$

여기서 똑같은 집중하중을 받으며, 길이도 똑같이 L인 [그림 9.2.1(b)]의 단순보를 고려해 보기로 하자. 지점 B에 관하여 $\Sigma M_B = 0$을 취하면 지점 A의 반력은 다음과 같이 쓸 수 있다.

$$R_A = \frac{1}{L}\sum_{i=1}^{3} P_i(L-x_i) \quad \cdots\cdots ④$$

단순보에서 m점의 휨모멘트는 m점 왼쪽에 관한 모멘트로부터 다음과 같이 표현할 수 있다.

$$M_m = R_A \cdot x - M_P = \frac{x}{L}\sum_{i=1}^{3} P_i(L-x_i) - M_P \quad \cdots\cdots ⑤$$

식 ③과 ⑤의 표현이 똑같다는 사실로부터 다음과 같은 관계식을 쓸 수 있다.

$$\text{케이블에서 } H \cdot y_m = \text{대등한 단순보에서 } M_m \quad \cdots\cdots (9.2.1)$$

식 (9.2.1)을 케이블의 일반정리식이라 하며 다음과 같이 말할 수 있다. 수직하중을 받는 케이블의 임의의 한 점 m에서 케이블 내력의 수평성분 H와 그 점에서 케이블 현까지의 수직거리 y_m을 곱한 값 $H \cdot y_m$은 같은 하중을 지지하는 같은 길이의 단순보에서 점 m의 모멘트 M_m과 같다.

이 정리는 임의의 수직하중에 대하여도 성립되며, 케이블의 현이 수평 또는 경사에 관계없이 H값이나 현 $\overline{AB}$와 점 i의 수직거리 y_i 등을 구할 때 이용할 수 있다.

[3] 케이블의 장력

케이블의 어떤 점 i의 장력 T_i는 그 수평성분 H와 V_i의 합력이다.

$$T_i = \sqrt{H^2 + V_i^2} \quad \cdots\cdots (9.2.2)$$

H가 일정하므로 최대 장력은 V_i가 가장 큰 점, 즉 경사가 가장 큰 지점에서 일어난다. 식 (9.2.2)는 집중하중뿐 아니라 등분포하중을 받는 케이블에도 적용된다.

예제 9.2.1

[그림 9.2.2]에 있는 케이블에서 지점 A의 반력의 수평성분과 수직성분을 구하고, 거리 y_D와 케이블의 최대 장력을 계산하여라.

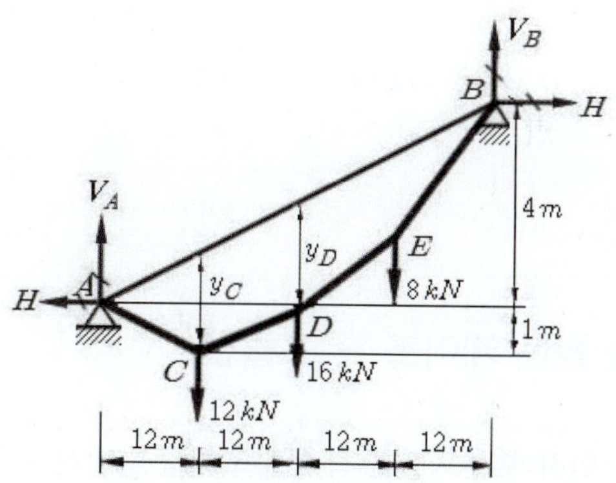

[그림 9.2.2] 집중하중을 받는 케이블

풀이

(1) 지점 A의 수평반력 H와 수직반력 V_A

[그림 9.2.2]에서 $y_c = 1 + \frac{12}{48}(4) = 2\text{m}$ 이므로 점 C에 케이블의 일반정리를 적용한다.

- 단순보의 지점 A의 수직반력

$$\therefore R_A = \frac{1}{48}[8(12) + 16(24) + 12(36)] = 19\text{kN} \ (\uparrow)$$

- 케이블의 일반정리 : 케이블의 $H \cdot y_c$ =단순보의 M_C

$$H(2) = 12(R_A) = 12(19) \qquad \therefore H = 114\text{kN}$$

- $\Sigma M_B = 0$: $(114\text{kN})(4\text{m}) + V_A(48\text{m}) - (12\text{kN})(36\text{m}) - (16\text{kN})(24\text{m}) - (8\text{kN})(12\text{m}) = 0$

$$\therefore V_A = 9.5\text{kN} \ (\uparrow)$$

(2) y_D의 값

점 D에서 $H \cdot y_D$=단순보에서 M_D이므로,

$$114y_D = (19)(24) - (12)(12) \qquad \therefore y_D = 2.74\text{m}$$

(3) 최대 장력

케이블에서 최대 장력은 수평성분 H가 일정하기 때문에 EB 부분과 같이 수직성분이 가장 큰 부분에서 일어난다. 케이블 전체에서 $\Sigma F_y = 0$을 취하면 다음과 같이 된다.

$$V_A + V_B = 12\text{kN} + 16\text{kN} + 8\text{kN}$$

$$V_A = 9.5\text{kN} \text{이므로} \qquad \therefore V_B = 26.5\text{kN} \ (\uparrow)$$

EB 부분의 장력은 H와 V_B의 합력이어야 하므로 식 (9.2.2)로부터 다음과 같이 된다.

$$\therefore T_{\max} = \sqrt{26.5^2 + 114^2} = 117.04\text{kN}$$

물론, 케이블 전체에 대한 $\Sigma M_B = 0$ 그리고 점 C의 왼쪽에 대한 $M_C = 0$, 이 두 식으로부터 지점 A의 반력성분 V_A와 H를 구한 다음에 D점의 왼쪽에 대하여 $M_D = 0$을 취하여 y_D의 값을 쉽게 구할 수 있다.

9.2.2 등분포하중을 받는 케이블 – 포물선

수평길이에 연하여 균일하게 분포된 수직 등분포하중을 받는 케이블의 모양은 포물선이다. 가령, 현수교의 바닥판이나 송유관 등을 여러 개의 현수재로 매달아 놓은 케이블은 그 모양을 포물선이라고 가정할 수 있다. 케이블 자중 등을 받는 현수선 케이블은 9.2.3절에서 다루게 되는데 적용 빈도도 많지 않고 그 해석이 포물선보다 더 복잡한 편이다. 그러나 이 현수선도 처침비(sag ratio) h/L가 작아질수록 포물선에 근접한다. 여기서 h는 [그림 9.2.3]에 나타낸 바와 같이 현 $\overline{AB}$의 중앙점과 케이블과의 수직거리이다.

[1] 케이블의 방정식

(1) 원점이 지점 A인 경우

[그림 9.2.3]는 수평길이에 연하여 균일하게 분포된 등분포하중을 받는 케이블이며 지점 A를 원점으로 택한 경우이다. 구조물 전체에 대한 $\Sigma M_B = 0$과 임의의 점 m에 대

한 조건식 $M_m = 0$을 적용하면 다음과 같이 된다.

$$\Sigma M_B = 0 \; : V_A \cdot L + H \cdot L \cdot \tan\beta - \frac{wL^2}{2} = 0 \quad \cdots\cdots ①$$

$$M_m = 0(m\text{의 왼쪽}) : H(x \cdot \tan\beta - y_m) + V_A \cdot x - \frac{wx^2}{2} = 0 \quad \cdots\cdots ②$$

식 ①에서 V_A를 구하고 이를 식 ②에 대입하면 다음과 같은 관계가 성립한다.

$$H \cdot y_m = \frac{wL}{2}x - \frac{w}{2}x^2 \quad \cdots\cdots ③$$

식 ③은 그 내용이 식 (9.2.1)의 케이블의 일반정리와 완전히 일치하고 있다.

[그림 9.2.3]에서 $x = L/2$일 때 $y_m = h$이므로 이를 식 ③에 적용하면 다음과 같이 된다.

$$\therefore H = \frac{wL^2}{8h} \quad \cdots\cdots (9.2.3)$$

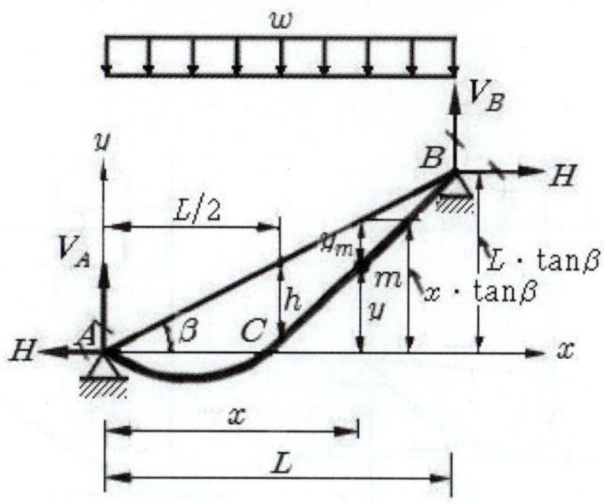

[그림 9.2.3] 등분포하중을 받는 케이블(포물선)

식 (9.2.3)은 케이블의 현이 수평이거나 경사지거나 모두 적용된다. H는 케이블 양단의 수평반력이면서 각 점에서의 장력의 수평성분이다. 어느 점에서든지 좌우 어느 한쪽 자유물체도에 $\sum F_x = 0$을 적용하면 H값이 일정함을 쉽게 알 수 있다.

식 (9.2.3)을 식 ③에 대입하면 다음과 같이 된다.

$$y_m = \frac{4h}{L^2}(L-x)x \quad \cdots\cdots ④$$

[그림 9.2.3]에서 케이블의 방정식은 $y = x \cdot \tan\beta - y_m$ 이므로 여기에 식 ④의 y_m을 대입하면 케이블의 형상은 다음과 같은 포물선이 된다.

$$y = x \cdot \tan\beta - \frac{4h}{L^2}(L-x)x \quad \cdots\cdots (9.2.4)$$

케이블의 현이 수평이면 $\tan\beta = 0$이므로 위의 식은 다음과 같이 된다.

$$y = \frac{4h}{L^2}(x-L)x \quad \cdots\cdots (9.2.5)$$

(2) 원점이 최저점 C인 경우

[그림 9.2.4(a)]와 같이 케이블의 최저점 C를 원점으로 택한 좌표계가 더 편리할 수도 있다.

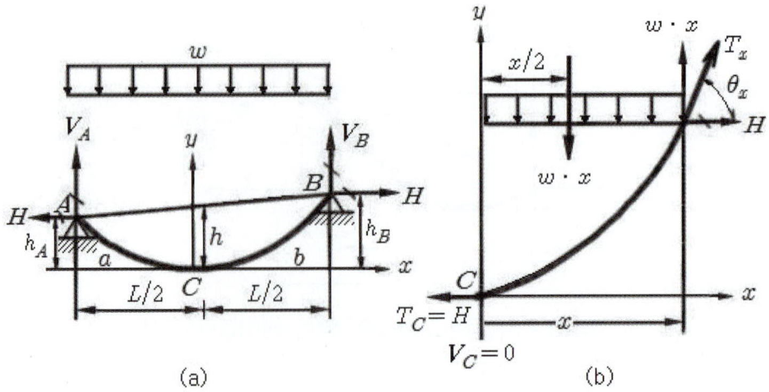

[그림 9.2.4]

[그림 9.2.4(b)]에서 원점 C로부터 거리 x인 점에서 $\tan\theta_x = dy/dx = (wx)/H$이므

로 케이블 방정식은 다음과 같다.

$$y = \frac{w}{H}\int x dx = \frac{w}{H}x^2 + C_1$$

$x=0$에서 $y=0$이므로 $C_1=0$이다. $H=\dfrac{wL^2}{8h}$을 적용하면 케이블의 방정식은 다음과 같이 된다.

$$y = \frac{w}{2H}x^2 = \frac{4h}{L^2}x^2 \quad \cdots\cdots (9.2.6)$$

[2] 케이블의 장력

(1) 방법(Ⅰ)

[그림 9.2.5]과 같이 원점 A로부터 거리 x에 위치한 케이블의 미소길이 ds는 다음과 같다.

$$ds = \sqrt{(dx)^2 + (dy)^2} = dx\sqrt{1+\left(\frac{dy}{dx}\right)^2} \quad \cdots\cdots ①$$

그리고 $T_x = H\dfrac{ds}{dx} = H\dfrac{1}{dx}\left(dx\sqrt{1+\left(\dfrac{dy}{dx}\right)^2}\right)$

$$T_x = H\sqrt{1+\left(\frac{dy}{dx}\right)^2} \quad \cdots\cdots ②$$

이는 수평성분 H로 케이블 축방향의 장력 T_x를 표시한 것이다.

[그림 9.2.3]와 같이 β각만큼 기울어진 케이블에서 식 (9.2.4)를 미분하면 다음과 같다.

$$\frac{dy}{dx} = \frac{8hx}{L^2} - \frac{4h}{L} + \tan\beta = \frac{8n}{L}x - 4n + \tan\beta \quad \cdots\cdots ③$$

여기서, $n = h/L$이며 처짐비(sag ratio)라고 한다.

식 ②에 ③을 대입하면 T_x는 다음과 같이 된다.

$$T_x = H\left(1 + \frac{64n^2}{L^2}x^2 + 16n^2 + \tan^2\beta - \frac{64n^2}{L}x + \frac{16n}{L}x \cdot \tan\beta - 8n \cdot \tan\beta\right)^{\frac{1}{2}} \quad \cdots\cdots ④$$

[그림 9.2.3]에 있는 케이블의 단에서의 장력은 다음과 같이 쓸 수 있다.

$$\left.\begin{aligned} &x = 0\text{일 때},\ T_A = H(1 + 16n^2 + \tan^2\beta - 8n \cdot \tan\beta)^{\frac{1}{2}} \\ &x = L\text{일 때},\ T_B = H(1 + 16n^2 + \tan^2\beta + 8n \cdot \tan\beta)^{\frac{1}{2}} \end{aligned}\right\} \quad \cdots\cdots (9.2.7)$$

[그림 9.2.3]에서 지점 B가 지점 A보다 높기 때문에 최대장력은 T_B가 된다. 케이블의 현이 수평($\beta = 0$)인 경우 양단의 장력이 최대이며 그 값은 다음과 같다.

$$\therefore T_{\max} = H\sqrt{1 + 16n^2} \quad \cdots\cdots (9.2.8)$$

(2) 방법 (Ⅱ)

[그림 9.2.5]로부터 얻은 다음의 표현은 케이블의 방정식 $y = f(x)$가 주어진 모든 경우에 장력 T_x를 쉽게 구할 수 있는 식이다.

$$T_x = \frac{H}{\cos\theta_x} \quad \cdots\cdots (9.2.9)$$

여기서 $\theta_x = \tan^{-1}\left(\frac{dy}{dx}\right)$이며, 최대 장력은 기울기 θ_x가 최대인 지점에서 일어난다.

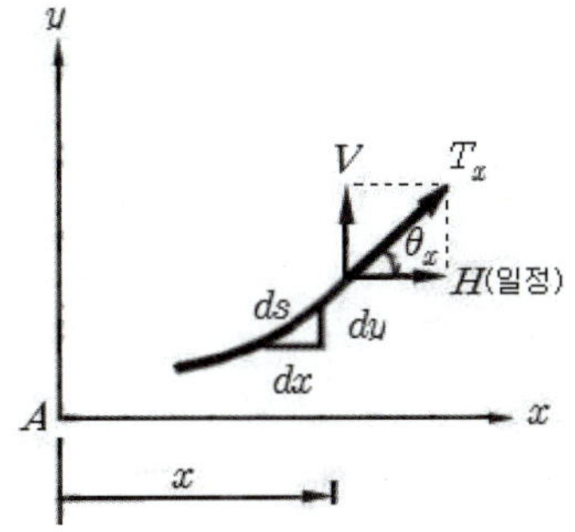

[그림 9.2.5]

[3] 케이블의 길이

(1) 코드가 수평인 경우

[그림 9.2.4(a)]의 케이블에서 지점 A, B의 높이가 같다면 CA의 길이 S_A와 CB의 길이 S_B는 같고 $h_A = h_B = h$, $a = b = \dfrac{L}{2}$이다. 따라서 케이블의 길이는 다음과 같이 된다.

$$S_0 = S_A + S_B = 2S_B = 2\int_0^{L/2} \sqrt{1 + \left(\frac{dy}{dx}\right)^2}\, dx \quad \cdots\cdots ①$$

식 (9.2.6)을 x에 관해서 미분하면 다음과 같다.

$$\frac{dy}{dx} = \frac{8h}{L^2} x \quad \cdots\cdots ②$$

식 ②를 ①에 대입하면 다음과 같이 된다.

$$S_o = 2\int_0^{L/2} \sqrt{1 + \left(\frac{64h^2}{L^4} x^2\right)}\, dx \quad \cdots\cdots ③$$

식 ③을 적분하면 지점 A, B가 수평인 케이블의 길이의 참값은 다음과 같다.

$$S_o = \frac{L}{2}\sqrt{1+16n^2} + \frac{L}{8n}\ln(4n + \sqrt{1+16n^2}) \quad \cdots\cdots (9.2.10)$$

식 ③을 2항 정리를 이용하여 무한급수로 전개하고 처음 몇 개 항만 쓰면 다음과 같은 식을 얻을 수 있다.

$$\left.\begin{aligned} S_o = 2\int_0^{L/2}\Big[&(1)^{\frac{1}{2}} + \frac{1}{2}(1)^{-\frac{1}{2}}\left(64\frac{h^2}{L^4}x^2\right) \\ &+ \frac{1}{2!}\frac{1}{2}\left(-\frac{1}{2}\right)(1)^{-\frac{3}{2}}\left(64\frac{h^2}{L^4}x^2\right)^2 + \cdots\Big]dx \end{aligned}\right\} \quad \cdots\cdots ④$$

식 ④를 적분하면 다음과 같이 실용적이면서 참값과 거의 같은 근사식을 얻을 수 있다.

$$S_o = L\left(1 + \frac{8}{3}n^2 - \frac{32}{5}n^4 + \cdots\right) \quad \cdots\cdots (9.2.11)$$

이 급수는 $n = h/H < 1/4$인 모든 n값에 대하여 급속하게 수렴한다.

(2) 케이블의 현이 각 β만큼 기울어진 경우

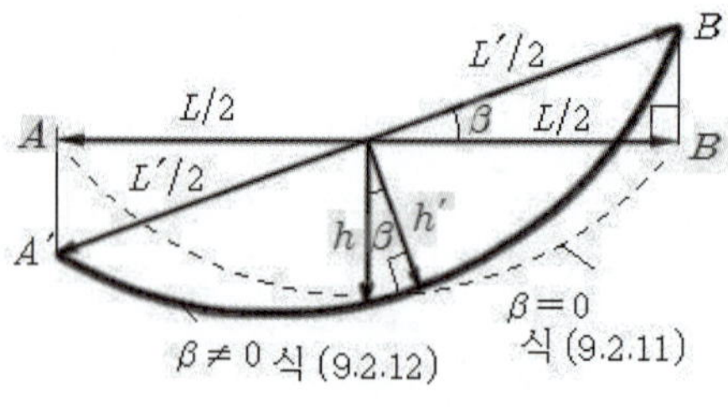

[그림 9.2.6]

케이블의 현 $A'B'$가 각 β만큼 기울어져 있는 경우에 [그림 9.2.6]에서 L', L', h', n'는 다음과 같다.

$$L' = \frac{L}{\cos\beta}, \quad h' \approx h \cdot \cos\beta$$

$$n' = \frac{h'}{L'} = \frac{h \cdot \cos\beta}{L/\cos\beta} = n \cdot \cos^2\beta$$

따라서 $\beta \neq 0$인 경우의 케이블의 길이는 식 (9.2.11)에서 L대신 L', n 대신 n'을 대입하면 실용 면에서 충분한 정확도를 가진 다음과 같은 근사식을 얻을 수 있다.

$$S_o = L'\left(1 + \frac{8}{3}n^2 - \frac{32}{5}n^4 + \cdots\right) \quad \cdots\cdots (9.2.12)$$

[4] 케이블의 탄성신장

하중을 받는 케이블이 늘어난 신장량이 필요할 때가 있다. Hooke의 법칙으로부터 이 신장량 ΔS는 다음과 같이 쓸 수 있다.

$$\Delta S = \int_0^{S_0} \frac{T_x}{AE} ds \quad \cdots\cdots ①$$

또는

$$\Delta S = \frac{1}{AE}\int_0^{S_0}\left(H\frac{ds}{dx}\right)ds = \frac{H}{AE}\int_0^{L}\left[1 + \left(\frac{dy}{dx}\right)^2\right]dx \quad \cdots\cdots ②$$

케이블이 경사진 경우에는, 식 (9.2.4)로부터 $\frac{dy}{dx} = \frac{8h}{L^2}x - \frac{4h}{L} + \tan\beta$ 이므로 식 ②에 이 값을 대입하고 적분하면 ΔS는 다음과 같이 표시된다.

$$\Delta S = \frac{HL}{AE}\left(1 + \frac{16}{3}n^2 + \tan^2\beta\right) \quad \cdots\cdots (9.2.13)$$

예제 9.2.2

[그림 9.2.7]에 있는 기울어진 케이블에서, 수평거리 $L=80\text{m}$, 등분포하중은 수평거리 1m당 $w=20\text{kN/m}$, 지점 B는 지점 A보다 20m 높다. 그리고 케이블의 중앙점 C에서 케이블의 현까지의 수직거리(sag)는 5m이다. 이 케이블의 최대 장력, 길이, 그리고 탄성신장량은 얼마인가? 단, $E=2.1\times10^5\text{MPa}$, $A=60\text{cm}^2$이다.

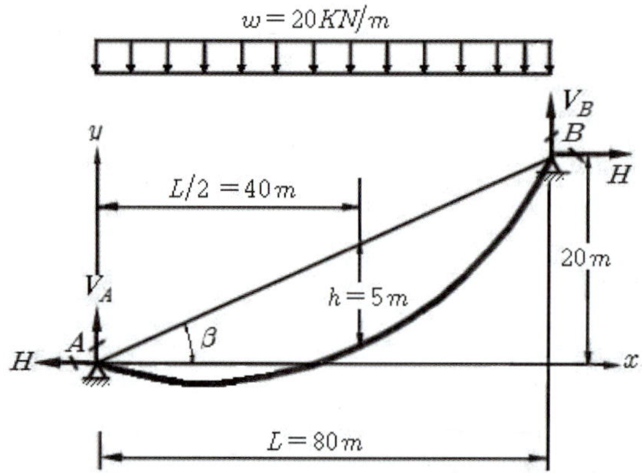

[그림 9.2.7]

풀이

$$H=\frac{wL^2}{8h}=\frac{(20)\times(80)^2}{8\times(5)}=3{,}200\text{ kN}$$

$$n=\frac{h}{L}=\frac{(5)}{(80)}=\frac{1}{16},\qquad \tan\beta=\frac{(20)}{(80)}=\frac{1}{4},\qquad \sec\beta=\frac{L'}{L}=\frac{\sqrt{17}}{4}$$

(1) 최대 장력

케이블의 최대 장력은 경사가 가장 큰 지점 B에서 일어나며 식 (9.2.2), (9.2.7) 또는 (9.2.9) 어느 식으로도 계산할 수 있다.

식 (9.2.7) : $T_{\max}=T_B=H(1+16n^2+\tan^2\beta+8n\cdot\tan\beta)^{\frac{1}{2}}$

$$=(3{,}200)\left[1+(16)\left(\frac{1}{16}\right)^2+\left(\frac{1}{4}\right)^2+8\left(\frac{1}{16}\right)\left(\frac{1}{4}\right)\right]^{\frac{1}{2}}=3{,}577.7\text{kN}$$

식 (9.2.2) : $\Sigma M_A=0$으로부터 $V_B=1{,}600\text{kN}\ (\uparrow)$이다.

$$\therefore T_{\max}=T_B=\sqrt{H^2+V_B^2}=\sqrt{3{,}200^2+1{,}600^2}=3{,}577.7\text{kN}$$

(2) 길이

식 (9.2.12)에 $n' = \dfrac{h \cdot \cos\beta}{L \cdot \sec\beta} = \dfrac{n}{\sec^2\beta} = \dfrac{1/16}{(\sqrt{17/4})^2} = \dfrac{1}{17}$ 그리고 $L' = L \cdot \sec\beta$를 대입한다.

$$S_o = L \cdot \sec\beta\left(1 + \frac{8}{3}n^2 - \frac{32}{5}n^4 + \cdots\right)$$

$$= 80\left(\frac{\sqrt{17}}{4}\right)\left[1 + \left(\frac{8}{3}\right)\left(\frac{1}{17}\right)^2 - \left(\frac{32}{5}\right)\left(\frac{1}{17}\right)^4\right] = 83.22\text{m}$$

(3) 신장량

$EA = 2.1 \times 10^4 \text{kN/cm}^2 \times 60\text{cm}^2 = (21{,}000 \times 60)\text{kN}$에 식 (9.2.13)을 적용하면 다음과 같이 계산된다.

$$\Delta S = \frac{H \cdot L}{E \cdot A}\left(1 + \frac{16}{3}n^2 + \tan^2\beta\right)$$

$$= \frac{(3{,}200) \times (80)}{(21{,}000) \times (60)}\left[1 + \left(\frac{16}{3}\right)\left(\frac{1}{16}\right)^2 + \left(\frac{1}{4}\right)^2\right] = 0.22\text{m}$$

예제 9.2.3

[그림 9.2.8]의 케이블의 무게 $w = 2\,\text{kN/m}$인 송유관을 지지하고 있다. 다음을 계산하여라.

(1) 케이블의 방정식 (2) 반력성분
(3) 최대 장력 (4) 케이블의 길이

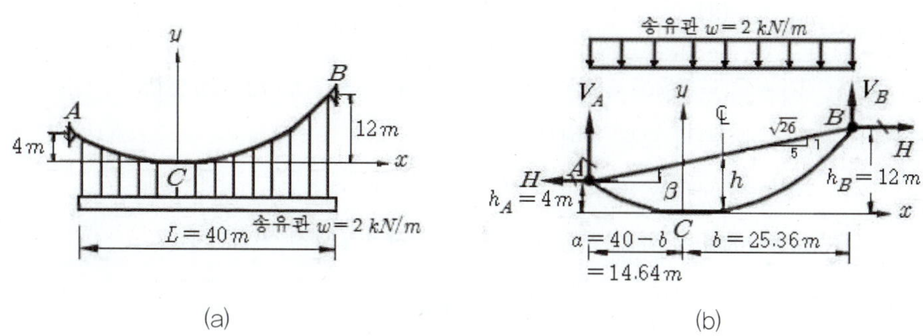

[그림 9.2.8]

풀이

(1) 케이블의 방정식

중앙처럼 h값이 미지수이므로 [그림 9.2.8(b)]와 같이 원점인 C인 좌표축을 택한다. 수평선에 연하여 등분포하중을 받는 이 포물선 케이블의 방정식은 식 (9.2.6)을 이용하면 다음과 같이 된다.

$$y = \frac{w}{2H}x^2 = \frac{x^2}{H} \qquad \text{①}$$

점 $B(b, 12)$에서

$$\therefore H = \frac{b^2}{12} \qquad \text{②}$$

점 $A(-(40-b), 4)$에서

$$\therefore H = \frac{[-(40-b)]^2}{4} \qquad \text{③}$$

H는 케이블의 모든 점에서 일정하므로 [식 ② = 식 ③]이 되어야 한다.

$$\frac{b^2}{12} = \frac{(40-b)^2}{4} \qquad \therefore b = 25.36\text{m}$$

식 ②로부터

$$\therefore H = \frac{b^2}{12} = \frac{(25.36)^2}{12} = 53.59\text{kN}$$

$b = 25.36$을 식 ①에 대입하면 케이블 ACB의 방정식은 다음과 같이 된다.

$$\therefore y = 0.01866x^2$$

(2) 반력성분 : 구조물 전체에서

$$\Sigma M_A = 0: \quad -40V_B + 8H + \frac{w}{2}(40)^2 = 0$$

$$40V_B = 8(53.59) + \frac{(2)}{2}(40)^2 \qquad \therefore V_B = 50.72\text{kN} \ (\uparrow)$$

$$\Sigma F_A = 0: \quad V_A + V_B = w(40) = 80 \qquad \therefore V_A = 80 - 50.72 = 29.28\text{kN} \ (\uparrow)$$

$\Sigma F_x = 0$: H는 케이블의 모든 점에서 일정하므로

$$\therefore H_A = 53.95\text{kN} \ (\leftarrow), \quad \therefore H_B = 53.95\text{kN} \ (\rightarrow)$$

(3) 최대 장력 : 최대 장력 $T_{\max}$는 기울기가 가장 큰 지점 B에서 일어난다.

식 (9.2.7)의 적용 : $h = \dfrac{wL^2}{8H} = \dfrac{(2)(40)^2}{8(53.95)} = 7.464\text{m}$

$$n = \frac{h}{L} = \frac{(7.464)}{(40)} = 0.1866, \quad \tan\beta = \frac{(8)}{(40)} = \frac{1}{5}$$

$$\therefore T_{\max} = T_B = H(1 + 16n^2 + \tan^2\beta + 8n \cdot \tan\beta)^{\frac{1}{2}}$$

$$= 53.95\left[1 + 16(0.1866)^2 + \left(\frac{1}{5}\right)^2 + 8(0.1866)\left(\frac{1}{5}\right)\right]^{\frac{1}{2}} = 73.78\text{kN}$$

식 (9.2.9)의 적용 : $y = 0.01866x^2$ 이므로 $\dfrac{dy}{dx} = 0.03732x$

$$\theta_B = \tan^{-1}\left(\frac{dy}{dx}\right)_B = \tan^{-1}[0.03732 \times (25.36)] = 43.42^\circ$$

$$\therefore T_{\max} = \frac{H}{\cos\theta_B} = \frac{53.59}{\cos 43.42^\circ} = 73.78\text{kN}$$

(4) 케이블의 길이, S_o : 식 (9.2.12)를 적용한다.

$$\therefore S_o = L'\left(1 + \frac{8}{3}n'^2 - \frac{32}{5}n'^4 + \cdots\right)$$

여기서 $L' = L \cdot \sec\beta = 40\left(\dfrac{\sqrt{26}}{5}\right) = 40.79\text{m}$

$$\therefore h' = h \cdot \cos\beta = 7.464\left(\frac{5}{\sqrt{26}}\right) = 7.32\text{m}$$

$$\therefore n' = \frac{h}{L'} = \frac{7.32}{40.79} = 0.1794$$

$$\therefore S_o = 40.19\left[1 + \frac{8}{3}(0.1794)^2 - \frac{32}{5}(0.1794)^4 + \cdots\right] = 44.01\text{m}$$

예제 9.2.4

[그림 9.2.9(a)]에 있는 현수교는 두 개의 보강트러스가 여러 개의 현수재로 케이블에 매달린 것이다. 보강트러스는 지점 a는 힌지, 지점 b는 롤러로 지지되어 있고, 두 트러스는 c점에서 힌지로 연결되어 있다. 케이블의 모양이 포물선이라고 가정하여 다음을 계산하여라.

(1) 케이블에 작용하는 최대 장력

(2) 각 현수재(hangers)의 평균인장력 및 지점 a, c의 반력

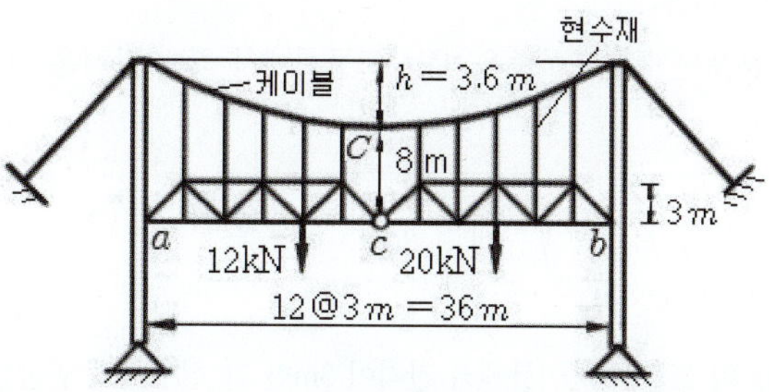

(a)

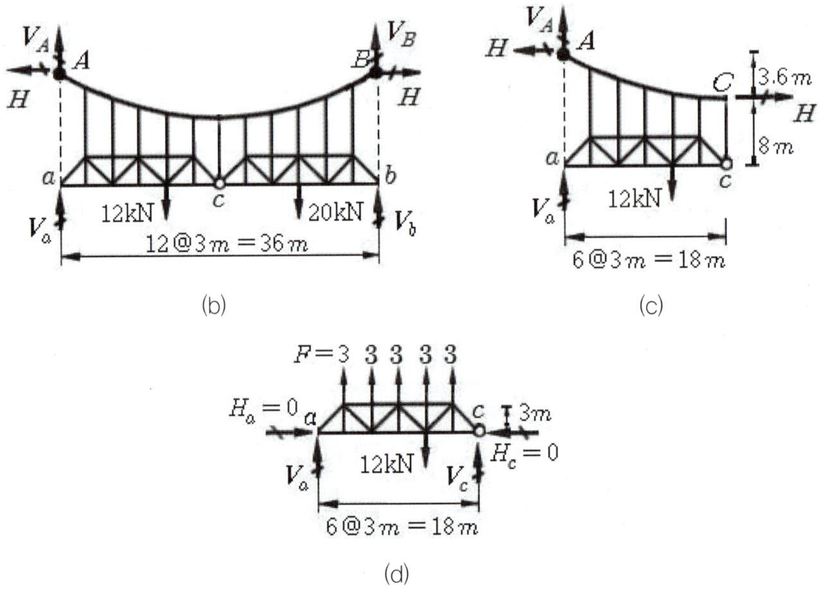

[그림 9.2.9]

풀이

(1) 케이블의 최대 장력

[그림 9.2.9(b)]의 전체 구조에서

$$\Sigma M_b = 0: \quad (V_A + V_a)(36) - (12)(24) - (20)(9) = 0$$

$$\therefore V_A + V_a = 13\text{kN} \ (\uparrow)$$

[그림 9.2.9(c)]에서 점 c의 왼쪽에 대하여 조건식

$$\sum^{ca} M_C = 0: \quad (V_A + V_a)(18) + (H)(8) - (H)(11.6) - (12)(6) = 0$$

$$\therefore H = 45\text{kN}$$

수평길이에 연하여 분포된 등분포하중을 받는 포물선에서 최대 장력은 식 (9.2.8)로부터 다음과 같이 계산할 수 있다.

$$\therefore T_{\max} = H\sqrt{1 + 16\left(\frac{h}{L}\right)^2} = 45\sqrt{1 + 16\left(\frac{3.6}{36}\right)^2} = 48.47\text{kN}$$

(2) 현수재의 평균인장력 및 V_a, V_c

등분포하중 w를 받는 이 포물선 케이블에서 간격이 3m인 각 현수재의 인장력 $F = 3w$이며 일정하다고 가정한다. 이 가정은 현수교의 탄성이론에 의한 것이며 더 엄밀한 처짐이론(deflection theory)에서 보면 정확한 것은 아니다.

$$H=\frac{wL^2}{8h}, \quad 즉 \quad (45)=\frac{w(36)^2}{8(3.6)} \qquad \therefore w=1\text{kN/m} \qquad \therefore F=3w=3\text{kN}$$

트러스 ac의 부재력을 구하기 위해 a, c의 반력성분 V_a와 V_C를 계산하여야 한다.

[그림 9.2.9(d)]에서

$$\Sigma M_C=0:(F)(3+6+9+12+15)-(12\text{kN})(6\text{m})+V_a(18\text{m})=0$$

$$18V_a=72-3(45) \qquad \therefore V_a=-3.5=3.5\text{kN} \ (\downarrow)$$

$$\Sigma F_y=0: V_a+V_c+3(5)=12$$

$$\therefore V_c=12-15-(-3.5)=0.5\text{ kN} \ (\uparrow)$$

이제 트러스 ac의 부재력은 격점법 또는 단면법으로 쉽게 계산할 수 있게 된다. 트러스 cb의 경우도 V_b와 V_c를 구한 다음 마찬가지로 계산할 수 있다.

9.2.3 등분포하중을 받는 케이블 – 현수선

가끔 케이블은 자중이나 얼음하중과 같이 케이블 축에 연해서 균일하게 분포된 등분포하중을 받는 경우가 있다 .이러한 케이블은 현수선(catenary) 모양을 이루어 포물선보다는 그 해석이 더 복잡하다.

[1] 현수선 케이블의 방정식

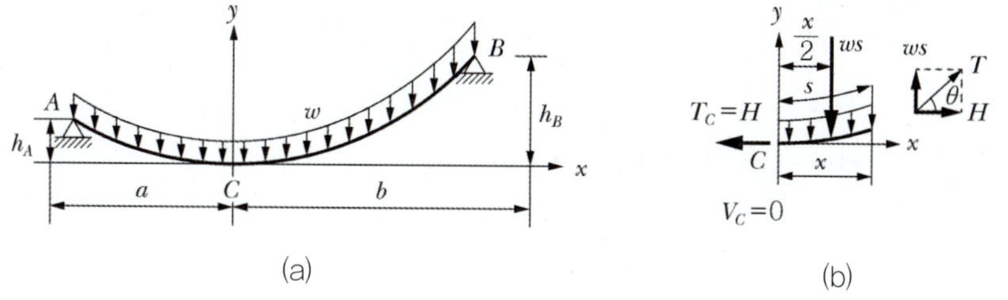

[그림 9.2.10]

[그림 9.2.10(a)]는 원점을 케이블의 최하점 C로 정한 경우의 현수선 케이블이고, [그림 9.2.10(b)]는 최하점 C에서 오른쪽으로 유한길이 x까지의 부분에 대한 자유물체도이다. 이

부분의 길이가 s이므로 하중 w로 인한 등가의 집중하중은 ws가 된다. 단면 C의 장력은 수평 방향이므로 $T_c = H$이다.

[그림 9.2.10(b)]에서 기울기는

$$\frac{dy}{dx} = \frac{ws}{H} \quad \cdots\cdots ①$$

x에 관해서 미분하면

$$\frac{d^2y}{dx^2} = \frac{w}{H}\frac{ds}{dx} \quad \cdots\cdots ②$$

여기서, s는 x와 y의 함수이며 $(ds)^2 = (dx)^2 + (dy)^2$이므로 $ds = dx\sqrt{1+\left(\frac{dy}{dx}\right)^2}$이다. 이를 식 ②에 대입하면 다음과 같다.

$$\frac{d^2y}{dx^2} = \frac{w}{H}\sqrt{1+\left(\frac{dy}{dx}\right)^2} \quad \cdots\cdots ③$$

계산의 편의를 위해서 $\frac{dy}{dx} = f$라 하면 위의 식 ③은 다음과 같이 된다.

$$\frac{df}{dx} = \frac{w}{H}\sqrt{1+f^2} \quad \text{또는} \quad \frac{df}{\sqrt{1+f^2}} = \frac{w}{H}dx \quad \cdots\cdots ④$$

식 ④를 적분하면 다음과 같이 된다.

$$\ln(f + \sqrt{1+f^2}) = \frac{w}{H}x + C_1 \quad \cdots\cdots ⑤$$

[그림 9.2.10(b)]에서 $x = 0$일 때, C점의 기울기는 $f = \frac{dy}{dx} = 0$이다.

따라서 식 ⑤에서 $\ln(1) = 0$을 고려하면 $C_1 = 0$이다.

식 ⑤는 다음과 같이 정리될 수 있다.

$$f + \sqrt{1+f^2} = e^{\frac{w}{H}x}$$

$$1+f^2 = (e^{\frac{w}{H}x} - f)^2 = e^{2\frac{w}{H}x} - 2e^{\frac{w}{H}x} f + f^2$$

따라서

$$f = \frac{dy}{dx} = \frac{1}{2e^{\frac{w}{H}x}}(e^{2\frac{w}{H}x} - 1) = \frac{1}{2}(e^{\frac{w}{H}x} - e^{-\frac{w}{H}x}) = \sinh\frac{wx}{H} \quad \cdots\cdots\cdots\cdots\cdots ⑥$$

식 ⑥을 적분하면

$$y = \frac{H}{w}\cosh\frac{w}{H} + C_2 \quad \cdots\cdots\cdots\cdots\cdots ⑦$$

점 C의 조건($x=0,\ y=0$)을 대입하면 $C_2 = -H/w$가 된다.

따라서 지중과 같이 케이블 길이에 연해서 분포된 등분포하중 w를 받는 케이블의 방정식은 다음과 같이 현수선이 된다.

$$y = \frac{H}{w}\left(\cosh\frac{wx}{H} - 1\right) \quad \cdots\cdots\cdots\cdots\cdots (9.2.14)$$

[2] 현수선 케이블의 길이 및 장력

케이블의 길이 요소 ds는 다음과 같이 표현할 수 있다.

$$ds = dx\sqrt{1+\left(\frac{dy}{dx}\right)^2} = dx\sqrt{1+f^2}$$

$$= dx\sqrt{1+\sinh^2\frac{w}{H}x} = \cosh\frac{w}{H}x\,dx \quad \cdots\cdots\cdots\cdots\cdots ⑧$$

식 ⑧을 적분하면 [그림 9.2.10(b)]에서 케이블의 길이 s는 다음과 같이 된다.

$$s = \int \cosh \frac{w}{H} x dx = \frac{H}{w} \sinh \frac{w}{H} x + C_3$$

점 C의 조건($x = 0$일 때 $s = 0$)을 대입하면 C_3이다. 따라서 현수선 케이블의 길이는 다음과 같이 표현된다.

$$s = \frac{H}{w} \sinh \frac{w}{H} x \quad \cdots\cdots (9.2.15)$$

[그림 9.2.10(b)]에서 장력 $T = \sqrt{H^2 + (ws)^2}$ 이므로 현수선 케이블에서 원점 C에서 거리 x에 위치한 케이블 단면의 장력은 다음과 같이 표현할 수 있다.

$$T = \sqrt{H^2 + H^2 \sinh^2 \frac{w}{H} x} = H \sqrt{1 + \sinh^2 \frac{w}{H} x}$$

따라서

$$T = H \cosh \frac{w}{H} x \quad \cdots\cdots (9.2.16)$$

또는 식 (9.2.14)를 이용하면 다음과 같이 된다.

$$T = wy + H \quad \cdots\cdots (9.2.17)$$

여기서 최대 장력은 최대 y값을 갖는 점에서 일어나므로 [그림 9.2.10(a)]에서는 지점 B에서 최대 장력이 일어난다.

지점 A, B의 높이가 서로 다른 현수선 케이블에서는 최저점 C의 좌표를 알 수 없기 때문에 포물선 케이블로 가정하여 [예제 9.2.3]나 [예제 9.2.4]에서와 같이 풀게 된다.

예제 9.2.5

[그림 9.2.11]과 같은 케이블이 등분포하중 $w = 2\text{kN/m}$를 받고 있다. 다음 두 경우에 대하여 각각 장력의 수평성분 H, 케이블의 방정식, 최대 장력 $T_{\max}$, 케이블의 전 길이를 구하여라.

(1) 수평길이에 연하여 분포된 경우

(2) 케이블 길이에 따라 분포된 경우

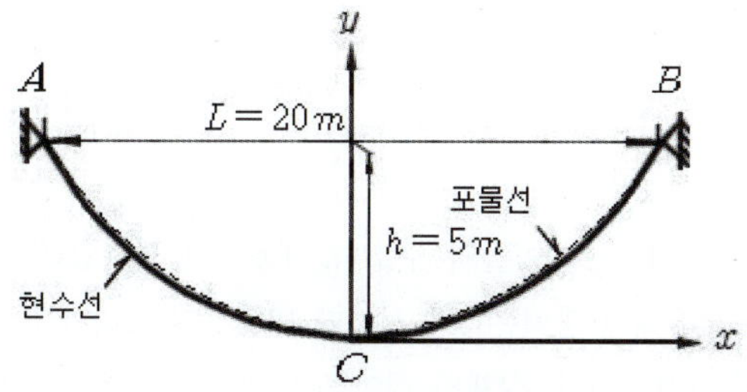

[그림 9.2.11]

풀이

(1) 등분포하중 w가 수평길이에 연하여 분포된 경우(포물선)

장력의 수평성분 : 식 (9.2.3)에서 $H = \dfrac{wL^2}{8h} = \dfrac{(2)(20)^2}{8(5)} = 20\text{kN}$

케이블 방정식 : $y = \dfrac{4h}{L^2}x^2 = \dfrac{4(5)}{(20)^2}x^2 = \dfrac{x^2}{20}$

최대 장력 : $n = \dfrac{h}{L} = \dfrac{(5)}{(20)} = \dfrac{1}{4}$이므로

$$T_{\max} = T_A = T_B = H\sqrt{1+16n^2} = (20)\sqrt{1+16\left(\frac{1}{4}\right)^2} = 28.28\text{kN}$$

케이블의 길이 : $L = 20,\ n = \dfrac{1}{4}$

식 (9.2.11) : $S_o = L\left(1+\dfrac{8}{3}n^2 - \dfrac{32}{5}n^4 + \cdots\right) = 20(1.1417) = 22.83\text{m}$ (근삿값)

식 (9.2.10) : $S_o = \dfrac{L}{2}\sqrt{1+16n^2} + \dfrac{L}{8n}\ln(4n + \sqrt{1+16n^2}) = 22.96\text{m}$ (정답)

정답에 대한 근삿값의 오차는 0.6% 미만임을 보여주고 있다.

(2) 등분포하중 w가 케이블 길이에 따라 분포된 경우(현수선)

장력의 수평성분 : $y = \dfrac{H}{w}\left(\cosh\dfrac{w}{H}x - 1\right)$에 점 B의 조건($x = 10$일 때 $y = 5$)을 대입하면

$$5 = \frac{H}{(2)}\left[\cosh\frac{2}{H}(10) - 1\right] \quad \text{또는} \quad \frac{10}{H} = \cos\frac{20}{H} - 1$$

시행착오법으로 풀면 장력의 수평성분 $H = 21.49\,\text{kN}$ (일정)

케이블의 방정식 : $y = \dfrac{21.49}{2}\left(\cosh\dfrac{2x}{21.49} - 1\right) \cong 10.75(\cosh 0.093x - 1)$

최대장력 : $T_{\max} = T_A = T_B = H \cdot \cosh\left(\dfrac{w \cdot x_B}{H}\right) = 21.49\cosh\left[\dfrac{2(10)}{21.49}\right] = 31.49\text{kN}$

케이블의 길이 : $S = S_A + S_B = 2S_B$

$$= 2\left(\frac{H}{w}\sinh\frac{w \cdot x_B}{H}\right) = 2\left[\frac{(21.49)}{(2)}\sinh\frac{(2)(10)}{(21.49)}\right] = 23.02\text{m}$$

동일한 하중과 처짐비를 택하여 두 케이블의 구조적 거동을 분석하였다.
$h/L = 1/4$인 현수선 케이블의 최대 장력은 포물선보다 10.2% 더 크지만 h/L가 작아질수록 현수선 케이블의 거동은 포물선에 가까워진다. 실제의 케이블은 대부분 $h/L < 1/4$이고, 현수선 케이블의 자중은 포물선 하중보다 훨씬 작기 때문에 현수선 효과를 무시하고 포물선으로 가정하여 해석하여도 별 차이가 없다.

연·습·문·제

01 [P그림 9.1]과 같은 3활절 아치에서 수평반력 H_A, H_B를 구하여라.

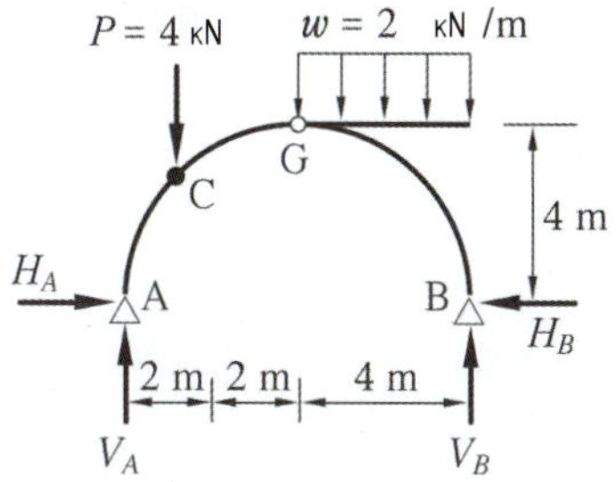

[P 그림 9.1]

정답 $V_A = 5\,\text{kN},\ V_B = 7\,\text{kN},\ H_A = H_B = 3\,\text{kN}$

02 [P그림 9.2]와 같은 3활절 아치에서 단면력을 구하여라.

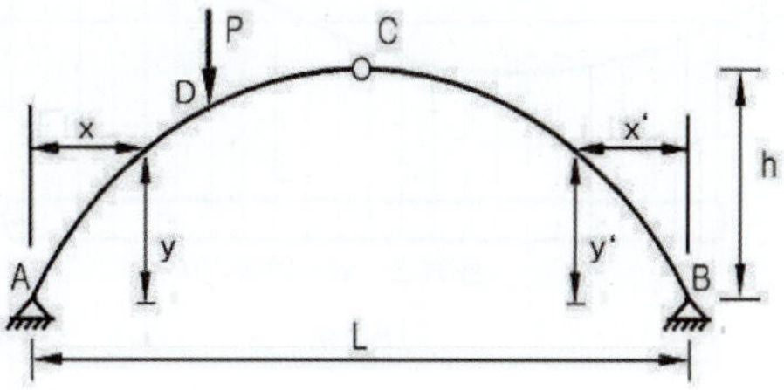

[P 그림 9.2]

정답 $V_A = P\dfrac{(L-x)}{L},\ V_B = P\dfrac{x}{L},\ H_A = \dfrac{P}{2}(L-x),\ H_B = -\dfrac{P}{2}(L-x)$

$0 \le x \le D,\ V_x = (V_A)\cos\theta - (H_A)\sin\theta,\ M_x = V_A \cdot x - H_A \cdot y,\ A_x = -(V_A)\sin\theta - (H_A)\cos\theta$

$D \le x \le L/2,\ V_x = (V_A - P)\cos\theta - (H_A)\sin\theta,\ M_x = V_A \cdot x - P(x-D) - H_A \cdot y$

$A_x = -(V_A - P)\sin\theta - (H_A)\cos\theta$

$0 \le x' \le C,\ V_{x'} = -(V_B)\cos\theta + (H_B)\sin\theta,\ M_{x'} = -V_B \cdot x' + H_B \cdot y',\ A_{x'} = (V_B)\sin\theta + (H_A)\cos\theta$

03 [P그림 9.3]과 같은 케이블에서 반력과 장력을 구하여라.

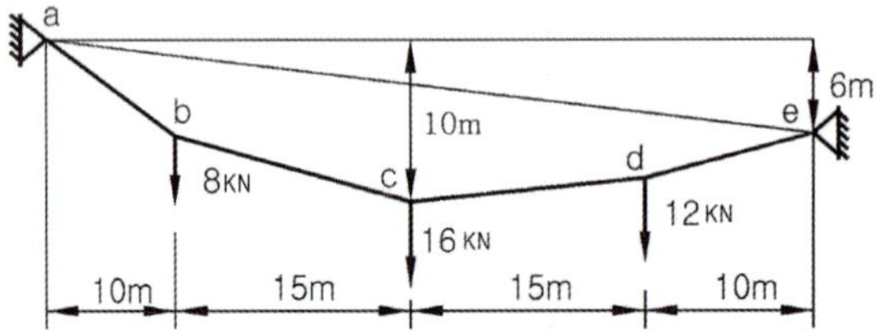

[P 그림 9.3]

정답 $R_a = 16.8\,\text{kN}$, $H = 42.86\,\text{kN}$,
$V_a = 21.94\,\text{kN}$, $V_b = 14.06\,\text{kN}$,
$T_{\max} = 48.15\,\text{kN}$

04 [P그림 9.4]와 같이 송유관이 케이블 AB로 지지되어 있을 때 필요한 케이블의 최소 길이를 구하여라. 단 처짐(sag)에는 제한이 없고, 케이블의 허용장력은 $3{,}000\,\text{kN}$, 송유관의 하중은 $w = 20\text{kN/m}$ 이다.

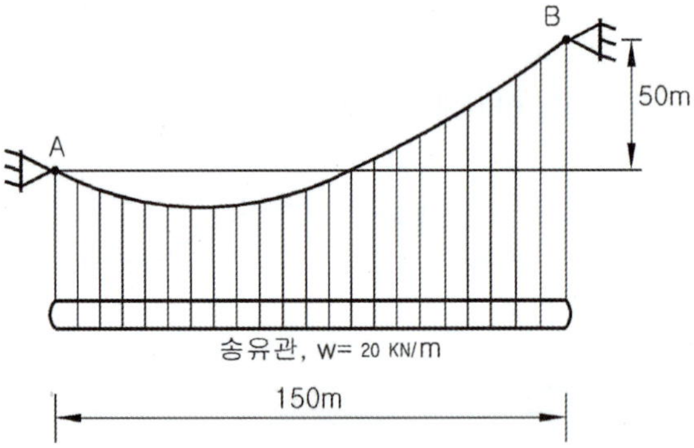

[P 그림 9.4]

정답 $S_o = 167\,\text{m}$

05 [P그림 9.5]와 같은 타워가 케이블로 지지되어 있을 때 케이블의 장력의 수평성분 H와 최대 장력 $T_{\max}$를 구하여라. 단 케이블의 자중은 $w = 6\,\mathrm{N/m}$이다.

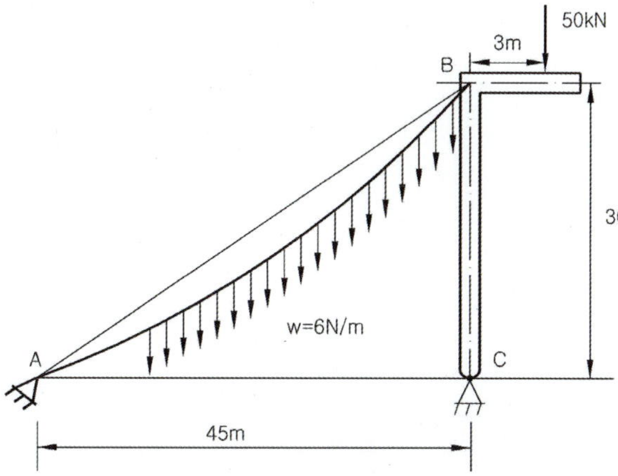

[P 그림 9.5]

정답 $h = 0.365\,\mathrm{m}$, $H = 5\,\mathrm{kN}$, $T_{\max} = 6.1\,\mathrm{kN}$, $(T_{\max})_{app} = 6\,\mathrm{kN}$

06 [P그림 9.6]과 같은 현수교에서 다음을 계산하라.

(a) 케이블의 장력의 수평성분 H

(b) 각 행거의 평균인장력

(c) 지점 a의 반력

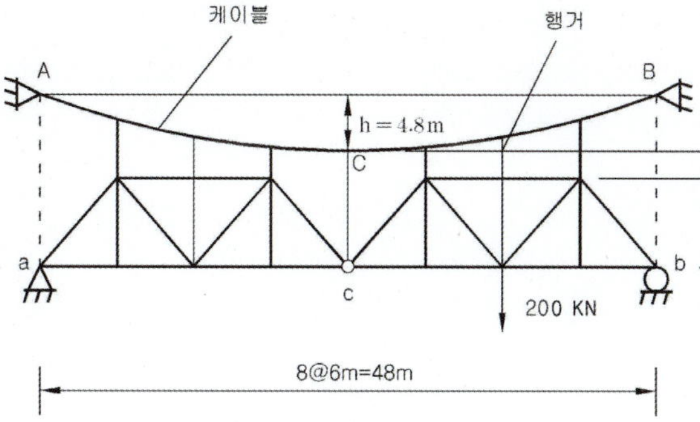

[P 그림 9.6]

정답 $H = 250\,\mathrm{kN}$, $F = 25\,\mathrm{kN}$, $V_a = 37.5\,\mathrm{kN}(\downarrow)$

CHAPTER

10

영향선과 이동하중

CONTENTS

10.1 개요

지금까지는 위치가 고정된 하중을 지지하는 구조물에 대하여 논하였다. 보, 라멘 및 트러스 등 구조물에 상관없이 그리고 구하고자 하는 전단력, 반력 또는 부재력 등 역학적 특성에 상관없이 하중은 고정된 상태였다. 그러나 기술자는 단지 고정된 하중만을 받는 구조물은 실제로 거의 다루지 않으며, 대부분의 구조물들은 경간을 지나가는 이동하중의 영향을 받기 쉽다. 차량과 같은 이동하중을 받는 교량이 대표적인 예이며, 크레인이 설치되어 있는 산업건물이나, 가구와 사람의 하중을 받는 사무실 건물, 컨베이어 벨트를 지탱하는 골조 등 모두가 이동하중을 받고 있다.

구조물의 각 부재는 그 부재에 일어날 수 있는 최대 부재력을 견딜 수 있도록 설계되어야 한다. 설계자는 최대 부재력이 발생할 위치에 활하중을 위치시켜야 하며, 최대 부재력을 발생시키는 활하중의 위치는 부재마다 다를 것이다. 최대 부재력을 일으키는 하중의 위치는 종종 간단한 조사에 의해 결정할 수 있지만, 대부분의 경우 기준이나 도표를 이용하여 그 위치를 찾아야 할 것이다. 그러한 방법으로 가장 유용한 것은 영향선을 사용하는 것이다. 이동하중이 보위에 작용할 때 그 하중의 작용위치에 따라서 각 지점의 반력과 단면력(전단력과 휨모멘트)은 항상 변한다.

영향선(influence line)이란, 1개의 단위하중이 구조물 위를 지나가는 동안에 지점반력 또는 어떤 주어진 단면의 전단력이나 휨모멘트의 크기를 하중이 이동될 때마다 하중이 실린 바로 밑에 표시한 종거로 반력의 영향선, 전단력의 영향선, 휨모멘트의 영향선이라 한다. 보에서 이동하중이나 연행하중이 통과할 때 지점반력을 구하지 않아도 영향선을 이용함으로써 전단력이나 휨모멘트의 극대, 극솟값을 구할 수 있다. 특히 트러스 구조물에서 등분포하중이 통과할 때 부재력 계산을 위해서 영향선을 이용하면 편리하다. 영향선은 독일의 E. Winkler (1835~1888)에 의해 1867년 처음으로 창안되었고, J. J. Wegrauch와 H. Müller – Breslau 등에 의하여 다방면으로 응용연구된 것으로 특히 이동하중을 받는 교량구조물의 설계에는 대단히 중요하다.

영향선의 용도는 다음과 같은 두 가지라고 볼 수 있다.

(1) 특정된 기능(V_i, M_i 등)에 대한 영향선을 그렸을 때 그 기능의 최댓값을 주는 활하중의 위치를 결정하여 준다.
(2) 위치가 결정된 활하중으로 인한 특정된 기능의 최댓값을 산정하기 위하여 영향선을 이용할 수 있다.

이외에도 영향선은 계산과정을 간단하게 하여 주는 효과가 있다.

영향선에서 어느 점에서의 종거는 그 점에 단위하중이 작용할 때의 어느 특정된 기능의 값과 같으므로 이동하중을 받는 보에서 다음과 같은 몇 가지 성질을 들 수 있다.

(1) 1개의 집중 활하중에 의한 어떤 기능의 최댓값을 얻으려면, 그 기능에 대한 영향선의 종거가 최대인 점에 그 하중이 놓여져야 한다.
(2) 1개의 집중 활하중에 의한 어떤 기능의 값은 그 하중의 작용점의 영향선의 종거에 그 집중 활하중의 크기를 곱한 값과 같다.
(3) 등분포활하중에 의한 한 기능의 정(+)의 최댓값을 얻기 위하여서는, 영향선이 정(+)인 모든 부분에 걸쳐 하중이 놓여야 한다.
(4) 등분포활하중에 의한 어떤 기능의 값은, 그 구조물의 제한된 부분에 놓인 영향선의 면적에 등분포활하중의 강도를 곱한 값과 같다.

10.2 단순보의 영향선

10.2.1 지점반력의 영향선

[1] 집중하중이 작용할 때 R_A, R_B의 영향선

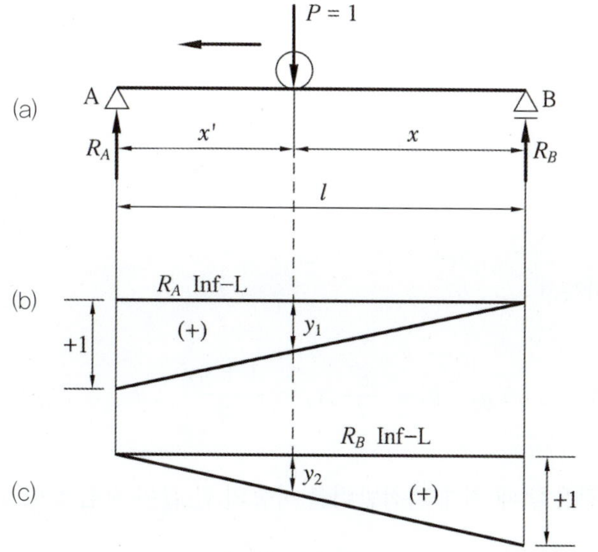

[그림 10.2.1]

[그림 10.2.1(a)]와 같이 단순보에서 B지점에서 x가 되는 거리에 단위하중 $P=1$이 작용할 때 지점반력 R_A, R_B값은 다음과 같다.

$$\therefore R_A = \frac{Px}{l} = \frac{(1)x}{l} \qquad \therefore R_B = \frac{Px'}{l} = \frac{(1)x'}{l}$$

위 식에서 x가 0에서 거리 l까지 직선 변화할 때 R_A와 R_B의 변화를 선으로 도시한 것을 지점반력 영향선(reaction influence line)이라고 하며, 약자로 [그림 10.2.1(a), (c)]와 같이 R_A, R_B Inf−L이라고 표시한다. 영향선에 의하여 지점반력 계산은 다음과 같은 식으로 구한다.

$$\therefore R_A = Py_1 = \frac{Px}{l} = \frac{(1)x}{l} \qquad \therefore R_B = Py_2 = \frac{Px'}{l} = \frac{(1)x'}{l}$$

[2] 등분포하중이 작용할 때 R_A, R_B의 영향선

[그림 10.2.2(a)]와 같이 등분포하중이 통과할 때 지점반력 계산은 [그림 10.2.2(b), (c)]와 같이 영향선에서 등분포로 하중이 작용하는 구간에 면적 A를 구하여 등분포하중 w를 곱하면 지점반력을 구할 수 있다.

[그림 10.2.2(b)]에서

$$l : 1 = x : y_1 \quad y_1 = \frac{x}{l} \quad A_1 = \frac{x \cdot y_1}{2} \qquad \therefore R_A = A_1 \cdot w$$

[그림 10.2.2(c)]에서

$$l : 1 = x' : y_2 \quad y_2 = \frac{x'}{l}\ A_2 = \frac{1 + y_2}{2} \times x \quad \therefore R_B = A_2 \cdot w$$

등분포하중이 작용할 때 최대 지점반력은 하중의 한 끝이 지점에 있을 때 구할 수 있다.

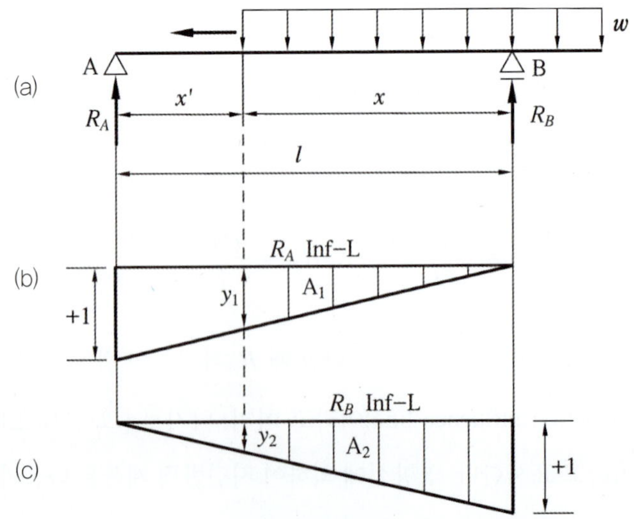

[그림 10.2.2]

10.2.2 전단력의 영향선

[1] 집중하중이 작용할 때 V_C의 영향선

[그림 10.2.3]과 같이 단순보에 단위하중 $P=1$이 단면 C의 좌측에 있을 때 단면 C의 전단력 V_C는 B지점의 지점반력 $-R_B$의 영향선이다. 그러므로 V_C의 영향선은 R_B의 영향선과 같고 부호는 $(-)$이다. 이와 반대로 단위하중 $P=1$이 단면 C의 우측에 있을 때 단면 C의 전단력 V_C는 A지점의 지점반력 R_A의 영향선이다. 그러므로 V_C의 영향선은 R_A의 영향선과 같다. [그림 10.2.3(b)]와 같이 C지점에서 영향선도에 수직선을 내려 교점을 DE라고 할 때 A, D, E, B의 실선을 단면 C의 전단력 영향선(shearing force influence line)이라고 하며, V_C Inf－L이라고 표시한다. A지점의 전단력 영향선은 지점반력 R_A의 영향선이며 B지점의 전단력 영향선은 $-R_B$의 영향선과 같다.

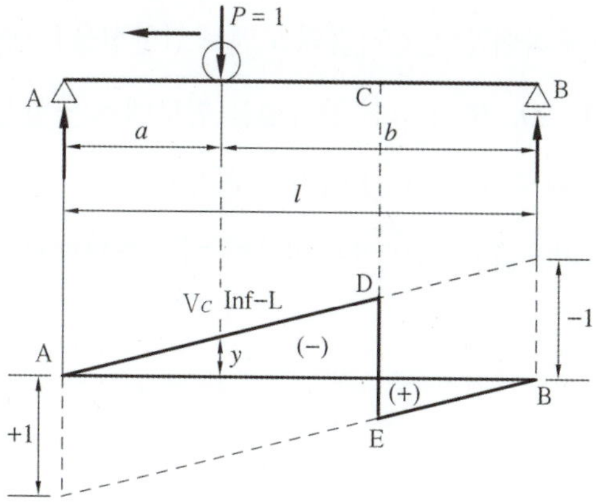

[그림 10.2.3]

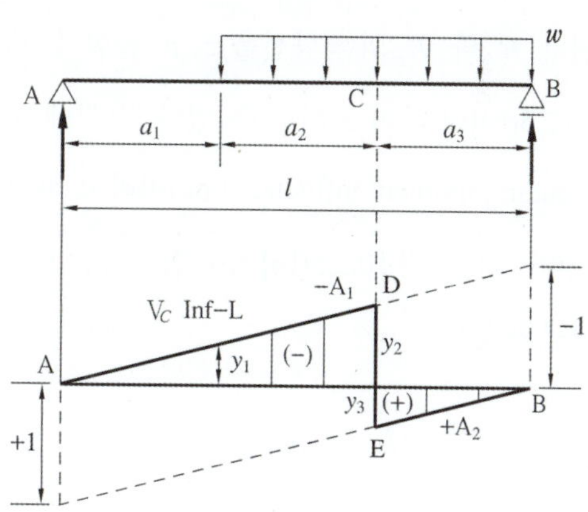

[그림 10.2.4]

[2] 등분포하중이 작용할 때 V_C의 영향선

[그림 10.2.4]에서

$$l : -1 = a : y \quad y = -\frac{a}{l} \qquad \therefore V_C = P \cdot y = \frac{-P \cdot a}{l} = -R_B$$

[그림 10.2.4(b)]와 같이 등분포하중이 작용할 때 C단면의 전단력 V_C 값은 그림에서 실선에서 하중이 작용하는 부분에 대한 단면적 $+A_1$과 $-A_2$를 구하고 등분포하중 w를 곱하여 합산하면 된다.

[그림 10.2.4(b)]에서

$$\mathrm{A}_1 = \frac{y_1 + y_2}{2} \times a_2 \ \mathrm{A}_2 = \frac{y_3 \times a_3}{2} \quad \therefore \ V_C = -\mathrm{A}_1 \cdot w + \mathrm{A}_2 \cdot w$$

10.2.3 휨모멘트의 영향선

[1] 집중하중이 작용할 때 M_C의 영향선

[그림 10.2.5(a)]에서 단위하중 $P=1$이 단면 C의 우측에 있을 때 단면 C지점의 휨모멘트 $M_C = R_A \cdot x$ 이다. 이와 반대로 하중이 단면 C의 좌측에 있을 때 휨모멘트 $M_C = R_B \cdot x'$가 된다. R_A와 R_B의 영향선을 x, x' 곱한 것을 이용하여 단면 C지점의 모멘트 영향선을 [그림 10.2.5(b)]와 같이 표시할 수 있다. 그림에서 A', D, B'의 실선 삼각형을 휨모멘트 영향선(bending moment influence line)이라고 하며 약자로 M_C Inf−L이라고 표기한다.

따라서 [그림 10.2.5(b)]에서 집중하중 1개가 작용할 때 임의의 단면 C에 대한 휨모멘트는 다음과 같다.

$$M_C = Py$$

여러 개의 집중하중이 작용할 경우에 M_C는 다음과 같은 식으로 구한다.

$$M_C = P_1 y_1 + P_2 y_2 + P_3 y_3 + \cdots + P_n y_n = \Sigma Py$$

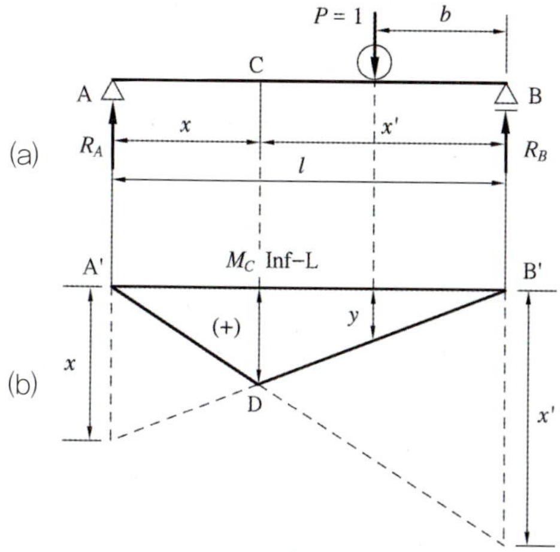

[그림 10.2.5]

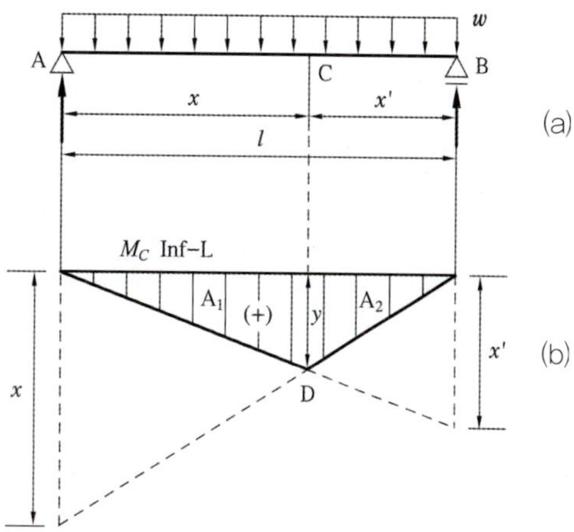

[그림 10.2.6]

[2] 등분포하중이 작용할 때 M_C의 영향선

[그림 10.2.6(a)]와 같이 등분포 하중이 작용할 경우에는 [그림 10.2.6(b)]의 영향선의 선도에 등분포하중이 표시된 면적 A_1과 A_2를 구하여 등분포하중 w를 곱한 값이 C단면의 휨모멘트 M_C값이 된다.

$$M_C = (A_1 + A_2)w$$

예제 10.2.1

[그림 10.2.7(a)]와 같은 단순보에 등분포하중이 작용할 때 영향선에 의하여 R_A, R_B, V_C, M_C 의 값을 구하여라.

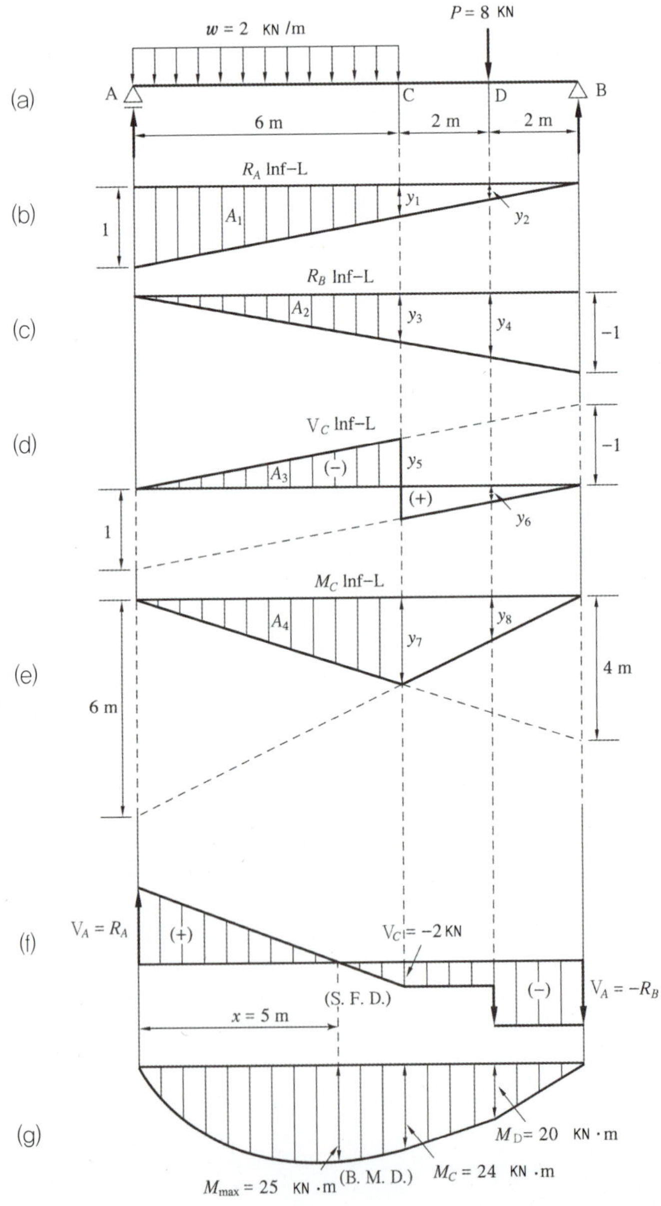

[그림 10.2.7]

풀이

(1) 지점반력 R_A, R_B 계산 ([그림 10.2.7(b), (c)])

[그림 10.2.7(b)]에서

$$10 : 1 = 4 : y_1 \qquad y_1 = \frac{4}{10} = 0.4 \qquad A_1 = \frac{1+0.4}{2} \times 6 = 4.2$$

$$10 : 1 = 2 : y_2 \qquad y_2 = \frac{2}{10} = 0.2$$

$$\therefore R_A = (w)(A_1) + (P)(y_2) = (4.2) \times (2) + (8) \times (0.2) = 10\,\text{kN}$$

[그림 10.2.7(c)]에서

$$y_3 = \frac{6}{10} = 0.6 \qquad A_2 = \frac{y_3 \times 6}{2} = \frac{0.6 \times 6}{2} = 1.8 \qquad y_4 = \frac{8}{10} = 0.8$$

$$\therefore R_B = (w)(A_2) + (P)(y_4) = (1.8) \times (2) + (0.8) \times (8) = 10\,\text{kN}$$

(2) 전단력 V_C 계산 ([그림 10.2.7(d)])

$$y_5 = -\frac{6}{10} = -0.6 \; A_3 = \frac{y_5 \times 6}{2} = \frac{-0.6 \times 6}{2} = -1.8 \; y_6 = \frac{2}{10} = 0.2$$

$$\therefore V_C = (w)(A_3) + (P)(y_6) = (2) \times (-1.8) + (8) \times (0.2) = -2\,\text{kN}$$

(3) 휨모멘트 M_C 계산 ([그림 10.2.7(e)])

$$10 : 6 = 4 : y_7 \qquad y_7 = \frac{24}{10} = 2.4 \qquad A_4 = \frac{6 \times 2.4}{2} = 7.2$$

$$10 : 6 = 2 : y_8 \qquad y_8 = \frac{12}{10} = 1.2$$

$$\therefore M_C = (w)(A_4) + (P)(y_8) = (2) \times (7.2) + (8) \times (1.2) = 24\,\text{kN} \cdot \text{m}$$

(4) 전단력이 0이 되는 위치 x값은

$V_x = (R_A) - (w)(x) = 10 - 2x \qquad V_x = 0$이므로 $\qquad 10 - 2x = 0$

$\therefore x = 5\text{m}$ (휨모멘트 최대)

$$M_{\max} = (R_A)(x) - (w)(x)\left(\frac{x}{2}\right) = 10x - \frac{wx^2}{2}$$

$$= 10 \times (5) - \frac{2(5)^2}{2} = 25\,\text{kN} \cdot \text{m}$$

10.2.4 연행하중이 작용할 때 최대 지점반력

[그림 10.2.8]과 같이 연행하중이 단순보 위를 지날 때에는 각 하중이 지점 위에 실릴 때마다 그 지점의 반력이 극대로 되고 그중에서 가장 큰 것이 최대 지점반력(maximum reaction)이 된다.

$$\therefore\ R_A = P_1 y_1 + P_2 y_2 + \cdots\cdots + P_n y_n$$

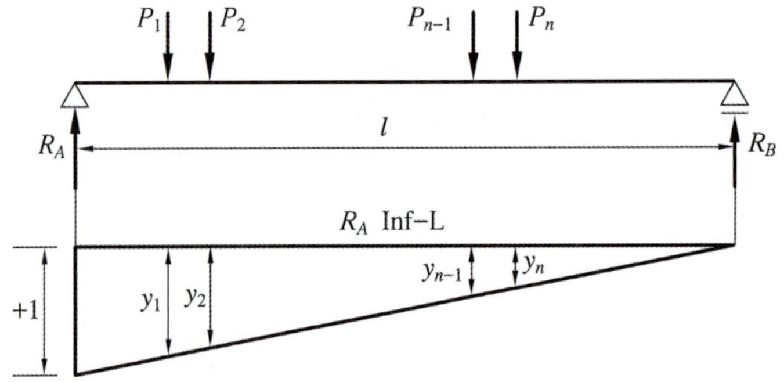

[그림 10.2.8]

10.2.5 임의로 주어진 단면의 최대 전단력

연행하중을 받는 단순보의 임의의 단면에 대한 전단력은, 각 하중이 그 단면에 실리는 순간마다 극대 아니면 극소가 되고, 그중에서 절댓값이 가장 큰 것이 그 단면의 최대 전단력이 된다.

[1] 2개의 집중하중이 이동하는 경우의 최대 전단력

$x < \dfrac{l}{2}$일 때 ([그림 10.2.9]) $\qquad \therefore\ {}_{\max}V_C = P_1 y_1 + P_2 y_2$

$x > \dfrac{l}{2}$일 때 ([그림 10.2.10]) $\qquad \therefore\ {}_{\max}V_C = -(P_1 y_1 + P_2 y_2)$

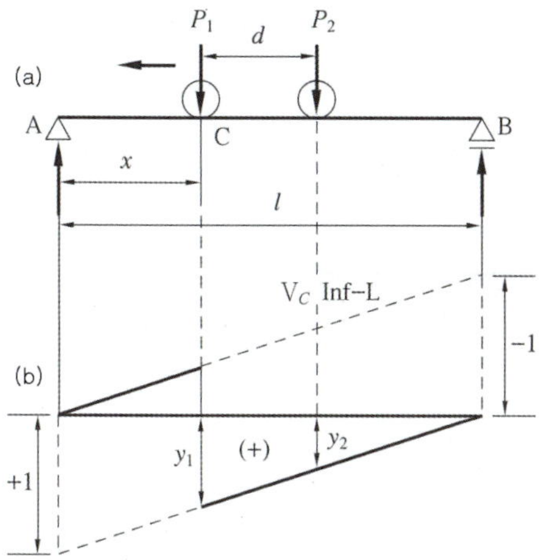

[그림 10.2.9]

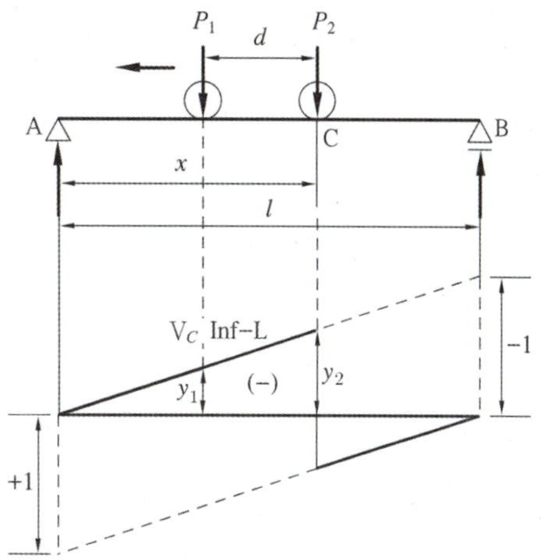

[그림 10.2.10]

[2] 등분포하중이 이동하는 경우의 최대 전단력

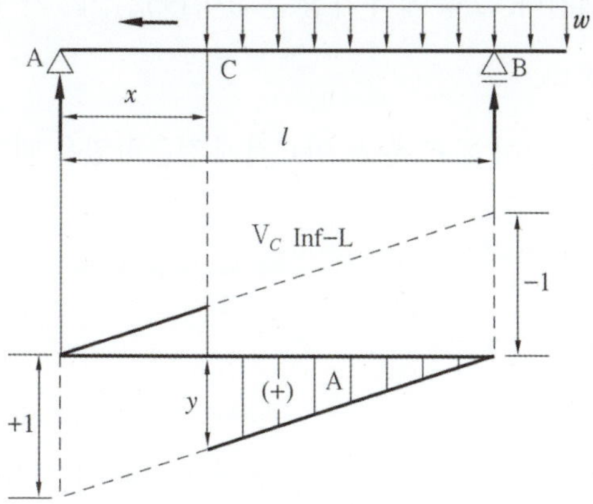

[그림 10.2.11]

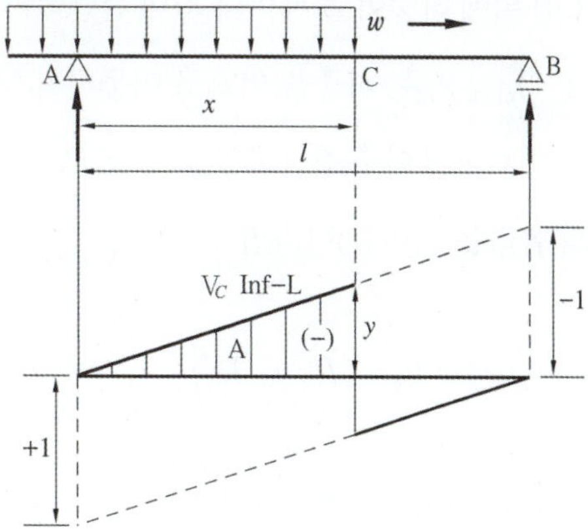

[그림 10.2.12]

$x < \dfrac{l}{2}$일 때 ([그림 10.2.11]) $\qquad \therefore {}_{max}V_C = wA$

$x > \dfrac{l}{2}$일 때 ([그림 10.2.12]) $\qquad \therefore {}_{max}V_C = -wA$

[그림 10.2.11]과 [그림 10.2.12]와 같이 등분포 하중이 이동하는 경우 임의의 최대 전단력은 단면 C에서의 하중의 상단이 C점에 올 때 $(+)_{max}V_C$, 하중의 후단이 C점에 올 때 $(-)_{max}V_C$

가 된다. 이 (+), (−)값 중에서 절댓값이 가장 큰 것이 절대 최대 전단력이 된다.

[3] 연행하중이 통과하는 경우의 C 지점의 최대 전단력

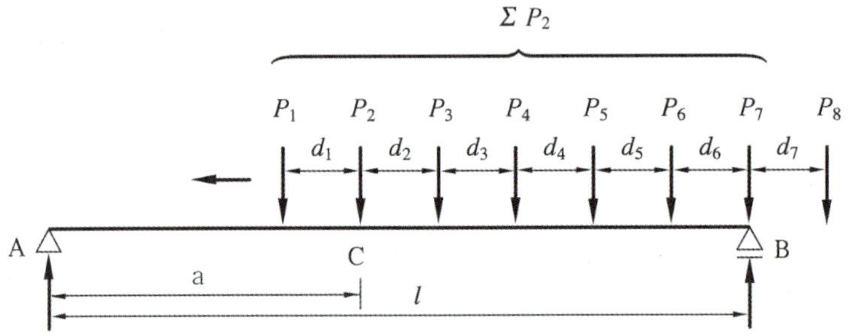

[그림 10.2.13]

최대 전단력이 일어나기 위한 조건식을 [그림 10.2.13]에서 알아보면 다음과 같다. 그림에서 C점 위에 하중이 올 때마다 최대 전단력이 생긴다. 그 중에서 가장 큰 값이 $(+)_{max}\,V_C$가 되며, $(-)_{max}\,V_C$는 하중을 역으로 이동시켜 구한다.

P_1이 C점에 아주 접근하였을 때 $\Sigma P_1 = R$(여기서 ΣP_2은 P_1이 C점에 접근하였을 때까지의 합력을 의미함)이라면

$$V_C = R_A = R\frac{a}{l}$$

P_2가 C점에 아주 접근하였을 때 $\Sigma P_2 = R$이라면(여기서, ΣP_2은 P_2가 C점에 접근하였을 때까지의 합력을 의미함)

$$V_C' = R_A' - P_1 = R\frac{a+d_1}{l} - P_1$$

V_C와 V_C'의 차이를 구하면

$$V_C' - V_C = R\frac{d_1}{l} - P_1$$

$V_C > V_C{}'$ 이면

$$R\frac{d_1}{l} - P_1 < 0$$

양변에 $\frac{l}{d_1}$을 곱하면 $R - \frac{l}{d_1}P_1 < 0$이므로 $\Sigma P_1 - \frac{l}{d_1}P_1 < 0$

(1) $P_1\frac{l}{d_1} > \Sigma P_2$ 이면, P_1이 C지점에 올 때,

$$_{\max}V_C = R_A$$

(2) $P_1\frac{l}{d_1} < \Sigma P_1$ 이고 $P_2\frac{l}{d_2} > \Sigma P_2$ 이면, P_2가 C지점에 올 때,

$$_{\max}V_C = R_A{}' - P_1$$

(3) $P_2\frac{l}{d_1} < \Sigma P_2$ 이고 $P_3\frac{l}{d_3} > \Sigma P_3$ 이면, P_3이 C지점에 올 때,

$$_{\max}V_C = R_A{}' - P_1 - P_2$$

최대 전단력이 된다.

10.2.6 절대 최대 전단력

단순보에서 [그림 10.2.14(a)]와 같이 이동하중이 $P_1 < P_2$일 경우 큰 하중이 B지점에 있을 때 **절대 최대 전단력**(absolute maximum shearing force) 값을 얻을 수 있다. 그 값은 최대 반력과 같다.

$$_{abs}V_{\max} = -(P_1 y_1 + P_2 y_2)$$

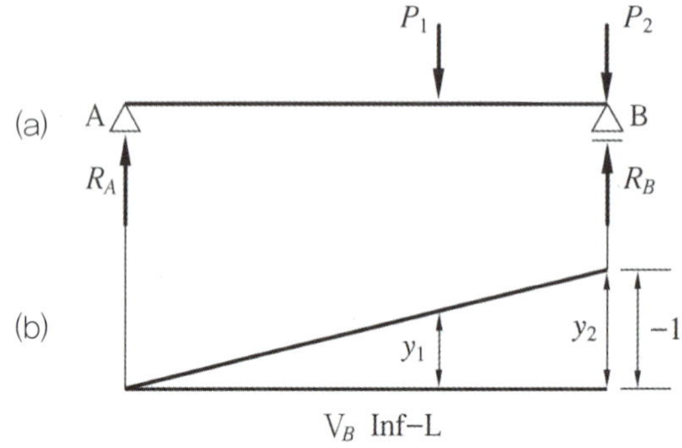

[그림 10.2.14]

10.2.7 임의로 주어진 단면의 최대 휨모멘트

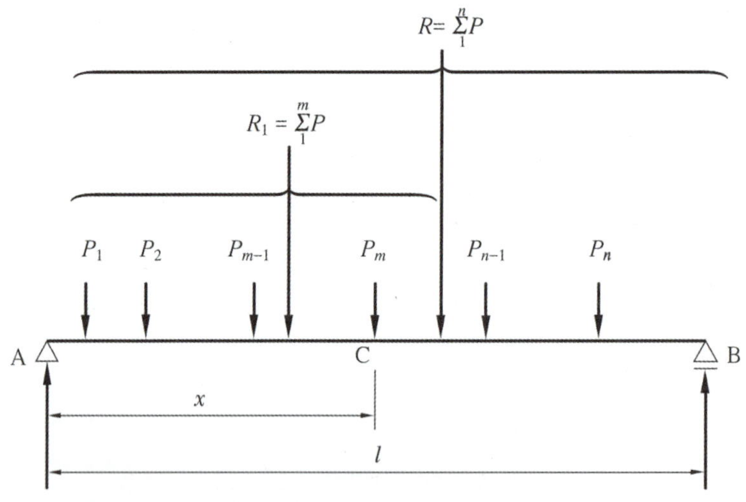

[그림 10.2.15]

[그림 10.2.15]와 같이 연행하중 P_1, P_2, $\cdots$, P_m, $\cdots$, P_n이 단순보 위를 지날 때

(1) 보의 임의의 단면의 극대 휨모멘트는 반드시 하중의 하나가 그 단면에 실릴 때 일어난다.

(2) 하중 P_m이 한쪽 지점에서 x 만큼 떨어진 단면 위에 실릴 때 그 단면의 휨모멘트가 극대로 되려면 다음의 조건식이 성립해야 하고, P_m에 대한 극대 휨모멘트 중에서 가장 큰 것이 그 단면의 최대 휨모멘트이다.

$$\sum_{1}^{m} P > \frac{x}{l}\sum_{1}^{m} P > \sum_{1}^{m-1} P$$

10.2.8 절대 최대 휨모멘트

[그림 10.2.16]과 같이 연행하중이 단순보 위를 지날 때의 절대 최대 휨모멘트(absolute maximum bending moment)는 보에 실리는 전하중의 합력의 작용점과 그와 가장 가까운 하중(또는 그 부근의 큰 하중)과의 사이가 보의 지간의 중앙에 의하여 2등분될 때 그 하중 바로 밑의 C지점 단면에서 생긴다.

$$\therefore {}_{abs}M_{\max} = P_1 y_1 + P_2 y_2 + P_2 y_2$$

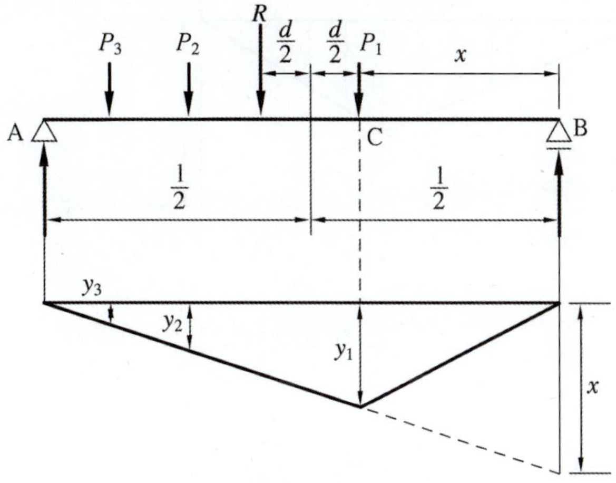

[그림 10.2.16]

예제 10.2.2

[그림 10.2.17]과 같이 단순보 위로 등분포하중을 이동시킬 때 C지점의 최대 휨모멘트를 구하여라.

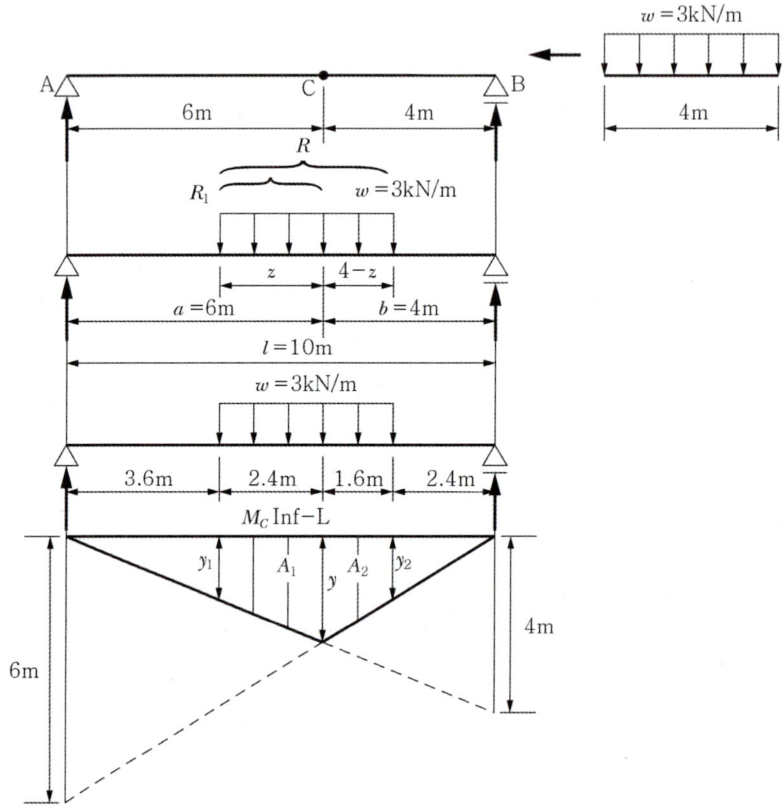

[그림 10.2.17]

풀이

$$\frac{R_1}{a} = \frac{R}{l} \qquad \frac{3z}{6} = \frac{3 \times 4}{10} \qquad \therefore z = \frac{24}{10} = 2.4\,\text{m}$$

$10 : 4 = 6 : y \qquad y = 2.4\,\text{m}$

$10 : 4 = 3.6 : y_1 \qquad y_1 = 1.44\,\text{m}$

$10 : 6 = 2.4 : y_2 \qquad y_2 = 1.44\,\text{m}$

$$A_1 = \frac{y_1 + y}{2} \times 2.4 = \frac{1.44 + 2.4}{2} \times 2.4 = 4.608\,\text{m}^2$$

$$A_2 = \frac{y_2 + y}{2} \times 1.6 = \frac{1.44 + 2.4}{2} \times 1.6 = 3.072\,\text{m}^2$$

$$A = A_1 + A_2 = 4.609 + 3.072 = 7.68\,\text{m}^2$$

$$\therefore\ {}_{\max}M_C = (w)(A) = (3\text{kN/m}) \times (7.68\text{m}^2) = 23.04\,\text{kN}\cdot\text{m}$$

예제 10.2.3

[그림 10.2.18]과 같이 단순보 위로 이동하중이 통과할 때, C지점의 최대 전단력을 구하여라.

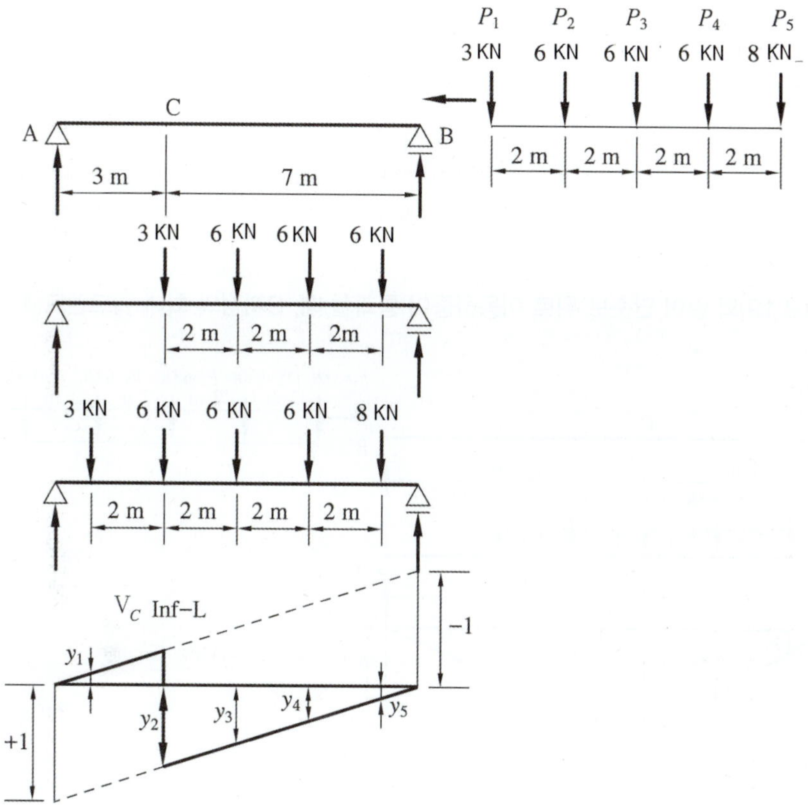

[그림 10.2.18]

풀이

(1) P_1이 C지점에 왔을 때 조건식

$$P_1 \frac{l}{d_1} > \Sigma P_1 \qquad 3 \times \frac{10}{2} = 15\,\text{kN} > 3 + 3 \times 6 = 21\,\text{kN}\ (\text{성립이 안 됨})$$

(2) P_2가 C지점에 왔을 때 조건식

① $P_1 \dfrac{l}{d_1} < \sum P_1 \qquad 3 \times \dfrac{10}{2} = 15\,\text{kN} < 3 + 3 \times 6 = 21\,\text{kN}$ (성립)

② $P_2 \dfrac{l}{d_2} > \sum P_2 \qquad 6 \times \dfrac{10}{2} = 30\,\text{kN} > 3 + 3 \times 6 + 8 = 29\,\text{kN}$ (성립)

$10 : -1 = 1 : y_1 \qquad y_1 = -0.1 \qquad 10 : 1 = 7 : y_2 \qquad y_2 = 0.7$

$10 : 1 = 5 : y_3 \qquad y_3 = 0.5 \qquad 10 : 1 = 3 : y_4 \qquad y_4 = 0.3$

$10 : 1 = 1 : y_5 \qquad y_5 = 0.1$

$$\therefore {}_{\max}V_C = (P_1)(y_1) + (P_2)(y_2 + y_3 + y_4) + (P_5)(y_6)$$
$$= (3\text{kN}) \times (-0.1) + (6\,\text{kN}) \times (0.7 + 0.5 + 0.3) + (8\text{kN}) \times (0.1)$$
$$= 9.5\,\text{kN}$$

예제 10.2.4

[그림 10.2.19]와 같이 단순보 위로 이동하중이 통과할 때, C지점의 최대 휨모멘트를 구하여라.

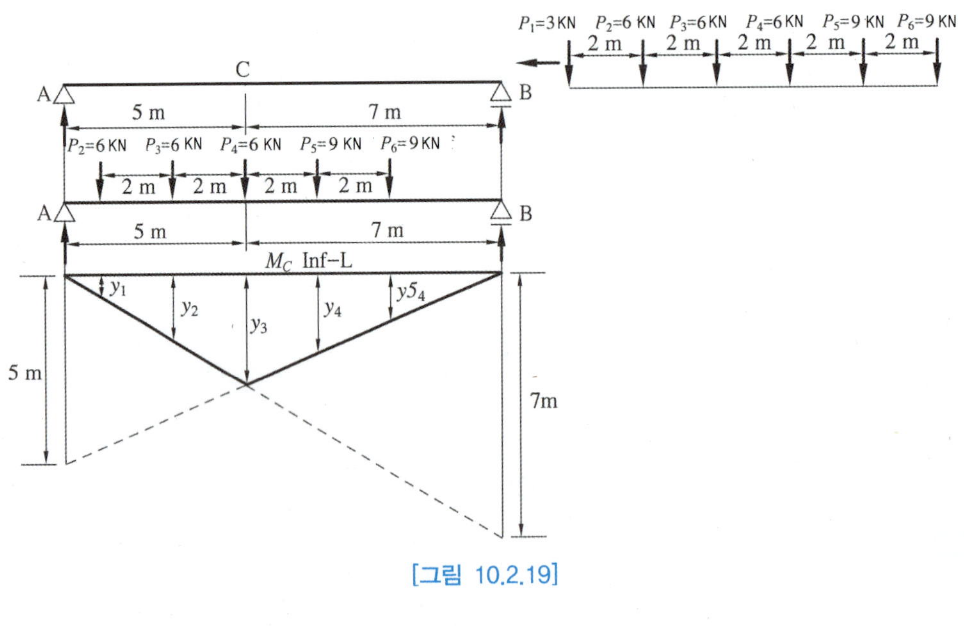

[그림 10.2.19]

풀이

(1) P_3가 C지점에 왔을 때

$$\frac{l}{a}\Sigma P_{r-1} < \Sigma P < \frac{l}{a}\Sigma P_r$$

$$\frac{12}{5}\times(3+6) = 21.6\,\text{kN} < 3+6\times3+9\times2 = 39\,\text{kN} > \frac{12}{5}\times(3+6+6) = 36\,\text{kN}$$

(성립이 안 됨)

(2) P_4가 C지점에 왔을 때

$$\frac{12}{5}\times(6\times2) = 28.8\text{kN} < 6\times3+9\times2 = 36\text{kN} < \frac{12}{5}\times3\times6 = 43.2\,\text{kN}(\text{성립})$$

$$y_1 = \frac{7}{12},\ y_2 = \frac{21}{12},\ y_3 = \frac{35}{12},\ y_4 = \frac{25}{12},\ y_5 = \frac{15}{12}$$

$$_{\max}M_C = (P_2)(y_1) + (P_3)(y_2) + (P_4)(y_3) + (P_5)(y_4) + (P_6)(y_5)$$

$$= (6\text{kN})\times\left(\frac{7}{12}+\frac{21}{12}+\frac{35}{12}\right) + (9\text{kN})\times\left(\frac{25}{12}+\frac{15}{12}\right)$$

$$= 31.5 + 30 = 61.5\,\text{kN}\cdot\text{m}$$

예제 10.2.5

[그림 10.2.20]과 같이 단순보 위에 이동하중이 지날 때 절대 최대 전단력을 구하여라.

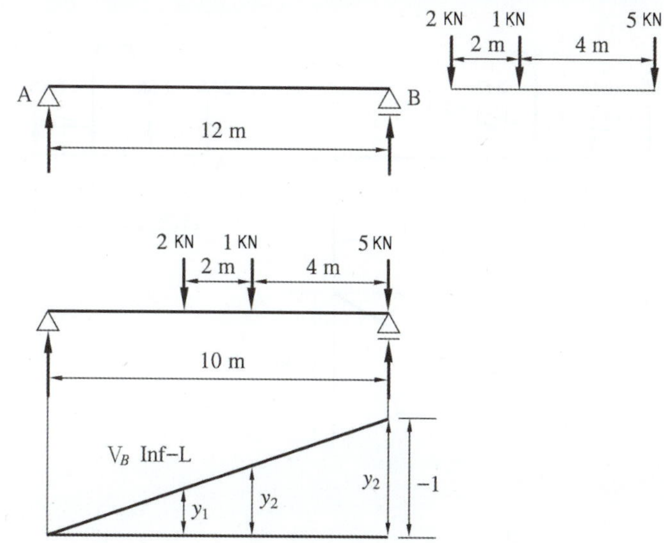

[그림 10.2.20]

풀이

5kNf이 B지점에 있을 때 절대 최대 전단력을 구할 수 있다.

$$12 : -1 = 6 : y_1 \qquad y_1 = -\frac{6}{12} \qquad 12 : -1 = 8 : y_2 \qquad y_2 = -\frac{8}{12}$$

$$12 : -1 = 12 : y_3 \qquad y_3 = -\frac{12}{12}$$

$$\therefore {}_{abs}V_{\max} = (P_1)(y_1) + (P_2)(y_2) + (P_3)(y_3)$$

$$= -\left(2\text{kN} \times \frac{6}{12} + 1\text{kN} \times \frac{8}{12} + 5\text{kN} \times \frac{12}{12}\right)$$

$$= -\frac{12+8+60}{12} = -6.7\text{kN}$$

예제 10.2.6

[그림 10.2.21(a)]와 같이 단순보 위로 이동하중이 지날 때 절대 최대 휨모멘트를 구하여라.

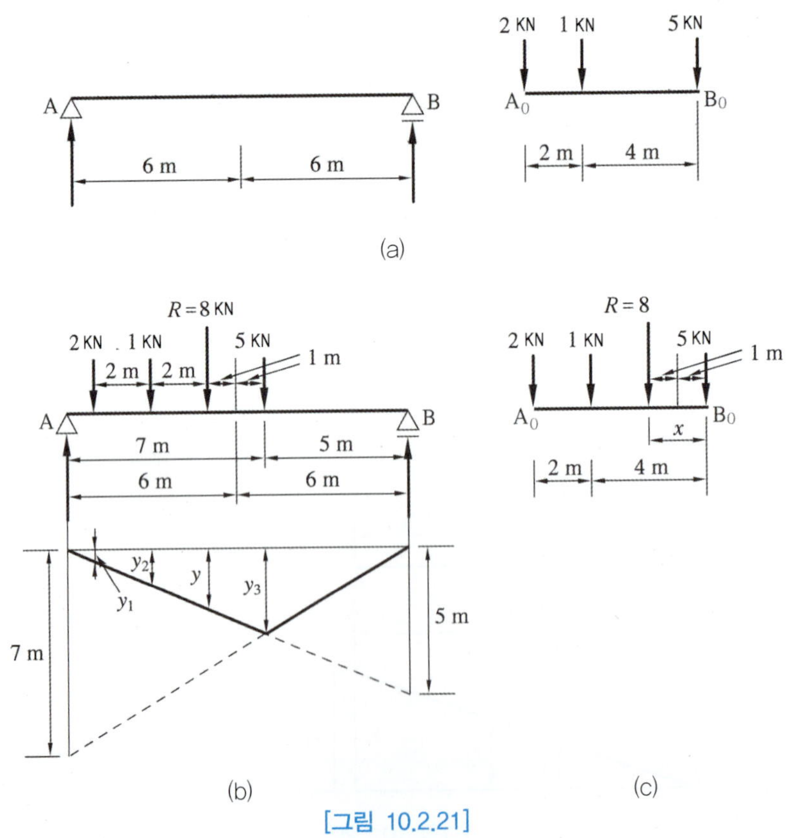

[그림 10.2.21]

풀이

이동하중이 그림과 같은 위치에 왔을 때, 5kN 하중 밑의 단면에서 절대 최대 휨모멘트가 된다.

(1) 합력

$R = 2\text{kN} + 1\text{kN} + 5\text{kN} = 8\text{kN}$

(2) 합력의 위치 x값은

$\Sigma M_{B'} = 0$에 의하여 $(2\text{kN}) \times (6\text{m}) + (1\text{kN}) \times (4\text{m}) = (R)(x)$

$\therefore x = \dfrac{12+4}{R} = \dfrac{16\text{kN}\cdot\text{m}}{8\text{kN}} = 2\,\text{m}$

합력 8kN와 5kN 사이의 중간점이 단순보지간 12 m의 중앙 점에 있을 때 절대 최대 휨모멘트를 구할 수 있다.

[그림 10.2.21(b)]의 모멘트 영향선에서

$y_1 = \dfrac{5}{12},\ y_2 = \dfrac{15}{12},\ y_3 = \dfrac{35}{12},\ y = \dfrac{25}{12}$

$_{abs}M_{\max} = (2\text{kN}) \times (y_1) + (1\text{kN}) \times (y_2) + (5\text{kN}) \times (y_3)$

$= (2\text{kN}) \times \left(\dfrac{5}{12}\right) + (1\text{kN}) \times \left(\dfrac{15}{12}\right) + (5\text{kN}) \times \left(\dfrac{35}{12}\right) = \dfrac{200}{12} = \dfrac{50}{3}\text{kN}\cdot\text{m}$

또는

$_{abs}M_{\max} = (R)\cdot(y) = (8\text{kN}) \times \left(\dfrac{25}{12}\right) = \dfrac{50}{3}\ \text{kN}\cdot\text{m}$

10.2.9 간접하중을 받는 단순보의 영향선

[1] 지점반력의 영향선

지점반력의 영향선은 [그림 10.2.22(b),(c)]에 나타낸 바와 같이 직접하중을 받는 단순보의 영향선과 같다. 이동하중 $P = 1$이 DE 구간에 작용할 때 D, E지점의 반력 P_D와 P_E값은 다음과 같다.

$$\therefore P_D = \frac{P\beta}{\lambda} = \frac{\beta}{\lambda} \qquad \therefore P_E = \frac{P\alpha}{\lambda} = \frac{\alpha}{\lambda}$$

따라서 P작용점의 영향선의 종거거리를 y라고 하면 지점반력 R_A와 R_B는 다음과 같은 식에 의하여 구해진다.

$$R_A = Py = P_D y_D + P_E y_E \quad R_B = Py = P_D y_D + P_E y_E$$

$$y = y_D \times \frac{\beta}{\lambda} + y_E \times \frac{\alpha}{\lambda}$$

위 식에서 $\alpha = 0$일 때(D지점) $\quad\therefore y = y_D$

$\alpha = \lambda$일 때(E지점) $\quad\therefore y = y_E$

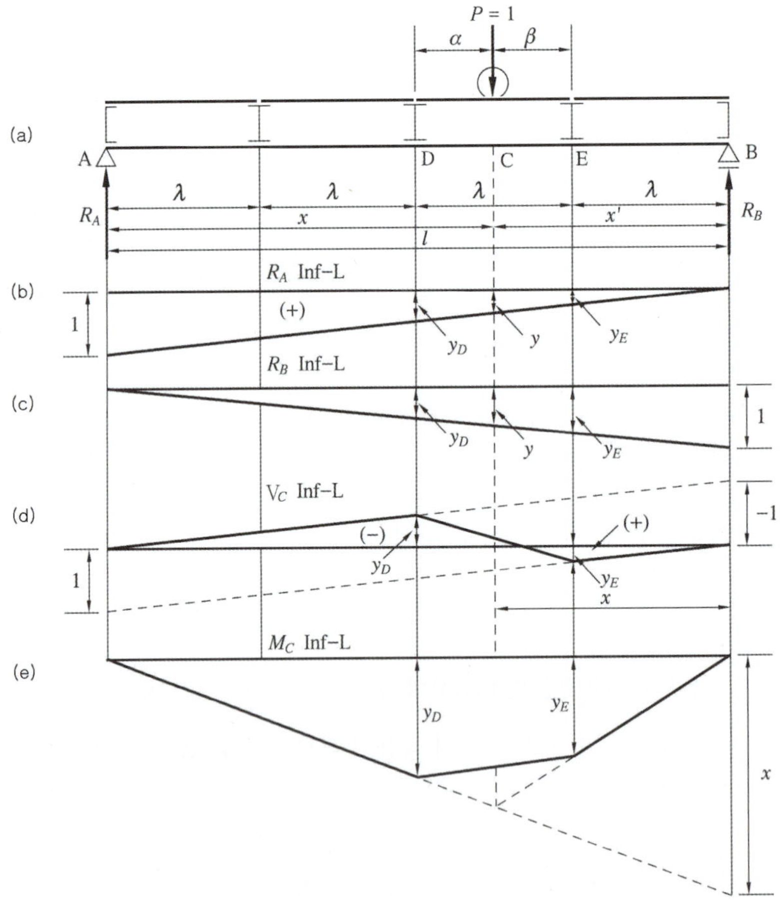

[그림 10.2.22]

[2] 전단력의 영향선

전단력의 영향선은 직접하중이 작용할 때 영향선을 그리고 y_D 와 y_E 사이를 직선 연결하면 [그림 10.2.22(d)]와 같다.

[3] 휨모멘트 영향선

휨모멘트 영향선도 직접하중이 작용할 때 영향선을 그리고 y_D 와 y_E 사이를 직선 연결하면 [그림 10.2.22(e)]와 같다.

예제 10.2.7

[그림 10.2.23(a)]와 같이 간접하중이 작용할 때 지점반력과 C지점의 전단력 및 휨모멘트를 영향선에 의하여 구하여라.

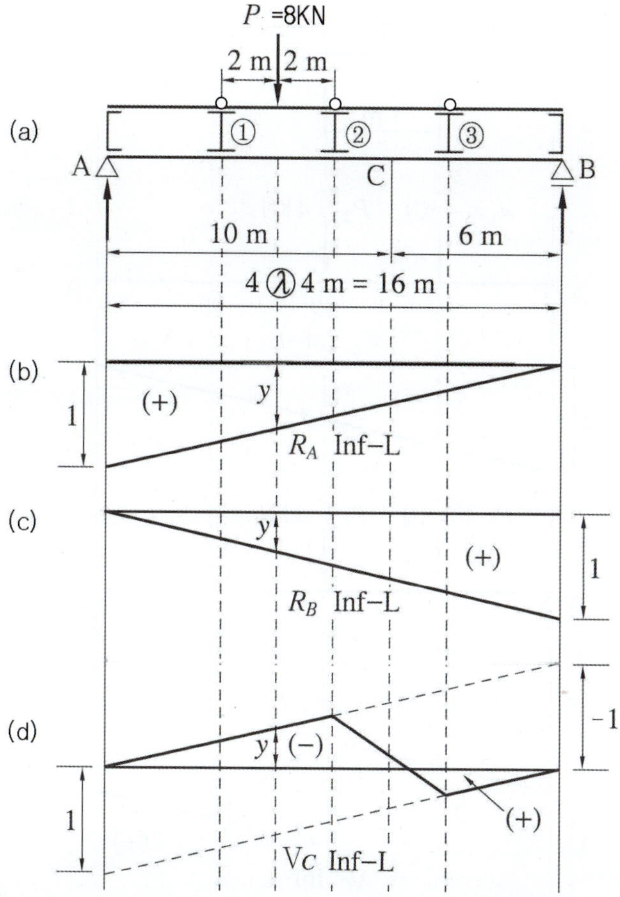

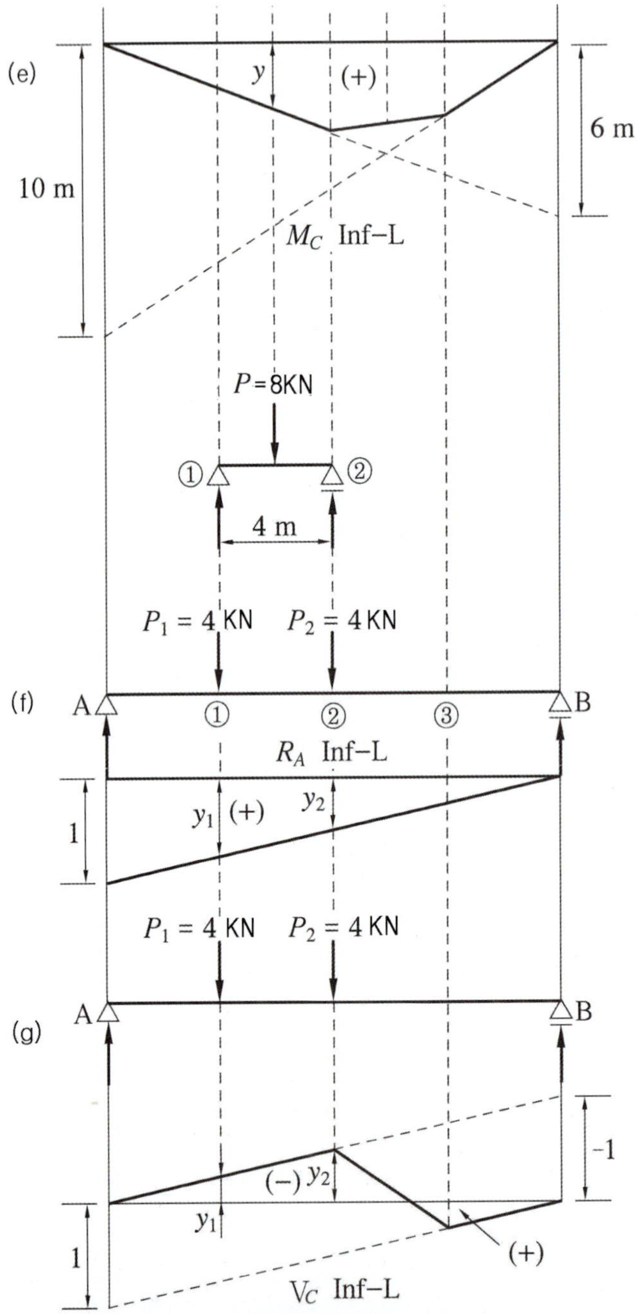
(e)
y
(+)
6 m
10 m
M_C Inf−L
P = 8KN
①
②
4 m
P_1 = 4 KN
P_2 = 4 KN
(f)
A
B
①
②
③
R_A Inf−L
1
y_1
(+)
y_2
P_1 = 4 KN
P_2 = 4 KN
(g)
A
B
-1
(−)
y_2
y_1
1
(+)
V_C Inf−L

[그림 10.2.23]

풀이

(1) 지점반력 계산

R_A의 영향선에서

① 직접하중이 작용할 때 계산 ([그림 10.2.23(b)])

$$16 : 1 = 10 : y \qquad \therefore y = \frac{10}{16} \qquad \therefore R_A = (P) \cdot (y) = (8\text{kN}) \times \left(\frac{10}{16}\right) = 5\,\text{kN}$$

② 간접하중이 작용할 때 계산 ([그림 10.2.23(f)])

$$16 : 1 = 12 : y_1 \qquad \therefore y_1 = \frac{12}{16} \qquad 16 : 1 = 8 : y_2 \qquad \therefore y_2 = \frac{8}{16}$$

$$\therefore R_A = (P_1)(y_1) + (P_2)(y_2) = (4\text{kN}) \times \left(\frac{12}{16}\right) + (4\text{kN}) \times \left(\frac{8}{16}\right) = 5\,\text{kN}$$

R_B의 영향선에서 ([그림 10.2.23(c)])

$$16 : 1 = 6 : y \quad \therefore y = \frac{6}{16} \qquad \therefore R_B = (P) \times (y) = (8\text{kN}) \times \left(\frac{6}{16}\right) = 3\,\text{kN}$$

(2) 전단력 V_C 계산

V_C의 영향선에서

① 직접하중이 작용할 때 계산 ([그림 10.2.23(d)])

$$16 : 1 = 6 : y \quad \therefore y = -\frac{6}{16}$$

$$\therefore V_C = (P) \times (y) = (8\text{kN}) \times \left(-\frac{6}{16}\right) = -3\,\text{kN}$$

② 간접하중이 작용할 때 계산 ([그림 10.2.23(g)])

$$16 : 1 = 4 : y_1 \qquad \therefore y_1 = -\frac{4}{16} \qquad 16 : 1 = 8 : y_2 \qquad \therefore y_2 = -\frac{8}{16}$$

$$\begin{aligned}\therefore V_C &= (P_1) \times (y_1) + (P_2) \times (y_2) \\ &= (4\text{kN}) \times \left(-\frac{4}{16}\right) + (4\text{kN}) \times \left(-\frac{8}{16}\right) = -3\,\text{kN}\end{aligned}$$

(3) 휨모멘트 M_C 계산

M_C의 영향선에서 ([그림 10.2.23(e)])

$$16 : 6 = 6 : y \qquad \therefore y = \frac{36}{16} = 2.25$$

$$\therefore M_C = (P) \times (y) = (8\text{kN}) \times (2.25) = 18\,\text{kN} \cdot \text{m}$$

10.3 캔틸레버의 영향선

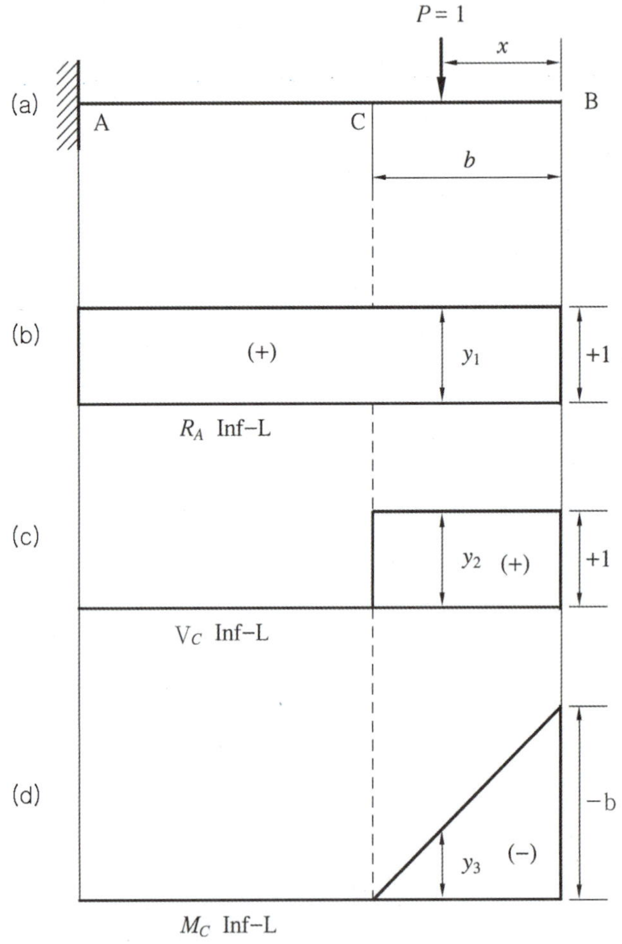

[그림 10.3.1]

10.3.1 지점반력의 영향선

[그림 10.3.1(a)]와 같은 캔틸레버에 단위하중 $P=1$이 B지점에서 x 되는 거리에 작용할 때 P가 AB구간 어느 위치에 있든 상관없이 지점반력 R_A는 1이다. 지점반력의 영향선은

[그림 10.3.1(b)]와 같이 기준선과 나란하게 직선으로 표시한다. 따라서

$$R_A = P \times y_1 = P \times 1$$

10.3.2 전단력 V_C의 영향선

임의의 단면 C에 대하여 생각하면 하중 P가 AC 사이에 있을 때는 $V_C = 0$이다. 따라서 CB 사이에 있을 때

$$\therefore\ V_C = P \times y_2 = P \times 1$$

이 되며 V_C의 전단력 영향선은 [그림 10.3.1(c)]와 같다.

10.3.3 휨모멘트 M_C의 영향선

임의 단면 C지점에 대하여 생각하면 하중 P가 AC 사이에 있을 때

$$\therefore\ M_C = 0$$

하중 P가 CB 사이에 있을 때

$$\therefore\ M_C = -(P)(b-x) = -(1) \times (b-x)$$

$x > b$인 경우에는 $M_C = 0$이므로 $x < b$인 경우만 생각하면

$$\therefore\ M_C = -Py_3 \qquad y_3 = (b-x)$$

따라서 휨모멘트 M_C 의 영향선은 [그림 10.3.1(d)]와 같다.

예제 10.3.1

[그림 10.3.2(a)]와 같은 캔틸레버의 R_A, S_C, M_C를 영향선으로 구하여라.

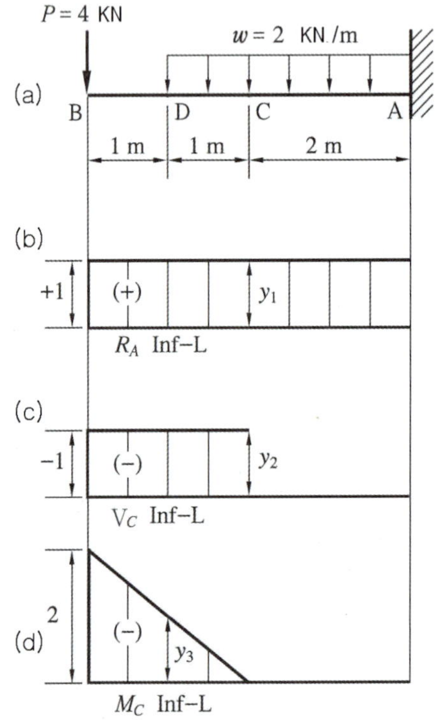

[그림 10.3.2]

풀이

$$R_A=(P)\times(1)+(w)[(3\text{m})\times(y_1)]=(4\text{kN})\times(1)+(2\text{kN/m})\times[(3\text{m})\times(1)]=10\text{kN}$$

$$V_C=(P)\times(1)+(w)\times[(1\text{m})\times(y_2)]=(4\text{kN})\times(-1)+(2\text{kN/m})\times[(1\text{m})\times(-1)]$$

$$=-6\text{kN}$$

$$M_C=(P)\times(-2)+(w)\left[\frac{(1\text{m})\times(y_3)}{2}\right]=(4\text{kN})\times(-2)+(2\text{kN/m})\left[\frac{(1\text{m})\times(-1)}{2}\right]$$

$$=9\text{kN}\cdot\text{m}$$

10.4 내민보의 영향선

내민보의 영향선은 단순보의 영향선과 캔틸레버의 영향선을 결합하여 작성한 것으로 다음 설명과 같다.

(1) 단위하중 $P=1$이 중앙부를 지날 때의 지점반력의 영향선은 단순보일 때와 같다.

(2) 내민보의 임의의 단면에 대한 단면력의 영향선에서 하중이 내민보에 실릴 때는 캔틸레버의 경우와 같고, 다른 부분에 실릴 때는 0이다.

(3) 중앙부의 임의의 단면에 대한 단면력의 영향선에서 하중이 중앙부에 실릴 때는 단순보와 같다.

[그림 10.4.1(a)]와 같이 내민보에 단위하중 $P=1$이 작용할 때 지점반력과 단면 C의 전단력과 휨모멘트를 영향선으로 구하면 다음과 같다.

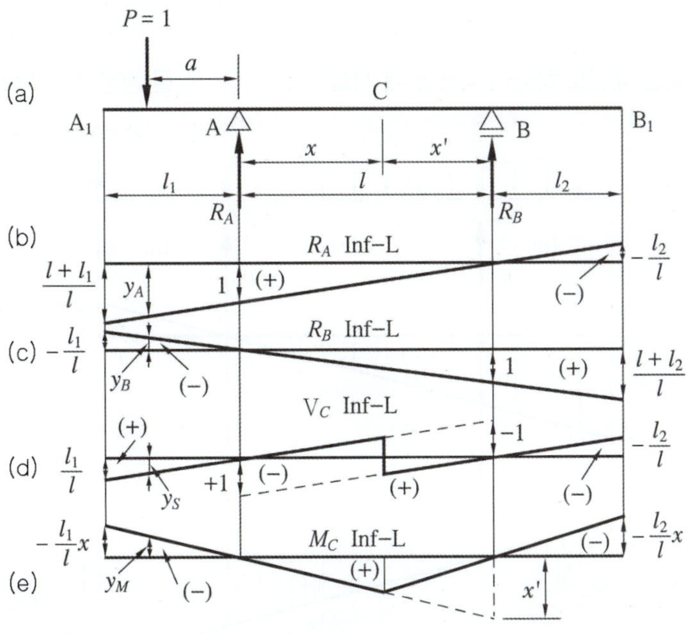

[그림 10.4.1]

10.4.1 지점반력 R_A, R_B 의 영향선

[그림 10.4.1(b)]에서 $\therefore R_A = (P) \times (y_A)$

[그림 10.4.1(c)]에서 $\therefore R_B = (P) \times (y_B)$

10.4.2 전단력 V_C 의 영향선

[그림 10.4.1(d)]에서 $\therefore V_C = (P) \times (y_S)$

10.4.3 휨모멘트 M_C 의 영향선

[그림 10.4.1(e)]에서 $\therefore M_C = (P) \times (-y_M)$

예제 10.4.1

[그림 10.4.2]와 같은 내민보 하중이 작용할 때 지점반력 R_A와 R_B를 영향선에 의하여 구하여라.

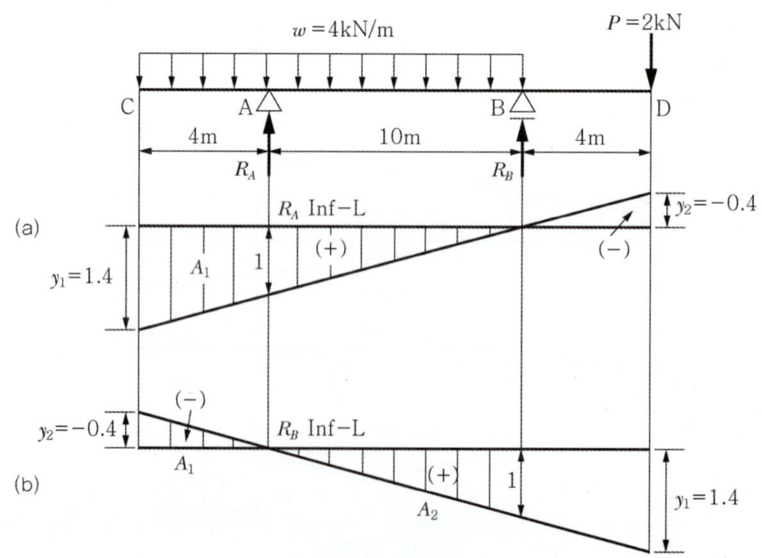

[그림 10.4.2]

풀이

(1) 지점반력

① R_A 계산 ([그림 10.4.2(a)])

$$10 : 1 = 4 : -y_2 \quad y_2 = -\frac{4}{10} = -0.4$$

$$10 : 1 = 14 : y_1 \quad y_1 = \frac{14}{10} = 1.4$$

$$A_1 = \frac{1.4 \times 14}{2} = 9.8\,\text{m}^2$$

$$\therefore R_A = (w)(A_1) + (P) \times (y_2) = (4\text{kN/m}) \times (9.8\text{m}^2) + (2\text{kN}) \times (-0.4\text{m})38.4\,\text{kN}$$

② R_B 계산 ([그림 10.4.2(b)])

$$A_1 = \frac{0.4 \times 4}{2} = 0.8\,\text{m}^2 \qquad A_2 = \frac{10 \times 1}{2} = 5\,\text{m}^2$$

$$\therefore R_B = (w)(A_2 - A_1) + (P)(y_1) = (4\text{kN/m})(5 - 0.8) + (2\text{kN}) \times (1.4) = 19.6\,\text{kN}$$

[검토] $\Sigma F_y = 0$

$$R_A + R_B - w \times (10+4) - P = 38.4\text{kN} + 19.6\text{kN} - (4\text{kN/m}) \times (14\text{m}) - (2\text{kN}) = 0$$

예제 10.4.2

[그림 10.4.3(a)]와 같은 내민보의 C지점의 전단력과 휨모멘트를 영향선에 의하여 구하여라.

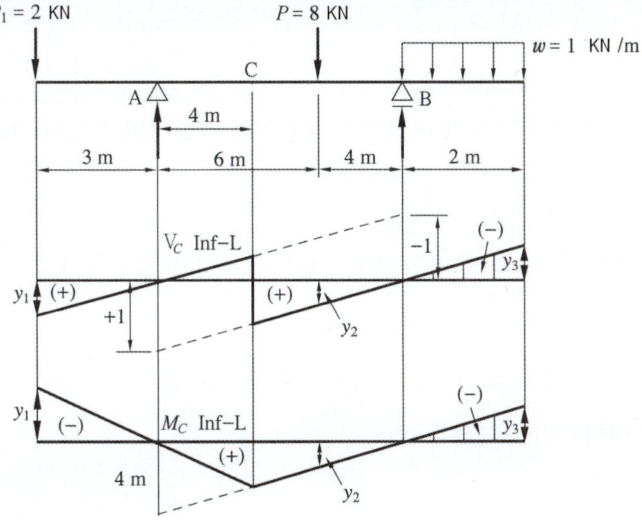

[그림 10.4.3]

풀이

(1) C지점의 전단력 계산 ([그림 10.4.3(b)])

$y_1 = 0.3 \qquad y_2 = 0.4 \qquad y_3 = -0.2$

$$A = \frac{y_3 \times 2}{2} = \frac{0.2 \times 2}{2} = -0.2\,\text{m}^2$$

$$\therefore V_C = (P_1)(y_1) + (P) \times (y_2) + (w)(A)$$

$$= (2\text{kN}) \times (0.3) + (8\text{kN}) \times (0.4) - (1\text{kN/m}) \times (0.2) = 3.6\,\text{kN}$$

(2) C지점의 휨모멘트 계산 ([그림 10.4.3(c)])

$10 : 6 = 3 : y_1 \qquad y_1 = -1.8$

$10 : 4 = 4 : y_2 \qquad y_2 = 1.6$

$10 : 4 = 2 : y_3 \qquad y_3 = -0.8$

$$A = \frac{0.8 \times 2}{2} = -0.8m^2$$

$$\therefore M_C = (P_1)(y_1) + (P_2)(y_2) + (w)(A)$$

$$= (2\text{kN}) \times (-1.8) + (8\text{kN}) \times (1.6) + (1\text{kN/m}) \times (-0.8)$$

$$= 8.4\,\text{kN} \cdot \text{m}$$

10.5 게르버보의 영향선

게르버보의 영향선은 단순보와 내민보의 영향선을 결합하여 작성한 것으로 다음 설명과 같다.

(1) 단순보 부분의 지점반력 및 임의 단면의 단면력에 대한 영향선은 그 부분을 단순보라고 하였을 때의 영향선과 같다.

(2) 내민 부분의 지점반력 및 임의 단면의 단면력에 대한 영향선은 하중 $P = 1$ 이 그 부분에 실릴 때는 내민보의 영향선과 같다.

10.5.1 양측 경간에 힌지가 있는 경우

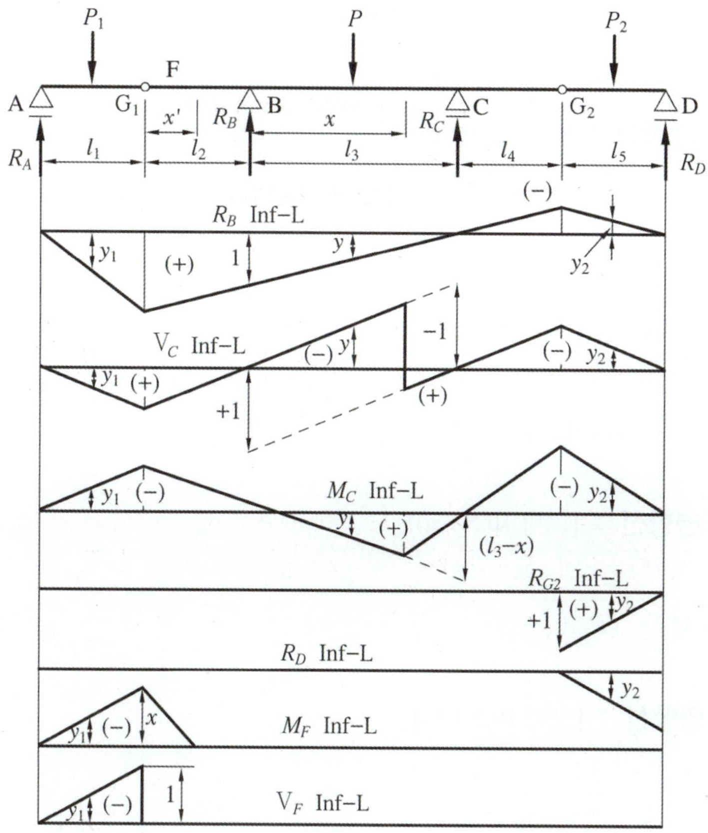

[그림 10.5.1]

[1] 반력 R_B의 영향선 : [그림 10.5.1(b)]

$$R_B = (P_1)(y_1) + (P)(y) + (P_2)(-y_2)$$

[2] 전단력 V_C의 영향선 : [그림 10.5.1(C)]

$$V_C = (P_1)(y_1) + (P)(-y) + (P_2)(-y_2)$$

[3] 휨모멘트 M_C의 영향선 : [그림 10.5.1(d)]

$$M_C = (P_1)(y_1) + (P)(y) + (P_2)(-y_2)$$

[4] R_{G2} 의 영향선 : [그림 10.5.1(e)]

$$R_{G2} = (P_2)(y_2)$$

[5] R_D 의 영향선 : [그림 10.5.1(f)]

$$R_D = (P_2)(y_2)$$

[6] M_F 의 영향선 : [그림 10.5.1(g)]

$$M_F = (P_1)(-y_1)$$

[7] V_F 의 영향선 : [그림 10.5.1(h)]

$$V_F = (P_1)(-y_1)$$

10.5.2 중앙경간에 힌지 2개가 있는 경우

[그림 10.5.2(a)]는 3경간 게르버보이며 중앙경간에 단순보가 있고 측경간에는 1단의 내민보가 있다.

[1] R_C의 영향선 : [그림 10.5.2(b)]

R_C의 영향선은 내민보의 영향선에 중앙부의 단순보 부분의 영향선을 합하여 연결시킨 것

이다.

$$R_C = (P_1)(y_1) + (P)(y) + (P_2)(-y_2)$$

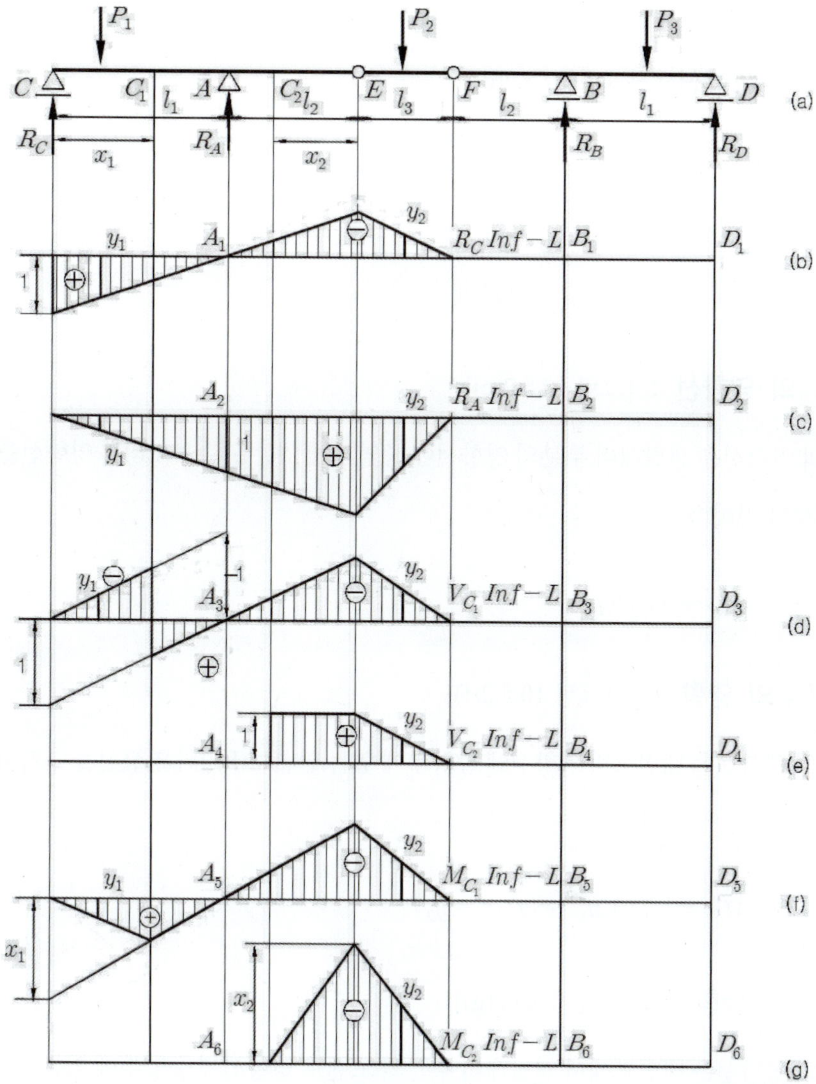

[그림 10.5.2]

[2] R_A의 영향선 : [그림 10.5.2(c)]

R_A의 영향선은 내민보의 영향선에 중앙부의 단순보 부분의 영향선을 합한 것이다.

$$R_A = (P_1)(y_1) + (P_2)(y_2)$$

[3] V_{C1}의 영향선 : [그림 10.5.2(d)]

V_{C1}의 영향선은 내민보의 영향선에 중앙부에 있는 단순보(EF)의 영향선을 추가하여 연결시킨 것이다.

$$V_{C1} = (P_1)(-y_1) + (P_2)(-y_2)$$

[4] V_{C2}의 영향선 : [그림 10.5.2(e)]

V_{C2}의 영향선은 캔틸레버 부분의 영향선에 중앙부에 있는 단순보(EF)의 영향선을 추가하여 연결시킨 것이다.

$$V_{C2} = (P_2)(y_2)$$

[5] M_{C1} 의 영향선 : [그림 10.5.2(f)]

M_{C1}의 영향선은 내민보의 영향선에 중앙부에 있는 단순보(EF)의 영향선을 추가하여 연결한 것이다.

$$M_{C1} = (P_1)(y_1) + (P_2)(-y_2)$$

[6] M_{C2}의 영향선 : [그림 10.5.2(g)]

M_{C2}의 영향선은 내민보에서 캔틸레버 부분의 모멘트 영향선에 중앙부에 있는 단순보(EF)의 영향선을 추가하여 연결시킨 것이다.

$$M_{C2} = (P_2)(-y_2)$$

예제 10.5.1

[그림 10.5.3(a)]와 같이 연행하중이 게르버보 위로 지날 때 R_B 의 최대 크기를 구하여라.

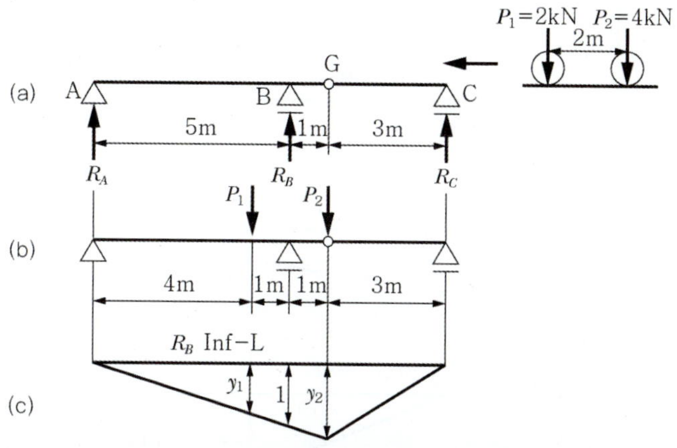

[그림 10.5.3]

풀이

R_B의 계산

$$y_1 = \frac{4}{5} \qquad y_2 = \frac{6}{5}$$

$$R_B = (P_1) \times (y_1) + (P_2) \times (y_2)$$

$$= (2\text{kN})\left(\frac{4}{5}\right) + (4\text{kN})\left(\frac{6}{5}\right)$$

$$= \frac{32}{5} = 6.4\text{kN}$$

예제 10.5.2

[그림 10.5.4]와 같은 게르버보의 반력 R_A, R_B, R_C 의 값을 영향선으로 구하여라.

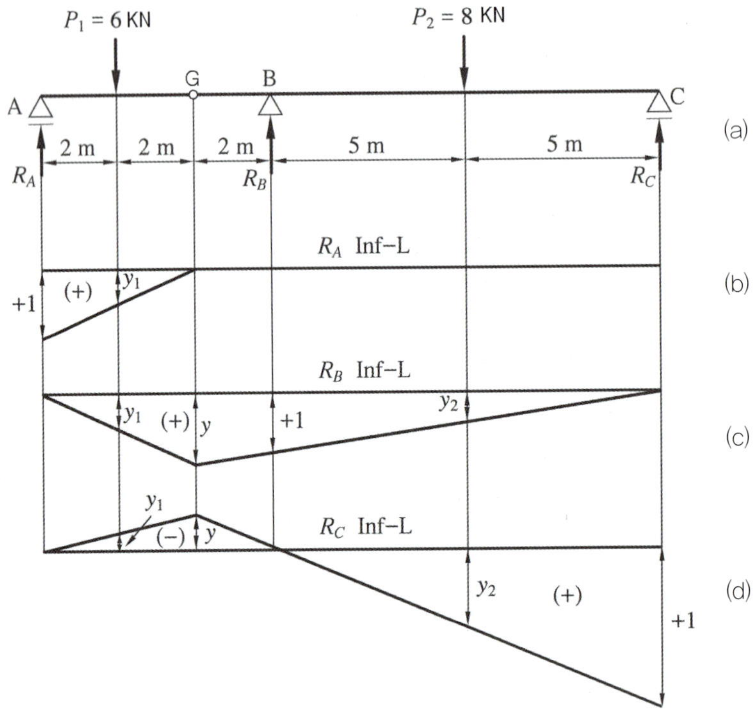

[그림 10.5.4]

풀이

(1) R_A의 계산

$$y_1 = \frac{2}{4} = \frac{1}{2} \qquad \therefore R_A = (P_1) \times (y_1) = (6\text{kN}) \times \left(\frac{1}{2}\right) = 3\,\text{kN}$$

(2) R_B의 계산

$$10 : 1 = 12 : y \qquad y = 1.2 \qquad 4 : y = 2 : y_1 \qquad y_1 = \frac{2y}{4} = \frac{2 \times 1.2}{4} = 0.6$$

$$10 : 1 = 5 : y_2 \qquad y_2 = 0.5$$

$$\therefore R_B = (P_1)(y_1) + (P_2)(y_2) = (6\text{kN}) \times (0.6) + (8\text{kN}) \times (0.5) = 7.6\,\text{kN}$$

(3) R_C의 계산

$$y = -0.2 \qquad y_1 = -0.1 \qquad y_2 = 0.5$$

$$\therefore R_C = (P_1)(y_1) + (P_2)(y_2) = (6\text{kN}) \times (-0.1) + (8\text{kN}) \times (0.5) = 3.4\,\text{kN}$$

10.6 트러스의 영향선

트러스에 고정하중이 작용할 때는 부재력을 쉽게 구할 수 있다. 그러나 연행하중이 작용할 때는 시시각각으로 변하는 부재력을 계산하는 데 불편하므로 영향선(influence line)을 이용하여 최대, 최소의 부재력 값을 편리하게 구할 수 있다.

트러스의 지점반력의 영향선은 단순보의 지점반력 영향선과 동일하다. 트러스의 임의의 단면부재에 대한 영향선을 구하면 다음과 같다.

10.6.1 현재의 영향선

[그림 10.6.1(a)]와 같은 플레이트 트러스에서 현재 U_m, L_m의 부재력을 구하기 위해 ②-② 단면에서 절단하여 절점 m, $m-1$에서 모멘트법에 의하여 좌측의 외력에 대한 모멘트의 총합을 M_m, M_{m-1}이라고 하면 부재력은 식 (a)에 의해서 구해진다.

$$\left.\begin{aligned} U_m &= -\frac{M_m}{h} \\ L_m &= \frac{M_{m-1}}{h} \end{aligned}\right\} \quad \cdots\cdots\cdots \text{(a)}$$

식 (a)에서 M_m, M_{m-1}은 단순보 AB 지간에서 단면 m, $m-1$ 지점의 휨모멘트와 같다. 그러므로 현재 U_m, L_m의 영향선은 M_m, M_{m-1} 영향선의 종거를 각각 $-1/h$배, $1/h$배 한 것이다. 그러므로 A지점에서 U_m 선의 종거는 $-x_m/h$이고, L_m 선의 종거는 x_{m-1}/h이다. 이것을 그림으로 표시하면 [그림 10.6.1(b), (c)]와 같다.

10.6.2 사재의 영향선

사재 D_m의 부재력은 ②-② 단면에서 절단하여 절단면의 좌측의 외력에 대한 수직력의

총합을 $S_{m-1,m}$ 이라 하면

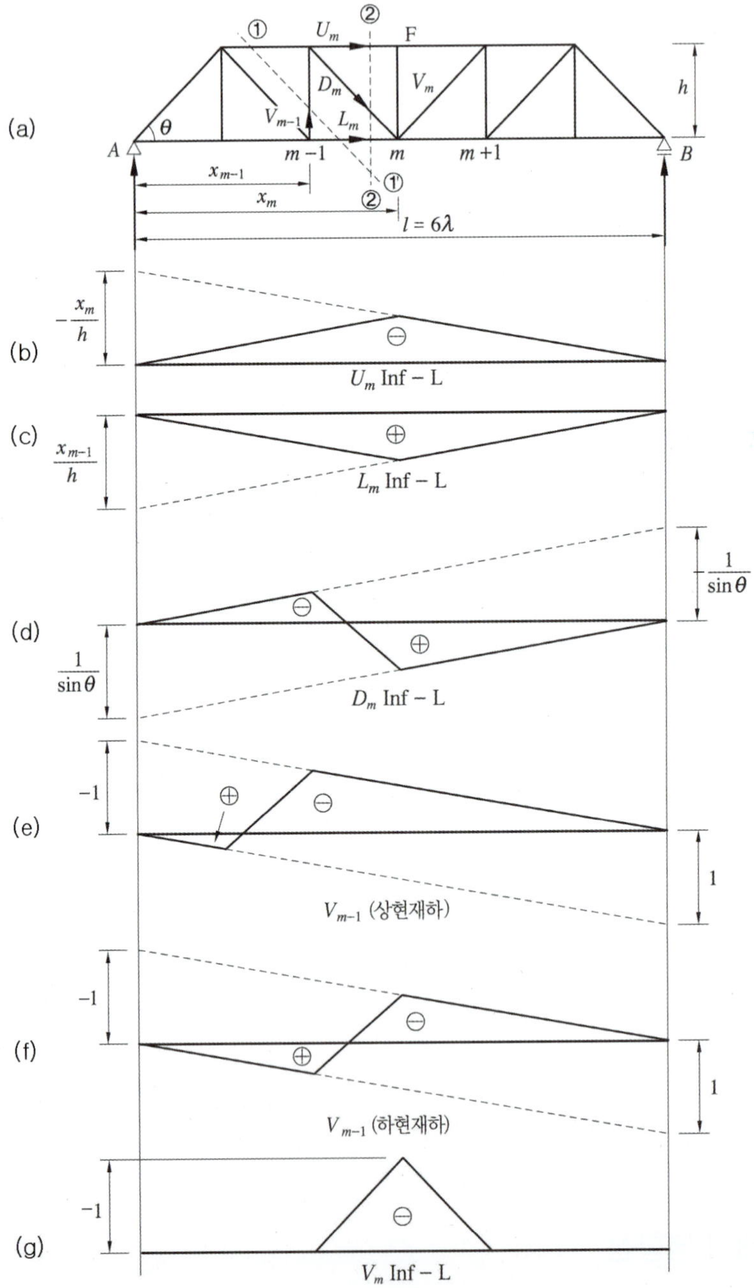

[그림 10.6.1]

$\Sigma V = 0$에 의해서

$$D_m = \frac{1}{\sin\theta} \times S_{m-1,m} \quad \cdots\cdots (b)$$

식 (b)에서 $S_{m-1,m}$는 간접하중을 받는 단순보 AB 지간의 결점 $m-1, m$에서 전단력이다. 따라서 D_m의 영향선은 $S_{m-1,m}$ 영향선의 종거를 $1/\sin\theta$배 한 것이다. 이것을 그림으로 도시하면 [그림 10.6.1(d)]와 같다.

10.6.3 수직재의 영향선

수직재의 부재력 V_{m-1}은 ①−① 단면에서 절단하여 절단면의 좌측에서 상현에 하중이 작용할 때 외력에 대한 수직력의 총합을 S_{m-1}이라 하고, 하중이 하현에 작용할 때 외력에 대한 수직력의 총합을 S_m이라고 하면

$\Sigma V = 0$에 의해서

$$\left.\begin{aligned} V_{m-1} &= -1 \times S_{m-1} \\ V_{m-1} &= -1 \times S_m \end{aligned}\right\} \quad \cdots\cdots (c)$$

식 (c)에서 S_{m-1}, S_m은 간접하중을 받는 단순보 AB 지간의 격점 $m-2, m-1$ 및 $m-1, m$에서 전단력이다. 따라서 V_{m-1} 영향선은 [그림 10.6.1(e), (f)]와 같다.

중앙부재 V_m은 하중이 하현에 작용할 경우에 부재력은 작용하지 않는다. 하중이 상현에 작용할 경우 격점 $m-1, m+1$ 사이의 수직력은 V_m이므로 V_m의 영향선은 [그림 10.6.1(g)]와 같다.

10.6.4 와랜 트러스의 영향선

위와 같은 방법으로 와랜 트러스, 수직재가 있는 와랜 트러스의 각 부재에 대한 영향선을 그려보면 [그림 10.6.2], [그림 10.6.3]과 같다.

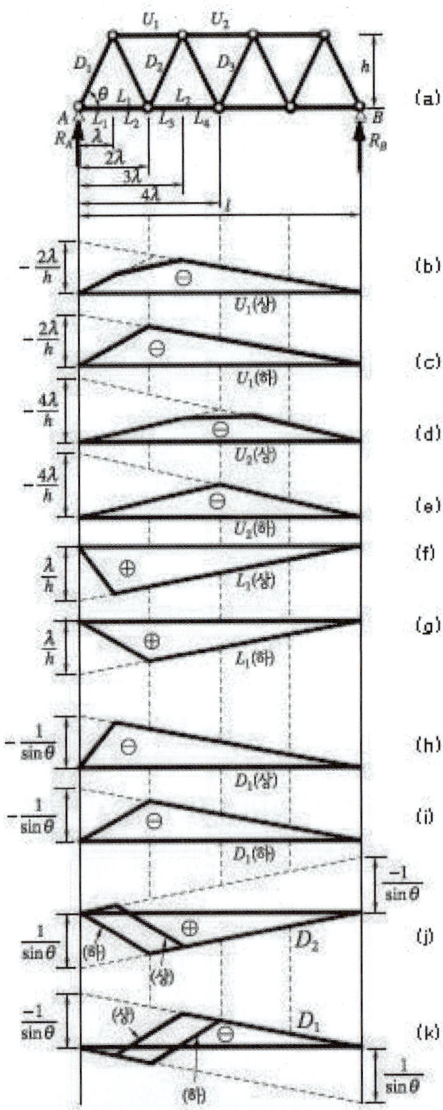

[그림 10.6.2] 와랜 트러스

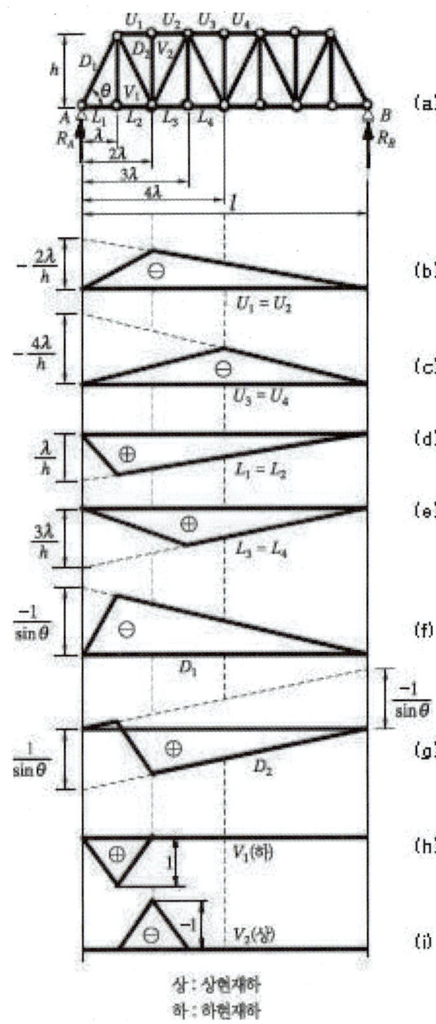

[그림 10.6.3] 수직재가 있는 와랜 트러스

10.6.5 하우 트러스의 영향선

위와 같은 방법으로 하우 트러스의 각 부재에 대한 영향선을 그려보면 [그림 10.6.4]와 같다.

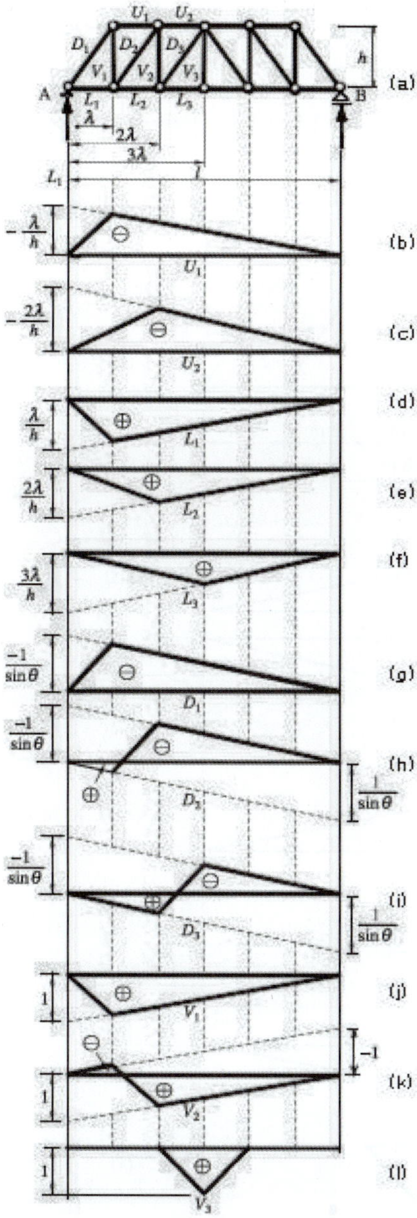

[그림 10.6.4] 하우 트러스

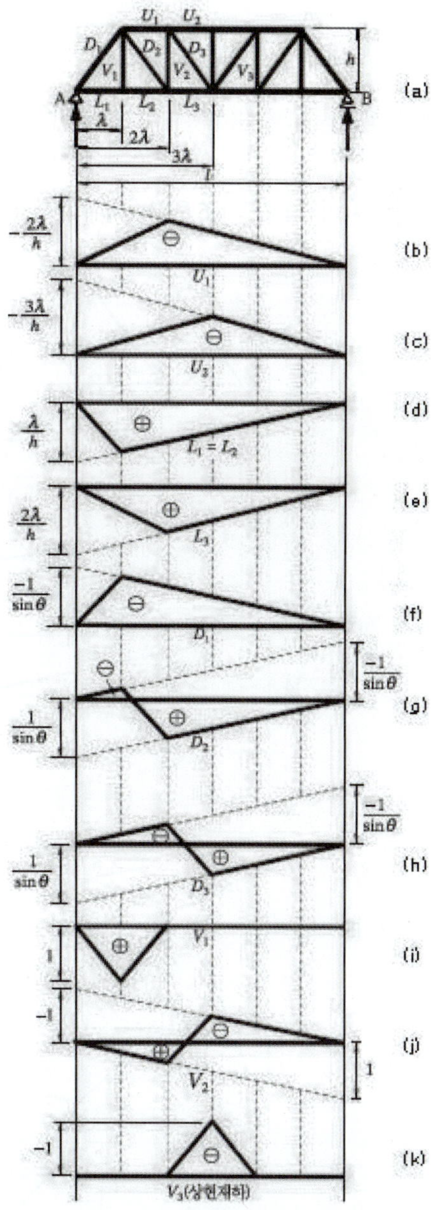

[그림 10.6.5] 플레이트 트러스

10.6.6 플레이트 트러스의 영향선

위와 같은 방법으로 플레이트 트러스의 각 부재에 대한 영향선을 그려보면 [그림 10.6.5]와 같다.

예제 10.6.1

[그림 10.6.6(a)]와 같은 하우 트러스의 부재력 U_2, V_2. L_3, S_3, V_3를 영향선에 의해서 구하여라.

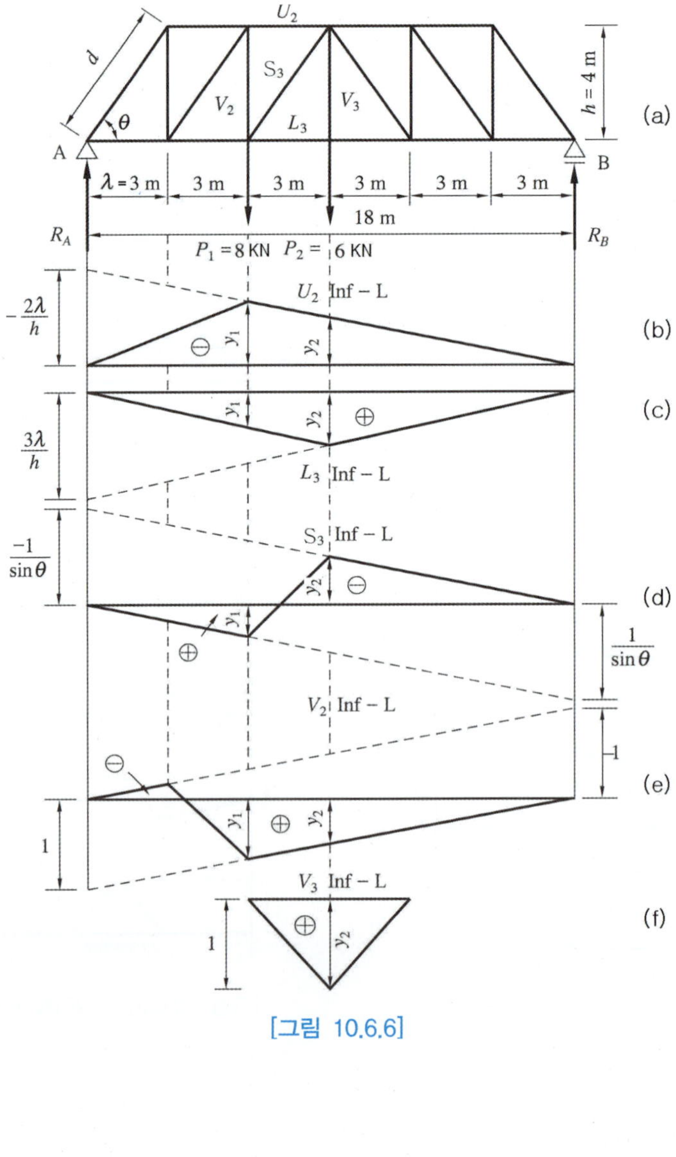

[그림 10.6.6]

풀이

$$\sin\theta = \frac{4}{\sqrt{3^2+4^2}} = \frac{4}{5}$$

(1) U_2 계산[그림 10.6.6(b)]

$$y_1 = \frac{12}{18} \times \frac{2\lambda}{h} = -1 \qquad y_2 = \frac{9}{18} \times \frac{2\lambda}{h} = -\frac{3}{4}$$

$$\therefore\ U_2 = (P_1) \times (y_1) + (P_2) \times (y_2) = (8) \times (-1) + (6) \times \left(-\frac{3}{4}\right) = -12.5\,\mathrm{kN}$$

(2) L_3 계산[그림 10.6.6(c)]

$$y_2 = \frac{9}{18} \times \frac{3\lambda}{h} = \frac{9}{8} \qquad y_1 = y_2 \times \frac{6}{9} = \frac{6}{8}$$

$$\therefore\ L_2 = (P_1) \times (y_1) + (P_2) \times (y_2) = (8) \times \left(\frac{6}{8}\right) + (6) \times \left(\frac{9}{8}\right) = 12.75\,\mathrm{kN}$$

(3) S_3 계산[그림 10.6.6(d)]

$$y_1 = \frac{6}{18} \times \frac{1}{\sin\theta} = \frac{5}{12} \quad y_2 = \frac{9}{18} \times \frac{1}{\sin\theta} = -\frac{5}{8}$$

$$\therefore\ S_3 = (P_1) \times (y_1) + (P_2) \times (y_2) = (8) \times \left(\frac{5}{12}\right) + (6) \times \left(-\frac{5}{8}\right) = -0.42\,\mathrm{kN}$$

(4) V_2 계산[그림 10.6.6(e)]

$$y_1 = \frac{12}{18} = \frac{2}{3} \quad y_2 = \frac{9}{18} = \frac{1}{2}$$

$$\therefore\ V_2 = (P_1) \times (y_1) + (P_2) \times (y_2) = (8) \times \left(\frac{2}{3}\right) + (6) \times \left(\frac{1}{2}\right) = 8.33\,\mathrm{kN}$$

(5) V_3 계산[그림 10.6.6(f)]

$$\therefore\ V_3 = (P_2) \times (y_2) = (6) \times (1) = 6\,\mathrm{kN}$$

예제 10.6.2

[그림 10.6.7(a)]와 같은 트러스에 이동하중이 통과할 때 S부재에 생기는 최대 인장, 압축 부재력을 구하여라.

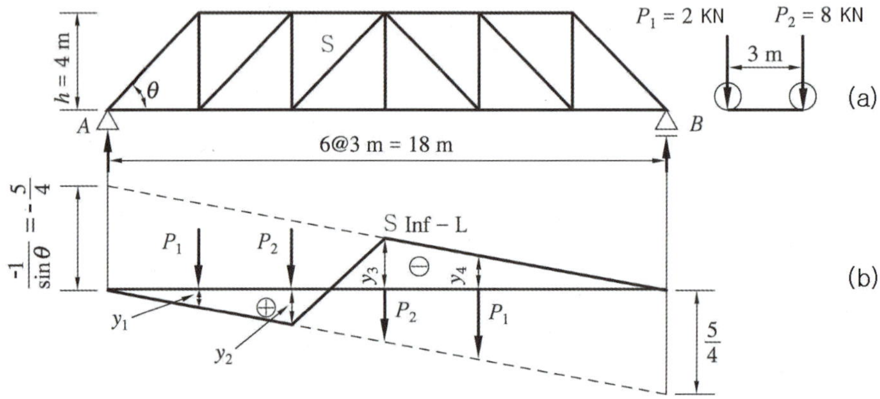

[그림 10.6.7]

풀이

$$y_1 = \frac{3}{18} \times \frac{5}{4} = \frac{5}{24} \qquad y_2 = \frac{6}{18} \times \frac{5}{4} = \frac{5}{12}$$

$$y_3 = -\frac{9}{18} \times \frac{5}{4} = -\frac{5}{8} \qquad y_4 = -\frac{6}{18} \times \frac{5}{4} = -\frac{5}{12}$$

최대 인장력

$$S_t = (P_1)(y_1) + (P_2)(y_2) = (2) \times (\frac{5}{24}) + (8) \times (\frac{5}{12}) = 3.61\,\text{kN}$$

최대 압축력

$$S_c = (P_2)(y_3) + (P_1)(y_4) = (8) \times (-\frac{5}{8}) + (2) \times (-\frac{5}{12}) = -5.83\,\text{kN}$$

예제 10.6.3

[그림 10.6.8]과 같은 트러스에 이동하중이 통과할 때, U, L, S 의 최대 부재력을 구하여라.

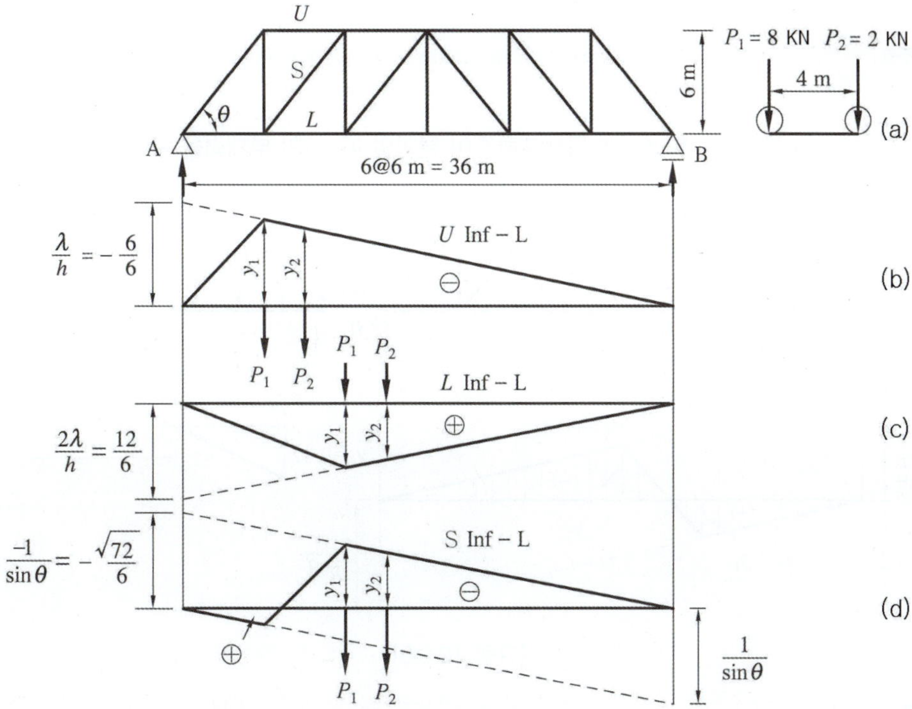

[그림 10.6.8]

풀이

(1) U의 최대 부재력 계산[그림 10.6.8(b)]

$$y_1 = \frac{30}{36} \times \frac{6}{6} = -\frac{5}{6} \qquad y_2 = \frac{26}{36} \times \frac{6}{6} = -\frac{13}{18}$$

$$\therefore U = (P_1) \times (y_1) + (2) \times (y_2) = (8) \times (-\frac{5}{6}) + (2) \times (-\frac{13}{18}) = -8.1\,\text{kN}$$

(2) L의 최대 부재력 계산[그림 10.6.8(c)]

$$y_1 = \frac{24}{36} \times \frac{12}{6} = \frac{4}{3} \qquad y_2 = \frac{20}{36} \times \frac{12}{6} = \frac{10}{9}$$

$$\therefore L = (P_1) \times (y_1) + (P_2) \times (y_2) = (8) \times (\frac{4}{3}) + (2) \times (\frac{10}{9}) = 12.9\,\text{kN}$$

(3) S의 최대 부재력 계산[그림 10.6.8(d)]

$$y_1 = \frac{24}{36} \times \frac{\sqrt{72}}{6} = -0.94 \quad y_2 = \frac{20}{36} \times \frac{\sqrt{72}}{6} = -0.78$$

$$\therefore S = (P_1)(y_1) + (P)(y_2) = (8) \times (-0.94) + (2) \times (-0.78) = -9.1\,\text{kN}$$

예제 10.6.4

[그림 10.6.9(a)]와 같은 트러스에 등분포하중이 통과할 때, S의 부재력을 구하여라.

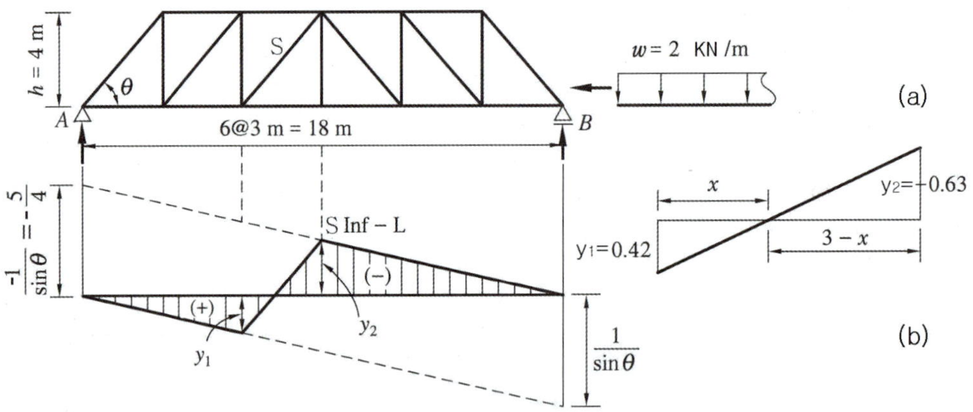

[그림 10.6.9]

풀이

$$y_1 = \frac{6}{18} \times \frac{5}{4} = 0.42 \qquad y_2 = -\frac{9}{18} \times \frac{5}{4} = -0.63 \qquad x = \frac{1.26}{1.05} = 1.2\,\text{m}$$

$$A_1 = \frac{7.2 \times y_1}{2} = \frac{7.2 \times 0.42}{2} = 1.512\ \text{m}$$

$$A_2 = -\frac{9.8 \times y_2}{2} = -\frac{9.8 \times 0.63}{2} = -3.087\,\text{m}$$

$$\therefore S = w(A_1 + A_2) = 2 \times (1.512 - 3.087) = -3.78\,\text{kN}$$

예제 10.6.5

[그림 10.6.10(a)]와 같은 와랜 트러스의 부재력을 영향선으로 구하여라.

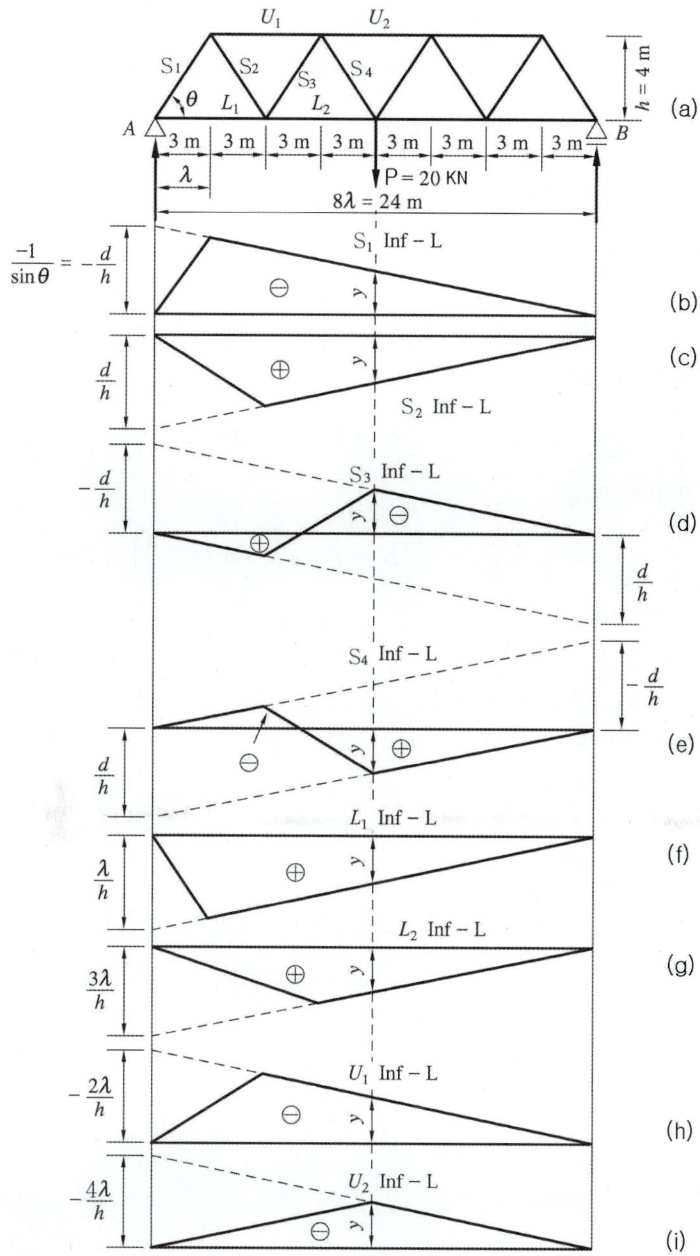

[그림 10.6.10]

풀이

(1) S_1 계산[그림 10.6.10(b)]

$$y = -\frac{12}{24} \times \frac{d}{h} = -\frac{12}{24} \times \frac{5}{4} = -\frac{5}{8}$$

$$\therefore S_1 = P \times y = (20) \times \left(-\frac{5}{8}\right) = -12.5\,\text{kN}$$

(2) S_2 계산[그림 10.6.10(c)]

$$y = \frac{12}{24} \times \frac{5}{4} = \frac{5}{8} \qquad \therefore S_2 = P \times y = (20) \times \left(\frac{5}{8}\right) = 12.5\text{kN}$$

(3) S_3 계산[그림 10.6.10(d)]

$$y = -\frac{12}{24} \times \frac{5}{4} = -\frac{5}{8} \qquad \therefore S_3 = P \times y = (20) \times \left(-\frac{5}{8}\right) = -12.5\,\text{kN}$$

(4) S_4 계산[그림 10.6.10(e)]

$$y = \frac{12}{24} \times \frac{5}{4} = \frac{5}{8} \qquad \therefore S_4 = P \times y = (20) \times \left(\frac{5}{8}\right) = 12.5\,\text{kN}$$

(5) L_1 계산[그림 10.6.10(f)]

$$y = \frac{12}{24} \times \frac{\lambda}{h} = \frac{12}{24} \times \frac{3}{4} = \frac{3}{8} \qquad \therefore L_1 = P \times y = (20) \times \left(\frac{3}{8}\right) = 7.5\,\text{kN}$$

(6) L_2 계산[그림 10.6.10(g)]

$$y = \frac{12}{24} \times \frac{3 \times 3}{4} = \frac{9}{8} \qquad \therefore L_2 = P \times y = (20) \times \left(\frac{9}{8}\right) = 22.5\,\text{kN}$$

(7) U_1 계산[그림 10.6.10(h)]

$$y = -\frac{12}{24} \times \frac{6}{4} = -\frac{3}{4} \qquad \therefore U_1 = P \times y = (20) \times \left(-\frac{3}{4}\right) = -15\,\text{kN}$$

(8) U_2 계산[그림 10.6.10(i)]

$$y = \frac{12}{24} \times \frac{12}{4} = -\frac{3}{2} \qquad \therefore U_2 = P \times y = (20) \times \left(-\frac{3}{2}\right) = -30\,\text{kN}$$

예제 10.6.6

[그림 10.6.11(a)]와 같은 플레이트 트러스의 부재력을 영향선에 의해서 구하여라.

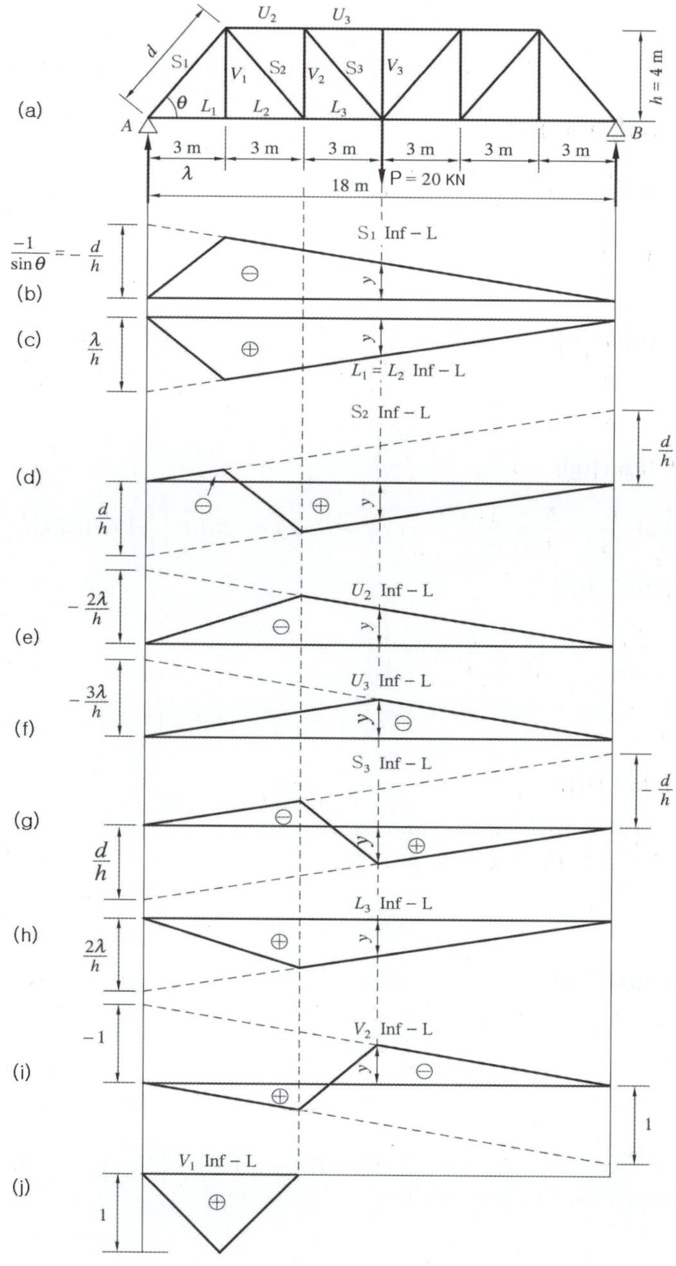

[그림 10.6.11]

풀이

(1) S_1 계산[그림 10.6.11(b)]

$$y = -\frac{9}{18} \times \frac{d}{h} = -\frac{9}{18} \times \frac{5}{4} = -\frac{5}{8}$$

$$\therefore S_1 = P \times y = (20) \times \left(-\frac{5}{8}\right) = -12.5\,\text{kN}$$

(2) $L_1 = L_2$ 계산[그림 10.6.11(c)]

$$y = \frac{9}{18} \times \frac{\lambda}{h} = \frac{9}{18} \times \frac{3}{4} = \frac{3}{8} \qquad \therefore L_1 = L_2 = P \times y = (20) \times \left(\frac{3}{8}\right) = 7.5\,\text{kN}$$

(3) V_1 계산[그림 10.6.11(j)]

$$V_1 = 0$$

(4) S_2 계산[그림 10.6.11(c)]

$$y = \frac{9}{18} \times \frac{d}{h} = \frac{9}{18} \times \frac{5}{4} = \frac{5}{8} \qquad \therefore S_2 = P \times y = (20) \times \left(\frac{5}{8}\right) = 12.5\,\text{kN}$$

(5) S_3 계산[그림 10.6.11(g)]

$$y = \frac{9}{18} \times \frac{d}{h} = \frac{9}{18} \times \frac{5}{4} = \frac{5}{8} \qquad \therefore S_3 = P \times y = (20) \times \left(\frac{5}{8}\right) = 12.5\,\text{kN}$$

(6) U_2 계산[그림 10.6.11(e)]

$$y = -\left(\frac{9}{18} \times \frac{2\lambda}{h}\right) = -\frac{9}{18} \times \frac{6}{4} = -\frac{3}{4}$$

$$\therefore U_2 = P \times y = (20) \times \left(-\frac{3}{4}\right) = -15\,\text{kN}$$

(7) U_3 계산[그림 10.6.11(f)]

$$y = -\left(\frac{9}{18} \times \frac{3\lambda}{h}\right) = \frac{9}{18} \times \frac{9}{4} = -\frac{9}{8}$$

$$\therefore U_3 = P \times y = (20) \times \left(-\frac{9}{8}\right) = -22.5\,\text{kN}$$

(8) L_3 계산[그림 10.6.11(h)]

$$y = \frac{9}{18} \times \frac{2\lambda}{h} = \frac{9}{18} \times \frac{6}{4} = \frac{3}{4} \qquad \therefore L_3 = P \times y = (20) \times \left(\frac{3}{4}\right) = 15\,\text{kN}$$

(9) V_2 계산[그림 10.6.11(i)]

$$y = -\frac{1}{2} \qquad \therefore V_2 = P \times y = (20) \times \left(-\frac{1}{2}\right) = -10\,\text{kN}$$

연·습·문·제

01 [P그림 10.1]과 같이 게르버보에 연행하중이 이동할 때 지점 B에서 최대 휨모멘트를 구하여라.

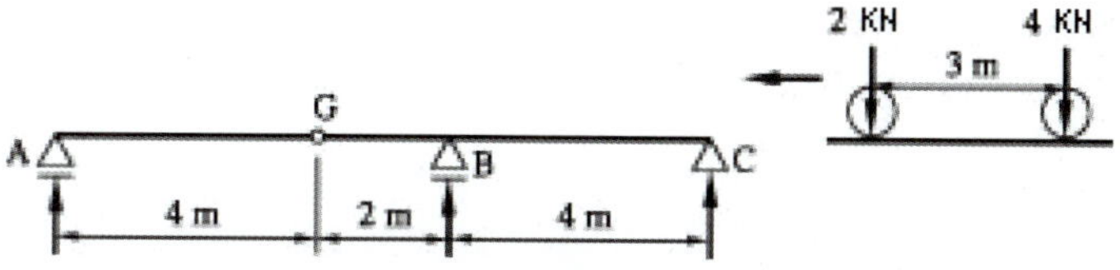

[P 그림 10.1]

정답 $M_B = -9\,\text{kN}\cdot\text{m}$

02 [P그림 10.2]와 같은 트러스에 이동하중이 통과할 때 다음 S_3 부재에 대한 최대 부재력을 구하여라.

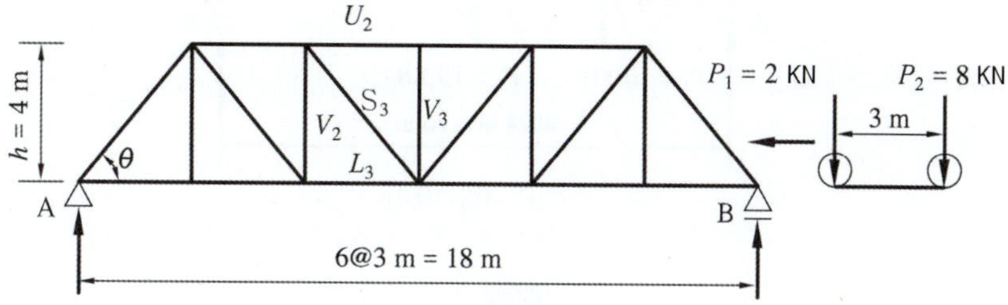

[P 그림 10.2]

정답 $S_3 = 10.41\,\text{kN}$

03 [P그림 10.3]과 같은 트러스에 등분포하중이 통과할 경우 V_1 부재력을 구하여라.

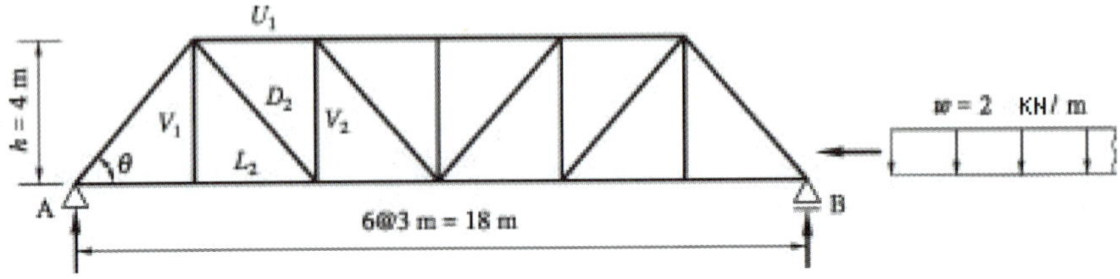

[P 그림 10.3]

정답 $V_1 = 6\,\mathrm{kN}$

04 [P그림 10.4]와 같은 트러스에 집중하중이 작용할 때 영향선에 의해 부재력을 구하여라.

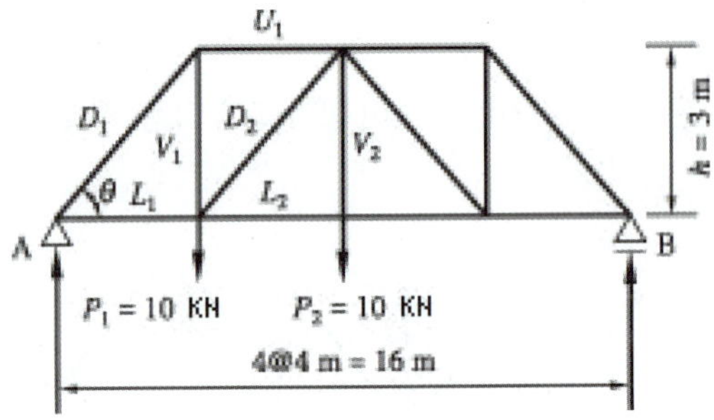

[P 그림 10.4]

정답 $L_1 = 16.67\,\mathrm{kN}$, $L_2 = 20\,\mathrm{kN}$, $U_1 = -16.67\,\mathrm{kN}$, $S_1 = -20.83\,\mathrm{kN}$, $S_2 = -4.17\,\mathrm{kN}$, $V_1 = 12.5\,\mathrm{kN}$, $V_2 = 10\,\mathrm{kN}$

CHAPTER

11

보의 응력

CONTENTS

11.1 휨응력

[그림 11.1.1(a)]와 같이 직선부재인 보에 하중 P가 작용하면 휨모멘트가 발생하여 부재는 [그림 11.1.1(b)]와 같이 휘어져 변형된다. 부재단면의 축선을 경계로 해서 단면의 상측은 압축이 생겨 줄어들고 하측은 인장이 생겨 늘어나게 된다.

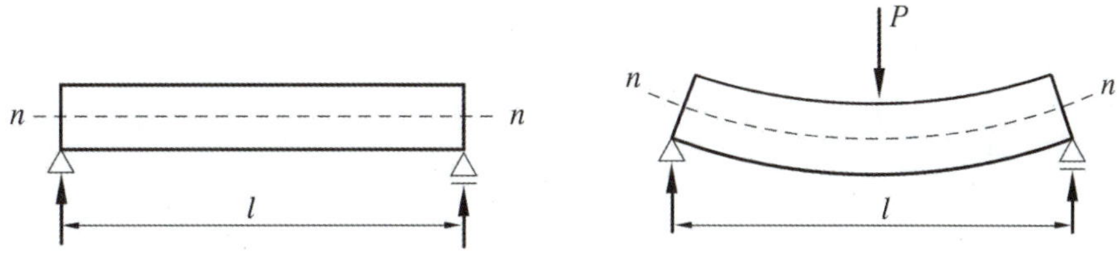

(a) (b)

[그림 11.1.1]

[그림 11.1.1(b)]에서 $n-n$축은 인장 또는 압축이 생기지 않는 축선이다. 이와 같이 보가 휘어져도 신축이 생기지 않는 면을 **중립면**(neutral plane)이라 하고, 이 축을 **중립축**(neutral axis)이라 한다. 부재단면에서 중립축을 경계로 휨모멘트로 인해 생긴 인장응력과 압축응력을 **휨응력**(bending stress)이라고 한다. 휨응력은 중립축에서는 0이고, 단면의 상하단에서는 최대가 된다. 휨재의 응력을 계산할 때 **베르누이 가정**을 이용하는데, 이는 변형 전에 평면이었던 단면은 모멘트로 인한 변형 후에도 평면을 유지한다는 가정이다. 이것은 **평면보존의 법칙**(law of plane conservation)이라고도 한다.

이외에 탄성한도 내에 있어서 응력도와 변형도는 비례한다는 후크의 법칙이 성립한다. 휨모멘트에 의하여 보의 부재단면에 발생하는 휨응력을 f라고 하면 [그림 11.1.2(a)]와 같은 휨을 받는 부재에서 미소구간 dx의 거리를 가진 단면 a, b, c, d는 휨모멘트로 인해서 [그림 11.1.2(b)]와 같이 $a'b'$, $c'd'$로 변형하여 $d\theta$만큼 기울어진다. 이때 중립축에서 y지점의 변형 ε_x는 식 ①과 같다.

$$\varepsilon_x = \frac{\Delta dx}{dx} \quad \cdots\cdots \text{①}$$

후크의 법칙에 의하면 응력과 변형률의 관계식은 식 ②와 같다.

$$E = \frac{f_x}{\varepsilon_x} \quad \cdots\cdots \text{②}$$

식 ①과 ②에 의하여

$$\Delta dx = \frac{f_x}{E} dx \quad \cdots\cdots \text{③}$$

보 변형 후, 단면의 중립축을 임의의 점에서 반지름 R로 그린 곡률의 선분이라고 하면 Δdx는 다음 식과 같이 표시할 수 있다.

$$R : dx = y : \Delta dx \qquad \Delta dx = \frac{y}{R} dx \quad \cdots\cdots \text{④}$$

식 ③과 ④에 의하여 휨응력 f_x는 다음 식과 같다.

$$f_x = \frac{1}{R} E y \quad \cdots\cdots \text{⑤}$$

따라서 그림에서 중립축에 대한 힘의 요소 $f_x dA$의 모멘트는 $f_x y\, dA$이다. 이러한 모든 모멘트 요소를 면적에 대하여 적분하면 휨모멘트 M(M = 힘 × 거리 = 응력 × 단면적 × 거리)과 같다.

$$M = \int f_x y dA = f_x \int_A y dA \quad \cdots\cdots \text{⑥}$$

식 ⑥에 ⑤를 대입하면 다음 식과 같다.

$$M = \frac{E}{R}\int_A y^2\,dA \quad \cdots\cdots ⑦$$

식 ⑦에서 $I = \int_A y^2\,dA$(단면 2차 모멘트)라고 하면

$$M = \frac{E}{R}I \quad \cdots\cdots ⑧$$

식 ⑤와 ⑧에 의하여 부재단면의 임의의 점에 대한 휨응력 f_x는 식 (11.1.1)과 같다.

$$\therefore\ f_x = \frac{M}{I}y \quad \cdots\cdots (11.1.1)$$

따라서 휨응력은 단면의 상하단에서 최대가 되므로 인장 측의 도심거리를 y_t라 하고, 압축 측의 도심거리를 y_c라 하면 최대 휨응력은 다음 식과 같다.

$$\left.\begin{aligned} {}_{\max}f_t &= \frac{M}{I}y_t\ (\text{인장 휨응력}) \\ {}_{\max}f_c &= -\frac{M}{I}y_c(\text{압축 휨응력}) \end{aligned}\right\} \quad \cdots\cdots (11.1.2)$$

휨응력은 **연응력**(extreme fiber stress)이라고도 하며, 휨응력을 단면계수$\left(Z = \frac{I}{y}\right)$로 표시하면 식 (11.1.3)과 같다.

$$\left.\begin{aligned} {}_{\max}f_t &= \frac{M}{Z_t} \\ {}_{\max}f_c &= -\frac{M}{Z_c} \end{aligned}\right\} \quad \cdots\cdots (11.1.3)$$

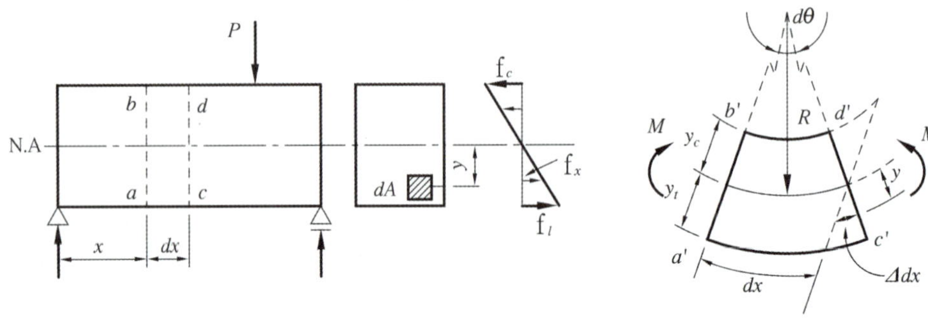

[그림 11.1.2]

11.1.1 휨모멘트와 축방향력이 동시에 작용할 경우

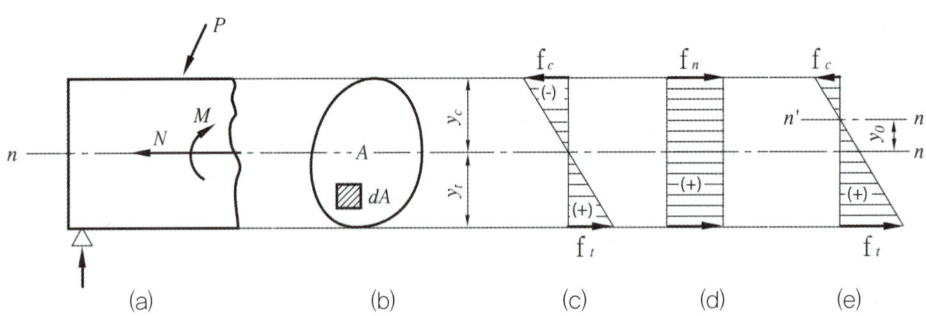

[그림 11.1.3]

[그림 11.1.3(b)]에서 축방향력 N에 의하여 dA에 생기는 수직응력을 f_N 이라고 하면 f_N의 합력은 N_x와 같아야 한다. 따라서 평형조건식 $\Sigma F_x = 0$에 의하여

$$N_x = \int_A f_N \, dA$$

보에 작용하는 축방향력은 단면의 도심에 수직으로 작용하므로 수직응력 f_N은 보의 단면에 균일하게 분포되고, 따라서 수직응력은 다음과 같은 식으로 나타낼 수 있다.

$$N_x = f_N \int_A dA = f_N A$$

$$\therefore f_N = \frac{N_x}{A} \qquad \cdots\cdots (11.1.4)$$

식 (11.1.4)를 인장력(+)이라고 하면 응력도는 [그림 11.1.3(d)]와 같다. 따라서 단면에 휨모멘트와 축방향력이 동시에 작용할 경우에는 합성응력 또는 편심응력이 발생한다. 편심응력을 f_1이라고 하면

$$f_1 = \text{휨응력}(f_x) + \text{수직응력}(f_N) = \frac{M}{I}y + \frac{N}{A} \qquad \cdots\cdots (11.1.5)$$

편심응력도는 [그림 11.1.3(e)]와 같다. [그림 11.1.3(e)]에서 편심응력은 도심축과 중립축이 일치하지 않는다. 이들 사이의 거리를 y_o라고 하면, y_o는 다음 식과 같이 구할 수 있다. 즉, 중립축에서 편심응력 $f_1 = 0$이므로 식에서 $y = y_o$로 놓으면 y_o는 다음 식으로 구할 수 있다.

$$\therefore y_o = -\frac{N \cdot I}{M \cdot A} \qquad \cdots\cdots (11.1.6)$$

11.1.2 부재단면에 편기된 하중이 작용할 경우 휨응력

[그림 11.1.4]에서와 같이 단면의 중립축 O지점에 편기된 하중 P가 작용할 때, 고정지점으로부터 a만큼 떨어진 임의의 단면 C(x, y)지점에서 휨응력 f_c는 식 ①과 같다.

$$M_x = M\sin\theta = P\sin\theta(l-a)$$

$$M_y = M\cos\theta = P\cos\theta(l-a)$$

$$f_c = \frac{M_x}{I_y}x - \frac{M_y}{I_x}y \qquad \cdots\cdots ①$$

위와 같은 경우에서 최대 휨응력은 최대 휨모멘트가 발생하는 고정단 A지점의 단면 상하단에서 생기므로 식 ①에 최대 휨모멘트 값을 적용하면 된다.

$$M_{Ax} = (P\sin\theta)\cdot(l) \qquad M_{Ay} = (P\cos\theta)\cdot(l)$$

$$f_{\max} = \frac{M_{Ax}}{I_y}x - \frac{M_{Ay}}{I_x}y \quad \cdots\cdots (11.1.7)$$

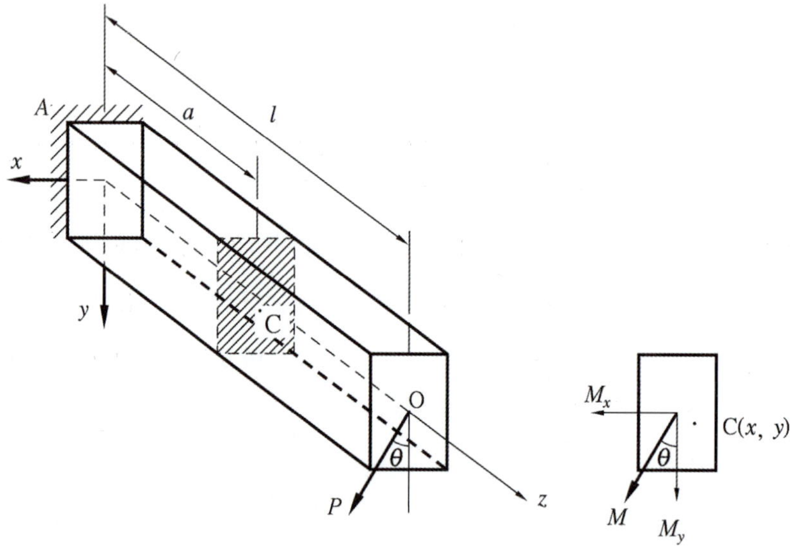

[그림 11.1.4]

예제 11.1.1

15cm × 30cm 인 직사각형 단면보에 18 kN · m 의 절대 최대 휨모멘트가 작용할 때 휨응력을 구하여라.

풀이

$M = 18\times10^5$ N · cm $\qquad b = 15$ cm $\qquad h = 30$ cm $\qquad y = \frac{h}{2} = \frac{30}{2} = 15$ cm

$$I = \frac{bh^3}{12} = \frac{(15)\times(30)^3}{12} = 33{,}750 \text{ cm}^4$$

$$\therefore f_{\max} = \pm\frac{M}{I}y = \pm\frac{18\times10^5}{33{,}750}\times15 = \pm800 \text{ N/cm}^2 = \pm8\text{N/mm}^2 = \pm8\text{MPa}$$

예제 11.1.2

바깥지름 22 cm, 안지름 20 cm의 지간이 4 m인 수도관에 물이 가득 차 있을 경우 수도관의 휨응력을 구하여라. 단, 수도관의 단위중량은 72.5 kN/m^3이며, 내부로부터의 수압은 고려하지 않는다.

풀이

m당 단위하중을 w 라고 하면

$$w = \left(\pi \times \frac{0.22^2}{4} - \frac{\pi \times 0.2^2}{4}\right) \times 72.5 + \frac{\pi \times 0.2^2}{4} \times 10 = 0.792\text{ kN/m}$$

$$M_{\max} = \frac{wl^2}{8} = \frac{0.792 \times 4^2}{8} = 1.584\text{ kN} \cdot \text{m}$$

$$I_x = \frac{\pi}{64}\left(22^4 - 20^4\right) = 3{,}643.19\text{ cm}^4 \quad y = \frac{22}{2} = 11\text{ cm}$$

$$\therefore f_{\max} = \pm\frac{M}{I}y = \pm\frac{1{,}584 \times 100}{3{,}643.19} \times 11 = \pm 478\text{ N/cm}^2 = \pm 4.78\text{MPa}$$

예제 11.1.3

$h = 50\text{ cm}$, $I = 68{,}750\text{ cm}^4$인 I형 강을 단순보로 사용하여 보의 중앙에 110 kN의 집중하중을 작용시켰을 경우, 보의 길이를 구하여라. 단, 허용 휨인장응력 f_t는 100 MPa이다.

풀이

단순보의 집중하중이 올 때 $M_{\max} = \dfrac{Pl}{4}$ $\qquad y = \dfrac{h}{2} = \dfrac{50}{2} = 25\text{ cm}$

$$f_t = \frac{M}{I}y = \frac{1}{I} \times \frac{Pl}{4} \times y$$

$$\therefore l = \frac{f_t \times I \times 4}{P \times y} = \frac{(10{,}000\text{ N/cm}^2) \times (68{,}750\text{cm}^4) \times 4}{(110 \times 1{,}000\text{N}) \times (25\text{cm})} = 1{,}000\text{ cm} = 10\text{ m}$$

예제 11.1.4

$l = 10\text{ m}$의 단순보에 자중을 포함해서 8 kN/m의 등분포하중이 작용할 때에는 구형단면 $15\text{cm} \times 30\text{cm}$의 목재를 몇 개 사용해야 하는가? 단, 목재의 허용휨응력은 9 MPa이다.

풀이

$$M_{max} = \frac{w\,l^2}{8} = \frac{8 \times 10^2}{8} = 100\ \text{kN} \cdot \text{m}$$

목재 1개의 저항 모멘트는

$$f = \frac{M}{I}y = \frac{M}{Z}$$

$$M_r = f_a \times Z = (900N/cm^2) \times \frac{bh^2}{6} = (900\ \text{N/cm}^2) \times \frac{(15\text{cm}) \times (30\text{cm})^2}{6} = 2{,}025{,}000\ \text{N} \cdot \text{cm}$$

$$\text{소요 개수} = \frac{M_{max}}{M_r} = \frac{100 \times 10^5\ \text{N} \cdot \text{cm}}{2{,}025{,}000\ \text{N} \cdot \text{cm}} = 4.9\text{개} \quad \Rightarrow \therefore \text{약 5개}$$

예제 11.1.5

[그림 11.1.5]와 같은 단순보 위를 $20\ \text{kN/m}$ 의 이동하중이 지나갈 때, 보에 생기는 최대 휨응력을 구하여라. 단, 보의 단면은 $8\text{cm} \times 12\text{cm}$ 인 구형이고 자중은 무시한다.

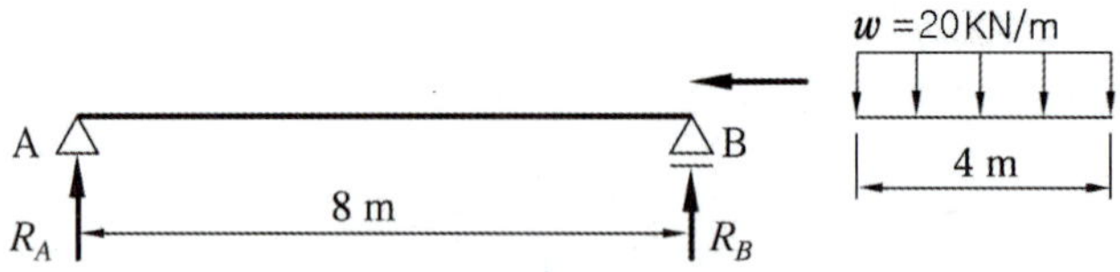

[그림 11.1.5]

풀이

등분포하중의 합력점이 보의 중앙에 올 때 최대 모멘트가 생기므로

$$R_A = \frac{w \times 4}{2} = \frac{(20\ \text{kN/m})(4\text{m})}{2} = 40\ \text{kN}$$

$$\begin{aligned} M_{max} &= (R_A) \times (4\text{m}) - (w) \times (2\text{m}) \times (1) \\ &= (40\text{kN}) \times (4\text{m}) - (20\text{kN/m}) \times (2\text{m}) \times (1\text{m}) \\ &= 100\ \text{kN} \cdot \text{m} \\ &= 100 \times 10^5\ \text{N} \cdot \text{cm} \end{aligned}$$

$$\begin{aligned} f_{max} &= \frac{M}{Z} = \frac{6}{b\,h^2} \times M_{max} \\ &= \frac{6}{(8\text{cm}) \times (12\text{cm})^2} \times (100 \times 10^5\text{N} \cdot \text{cm}) = 52{,}083\text{N/cm}^2 = 520.8\ \text{MPa} \end{aligned}$$

11.2 수평전단응력

[그림 11.2.1(a)]와 같은 목재의 원형단면보에 수직하중 P가 작용하게 되면 하중의 증가에 의해 [그림 11.2.1(b)]와 같이 목재단면은 수평방향과 수직방향으로 절단되는 경향을 볼 수 있다.

이 목재보 축선의 수평 또는 수직 단면에는 절단되지 않으려는 저항력인 전단응력이 각각 단면에 발생하게 된다. 평형상태에 있는 물체 내 한 점의 임의의 방향에서 전단응력이 작용하면, 이 응력과 직교하는 방향에서도 전단응력이 발생한다. 따라서 단면의 수직방향에서는 **수직전단응력**(vertical shearing stresses)이 생기고, 보의 축선과 평행한 단면에서는 **수평전단응력**(longitudinal shearing stresses)이 발생한다. 이 크기는 성질상 같다고 본다. 이것은 [그림 11.2.1(c)]와 같이 분리된 평판을 고정단에서 서로 결합시켜 만든 외팔보를 검토함으로써 증명할 수 있다. 이 보의 자유단에 횡방향하중 P를 작용시키면 [그림 11.2.1(d)]에 보인 바와 같이 평판들끼리 서로 미끄러지는 것을 알 수 있다. 한편 균질재료나 부착력이 좋은 재료로 된 보에서는 실제로 미끄럼이 일어나지 않으나 미끄러지려는 경향이 있다는 것으로부터 수직면뿐 아니라 수평면에도 응력이 발생한다는 것을 알 수 있다. [그림 11.2.1(e)]와 같이 보의 자유단에 휨모멘트 M이 작용한다면 평판은 서로 미끄러지지 않고 **동심원호**(concentric arcs of circle)로 구부러지게 된다. 이것은 보가 순수휨을 받을 경우 전단력이 존재하지 않는다는 것을 의미하는 것이다.

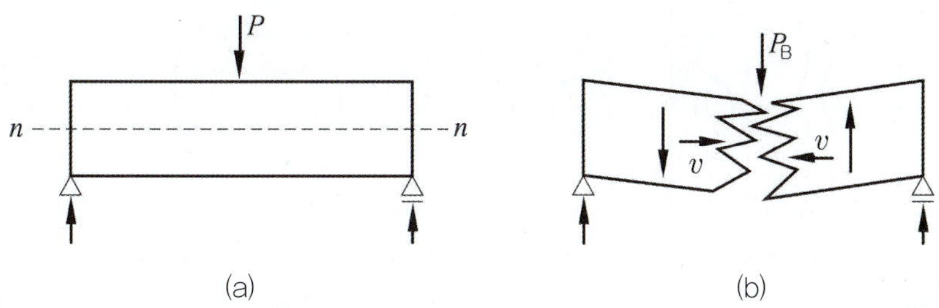

(a) (b)

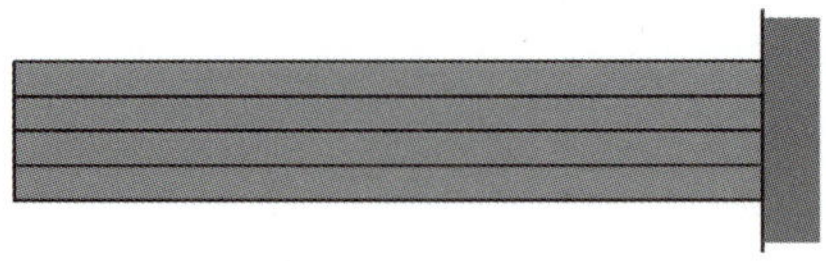

(c)

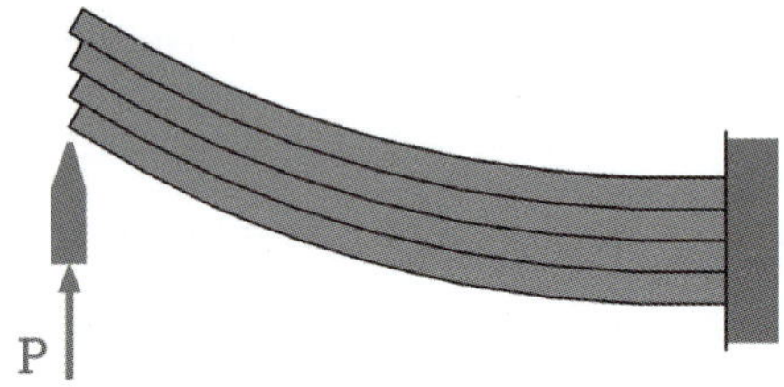

(d)

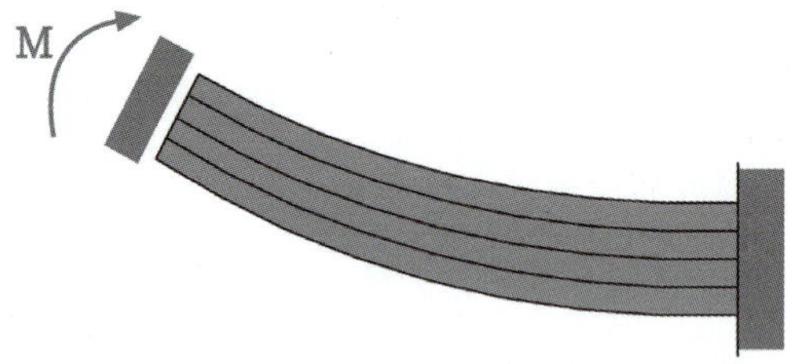

(e)

[그림 11.2.1]

[그림 11.2.2(c)]와 같은 A단면에 작용하는 수평전단응력을 계산해 보자.

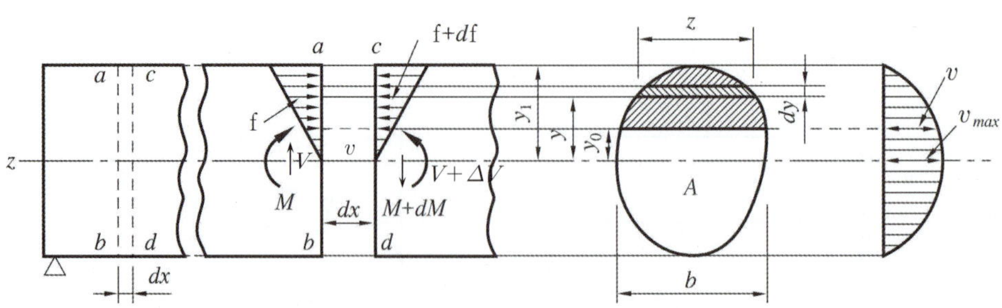

(a) (b) (c) (d)

[그림 11.2.2]

[그림 11.2.2]과 같은 보에서 dx만큼 떨어져 있는 ab, cd단면에 모멘트 M과 $M+dM$이 작용할 때 단면의 중립축에서 y_o되는 곳의 수평전단응력을 v라고 하면 v가 일어나는 면의 넓이는 bdx가 되어 전단력은 $vbdx$이다. 이 값은 좌우 면에 작용하는 휨모멘트에 의하여 생기는 휨응력 총 합계의 차가 된다.

$$vbdx = \int_{y_0}^{y_1} (f + df)\, z\, dy - \int_{y_0}^{y_1} fz\, dy$$

$$= \int_{y_0}^{y_1} \frac{M + dM}{I} yzdy - \int_{y_0}^{y_1} \frac{dM}{I} yz\, dy$$

$$v = \int_{y_0}^{y_1} \frac{dM}{d_x} \frac{1}{Ib} yz\, dy = \frac{S}{Ib} \int_{y_0}^{y_1} yz\, dy \quad \cdots\cdots ①$$

식 ①에서 V는 ab단면에 작용하는 전단력, b는 v가 발생하는 단면의 폭, I는 단면의 중립축에 대한 단면 2차 모멘트가 된다. 그리고 식 ①에서 우변의 적분값은 [그림 11.2.2(c)]의 A단면에서 전단응력 v가 발생하는 윗부분의 도심축에 대한 단면 1차 모멘트 G_z를 표시하게 된다. 고로 **수평전단응력**을 구하는 식은 다음과 같다.

$$v = \frac{V \cdot G_z}{I \cdot b} \quad \cdots\cdots (11.2.1)$$

수평전단응력의 최솟값은 G_z가 최소되는 곳, 즉 도심축에서 제일 멀리 떨어진 지점에서 생긴다. 일반적으로 수평전단응력은 단면의 폭이 일정하면 단면의 도심축에서 최대가 된다.

각 단면의 최대 전단응력값은 다음과 같다.

11.2.1 직사각형단면

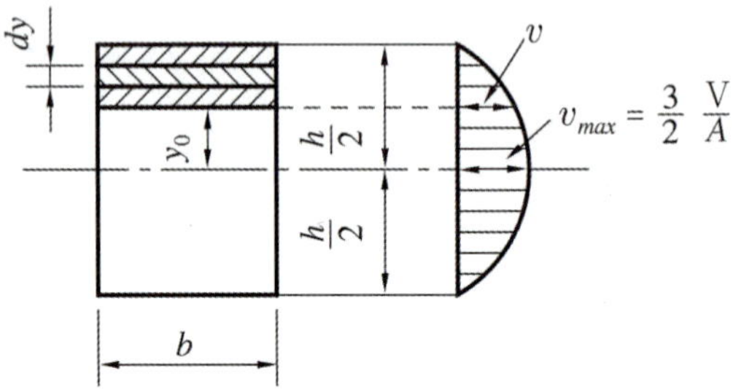

[그림 11.2.3]

$$v = \frac{V}{Ib}G_z = \frac{V}{Ib}\int_{y_0}^{y_1} yb\,dy = \frac{V}{I}\int_{y_0}^{y_1} y\,dy$$

$$= \frac{V}{I}\int_{y_0}^{\frac{h}{2}} y\,dx = \frac{V}{I}\left[\frac{y^2}{2}\right]_{y_0}^{\frac{h}{2}}$$

$$= \frac{V}{2I}\left[\frac{h^2}{4} - y_o^2\right] = \frac{3}{2}\times\frac{V}{bh^3}(h^2 - 4y_o^2) \quad \cdots\cdots\cdots\cdots ①$$

$y_o = \frac{h}{2}$에서 $v = 0$

$y_o = 0$, 즉 중립축에서

$$v_{\max} = \frac{3}{2}\times\frac{V}{bh^3}\times h^2 = \frac{3}{2}\frac{V}{bh} = \frac{3}{2}\frac{V}{A} \quad \cdots\cdots\cdots\cdots ②$$

여기서 V/A를 **평균전단응력**이라고 하며, 직사각형인 경우 평균전단응력의 1.5배가 된다.

11.2.2 원형단면

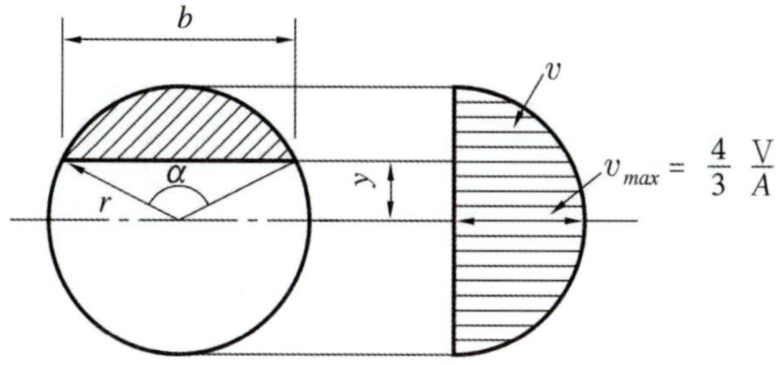

[그림 11.2.4]

$v = \dfrac{VG_z}{Ib}$ 에서 현의 길이가 b, 중심각이 2α일 때

$$b = 2r\sin\alpha, \qquad \sin\alpha = \frac{b}{2r}$$

$$G_x = \frac{2}{2}r^3\sin^3\alpha, \quad = \frac{2}{3}r^3\left(\frac{b}{2r}\right)^3 = \frac{b^3}{12}, \quad b = 2\sqrt{r^2 - y^2}$$

$$v = \frac{V}{Ib} \times \frac{b^3}{12} = \frac{V}{12I}b^2$$

$$= \frac{V}{12\dfrac{\pi r^4}{4}} \times (2\sqrt{r^2 - y^2})^2 = \frac{4}{3}\frac{V}{\pi r^4}(r^2 - y^2) \quad \cdots\cdots ①$$

$y = r$일 때 $v = 0$

$y = 0$일 때, 즉 중립축에서

$$\therefore v_{\max} = \frac{4}{3}\frac{V}{\pi r^2} = \frac{4}{3}\frac{V}{A} \quad \cdots\cdots ②$$

11.2.3 삼각형단면

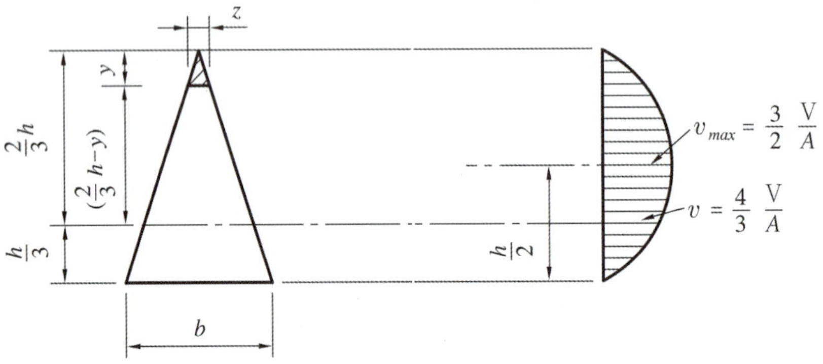

[그림 11.2.5]

$$v = \frac{VG_x}{Ib} \qquad I = \frac{bh^3}{36} \qquad z = b\frac{y}{h}$$

$$G_x = \int z\left(\frac{2}{3}h - y\right)dy = \frac{b}{h}\int\left(\frac{2}{3}hy - y^2\right)dy = \frac{b}{h}\left(\frac{h}{3}y^2 - \frac{y^3}{3}\right)$$

$$v = \frac{36V}{bh^3 b\frac{y}{h}}\frac{b}{h}\left(\frac{hy^2}{3} - \frac{y^3}{3}\right)$$

$$= \frac{36V}{bh^3}\left(\frac{hy}{3} - \frac{y^2}{3}\right) = \frac{12V}{bh^3}(hy - y^2) \quad \cdots\cdots ①$$

v값이 최대가 되려면 $\frac{dv}{dy} = 0$인 곳의 값이다.

$$\frac{dv}{dy} = \frac{12V}{bh^3}(h - 2y) = 0 \qquad \therefore y = \frac{h}{2}\ (v_{\max}\text{는 중앙점에 생김})$$

$$\therefore v_{\max} = \frac{12V}{bh^3}\left(\frac{h^2}{2} - \frac{h^2}{4}\right) = \frac{12V}{4bh} = 3\frac{V}{bh} = \frac{3}{2}\frac{V}{A} \quad \cdots\cdots ②$$

도심$(y=2h/3)$에 대한 전단응력은

$$\therefore v = \frac{12V}{bh^3}\left(\frac{2h^2}{3} - \frac{4h^2}{9}\right) = \frac{24}{9}\frac{V}{bh} = \frac{4}{3}\frac{V}{A} \quad \cdots\cdots ③$$

11.2.4 | 형단면

중립축에서 y_1만큼 떨어진 거리에서 전단응력 v_x는

$$v_x = \frac{V}{Ib}\left[\frac{b}{2}\left(\frac{h^2}{4} - \frac{h_1^2}{4}\right) + \frac{t}{2}\left(\frac{h_1^2}{4} - y_1^2\right)\right]$$

$$G_x = \frac{b}{2}\left(\frac{h^2}{4} - \frac{h_1^2}{4}\right) + \frac{t}{2}\left(\frac{h_1^2}{4} - y_1^2\right)$$

최대 전단응력은 위 식에 $y_1 = 0$을 대입하면

$$\therefore v_{\max} = \frac{V}{It}\left[\frac{b}{8}(h^2 - h_1^2) + \frac{t}{8}h_1^2\right] \quad \cdots\cdots ①$$

최소 전단응력(복부와 플랜지 사이)은 $y_1 = \pm\dfrac{h_1}{2}$을 대입하면

$$\therefore v_{\min} = \frac{V}{Ib}\frac{b}{8}\left(h^2 - h_1^2\right) \quad \cdots\cdots ②$$

복부의 최대 전단응력 근삿값은 다음과 같다.

$$\therefore v_{\max} = \frac{V}{th_1} \quad \cdots\cdots ③$$

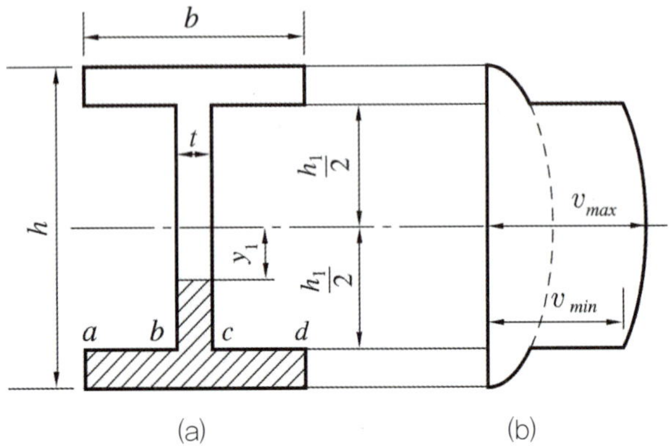

[그림 11.2.6]

예제 11.2.1

[그림 11.2.7]에서와 같이 T형 단면 보에 $V = 80$ kN 이 작용할 때, aa', bb', cc', dd' 에 있어서 전단응력을 구하여라.

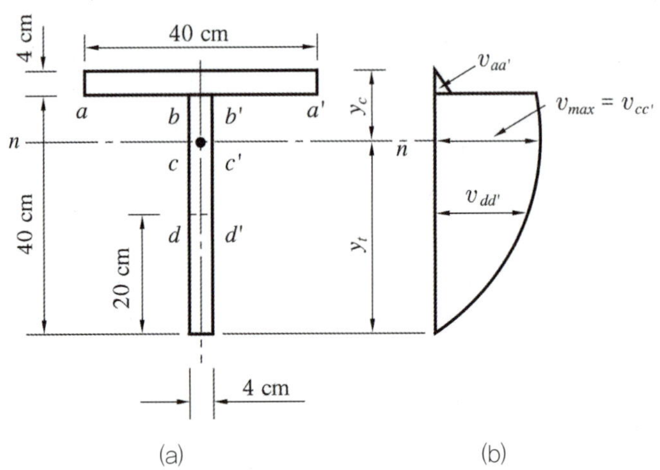

[그림 11.2.7]

풀이

(1) 도심의 위치

$$y_t = \frac{G_x}{A} = \frac{(160) \times (42) + (160) \times (20)}{(160) + (160)} = 31 \text{ cm}$$

$$y_c = h - y_t = 44 - 31 = 13 \text{ cm}$$

(2) 단면 2차 모멘트

$$I_N = \left(\frac{(40) \times (4)^3}{12} + (160) \times (11)^2\right) + \left(\frac{(4) \times (40)^3}{12} + (160) \times (11)^2\right) = 60,267 \text{ cm}^4$$

(3) 단면 1차 모멘트

$G_a = (40 \times 4) \times (11) = 1,760 \text{ cm}^3$　　$G_b = (40 \times 4) \times (11) = 1,760 \text{ cm}^3$

$G_c = (4 \times 31) \times (15.5) = 1,922 \text{ cm}^3$　　$G_d = (4 \times 20) \times (21) = 1,680 \text{ cm}^3$

(4) 각 단면의 전단응력

$$v_{aa'} = \frac{VG}{Ib} = \frac{80,000 \times 1760}{60,267 \times 40} = 58.4 \text{N/cm}^2 = 5,840 \text{N/mm}^2$$

$$v_{bb'} = \frac{VG}{Ib} = \frac{80,000 \times 1760}{60,267 \times 4} = 584 \text{N/cm}^2 = 58,400 \text{N/mm}^2$$

$$v_{cc'} = \frac{VG}{Ib} = \frac{80,000 \times 1,922}{60,267 \times 4} = 637.8 \text{N/cm}^2 = 63,780 \text{N/cm}^2$$

$$v_{dd'} = \frac{VG}{Ib} = \frac{80,000 \times 1,680}{60,267 \times 4} = 557.5 \text{N/cm}^2 = 55,750 \text{N/mm}^2$$

예제 11.2.2

[그림 11.2.8]에 나타낸 단면을 갖는 보에서 전단력 $V = 100$ kN 을 받을 때 $x - x$ 단면의 전단응력을 구하여라.

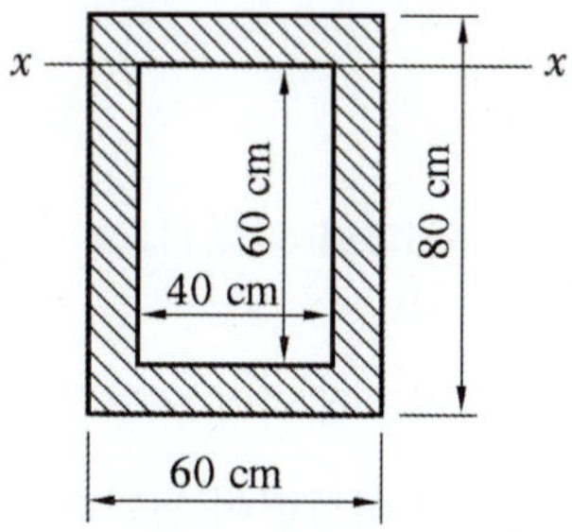

[그림 11.2.8]

풀이

$v = \dfrac{VG_x}{Ib}$에서

$$I = \frac{1}{12}(60 \times 80^3 - 40 \times 60^3) = 184 \times 10^4 \text{ cm}^4$$

$$G_x = (A) \cdot (y) = (60 \times 10) \times (35) = 21 \times 10^3 \text{ cm}^3$$

$b = 60\ cm$일 때, $v_1 = \dfrac{(100 \times 1{,}000) \times (21 \times 10^3)}{(184 \times 10^4) \times (60)} = 19\ \text{N/cm}^2 = 1{,}900\ \text{N/mm}^2$

$b = 20\ cm$일 때, $v_2 = \dfrac{(100 \times 1{,}000) \times (21 \times 10^3)}{(184 \times 10^4) \times (20)} = 57\ \text{N/cm}^2 = 5{,}700\ \text{N/mm}^2$

11.3 두께가 얇은 부재에 작용하는 비대칭하중: 전단중심

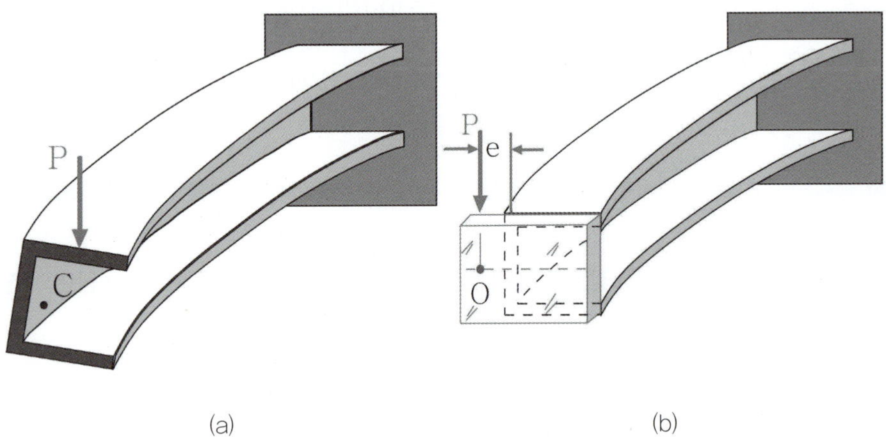

[그림 11.3.1]

[그림 11.3.1(a)]에서와 같이 ㄷ형 단면보에 외력 P가 작용하면 보가 굽힘을 받는 동안 부재 단면은 보의 중심축에 대하여 회전하여 비틀림이 생긴다.

따라서 비틀림이 없는 순수휨 상태만을 유지하려면 [그림 11.3.1(b)]에 나타난 바와 같이 하중 P는 전단응력의 합력이 통과하는 위치에 작용해야 한다. 이와 같이 합력이 통과하는 위치를 **전단중심**(shear center) 또는 **휨중심**(center of flexure)이라고 한다.

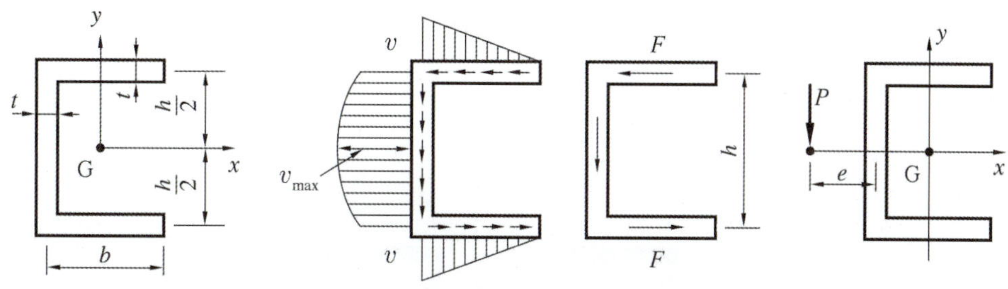

(a) (b) (c) (d)

[그림 11.3.2]

전단중심거리를 구하기 위하여 [그림 11.3.2]의 단면을 이용하면

$$vt = \frac{V}{I}G = \frac{P}{I}\int xdA \ (vt : 전단류)$$

$$v = \frac{Pbh}{2I} \qquad F = \frac{1}{2}vbt = \frac{1}{2}bt\frac{bhP}{2I} = \frac{Pb^2ht}{4I}$$

평형조건식에 의하여

$$Pe = Fh \qquad \therefore e = \frac{Fh}{P} = \frac{h}{P} \times \frac{b^2htP}{4I} = \frac{b^2h^2t}{4I} \quad \cdots\cdots\cdots ①$$

여기서, v : 전단응력(N/mm^2)
F : 플랜지 내에 생기는 힘(N)
e : 전단중심 간의 거리

따라서 하중 P가 복부의 중심선으로부터 e만큼 떨어진 곳에 작용하면 부재는 비틀림이 없이 휨만을 받게 된다.

이 하중 P의 작용선과 단면(end of section)의 대칭축과의 교점 O를 전단중심이라 한다.

[그림 11.3.3(e)]와 같이 경사하중이 작용할 경우 이 하중이 그 면의 전단중심에 작용한다면 부재는 비틀림이 생기지 않는다. 사실 이 경우 하중 P는 [그림 11.3.3(f)]와 같이 P_x와 P_y 두 성분으로 분해할 수 있으며, P_x에 의해 휨모멘트와 전단력이 생겨 이때 휨응력(수직응력)과

전단응력이 일어나고, P_y에 의해서는 [그림 11.3.1(b)]와 같은 상태가 되므로 어느 경우이든 비틀림은 받지 않게 되는 것이다.

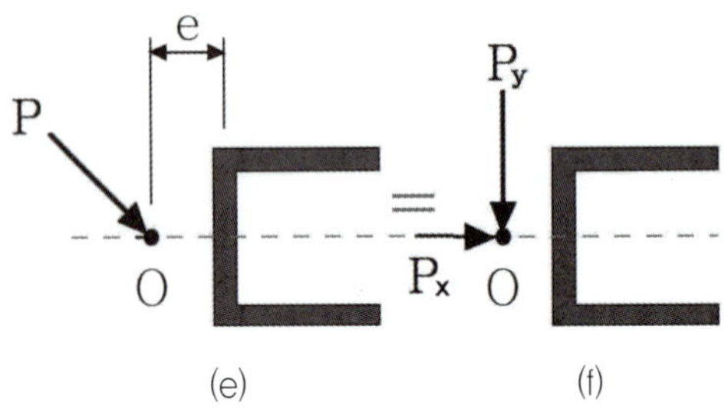

[그림 11.3.3]

예제 11.3.1

[그림 11.3.4]와 같은 단면의 전단중심을 구하여라. 단 단위는 mm이다.

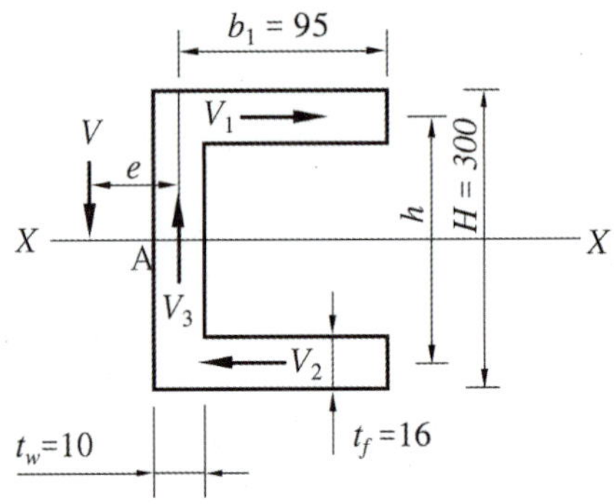

[그림 11.3.4]

풀이

$$V_1 = \int_0^{b_1} v\,dA = \int_0^{b_1} \frac{VQ}{I_x t_f}(t_f d_z) = \frac{V t_f h {b_1}^2}{4 I_x}$$

$$= \frac{V(1.6)(30-1.6)(9.5)^2}{4}$$

$$\therefore\ V_1 = 0.127\,\mathrm{V}$$

A지점에서 힘의 평형을 고려하면

$$Ve - V_1 \times \frac{h}{2} - V_2 \times \frac{h}{2} - V_3 \times 0 = 0$$

$V_1 = V_2$이므로

$$Ve = V_1 h \qquad \therefore e = \frac{V_1 h}{V} = \frac{0.127\,V \times 28.4}{V} = 3.60\ \text{cm}$$

예제 11.3.2

[그림 11.3.5(a)]와 같은 단면의 전단중심 O에 수직전단응력 800 N 이 작용할 때 생기는 전단응력의 분포를 구하여라.

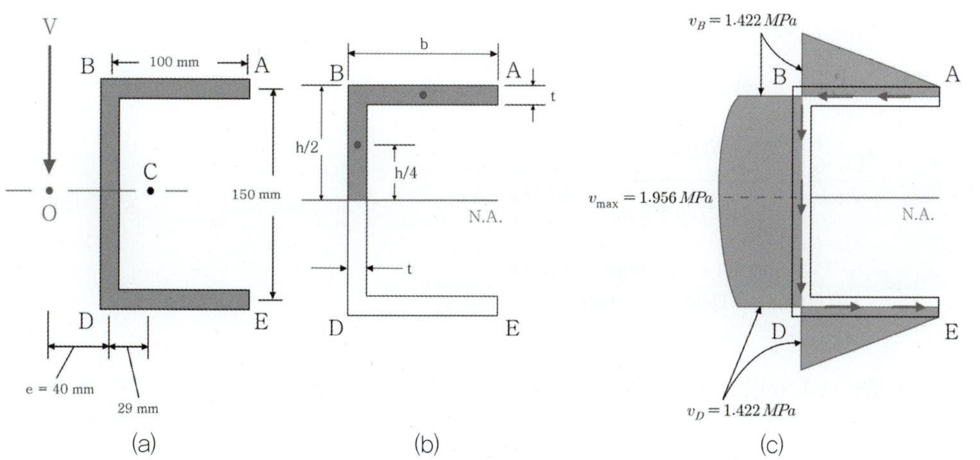

[그림 11.3.5]

풀이

V가 전단중심에 작용하기 때문에 비틀림은 일어나지 않으며, 따라서 다음 식으로부터 플랜지 AB에서의 응력을 구할 수 있다.

$$v = \frac{q}{t} = \frac{VG}{It} = \frac{Vh}{2I}s \qquad \text{①}$$

위 식은 플랜지 AB에 응력분포가 선형적임을 나타낸다. 한편 단면 2차 모멘트는 다음과 같다.

$$I = I_{web} + 2I_{flange}$$

$$= \frac{1}{12}th^3 + 2\left[\frac{1}{12}bt^3 + bt\left(\frac{h}{2}\right)^2\right]$$

실제로 t^3은 매우 작은 값이므로 무시하면 다음과 같이 된다.

$$I = \frac{1}{12}th^3 + \frac{1}{2}tbh^2 = \frac{1}{12}th^2(6b+h) \text{ ——— ②}$$

식 ①에 $s=b$로 놓고 식 ②의 I값을 대입하면 B점의 전단응력을 구할 수 있다.

$$v_B = \frac{Vh}{2I}s = \frac{Vh}{2\left[\frac{1}{12}th^2(6b+h)\right]}b = \frac{6Vb}{th(6b+h)}$$

$$= \frac{6(800\text{ N})(0.100\text{ m})}{(0.003\text{ m})(0.150\text{ m})(6\times 0.100\text{ m}+0.150\text{ m})}$$

$$= 1.422\text{ MPa}$$

복부 BD에서 전단응력 분포는 W보에서와 마찬가지로 포물선 형태로 되며, 최대 응력은 중립축에서 일어난다. [그림 11.3.5(b)]의 음영면적에 대한 중립축의 단면 1차 모멘트를 구하면 다음과 같다.

$$G = (bh)\left(\frac{1}{2}h\right) + \left(\frac{1}{2}ht\right)\left(\frac{1}{4}h\right) = \frac{1}{8}ht(4b+h) \text{ ——— ③}$$

전단응력식에 I(식 ②)와 G(식 ③)의 값을 대입하면 다음과 같은 식을 얻을 수 있다.

$$v_{\max} = \frac{V\cdot G}{I\cdot t} = \frac{V\left(\frac{1}{8}ht\right)(4b+h)}{\frac{1}{12}th^2(6b+h)t} = \frac{3V(4b+h)}{2th(6b+h)}$$

$$= \frac{3(800\text{N})(4\times 0.100\text{m}+0.150\text{m})}{2(0.003\text{m})(0.150\text{m})(6\times 0.100\text{m}+0.150\text{m})}$$

$$= 1.956\text{ MPa}$$

따라서 [그림 11.3.5(c)]는 전체 단면에 대한 전단응력분포를 나타낸 것이다.

예제 11.3.3

[그림 11.3.6(a)]와 같은 단면의 도심 C에 수직전단응력 800 N 이 작용할 때 생기는 최대 전단응력을 구하여라. 응력집중에 의한 영향은 무시한다.

풀이

이 단면의 전단중심 O는 다음과 같이 구해진다.

$$\therefore e = \frac{b^2h^2t}{4I} = \frac{b^2h^2t}{4\left[\frac{1}{12}th^2(6b+h)\right]} = \frac{b}{2+\frac{h}{3b}} = \frac{(100\text{ mm})}{2+\frac{(150\text{ mm})}{3(100\text{ mm})}} = 40\text{ mm}$$

전단력 V를 전단중심 O에서 등가하중계로 나타내면 [그림 11.3.6(c)]와 같으며, 이 계는 수직하중 V와 토크 T로 이루어져 있다. 한편 토크 T는 다음과 같다.

$$T = V(OC) = (899\text{ N})(40\text{ mm}+29\text{ mm}) = 55.2\text{ N}\cdot\text{m}$$

하중 $V = 800$ N은 부재에 휨을 발생시키며, 이에 따른 전단응력의 분포([그림 11.3.6(d)])는 [예제 11.3.2]에서 구한 바 있으며 V에 의한 최대 응력값은 다음과 같다.

$$(v_{max})_{bending} = 1.956 \text{ MPa}$$

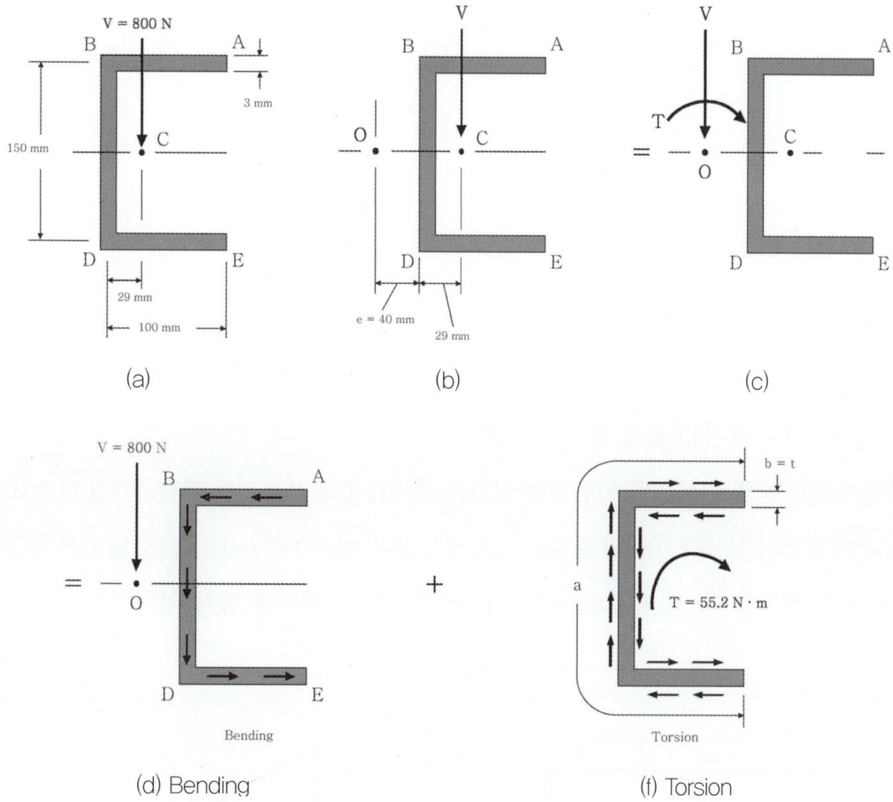

[그림 11.3.6]

토크 T는 부재에 비틀림을 야기시키며, 이때의 응력분포는 [그림 11.3.6(d)]에 나타난 바와 같다. 3장 3.5.3절의 두께가 얇은 부재의 유사박막 이론(membrane analogy)으로부터 토크 T에 의한 응력은 그 면의 가장자리를 따라 최대가 되므로 다음과 같이 된다.

$$b = 100 \text{ mm} + 150 \text{ mm} + 100 \text{ mm} = 350 \text{ mm}$$

$$h = t = 3 \text{ mm} \quad h/b = 0.00857$$

$$\alpha = 0.332$$

$$\alpha = \frac{1}{3}(1 - 0.630h/b) = \frac{1}{3}(1 - 0.630 \times 0.00857) = 0.332 \quad (\text{for } h/b \geq 5 \text{ only})$$

$$(v_{max})_{torsion} = \frac{T}{\alpha bh^2} = \frac{55.32\,\text{N}\cdot\text{m}}{(0.332)(350\,\text{mm})(3\,\text{mm})^2} = 52.8\,\text{MPa}$$

휨과 비틀림에 의한 응력을 합한 값은 복부면 내의 중립축에서 최대가 되며 다음과 같다.

$$v_{max} = (v_{max})_{bending} + (v_{max})_{torsion} = 1.956\,\text{MPa} + 52.8\,\text{MPa} = 54.8\,\text{MPa}$$

11.4 주응력

보에 수직하중이 작용함으로써 축선의 직각단면에서 휨모멘트와 전단력으로 인하여 휨응력과 전단응력이 생기는 것을 알 수 있었다.

따라서 보의 축과 임의의 경사단면에 생기는 응력을 검토해보기로 한다. [그림 11.4.1(a)]에서와 같이 하중이 작용하여 응력을 일으키고 있는 보의 미소부분$(dx,\ dy)$에 대해서 직각좌표 $x,\ y$를 설정하여 [그림 11.4.1(b)]와 같은 미소 삼각요소 ABC를 생각한다.

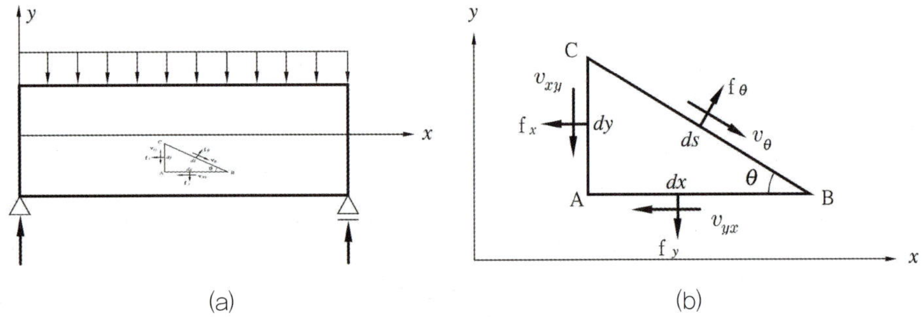

[그림 11.4.1]

삼각요소에서 변 AB와 AC에 응력 $f_x,\ f_y,\ v_{xy}$를 알고 있을 때 경사면 BC에 생기는 응력 f_θ와 v_θ가 어떻게 변하는가를 구해본다. 힘의 평형조건식을 적용하면 다음과 같이 된다.

$\Sigma H = 0$에 의하여

$$f_\theta ds\sin\theta + v_\theta ds\cos\theta - f_x dy - v_{xy} dx = 0$$

$$f_\theta ds\sin\theta + v_\theta ds\cos\theta - f_x ds\sin\theta - v_{xy} ds\cos\theta = 0$$

$$\therefore\ f_\theta \sin\theta + v_\theta \cos\theta - f_x \sin\theta - v_{xy} \cos\theta = 0 \quad \cdots\cdots \text{①}$$

$\Sigma V = 0$에 의하여

$$f_\theta ds\cos\theta - v_\theta ds\sin\theta - f_y dx - v_{xy} dy = 0$$

$$f_\theta ds\cos\theta - v_\theta ds\sin\theta - f_x dx\cos\theta - v_{xy} ds\sin\theta = 0$$

$$\therefore\ f_\theta \cos\theta + v_\theta \sin\theta - f_y \cos\theta - v_{xy} \sin\theta = 0 \quad \cdots\cdots \text{②}$$

식 ①, ②에서 f_θ와 v_θ를 구하면 다음 식과 같다.

$$\left.\begin{aligned} f_\theta &= f_x \sin^2\theta + f_y \cos^2\theta + 2v_{xy} \sin\theta\cos\theta \\ v_\theta &= (f_x - f_y)\sin\theta\cos\theta + v_{xy}(\cos^2\theta - \sin^2\theta \end{aligned}\right\} \quad \cdots\cdots \text{③}$$

식 ③에서 $\sin^2\theta = \dfrac{1}{2}(1 - \cos 2\theta)$, $\cos^2\theta = \dfrac{1}{2}(1 + \cos 2\theta)$,

$\cos 2\theta = \cos^2\theta - \sin^2\theta$, $\sin\theta\cos\theta = \dfrac{1}{2} sin 2\theta$이므로 다음과 같이 된다.

$$\left.\begin{aligned} f_\theta &= \frac{f_x + f_y}{2} + \frac{f_y - f_x}{2}\cos 2\theta + v_{xy}\sin 2\theta \\ v_\theta &= \frac{f_x - f_y}{2}\sin 2\theta - v_{xy}\cos 2\theta \end{aligned}\right\} \quad \cdots\cdots \text{④}$$

식 ④에서 f_θ는 θ에 의해 변화한다. 따라서, f_θ 의 최대치를 구하기 위해 θ에 대해서 미분하여 0으로 놓으면 $df_\theta / d\theta = 0$에 의하여 다음과 같이 된다.

$$-\frac{f_x - f_y}{2} 2\sin 2\theta + 2v_{xy}\cos 2\theta = 0$$

$$\left.\begin{aligned} &\therefore\ \tan 2\theta = \frac{2v_{xy}}{f_x - f_y} \\ &\theta = \frac{1}{2}\tan^{-1}\frac{2v_{xy}}{f_x - f_y} + n\frac{\pi}{2} \qquad (n : \text{정수}) \end{aligned}\right\} \cdots\cdots ⑤$$

위 식은 식 ④에서 $f_\theta = 0$으로 놓은 결과와 같게 되었다. 합성응력(법선응력) f_θ 가 최대 또는 최소로 되는 단면에서는 전단응력 v_θ 가 0이 된다. 또한 이러한 면은 2개가 있게 되며 이것은 서로 직교하게 되는 것을 알 수 있다. 이와 같이 전단응력이 0이 되는 단면을 주응력면(principal plane)이라고 하고 그 면에 작용하는 합성응력을 주응력(principal stress)이라고 한다. 그리고 주응력면의 방향에 있는 축은 주축(principal axis)이 된다.

최대 주응력을 f_{max}, 최소 주응력을 f_{min} 이라고 하고, 식 ⑥을 식 ④에 대입하면 최대, 최소 주응력 크기를 구할 수 있다.

$$\left.\begin{aligned} \sin 2\theta &= \frac{2v_{xy}}{\sqrt{(f_x - f_y)^2 + 4{v_{xy}}^2}} \\ \cos 2\theta &= \frac{f_x - f_y}{\sqrt{(f_x - f_y)^2 + 4v^2{}_{xy}}} \end{aligned}\right\} \cdots\cdots ⑥$$

$$\left.\begin{aligned} f_{max} &= \frac{1}{2}(f_x + f_y) + \frac{1}{2}\sqrt{(f_x - f_y)^2 + 4v_{xy}^2} \\ f_{min} &= \frac{1}{2}(f_x + f_y) - \frac{1}{2}\sqrt{(f_x - f_y)^2 + 4v_{xy}^2} \end{aligned}\right\} \cdots\cdots (11.4.1)$$

또한, 위와 같은 방법으로 식 ④의 두 번째 식에서 전단응력 v_θ 의 극대치를 구하기 위해 θ 에 대해서 미분하여 0으로 놓고 정리하면 다음과 같이 된다.

$\dfrac{dv_\theta}{d\theta} = 0$에 의하여

$$\frac{f_x - f_y}{2} 2\cos 2\theta - 2v_{xy}\sin 2\theta = 0$$

$$\left.\begin{aligned} \tan 2\theta &= \frac{f_x - f_y}{2v_{xy}} \\ \theta &= \frac{1}{2}\tan^{-1}\frac{f_x - f_y}{2v_{xy}} + n\frac{\pi}{2} \end{aligned}\right\} \cdots\cdots ⑦$$

위 식에서도 v_θ 가 최대, 최소로 되는 면은 서로 두 면이 직교하고 있음을 알 수 있다.

그리고 식 ⑤에 식 ⑦의 $\tan 2\theta$를 서로 곱하면 (-1)이 되며 이들 2θ 는 서로 90°의 각을 이루고 있다.

$$\tan 2\theta \cdot \tan 2\theta = \frac{2v_{xy}}{f_x - f_y} \times \frac{f_x - f_y}{2v_{xy}} = 1 \quad \cdots\cdots ⑧$$

$$\therefore \tan 2\theta = \cot 2\theta$$

최대 전단응력은 2축 응력에서 θ가 45°일 때 최대가 된다. 따라서 f_θ 가 극대치가 되는 면과 v_θ 가 극대치가 되는 면은 서로 45°각을 이루고 있다는 것을 알 수 있다. 여기서 전단응력이 극대치로 되는 면을 주전단응력면(principal shearing stress plane)이라고 하고, 이 면에서 일어나는 전단응력을 주전단응력(principal shearing stress)이라고 한다. 주응력면에서 전단응력은 0이 되지만, 주전단응력면에서는 합성응력 f_θ 가 반드시 0이 되지 않는다. 주전단응력 최대, 최소를 v_{max}, v_{min} 이라고 하면 식 ⑦을 식 ④의 두 번째 식에 대입하여 다음과 같은 식을 얻을 수 있다.

$$\left.\begin{aligned} v_{max} &= \frac{1}{2}\sqrt{(f_x - f_y)^2 + 4v_{xy}^2} \\ v_{min} &= -\frac{1}{2}\sqrt{(f_x - f_y)^2 + 4v_{xy}^2} \end{aligned}\right\} \cdots\cdots (11.4.2)$$

식 (11.4.2)에서와 같이 주 전단응력의 절댓값은 같으나 부호는 서로 반대가 된다.

11.5 보의 최대, 최소 주응력과 주전단응력

보의 경우에 휨응력은 보의 축선에 직각단면에 수직으로만 작용하므로 [그림 11.5.1]과 같이 y축 방향으로 작용하는 휨응력은 고려하지 않는다.

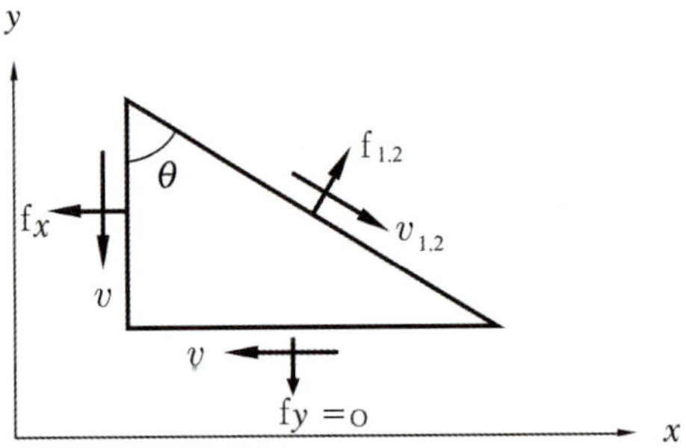

[그림 11.5.1]

주응력 공식 (11.4.1)와 주전단응력 공식 (11.4.2)에서 $f_y = 0, f_x = f$ (휨응력)이라고 하고, 수평전단응력 v_{xy}는 v 로 놓으면 보의 최대, 최소 주응력과 주전단응력은 다음과 같다.

11.5.1 최대, 최소 주응력

$$\left.\begin{aligned} f_1 = f_{max} &= \frac{1}{2}f + \frac{1}{2}\sqrt{f^2 + 4v^2} \\ f_2 = f_{min} &= \frac{1}{2}f - \frac{1}{2}\sqrt{f^2 + 4v^2} \end{aligned}\right\} \quad \cdots\cdots (11.5.1)$$

11.5.2 최대, 최소 주전단응력

$$\left.\begin{aligned} v_1 = v_{max} &= \frac{1}{2}\sqrt{f^2 + 4v^2} \\ v_2 = v_{min} &= -\frac{1}{2}\sqrt{f^2 + 4v^2} \end{aligned}\right\} \quad \cdots\cdots (11.5.2)$$

11.5.3 주응력면

$$\tan 2\theta = \frac{2v}{f} \qquad \cdots\cdots (11.5.3)$$

이상 단면에 발생하는 응력 상태를 정리하면 다음과 같다.

정리 1 중립축에서 주응력의 크기는 최대 전단응력과 같고 방향은 중립축과 45° 방향이다.

$(f = 0,\ v = v_{max})$

$f_1 = v_{max},\ \tan 2\theta = \dfrac{2v}{0} = \dfrac{2v_{max}}{0} = \infty$

$\theta_1 = 45°$일 때, $f_1 = v_{max}$(최대 인장응력)

$\theta_2 = -45°(135°)$일 때, $f_2 = -v_{max}$(최대 전단응력)

정리 2 연단에서의 최대 응력은 최대 휨응력과 같고 축과 90°방향이다.

$(f = f_{max},\ v = 0)$

$f_1 = f_{max},\ \tan 2\theta = \dfrac{2v}{f} = \dfrac{0}{f_{max}} = 0$

$\theta_1 = 0°$일 때, $f_1 = f_{max}$

$\theta_1 = 90°$일 때, $f_2 = 0$

정리 3 중립축에서 주전단응력은 최대 전단응력과 같고 방향은 0이다.

$\theta = 0$일 때, $v_1 = v_{max}$

정리 4 연단에서 최대 주전단응력은 최대 휨응력의 1/2값이며, 방향은 45°이다.

$\theta = 45°$일 때, $v_1 = \dfrac{f}{2}$(인장 측에서 최대 전단응력)

$\theta = -45°(135°)$일 때, $v_2 = \dfrac{f}{2}$(압축 측에서 최대 전단응력)

보의 단면의 임의점에 작용하는 휨응력(수직응력)과 전단응력은 공식($f = My/I$, $v = VG/Ib$)으로부터 구할 수 있다. 수직응력은 보의 상단면과 하단면의 가장자리에서 최대이고 중립축에서 영(0)이며, 전단응력은 바깥 가장자리에서 영(0)이고 중립축에서 일반적으로 최대가 된다. 대부분의 경우 이들 응력은 보를 설계하는 데에만 필요하다. 그러나 여러 가지 위치에서 주응력과 최대 전단응력을 계산하기 위해서 좀 더 상세한 고찰이 필요하다.

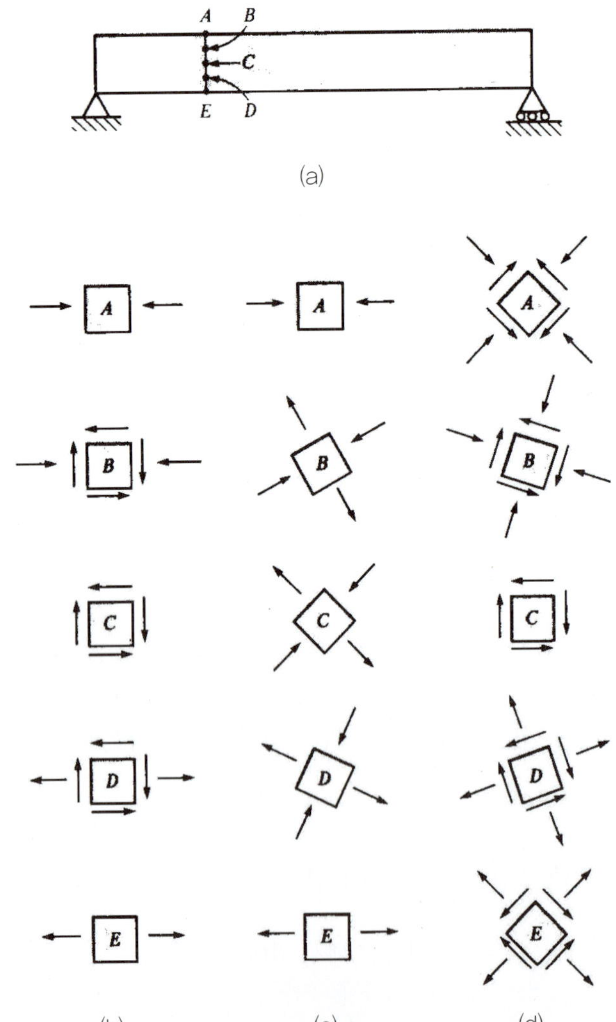

[그림 11.5.2]

보에서 주응력이 어떻게 변하는가를 알기 위해서 직사각형 단면보에 작용하는 응력을 고찰하여 보자([그림 11.5.2(a)]). 그림에서 A, B, C, D, E로 표시된 5개의 점이 단면에서 선택되었다.

점 A와 E는 보의 상단면과 하단면에 위치하고, 점 C는 보의 중앙에 있고, 점 B와 D는 그 사이에 각각 위치한다. 이들 각 점에서 단면응력은 휨모멘트와 전단력을 알고 있다면 쉽게 계산할 수 있다. 이들 응력이 수평과 연직면을 갖는 평면응력요소에 작용하는 것으로서 [그림 11.5.2(b)]에 그려져 있다. 보의 응력상태는 보의 상단면과 하단면에서 일축응력이고, 중립축에서 순수전단이다. 다른 위치에서는 수직응력과 전단응력 모두다 요소에 작용한다. 그러한 위치에서 주응력과 최대 전단응력을 구하기 위해서 평면응력에 대한 11.4절의 식이나 3.9.6절의 Mohr 원을 이용할 수 있다. 각 점에서 주응력의 방향이 [그림 11.5.2(c)]에 도식적으로 그려져 있고, [그림 11.5.2(d)]에 최대 전단응력이 그려져 있다.

[그림 11.5.2(c)]의 그림으로부터 주응력이 어떻게 변하는가를 관찰할 수 있다. 보의 상단면에서 압축주응력은 수평방향으로 작용한다. 중립축으로 움직임에 따라 주응력은 수평에 대해서 경사지게 되어 중립축(점 C)에서 45°로 작용한다. 보의 아래로 내려감에 따라 압축주응력의 방향은 수직방향으로 접근한다. 이러한 응력의 크기는 보의 상단면과 하단면(여기서 주응력은 0) 사이에서 연속적으로 변한다. 이 응력의 수치적으로 최댓값(직사각형 보에서)은 이론적으로는 B와 같은 점에서 최댓값이 발생할 수 있지만(큰 전단을 갖는 깊은(deep) 보에 대하여). 일반적으로 점 A에서 발생한다. A에서 E로 움직임에 따라 크기와 방향이 동시에 변하는 인장주응력에 대해서도 유사하게 적용할 수 있다.

보의 여러 단면에서의 응력을 조사함으로써 보를 통해서 주응력이 어떻게 변하는지를 결정할 수 있다. 이와 같이 임의 점에 대한 모든 주응력의 방향을 식 (11.4.1)에 의하여 계산하여 직교곡선군으로 나타낼 수 있다. 균일한 등분포하중을 받는 단순보에 대하여 곡선군을 그린 것이 [그림 11.5.3]과 같고, 이 그림에서 실선은 인장응력선이고 점선은 압축응력선을 표시한다. 이 두 곡선군들은 서로 직교하고 x축(중립축)과 45°로 만난다. 전단응력이 0인 보의 상단면과 하단면에서 궤적은 수평 또는 수직이 된다. 이와 같은 곡선군을 주응력선(또는 응력궤적 stress trajectories)이라고 부른다. 주응력선의 각 점에서의 접선이 주응력의 방향을 표시하게 된다[응력궤적은 독일 공학자 Karl Culmann(1821~1881)에 의해 창안].

보의 설계에 있어서 주응력을 검토해야 할 경우는 I형 단면과 같이 플랜지와 복부판의 접합점에서 전단응력 v가 급히 증가되고 또한 이 점에서 휨응력 f도 큰 값이므로 휨응력보다 주응력이 커지게 되는 것이다. 특히 캔틸레버의 경우는 받침(고정단)에서 최대 휨모멘트와 최대 전단력이 동시에 일어남으로 주응력으로 인한 위험성이 있기 때문에 주응력에 대한 검토가 필요하다.

(a)

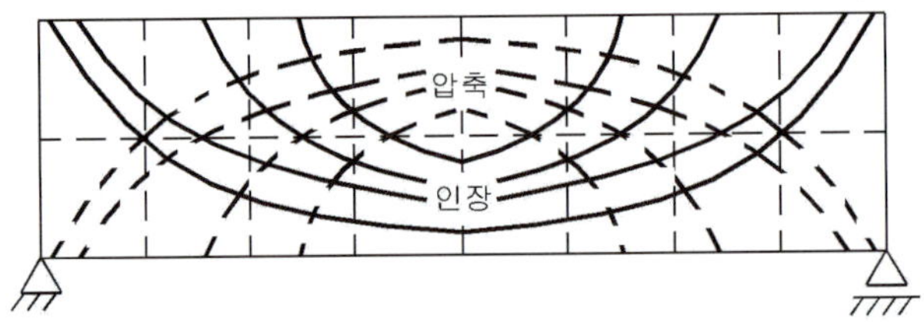

(b)

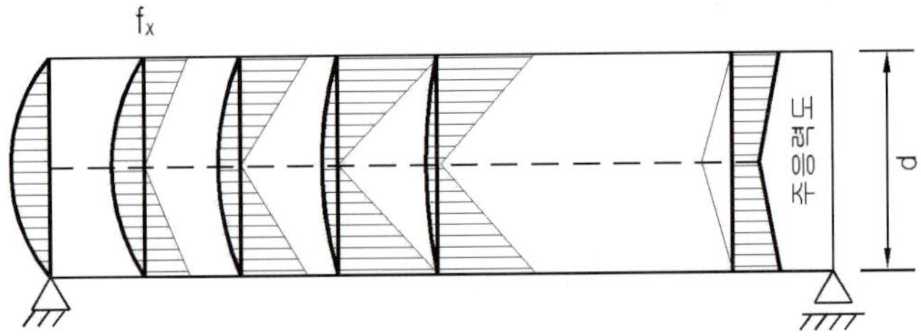

[그림 11.5.3] 주응력선

여기서 [그림 11.5.3]에서 주응력선과 중립축이 만나는 점에서는 $f=0$이므로 $\tan 2\theta = v/(f/2) = -\infty$이고 $2\theta = 90° \Rightarrow \theta = 45°$로 된다. 또한 상하 단부에서는 $v=0$이므로 $\tan 2\theta = 0$이므로 $\theta = 90°$로 된다. 즉, 이것이 [그림 11.5.4]에 나타낸 바와 같이 지점부근에서 **사인장 균열**(diagonal tension crack)을 일으키는 원인이 된다.

주인장응력은 크기가 전단응력 v와 같기 때문에 전단응력이라고 부르기도 하며, 또한 보의 축에 대하여 45°의 경사로 작용하기 때문에 **사인장 응력**(diagonal tension stress)이라고도 한다.

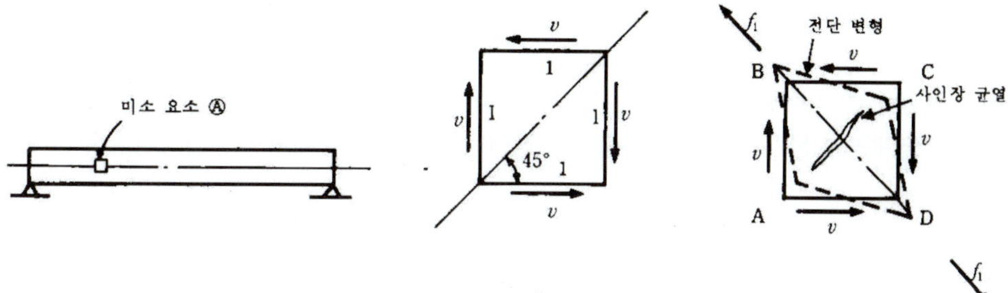

[그림 11.5.4] 주응력선

그림에서 인장응력선과 수직방향에 인장응력, 압축응력선과 수직방향에 압축응력이 일어난다. 이 때문에 [그림 11.5.5]에 나타낸 바와 같이 철근콘크리트 보에서 45°방향에 절곡철근(굽힘철근 또는 사인장철근이라고도 함)을 배근하여야 한다.

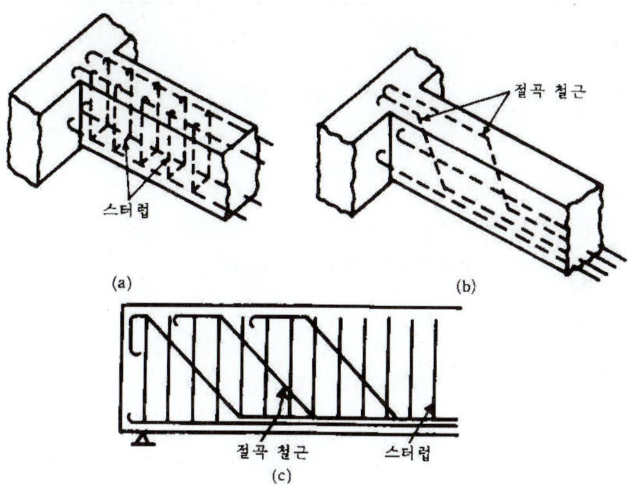

[그림 11.5.5] 절곡철근(사인장철근)

예제 11.5.1

[그림 11.5.6]과 같은 단면에 휨모멘트 90 kN · m와 전단력 100 kN가 작용할 때, 단면의 플랜지와 웨브의 경계면에 생기는 최대 주응력과 주전단응력 및 중립축에서의 전단응력을 구하여라.

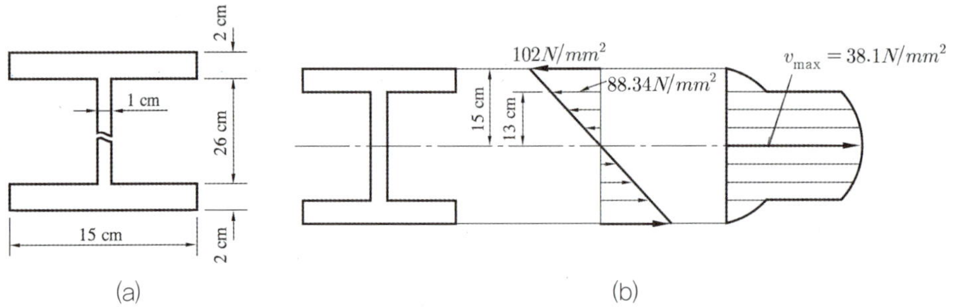

[그림 11.5.6]

풀이

(1) 휨응력

$$f = \frac{M}{I}y = \frac{M}{Z}\text{에서} \qquad I = \frac{15\times 30^3}{12} - \frac{14\times 26^2}{12} = 13{,}245\ \text{cm}^4$$

$$y = \frac{30}{2} = 15\ \text{cm} \qquad Z = \frac{I}{y} = \frac{13{,}245}{15} = 883\ \text{cm}^3$$

$$\therefore f = \frac{M}{Z} = \frac{90\times 10^5}{883} = 10{,}193\ \text{N/cm}^2 = 102\ \text{N/mm}^2$$

(2) 플랜지와 웨브 경계면에 생기는 주응력

$$f = 10{,}193 \times \frac{13}{15} = 8{,}834\ \text{N/cm}^2 = 88.34\ \text{N/mm}^2$$

$$f_{(F-W)} = \frac{f}{2} + \frac{1}{2}\sqrt{f^2 + 4v^2}$$

$$v_{a-a} = \frac{VG}{Ib} = \frac{(100\times 1{,}000)\times[(15)\times(2)\times(14)]}{(13{,}245)\times(15)} = 211\ \text{N/cm}^2 = 2.11\ \text{N/mm}^2$$

$$v_{b-b} = \frac{VG}{Ib} = \frac{(100\times 1{,}000)\times[(15)\times(2)\times(14)]}{(13{,}245)\times(1)} = 3{,}171\ \text{N/cm}^2 = 31.7\ \text{N/mm}^2$$

$$\therefore f_{(F-W)} = \frac{(8{,}834)}{2} + \frac{1}{2}\sqrt{(8{,}834)^2 + 4\times(3{,}171)^2} = 9{,}854\ \text{N/cm}^2 = 98.54\ \text{N/mm}^2$$

(3) 플랜지와 웨브 경계면에 생기는 주전단응력

$$v_{(F-W)} = \frac{1}{2}\sqrt{f^2 + 4v^2} = \frac{1}{2}\sqrt{(8{,}834)^2 + 4\times(3{,}171)^2} = 5{,}437\ \text{N/cm}^2 = 54.37\ \text{N/mm}^2$$

(4) 중립축에서의 전단응력

$$v_{\max} = \frac{VG}{Ib} = \frac{(100\times 1{,}000)[(15)(2)(14)+(13)(1)(13/2)]}{(13{,}245)\times(1)} = 3{,}809\ \mathrm{N/cm^2} = 38.1\ \mathrm{N/mm^2}$$

예제 11.5.2

[그림 11.5.7]과 같이 구형단면이 $40\mathrm{cm}\times 60\mathrm{cm}$ 인 목재의 단순보 중앙에 $80\ \mathrm{kN}$ 의 집중하중이 작용하고 있을 경우, 지점으로부터 $2\ \mathrm{m}$ 의 거리에서 단면의 상단에서 $6\ \mathrm{cm}$ 지점의 주응력과 주전단응력을 구하여라. 단, 목재의 단위중량은 $6\ \mathrm{kN/m^3}$ 이다.

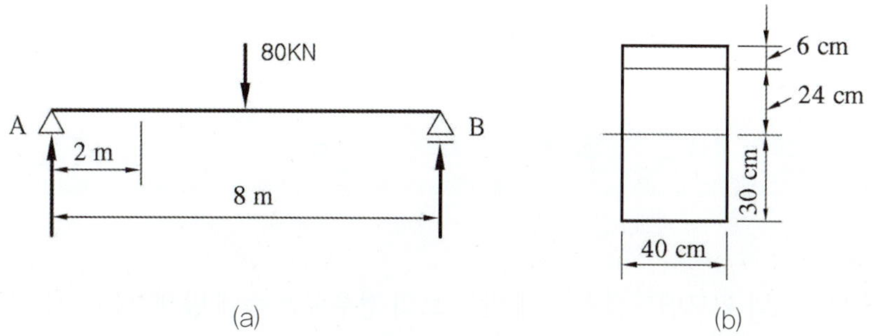

[그림 11.5.7]

풀이

등분포하중을 w 라고 하면 $w = 6\times 0.4\times 0.6 = 1.44\ \mathrm{kN/m}$

(1) 단면력 계산

지점반력 $$R_A = \frac{P}{2}+\frac{wl}{2} = \frac{80}{2}+\frac{1.44\times 8}{2} = 45.76\,\mathrm{kN}$$

전단력 $$V_{x=2m} = R_A - wx = 45.76 - 1.44\times 2 = 42.88\,\mathrm{kN}$$

휨모멘트 $$M_{x=2m} = R_A x - \frac{wx^2}{2} = 45.76\times 2 - \frac{1.44\times 2^2}{2} = 88.64\ \mathrm{kN\cdot m}$$

(2) 휨응력과 전단응력

$$I = \frac{bh^3}{12} = \frac{40\times 60^3}{12} = 72\times 10^4\ \mathrm{cm^4}$$

휨응력 $$f_{\max} = \frac{M}{I}y = \frac{88.64\times 10^5}{72\times 10^4}\times\frac{60}{2} = 369\ \mathrm{N/cm^2} = 3.69\ \mathrm{N/mm^2}$$

$$f = 369\times\frac{24}{30} = 295.2\ \mathrm{N/cm^2} = 2.952\ \mathrm{N/mm^2}$$

전단응력 $v = \dfrac{VG}{Ib} = \dfrac{(42.88 \times 1{,}000)[(40)(6)(27)]}{(720{,}000) \times (40)} = 9.648\ \mathrm{N/cm^2} = 0.1\ \mathrm{N/mm^2}$

(3) 주응력과 주전단응력

$$f_{\max} = \frac{f}{2} + \frac{1}{2}\sqrt{f^2 + 4v^2} = \frac{(295.2)}{2} + \frac{1}{2}\sqrt{(295.2)^2 + 4 \times (9.648)^2}$$

$$= 295.5\ \mathrm{N/cm^2} = 2.955\ \mathrm{N/mm^2}$$

$$v_{\max} = \frac{1}{2}\sqrt{f^2 + 4v^2} = \frac{1}{2}\sqrt{(295.2)^2 + 4 \times (9.648)^2} = 147.9\ \mathrm{N/cm^2} = 1.479\ \mathrm{N/mm^2}$$

11.6 휨과 비틀림을 받는 보의 응력

비틀림 모멘트와 휨모멘트를 동시에 받는 보의 경우에는 축에 발생하는 최대 응력을 구하려면 다음과 같은 3가지 응력을 모두 고려해야 한다.

[1] 비틀림 모멘트 T로 인한 전단응력

[2] 휨모멘트 M으로 인한 휨응력

[3] 전단력 V로 인한 전단응력

이들 중에서 전단력 V로 인한 전단응력은 휨응력이 0인 중립면에서 최대이지만, 다른 응력들에 비하여 회전축에 미치는 영향이 극히 적으므로 무시한다. 따라서 비틀림 모멘트로 인한 전단응력과 휨모멘트로 인한 휨응력의 값이 최대인 축의 표면에 대하여 최대 주응력을 계산하고 설계의 기준으로 해야 한다.

비틀림으로 인한 최대 전단응력은 축의 표면에 발생하고 다음과 같이 표시된다.

$$v = \frac{T}{Z_p} = \frac{16T}{\pi d^3} \quad \cdots\cdots (11.6.1)$$

휨모멘트로 인한 최대 휨응력은 단면의 중립면에서 가장 먼 축의 표면에 발생하고 식 (11.1.3)에 의하여 다음과 같이 표시된다.

$$f = \frac{M}{Z} = \frac{32M}{\pi d^3} \quad \cdots\cdots (11.6.2)$$

따라서 최대 조합응력은 식 (11.6.1)와 식 (11.6.2)의 조합응력이 최대로 되는 단면에서 생기고 그 주응력을 f_{max} 라 하면 평면응력 상태와 비교하여 $f_x = f_b, f_y = 0, v_{xy} = v$ 인 경우이므로 식 (11.4.1)로부터 다음과 같이 된다.

$$f_{max} = \frac{1}{2} f_b + \frac{1}{2}\sqrt{f_b^2 + 4v^2} \quad \cdots\cdots (11.6.3)$$

여기에 식 (11.6.1)과 식 (11.6.2)를 대입하면 다음과 같이 된다.

$$\begin{aligned} f_{max} &= \frac{1}{2} f_b + \frac{1}{2}\sqrt{f_b^2 + 4v^2} \\ &= \frac{16}{\pi d^3}(M + \sqrt{M^2 + T^2}) \\ &= \frac{1}{2Z}(M + \sqrt{M^2 + T^2}) \quad \cdots\cdots (11.6.4) \end{aligned}$$

여기서

$$M_e = \frac{1}{2}(M + \sqrt{M^2 + T^2}) \quad \cdots\cdots (11.6.5)$$

로 하면 식 (11.6.4)은 다음과 같이 쓸 수 있다.

$$f_{max} = \frac{M_e}{Z} = \frac{32M_e}{\pi d^3} \quad \cdots\cdots (11.6.6)$$

여기서 M_e를 등가휨모멘트(equivalent bending moment) 또는 상당휨모멘트라고 한다.

그리고 식 (11.6.1)와 식 (11.6.2)을 식 (11.6.3)에 대입하여 최대 전단응력을 구하면 다음과 같다.

$$v_{max} = \frac{1}{2}\sqrt{f_b^2 + 4v^2} = \frac{16}{\pi d^3}\sqrt{M^2 + T^2} = \frac{1}{Z_p}\sqrt{M^2 + T^2} \quad \cdots\cdots (11.6.7)$$

여기서

$$T_e = \sqrt{M^2 + T^2} \quad \cdots\cdots (11.6.8)$$

로 두면 식 (11.6.7)은 다음과 같이 된다.

$$v_{max} = \frac{T_e}{Z_p} = \frac{16\,T_e}{\pi d^3} \quad \cdots\cdots (11.6.9)$$

여기서 T_e를 등가 비틀림 모멘트(equivalent twisting moment) 또는 상당 비틀림 모멘트라고 한다.

축의 안전한 직경을 구하는 데에는 f_{max} 대신 허용응력 f_a를, v_{max} 대신 v_a를 식 (11.6.6)와 식 (11.6.9)에 대입함으로써 구해지고, 이 두 식에 의한 값을 비교하여 큰 값을 축의 직경으로 정하면 된다.

예제 11.6.1

[그림 11.6.1]과 같이 지름이 5 cm인 강봉이 휨모멘트 $M = 1{,}200$ N · cm와 비틀림 모멘트 $T = 700$ N · cm을 받고 있다. 최대 주응력과 최대 주전단응력을 구하여라.

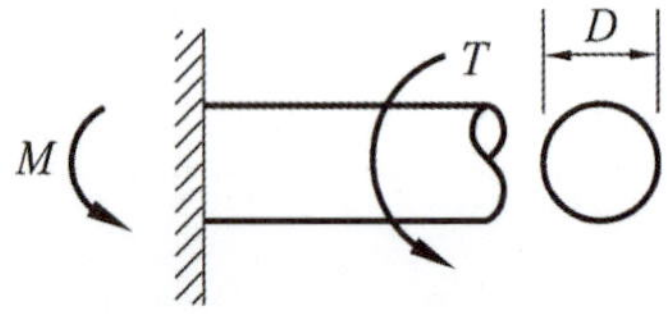

[그림 11.6.1]

풀이

$$f_{1,2} = \frac{16}{\pi d^3}\left(M \pm \sqrt{M^2 + T^2}\right) = \frac{16}{3.14 \times (5)^3}\left(1200 \pm \sqrt{(1200)^2 + (700)^2}\right)$$

$$= 105.5\ \mathrm{N/cm^2} \quad 그리고 \quad -7.7\ \mathrm{N/cm^2}$$

$$= 1.055\ \mathrm{MPa} \quad 그리고 \quad -0.077\ \mathrm{MPa}$$

$$v_{\max} = \frac{16}{\pi d^3}\sqrt{M^2 + T^2} = \frac{16}{3.14 \times (5)^3}\sqrt{(1,200)^2 + (700)^2} = 56.6\ \mathrm{N/cm^2} = 0.566\ \mathrm{MPa}$$

11.7 보의 설계

보를 설계한다는 것은 휨모멘트 또는 전단력에 대해 안전하고 경제적인 단면을 정하는 것이다. 보의 어느 단면 또는 어느 필요에 대한 휨응력 f_{max}, 전단응력 v_{max}는 허용휨응력 f_a, 허용전단응력 v_a보다 작아야 되며 또한 경제적이기 위해서는 이 값들이 서로 근접한 것이 좋다.

$$f_{max} \leqq f_a \quad 그리고 \quad v_{max} \leqq v_a \qquad (11.7.1)$$

11.7.1 최대 응력과 허용응력의 비교

$$f_{max} \leqq f_a \ (허용휨응력) \qquad (11.7.2)$$

$$v_{max} \leqq v_a \ (허용전단응력) \qquad (11.7.3)$$

$$\frac{M_{max}}{Z_t} = {}_{max}f_t \leqq f_{ta} \ (허용휨인장응력) \qquad (11.7.4)$$

$$\frac{M_{max}}{Z_c} = {}_{max}f_c \leqq f_{ca} \text{ (허용휨압축응력)} \qquad \cdots\cdots (11.7.5)$$

$$\frac{V_{max}\, G_{z\,max}}{I\, b} = v_{max} \leqq v_a \text{ (허용전단응력)} \qquad \cdots\cdots (11.7.6)$$

11.7.2 직사각형 단면보의 설계

$$f_{max} = \frac{M_{max}}{I} y = \frac{M_{max}}{Z} = \frac{6M_{max}}{bh^2} \leqq f_a \qquad \cdots\cdots (11.7.7)$$

$$\therefore\ bh^2 \geqq \frac{6M_{max}}{f_a} \qquad \cdots\cdots (11.7.8)$$

11.7.3 보의 설계 순서

설계하중결정	→	단면력 계산 M_{max}, V_{max}	→	단면가정	→	응력계산 f_{max}, v_{max}	→	허용응력비교 f_a, v_a

(1) 보를 몇 개의 부분으로 구분하고 각 부분의 최대 전단력 및 최대 휨모멘트(필요할 때는 절대 최대 휨모멘트)를 설계하중에 의하여 구한다.

(2) 최대 휨모멘트를 받을 수 있는 보의 단면을 가정하고 이 단면의 부재의 고정하중(사하중, dead load)에 의한 각 부분의 휨모멘트와 전단력을 구한다.

(3) 고정하중과 활하중에 의한 최대 휨모멘트 M_{max}에 대해 안전한 단면(단면계수를 구해 단면의 치수를 결정)을 결정한다.

$$f = \frac{M}{Z} \quad \Rightarrow \quad Z \geqq \frac{M_{max}}{f_a} \qquad \cdots\cdots (11.7.9)$$

(4) 이 단면이 (2)에서 가정한 단면보다 대단히 작다면 비경제적인 단면이고, 큰 값이면 불안정한 단면이므로 다시 가정하여야 한다.

(5) 보의 각 부분의 단면은 최대 휨모멘트에 따라 경제적으로 변화시킨다. 단, 소규모의 보는 동일한 단면으로 하는 것이 경제적인 경우도 있다.

(6) 이들 단면이 최대 전단력에 대해 안전치 않을 경우에는 전단응력에 안전한 단면으로 변경시킨다.

(7) I형 단면 또는 캔틸레버와 같은 휨응력과 전단응력이 함께 큰 값이면, 앞 절에서 설명한 주응력에 대해 검토할 필요가 있다.

(8) 보의 최대 처짐량에 대하여 검산한다.

11.7.4 보의 설계 시 주의할 점

(1) 단면이 크고 지간이 짧은 보에서는 전단력의 영향이 크므로 주응력에 대하여 고려한다.

(2) 캔틸레버보의 지점에는 최대 전단력과 최대 휨모멘트가 함께 작용하므로 주응력에 대하여 검토한다.

(3) I형단면에서는 플랜지와 웨브의 경계면에서 주응력에 대하여 검토한다.

(4) 콘크리트 보에서는 사인장응력에 대하여 충분히 고려하여야 한다.

(5) 목재는 섬유와 평행한 방향의 전단강도가 적으므로 전단력에 대하여 충분히 검토하여야 한다.

예제 11.7.1

폭 $20\ \mathrm{cm}$, 높이 $30\ \mathrm{cm}$의 목재로서 지간 $8\ \mathrm{m}$인 단순보의 중앙에 집중하중을 얼마나 작용시킬 수 있는가? 단, 허용휨응력 $f_a = 8\ \mathrm{MPa}$, 단위중량 $6\ \mathrm{kN/m^3}$으로 한다.

풀이

$w = (0.2) \times (0.3) \times (6) = 0.36\ \mathrm{kN/m}$

$$M_{\max} = \frac{Pl}{4} + \frac{wl^2}{8} = \frac{P(8)}{4} + \frac{(0.36)\times(8)^2}{8} = (2P + 2.88)\ \text{kN}\cdot\text{m}$$

$$Z = \frac{bh^3}{6} = \frac{(0.2)\times(0.3)^3}{6} = 0.003\ \text{m}^3$$

$f = \dfrac{M}{Z} \quad \Rightarrow \quad M = Z\cdot f_a$에서

$$2P + 2.88 = (0.003)\times(8{,}000) \quad \Rightarrow \quad \therefore\ P = 10.56\ \text{kN}$$

예제 11.7.2

$400\times150\times10(I = 24{,}000\ \text{cm}^4)$인 I형강을 지간 $8\ \text{m}$의 단순보로서 사용할 때, 다음 물음에 답하여라.

풀이

(1) I형 강의 단면계수

$$Z = \frac{I}{y} = \frac{2I}{h} = \frac{2\times(24{,}000)}{(40)} = 1{,}200\ \text{cm}^3$$

(2) 강의 허용휨응력 $f_a = 120\ \text{MPa}$일 때, 이 보의 저항 모멘트는

$$f = \frac{M}{Z}$$

$$M_r = f_a Z = (120\times100)\times(1{,}200) = 14{,}400{,}000\ \text{N}\cdot\text{cm} = 144\ \text{kN}\cdot\text{m}$$

(3) I형강의 $1\ \text{m}$당 무게가 $730\ \text{N/m}$일 때, 자중에 의한 보의 휨모멘트는

$$M_a = \frac{w_d\times l^2}{8} = \frac{(730)\times(8)^2}{8} = 5{,}840\ \text{N}\cdot\text{m} = 5.84\ \text{kN}\cdot\text{m}$$

(4) 이 보가 받을 수 있는 활하중 휨모멘트는

$$M_t = M_r - M_a = 144 - 5.84 = 138.16\ \text{kN}\cdot\text{m}$$

(5) 이 보가 받을 수 있는 중앙점의 집중하중의 크기는

$$M_t = \frac{Pl}{4},\quad 138.16 = \frac{P\times(8)}{4} \quad \Rightarrow \quad \therefore\ P = 69.08\ \text{kN}$$

(6) 이 보에 만재될 수 있는 등분포하중의 단위 크기는

$$M_t = \frac{w_t l^2}{8},\ 138.16 = \frac{w_t\times(8)^2}{8} \quad \Rightarrow \quad \therefore\ w_t = 17.27\ \text{kN/m}$$

예제 11.7.3

[그림 11.7.1]과 같이 길이가 $8\ \mathrm{m}$ 인 목재 사각형($16\mathrm{cm} \times 20\mathrm{cm}$) 단순보 중앙에 $5\ \mathrm{kN}$ 의 집중하중이 작용할 때 안전여부를 검토하여라. 단, 자중 $= 6\ \mathrm{kN/m^3}$, $f_a = 6\mathrm{MPa}$, $v_a = 0.5\ \mathrm{MPa}$이다.

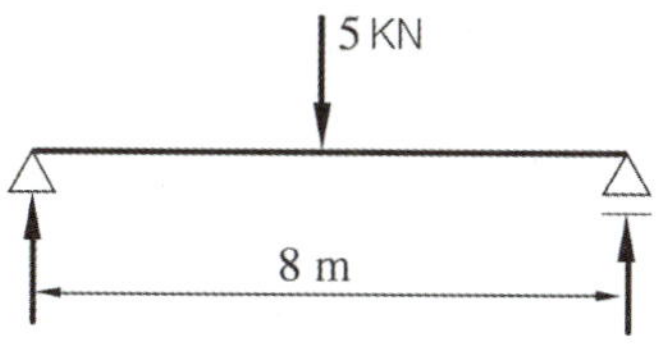

(a)

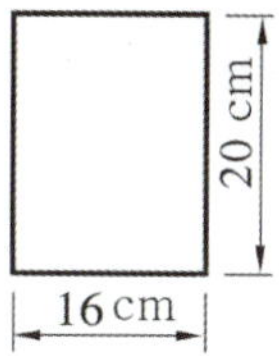

(b)

[그림 11.7.1]

풀이

$w = 6 \times 0.16 \times 0.2 = 0.192\ \mathrm{kN/m}$

$$M_{\max} = \frac{Pl}{4} + \frac{wl^2}{8} = \frac{5 \times 8}{4} + \frac{0.192 \times 8^2}{8} = 11.536\ \mathrm{kN \cdot m}$$

$$V_{\max} = \frac{P}{2} + \frac{wl}{2} = \frac{5}{2} + \frac{0.192 \times 8}{2} = 3.268\ \mathrm{kN}$$

$$f = \frac{M}{I}y = \frac{6M}{bh^2} = \frac{6 \times (11.536 \times 10^5)}{16 \times 20^2} = 1{,}081.5\ \mathrm{N/cm^2} > f_a = 6\ \mathrm{MPa} = 600\ \mathrm{N/cm^2} \quad \therefore \text{ 불안전}$$

$$v_{\max} = \frac{3}{2} \times \frac{V}{bh} = \frac{3}{2} \times \frac{3.268 \times 10^3}{16 \times 20} = 15.3\ \mathrm{N/cm^2} < v_a = 0.5\ \mathrm{MPa} = 50\ \mathrm{N/cm^2} \quad \therefore \text{ 안전}$$

예제 11.7.4

[그림 11.7.2]와 같은 플레이트 거더에 $1{,}800\ \mathrm{kN \cdot m}$ 의 휨모멘트가 작용할 경우 안전여부를 검토하여라. 단, $f_{ca} = f_{ta} = 140\ \mathrm{MPa}$ 이다.

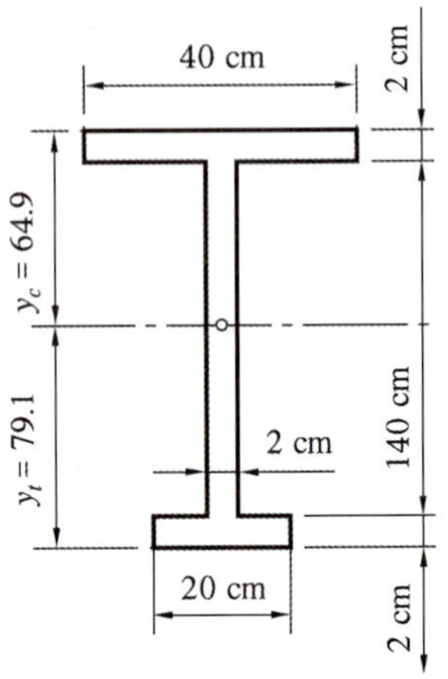

[그림 11.7.2]

풀이

(1) 도심의 위치

$$y = \frac{G}{A} = \frac{(20 \times 2) \times (1) + (140 \times 2) \times (72) + (40 \times 2) \times (143)}{(20 \times 2) + (140 \times 2) + (40 \times 2)} = \frac{31{,}640}{400} = 79.1 \text{ cm}$$

(2) 단면 2차 모멘트(도심축에 대하여)

$$I_x = I_X + A \cdot y^2$$

$$= \left[\frac{20 \times 2^3}{12} + (20 \times 2) \times (78.1)^2\right] + \left[\frac{40 \times 2^3}{12} + (40 \times 2) \times (63.9)^2\right]$$

$$+ \left[\frac{2 \times 140^3}{12} + (140 \times 2) \times (7.1)^2\right]$$

$$= 1{,}042{,}129 \text{ cm}^4$$

(3) 휨응력

$$f_c = \frac{M}{I} y_c = \frac{(1{,}800) \times (10^5)}{1{,}042{,}129} \times 64.9 = 11{,}210 \text{ N/cm}^2 = 112.1 \text{ MPa} < f_{ca} \qquad \therefore \text{ 안전}$$

$$f_t = \frac{M}{I} y_t = \frac{(1{,}800) \times (10^5)}{1{,}042{,}129} \times 79.1 = 13{,}662 \text{ N/cm}^2 = 136.62 \text{ MPa} < f_{ta} \qquad \therefore \text{ 안전}$$

$$f_t = \frac{M}{I} y_t \leq f_{ta}$$

$$M_{rt} = f_{ta} \times \frac{I}{y_t} = (140 \times 100) \times \frac{1{,}042{,}129}{79.1}$$

$$= 184{,}447{,}611 \text{ N} \cdot \text{cm} = 1{,}844 \text{ kN} \cdot \text{m} > M = 1{,}800 \text{ kN} \cdot \text{m} \qquad \therefore \text{ 안전}$$

예제 11.7.5

지간이 $4\ \mathrm{m}$ 인 단순보에 등분포 하중 $4\ \mathrm{kN/m}$ 가 작용한다. 이것을 원목으로부터 경제적인 직사각형단면을 제재할 때의 치수를 결정하라. 목재의 허용휨응력 $f_a = 8\ \mathrm{MPa}$, 허용전단응력 $v_a = 0.8\ \mathrm{MPa}$, 단위중량 $\gamma_t = 8\ \mathrm{kN/m^3}$으로 하라.

풀이

(1) 활하중에 의한 최대 휨모멘트M_l

$$M_l = \frac{w_l\ l^2}{8} = \frac{(4\mathrm{kN/m})(4\mathrm{m})^2}{8} = 8\ \mathrm{kN \cdot m} = 800{,}000\ \mathrm{N \cdot cm}$$

(2) 고정하중에 의한 휨모멘트 M_d

이 목재의 단면적을 $500cm^2$(폭 $b = 20cm$, 높이 $h = \sqrt{2}b = 28.3cm \Rightarrow 28cm$)로 가정하면

고정하중 $w_d = (8KN/m^3) \times (0.2m \times 0.28m) = 0.448\ KN/m$ 이다.

고정하중에 의한 휨모멘트 M_d

$$M_d = \frac{w_d\ l^2}{8} = \frac{(0.448\mathrm{kN/m})(4\mathrm{m})^2}{8} = 0.896\ \mathrm{kN \cdot m} = 89{,}600\ \mathrm{N \cdot cm}$$

(3) 단면의 폭 b에 대한 높이 h

충격을 무시하고 고정하중과 활하중에 의한 휨모멘트 M_T

$M_T = M_l + M_d = 800{,}000\ \mathrm{N \cdot cm} + 89{,}600\ \mathrm{N \cdot cm} = 889{,}600\mathrm{N \cdot cm}$

이 M_T의 값에 대해 필요한 단면계수 Z

$$Z \geqq \frac{M}{f_a} = \frac{889{,}600}{8 \times 100} = 1{,}112\ \mathrm{cm}^3$$

경제적인 단면의 폭 b에 대한 높이는 $h = \sqrt{2}\ b$ 이므로

$$Z = \frac{bh^2}{6} = \frac{b(\sqrt{2}b)^2}{6} = \frac{2b^3}{6} = \frac{b^3}{3}$$

$\therefore \dfrac{b^3}{3} \geqq 1{,}112 \qquad b^3 \geqq 3{,}336 \quad b = 14.91\mathrm{cm} \Rightarrow \mathrm{b} = 16\ \mathrm{cm}$(가정치 $b = 20\ \mathrm{cm}$보다 작다)

$\therefore h = \sqrt{2}b = \sqrt{2} \times 16 = 22.6\ \mathrm{cm} \Rightarrow 23\ \mathrm{cm}$

이 원목의 지름 $d = \sqrt{16^2 + 23^2} = 28.2\ \mathrm{cm} \Rightarrow 28\ \mathrm{cm}$이다.

(4) 안전 : 이 단면은 가정단면과 같으므로 안전하다.

(5) 단면 : 이 보는 목재이므로 전부 같은 단면으로 한다.

(6) 전단응력 : 이 보의 최대전단력 V를 구하여 전단응력을 검토한다.

$$V=\frac{w_l+w_d}{2}l=\frac{4+0.448}{2}\times 4=8.896\text{ kN}$$

$$v=\frac{3}{2}\frac{V}{A}=\frac{3}{2}\times\frac{(8.896\times 10^3)}{(16\times 23)}=36\text{ N/cm}^2< v_a=0.8\text{ MPa}=80\text{ N/cm}^2$$

이보의 단면은 충분히 안전하다.

예제 11.7.6

앞 [예제 11.7.5]에서 원목을 제재하지 않고 사용할 경우 필요한 지름은 얼마인가?

풀이

(1) 고정하중에 의한 휨모멘트 M_d

앞 예제에서 $M_l=8\text{ kN}\cdot\text{m}$, $d=24\text{ cm}$라고 가정하면

$$\therefore w_d=(8\text{ kN/m})\times(0.16\text{m}\times 0.24\text{m})=0.3072\text{ kN/m}$$

$$\therefore M_d=\frac{w_d l^2}{8}=\frac{(0.3072\text{kN/m})(4\text{m})^2}{8}=0.614\text{kN}\cdot\text{m}=61{,}400\text{N}\cdot\text{cm}$$

(2) 단면계수

$$M_T=M_l+M_d=800{,}000\text{ N}\cdot\text{cm}+61{,}400\text{N}\cdot\text{cm}=861{,}400\text{N}\cdot\text{cm}$$

$$\therefore Z\geqq\frac{M}{f_a}=\frac{861{,}400\text{ N}\cdot\text{cm}}{8\times 100\text{N/cm}^2}=1{,}077\text{cm}^3$$

여기서 원형단면의 $Z=\frac{\pi d^3}{32}$이므로

$$Z=\frac{\pi d^3}{32}\geqq 1{,}077\text{ cm}^3\ \Rightarrow\ d^3\geqq\frac{(32)\times(1{,}096)}{\pi}=10{,}976$$

(3) 높이결정 : $\therefore d=22.2\text{ cm}$ (가정치 24 cm)

(4) 지름 : 이 단면은 중심부에서의 지름을 23 cm로 한다.

(5) 응력계산

최대 전단력 $V=\frac{w_l+w_d}{2}l=\frac{4\text{kN/m}+0.307\text{kN/m}}{2}\times 4\text{m}=8.614\text{ kN}$

$$v=\frac{4}{3}\frac{V}{A}=\frac{4}{3}\times\frac{(8.614\times 10^3\text{N})}{(415\text{ cm}^2)}=21\text{N/cm}^2< v_a=0.8\text{MPa}=80\text{N/cm}^2$$

(단, $A=\frac{\pi d^2}{4}=\frac{\pi\times 23^2}{4}=415\text{ cm}^2$)

따라서 이 보는 안전하다.

두 예제[직사각형단면과 원형단면]에 대한 실 응력을 계산하면

(a) 직사각형단면에 대해[예제 11.7.5, $M_T = 889{,}600\ \text{N}\cdot\text{cm}$]

$$Z = \frac{bh^2}{6} = \frac{16\times 23^2}{6} = 1{,}411\ \text{cm}^3$$

$$f = \frac{M_T}{Z} = \frac{889{,}600\ \text{N}\cdot\text{cm}}{1{,}411\ \text{cm}^3} = 630\ \text{N/cm}^2 < f_a = 8\ \text{MPa} = 800\ \text{N/cm}^2$$

(b) 원형단면에 대해[본 예제, $M_T = 861{,}400\ \text{N}\cdot\text{cm}$]

$$Z = \frac{\pi d^3}{32} = \frac{\pi\times 23^3}{32} = 1{,}194\ \text{cm}^3$$

$$f = \frac{M_T}{Z} = \frac{861{,}400\ \text{N}\cdot\text{cm}}{1{,}194\ \text{cm}^3} = 721\ \text{N/cm}^2 < f_a = 8\ \text{MPa} = 800\ \text{N/cm}^2$$

∴ 지름을 23cm로 한다.

예제 11.7.7

[그림11.7.2]와 같은 용접판형단면은 얼마의 휨모멘트와 전단력을 받을 수 있는가? 단, 허용휨응력 $f_{ta} = f_{ca} = 140\ MPa$, 허용전단응력 $v_a = 8080\ MPa$으로 하라.

풀이

[예제 11.7.4]로부터

$I_x = 1{,}042{,}129\ \text{cm}^4 \qquad Z_C = \dfrac{I}{y_c} = \dfrac{1{,}042{,}129}{64.9} = 16{,}057\ \text{cm}^3 \qquad Z_t = \dfrac{I}{y_t} = \dfrac{1{,}042{,}129}{79.1} = 13{,}175\ \text{cm}^3$

$M_{rt} \leqq f_{ta}\times Z_t = (140\times 100\ \text{N/cm}^2)\times(13{,}175\ \text{cm}^3) = 184{,}450{,}000\ \text{N}\cdot\text{cm} = 1{,}844.5\ \text{kN}\cdot\text{m}$

이 단면이 받을 수 있는 전단력 V를 계산

$G_x = A_1 y_1 + A_2 y_2 = [(20\text{cm})\times(2\text{cm})]\times(78.1\text{cm}) + [(2\text{cm})\times(77.1\text{cm})]\times(38.55) = 9{,}068.41\text{cm}^3$

$$v = \frac{V\cdot G}{I\cdot b} \leqq v_a \quad \Rightarrow \quad V \leqq \frac{v_a\cdot I\cdot b}{G}$$

$$V_v \leqq \frac{(80\times 100\text{N/cm}^2)\times(1{,}042{,}129\text{cm}^4)\times(2\text{cm})}{(9{,}068.41\text{cm}^3)} = 1{,}838{,}698\ \text{N} = 1{,}838.7\ \text{kN}$$

즉, 휨모멘트1,844.5 kN · m와 전단력 1,838.7 kN을 받을 수 있다.

예제 11.7.8

앞 [예제 11.7.4]에 주어진 용접판형단면에 재하할 수 있는 활하중의 크기는? 단, 지간은 $20\ \mathrm{m}$이고, 용접판형의 단위중량 $78.5\ \mathrm{kN/m^3}$이다.

풀이

이 단면의 단면적은 $80+280+40=400\ \mathrm{cm^2}=0.04\ \mathrm{m^2}$

$$\therefore w_d=(78.5\ \mathrm{kN/m^3})\times(0.04\mathrm{m^2})=3.14\,\mathrm{kN/m}$$

$$\therefore M_d=\frac{w_d\cdot l^2}{8}=\frac{(3.14\ \mathrm{kN/m})\times(20\,\mathrm{m})^2}{8}=157\ \mathrm{kN}\cdot\mathrm{m}\ \Rightarrow\ 15{,}700{,}000\,\mathrm{N}\cdot\mathrm{cm}$$

$$\therefore M_l=M_T-M_d=184{,}450{,}000-15{,}700{,}000=168{,}575{,}000\ \mathrm{N}\cdot\mathrm{cm}=1{,}685.75\ \mathrm{kN}\cdot\mathrm{m}$$

활하중을 등분포하중 w_l로 정하면

$$\therefore M_l=\frac{w_l\cdot l^2}{8}=\frac{w_l(20\mathrm{m})^2}{8}=(50w_l)\ \mathrm{kN}\cdot\mathrm{m}$$

$$\therefore w_l=\frac{1{,}685.75}{50}=33.715\ \mathrm{kN/m}$$

이때의 전단력 V는

$$V=\frac{(w_l+w_d)}{2}l=\frac{33.715+3.14}{2}\times 20=368.55\ \mathrm{kN}$$

이것은 $V_v=1{,}838.7\ \mathrm{kN}$보다 작은 값이므로 전단력에 대해서도 안전하다.

또한 활하중을 집중하중 P로 정하면

$$\therefore M_l=\frac{P_l\cdot l}{4}=\frac{P(20\mathrm{m})}{4}=(5P_l)\ \mathrm{kN}\cdot\mathrm{m}$$

$$P_l=\frac{M_l}{5}=\frac{1{,}685.75}{5}=337.15\ \mathrm{kN}$$

이때의 전단력 V는

$$V=P_l+\frac{w_d\cdot l}{2}=337.15\,\mathrm{kN}+\frac{3.14\,\mathrm{kN/m}\times 20\mathrm{m}}{2}=368.55\ \mathrm{kN}$$

이것 역시 $V_v=1{,}838.7\ \mathrm{kN}$보다 작은 값이므로 전단력에 대해서도 안전하다.

$\therefore$ 활하중 : 등분포하중일 때 $w_l=33.715\ \mathrm{kN/m}$, 집중하중일 때 $P_l=337.15\ \mathrm{kN}$

연·습·문·제

01 [P 그림 11.1]과 같은 보의 단면이 $32\text{cm} \times 50\text{cm}$일 때 최대 휨응력을 구하여라.

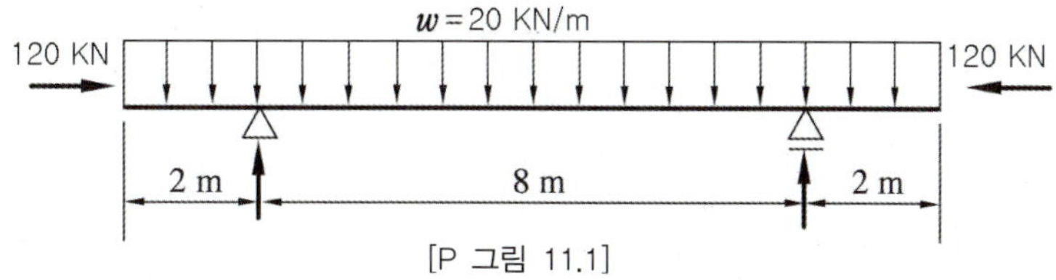

[P 그림 11.1]

정답 $f = ***\text{MPa}$

02 [P 그림 11.2]와 같은 내민보에서 보의 중앙지점인 C지점의 휨응력을 구하여라.

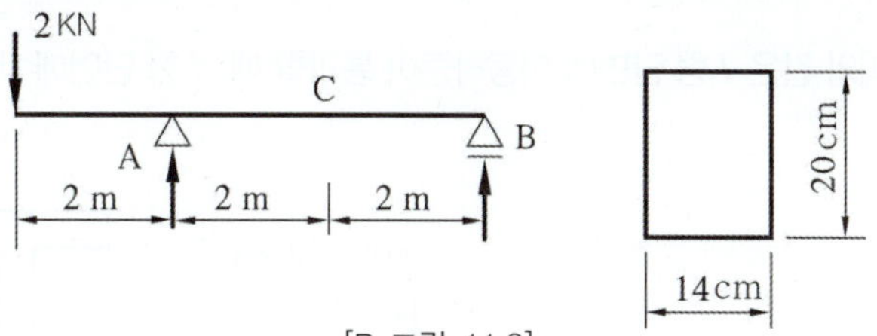

[P 그림 11.2]

정답 $f = 2.14\ \text{MPa}$

03 지름 $40\ \text{cm}$인 원형단면인 단순보에 등분포하중 $w = 6\ \text{kN/m}$를 만재하였을 때 다음을 구하여라. 이 재료의 허용휨응력은 $f_a = 8\ \text{MPa}$이다.

① 자중을 무시할 때 이 보는 얼마까지 안전한가?

② 이 보의 단위중량은 $\gamma_d = 8\ \text{kN/m}^3$이다. 자중을 고려할 때 이 보는 얼마까지 안전한가?

③ 이 보의 경간을 4m로 할 때 자중을 무시하고 최대로 재하할 수 있는 집중하중 P는 얼마인가?

④ 집중하중 P가 이동할 때 전단에 대하여 안전한가? 단 허용전단응력은 $v_a = 0.8\ \text{MPa}$이다.

정답 ① $l = 8.18$ m, ② $l = 7.57$ m, ③ $P = 50.24$ kN,
④ 자중을 생각할 때 $v = 0.56$ MPa로서 안전

04 [P 그림 11.3]과 같은 단면으로 된 간접하중을 받는 보에서 $x - x$ 단면의 주 전단응력을 구하여라.

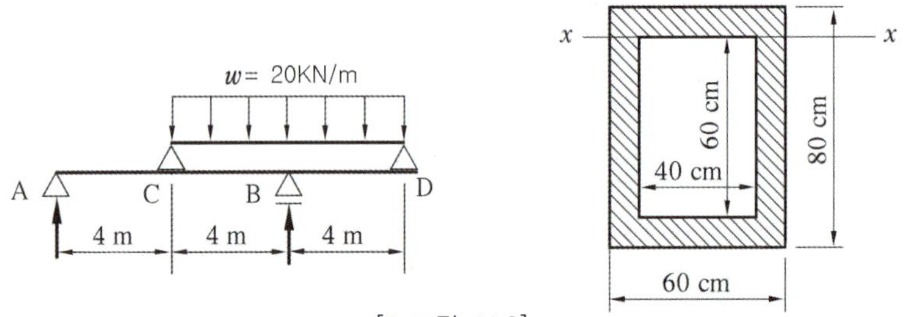

[P 그림 11.3]

정답 $v(주) = 0.8$ MPa

05 [P 그림 11.4]와 같은 I형 단면에 이동하중이 통과할 때, I형 단면에 대해서 다음 값을 구하여라.

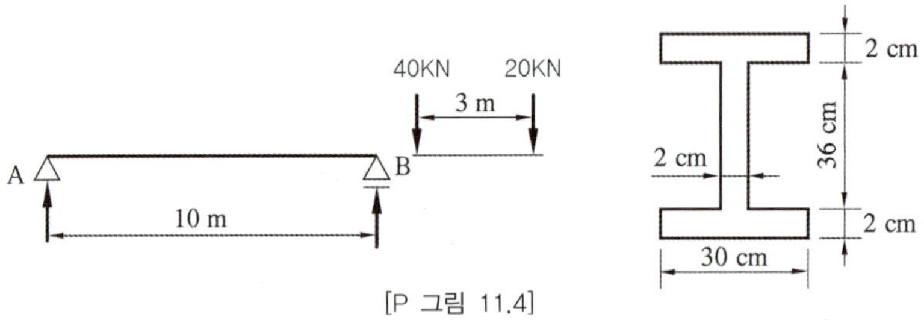

[P 그림 11.4]

① 최대 휨응력값을 구하여라.

② I형 단면의 최대 전단응력값을 구하여라.

③ 지점 A에서 2.5 m인 위치에서 I형 단면의 플랜지와 웨브 사이의 휨응력값을 구하여라.

④ 지점 A에서 2.5 m인 위치에서 I형 단면의 플랜지와 웨브사이의 주응력과 주전단응력을 구하여라.

정답 ① $f_{max} = 43.8$ MPa, ② $v_{max} = 7.7$ MPa, ③ $f_{18} = 34.3$ MPa,
④ $f_{\substack{max \\ min}} = 34.7$ MPa -0.4 MPa, $v_{\substack{max \\ min}} = \pm 17.6$ MPa

CHAPTER

12

기둥

CONTENTS

12.1 개요

수직방향에 압축력을 받는 직선부재를 기둥(column)이라고 한다. 일반적으로 댐, 옹벽 등과 같이 길이에 비하여 단면이 큰 기둥의 단면 도심축에 압축하중이 작용할 경우, 단면은 일정하게 압축응력을 받는다.

압축응력을 받는 기둥에서 하중 증가와 더불어 압축응력은 커져 결국은 재료의 극한강도에 도달하여 압축 파괴된다. 이런 기둥을 단주(short column)라고 한다. 또 다른 형태의 파괴는 좌굴(buckling)이다. 좌굴을 받는 부재를 장주(long column)라 한다. 기둥에서 단주와 장주는 세장비($\lambda = l/r$)를 적용하여 구분하며, 목재의 경우에 $\lambda < 10$일 때, 강재의 경우에 $\lambda < 40$일 때 단주라고 한다.

12.2 단주

12.2.1 중심축방향 하중을 받는 단주

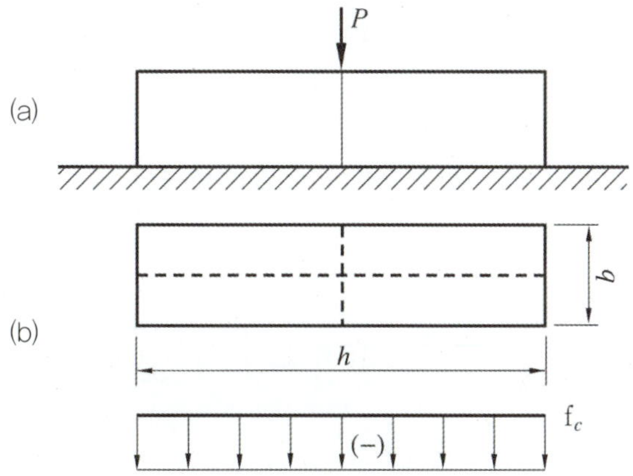

[그림 12.2.1]

부재단면의 도심을 통과하는 축에 압축하중을 받는 부재를 중심축하중을 받는 기둥이라고 한다. [그림 12.2.1]에서와 같이 부재의 도심축에 일치한 하중 P가 작용하면 단면 내부에 평균 압축응력을 받게 된다. 평균압축응력은 식 (12.2.1)과 같다.

$$f_c = \frac{P}{A} \leq f_{ca} \quad \cdots\cdots (12.2.1)$$

여기서, f_c : 평균압축응력, P : 하중, A : 단면적, f_{ca} : 허용압축응력

12.2.2 편심하중을 받는 단주

부재가 중심축 외에 압축력 P 가 작용하는 기둥을 편심하중(eccentric load)을 받는 기둥이라 한다. 편심하중을 받는 기둥에서는 중심축에 작용하는 균일한 압축응력($f = P/A$)과 편심거리 e에 의한 편심모멘트($M = P \cdot e$)가 생겨 편심모멘트로 인한 휨응력 $f = (M/I)y$이 부재단면에 동시에 작용하여 편심응력을 받는다. 이 편심응력을 식으로 나타내면 다음과 같다.

$$f = \frac{P}{A} + \frac{M}{I}y = \frac{P}{A} + \frac{M}{Z} \quad \cdots\cdots (12.2.2)$$

식 (12.2.2)에서 I는 단면 2차 모멘트, Z는 단면계수, y는 도심거리이다.

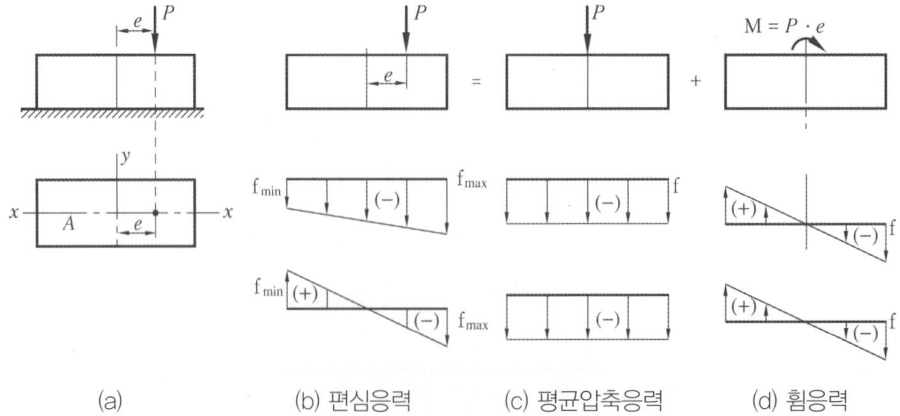

[그림 12.2.2]

따라서 편심거리 e에 의하여 [그림 12.2.2(b)]와 같이 단면에 최대, 최소 압축응력 및 인장응력이 발생한다. 이 식을 표시하면 식 (12.2.3)과 같다.

$$\left.\begin{aligned} f_{\max} &= f_1 = -\left(\frac{P}{A} + \frac{M}{I}y\right) = -\left(\frac{P}{A} + \frac{M}{Z}\right) \\ f_{\min} &= f_2 = -\left(\frac{P}{A} - \frac{M}{I}y\right) = -\left(\frac{P}{A} - \frac{M}{Z}\right) \end{aligned}\right\} \cdots\cdots\cdots\cdots (12.2.3)$$

식 (12.2.3)에서 (−) 부호는 편의상 생략한다. 계산결과 (+)값이면 압축이고, (−)값이면 인장으로 취급한다.

특히 단면에서 최대 응력을 나타내는 f_1값은 항상 압축응력이 되지만, 최소 응력 f_2값은 편심거리 e의 크기에 따라서 압축 또는 인장응력을 받게 된다.

단주는 압축응력을 받는 부재이므로 기둥 단면의 어느 부분에서도 인장응력이 생기지 않도록 해야 한다.

단면 내에 압축응력만이 일어나는 하중의 편심거리의 한계점을 핵점(core point)이라고 하며, 핵점으로 둘러싸인 부분을 핵(core 또는 kern)이라고 한다. 편심하중이 작용하는 단주의 설계를 위해서는 하중이 어느 위치에서 작용하든 기둥 내부의 어느 부분에서도 인장응력이 발생하지 않기 위한 하중의 작용한계를 구할 필요가 있다. 식 (12.2.3)에서 인장응력이 생기지 않는 한계는 $f_{\min}$은 0이어야 한다.

[1] 인장응력이 생기지 않는 편심거리(핵거리)의 계산

$$f_{\min} = 0 \quad -\left(\frac{P}{A} - \frac{M}{I}y\right) = 0, \quad \frac{P}{A} = \frac{Pe}{I}y, \qquad e = \frac{I}{Ay}$$

$$\therefore\ e = \frac{r^2}{y}\ \left(e < \frac{r^2}{y}\text{이면 인장응력이 생기지 않는다.}\right) \cdots\cdots\cdots (12.2.4)$$

여기서 r : 회전 반지름$\left(r = \sqrt{\dfrac{I}{A}}\right)$, y : 도심거리

식 (12.2.4)에 의해서 핵점(k)과 핵거리(e)가 결정되며, 각 단면에 대한 핵을 표시하면 [그림 12.2.3]과 같다.

[2] 각 단면의 핵

직사각형 단면의 핵을 구하여 보면 [그림 12.2.3(a)]에서 하중이 y축에 있을 때는 $I_x = bh^3/12,\ A = bh,\ y_1 = y_2 = h/2$이므로 식 (12.2.4)에 의해 다음과 같이 된다.

$$e_{y1} = e_{y2} = \frac{I_x}{Ay_1} = \frac{I_x}{Ay_2} = \left(\frac{bh^3}{12}\right)\left(\frac{1}{bh}\right)\left(\frac{2}{h}\right) = \frac{h}{6} \quad \cdots\cdots (12.2.5)$$

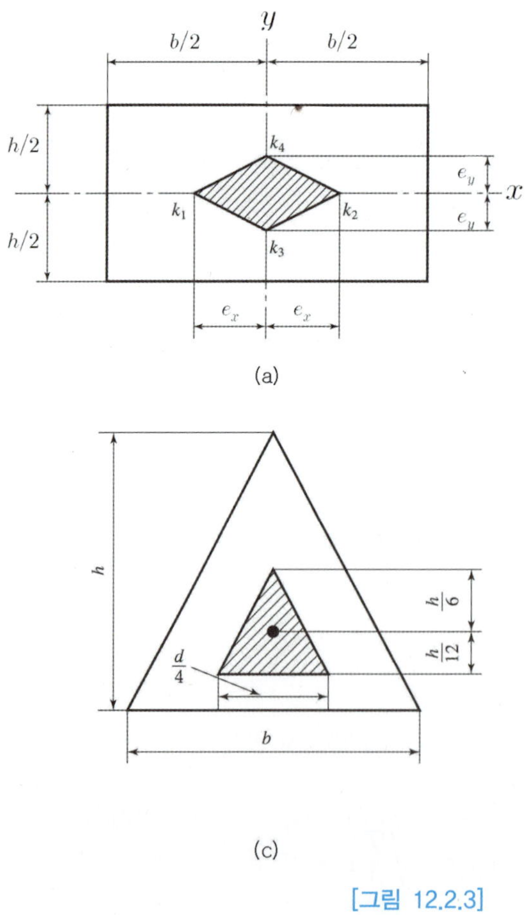

[그림 12.2.3]

또한 하중이 x축에 있을 때는 같은 방법으로 다음과 같이 된다.

$$e_{x1} = e_{x2} = \frac{I_y}{Ax_1} = \frac{I_y}{Ax_2} = \left(\frac{hb^3}{12}\right)\left(\frac{1}{bh}\right)\left(\frac{2}{b}\right) = \frac{b}{6} \quad \cdots\cdots (12.2.6)$$

이것은 편심하중이 y축 위에 있을 때는 도심으로부터 양쪽으로 $h/6$의 거리(k_3, k_4) 내에 있으면 인장력은 발생하지 않으며, x축 위에 있을 때는 도심으로부터 양쪽으로 $b/6$의 거리(k_1, k_2) 내에 있으면 인장력은 발생하지 않는다는 것을 나타낸다. 즉, 직사각형 단면의 경우 대칭축을 중심으로 $2 \times (b/6) = (b/3)$와 $2 \times (h/6) = (h/3)$인 $1/3$부분 내에 하중 P가 작용하면 기둥 단면에서 인장응력이 일어나지 않는데 이 부분을 **중앙 삼분권**(middle third)이라 한다.

또 편심하중이 주축이 아닌 가로 단면 내의 임의의 점 (x, y)에 작용할 경우를 보면 식 (12.2.3)으로부터 다음과 같은 관계를 대입할 때 $f = 0$이 되어야 한다.

$$f = \frac{P}{A} + \frac{Pe_y}{I_x}y + \frac{Pe_x}{I_y}x$$

$$I_x = \frac{bh^3}{12},\ I_y = \frac{hb^3}{12},\ A = bh,\ y = -\frac{h}{2},\ x = -\frac{b}{2}$$

즉,

$$\frac{P}{bh} + \frac{Pe_y}{bh^3/12}\left(-\frac{h}{2}\right) + \frac{Pe_x}{hb^3/12}\left(-\frac{b}{2}\right) = 0 \quad \cdots\cdots (12.2.7)$$

이 식으로부터 e_y와 e_x의 관계를 구하면 다음과 같이 된다.

$$\frac{e_y}{h/6} + \frac{e_x}{b/6} = 1 \quad \cdots\cdots (12.2.8)$$

이 식은 $e_x = 0$일 때 $e_y = h/6$, $e_y = 0$일 때 $e_x = b/6$가 된다.

따라서 제1상한에서 핵선은 k_2와 k_4를 맺는 직선이 되며, 다른 상한에 편심하중이 작용할 때도 마찬가지로 생각할 수 있어서 핵은 점 (k_1, k_2, k_3, k_4)를 맺는 직선으로 둘러싸인 도형이 된다.

[3] 편심하중 P가 x 축에 작용할 때

[그림 12.2.4(a)]에서 C와 D지점은 압축, A와 B지점은 $e > b/6$인 경우에는 인장을 받는다. 따라서 C와 D지점에서는 최대 편심응력, A와 B지점에서는 최소 편심응력이 생긴다(편심응력을 구할 때 단면 2차 모멘트는 하중이 작용하는 축과 반대가 되는 축에 대해서 계산한다).

$$f_C = f_D = -\frac{P}{A} - \frac{M_y}{I_y}x = -\frac{P}{A} - \frac{Pe_x}{Z_y}$$

$$= -\frac{P}{bh} - \frac{Pe_x}{hb^2/6} = -\frac{P}{A}\left(1 + \frac{6e_x}{b}\right) \quad \cdots\cdots (12.2.9)$$

$$f_A = f_B = -\frac{P}{A} + \frac{M_y}{I_y}x = -\frac{P}{A} + \frac{Pe_x}{Z_y} = -\frac{P}{A}\left(1 - \frac{6e_x}{b}\right)$$

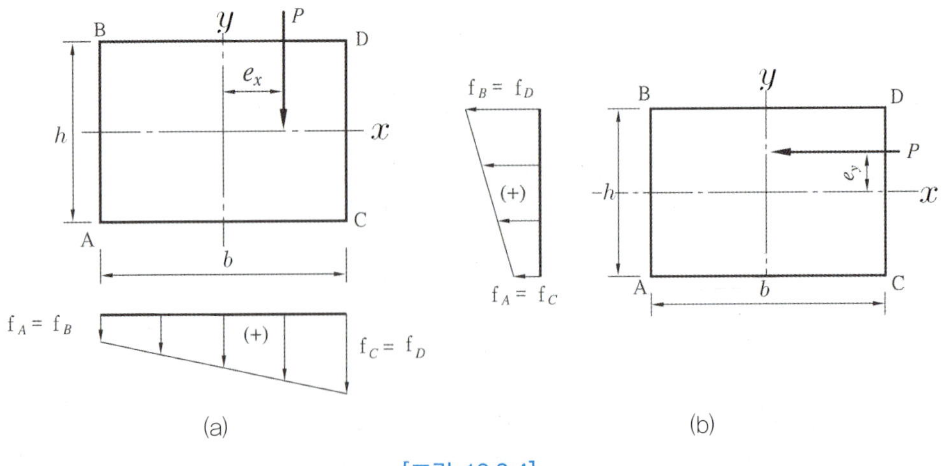

[그림 12.2.4]

[4] 편심하중 P가 y축에 작용할 때

[그림 12.2.4(b)]에서 B와 D지점은 압축, A와 C지점은 $e > h/6$인 경우에는 인장을 받는다. 따라서 B와 D지점에서는 최대 편심응력, A와 C지점에서는 최소 편심응력이 생긴다. 계산 결과 (−)값이면 압축이고, (+)값이면 인장이다.

$$f_B = f_D = -\frac{P}{A} - \frac{M_x}{I_x}y = -\frac{P}{A} - \frac{Pe_y}{Z_x}$$

$$= -\frac{P}{A} - \frac{Pe_y}{bh^2/6} = -\frac{P}{A}\left(1 + \frac{6e_y}{h}\right) \quad \cdots\cdots (12.2.10)$$

$$f_A = f_C = -\frac{P}{A} + \frac{M_x}{I_x}y = -\frac{P}{A} + \frac{Pe_y}{Z_x} = -\frac{P}{A}\left(1 - \frac{6e_y}{h}\right)$$

[5] 편심하중 P가 임의 점에 작용할 때

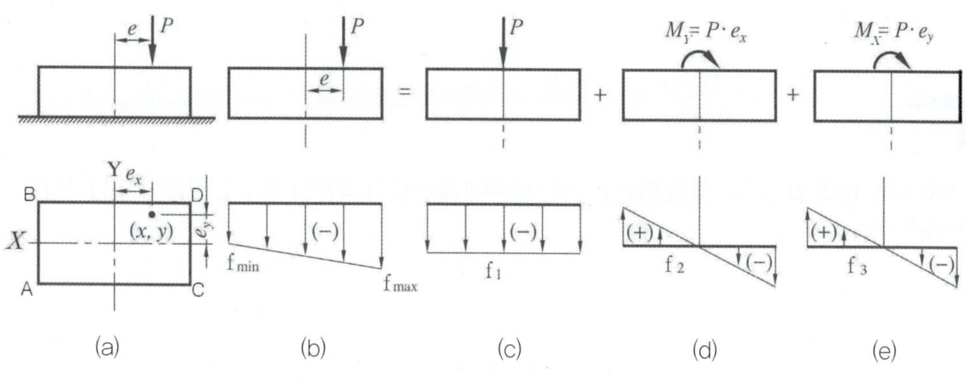

[그림 12.2.5]

[그림 12.2.5(a)]와 같이 하중 P의 작용점이 단면 X축, Y축을 벗어나 임의의 $O(x,\ y)$지점에 작용할 때 O지점의 편심거리를 e_x, e_y라고 하면 X축, Y축에 작용하는 휨모멘트는 $M_Y = P \cdot e_x$, $M_X = P \cdot e_y$가 된다. 따라서 임의의 점에 대한 편심응력은 [그림 12.2.5]에서 (c), (d), (e)의 응력을 합산하면 다음 식 (12.2.11)과 같이 된다.

$$f = -(f_1 \pm f_2 \pm f_3) = -\left(\frac{P}{A} \pm \frac{Pe_x}{I_y}x \pm \frac{Pe_y}{I_x}y\right)$$

$$= -\left(\frac{P}{A} \pm \frac{Pe_x}{I_y/x} \pm \frac{Pe_y}{I_x/y}\right) = -\left(\frac{P}{A} \pm \frac{Pe_x}{Z_y} \pm \frac{Pe_y}{Z_x}\right) \quad \cdots\cdots (12.2.11)$$

식 (12.2.11)에 의해서 [그림 12.2.5(a)] 단면에 작용하는 A, B, C, D지점의 편심응력 값은 다음 식 (12.2.12)와 같이 된다.

$$\left.\begin{aligned} f_A &= -\frac{P}{A}\left(1 - \frac{6e_x}{b} - \frac{6e_y}{h}\right) \\ f_B &= -\frac{P}{A}\left(1 - \frac{6e_x}{b} + \frac{6e_y}{h}\right) \\ f_C &= -\frac{P}{A}\left(1 + \frac{6e_x}{b} - \frac{6e_y}{h}\right) \\ f_D &= -\frac{P}{A}\left(1 + \frac{6e_x}{b} + \frac{6e_y}{h}\right) \end{aligned}\right\} \quad \cdots\cdots (12.2.12)$$

예제 12.2.1

[그림 12.2.6]과 같은 직사각형 단면을 가진 단주에 축하중이 작용할 경우 인장응력이 생기지 않는 범위를 구하여라.

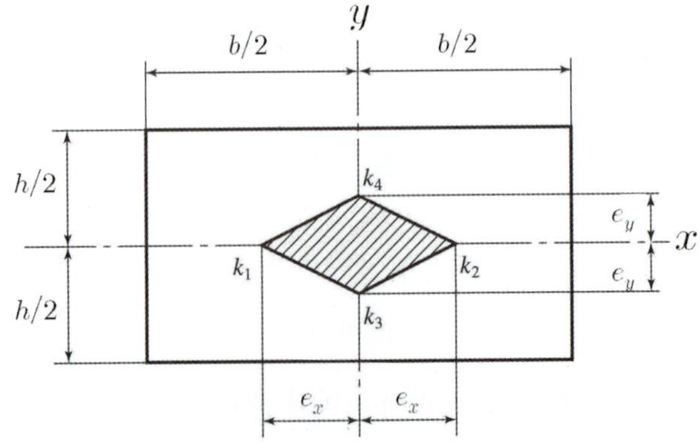

[그림 12.2.6]

풀이

[그림 12.2.6]과 같은 직사각형 단면의 임의의 점에서 편심하중 P가 작용했을 때 최소 편심응력식 (12.2.11)에서

$$f = -\left(\frac{P}{A} - \frac{Pe_y}{I_x}y - \frac{Pe_x}{I_y}x\right) = -\left(\frac{P}{A} - \frac{Pe_y}{I_x/y} - \frac{Pe_x}{I_y/x}\right) = -\left(\frac{P}{A} - \frac{Pe_y}{Z_x} - \frac{Pe_x}{Z_y}\right)$$

핵거리를 구하기 위하여 $f = 0$으로 놓으면 다음과 같은 경계조건에 의해서 핵거리를 구한 값은 다음과 같다.

$$-\left(\frac{P}{A} - \frac{Pe_y}{Z_x} - \frac{Pe_x}{Z_y}\right) = 0, \quad -\left(\frac{P}{A} - \frac{Pe_y}{\frac{bh^2}{6}} - \frac{Pe_x}{\frac{hb^2}{6}}\right) = 0, \quad -\frac{P}{bh}\left(1 - \frac{6e_y}{h} - \frac{6e_x}{b}\right) = 0$$

$$\therefore \frac{6e_x}{b} + \frac{6e_y}{h} = 1$$

$y = 0$이면 $e_x = \dfrac{b}{6}$

$x = 0$이면 $e_y = \dfrac{h}{6}$

따라서 $\dfrac{6e_x}{b} + \dfrac{6e_y}{h} \leq 1$이면 단면에는 압축응력이 생기고, $\dfrac{6e_x}{b} + \dfrac{6e_y}{h} > 1$이면 단면에는 인장응력이 생긴다.

예제 12.2.2

[그림 12.2.7]과 같이 밑변이 b, 높이 h인 삼각형의 핵거리 e_1과 e_2를 구하여라.

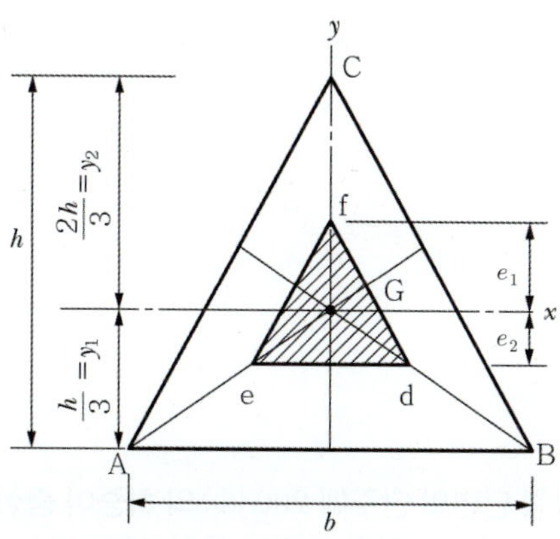

[그림 12.2.7]

풀이

$I_x = \dfrac{bh^3}{36}$, $I_y = \dfrac{hb^3}{48}$, $A = \dfrac{1}{2}bh$이므로

$r_x = \sqrt{\dfrac{I_x}{A}} = \sqrt{\dfrac{bh^3/36}{bh/2}} = \dfrac{h}{3\sqrt{2}}$ $\quad r_y = \sqrt{\dfrac{I_y}{A}} = \sqrt{\dfrac{bh^3/48}{bh/2}} = \dfrac{b}{2\sqrt{6}}$

$e_1 = \dfrac{r_x^2}{y_1} = \dfrac{(h/3\sqrt{2})^2}{h/3} = \dfrac{3h^2}{18h} = \dfrac{h}{6}$ $\quad e_2 = \dfrac{{r_x}^2}{y_2} = \dfrac{(h/3\sqrt{2})^2}{2h/3} = \dfrac{h}{12}$

$\therefore k_{ed} = \dfrac{(b/2\sqrt{6})^2}{b/6} = \dfrac{b}{4}$

예제 12.2.3

[그림 12.2.8]과 같이 지름이 d인 원형단면의 핵거리 e값을 구하여라.

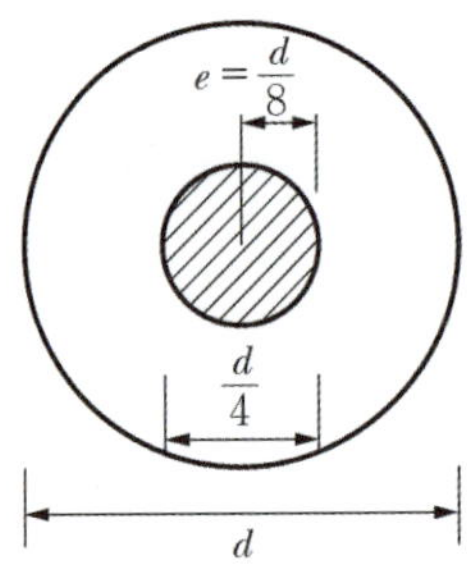

[그림 12.2.8]

풀이

$I_x = \dfrac{\pi d^4}{64}$ $\quad A = \dfrac{\pi d^2}{4}$

$r_x^2 = \dfrac{I_x}{A} = \dfrac{\pi d^4/64}{\pi d^2/4} = \dfrac{d^2}{16}$ $\quad e = \dfrac{{r_x}^2}{y} = \dfrac{d^2/16}{d/2} = \dfrac{d}{8}$

예제 12.2.4

[그림 12.2.9]와 같은 직사각형 단면의 단주에 200 kN 의 하중이 중심으로부터 2 cm 편심되었을 경우 부재단면에 생기는 최대, 최소 응력을 구하고 응력도를 그려라.

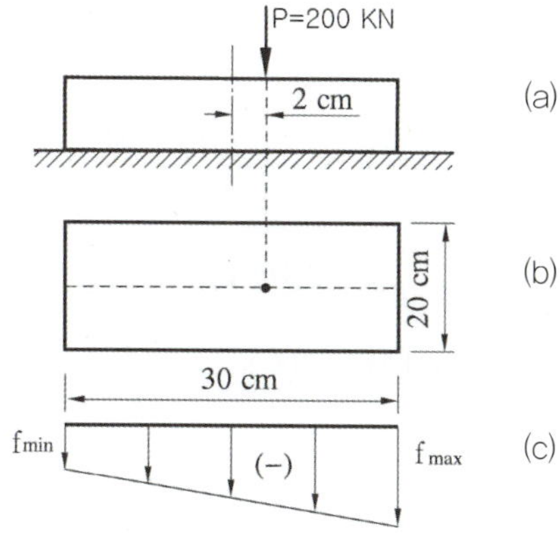

[그림 12.2.9]

풀이

직사각형 단면일 경우에는

$$f_{\substack{max \\ min}} = -\left(\frac{P}{A} \pm \frac{M}{I}y\right) = -\left(\frac{P}{A} \pm \frac{Pe}{Z}\right) = -\left(\frac{P}{A} \pm \frac{6Pe}{bh^2}\right) = -\frac{P}{A}\left(1 \pm \frac{6e}{h}\right)$$

$$= -\frac{200,000}{20 \times 30}\left(1 \pm \frac{6 \times 2}{30}\right) = -\frac{1,000}{3}\left(1 \pm \frac{2}{5}\right)$$

$\therefore f_{max} = -467\ \mathrm{N/cm^2} = -4.67\ \mathrm{MPa}$(압축)

$\therefore f_{min} = -200\ \mathrm{N/cm^2} = -2\ \mathrm{MPa}$ (압축)

예제 12.2.5

[그림 12.2.10]과 같이 지름이 40 cm 인 원형단면의 단주에 800 kN 의 하중이 5 cm 편심되어 압축을 받을 경우 부재단면에 생기는 최대, 최소 응력을 구하고 응력도를 그려라.

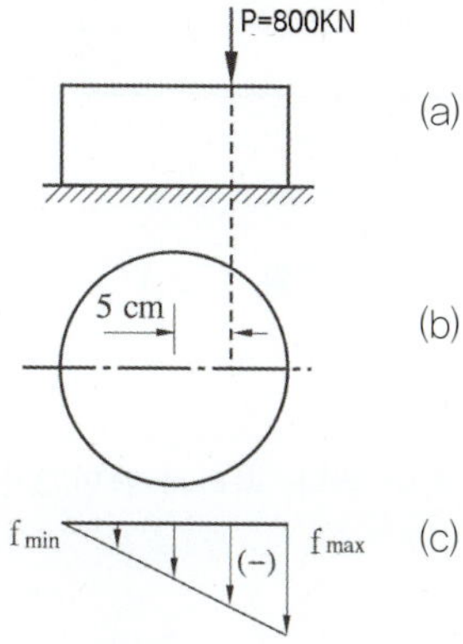

[그림 12.2.10]

풀이

원형단면인 경우에는

$$f_{\substack{max \\ min}} = -\left(\frac{P}{A} \pm \frac{M}{I}y\right) = -\left(\frac{P}{A} \pm \frac{Pe}{Z}\right) = -\frac{P}{A}\left(1 \pm \frac{8e}{d}\right) = -\frac{4P}{\pi d^2}\left(1 \pm \frac{8e}{d}\right)$$

$$= -\frac{4 \times 800{,}000}{3.14 \times 40^2}\left(1 \pm \frac{8 \times 5}{40}\right) = -637(1 \pm 1)$$

$$\therefore f_{max} = -1{,}274\ \mathrm{N/cm^2} = -12.74\ \mathrm{MPa}(\text{압축})$$

$$\therefore f_{min} = 0$$

예제 12.2.6

[그림 12.2.11]과 같이 밑변이 28 cm**, 높이가** 30 cm**인 삼각형 단면의 기둥에 하중** 200 kN**이 작용할 경우 A, B, C지점에 생기는 응력을 구하여라. 단, 하중은 도심에서** 8 cm **떨어져 있다.**

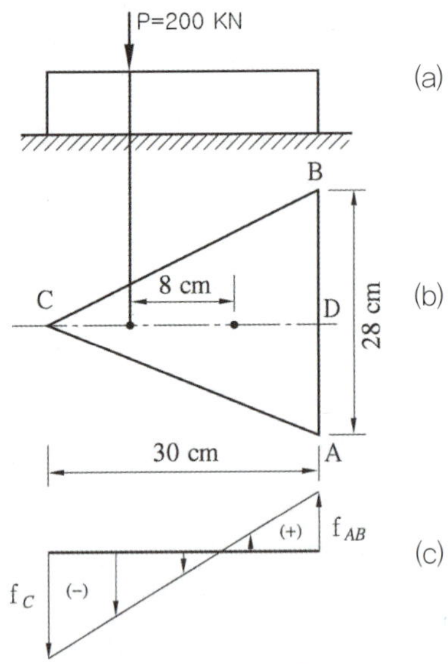

[그림 12.2.11]

풀이

점은 압축이고, A, D, B지점은 인장측이 된다. 따라서 단면 2차 모멘트 계산은 CD를 높이, AB를 축으로 계산한다.

$$f_C = -\left(\frac{P}{A} + \frac{M}{I}y\right) = -\left(\frac{P}{bh/2} + \frac{Pe}{bh^3/36} \times \frac{2}{3}h\right)$$

$$= -\left(\frac{200{,}000}{(28 \times 30/2)} + \frac{200{,}000 \times 8}{(28 \times 30^3/36)} \times \frac{2 \times 30}{3}\right)$$

$$= -(476 + 1{,}524) = -2{,}000\ \mathrm{N/cm^2} = -20\ \mathrm{MPa}(\text{압축})$$

$$f_{AB} = -\left(\frac{P}{A} - \frac{M}{I}y\right) = -\left(\frac{P}{bh/2} - \frac{Pe}{bh^3/36} \times \frac{1}{3}h\right)$$

$$= -\left(\frac{200{,}000}{(28 \times 30/2)} - \frac{200{,}000 \times 8}{(28 \times 30^3/36)} \times \frac{30}{3}\right)$$

$$= -(476 - 762) = 286\ \mathrm{N/cm^2} = 2.86\ \mathrm{MPa}\ (\text{인장})$$

예제 12.2.7

[그림 12.2.12]와 같이 구형단면을 가진 단주에 하중 $P = 100\,\mathrm{kN}$ 가 작용할 때 A, B, C, D지점에 생기는 응력을 구하여라. 단, 하중점의 좌표는 $e_x = 4$ cm, $e_y = 6$ cm이다.

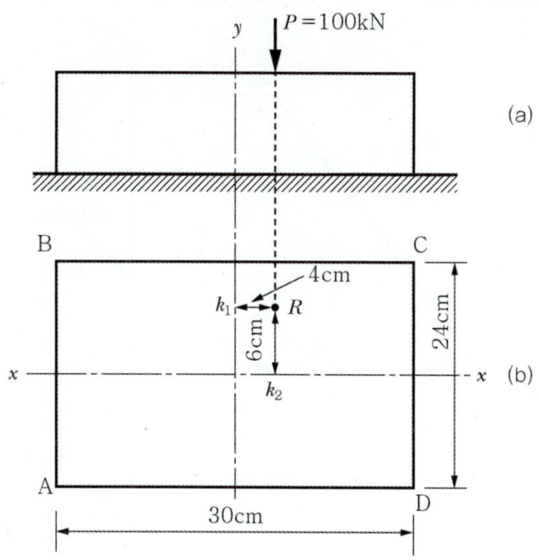

[그림 12.2.12]

풀이

중점 R을 편의상 k_1, k_2로 나누어 응력을 생각하여 합성하면 된다.

$$f_A = -\left(\frac{P}{A} - \frac{Pe_y}{I_x}y - \frac{Pe_x}{I_y}x\right) = -\left(\frac{100{,}000}{30 \times 24} - \frac{100{,}000 \times 6}{30 \times 24^3/12} \times \frac{24}{2} - \frac{100{,}000 \times 4}{24 \times 30^3/12} \times \frac{30}{2}\right)$$

$$= -(139 - 208 - 111) = 180\ \mathrm{N/cm^2}(\text{인장})$$

$$f_B = -\left(\frac{P}{A} + \frac{Pe_y}{I_x}y - \frac{Pe_x}{I_y}x\right) = -(139 + 208 - 111) = -236\ \mathrm{N/cm^2}(\text{압축})$$

$$f_C = -\left(\frac{P}{A} + \frac{Pe_y}{I_x}y + \frac{Pe_x}{I_y}x\right)$$

$$= -\left(\frac{100{,}000}{30 \times 24} + \frac{100{,}000 \times 6}{30 \times 24^3/12} \times \frac{24}{2} + \frac{100{,}000 \times 4}{24 \times 30^3/12} \times \frac{30}{2}\right)$$

$$= -(139 + 208 + 111) = -458\ \mathrm{N/cm^2}(\text{압축})$$

$$f_D = -\left(\frac{P}{A} - \frac{Pe_y}{I_x}y + \frac{Pe_x}{I_y}x\right) = -(139 - 208 + 111) = -42\ \mathrm{N/cm^2}(\text{압축})$$

예제 12.2.8

[그림 12.2.13]과 같은 콘크리트 옹벽(retaining wall)의 안정을 검사하여라. 단 콘크리트 단위중량은 $22\ \mathrm{kN/m^3}$, 흙과 옹벽의 마찰계수(f_r)는 0.5, 허용지반지지력(q_a)은 $200\ \mathrm{kN/m^2}$이다.

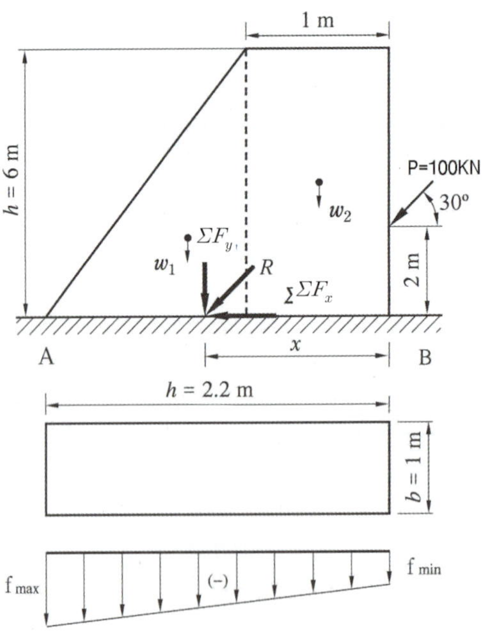

[그림 12.2.13]

풀이

(1) 합력(R)의 위치

$w_1 = 1.2 \times 6 \times \frac{1}{2} \times 1 \times 22 = 79.2\,\text{kN}$, $w_2 = 1 \times 6 \times 1 \times 22 = 132\,\text{kN}$

$V = 100 \times \sin 30° = 100 \times \frac{1}{2} = 50\,\text{kN}$, $H = 100 \times \cos 30° = 10 \times \frac{\sqrt{3}}{2} = 87\,\text{kN}$

$\Sigma F_y = w_1 + w_2 + V = 261.2\,\text{kN}$ $\Sigma F_x = H = 87\,\text{kN}$

$\Sigma M_B = 0$에 의해서

$-w_1 \times 1.4 - w_2 \times 0.5 - V \times 0 - H \times 2 = -\Sigma F_y x - \Sigma F_x \times 0$

$79.2 \times 1.4 + 132 \times 0.5 + 87 \times 2 = 261.2x$

$\therefore x = \frac{350.9}{261.2} = 1.34\,\text{m}$

(2) 안정조건

① 전도에 대한 안정

$x \leqq \frac{2h}{3}$ 또는 $\left(\frac{\text{저항모멘트}}{\text{전도모멘트}} \geqq 2.0\right)$

$\therefore 1.34\text{m} \leqq \frac{2 \times 2.2}{3} = 1.46\,\text{m}$ (안정)

② 활동(silding)에 의한 안정

$f_r \Sigma F_y \geqq \Sigma F_x$ $\left(\text{또는 } \frac{\text{활동저항력}}{\text{수평력}} \geqq 1.5\right)$

$0.5 \times 261.2 = 130.6\,\text{kN} > 87\,\text{kN}$(안정)

③ 지반지지력(침하)에 의한 안정

$f_{\max} < f_a$

$f_{\max} = -196.5\,\text{kN/m}^2$

$f_{\min} = -40\,\text{kN/m}^2$

$f_{\max} = 196.5\,\text{kN/m}^2 < q_a = 200\,\text{kN/m}^2$ (안정)

q_a : 허용지반지지력 $f_{\max}$: 최대 압축응력

예제 12.2.9

[그림 12.2.14]와 같이 하중이 작용할 때 편심응력을 구하고 응력도를 작성하여라.

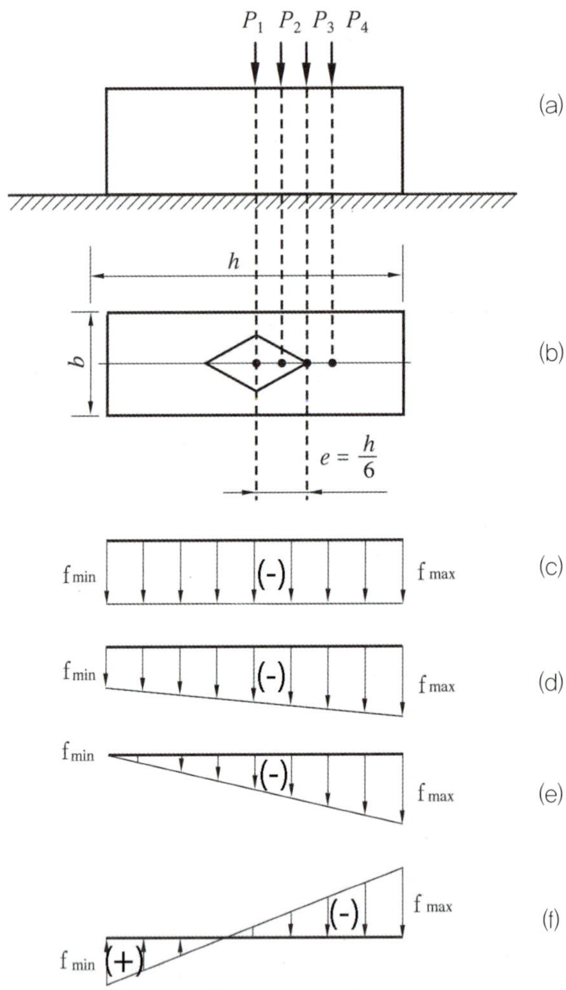

[그림 12.2.14]

풀이

$$f_{max} = -\frac{P}{A} \pm \frac{M}{Z} = -\frac{P}{A}\left(1 \pm \frac{6e}{h}\right)$$

(1) P_1일 때 $(e = 0)$, [그림 12.2.14(c)]

$$f_{max} = f_{min} = -\frac{P}{A}\left(1 \pm \frac{6 \times 0}{h}\right) = -\frac{P}{A}$$

(2) P_2일 때 $\left(e < \frac{h}{6}\right)$, [그림 12.2.4(d)]

$$f_{max} = -\frac{P}{A}\left(1 - \frac{6e}{h}\right)$$

$$f_{min} = -\frac{P}{A}\left(1 + \frac{6e}{h}\right)$$ (최소 압축응력 발생)

(3) P_3일 때 $\left(e = \frac{h}{6}\right)$, [그림 12.2.4(e)]

$$f_{max} = -\frac{P}{A}\left(1 + \frac{6}{h} \times \frac{h}{6}\right) = -\frac{P}{A}(1+1)$$

$$f_{max} = -\frac{2P}{A}$$ (평균 압축응력의 2배)

$$f_{min} = 0$$

(4) P_4일 때 $\left(e > \frac{h}{6}\right)$, [그림 12.2.4(f)]

$$f_{max} = -\frac{P}{A}\left(1 + \frac{6e}{h}\right)$$

$$f_{min} = -\frac{P}{A}\left(1 - \frac{6e}{h}\right)$$ (인장응력 발생)

12.3 장주

압축재의 길이가 그 단면의 최소 회전 반지름에 비하여 상당히 클 때는 기둥축에 단순한 하중이 작용하여도 그 단면에 등분포압축응력이 생기지 않고 일종의 휨모멘트가 생겨서 압축응력이 허용강도에 도달하기 전에 휘어져 버린다. 이런 현상을 좌굴(buckling)이라고 한다. 세장비($\lambda = l/r$)가 일정 값 이상인 부재는 하중이 작용하면 부재의 불균일성에 의하여 하중이 집중되는 부분이 생겨서 하중편심이 되고 부재의 변곡이 일어나기 때문에 생기는 현상이라고 볼 수 있다. 그래서 이때에는 보통의 허용압축응력 이하의 압축응력에 대하여 재료가 파괴되고, 따라서 허용하중도 훨씬 적어진다.

구조용 강재에서 기둥의 단면은 흔히 가늘어 재료 파쇄 전에 다른 한계상태에 도달하게 된다. 이들 다른 한계상태는 비탄성과 가는 부재좌굴에 관계된다. 이들은 압축부재의 횡좌굴, 국부좌굴, 횡－비틀림좌굴을 포함한다. 각 한계상태는 선정된 압축부재를 개발시키는 설계규정에 구체화되어야 한다.

좌굴현상연구의 시작은 양단이 핀으로 된 완전히 직선탄성기둥으로 이상화되었다. 기둥에서 축방향 축하중 P가 증가할 때, 기둥은 임계하중(critical load) P_{cr}에 도달할 때까지 직선을 유지하고 탄성적으로 단축된다. 이러한 곧은 형태의 평형산태를 안정(stable)하다고 하며, 기둥이 다른 외력에 의해 교란되더라도 곧은 상태로 되돌아간다는 것을 의미한다. 예를 들어 미소한 횡방향하중을 가하여 기둥이 휨을 받도록 한다고 해도 횡방향하중을 제거하면 처짐은 사라지고 기둥은 원래의 위치로 되돌아가게 된다. 축방향 축하중 P를 점차 증가함에 따라 기둥은 휘어진 형태인 중립평형상태(neutral equilibrium states)에 도달하게 된다. 이때의 하중을 임계하중(critical load) P_{cr} 또는 좌굴하중(buckling load, P_b) 이라고 하며, 이러한 현상을 일으키는 기둥을 장주(long column)라고 한다. 기둥은 작용하중이 어느 한계에 이르면 하중은 증가하지 않고 변형만이 증가하여 하중을 제거한 후에도 부재형상이 원래의 형태로 돌아가지 않는 좌굴현상(buckling phenomenon)이 발생하게 된다. 그러므로 임계하중은 기둥을 곧은 상태 혹은 미소한 휨 상태로 정역학적 평형상태를 유지하게끔 한다. 임계하중보다 큰 값에서는 기둥은 불안정(unstable)하게 되며 휨에 의해 붕괴하게 된다. 여기서 논의되는 이상적인 경우에는 P가 P_{cr}보다 큰 값을 갖는다 할지라도 기둥은 곧은 상태로서 평형상태에 존재한다. 그러나 그러한 평형상태는 불안정하며 가능한 최소의 외력에 의해서도 기둥은 횡방향으로 처짐을 일으키며, 처짐은 곧 증가하여 마침내 붕괴하게 된다.

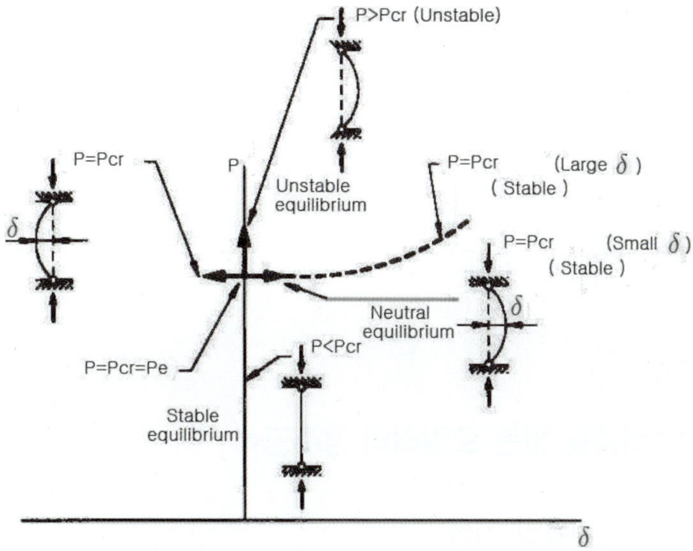

[그림 12.3.1] 탄성기둥의 하중-처짐 곡선

[그림 12.3.1]에 나타낸 바와 같이 축방향 축하중 P에 의해 압축을 받는 이상기둥의 거동은 다음과 같이 요약할 수 있다.

$P < P_{cr}$이면, 곧은 상태의 안정평형상태

$P = P_{cr}$이면, 곧은 상태 또는 미소처짐 상태의 중립평형상태

$P > P_{cr}$이면, 곧은 상태의 불안정상태, 좌굴현상

장주는 양단의 지지상태에 따라 [그림 12.3.2]와 같이 4종류로 구분한다.

[1] 1단고정 타단자유인 기둥 : [그림 12.3.2(a)]

[2] 양단활절인 기둥 : [그림 12.3.2(b)]

[3] 1단고정 타단활절인 기둥 : [그림 12.3.2(c)]

[4] 양단고정인 기둥 : [그림 12.3.2(d)]

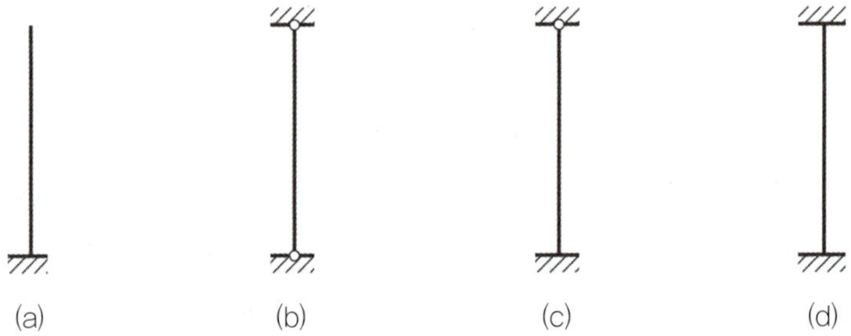

[그림 12.3.2]

12.3.1 중심축하중을 받는 오일러의 장주공식

[1] 1단 고정 타단 자유인 기둥

단면치수에 비해 길이가 긴 기둥에 중심축하중 P가 어느 일정한 값 P_{cr}에 이르면 기둥은 좌굴을 일으키면서 파괴된다. 이 P_{cr}을 좌굴하중 또는 임계하중이라 한다.

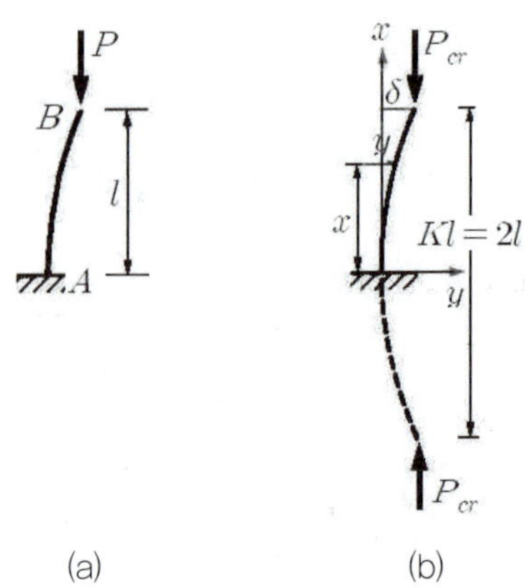

[그림 12.3.3]

오일러(Leonard Euler, 1759)는 장주의 좌굴하중에 대한 이론식을 다음과 같이 유도하였다. [그림 12.3.3]과 같이 A단이 고정, B단이 자유단인 기둥의 중심선은 직선이고, 단면은 균일하며, 재료는 탄성체로 본 이 기둥에 P가 작용하여 좌굴할 때 좌굴하중 P_{cr}은 탄성곡선방정식에 의해서 유도된다.

[그림 12.3.3(b)]에서 x지점의 휨모멘트를 M_x는 다음과 같다.

$$M_x = P_{cr}(\delta - y)$$

$$\frac{d^2y}{dx^2} = -\frac{M_x}{EI} = \frac{P_{cr}}{EI}(\delta - y) \quad \cdots\cdots ①$$

여기서, $a^2 = \dfrac{P_{cr}}{EI}$라고 하면 식 ①은 다음과 같이 된다.

$$\frac{d^2y}{dx^2} + a^2y = a^2\delta \quad \cdots\cdots ②$$

식 ②를 임의의 상수 C_1과 C_2를 가지는 동차 방정식의 일반해로 나타내면 다음과 같다.

$$y_1 = C_1 \sin ax + C_2 \cos ax \quad \cdots\cdots ③$$

완전한 방정식의 특수해는 $y_2 = \delta$이고, 완전해($y = y_1 + y_2$)는 다음 식과 같다.

$$y = C_1 \sin ax + C_2 \cos ax + \delta \quad \cdots\cdots ④$$

식 ④에서 고정단 A지점은 경계조건에 의하여 다음과 같은 결과를 얻을 수 있다.

$$x = 0\text{일 때} \quad y = 0,\ \frac{dy}{dx} = 0 \quad \cdots\cdots ⑤$$

$$x = l\text{일 때} \quad y = \delta$$

따라서 식 ④와 ⑤에 의해서 다음 식을 얻는다.

$$y = \delta(1 - \cos ax) \quad \cdots\cdots ⑥$$

기둥의 자유단에서 $x = 1$, $y = \delta$이므로 이것을 식 ⑥에 대입하면 다음의 식이 된다.

$$\delta \cos al = 0 \quad \cdots\cdots ⑦$$

식 ⑦에 의해서 $\delta = 0$ 또는 $\cos al = 0$이다.

만약, $\delta = 0$이면 기둥은 직선이고, $\cos al = 0$이면 기중이 좌굴하여 δ가 생기는 경우가 된다. 따라서 $\cos al = 0$으로부터 다음과 같은 관계를 얻을 수 있다.

$$\left.\begin{aligned} al &= \frac{n\pi}{2} \quad (m = 1, 3, 5 \cdots) \\ a &= \frac{n\pi}{2l}, \quad a^2 = \frac{n^2\pi^2}{4l^2} \end{aligned}\right\} \quad \cdots\cdots ⑧$$

$a^2 = \dfrac{P_{cr}}{EI}$에 의해서 좌굴하중 P_{cr}는 다음 식과 같다.

$$P_{cr} = a^2 EI = \frac{n^2\pi^2 EI}{4l^2} \quad \cdots\cdots (12.3.1)$$

위 식에서 n 값은 장주의 지지상태에 따라서 좌굴현상을 표시한 것으로 좌굴하중은 $n = 1$일 때 최솟값을 갖게 되므로, 1단고정 타단자유인 기둥에서 좌굴하중 P_{cr}과 좌굴응력 f_{cr}은 다음 식과 같다.

$$P_{cr} = \frac{\pi^2 EI}{4l^2}, \quad f_{cr} = \frac{P_{cr}}{A} = \frac{\pi^2 E}{4\lambda^2} \quad \cdots\cdots (12.3.2)$$

[2] 양단 활절인 기둥

[그림 12.3.4(b)]에 보인 양단활절인 기둥 좌굴곡선의 절반은 [그림 12.3.3(b)]와 같다. 따라서 식 (12.3.2)에서 l 을 $l/2$로 대치함으로써 좌굴하중 P_{cr}는 식 (12.3.3)과 같다.

$$P_{cr} = \frac{\pi^2 EI}{l^2} \quad \cdots\cdots (12.3.3)$$

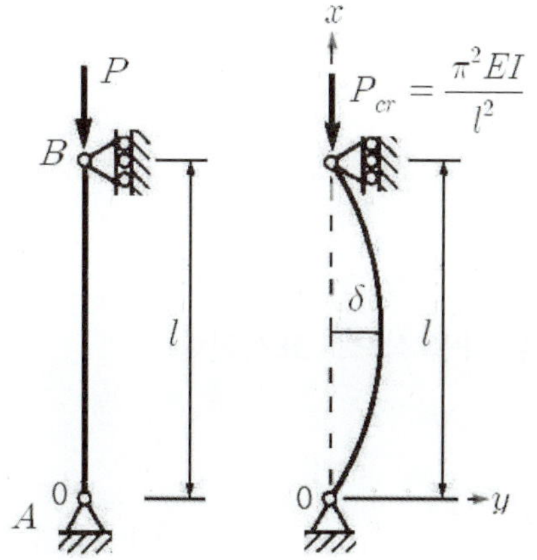

(a) (b)

[그림 12.3.4]

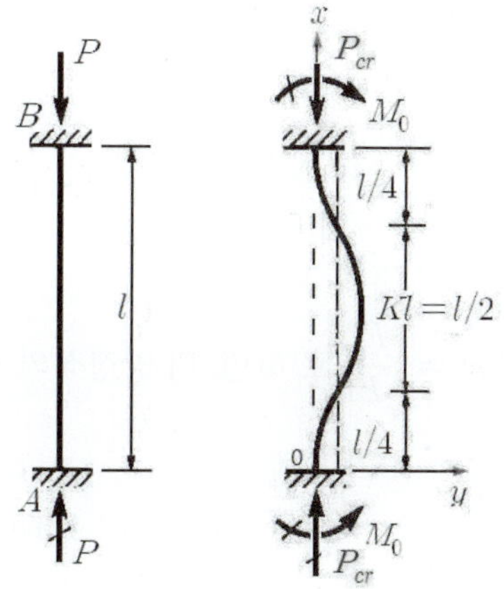

(a) (b)

[그림 12.3.5]

[3] 양단 고정인 기둥

양단이 고정인 기둥에 축하중 P가 작용하여 좌굴되는 동안 기둥 양단 지점에서 지점 모멘트가 발생하며, 좌굴곡선은 [그림 12.3.5(b)]와 같이 지점으로부터 $l/4$되는 지점에서 변곡점을 이루는 코사인곡선이 된다. 따라서 고정지점으로부터 $l/4$구간의 처짐곡선은 [그림 12.3.3(b)]와 동일하므로 식 (12.3.2)에서 l대신에 $l/4$을 대입하면 양단고정인 기둥의 좌굴하중 P_{cr}는 다음 식과 같다.

$$P_{cr} = \frac{4\pi^2 EI}{l^2} \quad \cdots\cdots (12.3.4)$$

[4] 1단고정 타단 활절인 기둥

[그림 12.3.6]와 같은 기둥이 축하중 P가 작용하여 좌굴되면 활절인 B지점에서 수평반력 S가 발생한다. 고정지점으로부터 거리 x만큼 떨어진 임의의 점에 대한 휨모멘트는 다음과 같다.

$$M_x = S(l - x) - Py$$

따라서 처짐곡선의 미분방정식은 다음과 같다.

$$EI\frac{d^2y}{dx^2} = -Py + S(l-x) \quad \cdots\cdots ①$$

여기서 $a^2 = \dfrac{P_{cr}}{EI}$로 하면, 위 방정식의 일반 해는 다음 식으로 표시된다.

$$y = C_1 \cos ax + C_2 \sin ax + \frac{S}{P}(l-x) \quad \cdots\cdots ②$$

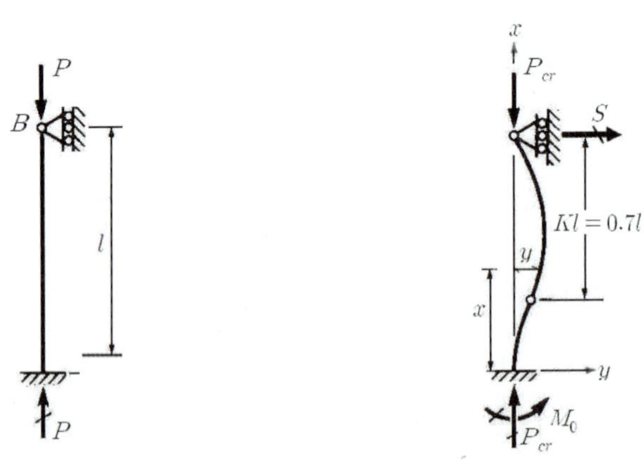

[그림 12.3.6]

식 ②에서 적분상수 C_1과 C_2 그리고 미지반력 S를 구하기 위하여 고정지점에서 $x=0,\ y=0$ 그리고 $x=0,\ dy/dx=0$이다. 활절지점에서는 $x=l,\ y=0$이다. y에 대한 식 ②에 이 조건들을 대입하면 다음과 같은 관계식을 얻을 수 있다.

$$\left.\begin{aligned} &C_1 + \frac{Sl}{P} = 0 \\ &aC_2 - \frac{S}{P} = 0 \\ &C_1 \cos al + C_2 \sin al = 0 \end{aligned}\right\} \quad \cdots\cdots ③$$

식 ③에서 구한 적분상수 C_1과 C_2를 세 번째 식에 대입하면, 다음과 같은 식을 얻게 된다.

$$\frac{S}{P}\left(\frac{1}{a}\sin al - l\cos al\right) = 0 \quad \cdots\cdots ④$$

하중 P가 임계치에 도달하기 전에는 이 기둥에 좌굴이 생기지 않으므로 $C_1 = C_2 = S = 0$이면 식 ③이 만족된다. 따라서 좌굴이 생기는 것은 $C_1,\ C_2,\ S$가 모두 0이 아닌 경우이므로 식 ④에 의해서 다음과 같은 식을 얻게 된다.

$$al = \tan al \quad \cdots\cdots ⑤$$

식 ⑤를 만족하는 al의 최소치를 구하면, $al = 4.49$를 얻게 되는데 이 값을 $a^2 = P_{cr}/EI$식에 대입하면 좌굴하중 P_{cr}은 다음 식 (12.3.5)와 같다.

$$P_{cr} = a^2 EI = \frac{20.2EI}{l^2} = \frac{\pi^2 EI}{(0.7l)^2} = \frac{2\pi^2 EI}{l^2} \quad \cdots\cdots (12.3.5)$$

기둥의 4종류에 대해 오일러의 장주공식으로 구한 좌굴하중 P_{cr}은 기둥의 치수와 재료의 탄성계수에 의하여 결정된다. 따라서 휨강성 EI에 비례하고 기둥길이 l의 제곱에 반비례한다. 특히 단면 2차 모멘트 I를 크게 하면 좌굴하중을 증대시키고, 기둥의 좌굴방향은 단면 2차 모멘트가 최대인 축의 방향이다.

12.3.2 기둥의 안정 및 탄성과 비탄성 좌굴

[1] 오일러의 장주공식

$$P_{cr} = \frac{n\pi^2 EI}{l^2}, \qquad f_{cr} = \frac{P_{cr}}{A} = \frac{n\pi^2 E}{\lambda^2} \quad \cdots\cdots (12.3.6)$$

여기서, P_{cr} : 좌굴하중, f_{cr} : 좌굴응력, n : 양단지지상태에 따른 계수(강도)
λ : 세장비(l/r), E : 탄성계수, l : 기둥길이
r : 최소 회전 반지름($\sqrt{\frac{I}{A}}$), π : 원주율

식 (12.3.6)의 오일러 장주공식에서 장주의 양단 지지상태에 의한 각 기둥에 좌굴하중과 좌굴응력 식은 [표 12.3.1]과 같이 정리된다.

[표 12.3.1] 장주의 양단 지지상태에 따른 좌굴하중과 응력

	1단자유 타단고정	양단힌지	1단힌지 타단고정	양단고정
양단 지지상태	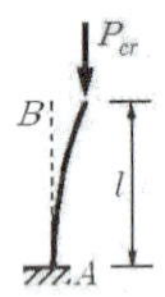	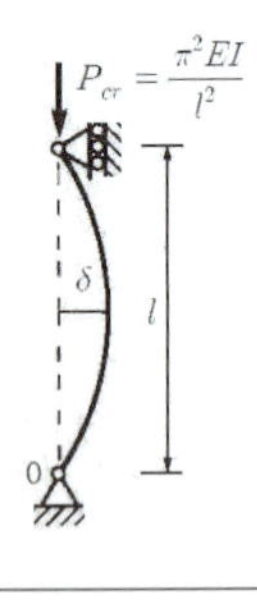	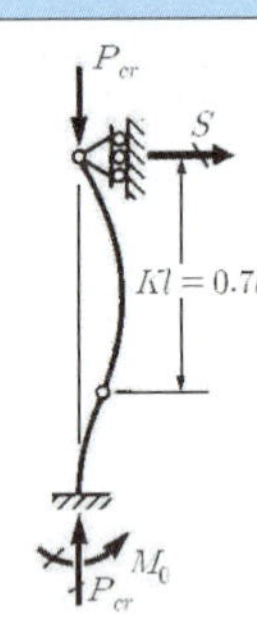	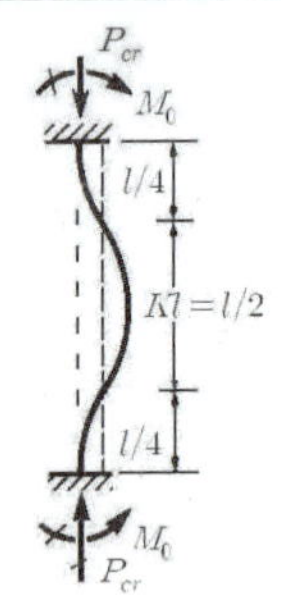
강도(n)	1/4	1	2	4
좌굴길이(l_k)	$2l$	l	$0.7l$	$0.5l$
K의 이론값	2	1	0.7	0.5
K의 권장값	2.1	1.0	0.8	0.65
좌굴하중(P_{cr})	$\frac{\pi^2 EI}{4l^2}$	$\frac{\pi^2 EI}{l^2}$	$\frac{2\pi^2 EI}{l^2}$	$\frac{4\pi^2 EI}{l^2}$
좌굴응력(f_{cr})	$\frac{\pi^2 E}{4\lambda^2}$	$\frac{\pi^2 E}{\lambda^2}$	$\frac{2\pi^2 E}{\lambda^2}$	$\frac{4\pi^2 E}{\lambda^2}$

(1) 기둥의 유효좌굴길이

Euler 좌굴하중은 기둥 양단의 지지조건에 따라 유효좌굴길이가 변화함으로써 다르게 된다. 이러한 유효좌굴길이는 [그림 12.3.3]~[그림 12.3.6]에 나타낸 바와 같이 좌굴형상의 변곡점 간의 거리로 정의할 수 있다. 즉 양단힌지 기둥의 좌굴형상은 [그림 12.3.4]와 같이 Sine형태가 되며, 이때의 좌굴하중은 식 (12.3.6)과 같이 주어진다. 그러나 양단의 지지조건에 따라 기둥의 좌굴형상은 다르게 되며, 이때의 좌굴하중은 유효좌굴길이를 고려하여 다음 식 (12.3.7)으로부터 구한다.

$$P_{cr} = \frac{\pi^2 EI}{(Kl)^2} \quad \cdots\cdots (12.3.7)$$

여기서, Kl = 유효좌굴길이, K= 유효좌굴길이계수이다[표 a]

또한 식 (12.3.7)의 양변을 기둥의 단면적 A_s로 나누고, 회전반경 $r = \sqrt{I/A_s}$ 의 관계를 적용하면, 좌굴응력 f_{cr} 은 다음과 같이 구할 수 있다.

$$f_{cr} = \frac{\pi^2 E}{(Kl/r)^2} = \frac{\pi^2 E}{\lambda^2} \quad \cdots\cdots (12.3.8)$$

여기서, $\lambda = Kl/r$(세장비)이다.

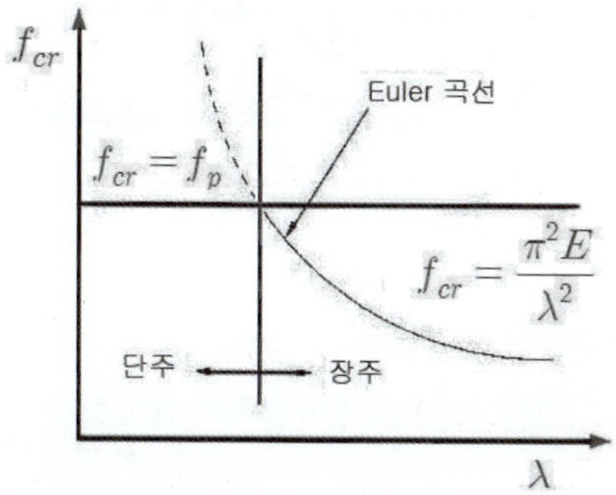

[그림 12.3.7] 탄성좌굴응력(f_{cr})곡선

[그림 12.3.7]은 좌굴응력(f_{cr}) – 세장비(λ)의 관계를 나타낸 것이다. 식 (12.3.8)는 좌굴응력이 비례한계응력(f_p) 이하가 되는 ($f_{cr} \le f_p$) 범위에서만 적용은 가능하며, $f_{cr} = f_p$ 인 점을 경계로 탄성좌굴이 일어나는 장주와 비탄성좌굴이 일어나는 단주로 나누어진다.

(2) 잔류응력(Residual Stress)

잔류응력은 열간압연 강재나 용접부가 균일하지 않게 냉각됨으로써 생기는 현상이다. 예를 들어 I 형강에 있어서는 플랜지 끝부분이 먼저 냉각하여 수축하고, 중간부분은 천천히 냉각되므로 잔류응력의 분포형상은 [그림 12.3.8]과 같이 될 수 있다.

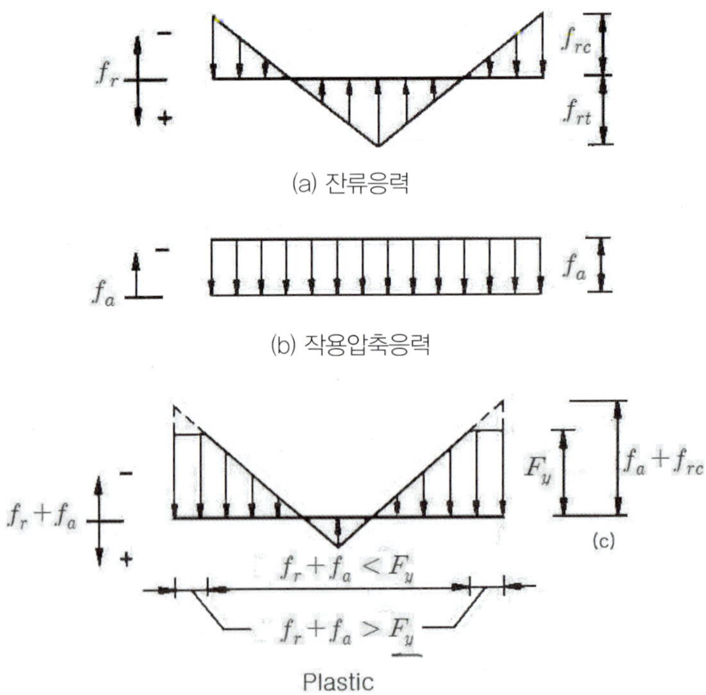

(c) 잔류응력과 작용응력의 조합 (Bjorhovde, 1992)

[그림 12.3.8] 잔류응력의 분포형상

잔류응력을 가진 부재에 압축하중이 작용하게 되면 압축잔류응력 f_{rc} 에 압축응력 f_a 가 가산된다. 따라서 하중이 증가함에 따라 전응력($F_y = f_a + f_{rc}$)은 압축잔류응력이 큰 플랜지의 끝 부분으로부터 f_y 에 도달하여 그 분포 폭이 플랜지의 안쪽으로 넓어지게 되며 그만큼 유효단면이 감소하게 된다. 여기서 f_{rt} 는 인장잔류응력이다. 이러한 유효단면의 단면 2차 모멘트는 부재축에 따라 서로 다르게 되므로 좌굴축에 관한 좌굴응력 역시 [그림 12.3.9]에 나타낸 바와 같이 서로 다르게 되며, 잔류응력의 영향에 따라 좌굴응력이 저하하는 것을 알 수 있다.

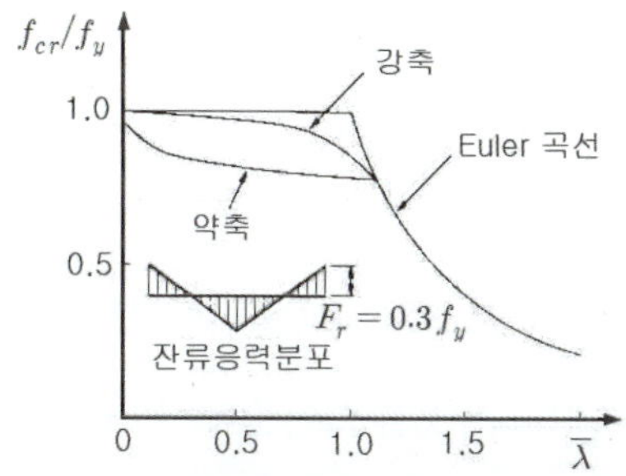

[그림 12.3.9] 좌굴응력에 대한 잔류응력의 영향

(3) 초기 구부러짐(Initial Crookedness)

실제에 있어서는 이상적인 기둥은 존재하지 않으며 제작 및 시공오차 등에 의한 초기 휨이나 편심하중 등이 발생하게 되며, 또한 단면 내에는 잔류응력이 존재하게 된다(기둥의 결함, imperfection of columns). 이러한 문제의 또 다른 접근방법은 기둥의 부정확성을 초기처짐 또는 뒤틀림과 유사하게 나타낼 수 있다고 가정하는 것이다. [그림 12.3.10]에 나타낸 바와 같이 양단이 핀으로 연결된 기둥에서 초기처짐 v_0는 최대처짐 a를 갖는 정현곡선의 반파형과 같다고 가정할 수 있다.

$$v_0 = a\sin\left(\frac{\pi x}{Kl}\right) \quad \cdots\cdots (12.3.9)$$

위의 식 (12.3.9)는 구부러진 재료가 가질 수 있는 임의의 실제 처짐모양과 매우 근사한 초기처짐을 나타낸다. 축하중 P가 도심상에 작용할 때 기둥의 휨모멘트는 다음과 같다.

$$M_0 = P(v_0 + v) \quad \cdots\cdots (12.3.10)$$

여기서, v는 휨에 의해 부가적으로 생기는 기둥의 처짐이다. 이 모멘트 M에 대한 식을 처짐곡선 미분방정식에 대입하여 풀 수 있다. 기둥의 중앙에서의 처짐은 다음과 같다.

$$\delta_{\max} = a + v_{\max} = \frac{a}{\left(1 - \dfrac{P}{P_{cr}}\right)} \quad \cdots\cdots (12.3.11)$$

위의 식 (12.3.11)은 축하중 P가 기둥의 초기처짐량을 확대계수 $1/(1-P/P_{cr})$만큼 증가시키는 데 영향을 미친다는 것을 보여준다. $P/P_{cr} < 1$이므로 이 계수는 항상 1보다 크다. $P/P_{cr} = 0$일 때는 최대처짐은 a가 되며, $P/P_{cr} = 1$일 때는 최대처짐이 무한대로 커짐을 알 수 있다. 즉, 초기휨이 있는 기둥의 지지능력은 하중 P가 P_{cr}에 접근함에 따라 처짐량이 급속히 증가하게 되므로 P_{cr}보다 낮은 하중에서 붕괴가 발생하게 된다는 것을 알 수 있다.

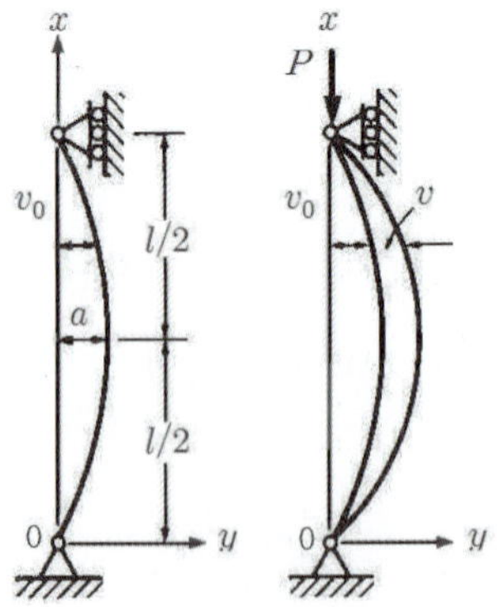

[그림 12.3.10] 초기처짐 v_0를 가진 기둥

기둥의 최대 휨모멘트와 최대 휨응력은 다음과 같다.

$$M_{\max} = P\delta_{\max} = \frac{Pa}{\left(1 - \frac{P}{P_{cr}}\right)} \quad \cdots\cdots (12.3.12)$$

$$f_{\max} = \frac{P}{A_s} + \frac{M_{\max}c}{I} = \frac{P}{A_s}\left[1 + \frac{ac}{r^2\left(1 - \frac{P}{P_{cr}}\right)}\right] \quad \cdots\cdots (12.3.13)$$

여기서, $r^2 = I/A_s$이다. 위의 식에 $P/P_{cr} = \dfrac{P(Kl)^2}{\pi^2 EI}$를 대입하면 다음과 같이 된다.

$$f_{\max} = \frac{P}{A_s}\left[1 + \frac{\frac{ac}{r^2}}{1 - \frac{P}{\pi^2 EA_s}\left(\frac{Kl}{r}\right)^2}\right]$$

$$= \frac{P}{A_s}\left[1 + \frac{\frac{ac}{r^2}}{1 - \frac{P}{\pi^2 EA_s}\lambda^2}\right] \quad \cdots\cdots (12.3.14)$$

위의 식에서 ac/r^2을 결함비(imperfection ratio)라 한다. 최대 응력 $f_{\max}$에 한계치를 두면 위의 식으로부터 이에 해당하는 임의의 주어진 결함비 ac/r^2에 대한 압축응력 $f = P/A_s$ 값을 계산할 수 있다.

[2] 탄성과 비탄성 좌굴

앞에서 재료가 Hooke의 법칙을 따를 때의 기둥의 거동에 대해 논의하였다. 도심축하중을 받는 이상기둥을 고찰함으로써 임계하중 P_{cr}의 개념에 도달했었다. 이상기둥의 거동은 평균 압축응력 $f = P/A$에 대한 세장비 $\lambda = Kl/r$의 [그림 12.3.11]에 나타낸 Euler곡선으로 표시된다. 이 곡선은 재료의 비례한도 f_{pl} 이하의 CD영역에서만 성립한다. Euler곡선이 적용되는 범위 이상의 세장비는 식 (12.3.8)에서 f_{cr} 을 f_{pl} 과 같이 두고 세장비 Kl/r에 대해 풀어서 구한다. 여기서 세장비 $(Kl/r)_{cr}$ 은 세장비의 임계값(critical value of slenderness ratio)을 나타낸다. 즉

$$\left(\frac{Kl}{r}\right)_{cr} = \sqrt{\frac{\pi^2 E}{f_{pl}}} \quad \cdots\cdots (12.3.15)$$

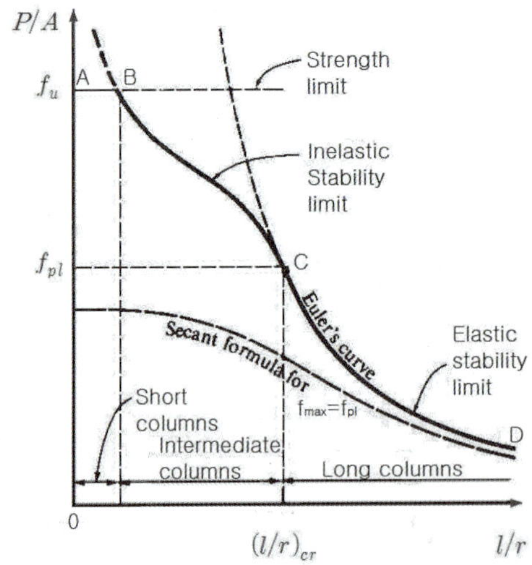

[그림 12.3.11] 평균압축응력 P/A에 대한 세장비 : $\lambda = Kl/r$ 선도

하중의 편심에 의한 영향 또는 기둥의 결함에 의한 영향을 고려함과 동시에 재료가 Hooke의 법칙을 따른다고 가정한다면 [그림 12.3.11]에 나타낸 secant **공식**을 얻는다. 이 곡선은 최대하중을 비례한도 f_{pl} 와 같게 두고 그려졌다. 그러므로 secant 공식에 대한 곡선과 Euler곡선을 비교하여 두 곡선 사이의 차이점을 알고 있어야 한다. Euler곡선의 경우 응력 $f = P/A_s$ 는 하중 P에 비례할 뿐 아니라 좌굴이 발생할 때 기둥에 생기는 최대 응력이다. 그러므로 C에서 D로 움직임에 따라 하중 P와 최대 응력은 둘 다 같은 비율로 감소한다. 그러나 secant 공식에서 하중 P는 곡선상에서 좌에서 우로 움직임에 따라 감소하지만 최대 응력은 변하지 않는다.

Euler곡선으로부터 큰 세장비를 가진 **장주**(long columns)가 낮은 평균압축응력 $f = P/A_s$

에서 좌굴한다는 것을 알 수 있다. 이러한 조건은 고강도재료를 사용한다고 해서 개선되지는 않는다. 왜냐하면 파괴는 재료자체의 파괴에 의해서가 아니라 기둥의 전체적인 불안정성에 기인하기 때문이다. 임계응력은 세장비 $\lambda = Kl/r$을 감소시키거나 고탄성계수 E를 가지는 재료를 사용함으로써 상승될 수 있다.

압축부재가 매우 짧은 **단주**(short columns)일 때는 재료의 항복이나 붕괴에 의해서 파괴되므로 좌굴이나 안정성을 고려할 필요가 없다. 이러한 경우 최대 압축응력 f_u 를 재료의 **파괴응력**(failure stress)이라고 정의할 수 있다. 이 응력은 그림에서 수평선 AB로 단주에 대한 **한계강도**(strength limit)를 나타낸다. 이러한 응력은 압축상태에서 극한응력을 나타내기 때문에 비례한도 f_{pl} 보다 매우 높은 값이 된다.

단주와 장주 영역 사이에 탄성적 안정성은 매우 작고 강도자체는 매우 큰 중간 세장비영역이 존재한다. 이러한 중간주는 **비탄성좌굴**(inelastic buckling)에 의해 파괴된다. 중간주에서 기둥 내에 생기는 응력은 좌굴이 시작되기 전에 비례한도를 넘어선다[그림 12.3.11]. 응력－변형률 곡선의 기울기는 비례한도를 넘어서부터 감소하므로 비탄성좌굴의 임계하중은 Euler 하중보다 작다. 그러므로 이러한 범위의 세장비에 대한 임계하중을 계산하기 위해 **비탄성좌굴이론**(inelastic buckling theory)이 필요하다.

축방향 압축력 P를 받는 양단 핀으로 연결된 기둥을 고려해 보자([그림 12.3.4(a)]). 기둥의 세장비 Kl/r이 임계세장비 $(Kl/r)_{cr}$ 보다 작은 값을 가지므로 축응력 $f = P/A_s$ 는 탄성임계하중에 도달하기 전에 비례한도에 도달한다([그림 12.3.11] 참조). 기둥의 재료에 대한 응력－변형률 그래프를 [그림 12.3.12]에 나타내었다. 기둥 내의 응력 f_a 를 그래프상의 A 점과 같이 비례한도보다 큰 값이라고 가정하자. 응력이 조금 증가하게 되면 응력증분과 그에 따른 변형률증분 사이의 관계식은 그래프상의 점 A 에서 응력－변형률곡선의 기울기가 된다. 점 A 에서 접선의 기울기를 **접선계수**(tangent modulus)라 하고 E_T로 표시한다.

$$E_T = \frac{df}{d\varepsilon} \qquad (12.3.16)$$

재료에 있어서 접선계수는 비례한도를 넘어서서 응력이 증가할수록 감소하는 가변적인 값이다. 응력이 비례한도 이하에 있을 때 E_T는 탄성계수 E와 같다.

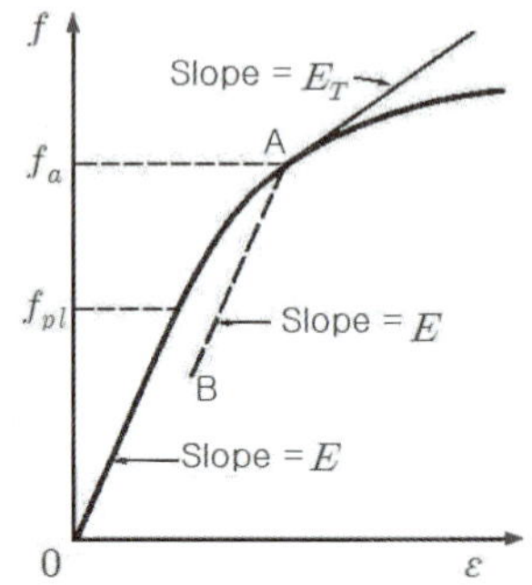

[그림 12.3.12] 응력–변형률 선도

비탄성좌굴의 **접선계수이론**(tangent modulus theory)에 따르면 [그림 12.3.4(a)]의 기둥은 임계하중에 도달할 때까지 곧은 상태로 존재한다. 그러한 하중 값에서 기둥은 [그림 12.3.4(b)]와 같이 미소횡방향처짐을 갖는다. 휨응력의 합은 압축응력 f_a에 중첩된다. 기둥이 곧은 상태에서 휨을 시작하기 때문에 초기의 휨응력은 응력의 미소증분만을 나타낸다. 그러므로 휨응력과 변형률 사이의 관계식은 접선계수 E_T로 나타낸다. 변형률이 단면을 통해서 선형적으로 변하기 때문에 초기 휨응력 역시 단면에 걸쳐 선형적으로 변하게 되고 곡률에 대한 식도 E_T가 E를 대신한다는 것을 제외하고는 탄성휨의 경우와 같다. 그러므로 접선계수이론에 대한 **임계하중**(tangent modulus load)은 다음과 같이 나타낼 수 있다.

$$P_T = \frac{\pi^2 E_T I}{(Kl)^2} \qquad (12.3.17)$$

이에 대응하는 접선응력은 다음과 같다.

$$f_T = \frac{\pi^2 E_T}{(Kl/r)^2} \qquad (12.3.18)$$

접선계수가 압축응력 $f = P/A_s$에 따라 변하는 만큼([그림 12.3.12]), 일반적으로 반복과정(iterative procedure)으로 P_T를 구하여야 한다. P_T의 값을 구하는 데 있어서 시행값 P_1

(trial value)은 응력이 비례한도 f_{pl}에 도달할 때의 하중 $f_{pl}A_s$보다 조금 큰 값이어야 한다. P_1을 알면 이에 대응하는 축응력 $f_1 = P_1 / A_s$를 계산할 수 있고, 또한 응력－변형률곡선에서 접선계수 E_T를 결정할 수 있다. 그 다음 식 (12.3.17)을 사용하여 두 번째 추정 값 P_T를 구한다. 이 값을 P_2라 하자. P_2가 P_1에 아주 가까운 값이면 하중 P_2를 접선계수하중 P_T로 취할 수 있다. 그러나 시행하중과 매우 일치하는 하중을 계산할 때까지 반복과정을 계속해야 한다. 이러한 방법으로 접선계수하중 값에 도달한다.

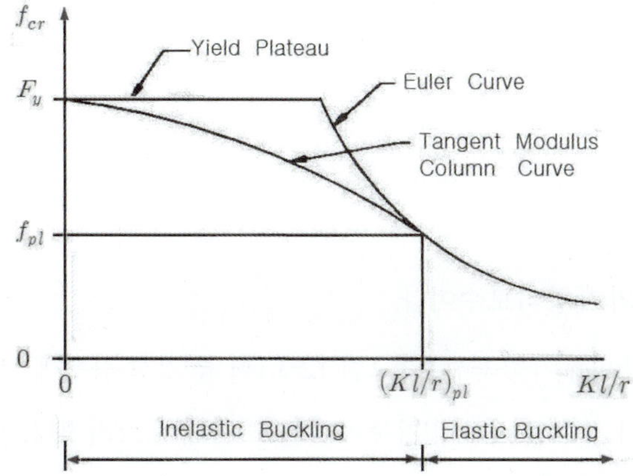

[그림 12.3.13] 조합된 Euler(탄성)와 접선계수(비탄성) 기둥좌굴곡선

조합된 Euler(탄성)와 접선계수(비탄성) 기둥좌굴곡선을 [그림 12.3.13]에 나타내었다. 탄성좌굴로부터 비탄성좌굴의 거동을 세장비에 따라 변화하는 과정을 나타낸 것이다. 단주, 중간주, 장주를 구분하는 선은 명확하지 않지만 이들 세 가지 형태의 기둥의 거동을 구분하는데 유용하다. [그림 12.3.11]의 곡선 $ABCD$는 전형적인 기둥의 **최대 하중능력**(maximum load－carrying capacity)을 나타낸다. [그림 12.3.11]에 나타낸 그림에서 길이 l을 유효길이 Kl로 대치시킬 수 있다면 어떠한 단부조건을 갖는 기둥에 대해서도 접선계수공식을 적용할 수 있다.

짧고 굵은 기둥의 경우 기둥단면의 응력이 항복응력에 도달할 때까지 파괴되지 않는다. 즉, 기둥이 받을 수 있는 최대 하중은 완전소성항복하중 P_y로서 다음과 같이 나타낼 수 있다.

$$P_y = A_s F_y \qquad (12.3.19)$$

긴 기둥인 경우에 임계좌굴하중 P_{cr}은 다음과 같이 구할 수 있다.

$$P_{cr} = \frac{\pi^2 E A_s}{(Kl/r)^2} \quad \cdots\cdots (12.3.20)$$

$$\frac{P_{cr}}{P_y} = \left(\frac{r\pi}{Kl}\right)^2 \frac{E}{F_y} = \frac{1}{\lambda_c^2} \quad \cdots\cdots (12.3.21)$$

식 (12.3.20)을 식 (12.3.19)로 나누면 다음과 같이 된다.

$$\lambda_c = \left(\frac{Kl}{r\pi}\right)\sqrt{\frac{F_y}{E}} \quad \cdots\cdots (12.3.22)$$

여기서 λ_c는 기둥의 세장비모수이다.

정규화한 항복 및 Euler 기둥곡선은 [그림 12.3.14] 중 가장 상부에 그려진다. 잔류응력에 의하여 기둥의 강도가 감소된 비탄성 기둥곡선은 그 아래에 그려진다. 잔류응력과 기하학적 불완전(geometric imperfection)을 모두 고려하면 기둥의 강도는 더욱 감소하여 강도곡선은 [그림 12.3.14]에서 가장하단에 위치하게 되며 도로교설계기준에서는 바로 이 곡선을 기준으로 설계식을 만든 것이다.

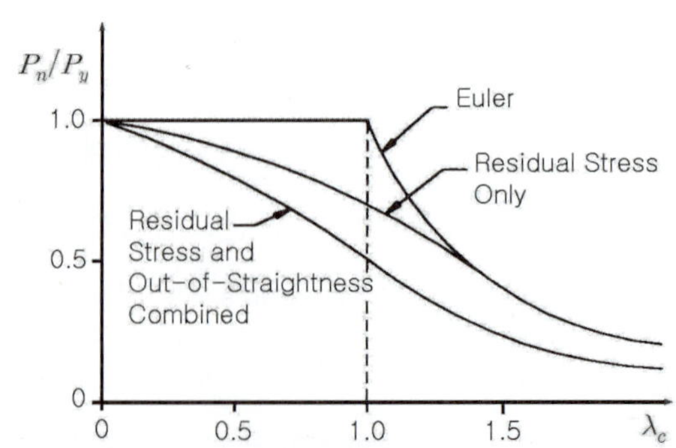

[그림 12.3.14] 불완전 영향을 갖는 정규화한 기둥곡선

식 (12.3.22)에서 제곱근의 사용을 피하기 위하여 이하 기둥의 세장비모수 λ_c를 다시 정의하여 다음과 같은 λ를 이용한다.

$$\lambda = \lambda_c^2 = \left(\frac{Kl}{r_s \pi}\right)^2 \frac{F_y}{E} \qquad (12.3.23)$$

비탄성좌굴 및 탄성좌굴 혹은 중간 길이 기둥과 긴 기둥의 천이점을 λ=2.25로 하면, 긴 기둥($\lambda \geq 2.25$)에 대하여 공칭압축강도 P_n는 다음의 식 (LSD 6.9.5)과 같다. 여기서 아래첨자 s를 붙인 것은 도로교설계기준[**한계상태설계법**(2015)]의 기호와 일치시키기 위함이다[LSD= Limit State Design].

식 (12.3.23)는 식 (12.3.22)의 Euler좌굴하중을 $l/1,500$의 초기변형을 고려하여 0.88의 계수로 줄여준 값이다.

중간 길이 기둥($\lambda < 2.25$)의 경우 공칭압축강도 P_n은 접선탄성계수로부터 결정되며 P_y와 Euler좌굴곡선 사이에서 부드럽게 변화한다. 공칭압축강도 P_n은 식 (LSD 6.9.4)와 같다.

예제 12.3.1

[그림 12.3.15]와 같이 지름이 d인 원형단면기둥의 세장비를 구하여라.

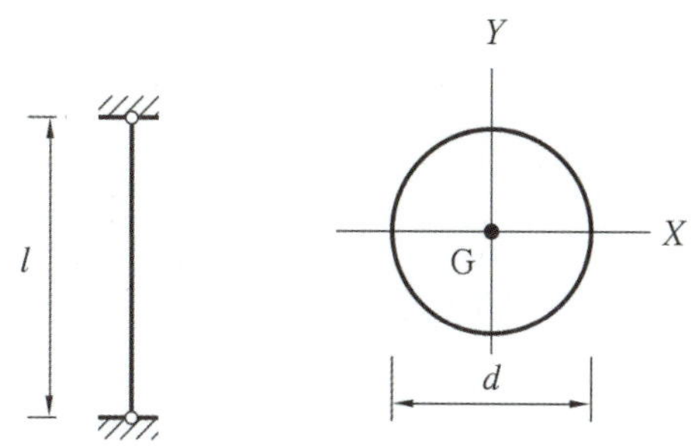

(a) (b)

[그림 12.3.15]

풀이

$I_X = I_Y = \frac{\pi d^4}{64}, \quad A = \frac{\pi d^2}{4}$ 이면

회전 반지름 r은

$$r_X = r_Y = \sqrt{\frac{I}{A}} = \sqrt{\frac{\frac{\pi d^4}{64}}{\frac{\pi d^2}{4}}} = \sqrt{\frac{d^2}{16}} = \frac{d}{4}$$

세장비 λ는

$$\therefore \lambda = \frac{l}{r} = \frac{l}{\left(\frac{d}{4}\right)} = \frac{4l}{d}$$

예제 12.3.2

길이가 $9\,\mathrm{m}$ 인 원목이 $10\,\mathrm{kN}$ 의 축하중을 받을 때 지름 d는 얼마로 해야 되는가? 지지상태는 양단 힌지이다. 단, $E = 8{,}400\,\mathrm{MPa}$, 안전율을 3으로 한다.

풀이

오일러 공식에 의해서

$$f_{cr} = \frac{\pi^2 E}{\lambda^2} = \frac{\pi^2 E}{\left(\frac{l}{r}\right)^2} = \frac{\pi^2 E r^2}{l^2} = \frac{\pi^2 E}{l^2}\left(\frac{d^2}{16}\right) = \frac{\pi^2 E d^2}{16 l^2}$$

$$P_{cr} \times 3 = f_{cr} \times A, \qquad P_{cr} \times 3 = \frac{\pi^2 E d^2}{16 l^2} \times \frac{\pi d^2}{4}$$

$$d^4 = \frac{(P_{cr} \times 3) \times (16 \times l^2) \times 4}{\pi^3 E}$$

$$= \frac{(10{,}000 \times 3) \times (16 \times 9{,}000^2) \times 4}{3.14^3 \times 8{,}400}$$

$$= 597{,}114{,}123\,\mathrm{mm}^4$$

$$\therefore d = 156\,\mathrm{mm} \Rightarrow 16\,\mathrm{cm}$$

예제 12.3.3

양단 힌지의 중공 원주에서 안지름 $30\,\text{cm}$, 바깥지름 $31.2\,\text{cm}$, 길이 $12\,\text{m}$인 원주의 허용 축하중을 구하여라. 단, $E = 2.1 \times 10^5\,\text{MPa}$, 안전율을 3으로 한다.

풀이

오일러 공식에 의해서

$$r^2 = \frac{I_X}{A} = \frac{\frac{\pi}{64}(31.2^4 - 30^4)}{\frac{\pi}{4}(31.2^2 - 30^2)} = \frac{1}{16}(31.2^2 + 30^2) = 117.1cm^2 \qquad \therefore r = 10.82\,\text{cm}$$

$$f_{cr} = \frac{n\pi^2 E}{\lambda^2} = \frac{(1) \times (3.14)^2 \times (2.1 \times 10^5)}{\left(\frac{12{,}000}{108.2}\right)^2} = 168.3\,\text{N/mm}^2 = 16{,}830\,\text{N/cm}^2$$

$$\therefore P_{cr} = \frac{f_{cr}}{3} \times A = \frac{(16{,}830)}{3} \times \left[\frac{3.14}{4}(31.2^2 - 30^2)\right] = 323{,}419\,\text{N} \fallingdotseq 323\,\text{kN}$$

예제 12.3.4

[그림 12.3.16]과 같은 1단 고정 타단 힌지 상태의 장주에 좌굴하중이 작용할 때, 원형단면의 지름 (d)이 $10\,\text{cm}$인 이 기둥의 좌굴응력을 구하여라. 단, $E = 2.1 \times 10^5\text{MPa}$이다.

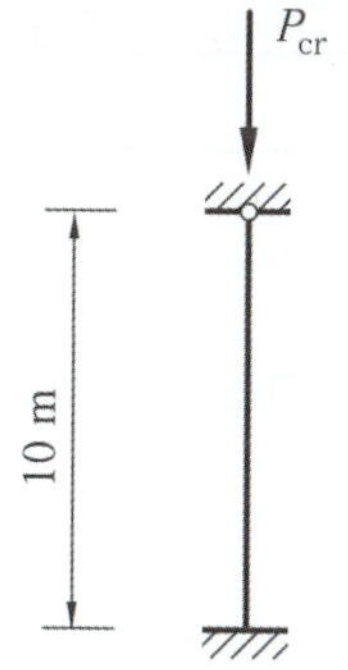

[그림 12.3.16]

풀이

오일러 공식에 의해서 $P_{cr} = \dfrac{n\pi^2 EI}{l^2}$ 으로부터

$$A = \frac{\pi d^2}{4} = \frac{3.14 \times 100^2}{4} = 7{,}850\ \mathrm{mm}^2, \qquad I = \frac{\pi d^4}{64} = \frac{3.14 \times 100^4}{64} = 4{,}906{,}250\ \mathrm{mm}^4$$

$$P_{cr} = \frac{2\pi^2 EI}{l^2} = \frac{2 \times (3.14)^2 \times (2.1 \times 10^5) \times (4{,}906{,}250)}{(10{,}000)^2} = 203{,}169\ \mathrm{N}$$

$$\therefore f_{cr} = \frac{P_{cr}}{A} = \frac{203{,}169}{7{,}850} = 25.88\ \mathrm{N/mm^2} = 25.88\ \mathrm{MPa}$$

예제 12.3.5

[그림 12.3.17]과 같이 길이 $3.2\ \mathrm{m}$의 ㄷ형강을 양단 힌지의 기둥으로 사용할 경우, 이 기둥의 좌굴 하중을 구하여라. 단, $E = 2.1 \times 10^5\ \mathrm{MPa}$이다.

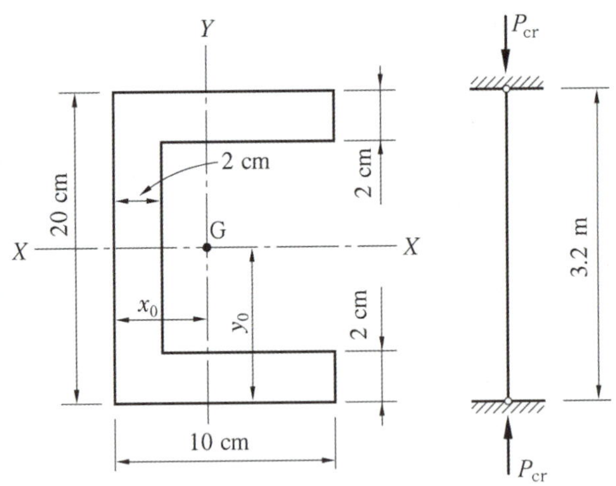

[그림 12.3.17]

풀이

도심 G를 지나는 축이 주축이다.

단면의 도심을 구하면 $b = 10\,\mathrm{cm}$($X-X$축에 대해서 대칭이다).

$$x_0 = \frac{A_1 x_1 - A_2 x_2}{A_1 - A_2} = \frac{10 \times 20 \times 5 - 8 \times 16\,(2+4)}{10 \times 20 - 8 \times 16} = \frac{1{,}000 - 768}{72} = 3.2\,\mathrm{cm}$$

$A = A_1 - A_2 = 10 \times 20 - 8 \times 16 = 72\,\text{cm}^2$

$I_X = \frac{1}{12}(BH^3 - bh^3) = \frac{1}{12}(10 \times 20^3 - 8 \times 16^3) = \frac{80{,}000 - 32{,}768}{12} = 3{,}936\,\text{cm}^4$

$I_{Y1} = \frac{HB^3}{12} + (H \times B) \times (5 - x_0)^2 = \frac{20 \times 10^3}{12} + (20 \times 10) \times (5 - 3.2)^2$

$= 1{,}666.7 + 648 = 2{,}314.7\,\text{cm}^4$

$I_{Y2} = \frac{hb^3}{12} + (h \times b) \times [4 - (x_0 - 2)]^2 = \frac{16 \times 8^3}{12} + (16 \times 8) \times (4 - 1.2)^2$

$= 682.7 + 1{,}003.5 = 1{,}686.2\,\text{cm}^4$

$I_Y = I_{Y1} - I_{Y2} = 2314.7 - 1686.2 = 628.5\,\text{cm}^4$

$r_X = \sqrt{\frac{I_X}{A}} = \sqrt{\frac{3{,}936}{72}} = 7.4\,\text{cm}$

$r_Y = \sqrt{\frac{I_Y}{A}} = \sqrt{\frac{628.5}{72}} = 3\,\text{cm}$

기둥은 단면 2차 반지름이 작은 쪽으로 좌굴한다.

$\lambda = \frac{l}{r_Y} = \frac{320}{3} = 107 > 100$

오일러 공식에 의해서

$f_{cr} = \frac{n\pi^2 E}{\lambda^2} = \frac{1 \times \pi^2 \times (2.1 \times 10^5)}{(107)^2} = 181.03\,\text{N/mm}^2\,(\text{or MPa})$

$\therefore P_{cr} = Af_{cr} = (72 \times 100) \times 180.85 = 1{,}303{,}419\,\text{N} \fallingdotseq 1{,}303\,\text{kN}$

12.4 장주의 실험공식

장주에서 오일러 공식은 세장비 λ가 작을 경우에는 실험값과 잘 맞지 않는다. 그리하여 오일러공식이 적용되지 않는 부분에 대하여 여러 학자들에 의한 실험공식이 다음과 같이 제시되어 왔다.

12.4.1 골든-랭킹(Gordon-Rankine) 공식

$$f_{cr} = \frac{P_{cr}}{A} = \frac{f_y}{1 + \frac{a}{n^2}\left(\frac{l}{r}\right)^2} \quad \cdots\cdots (12.4.1)$$

여기서, f_y : 재료의 파괴강도
a : 재료의 성질에 따른 상숫값
n : 양단 지지상태에 따른 계수
l : 기둥길이
r : 회전 반지름

[표 12.4.1] 각종 재료의 골든-랭킹 공식에 의한 상숫값

재료	파괴강도	a	$\lambda<$	실험자
연철	36,000	$\frac{1}{36,000}$	$90\sqrt{n}$	Rankine
연강	42,000	$\frac{1}{63,000}$	$85\sqrt{n}$	Gorden
주철	80,000	$\frac{1}{64,000}$	$80\sqrt{n}$	Rankine
목재	7,200	$\frac{1}{3,000}$	$60\sqrt{n}$	Rankine

12.4.2 존슨(Johnson) 공식

$$f_{cr} = f_y - a\lambda^2 \quad \cdots\cdots (12.4.2)$$

여기서, a : 재료의 성질에 따른 상숫값

[표 12.4.2] 각종 재료의 존슨 공식에 의한 상숫값

재료	f_y[kgf/cm^2]	a	
		양단 힌지	양단 고정
연철	2,390	0.05	0.03
연강	2,950	0.07	0.04
경강	4,220	0.44	0.16

12.4.3 테트마이어(Tetmajer) 공식

$$f_{cr} = a - b\lambda \quad \cdots\cdots (12.4.3)$$

여기서, a와 b는 재료의 성질과 지지상태에 의한 실험 상숫값

[표 12.4.3] 각종 재료의 테트마이어 공식에 의한 상숫값

재료	a	b	λ
주철	7,760	120	50~80
경철	3,350	6.2	<90
연강	3,100	11.4	10~105
연철	3,030	12.9	10~112
목재	293	1.94	1.8~100

12.5 설계기준의 허용응력

우리나라의 설계기준에 규정된 허용응력은 다음과 같다. 이들은 오일러 공식과 기타 실험 공식을 참고로 하여 안전율을 3배 정도로 하여 결정한 값이다. 또한 각 식들은 기둥의 양단 지지 상태가 힌지인 경우를 기준으로 한 것이므로, 양단 지지상태가 힌지 이외인 경우에는 유효길이를 고려해서 계산하여야 한다.

12.5.1 강재

강재 기둥의 허용응력은 강종에 따라 다르지만, 대표적인 구조용 강재인 SS400에 대한 허용응력은 다음과 같다(판의 두께는 40mm 기준이고, 단위는 MPa(N/mm^2)이다).

[1] 도로교 설계기준 규정 – 도로교설계기준(2010)

(1) 허용 축방향 인장응력

$$f_a = 140$$

(2) 허용 축방향 압축응력

단주 : $\dfrac{l}{r} \le 18.6$일 때, $f_a = 140$

중간주 : $18.6 < \dfrac{l}{r} \le 92.8$일 때, $f_a = 140 - 0.82\left(\dfrac{l}{r} - 18.6\right)$; 직선식

장주 : $92.8 < \dfrac{l}{r}$일 때, $f_a = \dfrac{1,200,000}{6,700 + \left(\dfrac{l}{r}\right)^2}$; Gorden – Rankine식

(3) 허용 휨압축 응력

① 압축 플랜지가 직접 콘크리트 바닥에 고정되어 있는 경우와 상자, π, 파이프 단면의

경우

$$f_a = 140$$

② 위 ① 이외에서 $\dfrac{A_w}{A_c} \leq 2$인 경우

$$\frac{l}{b} \leq 4.6 \ : f_a = 140$$

$$4.6 < \frac{l}{b} \leq 30 \ : f_a = 140 - 2.49\left(\frac{l}{b} - 4.6\right)$$

③ 위 ① 이외에서 $2 < \dfrac{A_w}{A_c}$인 경우

$$\frac{l}{b} \leq \frac{9.3}{K} \ : f_a = 140$$

$$\frac{9.3}{K} < \frac{l}{b} \leq 30 \ : f_a = 140 - 1.24\left(K\frac{l}{b} - 9.3\right)$$

여기서, A_w : 복부판의 총 단면적(mm^2)

A_c : 압축 플랜지의 총 단면적(mm^2)

l : 압축 플랜지의 고정점간 거리(mm)

b : 압축 플랜지의 폭(mm)

$$K = \sqrt{3 + \frac{A_w}{2A_c}}$$

[2] 철도교 설계기준 규정 – 철도교 설계기준(1999)

(1) 좌굴허용응력(40 mm 이하)

$0 < \dfrac{l}{r} \leq 9$일 때, $\quad f_a = 140$

$9 < \dfrac{l}{r} \leq 130$일 때, $\quad f_a = 140 - 0.8\left(\dfrac{l}{r} - 9\right)$

$$130 < \frac{l}{r} \text{일 때}, \quad f_a = \frac{740,000}{\left(\frac{l}{r}\right)^2}$$

(2) 좌굴휨압축허용응력(강축) – 총 단면적 기준

$$\left(\frac{l}{r}\right)_e = F\frac{l}{b^*}$$

여기서, $\left(\frac{l}{r}\right)_e$: 등가세장비

I형 단면의 경우 : $F = \sqrt{12 + 2\beta/\alpha}$

박스거더단면의 경우 :

$\beta < \beta_0$; $F = 0$

$\beta_0 \le \beta < 1$; $F = \frac{1.05(\beta - \beta_0)}{1 - \beta_0}\sqrt{3\alpha + 1}\ \sqrt{b/l}$

$1 \le \beta < 2$; $F = 0.74\sqrt{(3\alpha + 1)(\beta + 1)}\ \sqrt{b/l}$

$2 \le \beta$; $F = 1.28\sqrt{3\alpha + \beta}\ \sqrt{b/l}$

$\beta_0 = \frac{14 + 12\alpha}{5 + 12\alpha}$

U형 단면의 경우 : $F = 1.1\sqrt{12 + 2\beta/\alpha}$

l : 플랜지의 도정점간거리(mm)

b : 플랜지의 폭(mm)

다만 *표시는 b는 박스거더단면 및 U형 단면의 경우 복부판 중심간격(mm)을, 하로 플레이트거더의 경우 주거더 중심간격(mm)

α : 플랜지의 두께(t_f)와 복부판의 두께(t_w)의 비(t_f/t_w)

β : 복부판의 높이(h)와 플랜지폭(b)의 비(h/b)

12.5.2 목재

(1) $\frac{l}{r} \le 100$일 때, 침엽수 : $f_a = 7 - 0.048\frac{l}{r}$ (N/mm^2)

활엽수 : $f_a = 8 - 0.05\frac{l}{r}$ (N/mm^2)

<Tetmajer식 적용>

(2) $100 < \frac{l}{r}$ 일 때, 수종에 관계없이 : $f_a = \frac{22,000}{\left(\frac{l}{r}\right)^2}\ (\mathrm{N/mm^2})$

<Euler식 적용>

예제 12.5.1

도로교에서 양단이 단순 지지된 $\mathrm{H}-450\times200\times9\times14$ 형강기둥이 $l=3.5\ \mathrm{m}$가 있다. 이 기둥은 얼마의 압축력을 받을 수 있는가? 단, SS400강재 사용한다.

풀이

SS400일 때, $f_a = 140\ \mathrm{MPa}$

(1) 단면성질

$A = 96.76\ \mathrm{cm^2},\ E = 2.1\times10^6\ \mathrm{kgf/cm^2},\ I_x = 33{,}500\ \mathrm{cm^4},\quad I_y = 1{,}870\ \mathrm{cm^4},$

$r_y = 4.4\ \mathrm{cm},\ r_x = 18.6\ \mathrm{cm}$

(2) 허용압축응력

$$\lambda = \frac{l}{r_y} = \frac{350}{4.4} = 79.55 < 93$$

$$f_a = 140 - 0.82\left(\frac{l}{r} - 18.6\right) = 140 - 0.82(79.55 - 18.6) = 90\ \mathrm{MPa}$$

(3) 허용압축력

$$\therefore\ P = f_a \times A = (90\times10\,\mathrm{kgf/cm^2})\times(96.76\,\mathrm{cm^2}) = 87{,}084\ \mathrm{kgf} \fallingdotseq 870\ \mathrm{kN}$$

예제 12.5.2

철도교에서 $\mathrm{L}-90\times90\times10$의 압축재가 양단이 리벳으로 연결되었을 때 길이가 $1{,}400\,\mathrm{mm}$, $2{,}400\,\mathrm{mm}$이면 몇 kN의 압축력을 받을 수 있는가? 단, SS400, $r = \sqrt{\frac{I}{A}} = 17.1\,\mathrm{mm}$, $A = 1{,}700\,\mathrm{mm^2}$ 이다.

풀이

SS400일 때, $f_{ca} = 140\text{ MPa}$

(1) $L = 140\text{ cm}$일 때

$$\lambda = \frac{l}{r} = \frac{1400}{17.1} = 81.9 \leqq 130$$

$$f_{ca} = 140 - 0.8\left(\frac{l}{r} - 9\right)$$

$$= 140 - 0.8(81.9 - 9) = 81.68\text{ MPa}$$

$$\therefore P = f_{ca} \times A = 81.68 \times 1{,}700 = 138{,}856\text{ N} \fallingdotseq 139\text{ kN}$$

(2) $L = 240\text{ cm}$일 때

$$\lambda = \frac{l}{r} = \frac{2{,}400}{17.1} = 140.4 > 130$$

$$f_{ca} = \frac{740{,}000}{\lambda^2} = \frac{740{,}000}{(140.4)^2} = 37.54\text{ MPa}$$

$$\therefore P = f_{ca} \times A = 37.54 \times 1{,}700 = 63{,}818\text{ N} \fallingdotseq 64\text{ kN}$$

연·습·문·제

01 [P그림 12.1]과 같은 구형단면인 단주에 축하중 $P = 200\,\text{kN}$ 가 작용할 때, A지점에 생기는 f_A 를 구하여라. 단, 하중점의 좌표는 $e_x = 6\,\text{cm}$, $e_y = 4\,\text{cm}$ 이다.

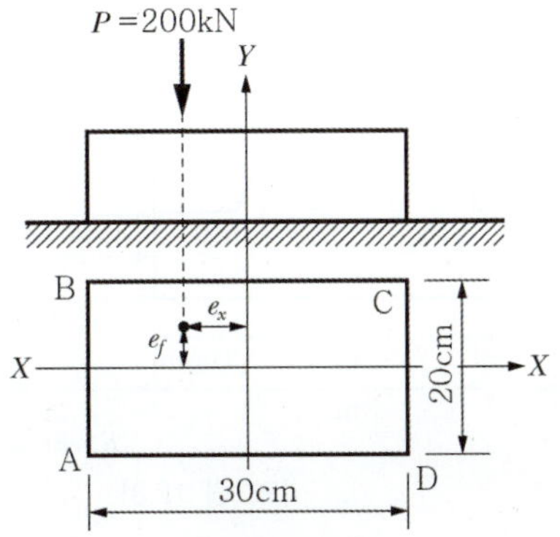

[P그림 12.1]

정답 $f_A = 5\,\text{MPa}$

02 [P그림 12.2]와 같은 연강으로 된 양단 힌지인 장주의 안정하중 P_S를 구하여라. 단, 탄성계수 $E = 2.1 \times 10^5\, MPa$, 안전율 $S = 3$ 이다.

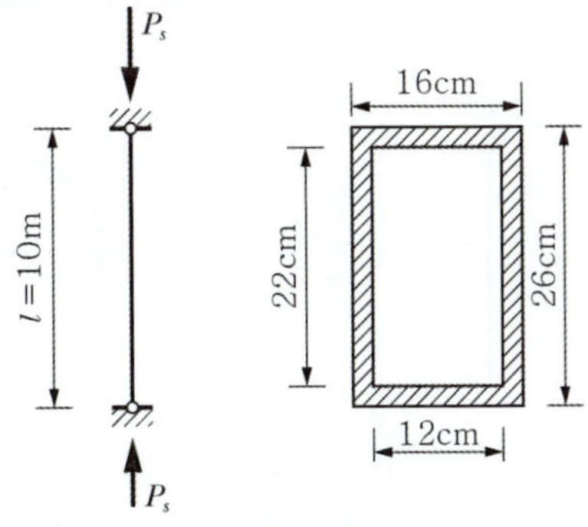

[P그림 12.2]

정답 $P_S = 393\,\text{kN}$

03 [P그림 12.3]과 같은 무근 콘크리트 옹벽의 안정을 검토하여라. 단, 콘크리트의 단위중량 $w_1 = 23.5\,\mathrm{kN/m^3}$, 흙의 단위중량 $w_2 = 19\,\mathrm{kN/m^3}$, 흙의 주동토압계수 $K_a = 1/3$, 콘크리트와 흙의 마찰계수 $f = 0.5$, 허용지반 지지력 $q_a = 200\,\mathrm{kN/m^2}$이다. 단위폭 $1\,\mathrm{m}$에 대해서 계산하여라.

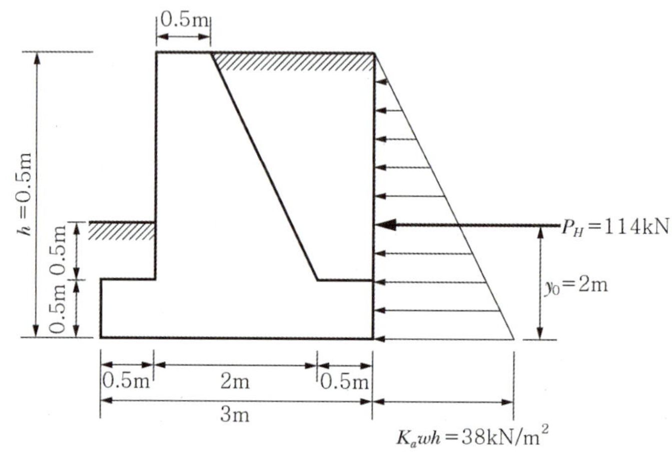

[P그림 12.3]

정답 1. 전도에 대한 안정 : $\dfrac{\text{저항모멘트}}{\text{전도모멘트}} = 2.40 > 2.0$ (안정)

2. 활동에 대한 안정 : $\dfrac{f\sum F_y}{\sum F_x} = 1.44 < 1.5$ (불안정)

3. 침하에 대한 안정 : $q_{\max} = 222.6\mathrm{kN/m^2} > q_a = 200\,\mathrm{kN/m^2}$(불안정)

04 [P그림 12.4]와 같이 1단힌지 타단고정인 지름이 d인 원형단면기둥의 세장비를 구하여라.

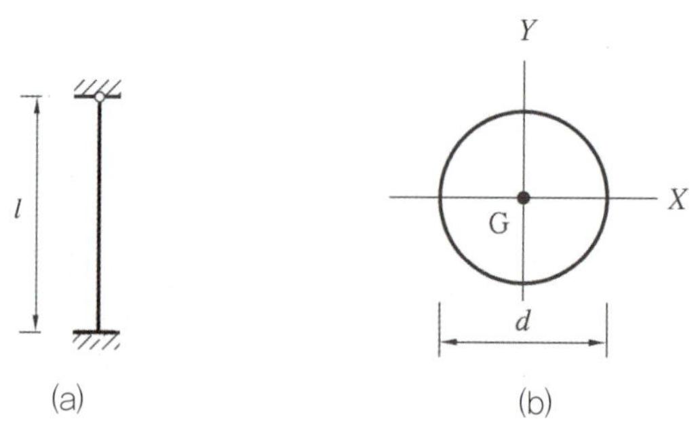

[P 그림 12.4]

정답 $\lambda = \dfrac{2.8l}{d}$

05 길이가 $9\,\text{m}$ 인 원목이 $10\,\text{kN}$ 의 축하중을 받을 때 지름 d는 얼마로 해야 되는가? 지지상태는 1단 힌지 타단 고정이다. 단, $E = 8{,}400\,\text{MPa}$, 안전율을 3으로 한다.

정답 $d = 19\,\text{cm}$

06 1단 힌지 타단고정인 중공 원주에서 안지름 $30\,\text{cm}$, 바깥지름 $31.2\,\text{cm}$, 길이 $12\,\text{m}$ 인 원주의 허용 축하중을 구하여라. 단, $E = 2.1 \times 10^5\,\text{MPa}$, 안전율을 3으로 한다.

정답 $P_{cr} = 647\,\text{kN}$

07 [P 그림 12.5]와 같은 양단 힌지 상태의 장주에 좌굴하중이 작용할 때, 원형단면의 지름(d)이 $10\,\text{cm}$ 인 이 기둥의 좌굴응력을 구하여라. 단, $E = 2.1 \times 10^5\,\text{MPa}$이다.

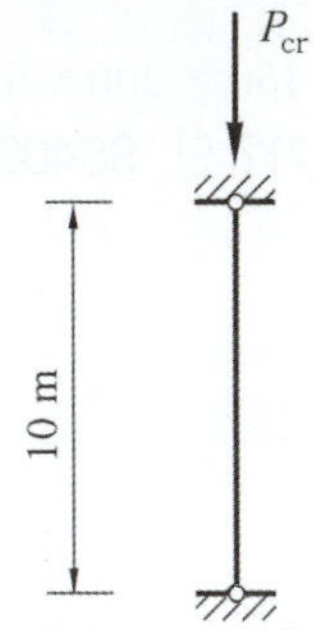

[P 그림 12.5]

정답 $f_{cr} = 12.95\,\text{MPa}$

08 [P 그림 12.6]과 같이 길이 $3.2\,\text{m}$ 의 ㄷ형강을 양단 고정의 기둥으로 사용할 경우, 이 기둥의 좌굴하중을 구하여라. 단, $E = 2.1 \times 10^5\,\text{MPa}$이다.

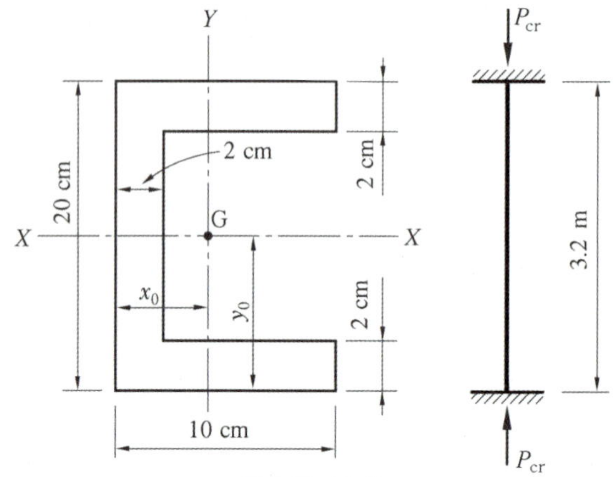

[P 그림 12.6]

정답 $P_{cr} = 5{,}214$ kN

09 **1단 힌지 타단 고정으로 지지된** $\mathrm{H}-450\times200\times9\times14$ **형강기둥** $l=3.5$ m **가 있다. 이 기둥은 얼마의 압축력을 받을 수 있는가? 단, SS400강재 사용한다.**

정답 $P=1{,}180$ kN

CHAPTER

13

구조물의 처짐

CONTENTS

13.1 | 개요

보에 외력이 작용하면 내력으로 인하여 직선이었던 축선은 처짐곡선으로 변형된다. 구조물에 처짐이 발생하면 단면에 응력을 증가시킬 뿐만 아니라, 이동하중이 작용하는 장지간 교량구조에서는 진동으로 인하여 심리적으로 불안감을 준다. 따라서 구조물의 설계에서 제안되는 허용처짐을 초과할 경우에는 재료의 균열 또는 파손 등으로 구조물의 손상을 초래하게 되므로, 처짐으로 인하여 구조물에 부가되는 휨응력 또는 전단응력이 허용치를 초과하지 않아야 한다.

그러므로 구조물에 대해서는 설계기준에 규정된 사용성에 대한 처짐을 검토해야 한다.

[1] 도로교설계기준[2010 – 허용응력설계법]

도로교설계기준[2010 – 허용응력설계법]에서는 교량구조의 처짐에 관한 사용성을 위하여 활하중으로 인한 허용 처짐의 한계 값을 [표 13.1.1]과 같이 규정하고 있다.

특히 보에서는 강성이 부족하면 처짐이 커져서 이에 대한 검토가 필요하며, 사하중에 대한 처짐은 구조물의 시공과정에서 솟음(camber)을 미리 줌으로써 예측되는 처짐량을 보정한다.

[표 13.1.1] 허용 처짐값

L : 지장간(m)

<table>
<tr><th colspan="3">교량형식</th><th colspan="2">최대처짐</th></tr>
<tr><td rowspan="5">관형
형식</td><td>종류</td><td>지간</td><td>단순지지보 및 연속보</td><td>게르버보의 캔틸레버</td></tr>
<tr><td rowspan="3">철근콘크리트
슬래브가
있는 판형</td><td>$L \le 10\text{m}$</td><td>L/2,000</td><td>L/1,200</td></tr>
<tr><td>$10\text{m} \le L \le 40\text{m}$</td><td>$\frac{L}{20{,}000/L}$</td><td>$\frac{L}{12{,}000/L}$</td></tr>
<tr><td>$L > 40\text{m}$</td><td>$L/500$</td><td>$L/300$</td></tr>
<tr><td colspan="2">기타의 슬래브가 있는 판형</td><td>$L/500$</td><td>$L/300$</td></tr>
<tr><td colspan="3">현수교형식</td><td colspan="2">$L/350$</td></tr>
<tr><td colspan="3">사장교형식</td><td colspan="2">$L/400$</td></tr>
<tr><td colspan="3">기타형식</td><td>$L/600$</td><td>$L/400$</td></tr>
</table>

[2] 도로교설계기준[2015 – 한계상태설계법]

도로교설계기준[2015 – 한계상태설계법]에서는 처짐을 다음과 같이 규정하고 있다.

(1) 일반 사항

처짐으로 인한 바람직하지 못한 구조적 또는 심리적 영향을 배제할 수 있도록 교량을 설계한다. 직교이방성 강바닥판을 제외하고 처짐과 높이의 제한이 선택적이라 하더라도 세장성과 처짐에 관한 기존의 성공적 실제 예와 많은 차이가 있을 경우에는 설계검토를 수행하여 교량의 적절한 기능 수행여부를 결정한다.

동적 해석을 하는 경우, [LSD 4.7]의 원칙과 요구사항을 만족해야 한다.

(2) 처짐기준

아래 사항을 제외하고 이 장의 기준은 선택적인 것으로 간주해야 한다.

- 직교이방성 강바닥판에 대한 규정은 필수적인 것으로 간주해야 한다.
- 격자 강바닥판, 기타 경량 강바닥판 및 경량콘크리트 바닥판은 [LSD 6.14.3.2]의 사용성 규정을 준수해야 한다.

이 기준을 적용하는 경우 차량 활하중에는 충격하중 효과를 포함해야 한다.

발주자가 처짐의 제한을 요구하는 경우 다음 원칙을 적용할 수 있다.

- 최대처짐을 조사하는 경우 모든 재하차로에 하중을 재하하며 모든 지점은 동일한 처짐을 갖는 것으로 가정한다.
- 합성설계의 경우 설계단면은 도로의 전폭과 구조적으로 연속적인 난간, 보도, 중앙분리대를 포함한다.
- 부재 간 상대처짐을 조사하는 경우 상대처짐이 가장 크게 발생할 수 있는 재하차로의 개수와 위치를 선정한다.
- [LSD 표 3.4.1]에 제시된 사용하중조합 I 의 활하중 비율은 충격하중계수 IM을 포함하여 사용한다.

- 활하중은 [LSD 3.6.1.7]에 의거한다.
- [LSD 3.6.1.2]의 활하중 동시재하에 대한 규정을 적용한다.
- 사교의 경우 교축직각단면을 사용할 수 있고, 곡교나 곡사교의 경우 방사방향 단면을 사용할 수 있다.

기타 기준이 없는 경우, 아래의 처짐 제한을 강, 알루미늄 또는 콘크리트 구조물에 적용할 수 있다.

- 차량하중, 일반 지간/800
- 차량하중 또는 보행자하중 지간/1,000
- 내민보의 차량하중 지간/300
- 내민보의 차량하중 또는 보행자하중 지간/375

I형 강재 보와 거더 그리고 강박스 및 튜브형 거더에서 플랜지응력 조정으로 영구처짐을 제한하는 경우 [LSD 6.10.5.2와 6.11.7]의 규정을 적용해야 한다.

기타 기준이 없는 경우, 아래의 처짐 제한을 목재 구조물에 적용할 수 있다.

- 차량하중과 보행자 하중 지간/425
- 목재 바닥판위의 차량하중(인접판간의 극대상대처짐) 2.5 mm

직교이방성 강바닥판에는 다음 규정을 적용해야 한다.

- 강바닥판 위의 차량하중 지간/300
- 직교이방성 강바닥판 가로보 위의 차량하중 지간/1,000
- 직교이방성 강바닥판 가로보 위의 차량하중 2.5 mm
  (인접 가로보간의 극대상대처짐)

그리고 보의 처짐에 의한 해법으로 부정정구조물의 해석을 편리하게 해결할 수 있다. 구조물의 처짐을 구하는 해법으로는 다음과 같은 방법들이 있다.

[1] 기하학적인 방법

(1) 미분방정식법(differential equation method) 또는 2중적분법(double integral method) - (보와 기둥에 적용)

(2) 모멘트 면적법(moment area method) - (보와 라멘에 적용)

(3) 탄성하중법(elastic load method) - (보와 라멘에 적용)

(4) 공액보법(conjugate beam method) - (보와 라멘에 적용)

(5) 각하중법(angle - weights method 또는 bar - chain method) - (트러스에 적용된 탄성하중법)

(6) Williot - Mohr 변위도에 의한 해법 - (트러스에만 적용됨)

[2] 에너지 방법

(7) 가상일의 원리(principle of virtual work) 또는 단위하중법(unit load method) - (어떤 형태의 구조물에도 적용됨)

(8) 카스티그리아노의 제2정리(Castigliano's 2nd theorem) - (어떤 형태의 구조물에도 적용됨)

13.2 탄성곡선

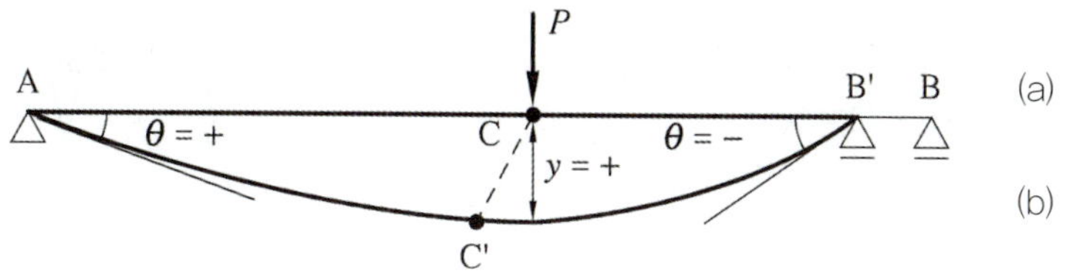

[그림 13.2.1]

보의 단면이 EI인 보에 하중이 작용하면, 보는 변형되어 [그림 13.2.1]과 같이 직선이었던 ACB축선은 $AC'B'$ 곡선으로 변형된다. 이와 같이 하중이 작용하여 변형된 보의 축선이 만드는 곡선을 탄성곡선(elastic curve)이라고 한다.

[그림 13.2.1]에서 변형전 축선의 한 점이 연직방향으로 변형된 거리, 즉 $\overline{CC'}$의 연직거리를 y 라고 할 때 y 를 처짐(deflection)이라고 한다. 또한 각 점의 처짐을 연결하여 이루어진 곡선을 처짐곡선(deflection curve)이라고 하며, 이 처짐곡선은 변형이 미소한 범위 내에서는 탄성곡선과 일치한다고 본다. 보의 처짐은 휨모멘트와 전단력에 의해서 발생한다. 그러나 전단력에 의해서 생기는 처짐은 미소하므로 휨모멘트에 의한 처짐만을 고려한다. 일반적으로 처짐의 기호는 δ로 표시하나 본 장에서는 수학적 측면에서 함수식의 혼돈을 피하기 위하여 $\delta \Rightarrow y$로 나타내었다.

보에서 하향처짐을 정(+), 상향처짐을 부(−)로 부호를 규정한다. 또한 처짐곡선상의 한 점에서 그은 접선이 변형 전의 보의 축과 이루는 각을 처짐각(de flection angle)이라고 하고 처짐각은 보의 지점에서 최대가 된다. 처짐을 y라고 하면 처짐각 θ는 dy/dx가 된다. 처짐각의 부호는 시계방향으로 회전하여 만들어진 각을 정(+)으로 하고, 시계 반대방향으로 회전할 경우에는 부(−)로 한다.

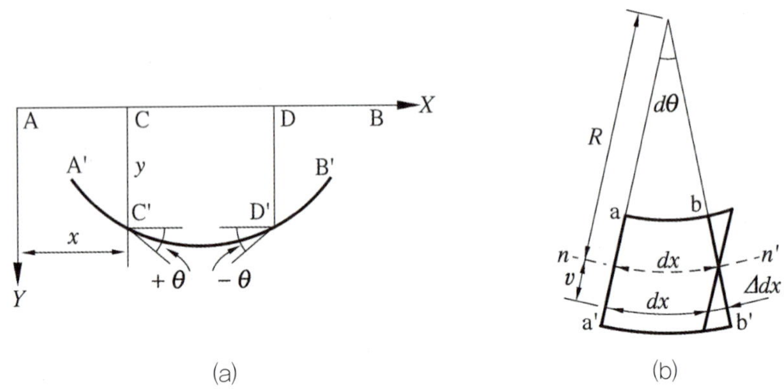

[그림 13.2.2]

[그림 13.2.2(a)]에서 처짐곡선 $A'C'D'B'$는 방정식 $y = f(x)$의 함수형으로 표시하여 임의 점의 처짐과 처짐각을 알 수 있다.

처짐곡선의 임의 점 C'에서 이 곡선의 미소부분 dx 를 절단하여 [그림 13.2.2(b)]와 같이 도시해보면, 2개의 단면 aa'와 bb'는 평행하였던 것이 보의 변형으로 인하여 두 단면 사이에 변위각 $d\theta$ 가 생긴다. [그림 13.2.2(b)]에서 중립축 nn'는 반지름 R 인 원호와 같다.

[그림 13.2.2(b)]에서 보의 중립축 nn'에서 v만큼 떨어진 부분의 변형을 Δdx, 변형률을 ϵ, 휨응력을 f_b 라고 하면 다음과 같은 식이 성립된다.

$$\frac{R+v}{R} = \frac{dx + \Delta dx}{dx} = 1 + \frac{\Delta dx}{dx} = 1 + \varepsilon_x \quad \text{①}$$

Hooke의 법칙에 의해서

$$\varepsilon_x = \frac{\Delta dx}{dx} = \frac{f_b}{E} \quad \text{②}$$

단면 aa'에 작용하는 휨모멘트를 M_x라고 하면, 휨응력 f_b 는 다음과 같다.

$$f_b = \frac{M_x}{I} v \quad \text{③}$$

따라서 식 ②와 ③을 식 ①에 대입하면 곡률은 다음과 같은 식이 된다.

$$\frac{1}{R} = \frac{M_x}{EI} \quad \cdots\cdots ④$$

여기서, $1/R$은 곡률이며 EI는 휨강성라 하며 등질이고 등단면이면 정수로 된다.

그런데, 미분학에서 곡률 $\rho = 1/R$은 다음 식 ⑤이다.

$$\rho = \frac{1}{R} = \frac{\left|\dfrac{d^2 y_x}{dx^2}\right|}{\left\{1 + \left(\dfrac{dy_x}{dx}\right)^2\right\}^{3/2}} \quad \cdots\cdots ⑤$$

이 방정식에서 구한 탄성처짐곡선의 정확한 모양은 Elastica라고 부른다.

Elastica 문제의 수학적 해는 여러 가지 형태의 보와 하중조건에 대해 구해졌다. 해가 길기 때문에 여기서는 생략하였다.

식 ⑤에서 dy_x/dx는 미소하므로 고차항 $(dy_x/dx)^2$을 0으로 보면 곡률 $\rho = 1/R$은 다음 식과 같이 된다.

$$\rho = \frac{1}{R} = \left|\frac{d^2 y_x}{dx^2}\right| \quad \cdots\cdots ⑥$$

따라서 식 ⑥과 ④에 의해서 다음과 같은 식을 얻게 된다.

$$\left|\frac{d^2 y_x}{dx^2}\right| = \frac{M_x}{EI} \quad \cdots\cdots ⑦$$

그런데 식 ⑦에서 M_x가 (+)이면 아래로 처지게 된다. 그러나 곡률의 부호는 이와 반대가 되므로 (−)가 된다. 따라서 $d^2 y_x/dx^2 < 0$이다.

또한, M_x가 (−)이면 위로 처지게 되어 곡률부호는 (+)이므로 $d^2 y_x/dx^2 > 0$이 된다. 따라서 M_x 와 $d^2 y_x / dx^2$는 부호가 상반되어 식 ⑦은 다음과 같은 식으로 된다.

$$\frac{d^2 y_x}{dx^2} = -\frac{M_x}{EI} \quad \text{.......} \quad (13.2.1)$$

식 (13.2.1)을 탄성곡선 방정식(elastic curve equation)이라고 하며 이것을 적분하여 처짐각 θ 와 처짐 y 를 구할 수 있다.

13.3 처짐곡선의 미분방정식 해법(이중적분법)

식 (13.2.1)의 탄성곡선 방정식을 한 번 적분하면 처짐각 θ 값을 구할 수 있다. 그리고 두 번 적분하면 처짐 y 값을 얻는다.

$$\left.\begin{aligned} \theta_x &= \frac{dy}{dx} = -\int \frac{M_x}{EI} dx + C_1 \\ y_x &= -\int\int \frac{M_x}{EI} dx\, dx + C_1 x + C_2 \end{aligned}\right\} \quad \text{.......} \quad (13.3.1)$$

여기서, C_1과 C_2는 적분상수이다. 이와 같이 탄성곡선 방정식을 이용하여 처짐각과 처짐을 구하는 방법을 미분방정식법(differential equation method) 또는 2중적분법(double integral method)이라고 한다.

예제 13.3.1

[그림 13.3.1]과 같은 단순보에 등분포하중이 작용할 때 처짐과 처짐각을 미분방정식법으로 구하여라. 단, EI는 일정하다.

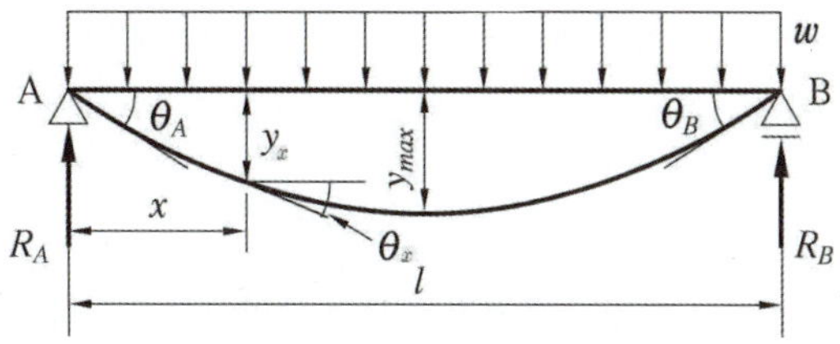

[그림 13.3.1]

풀이

(1) 지점반력

평형조건식에 의해서 $R_A = R_B = \dfrac{w\,l}{2}$

(2) x지점의 휨모멘트

$$M_x = R_A x - \frac{w}{2}x^2 = \frac{w\,l}{2}x - \frac{w}{2}x^2$$

(3) 탄성곡선 방정식

M_x를 탄성곡선 방정식에 대입하여 1차 적분하면 다음과 같이 된다.

$$\frac{d^2 y_x}{dx^2} = -\frac{1}{EI}M_x = -\frac{1}{EI}\left(\frac{w\,l}{2}x - \frac{w}{2}x^2\right)$$

$$\frac{dy_x}{dx} = \theta = \frac{l}{EI}\left(-\frac{w\,l}{4}x^2 + \frac{w}{6}x^3\right) + C_1 \text{ ———— ①}$$

식 ①을 다시 적분하면 다음과 같다.

$$y_x = \frac{1}{EI}\left(-\frac{w\,l}{12}x^3 + \frac{w}{24}x^4\right) + C_1 x + C_2 \text{ ———— ②}$$

식 ②에서 경계조건을 아래와 같이 적용하면 적분상수 C_1과 C_2는 다음과 같다.

$x = 0$(A지점)이면 $y_{x=0} = 0$ $\quad\therefore C_2 = 0$

$x = l$ (B지점)이면 $y_{x=l} = 0$ $\quad\therefore C_1 = \dfrac{wl^3}{12EI} - \dfrac{wl^3}{24EI} = \dfrac{wl^3}{24EI}$

C_1과 C_2를 식 ①과 ②에 대입하여 정리하면 다음과 같이 된다.

$$\theta_x = \frac{wl^3}{24EI}\left\{1 - 6\left(\frac{x}{l}\right)^2 + 4\left(\frac{x}{l}\right)^3\right\} \text{———— ③}$$

$$y_x = \frac{wl^4}{24EI}\left\{\frac{x}{l} - 2\left(\frac{x}{l}\right)^3 + \left(\frac{x}{l}\right)^4\right\} \text{———— ④}$$

식 ③과 ④는 임의 점 x 지점에 처짐각 θ_x 와 처짐 y_x 가 된다. 따라서 A와 B 지점에 대해서 탄성곡선의 기울기 θ_A 및 θ_B는 식 ③에 $x=0$ 및 $x=l$를 각각 대입하여 다음과 같은 식을 얻을 수 있다.

$$\therefore \theta_A = \frac{wl^3}{24EI}, \qquad \therefore \theta_B = -\frac{wl^3}{24EI} \text{———— ⑤}$$

A와 B 지점에서 처짐은 0이고 보의 최대처짐은 보의 중앙에서 일어나므로, 식 ④에 $x = l/2$를 대입하면 최대처짐 $y_{\max}$는 다음 식과 같다.

$$\therefore y_{\max} = \frac{5wl^4}{384EI} \text{———— ⑥}$$

예제 13.3.2

[그림 13.3.2]와 같은 캔틸레버보에 등분포하중이 작용할 경우 처짐각, 처짐을 미분방정식법으로 구하여라. 단, EI는 일정하다.

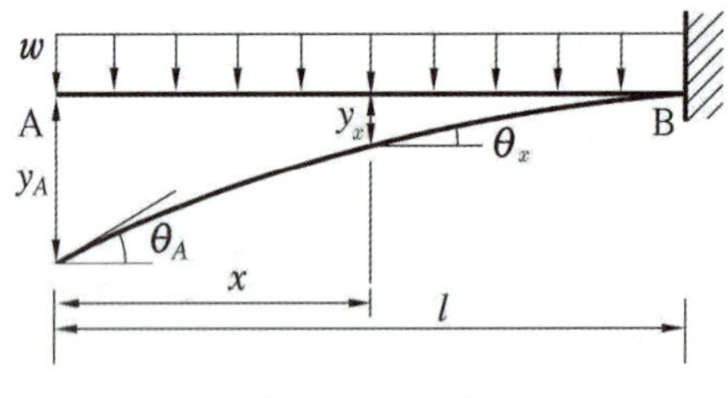

[그림 13.3.2]

풀이

임의 점 x 지점의 휨모멘트는 다음과 같다.

$$M_x = -\frac{w}{2}x^2$$

M_x를 탄성곡선 방정식에 대입하여 1차 적분하면 다음과 같이 된다.

$$\frac{d^2y_x}{dx^2} = -\frac{M_x}{EI} = \frac{w}{2EI}x^2$$

$$\frac{dy_x}{dx} = \theta_x = \frac{w}{6EI}x^3 + C_1 \text{ ——— ①}$$

식 ①을 다시 적분하면 다음과 같이 된다.

$$y_x = \frac{w}{24EI}x^4 + C_1 x + C_2 \text{ ——— ②}$$

식 ①, ②에서 경계조건에 의하면 다음과 같이 된다.

$x = l$(지점 B)이면 $\theta_B = 0 \quad 0 = \frac{wl^3}{6EI} + C_1 \qquad \therefore C_1 = -\frac{wl^3}{6EI}$

$x = l$(지점 B)이면 $y_B = 0 \quad 0 = \frac{wl^4}{24EI} - \frac{wl^4}{6EI} + C_2 \qquad \therefore C_2 = \frac{wl^4}{8EI}$

적분상수 C_1과 C_2를 식 ①과 ②에 대입하여 x 지점의 처짐각 θ_x와 처짐 y_x를 구하는 식은 다음과 같다.

$$\theta_x = \frac{w}{6EI}(x^3 - l^3),\ y_x = \frac{w}{24EI}(x^4 - 4l^3x + 3l^4) \text{ ——— ③}$$

자유단 A에서의 처짐각 및 최대처짐은 $x=0$ 일 경우이므로 이것을 식 ③에 대입하여 정리하면 다음 식과 같다.

$$\theta_A = -\frac{wl^3}{6EI},\ y_A = y_{\max} = \frac{wl^4}{8EI} \text{ ——— ④}$$

예제 13.3.3

[그림 13.3.3]과 같이 집중하중 P가 C지점에 작용할 경우에 x, x' 지점의 처짐각과 처짐을 미분방정식법으로 구하여라. 단, EI는 일정하다.

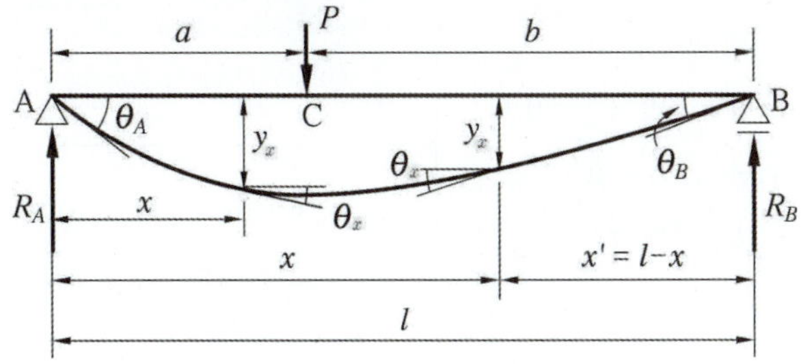

[그림 13.3.3]

풀이

(1) 지점반력

평형조건식에 의해서 $R_A = Pb/l \qquad R_B = Pa/l$

(2) $0 \le x < a$ 구간에서 휨모멘트

$$M_x = R_A x = \frac{Pb}{l} x$$

M_x 를 탄성곡선의 미분방정식에 대입하여 1차 적분하면 다음과 같이 된다.

$$\frac{d^2 y_x}{dx^2} = -\frac{M_x}{EI} = -\frac{Pb}{EIl} x$$

$$\theta_x = \frac{dy}{dx} = -\frac{Pb}{EIl} \int x\, dx = -\frac{Pb}{2EIl} x^2 + C_1 \text{ ——— ①}$$

식 ①을 x 에 대해 적분하면 다음과 같다.

$$y_x = \int \theta\, dx = \int \left(-\frac{Pb}{2EIl} x^2 + C_1 \right) dx$$

$$= -\frac{Pb}{6EIl} x^3 + C_1 x + C_2 \text{ ——— ②}$$

(3) $a \le x \le l$ 구간에서 휨모멘트

$$M_x = R_B x' = \frac{Pa}{l} (l - x)$$

M_x를 탄성곡선의 미분방정식에 대입하여 1, 2차 적분하면 다음과 같이 된다.

$$\frac{d^2 y_x}{dx^2} = -\frac{M_x}{EI} = -\frac{Pa}{EIl} (l - x)$$

$$\theta_x = \frac{dy}{dx} = -\frac{Pa}{EIl} \int (l - x)\, dx = -\frac{Pa}{2EIl} (l - x)^2 + C_3 \text{ ——— ③}$$

$$y_x = \int \theta = -\frac{Pa}{6EIl} (l - x)^3 + C_3 x + C_4 \text{ ——— ④}$$

식 ②와 ④에서 경계조건에 의하면 다음과 같이 된다.

$$\left.\begin{array}{l} x = 0(A\text{지점})\text{이면 } y_{x=0} = 0, \\ \text{이것을 식 ②에 대입하면 } C_2 = 0 \\ x = l(B\text{지점})\text{이면 } y_{x=l} = 0, \\ \text{이것을 식 ④에 대입하면 } C_4 = -C_3 \end{array}\right\} \text{ ——— ⑤}$$

식 ⑤를 식 ②와 ④에 대입하여 정리하면 다음과 같다.

$$\left.\begin{array}{l} 0 \le x \le a \text{ 구간에서 } y_x = -\dfrac{Pb}{6EIl} x^3 + C_1 x \\ a \le x \le l \text{ 구간에서 } y_x = -\dfrac{Pa}{6EIl} (l - x)^3 - C_3 (l - \end{array}\right\} \text{ ——— ⑥}$$

하중 P가 작용하는 C지점에서 처짐각 θ_c 와 처짐 y_c는 $x = a$인 경우이다. 따라서 $x = a$에서 AC구간에서의 식 ①과 ②에 의한 값과 CB구간에서의 식 ③과 ④에 의한 값이 같다.

이 경계조건에 식 ①과 식 ③, ⑥을 대입하면 다음과 같이 된다.

$$\left.\begin{aligned} -\frac{Pa^2b}{2EIl}+C_1 &= -\frac{Pab^2}{2EIl}+C_3 \\ -\frac{Pa^3b}{6EIl}+C_1a &= -\frac{Pab^3}{6EIl}-C_3 \end{aligned}\right\} \qquad ⑦$$

식 ⑦을 연립으로 풀어 적분상수 C_1, C_3, C_4를 구하면 다음과 같다.

$$\therefore\ C_1=\frac{Pab}{6EIl}(a+2b) \qquad \therefore\ C_3=-\frac{Pab}{6EIl}(2a+b) \qquad \therefore\ C_4=-C_3l=\frac{Pab}{6EI}(2a+b)$$

C_1, C_2, C_3, C_4를 식 ①, ③, ⑥에 대입하여 정리하면

$0 \leq x \leq a$구간에서

$$\left.\begin{aligned} \theta_x &= \frac{Pb}{6EIl}(l^2-b^2-3x^2) \\ y_x &= \frac{Pb}{6EIl}x(l^2-b^2-x^2) \end{aligned}\right\} \qquad ⑧$$

$a \leq x \leq l$구간에서

$$\left.\begin{aligned} \theta_x &= -\frac{Pa}{6EIl}(l^2-a^2-3x'^2) \\ y_x &= \frac{Pa}{6EIl}x'(l^2-a^2-x'^2) \end{aligned}\right\} \qquad ⑨$$

A, B지점에서의 처짐각은 식 ⑧과 ⑨에서 $x=0$, $x'=0$을 놓으면

$$\left.\begin{aligned} \theta_A &= \frac{Pb}{6EIl}(l^2-b^2) \\ \theta_B &= -\frac{Pa}{6EIl}(l^2-a^2) \end{aligned}\right\} \qquad ⑩$$

또 하중의 작용점 C지점에서 처짐각 θ와 처짐 y_c는 식 ⑧에 $x=a$를 대입하면

$$\left.\begin{aligned} \theta_c &= \frac{Pab}{3EIl}(b-a) \\ y_c &= \frac{Pa^2b^2}{3EIl} \end{aligned}\right\} \qquad ⑪$$

하중이 지간 중앙에 있을 때 처짐각 θ_A, θ_B와 최대처짐 $y_{\max}$는 식 ⑧에 $a=b=l/2$를 대입하면 다음과 같다.

$$\therefore\ \theta_A=\frac{Pl^2}{16EI},\ \therefore\ \theta_B=-\frac{Pl^2}{16EI},\ \therefore\ y_{\max}=\frac{Pl^3}{48EI} \qquad ⑫$$

예제 13.3.4

[그림 13.3.4]와 같은 캔틸레버보에 집중하중 P가 작용할 경우 처짐각과 처짐을 미분방정식법으로 구하여라. 단, EI는 일정하다.

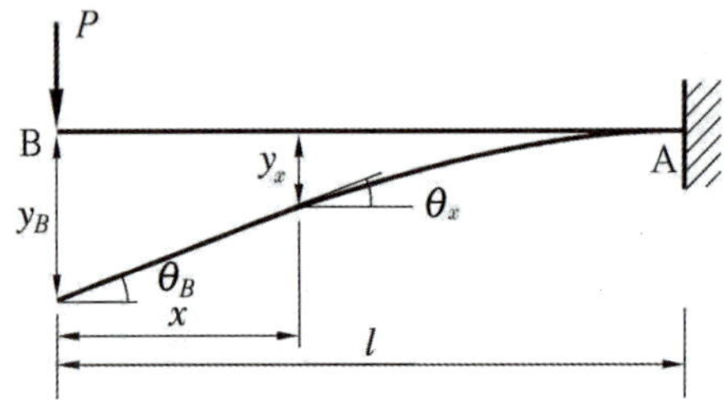

[그림 13.3.4]

풀이

임의 점 x지점의 휨모멘트는

$$M_x = -Px$$

M_x를 탄성곡선의 미분방정식에 대입하여 1, 2차 적분하면

$$\left.\begin{aligned} \frac{d^2y}{dx^2} &= -\frac{M_x}{EI} = \frac{P}{EI}x \\ \theta_x &= \frac{dy}{dx} = \frac{P}{EI}\int x\,dx = \frac{P}{2EI}x^2 + C_1 \\ y_x &= \int \theta = \frac{P}{6EI}x^3 + C_1x + C_2 \end{aligned}\right\} \text{———— ①}$$

경계조건에 의하면

$x = l(A$지점)일 때 $\theta_{x=l} = 0$, $y_{x=l} = 0$이고 이것을 식 ①에 대입하여 정리하면 다음과 같이 된다.

$$0 = \frac{Pl^2}{2EI} + C_1 \qquad \therefore C_1 = -\frac{Pl^2}{2EI}$$

$$0 = \frac{Pl^3}{6EI} + \left(-\frac{Pl^2}{2EI}\right) \times l + C_2 \quad \therefore C_2 = \frac{Pl^3}{3EI}$$

적분상수 C_1과 C_2를 식 ①에 대입하면 다음과 같이 된다.

$$\left.\begin{aligned} \theta_x &= -\frac{P}{2EI}(l^2 - x^2) \\ y_x &= \frac{P}{6EI}(2l^3 - 3l^2x + x^3) \end{aligned}\right\} \text{———— ②}$$

식 ②에 $x = 0$를 대입하면 자유단 B지점의 처짐각 θ_B와 처짐 y_B는 다음 식과 같다.

$$\left.\begin{aligned} \theta_B &= -\frac{Pl^2}{2EI} \\ y_B = y_{\max} &= \frac{Pl^3}{3EI} \end{aligned}\right\} \text{———} ③$$

13.4 모멘트 면적법

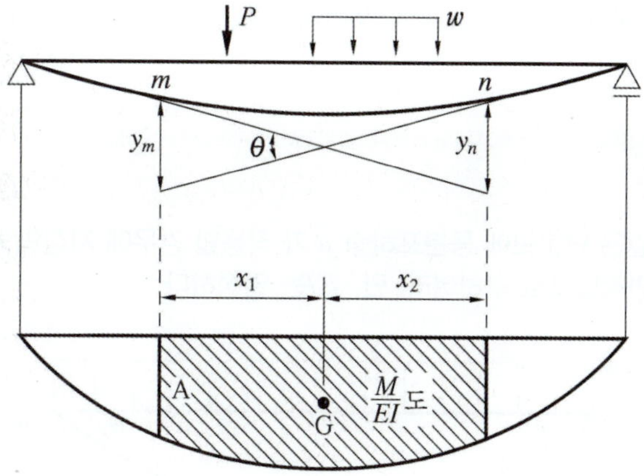

[그림 13.4.1]

모멘트 면적법(moment area method)은 보의 임의 점에서 처짐이나 처짐각을 구하는 데 적당한 방법이다. 모멘트 면적법은 1873년 미국 Michigan 대학교의 Charles E. Greene 교수가 발표한 것이다.

[그림 13.4.1]과 같은 단순보의 탄성곡선의 임의의 지점 m 과 n 에서 접선이 이루는 각은 이 두 지점 간의 휨모멘트도를 하중도로 보고 하중도의 면적을 EI 로 나눈 값과 같다. 이것을 모멘트 제1정리라고 하며 처짐각을 구하는 식은 다음과 같다.

$$\theta = \int \frac{M}{EI} dx = \frac{A}{EI} \quad \text{············} (13.4.1)$$

또한, [그림 13.4.1]의 탄성곡선상에서 임의의 지점 m에서 탄성곡선에 접하는 접선으로부터 그 탄성곡선의 다른 지점 n까지의 수직거리는 이 두 지점 간의 휨모멘트도 면적의 m지점을 지나는 축에 대한 단면 1차 모멘트를 EI로 나눈 값과 같다. 이것을 모멘트 제2정리라고 하며, m, n지점의 처짐을 구하는 식은 다음과 같다.

$$\left.\begin{aligned} y_m &= \int \frac{M}{EI} x_1\,dx = \frac{A}{EI} x_1 \\ y_n &= \int \frac{M}{EI} x_2\,dx = \frac{A}{EI} x_2 \end{aligned}\right\} \quad \cdots\cdots (13.4.2)$$

여기서 모멘트 제1, 제2정리를 Greene의 정리라고도 한다.

예제 13.4.1

[그림 13.4.2(a)]와 같은 단순보에 등분포하중 w가 작용할 경우에 지점의 처짐각과 중앙지점의 최대처짐을 모멘트 면적법으로 구하여라. 단, EI는 일정하다.

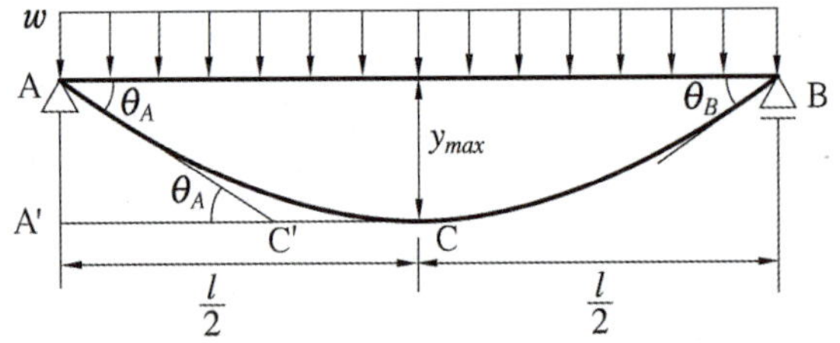

(a)

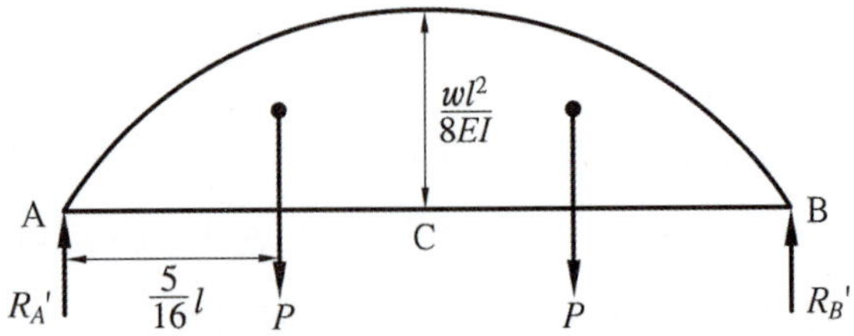

(b)

[그림 13.4.2]

풀이

(1) A, B지점의 처짐각

지점의 처짐각 θ_A는 A에서의 접선이 지간 중앙점 C에서의 접선 CA'와 이루는 각 AC'A'와 같다.

모멘트 제1정리에 의하여 처짐각 θ_A는 [그림 13.4.2(b)]의 탄성도 (M/EI)에서 반력 $R_A{}'$와 같다.

$$\theta_A = R_A{}' = P = \left(\frac{l}{2}\right)\times\left(\frac{wl^2}{8EI}\right)\times\left(\frac{2}{3}\right) = \frac{wl^3}{24EI}$$

$$\theta_B = -R_B{}' = -P = -\frac{wl^3}{24EI}$$

(2) 중앙지점의 최대처짐

[그림 13.4.2(a)]에서 최대처짐 $y_{\max}$는 AA'와 같다.

여기서 $\overline{\mathrm{AA'}}$는 모멘트 면적법의 제2정리에 의해서 AC 구간의 탄성도의 $\overline{\mathrm{AA'}}$선에 대한 단면 1차 모멘트와 같다. AC 사이의 탄성도의 도심은 A 로부터 $(5/16)l$ 이다.

$$y_{\max} = \overline{\mathrm{AA'}} = \left[\left(\frac{l}{2}\right)\times\left(\frac{wl^2}{8EI}\right)\times\left(\frac{2}{3}\right)\right]\times\left(\frac{5l}{16}\right) = \frac{5wl^4}{384EI}$$

13.5 탄성하중법

단순보의 임의 점에서의 처짐각은 [그림 13.5.1]과 같이 휨모멘트도를 하중으로 생각할 때 그 지점에서 생기는 전단력을 EI로 나눈 값이다.

$$\theta_x = \frac{1}{EI}(R_A{}' - A_{AC}) \quad \cdots\cdots (13.5.1)$$

단순보의 임의 점에서의 처짐은 휨모멘트도를 하중으로 생각할 때 그 지점에 생기는 휨모멘트를 EI로 나눈 값이다.

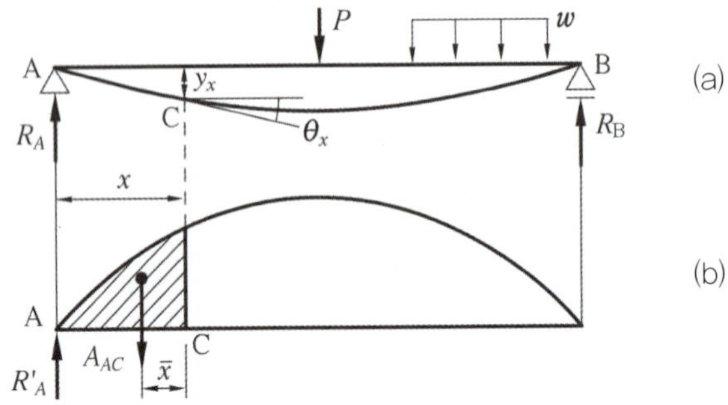

[그림 13.5.1]

$$y_x = \frac{1}{EI}(R_A{'}x - A_{AC}\,\bar{x}) \quad \cdots\cdots (13.5.2)$$

여기서 탄성하중법(elastic load method)을 Mohr의 정리라고도 한다. 그러나 캔틸레버보, 내면보, 양단 고정에서 탄성하중법을 사용하여 처짐과 처짐각을 구하려면 공액보법을 적용해야 한다.

예제 13.5.1

[그림 13.5.2]와 같은 등분포하중이 작용하는 단순보의 처짐각과 처짐을 탄성하중법으로 구하여라. 단, EI는 일정하다.

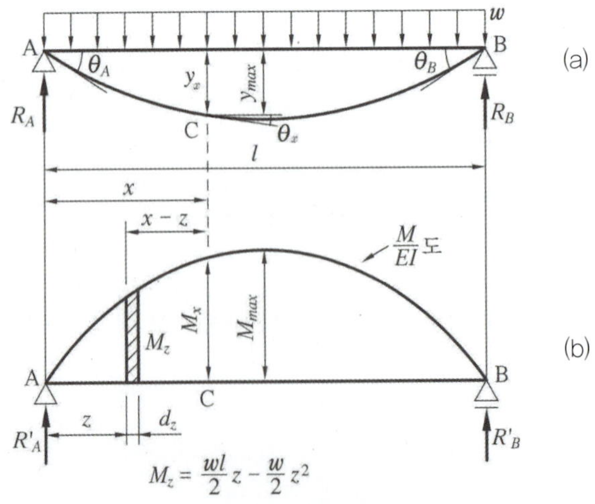

[그림 13.5.2]

풀이

(1) 처짐각(θ_x)

$$\theta_x = \frac{1}{EI}(R_A' - A_{AC})$$

$$R_A = \frac{1}{2} \times \left[\left(\frac{2}{3}l\right) \times (M_{\max})\right] = \frac{1}{2}(\text{모멘트도 면적})$$

$$= \frac{1}{2} \times \frac{2}{3}l \times \frac{wl^2}{8} = \frac{wl^3}{24}$$

$$A_{Ac} = \int_o^x M_z\,dz \quad = \int_0^x \left(\frac{wl}{2}z - \frac{w}{2}z^2\right)dz = \left[\frac{wl}{2}\frac{z^2}{2} - \frac{w}{2}\frac{z^3}{3}\right]_0^x = \frac{wl}{4}x^2 - \frac{w}{6}x^3$$

$$\therefore \theta_x = \frac{1}{EI}\left(\frac{wl^3}{24} - \frac{wl}{4}x^2 + \frac{w}{6}x^3\right) = \frac{wl^3}{24EI}\left\{1 - 6\left(\frac{x}{l}\right)^2 + 4\left(\frac{x}{l}\right)^3\right\}$$

$x = 0$이면 $\quad \therefore \theta_{x=0} = \theta_A = \dfrac{wl^3}{24EI}$

$l = 0$이면 $\quad \therefore \theta_{x=l} = \theta_B = -\dfrac{wl^3}{24EI}$

(2) 처짐(y)

$$y_x = \frac{1}{EI}M_x' = \frac{1}{EI}\{R_A'x - A_{AC}(x-z)\} = \frac{1}{EI}\left\{R_A'x - \int_0^x M_z\,dz(x-z)\right\}$$

$$= \frac{1}{EI}\left\{\frac{wl^3}{24}x - \int_0^x \frac{1}{2}wz(l-z)(x-z)\right\}$$

$$= \frac{1}{EI}\left\{\frac{wl^3}{24}x - \int_o^x \left(\frac{wl}{2}xz - \frac{wl}{2}z^2 - \frac{w}{2}xz^2 + \frac{w}{2}z^3\right)\right\}$$

$$= \frac{1}{EI}\left\{\frac{wl^3}{24}x - \left(\frac{wl}{4}x^3 - \frac{wl}{6}x^3 - \frac{w}{6}x^4 + \frac{w}{8}x^4\right)\right\}$$

$$= \frac{1}{EI}\left\{\frac{wl^4}{24}x - \left(\frac{2wl}{24}x^3 - \frac{w}{24}x^4\right)\right\}$$

$$\therefore y_x = \frac{wl^4}{24EI}\left\{\frac{x}{l} - 2\left(\frac{x}{l}\right)^3 + \left(\frac{x}{l}\right)^4\right\}$$

처짐은 중앙에서 최대가 되므로 $x/l = 1/2$를 대입하면 다음과 같다.

$$\therefore y_{x=\frac{l}{2}} = y_{\max} = \frac{5wl^4}{384EI}$$

예제 13.5.2

[그림 13.5.3(a)]와 같은 집중하중이 작용하는 단순보의 처짐각과 처짐을 탄성하중법으로 구하여라. 단, EI는 일정하다.

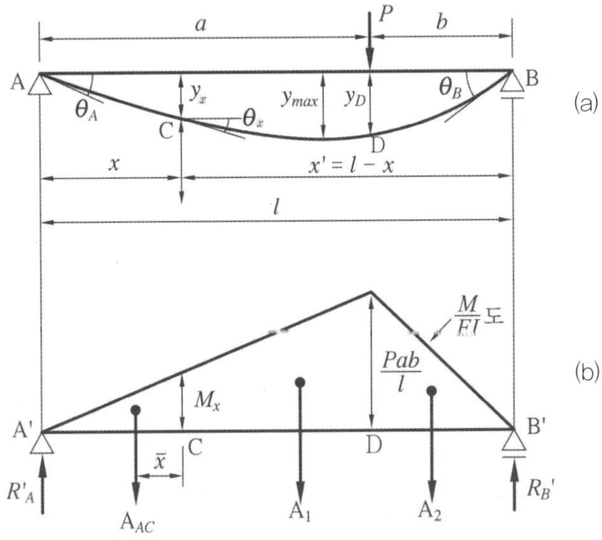

[그림 13.5.3]

풀이

(1) [그림 13.5.3(a)]에서

지점반력은 $R_A = \frac{Pb}{l}$ $R_B = \frac{Pa}{l}$

$$\left.\begin{array}{ll} 0 \le x \le a\text{구간에서} & M_x = \frac{Pb}{l}x \\ a \le x \le l\text{구간에서} & M_x = \frac{Pa}{l}(l-x) \end{array}\right\} \quad ①$$

$$M_D = M_{\max} = R_A \cdot a = \frac{Pab}{l}$$

(2) [그림 13.5.3(b)]의 탄성도에서

지점반력 $R_A{}'$를 구하면

$$R_A{}' = \frac{A_1(b + a/3) + A_2\left(\frac{2b}{3}\right)}{l} = \frac{Pab}{6l}(a+2b) \quad ②$$

AC 구간의 탄성도의 면적을 A_{AC}라고 하면

$$A_{AC} = \frac{1}{2} M_x x = \frac{Pb}{2l} x^2$$

$0 \le x \le a$일 때 처짐각 θ는 식 (13.5.1)에 의하여

$$\theta_x = \frac{1}{EI}(R_A' - A_{AC}) = \frac{1}{EI}\left\{\frac{Pab}{6l}(a+2b) - \frac{Pb}{2l}x^2\right\}$$

$$= \frac{Pb}{6EIl}(l^2 - b^2 - 3x^2) \quad \text{③}$$

식 ③에서 x 대신 $x' = l - x$로 놓고, a를 b로 바꾸고 우변에 (−)부호를 붙이면 $a \le x \le l$ 구간에서의 처짐각 θ 값이 구해진다.

$a \le x \le l$일 때

$$\theta_x = -\frac{Pa}{6EIl}(l^2 - a^2 - 3x'^2) \quad \text{④}$$

따라서 A, B지점에서의 처짐각은 식 ③과 ④에 $x = 0,\ x' = 0$을 대입하면

$$\left.\begin{aligned} \theta_A &= \frac{Pb}{6EIl}(l^2 - b^2) \\ \theta_B &= -\frac{Pa}{6EIl}(l^2 - a^2 \end{aligned}\right\} \quad \text{⑤}$$

또한 하중 작용점 D지점의 처짐각 θ_D와 처짐 y_D는 식 ③에 $x = a$를 대입하면

$$\left.\begin{aligned} \theta_D &= \frac{Pab}{3EIl}(b-a) \\ y_D &= \frac{Pa^2b^2}{3EIl} \end{aligned}\right\} \quad \text{⑥}$$

임의 점에서 처짐 y는 식 (13.5.2)에 의해서

$0 \le x \le a$구간에서

$$y_x = \frac{1}{EI}(R_A' x - A_{AC}\bar{x}) = \frac{1}{EI}\left\{\frac{Pab}{6l} \times (a+2b) \times x - \frac{Pb}{2l} \times x^2 \times \frac{x}{3}\right\}$$

$$= \frac{Pb}{6EIl} x(x^2 - b^2 - x^2) \quad \text{⑦}$$

$a \le x \le l$구간에서는 식 ⑦에서 x대신 x'로, a를 b로 놓으면

$$y_x = \frac{Pa}{6EIl} x'(l^2 - a^2 - x'^2) \quad \text{⑧}$$

최대처짐 $y_{\max}$가 되는 위치는 처짐각이 0이 되는 곳이다.

[그림 13.5.3]에서 $a > b$이므로 식 ⑦에서 $\frac{dy}{dx} = 0$이 되는 $x = x_0$를 구하면 된다.

$$l^2 - b^2 - 3x^2 = 0 \qquad x = x_0 = \sqrt{\frac{l^2 - b^2}{3}} < a$$

$$\therefore y_{max} = \frac{Pb}{27EIl}\sqrt{3(l^2 - b^2)^3} \text{ ———— ⑨}$$

예제 13.5.3

[그림 13.5.4(a)]와 같은 단순보에 집중하중이 작용할 때, A와 B지점의 처짐각과 최대처짐을 탄성하중법으로 구하여라. 단, EI는 일정하다.

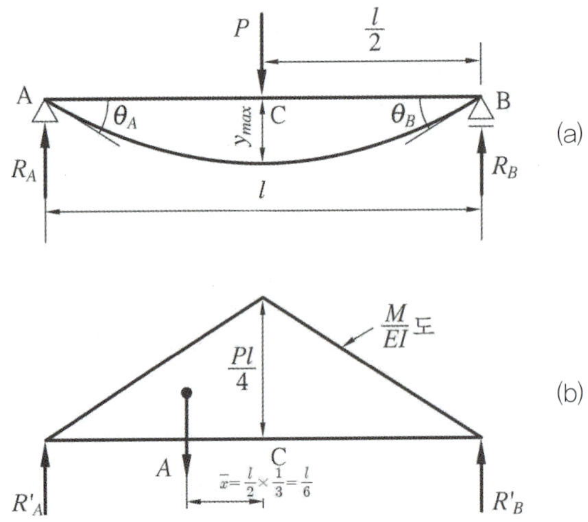

[그림 13.5.4]

풀이

(1) 처짐각 계산

$$\theta = \frac{A}{EI} = \frac{R_A}{EI}$$

$$R_A = \frac{1}{2} \times (\text{모멘트도 면적}) = \frac{1}{2} \times \left[\left(\frac{Pl}{4}\right) \times (l) \times \left(\frac{1}{2}\right)\right] = \frac{Pl^2}{16} = A$$

대칭이므로

$$R_A' = \frac{Pl^2}{16}$$

$$\therefore \theta_B = \frac{R_A'}{EI} = \frac{Pl^2}{16EI} \qquad \therefore \theta_B = -\frac{R_B'}{EI} = -\frac{Pl^2}{16EI}$$

(2) 최대처짐 계산

$$y_{\max} = \frac{1}{EI}\left(R_A' \times \frac{l}{2} - A \times \bar{x}\right) = \frac{1}{EI} R_A' \left(\frac{l}{2} - \frac{l}{6}\right)$$

$$= \frac{1}{EI} R_A' \times \frac{l}{3} = \frac{1}{EI} \times \frac{Pl}{16} \times \frac{l}{3}$$

$$\therefore y_{\max} = \frac{Pl^3}{48EI}$$

예제 13.5.4

[그림 13.5.5(a)]와 같은 단순보 지점에 모멘트하중이 작용할 때 처짐각과 처짐을 구하여라. 단, $M_A > M_B$이다. 그리고, EI는 일정하다.

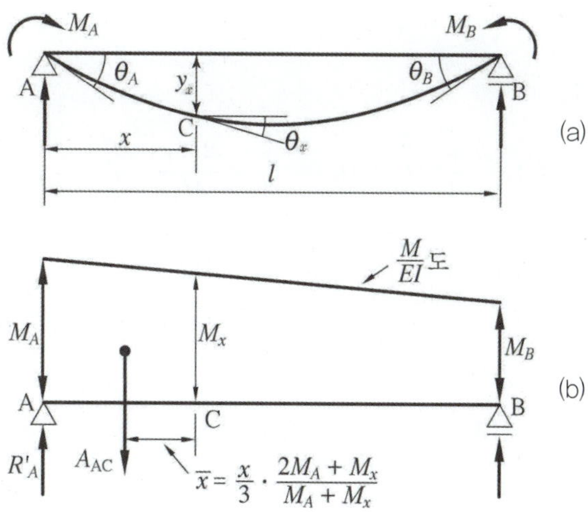

[그림 13.5.5]

풀이

$$R_A = \frac{M_B - M_A}{l} \qquad M_x = \frac{M_B - M_A}{l} x + M_A$$

(1) 처짐각

탄성도에서 $\theta = \frac{1}{EI}(R_A' - A_{AC})$에서

$$R_A' \times l - \left[\frac{M_A + M_B}{2} \times l\right] \times \left[\frac{l}{3} \times \frac{2M_A + M_B}{M_A + M_B}\right] = 0$$

$$R_A{}' = \frac{l}{6}(2M_A + M_B) \qquad A_{AC} = \frac{M_A + M_x}{2}x$$

$$\theta_x = \frac{1}{EI}\left\{\frac{l}{6}(2M_A + M_B) - \frac{x}{2}(M_A + M_x)\right\}$$

$$= \frac{1}{EI}\left\{\frac{l}{6}(2M_A + M_B) - \frac{x}{2}\left(M_A + \frac{x}{l}(M_B - M_A) + M_A\right)\right\}$$

$$= \frac{M_A l}{6EI}\left\{2 - 6\left(\frac{x}{l}\right) + 3\left(\frac{x}{l}\right)^2\right\} + \frac{M_B l}{6EI}\left\{1 - 3\left(\frac{x}{l}\right)^2\right\}$$

$x = 0$이면

$$\therefore \theta_A = \frac{l}{6EI}(2M_A + M_B)$$

$x = l$ 이면

$$\therefore \theta_B = -\frac{l}{6EI}(M_A + 2M_B)$$

(2) 처짐

$$y_x = \frac{1}{EI}(R_A{}'x - A_{AC}\bar{x})$$

$$= \frac{1}{EI}\left\{\frac{l}{6}(2M_A + M_B)x - \frac{x}{2}(M_A + M_x) \times \frac{x}{3} \times \frac{2M_A + M_x}{M_A + M_x}\right\}$$

$$= \frac{M_A l^2}{6EI}\left\{2\left(\frac{x}{l}\right) - 3\left(\frac{x}{l}\right)^2 + \left(\frac{x}{l}\right)^3\right\} + \frac{M_B l^2}{6EI}\left\{\frac{x}{l} - \left(\frac{x}{l}\right)^3\right\}$$

$x = \frac{l}{2}$일 때

$$\therefore y_{x=\frac{l}{2}} = y_M = \frac{l^2}{16EI}(M_A + M_B) \quad \text{(지간중앙)}$$

$M_A = M_B = M$ 일 때

$$\theta_A = \frac{Ml}{2EI},\ \theta_B = -\frac{Ml}{2EI} \qquad y_{\max} = \frac{Ml^2}{8EI}$$

$M_B = 0$일 때

$$\theta_A = \frac{M_A l}{3EI},\ \theta_B = -\frac{M_B l}{6EI} \qquad y_M = \frac{M_A l^2}{16EI} \quad \text{(지간중앙)}$$

$M_A = 0$일 때

$$\theta_A = \frac{M_B l}{6EI},\ \theta_B = -\frac{M_B l}{3EI} \qquad y_M = \frac{M_B l^2}{16EI} \quad \text{(지간중앙)}$$

예제 13.5.5

[그림 13.5.6(a)]와 같이 휨강성(EI)이 변화하는 단순보 중앙에 집중하중이 작용할 때, C와 D지점의 처짐각과 D지점의 처짐을 구하여라.

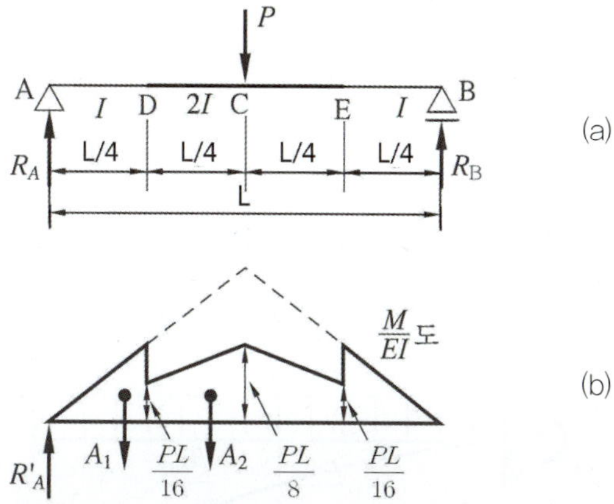

[그림 13.5.6]

풀이

모멘트도에서 점선은 I가 일정할 때를 표시한 것이다. 2I 구간에서의 처짐각이나 처짐은 I가 일정할 때에 비하여 1/2로 줄어들게 된다. 따라서 M/EI도는 1/2로 감소된다.

$$R_A = \frac{P}{2}$$

$${}_lM_C = R_A \times \frac{l}{4} = \frac{Pl}{8}, \qquad {}_rM_C = \frac{Pl}{8} \times \frac{1}{2} = \frac{Pl}{16}$$

$$M_D = M_{\max} \times \frac{1}{2} = \frac{Pl}{4} \times \frac{1}{2} = \frac{Pl}{8}$$

$$A_1 = \frac{Pl}{8} \times \frac{l}{4} \times \frac{1}{2} = \frac{Pl^2}{64}$$

$$A_2 = \frac{\frac{Pl}{16} + \frac{Pl}{8}}{2} \times \frac{l}{4} = \frac{3Pl^2}{128}$$

$$R_A' = A_A + A_2 = \frac{Pl^2}{64} + \frac{3Pl^2}{128} = \frac{5Pl^2}{128}$$

$$\theta_C = \frac{1}{EI}(R_A' - A_1) = \frac{3Pl^2}{128EI}$$

$$\theta_D = \frac{1}{EI}\{R_A' - (A_1 + A_2)\} = 0$$

$$\theta_A = \frac{1}{EI} \times R_A' = \frac{5Pl^2}{128EI}$$

$$y_{x=\frac{l}{4}} = y_D = \frac{1}{EI}\left\{R_A^o \times \frac{l}{2} - A_1\left(\frac{l}{4} \times \frac{1}{3} + \frac{l}{4}\right) - A_2 \times (\frac{4}{9} \times \frac{l}{4})\right\} = \frac{3Pl^3}{256EI}$$

예제 13.5.6

[그림 13.5.7(a)]와 같은 등분포하중을 받는 캔틸레버의 처짐과 처짐각을 탄성하중법으로 구하여라. 단, EI는 일정하다.

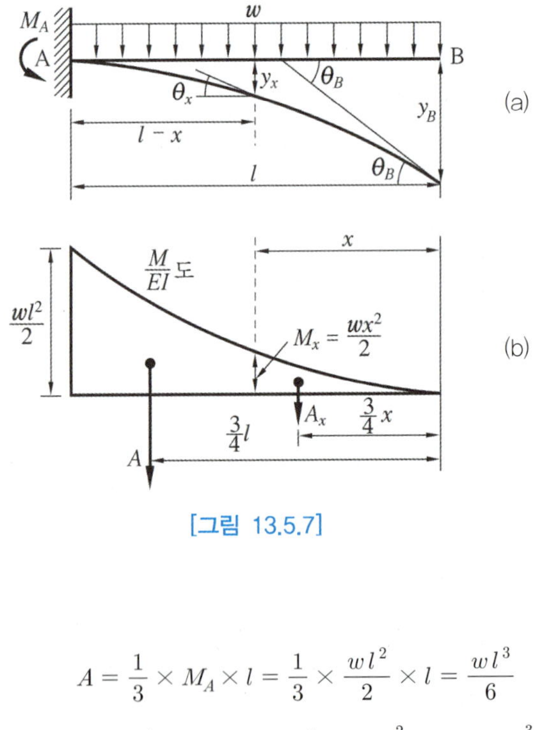

[그림 13.5.7]

풀이

$$M_A = \frac{wl^2}{2} \qquad A = \frac{1}{3} \times M_A \times l = \frac{1}{3} \times \frac{wl^2}{2} \times l = \frac{wl^3}{6}$$

$$M_x = \frac{wx^2}{2} \qquad A_x = \frac{1}{3} \times M_x \times x = \frac{1}{3} \times \frac{wx^2}{2} \times x = \frac{wx^3}{6}$$

(1) 처짐각 계산

$$\theta_x = \frac{A - A_x}{EI} = \frac{1}{EI}\left(\frac{wl^3}{6} - \frac{wx^3}{6}\right)$$

$x = 0$이면 $\therefore \theta_B = \dfrac{wl^3}{6EI}$

$x = l$ 이면 $\therefore \theta_A = 0$ (고정단에서는 처짐각이 0이다.)

(2) 처짐 계산

$$y_x = \frac{1}{EI}\left(A \times \frac{3l}{4} - A_x \times \frac{3x}{4}\right) = \frac{1}{EI}\left(\frac{wl^3}{6} \times \frac{3l}{4} - \frac{wx^3}{6} \times \frac{3x}{4}\right) = \frac{1}{EI}\left(\frac{wl^4}{8} - \frac{wx^4}{8}\right)$$

$x = 0$이면 $\therefore y_{\max} = y_B = \dfrac{wl^4}{8EI}$

$x = l$ 이면 $\therefore y_A = 0$

13.6 공액보법

보의 휨모멘트, 전단력 및 하중과의 관계식은 다음과 같다.

$$\frac{d^2M_x}{dx^2} = -w_x, \quad \frac{dM_x}{dx} = V_x, \quad \frac{dV_x}{dx} = -w_x \quad \cdots\cdots \text{(a)}$$

(13.2.1)식에 나타낸 탄성곡선방정식은 다음과 같이 됨을 알 수 있었다.

$$\frac{d^2y_x}{dx^2} = -\frac{M_x}{EI}, \quad \frac{dy_x}{dx} = \theta_x, \quad \frac{d\theta_x}{dx} = -\frac{M_x}{EI} \quad \cdots\cdots \text{(b)}$$

위의 (a), (b)식에서 다음과 같이 된다는 것을 알 수 있었다.

$$\left.\begin{aligned} M_x &= -\iint w dx \cdot dx + C_1 x + C_2 \\ V_x &= -\int w dx + C_1 \end{aligned}\right\} \quad \cdots\cdots \text{(c)}$$

$$\left.\begin{aligned} y_x &= -\iint \frac{M_x}{EI} dx \cdot dx + D_1 x + D_2 \\ \theta_x &= -\int \frac{M_x}{EI} dx + D_1 \end{aligned}\right\} \cdots\cdots\cdots (d)$$

이들 식들의 적분상수는 **경계조건**(B.C.)에 의하여 결정되나 단순보의 경우를 고려하면 다음과 같이 된다.

(c)식에 대하여 $x=0,\ x=\ell \quad \rightarrow \quad M_x = 0$

(d)식에 대하여 $x=0,\ x=\ell \quad \rightarrow \quad y_x = 0$

따라서 (c), (d)식은 $Z_x = \dfrac{M_x}{EI}$ 으로 놓으면 다음과 같은 대응 관계가 있음을 알 수 있다.

$$\left.\begin{aligned} w_x &\leftrightarrow z_x \\ V_x &\leftrightarrow \theta_x \\ M_x &\leftrightarrow y_x \end{aligned}\right\} \cdots\cdots\cdots (e)$$

이들 대응관계는 [그림 13.6.1]에서 쉽게 이해할 수 있다.

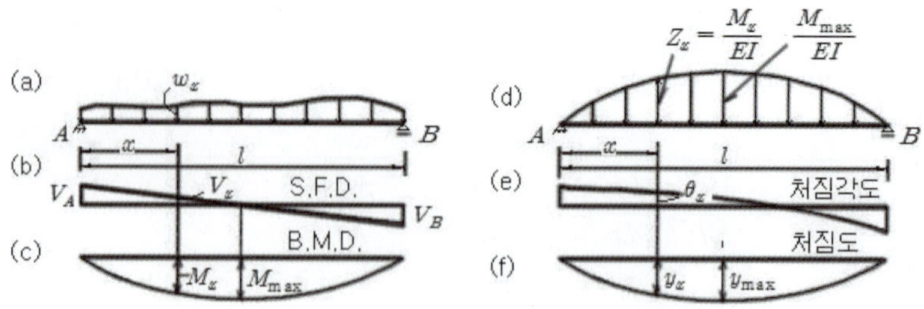

[그림 13.6.1]

즉, w_x에 대하여 V_x, M_x를 구하는 것과 같은 방법으로 z_x에 대하여 θ_x, y_x를 구할 수 있다.

캔틸레버에 대해 생각해 보면

(c)식에 대하여 $x=\ell \quad \rightarrow \quad M_x = 0, \quad V_x = 0$

(d)식에 대하여 $x=0 \quad \rightarrow \quad y_x=0,\ \ \theta_x=0$

이들 관계도 [그림 13.6.2]에 나타낸 관계에서 쉽게 이해할 수 있다.

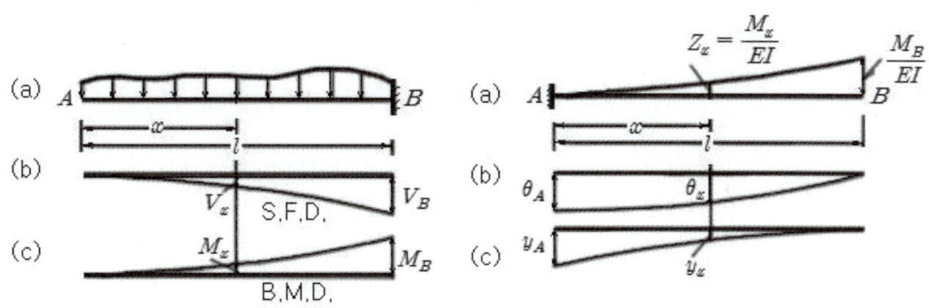

[그림 13.6.2]

이들을 정리하면 다음과 같다.

「보에 하중으로서 $Z_x=\dfrac{M_x}{EI}$ 를 작용시켜 전단력 및 휨모멘트를 구하면 이들은 하중 w_x 에 대한 처짐각 및 처짐이다.」

이것을 Mohr**의 정리**(Mohr's theorem)라 하고 Z_x 를 **탄성하중**(elastic load) 또는 Z**하중**(Z－load)이라 하며 Mohr의 정리에 의하여 보의 처짐각과 처짐을 구하는 방법을 **탄성하중법** (elastic load method)이라 한다.

탄성하중법을 하중으로 생각하는 $M-$도의 면적을 계산의 기초로 하기 때문에 일명 **모멘트면적법**(moment area method)라고도 한다.

또한, Z하중을 받는 보를 주어진 보에 대해서 **공액보**(conjugate beam)라 하기 때문에 **공액보법**(conjugate beam method)이라고도 한다.

탄성하중법의 원리를 적용할 수 있도록 단부의 조건을 변화시킨 보를 공액보라고 하며, 공액보에 M/EI이라는 탄성하중을 보에 작용하는 하중으로 보고 탄성하중법으로 처짐과 처짐각을 구하는 방법을 공액보법(conjugate beam method)이라고 한다.

이 방법은 단순보 이외에 캔틸레버보, 내민보, 게르버보 등 모든 정정보에 그대로 적용된다. 여기서 문제가 되는 것은 y_x , θ_x 가 불연속한 점인 지점이나 중간 힌지 등을 어떻게 처리하느냐, 다시 말해서 주어진 보에 대해서 어떠한 모양의 보를 공액보로 선택하느냐 하는 것이다.

주어진 보의 y_x, θ_x와 공액보의 M_x, θ_x와의 대응관계는 성립되어야 하고 이로서 다음과 같은 규칙이 주어진다.

① 주어진 보의 이동지점 및 회전지점에서는 $y_x = 0$, $\theta_x \neq 0$이므로 공액보에서는 $M_x = 0$, $\theta_x \neq 0$인 교점, 즉 이동지점과 회전지점이 이에 해당된다.

② 주어진 보의 고정지점에는 $y_x = \theta_x = 0$이므로 공액보에서는 $M_x = \theta_x = 0$로 되는 지점 즉, 자유단으로 된다.

③ 주어진 보의 자유단에서는 $y_x \neq 0$, $\theta_x \neq 0$이므로 공액보에서는 $M_x \neq 0$, $V_x \neq 0$인 지점 즉, 고정단이 된다.

④ 주어진 보의 중간지점에서는 $y_x = 0$으로 좌우측의 처짐각이 같으므로 공액보에서는 $M_x = 0$으로 좌우측의 전단력이 같은 힌지로 된다.

⑤ 주어진 보의 중간 힌지에서는 좌우측의 처짐은 같으나 처짐각은 같지 않으므로 공액보에서는 좌우측의 모멘트가 같고 전단력이 같지 않은 점, 즉 중간지점이 이에 해당된다.

13.6.1 단부의 조건

고정단 → 자유단

자유단 → 고정단

내측힌지 → 내측지점

13.6.2 실제보를 공액보로 변환

[그림 13.6.3]은 위의 규칙을 나타낸 것으로 이로부터 [그림 13.6.4]과 같이 정정보에 대해서 공액보로 하여 처짐각 및 처짐을 구할 수 있다.

휨강성 EI가 보전체에 걸쳐 일정한 경우는 $\dfrac{M_x}{EI}$ 대신에 M_x를 탄성하중으로 생각하여 계산한 뒤 계산 결과를 EI로 나누어서 처짐각 및 처짐을 계산해도 된다.

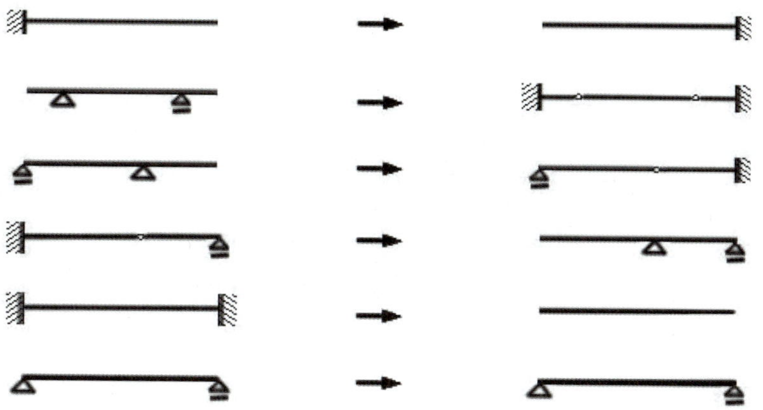

(a) 실제보 (b)공액보

[그림 13.6.3]

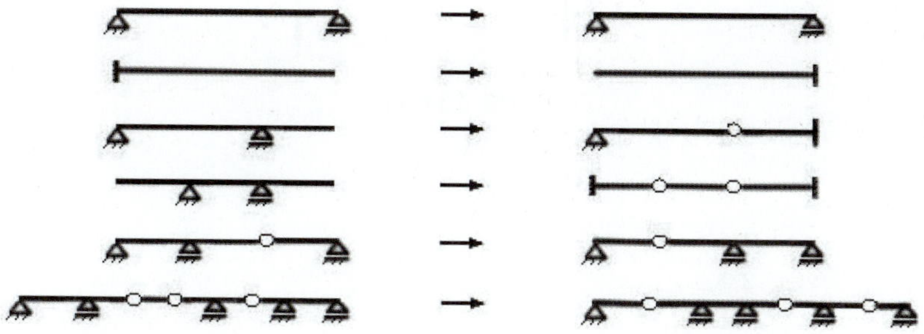

(a) 실제보 (b)공액보

[그림 13.6.4]

EI가 일정하지 않을 때는 특히 보의 중간에서 단면이 변화하는 경우에 이 탄성하중법을 사용하기가 매우 편리하다.

또한, 보의 특정단면의 처짐각과 처짐을 구하고자 할 때 식 (13.2.1)의 미분방정식을 해석하는 방법으로 전체길이에 걸쳐 y_x, θ_x의 식을 구한 후, 이로부터 계산하여야 하나 탄성하중법은 직접 이를 구할 수 있는 이점이 있다.

예제 13.6.1

[그림 13.6.5(a)]와 같은 캔틸레버의 자유단 B의 처짐 및 처짐각과 C지점의 처짐을 공액보법으로 구하여라. 단 EI는 일정하다.

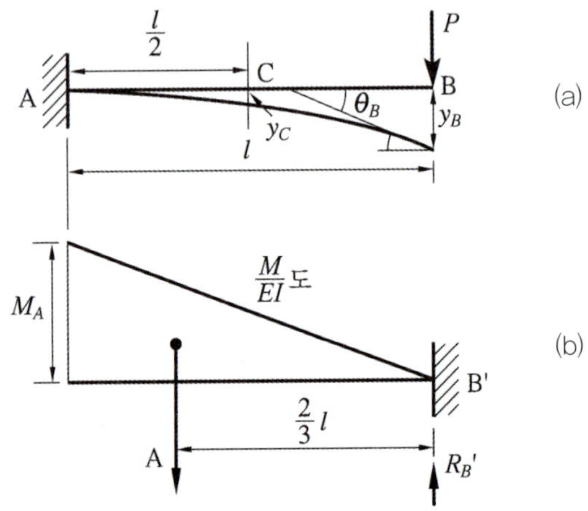

[그림 13.6.5]

풀이

$$M_A = Pl, \qquad M_C = \frac{Pl}{2}$$

$$R_B{}' = A = \frac{1}{2} \times M_A \times l = \frac{Pl^2}{2}$$

$$\therefore \theta_B = \frac{A}{EI} = \frac{Pl^2}{2EI}$$

$$\therefore y_B = \frac{1}{EI}\left(A \times \frac{2}{3}l\right) = \frac{1}{EI}\left(\frac{Pl^2}{2} \times \frac{2l}{3}\right) = \frac{Pl^3}{3EI}$$

$$\therefore y_C = \frac{1}{EI}\left(\frac{M_A - M_C}{2} \times \frac{l}{2}\right) \times \left(\frac{5}{9} \times \frac{l}{2}\right)$$

$$= \frac{1}{EI}\left[\frac{1}{2} \times \left(Pl \times \frac{Pl}{2}\right) \times \frac{l}{2}\right] \times \left(\frac{5}{9} \times \frac{l}{2}\right) = \frac{5Pl^3}{48EI}$$

예제 13.6.2

[그림 11.6.6(a)]와 같은 캔틸레버의 B, C점의 처짐각과 처짐을 공액보법으로 구하여라. 단 EI는 일정하다.

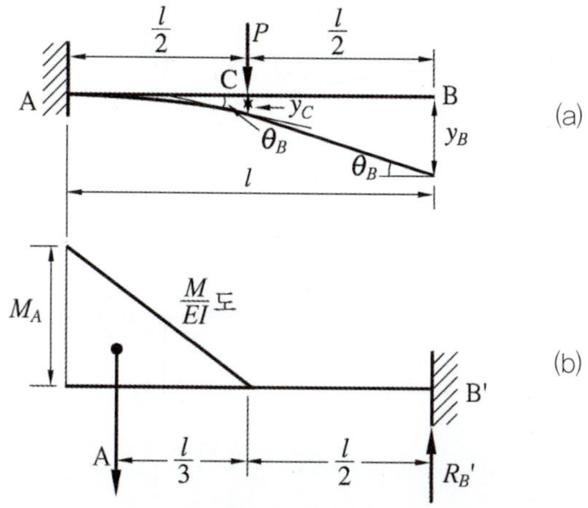

[그림 13.6.6]

풀이

$$M_A = \frac{Pl}{2}$$

$$A = \frac{1}{2} \times M_A \times \frac{l}{2} = \frac{l}{4} \times \frac{Pl}{2} = \frac{Pl^2}{8}$$

$$\therefore \theta_C = \theta_B = \frac{A}{EI} = \frac{Pl^2}{8EI}$$

$$\therefore y_C = \frac{1}{EI} A \times \frac{l}{3} = \frac{1}{EI} \times \left(\frac{Pl^2}{8}\right) \times \left(\frac{l}{3}\right) = \frac{Pl^3}{24EI}$$

$$\therefore y_B = \frac{1}{EI}\left[A \times \left(\frac{5l}{6}\right)\right] = \frac{1}{EI} \times \left(\frac{Pl^2}{8}\right) \times \left(\frac{5l}{6}\right) = \frac{5Pl^3}{48EI}$$

예제 13.6.3

[그림 13.6.7(a)]와 같은 캔틸레버보의 B점의 처짐각과 처짐을 공액보법으로 구하여라. 단 EI는 일정하다.

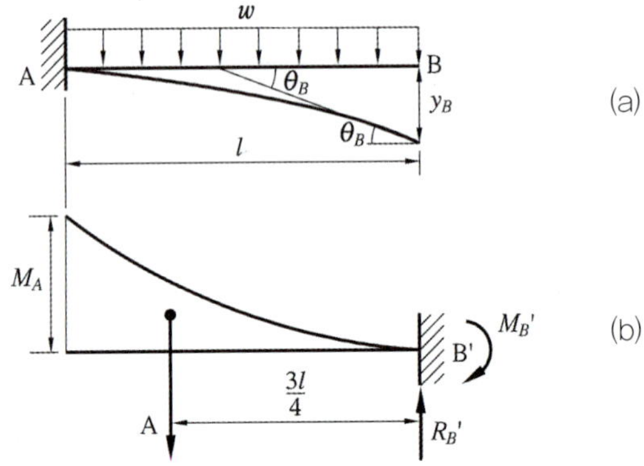

[그림 13.6.7]

풀이

$$M_A = \frac{wl^2}{2} \qquad R_B' = A = \frac{1}{3} \times M_A \times l = \frac{wl^3}{6} \qquad \therefore \theta_B = \frac{A}{EI} = \frac{wl^3}{6EI}$$

$$M_B' = (A) \times \left(\frac{3l}{4}\right) = \frac{wl^4}{8} \qquad \therefore y_B = \frac{M_B'}{EI} = \frac{wl^4}{8EI}$$

예제 13.6.4

[그림 13.6.8(a)]와 같은 캔틸레버의 B점의 처짐각과 처짐을 공액보법으로 구하여라. 단 EI는 일정하다.

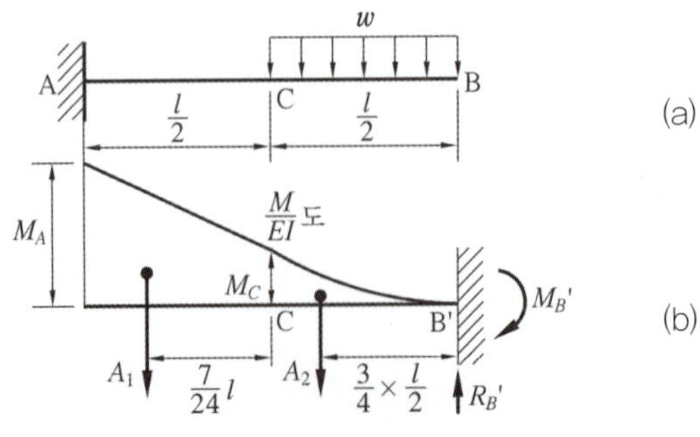

[그림 13.6.8]

풀이

$$M_A = \frac{wl}{2} \times \frac{3}{4}l = \frac{3wl^2}{8} \qquad M_C = \frac{l}{2} \times w \times \frac{l}{4} = \frac{wl^2}{8}$$

$$A_1 = \frac{1}{2}(M_A + M_C) \times \frac{l}{2} = \frac{1}{2}\left(\frac{3wl^2}{8} + \frac{wl^2}{8}\right)\frac{l}{2} = \frac{wl^3}{8}$$

$$A_2 = \frac{1}{3} \times M_C \times \frac{l}{2} = \frac{1}{3} \times \frac{wl^2}{8} \times \frac{l}{2} = \frac{wl^3}{48}$$

$$\therefore \theta_B = \frac{I}{EI}(A_1 + A_2) = \frac{1}{EI}\left(\frac{wl^3}{8} + \frac{wl^3}{48}\right) = \frac{7wl^3}{48EI}$$

$$\therefore y_B = \frac{1}{EI}\left\{A_1 \times \left(\frac{7l}{24} + \frac{l}{2}\right) + A_2\left(\frac{3}{8}l\right)\right\} = \frac{1}{EI}\left(\frac{wl^3}{8} \times \frac{19l}{24} + \frac{wl^3}{48} \times \frac{3}{8}l\right)$$

$$= \frac{1}{EI}\left(\frac{19wl^4}{192} + \frac{wl^4}{128}\right) = \frac{41wl^4}{384EI}$$

예제 13.6.5

[그림 13.6.9(a)]와 같은 캔틸레버에서 C점의 처짐각과 처짐, B지점의 처짐각과 처짐을 모멘트 면적법으로 구하여라. 단 EI는 일정하다.

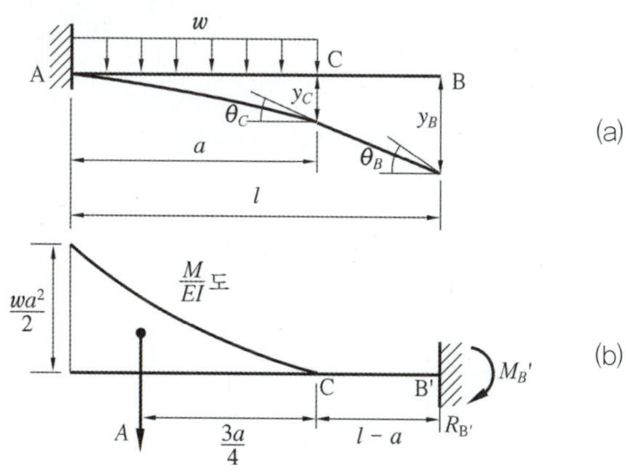

[그림 13.6.9]

풀이

$$M_A = \frac{wa^2}{2} \qquad A = \frac{1}{3} \times M_A \times a = \frac{1}{3} \times \frac{wa^2}{2} \times a = \frac{wa^3}{6}$$

$$\therefore \theta_C = \frac{A}{EI} = \frac{wa^3}{6EI} \qquad \therefore y_C = \frac{1}{EI}(A) \times \left(\frac{3}{4}a\right) = \frac{wa^4}{8EI}$$

$$\therefore \theta_B = \frac{A}{EI} = \frac{wa^3}{6EI} \qquad \therefore y_B = \frac{A}{EI} \times \left(l - \frac{a}{4}\right) = \frac{wa^3}{6EI}\left(l - \frac{a}{4}\right) = \frac{wa^3}{24EI}(4l - a)$$

예제 13.6.6

[그림 13.6.10a)]와 같은 캔틸레버에 모멘트 하중이 작용할 때 B점의 처짐각과 처짐을 구하여라. 단, EI는 일정하다.

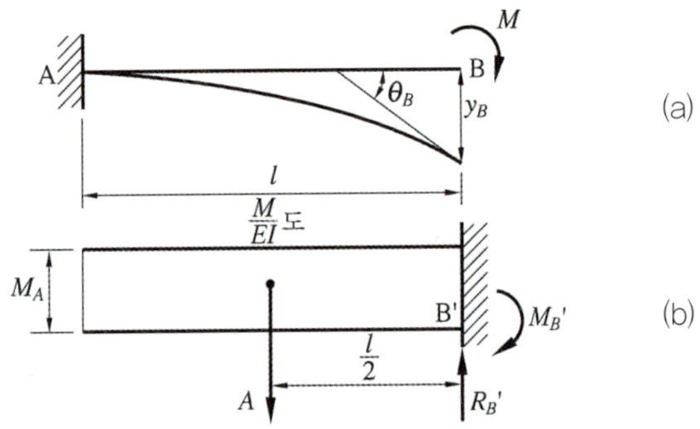

[그림 13.6.10]

풀이

$$M_A = M \qquad A = Ml \qquad \therefore \theta_B = \frac{A}{EI} = \frac{Ml}{EI} \qquad \therefore y_B = \frac{1}{EI}\left[(A) \times \left(\frac{l}{2}\right)\right] = \frac{Ml^2}{2EI}$$

예제 13.6.7

[그림 13.6.11(a)]와 같이 휨강성이 변화하는 캔틸레버에서 θ_C, y_C, θ_B, y_B를 구하여라.

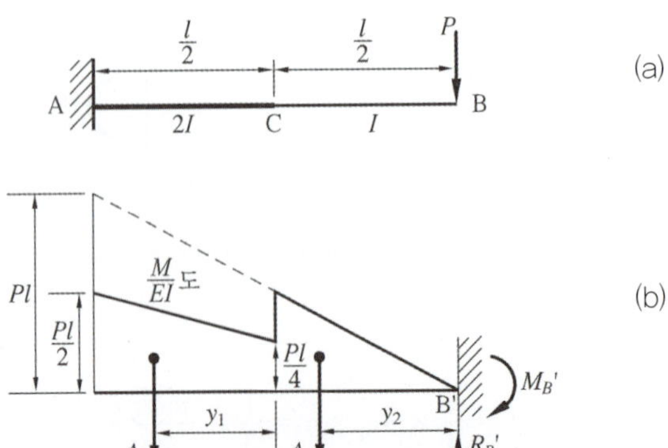

[그림 13.6.11]

풀이

$$_lM_C = \frac{Pl}{4}, \qquad _rM_C = \frac{Pl}{2}, \qquad M_A = \frac{Pl}{2}$$

$$A_1 = \frac{\left[\frac{Pl}{2} + \frac{Pl}{4}\right]}{2} \times \frac{l}{2} = \frac{3Pl^2}{16}, \qquad A_2 = \frac{Pl}{2} \times \frac{l}{2} \times \frac{1}{2} = \frac{Pl^2}{8}$$

$$\therefore \theta_C = \frac{1}{EI}A_1 = \frac{3Pl^2}{16EI} \qquad \therefore \theta_B = \frac{1}{EI}(A_1 + A_2) = \frac{1}{EI}\left(\frac{3Pl^2}{16} + \frac{Pl^2}{8}\right) = \frac{5Pl^2}{16EI}$$

$$\therefore y_C = \frac{1}{EI}(A_1 \times y_1) = \frac{1}{EI}\left[\left(\frac{3Pl^2}{16}\right) \times \left(\frac{5}{9} \times \frac{l}{2}\right)\right] = \frac{5Pl^3}{96EI}$$

$$\therefore y_B = \frac{1}{EI}\left[(A_1)\left(l - \frac{4}{9} \times \frac{l}{2}\right) + (A_2)\left(\frac{2}{3} \times \frac{l}{2}\right)\right]$$

$$= \frac{1}{EI}\left\{\left[\left(\frac{3Pl^2}{16}\right) \times \left(\frac{7}{9}l\right)\right] + \left[\left(\frac{Pl^2}{8}\right) \times \left(\frac{l}{3}\right)\right]\right\} = \frac{9Pl^3}{48EI}$$

예제 13.6.8

[그림 13.6.12(a)]와 같은 내민보에 집중하중이 작용할 때, C 점의 처짐각과 처짐을 구하여라. 단 EI는 일정하다.

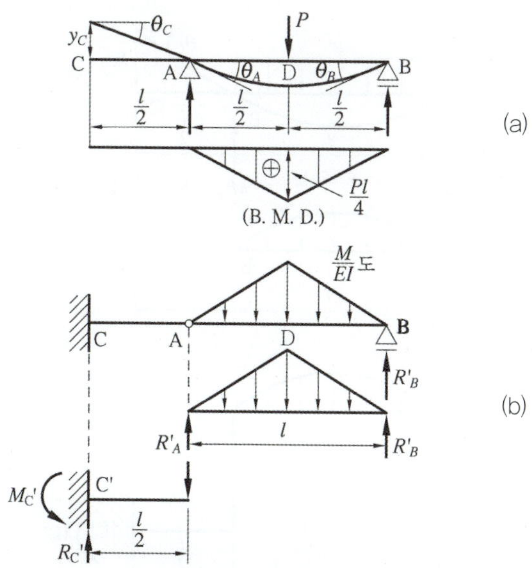

[그림 13.6.12]

풀이

내민보의 휨모멘트에서 A지점을 힌지(hinge), C지점을 고정단으로, M/EI도를 하중으로 생각한 게르버보로 취급하여 전단력과 휨모멘트를 구하여 EI로 나누면 된다.

(1) 처짐각 계산

$$R_A' = \frac{\left(\frac{Pl}{4} \times l \times \frac{1}{2}\right)}{2} = \frac{Pl^2}{16}$$

$$\therefore \theta_A = \frac{R_A'}{EI} = \frac{Pl^2}{16EI} \qquad \therefore \theta_B = -\frac{R_B'}{EI} = -\frac{Pl^2}{16EI} \qquad \therefore \theta_C = \theta_A = \frac{Pl^2}{16EI}$$

(2) 처짐 계산

[그림 13.6.12(d)]의 캔틸레버에서 고정단의 휨모멘트를 생각하면 된다.

$$\therefore y_C = -\frac{1}{EI}\left(R_A' \times \frac{l}{2}\right) = -\frac{Pl^3}{32EI}\,(\uparrow)$$

예제 13.6.9

[그림 13.6.13(a)]와 같은 중앙에 등분포하중을 받고 있는 내민보에서 C점의 처짐각과 처짐을 구하여라. 단 EI는 일정하다.

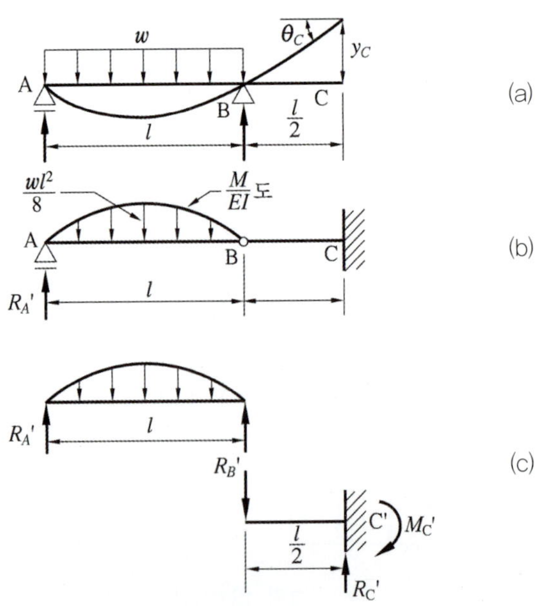

[그림 13.6.13]

풀이

$$M_{\max} = \frac{wl^2}{8},\ R_A{}' = R_B{}' = \frac{1}{2} \times \frac{2}{3} \times \frac{wl^2}{8} \times l = \frac{wl^3}{24}$$

(1) 처짐각 계산

C지점의 처짐각은 [그림 13.6.13(b)]에서 BC 구간의 전단력을 EI로 나눈 값이다.

$$\theta_C = \frac{R_B{}'}{EI} = \frac{wl^3}{24EI}$$

(2) 처짐 계산

C지점의 처짐은 [그림 13.6.13(b)]에서 C지점의 휨모멘트를 EI로 나눈 값이다.

$$M_C = -R_B{}' \times \frac{l}{2} = -\frac{wl^3}{24} \times \frac{l}{2} = -\frac{wl^4}{48}$$

$$\therefore y_C = \frac{M_C}{EI} = -\frac{wl^4}{48EI}\ (\text{위로 처짐})$$

예제 13.6.10

[그림 13.6.14(a)]와 같은 내민보에 집중하중이 작용할 때, C점의 처짐각과 처짐을 구하여라. 단 EI는 일정하다.

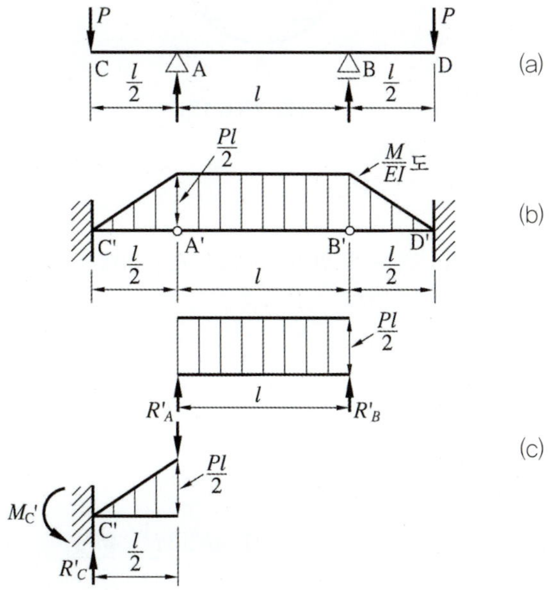

[그림 13.6.14]

풀이

$$R_A{}' = \frac{1}{2} \times \frac{Pl}{2} \times l = \frac{Pl^2}{4}$$

$$R_C{}' = \frac{1}{2} \times \frac{Pl}{2} \times \frac{l}{2} + R_A{}' = \frac{Pl^2}{8} + \frac{Pl^2}{4} = \frac{3Pl^2}{8}(\downarrow)$$

$$M_C{}' = \frac{Pl^2}{8} \times \frac{2}{3} \times \frac{l}{2} + R_A{}' \times \frac{l}{2} = \frac{Pl^3}{24} + \frac{Pl^3}{8} = \frac{Pl^3}{6}$$

$$\therefore \theta_C = -\frac{R_C{}'}{EI} = -\frac{3Pl^2}{8EI}$$

$$\therefore y_C = \frac{M_C{}'}{EI} = \frac{Pl^3}{6EI}$$

예제 13.6.11

[그림 13.6.15(a)]와 같이 지름이 d 인 원목을 제재해서 처짐이 최소가 되는 구형단면을 만들려고 한다. 높이(h)와 폭(b)을 구하여라.

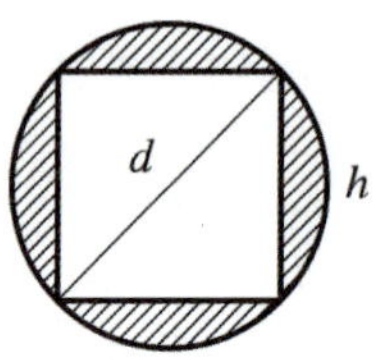

[그림 13.6.15]

풀이

$y = \dfrac{M_x}{EI}$에서 처짐은 단면 2차 모멘트에 반비례하므로 I가 최대가 되어야 한다.

$$I = \frac{bh^3}{12}, \quad d^2 = b^2 + h^2$$

$$\therefore b = \sqrt{d^2 - h^2}$$

$$I = \frac{1}{12}h^3\sqrt{d^2 - h^2} = \frac{1}{12}(d^2h^6 - h^8)^{\frac{1}{2}}$$

$$\frac{dI}{dh} = \frac{1}{12} \times \frac{1}{2}(d^2h^6 - h^8)^{-\frac{1}{2}}(6d^2h^5 - 8h^7) = \frac{1}{24}\frac{2h^5(3d^2 - 4h^2)}{(d^2h^6 - h^8)^{\frac{1}{2}}}$$

$$\frac{dI}{dh} = 0, \qquad 2h^5(3d^2 - 4h^2) = 0, \qquad 3d^2 - 4h^2 = 0\text{에서}$$

$$\therefore h = \frac{\sqrt{3}}{2}d \qquad \therefore b = \frac{1}{2}d$$

처짐이 최소가 되는 단면의 폭과 높이의 비는 $1 : \sqrt{3}$ 이다. 그러나 휨강도를 최대로 하려면 단면계수가 최대로 되어야 한다. 따라서

$$\frac{d}{dx}(Z) = \frac{d}{dx}\left(\frac{bh^2}{6}\right) = 0 \qquad d^2 = b^2 + h^2 \quad \Rightarrow \quad h^2 = d^2 - b^2$$

$$Z = \frac{bh^2}{6} = \frac{b(d^2 - b^2)}{6} = \frac{d^2b - b^3}{6}$$

$$\frac{d}{dx}(Z) = \frac{d}{dx}\left(\frac{h^2b - b^3}{6}\right) = h^2 - 3b^2 = 0 \qquad h^2 - 3b^2 = 0$$

$$\therefore b = \sqrt{\frac{d^2}{3}} = \frac{d}{\sqrt{3}} \qquad \therefore h = \sqrt{d^2 - b^2} = \sqrt{d^2 - \left(\frac{d}{\sqrt{3}}\right)^2} = \sqrt{\frac{2d^2}{3}} = \frac{\sqrt{2}\,d}{\sqrt{3}}$$

휨강도가 최대가 되는 단면의 폭과 높이의 비는 $1 : \sqrt{2}$ 이다.

예제 13.6.12

[그림 13.6.16]과 같은 단순보에 등분포하중이 작용할 때, 처짐각 θ_A와 최대처짐 y_{max} 을 구하여라. 단 $EI = 7 \times 10^6 \text{kN} \cdot \text{cm}^2$이다.

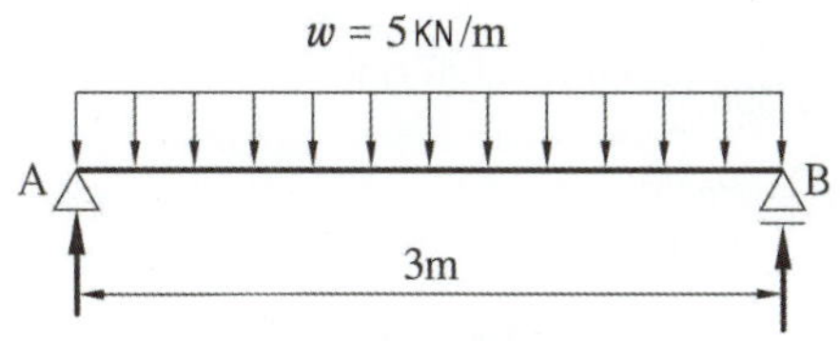

[그림 13.6.16]

풀이

(1) 처짐각 계산(θ_A)

$$w = 5\text{kN/m} = 0.05\,\text{kN/cm}$$

$$\theta_A = \frac{wl^3}{24EI} = \frac{(0.05\,\text{kN/cm}) \times (300\,\text{cm})^3}{24 \times (7 \times 10^6 \text{kN} \cdot \text{cm}^2)} = \frac{5 \times 27 \times 10^4}{24 \times 7 \times 10^6} \fallingdotseq 0.008\,\text{rad}$$

$$\therefore \theta_A = 0.008 \times \frac{180}{\pi} \times 60' = 27'$$

(2) 최대처짐 계산(y_{max})

$$\therefore y_{max} = \frac{5wl^4}{384EI} = \frac{5 \times (0.05\,\mathrm{kN/cm}) \times (300\,\mathrm{cm})^4}{384 \times (7 \times 10^6\mathrm{kN} \cdot \mathrm{cm}^2)} = 0.75\,\mathrm{cm}$$

예제 13.6.13

[그림 13.6.17]와 같은 단순보에서 C와 D점의 처짐을 구하여라. 단, $I = 76{,}000\,\mathrm{cm}^4$, $E = 2.1 \times 10^5\ \mathrm{MPa}$이다.

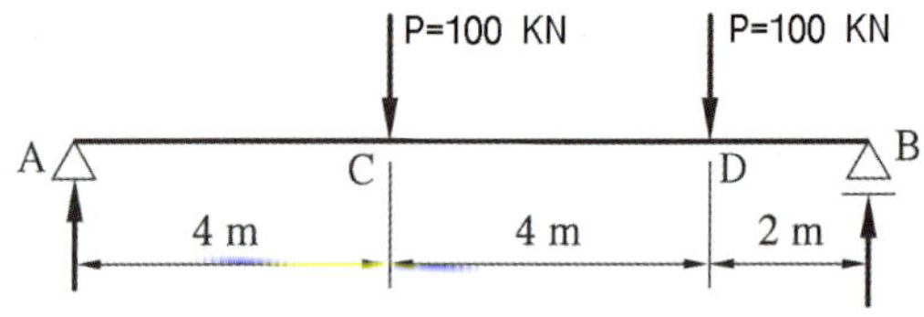

[그림 13.6.17]

풀이

$$y_C = \frac{Pa^2b^2}{3EIl} + \frac{Pb}{6EIl}x(l^2 - b^2 - x^2)$$

$$= \frac{1}{EI}\left\{\frac{100 \times 4^2 \times 6^2}{3 \times 10} + \frac{100 \times 2}{6 \times 10} \times 4 \times (10^2 - 2^2 - 4^2)\right\}$$

$$= \frac{1}{EI}(1{,}920 + 1{,}067) = \frac{1}{1{,}596}(2{,}987) = 1.87\,\mathrm{cm}$$

$$y_D = \frac{Pa}{6EIl}x'(l^2 - a^2 - x'^2) + \frac{Pa^2b^2}{3EIl}$$

$$= \frac{1}{EI}\left\{\frac{100 \times 4}{6 \times 10} \times 2 \times (10^2 - 4^2 - 2^2) + \frac{100 \times 8^2 \times 2^2}{3 \times 10}\right\}$$

$$= \frac{1}{1{,}596}(1{,}067 + 853) = 1.2\,\mathrm{cm}$$

예제 13.6.14

[그림 13.6.18(a)]와 같은 보에서 집중하중 P에 의한 C점의 처짐을 구하여라. 단, EI는 일정하며, $EI = 270{,}000\,\mathrm{kN \cdot m^2}$이다.

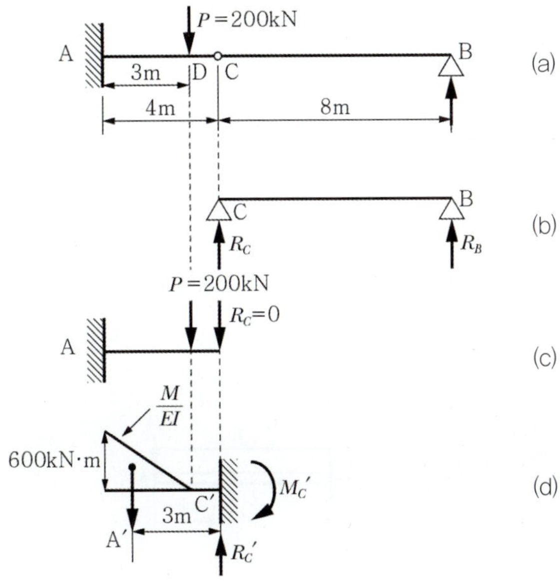

[그림 13.6.18]

풀이

게르버보를 정정보로 바꾸면 캔틸레버와 단순보로 된다.

캔틸레버에서([그림 13.6.18(c)])

$$M_A = -P \times 3 - R_C \times 4 = -200 \times 3 - 0 \times 4 = 600\,\mathrm{kN \cdot m}$$

[그림 13.6.18(d)]의 탄성하중(M/EI)에 의해서

$$A = 600 \times 3 \times 1/2 = 900\,\mathrm{kN \cdot m^2}$$

$$\therefore y_c = \frac{1}{EI}M^o_C = \frac{1}{EI}(A \times 3) = \frac{1}{EI}(900 \times 3) = \frac{2{,}700}{270{,}000} = 0.01\,\mathrm{m} = 1\,\mathrm{cm}$$

13.7 | 가상일의 원리(단위하중법)

가상일의 원리는 Bernoulli(1700~1782)의 정리에 의하여 발표된 에너지법의 일종이며, 구조물에 작용한 하중에 의해서 이루어진 외적인 일은 그 구조물에 저장된 내적인 탄성에너지와 같다는 에너지 보존 법칙에 근거를 둔 방법 중 하나로 이를 단위하중법(unit load method)이라고도 하며, 모든 구조물의 처짐을 계산할 수 있다.

보나 라멘과 같은 선부재의 변형을 산정할 때 쓰이기도 하지만 트러스나 아치구조 등의 변형이나 부정정 반력을 구할 때 주로 쓰인다. 한편, 온도변화와 구조재료의 수축으로 인한 트러스의 변형률 계산에 대해서도 주로 이 단위하중법을 적용한다.

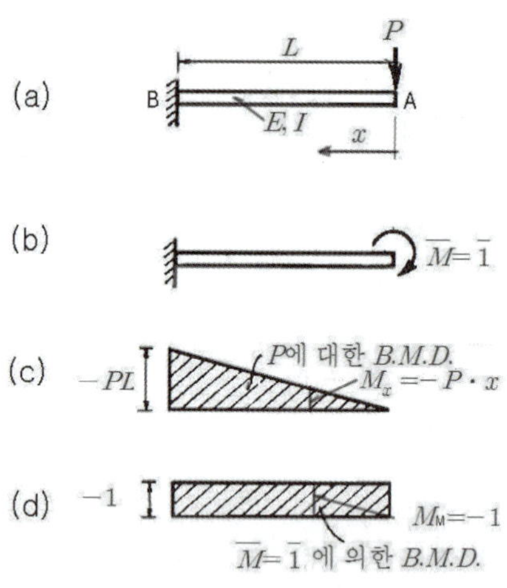

[그림 13.7.1]

[그림 13.7.1(a)]에 나타낸 바와 같은 끝단에서 수직력 P가 작용할 때 처짐각 θ_A를 가상일의 원리를 이용하여 구해보자.

$\overline{M}=\overline{1}$에 의한 모멘트

$$M_M = -1$$

실제 [그림 13.7.1(a)]에 나타낸 캔틸레버에서 하중 P에 의한 모멘트는 다음과 같다.

$$M_x = -Px \quad \cdots\cdots \text{ⓐ}$$

가상일의 원리를 적용하면 다음과 같다.

$$\bar{1} \cdot \theta_A = \int_o^l \frac{M_M M_x}{EI} dx \quad \cdots\cdots \text{ⓑ}$$

$$\bar{1} \cdot \theta_A = \int_o^l \frac{(-1)(-Px)}{EI} dx \quad \cdots\cdots \text{ⓒ}$$

$$\therefore \theta_A = \frac{P}{EI} \int_o^l x dx = \frac{Pl^2}{2EI} \quad \cdots\cdots \text{ⓓ}$$

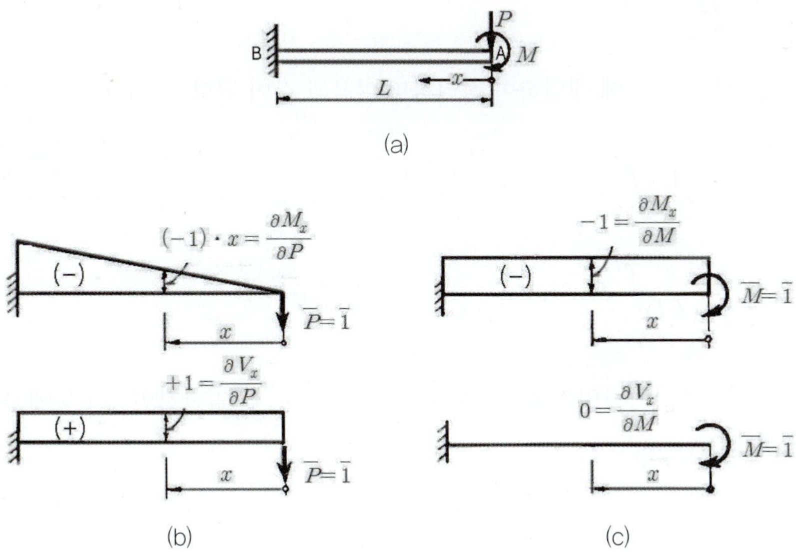

[그림 13.7.2]

그리고 [그림 13.7.2(a)]와 같은 캔틸레버에서 끝단에서 수직력 P와 휨모멘트 M이 작용할 때 끝단에서 변위를 가상일의 원리로 구해보자.

$$\therefore \delta = \frac{\partial U}{\partial P} = \frac{\partial}{\partial P}\left(\int_0^l \frac{M_x^2}{2EI}dx + \kappa\int_o^l \frac{V_x^2}{2GA}dx\right)$$

$$= \frac{1}{EI}\int_o^l M_x \frac{\partial M_x}{\partial P}dx + \frac{1}{GA}\int_o^l \kappa V_x \frac{\partial V_x}{\partial P}dx \quad \cdots\cdots\cdots ⓐ$$

$$\therefore \theta = \frac{\partial U}{\partial M} = \frac{\partial}{\partial M}\left(\int_o^l \frac{M_x^2}{2EI}dx + \int_o^l \frac{\kappa V_x^2}{2GA}dx\right)$$

$$= \frac{1}{EI}\int_o^l M_x \frac{\partial M_x}{\partial M}dx + \frac{\kappa}{GA}\int_o^l V_x \frac{\partial V_x}{\partial M}dx \quad \cdots\cdots\cdots ⓑ$$

$$\frac{\partial M_x}{\partial P} = M_P \qquad \frac{\partial M_x}{\partial M} = M_M$$

$$\frac{\partial V_x}{\partial P} = V_P \qquad \frac{\partial V_x}{\partial M} = V_M \quad \cdots\cdots\cdots ⓒ$$

위의 식 ⓒ를 식 ⓐ와 ⓑ에 대입하여 정리하면 다음과 같이 된다.

$$\delta = \frac{1}{EI}\int_o^l M_x M_P dx + \frac{1}{GA}\int_o^l \kappa V_x V_P dx \quad \cdots\cdots\cdots ⓓ$$

$$\theta = \frac{1}{EI}\int_o^l M_x M_M dx + \frac{1}{GA}\int_o^l \kappa V_x V_M dx \quad \cdots\cdots\cdots ⓔ$$

위의 식 ⓓ와 ⓔ는 「가상일의 원리」에 의한 계산식이다. 더 일반적인 구조물에 대한 「가상일의 원리」의 수식은 다음과 같다.

$$\delta = \frac{1}{EA}\int_o^l N_x N_P dx + \frac{1}{EI}\int_o^l M_x M_P dx + \frac{1}{GA}\int_o^l \kappa V_x V_P dx \quad \cdots\cdots ⓕ$$

$$\theta = \frac{1}{EA}\int_o^l N_x N_M dx + \frac{1}{EI}\int_o^l M_x M_M dx + \frac{1}{GA}\int_o^l \kappa V_x V_M dx \quad \cdots\cdots ⓖ$$

위의 식 ⓕ와 ⓖ를 이용하여 [그림 13.7.3(a), (b)]에 주어진 단면력으로부터 변위를 계산해 보면 다음과 같이 된다.

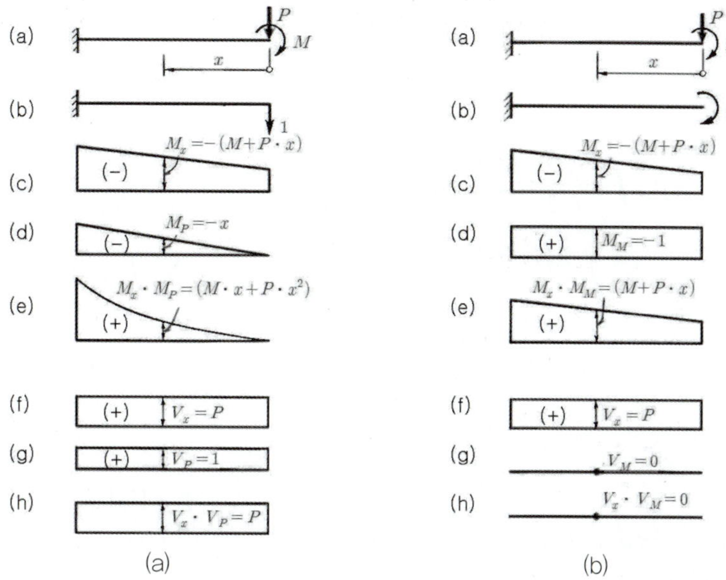

[그림 13.7.3]

$$\delta = \frac{1}{EI}\int_o^l M_x M_P\, dx + \frac{1}{GA}\int_o^l \kappa\, V_x\, V_P\, dx$$

$$= \frac{1}{EI}\int_o^l (-M - Px)(-x)dx + \frac{\kappa}{GA}\int_o^l (P)(1)dx$$

$$= \frac{1}{EI}\int_o^l (Mx + Px^2)dx + \frac{\kappa}{GA}\int_o^l P\, dx$$

$$= \frac{1}{EI}\left(\frac{Ml^2}{2} + \frac{Pl^3}{3}\right) + \frac{\kappa}{GA}Pl \quad \cdots\cdots ⓗ$$

$$\theta = \frac{1}{EI}\int_o^l M_x M_M dx + \frac{1}{GA}\int_o^l \kappa\, V_x\, V_M dx$$

$$= \frac{1}{EI}\int_o^l (-M - Px)(-1)dx + \frac{\kappa}{GA}\int_o^l (P)(0)dx$$

$$= \frac{1}{EI}\int_o^l (M + Px)dx$$

$$= \frac{1}{EI}\left(Ml + \frac{Pl^2}{2}\right) \quad \cdots\cdots ⓘ$$

임의의 구조물에 대한 임의의 점 k의 처짐각 θ_k과 처짐 δ_k을 구하는 식을 정리해 보면 다음과 같다.

$$\delta_k = \sum\int \frac{N_x N_P}{EA}dx + \sum\int \frac{M_x M_P}{EI}dx + \sum\int \frac{\kappa V_x V_P}{GA}dx$$
$$+ \sum\int \frac{M_{Tx} M_T}{GJ}dx + \sum\int N_P \alpha \Delta T dx + \sum\int M_P \frac{\alpha \Delta T}{h}dx$$
$$+ \Sigma R_P C + \sum \frac{S_P S l}{EA} \quad \cdots\cdots (13.7.1a)$$

$$\theta_k = \sum\int \frac{N_x N_M}{EA}dx + \sum\int \frac{M_x M_M}{EI}dx + \sum\int \frac{\kappa V_x V_M}{GA}dx$$
$$+ \sum\int \frac{M_{Tx} M_T}{GJ}dx + \sum\int N_M \alpha T_u dx + \sum\int M_M \frac{\alpha \Delta T}{h}dx$$
$$+ \Sigma R_M C \quad \cdots\cdots (13.7.1b)$$

T_u =중립축 위치에서 온도변화	ΔT=온도의 일정변형
C=반력방향의 변형	α=선팽창계수
l= 부재의 길이	h =부재의 높이

여기서, N_x, M_x, V_x, M_{Tx}, S = 실제하중에 의한 임의의 점 단면력([그림 13.7.4(a)])

N_M, M_M, V_M, M_{TM}, R_M= 처짐각을 구할 때 임의의 점에 작용시킨 단위모멘트 하중($\overline{M}=\overline{1}$)에 의한 단면력([그림 13.7.4(b)])

N_P, M_P, V_P, M_{TP}, R_P, S_P= 처짐을 구할 때 임의의 점에 작용시킨 가상적인 단위 집중하중($\overline{P}=\overline{1}$)에 의한 단면력([그림 13.7.4(c)])

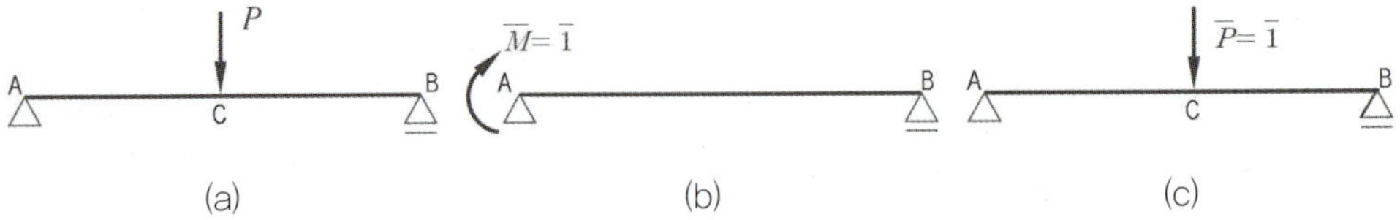

[그림 13.7.4]

일반구조물의 계산도 보와 같은 단일부재의 변형계산과 이론적인 차이는 없다. 지금 [그림 13.7.5]과 같은 고정아치의 K점의 어떤 방향의 변위를 구하기 위해서는 [그림 13.7.5(b)]에 표시한 것과 같이 K점에 변위를 구하려는 방향에 $\overline{P_K}=\bar{1}$인 가상하중을 작용하는 경우와 [그림 13.7.5(a)]의 실제 하중상태에 대한 취급과 같은 것으로 처짐은 $\overline{P_K}=\bar{1}$, 처짐각은 $\overline{M_K}=\bar{1}$을 작용시키면 가능하다.

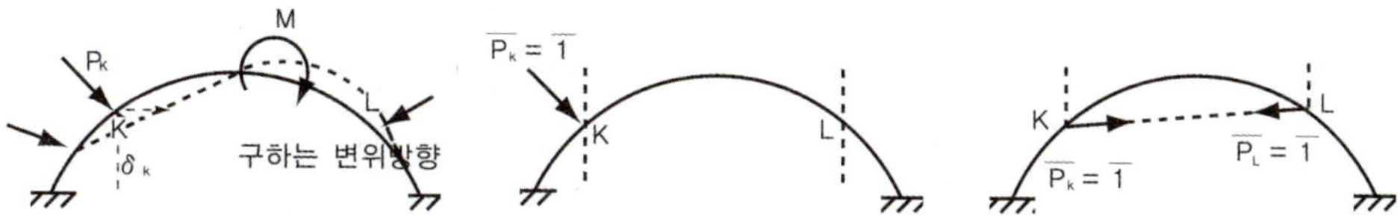

(a) 실제하중 (N, M, V) (b) 가상하중 ($\bar{N}$, $\bar{M}$, $\bar{V}$) (c) 가상하중 ($\bar{N}$, $\bar{M}$, $\bar{V}$)

[그림 13.7.5]

[그림 13.7.5(a)]의 K, L 두 점 간의 $\overline{KL}$ 방향의 상대변위를 구하는 경우에는 가상하중상태로서 [그림 13.7.5(c)]에 표시한 K, L 두 점에 $\overline{KL}$방향에 $\overline{P_K}=\bar{1}$, $\overline{P_L}=\bar{1}$인 가상하중을 작용시켰을 경우와 처음 실제 하중상태에 대한 변위와의 사이에 가상일의 원리를 적용하면 다음과 같다.

$$\overline{P_K}\delta_{KL}+\overline{P_L}\delta_{LK}=\overline{W_i} \quad \cdots\cdots \text{ⓐ}$$

여기서 δ_{KL}은 실제하중상태에 대한 K점의 $\overline{KL}$방향의 변위, δ_{LK}은 실제 하중상태에 대한 L점의 $\overline{LK}$방향의 변위, $\overline{W_i}$는 $\overline{KL}$방향을 향하는 $\overline{P_K}=\bar{1}$, $\overline{P_L}=\bar{1}$인 가상하중에 의한 내력이 실제 하중상태에 의한 변위에 대한 가상일이다.

여기서 $\overline{P_K}=\overline{P_L}=\bar{1}$을 택하면 식 ⓐ는 다음과 같이 된다.

$$\bar{1}\cdot\delta_{KL}+\bar{1}\cdot\delta_{LK}=\overline{W_i}$$

$$\delta_{KL}+\delta_{LK}=\overline{W_i} \quad \cdots\cdots \text{ⓑ}$$

식 ⓑ의 좌변은 K, L 두 점 간의 $\overline{KL}$, $\overline{LK}$ 방향의 변위의 합으로 표시되므로 K, L 두 점의

$\overline{KL}$ 방향의 상대변위로 표시한다.

[그림 13.7.6]과 같은 복합구조물인 경우 (a)상태의 K점의 임의의 방향의 변위 δ_K는 변위를 구하는 방법으로 K점에 가상하중 $\overline{P_K}=\bar{1}$만 작용시킨 (b)상태를 합하는 것으로 하여 가상일의 원리를 적용하면 다음과 같이 된다.

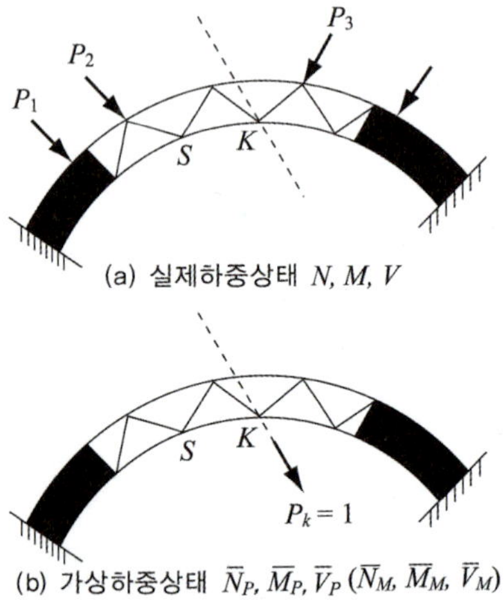

[그림 13.7.6] 실제하중상태와 가상하중상태

$$\delta_K=\sum\frac{S_P S\,l}{EA}+\sum S_P\,\alpha\,\Delta\,T\,l+\sum R_P C+\sum\int\frac{N_P N}{EA}ds$$
$$+\sum\int\frac{M_P M}{EI}ds+\sum\int\frac{\kappa\,V_P V}{GA}ds+\sum\int\frac{M_{TP}M_T}{GJ}ds$$
$$+\sum\int N_P\,\alpha\,T_u ds+\sum\int M_P\frac{\alpha\Delta T}{h}ds \quad\cdots\cdots (13.7.2a)$$

$$\theta_K=\sum\int\frac{N_M N}{EA}ds+\sum\int\frac{M_M M}{EI}ds+\sum\int\frac{\kappa\,V_M V}{GA}ds$$
$$+\sum\int\frac{M_{TM}M_T}{GJ}ds+\sum\int N_M\,\alpha\,T_u ds$$
$$+\sum\int M_M\frac{\alpha\Delta T}{h}ds \quad\cdots\cdots (13.7.2b)$$

식 (13.7.2)에는 온도의 변화를 포함하고 있으나 온도의 변화가 없는 경우에는 T, T_u 및 ΔT를 포함한 항을 제외시키면 된다.

위의 일반식에서 알 수 있는 바와 같이, 여러 상이한 단면력에 대한 내적 가상일의 표현은 동일한 형태임을 알 수 있다. 즉, 단면력으로 인한 변형 $\triangle$ 을 구하는 가상일의 방정식은 다음과 같이 나타낼 수 있다.

$$\triangle = \sum \int \frac{(\text{단위하중단면력})(\text{실하중단면력})}{(\text{단면강성})} ds \quad \cdots\cdots (13.7.3)$$

실제구조물의 변형해석에 적용 시 모든 항에 일관성 있는 단위를 사용해야 한다. 이 결과 얻어지는 길이의 단위는 m, cm, mm이고, 회전각도의 단위는 라디안(radian)이다.

단위하중법을 이용하여 변형을 계산하는 과정은 다음과 같다.

① 실제 하중에 의해 생기는 구조물의 단면력 S, N, M, V 을 구한다.

② 구해야 될 θ_K, δ_K에 대응하는 단위하중을 구조물상에 위치시킨다.

③ 단위하중에 의해 생기는 구조물의 단면력 S_P, N_P, M_P, V_P, R_P (또는 N_M, M_M, V_M)를 구한다.

④ 식 (13.7.2)과 같은 항들을 만든 다음 모든 구조물에 대해 각 항을 적분한다.

⑤ 변위 θ_K, δ_K를 얻기 위해 각 항의 결과를 합한다.

이 과정은 뒤에 나오는 예제에 상세히 설명되어 있다.

13.7.1 보와 라멘의 처짐과 처짐각

일반적으로 가상일의 방법에 의한 보나 라멘 등에서 구조물의 도심축선상의 어느 한 점에서의 처짐이나 처짐각은 다음과 같은 해석절차에 의해 구할 수 있다.

[1] 해석절차

(1) 내적 가상단면 해석

① 처짐을 구하려는 점에 처짐의 방향으로 단위하중을 작용시킨다.

② 가상 단위하중만에 의한 각 부재의 가상모멘트 M_P를 각 부재좌표 x의 함수로 구한다.

③ 라멘이나 보－기둥 부재에서 휨변형외에 축변형을 고려할 필요가 있는 경우에는 가상단위하중에 의한 부재의 축력 N_P도 구해야 한다.

(2) 외력에 의한 실제단면력 해석

① 실제하중에 의한 각 부재에 발생하는 휨모멘트 M을 M_P 계산시와 동일한 좌표를 사용하여 구한다.

② 축변형을 고려할 필요가 있는 경우에는 마찬가지로 부재의 축력 N도 구해야 한다.

③ 하중 외에 온도변화가 있는 경우에는 온도변화가 있는 부재의 하단과 상단의 온도차 ΔT와 부재치수 h를 알아야 한다.

(3) 처짐 해석

가상일의 방정식에 의해 처짐을 해석한다. 즉, 가상일의 방정식 (13.7.2)을 이용하여 처짐 δ_K이나 처짐각 θ_K를 구한다.

$$\delta_K = \sum\int \frac{N_P N}{EA} ds + \sum\int \frac{M_P M}{EI} ds + \sum\int M_P \frac{\alpha \Delta T}{h} ds \quad \cdots\cdots (13.7.2a)$$

$$\theta_K = \sum\int \frac{N_M N}{EA} ds + \sum\int \frac{M_M M}{EI} ds + \sum\int M_M \frac{\alpha \Delta T}{h} ds \quad \cdots\cdots (13.7.2b)$$

[2] 해석 시 유의사항

(1) 처짐(이동변위)을 구하는 단위하중은 단위집중하중 1을 처짐을 구하는 처짐방향 또는 (+)방향으로 재하시키고, 처짐각(회전변위)을 구하는 단위하중은 단위우력(모멘트) 1을 회전방향 또는 (+)방향으로 재하시킨다.

(2) 휨모멘트 M_P, M와 축력 N_P, N는 일상적인 (+)의 부호규약을 적용한다.

(3) 보나 수평부재의 좌표설정은 일상적 좌측단을 원점으로 취하지만, 경사부재나 라멘의 부재는 임의단을 원점으로 취해도 무방하다. 다만, 부재력이 일정한 패턴으로 변하는 모든 구간에 부재력을 x의 함수로 표현해야 한다. 이는 각 구간의 임의위치에서 부재를 절단한 자유물체도로부터 구해야 한다.

(4) 각 지정된 구간 내에서 계산된 적분의 대수적인 부호를 그대로 사용하는 것이 중요하다. 보나 라멘 전체에 대한 모든 적분의 대수적인 합이 정(+)이면, 처짐 δ_K과 처짐각 θ_K는 각각 단위하중 또는 단위우력(모멘트)이 작용하는 방향으로 일어난다. 만약 그 값이 부(−)이면, 변위는 그 반대방향으로 일어난다는 것을 의미한다.

예제 13.7.1

[그림 13.7.7(a)]와 같은 단순보에서 A지점의 처짐각과 C지점의 처짐을 가상일의 원리에 의해서 구하여라. 단 EI는 일정하다.

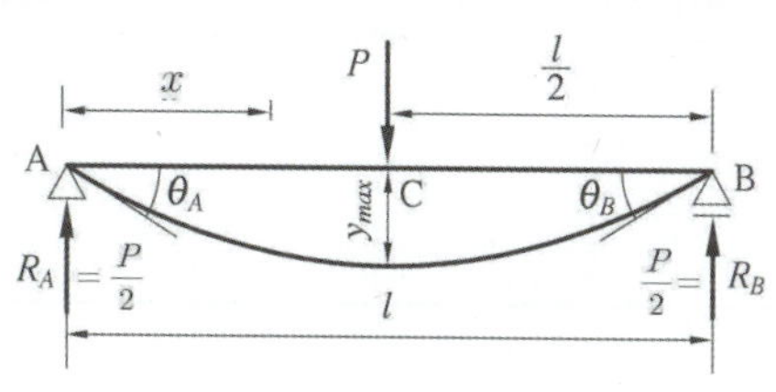

(a) 주어진 보

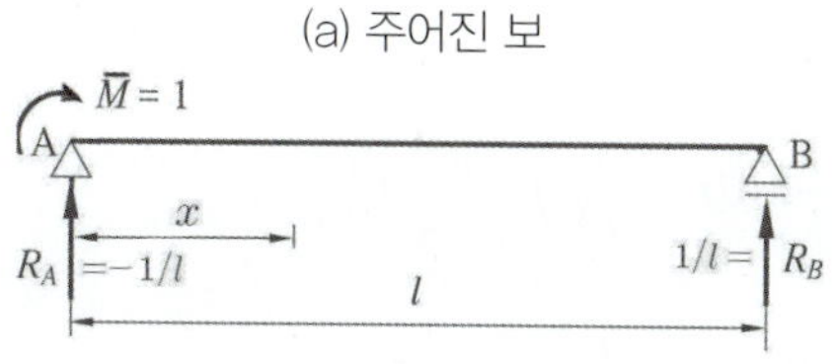

(b) 단위모멘트하중 $\overline{M}=1$이 작용하는 보

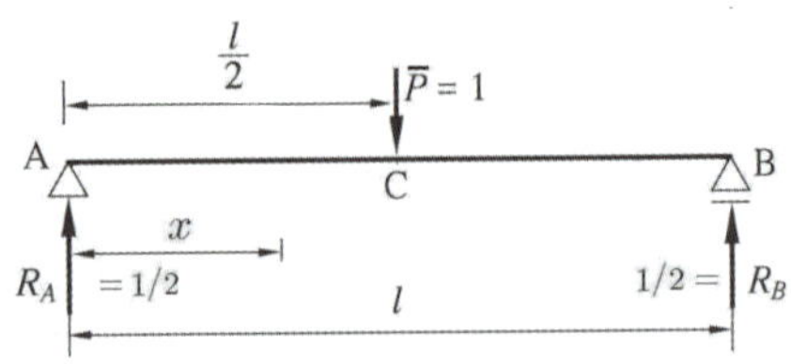

(c) 단위하중 $\overline{P}=1$이 작용하는 보

[그림 13.7.7]

풀이

[그림 13.7.7(a)]에서 실제하중에 의해 생기는 구조물의 단면력

$$\left.\begin{aligned} M_x &= R_A x = \frac{P}{2}x \\ M_x &= R_B x = \frac{P}{2}x \end{aligned}\right\} \Rightarrow \quad M$$

(1) 처짐각 계산(θ_A)

$$\theta_A = \sum \int \frac{MM_M}{EI} dx \text{에서}$$

[그림 13.7.7(b)]에서 지점 A에 작용시킨 단위모멘트하중($\overline{M}=1$)에 의한 단면력

$$\left.\begin{aligned} M_x &= \overline{M} + R_A x = 1 - \frac{1}{l}x \\ M_x &= R_B x = \frac{1}{l}x \end{aligned}\right\} \Rightarrow \quad M_M(\text{처짐각 계산})$$

부재	기준점	I	M[그림 13.7.7(a)]	M_M [그림 13.7.7(b)]	MM_M
A~C	A	I	$\frac{P}{2}x$	$1-\frac{1}{l}x$	$\left(\frac{P}{2}x\right)\left(1-\frac{1}{l}x\right)$
C~B	B	I	$\frac{P}{2}x$	$\frac{1}{l}x$	$\left(\frac{P}{2}x\right)\left(\frac{1}{l}x\right)$

$$\theta_A = \int_0^{\frac{l}{2}} \frac{MM_M}{EI} dx + \int_0^{\frac{l}{2}} \frac{MM_M}{EI} dx$$

$$= \frac{1}{EI}\int_0^{\frac{l}{2}} \left(\frac{P}{2}x\right)\left(1-\frac{1}{l}x\right) dx + \frac{1}{EI}\int_0^{\frac{l}{2}} \left(\frac{P}{2}x\right)\left(\frac{1}{l}x\right) dx$$

$$= \frac{P}{2EI}\int_0^{\frac{l}{2}} \left(x - \frac{1}{l}x^2\right) dx + \frac{P}{2EI}\int_0^{\frac{l}{2}} \left(\frac{1}{l}x^2\right) dx$$

$$= \frac{P}{2EI}\left[\frac{x^2}{2} - \frac{1}{l}\times\frac{x^3}{3}\right]_0^{\frac{l}{2}} + \frac{P}{2EI}\left[\frac{1}{l}\times\frac{x^3}{3}\right]_0^{\frac{l}{2}} = \frac{P}{2EI}\left(\frac{l^2}{8} - \frac{l^2}{24}\right) + \frac{P}{2EI}\left(\frac{Pl^2}{24}\right)$$

$\therefore \theta_A = \dfrac{Pl^2}{16EI}$ (시계방향)

(2) 처짐 계산(δ_C)

$$\delta_{\max} = \sum\int\frac{MM_P}{EI}dx \text{에서}$$

[그림 13.7.7(c)]에서 점 C에 작용시킨 가상적인 단위집중하중($\overline{P}=1$)에 의한 단면력

$$\left.\begin{aligned} M_x &= R_A x = \frac{1}{2}x \\ M_x &= R_B x = \frac{1}{2}x \end{aligned}\right\} \Rightarrow M_P(\text{처짐 계산})$$

부재	기준점	I	M[그림 13.7.7(a)]	M_P [그림 13.7.7(c)]	MM_P
A~C	A	I	$\frac{P}{2}x$	$\frac{1}{2}x$	$\left(\frac{Px}{2}\right)\left(\frac{1}{2}x\right)$
C~B	B	I	$\frac{P}{2}x$	$\frac{1}{2}x$	$\left(\frac{Px}{2}\right)\left(\frac{1}{2}x\right)$

$$\delta_C = \int_0^{\frac{l}{2}}\frac{MM_P}{EI}dx + \int_0^{\frac{l}{2}}\frac{MM_P}{EI}dx$$

$$= \frac{1}{EI}\int_0^{\frac{l}{2}}\left(\frac{P}{2}x\right)\left(\frac{1}{2}x\right)dx + \frac{1}{EI}\int_0^{\frac{l}{2}}\left(\frac{P}{2}x\right)\left(\frac{1}{2}x\right)dx = \frac{P}{2EI}\int_0^{\frac{l}{2}}(x^2)dx$$

$$= \frac{P}{2EI}\left[\frac{x^3}{3}\right]_0^{\frac{l}{2}} = \frac{P}{2EI}\left[\frac{\left(\frac{l}{2}\right)^3}{3}\right] = \frac{P}{2EI}\times\frac{1}{3}\times\frac{l^3}{8} = \frac{Pl^3}{48EI}$$

예제 13.7.2

[그림 13.7.8(a)]와 같은 단순보에 등분포하중이 작용할 때, A지점의 처짐각과 중앙지점의 최대 처짐을 가상일의 방법으로 구하여라. 단, EI는 일정하다.

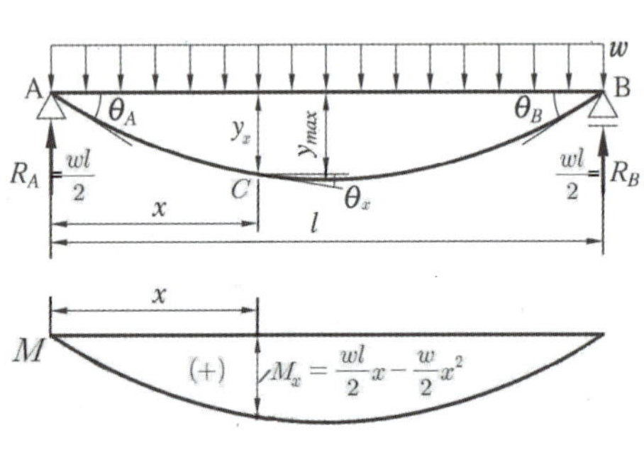

(a) 주어진 보

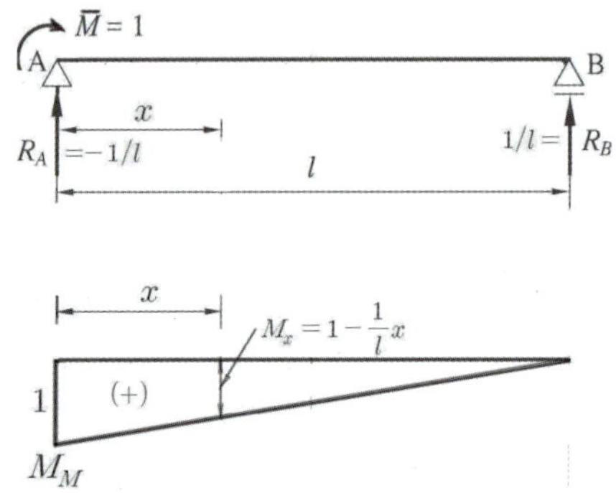

(b) 단위모멘트하중 $\overline{M} = 1$이 작용하는 보

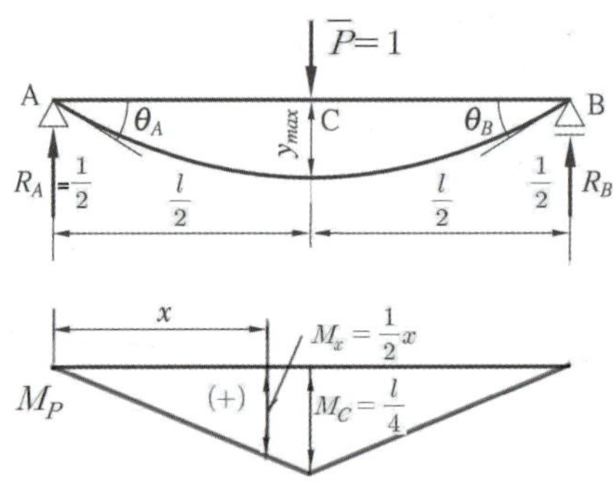

(c) 단위하중 $\overline{P} = 1$이 작용하는 보

[그림 13.7.8]

풀이

[그림 13.7.8(a)]에서 실제하중에 의해 생기는 구조물의 단면력

$$0 \le x \le l \qquad \left.\begin{aligned} M_x &= \frac{wl}{2}x - \frac{w}{2}x^2 \\ V_x &= \frac{wl}{2} - wx \end{aligned}\right\} \quad \Rightarrow \quad M$$

(1) 처짐각 계산(θ_A)

[그림 13.7.8(b)]에서 지점 A에 작용시킨 단위모멘트하중($\overline{M} = 1$)에 의한 단면력

$$M_x = \overline{M} - \frac{1}{l}x = 1 - \frac{1}{l}x \quad \Rightarrow \quad M_M$$

$\theta_A = \sum \int \frac{MM_M}{EI} dx$에서

부재	기준점	I	M[그림 13.7.8(a)]	M_M [그림 13.7.8(b)]	MM_M
A~B	A	I	$\frac{wl}{2}x - \frac{w}{2}x^2$	$1 - \frac{1}{l}x$	$\left(\frac{wl}{2}x - \frac{w}{2}x^2\right)\left(1 - \frac{1}{l}x\right)$

$$\therefore \theta_A = \int_0^l \frac{1}{EI}\left(\frac{wl}{2}x - \frac{w}{2}x^2\right)\left(1 - \frac{1}{l}x\right)dx = \frac{w}{2EIl}\int_0^l (l^2 x - 2lx^2 + x^3)dx$$

$$= \frac{w}{2EIl}\left[l^2\frac{x^2}{2} - 2l\frac{x^3}{3} + \frac{x^4}{4}\right]_0^l = \frac{w}{2EIl}\left(\frac{l^4}{2} + \frac{l^4}{4} - \frac{2l^4}{3}\right) = \frac{wl^3}{24EI} \quad \text{(시계방향)}$$

(2) 처짐 계산($\delta_{\max}$)

[그림 13.7.8(c)]에서 중앙점 C에 작용시킨 가상적인 단위집중하중($\overline{P} = 1$)에 의한 단면력

$$\left.\begin{array}{l} M_x = \frac{1}{2}x \\ V_x = \frac{1}{2} \end{array}\right\} \quad \Rightarrow \quad M_P \text{(처짐계산)}$$

$\delta_{\max} = \sum \int \frac{MM_P}{EI} dx$ 에서

부재	기준점	I	M[그림 13.7.8(a)]	M_P [그림 13.7.8(c)]	MM_P
A~B	A	I	$\frac{wl}{2}x - \frac{w}{2}x^2$	$\frac{1}{2}x$	$\left(\frac{wl}{2}x - \frac{w}{2}x^2\right)\left(\frac{1}{2}x\right)$

$$\delta_{\max} = \int_0^l \frac{1}{EI}\left(\frac{wl}{2}x - \frac{w}{2}x^2\right)\left(\frac{1}{2}x\right)dx = 2\int_0^{\frac{l}{2}} \frac{w}{2EI}(lx - x^2)\left(\frac{1}{2}x\right)dx$$

$$= \frac{w}{2EI}\left[\frac{lx^3}{3} - \frac{x^4}{4}\right]_0^{l/2} = \frac{w}{2EI}\left[\frac{l}{3}\left(\frac{l}{2}\right)^3 - \frac{1}{4}\left(\frac{l}{2}\right)^4\right]$$

$$= \frac{w}{2EI} \times \frac{5l^4}{192} = \frac{5wl^4}{384EI}$$

예제 13.7.3

[그림 13.7.9(a)]와 같은 단순보에 집중하중이 작용할 때 θ_A, δ_C를 가상일의 원리에 의해서 구하여라. 단 EI는 일정하다.

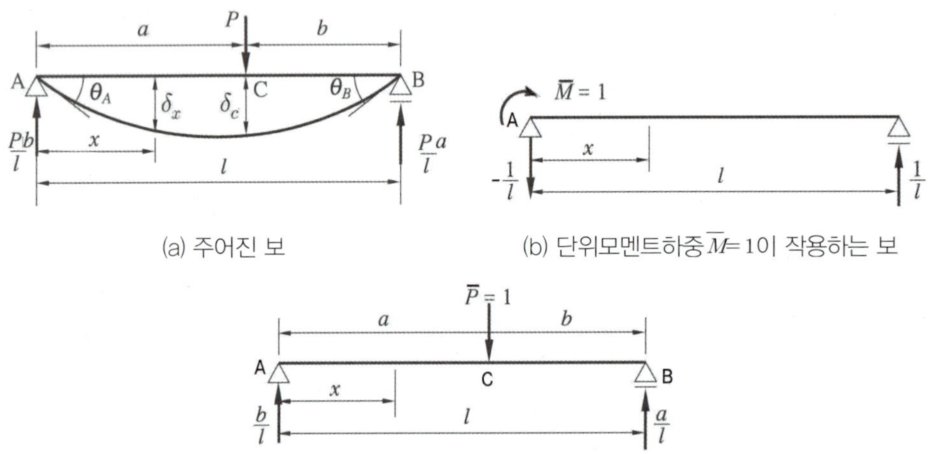

(a) 주어진 보 (b) 단위모멘트하중 $\overline{M}=1$이 작용하는 보

(c) 단위하중 $\overline{P}=1$이 작용하는 보

[그림 13.7.9]

풀이

[그림 13.7.9(a)]에서 실제하중에 의해 생기는 구조물의 단면력

$$\left.\begin{aligned} 0 \le x \le a \quad M_x &= \frac{Pb}{l}x \\ 0 \le x \le b \quad M_x &= \frac{Pa}{l}x \end{aligned}\right\} \Rightarrow M$$

(1) 처짐각 계산

$$\theta_x = \sum \int \frac{MM_M}{EI}dx \text{에서}$$

[그림 13.7.9(b)]에서 $\left.\begin{aligned} 0 \le x \le a \quad M_x &= 1-\frac{x}{l} \\ 0 \le x \le b \quad M_x &= \frac{x}{l} \end{aligned}\right\} \Rightarrow M_M$ (처짐각)

부재	기준점	I	M[그림 13.7.9(a)]	M_M [그림 13.7.9(b)]	MM_M
A~C	A	I	$\frac{Pb}{l}x$	$1-\frac{x}{l}$	$\left(\frac{Pb}{l}\right)\left(1-\frac{x}{l}\right)$
C~B	B	I	$\frac{Pa}{l}x$	$\frac{x}{l}$	$\left(\frac{Pa}{l}\right)\left(\frac{x}{l}\right)$

$$\theta_A = \int_0^a \frac{MM_M}{EI}dx + \int_0^b \frac{MM_M}{EI}dx$$

$$= \frac{1}{EI}\int_0^a \left(\frac{Pb}{l}x\right)\left(1 - \frac{x}{l}\right)dx + \frac{1}{EI}\int_0^b \left(\frac{Pa}{l}x\right)\left(\frac{x}{l}\right)dx$$

$$= \frac{Pb}{EIl^2}\int_0^a (lx - x^2)dx + \frac{Pa}{EIl^2}\int_0^b x^2\,dx = \frac{Pb}{EIl^2}\left[\frac{lx^2}{2} - \frac{x^3}{3}\right]_0^a + \frac{Pa}{EIl^2}\left[\frac{x^3}{3}\right]_0^b$$

$$= \frac{Pb}{EIl^2}\left(\frac{la^2}{2} - \frac{a^3}{3}\right) + \frac{Pa}{EIl^2}\left(\frac{b^3}{3}\right) = \frac{Pab}{EIl^2}\left(\frac{la}{2} - \frac{a^2}{3} + \frac{b^2}{3}\right)$$

$$= \frac{Pab}{EIl^2}\left(\frac{a^2 + ab}{2} - \frac{a^2}{3} + \frac{b^2}{3}\right) = \frac{Pab}{6EIl^2}(a+b)(a+2b) = \frac{Pab}{6EIl}(l+b)$$

$\therefore \theta_A = \frac{Pb}{6EIl}(l^2 - b^2)$ (시계방향)

(2) 처짐 계산

$\delta_x = \sum\int \frac{MM_P}{EI}dx$ 에서

[그림 13.7.9(c)]에서 $\left.\begin{matrix} M_x = \frac{b}{l}x \\ M_x = \frac{a}{l}x \end{matrix}\right\} \Rightarrow M_P$ (처짐)

부재	기준점	I	M[그림 13.7.9(a)]	M_P[그림 13.7.9(c)]	MM_P
A~C	A	I	$\frac{Pb}{l}$	$\frac{b}{l}x$	$\left(\frac{Pb}{l}\right)\left(\frac{b}{l}x\right)$
C~B	B	I	$\frac{Pa}{l}$	$\frac{a}{l}x$	$\left(\frac{Pa}{l}\right)\left(\frac{a}{l}x\right)$

$$\delta_C = \int_0^a \frac{MM_P}{EI}dx + \int_0^b \frac{MM_P}{EI}dx = \frac{1}{EI}\int_0^a \left(\frac{Pb}{l}x\right)\left(\frac{b}{l}x\right)dx = \frac{1}{EI}\int_0^b \left(\frac{Pa}{l}x\right)\left(\frac{a}{l}x\right)dx$$

$$= \frac{Pb^2}{EIl^2}\int_0^a x^2\,dx + \frac{Pa^2}{EIl^2}\int_0^b x^2\,dx = \frac{Pb^2}{EIl^2}\left[\frac{x^3}{3}\right]_0^a + \frac{Pa^2}{EIl^2}\left[\frac{x^3}{3}\right]_0^b$$

$$= \frac{Pb^2a^3}{3EIl^2} + \frac{Pa^2b^3}{3EIl^2} = \frac{Pa^2b^2}{3EIl^2}(a+b)$$

$\therefore \delta_C = \frac{Pa^2b^2}{3EIl}$

예제 13.7.4

[그림 13.7.10(a)]와 같은 단순보에 집중하중이 작용할 때, 최대 처짐각과 최대 처짐을 구하여라. 단, E는 일정하다.

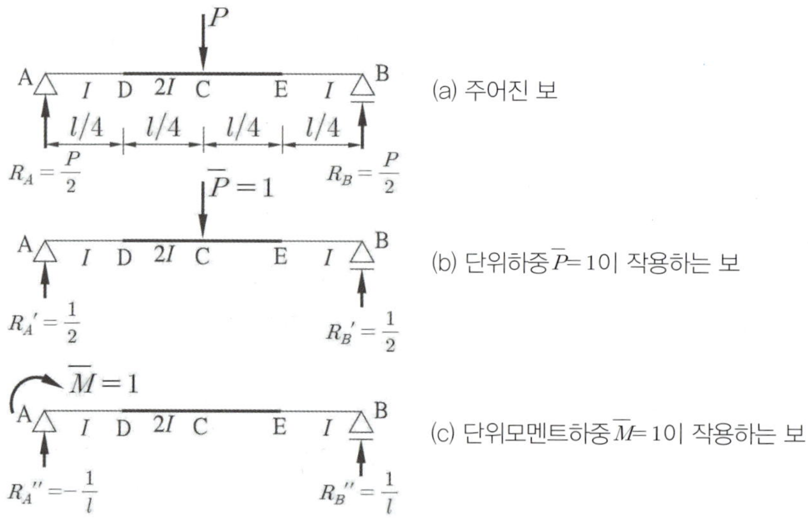

[그림 13.7.10]

풀이

(1) 처짐각 계산

[그림 13.7.10(a), (c)]에서 부재 AD(I) (기준점 A)

$$M = M_x = \frac{P}{2}x \quad \Rightarrow \quad M_M = M_x = 1 - \frac{x}{l}$$

[그림 13.7.10(a),(c)]에서 부재 DC(2I) (기준점 D)

$$M = M_x = \frac{P}{2}\left(\frac{l}{4} + x\right) \Rightarrow M_M = M_x = 1 - \frac{1}{l}\left(\frac{l}{4} + x\right)$$

[그림 13.7.10(a),(c)]에서 부재 BE(I) (기준점 B)

$$M = M_x = \frac{P}{2}x \quad \Rightarrow \quad M_M = M_x = \frac{x}{l}$$

[그림 13.7.10(a),(c)]에서 부재 EC(2I) (기준점 E)

$$M = M_x = \frac{P}{2}\left(\frac{l}{4} + x\right) \Rightarrow M_M = M_x = \frac{1}{l}\left(\frac{l}{4} + x\right)$$

$\theta_x = \sum \int \frac{MM_M}{EI} dx$에서

부재	기준점	I	M[그림 13.7.10(a)]	M_M [그림 13.7.10(c)]	MM_M
A~D	A	I	$\frac{P}{2}x$	$1-\frac{x}{l}$	$\left(\frac{P}{2}x\right)\left(1-\frac{x}{l}\right)$
D~C	D	$2I$	$\frac{P}{2}\left(\frac{l}{4}+x\right)$	$1-\frac{1}{l}\left(\frac{l}{4}+x\right)$	$\frac{P}{2}\left(\frac{l}{4}+x\right)\left[1-\frac{1}{l}\left(\frac{l}{4}+x\right)\right]$
B~E	B	I	$\frac{P}{2}x$	$\frac{x}{l}$	$\left(\frac{P}{2}x\right)\left(\frac{x}{l}\right)$
E~C	E	$2I$	$\frac{P}{2}\left(\frac{l}{4}+x\right)$	$\frac{1}{2}\left(\frac{l}{4}+x\right)$	$\frac{P}{2}\left(\frac{l}{4}+x\right)\left[\frac{1}{2}\left(\frac{l}{4}+x\right)\right]$

$$\theta_{\max}=\theta_A=\int_0^{\frac{l}{4}}\frac{MM_M}{EI}dx+\int_0^{\frac{l}{4}}\frac{MM_M}{EI}dx$$

$$=\frac{1}{EI}\int_0^{\frac{l}{4}}\left(\frac{P}{2}x\right)\left(1-\frac{x}{l}\right)dx+\frac{1}{2EI}\int_0^{\frac{l}{4}}\frac{P}{2}\left(\frac{l}{4}+x\right)\left[1-\frac{1}{l}\left(\frac{l}{4}+x\right)\right]dx$$

$$+\frac{1}{EI}\int_0^{\frac{l}{4}}\left(\frac{P}{2}x\right)\left(\frac{x}{l}\right)dx+\frac{1}{2EI}\int_0^{\frac{l}{4}}\frac{P}{2}\left(\frac{l}{4}+x\right)\left[\frac{1}{l}\left(\frac{l}{4}+x\right)\right]dx$$

$$\therefore\ \theta_A=\frac{5Pl^2}{128EI}\quad \text{(시계방향)}$$

(2) 처짐 계산

[그림 13.7.10(a), (b)]에서 부재 AD(I) (기준점 A)

$$M=M_x=\frac{P}{2}x\ \Rightarrow\ M_P=M_x=\frac{x}{2}$$

[그림 13.7.10(a), (b)]에서 부재 DC(2I) (기준점 D)

$$M=M_x=\frac{P}{2}\left(\frac{l}{4}+x\right)\ \Rightarrow\ M_P=M_x=\frac{1}{2}\left(\frac{l}{4}+x\right)$$

[그림 13.7.10(a), (b)]에서 부재 BE(I) (기준점 B)

$$M=M_x=\frac{P}{2}x\ \Rightarrow\ M_P=M_x=\frac{x}{2}$$

[그림 13.7.10(a), (b)]에서 부재 EC(2I) (기준점 E)

$$M=M_x=\frac{P}{2}\left(\frac{l}{4}+x\right)\ \Rightarrow\ M_P=M_x=\frac{1}{2}\left(\frac{l}{4}+x\right)$$

$\delta_x=\sum\int\frac{MM_P}{EI}dx$에서

부재	기준점	I	M[그림 13.7.10(a)]	M_P [그림 13.7.10(b)]	MM_P
A~D	A	I	$\frac{P}{2}x$	$\frac{1}{2}x$	$\left(\frac{P}{2}x\right)\left(\frac{1}{2}x\right)$
D~C	D	$2I$	$\frac{P}{2}\left(\frac{l}{4}+x\right)$	$\frac{1}{2}\left(\frac{l}{4}+x\right)$	$\frac{P}{2}\left(\frac{l}{4}+x\right)\left[\frac{1}{2}\left(\frac{l}{4}+x\right)\right]$
B~E	B	I	$\frac{P}{2}x$	$\frac{1}{2}x$	$\left(\frac{P}{l}x\right)\left(\frac{1}{2}x\right)$
E~C	E	$2I$	$\frac{P}{2}\left(\frac{l}{4}+x\right)$	$\frac{1}{2}\left(\frac{l}{4}+x\right)$	$\frac{P}{2}\left(\frac{l}{4}+x\right)\left[\frac{1}{2}\left(\frac{l}{4}+x\right)\right]$

$$\delta_{\max}=\delta_C=\int_0^{\frac{l}{4}}\frac{MM_P}{EI}dx+\int_0^{\frac{l}{4}}\frac{MM_P}{EI}dx$$

$$=\frac{2}{EI}\int_0^{\frac{l}{4}}\left(\frac{P}{2}x\right)\left(\frac{x}{2}\right)dx+\frac{2}{2EI}\int_0^{\frac{l}{4}}\frac{P}{2}\left(\frac{l}{4}+x\right)\left[\frac{1}{2}\left(\frac{l}{4}+x\right)\right]dx$$

$$=\frac{3Pl^3}{256EI}\quad(\downarrow \text{방향})$$

예제 13.7.5

[그림 13.7.11(a)]와 같은 단순보의 A지점에 모멘트하중 M_A가 작용할 경우 A, B지점의 처짐각을 가상일의 방법으로 구하여라. 단 EI는 일정하다.

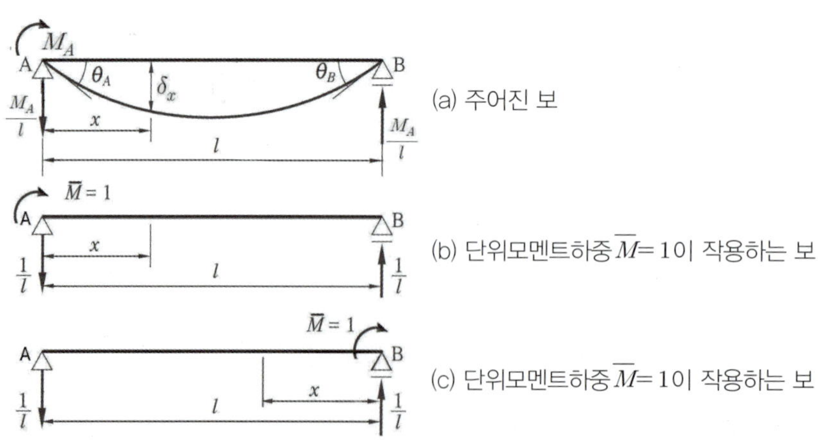

[그림 13.7.11]

풀이

[그림 13.7.11(a)]에서 실제하중에 의해 생기는 구조물의 단면력

$$M_x = M_A + R_A x = M_A - \frac{M_A}{l}x \;\Rightarrow\; M_x = R_B x = \frac{M_A}{l}x$$

(1) 처짐각 θ_B계산

[그림 13.7.11(c)]에서

$$\left.M_x = R_B x - M = \frac{x}{l} - 1\right\} \;\Rightarrow\; M_M \;(\theta_B)$$

$\delta_x = \sum \int \frac{MM_P}{EI}dx$에서

부재	기준점	I	M[그림 13.7.11(a)]	M_M [그림 13.7.11(c)]	MM_M
A~B	B	I	$\frac{M_A}{l}x$	$\frac{x}{l}-1$	$\left(\frac{M_A}{l}x\right)\left(\frac{x}{l}-1\right)$

$$\theta_B = \int_0^l \frac{MM_M}{EI}dx = \frac{1}{EI}\int_0^l \left(\frac{M_A}{l}x\right)\left(\frac{x}{l}-1\right)dx = \frac{M_A}{EI}\int_0^l \left(\frac{1}{l^2}x^2 - \frac{x}{l}\right)dx$$

$$= \frac{M_A}{EI}\left[\frac{1}{l^2}\frac{x^3}{3} - \frac{1}{l}\frac{x^2}{2}\right]_0^l = \frac{M_A}{EI}\left(\frac{l}{3} - \frac{l}{2}\right)$$

$$= -\frac{M_A l}{6EI} \quad \text{(반시계방향)}$$

(2) 처짐각 θ_A계산

[그림 13.7.11(b)]에서

$$\left.M_x = R_A x + \overline{M} = 1 - \frac{1}{l}x\right\} \;\Rightarrow\; M_M \;(\theta_A)$$

$\theta_x = \sum \int \frac{MM_M}{EI}dx$ 에서

부재	기준점	I	M[그림 13.7.11(a)]	M_M [그림 13.7.11(c)]	MM_M
A~B	A	I	$M_A - \frac{M_A}{l}x$	$1-\frac{1}{l}x$	$\left(M_A - \frac{M_A}{l}x\right)\left(1-\frac{1}{l}x\right)$

$$\theta_A = \int_0^l \frac{MM_M}{EI}dx = \frac{l}{EI}\int_0^l \left(M_A - \frac{M_A}{l}x\right)\left(1 - \frac{1}{l}x\right)dx$$

$$= \frac{M_A}{EI}\int_0^l \left(1 - \frac{2}{l}x + \frac{1}{l^2}x^2\right)dx = \frac{M_A}{EI}\left[x - \frac{2}{l}\frac{x^2}{2} + \frac{1}{l^2}\frac{x^3}{3}\right]_0^l$$

$$= \frac{M_A l}{3EI} \quad \text{(시계방향)}$$

예제 13.7.6

[그림 13.7.12(a)]와 같은 게르버보의 D점의 처짐각 및 B점과 D점의 처짐을 가상일의 방법으로 구하여라. 단 EI는 일정하다.

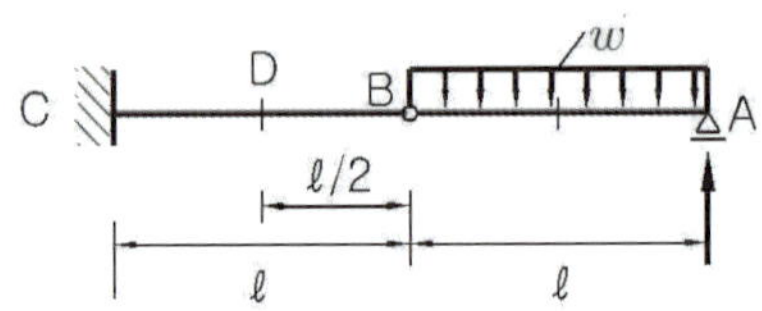

(a) 주어진 보

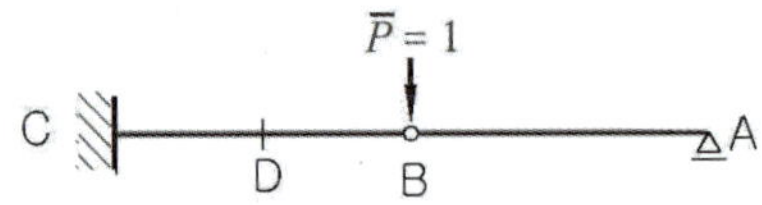

(b) 단위하중이 작용하는 보

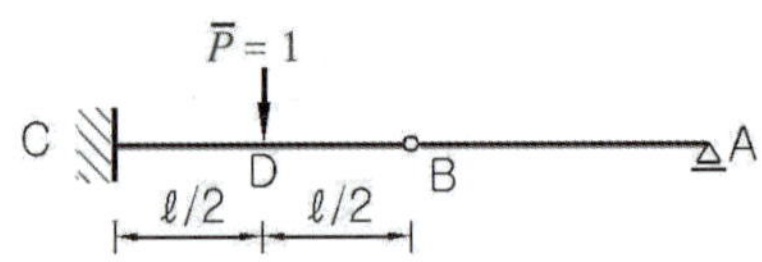

(c) 단위하중이 작용하는 보

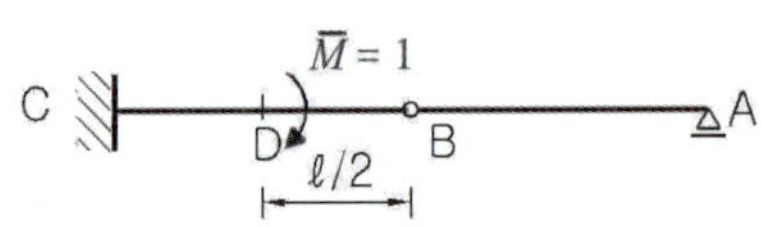

(d) 단위모멘트가 작용하는 보

[그림 13.7.12]

풀이

(1) B점의 처짐 계산 δ_B

[그림 13.7.12(a), (b)]에서 부재 AB(기준점 A),

$$M = M_x = \frac{wl}{2}x - \frac{w}{2}x^2 \ \Rightarrow\ M_P = M_x = 0$$

[그림 13.7.12(a), (b)]에서 부재 BC(기준점 B),

$$M = M_x = -\frac{wl}{2}x \ \Rightarrow\ M_P = M_x = -x$$

$\delta_x = \int \frac{MM_P}{EI} dx$에서

부재	기준점	I	M[그림 13.7.12(a)]	M_P [그림 13.7.12(b)]	MM_P
A~B	A	I	$\frac{wl}{2}x - \frac{w}{2}x^2$	0	$\left(-\frac{wl}{2}x - \frac{w}{2}x^2\right)(0)$
B~C	B	I	$-\frac{wl}{2}x$	$-x$	$\left(-\frac{wl}{2}x\right)(-x)$

$$\delta_B = \int_0^l \frac{MM_P}{EI} dx + \int_0^l \frac{MM_P}{EI} dx = \frac{1}{EI}\int_0^l \left(-\frac{wl}{2}x\right)(-x)dx = \frac{wl^4}{6EI} \quad (\downarrow \text{방향})$$

(2) D점의 처짐 계산 δ_D

[그림 13.7.12(a), (c)]에서 부재 AB(기준점 A),

$$M = M_x = \frac{wl}{2}x - \frac{w}{2}x^2 \quad \Rightarrow \quad M_P = M_x = 0$$

[그림 13.7.12(a), (c)]에서 부재 BD(기준점 B),

$$M = M_x = -\frac{wl}{2}x \quad \Rightarrow \quad M_P = M_x = 0$$

[그림 13.7.12(a), (c)]에서 부재 BD(기준점 D),

$$M = M_x = -\frac{wl}{2}\left(\frac{l}{2} + x\right) \quad \Rightarrow \quad M_P = M_x = -x$$

$\delta_x = \sum \int \frac{MM_P}{EI} dx$에서

부재	기준점	I	M[그림 13.7.12(a)]	M_P [그림 13.7.12(b)]	MM_P
A~B	A	I	$\frac{wl}{2}x - \frac{w}{2}x^2$	0	$\left(\frac{wl}{2}x - \frac{w}{2}x^2\right)(0)$
B~D	B	I	$-\frac{wl}{2}x$	0	$\left(-\frac{wl}{2}x\right)(0)$
B~C	D	I	$-\frac{wl}{2}\left(\frac{l}{2}+x\right)$	$-x$	$\left[-\frac{wl}{2}\left(\frac{l}{2}+x\right)\right](-x)$

$$\delta_D = \int_0^l \frac{MM_P}{EI} dx + \int_0^{\frac{l}{2}} \frac{MM_P}{EI} dx + \int_0^{\frac{l}{2}} \frac{MM_P}{EI} dx$$

$$= \frac{1}{EI}\int_0^{\frac{l}{2}} \left[-\frac{wl}{2}\left(\frac{l}{2}+x\right)\right](-x)dx$$

$$= \frac{5wl^4}{96EI} \quad (\downarrow)$$

(3) D점의 처짐각 계산 θ_D

[그림 13.7.12(a), (d)]에서 부재 AB(기준점 A),

$$M = M_x = \frac{wl}{2}x - \frac{w}{2}x^2 \quad \Rightarrow \quad M_M = M_x = 0$$

[그림 13.7.12(a), (d)]에서 부재 BD(기준점 B),

$$M = M_x = -\frac{wl}{2}x \quad \Rightarrow \quad M_M = M_x = 0$$

[그림 13.7.12(a), (d)]에서 부재 DC(기준점 D),

$$M = M_x = -\frac{wl}{2}\left(\frac{l}{2}+x\right) \quad \Rightarrow \quad M_M = M_x = -1$$

$\theta_x = \sum \int \frac{MM_M}{EI}dx$에서

부재	기준점	I	M[그림 13.7.12(a)]	M_M [그림 13.7.12(d)]	MM_M
A~B	A	I	$\frac{wl}{2}x - \frac{w}{2}x^2$	0	-1
B~D	B	I	$-\frac{wl}{2}x$	0	$\left(-\frac{wl}{2}x\right)(0)$
B~C	D	I	$-\frac{wl}{2}\left(\frac{l}{2}+x\right)$	-1	$\left[-\frac{wl}{2}\left(\frac{l}{2}+x\right)\right](-1)$

$$\theta_{\max} = \theta_A = \int_0^l \frac{MM_M}{EI}dx + \int_0^{\frac{l}{2}} \frac{MM_M}{EI}dx + \int_0^{\frac{l}{2}} \frac{MM_M}{EI}dx$$

$$= \frac{1}{EI}\int_0^l \left(-\frac{wl}{2}\right)\left(\frac{l}{2}+x\right)(-1)dx$$

$$\therefore \theta_A = \frac{3wl^3}{16EI} \quad \text{(시계방향)}$$

예제 13.7.7

[그림 13.7.13(a)]와 같은 캔틸레버에서 A점의 처짐각과 처짐을 가상일의 방법으로 구하여라. 단 EI는 일정하다.

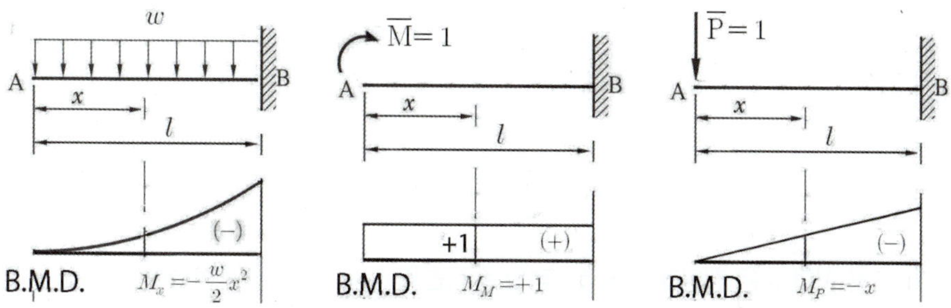

(a) 주어진 보 (b) 단위모멘트하중 $\overline{M}=1$이 점 A에 작용하는 보 (c) 단위하중 $\overline{P}=1$이 점 A에 작용하는 보

[그림 13.7.13]

풀이

[그림 13.7.13(a)]에서 $M = M_x = -\dfrac{w}{2}x^2$ $V = V_x = -wx$

(1) 처짐각 계산

[그림 13.7.13(b)]에서 $M_M = M_x = +1 \quad \Rightarrow \quad (\theta_B)$

부재	기준점	I	M[그림 13.7.13(a)]	M_M [그림 13.7.13(b)]	MM_M
A~B	A	I	$-\frac{w}{2}x^2$	$+1$	$\left(-\frac{w}{2}x^2\right)(+1)$

$$\theta_A = \int_0^l \frac{MM_M}{EI}dx = \frac{1}{EI}\int_0^l\left(-\frac{w}{2}x^2\right)(+1)dx = -\frac{w}{2EI}\left[\frac{x^3}{3}\right]_0^l$$

$$\therefore \theta_A = -\frac{wl^3}{6EI} \text{ (반시계방향)}$$

(2) 처짐 계산

[그림 13.7.13(c)]에서 $M_P = M_x = -x$ $V_P = -1 \quad \Rightarrow \quad (\delta_A)$

부재	기준점	I	M[그림 13.7.13(a)]	M_P [그림 13.7.13(c)]	MM_P
A~B	A	I	$-\frac{w}{2}x^2$	$-x$	$\left(-\frac{w}{2}x^2\right)(-x)$

부재	기준점	I	V[그림 13.7.13(a)]	V_P[그림 13.7.13(c)]	VV_P
A~B	A	I	$-wx$	-1	$(-wx)(-1)$

$$\delta_A=\int_0^l \frac{MM_P}{EI}dx=\frac{1}{EI}\int_0^l\left(-\frac{w}{2}x^2\right)(-x)dx=\frac{w}{2EI}\left[\frac{x^4}{4}\right]_0^l$$

$$\therefore\ \delta_A=\frac{wl^4}{8EI}$$

예제 13.7.8

[그림 13.7.14(a)]와 같은 캔틸레버에서 x점의 수직변위 δ_x를 가상일의 방법에 의해서 구하여라. 단, EI는 일정하다.

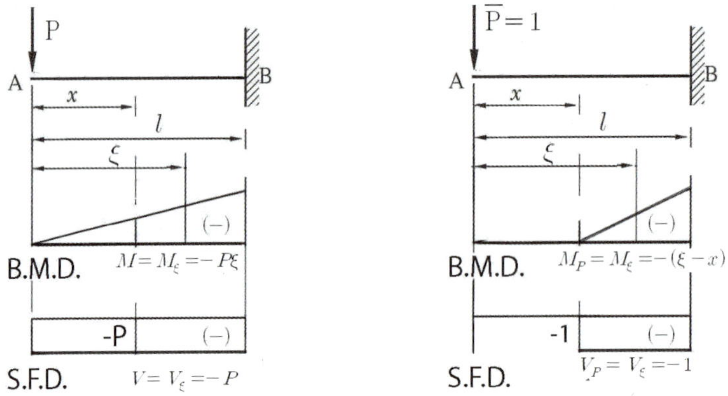

[그림 13.7.14]

풀이

수직변위를 구하려는 점에 작용시킨 단위하중에 의한 M_P, V_P는 x점과 자유단 사이의 x구간에서는 0이다. 따라서 δ_x를 구하는 적분영역은 $x-l$ 구간으로 된다. 지금은 변수를 ξ로 하고, ξ점의 휨모멘트 및 전단력은 다음과 같다.

[그림 13.7.14(a)]에서 $M=-P\xi$ $V=-P$

[그림 13.7.14(b)]에서 $M_P=-(\xi-x)$ $V_P=-1$ $\Rightarrow$ (δ_A)

(1) 휨모멘트

부재	기준점	I	M[그림 13.7.14(a)]	M_P[그림 13.7.14(b)]	MM_P
A~B	A	I	$-P\xi$	$-(\xi-x)$	$(-P\xi)[-(\xi-x)]$

(2) 처짐 계산

$$\delta_x = \int_x^l \frac{MM_P}{EI}dx = \frac{1}{EI}\int_x^l (-P\xi)[-(\xi - x)]d\xi = \frac{P}{EI}\int_x^l (\xi^2 - x\xi)d\xi = \frac{P}{EI}\left[\frac{\xi^3}{3} - \frac{x\xi^2}{2}\right]_x^l$$

$$= \frac{P}{EI}\left(\frac{l^3}{3} - \frac{l^2 x}{2} + \frac{x^3}{6}\right) = \frac{Pl^3}{3EI}\left[1 - \frac{3}{2}\left(\frac{x}{l}\right) + \frac{1}{2}\left(\frac{x}{l}\right)^2\right]$$

$x = 0$인 경우 $\quad \delta_A = \dfrac{Pl^3}{3EI}$

예제 13.7.9

[그림 13.7.15(a)]와 같은 라멘의 A지점에서 수평변위, 수직변위, 처짐각을 구하여라. 축방향력과 전단력은 무시한다. 단 E는 일정하다.

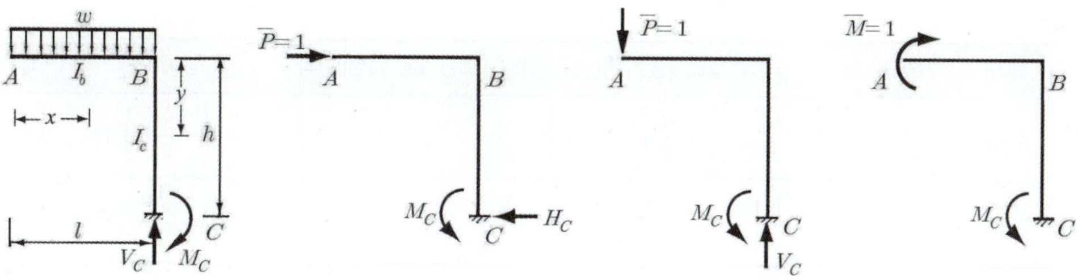

(a) 실제 라멘 (b) 단위수평하중이 작용하는 라멘 (c) 단위수직하중이 작용하는 라멘 (d) 단위모멘트가 작용하는 라멘

[그림 13.7.15]

풀이

(1) A점의 수평변위 $\delta_{AH} = \Sigma \int \dfrac{MM_P}{EI}dx$

부재	기준점	I	M[그림 13.7.15(a)]	M_P [그림 13.7.15(b)]	MM_P
A~B	A	I_b	$-\dfrac{w}{2}x^2$	0	0
B~C	B	I_c	$-\dfrac{wl^2}{2}$	$(1)(x)$	$\left(-\dfrac{wl^2}{2}\right)(x)$

$$\therefore \delta_{AH} = \frac{1}{EI_c}\int_0^h \left(-\frac{wl^2}{2}\right)(x)dx = -\frac{1}{2EI_c}\left[\frac{wl^2x^2}{2}\right]_0^h = -\frac{wl^2h^2}{4EI_c} \quad (\leftarrow\text{방향})$$

※ (−) 값이 나오면 가상하중의 방향과 반대로 생긴다.

(2) A점의 수직변위 $\delta_{AV} = \Sigma \int \frac{MM_P}{EI} dx$

부재	기준점	I	M[그림 13.7.15(a)]	M_P [그림 13.7.15(c)]	MM_P
A~B	A	I_b	$-\frac{w}{2}x^2$	$-(1)(x)$	$\left(-\frac{w}{2}x^2\right)(-x)$
B~C	B	I_c	$-\frac{wl^2}{2}$	$-(1)(l)$	$\left(-\frac{wl^2}{2}\right)(-l)$

$$\therefore \delta_A = \frac{1}{EI_b}\int_0^l \left(-\frac{wx^2}{2}\right)(-x)dx + \frac{1}{EI_c}\int_0^h \left(-\frac{wl^2}{2}\right)(-l)dx$$

$$= \frac{1}{EI_b}\frac{wl^4}{8} + \frac{1}{EI_c}\frac{wl^3}{2}h \quad (\downarrow \text{방향})$$

(3) A점의 처짐각 $\theta_A = \Sigma \int \frac{MM_M}{EI} dx$

부재	기준점	I	M[그림 13.7.15(a)]	M_M [그림 13.7.15(d)]	MM_M
A~B	A	I_b	$-\frac{w}{2}x^2$	1	$\left(-\frac{w}{2}x^2\right)(1)$
B~C	B	I_c	$-\frac{wl^2}{2}$	1	$\left(-\frac{wl^2}{2}\right)(1)$

$$\therefore \theta_A = \frac{1}{EI_b}\int_0^l \left(-\frac{w}{2}x^2\right)dx + \frac{1}{EI_c}\int_0^h \left(-\frac{wl^2}{2}\right)dx$$

$$= -\frac{1}{EI_b}\frac{wl^3}{6} - \frac{1}{EI_c}\frac{wl^2h}{2}$$

$$= -\frac{wl^2}{6E}\left(\frac{l}{I_b} + \frac{3h}{I_c}\right) \quad (\text{반시계방향})$$

예제 13.7.10

[그림 13.7.16(a)]와 같은 라멘의 B지점의 수평변위와 C지점의 처짐각을 구하여라. 단, EI는 일정하다.

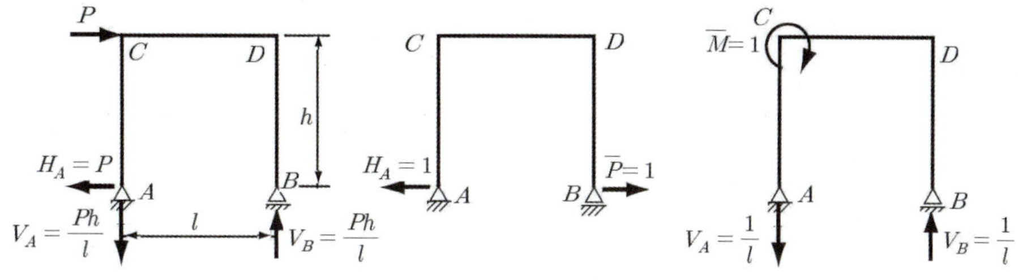

(a) 실제 주어진 라멘 (b) B지점에 가상력 $\overline{P}=1$ (c) C지점에 가상모멘트 $\overline{M}=1$

[그림 13.7.16]

풀이

[그림 13.7.16(a)]에서 실제 주어진 라멘의 반력은 다음과 같다.

$$H_A = P(\leftarrow 방향),\ V_A = +\frac{Ph}{l}(\uparrow 방향),\ V_B = +\frac{Ph}{l}(\uparrow 방향)$$

[그림 13.7.16(b)]에서 B지점에 가상력 $\overline{P}=1$이 작용할 때의 반력은 다음과 같다.

$$H_A = 1(\leftarrow 방향)$$

[그림 13.7.16(c)]에서 C지점에 가상모멘트 $\overline{M}=1$이 작용할 때의 반력은 다음과 같다.

$$V_A = -\frac{1}{l}(\downarrow 방향),\ V_B = +\frac{1}{l}(\uparrow 방향)$$

(1) 휨모멘트

부재	기준점	M[그림 13.7.16(a)]	M_P[그림 13.7.16(b)]	M_M[그림 13.7.16(c)]
A~C	A	$H_A x = Px$	$H_A x = x$	0
C~D	C	$H_A h - V_A x = Ph - \frac{Ph}{l}x$	$H_A h = h$	$1-\frac{1}{l}x$
B~D	B	0	$1 \cdot x = x$	0

(2) 처짐 계산

$$\delta_{BH} = \int \frac{MM_P}{EI}x \qquad ([그림\ 13.7.16(a),\ (b)])$$

$$= \frac{1}{EI}\int_0^h (Px)(x)\ dx + \frac{1}{EI}\int_0^l \left(Ph - \frac{Ph}{l}x\right)(h)dx$$

$$= \frac{Ph^3}{3EI} + \frac{Ph^2 l}{EI} - \frac{Ph^2 l}{2EI} = \frac{Ph^3}{3EI} + \frac{Ph^2 l}{2EI}$$

(3) 처짐각 계산

$$\theta_C = \int \frac{MM_M}{EI}dx \qquad ([그림\ 13.7.16(a),\ (c)])$$

$$= \int_0^l \frac{1}{EI}\left(Ph - \frac{Ph}{l}x\right)\left(1 - \frac{1}{l}x\right)dx = \frac{1}{EI}\int_0^l \left(Ph - \frac{Phx}{l} - \frac{Phx}{l} + \frac{Phx^2}{l^2}\right)dx$$

$$= \frac{1}{EI}\left[Phx - \frac{2Phx^2}{2l} + \frac{Phx^3}{3l^2}\right]_0^l = \frac{1}{EI}\left[Phl - Phl + \frac{Phl}{3}\right] = \frac{Phl}{3EI}$$

예제 13.7.11

[그림 13.7.17(a)]와 같이 등분포하중을 받는 라멘의 B점과 C지점에서 수평변위를 가상일의 원리를 사용하여 구하여라. 단, 단, E는 일정하고 축력의 영향은 무시한다.

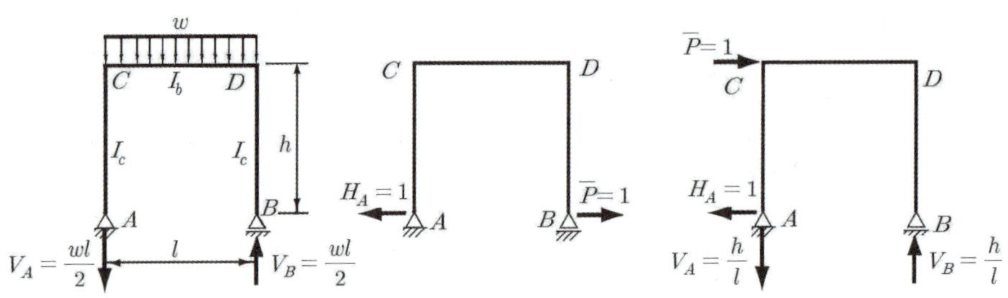

(a) 실제 주어진 라멘 (b) B지점에 가상력 $\bar{P}=1$ (c) C지점에 가상력 $\bar{P}=1$

[그림 13.7.17]

풀이

[그림 13.7.17(a)]에서 실제 주어진 라멘의 반력은 다음과 같다.

$$V_A = \frac{wl}{2}(\uparrow 방향),\ \ V_B = \frac{wl}{2}(\uparrow 방향)$$

[그림 13.7.17(b)]에서 B지점에 가상력 $\bar{P}=1$이 작용할 때의 반력은 다음과 같다.

$$H_A = 1(\leftarrow 방향)$$

[그림 13.7.17(c)]에서 C지점에 가상력 $\bar{P}=1$이 작용할 때의 반력은 다음과 같다.

$V_A = -\frac{h}{l}(\downarrow \text{방향}),\ V_B = +\frac{h}{l}(\uparrow \text{방향})$

(1) B점의 수평처짐 δ_{BH}

부재	기준점	I	M[그림 13.7.17(a)]	M_P [그림 13.7.17(b)]
A~C	A	(I_c)	0	x
C~D	C	(I_b)	$\left(\frac{wl}{2}x - \frac{w}{2}x^2\right)$	h
B~D	D	(I_c)	0	x

$$\delta_{BH} = \int \frac{MM_P}{EI}dx = \frac{1}{EI_b}\int_0^l \left(\frac{wl}{2}x - \frac{w}{2}x^2\right)(h)dx = \frac{whl^3}{12EI_b} \qquad (\rightarrow \text{방향})$$

(2) C점의 수평처짐(δ_{CH})

부재	기준점	I	M[그림 13.7.17(a)]	M_P [그림 13.7.17(c)]
A~C	A	(I_c)	0	x
C~D	C	(I_b)	$\left(\frac{wl}{2}x - \frac{w}{2}x^2\right)$	$h - \frac{h}{l}x$
B~D	D	(I_c)	0	0

$$\delta_{CH} = \int \frac{MM_P}{EI}dx = \frac{1}{EI_b}\int_0^l \left(\frac{wl}{2}x - \frac{w}{2}x^2\right)\left(h - \frac{h}{l}x\right)dx = \frac{whl^3}{24EI_b} \qquad (\rightarrow \text{방향})$$

13.7.2 아치의 처짐과 처짐각

아치도 일반적으로 가상일에 방법에 의한 보나 라멘 등에서와 같이 구조물의 도심축선상의 어느 한 점에서의 처짐이나 처짐각은 다음과 같은 해석절차에 의해 구할 수 있다.

[1] 해석절차

(1) 내적 가상단면 해석

① 처짐을 구하려는 점에 처짐의 방향으로 단위하중을 작용시킨다.

② 가상 단위하중만에 의한 각 부재의 가상모멘트 M_P를 각 부재좌표 x, y의 함수로 구한다. ($x = r(1 - \cos\theta)$, $y = r\sin\theta$, $ds = rd\theta$[그림 13.7.18(a)] 참조)

③ 아치의 부재에서 휨변형외에 축변형을 고려할 필요가 있는 경우에는 가상단위하중에 의한 부재의 축력 N_P도 구해야 한다.

(2) 외력에 의한 실제단면력 해석

① 실제하중에 의한 각 부재에 발생하는 휨모멘트 M을 M_P 계산시와 동일한 좌표를 사용하여 구한다. ($x = r(1 - \cos\theta)$, $y = r\sin\theta$, $ds = rd\theta$[그림 13.7.18(a)] 참조)

② 축변형을 고려할 필요가 있는 경우에는 마찬가지로 부재의 축력 N도 구해야 한다.

③ 하중 외에 온도변화가 있는 경우에는 온도변화가 있는 부재의 하단과 상단의 온도차 ΔT와 부재치수 h를 알아야 한다.

(3) 처짐 해석

가상일의 방정식에 의해 처짐을 해석한다. 즉, 가상일의 방정식 (13.7.2)을 이용하여 처짐 δ_K이나 처짐각 θ_K를 구한다.

$$\delta_K = \sum\int \frac{N_P N}{EA} ds + \sum\int \frac{M_P M}{EI} ds + \sum\int M_P \frac{\alpha \Delta T}{h} ds \quad \cdots\cdots (13.7.2a)$$

$$\theta_K = \sum \int \frac{N_M N}{EA} ds + \sum \int \frac{M_M M}{EI} ds$$

$$+ \sum \int M_M \frac{\alpha \Delta T}{h} ds \quad \cdots\cdots (13.7.2b)$$

[2] 해석 시 유의사항

(1) 처짐(이동변위)을 구하는 단위하중은 단위집중하중 1을 처짐을 구하는 처짐방향 또는 (+)방향으로 재하시키고, 처짐각(회전변위)을 구하는 단위하중은 단위우력(모멘트) 1을 회전방향 또는 (+)방향으로 재하시킨다.

(2) 휨모멘트 M_P, M와 축력 N_P, N는 일상적인 (+)의 부호규약을 적용한다.

(3) 보나 수평부재의 좌표설정은 일상적 좌측단을 원점으로 취하지만, 경사부재나 라멘의 부재는 임의단을 원점으로 취해도 무방하다. 다만, 부재력이 일정한 패턴으로 변하는 모든 구간에 부재력을 x, y의 함수로 표현해야 한다. 이는 각 구간의 임의위치에서 부재를 절단한 자유물체도로부터 구해야 한다.

(4) 각 지정된 구간 내에서 계산된 적분의 대수적인 부호를 그대로 사용하는 것이 중요하다. 보나 라멘 전체에 대한 모든 적분의 대수적인 합이 정(+)이면, 처짐 δ_K과 처짐각 θ_K는 각각 단위하중 또는 단위우력(모멘트)이 작용하는 방향으로 일어난다. 만약 그 값이 부(−)이면, 변위는 그 반대방향으로 일어난다는 것을 의미한다.

예제 13.7.12

[그림 13.7.18(a)]와 같은 단순보식 원호아치가 집중하중을 받을 경우 A지점의 수평변위와 C지점의 수직변위 그리고 A지점의 처짐각을 구하여라. 단 EI는 일정하다.

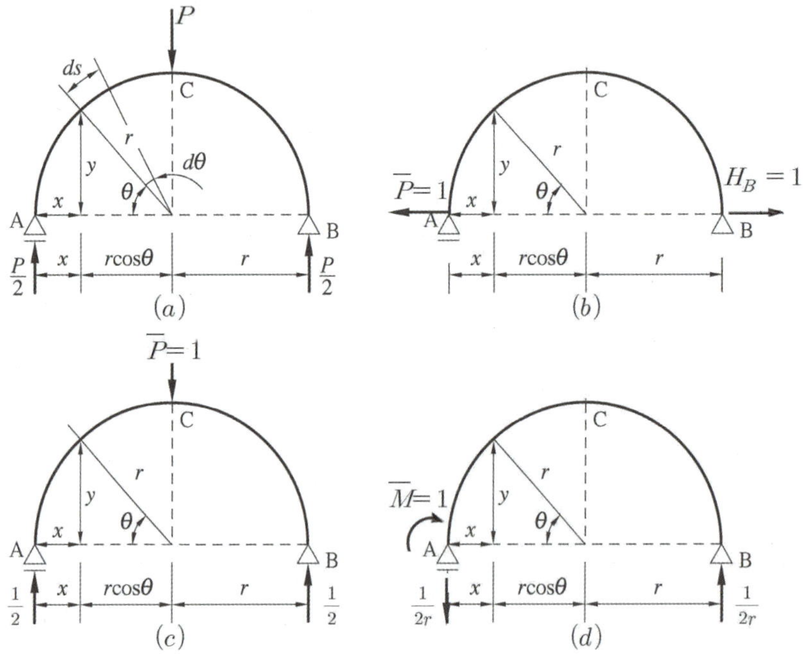

[그림 13.7.18]

풀이

$x = r(1-\cos\theta),\ y = r\sin\theta,\ ds = rd\theta$

(1) A지점의 수평변위 $\delta_{AH} = \sum\int \frac{MM_P}{EI}ds$

부재	기준점	구간(θ 표시)	M[그림 13.7.18(a)]	M_P [그림 13.7.18(b)]
A~C	A	$0 \sim \frac{\pi}{2}$	$\frac{P}{2}x = \frac{P}{2}r(1-\cos\theta)$	$1y = r\sin\theta$
B~C	B	$0 \sim \frac{\pi}{2}$	$\frac{P}{2}x = \frac{P}{2}r(1-\cos\theta)$	$1y = r\sin\theta$

$\therefore \delta_{AH} = \int \frac{MM_P}{EI}ds = \frac{2}{EI}\int_0^{\frac{\pi}{2}} \frac{P}{2}r(1-\cos\theta)(r\sin\theta)\cdot r\,d\theta = -\frac{Pr^3}{2EI}$(←방향)

(2) C점의 수직변위 $\delta_{CV} = \int \frac{MM_P}{EI} dx$

부재	기준점	구간	M[그림 13.7.18(a)]	M_P [그림 13.7.18(c)]
A~C	A	$0 \sim \frac{\pi}{2}$	$\frac{P}{2} r(1-\cos\theta)$	$\frac{1}{2} r(1-\cos\theta)$
B~C	B	$0 \sim \frac{\pi}{2}$	$\frac{P}{2} r(1-\cos\theta)$	$\frac{1}{2} r(1-\cos\theta)$

$$\therefore \delta_{CV} = \int \frac{MM_P}{EI} ds = \frac{2}{EI} \int_0^{\frac{\pi}{2}} \frac{P}{2} r(1-\cos\theta) \frac{1}{2} r(1-\cos\theta) r\, d\theta = \frac{Pr^3}{2EI}\left(\frac{3}{4}\pi - 2\right)$$

(3) A지점의 처짐각 $\theta_A = \int \frac{MM_M}{EI} ds$

A~C : $M_M = 1 - \frac{1}{2r} x = 1 - \frac{1}{2r}[r(1-\cos\theta)] = 1 - \frac{1}{2}(1-\cos\theta) = \frac{1}{2}(1+\cos\theta)$

부재	기준점	구간	M[그림 13.7.18(a)]	M_M [그림 13.7.18(d)]
A~C	A	$0 \sim \frac{\pi}{2}$	$\frac{P}{2} r(1-\cos\theta)$	$\frac{1}{2}(1+\cos\theta)$
B~C	B	$0 \sim \frac{\pi}{2}$	$\frac{P}{2} r(1-\cos\theta)$	$\frac{1}{2}(1-\cos\theta)$

$$\therefore \theta_A = \int \frac{MM_M}{EI} ds$$

$$= \frac{1}{EI} \int_0^{\frac{\pi}{2}} \frac{P}{2} r(1-\cos\theta) \frac{1}{2}(1+\cos\theta) r d\theta + \frac{1}{EI} \int_0^{\frac{\pi}{2}} \frac{P}{2} r(1-\cos\theta) \frac{1}{2}(1-\cos\theta) r d\theta$$

$$= \frac{1}{EI}\left(\frac{\pi P r^2}{4} - \frac{Pr^2}{2}\right) = \frac{Pr^2}{2EI}\left(\frac{\pi}{2} - 1\right)$$

예제 13.7.13

[그림 13.7.19(a)]와 같은 단순보식 아치가 등분포하중을 받을 경우 A지점의 수평변위와 C지점의 수직변위를 구하여라. 단 EI는 일정하다.

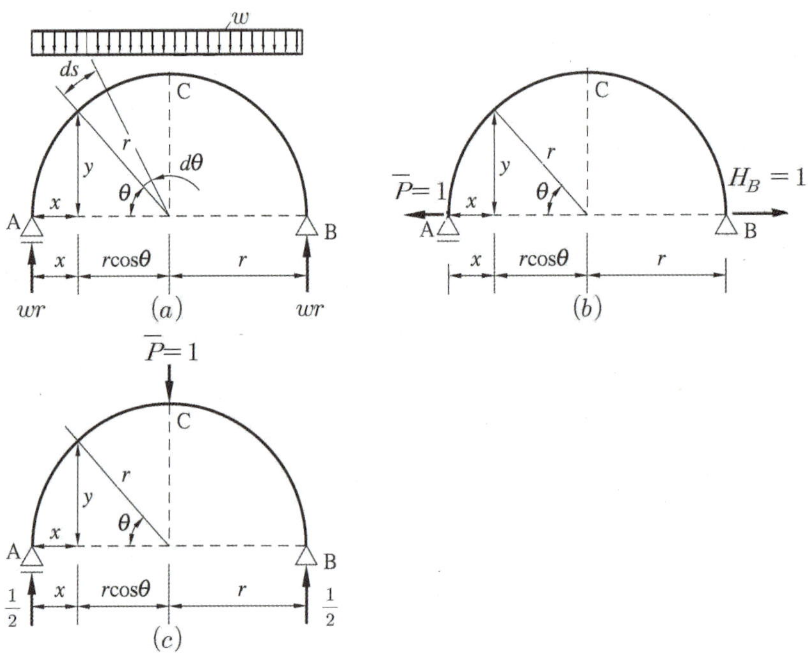

[그림 13.7.19]

풀이

$x = r(1-\cos\theta),\ y = r\sin\theta,\ ds = r\ d\theta$

(1) A지점의 수평변위 $\delta_{AH} = \int \frac{M M_P}{EI} ds$

부재	기준점	구간 (θ 표시)	M [그림 13.7.19(a)]	M_P [그림 13.7.19(b)]
A~B	A	$0 \sim \pi$	$wrx - \frac{wx^2}{2} = wr^2(1-\cos\theta) - \frac{wx^2}{2}(1-\cos\theta)^2$	$r\sin\theta$

$$\delta_{AH} = \int \frac{MM_P}{EI} ds$$

$$= \frac{1}{EI}\int_0^{\pi}[wr^2(1-\cos\theta) - \frac{wr^2}{2}(1-\cos\theta)^2]\cdot(r\sin\theta)\,r\,d\theta = \frac{2wr^4}{3EI}$$

(2) C점의 수직변위 $\delta_{CV} = \int \frac{MM_P}{EI} ds$

부재	기준점	구간	M [그림 13.7.19(a)]	M_P [그림 13.7.19(c)]
A~C	A	$0 \sim \frac{\pi}{2}$	$wrx - \frac{wx^2}{2} = wr^2(1-\cos\theta) - \frac{wx^2}{2}(1-\cos\theta)^2$	$\frac{r}{2}(1-\cos\theta)$
B~C	B	$0 \sim \frac{\pi}{2}$	$wrx - \frac{wx^2}{2} = wr^2(1-\cos\theta) - \frac{wx^2}{2}(1-\cos\theta)^2$	$\frac{r}{2}(1-\cos\theta)$

$$\therefore \delta_{CV} = \int \frac{MM_P}{EI} ds = \frac{2}{EI}\int_0^{\frac{\pi}{2}} \left[wr^2(1-\cos\theta) - \frac{wr^2}{2}(1-\cos\theta)^2\right]\left[\frac{r}{2}(1-\cos\theta)\right] r\, d\theta$$

$$= \frac{wr^4}{2EI}\left(\frac{\pi}{4} - \frac{1}{3}\right) \quad (\downarrow \text{방향})$$

예제 13.7.14

[그림 13.7.20(a)]와 같은 3활절 아치가 집중하중을 받을 경우 C점의 수직변위와 A점의 처짐각을 구하여라. 단 EI는 일정하다.

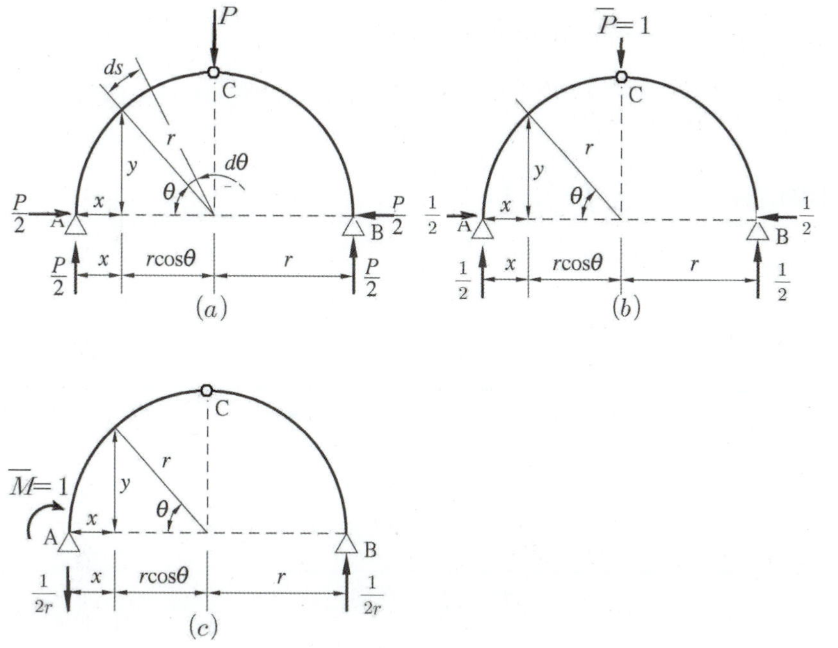

[그림 13.7.20]

풀이

$x = r(1-\cos\theta),\ y = r\sin\theta,\ ds = r\ d\theta$

(1) C점의 수직변위 $\delta_{CV} = \sum\int \frac{MM_P}{EI}ds$

부재	기준점	구간(θ 표시)	M[그림 13.7.20(a)]	M_P [그림 13.7.20(b)]
A~C	A	$0 \sim \frac{\pi}{2}$	$\frac{P}{2}x - \frac{P}{2}y = \frac{P}{2}(x-y)$ $= \frac{Pr}{2}(1-\cos\theta-\sin\theta)$	$\frac{x}{2} - \frac{y}{2} = \frac{1}{2}(x-y)$ $= \frac{r}{2}(1-\cos\theta-\sin\theta)$
B~C	B	$0 \sim \frac{\pi}{2}$	$\frac{P}{2}x - \frac{P}{2}y = \frac{P}{2}(x-y)$ $= \frac{Pr}{2}(1-\cos\theta-\sin\theta)$	$\frac{x}{2} - \frac{y}{2} = \frac{1}{2}(x-y)$ $= \frac{r}{2}(1-\cos\theta-\sin\theta)$

$$\delta_{CV} = \int \frac{MM_P}{EI}ds$$

$$= 2\int_0^{\frac{\pi}{2}} \frac{Pr}{2}(1-\cos\theta-\sin\theta)\frac{r}{2}(1-\cos\theta-\sin\theta)rd\theta$$

$$= \frac{Pr^3}{2EI}\int_0^{\frac{\pi}{2}}(2-2\cos\theta-2\sin\theta+2\sin\theta\cos\theta)d\theta$$

$$= \frac{Pr^3}{2EI}(\pi-3) \quad (\downarrow \text{ 방향})$$

(2) A지점의 처짐각 $\theta_A = \sum\int \frac{MM_M}{EI}ds$

A~C구간 $M_M = \frac{(1+\cos\theta-\sin\theta)}{2}$

B~C구간 $M_M = \frac{(1-\cos\theta-\sin\theta)}{2}$

부재	기준점	구간(θ 표시)	M[그림 13.7.20(a)]	M_M [그림 13.7.20(c)]
A~C	A	$0 \sim \frac{\pi}{2}$	$\frac{P}{2}x - \frac{P}{2}y = \frac{P}{2}(x-y)$ $= \frac{Pr}{2}(1-\cos\theta-\sin\theta)$	$\frac{(1+\cos\theta-\sin\theta)}{2}$
B~C	B	$0 \sim \frac{\pi}{2}$	$\frac{P}{2}x - \frac{P}{2}y = \frac{P}{2}(x-y)$ $= \frac{Pr}{2}(1-\cos\theta-\sin\theta)$	$\frac{(1-\cos\theta-\sin\theta)}{2}$

$$\theta_A = \int \frac{MM_M}{EI} ds$$

$$= \int_0^{\frac{\pi}{2}} \frac{Pr}{2}(1-\cos\theta-\sin\theta)\frac{1}{2}(1+\cos\theta-\sin\theta)rd\theta$$

$$+ \int_0^{\frac{\pi}{2}} \frac{Pr}{2}(1-\cos\theta-\sin\theta)\frac{1}{2}(1-\cos\theta-\sin\theta)rd\theta$$

$$= \frac{Pr^2}{4EI}\left(\frac{3\pi}{2}-5\right)$$

예제 13.7.15

[그림 13.7.21(a)]와 같은 3활절 아치가 등분포하중을 받을 경우 C점의 수직변위와 A점의 처짐각을 구하여라. 단 EI는 일정하다.

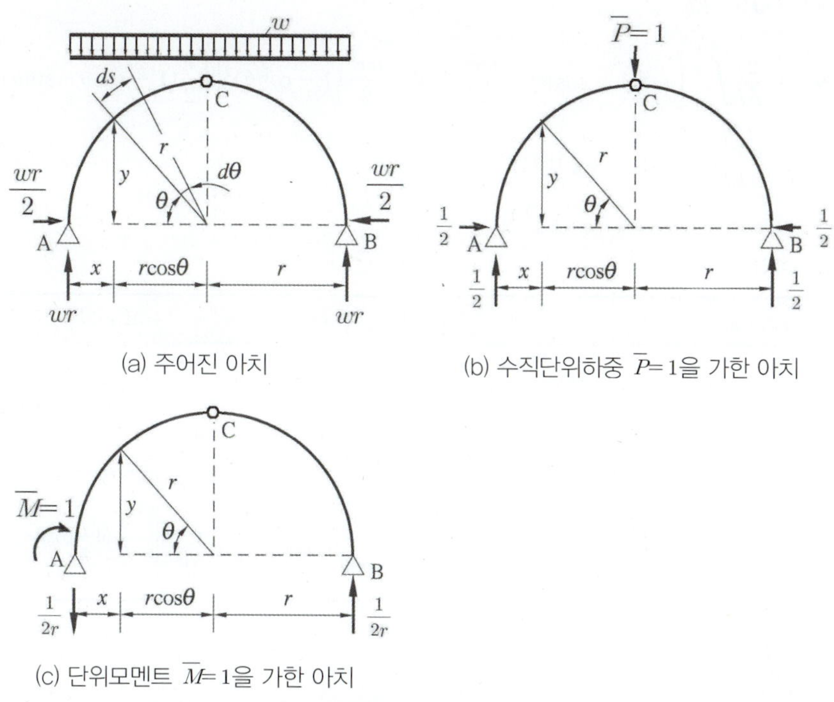

[그림 13.7.21]

풀이

$x = r(1-\cos\theta),\ y = r\sin\theta,\ ds = r\,d\theta$

(1) C점의 수직변위 계산

부재	기준점	구간	M[그림 13.7.21(a)]	M_P [그림 13.7.21(b)]
A~C	A	$0 \sim \frac{\pi}{2}$	$wrx - \frac{wr}{2}y - \frac{w}{2}x^2$ $= wr^2(1-\cos\theta) - \frac{wr^2}{2}\sin\theta - \frac{wr^2}{2}(1-\cos\theta)^2$	$\frac{1}{2}(x-y)$ $= \frac{r}{2}(1-\cos\theta-\sin\theta)$
B~C	B	$0 \sim \frac{\pi}{2}$	$wrx - \frac{wr}{2}y - \frac{w}{2}x^2$ $= wr^2(1-\cos\theta) - \frac{wr^2}{2}\sin\theta - \frac{wr^2}{2}(1-\cos\theta)^2$	$\frac{1}{2}(x-y)$ $= \frac{r}{2}(1-\cos\theta-\sin\theta)$

위에 나타낸 [표]로부터

$$\therefore \delta_{CV} = \int \frac{M M_P}{EI} ds$$

$$= \frac{2}{EI}\int_0^{\frac{\pi}{2}} \left[wr^2(1-\cos\theta) - \frac{wr^2}{2}sin\theta - \frac{wr^2}{2}(1-\cos\theta)^2 \right] \left[\frac{r}{2}(1-\cos\theta-\sin\theta) \right] r\,d\theta$$

$$= \frac{wr^4}{4EI}(\pi - 3) \qquad (\downarrow \text{ 방향})$$

(2) A점의 처짐각

부재	기준점	구간	M[그림 13.7.21(a)]	M_M [그림 13.7.21(c)]
A~C	A	$0 \sim \frac{\pi}{2}$	$wrx - \frac{wr}{2}y - \frac{w}{2}x^2$ $= wr^2(1-\cos\theta) - \frac{wr^2}{2}\sin\theta - \frac{wr^2}{2}(1-\cos\theta)^2$	$\frac{1}{2}(1+\cos\theta-\sin\theta)$
B~C	B	$0 \sim \frac{\pi}{2}$	$wrx - \frac{wr}{2}y - \frac{w}{2}x^2$ $= wr^2(1-\cos\theta) - \frac{wr^2}{2}\sin\theta - \frac{wr^2}{2}(1-\cos\theta)^2$	$\frac{1}{2}(1-\cos\theta-\sin\theta)$

$$\therefore \theta_A = \int \frac{M M_M}{EI} ds$$

$$= \frac{1}{EI}\int_0^{\frac{\pi}{2}} \left[wr^2(1-\cos\theta) - \frac{wr^2}{2}\sin\theta - \frac{wr^2}{2}(1-\cos\theta)^2 \right] \left[\frac{1}{2}(1+\cos\theta-\sin\theta) \right] r\,d\theta$$

$$+\frac{1}{EI}\int_0^{\frac{\pi}{2}}\left[wr^2(1-\cos\theta)-\frac{wr^2}{2}\sin\theta-\frac{wr^2}{2}(1-\cos\theta)^2\right]\left[\frac{1}{2}(1-\cos\theta-\sin\theta)\right]r\,d\theta$$

$$=\frac{wr^3}{2EI}\left(\frac{\pi}{2}-\frac{5}{3}\right)\qquad(\downarrow \text{ 방향})$$

예제 13.7.16

[그림 13.7.22(a)]와 같은 $\frac{1}{4}$ 원호의 수평변위와 수직변위를 구하여라. 단 EI는 일정하다.

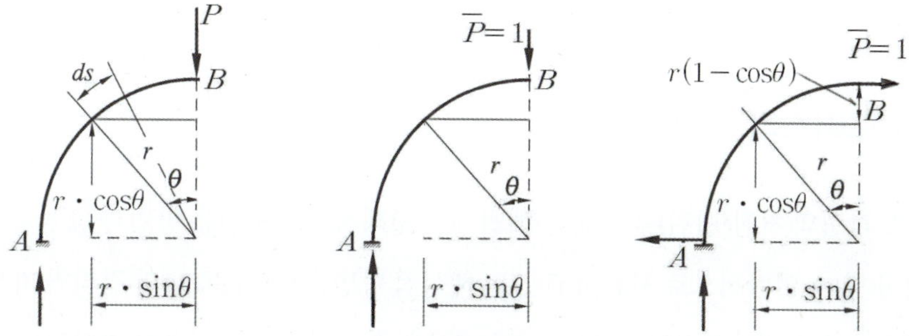

(a) 주어진 아치 (b) 수직단위하중 $\overline{P}=1$을 가한 아치 (c) 수평단위하중 $\overline{P}=1$을 가한 아치

[그림 13.7.22]

풀이

$x = r\sin\theta,\ \ y = r(1-\cos\theta),\ \ ds = r\,d\theta$

(1) 휨모멘트

부재	기준점	M[그림 13.7.22(a)]	M_P [그림 13.7.22(b)]	M_P [그림 13.7.22(c)]
B~A	B	$-(P)\cdot r\sin\theta$	$-(1)\cdot r\sin\theta$	$-(1)\cdot r(1-\cos\theta)$

(2) B점의 수직변위

$$\delta_{BV}=\int\frac{MM_P}{EI}ds\qquad([\text{그림 13.7.22(a), (b)}])$$

$$=\frac{1}{EI}\int_0^{\frac{\pi}{2}}(-P\cdot r\sin\theta)(-1\cdot r\sin\theta)rd\theta=\frac{\mathrm{Pr}^3}{EI}\int_0^{\frac{\pi}{2}}\sin^2\theta\,d\theta$$

$$=\frac{Pr^3}{EI}\int_0^{\frac{\pi}{2}}\frac{1}{2}(1-\cos2\theta)d\theta=\frac{Pr^3}{2EI}\left[\theta-\frac{\sin2\theta}{2}\right]_0^{\frac{\pi}{2}}=\frac{\pi Pr^3}{4EI}\qquad(\downarrow \text{ 방향})$$

(3) B점의 수평변위

$$\delta_{BH} = \int \frac{MM_P}{EI} ds \qquad \text{([그림 13.7.22(a), (c)])}$$

$$= \frac{1}{EI}\int_0^{\frac{\pi}{2}} (-P \cdot r\sin\theta)\{-r(1-\cos\theta)\} r d\theta$$

$$= \frac{\Pr^3}{EI}\int_0^{\frac{\pi}{2}} \sin\theta(1-\cos\theta)\, d\theta = \frac{Pr^3}{EI}\int_0^{\frac{\pi}{2}} \left(\sin\theta - \frac{1}{2}\sin 2\theta\right) d\theta$$

$$= \frac{Pr^3}{EI}\left[-\cos\theta + \frac{1}{2}\cos^2\theta\right]_0^{\frac{\pi}{2}} = \frac{\pi Pr^3}{2EI} \quad (\rightarrow \text{ 방향})$$

13.7.4 트러스의 처짐

트러스 격점의 처짐(변위)을 구하는 해법에는 도해적으로 구하는 방법과 해석적으로 구하는 방법이 있다. 일반적으로 사용하고 있는 해석적 방법은 Castigliano의 정리와 가상일의 원리를 이용한다. 여기서 트러스 격점의 처짐 계산은 후크의 법칙을 적용한 가상일의 원리를 이용한다.

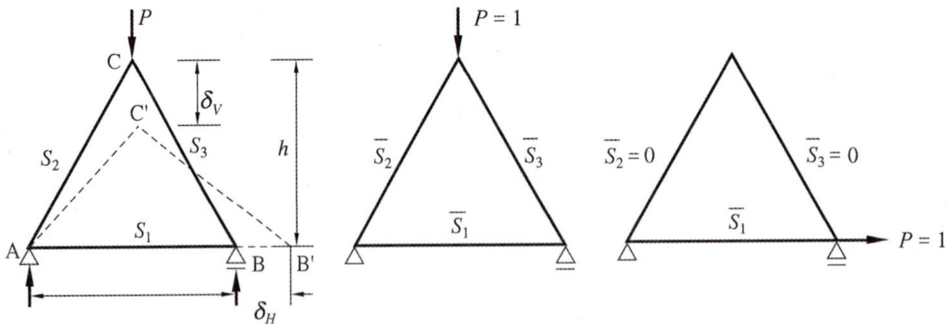

(a) 주어진 트러스 (b) 수직 단위하중 1을 가한 아치 (c) 수평 단위하중 1을 가한 아치

[그림 13.7.23] 트러스의 처짐

[그림 13.7.23(a)]와 같은 트러스에 C지점에 하중 P가 작용하면 부재력 S_1, S_2, S_3가 생긴다. 그리고 C지점에서 수직변위 δ_V와 이동지점인 B에서 수평변위 δ_H가 발생한다.

[그림 13.7.23(b)]는 C지점의 수직변위 δ_V를 구하기 위해 C지점에 단위하중 $\overline{P}=1$이 작용할 경우의 부재력이다. 그리고 [그림 13.7.23(c)]는 수평변위 δ_H를 구하기 위해 B지점에 단위하중 $\overline{P}=1$이 작용할 경우에 부재력이다.

[1] 수직변위(δ_V)

$$\therefore \delta_V = \overline{S_1}\Delta l_1 + \overline{S_2}\Delta l_2 + \overline{S_3}\Delta l_3 \quad \cdots\cdots (13.7.8)$$

후크의 법칙에 의해서

$$\Delta l_1 = \frac{\overline{S_1}\, l_1}{EA_1},\ \Delta l_2 = \frac{\overline{S_2}\, l_2}{EA_2},\ \Delta l_3 = \frac{\overline{S_3}\, l_3}{EA_3}$$

[2] 수평변위(δ_H)

$$\delta_H = \overline{S_1}\Delta l_1 + \overline{S_2}\Delta l_2 + \overline{S_3}\Delta l_3$$

여기서 $\overline{S_2}=0$, $\overline{S_3}=0$이므로

$$\therefore \delta_H = \overline{S_1}\Delta l_1 \qquad \Delta l_1 = \frac{\overline{S_1}\, l_1}{EA_1} \quad \cdots\cdots (13.7.9)$$

여기서 E는 탄성계수, A는 부재 단면적, l은 부재 길이, Δl은 부재의 변형량, S는 실제 하중 P가 작용할 때 부재력, $\overline{S}$는 단위하중에 의한 부재력이다.

그리고 [그림 13.7.24]에 나타낸 단순트러스의 절점 F에 수직하중 P가 작용할 때 절점 F와 절점 G의 수직변위를 구해보자.

임의의 부재 i의 탄성계수는 E_i, 단면적은 A_i, 부재길이 l_i으로 하자. 그리고 실제 수직하중 P가 작용할 때 각 부재의 축력은 $S_1,\ S_2,\cdots\ S_i,\cdots\ S_n$으로 하고, [그림 13.7.24(b)]와 같이 절점

F에 가상의 수직하중 $\overline{P}=1$ 이 작용 할 때 각 부재의 축력은 $\overline{S_1}$, $\overline{S_2}$,⋯ $\overline{S_i}$,⋯ $\overline{S_n}$ 으로 구하여 절점 F의 수직변위 δ_{FV}를 구한다.

(a)

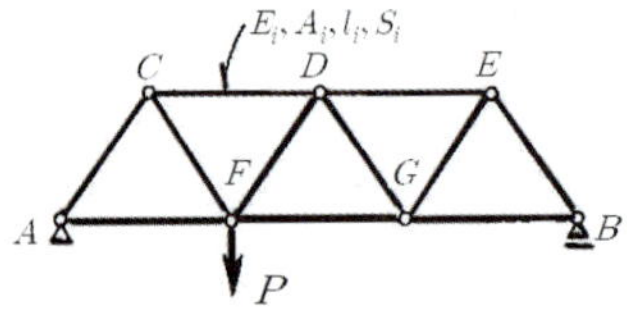

(b)

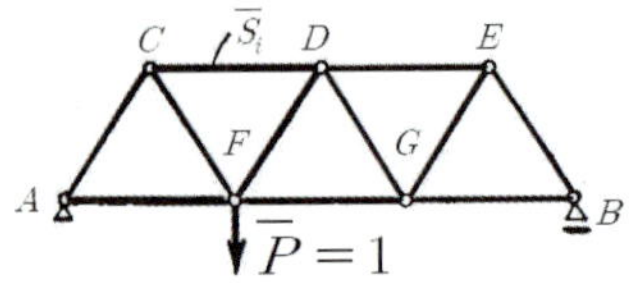

(c)

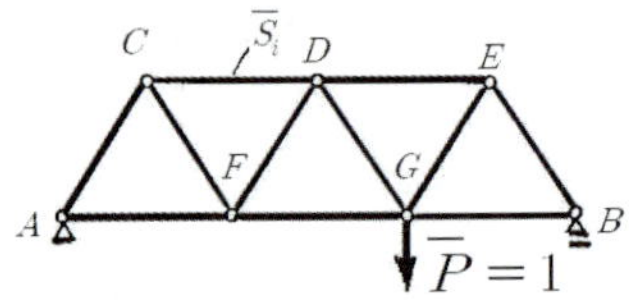

[그림 13.7.24] 단순 트러스의 처짐

$$\therefore \delta_{FV}=\frac{S_1\overline{S_2}}{E_1A_1}l_1+\frac{S_2\overline{S_2}}{E_2A_2}l_2+\cdots+\frac{S_i\overline{S_i}}{E_iA_i}+\cdots+\frac{S_n\overline{S_n}}{E_nA_n}l_n$$

$$=\sum_{i=1}^{n}\frac{S_i\overline{S_i}}{E_iA_i}l_i \quad \cdots\cdots (13.7.10)$$

$S_i=P\cdot\overline{S_i}$을 위의 식에 대입하여 정리하면

$$\therefore \delta_{FV}=P\sum_{i=1}^{n}\frac{(\overline{S_i})^2}{E_iA_i}l_i \quad \cdots\cdots (13.7.11)$$

그리고 절점 G의 수직변위 δ_{GV}는 절점 G에 가상의 수직하중 $\overline{P}=1$이 작용할 때 각 부재의 축력은 $\overline{S_1}$, $\overline{S_2}$,⋯ $\overline{S_i}$,⋯ $\overline{S_n}$ 으로 구하여([그림 13.7.24(c)]), 다음과 같이 계산한다.

$$\therefore \delta_{GV}=\frac{S_1\overline{S_1}}{E_1A_1}l_1+\frac{S_2\overline{S_2}}{E_2A_2}l_2+\cdots+\frac{S_i\overline{S_i}}{E_iA_i}l_i+\cdots+\frac{S_n\overline{S_n}}{E_nA_n}l_n$$

$$= \sum_{i=1}^{n} \frac{S_i \overline{S_i}}{E_i A_i} l_i = P \sum_{i=1}^{n} \frac{(\overline{S_i})^2}{E_i A_i} l_i \ (\because S_i = P \cdot \overline{S_i}) \quad \cdots\cdots (13.7.12)$$

[3] 해석 절차

(1) 가상부재력 계산

① 처짐을 구하고자 하는 격점 위치에 처짐의 방향으로 단위하중을 재하시킨다.

② 격점법에 의해 단위하중만에 의한 트러스의 부재력을 계산한다.

③ 계산된 가상부재력을 수치계산표에 옮긴다.

(2) 실제부재력 계산

① 격점법에 의해 모든 작용외력에 의한 각 부재에 작용하는 부재력을 계산한다.

② 온도변화와 제작오차가 있는 부재들의 변형을 가상일의 방정식에서 고려한다.

③ 계산된 부재력, 온도변화, 제작오차 등을 수치계산표에 옮긴다.

(3) 처짐 계산

가상일의 방정식으로부터 처짐(격점변위)을 계산한다.

① 다음과 같은 수치계산표를 이용하여 처짐을 계산한다.

부재 $i-j$	부재 길이 l_i	부재 축강성 EA	가상 부재력 $\overline{S}_i$	실제 부재력 S_i	온도 변화 ΔT	제작 오차 Δl_i	$\dfrac{\overline{S}_i \cdot S_i \cdot l_i}{EA_i}$	$\overline{S}_i \cdot \alpha \cdot \Delta T_i \cdot l_i$	$\overline{S}_i \cdot \Delta l_i$
·	·	(동일한 경우 생략)	·	·	·	·	·	·	·
·	·		·	·	·	·	·	·	·
·	·		·	·	·	·	·	·	·
·	·		·	·	·	·	·	·	·
							Σ	Σ	Σ

② 처짐계산 결과 : $\delta_K = \sum \dfrac{\overline{S}_i \cdot S_i \cdot l_i}{EA_i} + \sum \overline{S}_i \cdot \alpha \cdot \Delta T_i \cdot l_i + \sum \overline{S}_i \cdot \Delta l_i$

[4] 해석 시 유의사항

(1) 해석과정에서 부호사용에 일관성이 있도록 주의해야 한다.

① 부재력은 일상적인 규약에 따라 인장력은 (+), 압축력은 (−)로 가정한다.

② 온도변화 ΔT도 상승 시 (+), 하강 시 (−)로 가정한다.

③ 제작오차 Δl_i도 부재길이가 증가 시에는 (+), 감소 시에는 (−)로 가정한다.

④ 처짐계산 결과가 (−)이면, 가정한 처짐과 반대방향

(2) 트러스만이 아니고 모든 형식의 구조물에서 처짐해석 시에도 마찬가지이지만, 반력지점에 부등침하가 일어난 것을 고려해야 할 경우에는 이 지점침하로 인한 외적 가상일 W_R을 외적 가상일에 추가시켜야 한다. 단위하중에 의한 반력 r이 이 침하량 ΔR에 의해 하는 외적일은 $W_R = \sum r \cdot \Delta R$로 이 외적일의 부호는 가상반력과 같은 방향이면 (+), 반대방향이면 (−)이다. 따라서 수정된 가상일의 일반방정식은 다음과 같이 된다.

$$\delta E_e + \delta W_R = \delta U$$

$$\overline{1} \cdot \delta + \sum r \cdot \Delta R = \sum \frac{\overline{S} \cdot S \cdot l}{EA} + \cdots\cdots$$

예제 13.7.17

[그림 13.7.25(a)]와 같은 트러스의 C지점의 수직변위와 B지점의 수평변위를 구하여라. 단, 각 부재 단면적 $A = 100\,\mathrm{cm}^2$, 탄성계수 $E = 2.1 \times 10^5\,\mathrm{MPa}$이다.

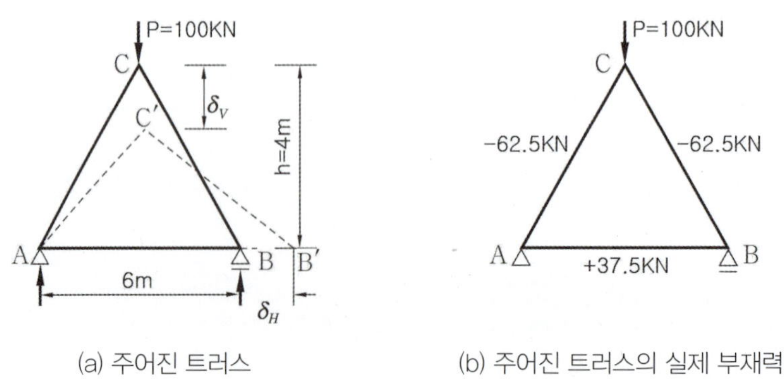

(a) 주어진 트러스　　(b) 주어진 트러스의 실제 부재력

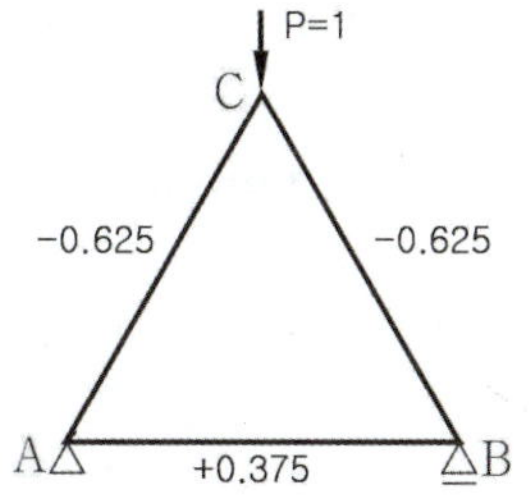

(c) 가상수직하중 $\overline{P}=1$이 C점에 작용할 때의 가상부재력

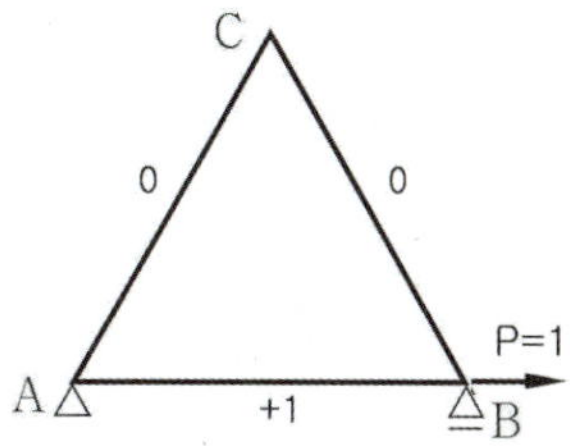

(d) 상수평하중 $\overline{P}=1$이 B점에 작용할 때의 가상부재력

[그림 13.7.25]

풀이

(1) 부재력 계산

① [그림 13.7.25(b)]는 하중 100KN이 C점에 작용할 때의 실제 부재력(S) ② [그림 13.7.25(c)]는 가상수직

② 하중 $\overline{P}=1$이 C점에 작용할 때의 가상부재력($\overline{S}$)

③ [그림 13.7.25(d)]는 가상수평하중 $\overline{P}=1$이 B점에 작용할 때의 가상부재력 ($\overline{S}$)

(2) 변위 계산

① 수직변위(δ_V) 계산

$$AE=(100)\times(2.1\times10^6)=2.1\times10^8\ \text{kgf}=2.1\times10^5\text{tf}=2.1\times10^6\text{KN}$$

$$\frac{1}{AE}=0.48\times10^{-6}/\text{KN}$$

$$\delta_V=\overline{S_1}\Delta l_1+\overline{S_2}\Delta l_2+\overline{S_3}\Delta l_3$$

$$\Delta l_1=\frac{S_1 l_1}{EA_1},\ \Delta l_2=\frac{S_2 l_2}{EA_2},\ \Delta l_3=\frac{S_3 l_3}{EA_3}\ \text{에서}$$

$$\Delta l_1=(+37.5)\times(6\times100)\times(0.48\times10^{-6})=+0.011\,\text{cm}$$

$$\Delta l_2=(-62.5)\times(5\times100)\times(0.48\times10^{-6})=-0.015\,\text{cm}$$

$$\Delta l_3=(-62.5)\times(5\times100)\times(0.48\times10^{-6})=-0.015\,\text{cm}$$

$$\therefore\ \delta_V=\overline{S_1}\Delta l_1+\overline{S_2}\Delta l_2+\overline{S_3}\Delta l_3=(0.375\times0.011)+2\{(-0.625)\times(-0.015)\}$$
$$=0.022\,\text{cm}$$

② 수평범위(δ_H) 계산 : $\overline{S_1}=1,\ \overline{S_2}=0,\ \overline{S_3}=0$이므로

$$\therefore\ \delta_H=\overline{S_1}\Delta l_1+\overline{S_2}\Delta l_2+\overline{S_3}\Delta l_3=1\times0.011=0.011\,\text{cm}$$

예제 13.7.18

[그림 13.7.26(a)]와 같은 트러스의 자유단에 일어나는 수직 및 수평변위를 계산하여라.

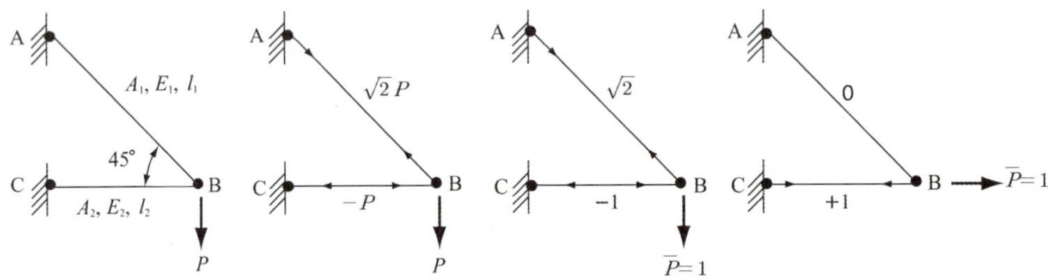

(a) 주어진 트러스 (b) 실제 면력 (c) 수직단위하중 (d) 수평단위하중

[그림 13.7.26]

풀이

(1) 수직변위

일반적으로 트러스의 변위계산에 대해서는 각 부재의 단면력 및 $\sum S\bar{S}_1 l/EA$를 일괄 표시하여 구한다. [그림 13.7.26(b), (c), (d)]는 각각 하중에 대한 단면력을 나타낸다. 여기서 수직변위 δ_V의 계산을 다음 [표]에 나타내었다.

구분 \ 단면력	S	$\bar{S}$	$S\bar{S}l$	$S\bar{S}l/EA$
$\overline{AB}$부재	$\sqrt{2}P$	$\sqrt{2}$	$2Pl_1$	$2Pl_1/E_1A_1$
$\overline{BC}$부재	$-P$	-1	Pl_2	Pl_2/E_2A_2

따라서 $\delta_V = \sum \dfrac{S\bar{S}}{EA} l = \dfrac{2Pl_1}{E_1A_1} + \dfrac{Pl_2}{E_2A_2}$

(2) 수평변위

수평변위 δ_H를 구하기 위해서는 [그림 12.2.26(d)]에 나타낸 바와 같이 절점 B에 단위수평력을 작용시킬 때의 단면력 $\bar{S}$은 $\overline{AB}$ 부재의 단면력이 0이고, $\overline{BC}$ 부재의 단면력은 1이다. 따라서 특별히 계산표를 만들 필요는 없으며 수평변위 δ_H는 다음과 같이 구해진다.

$$\delta_H = \sum \frac{S\bar{S}}{EA} l = -\frac{Pl_2}{E_2A_2}$$

여기서 $P = 100\,KN,\ A_1 = A_2 = 15\,\text{cm}^2,\ l_1 = 3\,\text{m},\ l_2 = 2.1\,\text{m},\ E_1 = E_2 = 2.1\times10^5\,MPa$이라면, 수직변위 δ_V와 수평변위 δ_H는 다음과 같다.

$$\delta_V = \sum \frac{S\bar{S}}{EA} l = \frac{2Pl_1}{E_1A_1} + \frac{Pl_2}{E_2A_2}$$

$$= \frac{2 \times (100 \times 1{,}000\,\text{N}) \times (3 \times 100\,\text{cm})}{(2.1 \times 10^8\,\text{N/cm}^2) \times (15\,\text{cm}^2)} + \frac{(100 \times 1{,}000\text{N}) \times (2.1 \times 100\,\text{cm})}{(2.1 \times 10^8\,\text{N/cm}^2) \times (15\,\text{cm}^2)}$$

$$= 0.2572\,\text{cm} \ (\downarrow \text{방향})$$

$$\delta_H = \sum \frac{S\bar{S}}{EA} l = -\frac{Pl_2}{E_2A_2} = -\frac{(100 \times 1{,}000\,\text{N}) \times (2.1 \times 100\,\text{cm})}{(2.1 \times 10^8\text{N/cm}^2) \times (15\,\text{cm}^2)} = -0.0667\,\text{cm} \ (\leftarrow \text{방향})$$

예제 13.7.19

[그림 13.7.27(a)]와 같은 트러스의 D지점의 처짐을 구하여라. 단 $E = 2 \times 10^5\text{MPa}$이고, ( ) 속의 숫자는 부재의 단면적이다.

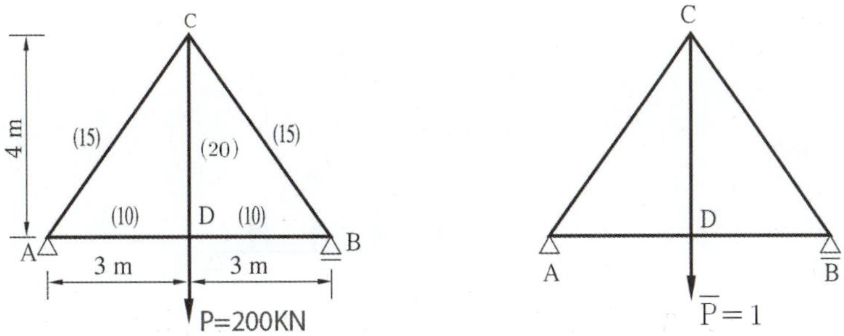

[그림 13.7.27]

풀이

트러스의 변위 계산은 식 $\therefore \delta_D = \sum \frac{S\bar{S}}{EA} l$을 이용한다. 결과는 다음 표와 같다.

(1) 수직처짐 계산

부재	l(cm)	A(cm²)	$\frac{l}{A}$(1/cm)	S(kN)	$\bar{S}$	$S\bar{S}l/A$ (kN/cm)
AD	300	10	30	75	+0.375	843.75
BD	300	10	30	75	0.375	843.75
AC	500	15	33.333	−125	−0.625	2,604.15
BC	500	15	33.333	−125	−0.625	2,604.15
CD	400	20	20	200	1.000	4,000.00
Σ						10,895.80

$$\therefore \delta_D = \sum \frac{S\bar{S}l}{AE} = \frac{10{,}895.8\,\text{kN/cm}}{2 \times 10^4\,\text{kN/cm}^2} = 0.54479\,\text{cm} \ (\downarrow)$$

13.8 상반정리

13.8.1 Betti의 정리

상반작용의 원리는 Betti의 정리라고도 하며, 그 내용은 다음과 같다.

'한 탄성체에 두 하중계인 i역계와 k역계를 생각할 때 i역계가 k역계의 작용으로 일어난 변위에 대해 한 가상일의 량과 같다.'

이 원리는 실제의 일에 대해서도 증명되지만 여기서는 가상일의 원리로 고려해보자.

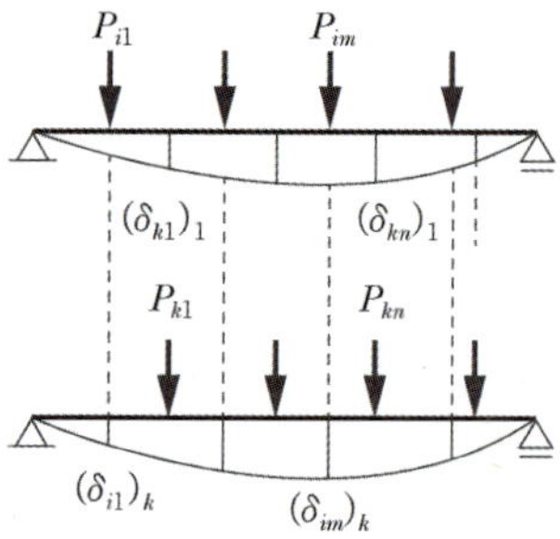

[그림 13.8.1]

[그림 13.8.1]에 나타낸 바와 같이 (A)상태의 하중계를 P_i역계, (B)상태의 하중계를 P_k역계로 표시하면 다음과 같다.

$$P_i \text{역계} : P\ (P_{i1},\ P_{i2},\ P_{i3},\ \cdots,\ P_{im})$$

$$P_k \text{역계} : P\ (P_{k1},\ P_{k2},\ P_{k3},\ \cdots,\ P_{kn})$$

P_i역계가 작용하고 있는 점에 대한 P_k역계의 작용에 의한 P_i역계의 각각의 힘의 방향에 대한 변위를 나타내면 다음과 같다.

$$(\delta_{i1})_k,\ (\delta_{i2})_k,\ (\delta_{i3})_k,\ \cdots,\ (\delta_{im})_k\ \cdots$$

같은 방법으로 P_k 역계가 작용하고 있는 점에 대한 P_i 역계의 작용에 의한 P_k 역계의 각각의 힘의 방향에 대한 변위를 나타내면 다음과 같다.

$$(\delta_{k1})_i,\ (\delta_{k2})_i,\ (\delta_{k3})_i,\ \cdots,\ (\delta_{kn})_i\ \cdots$$

이것을 $\sum P_i\overline{\delta_i} = \sum \overline{P_k}\delta_k$에 적용하면 다음과 같다.

$$P_{i1}(\delta_{i1})_k + P_{i2}(\delta_{i2})_k + P_{i3}(\delta_{i3})_k + \cdots + P_{im}(\delta_{im})_k \cdots$$
$$= P_{k1}(\delta_{k1})_i + P_{k2}(\delta_{k2})_i + P_{k3}(\delta_{k3})_i + \cdots + P_{kn}(\delta_{kn})_i \cdots$$

위의 식을 정리하면 다음과 같이 나타낼 수 있다.

$$\sum_m P_{im}(\delta_{im})_k = \sum_n P_{kn}(\delta_{kn})_i \quad \cdots\cdots (13.8.1)$$

위의 식 (13.8.1)을 Betti의 정리(또는 원리)라고 한다.

13.8.2 Maxwell의 정리

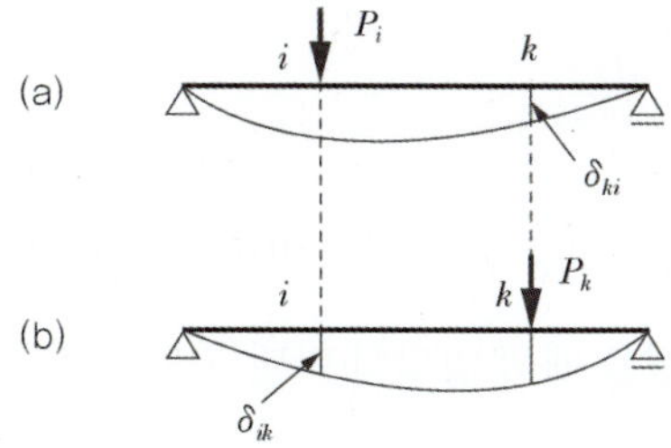

[그림 13.8.2]

[그림 13.8.2]와 같은 두 하중 P_i, P_k에 대해서는 다음과 같은 식이 성립된다.

$$P_i\delta_{ik} = P_k\delta_{ki}$$

특히 $P_i = P_k = 1$인 경우에는 위의 식은 다음과 같이 된다.

$$\delta_{ik} = \delta_{ki} \qquad \cdots\cdots (13.8.2)$$

즉 i점에 단위하중 $P_i = 1$이 작용한 경우의 k점의 P_k 방향의 변위는 k점에 단위하중 $P_k = 1$이 작용한 경우의 i점의 P_i 방향의 변위와 같다는 것을 의미한다. 이 관계를 Maxwell의 정리(Maxwell's theorem) 또는 상반처짐의 정리라고 하며, 후크의 법칙에 적용되는 모든 구조물에 해당된다. 이 정리는 $P_i = P_k = 1$이 아니더라도 $P_i = P_k$이면 성립된다. 위의 식에서 사용된 기호를 Maxwell의 기호(Maxwell's notation)라 한다.

Maxwell의 정리에 의해 탄성조건식의 특성계수 δ_{ik}의 수를 반감할 수 있다. 위의 식 (13.8.2)는 가상일의 원리에 의하여 다음 식으로 표시된다.

$$\delta_{ki} = \int \frac{M_i m_k}{EI} dx$$

여기서, M_i는 i지점에 작용하는 하중 P에 의한 임의의 단면의 휨모멘트, m_k는 처짐을 구하려는 k지점에 단위하중을 작용시켰을 때의 임의의 단면 휨모멘트이다.

$$\delta_{ik} = \int \frac{M_k m_i}{EI} dx$$

여기서, M_k는 k지점에 작용하는 하중 P에 의한 임의의 단면 휨모멘트, m_i는 처짐을 구하려는 i지점에 단위하중을 작용시켰을 때의 임의의 단면 휨모멘트이다.

13.8.3 상반정리

Betti의 정리와 Maxwell의 정리를 상반정리(reciprocal theorem, 상반작용의 정리 또는 변형일치의 정리 또는 겹침의 원리)라 하며, 이는 부정정 구조물의 해석과 영향선을 작성할 때 도움이 된다. 변위일치의 방법으로 부정정 보를 해석할 때에 이용하면 편리하다.

예제 13.8.1

[그림 13.8.3]에서 A, B점에 작용하는 $10\,\mathrm{kN}$의 하중과 $10\,\mathrm{kN \cdot m}$의 모멘트로 인한 A, B점의 처짐과 처짐각을 공액보 방법으로 결정한 다음에 모든 상반처짐의 관계를 증명하여라. 여기서 $E = 2.1 \times 10^5\,\mathrm{MPa}$, $I = 11{,}500\ \mathrm{cm}^4$이다.

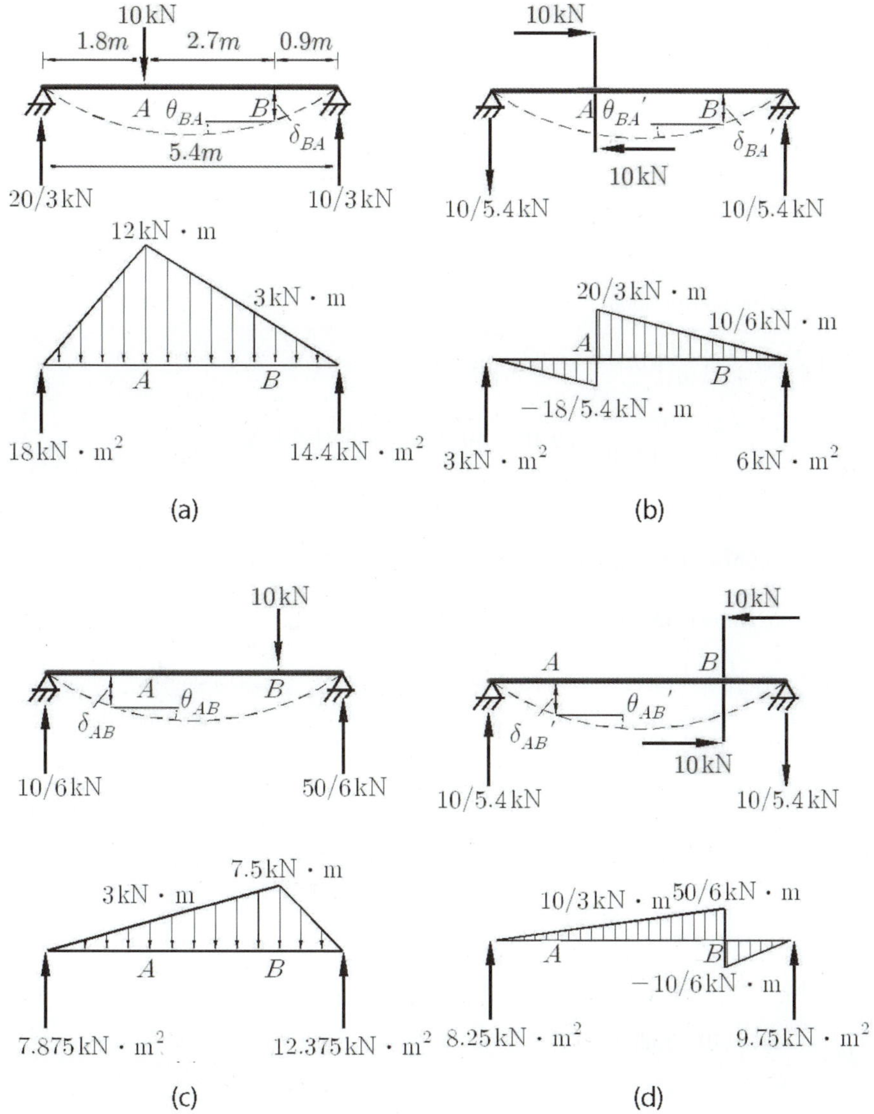

[그림 13.8.3]

풀이

[그림 13.8.3(a)]에 공액보법을 적용하여

$$EI\delta_{BA} = M_B{}' = (14.4)(0.9) - \frac{1}{2}(3)(0.9)(0.3) \fallingdotseq 12.555\,\text{kN}\cdot\text{m}^3$$

$$\therefore \delta_{BA} = \frac{12.555\times10^9}{(2{,}100{,}000)(11{,}500)} = 0.052\,\text{cm} \fallingdotseq 0.52\times10^{-3}\text{m}$$

$$EI\theta_{BA} = V_B{}' = 14.4 - \frac{1}{2}(0.9)(3) = 13.05\,\text{kN}\cdot\text{m}^2$$

$$\therefore \theta_{BA} = \frac{13.05\times10^7}{(2{,}100{,}000)(11{,}500)} \fallingdotseq 0.54\times10^{-3}\text{radian}\,(\text{반시계방향})$$

[그림 13.8.3(b)]에서

$$EI\delta_{BA}{}' = M_B{}' = (6)(0.9) - \frac{1}{2}\left(\frac{10}{6}\right)(0.9)\times\frac{0.9}{3} = 5.175\,\text{kN}\cdot\text{m}^3$$

$$\therefore \delta_{BA}{}' = \frac{5.175\times10^9}{(2{,}100{,}000)(11{,}500)} = 0.0214\,\text{cm} = 0.214\times10^{-3}\text{m}\,(\downarrow\text{방향})$$

$$EI\theta_{BA}{}' = V_B{}' = 6 - \frac{1}{2}\left(\frac{10}{6}\right)(0.9) = 5.25\,\text{kN}\cdot\text{m}^3$$

$$\therefore \theta_{BA}{}' = \frac{5.25\times10^7}{(2{,}100{,}000)(11{,}500)} \fallingdotseq 0.217\times10^{-3}\text{radian}\,(\text{반시계방향})$$

[그림 13.8.3(c)]에서

$$EI\delta_{AB} = M_A{}' = (7.875)(1.8) - \frac{1}{2}(3)(1.8)(0.6) \fallingdotseq 12.555\,\text{kN}\cdot\text{m}^3$$

$$\therefore \delta_{AB} = 0.052\,\text{cm} \fallingdotseq 0.52\times10^{-3}\text{m}\ (\downarrow\text{방향})$$

$$EI\theta_{AB} = V_A{}' = 7.875 - \frac{1}{2}(3)(1.8) = 5.175\,\text{kN}\cdot\text{m}^2$$

$$\therefore \theta_{AB} \fallingdotseq 0.214\times10^{-3}\text{radian}(\text{시계방향})$$

[그림 13.8.3(d)]에서

$$EI\delta_{AB}{}' = M_A{}' = (8.25)(1.8) - \frac{1}{2}\left(\frac{10}{3}\right)(1.8)\times(0.6) = 13.05\,\text{kN}\cdot\text{m}^3$$

$$\therefore \delta_{AB}{}' \fallingdotseq 0.54\times10^{-3}\text{m}\ (\downarrow\text{방향})$$

$$EI\theta_{AB}{}' = V_A{}' = 8.25 - \frac{1}{2}\left(\frac{10}{3}\right)(1.8) = 5.25\,\text{kN}\cdot\text{m}^2$$

$$\therefore \theta_{AB}{}' \fallingdotseq 0.217\times10^{-3}\,\text{radian}(\text{시계방향})$$

지금 증명된 상반처짐 관계는

$$\delta_{BA} = \delta_{AB},\quad \theta_{BA}{}' = \theta_{AB}{}',\quad \theta_{BA} = \theta_{AB},\quad \delta_{BA}{}' = \delta_{AB}{}'$$

13.9 여러 가지 처짐각과 처짐

이상 각 보의 여러 가지 하중에 대한 처짐각과 처짐을 정리하여 [표 13.9.1]에 나타내었다.

[표 13.9.1] 처짐각과 처짐

	하중상태	처짐각	처짐
1	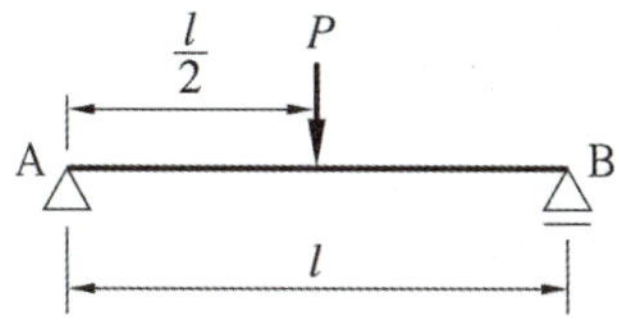	$\theta_A = -\theta_B = \dfrac{Pl^2}{16EI}$	$y_{\max} = \dfrac{Pl^3}{48EI}$
2	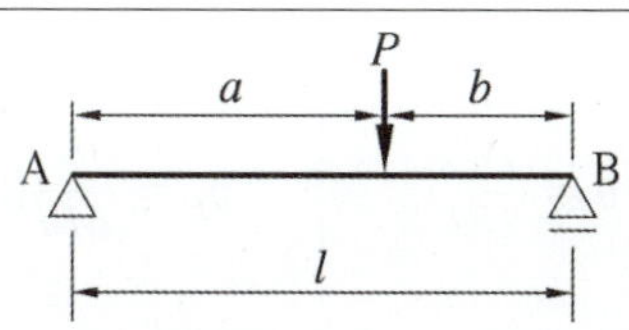	$\theta_A = \dfrac{Pb}{6EIl}(l^2 - b^2)$ $\theta_B = -\dfrac{Pa}{6EIl}(l^2 - a^2)$	$y_C = \dfrac{Pa^2b^2}{3EIl}$
3	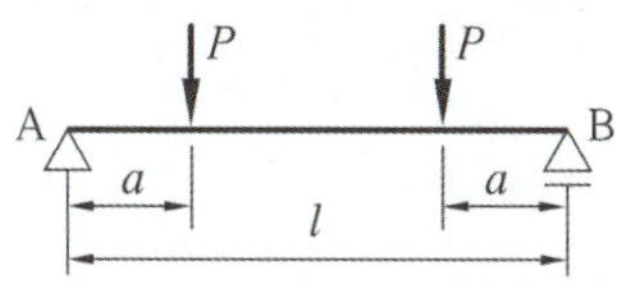	$\theta_A = -\theta_B = \dfrac{Pal}{2EI}\left(1 - \dfrac{a}{l}\right)$	$y_{\max} = \dfrac{Pa}{24EI}(3l^2 - 4a^2)$
4	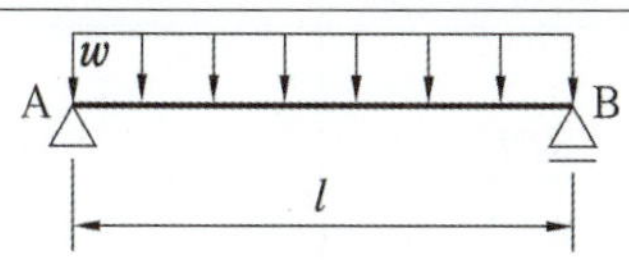	$\theta_A = -\theta_B = \dfrac{wl^3}{24EI}$	$y_{\max} = \dfrac{5wl^4}{384EI}$
5	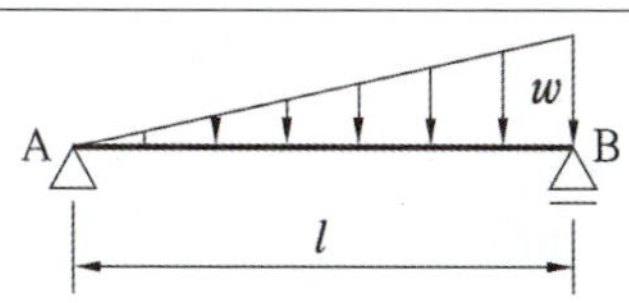	$\theta_A = \dfrac{7wl^3}{360EI}$ $\theta_B = -\dfrac{8wl^3}{360EI}$	$y_{\max} = 0.00652 \times \dfrac{wl^4}{EI}$
6	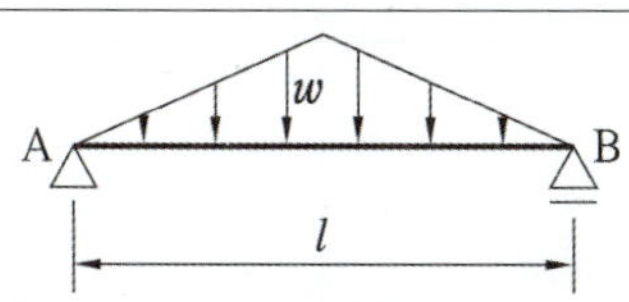	$\theta_A = -\theta_B = \dfrac{5wl^3}{192EI}$	$y_{\max} = \dfrac{wl^4}{120EI}$
7	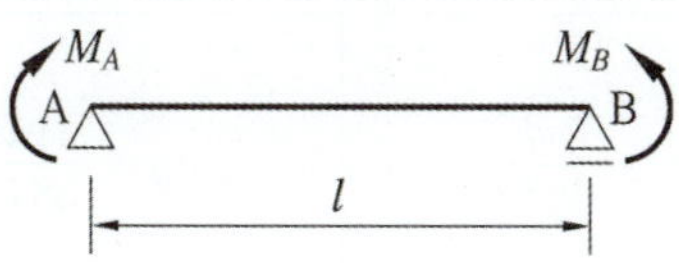	$\theta_A = \dfrac{l}{6EI}(2M_A + M_B)$ $\theta_B = -\dfrac{l}{6EI}(M_A + 2M_B)$	$M_A = M_B = M$ $y_{\max} = \dfrac{Ml^2}{8EI}$

	하중상태	처짐각	처짐
8	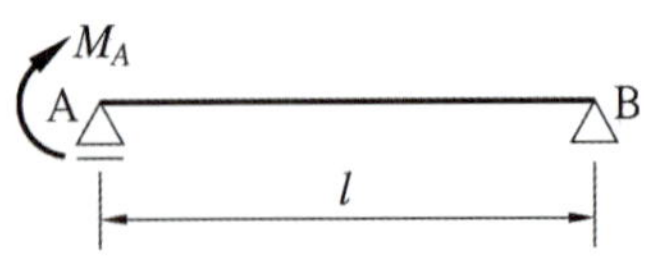	$\theta_A = \frac{M_A l}{3EI}$ $\theta_B = -\frac{M_A l}{6EI}$	
9	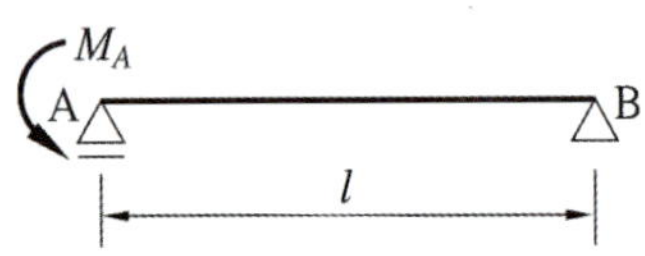	$\theta_A = -\frac{M_A l}{3EI}$ $\theta_B = \frac{M_A l}{6EI}$	
10	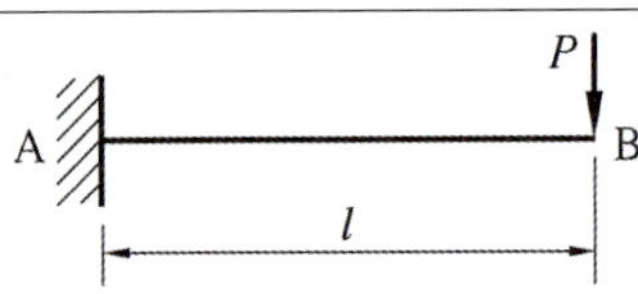	$\theta_B = \frac{Pl^2}{2EI}$	$y_B = \frac{Pl^3}{3EI}$
11	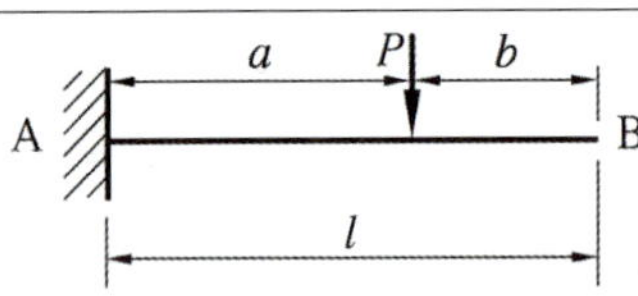	$\theta_C = \theta_B = \frac{Pa^2}{2EI}$	$y_B = \frac{Pa^2}{6EI}(3l - a)$
12	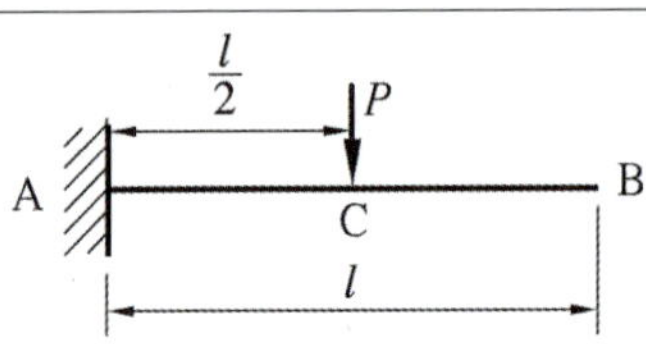	$\theta_C = \theta_B = \frac{Pl^2}{8EI}$	$y_B = \frac{5Pl^3}{48EI}$
13	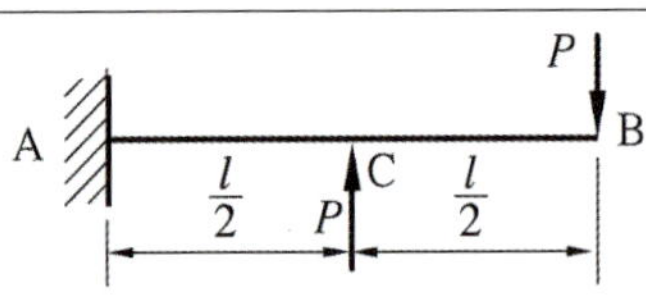	$\theta_B = \frac{3Pl^2}{8EI}$	$y_B = \frac{11Pl^3}{48EI}$
14	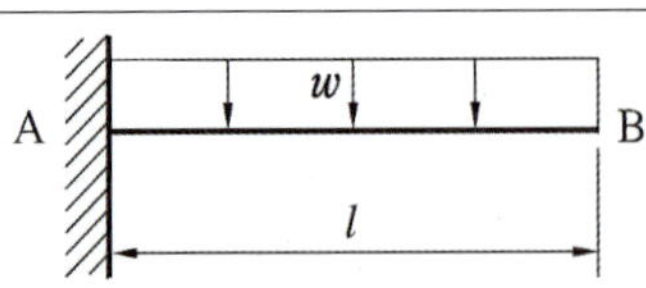	$\theta_B = \frac{wl^3}{6EI}$	$y_B = \frac{wl^4}{8EI}$
15	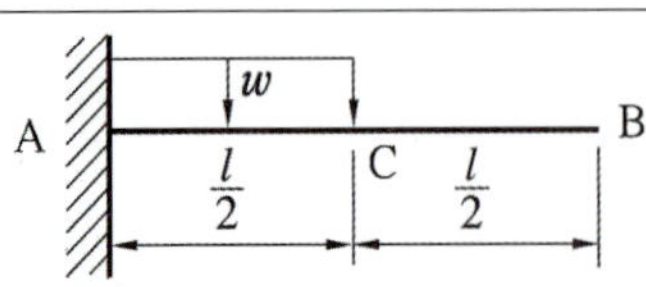	$\theta_C = \theta_B$ $= \frac{wl^3}{48EI}$	$y_B = \frac{7wl^4}{384EI}$
16	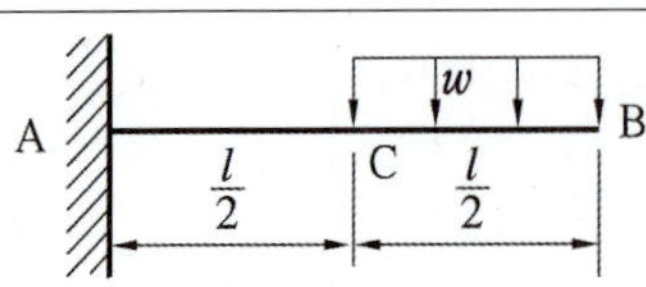	$\theta_B = \frac{7wl^3}{48EI}$	$y_B = \frac{41wl^4}{384EI}$

	하중상태	처짐각	처짐
17	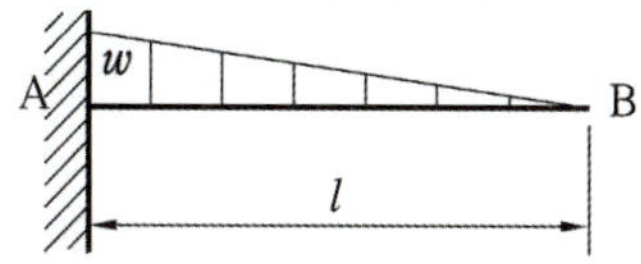	$\theta_B = \frac{wl^3}{24EI}$	$y_B = \frac{wl^4}{30EI}$
18	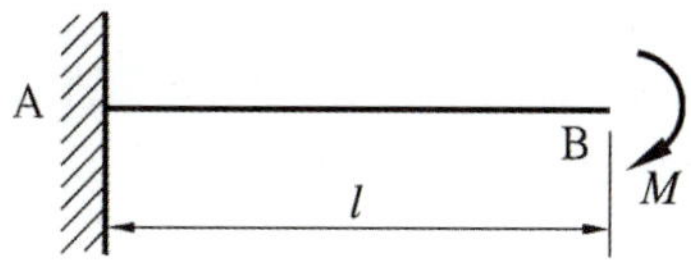	$\theta_B = \frac{Ml}{EI}$	$y_B = \frac{Ml^2}{2EI}$
19	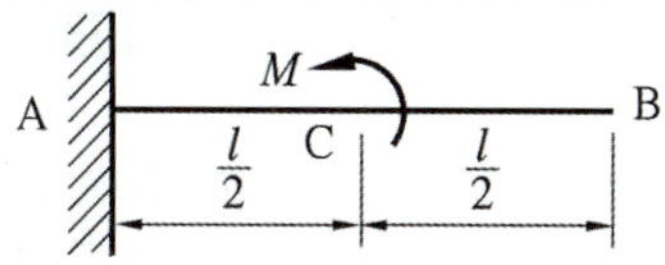	$\theta_B = \frac{Ml}{2EI}$	$y_B = \frac{3Ml^2}{8EI}$
20	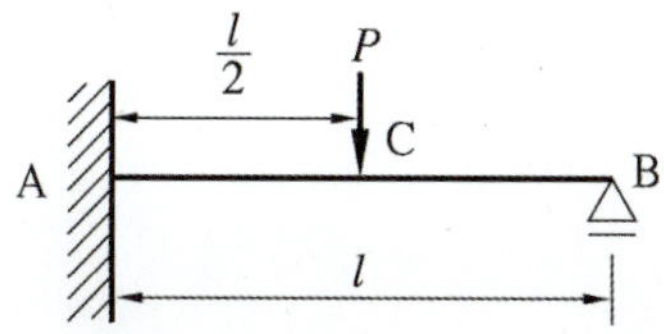	$\theta_B = -\frac{Pl^2}{32EI}$	$y_C = \frac{7Pl^3}{768EI}$
21	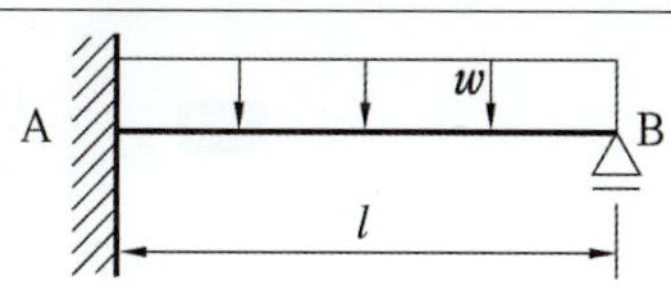	$\theta_B = -\frac{wl^3}{8EI}$	$y_{\max} = \frac{wl^4}{185EI}$
22	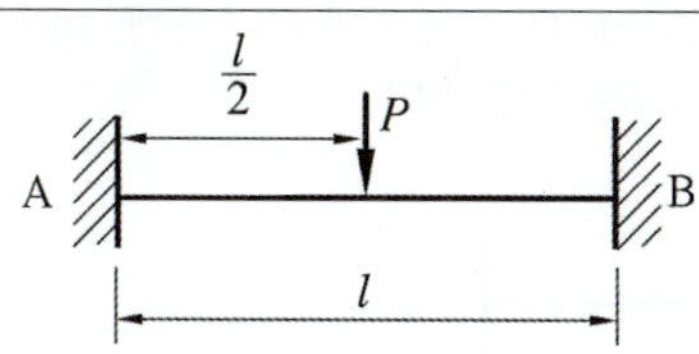		$y_{\max} = \frac{wl^4}{192EI}$
23	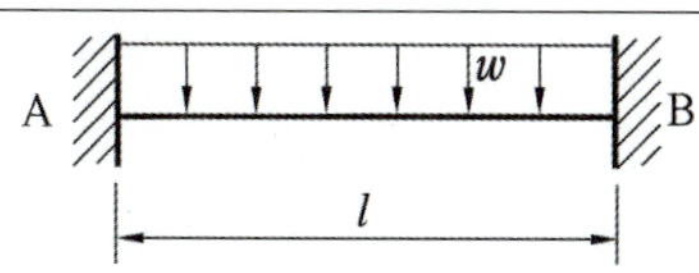		$y_{\max} = \frac{wl^4}{384EI}$
24	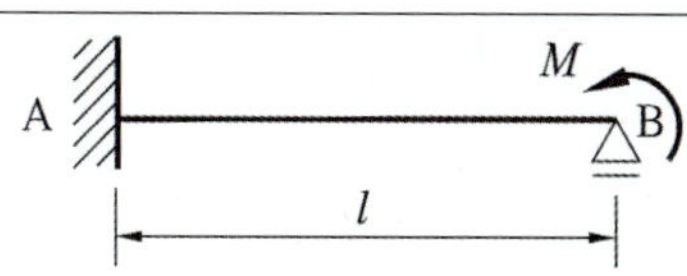	$\theta_B = -\frac{Ml}{4EI}$	

연·습·문·제

01 길이 10 m 인 단순보 중앙에 집중하중 $P = 20\text{ kN}$ 가 작용할 때 중앙에서 곡률반지름 R값을 구하여라. 단 $I = 350\text{ cm}^4$, $E = 2.1 \times 10^5\text{ MPa}$ 이다.

정답 $R = 14.7\text{ m}$

02 [P그림 13.1]과 같이 캔틸레버에 하중이 작용할 때 B지점의 처짐을 구하여라. 단 EI는 일정하다.

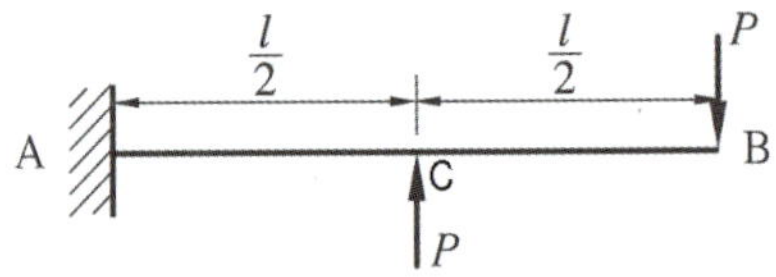

[P그림 13.1]

정답 $y_B = \dfrac{11Pl^3}{48EI}$ (↓)

03 [P그림 13.2]와 같은 캔틸레버에 집중하중 P가 자유단 B지점에 작용한다. 단면 a와 b를 사용할 때 B지점의 처짐비 y_a/y_b 값을 구하여라. 단 EI는 일정하다.

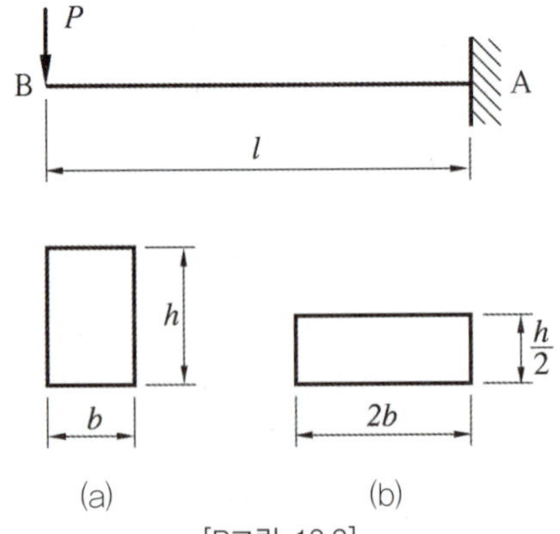

[P그림 13.2]

정답 $\dfrac{y_a}{y_b} = \dfrac{1}{4}$

04 [P그림 13.3]과 같은 캔틸레버에서 자유단 B점에 일어나는 처짐을 구하여라. 단 EI는 일정하다. 단 EI는 일정하다.

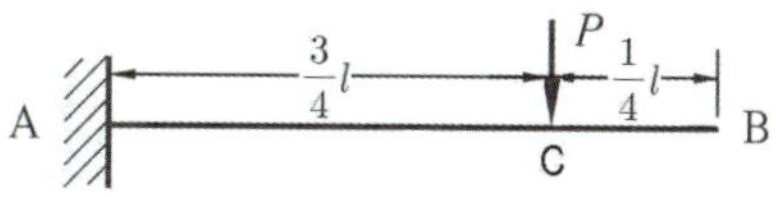

[P그림 13.3]

정답 $y_B = \dfrac{27Pl^3}{128EI}$ (↓)

05 [P그림 13.4]와 같은 중앙단면에 모멘트하중이 작용하는 단순보에서 A지점의 처짐각을 구하여라. 단 EI는 일정하다.

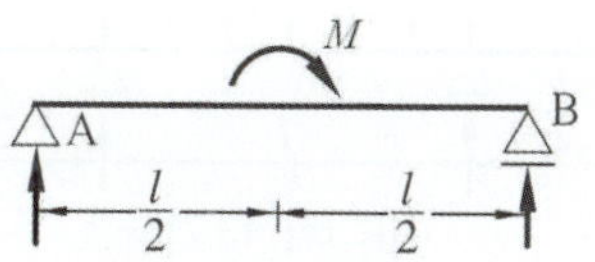

[P 그림 13.4]

정답 $\theta_A = -\dfrac{Ml}{24EI}$ (반시계 방향)

06 [P그림 13.5]와 같이 중중하중을 받는 내민보에서 C지점의 처짐각과 처짐값을 구하여라. 단 EI는 일정하다.

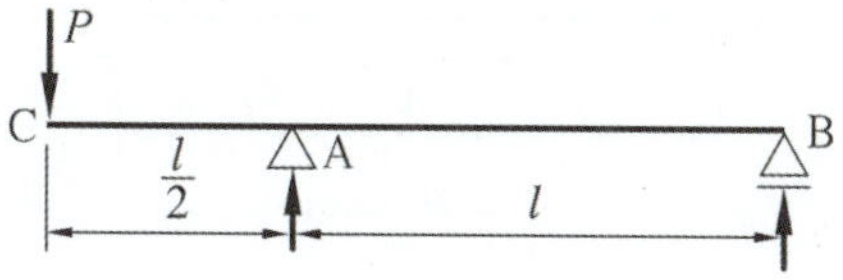

[P그림 13.5]

정답 $\theta_A = -\dfrac{7Pl^2}{24EI}$ (반시계 방향), $y_C = \dfrac{Pl^3}{8EI}$ (↓)

07 [P그림 13.6]과 같은 보에서 C지점의 처짐을 구하여라. 단 EI는 일정하다.

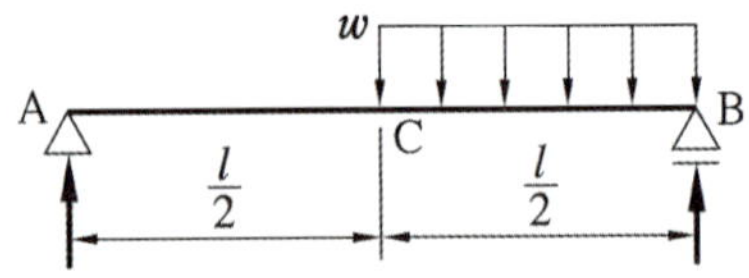

[P그림 13.6]

정답 $y_C = \dfrac{3wl^4}{512EI}$ (↓)

08 [P그림 13.7]과 같은 내민보에서 중앙지점의 처짐을 구하여라. 단 EI는 일정하다.

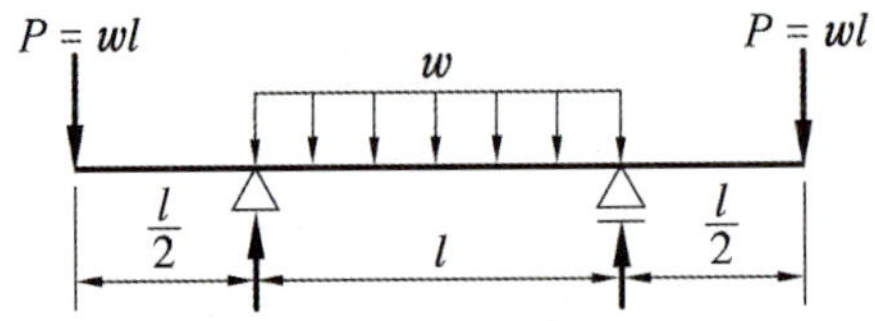

[P그림 13.7]

정답 $y_{\max} = -\dfrac{19wl^4}{384EI}$ (↑)

09 [P그림 13.8]과 같은 등분포하중이 작용하는 게르버보에서 지점 A의 처짐각을 구하여라. 단 EI는 일정하다.

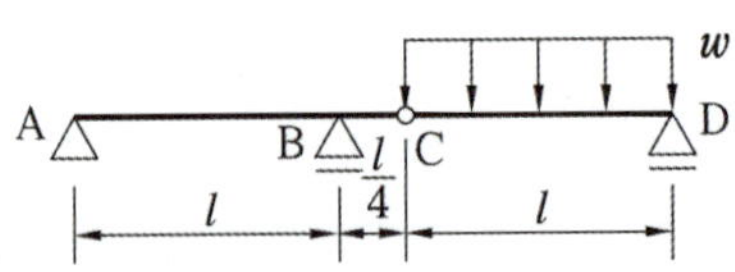

[P그림 13.8]

정답 $\theta_A = -\dfrac{wl^3}{48EI}$ (반시계 방향)

10 [P그림 13.9]와 같은 게르버보에서 등분포하중이 작용할 경우 B지점에서의 수직처짐을 구하여라. 단 EI는 일정하다.

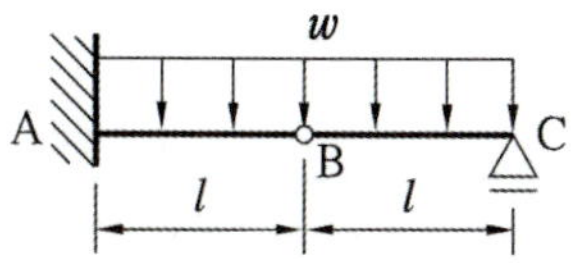

[P그림 13.9]

정답 $y_B = \dfrac{7wl^4}{24EI}$ (↓)

11 길이 l인 양단 고정보의 중간에 $1\,\text{kN}$의 집중하중이 작용하여 처짐이 $1\,\text{mm}$ 이하가 되게 하려면 보의 길이를 몇 cm 이하로 하여야 하는가? 단 $E = 2.1 \times 10^5\,\text{MPa}$, $I = 10\,\text{cm}^4$이다.

정답 $l = 156.59\,\text{cm}$

12 [P그림 13.10]과 같이 중앙점에서 서로 직교하는 두 단순보가 있다. EI는 일정하고 지간의 길이의 비는 1 : 2이다. 교점인 중앙점에 집중하중 P가 작용할 때 이 두 보의 하중 부담률을 구하여라. 단 EI는 일정하다.

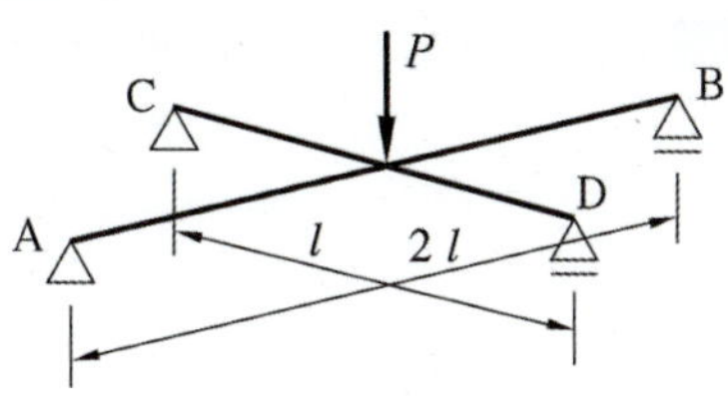

[P그림 13.10]

정답 $P_2 : P_1 = 8 : 1$

13 [P그림 13.11]의 단순보에서 ABC에서의 탄성곡선의 처짐각과 C점의 수직처짐을 모멘트면적법으로 구하여라. 단 $E = 2.1 \times 10^5\ MPa$, $I = 9,766\ \text{cm}^4$이다.

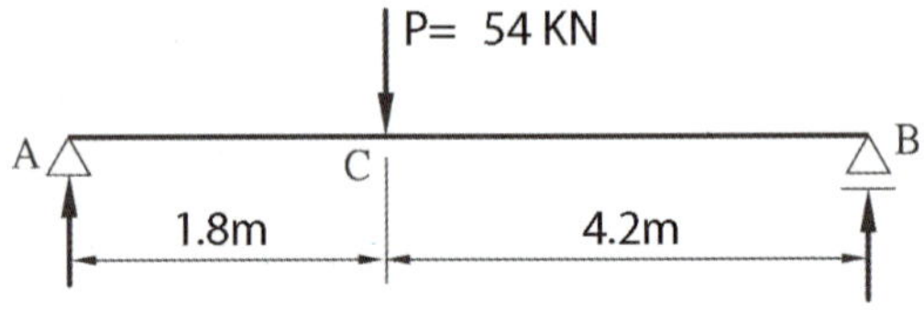

[P그림 13.11]

정답 $\theta_A = 5.641 \times 10^{-3}\text{rad}$ (시계방향), $\theta_B = 4.313 \times 10^{-3}\text{rad}$ (반시계 방향),
$\theta_C = 2.654 \times 10^{-3}\text{rad}$ (시계방향), $y_C = 0.836\ \text{cm}$ (↓)

14 [P그림 13.12]의 단순보의 A단의 처짐각과 중앙점의 처짐을 모멘트면적법으로 구하여라. 단 EI는 일정하다.

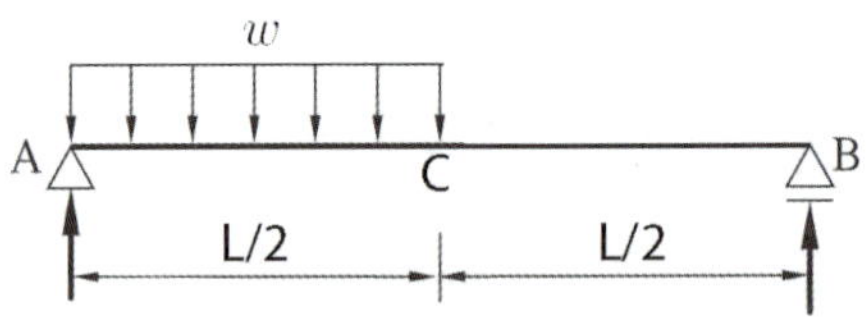

[P그림 13.12]

정답 $\theta_A = 15wl^3/768EI$ (시계방향), $\theta_B = 13wl^3/768EI$ (반시계 방향),
$y_C = 3wl^4/512EI$ (↓)

15 [P그림 13.13]의 단순보에서 A와 B의 처짐각과 보중앙의 수직처짐을 모멘트면적으로 구하여라. 단 EI는 일정하다.

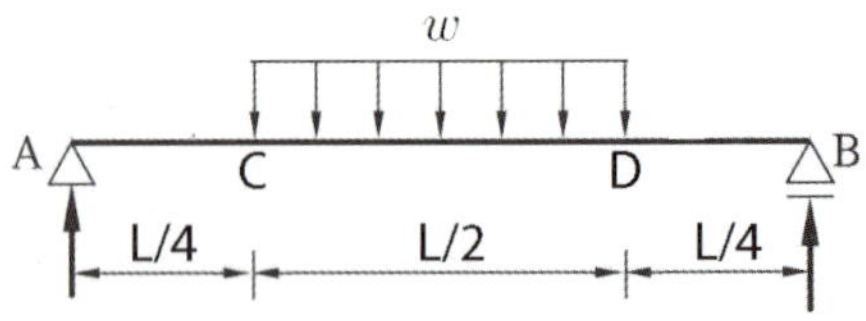

[P그림 13.13]

정답 $\theta_A = 11wL^3/384EI$ (시계방향), $\theta_B = 11wL^3/384EI$ (반시계 방향)
중앙점의 처짐 $\delta = 19wL^4/2.048EI$ (↓)

16 [P그림 13.14]의 단순보에서 A와 B의 처짐각과 보중앙의 수직처짐을 모멘트 면적법으로 구하여라. 단 E는 일정하다.

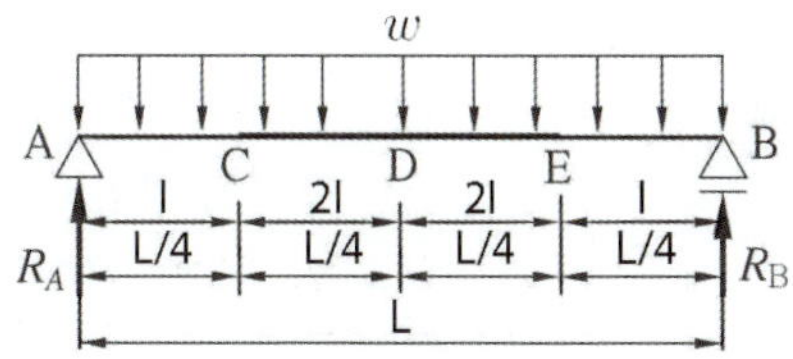

[P그림 13.14]

정답 $\theta_A = 7wL^3/256EI$, 중앙점의 처짐$\delta_D = 93wL^4/12.288EI$ (↓)

17 [P그림 13.15]의 내민보에서 ABC의 자유단 C의 처짐각과 처짐을 모멘트 면적법으로 구하여라. 단 EI는 일정하다.

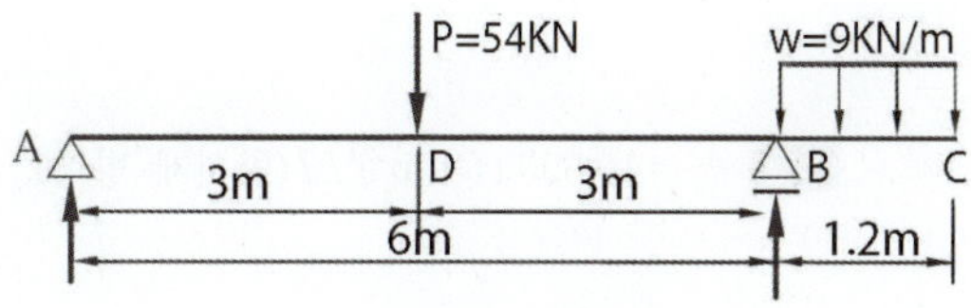

[P그림 13.15]

정답 $\theta_c = 105.91\ \text{kN}\cdot\text{m}^2/EI$(반시계 방향)

$\delta_c = 127.92\ \text{kN}\cdot\text{m}^3/EI$(↑)

18 [P그림 13.11]의 단순보에서 ABC 에서의 탄성곡선의 처짐각과 C점의 수직처짐을 공액보법으로 풀어라. 그리고 최대 처짐의 위치와 크기를 결정하여라. 단 $E = 2.1\times10^5\ \text{MPa}$, $I = 9{,}766\ \text{cm}^4$이다.

정답 $\theta_A = 5.641\times10^{-3}$rad (시계방향), $\theta_B = 4.313\times10^{-3}$rad (반시계 방향),

$\theta_C = 2.654\times10^{-3}$rad (시계방향), $y_C = 0.836$ cm (↓)

최대 처짐의 위치는 우측 지점 B에서 3.305 m이고,

최대 처짐 $y_{max} = 0.95$ cm

19 [P그림 13.13]의 단순보에서 A와 B의 처짐각과 보중앙의 수직처짐을 탄성하중법으로 구하여라. 단 EI는 일정하다.

정답 $\theta_A = 11wL^3/384EI$(시계방향), $\theta_B = 11wL^3/384EI$(반시계 방향)
중앙점의 처짐 $\delta = 19wL^4/2.048EI$ (↑)

20 [P그림 13.14]의 단순보에서 A와 B의 처짐각과 보중앙의 수직처짐을 탄성하중법으로 구하여라. 단 E는 일정하다.

정답 $\theta_A = 7wL^3/256EI_c$, 중앙점의 처짐 $\delta = 93wL^4/12.288EI_c$ (↓)

21 [P그림 13.15]의 내민보에서 ABC의 자유단 C의 처짐각과 처짐을 공액보법으로 풀어라. 단 EI는 일정하다.

정답 $\theta_c = 10.595\,\mathrm{tf \cdot m^2}/EI$(반시계 방향), $\delta_c = 12.792\,\mathrm{m^3}/EI$ (↑)

22 [P그림 13.16]에 주어진 내민보에서 모멘트 면적법과 공액보법을 병용하거나 또는 한 가지 방법으로 내민보 ABC의 자유단 C의 처짐각과 처짐을 구하여라. 단 $E = 2.1 \times 10^5\,\mathrm{MPa}$, $I = 7{,}812\,\mathrm{cm}^4$이다.

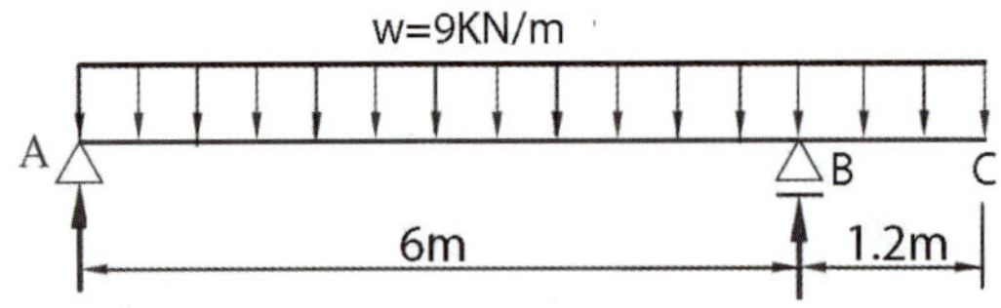

[P그림 11.16]

정답 $\theta_c = 0.399 \times 10^{-2}\,\mathrm{rad}$ (반시계 방향), $\delta_c = 0.483\,\mathrm{cm}$ (↑)

23 [P그림 13.17]에 있는 트러스의 절점 L_3의 수평 및 수직처짐을 단위하중법을 사용하여 구하여라. 여기서 모든 현부재의 단면적 $A_c = 18.75\,\mathrm{cm}^2$, 모든 복부부재의 단면적 $A_w = 12.5\,\mathrm{cm}^2$, 모든 부재의 탄성계수 $E = 2.1 \times 10^5\mathrm{MPa}$이다.

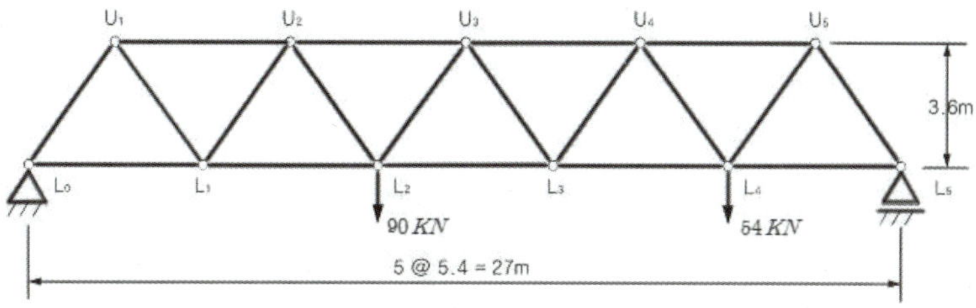

[P그림 13.17]

정답 $\delta_H = 0.5073\,\text{cm}\,(\rightarrow)$, $\delta_V = 2.345\,\text{cm}\,(\downarrow)$

24 [P그림 13.17]에 있는 트러스에서 절점 U_2와 L_3 간의 U_2L_3 방향의 상대적 변위를 단위하중법을 사용하여 구하여라.

정답 $\triangle_{U2-L3} = 0.311\,\text{cm}$ (상호접근)

25 [P그림 13.18]에 있는 라멘에서 각 수평처짐, 수직처짐을 가상일의 원리를 사용하여 구하여라. 단 E는 일정하다.

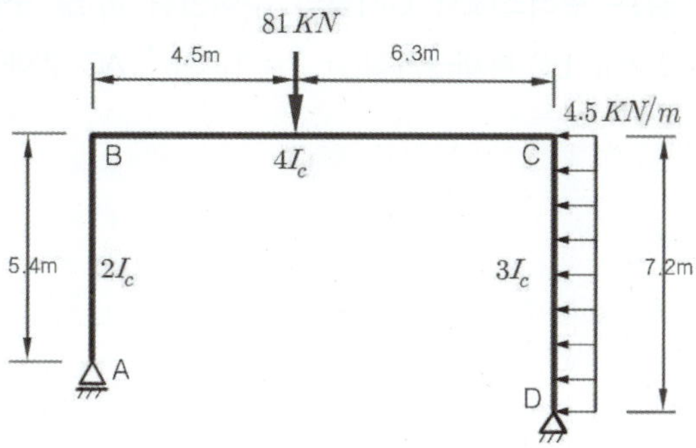

[P그림 13.18]

정답 $\theta_A = \theta_B = 203.985\,\text{kN}\cdot\text{m}^2/EI_c$ (시계방향),

$\theta_C = 240.53\,\text{kN}\cdot\text{m}^2/EI_c$ (시계방향),

$\theta_D = 427.495\,\text{kN}\cdot\text{m}^2/EI_c$ (반시계 방향)

A점의 $\delta_H = 3{,}973.07\,\text{kN}\cdot\text{m}^3/EI_c\,(\leftarrow)$

B 또는 C점의 $\delta_H = 2{,}571.55\,\text{kN}\cdot\text{m}^3/EI_c\,(\leftarrow)$

26 [P그림 13.19]의 라멘에서 자유단에서의 회전각과 수평처짐을 단위하중법을 사용하여 구하여라. 단 E는 일정하다.

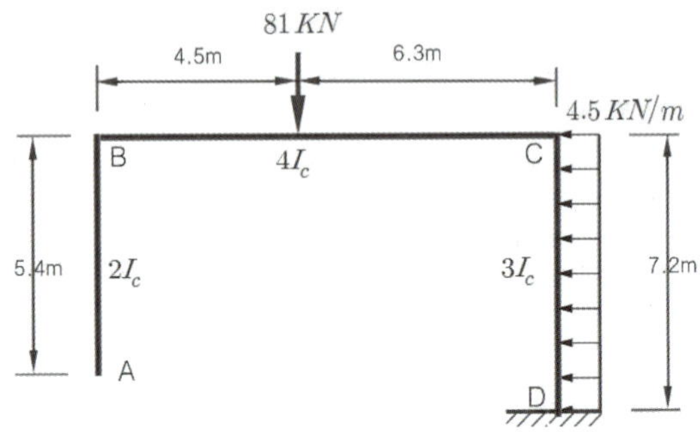

[P그림 13.19]

정답 $\theta_A = 1{,}719.89\,\text{kN}\cdot\text{m}^2/EI_c$ (반시계 방향),

A점의 $\delta_{AH} = 4{,}374.55\,\text{kN}\cdot\text{m}^3/EI_c\,(\rightarrow)$

A점의 $\delta_{AV} = 17{,}730.94\,\text{kN}\cdot\text{m}^3/EI_c\,(\downarrow)$

27 [P그림 13.20]과 같은 트러스에서 C지점의 수직변위 δ_C를 구하여라. 단, 탄성계수 $(E_s) = 2.05\times10^5\,\text{MPa}$, BC 부재단면적$(A_s) = 10\,\text{cm}^2$, AC 부재단면적 $(A_s) = 20\,\text{cm}^2$ 이다.

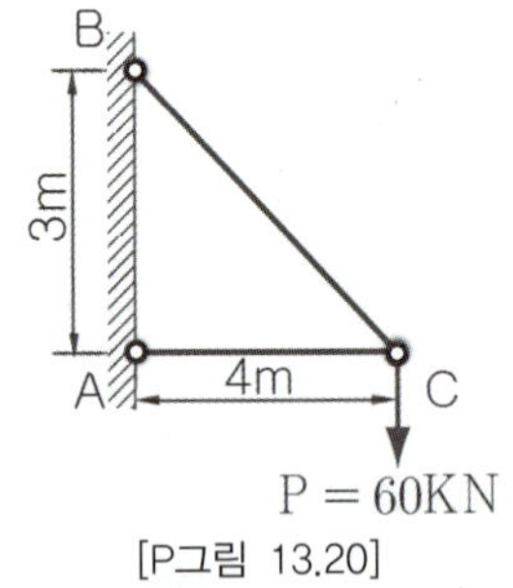

[P그림 13.20]

정답 $\delta_C = 0.51\,\text{cm}$

28 [P 그림 13.11]의 단순보에서 ABC 에서의 탄성곡선의 처짐각과 C점의 수직처짐을 단위하중법으로 풀어라.

정답 $\theta_A = 5.641 \times 10^{-3}$rad (시계방향), $\theta_B = 4.313 \times 10^{-3}$rad (반시계 방향),
$\theta_C = 2.654 \times 10^{-3}$rad (시계방향), $y_C = 0.836$ cm (↓)

29 [P 그림 13.12]의 단순보의 A단의 처짐각과 중앙점의 처짐을 단위하중법으로 풀어라.

정답 $\theta_A = 15wl^3/768EI$(시계방향), $\theta_B = 13wl^3/768EI$(반시계 방향),
$y_C = 3wl^4/512EI$ (↓)

30 [P 그림 13.13}의 단순보에서 A와 B의 처짐각과 보중앙의 수직처짐을 단위하중법으로 풀어라.

정답 $\theta_A = 11wL^3/384EI$(시계방향), $\theta_B = 11wL^3/384EI$(반시계 방향),
중앙점의 처짐 $\delta = 19wL^4/2.048EI$ (↑)

31 [P 그림 13.14]의 단순보에서 A와 B의 처짐각과 보중앙의 수직처짐을 단위하중법으로 풀어라.

정답 $\theta_A = 7wL^3/256EI_c$, 중앙점의 처짐 $\delta = 93wL^4/12.288EI_c$ (↓)

32 [P 그림 13.15]의 자유단 C의 처짐각과 처짐을 단위하중법으로 풀어라.

정답 $\theta_c = 10.595\ \text{kN}\cdot\text{m}^2/EI$(반시계 방향), $\delta_c = 12.792\ \text{kN}\cdot\text{m}^3/EI$ (↑)

33 [P 그림 13.16]에서 단위하중법으로 자유단 C의 처짐각과 처짐을 구하시오.

정답 $\theta_c = 0.399 \times 10^{-2}$rad (반시계 방향), $\delta_c = 0.483$ cm (↑)

CHAPTER

14

부정정 구조물의 해석 – 변위일치법

CONTENTS

14.1 개요

이동지점(roller) 또는 회전지점(hinge)은 수직방향으로 움직이지 않아 처짐이 없고, 고정지점(fixed)은 처짐 및 처짐각이 없다는 경계조건의 원리를 이용하여 부정정구조물을 해석하는 응력법으로 구조 상태에 따라 적합방정식(compatibility equation), 처짐의 방법(deflection method), 탄성방정식(elastic equation), 겹침방정식(superposition equation) 등으로 계산한다.

14.2 정정 기본계와 탄성방정식

부정정 구조물의 단면력은 힘의 평형조건만으로 구할 수 없고 변형의 적합조건을 만족하여야 구할 수 있다.

부정정 구조물의 일반적인 해석법으로는 먼저 부정정 차수와 같은 수의 지점반력 또는 단면력을 적당히 선택하고 지점을 개조하든가, 그리고(또는) 부재를 절단하여 이것들에 의한 구속을 제거하여 안정한 정정 구조물로 생각하는 것이다. 이것을 정정 기본계라하며 이와 같이 선택한 반력 또는 단면력을 부정정량 또는 부정정력이라 한다.

[그림 14.2.1(a)]에 나타낸 고정아치는 3차 부정정 구조물이므로 A 점의 3개의 반력을 부정정력으로 선택하면 [그림 14.2.1(b)]와 같은 한 지점이 고정인 아치가 정정기본계이다. 이와 같은 방법을 활용하면 [그림 14.2.1(c)]와 [그림 14.2.1(d)]도 정정 기본계로 될 수 도 있다.

정정 구조물의 반력, 전단력 및 변형량을 구하는 방법은 앞의 여러 장에서 설명하였다. 여기서 부정정력 X_i만을 구했다면 겹침의 원리에 의하여 부정정 구조물의 반력, 전단력 및 변형량은 다음 식과 같다.

$$\left.\begin{aligned}
&\text{반력 : } R = R_0 + \sum_{i=1}^{n} R_i X_i \\
&\text{휨모멘트 : } M = M_0 + \sum_{i=1}^{n} M_i X_i \\
&\text{축방향력 : } N = N_0 + \sum_{i=1}^{n} N_i X_i \\
&\text{전단력 : } V = V_0 + \sum_{i=1}^{n} V_i X_i \\
&\text{처짐 : } \delta = \delta_0 + \sum_{i=1}^{n} \delta_i X_i
\end{aligned}\right\} \quad \cdots\cdots (14.2.1)$$

여기서 R_0, M_0, N_0, V_0 및 δ_0는 주어진 하중만 작용할 때에 정정 기본계의 반력, 단면력(모멘트, 축방향력, 전단력) 및 처짐, R_i, M_i, N_i, V_i 및 δ_i는 단위부정정력 $X_i = 1$이 작용할 때에 정정 기본계의 반력, 단면력(모멘트, 축방향력, 전단력) 및 처짐이다.

부정정력 X_i는 변형의 적합조건으로부터 구할 수 있으며, n차의 부정정 구조물의 정정기본계에 있어서 부정정력 X_i의 작용점의 그 방향의 변위는 다음과 같다.

$$\delta_i = \delta_{i0} + \sum_{j=1}^{n} \delta_{ij} X_k \quad (i = 1, 2, 3, \cdots, n) \quad \cdots\cdots (14.2.2)$$

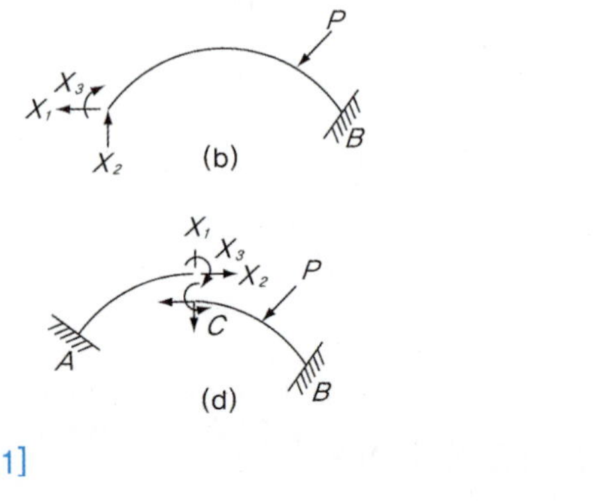

[그림 14.2.1]

여기서 δ_{i0}는 주어진 하중만에 의한 정정 기본계의 X_i의 작용점의 그 방향의 변위이고, δ_{ij}는 정정기본계에 $X_j = 1$만을 작용시킨 때의 X_i의 작용점의 그 방향의 변위이다.

부정정력의 작용점에 변위가 없을 때에는 $\delta_i = 0$이므로 다음과 같이 된다.

$$\delta_{i0} + \sum_{j=1}^{n} \delta_{ij} X_j = 0 \qquad \therefore \sum_{j=1}^{n} \delta_{ij} X_j = -\delta_{i0}$$

위와 같은 식이 부정정력의 수만큼 성립되므로 다음과 같은 X_i에 관한 n원 1차 연립방정식이 얻어진다. 이것을 탄성방정식이라 한다.

$$\left.\begin{array}{l} \delta_{11}X_1 + \delta_{12}X_2 + \delta_{13}X_3 + \cdots + \delta_{1n}X_n = -\delta_{10} \\ \delta_{21}X_1 + \delta_{22}X_2 + \delta_{23}X_3 + \cdots + \delta_{2n}X_n = -\delta_{20} \\ \vdots \quad \vdots \quad \vdots \quad \vdots \quad \vdots \quad \vdots \quad \vdots \quad \vdots \quad \vdots \\ \delta_{n1}X_1 + \delta_{n2}X_2 + \delta_{n3}X_3 + \cdots + \delta_{nn}X_n = -\delta_{n0} \end{array}\right\} \quad \cdots\cdots (14.2.3)$$

단면력으로 축방향력, 휨모멘트 및 전단력을 고려할 부재로 된 구조물에서는 변위는 Castigliano의 제2정리에 의해 다음과 같이 된다.

$$\left.\begin{array}{l} \delta_{ij} = \delta_{ji} = \displaystyle\int \frac{N_i N_j}{EA} ds + \int \frac{M_i M_j}{EI} ds + \int \frac{\kappa V_i V_j}{GA} ds \\ \delta_{i0} = \displaystyle\int \frac{N_i N_0}{EA} ds + \int \frac{M_i M_0}{EI} ds + \int \frac{\kappa V_i V_0}{GA} ds \end{array}\right\} \quad \cdots\cdots (14.2.4)$$

트러스구조 또는 트러스부재를 포함한 복합구조인 경우에는 다음 식에 의하든가 이것을 식 (14.2.4)에 포함시키면 된다.

$$\left.\begin{array}{l} \delta_{ij} = \delta_{ji} = \displaystyle\sum \frac{N_i N_j}{EA} l \\ \delta_{i0} = \displaystyle\sum \frac{N_i N_0}{EA} l \end{array}\right\} \quad \cdots\cdots (14.2.5)$$

여기서 N_j, M_j, V_j는 정정 기본계에 $M_j = 1$만 작용시킨 경우의 단면력이고, 식 (14.2.3)에 나타낸 탄성방정식의 우변은 하중에 의해 결정되므로 하중항이라고 한다. 한편 좌변의 X_i의 계수는 하중과 관계가 없는 구조물의 치수에 의하여 결정되는 특성계수라고 한다. 탄성방정식을 풀어서 X_i를 구하면 이것을 식 (14.2.1)에 대입하여 단면력 등을 구할 수 있다.

탄성방정식을 행렬로 나타내면 다음과 같다.

$$[D]\{X\} = \{Q\} \quad \cdots\cdots (14.2.6)$$

여기서

$$[D] = \begin{bmatrix} \delta_{11} & \delta_{12} & \cdots & \delta_{1n} \\ \delta_{21} & \delta_{22} & \cdots & \delta_{2n} \\ \vdots & \vdots & & \vdots \\ \delta_{n1} & \delta_{n2} & \cdots & \delta_{nn} \end{bmatrix} \qquad \{X\} = \begin{Bmatrix} X_1 \\ X_2 \\ \vdots \\ X_n \end{Bmatrix} \qquad \{Q\} = \begin{Bmatrix} Q_1 \\ Q_2 \\ \vdots \\ Q_n \end{Bmatrix} \quad \cdots\cdots (14.2.7)$$

$[D]$는 정방행렬이며 Maxwell의 상반정리로부터 $\delta_{ij} = \delta_{ji}$이므로 대칭행렬이다. 식 (14.2.6)으로부터 미지의 벡터 $\{X\}$를 풀면 다음과 같다.

$$\{X\} = [D]^{-1}\{Q\} \quad \cdots\cdots (14.2.8)$$

지점의 변위와 온도변화가 있는 경우에는 식 (14.2.2)에 대응하는 식은 앞 장을 참고하면 다음과 같다.

$$\delta_i = \delta_{i0} + \delta_{iT} - \sum R\,r + \sum_j \delta_{ij} X_j \quad \cdots\cdots (14.2.9)$$

따라서 식 (14.2.6)에 대응하는 식의 우변의 하중항은 다음과 같다.

$$Q_i = -\delta_{i0} \quad \cdots\cdots (a)$$

$$Q_i = (\delta_i + \sum R\,r) - (\delta_{i0} + \delta_{iT}) \quad \cdots\cdots (b)$$

그리고 δ_{iT}의 일반식은 앞장을 참고하면 다음과 같다.

$$\delta_{iT} = \int N_i \alpha T_m ds + \int M_i \frac{\alpha(T_u - T_o)}{h} ds \quad \cdots\cdots (c)$$

여기서 T_o는 부재의 상연에서 온도, T_u는 부재의 하연에서 온도, T_m은 중립축에서의 온도, h는 단면의 높이, α는 부재의 선팽창계수이다.

트러스구조에 대해서는 다음과 같다.

$$\delta_{iT} = \int N_i \alpha T_m ds = \sum N_i \alpha T_m l \quad \cdots\cdots (d)$$

정정기본계의 지점의 이동이 있는 경우 하중 $X_i = 1$이 작용하면 외력이 하는 가상일의 양 δ_{ir}은 다음과 같이 주어지며 이것은 식 (b)의 제1항과 같다.

$$\delta_{ir} = 1 \times \delta_i + \sum R r \quad \cdots\cdots (e)$$

결국 식 (b)에 나타낸 탄성방정식의 하중항은 다음과 같이 된다.

$$Q_i = \delta_{ir} - (\delta_{i0} + \delta_{iT}) \quad \cdots\cdots (14.2.10)$$

14.3 변위일치법의 해석절차와 해석 시 유의사항

14.3.1 변위일치법의 해석절차

[1] 기본(해제)구조물 형성

(1) 기본구조물을 만들기 위하여 부정정 차수만큼 미지의 부정정력(반력)을 결정한다.

(2) 부정정력(반력)에 대응하는 구속을 해제시켜 안정하면서도 정정인 기본구조물을 만든다.

[2] 기본구조물의 처짐 해석

(1) 기본구조물에 원래 부정정 구조물에 작용하는 외적 하중을 가하여 하중에 의한 각각의 부정정력(부정정반력) X_i에 대응하는 해제변위(처짐) δ_{Pi}를 구한다.

(2) 기본구조물에 부정정력 X_j에 대응하는 단위하중(단위부재력)에 의한 부정정력 X_i에 대응하는 해제변위(처짐) δ_{ij}를 구한다. 따라서 부정정력에 의한 처짐은 $\delta_{\xi} = \delta_{ij} X_j$가 된다.

[3] 적합방정식의 해석

겹침의 원리와 적합조건에 의해 적합방정식(겹침방정식)을 세운다.

(1) 겹침의 원리에 의해 기본구조물상에서 계산된 하중과 부정정 차수와 같은 n개의 부정정력에 의한 각 해제변위를 중첩시켜 합한 결과는 원래 부정정 구조물의 구속변형과 탄성곡선의 처짐곡선과 같아야 한다는 적합조건으로부터 겹침방정식을 세운다.

$$0 = \delta_{iP} + \sum_{j=1}^{n} \delta_{ij} X_j \quad (i = 1, 2, 3, \cdots, n) \qquad (14.3.1)$$

(2) 연립방정식의 해법으로부터 부정정력(반력 또는 부재력)을 구한다.

[4] 반력, 부재력 해석

겹침의 원리와 평형방정식에 의해 나머지 미지의 반력과 부재력을 구한다.

(1) 기본구조물상에서 하중과 구해진 부정정력을 이용하여 정정구조물의 계산에서와 같이 평형방정식의 계산에 의해 필요한 나머지 미지의 반력, 단면력을 구한 다음(이미 위의 부정정 구조해석 고정에서 대부분 구해졌음), 겹침의 원리에 의해 이 결과들을 합치면 원하는 부재력이나 반력이 구해진다.

(2) 겹침의 원리에 의해 해석결과를 다음과 같이 일반식으로 나타낼 수 있다.

$$R_i = R_{iP} + \sum_{j=1}^{n} r_{ij} X_j \qquad (14.3.2a)$$

$$Q_i = Q_{iP} + \sum_{j=1}^{n} q_{ij} X_j \qquad (14.3.2b)$$

여기서 r_{ij}는 X_j 부정정력의 단위 값의 작용에 의한 i의 반력이고, q_{ij}는 X_j 부정정력의 단위 값의 작용에 의한 i의 부재력이다.

14.3.2 변위일치법의 해석 시 유의사항

(1) 부정정 구조물의 해석에서 부정정력에 대응하는 구속을 해제하여 정정인 안정한 기본구조물을 형성할 때, 반력이 아닌 부재력의 해제(이완)는 다음 [그림 14.2.1(d)]과 같이 해제단면에 작용하는 크기가 같고 작용방향이 반대인 한 쌍의 힘으로 나타내야 한다.

(2) 구조물의 해석과정에서 원래 구조물의 처짐곡선과 기본구조물의 하중과 부정정력에 의한 처짐곡선을 스케치하여 부정정력에 대응하는 처짐을 기호로 표시하고 처짐의 적합조건을 표현하는 것이 문제를 올바르게 해석하는 데 도움을 준다.

(3) 부정정 구조물에 하중 외에 온도변화나 제작오차, 지점침하와 같은 변형에 의한 처짐이 생길 때는 기본구조물상에서 부정정력에 대응하는 해제변위에 미치는 이들 변위의 영향을 포함시켜 해석해야 한다.

$$0 = \delta_{iP} + \delta_{iT} + \delta_{iF} + \delta_{iS} + \sum_{j=1}^{n} \delta_{ij} X_j \qquad (i = 1, 2, 3, \cdots, n) \qquad (14.3.3)$$

여기서, δ_{iT}는 기본구조물에서 온도변화로 인한 i해제변위
δ_{iF}는 기본구조물에서 제작오차로 인한 i해제변위
δ_{iS}는 기본구조물에서 지점침하로 인한 i해제변위

만약 지점침하가 일어난 지점의 반력이 부정정력으로 선정된 경우에는 지점침하 δ_{iS}가 그 지점의 최종 적합변위가 되므로 그 지점의 해제변위에 대한 적합방정식은 다음과 같이 표현된다.

$$\delta_{iS} = \delta_{iP} + \delta_{iT} + \delta_{iF} + \sum_{j=1}^{n} \delta_{ij} X_j \quad (i = 1, 2, 3, \cdots, n) \quad \cdots\cdots\cdots\cdots \text{(14.3.4)}$$

(4) 적합방정식에서 부정정력에 대응하는 단위하중에 의한 처짐계수 δ_{ij}는 M/EI도가 단순한 경우에는 공액보법을 사용하여 구하는 것이 좋다. 그러나 M/EI도가 포물선이나 3차 곡선 이상의 고차 곡선인 경우에는 가상일 방법에 의해 구하는 것이 편리하다.

(5) 해석과정에서 기본구조물에 작용시키는 부정정력에 대응하는 단위하중이나 우력(모멘트)은 가정한 부정정력과 같은 방향으로 작용시킨다. 그리고 해석결과 구한 부정정력이나 부정정반력의 값이 정(+)이면 이 힘은 가정한 부정정력과 같은 방향으로 작용함을 의미하고, 반대로 부(−)일 때는 부정정력은 가전한 방향과 반대방향으로 작용한다는 것을 의미한다.

14.4 부정정 보의 해석

변위일치의 방법을 사용하여 보를 해석하는 것은 14.3절에서 이미 상세하게 설명하였다. 여기서는 14.3절에서 다룬 해석절차를 이용하여 이 해석법을 수치적으로 보다 상세하게 설명하는 몇 가지 부정정 보의 해석문제를 예제로 다루었다. 일반적으로 이 방법은 단지 두 개의 처짐계산이 요구되고 다만 한 개의 적합방정식이 요구되는 1차 부정정 보 문제를 해석할 때 가장 효과적이다. 고차 부정정 보의 해석은 구조역학에서 다루는 3연모멘트의 정리나 모멘트 분배법에 의해 해석하는 것이 더욱 효과적이다.

예제 14.4.1

[그림 14.4.1(a)]와 같은 집중하중을 받는 양단 고정보를 풀어라. 단 EI는 일정하다.

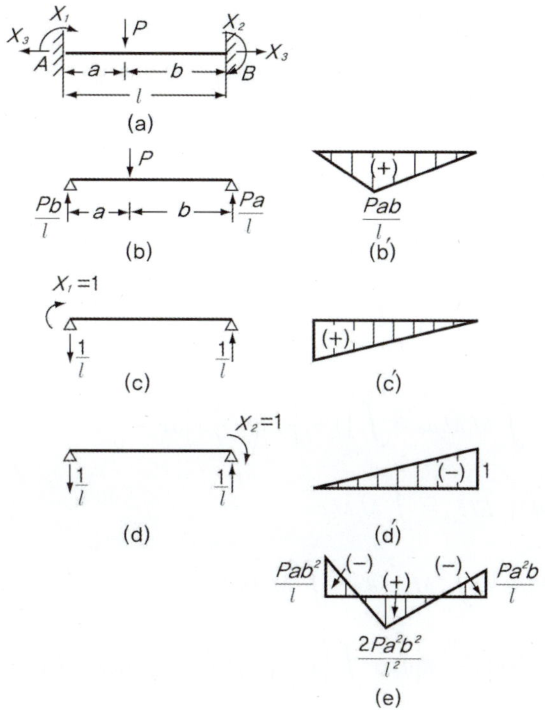

[그림 14.4.1]

풀이

(1) 기본(해제)구조물의 형성

이 양단 고정보는 2차 부정정 구조물이므로 부정정력으로 양단의 재단모멘트 및 수평반력을 선택하면 정정기본계는 [그림 14.4.1(b)] 등과 같다. 하중이 보에 수직으로 작용하고 있어서 수평반력을 무시할 수 있다. 따라서 이 보는 겉보기 2차 부정정 구조물이다.

(2) 기본구조물의 처짐 해석

[그림 14.4.1(b), (c), (d)]의 하중상태에 의하여 정정 기본계에 일어나는 휨모멘트는 [그림 14.4.1(b)', (c)', (d)']와 같이 나타낼 수 있다.

집중하중 P만에 대하여([그림 14.4.1(b)])

$$0 \le x \le a \qquad M_0 = \frac{Pb}{l}x$$

$a \le x \le l \qquad M_0 = -\dfrac{Pa}{l}x$

$X_1 = 1$만에 대하여([그림 14.4.2(c)]) $\qquad M_1 = 1 - \dfrac{1}{l}x$

$X_2 = 1$만에 대하여([그림 14.4.2(d)]) $\qquad M_2 = -\dfrac{1}{l}x$

따라서 휨강성 EI가 일정한 경우 특성계수 및 하중항은 다음과 같다. 단 식 (14.2.4)에서 전단력 및 축방향력에 의한 탄성변형은 무시한다.

$$\delta_{ik} = \delta_{ki} = \int \frac{M_i M_k}{EI} ds \text{에서 } EI\delta_{ik} = EI\delta_{ki} = \int M_i M_k ds$$

$$EI\delta_{11} = \int M_1^2 ds = \int_0^l \left(1 - \frac{1}{l}x\right)^2 dx = \frac{l}{3}$$

$$EI\delta_{22} = \int M_2^2 ds = \int_0^l \left(-\frac{1}{l}x\right)^2 dx = \frac{l}{3}$$

$$EI\delta_{12} = EI\delta_{21} = \int M_1 M_2 ds = \int_0^l \left(1 - \frac{1}{l}x\right)\left(-\frac{1}{l}x\right) dx = \frac{l}{6}$$

$$\delta_{i0} = \int \frac{M_i M_0}{EI} ds \text{에서 } EI\delta_{i0} = \int M_i M_0 ds$$

$$EI\delta_{10} = \int M_1 M_0 ds = \int_0^a M_1 M_0 dx + \int_a^l M_1 M_0 dx$$

$$= \int_0^a \left(1 - \frac{1}{l}x\right)\left(\frac{Pb}{l}x\right) dx + \int_a^l \left(1 - \frac{1}{l}x\right) Pa\left(1 - \frac{1}{l}x\right) dx = Pab\frac{(a+2b)}{6l}$$

$$EI\delta_{20} = \int M_1 M_0 ds = \int_0^a M_1 M_0 dx + \int_a^l M_1 M_0 dx$$

$$= \int_0^a \left(-\frac{1}{l}x\right)\left(\frac{Pb}{l}x\right) dx + \int_a^l \left(-\frac{1}{l}x\right) Pa\left(1 - \frac{1}{l}x\right) dx = -Pab\frac{(2a+b)}{6l}$$

(3) 적합방정식의 해석

이들 값을 식 (14.2.3)에 대입하여 X_1, X_2를 구하면 다음과 같다.

$$X_1 = \frac{Pab^2}{l^2} \qquad X_2 = \frac{Pa^2b}{l^2}$$

(4) 반력, 부재력의 해석

반력 및 단면력은 식 (14.2.1)을 활용하면 구할 수 있고 휨모멘트는 [그림 14.4.1(e)]에 나타낸 바와 같다.

14.4.1 처짐을 이용하는 방법

[그림 14.4.2(a)]는 1차 부정정 보로서 A지점에서 처짐은 없다. 지점반력 R_A를 부정정 여력으로 하여 [그림 14.4.2(b), (c)]와 같이 정정 기본계인 캔틸레버로 취급한다. 캔틸레버에 하중 P 만 작용할 때의 A지점의 처짐 δ_{A_1}과 지점반력 R_A가 작용할 때의 A지점의 처짐 δ_{A_2}를 계산하여 $\delta_{A_1} + \delta_{A_2} = 0$이라는 적합조건을 성립시켜 지점반력 R_A를 구할 수 있다.

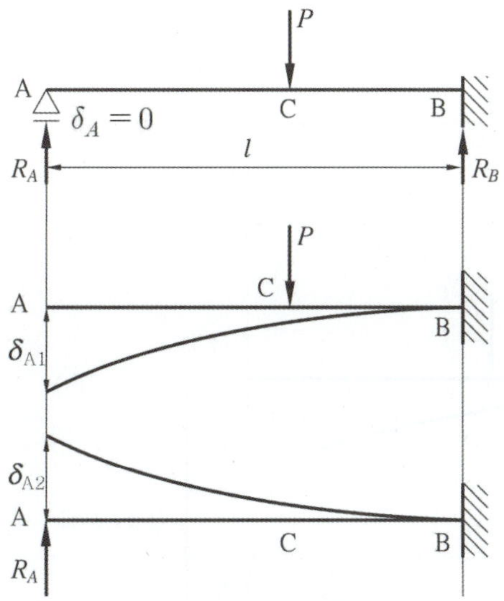

(a) 주어진 보

(b) 캔틸레버에 하중 P 만 작용할 때의 A지점의 처짐 δ_{A_1}

(c) 점반력 R_A가 작용할 때의 A지점의 처짐 δ_{A_2}

[그림 14.4.2]

[1] 일단지지, 일단고정보에 집중하중이 작용하는 경우

[그림 14.4.3(a)]와 같은 부정정 보의 단면력을 구해보자. 단, EI 는 일정하다고 가정한다.

(1) 기본(해제)구조물의 형성

[그림 14.4.3(b), (c)]와 같이 정정 기본계를 만든다.

(2) 기본구조물의 처짐 해석

[그림 14.4.3(b), (c)]와 같이 정정 기본계에 대해 처짐을 구한다.

[그림 14.4.3(b)]에서 P가 작용할 때 처짐 δ_{B1}은

$$\therefore \delta_{B1} = \frac{5Pl^3}{48EI}$$

[그림 14.4.3(c)]에서 캔틸레버 자유단에 R_B가 작용했을 때 처짐 δ_{B2}는

$$\therefore \delta_{B2} = -\frac{R_B l^3}{3EI}$$

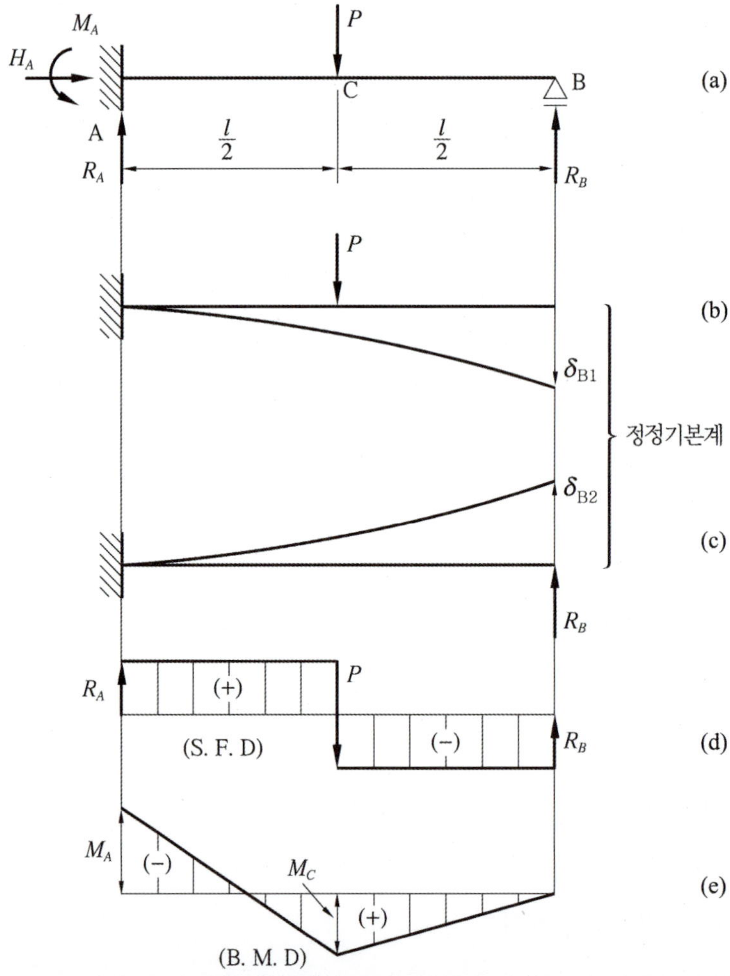

[그림 14.4.3]

(3) 적합방정식의 해석

[그림 14.4.3(b), (c)]와 같은 정정기본계의 B점에서 적합조건에 의해 다음 관계가 만족되어야 한다.

$\delta_B = 0$에 의하여

$$\therefore \delta_{B1} + \delta_{B2} = 0$$

이 적합조건을 만족하는 처짐 값을 대입하여 미지반력을 구한다.

$$\delta_{B1} + \delta_{B2} = \frac{5Pl^3}{48EI} - \frac{R_B l^3}{3EI} = 0 \ \therefore R_B = \frac{5}{16}P$$

(4) 반력, 부재력 해석

① 반력

$\Sigma F_y = 0$에 의하여

$$R_A + R_B = P \quad \therefore R_A = P - R_B = P - \frac{5}{16}P = \frac{11}{16}P$$

$\Sigma M_A = 0$에 의하여

$$M_A + P \times \frac{l}{2} - R_B l = 0 \quad \therefore M_A = -\frac{Pl}{2} + \frac{5}{16}Pl = -\frac{3}{16}Pl$$

② 전단력

$$0 \le x \le \frac{l}{2} \quad V_x = R_A = \frac{11}{16}P \qquad \therefore V_A = \frac{11}{16}P$$

$$\frac{l}{2} \le x \le l \quad V_x = R_A - P = -R_B = -\frac{5}{16}P \qquad \therefore V_B = -\frac{5}{16}P$$

③ 휨모멘트

B지점을 기준해서

$$0 \le x \le \frac{l}{2} \qquad M_x = R_B x = \frac{5}{16}Px$$

$$\therefore M_{C(x=\frac{l}{2})} = \frac{5}{16}P \times \left(\frac{l}{2}\right) = \frac{5}{32}Pl$$

$$\frac{l}{2} \le x \le l \qquad M_x = R_B x - P\left(x - \frac{l}{2}\right)$$

$$\therefore M_{A(x=l)} = \frac{5}{16}P \times (l) - P\left[(l) - \frac{l}{2}\right] = -\frac{3}{16}Pl$$

[2] 2경간 연속보에 집중하중이 작용하는 경우

[그림 14.4.4(a)]와 같은 1차 부정정 2경간 연속보의 지점반력을 구하고 단면력도를 그려보자. 단, EI는 일정하다.

(1) 기본(해제)구조물의 형성 및 해석

[그림 14.4.4(a)]는 대칭구조이므로 절점 B지점에서 [그림 14.4.4(b)]와 같이 2개의 보로 분리하여 지점반력 계산은 앞에서 [1] 일단지지, 일단고정보에 집중하중이 작용하는 경우에서 구한 반력과 지점모멘트를 이용하면 된다.

(2) 반력, 부재력 해석

① 지점반력

$$\Sigma F_y = 0 \qquad R_A + R_B + R_C = 2P$$

$$R_A = R_C = \frac{5}{16}P$$

$$R_B = R_{B_1} + R_{B_2} = 2\left(\frac{11}{16}P\right) = \frac{11}{8}P$$

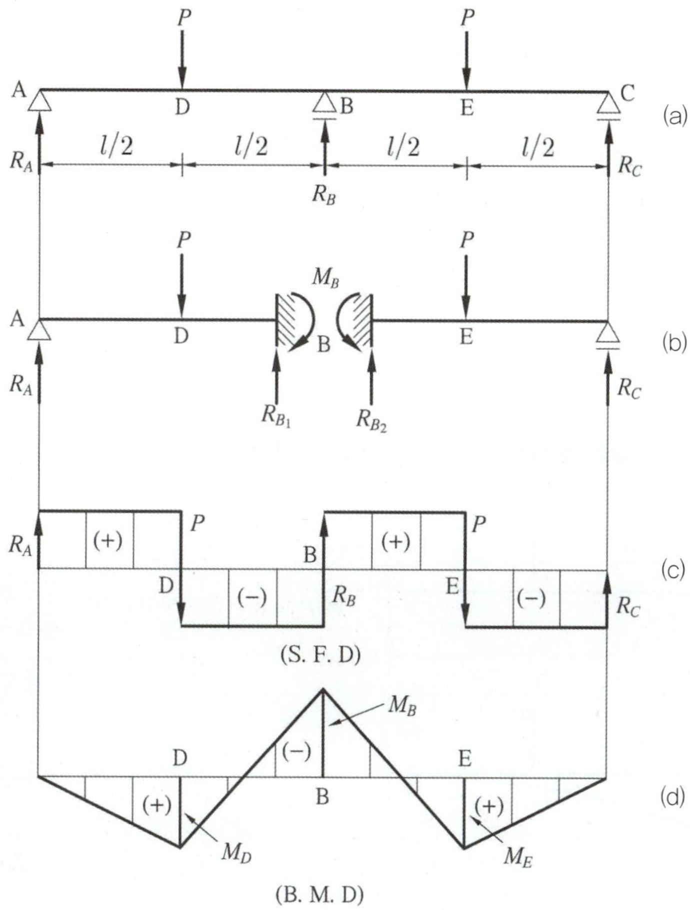

[그림 14.4.4]

② 전단력

$$V_{AD} = R_A = \frac{5}{16}P$$

$$V_{DB} = R_A - P = -\frac{11}{16}P$$

$$V_{BE} = R_A - P + R_B = +\frac{11}{16}P$$

$$V_{EC} = R_A - P + R_B - P = -\frac{5}{16}P = -R_c$$

③ 휨모멘트

$$M_D = M_E = R_A \times \frac{l}{2} = \frac{5}{32}Pl$$

$$M_B = R_A \times l - P \times \frac{l}{2} = -\frac{3}{16}Pl$$

예제 14.4.1

[그림 14.4.5(a)]와 같은 부정정 보의 단면력도를 그려라. 단, EI는 일정하다.

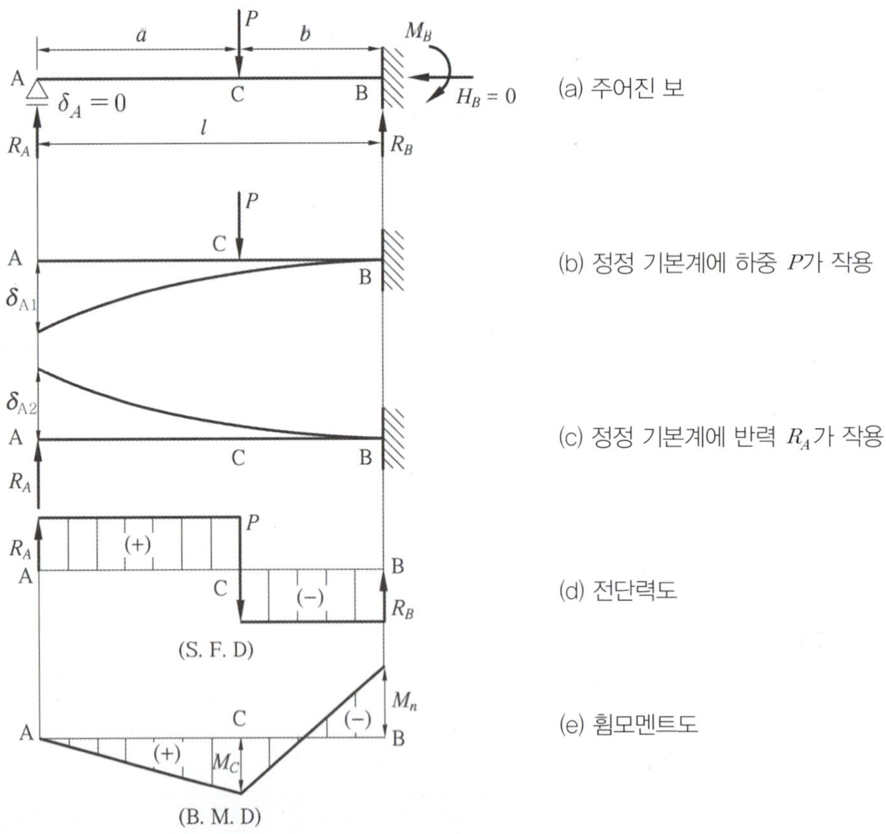

[그림 14.4.5]

풀이

(1) 기본(해제)구조물의 형성

[그림 14.4.5(b), (c)]와 같이 정정 기본계를 만든다.

(2) 기본구조물의 처짐 해석

[그림 14.4.5(b), (c)]와 같이 정정 기본계에 대해 처짐을 구한다.

[그림 14.4.5(b)]에서 P가 작용할 때 처짐 δ_{A1}은 $\therefore \delta_{A1} = \dfrac{Pb^2(3l-b)}{6EI}$

[그림 14.4.5(c)]에서 캔틸레버의 자유단에 R_A가 작용할 때 처짐 δ_{A2}는 $\therefore \delta_{A2} = -\dfrac{R_A l^3}{3EI}$

(3) 적합방정식의 해석

[그림 14.4.5(b), (c)]와 같은 정정기본계의 B점에서 적합조건에 의해 다음 관계가 만족되어야 한다.

$\delta_A = 0$에 의하여 $\therefore \delta_{A1} + \delta_{A2} = 0$

이 적합조건을 만족하는 처짐 값을 대입하여 미지반력을 구한다.

$$\delta_{A1} + \delta_{A2} = \frac{Pb^2(3l-b)}{6EI} - \frac{R_A l^3}{3EI} = 0 \quad \therefore R_A = \frac{Pb^2(3l-b)}{2l^3}$$

(4) 반력, 부재력 해석

① 지점반력

$\Sigma F_y = 0$에 의하여 $R_A + R_B = P$ $\therefore R_B = P - R_A = \dfrac{P(2l^3 - 3lb^2 + b^3)}{2l^3}$

$\Sigma M = 0$에 의하여 $-M_B + R_A l - Pb = 0$ $\therefore M_B = R_A l - Pb = -\dfrac{Pab(l+a)}{2l^2}$

② 전단력

지점반력이 정해지면 임의의 단면의 전단력은 정정 보의 경우와 같다.

$0 \le x \le a$ $V_x = R_A$ $\therefore V_A = R_A$

$a \le x \le l$ $V_x = R_A - P = -R_B$ $\therefore V_B = -R_B$

③ 휨모멘트

임의의 지점의 휨모멘트는 정정 보의 경우와 같다.

$0 \le x \le a$ $M_x = R_A x$ $\therefore M_C = \dfrac{Pb^2}{2l^3}(3l-b)a$

$a \le x \le l$ $M_x = R_A x - P(x-a)$ $\therefore M_B = R_A l - P(l-a) = -\dfrac{Pab(l+a)}{2l^2}$

고정단이 A지점일 경우 M_A 값은 $\therefore M_A = -\dfrac{Pab(l+b)}{2l^2}$

[3] 일단지지, 일단고정보에 등분포하중이 작용하는 경우

[그림 14.4.6(a)]와 같은 부정정 보에 등분포하중이 작용할 경우의 단면력을 구해보자. 단, EI는 일정하다.

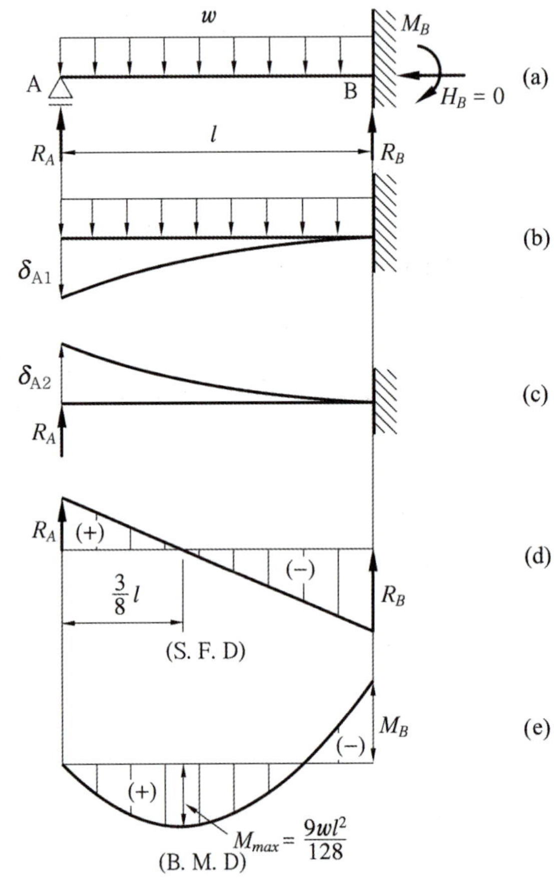

[그림 14.4.6]

(1) 기본(해제)구조물의 형성

[그림 14.4.6(b), (c)]와 같이 정정 기본계를 만든다.

(2) 기본구조물의 처짐 해석

[그림 14.4.6(b), (c)]와 같이 정정 기본계에 대해 처짐을 구한다.

[그림 14.4.6(b)]에서 캔틸레버에 등분포하중이 작용할 경우 자유단의 처짐 δ_{A1}은

$$\therefore \delta_{A1} = \frac{wl^4}{8EI}$$

[그림 14.4.6(c)]에서 캔틸레버의 자유단에 R_A가 작용할 경우 자유단의 처짐 δ_{A2}는

$$\therefore \delta_{A2} = -\frac{R_A l^3}{3EI}$$

(3) 적합방정식의 해석

[그림 14.4.6(b), (c)]와 같은 정정기본계의 B점에서 적합조건에 의해 다음 관계가 만족되어야 한다.

$\delta_A = 0$에 의하여 $\therefore \delta_{A1} + \delta_{A2} = 0$

$$\delta_{A1} + \delta_{A2} = \frac{wl^4}{8EI} - \frac{R_A l^3}{3EI} = 0 \qquad \therefore R_A = \frac{3}{8}wl$$

(4) 반력, 부재력 해석

① 반력

$\Sigma F_y = 0$에 의하여

$$R_A + R_B = wl \qquad \therefore R_B = wl - R_A = \frac{5}{8}wl$$

$\Sigma M_B = 0$에 의하여

$$-M_B + R_A l - \frac{1}{2}wl^2 = 0 \qquad \therefore M_B = \frac{3}{8}wl^2 - \frac{1}{2}wl^2 = -\frac{1}{8}wl^2$$

② 전단력

$$V_x = R_A - wx = \frac{3}{8}wl - wx$$

$$\therefore\ V_A = V_{x=0} = \frac{3}{8}wl$$

$$\therefore\ V_B = V_{x=l} = \frac{3}{8}wl - wl = -\frac{5}{8}wl = -R_B$$

전단력이 0인 위치 $\frac{3}{8}wl - wx = 0 \quad \therefore\ x = \frac{3}{8}l$

③ 휨모멘트

$$M_x = R_A x - \frac{1}{2}wx^2 = \frac{3}{8}wlx - \frac{1}{2}wx^2$$

$$\therefore\ M_{\max} = M_{x=\frac{3}{8}l} = \frac{3}{8}wl \times \left(\frac{3}{8}l\right) - \frac{1}{2}w\left(\frac{3}{8}l\right)^2 = \frac{9}{128}wl^2$$

$$\therefore\ M_B = M_{x=l} = \frac{3}{8}wl \times (l) - \frac{1}{2}w \times (l)^2 = -\frac{1}{8}wl^2$$

예제 14.4.2

[그림 14.4.7(a)]에 나타낸 바와 같이 단면이 EI로 일정한 캔틸레버의 자유단을 용수철 상수 k인 용수철로 받치고 있는 경우의 반력 X_1를 구하여라.

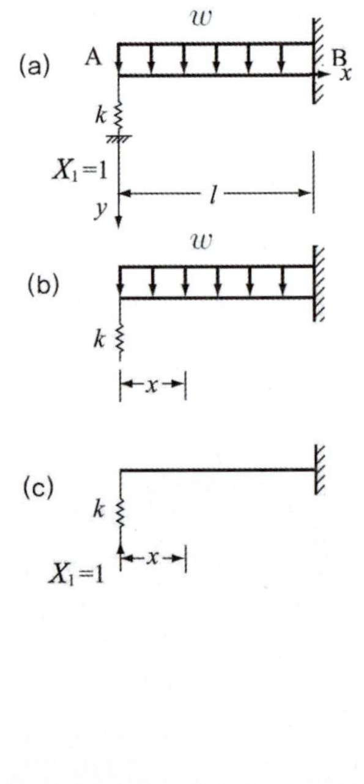

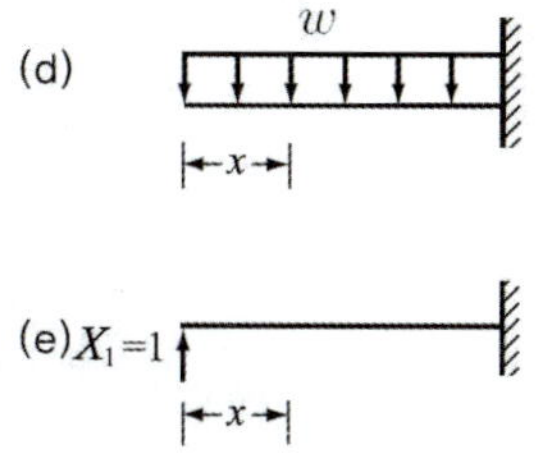

[그림 14.4.7]

풀이

(1) 기본(해제)구조물의 형성

[그림 14.4.7(b), (c)]와 같이 정정 기본계를 만든다.

(2) 기본구조물의 처짐 해석

[그림 14.4.7(b), (c)]와 같이 정정 기본계에 대해 처짐을 구한다.

정정 기본계로서 캔틸레버를 선택하면

[그림 14.4.7(b)]의 상태에서는 $M_0 = -wx^2/2$

[그림 14.4.7(c)]에서는 $M_1 = x$이다.

따라서

$$\delta_{10} = \int_0^l \frac{M_0 M_1}{EI} dx = \frac{1}{EI}\int_0^l \left(-\frac{wx^2}{2}\right)(x)dx = -\frac{wl^4}{8EI}$$

$$\delta_{11} = \int_0^l \frac{M_1 M_1}{EI} dx = \frac{1}{EI}\int_0^l (x^2)dx = \frac{l^3}{3EI}$$

(3) 적합방정식의 해석

[그림 14.4.7(b), (c)]와 같은 정정기본계의 A점에서 적합조건에 의해 다음 관계가 만족되어야 한다.

$$\delta_{ir} = \sum Rr = (-1)\times\left(\frac{X_1}{k}\right) + 1\times 0 + 1\times l\times 0$$

$$= -\frac{X_1}{k}$$

다음과 같은 탄성방정식으로부터 반력 X_1이 구해진다.

$$\delta_{11}X_1 = \delta_{ir} - \delta_{10} = -\frac{X_1}{k} - \delta_{10}$$

$$\therefore X_1 = -\frac{\delta_{10}}{\delta_{11}+\dfrac{1}{k}} = \frac{3wl}{8}\left(\frac{1}{1+\dfrac{3EI}{kl^3}}\right)$$

별해

[그림 14.4.7(a)]에서 보에 저장된 변형에너지 U_1, 용수철에 저장된 변형에너지 U_2라 하면

$$U_1 = \int_0^l \frac{M^2}{2EI}dx \qquad M = X_1 x - \frac{w}{2}x^2 \qquad U_2 = \frac{X_1^2}{2k}$$

여기서 이 구조물 전체의 변형에너지 $U = U_1 + U_2$이고, 다음과 같은 최소일의 원리로부터 반력 X_1이 구해진다.

$$\frac{\partial U}{\partial X_1} = \frac{\partial U_1}{\partial X_1} + \frac{\partial U_2}{\partial X_1} = \frac{X_1 l^3}{3EI} - \frac{wl^4}{8EI} + \frac{X_1}{k} = 0$$

$$\therefore X_1 = -\frac{\delta_{10}}{\delta_{11} + \frac{1}{k}} = \frac{3wl}{8}\left(\frac{1}{1 + \frac{3EI}{kl^3}}\right)$$

예제 14.4.3

[그림 14.4.8(a)]와 같이 지점A는 이동지점이고, 지점B는 고정지점인 부정정 보를 미분방정식으로 구하여라. 단, EI는 일정하다.

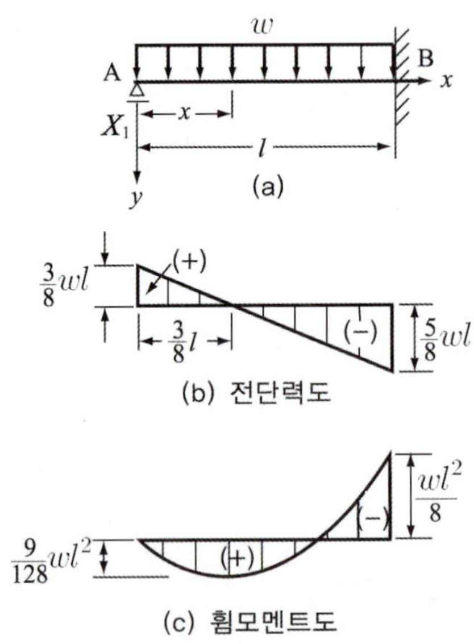

[그림 14.4.8]

풀이

(1) 보의 탄성곡선에 관한 미분방정식

앞에서 설명한 바와 같이 보의 탄성곡선에 관한 미분방정식은 전단력의 영향을 무시하고 나타내면 다음과 같다.

$$EI\frac{d^4\delta_x}{dx^4}=w_x \text{ ——— (a)}$$

또한

$$EI\frac{d^2\delta_x}{dx^2}=-M_x \text{ ——— (b)}$$

(2) 보의 탄성곡선 미분방정식의 적분해석

이 식들을 적분한다.

$$M_x=X_1x-\frac{w}{2}x^2$$

$$EI\frac{d^2\delta_x}{dx^2}=-M_x=\frac{w}{2}x^2-X_1x$$

$$EI\frac{d^2\delta_x}{dx^2}=\frac{w}{2}x^2-X_1x \text{ ——— (c)}$$

(3) 보의 적합조건으로부터 탄성곡선 미분방정식의 해석

적분해석한 이 식들을 양끝의 경계조건 및 접속점의 연속조건으로부터 적분상수를 정하면 부정정 보를 풀 수가 있다. 즉, 이것을 경계조건을 적용하여 적분하면 단면력과 처짐을 구할 수 있다.

$$x=0 \quad \Rightarrow \quad \delta_{x=0}=0$$

$$x=l \quad \Rightarrow \quad \delta_{x=l}=0$$

$$\frac{d\delta_x}{dx}=0$$

$$M_x=-EI\frac{d^2\delta_x}{dx^2}=\frac{3wl}{8}x-\frac{w}{2}x^2$$

$$V_x=-EI\frac{d^3\delta_x}{dx^3}=\frac{3wl}{8}-wx \text{ ——— (d)}$$

$$\delta_x=\frac{w}{EI}\left(\frac{1}{24}x^4-\frac{l}{16}x^3+\frac{l^3}{48}x\right)$$

식 (d)로부터 $V_x=0$의 위치에서 최대 휨모멘트가 생긴다.

$$\frac{3wl}{8}-wx=0 \quad \therefore x=\frac{3}{8}l \qquad \therefore M_{\max}=M_{x=\frac{3}{8}l}=\frac{9}{128}wl^2$$

[4] 2경간 연속보에 등분포하중이 작용하는 경우

[그림 14.4.9(a)]와 같은 1차 부정정 2경간 연속보(대칭구조)에 등분포하중이 작용할 경우 지점반력을 구해보자. 단, EI는 일정하다.

(1) 기본(해제)구조물의 형성

[그림 14.4.9(b), (c)]와 같이 정정 기본계를 만든다. 1차 부정정이므로 여력은 1개가 된다. 따라서 정정 기본계를 이용하여 지점반력 R_B를 구한다.

(2) 기본구조물의 처짐 해석

[그림 14.4.9(b), (c)]와 같이 정정 기본계에 대해 처짐을 구한다.

[그림 14.4.9(b)]에서와 같은 지간이 $2l$인 단순보에 등분포하중 w가 작용할 경우의 B지점의 최대처짐 δ_{B1}은 다음 식으로 구해진다.

$$\delta_{B1} = \frac{5w(2l)^4}{384EI} \quad \cdots\cdots ①$$

[그림 14.4.9(c)]에서와 같은 지간이 $2l$인 단순보에 집중하중 R_B가 작용할 경우의 B지점의 최대처짐 δ_{B2}는 다음 식으로 구해진다.

$$\delta_{B2} = -\frac{R_B(2l)^3}{48EI} \quad \cdots\cdots ②$$

(3) 적합방정식의 해석

[그림 14.4.9(b), (c)]와 같은 정정 기본계의 B점에서 적합조건에 의해 다음 관계가 만족되어야 한다.

$\delta_B = 0$에 의하여 $\quad \therefore \delta_{B1} + \delta_{B2} = 0$

$$\frac{R_B(2l)^3}{48EI} - \frac{5w(2l)^4}{384EI} = 0 \qquad \therefore R_B = \frac{5}{4}wl$$

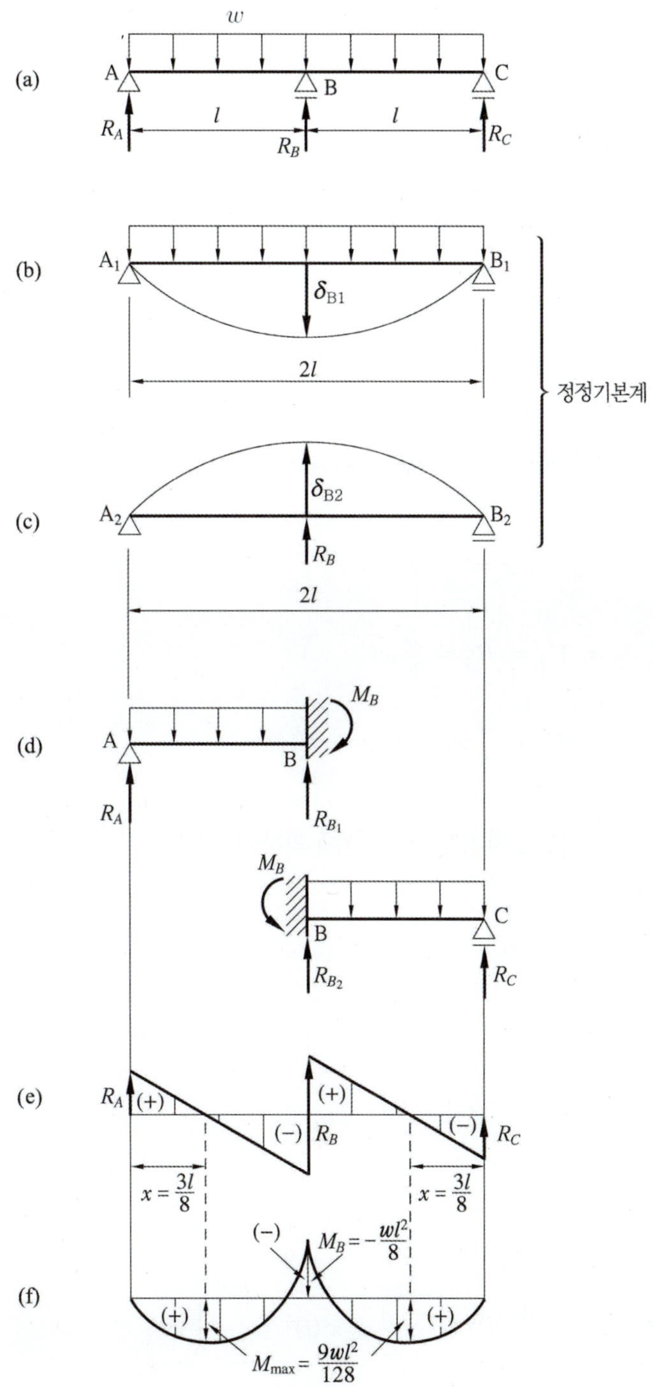

(a)
w
A
B
C
R_A
l
l
R_B
R_C
(b)
A_1
B_1
δ_{B1}
$2l$
정정기본계
(c)
δ_{B2}
A_2
B_2
R_B
$2l$
(d)
M_B
A
B
R_A
R_{B_1}
M_B
C
B
R_{B_2}
R_C
(e)
R_A
(+)
(+)
(−)
R_B
(−)
R_C
$x = \frac{3l}{8}$
$x = \frac{3l}{8}$
(f)
(−)
$M_B = -\frac{wl^2}{8}$
(+)
(+)
$M_{max} = \frac{9wl^2}{128}$

[그림 14.4.9]

(4) 반력, 부재력 해석

① 지점반력

$\sum F_y = 0$에 의하여

$$R_A + R_B + R_C = 2R + R_B = 2wl$$

$$2R = 2wl - \frac{5}{4}wl = \frac{3}{4}wl \qquad \therefore R = R_A = R_C = \frac{3}{8}wl$$

② 전단력

[그림 14.4.9(d)]에서 $AB = BC$의 관계이므로 AB구간에서 전단력은

$$V_x = R_A - wx = \frac{3}{8}wl - wx$$

$$V_{x=0} = V_A = R_A = \frac{3}{8}wl$$

$$V_{x=l} = {}_lV_B = \frac{3}{8}wl - wl = -\frac{5}{8}wl$$

전단력이 0이 되는 x지점은, $V_x = 0$에 의하여

$$\frac{3}{8}wl - wx = 0$$

$$\therefore x = \frac{3l}{8}$$ (전단력이 0이 되는 지점에서 최대 휨모멘트가 생긴다.)

③ 휨모멘트

$$M_x = R_A x - \frac{1}{2}wx^2 = \frac{3}{8}wlx - \frac{1}{2}wx^2$$

$$M_{B(x=l)} = \frac{3}{8}wl \times (l) - \frac{1}{2}w \times (l)^2 = -\frac{1}{8}wl^2$$

$$M_{\max(x=\frac{3}{8}l)} = \frac{3}{8}wl \times \left(\frac{3}{8}l\right) - \frac{1}{2}w \times \left(\frac{3}{8}l\right)^2$$
$$= (\text{전단력 면적}) = \frac{1}{2}R_A \times \frac{3}{8}l = \frac{9}{128}wl^2$$

14.4.2 처짐각을 이용하는 방법

[그림 14.4.10(a)]는 3차 부정정 보로서 고정단 A, B지점에 처짐각은 없다. A, B지점에 작용하는 지점 모멘트 M_A와 M_B를 부정정 여력으로 하여 단순보에 M_A, M_B가 작용할 때 A지점의 처짐각을 θ_{A1}, 단순보에 하중 P만 작용할 때 A지점의 처짐각을 θ_{A2}라고 하면, 적합조건 $\theta_{A1} + \theta_{A2} = 0$에 의해서 지점 모멘트 M_A와 M_B를 구할 수 있다.

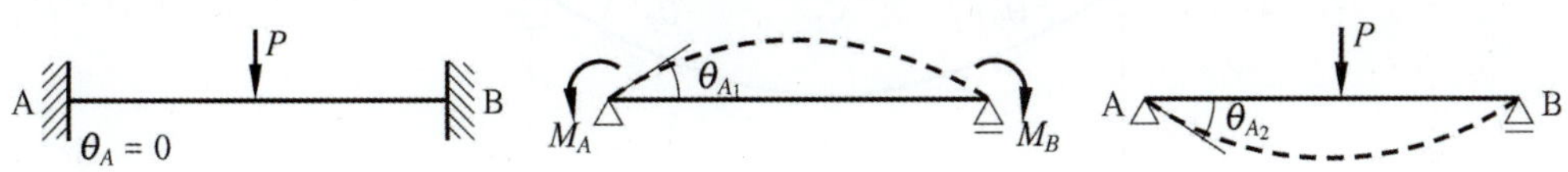

[그림 14.4.10]

[1] 양단 고정보에 집중하중이 작용하는 경우

[그림 14.4.11(a)]와 같은 집단하중을 받는 양단 고정보의 전단력도와 휨모멘트을 구해보자. 단, EI 는 일정하다.

[그림 14.4.11(a)]와 같은 집단하중을 받는 양단 고정보의 전단력도와 휨모멘트을 구해보자. 단, EI는 일정하다.

(1) 기본(해제)구조물의 형성

[그림 14.4.11(b), (c)]와 같이 정정 기본계를 만든다.

(2) 기본구조물의 처짐각 해석

[그림 14.4.11(b), (c)]와 같이 정정 기본계에 대해 처짐각을 구한다. 즉, [그림

14.4.11(b), (c)]는 고정단 A, B에서 모멘트 M_A, M_B를 부정정 여력으로 하여 단순보에 M_A, M_B 가 작용하는 경우와 하중 P가 작용하는 경우를 이용하여 지점에서 생기는 처짐각으로 부정정 보를 풀이할 수 있다.

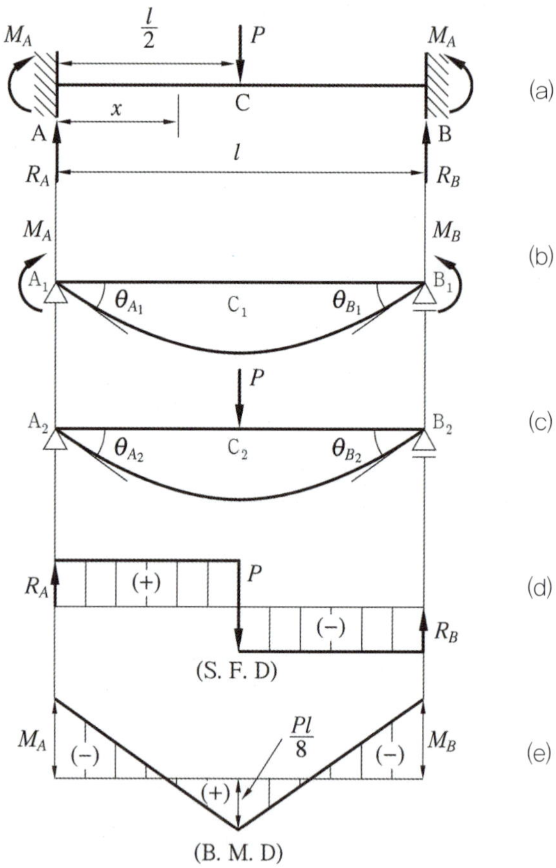

[그림 14.4.11]

[그림 14.4.11(b)]에서와 같이 $M_A = M_B = M$이므로, 단순보에 부정정 여력 M_A, M_B 가 작용하는 경우의 처짐각 θ_{A1}, θ_{B1}을 구한다.

$$\therefore \theta_{A1} = \frac{l}{6EI}(2M_A + M_B) = \frac{Ml}{2EI}$$

$$\therefore \theta_{B1} = -\frac{l}{6EI}(2M_A + M_B) = -\frac{Ml}{2EI}$$

[그림 14.4.11(c)]에서와 같이 단순보에 하중 P가 작용하는 경우의 처짐각 θ_{A2}, θ_{B2}을 구한다.

$$\therefore \theta_{A2} = \frac{Pl^2}{16EI} \qquad \therefore \theta_{B2} = -\frac{Pl^2}{16EI}$$

(3) 적합방정식의 해석

[그림 14.4.11(b), (c)]와 같은 정정 기본계의 A, B점에서 적합조건에 의해 다음 관계가 만족되어야 한다.

$$\theta_A = 0,\ \theta_B = 0 \text{ (고정단에서 처짐각은 0이다)}$$

$$\therefore \theta_{A1} + \theta_{A2} = 0, \quad \therefore \theta_{B1} + \theta_{B2} = 0$$

$$\frac{Ml}{2EI} + \frac{Pl^2}{16EI} = 0 \quad \therefore M = M_A = M_B = -\frac{Pl}{8}$$

(4) 반력, 부재력 해석

① 지점반력

$\Sigma F_y = 0$에 의하여

$$R_A + R_B = P$$

$\Sigma M_B = 0$에 의하여

$$\therefore R_A = \frac{P}{2} + \frac{M_B - M_A}{l} = \frac{P}{2}$$

$$\therefore R_B = \frac{P}{2} + \frac{M_A - M_B}{l} = \frac{P}{2}$$

② 전단력

$$0 \le x \le \frac{l}{2} \qquad V_x = R_A = \frac{P}{2}$$

$$\frac{l}{2} \le x \le l \qquad V_x = R_A - P = -R_B = -\frac{P}{2}$$

③ 휨모멘트

$$0 \le x \le \frac{l}{2}$$

$$M_x = R_A x + M_A = \frac{P}{2}x - \frac{Pl}{8}$$

$$\therefore M_A = M_{x=0} = -\frac{Pl}{8}$$

$$\therefore M_C = M_{x=\frac{l}{2}} = \frac{P}{2} \times \frac{l}{2} - \frac{Pl}{8} = \frac{Pl}{8}$$

$$\frac{l}{2} \le x \le l$$

$$M_x = R_A x - P\left(x - \frac{l}{2}\right) + M_A = R_B x + M_B = \frac{P}{2}x - \frac{Pl}{8}$$

$$\therefore M_B = M_{x=0} = -\frac{Pl}{8}$$

예제 14.4.4

[그림 14.4.12(a)]와 같은 집중하중을 받는 양단 고정보의 전단력도와 휨모멘트도를 그려라. 단, EI는 일정하다.

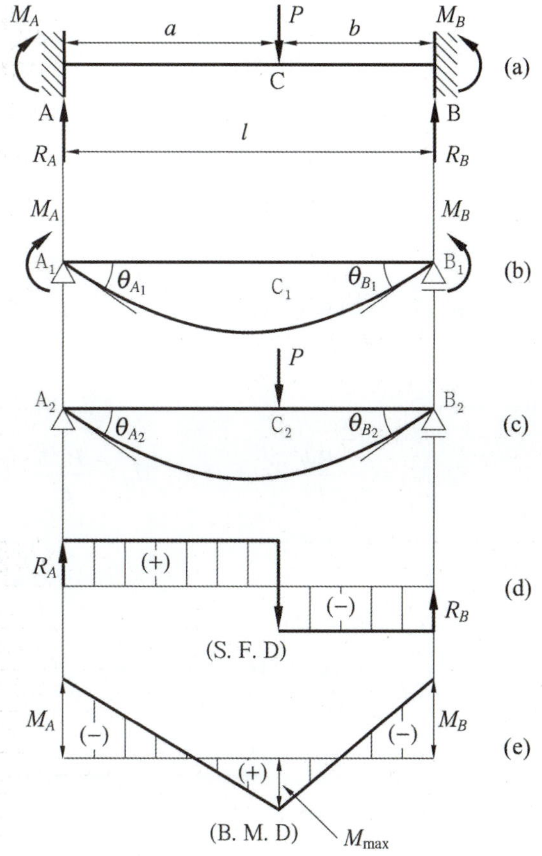

[그림 14.4.12]

풀이

(1) 기본(해제)구조물의 형성

[그림 14.4.12(b), (c)]와 같이 정정기본계를 만든다.

(2) 기본구조물의 처짐각 해석

부정정 보를 정정 기본계로 하여 지점에서 생기는 처짐각을 이용하여 풀이한다. 즉, [그림 14.4.12(b), (c)]는 고정단 A, B에서 모멘트 M_A, M_B를 부정정 여력으로 하여 단순보에 M_A, M_B가 작용하는 경우와 하중 P가 작용하는 경우를 이용하여 지점에서 생기는 처짐각으로 부정정

보를 풀이할 수 있다.

[그림 14.4.12(b)]에서와 같이 단순보에 부정정 여력 M_A, M_B가 작용하는 경우의 처짐각 θ_{A1}, θ_{B1}을 구한다.

$$\theta_{A1} = \frac{l}{6EI}(2M_A + M_B), \qquad \theta_{B1} = -\frac{l}{6EI}(M_A + 2M_B)$$

[그림 14.4.12(c)]에서 단순보에 하중 P가 작용하는 경우의 처짐각 θ_{A2}, θ_{B2}을 구한다.

$$\theta_{A2} = \frac{Pb}{6EIl}(l^2 - b^2), \qquad \theta_{B2} = -\frac{Pa}{6EIl}(l^2 - a^2)$$

(3) 적합방정식의 해석

[그림 14.4.12(b), (c)]와 같은 정정 기본계의 A, B점에서 적합조건에 의해 다음 관계가 만족되어야 한다.

$\theta_A = 0$, $\theta_B = 0$ (고정단에서 처짐각은 0이다.)

$\therefore \theta_{A1} + \theta_{A2} = 0$ ———————— ①

$\therefore \theta_{B1} + \theta_{B2} = 0$ ———————— ②

식 ①과 ②를 풀면 $\therefore M_A = -\dfrac{Pab^2}{l^2}$ $\qquad \therefore M_B = \dfrac{Pa^2 b}{l^2}$

(4) 반력력, 부재력 해석

① 지점반력

$\Sigma F_y = 0$에 의하여 $\qquad R_A + R_B = P$

$\Sigma M_B = 0$에 의하여 $\qquad \therefore R_A = \dfrac{Pb}{l} + \dfrac{M_B - M_A}{l} = \dfrac{Pb^2}{l^3}(l + 2a)$

$$\therefore R_B = \frac{Pa}{l} + \frac{M_A - M_B}{l} = \frac{Pa^2}{l^3}(l + 2b)$$

② 전단력

$0 \le x \le a \qquad V_x = R_A = \dfrac{Pb^2}{l^3}(l + 2a)$

$a \le x \le l \qquad V_x = R_A - P = -R_B = -\dfrac{Pa^2}{l^3}(1 + 2b)$

③ 휨모멘트

$0 \le x \le a \qquad M_x = R_A x + M_A = \dfrac{Pb^2}{l^3}(l + 2a)x - \dfrac{Pab^2}{l^2}$

$a \le x \le l \qquad M_x = R_A x - P(x - a) + M_A = R_B x + M_B = \dfrac{Pa^2}{l^3}(l + 2b)x - \dfrac{Pa^2 b}{l^2}$

예제 14.4.5

[그림 14.4.13(a)]와 같은 등분포하중을 받는 양단 고정보의 전단력도와 휨모멘트도를 그려라.

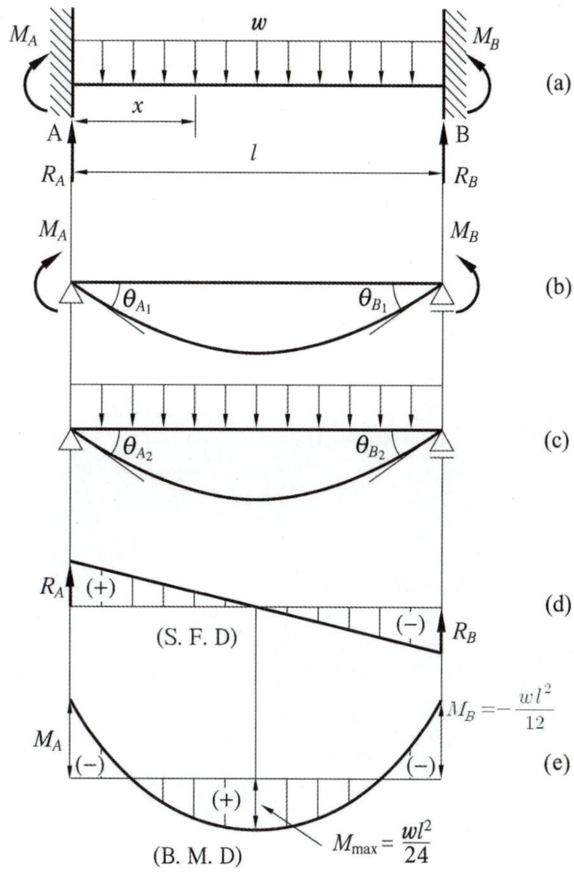

[그림 14.4.13]

풀이

(1) 기본(해제)구조물의 형성

[그림 14.4.13(b), (c)]와 같이 정정 기본계를 만든다.

(2) 기본구조물의 처짐각 해석

부정정 보를 정정기본계로 하여 지점에서 생기는 처짐각을 이용하여 해석한다. 즉, [그림 14.4.13(b), (c)]는 고정단 A, B에서 모멘트 M_A, M_B를 부정정 여력으로 하여 단순보에 M_A, M_B가 작용하는 경우와 하중 P가 작용하는 경우를 이용하여 지점에서 생기는 처짐각으로 부정정 보를 풀이할 수 있다.

[그림 14.4.13(b)]에서와 같이 단순보에 부정정 여력 M_A, M_B가 작용하는 경우의 처짐각 θ_{A1}, θ_{B1}을 구한다. 본 예제에서 대칭이므로 $M_A = M_B = M$임을 알 수 있다.

$$\theta_{A1} = \frac{l}{6EI}(2M_A + M_B) = \frac{Ml}{2EI}, \quad \theta_{B1} = -\frac{l}{6EI}(2M_A + M_B) = -\frac{Ml}{2EI}$$

[그림 14.4.13(c)]에서와 같이 단순보에 하중 P가 작용하는 경우의 처짐각 θ_{A2}, θ_{B2}을 구한다.

$$\theta_{A2} = \frac{wl^3}{24EI}, \qquad \theta_{B2} = -\frac{wl^3}{24EI}$$

(3) 적합방정식의 해석

[그림 14.4.13(b), (c)]와 같은 정정 기본계의 A, B점에서 적합조건에 의해 다음 관계가 만족되어야 한다.

$\theta_A = \theta_B = 0$(고정단에서 처짐각은 0이다.)

$\theta_A = 0$에 의하여 $\qquad \therefore \theta_{A1} + \theta_{A2} = 0$

$$\frac{Ml}{2EI} + \frac{wl^3}{24EI} = 0 \qquad \therefore M = M_A = M_B = -\frac{wl^2}{12}$$

(4) 반력, 부재력 해석

① 지점반력

$\Sigma F_y = 0$에 의하여 $\qquad R_A + R_B = wl$

$\Sigma M_B = 0$에 의하여 $\qquad \therefore R_A = \dfrac{wl}{2} + \dfrac{M_B - M_A}{l} = \dfrac{wl}{2}$

$$\therefore R_B = \frac{wl}{2} + \frac{M_A - M_B}{l} = \frac{wl}{2}$$

② 전단력

$$V_x = R_A - wx = \frac{wl}{2} - wx \qquad \therefore V_A = V_{x=0} = R_A = \frac{wl}{2}$$

$$\therefore V_B = V_{x=l} = \frac{wl}{2} - wl = -\frac{wl}{2} = -R_B$$

전단력이 0인 지점 $\quad V_x = 0 \qquad \dfrac{wl}{2} - wx = 0 \qquad \therefore x = \dfrac{l}{2}$

③ 휨모멘트

$$M_x = R_A x - \frac{wx^2}{2} + M_A = \frac{wl}{2}x - \frac{w}{2}x^2 - \frac{wl^2}{12}$$

$$\therefore M_{\max} = M_{x=\frac{l}{2}} = \frac{wl}{2} \times \left(\frac{l}{2}\right) - \frac{w}{2} \times \left(\frac{l}{2}\right)^2 - \frac{wl^2}{12} = \frac{wl^2}{24}$$

14.5 부정정 라멘의 해석

부정정 라멘구조의 변위일치의 방법에 의한 해석은 부정정 보의 해석과 거의 동일하므로 앞의 일반 해석절차를 그대로 적용하면 된다. 다만, 보에서는 없는 축력을 고려해야 하고, 부정정 차수가 많은 경우에는 부정정 반력 대신에 부정정력을 부재력으로 취하여 그 단면의 구속을 해제시켜 기본(해제)구조물을 만드는 것이 일반적으로 부정정 보에서 반력을 부정정력으로 취하는 것과 다른 점이다.

일반적으로, 변위일치법은 단순라멘 또는 불규칙한 기하형태를 갖고 있는 박공라멘(gabled frame, 산형라멘)과 같은 부정정 뼈대구조 문제에 매우 효과적이다. 그러나 고차 부정정구조인 다층라멘은 처짐각법이나 모멘트 분배법 또는 매트릭스 구조해석에 의해 푸는 것이 더욱 효과적이다. 따라서 여기서는 1차 또는 2차 부정정 라멘의 수계산에 의한 체계적인 해석 방법을 보여주는 예제만 다루었다.

예제 14.5.1

[그림 14.5.1(a)]와 같은 라멘의 단면력을 구하여라. EI는 일정하다.

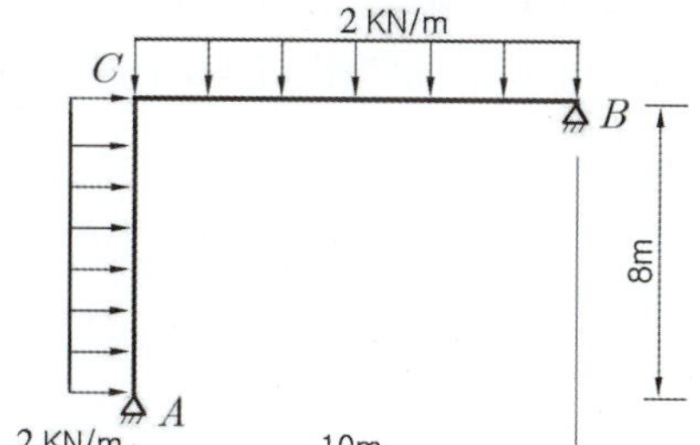

(a)

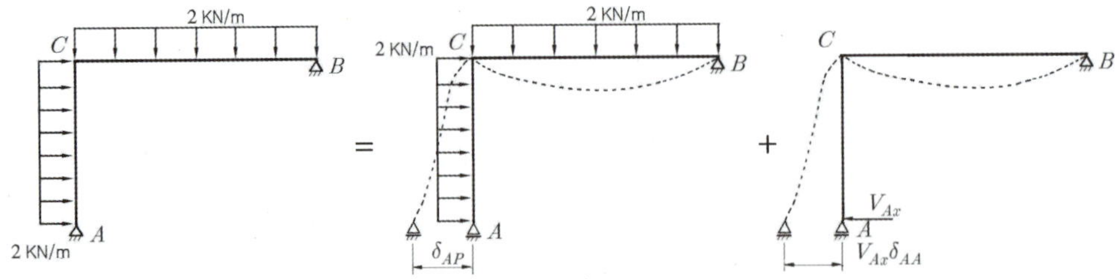

(b)

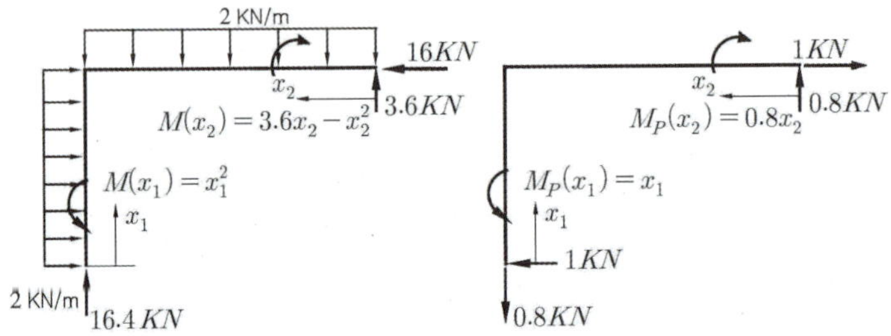

(c) (d)

[그림 14.5.1]

풀이

(1) 기본구조물의 형성

이 라멘은 1차부정정이다. A지점의 수평반력을 부정정력으로 택한다. 따라서 A지점의 핀은 수평 방향으로의 구속력이 없는 이동지점으로 대치된다. 결국, 기본구조물은 [그림 14.5.1(b)]와 같이 정정 기본계가 된다.

(2) 기본구조물의 처짐 계산 : 가상일의 방법으로 처짐을 구한다.

① 외적 하중에 의한 기본구조물의 처짐 δ_{AP} 계산 ; [그림 14.5.1(c), (d)]를 이용하여 다음과 같이 구한다.

$\overline{AC}$부재 : $M(x_1)=x_1^2,$ $M_P(x_1)=x_1$

$\overline{BC}$부재 : $M(x_2)=3.6x_2-x_2^2,$ $M_P(x_2)=0.8x_2$

$$\delta_{AP}=\sum\int\frac{M_P M_P}{EI}dx$$

$$=\frac{1}{EI}\int_0^8\left(-x_1^2\right)(x_1)dx_1+\frac{1}{EI}\int_0^{10}\left(3.6x_2-x_2^2\right)(x_1)dx_2=-\frac{2,064}{EI}$$

② 부정정력에 대응하는 기본구조물의 처짐계수 δ_{AA} 계산 ; [그림 14.5.1(d)]를 이용하여 다음과 같이 구한다.

$$\delta_{AA} = \sum \int \frac{MM_P}{EI} dx$$

$$= \frac{1}{EI}\int_0^8 (x_1)^2 dx_1 + \frac{1}{EI}\int_0^{10} (0.8x_2)^2 dx_2 = \frac{384}{EI}$$

(3) 적합방정식의 해석 : [그림 14.5.1(b)]의 A점에서 적합조건에 의해 다음 관계가 만족되어야 한다.

$$(\leftarrow +)\quad \delta_{AP} + V_{Ax}\delta_{AA} = 0$$

$$\frac{2{,}064}{EI} + V_{Ax}\frac{384}{EI} = 0$$

$$V_{Ax} = 5.375\,KN\ (\leftarrow +)$$

(4) 반력, 부재력 해석 : [그림 14.5.1(c), (d)]의 결과로부터 겹침의 원리에 의해 다음과 같이 나머지의 미지반력을 구할 수 있다.

반력 $\quad : R = R_0 + \sum_{i=1}^{n} R_i X_i$

① 지점반력

$(\uparrow,\ +)\ V_{Ay} = 16.4 - 0.8 \times 5.375 = 12.1\text{ kN}\ (\uparrow,\ +)$

$(\leftarrow,\ +)\ V_{Bx} = 16 - 1 \times 5.375 = 10.625\text{ kN}\ (\leftarrow,\ +)$

$(\uparrow,\ +)\ V_{By} = 3.6 + 0.8 \times 5.375 = 7.9\text{ kN}\ (\uparrow,\ +)$

② 전단력

$\overline{AC}$부재 : $V_x = V_{Ax} - wx = 5.375 - 2x$

$\therefore V_A = V_{x=0} = V_{Ax} = 5.375\text{ kN}$

$\therefore V_C = V_{x=8\text{m}} = 5.375 - 2 \times 8 = -10.625\text{ kN}$

전단력이 0인 지점 $\quad V_x = 0$

$5.375 - 2x = 0 \qquad \therefore x = 2.6875\text{ m}$

$\overline{CB}$부재 : $V_x = V_{Ay} - wx = 12.1 - 2x$

$\therefore V_C = V_{x=0} = V_{Ay} = 12.1\text{ kN}$

$\therefore V_B = V_{x=10\text{m}} = 12.1 - 2 \times 10 = -7.9\text{ kN}$

전단력이 0인 지점 $\quad V_x = 0$

$12.1 - 2x = 0 \qquad \therefore x = 6.05\text{ m}$

③ 휨모멘트

$\overline{AC}$부재 : $M_x = A_x x - \frac{w}{2}x^2 = 5.375x - \frac{(2)}{2}x^2 = 5.375x - x^2$

$$M_{\max} = M_{x=2.6875\text{m}} = 5.375 \times (2.6875) - (2.6875)^2 \fallingdotseq 7.223\text{ kN}\cdot\text{m}$$

$$M_C = M_{x=8\text{m}} = 5.375(8) - (8)^2 = -21 \text{ kN} \cdot \text{m}$$

$\overline{CB}$부재 : $M_x = M_C + A_y x - \dfrac{w}{2}x^2 = (-21) + (12.1)x - \dfrac{(2)}{2}x^2 = -21 + 12.1x - x^2$

$$M_{max} = M_{x=6.05\text{m}} = -21 + 12.1(6.05) - (6.05)^2 \fallingdotseq 15.603 \text{ kN} \cdot \text{m}$$

예제 14.5.2

[그림 14.5.2(a)]와 같은 라멘의 단면력을 구하여라. EI는 일정하다.

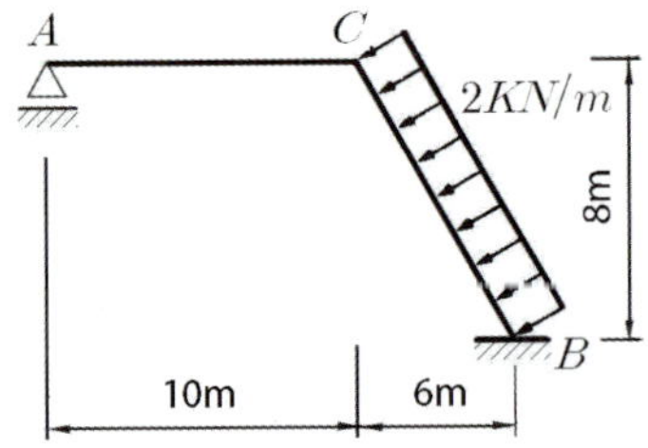

(a)

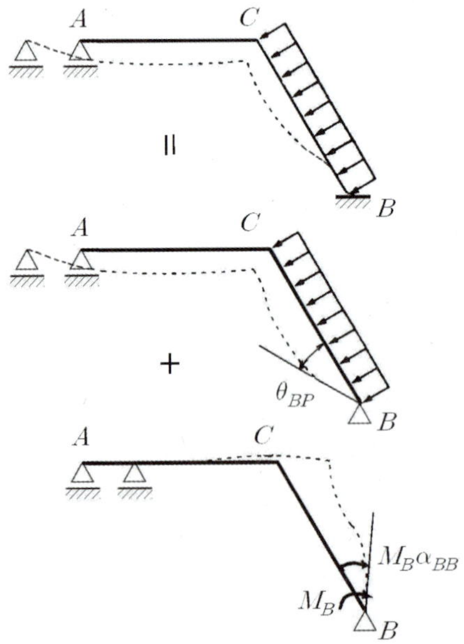

(b)

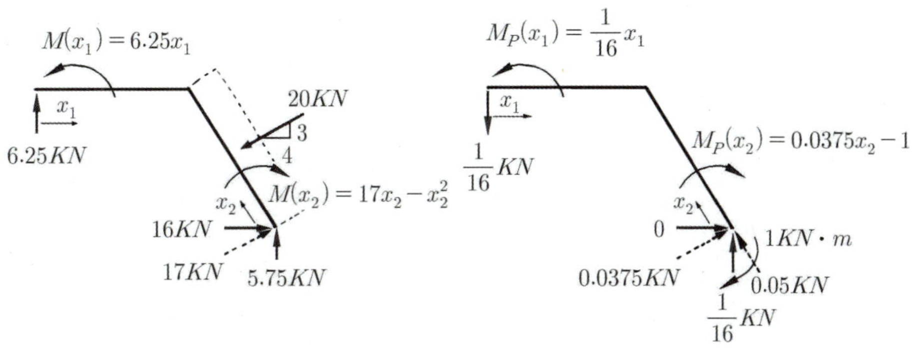

[그림 14.5.2]

풀이

(1) 기본구조물의 형성

이 라멘은 1차부정정이다. B의 M_B를 부정정력으로 택한다. 따라서 B지점은 핀으로 되어 라멘이 B점에서 모멘트를 저항하는 능력이 제거된 정정 기본구조물이 만들어진다. 결국, 기본구조물은 [그림 14.5.2(b)]와 같이 정정기본계가 된다.

(2) 기본구조물의 처짐 계산 : 가상일의 방법으로 처짐을 구한다.

① 외적 하중에 의한 기본구조물의 처짐각 θ_{BP} 계산 ; [그림 14.5.2(c), (d)]를 이용하여 다음과 같이 구한다.

$\overline{AC}$부재 : $M(x_1)=6.25x_1,\quad M_P(x_1)=\frac{1}{16}x_1$

$\overline{BC}$부재 : $M(x_2)=17x_2-x_2^2,\quad M_P(x_2)=0.0375x_2-1$

$$\theta_{BP}=\sum\int\frac{MM_P}{EI}dx$$

$$=\frac{1}{EI}\int_0^{10}(6.25x_1)(\frac{1}{16}x_1)dx_1+\frac{1}{EI}\int_0^{10}(17x_2-x_2^2)(0.0375x_2-1)dx_2=-\frac{267.71}{EI}$$

② 부정정력에 대응하는 기본구조물의 처짐계수 α_{BB} 계산 ; [그림 14.5.2(d)]를 이용하여 다음과 같이 구한다.

$$\alpha_{BB}=\sum\int\frac{M_PM_P}{EI}dx$$

$$=\frac{1}{EI}\int_0^{10}\left(\frac{1}{16}x_1\right)^2dx_1+\frac{1}{EI}\int_0^{10}(0.0375x_2-1)^2dx_2=\frac{8.02}{EI}$$

(3) 적합방정식의 해석 : [그림 14.5.2(b)]의 B점에서 적합조건에 의해 다음 관계가 만족되어야 한다.

$$\theta_{BP} + M_B \alpha_{BB} = 0$$

$$-\frac{267.71}{EI} + M_B \frac{8.02}{EI} = 0$$

$$M_B = 33.38 \text{ kN} \cdot \text{m}$$

M_B의 부호가 정(+)이라는 것은 가정한 M_B의 방향과 일치한다는 것을 의미한다.

(4) 반력, 부재력 해석 : [그림 14.5.2(c), (d), (e)]의 결과들로부터 겹침의 원리에 의해 다음과 같이 나머지의 미지반력을 구할 수 있다.

반력 : $R = R_0 + \sum_{i=1}^{n} R_i X_i$

① 지점반력

$$(\uparrow,\ +)\quad V_{Ay} = 6.26 - \frac{1}{16} \times 33.38 = 4.164 \text{ kN}\ (\uparrow,\ +)$$

$$(\leftarrow,\ +)\quad V_{Bx} = 16 + 0 \times 33.38 = 16 \text{ kN}\ (\leftarrow,\ +)$$

$$(\uparrow,\ +)\quad V_{By} = 5.75 + \frac{1}{16} \times 33.38 = 7.836 \text{ kN}\ (\uparrow,\ +)$$

별해 [그림 14.5.2(b)]의 정정 기본계에서 평형조건으로부터 다음과 같이 나머지의 미지반력을 구할 수도 있다.

$$\sum M_B = 0\quad (\curvearrowright,\ +)$$

$$V_{Ay} \times 16 - 2 \times 10 \times 5 + 33.38 = 0 \quad \therefore V_{Ay} = 4.164KN\ (\uparrow)$$

$$\sum F_x = 0\quad (\rightarrow,\ +)$$

$$V_{Bx} - 2 \times 10 \times \frac{8}{10} = 0 \quad \therefore V_{Bx} = 16KN\ (\rightarrow)$$

$$\sum F_y = 0\quad (\uparrow,\ +)$$

$$4.164 - 2 \times 10 \times \frac{6}{10} + V_{By} = 0 \quad \therefore V_{By} = 7.836KN\ (\uparrow)$$

② 전단력과 휨모멘트는 위에서 계산된 지점반력으로부터 쉽게 구할 수 있다.

예제 14.5.3

[그림 14.5.3(a)]와 같은 라멘의 단면력을 구하여라. EI는 일정하다.

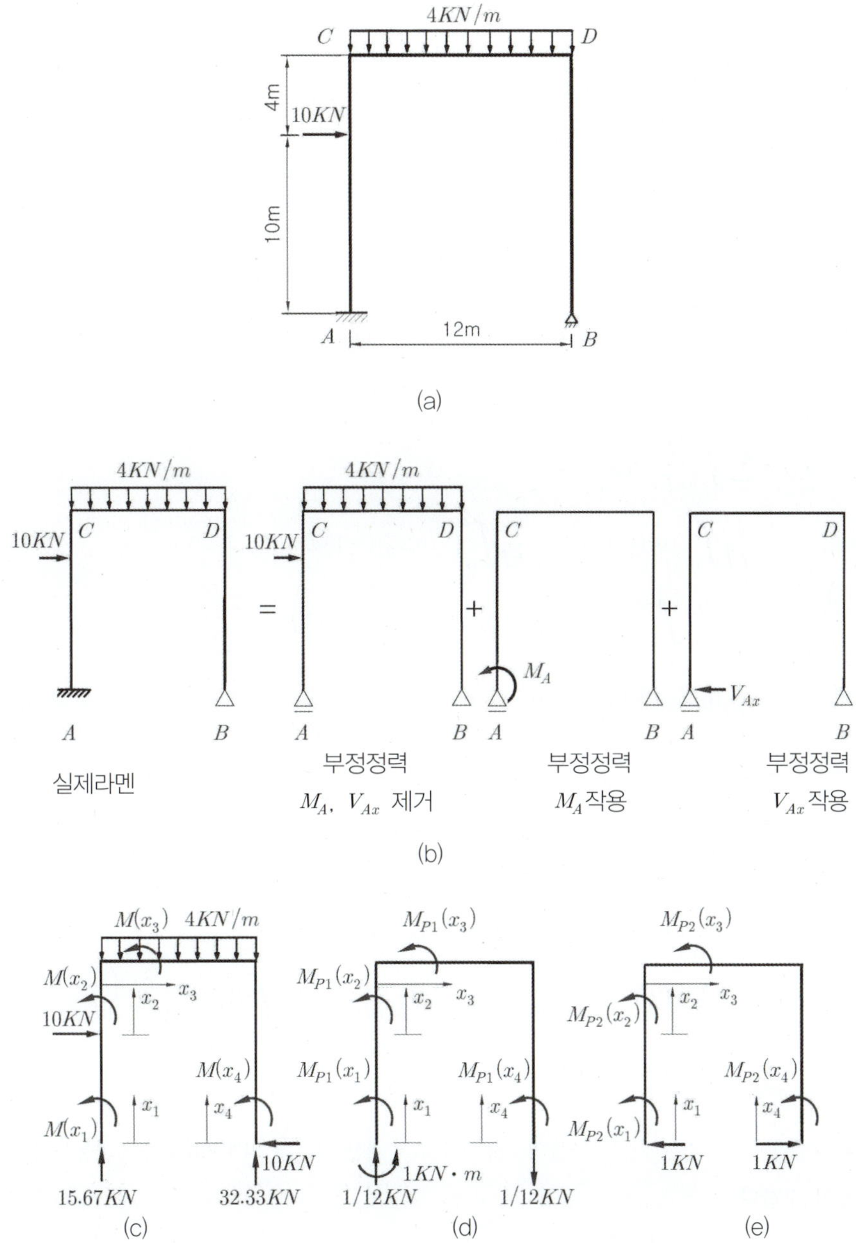

[그림 14.5.3]

풀이

(1) 기본구조물의 형성

이 라멘은 2차부정정이다. A지점의 모멘트 M_A와 수평반력 V_{Ax}를 부정정력으로 택한다. 따라서 A지점은 이동지점(roller)으로 대치되어 모멘트와 수평방향으로 구속력이 없어진 정정 기본구조물이 만들어진다. 결국, 기본구조물은 [그림 14.5.3(b)]와 같이 정정 기본계가 된다.

(2) 기본구조물의 처짐 계산 : 가상일의 방법으로 처짐을 구한다.

① 외적 하중에 의한 기본구조물의 처짐각 θ_{iP} 계산 ; [그림 14.5.3(c), (d), (e)]를 이용하여 다음과 같이 구한다.

$\overline{AC}$부재 : $M(x_1)=0$ $\quad M_{P1}(x_1)=-1$ $\quad M_{P2}(x_1)=x_1$

$M(x_2)=-10x_2$ $\quad M_{P1}(x_2)=-1$ $\quad M_{P2}(x_2)=10+x_2$

$\overline{CD}$부재 : $M(x_3)=-2x_3^3-10(4)+15.67x_3$ $\quad M_{P1}(x_3)=\dfrac{1}{12}x_2-1$ $\quad M_{P2}(x_2)=14$

$\overline{BD}$부재 : $M(x_4)=10x_4$ $\quad M_{P1}(x_4)=0$ $\quad M_{P2}(x_4)=-x_4$

$$\theta_{AP}=\sum\int\frac{MM_P}{EI}dx$$

$$=\frac{1}{EI}\int_0^{10}(0)(-1)dx_1+\frac{1}{EI}\int_0^{4}(-10x_2)(-1)dx_2$$

$$+\frac{1}{EI}\int_0^{12}(-2x_3^2-40+15.67x_3)(\frac{1}{12}x_3-1)dx_3$$

$$=\frac{1}{EI}(0+80+151.92+0)$$

$$=\frac{231.92}{EI}$$

$$\delta_{AP}=\sum\int\frac{MM_P}{EI}dx$$

$$=\frac{1}{EI}\int_0^{10}(0)(x_1)dx_1+\frac{1}{EI}\int_0^{4}(-10x_2)(10+x_2)dx_2$$

$$+\frac{1}{EI}\int_0^{12}(-2x_3^2-40+15.67x_3)(14)dx_3+\frac{1}{EI}\int_0^{14}(10x_4)(-x_4)dx4$$

$$=-\frac{17{,}212.64}{EI}$$

② 부정정력에 대응하는 기본구조물의 처짐계수 α_{ij} 계산 ; [그림 14.5.3(d), (e)]를 이용하여 다음과 같이 구한다.

$$\alpha_{AAM}=\sum\int\frac{M_{P1}M_{P1}}{EI}dx$$

$$= \frac{1}{EI}\int_0^{10}(-1)^2 dx_1 + \frac{1}{EI}\int_0^{4}(-1)^2 dx_2 + \frac{1}{EI}\int_0^{12}\left(\frac{1}{12}x_3 - 1\right)^2 dx_3$$

$$= \frac{8.02}{EI}$$

$$\alpha_{AAR} = \delta_{AAM} = \sum\int \frac{M_{P1}M_{P2}}{EI}dx$$

$$= \frac{1}{EI}\int_0^{10}(-1)(x_1)dx_1 + \frac{1}{EI}\int_0^{4}(-1)(10+x_2)dx_2$$

$$+ \frac{1}{EI}\int_0^{12}\left(\frac{1}{12}x_3 - 1\right)(14)dx_3 + \frac{1}{EI}\int_0^{14}(0)(-x_4)dx_4$$

$$= -\frac{182}{EI}$$

$$\delta_{AAR} = \sum\int \frac{M_{P2}M_{P2}}{EI}dx$$

$$= \frac{1}{EI}\int_0^{10}(x_1)^2 dx_1 + \frac{1}{EI}\int_0^{4}(10+x_2)^2 dx_2$$

$$+ \frac{1}{EI}\int_0^{12}(14)^2 dx_3 + \frac{1}{EI}\int_0^{14}(-x_4)^2 dx_4$$

$$= \frac{4,181.33}{EI}$$

(3) 적합방정식의 해석 : [그림 14.5.3(b)]의 A점에서 적합조건에 의해 다음 관계가 만족되어야 한다.

$$\theta_{AP} + M_A\alpha_{AAM} + V_{Ax}\alpha_{AAR} = 0$$

$$\delta_{AP} + M_A\delta_{AAM} + V_{Ax}\delta_{AAR} = 0$$

각 계수들을 대입하여 정리하면 다음과 같이 된다.

$$231.92 + 18M_A - 182\,V_{Ax} = 0$$

$$-17,212.64 - 182M_A + 4,181.33\,V_{Ax} = 0$$

연립방정식을 구하면 다음과 같이 된다.

$$V_{Ax} = 6.35\text{ kN}$$

$$M_A = 51.33\text{ kN}\cdot\text{m}$$

(4) 반력, 부재력 해석 : [그림 14.5.3(c), (d), (e)]의 결과들로부터 겹침의 원리에 의해 다음과 같이 나머지의 미지반력을 구할 수 있다.

반력 : $R = R_0 + \sum_{i=1}^{n} R_i X_i$

① 지점반력

$$(\uparrow,\ +)\ \ V_{Ay}=15.67-\frac{1}{12}\times 51.333+0\times 6.35=19.95\ \text{kN}\ \ (\uparrow,\ +)$$

$$(\leftarrow,\ +)\ \ V_{Bx}=-10+0\times 51.33+1\times 6.35=-3.65\ \text{kN}\ \ (\leftarrow,\ +)$$

$$(\uparrow,\ +)\ \ V_{By}=32.33-\frac{1}{12}\times 51.33+0\times 6.35=28.05\ \text{kN}\ \ (\uparrow,\ +)$$

② 전단력과 휨모멘트는 위에서 계산된 지점반력으로부터 쉽게 구할 수 있다.

14.6 부정정 트러스의 해석

14.3절의 변위일치의 방법의 일반 해석절차에 따른 부정정 트러스의 해석에서 부재력을 부정정력으로 취한 경우에는 그 부재를 가상절단한 후 그 부재상의 임의의 절단면 양쪽에 정(+)의 축력을 부정정력($X_i=F_i$)으로 작용시켜서 해석해야 한다.

부정정 트러스의 해석을 위하여 필요한 트러스의 부정정 차수는 보통 외관상으로 쉽게 판별하여 결정할 수 있다. 그러나 이것이 어려운 경우, 5.5절과 6.1.3절에 기술한 ($m+r>2j$)의 조건을 사용하여 정할 수 있다. 이 식을 이용하면 트러스의 부정정차수는 총미지부재의 수(m)와 지점반력의 수(r)의 합과 각 절점(j)당 2개씩의 가용한 평형방정식의 총수를 비교하여 결정할 수 있다(부정정 차수: $n=m+r-2j$).

변위일치의 방법은 부정정 차수가 1 또는 2차인 트러스를 해석하는 데 매우 적합하다. 2차 부정정 이상의 고차 부정정 트러스는 매트릭스 구조해석법에 의해 해석하여야 한다. 14.3절에서 설명한 해석절차를 이용한 트러스 구조물에 대한 변위일치법의 적용요령은 [예제 14.6.1]과 [예제 14.6.2]를 통해 쉽게 설명하였다.

예제 14.6.1

[그림 14.6.1(a)]와 같은 트러스에서 부재 $\overline{AD}$의 부재력을 구하여라. EA는 일정하다.

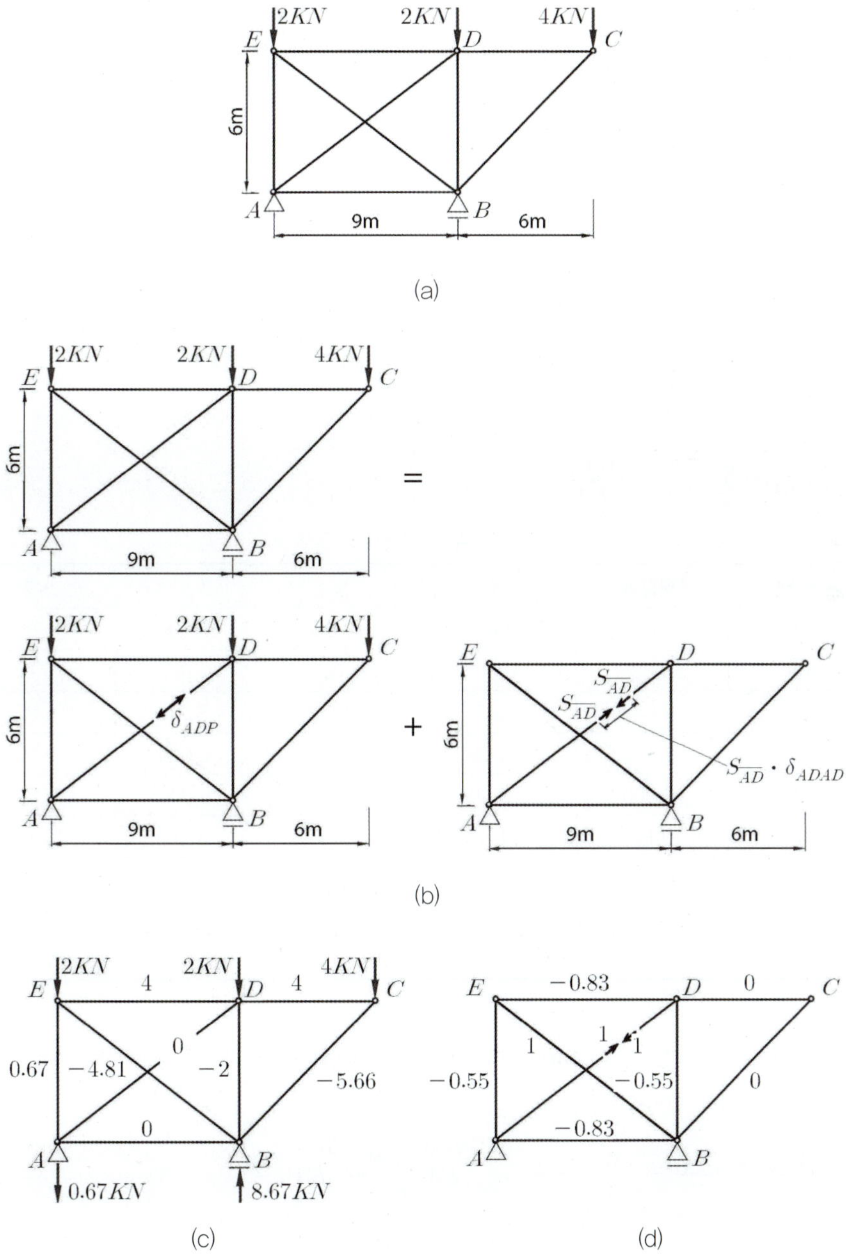

[그림 14.6.1]

풀이

(1) 기본구조물의 형성

이 트러스는 외관상으로 1차 부정정임을 알 수 있다. 부재 $\overline{AD}$에 작용하는 힘을 구하므로 부재 $\overline{AD}$의 부재력을 부정정력으로 택한다. 이 부재력의 이완을 위해 부재를 절단하여 이 부재에 힘이 걸리지 않도록 하여 트러스가 정정이 되도록 [그림 14.6.1(b)]와 같이 정정기본계를 만든다.

(2) 기본구조물의 처짐 계산 ; 가상일의 방법으로 처짐을 구한다. 실제하중과 가상단위하중에 의한 각 부재력을 격점법을 이용하여 구한다.

① 외적 하중에 의한 기본구조물의 처짐 δ_{ADP} 계산 ; [그림 14.6.1(c), (d)]와 [표 14.6.1]를 이용하여 다음과 같이 구할 수 있다.

$$\delta_{ADP} = \sum_{i=1}^{8} \frac{S_i \overline{S}_i l_i}{EA} = -\frac{77.531}{EA}$$

② 부정정력에 대응하는 기본구조물의 처짐계수 δ_{ADAD} 계산 ; [그림 14.6.1(e)]와 [표 14.6.1]를 이용하여 다음과 같이 구한다.

$$\delta_{ADP} = \sum_{i=1}^{8} \frac{\overline{S_i^2} l_i}{EA} = \frac{37.68}{EA}$$

[표 14.6.1]

부재	부재길이 l	S	$\overline{S}$	$S\overline{S}l$	$\overline{S}^2 l$
$\overline{AB}$	9.000	0.00	−0.83	0.000	6.20
$\overline{AD}$	10.820	0.00	1.00	0.000	10.82
$\overline{AE}$	6.000	0.67	−0.55	−2.211	1.82
$\overline{BC}$	8.485	−5.66	0.00	0.000	0.00
$\overline{BD}$	6.000	−2.00	−0.55	6.600	1.82
$\overline{BE}$	10.820	−4.81	1.00	−52.04	10.82
$\overline{CD}$	6.000	4.00	0.00	0.000	0.00
$\overline{DE}$	9.000	4.00	−0.83	−29.880	6.20
$\sum$				−77.531	37.68

(3) 적합방정식의 해석 : [그림 14.6.1(b)]의 부재 $\overline{AD}$의 절단면에서 적합조건에 의해 다음과 같은 관계가 만족되어야 한다.

$$\delta_{ADP} + S_{\overline{AD}}\delta_{ADAD} = 0 \qquad -\frac{77.531}{EA} + S_{\overline{AD}}\frac{37.68}{EA} = 0$$

$$S_{\overline{AD}} = 2.06\text{ kN} \ (+, \text{인장})$$

이 값이 정(+)이므로 부재 $\overline{AD}$는 처음 가정한 것과 같이 인장력을 받는다.

예제 14.6.2

[그림 14.6.2(a)]와 같은 트러스의 단면력을 구하여라. EA는 일정하다.

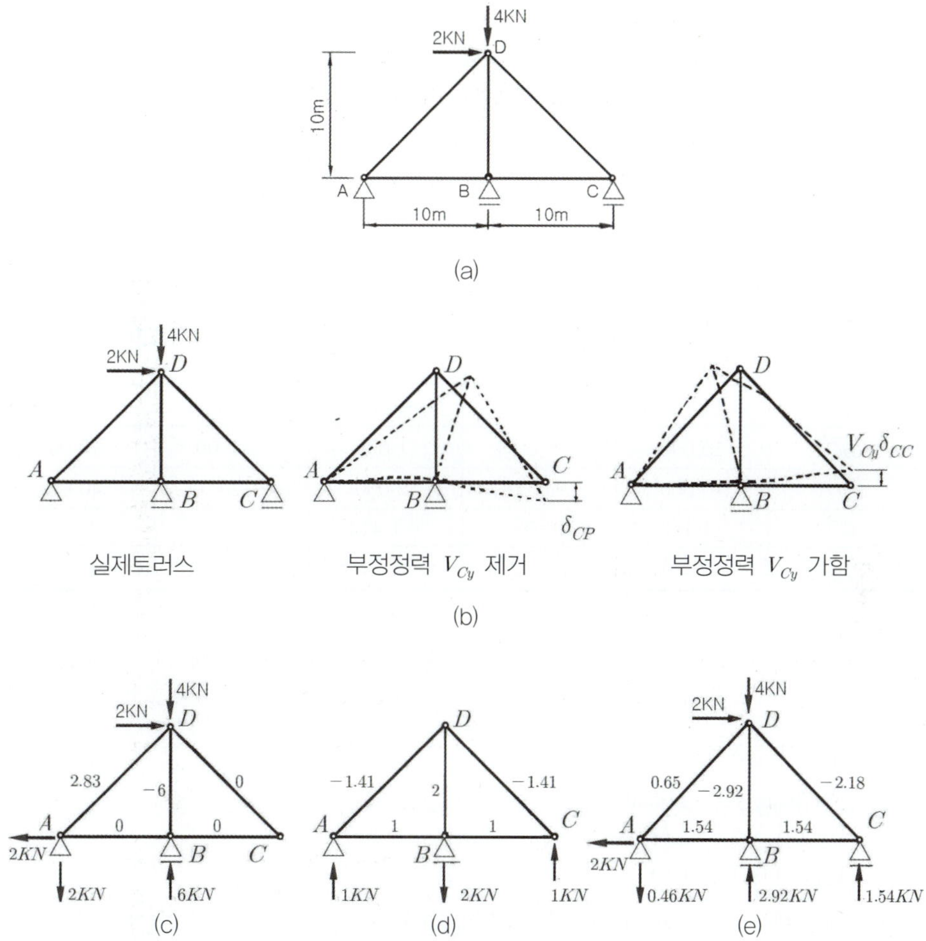

[그림 14.6.2]

풀이

(1) 기본구조물의 형성

이 트러스는 외관상으로 1차 부정정임을 알 수 있다. 여기서 C지점의 수직반력 V_{Cy}를 부정정력으로 택한다. 따라서 C지점의 이동지점이 제거된 정정 기본구조물이 [그림 14.6.2(b)]와 같이 만들어진다.

(2) 기본구조물의 처짐 계산 : 가상일의 방법으로 처짐을 구한다. 실제하중과 가상단위하중에 의한

각 부재력을 격점법을 이용하여 구한다.

① 외적 하중에 의한 기본구조물의 처짐 δ_{CP} 계산 ; [그림 14.6.2(c), (d)]와 [표 14.6.2]를 이용하여 다음과 같이 구할 수 있다.

$$\delta_{CP}=\sum_{i=1}^{5}\frac{S_i\overline{S}_i l_i}{EA}=-\frac{179.59}{EA}$$

② 부정정력에 대응하는 기본구조물의 처짐계수 δ_{CC} 계산 ; [그림 14.6.2(d)]와 [표 14.6.2(a)]를 이용하여 다음과 같이 구한다.

$$\delta_{CC}=\sum_{i=1}^{5}\frac{\overline{S_i^2} l_i}{EA}=\frac{116.56}{EA}$$

[표 14.6.2(a)]

부재	부재길이 l	S	$\overline{S}$	$S\overline{S}l$	$\overline{S}^2 l$
$\overline{AB}$	10.000	0.00	1.000	0.00	10.00
$\overline{AD}$	14.142	2.83	−1.414	−56.59	28.28
$\overline{BC}$	10.000	0.00	1.000	0.00	10.00
$\overline{BD}$	10.000	−6.00	2.000	−120.00	40.00
CD	14.142	0.00	−1.414	0.00	28.28
$\sum$				−179.59	116.56

(3) 적합방정식의 해석 : [그림 14.6.2(b)]의 지점 C에서의 적합조건에 의해 다음과 같은 관계가 만족되어야 한다.

$$\delta_{CP}+V_{Cy}\delta_{CC}=0$$

$$-\frac{179.59}{EA}+V_{Cy}\frac{116.56}{EA}=0$$

$$V_{Cy}=1.54\text{ kN}\quad(\uparrow)$$

(4) 반력, 부재력 해석 : [표 14.6.2(a)], [그림 14.6.2(c), (d)]의 결과들로부터 겹침의 원리에 의해 다음과 같이 나머지의 미지반력과 미지의 부재력을 구할 수 있다.

반력 : $R=R_0+\sum_{i=1}^{n}R_iX_i$

① 미지의 지점반력

$(\uparrow, +)\ V_{Ay}=-2+1\times1.54=-0.46KN\ (\downarrow)$

$(\rightarrow, +)\ V_{Ax}=-2+0\times1.54=-2KN\ (\leftarrow)$

$(\uparrow, +)\ V_{By}=6-2\times1.54=2.92KN\quad(\uparrow, +)$

[표 14.6.2(b)]

부재	부재길이 l	S
$\overline{AB}$	10.000	1.54
$\overline{AD}$	14.142	0.65
$\overline{BC}$	10.000	1.54
$\overline{BD}$	10.000	−2.92
$\overline{CD}$	14.142	−2.18

별해 [그림 14.6.2(b)]의 정정 기본계에서 평형조건으로부터 다음과 같이 나머지의 미지반력을 구할 수도 있다.

$\sum M_B = 0 \quad (\curvearrowright, +)$

$V_{Ay} \times 10 + 2 \times 10 - 1.54 \times 10 = 0 \quad \therefore V_{Ay} = -0.46KN\ (\downarrow)$

$\sum F_x = 0 \quad (\rightarrow, +)$

$V_{Ax} + 2 = 0 \quad \therefore V_{Ax} = -2KN\ (\leftarrow)$

$\sum F_y = 0 \quad (\uparrow, +)$

$-0.46 - 4 + V_{By} + 1.54 = 0 \quad \therefore V_{By} = 2.92KN\ (\uparrow)$

② 미지의 부재력

$$Q_i = Q_{iP} + \sum_{j=1}^{n} q_{ij} X_j$$

부재 $\overline{AB}$; $S_{\overline{AB}} = 0 + 1 \times 1.54 = 1.54\,KN$ (인장)

부재 $\overline{AD}$; $S_{\overline{AD}} = 2.83 - 1.414 \times 1.54 = 0.65\,KN$ (인장)

부재 $\overline{BC}$; $S_{\overline{BC}} = 0 + 1 \times 1.54 = 1.54\,KN$ (인장)

부재 $\overline{BD}$; $S_{\overline{BD}} = -6 + 2 \times 1.54 = -2.92\,KN$ (압축)

부재 $\overline{CD}$; $S_{\overline{CD}} = 0 - 1.414 \times 1.54 = -2.18\,KN$ (압축)

14.7 부정정 복합구조의 해석

복합구조는 축력을 받는 부재 또는 트러스 부재와 휨을 받는 부재들에 의해 복합적으로 구성된 구조이다. 이 구조가 부정정이면 변위일치의 방법을 이용하여 쉽게 해석할 수 있다. 14.3절에서 설명한 해석절차를 이용한 복합구조물에 대한 변위일치법의 적용요령은 [예제 14.7.1]과 [예제 14.7.2]를 통해 쉽게 설명하였다.

예제 14.7.1

[그림 14.7.1(a)]와 같은 복합구조의 단면력을 구하여라. 이 복합구조는 D점에서 힌지에 의해 지지되어 있고 C점에서 2개의 봉과 핀으로 연결되어 각 봉은 A점과 B점에서 힌지에 의해 지지되어 있다. 보 $\overline{CD}$의 $E = 2.1 \times 10^5$ MPa, $I = 25,400$ cm^{4}이고, 봉의 $A = 50$ cm^{2}이다.

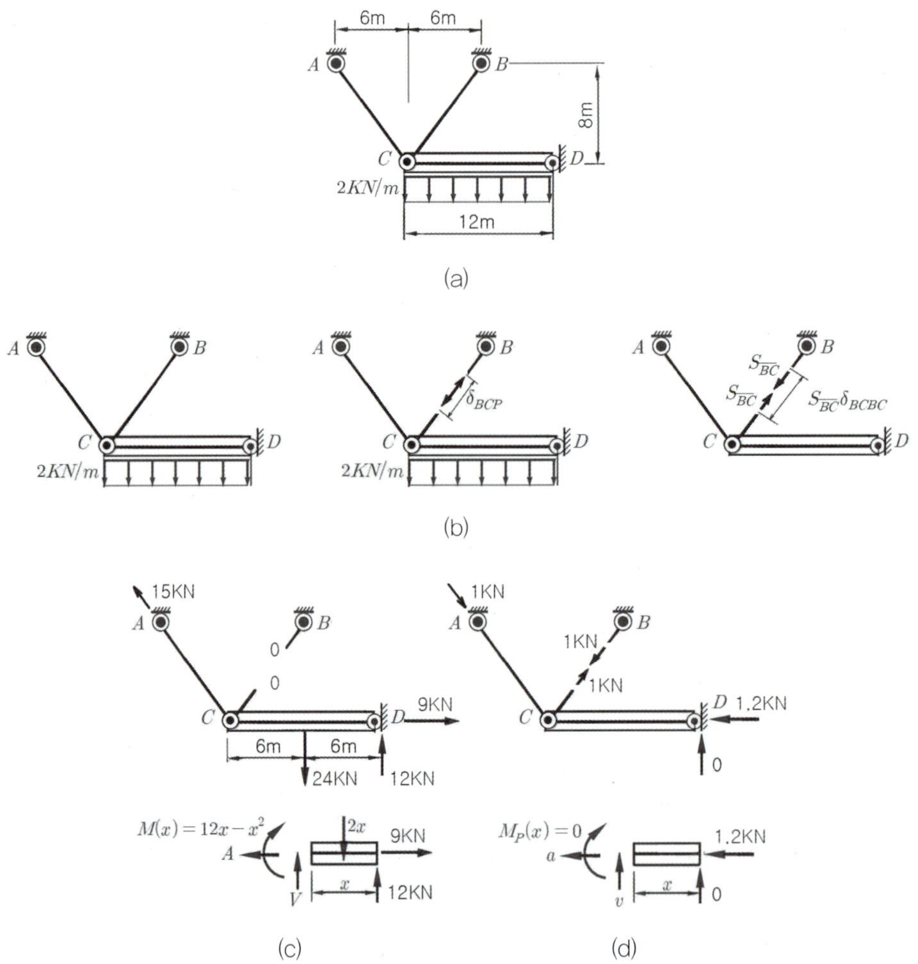

[그림 14.7.1]

풀이

(1) 기본구조물의 형성

이 복합구조는 외관상으로 1차부정정이다. $\overline{BC}$부재력을 부정정력으로 택한다. 따라서 이 부재의 저항능력을 제거하기 위해 부재를 절단하여 정정 기본구조물이 만들어진다. 결국, 기본구조물은

[그림 14.7.1(b)]와 같이 정정기본계가 된다.

(2) 기본구조물의 처짐 계산 : 가상일의 방법으로 처짐을 구한다. 실제하중과 가상단위하중에 의한 부재력과 반력은 [그림 14.7.1(c), (d)]와 같이 구한다.

① 외적 하중에 의한 기본구조물의 처짐 δ_{BCP} 계산 ; [그림 14.7.1(c), (d)]를 이용하여 다음과 같이 구한다.

$$\delta_{BCP} = \sum \int \frac{M(x) M_P(x)}{EI} dx + \sum \frac{S \bar{S} l}{EA}$$

$$= \frac{1}{EI} \int_0^{12} (12x - x^2)(0) dx + \frac{(15)(-1)(10)}{EA} + \frac{(0)(1)(10)}{EA}$$

$$= 0 + \frac{(-150\,\text{kN} \cdot \text{m})(100\text{cm/m})}{(2.1 \times 10^3 \text{kN/cm}^2)(50\text{cm}^2)}$$

$$= -0.14286 \text{ cm}$$

② 부정정력에 대응하는 기본구조물의 처짐계수 δ_{BCBC} 계산 ; [그림 14.7.1(d)]를 이용하여 다음과 같이 구한다.

$$\delta_{BCBC} = \sum \int \frac{M_P(x)^2}{EI} dx + \sum \frac{\bar{S}^2 l}{EA}$$

$$= \frac{1}{EI} \int_0^{12} (0)^2 dx + \frac{(-1)^2(10)}{EA} + \frac{(1)^2(10)}{EA}$$

$$= 0 + 2\frac{(10\,\text{kN} \cdot \text{m})(100\text{cm/m})}{(2.1 \times 10^3 \text{kN/cm}^2)(50\text{cm}^2)}$$

$$= 0.019 \text{ cm}$$

(3) 적합방정식의 해석 : [그림 14.7.1(b)]의 $\overline{BC}$부재의 절단면의 상대처짐에 대한 적합조건에 의해 다음 관계가 만족되어야 한다.

$$\delta_{BCP} + S_{\overline{BC}} \delta_{BCBC} = 0$$

$$-0.14286 + S_{\overline{BC}}(0.019) = 0$$

$$S_{\overline{BC}} = 7.52 \text{ kN} \ \text{(인장)}$$

(4) 반력, 부재력 해석 : [그림 14.7.1(c), (d)]의 결과들로부터 겹침의 원리에 의해 다음과 같이 나머지의 미지반력을 구할 수 있다.

① 지점반력 : 반력 : $R = R_0 + \sum_{i=1}^{n} R_i X_i$

$(\uparrow, +)$ $V_{Dy} = 12 + (0) \times (7.52) = 12 \text{ kN}$ $(\uparrow, +)$

$(\rightarrow, +)$ $V_{Dx} = 9 - 1.2 \times 7.52 = 0$

② 미지의 부재력 : $S_{\overline{AC}} = 15 - (1)(7.52) = 7.48 \text{ kN}$ (인장)

예제 14.7.2

[그림 14.7.2(a)]와 같은 복합구조의 단면력을 구하여라. 이 복합구조는 A점에서 고정되어 있고 B점에서 봉과 핀으로 연결되어 봉은 C점에서 힌지에 의해 지지되어 있다. 보 $\overline{AB}$의 $E = 2.1 \times 10^5$ MPa, $I = 25,400$ cm^{4}이고, 봉의 $A = 40$ cm^{2}이다.

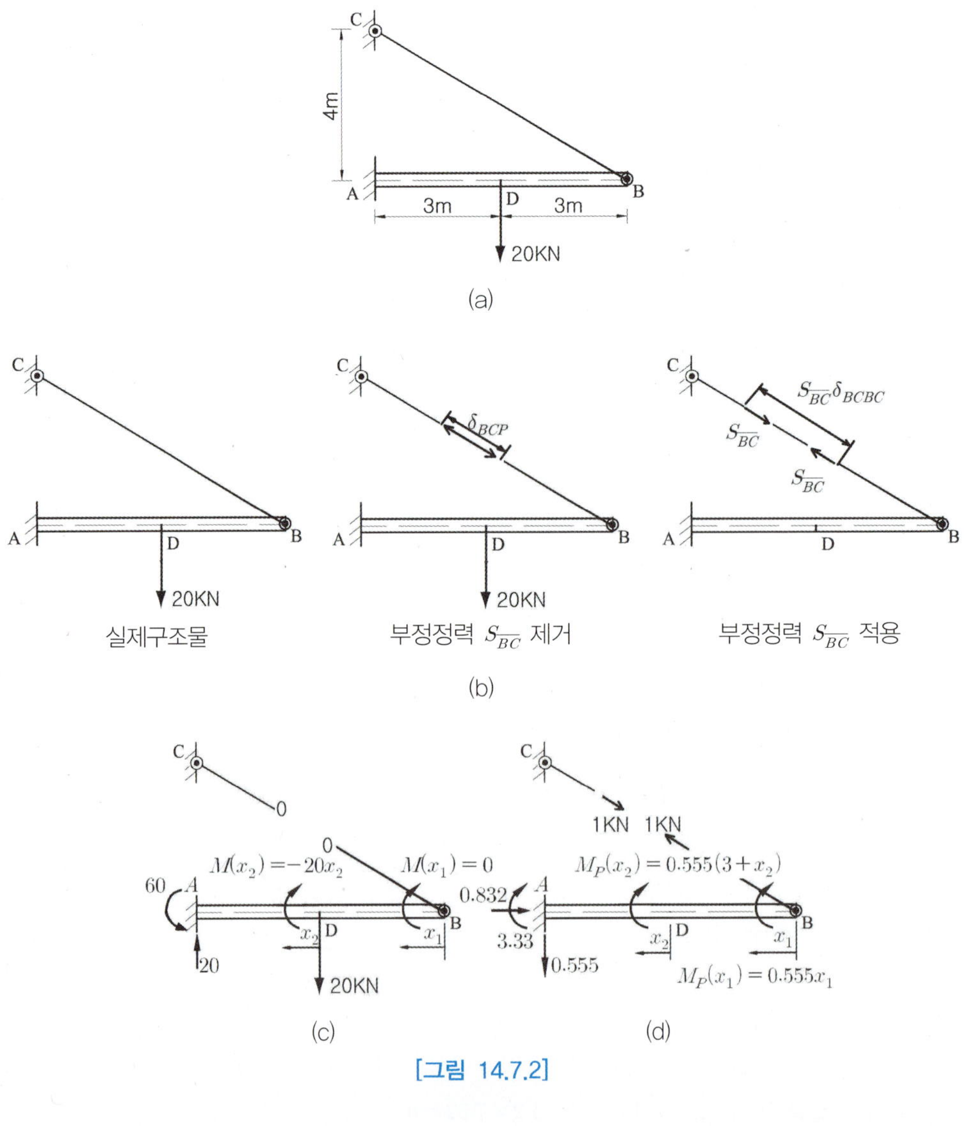

[그림 14.7.2]

풀이

(1) 기본구조물의 형성

이 복합구조는 외관상으로 1차부정정이다. $\overline{BC}$부재력을 부정정력으로 택한다. 따라서 이 부재의 저항능력을 제거하기 위해 부재를 절단하여 정정 기본구조물이 만들어진다. 결국, 기본구조물은 [그림 14.7.2(b)]와 같이 정정 기본계가 된다.

(2) 기본구조물의 처짐 계산 : 가상일의 방법으로 처짐을 구한다. 실제하중과 가상단위하중에 의한 부재력과 반력은 [그림 14.7.2(c), (d)]와 같이 구한다.

$\overline{AB}$부재 :

$$M(x_1)=0 \qquad (0 \le x_1 \le 3)$$
$$M(x_2)=-20x_2 \qquad (0 \le x_2 \le 3)$$
$$M_P(x_1)=0.555x_1 \qquad (0 \le x_1 \le 3)$$
$$M_P(x_2)=0.555(3+x_2) \qquad (0 \le x_2 \le 3)$$

① 외적 하중에 의한 기본구조물의 처짐 δ_{BCP} 계산 : [그림 14.7.2(c), (d)]를 이용하여 다음과 같이 구한다.

$$\delta_{BCP}=\sum\int\frac{M(x_2)M_P(x_2)}{EI}dx+\sum\frac{S\overline{S}\,l}{EA}$$
$$=\frac{1}{EI}\int_0^3(-20x_2)\{0.555(3+x_2)\}dx_2+\frac{(1)(0)(7.21)}{EA}$$
$$=-\frac{249.75}{EI}=-0.0468$$

② 부정정력에 대응하는 기본구조물의 처짐계수 δ_{BCBC} 계산 : [그림 14.7.2(d)]를 이용하여 다음과 같이 구한다.

$$\delta_{BCBC}=\sum\int\frac{M_P(x_1)^2}{EI}dx+\sum\frac{\overline{S}^2 l}{EA}$$
$$=\frac{1}{EI}\int_0^3(0.555x_1)^2dx_1+\frac{1}{EI}\int_0^3\{0.555(3+x_2)\}^2dx_1+\frac{(1)^2(7.21)}{EA}$$
$$=\frac{22.176}{EI}+\frac{7.21}{EA}=0.0042$$

(3) 적합방정식의 해석 : [그림 14.7.2(b)]의 $\overline{BC}$부재의 절단면의 상대처짐에 대한 적합조건에 의해 다음 관계가 만족되어야 한다.

$$\delta_{BCP}+S_{\overline{BC}}\delta_{BCBC}=0$$
$$-0.0468+S_{\overline{BC}}(0.0042)=0$$
$$S_{\overline{BC}}=11.14\text{ kN}\ \text{(인장)}$$

(4) 반력, 부재력 해석 : [그림 14.7.2(c), (d)]의 결과들로부터 겹침의 원리에 의해 다음과 같이 나머지의 미지반력을 구할 수 있다.

① 지점반력 : 반력 : $R = R_0 + \sum_{i=1}^{n} R_i X_i$

$(\uparrow,\ +)\ V_{Ay} = 20 - (0.555) \times (11.14) = 13.82\ \text{kN}\ (\uparrow)$

$(\rightarrow,\ +)\ V_{Ax} = 0 + 0.832 \times (11.14) = 9.268\ \text{kN}\ (\rightarrow)$

$(\curvearrowright,\ +)\ M_A = -60 + 3.33 \times (11.14) = -22.904\ \text{kN} \cdot \text{m} = 22.904\ \text{kN} \cdot \text{m}\ (\curvearrowleft)$

② 미지의 부재력

$\overline{AB}$부재 : $\sum F_x = 0,\quad V_{Ax} + N_{\overline{AB}} = 0 \quad \therefore N_{\overline{AB}} = -V_{Ax} = -9.268\ \text{kN}$ (압축)

$M_D = M_A + V_{Ay} \times 3 = -22.094 + 13.82 \times 3 = 19.366\ \text{kN} \cdot \text{m}$

연·습·문·제

01 [P그림 14.1]과 같은 연속보에서 지점반력 R_B 값을 구하여라. 단, EI는 일정하고 지점침하는 없다.

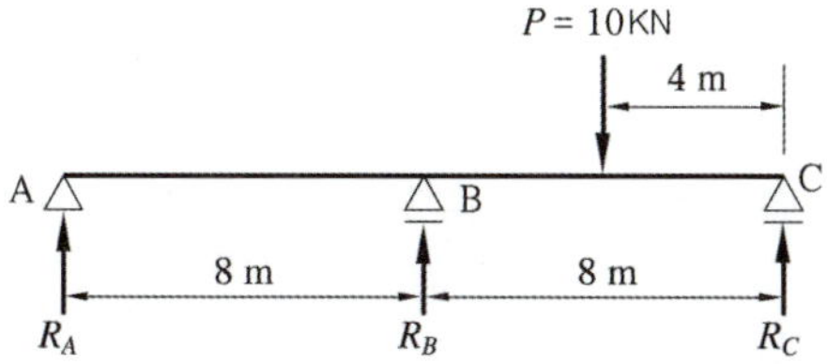

[P그림 14.1]

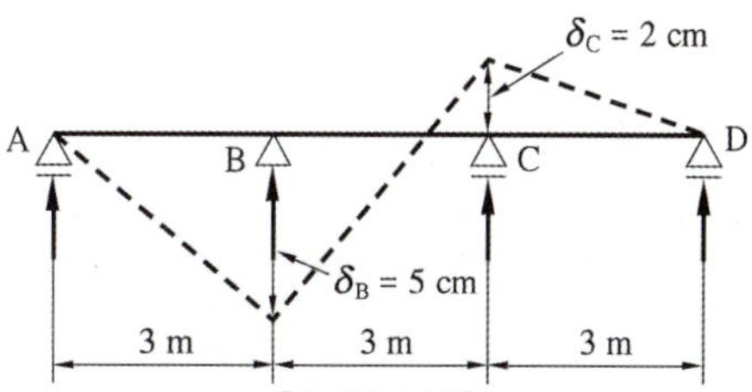

[P그림 14.2]

정답 $R_B = 6.954\,\text{kN}$

02 [P그림 14.2]와 같은 연속보의 B 지점에서 5 cm 아래로, C 지점에서는 2 cm 위로 지점변위를 일으켰다. 변위일치의 법으로 지점모멘트 M_B와 M_C를 구하여라. 단, 지간에 재하된 하중은 없고 EI는 일정하다.

정답 $M_B = \dfrac{38}{15}EI,\ M_C = -\dfrac{32}{15}EI$

03 [P그림 14.3]과 같은 부정정 보에서 지점모멘트 M_B 값을 구하여라. 단, 지점침하는 없다.

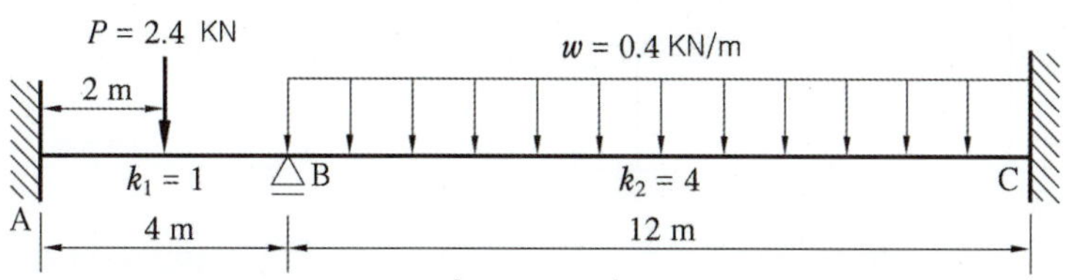

[P그림 14.3]

정답 $M_B = -1.92\,\text{kN}\cdot\text{m}$

04 [P그림 14.4]와 같은 연속보에서 B지점의 휨모멘트 M_B 값을 구하여라.

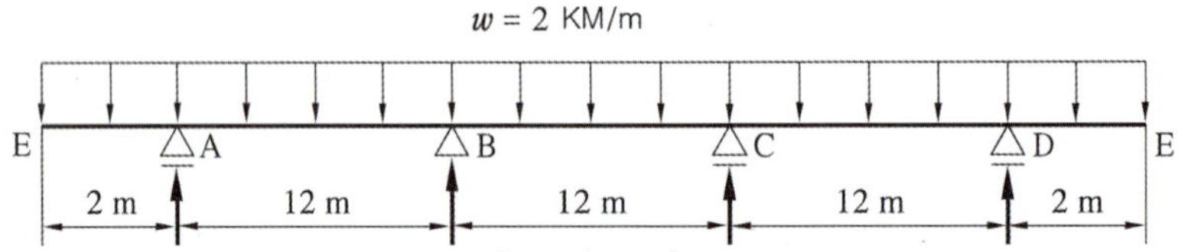

[P그림 14.4]

정답 $M_B = -28\,\text{kN}\cdot\text{m}$

05 [P그림 14.5]와 같은 연속보에서 지점반력을 구하고 단면력도를 그려라.

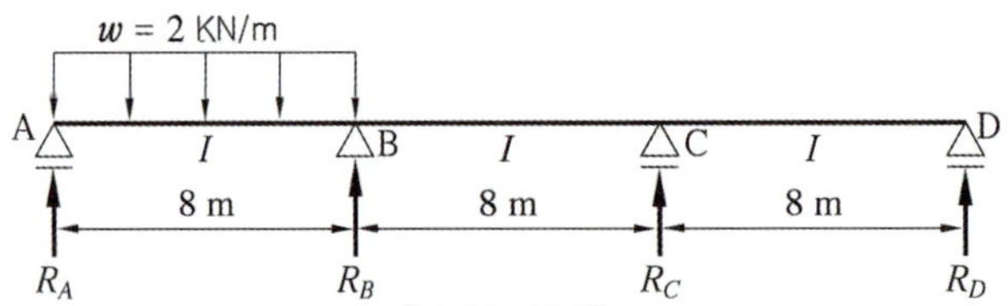

[P그림 14.5]

정답 $M_B = -8.53\,\text{kN}\cdot\text{m}$, $M_C = 2.13\,\text{kN}\cdot\text{m}$, $R_A = 6.93\,\text{kN}$
$R_B = 10.40\,\text{kN}$, $R_C = -1.59\,\text{kN}$, $R_D = 0.26\,\text{kN}$

06 [P그림 14.6]과 같은 부정정라멘의 지점모멘트를 변위일치법으로 구하여라.

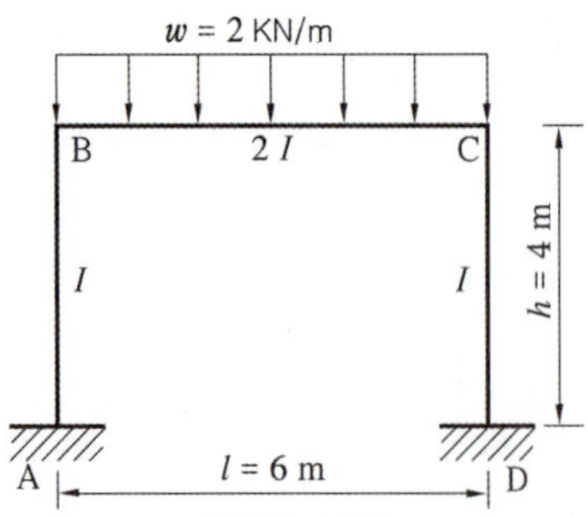

[P그림 14.6]

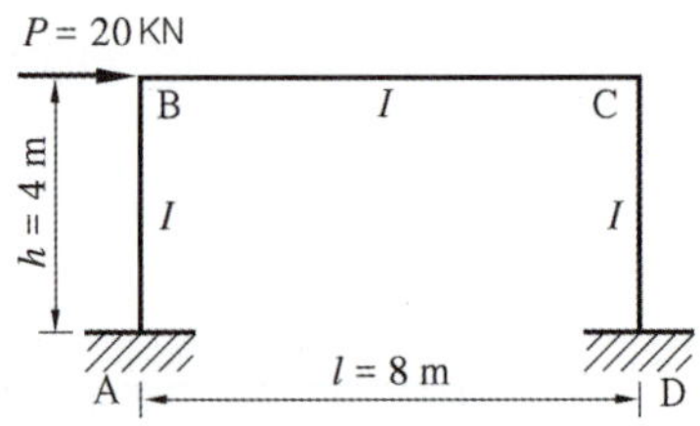

[P그림 14.7]

정답 $M_A = 1.8\,\text{kN}\cdot\text{m}$

07 [P그림 14.7]과 같은 라멘의 지점모멘트를 변위일치법으로 구하여라. 단, EI는 일정하다 $\left(K_{BA} = \frac{EI}{h},\ K_{BC} = \frac{6EI}{l}\right)$.

정답 $M_A = -25\,\text{kN} \cdot \text{m},\ M_B = +15\,\text{kN} \cdot \text{m}$
$M_C = -15\,\text{tf} \cdot \text{m},\ M_D = +25\,\text{tf} \cdot \text{m}$

08 [P그림 14.8]과 은 7경간이 등간격인 연속보의 지점모멘트를 변위일치법으로 구하여라. 단, EI는 일정하고 지점침하는 없다.

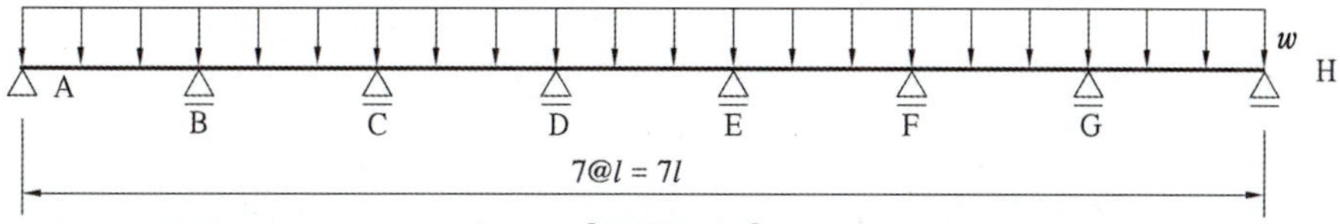

[P그림 14.8]

정답 $M_B = M_G = -\frac{5}{142}wl^2,\ M_C = M_F = -\frac{11}{142}wl^2,\ M_D = M_E = -\frac{6}{71}wl^2$

부록

단위환산

CONTENTS

[표 1] SI계, CGS계 및 MKS계의 단위 대조표

단위계양	길이 (L)	질량(M)	시간 (T)	힘	응력	압력	에너지 (일)	공률
SI계	m	kgm	s	N	N/m^2 또는 Pa	Pa	J	W
CGS계	cm	gm	s	dyn	dyn/cm^2	dyn/cm^2	erg	erg/s
MKS계	m	$kgf \cdot s^2/m$	s	kgf	kgf/m^2	kgf/m^2	kgf · m	kgf · m/s

주) N: Newton Pa: Pascal J: Joul W: Watt

[표 2] 힘의 단위

N	dyn	kgf	lbf
1	1×10^5	1.01972×10^{-1}	2.2481×10^{-1}
1×10^5	1	1.01972×10^{-6}	2.2481×10^{-6}
9.80665	9.80665 × 105	1	2.20462
4.44822	4.44822 × 105	4.5359×10^{-1}	1

[표 3] 모멘트의 단위

N · m	kgf · m	lbf · ft
1	0.10197	0.73756
9.80665	1	7.23305
1.35581	0.13825	1

[표 4] 응력의 단위

kPa	N/mm^2 또는 MPa	kgf/mm^2	kgf/cm^2	$psi(lbf/in^2)$
1	1×10^{-3}	1.01972×10^{-4}	1.01972×10^{-2}	1.4504×10^{-1}
1×10^3	1	1.01972×10^{-1}	1.01972 × 10	1.4504×10^2
9.80665×10^3	9.80665	1	1×10^2	1.4223×10^3
9.80665 × 10	9.80665×10^{-2}	1×10^{-2}	1	1.4223 × 10
6.89476	6.89476×10^{-3}	7.031×10^{-4}	7.031×10^{-2}	1

주) kPa = 1000 Pa MPa = 10^6 Pa

[표 5] 압력의 단위

Pa	bar	kgf/cm^2	atm	psi(lbf/in^2)
1	1×10^{-5}	1.01972×10^{-5}	9.86923×10^{-6}	1.4504×10^{-4}
1×10^{5}	1	1.01972	9.86923×10^{-1}	1.4504×10
9.80665×10^{4}	9.80665×10^{-1}	1	9.67841×10^{-1}	1.4223×10
1.01325×10^{5}	1.01325	1.03323	1	1.470×10
6.89476×10^{3}	6.89476×10^{-2}	7.031×10^{-2}	6.804×10^{-2}	1

[표 6] 응력환산표 (1)

kgf/cm^2	psi (lb per sq in)	N/mm^2(MPa)	kgf/cm^2	psi (lb per sq in)	N/mm^2(MPa)
1	14.2	0.098	210	2,987	20.6
4	56.9	0.39	240	3,414	23.5
12	170.7	1.18	280	3,982	27.5
16	227.6	1.57	350	4,978	34.3
60	853.4	5.88	500	7,112	49.0
70	995.6	6.86	1,400	19,912	137.3
80	1,138	7.85	2,400	34,135	235.4
90	1,280	8.83	4,200	59,737	411.9
180	2,560	17.65			

[표 7] 응력환산표 (2)

N/mm^2(MPa)	kgf/cm^2	psi (lb per sq in)	N/mm^2(MPa)	kgf/cm^2	psi (lb per sq in)
1	10.2	145	23	234.5	3.336
3	30.6	435	28	285.5	4,061
7	71.4	1,015	35	357	5,076
9	91.8	1,305	137	1,397	19,870
18	183.5	2,611	235	2,396	34,084
21	214.1	3,046	412	4,201	59,756

[표 8] 응력환산표 (3)

psi (lb per sq in)	N/mm² (또는 MPa)	kgf/cm²	psi (lb per sq in)	N/mm² (또는 MPa)	kgf/cm²
1	0.007	0.07	4,000	27.6	281
60	0.41	4.22	5,000	34.5	352
150	1.03	10.5	20,000	137.9	1,406
200	1.38	14.1	30,000	206.8	2,109
500	3.45	35.2	33,000	227.5	2,320
2,500	17.2	176	40,000	275.8	2,812
3,000	20.7	211	60,000	413.7	4,219
3,500	24.1	246			

[표 9] 그리스 문자

대문자	소문자	이름	대문자	소문자	이름
A	α	alpha	N	ν	nu
B	β	beta	Ξ	ξ	xi
Γ	γ	gamma	O	o	omicron
Δ	δ	delta	Π	π	pi
E	ε	epsilon	P	ρ	rho
Z	ζ	zeta	Σ	σ	sigma
H	η	eta	T	τ	tau
Θ	θ	theta	Y	υ	upsilon
I	ι	iota	Φ	ϕ	phi
K	κ	kappa	X	χ	chi
Λ	λ	lambda	Ψ	ψ	psi
M	μ	mu	Ω	ω	omega

찾아보기

(D)

(E)

(F)

(ㄴ)

(ㄷ)

(ㅇ)

INDEX

(ㅈ)

(ㅍ)

(ㅎ)

INDEX

M·E·M·O

참고문헌

1. 서영갑, 변동균, 길정천, 구조역학, 야정문화사, 1972.
2. 신현묵, 구조역학, 학연사, 2001.
3. 양창현, 구조역학, 청문각, 2007.
4. 김원배, 응용역학연습, 학연사, 1981.
5. 박영석, 구조역학, 구미서관, 1997.
6. 조효남, 구조역학, 구미서관, 1998.
7. 이명우, 응용역학, 대가, 2012.
8. 이명우, 구조역학, 대가, 2012.
9. 幕田貞夫, ラーメソの解法と設計例, 東京, 理工圖書株式會社, 1961.
10. J. M. Gere, Moment Distribution. D. Van Nostrand Co. Inc. 1963.
11. E. Lightfoot, Moment Distribution. John Wiley and sons, Inc. New York, 1961.
12. S. Timoshenko & J. M. Gere, Mechanics of Materials. D. Van Nostrand Co. Inc. 1972.
13. A. Chajes, Structural Analysis, Prentice-Hall, 1983.
14. H. I. Laursem. Structural Analysis. McGraw-Hill Co. Inc. 1969.
15. J. S. Kinney, Indeterminate Structural Analysis, Addison-wesley Publiishing Co. Inc. 1957.
16. J. B. Kennedy & M. K. S. Madugula. Elastic Analysis of Structures. Harper & Row, Publishers. 1990.
17. 이명우 외 5인, IT 융 · 복합 교육과정 개발(스마트 토목설계 트랙), 2010 교육역량강화사업 연구보고서, 명지전문대학, 토목과, 2011.12
18. 도로교설계기준 (2010), 대한토목학회.
19. 도로교설계기준(한계상태설계법) (2015), (사)한국도로교통협회, 2014.12

저자소개

명지대학교에서 학위를 받고, 동명기술공단, 홍익기술단, 성보종합건설 등에서 설계 및 시공을 경험한 후, 명전대에서 강의하고 있음

[출제 및 채점위원]

서울시, 경기도, 한국산업인력관리공단 등

[기술자문 및 설계심사위원]

서울시, 경기도, 철도청, 철도시설공단, 철도공사, 조달청 등

[주요 역서]

『공업역학(보문당, 2002)』

[주요 저서]

- 『Computer를 이용한 구조물의 해석 및 설계 (MJC & 한서기술단, 1997)』
- 『교량해석 및 설계 (문운당, 1999)』
- 『응용역학 (대가, 2012)』
- 『구조역학 (대가, 2012)』
- 『응용역학 (대영사, 2012)』
- 『2015 한계상태법을 기본으로 한 강교 설계 (동화기술, 2017)』
- 『2015 한계상태법을 기본으로 한 콘크리트교 설계 (동화기술, 2017)』
- 『매트릭스 · 컴퓨터 · 구조공학 (동화기술, 2017)』
- 『동적응답해석에 의한 내진설계 · 내풍설계 (씨아이알, 2017)』
- 『해법 구조역학 (동화기술, 2018)』

▌해법 **응용역학** ▌

1판 1쇄 발행 2018년 3월 10일
1판 2쇄 발행 2021년 1월 10일

저　　자 | 이명우
발 행 인 | 서철종
발 행 처 | 도서출판 지우북스
주　　소 | 경기도 파주시 문발로 115 세종출판벤처타운 209호
전　　화 | 031-915-6670(代)
팩　　스 | 031-915-6671
이 메 일 | jwbooks@nate.com
홈페이지 | www.jwbooks.co.kr
출판등록 | 제406-251002017000032호

ISBN 979-11-88673-11-7

정가 39,000원

※ 본 저작물의 무단복제는 저작권법 제136조(권리의 침해죄)에 따라 위반자는 5년 이하의 징역 또는 5천만 원 이하의 벌금에 처하거나 이를 병과할 수 있습니다.